Die Statik des ebenen Tragwerkes

Von

Martin Grüning

ord. Professor an der Technischen Hochschule
zu Hannover

Mit 434 Textabbildungen

Berlin
Verlag von Julius Springer
1925

ISBN-13: 978-3-642-89783-2 e-ISBN-13: 978-3-642-91640-3
DOI: 10.1007/978-3-642-91640-3

Softcover reprint of the hardcover 1st edition 1925

Vorwort.

Das vornehmste Ziel des Studiums der Statik erblicke ich in der wissenschaftlichen Erkenntnis und der Beherrschung der Theorie, die zur selbständigen Behandlung des Einzelfalles, auch des ungewöhnlichen, befähigt. In Verfolgung dieses Zieles stelle ich in meinen Vorträgen an der Hochschule den folgerichtigen Aufbau der statischen Gesetze und die Methode in den Vordergrund. Die gebräuchlichen Bauarten der Tragwerke behandle ich als Beispiele, ohne sie in allen Einzelheiten zu erschöpfen. Daneben wähle ich hierzu auch Systeme ohne praktische Bedeutung, sofern ihre Eigenart einen besonderen Lehrwert für die Anwendung der Methode begründet. Aus der Betonung der Methode entspringt die Zusammenfassung des Fachwerkes und des Stabwerkes zum elastischen Tragwerk, die ich stets bis zu dem Punkte durchführe, in dem die Verschiedenheit der inneren Gliederung die Trennung unvermeidlich macht.

Zur Begründung und Entwicklung der Theorie benutze ich in beabsichtigter Beschränkung allein das Prinzip der virtuellen Verrückungen. Dazu bestimmt mich in erster Linie die mehr und mehr vertiefte Erkenntnis, daß in der Statik diesem Gesetz an Tragweite, Einfachheit und Übersichtlichkeit sowohl in der theoretischen Entwicklung wie in der Anwendung kein anderes gleichkommt. Daneben sprechen pädagogische Erwägungen mit. Die Zeit, die dem Studium der Statik auf der Hochschule gewidmet werden kann, zwingt zur Begrenzung des Stoffes, wenn wissenschaftliche Vertiefung und genügende Beherrschung der Theorie erreicht werden soll. Der Analysis und der Rechnung gebe ich im allgemeinen den Vorzug vor den graphischen Verfahren. In nicht seltenen Fällen gewinnt dadurch die Beweisführung an Klarheit und Einfachheit. Auch führt nach meiner Erfahrung in statischen Untersuchungen die Rechnung häufig schneller zum Ziele und ist leichter zu prüfen als die Zeichnung. Das trifft für den Kräfteplan Cremonas namentlich in den Fällen einfacher Belastung oder regelmäßiger Gliederung zu.

Das vorliegende Buch ist im Laufe mehrerer Jahre aus meiner Lehrtätigkeit an der Hochschule erwachsen. Auf die Behandlung des Stoffes sind daher die dargelegten Anschauungen von bestimmendem Einfluß gewesen. In der Einteilung folgt das Buch den durch den Aufbau der Theorie gewiesenen Bahnen. Die ersten Teile enthalten, abgesehen von manchen Begründungen und Einzelheiten, natürlich nichts Neues. Die beiden letzten Teile bringen einige eigene Untersuchungen statisch unbestimmter Systeme höheren Grades. Dabei wird der Methode der Differenzengleichungen eine ausführlichere Behandlung eingeräumt.

Den Wert dieses Verfahrens erblicke ich vorwiegend in der vermittelten Erkenntnis der gesetzmäßigen Zusammenhänge, welche den Verlauf der Kräfte und Formänderungen beherrschen. Dagegen tritt die praktische Bedeutung zurück, da die meisten der dem Verfahren zugänglichen Fälle durch Auflösung linearer Gleichungen in beschränkter Zahl mit nicht größerem Aufwand an Rechnung behandelt werden können, wenn man sich mit Näherungslösungen begnügt.

Bei der Ausführung von Rechnungen und der Herstellung der Abbildungen hat mir der Assistent meines Lehrstuhles, Herr Dr. Ing. Kohl, wertvolle Hilfe geleistet. Hierfür spreche ich ihm meinen Dank aus. Zu besonderem Danke bin ich dem Verleger, Herrn Dr. Ing. h. c. Julius Springer in Berlin für die Übernahme des Verlages und die auf die Herstellung des Buches verwendete Mühe verpflichtet.

Hannover, im August 1925.

M. Grüning.

Inhaltsverzeichnis.

I. Allgemeine Theorie.

II. Das Gleichgewicht der statisch bestimmten Tragwerke.

III. Die Formänderung des Tragwerkes.

IV. Das Gleichgewicht des statisch unbestimmten Tragwerkes.

V. Anwendungen der Theorie des statisch unbestimmten Tragwerkes.

VI. Funktionale Darstellung statischer Größen durch Lösung von Differenzengleichungen.

I. Allgemeine Theorie.

a) Einleitung.

1. Definition des Tragwerks.

Bestimmte Punkte in der Ebene gegen feste Punkte derselben so weit unverschieblich festzulegen, als die Elastizität des Materiales gestattet, ist in geometrischer und statischer Hinsicht der Zweck des ebenen Tragwerks. Diese Punkte seien die Knotenpunkte[1]) des Tragwerks genannt. Zwei Bauarten, wesentlich verschieden in den Eigenschaften und dem Aufbau ihrer Teile, dienen diesem Zweck: das Fachwerk und das Stabwerk.

Das Fachwerk erfüllt ihn durch Stäbe, die nur einer Änderung ihrer Länge Widerstand leisten und nur die zur Knicksicherheit erforderliche Steifigkeit besitzen. Diese Stäbe, die „einfache Stäbe" genannt werden sollen, verbinden die Knotenpunkte, in denen sie durch Gelenke aneinander angeschlossen sind. Sie vermögen nur Kräfte aufzunehmen, deren Kraftlinie in ihre Achse fällt. Damit Beanspruchungen anderer Richtung und Lage ausgeschlossen sind, muß angenommen werden, daß die Gelenke ohne Reibung arbeiten.

Das Stabwerk bedient sich ausschließlich oder vorwiegend des Stabes, der seiner wichtigsten Eigenschaft wegen „biegungsfester Stab" genannt wird. Er ist widerstandsfähig gegen Dehnung, Schiebung, Biegung und Drehung und vermag daher Kräfte beliebiger Richtung und Lage aufzunehmen. Die Stäbe sind in den Knotenpunkten zu zweien oder mehreren unter beliebigem Winkel in ihren Endquerschnitten so verbunden, daß ihre in einem Knotenpunkt vereinigten Querschnitte sich gegeneinander weder verschieben noch verdrehen können. Eine derartige Verbindung je zweier Stäbe sei „steife Ecke" genannt. Die steife Ecke und zwei Stäbe legen daher drei Knotenpunkte gegeneinander fest. Um n Stäbe in einem Knotenpunkt so zu vereinigen, daß eine gegen jede Formänderung widerstandsfähige Verbindung zwischen $n + 1$ Punkten entsteht, sind $n - 1$ steife Ecken notwendig, deren jede als Verbindung der beiden in einem Umfahrungssinne aufeinanderfolgenden Stäbe anzusehen ist. Neben den steifen Ecken können auch Gelenke zur Verbindung der biegungsfesten Stäbe dienen. Neben den biegungsfesten Stäben kommen auch einfache Stäbe in einem Stabwerk vor. Infolge ihrer wesentlichen Eigenschaft müssen sie an beiden Enden durch Gelenke angeschlossen sein.

---

[1]) Der übliche Begriff des Knotenpunktes wird hier erweitert.

Zur Festlegung des Tragwerks gegen feste Punkte seiner Ebene dient die Stütze und die Einspannung. Unter der Stütze wird eine Konstruktion verstanden, die dem gestützten Knotenpunkt — Stützpunkt oder Auflagerpunkt — in einer bestimmten Richtung eine Verschiebung bestimmter Größe vorschreibt, in der zu jener rechtwinkligen Richtung aber jede Verschiebung gestattet. Die Größe der vorgeschriebenen Verschiebung ist meist gleich Null, sie muß aber in die allgemeinen Untersuchungen von Null verschieden eingeführt werden, damit der Einfluß einer tatsächlich eintretenden Verschiebung festgestellt werden kann. Ein Stützpunkt kann zwei Stützen aufweisen, dann ist ihm eine Verschiebung bestimmter Größe und Richtung — meist die Verschiebung Null — vorgeschrieben.

Unter der Einspannung wird eine Konstruktion verstanden, welche dem Querschnitt bzw. der Achse eines biegungsfesten Stabes in einem Punkte eine Drehung bestimmter Größe und Richtung vorschreibt. Meist ist der vorgeschriebene Drehungswinkel gleich Null, die Stabachse oder der Querschnitt wird dann fest eingespannt genannt. Im übrigen muß in die Untersuchungen aus dem obengenannten Grunde ein von Null verschiedener Drehungswinkel eingeführt werden. Eine Einspannung ist immer mit einer Stütze, meist mit zwei Stützen in einem Knotenpunkt vereinigt.

Die das Tragwerk bildenden Bauteile sollen seine Glieder genannt werden. Die Glieder des Fachwerks sind also: einfache Stäbe und Stützen, die des Stabwerks: biegungsfeste Stäbe, steife Ecken, einfache Stäbe, Stützen und Einspannungen. Stäbe und steife Ecken werden als innere Glieder von den äußeren Gliedern, Stützen und Einspannungen, unterschieden.

An einem Fachwerk können die Lasten nur in den Knotenpunkten angreifen, da der einfache Stab Lasten nicht aufzunehmen vermag, deren Kraftlinie gegen seine Achse geneigt ist. An einem Stabwerk können die Lasten in beliebigen Punkten der biegungsfesten Stäbe angreifen.

Ein Tragwerk besitzt innere Stabilität, wenn seine Knotenpunkte ihre gegenseitige Lage nur bei gleichzeitiger Änderung der Abmessungen einzelner oder aller inneren Glieder ändern können. Ein solches Tragwerk der Ebene wird starre Scheibe genannt, wenn die Abmessungen der Glieder sich nicht ändern oder die Änderung bei der vorliegenden Untersuchung vernachlässigt werden kann. Ein ebenes Tragwerk besitzt äußere oder vollkommene Stabilität, wenn seine Knotenpunkte ihre Lage gegen feste Punkte der Ebene nur bei gleichzeitiger Änderung der Abmessungen einzelner oder aller inneren Glieder, oder bei Verschiebungen der Stützpunkte ändern können.

2. Stabilitätsbedingungen.

Zwecks eindeutiger Angabe der Verschiebungen der Knotenpunkte werde das Tragwerk auf ein rechtwinkliges Koordinatensystem bezogen. Ist die Lage des Knotenpunktes i durch seine Koordinaten x_i, y_i bezeichnet, so geben die Änderungen der Koordinaten Δx_i, Δy_i die totale Verschiebung des Punktes durch ihre Projektionen auf die X- und Y-Achse an. Δx_i, Δy_i werden deshalb „Verschiebungskomponenten" genannt. Von den inneren Gliedern können die Stäbe, die einfachen und die biegungsfesten, eine Änderung ihrer Länge s_{ik} um Δs_{ik}, die steifen Ecken eine Änderung ihres Winkels um $\Delta \vartheta_r$ erfahren. Die steife Ecke r verbindet die Knotenpunkte i, r, k durch die beiden biegungsfesten Stäbe ri und rk, und ϑ_r ist der Winkel zwischen den Geraden ri und rk. Jede Formänderung der biegungsfesten Stäbe drückt sich also in einer Änderung des Winkels ϑ_r aus. Von den äußeren Gliedern kann jede Stütze r eine Verschiebung des Stützpunktes in Richtung der Stütze um c_r bedingen und jede Einspannung r eine Drehung der eingespannten Stabachse bzw. des eingespannten Querschnittes um c_r. Die Drehung sei als Strecke durch die Länge des Bogens auf dem Kreis vom Radius = der Längeneinheit angegeben.

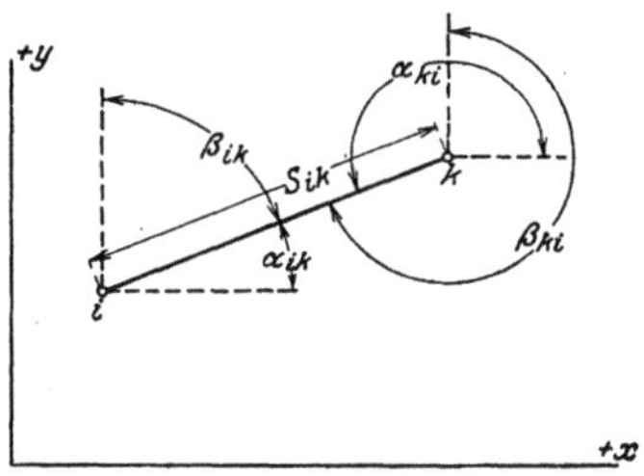

Abb. 1.

Nach der Definition der Stabilität müssen die Verschiebungskomponenten als Funktionen der Δs, $\Delta \vartheta$, c darstellbar sein, die bestimmte Werte annehmen, wenn den Δs, $\Delta \vartheta$, c bestimmte Werte beigelegt werden, insonderheit den Wert Null, wenn alle Δs, $\Delta \vartheta$, $c = 0$ sind. Die Grundlage bilden folgende Gleichungen. Nach Abb. 1 ist

$$s_{ik}^2 = (x_k - x_i)^2 + (y_k - y_i)^2,$$
$$(s_{ik} + \Delta s_{ik})^2 = [(x_k - x_i) + (\Delta x_k - \Delta x_i)]^2 + [(y_k - y_i) + (\Delta y_k - \Delta y_i)]^2.$$

Die erste Gleichung wird von der zweiten abgezogen:

$$2\, s_{ik} \cdot \Delta s_{ik} + \Delta s_{ik}^2 = 2\,(x_k - x_i)(\Delta x_k - \Delta x_i) + (\Delta x_k - \Delta x_i)^2 + 2\,(y_k - y_i)(\Delta y_k - \Delta y_i) + (\Delta y_k - \Delta y_i)^2.$$

Die Längenänderungen Δs_{ik} sind stets so kleine Größen, daß sie gegen s_{ik} vernachlässigt werden dürfen. Das darf daher, abgesehen von Ausnahmefällen, auch von Δx, Δy vorausgesetzt werden. Mithin können die zweiten Potenzen gestrichen werden. Weiter wird

$$(x_k - x_i) = s_{ik} \cdot \cos \alpha_{ik}, \qquad y_k - y_i = s_{ik} \cos \beta_{ik}$$

eingeführt. So ergibt sich

$$\boldsymbol{\Delta s_{ik} = (\Delta x_k - \Delta x_i) \cos \alpha_{ik} + (\Delta y_k - \Delta y_i) \cos \beta_{ik}}. \tag{1}$$

Die Winkel α_{ik}, β_{ik} sind die Stellungswinkel der Richtung ik gegen die positive X- und Y-Achse. Die Winkel α_{ki}, β_{ki}, als Stellungswinkel der Richtung ki müssen daher von α_{ik}, β_{ik} um π verschieden sein, und es ist

$$\cos \alpha_{ki} = \frac{x_i - x_k}{s_{ik}}, \qquad \cos \beta_{ki} = \frac{y_i - y_k}{s_{ik}},$$
$$\cos \alpha_{ki} = -\cos \alpha_{ik}, \qquad \cos \beta_{ki} = -\cos \beta_{ik}.$$

In der steifen Ecke r, welche die Knotenpunkte i, r, k verbindet, ist nach Abb. 2 die Drehung der Geraden $r k$

$$\Delta \alpha_{rk} = -\frac{(\Delta x_k - \Delta x_r)\cos\beta_{rk} - (\Delta y_k - \Delta y_r)\cos\alpha_{rk}}{s_{rk}}$$

und der Geraden $r i$

$$\Delta \alpha_{ri} = -\frac{(\Delta x_i - \Delta x_r)\cos\beta_{ri} - (\Delta y_i - \Delta y_r)\cos\alpha_{ri}}{s_{ri}}.$$

Der Winkel ϑ sei definiert durch

$$\vartheta_r = \alpha_{ri} - \alpha_{rk},$$

also ist

$$\left.\begin{aligned} \Delta\vartheta_r = & \frac{(\Delta x_k - \Delta x_r)\cos\beta_{rk} - (\Delta y_k - \Delta y_r)\cos\alpha_{rk}}{s_{rk}} \\ & - \frac{(\Delta x_i - \Delta x_r)\cos\beta_{ri} - (\Delta y_i - \Delta y_r)\cos\alpha_{ri}}{s_{ri}}. \end{aligned}\right\} \quad (2)$$

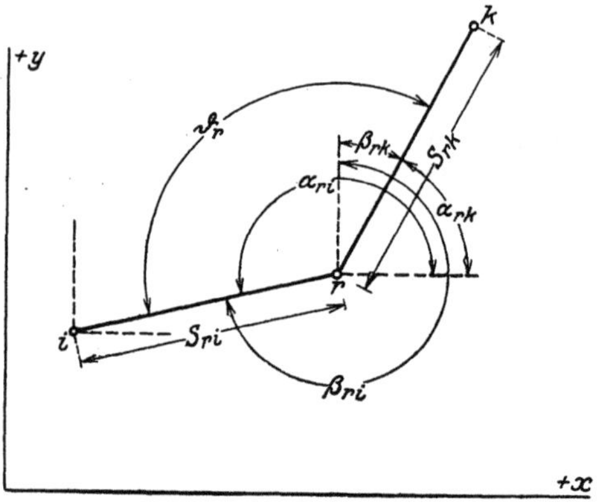

Abb. 2.

Für jeden Stützpunkt r, dem in bestimmter, durch die Stellungswinkel ζ, ϑ angegebener Richtung die Verschiebung c_r vorgeschrieben ist, besteht die Gleichung

$$c_r = \Delta x_r \cdot \cos\zeta + \Delta y_r \cos\vartheta. \quad (3)$$

Jede Einspannung führt zu einer linearen Gleichung in den Verschiebungskomponenten des eingespannten Punktes r und des Endpunktes k des eingespannten Stabes. Neben dem der Stabachse im Punkt r vorgeschriebenen Drehungswinkel c_r ist der Winkel $\Delta\tau$ einzuführen, um den sich die Gerade $r k$ gegen die Stabachse in r dreht. Werden beide Winkel in Richtung des Winkels α_{rk} positiv gezählt, dann ist

$$c_r + \Delta\tau = -\frac{(\Delta x_k - \Delta x_r)\cos\beta_{rk} - (\Delta y_k - \Delta y_r)\cos\alpha_{rk}}{s_{rk}}. \quad (4)$$

Jedes Glied stellt somit eine Stabilitätsbedingung, die in den Verschiebungskomponenten linear ist, sofern für Δs, $\Delta\vartheta$, c die Voraussetzung sehr kleiner Größenordnung zutrifft. Da jedem Knotenpunkt zwei Verschiebungskomponenten zugehören, erfordert die vollkommene Stabilität, daß die Zahl der Glieder gleich der doppelten Zahl der Knotenpunkte ist.

Um die Frage der inneren Stabilität zu untersuchen, müssen die Stützbedingungen ausgeschieden werden. Man gelangt nun am einfachsten zu Gleichungen, die für die gegenseitigen Verschiebungen der Knotenpunkte gelten, wenn man das Tragwerk auf ein Koordinatensystem bezieht, dessen Lage in der Ebene veränderlich und mit dem Tragwerk fest verbunden ist. Der Ursprung kann immer in einen beliebigen Punkt, z. B. a, gelegt, und die X-Achse durch einen zweiten beliebigen Punkt, z. B. b, hindurchgeführt werden. Das Koordinatensystem folgt jeder Verschiebung der Punkte a und b. Nun gelten die Gleichungen (1) und (2) unabhängig von der Lage des Ursprunges und der Richtung der Koordinatenachsen für jedes rechtwinklige Koordinatensystem. Also stellt jedes innere Glied eine lineare Bedingung für die innere Stabilität. In dem gewählten Koordinatensystem ist über $\Delta x_a = 0$, $\Delta y_a = 0$, $\Delta y_b = 0$ verfügt, die Zahl der unbestimmten Verschiebungskomponenten vermindert sich um drei. Also erfordert die innere Stabilität, daß die Zahl der inneren Glieder gleich der doppelten Zahl der Knotenpunkte vermindert um 3 ist.

Ein Tragwerk innerer Stabilität bedarf danach dreier Stützen, um vollkommene Stabilität zu erlangen. Die Bedingung der vollkommenen Stabilität macht zwischen inneren und äußeren Gliedern keinen Unterschied, es kann also im allgemeinen ein inneres Glied durch ein äußeres ersetzt werden. Ein Tragwerk, dem n Glieder zur inneren Stabilität fehlen, erlangt vollkommene Stabilität durch $n + 3$ äußere Glieder. Besitzt ein Tragwerk jedoch mehr als $2k - 3$ innere Glieder, so stellen diese nur $2k - 3$ Stabilitätsbedingungen. Denn ein Satz von $2k - 3 + n$ Gleichungen für $2k - 3$ Unbekannte enthält nur $2k - 3$ voneinander unabhängige Gleichungen. Die gegebenen Größen Δs, $\Delta \vartheta$ sind nicht mehr willkürlich, sondern durch n Gleichungen untereinander verbunden. Daraus folgt, daß die Zahl der äußeren Glieder bei vollkommener Stabilität nicht kleiner als 3 sein darf.

Ein Tragwerk, welches gerade die zur Stabilität erforderliche Zahl von Gliedern besitzt, soll „einfach stabil" genannt werden. Ist die Zahl der Glieder größer, so können im allgemeinen mehrere einfach stabile Gebilde aus den vorhandenen Gliedern zusammengesetzt werden. Die Glieder sind als notwendige und überzählige zu unterscheiden, wenn man eine bestimmte einfach stabile Anordnung auswählt. Tragwerke dieser Art sollen „mehrfach stabil" genannt werden.

Es bezeichne im Fachwerk

k die Zahl der Knotenpunkte,
r „ „ „ Stäbe,
a „ „ „ Stützen,

dann ist

$$r + a = 2k, \qquad a \geqq 3$$

die Bedingung vollkommener Stabilität,

$$r = 2k - 3$$

die Bedingung innerer Stabilität.

Es bezeichne im Stabwerk

k die Zahl der Knotenpunkte,
r_1 „ „ „ biegungsfesten Stäbe,
r_2 „ „ „ einfachen Stäbe,
e „ „ „ steifen Ecken,
a „ „ „ Stützen,
a_1 „ „ „ Einspannungen,

dann ist

$$r_1 + r_2 + e + a + a_1 = 2k, \qquad a + a_1 \geqq 3$$

die Bedingung vollkommener Stabilität,

$$r_1 + r_2 + e = 2k - 3$$

die Bedingung innerer Stabilität.

Damit die Stabilitätsbedingungen bei ausreichender Zahl die Verschiebungskomponenten eindeutig bestimmen, letztere insonderheit zu Null werden, wenn alle Δs, $\Delta\vartheta$, $c = 0$ sind, ist noch erforderlich, daß die Gleichungen voneinander unabhängig sind. Ein notwendiges und ausreichendes Kennzeichen hierfür ergibt der Wert der Determinante D aus den Beiwerten der Verschiebungskomponenten, der $\gtrless 0$ sein muß. In Fällen, in denen $D = 0$ ist, ist trotz ausreichender Zahl der Glieder Stabilität nicht vorhanden. Es kann jedoch nur auf sehr kleine Verschieblichkeit geschlossen werden, da die Gültigkeit der Gleichungen (1) und (2) an die Voraussetzung sehr kleiner Verschiebungskomponenten gebunden ist. Tragwerke dieser Art sind für Bauwerke nicht geeignet und kommen daher für die statische Untersuchung nicht in Betracht. Die Feststellung des Ausnahmefalles wird meist nicht durch Berechnung der Determinante D, sondern durch die in Nr. 45 dargestellte kinematische Untersuchung durchgeführt. Im folgenden kann und soll immer vorausgesetzt werden, daß der Ausnahmefall $D = 0$ nicht vorliegt. Darüber hinaus müssen auch die Fälle ausgeschieden werden, in denen D einen so kleinen Wert annimmt, daß die Δx, Δy trotz kleiner Größen Δs, $\Delta\vartheta$, c in die Größenordnung der Abmessungen des Tragwerks eintreten. Da auch in diesen Fällen die Gleichungen (1) und (2) ungültig werden, ist eine schärfere Stabilitätsuntersuchung notwendig. Das Kennzeichen dieser Fälle liefert wieder das Verfahren in Nr. 45, wenn auch naturgemäß eine scharfe Grenze nicht gezogen werden kann.

3. Die Aufgabe der Statik.

Das Tragwerk ist Angriffen von außen auf die Standsicherheit seiner Knotenpunkte ausgesetzt. Die wichtigste Ursache derselben sind Lasten, daneben Änderungen der Temperatur und Nachgeben des Baugrundes, welcher die Stützpunkte trägt. Jedes Glied erfüllt seine Aufgabe, die Stabilität des Tragwerks zu erhalten, durch den Widerstand, den es der Formänderung entgegenstellt. Nun lehrt die Erfahrung, daß mit jedem Widerstand eines elastischen Körpers eine Formänderung verbunden ist und daß die Größe des auftretenden Widerstandes von der bereits eingetretenen Formänderung abhängig ist. Mithin kann ein Tragwerk in der Lage seiner Knotenpunkte, die durch die ursprünglichen Abmessungen der Glieder bedingt ist, dem Angriff der äußeren Einwirkungen keinen Widerstand entgegenstellen. Vielmehr müssen die Glieder zuvor ihre Abmessungen ändern, und zwar solange, bis die eingetretene Formänderung die Größe des Widerstandes bedingt, welche die Verschiebung der Knotenpunkte zum Stillstand bringt. Der Widerstand jedes Gliedes wird als Kraft aufgefaßt. Demgemäß ist der Stillstand der Verschiebung an den Eintritt des Gleichgewichts zwischen den angreifenden und widerstehenden Kräften in jedem Knotenpunkt gebunden.

Die Lage der Knotenpunkte, in der alle Glieder ihre ursprünglichen Abmessungen haben, wird „spannungslose Anfangslage“ genannt, die Lage, in der die Glieder die gekennzeichnete Änderung ihrer Abmessungen erfahren haben, heißt die „Gleichgewichtslage“.

Die Statik der Tragwerke stellt danach zwei zusammenhängende Aufgaben:

1. ist die Größe des als Kraft aufgefaßten Widerstandes jedes Gliedes zu berechnen, der dem Angriff der äußeren Einwirkungen in der Gleichgewichtslage entgegensteht: „Gleichgewichtsaufgabe“;

2. ist die Größe der Verschiebungen der Knotenpunkte aus der spannungslosen Anfangslage in die Gleichgewichtslage zu berechnen: „Formänderungsaufgabe“.

Beide Aufgaben sind so miteinander verknüpft, daß, wenn die eine vollständig gelöst ist, die andere als gelöst angesehen werden kann. Die Formänderungsaufgabe des Stabwerks ist allerdings durch Angabe der Verschiebungskomponenten seiner Knotenpunkte im allgemeinen noch nicht vollständig gelöst. Dazu gehört noch die Angabe der Winkel, um welche sich die Stabachsen in den Knotenpunkten drehen. Die Berechnung dieser Winkel stellt jedoch eine Aufgabe, die den oben gekennzeichneten untergeordnet ist. Sie darf immer als gelöst angesehen werden, wenn jene gelöst sind, und die Lösung der Hauptaufgabe kann immer ohne Lösung der Nebenaufgabe durchgeführt werden. Deshalb wird die Aufgabe zweckmäßig, wie oben geschehen, auf die notwendigen Stücke beschränkt.

b) Das Prinzip der virtuellen Verrückungen.

Die Statik der Tragwerke soll auf dem von Lagrange[1]) in die Mechanik eingeführten Prinzip der virtuellen Verrückungen gegründet werden, einmal, weil dies Prinzip zu einem geschlossenen und einheitlichen Aufbau der Theorie führt, des anderen, weil es in seinen Folgerungen die einfachste und übersichtlichste Erfassung aller Fälle ermöglicht. Die Herleitung des Prinzips soll für räumliche Systeme gegeben werden, indem es für den als materiellen Punkt aufgefaßten Knotenpunkt eines Fachwerks oder das Volumenelement eines zusammen-

[1]) Lagrange: Mécanique analytique 1788.

hängenden Körpers als Erfahrungstatsache hingenommen oder, wenn man will, als Definition des Gleichgewichts aufgestellt wird: Die Arbeit der Kräfte, die auf einen materiellen Punkt wirken und untereinander im Gleichgewicht sind, verschwindet bei jeder virtuellen Verrückung. Eine virtuelle Verrückung ist jede mit den Bedingungen des Systems verträgliche, im übrigen willkürliche, sehr kleine Verrückung. Da in folgendem der vollkommen freie Massenpunkt betrachtet wird, ist jede Verrückung möglich und jede willkürliche und sehr kleine Verrückung eine virtuelle.

4. Das Fachwerk.

Das räumliche Fachwerk wird in seine Knotenpunkte zerlegt, indem alle Stäbe durchschnitten und alle Stützen beseitigt werden. Die Masse der Stäbe denkt man sich in den Knotenpunkten vereinigt. Die Wirkung jedes Stabes ist ein Widerstand gegen eine Änderung des Abstandes seiner Knotenpunkte. Die Wirkung jeder Stütze ist ein Widerstand gegen die Verschiebung des gestützten Punktes. Diese Widerstände sind als Kräfte aufzufassen, welche auf die Knotenpunkte wirken. Der Widerstand der Stütze als eine Kraft, deren Kraftlinie in die Stützlinie fällt, deren Richtung jedoch nicht von vornherein gegeben, sondern von den das Tragwerk belastenden Kräften abhängig ist. Sie ist jeweils der Verschiebungsrichtung entgegengesetzt, welche die Lasten bei Fortfall der Stütze erzeugen würden. Die Stützkraft ist daher in einer der beiden Richtungen ihrer Kraftlinie positiv in die Rechnung einzuführen. Die gegebene Strecke c, um welche sich der Stützpunkt verschiebt, sei in derselben Richtung positiv bezeichnet. Die das Tragwerk belastenden Kräfte und die Stützkräfte werden äußere Kräfte genannt und Q_m bezeichnet, wobei der Index m den Angriffspunkt der Kraft angibt. Die Lasten sollen P_m, die Stützkräfte allgemein C_r bezeichnet werden.

Der Widerstand jedes Stabes ist zwei Kräften gleicher Größe aber entgegengesetzter Richtung gleich zu setzen, die in den Knotenpunkten des Stabes angreifen. Ihre Kraftlinie ist infolge der wesentlichen Eigenschaft des Stabes die Stabachse. Die Richtung der Kräfte ist zunächst unbekannt. Als positive Richtung wird im allgemeinen die Richtung des vom Stabe ausgeübten Widerstandes gegen eine Dehnung eingeführt. Die beiden positiven Kräfte wirken also auf die Knotenpunkte im Sinne einer Annäherung, die negativen Kräfte im Sinne einer Entfernung. Man nennt den Widerstand des Stabes seine Spannkraft und versteht darunter streng genommen die bezeichneten Doppelkräfte. Die positive Spannkraft ist eine Zugkraft, die negative eine Druckkraft. Die Bezeichnung der Spannkraft ist S_{ik}, wobei die Indizes die Knotenpunkte angeben, oder S_i, wenn die Stäbe gezählt werden. Die Spannkräfte in den Stäben, den inneren Gliedern des Fachwerks, werden „innere Kräfte“ genannt.

Durch die beschriebene Zerlegung des Fachwerks ist erreicht, daß k materielle Punkte, deren jeder durch eine Anzahl von Kräften belastet ist und sich im Raume frei bewegen kann, den Gegenstand der

Untersuchung bilden. Sind die Kräfte nach Größe und Richtung gefunden, welche alle Punkte im Gleichgewicht halten, so sind auch die Stützkräfte und Spannkräfte bestimmt.

Die virtuelle Verrückung jedes Knotenpunktes sei durch ihre Komponenten nach den Achsen eines rechtwinkligen Koordinatensystems bezeichnet. Diese Angabe umfaßt alle möglichen Verrückungen, wenn die drei Komponenten voneinander unabhängige willkürliche Strecken sind. Sie werden einem bestimmten Punkte zugeordnet, indem sie als Änderungen der Koordinaten des Punktes eingeführt werden. Zur Unterscheidung von wirklichen Verrückungen sollen die virtuellen durch Überstreichung gekennzeichnet werden. Danach sind $\varDelta x_m$, $\varDelta y_m$, $\varDelta z_m$ die Komponenten einer wirklichen, $\varDelta \bar{x}_m$, $\varDelta \bar{y}_m$, $\varDelta \bar{z}_m$ die Komponenten einer virtuellen Verrückung des Punktes m. Ferner bezeichne ζ, η, ϑ die Stellungswinkel der Richtung der in m angreifenden äußeren Kraft Q_m, und α_{mk}, β_{mk}, γ_{mk} die Stellungswinkel der Richtung der in m angreifenden Spannkraft S_{mk}. Für diese gilt also wieder

$$\alpha_{mk} = \pi + \alpha_{km}\,, \qquad \beta_{mk} = \pi + \beta_{km}\,, \qquad \gamma_{mk} = \pi + \gamma_{km}\,.$$

Schließlich sei δ_m die Projektion der durch die Komponenten $\varDelta x_m$, $\varDelta y_m$, $\varDelta z_m$ gegebenen wirklichen Verrückung auf die Kraftlinie Q_m, also

$$\delta_m = \varDelta x_m \cdot \cos\zeta + \varDelta y_m \cdot \cos\eta + \varDelta z_m \cdot \cos\vartheta \tag{5}$$

und $\bar{\delta}_m$ dieselbe Projektion der virtuellen Verrückung $\varDelta \bar{x}_m$, $\varDelta \bar{y}_m$, $\varDelta \bar{z}_m$

$$\bar{\delta}_m = \varDelta \bar{x}_m \cdot \cos\zeta + \varDelta \bar{y}_m \cdot \cos\eta + \varDelta \bar{z}_m \cdot \cos\vartheta\,. \tag{6}$$

Die Arbeit der Kraft Q_m bei einer virtuellen Verrückung ist demnach $Q_m \cdot \bar{\delta}_m$. Die Arbeit der Kräfte S_{mk}, die im Knotenpunkte m angreifen, wird als algebraische Summe der Produkte aus den Kraftkomponenten nach den Koordinatenachsen und den Komponenten der virtuellen Verrückung aufgestellt. Mithin ergibt das Prinzip der virtuellen Verrückungen für jeden Knotenpunkt m die Gleichung

$$\left.\begin{aligned} Q_m \cdot \bar{\delta}_m + \varDelta \bar{x}_m \sum^k S_{mk} \cdot \cos\alpha_{mk} + \varDelta \bar{y}_m \sum^k S_{mk} \cdot \cos\beta_{mk} \\ + \varDelta \bar{z}_m \sum^k S_{mk} \cdot \cos\gamma_{mk} = 0\,. \end{aligned}\right\} \tag{7}$$

Diese Gleichungen werden addiert. Jede Spannkraft tritt in zwei Gleichungen auf, da sie in zwei Knotenpunkten wirkt. Ordnet man die Glieder nach Spannkräften, so ergibt sich für jede

$$\begin{aligned} &+ S_{mk}(\varDelta \bar{x}_m \cos\alpha_{mk} + \varDelta \bar{y}_m \cos\beta_{mk} + \varDelta \bar{z}_m \cos\gamma_{mk} + \varDelta \bar{x}_k \cos\alpha_{km} \\ &\qquad + \varDelta \bar{y}_k \cdot \cos\beta_{km} + \varDelta \bar{z}_k \cdot \cos\gamma_{km}) = \\ &- S_{mk}[(\varDelta \bar{x}_k - \varDelta \bar{x}_m)\cos\alpha_{mk} + (\varDelta \bar{y}_k - \varDelta \bar{y}_m)\cos\beta_{mk} + (\varDelta \bar{z}_k - \varDelta \bar{z}_m)\cos\gamma_{mk}]. \end{aligned}$$

Nach Gleichung (1) ist der Faktor von S_{mk} gleich der Änderung des Abstandes der Punkte k und m, die bei den virtuellen Verrückungen $\varDelta \bar{x}_k$, $\varDelta \bar{y}_k$, $\varDelta \bar{z}_k$, $\varDelta \bar{x}_m$, $\varDelta \bar{y}_m$, $\varDelta \bar{z}_m$ eintritt. Da dieser Abstand durch s_{mk} bezeichnet ist, ist

$$\left.\begin{aligned} \varDelta \bar{s}_{mk} = (\varDelta \bar{x}_k - \varDelta \bar{x}_m)\cos\alpha_{mk} + (\varDelta \bar{y}_k - \varDelta \bar{y}_m)\cos\beta_{mk} \\ + (\varDelta \bar{z}_k - \varDelta \bar{z}_m)\cos\gamma_{mk} \end{aligned}\right\} \tag{8}$$

zu setzen und es darf $\Delta \bar{s}_{mk}$ als virtuelle Längenänderung des Stabes mk bezeichnet werden. Durch Addition der k Gleichungen (7) ergibt sich also

$$\sum\nolimits_1^m Q_m \bar{\delta}_m - \sum\nolimits_2 S_{mk} \cdot \Delta \bar{s}_{mk} = 0 .$$

$\sum_1$ erstreckt sich über alle äußeren Kräfte, die Lasten und Stützkräfte, $\sum_2$ über alle Spannkräfte. Werden die Stäbe gezählt und bezeichnet k die Zahl des Stabes, so ist die Gleichung einfacher in der Form

$$\sum^m Q_m \cdot \bar{\delta}_m - \sum^k S_k \cdot \Delta \bar{s}_k = 0 \tag{9}$$

zu schreiben. Die erste Summe ist die Arbeit aller äußeren Kräfte, die zweite Summe der absolute Wert der Arbeit der inneren Kräfte bei einer virtuellen Verrückung. Da die Richtung der beiden positiven Kräfte S_{mk} der positiven Änderung des Abstandes $\Delta \bar{s}_{mk}$ entgegengesetzt ist, so ist ihre Arbeit $-S_{mk} \cdot \Delta \bar{s}_{mk}$ und $-\sum^k S_{mk} \cdot \Delta \bar{s}_{mk}$ die Arbeit aller inneren Kräfte. Danach sagt die Gleichung (9) aus: Besteht in allen Knotenpunkten eines Fachwerks Gleichgewicht zwischen den äußeren und inneren Kräften, so verschwindet die algebraische Summe der Arbeit der äußeren und inneren Kräfte bei jeder virtuellen Verrückung.

Zu beachten ist, daß in Gleichung (7) die Verrückungen vollständig unabhängig von den Kräften sind, ferner die Kräfte ihre Größe und Richtung während der Verrückung nicht ändern. Das gilt daher auch für Gleichung (9). Letztere besteht streng genommen nur für k freie Punkte, die ihre Abstände um $\Delta \bar{s}$ ändern. Sie kann aber ohne weiteres auf ein zusammenhängendes elastisches Fachwerk ausgedehnt werden, dessen virtuelle Verrückungen an die Bedingung gebunden sind, daß zwischen den Verrückungskomponenten der Knotenpunkte und den Änderungen der Stablängen die r Gleichungen (8) bestehen. Da die innere Kraft eines Stabes der Widerstand gegen die Dehnung ist, ist ihre Arbeit $-S \cdot \Delta \bar{s}$, also der Wert der Arbeit der äußeren und inneren Kräfte bei einer virtuellen Verrückung $\sum Q_m \bar{\delta}_m - \sum S_k \Delta \bar{s}_k$ und nach Gleichung (9) gleich Null.

Die Gleichung (9) ist zuerst von L. D. Poisson[1]) aufgestellt und erweitert für Punktsysteme, deren Verbindung untereinander durch allgemeine Gleichungen zwischen den Koordinaten gegeben ist.

5. Der zusammenhängende Körper

werde in Raumelemente $dx \cdot dy \cdot dz$ durch ebene Schnitte parallel zu den drei Ebenen des Koordinatensystems zerlegt. Die gegenseitige Wirkung der Raumelemente ist durch Doppelkräfte zu ersetzen, die in gleicher Größe aber entgegengesetzter Richtung auf die beiden Flächen wirken, in denen zwei benachbarte Elemente sich berühren. Diese Kräfte seien durch ihre Komponenten nach der X, Y, Z-Achse angegeben. Auf die sechs Seiten des Raumelementes im Punkte x, y, z wirken die

---

[1]) Poisson, L. D.: Traité de mécanique, 2. éd., S. 666. Paris 1833.

in folgender Tafel durch ihre auf die Flächeneinheit bezogenen Werte (Spannung) angegebenen Kräfte. Die erste Zeile der Tabelle enthält alle Kräfte parallel zur X-Achse, die zweite alle Kräfte parallel zur Y-Achse, die dritte alle Kräfte parallel zur Z-Achse, die erste Spalte die Kräfte in der Seite $dy \cdot dz$ rechtwinklig zur X-Achse, die zweite die Kräfte in der Seite $dx \cdot dz$ rechtwinklig zur Y-Achse, die dritte die Kräfte in der Seite $dx \cdot dy$ rechtwinklig zur Z-Achse. σ_x, σ_y, σ_z werden Normalspannungen, τ_x, τ_y, τ_z Schubspannungen genannt. Die Abb. 3a, b, c zeigen die Projektionen des Raumelementes auf die Ebenen des Koordinatensystems mit den positiven Richtungen der auf das Element wirkenden Kräfte.

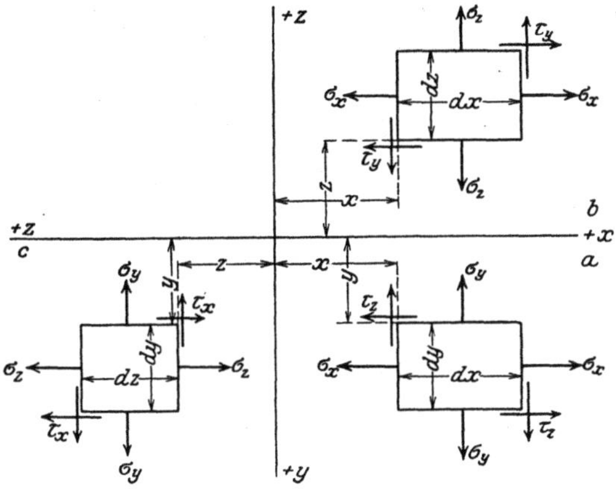

Abb. 3.

	$\perp$ X-Achse $dy \cdot dz$	$\perp$ Y-Achse $dx \cdot dz$	$\perp$ Z-Achse $dx \cdot dy$
Richtung X . . .	σ_x	τ_z	τ_y
Richtung Y . . .	τ_z	σ_y	τ_x
Richtung Z . . .	τ_y	τ_x	σ_z

Im Falle des Gleichgewichts können alle Spannungen in zwei unendlich nahe liegenden Punkten nur um unendlich kleine Größen voneinander verschieden sein. Demnach müssen die Spannungen die Eigenschaft stetiger Funktionen der Koordinaten haben, auch wenn es im Einzelfalle nicht möglich ist, diese Funktionen aufzustellen. Bildet man nun die Differenz der Kräfte, die auf die Seiten des Elements im Punkte $x + dx$, $y + dy$, $z + dz$ wirken, und der Kräfte, die in den Seiten im Punkte x, y, z wirken, so erhält man die auf das Raumelement wirkenden Kräfte, die als äußere Kräfte anzusehen sind. Nachstehende Tabelle gibt die Kräfte an:

	$\perp$ X-Achse $dy \cdot dz$	$\perp$ Y-Achse $dx \cdot dz$	$\perp$ Z-Achse $dx \cdot dy$
Richtung X . . .	$\frac{\partial \sigma_x}{\partial x} \cdot dx$	$\frac{\partial \tau_z}{\partial y} \cdot dy$	$\frac{\partial \tau_y}{\partial z} \cdot dz$
Richtung Y . . .	$\frac{\partial \tau_z}{\partial x} \cdot dx$	$\frac{\partial \sigma_y}{\partial y} \cdot dy$	$\frac{\partial \tau_x}{\partial z} \cdot dz$
Richtung Z . . .	$\frac{\partial \tau_y}{\partial x} \cdot dx$	$\frac{\partial \tau_x}{\partial y} \cdot dy$	$\frac{\partial \sigma_z}{\partial z} \cdot dz$

Das Raumelement erfahre eine virtuelle Verrückung, die durch ihre Komponenten $\bar{u}$, $\bar{v}$, $\bar{w}$ nach der X, Y, Z-Achse bezeichnet sei, so ist nach dem Prinzip der virtuellen Verrückungen die Bedingung des Gleichgewichts aller das Element belastenden Kräfte

$$\left[\left(\frac{\partial \sigma_x}{\partial x}+\frac{\partial \tau_z}{\partial y}+\frac{\partial \tau_y}{\partial z}\right)\bar{u}+\left(\frac{\partial \tau_z}{\partial x}+\frac{\partial \sigma_y}{\partial y}+\frac{\partial \tau_x}{\partial z}\right)\bar{v}+\right.$$
$$\left.+\left(\frac{\partial \tau_y}{\partial x}+\frac{\partial \tau_x}{\partial y}+\frac{\partial \sigma_z}{\partial z}\right)\bar{w}\right]dx\cdot dy\cdot dz=0.$$

Da diese Gleichung für jedes Element des Körpers gilt, ergibt sich durch Addition aller Gleichungen für den ganzen Körper

$$\left.\begin{aligned}\iiint\left[\left(\frac{\partial \sigma_x}{\partial x}+\frac{\partial \tau_z}{\partial y}+\frac{\partial \tau_y}{\partial z}\right)\bar{u}+\left(\frac{\partial \tau_z}{\partial x}+\frac{\partial \sigma_y}{\partial y}+\frac{\partial \tau_x}{\partial z}\right)\bar{v}+\right.\\ \left.+\left(\frac{\partial \tau_y}{\partial x}+\frac{\partial \tau_x}{\partial y}+\frac{\partial \sigma_z}{\partial z}\right)\bar{w}\right]dx\cdot dy\cdot dz=0.\end{aligned}\right\}\quad(10)$$

Die virtuellen Verrückungen werden der Bedingung unterworfen, daß $\bar{u}$, $\bar{v}$, $\bar{w}$ drei stetige Funktionen der Koordinaten sind, die voneinander unabhängig und im übrigen vollkommen willkürlich sind. Dann entsteht durch partielle Integration, wenn die Funktionen σ, τ, $\bar{u}$, $\bar{v}$, $\bar{w}$ in den Koordinaten der Oberfläche durch den Index 0 gekennzeichnet werden:

$$\int\left(\frac{\partial \sigma_x}{\partial x}\cdot\bar{u}+\frac{\partial \tau_z}{\partial x}\cdot\bar{v}+\frac{\partial \tau_y}{\partial x}\cdot\bar{w}\right)dx=\sigma_{x0}\cdot\bar{u}_0+\tau_{z0}\cdot\bar{v}_0+\tau_{y0}\cdot\bar{w}_0$$
$$-\int\left(\sigma_x\frac{\partial\bar{u}}{\partial x}+\tau_z\frac{\partial\bar{v}}{\partial x}+\tau_y\frac{\partial\bar{w}}{\partial x}\right)dx,$$

$$\int\left(\frac{\partial \tau_z}{\partial y}\cdot\bar{u}+\frac{\partial \sigma_y}{\partial y}\cdot\bar{v}+\frac{\partial \tau_x}{\partial y}\cdot\bar{w}\right)dy=\tau_{z0}\cdot\bar{u}_0+\sigma_{y0}\cdot\bar{v}_0+\tau_{x0}\cdot\bar{w}_0$$
$$-\int\left(\tau_z\frac{\partial\bar{u}}{\partial y}+\sigma_y\frac{\partial\bar{v}}{\partial y}+\tau_x\frac{\partial\bar{w}}{\partial y}\right)dy,$$

$$\int\left(\frac{\partial \tau_y}{\partial z}\cdot\bar{u}+\frac{\partial \tau_x}{\partial z}\cdot\bar{v}+\frac{\partial \sigma_z}{\partial z}\cdot\bar{w}\right)dz=\tau_{y0}\cdot\bar{u}_0+\tau_{x0}\cdot\bar{v}_0+\sigma_{z0}\cdot\bar{w}_0$$
$$-\int\left(\tau_y\frac{\partial\bar{u}}{\partial z}+\tau_x\frac{\partial\bar{v}}{\partial z}+\sigma_z\frac{\partial\bar{w}}{\partial z}\right)dz.$$

Gleichung (10) geht über in

$$\left.\begin{aligned}&\iint(\sigma_{x0}\cdot\bar{u}_0+\tau_{z0}\cdot\bar{v}_0+\tau_{y0}\cdot\bar{w}_0)\,dy\cdot dz+\iint(\tau_{z0}\cdot\bar{u}_0+\sigma_{y0}\cdot\bar{v}_0+\tau_{x0}\cdot\bar{w}_0)\,dx\cdot dz\\&+\iint(\tau_{y0}\cdot\bar{u}_0+\tau_{x0}\cdot\bar{v}_0+\sigma_{z0}\cdot\bar{w}_0)\,dx\cdot dy-\iiint\left[\sigma_x\frac{\partial\bar{u}}{\partial x}+\sigma_y\frac{\partial\bar{v}}{\partial y}+\sigma_z\frac{\partial\bar{w}}{\partial z}\right.\\&\left.+\tau_z\left(\frac{\partial\bar{u}}{\partial y}+\frac{\partial\bar{v}}{\partial x}\right)+\tau_y\left(\frac{\partial\bar{u}}{\partial z}+\frac{\partial\bar{w}}{\partial x}\right)+\tau_x\left(\frac{\partial\bar{v}}{\partial z}+\frac{\partial\bar{w}}{dy}\right)\right]dx\cdot dy\cdot dz=0.\end{aligned}\right\}\quad(11)$$

Die drei ersten Integrale sind Flächenintegrale und erstrecken sich über die ganze Oberfläche des Körpers.

Auf die in die Oberfläche fallenden Elemente wirken die äußeren Kräfte, die durch ihre Komponenten p_{x0}, p_{y0}, p_{z0} positiv von innen nach außen gerichtet als Funktionen der Koordinaten der Oberfläche gegeben seien. Jedes dieser Elemente ist ein Prisma, von dem fünf Seiten in das Innere fallen und parallel zu den Koordinatenebenen sind, während die sechste in die Oberfläche fallende Seite im allgemeinen gegen die Koordinatenachsen geneigt ist. Ihre Flächengröße ist das Element der Oberfläche df, ihre Neigung sei durch die Stellungswinkel der von innen nach außen gerichteten Normalen zur Oberfläche α, β, γ bezeichnet. Da die Spannungen σ und τ nur in den in das Innere fallenden Seiten auftreten und diese Seiten von verschiedener Größe sind, heben sich die auf parallele Seiten wirkenden σ und τ nicht gegeneinander auf, und die Differentiale $d\sigma$, $d\tau$ sind gegen die σ und τ zu vernachlässigen. Der Unterschied der Flächengröße je zweier paralleler Seiten und die Fläche der fünften Seite sind immer $df\cos\alpha$, $df\cos\beta$, $df\cos\gamma$. Mithin wirken auf jedes Volumenelement der Oberfläche folgende Kräfte:

$$(p_{x0} - \sigma_{x0}\cdot\cos\alpha - \tau_{z0}\cos\beta - \tau_{y0}\cos\gamma)\,df$$

in Richtung der X-Achse,

$$(p_{y0} - \tau_{z0}\cdot\cos\alpha - \sigma_{y0}\cos\beta - \tau_{x0}\cos\gamma)\,df$$

in Richtung der Y-Achse,

$$(p_{z0} - \tau_{y0}\cdot\cos\alpha - \tau_{x0}\cos\beta - \sigma_{z0}\cos\gamma)\,df$$

in Richtung der Z-Achse.

Die Bedingung des Gleichgewichts für das Oberflächenelement ist somit

$$\begin{aligned}&[(p_{x0} - \sigma_{x0}\cos\alpha - \tau_{z0}\cos\beta - \tau_{y0}\cos\gamma)\,\bar{u}_0\\ &+ (p_{y0} - \tau_{z0}\cos\alpha - \sigma_{y0}\cos\beta - \tau_{x0}\cos\gamma)\,\bar{v}_0\\ &+ (p_{z0} - \tau_{y0}\cos\alpha - \tau_{x0}\cos\beta - \sigma_{z0}\cos\gamma)\,\bar{w}_0]\,df = 0\,.\end{aligned}$$

Durch Integration über die Oberfläche und Trennung der Glieder nach den äußeren Kräften und inneren Spannungen ergibt sich

$$\left.\begin{aligned}&\int(p_{x0}\cdot\bar{u}_0 + p_{y0}\cdot\bar{v}_0 + p_{z0}\cdot\bar{w}_0)\,df\\ &= \int(\sigma_{x0}\cdot\bar{u}_0 + \tau_{z0}\cdot\bar{v}_0 + \tau_{y0}\cdot\bar{w}_0)\,df\cos\alpha\\ &+ \int(\tau_{z0}\cdot\bar{u}_0 + \sigma_{y0}\cdot\bar{v}_0 + \tau_{x0}\cdot\bar{w}_0)\,df\cos\beta\\ &+ \int(\tau_{y0}\cdot\bar{u}_0 + \tau_{x0}\cdot\bar{v}_0 + \sigma_{z0}\cdot\bar{w}_0)\,df\cos\gamma\,.\end{aligned}\right\} \qquad (12)$$

Wird $df\cdot\cos\alpha = dy\cdot dz$, $df\cdot\cos\beta = dx\cdot dz$, $df\cdot\cos\gamma = dx\cdot dy$ eingeführt, so ist die rechte Seite identisch mit den drei ersten Integralen der Gleichung (11). Die partiellen Differentialquotienten von $\bar{u}$, $\bar{v}$, $\bar{w}$ geben die auf die Längeneinheit bezogenen Verschiebungen der Elemente in den Punkten $x + dx, y, z - x, y + dy, z - x, y, z + dz$

gegen das Element im Punkte x, y, z in den Richtungen an, die aus nachstehender Tabelle ersichtlich sind:

	$x+dx,\ y,\ z$	$x,\ y+dy,\ z$	$x,\ y,\ z+dz$
Richtung X . . .	$\frac{\partial \bar u}{\partial x}$	$\frac{\partial \bar u}{\partial y}$	$\frac{\partial \bar u}{\partial z}$
Richtung Y . . .	$\frac{\partial \bar v}{\partial x}$	$\frac{\partial \bar v}{\partial y}$	$\frac{\partial \bar v}{\partial z}$
Richtung Z . . .	$\frac{\partial \bar w}{\partial x}$	$\frac{\partial \bar w}{\partial y}$	$\frac{\partial \bar w}{\partial z}$

$\frac{\partial \bar u}{\partial x}, \frac{\partial \bar v}{\partial y}, \frac{\partial \bar w}{\partial z}$ haben die Bedeutung von Dehnungen in Richtung der X, Y, Z-Achse, die übrigen Differentialquotienten die Bedeutung einer Schiebung. Mithin ist jedes Glied in dem Differential

$$\sigma_x dy\cdot dz \frac{\partial \bar u}{\partial x} dx + \sigma_y dx\cdot dz \frac{\partial \bar v}{\partial y} dy + \sigma_z dx\cdot dy \frac{\partial \bar w}{\partial z} dz$$
$$+ \tau_z\left(dx\cdot dz \frac{\partial \bar u}{\partial y} dy + dy\cdot dz \frac{\partial \bar v}{\partial x} dx\right) + \tau_y\left(dx\cdot dy \frac{\partial \bar u}{\partial z} dz + dy\cdot dz \frac{\partial \bar w}{\partial x} dx\right)$$
$$+ \tau_x\left(dx\,dy \frac{\partial \bar v}{\partial z} dz + dx\,dz \frac{\partial \bar w}{\partial y} dy\right)$$

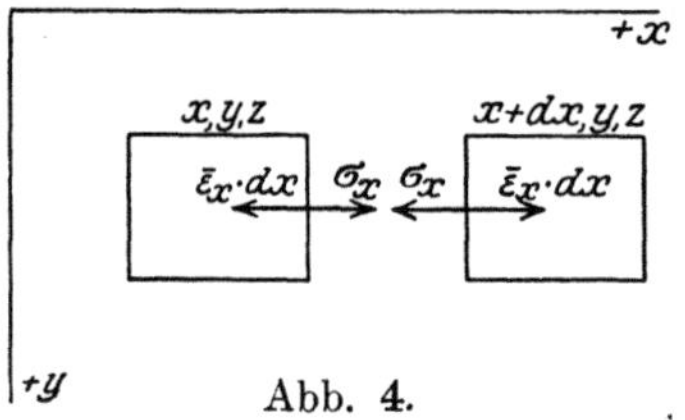

Abb. 4.

der absolute Wert der Arbeit einer der 6 Kräfte, die zwischen den genannten Elementen in den Berührungsflächen auftreten, bei der virtuellen Verrückung $\bar u, \bar v, \bar w$. Da die Richtung der Kräfte der Richtung der Wege entgegengesetzt ist — siehe Abb. 4, welche die Elemente auseinandergezogen darstellt —, ist die Arbeit negativ. Mit den Bezeichnungen

$$\left.\begin{aligned} &\frac{\partial \bar u}{\partial x} = \bar\varepsilon_x, \quad &&\frac{\partial \bar v}{\partial y} = \bar\varepsilon_y, \quad &&\frac{\partial \bar w}{\partial z} = \bar\varepsilon_z, \\ &\frac{\partial \bar u}{\partial y} + \frac{\partial \bar v}{\partial x} = \bar\gamma_z, \quad &&\frac{\partial \bar u}{\partial z} + \frac{\partial \bar w}{\partial x} = \bar\gamma_y, \quad &&\frac{\partial \bar v}{\partial z} + \frac{\partial \bar w}{\partial y} = \bar\gamma_x \end{aligned}\right\} \qquad (13)$$

ist

$$-\iiint (\sigma_x\cdot \bar\varepsilon_x + \sigma_y\cdot \bar\varepsilon_y + \sigma_z\cdot \bar\varepsilon_z + \tau_x\cdot \bar\gamma_x + \tau_y\cdot \bar\gamma_y + \tau_z\cdot \bar\gamma_z)\, dx\cdot dy\cdot dz$$

die Arbeit der Spannungen, d. h. der inneren Kräfte des Körpers. Wird noch Gleichung (12) in (11) eingeführt, so ergibt sich die Gleichung des Prinzips der virtuellen Verrückungen für den zusammenhängenden Körper — $dx\cdot dy\cdot dz = dv$ —

$$\left.\begin{aligned} &\int (p_{x0}\cdot \bar u_0 + p_{y0}\cdot \bar v_0 + p_{z0}\cdot \bar w_0)\, df \\ -&\int (\sigma_x\cdot \bar\varepsilon_x + \sigma_y\cdot \bar\varepsilon_y + \sigma_z\cdot \bar\varepsilon_z + \tau_x\cdot \bar\gamma_x + \tau_y\cdot \bar\gamma_y + \tau_z\cdot \bar\gamma_z)\, dv = 0. \end{aligned}\right\} \quad (14)$$

Die Gleichung sagt aus: **Besteht zwischen den auf die Oberfläche wirkenden äußeren Kräften und den inneren Kräften in jedem Punkte des Körpers Gleichgewicht, so verschwindet die algebraische Summe der Arbeit der äußeren und inneren Kräfte bei jeder virtuellen Verrückung.**

In der für das Volumenelement aufgestellten Gleichung sind die Verrückungen $\bar{u}$, $\bar{v}$, $\bar{w}$ von den Kräften und untereinander unabhängig, und die Kräfte ändern bei der Verrückung weder ihre Größe noch Richtung. Das gilt daher auch für die Gleichung (14). Diese besteht zunächst für die Summe aller Elemente bei einer virtuellen Verrückung, die den Zusammenhang der Elemente nicht wahren muß. Sie kann jedoch sofort auf den zusammenhängenden elastischen Körper ausgedehnt werden, wenn jedes Element einer virtuellen Formänderung $\bar{\varepsilon}_x$, $\bar{\varepsilon}_y$, $\bar{\varepsilon}_z$, $\bar{\gamma}_x$, $\bar{\gamma}_y$, $\bar{\gamma}_z$ unterworfen wird. Das fügt die Bedingung hinzu, daß auch diese Größen stetige Funktionen der Koordinaten sind. Untereinander unabhängig sind sie nicht, da sie partielle Ableitungen von drei stetigen Funktionen sind. Die vorstehende Ableitung der Gleichung (14) findet sich bei Lamé[1]) und G. Kirchhoff[2]), ist jedoch vermutlich älter.

6. Willkürlicher Gleichgewichtszustand, bestimmte Verrückungen als virtuelle.

Die Gleichung (9) ist eine allgemeine und umfassende Aussage über den Gleichgewichtszustand — d. h. die im Gleichgewicht befindlichen äußeren und inneren Kräfte — des Fachwerks, die Gleichung (14) eine solche über den Gleichgewichtszustand des zusammenhängenden Körpers. Beide Gleichungen binden das Gleichgewicht an den Wert einer von den auftretenden Kräften geleisteten Arbeit. Da nun die Arbeit einer Kraft das Produkt aus Kraft und Weg ist, so stellen die Gleichungen eine Bedingung auf, die sowohl von den Kräften wie von deren Wegen erfüllt werden kann. Man kann also die Frage nach den Kräften stellen, die bei einem gegebenen System virtueller Verrückungen die Gleichungen erfüllen. Man kann aber auch die Frage nach den virtuellen Verrückungen stellen, die bei einem gegebenen Gleichgewichtszustand die Gleichungen erfüllen. Diese Frage ist offenbar von erheblichem Belang, wenn es möglich ist, aus virtuellen Verrückungen auf die wirklichen zu schließen, und das trifft sowohl für das Fachwerk wie den zusammenhängenden Körper zu.

Die virtuellen Verrückungen sind sehr kleine Größen und sind beim Fachwerk an die r Bedingungen (8) gebunden. Diese Gleichungen stimmen aber mit den Gleichungen (1) überein, die beliebige Längenänderungen Δs von sehr kleiner Größe mit den Verschiebungskomponenten verknüpfen. Die virtuellen Verrückungen der Punkte des

[1]) Lamé, G.: Leçons sur la théorie mathématique de l'élasticité des corps solides. Paris 1852.

[2]) Kirchhoff, G.: Über das Gleichgewicht und die Bewegung eines unendlich dünnen Stabes. Journ. f. Mathematik 1858, S. 291 und Vorlesungen über mathematische Physik. Bd. I Mechanik, 11 Vorl., Leipzig 1876.

zusammenhängenden Körpers müssen stetige Funktionen der Koordinaten sein und ihre partiellen Ableitungen nach X, Y, Z beschreiben durch die Gleichungen (13) die virtuelle Formänderung der Volumenelemente. Das sind aber dieselben Gleichungen, die zwischen der wirklichen Formänderung der Volumenelemente und den Verrückungen ihrer Punkte bestehen, solange die diese beschreibenden Größen sehr klein sind. Mithin beantwortet die Gleichung (9) die Frage nach dem Zusammenhang zwischen bestimmten Längenänderungen Δs und Verschiebungskomponenten $\Delta x \cdot \Delta y$ eines Fachwerks und die Gleichung (14) die Frage nach dem Zusammenhang zwischen bestimmten Dehnungen ε_x, ε_y, ε_z und Schiebungen γ_x, γ_y, γ_z der Volumenelemente sowie den Verrückungskomponenten u_0, v_0, w_0 eines zusammenhängenden Körpers dadurch, daß beide für einen bekannten Gleichgewichtszustand aufgestellt werden. Da die Gleichungen für jeden denkbaren Gleichgewichtszustand erfüllt sein müssen, hat man in der Auswahl der Gleichgewichtszustände dieselbe Freiheit wie in der Auswahl der virtuellen Verrückungen, wenn nach den Kräften eines Gleichgewichtszustandes gefragt wird. Es liegt nahe, den zum fraglichen Zweck gedachten Gleichgewichtszustand einen „virtuellen" zu nennen. Seine Kräfte werden durch Überstreichung gekennzeichnet, und die Gleichungen haben die Form

$$\sum \overline{Q}_m \cdot \delta_m - \sum \overline{S} \Delta s = 0. \tag{15}$$

$$\left.\begin{aligned} \int (\overline{p}_{x0} \cdot u_0 + \overline{p}_{y0} \cdot v_0 + \overline{p}_{z0} \cdot w_0)\, df - \int (\overline{\sigma}_x \cdot \varepsilon_x + \overline{\sigma}_y \cdot \varepsilon_y + \overline{\sigma}_z \cdot \varepsilon_z \\ + \overline{\tau}_x \cdot \gamma_x + \overline{\tau}_y \cdot \gamma_y + \overline{\tau}_z \cdot \gamma_z)\, dv = 0. \end{aligned}\right\} \tag{16}$$

Den bezeichneten allgemeinen Übergang hat zuerst O. Mohr[1]) vollzogen, nachdem schon vor ihm J. Cl. Maxwell[2]) den Wert geleisteter Arbeit zur Berechnung elastischer Verschiebungen benutzt hat. Mohr behandelt den elastischen Körper als eine Gruppe unendlich vieler Massenpunkte, die durch unendlich viele Stäbe verbunden sind und überträgt vermöge dieser Auffassung ohne weiteres die für das Fachwerk gefundenen Sätze. Die Gleichung (16) ist unter Annahme äußerer Einzelkräfte von Müller-Breslau[3]) aufgestellt.

Obwohl die Richtigkeit der vorstehenden Schlußfolgerung eines weiteren Beweises nicht bedarf, sollen die Gleichungen (15) und (16) doch noch ausführlich als Aussagen über die Formänderung abgeleitet werden. Im Hinblick auf die vielfache Anwendung, die gerade diese Gleichungen finden, erscheint das zweckmäßig, und es ergeben sich überdies dabei wichtige Tatsachen, die auf andere Weise weniger klar zu erkennen sind.

---

[1]) Mohr, O.: Beitrag zur Theorie der Bogenfachwerkträger. Zeitschr. d. Arch.- u. Ing.-Vereins zu Hannover 1874, S. 223. — Ders.: Beitrag zur Theorie des Fachwerks. Ebenda 1874, S. 509 und 1875, S. 17. — Ders.: Beitrag zur Theorie des Fachwerks. Zivilingenieur 1885, S. 289.

[2]) Maxwell, J. Cl.: On the calculation of the equilibrium and stiffness of frames. Philosophical Magazine 1864, S. 294.

[3]) Müller-Breslau, H.: Bedingungsgleichungen für statisch unbestimmte Körper. Wochenbl. f. Arch. u. Ing. Bd. 6, S. 373. 1884.

7. Fortsetzung. Das Fachwerk.

Die Verschiebungskomponenten eines räumlichen Fachwerks sind durch die Gleichungen

a) $\Delta s_{ik} = (\Delta x_k - \Delta x_i)\cos\alpha_{ik} + (\Delta y_k - \Delta y_i)\cos\beta_{ik} + (\Delta z_k - \Delta z_i)\cos\gamma_{ik}$

und

b) $c_r = \Delta x_r \cos\zeta + \Delta y_r \cos\eta + \Delta z_r \cos\vartheta$

unabhängig von der Ursache der Längenänderungen Δs und Stützenverschiebungen c_r eindeutig bestimmt, wenn die Zahl der Unbekannten $3k$ gleich der Zahl der Gleichungen ist; d. h. $3k = r + a$. Das gilt natürlich auch für den Fall $3k < r + a$ unter der Voraussetzung, daß die Gleichungen miteinander verträglich sind. Jede Gleichung *a*) wird mit einem unbestimmten Beiwert μ_{ik}, jede Gleichung *b*) mit einem solchen $-\nu_r$ multipliziert. Sodann werden alle Gleichungen addiert.

$$\left.\begin{aligned}\sum\nolimits_1 \mu_{ik}\cdot\Delta s_{ik} - \sum\nolimits_2 \nu_r\cdot c_r = \sum\nolimits_1 \mu_{ik}[(\Delta x_k - \Delta x_i)\cos\alpha_{ik}\\ + (\Delta y_k - \Delta y_i)\cos\beta_{ik} + (\Delta z_k - \Delta z_i)\cos\gamma_{ik}]\\ - \sum\nolimits_2 \nu_r(\Delta x_r\cos\zeta + \Delta y_r\cos\eta + \Delta z_r\cos\vartheta)\,.\end{aligned}\right\}\quad(17)$$

$\sum_1$ erstreckt sich über alle Stäbe, $\sum_2$ über alle Stützen. Die Glieder der rechten Seite werden nach Knotenpunkten geordnet, wobei

$$\Delta x_k\cdot\cos\alpha_{ik} = -\Delta x_k\cos\alpha_{ki}\,,\quad \Delta y_k\cos\beta_{ik} = -\Delta y_k\cos\beta_{ki}\,,$$
$$\Delta z_k\cdot\cos\alpha_{ik} = -\Delta z_k\cos\gamma_{ki}$$

gesetzt wird, dann ergibt sich für jeden nicht gestützten Knotenpunkt

$$-\left[\Delta x_i\sum\nolimits^k \mu_{ik}\cos\alpha_{ik} + \Delta y_i\sum\nolimits^k \mu_{ik}\cos\beta_{ik} + \Delta z_i\sum\nolimits^k \mu_{ik}\cdot\cos\gamma_{ik}\right].$$

Die $\sum^k$ umfassen alle im Knotenpunkt i vereinigten Stäbe. Für jeden gestützten Knotenpunkt ergibt sich

$$-\Big[\Delta x_r\Big(\sum\nolimits^k\mu_{rk}\cos\alpha_{rk} + \sum\nu_r\cos\zeta\Big) + \Delta y_r\Big(\sum\nolimits^k\mu_{rk}\cos\beta_{rk} + \sum\nu_r\cos\eta\Big)$$
$$+ \Delta z_r\Big(\sum\nolimits^k\mu_{rk}\cos\gamma_{rk} + \sum\nu_r\cos\vartheta\Big)\Big]\,.$$

Nun lassen sich die unbestimmten Beiwerte μ und ν mit Hilfe folgender Gleichungen durch andere unbestimmte Größen ausdrücken, die $\overline{P}$ bezeichnet seien:

$$\left.\begin{aligned}\sum\nolimits^k\mu_{ik}\cdot\cos\alpha_{ik} + \overline{P}_{ix} = 0\,,\\ \sum\nolimits^k\mu_{ik}\cdot\cos\beta_{ik} + \overline{P}_{iy} = 0\,,\\ \sum\nolimits^k\mu_{ik}\cdot\cos\gamma_{ik} + \overline{P}_{iz} = 0\,,\\ \sum\nolimits^k\mu_{rk}\cdot\cos\alpha_{rk} + \sum\nu_r\cos\zeta = 0\,,\\ \sum\nolimits^k\mu_{rk}\cdot\cos\beta_{rk} + \sum\nu_r\cos\eta = 0\,,\\ \sum\nolimits^k\mu_{rk}\cdot\cos\gamma_{rk} + \sum\nu_r\cos\vartheta = 0\,.\end{aligned}\right\}\quad(18)$$

Die Zahl dieser Gleichungen ist $3k$. Da $r + a$ Beiwerte μ und ν vorhanden sind und $r + a \geqq 3k$ ist, ist diese Bestimmung immer möglich. $\overline{P}_{ix}$, $\overline{P}_{iy}$, $\overline{P}_{iz}$ können als Komponenten einer im Punkte i angreifenden Last $\overline{P}_i$ willkürlicher Größe und Richtung aufgefaßt werden.

Dann sind nach vorstehenden Gleichungen die μ_{ik} als Spannkräfte in den Stäben und die Beiwerte ν_r als Stützkräfte zu deuten, die mit den Lasten $\overline{P}_i$ im Gleichgewicht stehen. Werden die entsprechenden Bezeichnungen $\overline{S}_{ik} = \mu_{ik}$, $\overline{C}_r = \nu_r$ eingeführt, so lautet Gleichung (17)

$$\sum\nolimits_1 \overline{S}_{ik}\cdot \Delta s_{ik} - \sum \overline{C}_r \cdot c = \sum\nolimits^i (\Delta x_i \cdot \overline{P}_{ix} + \Delta y_i \cdot \overline{P}_{iy} + \Delta z_i \overline{P}_{iz}) \,.$$

Bezeichnet δ_i die Projektion der totalen, durch ihre Komponenten Δx_i, Δy_i, Δz_i gegebenen Verrückung des Punktes i auf die Kraftlinie $\overline{P}_i$, dann ist

$$\overline{P}_i \cdot \delta_i = \Delta x_i \overline{P}_{ix} + \Delta y_i \cdot \overline{P}_{iy} + \Delta z_i \overline{P}_{iz}$$

und man erhält mit veränderten Indizes die Gleichung (15) in der Form

$$\sum\nolimits^m \overline{P}_m \delta_m + \sum\nolimits^r \overline{C}_r c - \sum\nolimits^k \overline{S}_k \Delta s_k = 0$$ [1].

Zu beachten ist, daß die μ und ν durch die Gleichungen (18) nur dann eindeutig bestimmt sind, wenn $3k = r + a$ ist. Ist $r + a = 3k + n$, so daß das Fachwerk n Glieder mehr enthält als die Stabilität erfordert, so können n Beiwerte μ, ν willkürlich gewählt werden, sofern nur $3k$ für alle Werte $\overline{P}$ erfüllbare Gleichungen bestehen bleiben, und können also auch gleich Null gesetzt werden. Das bedeutet, daß n Glieder aus der Untersuchung ausgeschlossen werden können, was einleuchtet, da die Formänderung des Fachwerks durch die notwendigen Glieder eindeutig bestimmt ist. Die so bestimmten Kräfte μ und ν bilden einen Gleichgewichtszustand in einem einfach stabilen Tragwerk.

8. Fortsetzung. Der zusammenhängende Körper.

Wenn die Abmessungen eines Parallelepipedon so klein sind, daß seine Seiten bei jeder Formänderung als Ebenen, seine Kanten als Gerade angesehen werden können, ist die Formänderung durch Angabe von sechs Stücken eindeutig beschrieben, nämlich durch die Längenänderungen der drei zueinander rechtwinkligen Kanten und die Änderung der drei von den Kanten eingeschlossenen Winkel. Die Formänderung des Volumenelements, dessen Kanten die Längen dx, dy, dz haben, ist also bestimmt, wenn die Dehnungen ε_x, ε_y, ε_z der Kanten und die Winkeländerungen oder Schiebungen γ_x, γ_y, γ_z der Winkel zwischen den Kanten dy, dz — dx, dz — dx, dy gegeben sind. Die Dehnungen und Schiebungen werden deshalb die Verzerrungskomponenten des Elements genannt. Soll nun die Formänderung die Bedingung erfüllen, daß der Zusammenhang des Elements mit den benachbarten Elementen in den Punkten $x + dx, y, z$ — $x, y + dy, z$ — $x, y, z + dz$ in den gemeinsamen Seiten bestehen bleibt, so müssen die Verzerrungskomponenten partielle Ableitungen von drei stetigen Funktionen der Koordinaten u, v, w sein, welche die mit der Formänderung verbundene Verschiebung der Punkte durch ihre Komponenten nach

---

[1]) Müller-Breslau, H.: Die graphische Statik der Baukonstruktionen, Bd. II, Abt. 1, S. 9. Leipzig 1892.

der X, Y, Z-Achse angeben. Aus einer einfachen geometrischen Überlegung folgen die Gleichungen

$$\left.\begin{array}{lll} \text{a)}\ \varepsilon_x = \dfrac{\partial u}{\partial x}, & \text{b)}\ \varepsilon_y = \dfrac{\partial v}{\partial y}, & \text{c)}\ \varepsilon_z = \dfrac{\partial w}{\partial z}, \\ \text{d)}\ \gamma_x = \dfrac{\partial w}{\partial y} + \dfrac{\partial v}{\partial z}, & \text{e)}\ \gamma_y = \dfrac{\partial w}{\partial x} + \dfrac{\partial u}{\partial z}, & \text{f)}\ \gamma_z = \dfrac{\partial u}{\partial y} + \dfrac{\partial v}{\partial x}. \end{array}\right\} \quad (19)$$

Danach dürfen ε_x, ε_y, ε_z, γ_x, γ_y, γ_z keine willkürlichen Funktionen sein, sondern müssen die partiellen Differentialgleichungen erfüllen, die man durch Elimination von u, v, w aus den Gleichungen (19) erhält. Es folgt

$$\text{aus a)}\ \frac{\partial^2 \varepsilon_x}{\partial y^2} = \frac{\partial^3 u}{\partial x\, \partial y^2}, \qquad \text{aus b)}\ \frac{\partial^2 \varepsilon_y}{\partial x^2} = \frac{\partial^3 v}{\partial x^2\, \partial y},$$

$$\text{aus f)}\ \frac{\partial^2 \gamma_z}{\partial x\, \partial y} = \frac{\partial^3 u}{\partial x\, \partial y^2} + \frac{\partial^3 v}{\partial x^2\, \partial y},$$

mithin

$$\frac{\partial^2 \varepsilon_x}{\partial y^2} + \frac{\partial^2 \varepsilon_y}{\partial x^2} = \frac{\partial^2 \gamma_z}{\partial x\, \partial y}.$$

Ferner

$$\text{aus a)}\ \frac{\partial^2 \varepsilon_x}{\partial y\, \partial z} = \frac{\partial^3 u}{\partial x\, \partial y\, \partial z},$$

$$\text{aus d)}\ \frac{\partial^2 \gamma_x}{\partial x^2} = \frac{\partial^3 w}{\partial x^2\, \partial y} + \frac{\partial^3 v}{\partial x^2\, \partial z},$$

$$\text{aus e)}\ \frac{\partial^2 \gamma_y}{\partial x\, \partial y} = \frac{\partial^3 w}{\partial x^2\, \partial y} + \frac{\partial^3 u}{\partial x\, \partial y\, \partial z},$$

$$\text{aus f)}\ \frac{\partial^2 \gamma_z}{\partial x\, \partial z} = \frac{\partial^3 u}{\partial x\, \partial y\, \partial z} + \frac{\partial^3 v}{\partial x^2\, \partial z},$$

mithin:

$$2 \frac{\partial^2 \varepsilon_x}{\partial y\, \partial z} = \frac{\partial}{\partial x}\left(\frac{\partial \gamma_z}{\partial z} + \frac{\partial \gamma_y}{\partial y} - \frac{\partial \gamma_x}{\partial x}\right).$$

In derselben Weise ergeben sich vier weitere Differentialgleichungen, so daß die Verzerrungskomponenten folgende sechs Gleichungen erfüllen müssen:

$$\left.\begin{array}{l} \dfrac{\partial^2 \varepsilon_y}{\partial x^2} + \dfrac{\partial^2 \varepsilon_x}{\partial y^2} = \dfrac{\partial^2 \gamma_z}{\partial x\, \partial y}, \\ \dfrac{\partial^2 \varepsilon_x}{\partial z^2} + \dfrac{\partial^2 \varepsilon_z}{\partial x^2} = \dfrac{\partial^2 \gamma_y}{\partial x\, \partial z}, \\ \dfrac{\partial^2 \varepsilon_z}{\partial y^2} + \dfrac{\partial^2 \varepsilon_y}{\partial z^2} = \dfrac{\partial^2 \gamma_x}{\partial y\, \partial z}, \\ 2 \dfrac{\partial^2 \varepsilon_x}{\partial y\, \partial z} = \dfrac{\partial}{\partial x}\left(\dfrac{\partial \gamma_z}{\partial z} + \dfrac{\partial \gamma_y}{\partial y} - \dfrac{\partial \gamma_x}{\partial x}\right), \\ 2 \dfrac{\partial^2 \varepsilon_y}{\partial x\, \partial z} = \dfrac{\partial}{\partial y}\left(\dfrac{\partial \gamma_x}{\partial x} + \dfrac{\partial \gamma_z}{\partial z} - \dfrac{\partial \gamma_y}{\partial y}\right), \\ 2 \dfrac{\partial^2 \varepsilon_z}{\partial x\, \partial y} = \dfrac{\partial}{\partial z}\left(\dfrac{\partial \gamma_y}{\partial y} + \dfrac{\partial \gamma_x}{\partial x} - \dfrac{\partial \gamma_z}{\partial z}\right). \end{array}\right\} \quad (20)$$

Man nennt diese Gleichungen die Verträglichkeitsbedingungen, weil sie die Bedingungen angeben, unter denen die durch ε_x, ε_y, ε_z, γ_x, γ_y, γ_z beschriebene Formänderung der Volumenelemente mit der Formänderung des zusammenhängenden Körpers verträglich ist.

Um die Gleichung (16) abzuleiten, wird von den Gleichungen (19) ausgegangen und vorausgesetzt, daß die Gleichungen (20) erfüllt werden, weil sonst die Gleichungen (19) einander widersprechen. Jede der Gleichungen wird mit einem unbestimmten, als stetige Funktion der Koordinaten darstellbaren Beiwert multipliziert, der $\bar\sigma_x$, $\bar\sigma_y$, $\bar\sigma_z$, $\bar\tau_x$, $\bar\tau_y$, $\bar\tau_z$ bezeichnet sei. Sodann werden die Gleichungen addiert:

$$\varepsilon_x \cdot \bar\sigma_x + \varepsilon_y \cdot \bar\sigma_y + \varepsilon_z \cdot \bar\sigma_z + \gamma_x \cdot \bar\tau_x + \gamma_y \cdot \bar\tau_y + \gamma_z \cdot \bar\tau_z =$$

$$= \frac{\partial u}{\partial x}\bar\sigma_x + \frac{\partial v}{\partial y}\bar\sigma_y + \frac{\partial w}{\partial z}\bar\sigma_z + \left(\frac{\partial w}{\partial y} + \frac{\partial v}{\partial z}\right)\bar\tau_x + \left(\frac{\partial w}{\partial x} + \frac{\partial u}{\partial z}\right)\bar\tau_y + \left(\frac{\partial u}{\partial y} + \frac{\partial v}{\partial x}\right)\bar\tau_z .$$

Durch Multiplikation mit dem Volumenelement $dv = dx \cdot dy \cdot dz$ und Integration über den Körper ergibt sich

$$\int (\bar\sigma_x \cdot \varepsilon_x + \bar\sigma_y \cdot \varepsilon_y + \bar\sigma_z \cdot \varepsilon_z + \bar\tau_x \cdot \gamma_x + \bar\tau_y \cdot \gamma_y + \bar\tau_z \cdot \gamma_z)\, dv =$$
$$= \iiint \left(\frac{\partial u}{\partial x}\bar\sigma_x + \frac{\partial u}{\partial y} \cdot \bar\tau_z + \frac{\partial u}{\partial z}\bar\tau_y\right) dx\, dy\, dz$$
$$+ \iiint \left(\frac{\partial v}{\partial x}\bar\tau_z + \frac{\partial v}{\partial y}\bar\sigma_y + \frac{\partial v}{\partial z}\bar\tau_x\right) dx \cdot dy \cdot dz$$
$$+ \iiint \left(\frac{\partial w}{\partial x}\bar\tau_y + \frac{\partial w}{\partial y} \cdot \bar\tau_x + \frac{\partial w}{\partial z}\bar\sigma_z\right) dx \cdot dy \cdot dz .$$

Durch partielle Integration der rechten Seite ergibt sich

$$\left.\begin{aligned}
&\int (\bar\sigma_x \cdot \varepsilon_x + \bar\sigma_y \cdot \varepsilon_y + \bar\sigma_z \cdot \varepsilon_z + \bar\tau_x \gamma_x + \bar\tau_y \cdot \gamma_y + \bar\tau_z \gamma_z)\, dv = \\
&= \int [u_0 (\bar\sigma_{x0} \cos\alpha + \bar\tau_{z0} \cos\beta + \bar\tau_{y0} \cos\gamma) \\
&+ v_0 (\bar\tau_{z0} \cos\alpha + \bar\sigma_{y0} \cos\beta + \bar\tau_{x0} \cos\gamma) \\
&+ w_0 (\bar\tau_{y0} \cos\alpha + \bar\tau_{x0} \cos\beta + \bar\sigma_{z0} \cos\gamma)]\, df \\
&- \int \left[u\left(\frac{\partial \bar\sigma_x}{\partial x} + \frac{\partial \bar\tau_z}{\partial y} + \frac{\partial \bar\tau_y}{\partial z}\right) + v\left(\frac{\partial \bar\tau_z}{\partial x} + \frac{\partial \bar\sigma_y}{\partial y} + \frac{\partial \bar\tau_x}{\partial z}\right)\right. \\
&\left. + w\left(\frac{\partial \bar\tau_y}{\partial x} + \frac{\partial \bar\tau_x}{\partial y} + \frac{\partial \bar\sigma_z}{\partial z}\right)\right] dv .
\end{aligned}\right\} \quad (21)$$

Die $\bar\sigma_x \cdot \bar\tau_z$ werden der Bedingung

$$u\left(\frac{\partial \bar\sigma_x}{\partial x} + \frac{\partial \bar\tau_z}{\partial y} + \frac{\partial \bar\tau_y}{\partial z}\right) + v\left(\frac{\partial \bar\tau_z}{\partial x} + \frac{\partial \bar\sigma_y}{\partial y} + \frac{\partial \bar\tau_z}{\partial z}\right) + w\left(\frac{\partial \bar\tau_y}{\partial x} + \frac{\partial \bar\tau_x}{\partial y} + \frac{\partial \bar\sigma_z}{\partial z}\right) = 0 \quad (22)$$

unterworfen, für Werte u, v, w, die voneinander unabhängig sind. Dadurch werden die $\bar\sigma_x \ldots \bar\tau_z$ als Spannungen gekennzeichnet, die an jedem Volumenelement untereinander im Gleichgewicht sind. Ferner werden $\bar{p}_{x0}$, $\bar{p}_{y0}$, $\bar{p}_{z0}$ als Funktionen der Koordinaten der Oberfläche eingeführt und mit $\bar{\sigma}_{x0} \ldots \bar{\tau}_{z0}$ durch folgende Gleichungen verbunden:

$$\left.\begin{aligned} \bar{p}_{x0} &= \bar{\sigma}_{x0} \cos\alpha + \bar{\tau}_{z0} \cos\beta + \bar{\tau}_{y0} \cos\gamma, \\ \bar{p}_{y0} &= \bar{\tau}_{z0} \cos\alpha + \bar{\sigma}_{y0} \cos\beta + \bar{\tau}_{x0} \cos\gamma, \\ \bar{p}_{z0} &= \bar{\tau}_{y0} \cos\alpha + \bar{\tau}_{x0} \cos\beta + \bar{\sigma}_{z0} \cos\gamma. \end{aligned}\right\} \quad (23)$$

Die $\bar{p}_{x0}$, $\bar{p}_{y0}$, $\bar{p}_{z0}$ können als Komponenten einer auf die Oberfläche in beliebiger Kraftlinie und in der Richtung von innen nach außen wirkenden Kraft $\bar{p}_0$, bezogen auf die Flächeneinheit, aufgefaßt werden. Dadurch sind die $\bar{\sigma}_x \ldots \bar{\tau}_z$ weiter als Spannungen gekennzeichnet, die an allen in die Oberfläche fallenden Elementen mit den $\bar{p}_0$ im Gleichgewicht stehen.

Durch Einführung der Gleichungen (22) und (23) geht Gleichung (21) unmittelbar in die Gleichung (16) über. Gleichung (22) zerfällt in drei partielle Differentialgleichungen für sechs Funktionen. Diese sind somit nicht eindeutig bestimmt, vielmehr sind unendlich viele Funktionen möglich, die natürlich die Gleichungen (23) erfüllen müssen, weiteren Bedingungen jedoch nicht unterliegen. Das entspricht der Tatsache, daß der zusammenhängende Körper als ein unendlich vielfach stabiles System anzusehen ist.

9. Der ebene biegungsfeste Stab. Das ebene Stabwerk.

Der biegungsfeste Stab ist ein Sonderfall des zusammenhängenden Körpers, der dadurch gekennzeichnet ist, daß zwei Dimensionen sehr klein im Verhältnis zur dritten sind. In die Dimension endlicher Abmessung fällt die Stabachse. Die zu dieser rechtwinkligen Ebenen schneiden die Oberfläche des Stabes, den Stabmantel in geschlossenen Kurven, die den Stabquerschnitt umgrenzen. Die Abmessungen des Querschnittes sind sehr klein im Vergleich zu denen der Stabachse. Der Schwerpunkt jedes Querschnittes fällt in die Stabachse, diese kann daher auch als die Kurve der Schwerpunkte bezeichnet werden. Jeder Punkt der Stabachse sei durch s, die Länge der Kurve von einem bestimmten Punkt aus gemessen, bezeichnet. Die Hauptachsen jedes Querschnittes seien als Y- und Z-Achse gewählt. Die Stabachse ändert im allgemeinen von Punkt zu Punkt ihre Richtung, die des ebenen Stabes jedoch nur in seiner Ebene. Demgemäß sind auch die Ebenen der Querschnitte in zwei unendlich nahe liegenden Punkten gegeneineinander unter demselben Winkel geneigt, um den die Richtungen der Stabachse in denselben Punkten voneinander abweichen. Bezeichnet φ den Neigungswinkel der Stabachse gegen eine bestimmte Gerade der Ebene, so ist $d\varphi$ die Abweichung der Stabrichtung und der Neigungswinkel der Querschnitte in den Punkten s und $s + ds$. Unter dem Stabelement sei der Stabteil verstanden, der von den Querschnitten in s und $s + ds$ abgegrenzt wird. Im allgemeinen wird der biegungsfeste Stab als gerader Stab behandelt, d. h. als ein Stab, dessen Elemente Zylinder von der Höhe ds sind. Ist die Stabachse gekrümmt, so wird er also als eine Folge von Elementen behandelt, die nur in der

Stabachse längs der Normalen zur Stabebene zusammenhängen. Diese Auffassung ist zulässig, solange die Krümmung groß im Verhältnis zu den Abmessungen der Querschnitte ist.

Die Balkentheorie B. de St. Venants setzt der sehr kleinen Abmessungen der Querschnitte wegen die Spannungen gleich Null, die rechtwinklig zur Stabachse in den zu dieser parallelen Ebenen wirken, $\sigma_y = 0$, $\sigma_z = 0$, $\tau_s = 0$. Das ist streng genommen nur dann richtig, wenn der Stabmantel ein Zylinder ist, also alle Querschnitte kongruent sind, da die Normalspannungen am Rande bei unbelastetem Mantel in die Mantelfläche fallen müssen. Der Ansatz $\sigma_y = 0$, $\sigma_z = 0$, $\tau_s = 0$ wird jedoch auch benutzt, wenn diese Voraussetzung nicht erfüllt ist. Wie weit er als hinreichend genaue Näherungslösung dann angesehen werden darf, muß nach der Neigung der Schnittlinien des Stabmantels mit der Ebenenschar durch die Stabachse gegen diese beurteilt werden. In den häufigen Fällen einer unstetigen Änderung der im übrigen kongruenten Querschnitte trifft der Ansatz in unmittelbarer Nähe der Unstetigkeitspunkte natürlich nicht zu, wohl aber in hinreichendem Abstand.

Der Ansatz St. Venants ergibt nach Gleichung (14) für die Arbeit der inneren Kräfte des Stabelementes bei einer virtuellen Verrückung:

$$d\,A_i = -d\,s \int (\sigma_s\,\bar{\varepsilon}_s + \tau_y \cdot \bar{\gamma}_y + \tau_z \cdot \bar{\gamma}_z)\,d\,F\,,$$

wenn dF das Element des Querschnitts bezeichnet. Als virtuelle Verrückungen kommen hier nur solche in Betracht, die sich in der Ebene des Stabes vollziehen, und sie dürfen in jedem Stabelement durch die Längenänderung des Elementes der Stabachse — $\Delta\,\bar{d}\,s$ —, die Drehung der eben bleibenden Querschnitte — $\Delta\,\bar{d}\,\varphi$ — und die Schiebung derselben — $\bar{d}\,p$ — gegeneinander ausgedrückt werden. Bezeichnet ψ den Neigungswinkel der Y-Achse gegen die Stabebene — Abb. 5a —, dann ist

$$\left.\begin{aligned} \bar{\varepsilon}_s &= \frac{\Delta\,\bar{d}\,s}{d\,s} + \frac{\Delta\,\bar{d}\,\varphi}{d\,s}\,(y \cdot \cos\psi + z\sin\psi)\,, \\ \bar{\gamma}_y &= \frac{\bar{d}\,p\,\sin\psi}{d\,s}\,, \qquad \bar{\gamma}_z = \frac{\bar{d}\,p\,\cos\psi}{d\,s}\,. \end{aligned}\right\} \tag{24}$$

In Abb. 3, Seite 11 sind die Spannungen als äußere Kräfte dargestellt, die auf das Volumenelement wirken. Danach haben die in dem Stabelement wirkenden inneren Kräfte σ_s und $\tau = \tau_z \cos\psi + \tau_y \sin\psi$ die in Abb. 5b dargestellte Richtung. Die im Querschnitt s dargestellten Kräfte decken sich mit den Kräften, die als äußere Kräfte an dem Stabteil links des Elements anzubringen sind, die im Querschnitt $s + d\,s$ dargestellten Kräfte decken sich mit den Kräften, die als äußere Kräfte am Stabteil

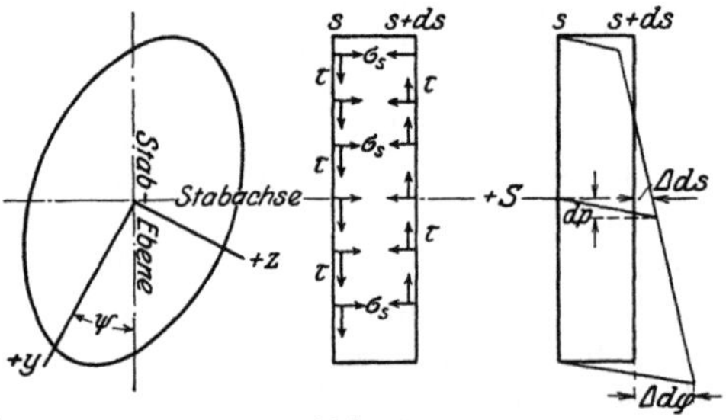

Abb. 5.

rechts des Elements anzubringen sind, wenn man den Stab durch einen Querschnitt in zwei Teile trennt. Die $+\bar{\varepsilon}$, $+\Delta\bar{d}s$ sind demnach durch die negative σ-Richtung, $+\bar{\gamma}_y$ und $+\bar{d}p$ durch die negative τ_y und τ-Richtung bestimmt, und $+\Delta\bar{d}\varphi$ ist die Änderung des Winkels $d\varphi$, bei der er sich nach der Seite $+Y$ öffnet. Es soll im allgemeinen s von links nach rechts gezählt und $+Y$ rechtsweisend in der Richtung $+s$ gewählt werden. Dann ist $+\Delta\bar{d}s$ eine Verschiebung des Querschnittes s gegen den Querschnitt $s+ds$ in der Richtung $-s$, $+\Delta\bar{d}\varphi$ eine rechtslaufende Drehung des Querschnittes s gegen den Querschnitt $s+ds$, und $+\bar{d}p$ eine Verschiebung des Querschnittes s gegen den Querschnitt in $s+ds$ in der Richtung $-(Y\cos\psi + Z\sin\psi)$.

Vorstehende Ansätze für die virtuellen Verrückungen genügen den Gleichungen (20) bei willkürlichen Werten $\Delta\bar{d}s$, $\Delta\bar{d}\varphi$, $\bar{d}p$. Führt man sie ein, so ergibt sich

$$dA_i = -[\Delta\bar{d}s\int\sigma\,dF + \Delta\bar{d}\varphi\cos\psi\int\sigma\cdot y\cdot dF + \Delta\bar{d}\varphi\sin\psi\int\sigma\cdot z\cdot dF \\ + \bar{d}p\sin\psi\int\tau_y\cdot dF + \bar{d}p\cdot\cos\psi\int\tau_z\cdot dF].$$

Handelt es sich um eine wirkliche elastische Formänderung, so ist der Ansatz (24) zu eng begrenzt. Denn wenn die Y-Achse nicht in die Kraftebene fällt, besteht die Formänderung des Stabelementes im allgemeinen nicht in einer gegenseitigen Drehung der Querschnitte um die zur Kraftebene rechtwinklige Schwerachse. Die Dehnung ε_s muß durch den allgemeineren Ansatz

$$\varepsilon_s = \frac{\Delta ds}{ds} + \frac{\Delta d\varphi}{ds}(y\cdot\cos\psi + z\cdot\sin\psi) + \frac{\Delta d\chi}{ds}(z\cdot\cos\psi - y\sin\psi)$$

ausgedrückt werden. In diesem bezeichnet, wenn die Querschnitte bei der Formänderung eben bleiben, $\Delta d\varphi$ den Winkel der gegenseitigen Drehung um die zur Kraftebene rechtwinklige Schwerachse und $\Delta d\chi$ den Winkel der gegenseitigen Drehung um die Schwerachse in der Kraftebene. Der Ansatz stellt jedoch nur ε_s als lineare Funktion der Koordinaten y und z dar und ist nicht an die Voraussetzung eben bleibender Querschnitte gebunden. $\Delta d\varphi$ und $\Delta d\chi$ sind demgemäß als konstante Winkel aufzufassen, auf deren geometrische Deutung verzichtet werden kann (vgl. hierzu Nr. 35 und 47). Aus vorstehendem Ansatz ergibt sich

$$dA_i = -[\Delta ds\int\bar{\sigma}\cdot dF + \Delta d\varphi\cdot\cos\psi\int\bar{\sigma}\cdot y\cdot dF + \Delta d\varphi\sin\psi\int\bar{\sigma}\cdot z\cdot dF \\ + \Delta d\chi\int\bar{\sigma}(z\cdot\cos\psi - y\sin\psi)\,dF + dp\sin\psi\int\bar{\tau}_y\cdot dF \\ + dp\cdot\cos\psi\int\bar{\tau}_z\cdot dF].$$

Für die Schwerachse in der Kraftebene besteht die Gleichgewichtsbedingung

$$\int\bar{\sigma}(z\cdot\cos\psi - y\sin\psi)\,dF = 0.$$

Mithin verschwindet Δd_χ in der Arbeit des Stabelementes. Man erhält

$$dA_i = -[\Delta ds\int\bar{\sigma}\cdot dF + \Delta d\varphi\cdot\cos\psi\int\bar{\sigma}\cdot y\cdot dF + \Delta d\varphi\cdot\sin\psi\int\bar{\sigma}\cdot z\,dF \\ + dp\cdot\sin\psi\int\bar{\tau}_y\cdot dF + dp\cdot\cos\psi\int\bar{\tau}_z\cdot dF].$$

Hierin ist dp als ein mittlerer Wert aufzufassen, dessen Berechnung in Nr. 47 gezeigt ist.

Die äußeren Kräfte des biegungsfesten Stabes werden im allgemeinen als Einzelkräfte aufgefaßt, d. h. als Kräfte endlicher Größe, die in einem Punkte der Stabachse angreifen. Wirkt eine solche Kraft auf die Oberfläche des zusammenhängenden Körpers, so werden die Spannungen im Angriffspunkt unendlich groß und nehmen mit dem reziproken Wert des Abstandes von diesem ab. Die Funktionen, welche die Spannungen angeben, haben in dem Angriffspunkt eine Singularität. Nach einem von B. de St. Venant aufgestellten Prinzip ist jedoch die elastische Wirkung der Einzelkraft, d. h. die von ihr erzeugte Verzerrung der Volumenelemente identisch mit der elastischen Wirkung einer statisch gleichwertigen Flächenkraft in allen Punkten, deren Abstand vom Angriffspunkt gleich oder größer als der Halbmesser der Fläche ist, über welche sich die fragliche Flächenkraft erstreckt. Danach kann die äußere Arbeit der Einzelkraft gleich der einer Flächenkraft gesetzt werden, die sich über eine beliebig kleine Fläche erstreckt und deren Mittelkraft der Einzelkraft nach Lage, Größe und Richtung gleich ist. Für die Flächenkräfte gelten die Gleichungen (14) und (16) genau. Führt man in diese an Stelle der Arbeit der Oberflächenkräfte die Arbeit der äußeren Einzelkräfte $\sum Q_m \bar{\delta}_m$ bzw. $\sum \bar{Q}_m \delta_m$ ein, ohne den durch die Einzelkraft in nächster Nähe des Angriffspunktes bedingten Spannungsverlauf zu berücksichtigen, so kann der etwa begangene Fehler nur verschwindend klein sein, wenn die Abmessungen des Körpers endlich sind. Am biegungsfesten Stab treten Einzelkräfte der strengen Definition überhaupt nicht auf, sondern es sind praktisch nur Flächenkräfte möglich, die sich auf eine im Verhältnis zur Stablänge kleine Mantelfläche verteilen. Daher kann die Arbeit der äußeren Kräfte stets mit dem oben genannten Wert eingeführt werden, in dem δ_m bzw. $\bar{\delta}_m$ die Verschiebung des Punktes m der Stabachse in der Richtung Q_m bezeichnet. Die Gleichung des Prinzips der virtuellen Verrückungen für den einzelnen biegungsfesten Stab lautet daher

$$\sum Q_m \bar{\delta}_m + \int_0^s d\,A_i = 0\,, \tag{25}$$

oder

$$\sum \bar{Q}_m \delta_m + \int_0^s d\,A_i = 0\,.$$

In ersterer sind die $\Delta\,ds$, $\Delta\,d\varphi$, dp zu überstreichen, in der letzteren die σ_s, τ_y, τ_z.

Das ebene Stabwerk wird in Knotenpunkte und einzelne Stäbe zerlegt, indem durch jeden Stab je zwei Schnitte unmittelbar neben seinen Endpunkten geführt werden. Die in den Schnittflächen wirkenden Spannungen werden an beiden Schnittufern als äußere Kräfte — p_{x0}, p_{y0}, p_{z0} — gleicher Größe, aber entgegengesetzter Richtung angebracht. Die Knotenpunkte, in denen biegungsfeste Stäbe vorhanden sind, können jedoch nicht wie beim Fachwerk als geometrische Punkte aufgefaßt werden, sondern sie sind ebene Scheiben von sehr kleinen Abmessungen.

Denn die Abmessungen der Schnittflächen sind, obwohl sie gemäß der oben dargelegten Auffassung des Stabes als sehr klein anzusehen sind, doch von Null verschieden, so daß die in ihren Punkten wirkenden Spannungen nicht durch den geometrischen Knotenpunkt hindurchgehen. Infolge der Kleinheit der Abmessungen der Querschnitte darf der Knotenpunkt jedoch als starre Scheibe aufgefaßt werden, so daß das Prinzip der virtuellen Verrückungen für jeden die Gleichgewichtsbedingung

$$Q_m \bar{\delta}_m + \int (p_{x0} \cdot \bar{u}_0 + p_{y0} \cdot \bar{v}_0 + p_{z0} \cdot \bar{w}_0)\, d f = 0$$

ergibt, in welcher das Integral sich über alle Schnittflächen erstreckt. Für jeden biegungsfesten Stab besteht die Gleichung

$$\sum Q_m \bar{\delta}_m + \int (p_{x0} \cdot \bar{u}'_0 + p_{y0} \bar{v}'_0 + p_{z0} \cdot \bar{w}'_0)\, d f + \int_0^s d A_i = 0\,,$$

in welcher das erste Integral sich über die beiden Schnittflächen des Stabes erstreckt. Sämtliche Gleichungen werden nun addiert, die äußeren Kräfte zu $\sum^m Q_m \bar{\delta}_m$ zusammengefaßt und die beiden Integrale, die für jede Schnittfläche bestehen, zu einem Integral vereinigt, indem beachtet wird, daß die Richtung von p_{x0}, p_{y0}, p_{z0} in beiden die entgegengesetzte ist. So erhält man

$$\sum^m Q_m \bar{\delta}_m + \sum\nolimits_2 \int [p_{x0} (\bar{u}_0 - \bar{u}'_0) + p_{y0} (\bar{v}_0 - \bar{v}'_0) + p_{z0} (\bar{w}_0 - \bar{w}'_0)]\, d f$$
$$+ \sum\nolimits_1 \int_0^s d A_i = 0\,.$$

$\sum_2$ erstreckt sich über alle Schnittflächen, $\sum_1$ über alle biegungsfesten Stäbe. Die virtuellen Verrückungen werden schließlich den Bedingungen unterworfen:

$$\bar{u}_0 = \bar{u}'_0\,, \qquad \bar{v}_0 = \bar{v}'_0\,, \qquad \bar{w}_0 = \bar{w}'_0\,, \tag{26}$$

d. h. der Zusammenhang des Stabwerks soll in allen Schnittflächen bestehen bleiben oder die Ufer jedes Schnittes sollen gleiche Verschiebungen und gleiche Drehungen erfahren. Dann wird $\sum_2 = 0$ und es ergibt sich

$$\sum^m Q_m \cdot \bar{\delta}_m + \sum\nolimits_1 \int_0^s d A_i = 0\,.$$

Enthält das Tragwerk einfache Stäbe, so ist die Bedingung (26) für die virtuellen Verrückungen die, daß die Stablängenänderung $\Delta \bar{s}$ durch Gleichung (8) mit den Verschiebungskomponenten der Gelenkpunkte verknüpft ist. Die Arbeit der inneren Kräfte $-\sum S \Delta \bar{s}$ tritt zu $\sum_1$ hinzu. Mithin hat die Gleichung des Prinzips der virtuellen Verrückungen im allgemeinen Falle des aus biegungsfesten und einfachen Stäben bestehenden Stabwerks die beiden Formen

$$\sum^m Q_m \cdot \bar{\delta}_m - \sum \int_0^s [\Delta \bar{d}s \int \sigma \cdot dF + \Delta \bar{d}\varphi \cos\psi \int \sigma \cdot y \cdot dF + \Delta \bar{d}\varphi \sin\psi \int \sigma \cdot z \cdot dF$$
$$+ \bar{d}p \cdot \sin\psi \int \tau_y \cdot dF + \bar{d}p \cos\psi \int \tau_z \cdot dF] - \sum S \cdot \Delta \bar{s} = 0\,,$$

$$\sum^m \bar{Q}_m \cdot \delta_m - \sum \int_0^s [\Delta ds \int \bar{\sigma} dF + \Delta d\varphi \cos\psi \int \bar{\sigma} \cdot y \cdot dF + \Delta d\varphi \sin\psi \int \bar{\sigma} \cdot z\, dF$$
$$+ dp \cdot \sin\psi \int \bar{\tau}_y \cdot dF + dp \cdot \cos\psi \int \bar{\tau}_z\, dF] - \sum \bar{S} \Delta s = 0\,,$$

wobei die virtuellen und die wirklichen Verrückungen die durch die Gleichungen (26) ausgedrückten Bedingungen erfüllen müssen. Da $\Delta \bar{d} s$, $\Delta \bar{d} \varphi$, $\bar{d} p$ voneinander unabhängig sind und $\sum Q_m \bar{\delta}_m$ die Y- und Z-Koordinate der Querschnitte nicht enthält, so kann

$$\int \sigma \cdot dF = N_s, \qquad \cos\psi \int \sigma \cdot y\,dF + \sin\psi \int \sigma \cdot z \cdot dF = M_s,$$
$$\sin\psi \int \tau_y\,dF + \cos\psi \int \tau_z\,dF = V_s$$

gesetzt werden, wenn N_s, M_s, V_s Funktionen der Koordinaten der Punkte der Stabachse sind. Mit dieser Einführung erhält man

$$\left.\begin{aligned} \sum^m Q_m \cdot \bar{\delta}_m - \sum \int_0^s N_s \cdot \Delta \bar{d} s - \sum \int_0^s M_s \cdot \Delta \bar{d} \varphi \\ - \sum \int_0^s V_s^1 \cdot \bar{d} p - \sum S \Delta \bar{s} = 0, \end{aligned}\right\} \quad (27)$$

$$\left.\begin{aligned} \sum^m \bar{Q}_m \cdot \delta_m - \sum \int_0^s \bar{N}_s \cdot \Delta d s - \sum \int_0^s \bar{M}_s \cdot \Delta d \varphi \\ - \sum \int_0^s \bar{V}_s \cdot dp - \sum \bar{S} \Delta s = 0. \end{aligned}\right\} \quad (28)^{1)}$$

c) Analytische Formulierung und Lösung der Aufgabe.

10. Die Gleichgewichtsbedingungen des Knotenpunktes und der starren Scheibe.

Für jeden Knotenpunkt des ebenen Fachwerks gilt die Gleichung

$$\left(Q_{mx} + \sum^k S_{mk} \cos\alpha_{mk}\right) \Delta \bar{x}_m + \left(Q_{my} + \sum^k S_{mk} \cos\beta_{mk}\right) \Delta \bar{y}_m = 0,$$

die aus (7) folgt, wenn $\bar{\delta}_m$ durch (6) ausgedrückt und

$$Q_{mx} = Q_m \cos\zeta, \qquad Q_{my} = Q_m \cos\eta$$

gesetzt wird. Da alle $\Delta \bar{x}_m$, $\Delta \bar{y}_m$ voneinander unabhängig sind, zerfällt die Gleichung in zwei selbständige Gleichungen:

$$\left.\begin{aligned} Q_{mx} + \sum^k S_{mk} \cdot \cos\alpha_{mk} = 0, \\ Q_{my} + \sum^k S_{mk} \cdot \cos\beta_{mk} = 0, \end{aligned}\right\} \quad (29)$$

welche die Gleichgewichtsbedingungen des Knotenpunktes des ebenen Fachwerks genannt werden. Sie gelten für jede beliebige Richtung der Koordinatenachsen und müssen nicht notwendig auf zwei zueinander rechtwinklige Achsen bezogen werden. Für das Gleichgewicht der äußeren und inneren Kräfte in einem Knotenpunkt ist daher notwendige und ausreichende Bedingung: Summe der Komponenten

---

[1]) Müller-Breslau, H.: Neuere Methoden der Festigkeitslehre, S. 243. Leipzig 1913.

aller Kräfte nach zwei voneinander verschiedenen Richtungen gleich Null. Es ist ohne weiteres ersichtlich, daß dieselbe Bedingung für ein reines Gelenk in einem Stabwerk besteht, indem die Kraft, die von jedem biegungsfesten Stab ausgeübt wird, als eine nach Größe und Richtung unbekannte Kraft, durch die Größe ihrer Komponenten nach zwei verschiedenen Richtungen ausgedrückt wird.

Zu den Beziehungen zwischen den äußeren Kräften an einem Tragwerk innerer Stabilität (starre Scheibe) führt die Gleichung

$$\sum Q_m \cdot \bar{\delta}_m - \sum S \cdot \Delta \bar{s} = 0$$

und ebenso die aus (14) durch Streichung der Z-Koordinate folgende

$$\sum Q_m \cdot \bar{\delta}_m - \iint (\sigma_x \bar{\varepsilon}_x + \sigma_y \bar{\varepsilon}_y + \tau_z \cdot \bar{\gamma}_z)\, d\,x \cdot d\,y = 0,$$

wenn die virtuellen Verrückungen eingeführt werden, die ohne innere Formänderung möglich sind also $\Delta \bar{s} = 0$ bzw. $\bar{\varepsilon}_x = 0$, $\bar{\varepsilon}_y = 0$, $\bar{\gamma}_z = 0$ bedingen. Für die virtuellen Verrückungen der Knotenpunkte bestehen danach die Gleichungen

$$0 = (\Delta \bar{x}_k - \Delta \bar{x}_i) \cos \alpha_{ik} + (\Delta \bar{y}_k - \Delta \bar{y}_i) \cos \beta_{ik} \tag{30}$$

und für die virtuellen Verrückungen der Punkte einer zusammenhängenden starren Scheibe die partiellen Differentialgleichungen

$$\frac{\partial \bar{u}}{\partial x} = 0\,, \qquad \frac{\partial \bar{v}}{\partial y} = 0\,, \qquad \frac{\partial \bar{u}}{\partial y} + \frac{\partial \bar{v}}{\partial x} = 0\,. \tag{30a}$$

Beide werden durch die Funktionen

$$\Delta \bar{x}_r \ \text{bzw.}\ \bar{u}_r = a + c \cdot y_r\,,$$
$$\Delta \bar{y}_r \quad ,, \quad \bar{v}_r = b - c \cdot x_r$$

erfüllt, in welchen a, b, c willkürliche Konstante sind. Um das zu zeigen, seien die Funktionen in (30) eingeführt. Im ersten Glied fällt dabei a, im zweiten b ohne weiteres aus, und die rechte Seite lautet

$$c\,(y_k - y_i) \cos \alpha_{ik} - c\,(x_k - x_i) \cos \beta_{ik}\,.$$

Sie wird für jeden Wert c zu Null, da

$$\frac{\cos \alpha_{ik}}{\cos \beta_{ik}} = \frac{x_k - x_i}{y_k - y_i}$$

ist. Man erkennt, daß die rechte Seite von (30) nur dann verschwindet, wenn $\Delta \bar{x}$ von x, $\Delta \bar{y}$ von y und beide von allen höheren Potenzen unabhängig sind. Die Erfüllung der Gleichungen (30a) durch die angegebenen Funktionen ist ohne weiteres ersichtlich, ebenso die Vollständigkeit der Lösung. Da die Funktionen drei willkürliche Konstante enthalten, bestehen drei voneinander unabhängige virtuelle Verrückungen der starren Scheibe. Die Konstanten a und b müssen sehr kleine Strecken, c die Tangente eines sehr kleinen Winkels sein, für den auch der Winkel selbst eingeführt werden kann. Es werde nun gesetzt:

$$a = -c \cdot y_k\,, \qquad b = c \cdot x_k\,,$$

dann kennzeichnet

$$\Delta \bar{x}_r = c\,(y_r - y_k)\,, \qquad \Delta \bar{y}_r = -c\,(x_r - x_k)$$

eine sehr kleine Drehung der Scheibe um Punkt k. Drei verschiedene Verrückungen erhält man, indem man drei verschiedene Punkte k — 1, 2, 3 — wählt. Bildet man aus 1 und 2:

$$1\!-\!2)\quad \Delta \bar{x}_r = -c\,(y_1 - y_2)\,, \qquad \Delta \bar{y}_r = c\,(x_1 - x_2)$$

und aus 1 und 3:

$$1\!-\!3)\quad \Delta \bar{x}_r = -c\,(y_1 - y_3)\,, \qquad \Delta \bar{y}_r = c\,(x_1 - x_3)\,,$$

so ist 1—2 eine Drehung um den unendlich fernen Punkt der Geraden 1—2, und 1—3 eine Drehung um den unendlich fernen Punkt der Geraden 1—3. Beide sind nur dann verschieden, wenn die Punkte 1, 2, 3 nicht auf einer Geraden liegen. Die drei bestehenden, voneinander unabhängigen Verrückungen lassen sich also durch je eine Drehung um drei beliebige Punkte darstellen, die nicht auf einer Geraden liegen. Durch Einführung der Ansätze in

$$\sum Q_m \bar{\delta}_m = \sum Q_{mx} \Delta \bar{x}_m + \sum Q_{my} \cdot \Delta \bar{y}_m = 0$$

ergibt sich

$$c\,[\sum Q_{mx}\,(y_m - y_k) - \sum Q_{my}\,(x_m - x_k)] = 0$$

oder

$$\boldsymbol{\sum Q_{mx}\,(y_m - y_k) - \sum Q_{my}\,(x_m - x_k) = 0\,.} \tag{31}$$

Die linke Seite der ersten Gleichung ist die Arbeit der äußeren Kräfte bei einer Drehung um Punkt k um den Winkel c, die linke Seite der zweiten das Moment der äußeren Kräfte in bezug auf Punkt k. Daher ist notwendige und ausreichende Bedingung für das Gleichgewicht der äußeren Kräfte an der starren Scheibe: Moment der Kräfte in bezug auf drei nicht auf einer Geraden liegende Punkte gleich Null.

Die drei Gleichungen, welche diese Bedingungen ausdrücken, sollen kurz die Gleichungen $\sum M = 0$ genannt werden und durch das Zeichen (k) soll die Gleichung $\sum M = 0$ in bezug auf Punkt k bezeichnet werden. Zwei der drei Punkte können auch im unendlich fernen Punkt zweier beliebiger Geraden gewählt werden. Die beiden Momentengleichungen gehen dann in die Aussage über: Summe der Komponenten aller Kräfte nach zwei verschiedenen Richtungen gleich Null. Der dritte Punkt darf jedoch nicht im unendlichen liegen, da drei unendlich ferne Punkte einer Geraden angehören.

11. Die Unbekannten und die Grundgleichungen.

In der zweifachen Aufgabe der Statik, die in Nr. 3 bezeichnet ist, treten folgende gegebene Größen auf:

1. die Lasten P, die beim Fachwerk nur in den Knotenpunkten, beim Stabwerk in jedem Punkt der Achse der biegungsfesten Stäbe angreifen können;

2. die Änderungen der Temperatur in den inneren Gliedern, die in der Anzahl der Grade — t — angegeben sind;

3. die Verschiebungen der Stützen bzw. Drehungen der Einspannungen, die in Strecken c und im allgemeinen positiv in der Richtung

der positiven Stützkraft oder des positiven Einspannungsmomentes angegeben sind.

Die Gleichgewichtsaufgabe des Fachwerks enthält als Unbekannte die Stützkräfte C der Stützen und die Spannkräfte S der Stäbe. Ihre Anzahl ist in jedem Falle $r + a$. Für jeden Knotenpunkt bestehen in den Gleichungen (29) zwei Gleichgewichtsbedingungen, welche von den Unbekannten erfüllt werden müssen. In der Formänderungsaufgabe des Fachwerks sind die Verschiebungskomponenten Δx, Δy aller Knotenpunkte die Unbekannten. Die Längenänderungen der Stäbe Δs sind nach dem Hookeschen Gesetz lineare Funktionen der Spannkräfte

$$\Delta s_k = S_k \cdot \varrho_k \, , \qquad \varrho_k = \frac{s_k}{E F_k} \, ,$$

worin E den Elastizitätsmodul des Materials bezeichnet. Ferner tritt durch eine Änderung der Stabtemperatur um t° eine Längenänderung $\Delta s_k = \varepsilon \cdot t_k \cdot s_k$ ein, worin ε die auf die Längeneinheit bezogene Längenänderung bezeichnet, die durch eine Temperaturänderung um 1° Celsius entsteht. Danach ist zu setzen

$$\boldsymbol{\Delta s_k = S_k \cdot \varrho_k + \varepsilon \cdot t_k \cdot s_k} \tag{32}$$

und in die Gleichung (1) einzuführen. Diese wird dadurch zu einer Elastizitätsbedingung, denn man bezeichnet der gleichartigen Wirkung wegen auch $\varepsilon \cdot t_k \cdot s_k$ als elastische Längenänderung. Zu den Elastizitätsgleichungen der Stäbe treten die Gleichungen (3), welche Auflagerbedingungen genannt werden sollen. Beide Gruppen bestimmen die Unbekannten Δx, Δy. Die Anzahl der Gleichungen ist $r + a$.

Danach sind in beiden Aufgaben vorhanden:

A. $2\,k$ Gleichgewichtsbedingungen,	B. a Stützkräfte C,
r Elastizitätsbedingungen der Stäbe,	r Spannkräfte S,
a Auflagerbedingungen	$2\,k$ Verschiebungskomponenten Δx, Δy
$2\,k + r + a$ Gleichungen.	$a + r + 2\,k$ Unbekannte[1]).

Die Zahl der Gleichungen ist ebenso groß wie die Zahl der Unbekannten. Die Gleichungen enthalten die Unbekannten und gegebenen Größen nur in der ersten Potenz. Sie bestimmen daher deren Werte eindeutig, sofern sie voneinander unabhängig sind. Die Aufgabe ist immer bestimmt und immer lösbar.

Zu einer eindeutigen Bezeichnung der statischen Größen des Stabwerks gelangt man auf folgendem Wege: Das Stabwerk wird wie in Nr. (9) durch Schnitte in Knotenpunkte und einzelne Stäbe zerlegt. In den Schnittflächen werden die Spannungen als äußere Kräfte auf beide Ufer in gleicher Größe aber entgegengesetzter Richtung wirkend an-

[1]) Müller-Breslau, H.: Die graphische Statik Bd. II, Abt. 1, S. 5. Stuttgart 1907.

gebracht. In den Schnitten durch einen biegungsfesten Stab sind dies die Kräfte

$$1.\ N_s = \int \sigma\, dF\,, \qquad 2.\ V_s = \sin\psi \int \tau_y\, dF + \cos\psi \int \tau_z\, dF$$

und das Moment

$$3.\ M_s = \cos\psi \int \sigma \cdot y \cdot dF + \sin\psi \int \sigma \cdot z \cdot dF\,,$$

in den Schnitten durch einen einfachen Stab die Spannkräfte S. An jedem biegungsfesten Stab treten daher sechs unbekannte statische Größen auf, je drei in den beiden Schnittflächen durch die Endpunkte. In jedem einfachen Stab ist eine Unbekannte vorhanden, da die Spannkräfte in den beiden Endschnitten gleiche Größe und Kraftlinie haben. An unbekannten äußeren Kräften treten die Stützkräfte C und Einspannungsmomente E_r auf. Jeder Knotenpunkt, in dem steife Ecken vorhanden sind, jeder Auflagerpunkt mit einer Einspannung und jeder biegungsfeste Stab bildet eine starre Scheibe, an der äußere Kräfte angreifen. Das Gleichgewicht der Kräfte an jeder Scheibe ist also an die drei Bedingungen $\sum M = 0$ geknüpft. Für die in dem Tragwerk vorhandenen reinen Gelenke gelten je zwei Gleichungen (29).

Ist nun k_1 die Zahl der Knotenpunkte mit einer steifen Ecke oder einer Einspannung, k_2 die Zahl der reinen Gelenke, r_1 die Zahl der biegungsfesten Stäbe, so bestehen $3\,k_1 + 2\,k_2 + 3\,r_1$ Gleichgewichtsbedingungen. Die Zahl der Unbekannten in den biegungsfesten Stäben $6\,r_1$ vermindert sich, wenn ein Stab in einem Endpunkt durch ein Gelenk mit den übrigen Gliedern verbunden ist, da in diesem Falle ein Moment nicht auftreten kann. Es soll deshalb die Zahl der Unbekannten in den biegungsfesten Stäben durch $4\,r_1 + q$ bezeichnet werden, so daß q die Zahl der Momente ist, die in den Schnitten durch die Stabenden wirken. Die Zahl aller unbekannten statischen Größen ist somit $4\,r_1 + q + r_2 + a_1 + a_2$. Damit die Unbekannten durch die Gleichgewichtsbedingungen bestimmt sind, muß

$$3\,k_1 + 2\,k_2 + 3\,r_1 = 4\,r_1 + q + r_2 + a_1 + a_2$$

oder

$$3\,k_1 + 2\,k_2 = r_1 + q + r_2 + a_1 + a_2 \tag{33}$$

sein. In jedem Knotenpunkt der Art k_1 ist die Zahl der in ihm verbundenen biegungsfesten Stäbe und also auch der Momente in den Schnittflächen um 1 größer als die Zahl der steifen Ecken. Daraus folgt

$$k_1 + e = q.$$

Besitzt das Tragwerk einfache Stabilität, so ist

$$2\,(k_1 + k_2) = r_1 + r_2 + e + a_1 + a_2\,.$$

Die Addition beider Gleichungen liefert die Gleichung (33). Mithin besteht in einem Tragwerk einfacher Stabilität Gleichheit zwischen der Zahl der Gleichgewichtsbedingungen und der Zahl der unbekannten statischen Größen.

Die Zahl der unbekannten statischen Größen kann jedoch dadurch verringert werden, daß die Gleichgewichtsbedingungen, die nur eine beschränkte Anzahl derselben enthalten, für sich aufgelöst werden. In erster Linie sind das die drei Gleichungen $\sum M = 0$ für jeden biegungsfesten Stab, welche höchstens sechs Unbekannte enthalten. Es genügt, diese Gleichungen für den geraden Stab aufzustellen, da der gekrümmte oder geknickte Stab stets in eine Anzahl gerader Stäbe durch Einschaltung von Knotenpunkten mit steifen Ecken unterteilt werden kann. Überdies lassen sich die Gleichungen für den nicht geraden Stab mit geringfügigen Änderungen in derselben Weise aufstellen wie für den geraden Stab. Die beiden Endpunkte des Stabes seien a und b, seine Länge sei s bezeichnet. Dann lauten mit den aus Abb. (6) ersichtlichen Bezeichnungen die Gleichungen

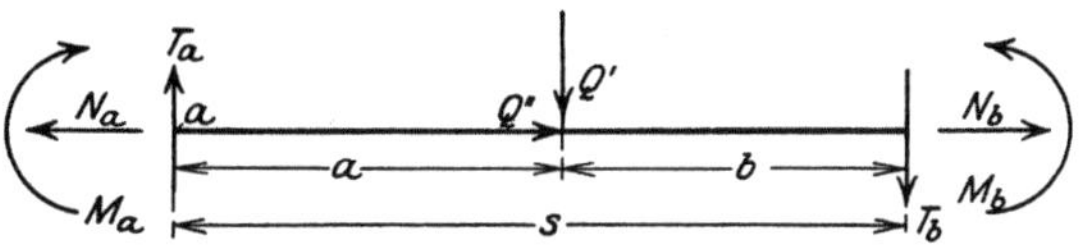

Abb. 6.

$$(b)\quad M_a - M_b + V_a \cdot s - \sum Q' \cdot b = 0\,,$$
$$(a)\quad M_a - M_b + V_b \cdot s + \sum Q' \cdot a = 0\,,$$
$$(\infty)\quad N_a - \sum Q'' - N_b = 0\,,$$

aus denen V_a, V_b, N_b zu eliminieren sind.

$$\left.\begin{aligned} V_a &= -\frac{M_a - M_b}{s} + \frac{\sum Q' b}{s}\,,\\ V_b &= -\frac{M_a - M_b}{s} - \frac{\sum Q' \cdot a}{s}\,,\\ N_b &= \quad N_a - \sum Q''. \end{aligned}\right\} \qquad (34)$$

Die Kräfte im Querschnitt durch einen beliebigen Punkt v der Stabachse, dessen Abstand von a v von b v' sei, sind nun aus den Gleichungen $\sum M = 0$ entweder für den Stabteil av oder vb zu berechnen. Für ersteren lauten sie:

$$\left.\begin{aligned} &(v)\quad M_a - M_v + V_a \cdot v - \sum Q'(v - a) = 0\,,\\ &(a)\quad M_a - M_v - V_v \cdot v + \sum Q' \cdot a = 0\,,\\ &(\infty)\quad N_a - \sum Q'' - N_v = 0\,. \end{aligned}\right\} \qquad (34\,\mathrm{a})$$

Die $\sum$ umfassen alle Kräfte Q am Stabteil av. Wird noch V_a durch die erste Gleichung (34) eliminiert, so lassen sich N_v, V_v, M_v durch N_a, M_a, M_b und die äußeren Kräfte ausdrücken. Mithin sind die drei statischen Größen in allen Querschnitten einschließlich des Querschnittes b bekannt, wenn N_a, M_a, M_b bekannt sind, und es dürfen N_a, M_a, M_b als die unbekannten statischen Größen des biegungsfesten Stabes angesehen werden.

Von den drei Gleichgewichtsbedingungen für jeden Knotenpunkt der Art k_1 können zwei in Form der Gleichungen (29), die dritte als Gleichung $\sum M = 0$ bezogen auf den geometrischen Knotenpunkt aufgestellt werden. Aus jeder der letzteren läßt sich aber in einfacher Weise je ein Moment eliminieren, wenn als neue Unbekannte die Momente M_e eingeführt werden, die den steifen Ecken zuzuordnen sind.

Sind in einem Knotenpunkt die in einer Umfahrungsrichtung gezählten biegungsfesten Stäbe $1 \ldots n$ durch die steifen Ecken $1 \ldots n-1$ verbunden, und die Momente in den Schnittflächen der Stäbe $M_{a1} \ldots M_{an}$ bezeichnet, so werden die M_e definiert durch

$$M_{ar} = M_{er} - M_{e,r-1} \tag{35}$$

also:

$$M_{a1} = M_{e1}, \qquad M_{an} = -M_{e,n-1}$$

und erfüllen die Gleichung $\sum_1^n {}_r M_{ar} = 0$ für willkürliche Werte $M_{e1} \ldots M_{e,n-1}$. Greift in einem solchen Knotenpunkt ein äußeres, $\mathfrak{M}$ bezeichnetes Moment an, so sind die M_e durch

$$M_{ar} = M_{er} - M_{e,r-1} - \frac{1}{n}\mathfrak{M}$$

zu definieren und erfüllen die Gleichung $\sum_1^n {}_r M_{ar} + \mathfrak{M} = 0$ wiederum für willkürliche Werte $M_{e1} \ldots M_{e,n-1}$. Unter dem Moment M_{er} ist danach das Moment der Spannungen in dem Querschnitt zu verstehen, in dem die Stäbe $r+1$ und r zu der steifen Ecke r verbunden sind. Dies Moment wirkt auf beide Stäbe in gleicher Größe aber entgegengesetzter Richtung. Sämtliche Momente M_a, M_b lassen sich daher durch die Momente M_e der steifen Ecken und die Momente E_r der Einspannungen ausdrücken. Dadurch sind zugleich die k_1 Gleichungen $\sum M = 0$ für die Knotenpunkte erfüllt. Als unbekannte statische Größe des biegungsfesten Stabes verbleibt somit nur eine, nämlich N_a, wenn jeder steifen Ecke das unbekannte Moment M_e beigelegt wird. Verfährt man so, dann entspricht auch im Stabwerk jedem Glied eine statische Größe und die Zahl der Gleichgewichtsbedingungen ist $2k$, da $3r_1 + k_1$ Gleichgewichtsbedingungen zur Elimination von Unbekannten benutzt sind.

Die Formänderungsaufgabe beruht auf den Gleichungen (1), (2), (3), (4). In (1) und (2) sind die elastischen Längenänderungen Δs und Winkeländerungen $\Delta\vartheta$ einzuführen, die Funktionen der inneren Kräfte und der Temperaturänderungen sind. Diese Funktionen sind linear in den statischen Größen, ihre Konstanten bedürfen jedoch besonderer Berechnung, die in Nr. 47 und 49 gegeben wird. Die Grundlage bilden die empirisch gefundenen Beziehungen zwischen den Spannungs- und Verzerrungskomponenten:

$$\left.\begin{aligned}
\varepsilon_x &= \frac{1}{E}\left(\sigma_x - \frac{\sigma_y + \sigma_z}{m}\right) + \varepsilon \cdot t, \\
\varepsilon_y &= \frac{1}{E}\left(\sigma_y - \frac{\sigma_x + \sigma_z}{m}\right) + \varepsilon \cdot t, \\
\varepsilon_z &= \frac{1}{E}\left(\sigma_z - \frac{\sigma_x + \sigma_y}{m}\right) + \varepsilon \cdot t, \\
\gamma_x &= \frac{1}{G}\tau_x, \qquad \gamma_y = \frac{1}{G}\tau_y, \qquad \gamma_z = \frac{1}{G}\tau_z
\end{aligned}\right\} \tag{36}$$

die isotrope Struktur des Körpers voraussetzen. Die Konstante G wird Gleitmodul genannt, sie ist mit E durch $G = \frac{mE}{2(m+1)}$ verbunden. m ist die in die Elastizitätstheorie durch Poisson eingeführte und nach ihm benannte Konstante, die theoretisch $=4$ zu setzen ist. Spätere Versuche haben gezeigt, daß sie nicht für alle Materialien denselben Wert hat.

Werden Δs und $\Delta \vartheta$ als elastische Formänderungen eingeführt, so entsteht aus der Gleichung (1) die Elastizitätsbedingung des Stabes, aus (2) die Elastizitätsbedingung der steifen Ecke. Die Gleichungen (3) und (4) stellen die Auflagerbedingungen. Die Unbekannten der Formänderungsaufgabe sind die Verschiebungskomponenten, ihre Anzahl beträgt also $2k$.

Nach dem Gesagten sind für das ebene Stabwerk in beiden Aufgaben vorhanden:

A.	B.
$2k$ Gleichgewichtsbedingungen,	a_1 Stützkräfte C,
r_1+r_2 Elastizitätsbedingungen der Stäbe,	a_2 Einspannungsmomente E,
	r_1 Normalkräfte N_a,
e Elastizitätsbedingungen der steifen Ecken,	r_2 Spannkräfte S,
	e Momente der steifen Ecken M_e,
a_1+a_2 Auflagerbedingungen	$2k$ Verschiebungskomponenten Δx, Δy
$2k+r_1+r_2+e+a_1+a_2$ Gleichungen.	$a_1+a_2+r_1+r_2+e+2k$ Unbekannte.

Die Zahl der Gleichungen ist ebenso groß wie die Zahl der Unbekannten. Die Gleichungen enthalten die Unbekannten und gegebenen Größen nur in der ersten Potenz. Sie bestimmen daher deren Werte eindeutig, sofern sie voneinander unabhängig sind. Die Aufgabe ist immer bestimmt und immer lösbar.

12. Statisch bestimmte und statisch unbestimmte Tragwerke.

Besitzt ein Tragwerk einfache Stabilität, so ist für das Fachwerk nach Nr. 2 $r + a = 2k$ und für das Stabwerk $r_1 + r_2 + e + a_1 + a_2 = 2k$. Die Zahl der unbekannten statischen Größen ist aber $r + a$ im Fachwerk, $r_1 + r_2 + e + a_1 + a_2$ im Stabwerk, und die Zahl der Gleichgewichtsbedingungen $2k$. Da nun die Gleichgewichtsbedingungen an Unbekannten nur die statischen Größen enthalten und an gegebenen Größen nur die Lasten P, so folgt

1. daß die Gleichgewichtsbedingungen allein die statischen Größen eindeutig bestimmen, sofern sie $2k$ voneinander unabhängige Gleichungen sind;

2. daß die statischen Größen von den Lasten allein abhängig, von Temperaturänderungen und Stützenverschiebungen unabhängig sind. Sind alle Lasten $P = 0$, so haben auch alle statischen Größen den Wert Null.

Notwendiges und ausreichendes Kennzeichen der Unabhängigkeit der Gleichungen ist wiederum der Wert der Determinante aus den Beiwerten der Unbekannten, der von Null verschieden sein muß. Es gilt hierfür das in Nr. 2 Gesagte, so daß in allen folgenden Untersuchungen vorausgesetzt werden darf, daß die Determinante hinreichend groß ist. Tragwerke der bezeichneten Art werden statisch bestimmt genannt. Ein Tragwerk einfacher Stabilität ist immer statisch bestimmt. Nach Lösung der Gleichgewichtsaufgabe enthält die Formänderungsaufgabe $2k$ Unbekannte und ist bestimmt durch $r + a$ bzw. $r_1 + r_2 + e + a_1 + a_2$ Gleichungen, so daß die Unbekannten eindeutig bestimmt sind. Die $\varDelta s$, $\varDelta \vartheta$, c sind voneinander unabhängig, jede dieser Größen kann z. B. durch Temperatureinflüsse eine Änderung erfahren, ohne die anderen Glieder in ihren Abmessungen zu beeinflussen.

Besitzt ein Tragwerk $n + 1$fache Stabilität, so ist für das Fachwerk $r + a = 2k + n$ und für das Stabwerk $r_1 + r_2 + e + a_1 + a_2 = 2k + n$. Die Zahl der unbekannten statischen Größen übersteigt die Zahl der Gleichgewichtsbedingungen um n. Die statischen Größen sind also durch die Gleichgewichtsbedingungen nicht bestimmt, vielmehr kann n Größen, die mit gewissen Einschränkungen beliebig auswählbar sind, jeder willkürliche Wert beigelegt werden, ohne die Erfüllung der Gleichgewichtsbedingungen unmöglich zu machen. Eine Verbindung aller vorhandenen statischen Größen, welche die Gleichgewichtsbedingungen erfüllt, soll ein Gleichgewichtszustand genannt werden, wobei zugelassen ist, daß einzelne der unbekannten statischen Größen den Wert Null haben. Im Tragwerk $n + 1$facher Stabilität sind danach $n \cdot \infty$ viele Gleichgewichtszustände bei bestimmten Lasten P möglich. Sind alle Lasten $P = 0$, so haben die unbekannten statischen Größen gleichwohl nicht unbedingt den Wert Null. Vielmehr können auch in diesem Falle n Größen jeden willkürlichen Wert annehmen, während die Erfüllung der Gleichgewichtsbedingungen durch die $2k$ verbleibenden statischen Größen erzwungen wird. Es sind also n voneinander unabhängige Gleichgewichtszustände möglich, ohne daß Lasten auftreten. Ein Gleichgewichtszustand, der ohne Lasten besteht, soll ein Selbstspannungszustand genannt werden. Die n bestehenden, voneinander unabhängigen Selbstspannungszustände sind am einfachsten darzustellen, indem $n$mal nacheinander n statische Größen so bestimmt werden, daß einer der Wert ± 1 — Krafteinheit oder Momenteneinheit —, den $n - 1$ anderen der Wert Null beigelegt wird.

Tragwerke der beschriebenen Art werden statisch unbestimmt genannt, weil die statischen Gleichungen die Gleichgewichtsaufgabe unbestimmt lassen. Ein Tragwerk $n + 1$facher Stabilität ist $n$fach statisch unbestimmt.

Ist die Gleichgewichtsaufgabe des Tragwerks $n + 1$facher Stabilität $n$fach unbestimmt, so ist seine Formänderungsaufgabe $n$fach überbestimmt. Denn den $2k$ Verschiebungskomponenten stehen in den Elastizitätsbedingungen der inneren Glieder und den Auflagerbedingungen $2k + n$ lineare Gleichungen gegenüber.

Geht man von den Gleichungen (1), (2), (3), (4) aus und eliminiert aus ihnen die Δx, Δy, so bleiben n Gleichungen übrig, welche nur die Δs, $\Delta \vartheta$, c in der ersten Potenz enthalten. Sie drücken rein geometrische Bedingungen aus, an welche die Δs, $\Delta \vartheta$, c gebunden sind, damit ein bestimmter Wert jeder Verschiebungskomponente alle $2k + n$ Gleichungen erfüllt. Die Formänderung des Tragwerks von $n + 1$facher Stabilität ist also nicht frei in dem Sinne, daß jedes Glied seine Abmessungen beliebig ändern kann, ohne dadurch Änderungen der Abmessungen der anderen Glieder zu bedingen, sondern sie unterliegt n Beschränkungen, die durch lineare Gleichungen angegeben sind. Da diese aus $2k + n$ gleichfalls linearen Gleichungen durch Elimination der $2k$ Unbekannten gewonnen sind, bestehen nur n bestimmte Gleichungen zwischen den Δs, $\Delta \vartheta$, c. Daraus folgt, daß auf jedem Wege, der zu n notwendigen Gleichungen zwischen den genannten Größen führt, immer nur Gleichungen gefunden werden können, die mit jenen identisch sind, auch wenn sie eine andere Form haben.

Da nun jede Formänderung des Tragwerks den n bezeichneten Bedingungen unterliegt, gilt das auch für die elastische durch die statischen Größen und etwaige Temperaturänderungen verursachte. Also ergeben sich, wenn alle Δs, $\Delta \vartheta$, c durch die statischen Größen und die Temperaturänderungen ausgedrückt werden, sofort n lineare Gleichungen, welche von den unbekannten statischen Größen erfüllt werden müssen. Sie treten zu den $2k$ Gleichgewichtsbedingungen hinzu und erhöhen deren Zahl auf $2k + n$, so daß nunmehr Gleichheit zwischen der Zahl der Gleichungen und der Zahl der unbekannten statischen Größen besteht. Da alle Gleichungen linear sind, sind alle statischen Größen eindeutig durch sie bestimmt. Es gibt nur einen bestimmten Wert jeder statischen Größe, der alle Gleichungen erfüllt. In einem Tragwerk $n + 1$facher Stabilität bestehen somit $n \cdot \infty$ viele mögliche Gleichgewichtszustände, aber nur einer derselben erfüllt die n Elastizitätsbedingungen, durch welche die Formänderung beschränkt ist, nur ein Gleichgewichtszustand ist gleichzeitig geometrisch möglich. Da die Elastizitätsbedingungen als gegebene Größen Temperaturänderungen und Stützenverschiebungen enthalten, sind die statischen Größen eines Tragwerks mehrfacher Stabilität auch von diesen abhängig.

Nach Lösung der Gleichgewichtsaufgabe ist die Formänderungsaufgabe stets zu lösen, indem die ermittelten statischen Größen neben den gegebenen Temperaturänderungen und Stützenverschiebungen in die Elastizitäts- und Auflagergleichungen eingeführt werden. Von diesen werden jedoch nur $2k$ benötigt, da die Aufgabe nur $2k$ Unbekannte enthält. Es kann also eine Auswahl aus den vorhandenen Gleichungen getroffen werden, deren Willkürlichkeit nur durch die Notwendigkeit beschränkt ist, daß die Gleichungen voneinander unabhängig sind. Diese Bedingung wird erfüllt, wenn die Glieder, deren Elastizitätsbedingungen gewählt sind, ein einfach stabiles System bilden. Da die richtige Lösung der Gleichgewichtsaufgabe die geometrische Möglichkeit des ermittelten Gleichgewichtszustandes voraussetzt, müssen alle in dem vorliegenden Tragwerk möglichen einfach stabilen Systeme zu demselben Ergebnis führen.

13. Das Superpositionsgesetz.

Aus der Tatsache, daß alle Gleichgewichtsbedingungen, Elastizitäts- und Auflagerbedingungen lineare Gleichungen sind, folgt, daß ihre Auflösung jede statische Größe Z in der Form[1])

$$\left.\begin{aligned} Z = Z_1 \cdot P_1 &+ Z_2 P_2 + \cdots + Z_n \cdot P_n \\ + Z_1' t_1 &+ Z_2' \cdot t_2 + \cdots + Z_n' \cdot t_n \\ + Z_1'' \cdot c_1 &+ Z_1'' c_2 + \cdots + Z_n'' c_n \end{aligned}\right\} \tag{37}$$

und jede Formänderung δ_m in der Form

$$\left.\begin{aligned} \delta_m = \delta_{m1} \cdot P_1 &+ \delta_{m2} \cdot P_2 + \cdots + \delta_{mn} \cdot P_n \\ + \delta_{m1}' \cdot t_1 &+ \delta_{m2}' t_2 + \cdots + \delta_{mn}' t_n \\ + \delta_{m1}'' c_1 &+ \delta_{m2}'' c_2 + \cdots + \delta_{mn}'' t_n \end{aligned}\right\} \tag{38}$$

ergibt. Darin bezeichnet jeder Beiwert Z_r den Wert Z, der durch die Lasteinheit P_r (kurz $P_r = 1$ genannt) erzeugt wird, jeder Wert Z_r' den Wert Z, der durch die Temperaturänderung $t_r = 1^\circ$ erzeugt wird, und Z_r'' den Wert Z, der durch die Stützenverschiebung $c_r = 1$ (Längeneinheit) entsteht. Ebenso sind die Beiwerte $\delta_{mr}, \delta_{mr}', \delta_{mr}''$ die Werte δ_m, die durch $P_r = 1$, $t_r = 1^\circ$, $c_r = 1$ entstehen. Das durch die Gleichungen (37) und (38) ausgedrückte Gesetz wird das S u p e r p o s i t i o n s g e s e t z genannt. Die wichtigste Folge des Gesetzes ist die Tatsache, daß der Einfluß gegebener Ursachen auf eine statische Größe oder eine Formänderungsgröße ermittelt werden kann, indem der Einfluß jeder einzelnen Ursache getrennt verfolgt und dieser dabei die Größe der Einheit beigelegt wird. Da das Gesetz aus der Linearität aller Gleichungen folgt, ist seine Gültigkeit an die Voraussetzung gebunden, auf der die Linearität beruht, nämlich die Voraussetzung so kleiner Größenordnung der elastischen Formänderungen, daß sie gegenüber den Abmessungen des Tragwerks vernachlässigt werden können.

14. Allgemeine Lösung. Die Gleichgewichtsaufgabe

a) d e s s t a t i s c h b e s t i m m t e n T r a g w e r k e s.

Die Gleichungen (9) und (27) fassen gemäß ihrer Ableitung alle einzelnen Gleichgewichtsbedingungen zusammen, die für das Gleichgewicht der Kräfte an einem Fachwerk oder Stabwerk bestehen. Sie enthalten daher alle Aussagen, die über den Gleichgewichtszustand eines Tragwerks gemacht werden können. Diese allgemeine und umfassende Bedeutung beruht auf der Willkürlichkeit der virtuellen Verrückungen. Werden nun besondere Aussagen über den Gleichgewichtszustand gesucht, die nur einzelne oder eine der statischen Größen betreffen, so ist dazu nur eine besondere Verfügung über die virtuellen Verrückungen notwendig.

Zwischen den virtuellen Verrückungen $\varDelta \bar{x}$, $\varDelta \bar{y}$ und den virtuellen Längenänderungen $\varDelta \bar{s}$ des Fachwerks bestehen r Gleichungen (1).

---

[1]) Vgl. Fußnote 1, S. 29.

Mithin sind von den Größen eines Systems virtueller Verrückungen, deren Anzahl $2k + r$ beträgt, $2k$ willkürlich und die übrigen r durch die Gleichungen (1) bestimmt, so daß die Zahl der voneinander unabhängigen Systeme $2k$ beträgt. Man kann diese Systeme angeben, indem man setzt:

a mal nacheinander: ein $\bar{c}_r = 1$, alle anderen $\bar{c} = 0$, alle $\Delta\bar{s} = 0$,

sodann

r mal nacheinander: ein $\Delta\bar{s}_r = 1$, alle anderen $\Delta\bar{s} = 0$, alle $c = 0$.

Da $r + a = 2k$ ist, sind durch jede dieser Verfügungen die willkürlichen Größen bestimmt, so daß die abhängigen, nämlich die unbekannten $\Delta\bar{x}$, $\Delta\bar{y}$ bzw. die $\bar{\delta}_m$ aus den Gleichungen (1) berechnet werden können. Trennt man in Gleichung (9) die Lasten P_m von den Stützkräften C, so erhält man aus den bezeichneten Systemen virtueller Verrückungen a Gleichungen

$$\sum P_m \bar{\delta}_m + C_r \cdot 1 = 0 \tag{39}$$

und r Gleichungen

$$\sum P_m \bar{\delta}_m - S_r \cdot 1 = 0 . \tag{40}$$

Das sind $a + r$ Gleichungen, deren jede nur eine unbekannte Kraft enthält. Die Gleichungen geben also den durch die gegebenen Lasten P bedingten Wert jeder unbekannten statischen Größe unmittelbar an.

Um denselben Gebrauch von Gleichung (27) für ein Stabwerk zu machen, soll sie zunächst umgeformt werden. Wie aus Nr. 9 erhellt, ist die Bedingung, an welche die $\Delta\,d\bar{s}$, $\Delta\,d\bar{\varphi}$, $d\bar{p}$, $\Delta\bar{s}$ gebunden sind, am einfachsten so zu fassen: der Zusammenhang der Stabelemente untereinander sowie der Stäbe mit den Knotenpunkten muß gewahrt bleiben. Im übrigen sind sie vollkommen willkürlich. Infolgedessen kann für eine beliebige Anzahl von Elementen der biegungsfesten Stäbe $\Delta\,d\bar{s} = \Delta\bar{s}_s$, $\Delta\,d\bar{\varphi} = \Delta\bar{\varphi}_v$, $d\bar{p} = \Delta\bar{p}$ gesetzt werden und für alle anderen Elemente $\Delta\,d\bar{s} = 0$, $\Delta\,d\bar{\varphi} = 0$, $d\bar{p} = 0$. Damit geht die Gleichung (27) in

$$\sum Q_m \bar{\delta}_m - \sum N_s \Delta\bar{s}_s - \sum M_v \cdot \Delta\bar{\varphi}_v - \sum V \cdot \Delta\bar{p} - \sum S \Delta\bar{s} = 0 \tag{41}$$

und unter Beschränkung auf die Elemente, in denen die unbekannten N_a und M_e wirken, in

$$\sum Q_m \bar{\delta}_m - \sum N_a \Delta\bar{s}_a - \sum M_e \Delta\bar{\vartheta}_e - \sum V \cdot \Delta\bar{p} - \sum S \Delta\bar{s} = 0 \tag{42}$$

über. Die zweite und vierte Summe umfaßt alle biegungsfesten Stäbe, die dritte alle steifen Ecken, die fünfte alle einfachen Stäbe. Zu jedem System virtueller Verrückungen gehören $2k$ Größen $\Delta\bar{x}$, $\Delta\bar{y}$; r_1 Größen $\Delta\bar{s}_a$; r_2 Größen $\Delta\bar{s}$; e Größen $\Delta\bar{\vartheta}$. Die Bedingung des Zusammenhanges der Stabelemente und aller Stäbe in den Knotenpunkten stellt

$r_1 + r_2$ Gleichungen (1)
e Gleichungen (2).

Mithin sind wie beim Fachwerk $2k$ Größen willkürlich und die übrigen $r_1 + r_2 + e$ durch die bezeichneten Gleichungen bestimmt, so daß $2k$

voneinander unabhängige Systeme virtueller Verrückungen bestehen. Diese werden wie oben gewählt, indem

$a_1 + a_2$ mal nacheinander:

ein $\bar{c}_r = 1$, alle anderen $\bar{c}_r = 0$, alle $\Delta \bar{s}_a$, $\Delta \bar{\vartheta}$, $\Delta \bar{s} = 0$,

$r_1 + r_2 + e$ mal nacheinander:

eine der Größen $\Delta \bar{s}_a$, $\Delta \bar{\vartheta}$, $\Delta \bar{s} = 1$, alle anderen und alle $\bar{c}_r = 0$

gesetzt werden. Da $a_1 + a_2 + r_1 + r_2 + e = 2\,k$ ist, sind durch jede dieser Verfügungen die willkürlichen Größen bestimmt. Nach Berechnung der abhängigen Größen liefern die bezeichneten Systeme virtueller Verrückungen die Gleichungen

$$\sum P_m \bar{\delta}_m + C_r \cdot 1 = 0 \tag{43}$$

und

$$\sum P_m \bar{\delta}_m - Z_r \cdot 1 = 0, \tag{44}$$

in welcher Z_r eine der inneren statischen Größen N_a, M_e, S bezeichnet. Die Zahl dieser Gleichungen ist $a_1 + a_2 + r_1 + r_2 + e$. Sie geben also den durch die Lasten P bedingten Wert jeder unbekannten statischen Größe unmittelbar an. Aus der Gleichung (41) kann man natürlich auf dieselbe Weise das Moment M_v in jedem beliebigen Punkte der Achse eines biegungsfesten Stabes berechnen. Da diese Momente aber, wie in Nr. 11 gezeigt, als bekannt anzusehen sind, wenn alle M_e gefunden sind, bedeutet das nur einen Ersatz der Formeln, welche die Momente M_v durch M_e ausdrücken.

b) des statisch unbestimmten Tragwerkes.

In diesen ist die Anzahl aller Größen eines Systems virtueller Verrückungen ebenfalls $2\,k + r$ bzw. $2\,k + r_1 + r_2 + e$ und die Anzahl der zwischen ihnen bestehenden Gleichungen r bzw. $r_1 + r_2 + e$. Mithin bleibt die Zahl der willkürlichen Größen und der voneinander unabhängigen Systeme unverändert $2\,k$. Da jedoch die Zahl der unbekannten statischen Größen $2\,k + n$ ist, so gehören die Wege von n derselben nicht zu den willkürlichen, sondern zu den abhängigen Größen der virtuellen Verrückungssysteme und haben daher im allgemeinen einen von Null verschiedenen Wert. Die willkürlichen Größen können wie im Falle des statisch bestimmten Tragwerks gewählt und die $2\,k$ bestehenden voneinander unabhängigen Systeme virtueller Verrückungen eindeutig bestimmt werden, wenn dem Verfahren ein beliebiges Tragwerk einfacher Stabilität zugrunde gelegt wird, welches aus den Gliedern des vorliegenden Tragwerks gebildet werden kann. Die $\Delta \bar{s}$, $\bar{c}$ bzw. $\Delta \bar{s}_a$, $\Delta \bar{\vartheta}$, $\bar{c}$ der n überzähligen Glieder haben dann in jedem System andere bestimmte Werte, die durch $\eta_1 \ldots \eta_n$ bezeichnet seien. Bezeichnen ferner $Y_1 \ldots Y_n$ die statischen Größen der überzähligen Glieder, dann folgen aus den Gleichungen (9) bzw. (42) $2\,k$ Gleichungen der Form

$$\sum P_m \bar{\delta}_m + C_r \cdot 1 + \eta_1 Y_1 + \eta_2 Y_2 + \cdots + \eta_n Y_n = 0 \tag{45}$$

oder

$$\sum P_m \bar{\delta}_m - Z_r \cdot 1 + \eta_1 Y_1 + \eta_2 Y_2 + \cdots + \eta_n Y_n = 0\,. \tag{46}$$

Sie lassen die Stützkräfte C_r sowohl wie die inneren statischen Größen Z unbestimmt und gestatten nur, diese als Funktionen der unbestimmten Größen $Y_1 \ldots Y_n$ zu entwickeln. Das entspricht der in Nr. 12 gezeigten Tatsache, daß $n \cdot \infty$ viele Gleichgewichtszustände möglich sind. Ebenda ist gezeigt, daß n Selbstspannungszustände möglich sind, die man am einfachsten angeben kann, indem man n mal nacheinander $Y_u = \pm 1$, alle anderen $Y = 0$ setzt. Alle übrigen statischen Größen jedes Selbstspannungszustandes ergeben sich sofort aus den Gleichungen (45) und (46). Für jeden Selbstspannungszustand ist nach dem Prinzip der virtuellen Verrückungen die Arbeit der äußeren und inneren Kräfte bei einer virtuellen Verrückung gleich Null. Da nun die Kräfte und Momente jedes Selbstspannungszustandes bekannt sind, und die Arbeit der äußeren Kräfte sich auf die Arbeit bekannter Stützkräfte beschränkt, so wird durch den Wert der virtuellen Arbeit die Frage nach dem Zusammenhang zwischen gegebenen Stützenverschiebungen und allen möglichen Formänderungen der inneren Glieder beantwortet. Da weiter jeder Selbstspannungszustand eine andere Antwort gibt, erhält man so n lineare Bedingungen zwischen den bezeichneten Größen. Nach den Ausführungen in Nr. 12 drücken sie die n Beschränkungen aus, denen die Formänderung des $n$fach statisch unbestimmten Tragwerks unterliegt.

Es bezeichne C' die Stützkräfte, S' die Spannkräfte, N'_v, M'_v, V'_v die Normalkräfte, Momente und Querkräfte im Element v der biegungsfesten Stäbe eines Selbstspannungszustandes. Dann lautet die Gleichung des Prinzips der virtuellen Verrückungen für das Fachwerk nach Gleichung (15)

$$\sum C' \cdot c - \sum S' \cdot \Delta s = 0 \tag{47}$$

und für das Stabwerk nach Gleichung (28)

$$\sum C' \cdot c - \sum \int_0^s \Delta ds \cdot N'_v - \sum \int_0^s \Delta d\varphi \cdot M'_v - \sum \int_0^s dp \cdot V'_v = 0. \tag{48}$$

Werden nun die Δs, $\Delta d\varphi$, Δds, dp durch die inneren Kräfte und etwaige Temperaturänderungen ausgedrückt, so ergeben sich n lineare Gleichungen, welche gleichzeitig mit den $2k$ Gleichgewichtsbedingungen von den unbekannten statischen Größen erfüllt werden müssen. Vorstehende Anwendung des Prinzips der virtuellen Verrückungen für einen Selbstspannungszustand des Fachwerkes ist von O. Mohr[1]) angegeben.

15. Fortsetzung. Die Formänderungsaufgabe.

Die Gleichungen (15) und (28) fassen alle Elastizitäts- und Auflagerbedingungen zusammen und enthalten daher alle Aussagen, die über die Formänderung eines Tragwerks gemacht werden können. Ihre allgemeine und umfassende Bedeutung beruht auf der Willkürlichkeit des Gleichgewichtszustandes, für den sie gelten. Werden besondere

---

[1]) Vgl. Fußnote 1, S. 16.

Aussagen über die Formänderung gesucht, die nur eine oder einzelne Formänderungsgrößen betreffen, so ist nur eine besondere Verfügung über den Gleichgewichtszustand notwendig. Wählt man die Lasten so, daß ihre Arbeit gleich der Summe der Produkte aus der Krafteinheit und den gesuchten Verschiebungen ist, gleich $\sum^m 1 \cdot \delta_m$, dann gibt der negative Wert der Arbeit der inneren Kräfte, vermindert um die Arbeit der Stützkräfte, den Wert der gesuchten Verschiebungen an:

$$\sum^m 1 \cdot \delta_m = -A_i - \sum \overline{C} \cdot c. \tag{49}$$

$$A_i = -\sum \overline{S} \cdot \Delta s \text{ für das Fachwerk,}$$

$$A_i = -\sum \left[\int_0^s \Delta\, ds \cdot \overline{N}_v + \int_0^s \Delta\, d\varphi \cdot \overline{M}_v + \int_0^s dp\, \overline{V}_v \right] \text{ für das Stabwerk.}$$

Handelt es sich nur um die Verschiebung eines Punktes m in bestimmter Richtung, so ist als Belastung die Lasteinheit in Punkt m in Richtung der gesuchten Verschiebung zu wählen, sodann sind die Stützkräfte und inneren statischen Größen zu ermitteln, die durch $P_m = 1$ entstehen. Handelt es sich um eine Verbindung von Formänderungsgrößen, z. B. $\alpha \cdot \delta_m + \beta \cdot \delta_n + \gamma \delta_r$, so ist die Belastung entsprechend zusammenzusetzen, nämlich in m ist $\overline{P}_m = \alpha$, in n $\overline{P}_n = \beta$, in r $\overline{P}_r = \gamma$ in Richtung der Verschiebungen δ_m, δ_n, δ_r anzubringen, sodann der durch diese Kräfte erzeugte Gleichgewichtszustand zu bestimmen. In jedem Falle ergibt die Berechnung der Arbeitswerte $-A_i - \sum \overline{C} c$ den Wert der gesuchten Formänderung.

Die Anwendung auf statisch bestimmte Tragwerke bedarf keiner weiteren Erörterung, da die Berechnung des Gleichgewichtszustandes nach Festlegung der jeweils geeigneten Belastung stets durchführbar ist. Auf nicht stabile Systeme, deren Formänderung eindeutig festgelegt ist, ist das Verfahren gleichfalls anwendbar, da die Gleichungen (15) und (28) nur Gleichgewicht in allen Knotenpunkten und an allen biegungsfesten Stäben, nicht aber die Stabilität zur notwendigen Voraussetzung haben. Diese Voraussetzung läßt sich infolge der Willkürlichkeit des Gleichgewichtszustandes durch geeignete Wahl der Lasten $\overline{P}$ immer erfüllen und, wenn die Formänderung eindeutig bestimmt ist, stets so erfüllen, daß in der Arbeit $\sum \overline{P}_m \delta_m$ nur gesuchte und gegebene Größen δ_m enthalten sind.

Bei Anwendung des Verfahrens auf ein statisch unbestimmtes Tragwerk ist zu beachten, daß nach Nr. 7 und 8 in dem angenommenen Gleichgewichtszustand n Größen willkürlich bleiben und insonderheit gleich Null gesetzt werden dürfen. Das bedeutet, daß der Gleichgewichtszustand eines statisch bestimmten Systems gewählt werden darf. Da weiter die Auswahl der n willkürlichen Größen ebenfalls willkürlich ist, so darf jedes statisch bestimmte System verwendet werden, welches aus den Gliedern des vorliegenden, statisch unbestimmten Tragwerks gebildet werden kann. Dieser Schluß aus der Willkürlichkeit des Gleichgewichtszustandes wird bestätigt und selbstverständlich durch die in Nr. 12,

S. 35 gezeigte Tatsache, daß die Formänderung eines Tragwerks mehrfacher Stabilität durch die jedes Tragwerks einfacher Stabilität festgelegt ist, welches aus den Gliedern des ersteren gebildet werden kann. Für die Anwendung des Verfahrens auf mehrfach statisch unbestimmte Tragwerke ergibt sich daher die einfache Regel: Nach Wahl der jeweils zweckentsprechenden Lasten ist der Belastung das statisch bestimmte System aus den Gliedern des vorliegenden Tragwerks zu unterwerfen, für welches sich die Arbeit der inneren Kräfte am einfachsten berechnen läßt.

Das Ergebnis der vorstehenden Absätze ist: Das Prinzip der virtuellen Verrückungen löst die Gleichgewichtsaufgabe durch geeignete Wahl der virtuellen Verrückungen, und zwar vollständig für statisch bestimmte Tragwerke, unvollständig für statisch unbestimmte. Zur Durchführung der Lösung ist die Berechnung der abhängigen Größen in den verwendeten Systemen virtueller Verrückungen notwendig, d. i. eine rein geometrische Aufgabe, deren Behandlung in Teil 2, Abschnitt e) gezeigt wird. Die Unbestimmtheit der Gleichgewichtsaufgabe der statisch unbestimmten Tragwerke behebt das Prinzip durch seine Anwendung auf die möglichen Selbstspannungszustände und die wirklichen Formänderungen. Schließlich löst das Prinzip jede Formänderungsaufgabe durch geeignete Wahl des willkürlichen Gleichgewichtszustandes. Zur Durchführung der Lösung ist die Berechnung der Stützkräfte und inneren Kräfte eines statisch bestimmten Systems notwendig, die durch die gewählte Belastung erzeugt werden. Letzten Endes wird danach die Gleichgewichtsaufgabe auf eine geometrische Aufgabe, die Formänderungsaufgabe auf eine statische Aufgabe zurückgeführt.

d) Die Formänderungsarbeit.

16. Definition. Satz Clapeyrons.

Geht ein Tragwerk aus der spannungslosen Anfangslage in die Gleichgewichtslage über, so leisten die inneren Kräfte Arbeit. Der Wert derselben ist jedoch negativ. Denn wenn der Widerstand gegen die Formänderung als innere Kraft aufgefaßt wird, muß die Kraftrichtung der Richtung der Formänderung entgegengesetzt sein. Es soll der absolute Wert der bezeichneten Arbeit berechnet werden.

Die ursprüngliche Länge eines einfachen Stabes s gehe ohne Änderung seiner Temperatur in $s + \Delta s$ über, gleichzeitig wächst seine Spannkraft von Null auf S. Zwischen der Längenänderung und der Spannkraft besteht in jedem Zeitpunkt des Vorganges die Abhängigkeit, die durch das Hookesche Gesetz gegeben ist:

$$\Delta s_u = S_u \cdot \varrho ,$$

wenn Δs_u und S_u variable Zwischenwerte zwischen Null und den Endwerten bezeichnen. Durch Differentiation nach u ergibt sich

$$d \Delta s_u = d S_u \cdot \varrho .$$

Nimmt nun Δs_u um $d\Delta s_u$ zu, so ist der absolute Wert der dabei geleisteten Arbeit

$$(S_u + \tfrac{1}{2} d S_u)\, d\Delta s_u = S_u \cdot d\Delta s_u ,$$

da die unendlich kleine Größe zweiter Ordnung vernachlässigt werden darf. Für die Arbeit des ganzen Vorganges ergibt sich daher

$$-A_i = \int_0^{\Delta s} S_u \cdot d\Delta s_u ,$$

$$-A_i = \frac{1}{\varrho} \int_0^{\Delta s} \Delta s_u \cdot d\Delta s_u = \frac{\Delta s^2}{2\varrho}$$

oder in der Spannkraft ausgedrückt

$$-A_i = \tfrac{1}{2} S^2 \cdot \varrho .$$

Der absolute Wert der Arbeit der inneren Kräfte des Fachwerks ist danach

$$\left.\begin{aligned} -A_i &= \frac{1}{2} \sum \frac{\Delta s^2}{\varrho} \\ \text{oder} \quad -A_i &= \frac{1}{2} \sum S^2 \varrho . \end{aligned}\right\} \qquad (50)$$

Das Volumenelement des zusammenhängenden isotropen Körpers ändere bei gleichbleibender Temperatur seine Kantenlängen um $\varepsilon_x dx$, $\varepsilon_y dy$, $\varepsilon_z dz$, seine Winkel um γ_x, γ_y, γ_z. Gleichzeitig entstehen Spannungen σ_x, σ_y, σ_z, τ_x, τ_y, τ_z, die mit den Verzerrungskomponenten durch die Gleichungen (36) verbunden sind. Bezeichnen nun ε_{xu}, ε_{yu}, ε_{zu}, γ_{xu}, γ_{yu}, γ_{zu} die veränderlichen Zwischenwerte zwischen Null und den Endwerten, so ist der absolute Wert des Differentiales der Arbeit des Elementes

$$\begin{aligned} -d(dA_i) = (&\sigma_{xu} \cdot d\varepsilon_{xu} + \sigma_{yu} \cdot d\varepsilon_{yu} + \sigma_{zu} \cdot d\varepsilon_{zu} + \tau_{xu} \cdot d\gamma_{xu} \\ &+ \tau_{yu} \cdot d\gamma_{yu} + \tau_{zu} d\gamma_{zu})\, dx \cdot dy \cdot dz . \end{aligned}$$

Aus den Gleichungen (36) ergibt sich

$$\left.\begin{aligned} \sigma_{xu} &= \frac{m \cdot E}{m+1}\left(\varepsilon_{xu} + \frac{\varepsilon_{xu} + \varepsilon_{yu} + \varepsilon_{zu}}{m-2}\right), \\ \sigma_{yu} &= \frac{mE}{m+1}\left(\varepsilon_{yu} + \frac{\varepsilon_{xu} + \varepsilon_{yu} + \varepsilon_{zu}}{m-2}\right), \\ \sigma_{zu} &= \frac{mE}{m+1}\left(\varepsilon_{zu} + \frac{\varepsilon_{xu} + \varepsilon_{yu} + \varepsilon_{zu}}{m-2}\right), \\ \tau_{xu} &= \frac{mE}{2(m+1)}\gamma_{xu}, \quad \tau_{yu} = \frac{mE}{2(m+1)}\gamma_{yu}, \quad \tau_{zu} = \frac{mE}{2(m+1)}\gamma_{zu} . \end{aligned}\right\} \qquad (51)$$

Diese Gleichungen werden in $d(dA_i)$ eingeführt:

$$\begin{aligned} -d(dA_i) = \frac{mE}{m+1}\Big[&\varepsilon_{xu} \cdot d\varepsilon_{xu} + \varepsilon_{yu} \cdot d\varepsilon_{yu} + \varepsilon_{zu} \cdot \varepsilon_{zu} \\ &+ \frac{1}{m-2}(\varepsilon_{xu} + \varepsilon_{yu} + \varepsilon_{zu})\, d(\varepsilon_{xu} + \varepsilon_{yu} + \varepsilon_{zu}) \\ &+ \frac{1}{2}(\gamma_{xu} \cdot d\gamma_{xu} + \gamma_{yu} \cdot d\gamma_{yu} + \gamma_{zu} d\gamma_{zu})\Big]\, dx \cdot dy\, dz . \end{aligned}$$

Die rechte Seite ist das vollständige Differential der Funktion der Verzerrungskomponenten

$$\varphi(\varepsilon_{xu}\cdot\gamma_{zu}) = \frac{mE}{2(m+1)}\left[\varepsilon_{xu}^2 + \varepsilon_{yu}^2 + \varepsilon_{zu}^2 + \frac{(\varepsilon_{xu}+\varepsilon_{yu}+\varepsilon_{zu})^2}{m-2} + \frac{1}{2}(\gamma_{xu}^2 + \gamma_{yu}^2 + \gamma_{zu}^2)\right],$$

welche das elastische Potential genannt wird. Führt man sie ein, so ist

$$-d(dA_i) = d\varphi(\varepsilon_{xu}\cdot\gamma_{zu})\cdot dx\cdot dy\cdot dz$$

$$-dA_i = \varphi(\varepsilon_x\ldots\gamma_z)\,dx\cdot dy\cdot dz$$

und somit die Arbeit des ganzen Körpers

$$-A_i = \int\varphi(\varepsilon_x\ldots\gamma_z)\cdot dv, \qquad dv = dx\cdot dy\cdot dz. \tag{52}$$

Als Funktion der Spannungskomponenten erhält man das elastische Potential durch Einführung der Gleichungen (36)

$$\psi(\sigma_x\ldots\tau_z) = \frac{1}{2E}\left[\sigma_x^2 + \sigma_y^2 + \sigma_z^2 - \frac{2}{m}(\sigma_y\cdot\sigma_z + \sigma_z\cdot\sigma_x + \sigma_y\cdot\sigma_y)\right] + \frac{1}{2G}(\tau_x^2 + \tau_y^2 + \tau_z^2).$$

Die gefundenen Werte sollen mit der Arbeit der äußeren Kräfte verglichen werden, welche die betrachtete Formänderung erzeugen. Ihr Wert ist $\sum Q_m\delta_m$, wenn die äußeren Kräfte Q während der ganzen Formänderung mit konstanten Werten wirken. Für diese Arbeit gibt das Prinzip der virtuellen Verrückungen einen Wert in den inneren Kräften. Führt man nämlich virtuelle Verrückungen ein, die gleich den wirklichen Verrückungen sind, so ist für das Fachwerk

$$\sum Q_m\delta_m = \sum S\cdot\Delta s$$

und mit $\Delta s = S\cdot\varrho$

$$\sum Q_m\delta_m = \sum S^2\cdot\varrho$$

und für den Körper

$$\sum Q_m\delta_m = \int(\sigma_x\cdot\varepsilon_x + \sigma_y\,\varepsilon_y + \sigma_z\cdot\varepsilon_z + \tau_x\cdot\gamma_x + \tau_y\cdot\gamma_y + \tau_z\,\gamma_z)\,dv.$$

Werden die Spannungen durch die Gleichungen (51) ausgedrückt, so ergibt sich

$$\sum Q_m\cdot\delta_m = 2\int\varphi(\varepsilon_x\ldots\tau_z)\,dv.$$

Der Vergleich mit den Werten A_i zeigt, daß

$$\sum Q_m\cdot\delta_m = -2A_i \tag{53}$$

und die algebraische Summe der Arbeiten der äußeren und inneren Kräfte

$$\sum Q_m\delta_m + A_i = \tfrac{1}{2}\sum Q_m\delta_m$$

ist. Daraus folgt, daß das Tragwerk sich in der Gleichgewichtslage nicht in Ruhe befindet. Seine Massenpunkte haben vielmehr Geschwindigkeit erlangt und bewegen sich über die Gleichgewichtslage hinaus. Wenn auf ein System in der spannungslosen Anfangslage Lasten aufgebracht werden, welche von Anfang an endliche, gleichbleibende Größe haben, schwingt das System um die Gleichgewichtslage und kommt in dieser erst durch die allmählich eintretende Dämpfung der Schwingungen zur Ruhe. Die Voraussetzung der Statik, daß die Massenpunkte in der Gleichgewichtslage die Geschwindigkeit Null — exakt ausgedrückt $v =$ constans — haben, zwingt daher zu der Annahme, daß die Lasten von Null aus bis zu ihren Endwerten zunehmend aufgebracht werden. Die Arbeit der äußeren Kräfte ist dann $\sum\int_0^\delta Q_u \cdot d\delta_u$, und wenn die Zunahme der Lasten sich so vollzieht, daß jede Lage zwischen der spannungslosen Anfangslage und der durch die Endwerte Q bedingten Gleichgewichtslage ebenfalls eine Gleichgewichtslage ist, dann ist

$$\sum\int_0^\delta Q_u \cdot d\delta_u + A_i = 0,$$

also

$$\sum\int_0^\delta Q_u\, d\delta_u = \frac{1}{2}\sum Q_m\, \delta_m. \tag{54}$$

Der Satz, den diese Gleichung ausdrückt, wird nach Clapeyron benannt — vgl. Fußnote 1, S. 15.

Die Arbeit $\sum\int_0^\delta Q_u \cdot d\delta_u$, welche die äußeren Kräfte leisten, während sie die Form eines elastischen Tragwerks bei gleichbleibender Temperatur ändern, wird die Formänderungsarbeit genannt. Sie sei A bezeichnet.

Der Begriff ist zuweilen auch auf nicht isotherme Deformation ausgedehnt, die Definition ist dann aber nicht präzis zu fassen, und deshalb ist die Beschränkung auf die isotherme Deformation vorzuziehen[1]). Der Wert der Formänderungsarbeit kann in den äußeren Kräften durch

$$A = \frac{1}{2}\sum Q \cdot \delta_m,$$

in den inneren Kräften eines Fachwerks durch

$$A = \frac{1}{2}\sum S^2 \cdot \varrho,$$

in den inneren Kräften eines isotropen Körpers durch

$$A = \int \psi\,(\sigma_x \ldots \tau_z)\, dv,$$

schließlich in den Längenänderungen der Stäbe eines Fachwerks durch

$$A = \frac{1}{2\varrho}\sum \Delta s^2,$$

oder in den Verzerrungskomponenten isotroper Körper durch

$$A = \int \varphi\,(\varepsilon_x \ldots \gamma_z)\, dv$$

ausgedrückt werden.

---

[1]) Vgl. hierzu das Referat des Verfassers für die Enzyklopädie der mathematischen Wissenschaften Bd. IV, 29 a, S. 449 ff.

17. Die Sätze Castiglianos.

In Nr. 13 ist gezeigt, daß alle δ_m als lineare Funktionen der Q_m entwickelt werden können, die zu Null werden, wenn alle $Q_m = 0$ sind. Mithin können auch alle Q_m als lineare Funktionen der δ_m dargestellt werden, die zu Null werden, wenn alle $\delta_m = 0$ sind. Daraus folgt, daß man A als homogene quadratische Funktion sowohl der δ_m wie der Q_m ausdrücken kann. Nach dem Eulerschen Satze über homogene Funktionen ist, wenn A als Funktion der δ_m gefaßt ist:

$$A = \frac{1}{2} \sum \frac{\partial A}{\partial \delta_m} \delta_m ,$$

und wenn A als Funktion der Q_m gefaßt ist:

$$A = \frac{1}{2} \sum \frac{\partial A}{\partial Q_m} Q_m .$$

Stellt man diesen Gleichungen

$$A = \tfrac{1}{2} \sum Q_m \delta_m$$

gegenüber, so folgt aus der gegenseitigen Unabhängigkeit der verschiedenen δ_m sowie der verschiedenen Q_m

$$\frac{\partial A}{\partial \delta_m} = Q_m \tag{55}$$

und

$$\frac{\partial A}{\partial Q_m} = \delta_m . \tag{56}$$

Die beiden Sätze, welche den Inhalt dieser Gleichungen ausdrücken, sind von A. Castigliano[1]) aufgestellt und werden die Sätze Castiglianos von den Differentialquotienten der Formänderungsarbeit genannt.

Ein dritter Satz über die Formänderungsarbeit, der zuerst von Menabrea[2]), später von Castigliano zur Berechnung der Spannkräfte mehrfach statisch unbestimmter Fachwerke benutzt worden ist, lautet in Castiglianos[3]) Fassung: Sucht man das Minimum der Funktion $\frac{1}{2} \sum S^2 \cdot \varrho$, welche die Formänderungsarbeit eines gegliederten Systems ausdrückt, indem man die $3\,k - 6$ Gleichungen zwischen den Spannungen aller Stäbe des Systems in Rechnung zieht, so erhält man für die Spannungen jene Werte, welche in dem System nach der Deformation herrschen. Voraussetzung ist, daß die Temperatur sich nicht ändert und keine Stützenverschiebungen eintreten. Zum Beweise des Satzes zeigt Castigliano[3]), daß die Aufgabe, die Spannkräfte zu bestimmen, welche die Funktion $\frac{1}{2} \sum S^2 \cdot \varrho$ unter Erfüllung aller Gleich-

---

[1]) Castigliano, A.: Nuova teoria intorno dell'equilibrio dei sistemi elastici. Torino, Atti della Academia delle scienze 1875, und Théorie de l'quilibre des systèmes éastiques. Turin 1879, deutsch von E. Hauffe. Wien 1886.

[2]) Menabrea, F.: Nouveau principe sur la distribution des tensions dans les systèmes éastiques. Compt. rend. de l'Acad. des Sc. Bd. 46, S. 1056. Paris 1858.

[3]) Castigliano, A.: Thèse pour obtenir le diplôme d'Ingenieur. Turin 1873.

gewichtsbedingungen der Knotenpunkte zu einem Minimum machen, zu der Gleichung

$$S_{ik} \cdot \varrho = (\varDelta x_k - \varDelta x_i) \cos \alpha_{ik} + (\varDelta y_k - \varDelta y_i) \cos \beta_{ik} + (\varDelta z_k - \varDelta z_i) \cos \gamma_{ik}$$

für jede Spannkraft führt. Diese Gleichungen werden in die Gleichgewichtsbedingungen eingeführt und aus diesen die $\varDelta x$, $\varDelta y$, $\varDelta z$ berechnet, durch die nunmehr die Spannkräfte bestimmt sind. Die Aufgabe ist also identisch mit der Berechnung der Spannkräfte aus den Elastizitätsbedingungen der Stäbe und den Gleichgewichtsbedingungen der Knotenpunkte. Ein anderer Beweis ergibt sich auf folgendem Wege. Die partielle Ableitung der Funktion $\frac{1}{2} \sum S^2 \varrho$ nach einer beliebigen Spannkraft, die S_a genannt sei, ist, da die S durch die Gleichgewichtsbedingungen miteinander verknüpft sind,

$$\frac{\partial}{\partial S_a} (\tfrac{1}{2} \sum S^2 \cdot \varrho) = \sum S \cdot \varrho \frac{\partial S}{\partial S_a}.$$

Um $\frac{\partial S}{\partial S_a}$ zu berechnen, differenziiert man alle Gleichgewichtsbedingungen ($3\,k$ für das räumliche, $2\,k$ für das ebene Fachwerk) nach S_a. Dabei fallen alle äußeren Kräfte P aus. Die so entstehenden Gleichungen sind $3\,k$ bzw. $2\,k$ Gleichgewichtsbedingungen des Tragwerks für Spannkräfte, die den $\frac{\partial S}{\partial S_a}$ verhältnisgleich sind. Wenn auch im allgemeinen — sofern das Fachwerk mehr als einfach statisch unbestimmt ist — die $\frac{\partial S}{\partial S_a}$ durch diese Gleichungen nicht eindeutig bestimmt sind, so bilden sie doch in jedem Falle einen Gleichgewichtszustand ohne Lasten, d. h. einen Selbstspannungszustand. Das Prinzip der virtuellen Verrückungen schreibt der Arbeit jedes Selbstspannungszustandes bei einer virtuellen Verrückung ohne Stützenverschiebungen den Wert Null vor. Die Längenänderungen der Stäbe $\varDelta s = S \cdot \varrho$ kennzeichnen eine solche Verrückung, mithin verschwindet die rechte Seite vorstehender Gleichung, und es ergibt sich

$$\frac{\partial}{\partial S_a} (\tfrac{1}{2} \sum S^2 \cdot \varrho) = 0\,.$$

Da dieselbe Schlußfolgerung für die Spannkraft jedes Stabes gilt, ist der Beweis erbracht. In derselben Weise ist er für den zusammenhängenden isotropen Körper zu führen. Die Funktion, welche die Formänderungsarbeit eines statisch unbestimmten elastischen Systems in den Spannungen ausdrückt, nimmt bei gleichbleibender Temperatur und unverschieblichen Stützen mit den Werten des geometrisch möglichen Gleichgewichtszustandes einen kleineren Wert an als mit den Werten irgendeines der anderen möglichen Gleichgewichtszustände.

Soll der Satz zur Berechnung eines statisch unbestimmten Tragwerks dienen, so kommt indessen nicht die Tatsache des Minimums zur Verwendung, sondern deren analytisches Kennzeichen, nämlich die Gleichung

$$\sum S \cdot \varrho \cdot \frac{\partial S}{\partial S_a} = 0,$$

indem n Werte S_a ausgewählt und als voneinander unabhängig behandelt werden. Dann sind diese Gleichungen nichts anderes als die in Nr. 15 angegebenen Gleichungen des Prinzips der virtuellen Verrückungen für die n möglichen Selbstspannungszustände. Die Benutzung des Castiglianoschen Satzes führt also genau zu der dort angegebenen Berechnung. Das gilt ebenso für die Anwendung der Gleichung (56) zur Berechnung von Formänderungen. Die Sätze Castiglianos sind deshalb in den folgenden Kapiteln nicht verwendet worden.

Aus einer Anwendung der Formänderungsarbeit erhält man folgendes Kriterium der Stabilität. Jede virtuelle Verrückung $\bar{\delta}_m$, jede virtuelle Längenänderung $\Delta\bar{s}$ und jede virtuelle Verzerrungskomponente $\bar{\varepsilon}$, $\bar{\gamma}$ kann als Variation der gleichartigen elastischen Größe aufgefaßt werden. Da die elastischen Verrückungen und Formänderungen eines Tragwerkes die geometrischen Bedingungen erfüllen, erhält man ein System virtueller Verrückungen durch Variation der elastischen nach ein und demselben willkürlichen Parameter. Mithin kann die Gleichung des Prinzips der virtuellen Verrückungen in der Form

$$\delta\left(\sum Q_m \cdot \delta_m - A\right) = 0 \tag{57}$$

aufgestellt werden. Durch

$$U = \sum Q_m \cdot \delta_m - A$$

sei die Summe der Arbeit der äußeren und inneren Kräfte, ausgedrückt in den Koordinaten der spannungslosen Anfangslage und der Gleichgewichtslage, bezeichnet. Werden nun die Koordinaten der Gleichgewichtslage in U variiert, dann bestimmt

$$\delta U = 0$$

den Wert U_0, welcher in der Gleichgewichtslage eintritt. Er ist entweder ein Maximum oder ein Minimum. U_0 ist mit dem Wert U für irgendeine andere Lage, welche das Tragwerk einnehmen kann, durch die Werte der lebendigen Kraft T_0 und T beider Lagen verknüpft. Nach dem Satz von der lebendigen Kraft ist

$$T - T_0 = U - U_0 . \tag{58}$$

Da T und T_0 stets positiv sind, kann T beliebig groß werden, wenn $U > U_0$ ist. Ist jedoch $U_0 > U$, so kann T nie T_0 übersteigen und erreicht den größten Wert T_0 mit $U = U_0$ in der Gleichgewichtslage. Befindet sich das Tragwerk in der Gleichgewichtslage in Ruhe, so ist $T_0 = 0$ und die Gleichung (58) wird im Falle $U_0 > U$ nur durch $U = U_0$, $T = 0$ erfüllt. Erfährt das Tragwerk in der Gleichgewichtslage einen Impuls, durch den es die lebendige Kraft T_0 erhält, so verschiebt es sich, wenn $U_0 > U$ ist, bis zu einer Lage, in der $T = 0$ wird. Da in dieser Gleichgewicht nicht besteht, strebt das Tragwerk nach der

Gleichgewichtslage zurück, in der T den größten möglichen Wert T_0 annimmt. Daraus folgt

$$U_0 = \text{Maximum} \tag{59}$$

ist die Bedingung für die Sicherheit des Gleichgewichts. Ist U_0 ein Minimum, so ist das Gleichgewicht unsicher.

Ein scharfer Nachweis für die Stabilität eines elastischen Tragwerkes ist aus der Bedingung (59) herzuleiten. Dabei müssen in U die inneren Kräfte durch die Koordinaten der Gleichgewichtslage ausgedrückt werden. In der Statik des Tragwerkes ist der Nachweis aus der Bedingung (59) nur in seltenen Fällen einmal erforderlich. Eine labile Gleichgewichtslage des elastischen Tragwerkes ist nur in nächster Nähe der Lage möglich, in der auch das starre Tragwerk labil ist. Diese Lage ist nach Nr. 2 durch $D = 0$ gekennzeichnet und kann durch das in Nr. 45 dargestellte Verfahren ermittelt werden. Die getroffene Voraussetzung, daß D hinreichend groß ist, schließt daher Bauarten aus, die infolge der Elastizität labil sein könnten. In demselben Sinne wirken im allgemeinen die praktischen Erfordernisse der Konstruktion.

Gleichung (57) ist zuerst von Kirchhoff[1]) für den zusammenhängenden Körper aufgestellt. Die Bedingung (59) hat L. Dirichlet[3]) für starre Systeme gegeben. Die Erweiterung auf elastische Systeme folgt ohne weiteres aus der Anwendung, die Kirchhoff[2]) von der Formänderungsarbeit macht.

II. Das Gleichgewicht der statisch bestimmten Tragwerke.

Die Gleichgewichtsaufgabe der statisch bestimmten Tragwerke wird für die gebräuchlichen Bauarten im wesentlichen durch Anwendung der drei Gleichungen $\sum M = 0$ gelöst. Neben diesen werden zuweilen einzelne Gleichgewichtsbedingungen der Knotenpunkte herangezogen, die im übrigen ja auch als Sonderfall der ersteren aufgefaßt werden können. Von dem Prinzip der virtuellen Verrückungen wird zunächst nur die Anwendung gemacht werden, den Geltungsbereich der Gleichungen $\sum M = 0$ zu umgrenzen, d. h. die Kräfte zu bestimmen, die jeweils in die Gleichungen einzuführen sind. Die Bedeutung des Prinzips für die vorliegende Aufgabe liegt darin, daß es in statischen Fragen durch meist einfache geometrische Überlegungen eine sichere Entscheidung herbeiführt.

---

[1]) Kirchhoff, G.: Vorlesungen über mathematische Physik Bd. I, Mechanik, 11. Vorl. Leipzig 1876.

[2]) Ebenda, 4. Vorl., § 2 und 11. Vorl., § 5. Vgl. auch Enzyklopädie der mathematischen Wissenschaften Bd. IV, 29a, S. 448.

[3]) Lejeune-Dirichlet, G.: Über die Stabilität des Gleichgewichts. Journal für Mathematik Bd. 32, S. 85. 1846.

Die Kräfte des Gleichgewichtszustandes werden den Gleichungen $\sum M = 0$ dadurch zugänglich gemacht, daß das Tragwerk durch Schnitte in Teile zerlegt wird, an denen alle angreifenden Kräfte als äußere Kräfte behandelt werden dürfen und die genannten Gleichungen erfüllen müssen. An erster Stelle sind danach die unbekannten äußeren Kräfte, das sind die Stützkräfte, zu bestimmen. Sodann folgen unter Zerlegung des Tragwerks in einzelne Scheiben die inneren Kräfte, die in den Verbindungen zwischen den Scheiben auftreten, und schließlich unter Teilung der Scheiben die inneren Kräfte in diesen.

Häufig ist eine Vereinfachung der Form der Gleichungen $\sum M = 0$ oder der Rechnung durch Ersatz einer Kraftgruppe durch eine andere Kraftgruppe zu erzielen, die jener statisch gleichwertig ist. Statisch gleichwertig sind zwei Kraftgruppen, wenn die Summen der Momente aus den Kräften beider Gruppen um jeden Punkt der Ebene einander gleich sind. Nach Nr. 10 des Teiles I ist die hierfür notwendige und ausreichende Bedingung die, daß die Kräfte der a und b bezeichneten Gruppen drei Gleichungen

$$\sum M_a = \sum M_b$$

um drei nicht auf einer Geraden liegende Punkte erfüllen.

Die wichtigsten Sonderfälle statischer Gleichwertigkeit bilden 1. eine Kraftgruppe und ihre Mittelkraft, 2. eine Einzelkraft und ihre Seitenkräfte. Unter der Mittelkraft einer Kraftgruppe ist die Einzelkraft zu verstehen, deren Moment um drei nicht auf einer Geraden liegende Punkte gleich der Summe der Momente der Kräfte der Gruppe um dieselben Punkte ist. Dieselbe Gleichheit der Momente kennzeichnet die 3 Seitenkräfte. Die Bestimmung ist jedoch erst dann eindeutig, wenn noch sechs Bedingungen hinzutreten. Man benutzt die Seitenkräfte einer Einzelkraft nach drei gegebenen Kraftlinien, die sich nicht in einem Punkte schneiden, eine derselben kann die unendlich ferne Gerade sein, oder nach zwei gegebenen Kraftlinien, deren Schnittpunkt auf der Kraftlinie der Einzelkraft liegt.

Die graphische Zusammensetzung einer Kraftgruppe zu ihrer Mittelkraft mit Hilfe des Seilpolygons, die Zerlegung einer Einzelkraft nach drei gegebenen Kraftlinien durch das Verfahren Culmanns, schließlich die Zerlegung einer Einzelkraft in einem Punkte ihrer Kraftlinie nach zwei gegebenen Kraftlinien durch das Krafteck wird als bekannt vorausgesetzt.

a) Die äußeren Kräfte.

18. Starre Scheibe.

Zur vollkommenen Stabilität sind drei Stützen oder zwei Stützen und eine Einspannung erforderlich. Nach der Zahl der Stützpunkte sind folgende Anordnungen zu unterscheiden:

a) Drei Stützpunkte a, b, c, in denen die Stützkräfte A, B, C angreifen (Abb. 7). Die Gleichungen $\sum M = 0$ werden auf die Schnittpunkte *1*, *2*, *3* der Kraftlinien B und C, A und C, A und B bezogen. Die Abtsände der Lasten P_m von den Punkten *1*, *2*, *3* seien ζ_{m1}, ζ_{m2}, ζ_{m3}, positiv rechts der Kraftrichtung bezeichnet. Aus

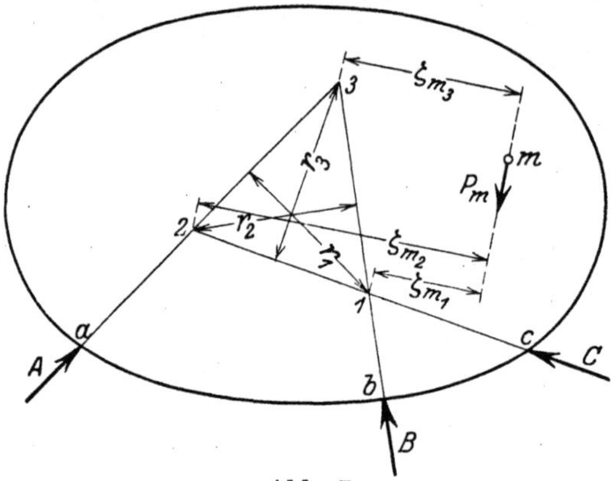

Abb. 7.

$$(1)\quad \sum P_m \cdot \zeta_{m1} + A \cdot r_1 = 0,$$

$$(2)\quad \sum P_m \cdot \zeta_{m2} - B \cdot r_2 = 0,$$

$$(3)\quad \sum P_m \cdot \zeta_{m3} + C \cdot r_3 = 0$$

folgt

$$\left.\begin{aligned} A &= -\frac{1}{r_1}\sum P_m \cdot \zeta_{m1}, \\ B &= +\frac{1}{r_2}\sum P_m \cdot \zeta_{m2}, \\ C &= -\frac{1}{r_3}\sum P_m \cdot \zeta_{m3}. \end{aligned}\right\} \quad (1)$$

Wenn die Schnittpunkte *1*, *2*, *3* in einem Punkte zusammenfallen, ist Gleichgewicht im allgemeinen nicht möglich, sondern nur sofern auch die Mittelkraft der Lasten durch denselben Punkt hindurchgeht. Zur stabilen Stützung der Scheibe ist also erforderlich, daß die Kraftlinien der Stützkräfte sich nicht in einem Punkte schneiden.

Schneiden sich die Kraftlinien der Stützkräfte und die Mittelkraft der Lasten in einem Punkte, dann ist die Stützung statisch unbestimmt, denn es bestehen für diesen Punkt nur die beiden Gleichgewichtsbedingungen (29), S. 26.

b) Zwei Stützpunkte a, b (Abb. 8). In a sind zwei Stützen vorhanden, deren Kräfte A und C bezeichnet seien. Ein solcher Punkt wird „fester Stützpunkt" oder „festes Auflager" genannt. Die Stützkräfte bestimmen eine Mittelkraft nach Größe und Richtung. Da diese Mittelkraft auch durch ihre Seitenkräfte nach zwei beliebigen Richtungen bestimmt ist, können die Kraftlinien der beiden Stützkräfte eines festen Stützpunktes willkürlich gewählt werden. Die Kraftlinie von C sei die Gerade $a\,b$, und die Kraftlinie von A rechtwinklig zu $a\,b$. Dann folgt

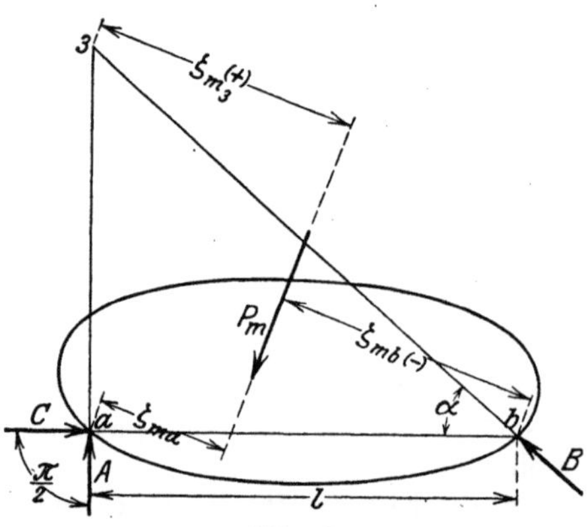

Abb. 8.

$$\text{aus } (b)\quad A = -\frac{1}{l}\sum P_m \cdot \zeta_{m\,b},$$

$$\text{aus } (a)\quad B = +\frac{1}{l \sin\alpha}\sum P_m \cdot \zeta_{m\,a},$$

$$\text{aus } (3)\quad C = +\frac{1}{l \operatorname{tg}\alpha}\sum P_m \cdot \zeta_{m3}.$$

Sind alle Lasten P und ebenso die Stützkraft B lotrecht, dann ergibt sich mit den aus Abb. 9 ersichtlichen Bezeichnungen

aus (b) $A = \frac{1}{l} \sum P \cdot b$,

aus (a) $B = \frac{1}{l} \sum P \cdot a$,

$C = 0$.

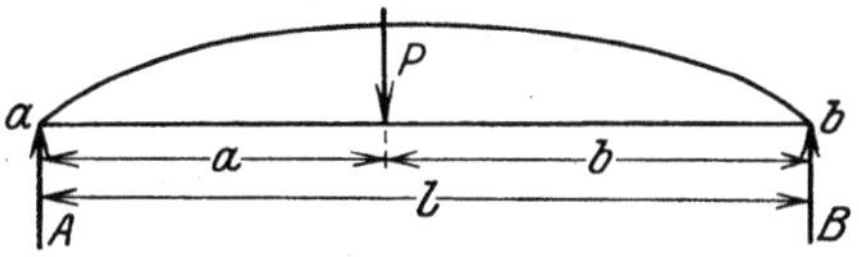

Abb. 9.

Die starre Scheibe, die in ihren in wagerechter Richtung äußersten Punkten gestützt ist, in einem derselben durch eine lotrechte Stütze, und nur durch lotrechte Lasten beansprucht wird, wird „einfacher Balken“ genannt. Der wagerechte Abstand l der beiden Stützpunkte heißt die Stützweite. Die beiden von Null verschiedenen Stützkräfte seien A_0 und B_0 bezeichnet. Danach ist

$$\left.\begin{aligned} \boldsymbol{A_0} &= \frac{1}{l} \sum \boldsymbol{P} \cdot \boldsymbol{b}, \\ \boldsymbol{B_0} &= \frac{1}{l} \sum \boldsymbol{P} \cdot \boldsymbol{a}. \end{aligned}\right\} \quad (2)$$

c) Ein Stützpunkt a. Da in einem Punkte nur zwei Stützen möglich sind, muß die dritte Stabilitätsbedingung durch eine Einspannung gestellt werden. Die Kraftlinien der beiden Stützkräfte A und C können, wie unter b) begründet, willkürlich gewählt werden. Meist ist es zweckmäßig, sie lotrecht und wagerecht anzunehmen. Das Einspannungsmoment E sei nach Abb. 10 linksdrehend positiv eingeführt. Dann folgt aus

$$(a) \quad E = \sum P_m \cdot \zeta_{ma}.$$

Ferner aus $\sum M = 0$ für die unendlich fernen Punkte der wagerechten und lotrechten — Gleichungen, die in folgendem durch (w_∞) und (v_∞) bezeichnet werden sollen —

$A = \sum P_{my}$, $C = \sum P_{mx}$,

wenn die positive Y-Achse in die Richtung $-A$, und die positive X-Achse in die Richtung $-C$ fällt.

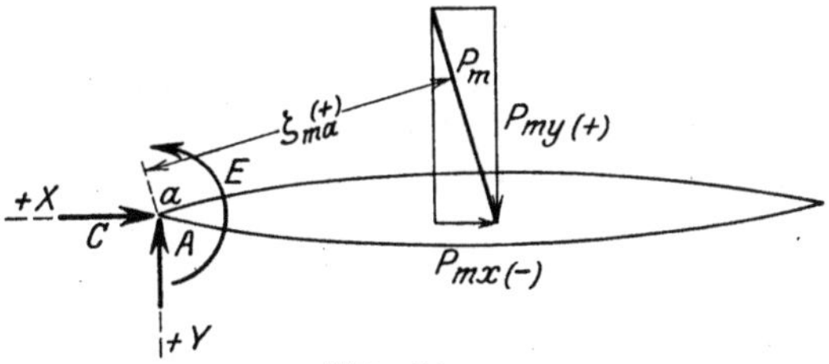

Abb. 10.

Bildet die starre Scheibe einen Teil eines Tragwerks, in dem sie mit anderen starren Scheiben oder auch einzelnen Stäben durch Gelenke verbunden ist, so kann man die Gelenkdrücke als äußere Kräfte an der starren Scheibe auffassen, und es folgen einfache Beziehungen zwischen den äußeren Kräften aus den Gleichungen $\sum M = 0$, wenn alle äußeren Kräfte nur in drei oder zwei Punkten der starren Scheibe angreifen. Im ersten Falle (Abb. 11) seien die Punkte a, b, c und die Mittelkraft aller in a angreifenden Kräfte R_a, die Mittelkraft aller in b angreifenden Kräfte R_b, die Mittelkraft aller in c angreifenden Kräfte R_c bezeichnet. Für den Schnittpunkt je zweier Kraftlinien wird die Gleichung $\sum M = 0$ nur erfüllt, wenn auch die dritte Kraftlinie durch diesen hindurchgeht. Daraus folgt, daß die Kraftlinien R_a, R_b, R_c sich in einem Punkte schneiden müssen. Weiter folgt

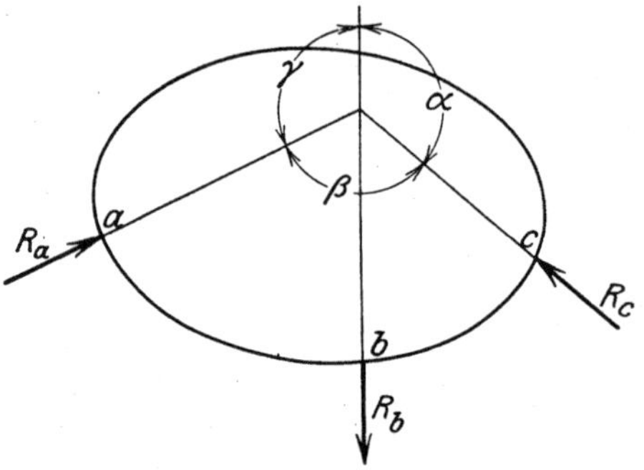

Abb. 11.

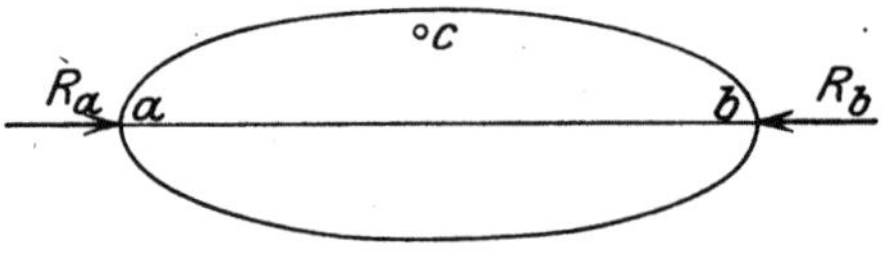

Abb. 12.

aus (a) $\quad R_b : R_c = \sin\beta : \sin\gamma$,

aus (b) $\quad R_a : R_c = \sin\alpha : \sin\gamma$,

aus (c) $\quad R_b : R_a = \sin\beta : \sin\alpha$.

Mithin ist

$$R_a : R_b : R_c = \sin\alpha : \sin\beta : \sin\gamma . \quad (3)$$

Anstatt der Punkte a, b, c kann zur Ableitung dieser Beziehung jeder beliebige Punkt der Kraftlinien R_a, R_b, R_c gewählt werden.

Im zweiten Falle (Abb. 12) seien die Punkte a, b und die Mittelkräfte der in a und b angreifenden Kräfte R_a, R_b bezeichnet. Dann folgt aus (a) und ebenso aus (b), daß die Kraftlinien R_a und R_b in die Gerade $a\,b$ fallen, ferner aus (c) für einen beliebigen Punkt c, der nicht auf der Geraden $a\,b$ liegt, $R_a = R_b$.

19. Tragwerke ohne innere Stabilität. Der Scheibenzug.

Das einfachste Tragwerk der bezeichneten Art besteht aus p Scheiben, die aufeinander folgend durch $p - 1$ Gelenke verbunden sind. Es soll Scheibenzug genannt werden. Die Scheiben seien von *1* bis p, die Gelenke von *1* bis $p - 1$ gezählt. Jedes Gelenk r führt durch Hinzufügung eines einfachen Stabes zwischen den Scheiben r und $r + 1$ zu einer stabilen Verbindung derselben. Mithin fehlen dem Scheibenzug $p - 1$ Glieder zur inneren Stabilität und zur äußeren Stabilität sind

$$a = 3 + p - 1 = p + 2$$

Stützen erforderlich. Um die Gleichungen für die Stützkräfte zu finden, geht man von den virtuellen Verrückungen aus, die ohne innere Formänderungen möglich und voneinander unabhängig sind. Diese sind 1. drei virtuelle Verrückungen ohne Änderung der gegenseitigen Lage aller Scheiben, bei denen also der Scheibenzug wie eine starre Scheibe zu behandeln ist; 2. eine Drehung der Scheiben *1* bis r um das Gelenk r ohne Änderung der gegenseitigen Lage derselben, und Ruhe der Scheiben $r + 1$ bis p; 3. eine Drehung der Scheiben $r + 1$ bis p um das Gelenk r ohne Änderung der gegenseitigen Lage derselben, und Ruhe der Scheiben

1 bis r. Erfolgen die Verrückungen *2* und *3* um denselben Winkel, so sind sie jedoch identisch mit den Verrückungen *1*, so daß von den fünf bezeichneten virtuellen Verrückungen nur vier voneinander unabhängig sind.

Um jedes Gelenk sind die Verrückungen *2* und *3* möglich, je eine derselben ist von den Verrückungen *1* unabhängig. Mithin bestehen neben den drei Verrückungen *1* noch $p - 1$ unabhängige Verrückungen *2* oder *3*, also im ganzen $3 + p - 1 = p + 2$. Die drei Verrückungen *1* können jedoch auch durch drei Verrückungen *2* oder *3* ersetzt werden. Eine Verbindung aller möglichen unabhängigen Verrückungen muß also um jedes Gelenk eine Verrückung *2* oder *3* enthalten und kann im übrigen durch willkürliche Auswahl von drei weiteren Verrückungen aus den Verrückungen *1*, *2*, *3* gebildet werden, sofern die Gelenke, welche Drehpole zweier Verrückungen sind, und die Pole der gewählten Verrückungen *1* nicht auf einer Geraden liegen.

Aus den drei virtuellen Verrückungen ohne Änderung der gegenseitigen Lage der Scheiben folgen wie in Nr. 10 drei Gleichungen $\sum M = 0$ bezogen auf drei beliebige, nicht auf einer Geraden liegende Punkte, die alle an dem Scheibenzug angreifenden Kräfte umfassen. Für die Gesamtheit aller äußeren Kräfte gelten also die drei Gleichgewichtsbedingungen der starren Scheibe.

Die Drehung der Scheiben *1* bis r um das Gelenk r, während die Scheiben $r + 1$ bis p ruhen, ergibt für alle Punkte m der Scheiben *1* bis r

$$\varDelta \bar{x}_m = c\,(y_m - y_r)\,, \qquad \varDelta \bar{y}_m = -c\,(x_m - x_r)\,, \tag{4}$$

und für alle Punkte der Scheiben $r + 1$ bis p $\varDelta \bar{x}_m = 0$, $\varDelta \bar{y}_m = 0$. Die Drehung der Scheiben $r + 1$ bis p um r, während die Scheiben *1* bis r ruhen, ergibt den ersten Ansatz für alle Punkte der Scheiben $r + 1$ bis p und den zweiten Ansatz für alle Punkte der Scheiben *1* bis r. Werden die Ansätze in die Gleichung

$$\sum Q_m \cdot \bar{\delta}_m = 0$$

eingeführt, so entsteht die Gleichung

$$\sum Q_{mx} \cdot (y_m - y_r) - \sum Q_{my}\,(x_m - x_r) = 0\,, \tag{5}$$

deren Summen entweder alle Kräfte an den Scheiben *1* bis r, oder alle Kräfte an den Scheiben $r + 1$ bis p umfassen. Die linke Seite ist das Moment aller Kräfte, die an den Scheiben *1* bis r, oder an den Scheiben $r + 1$ bis p angreifen, in bezug auf den Punkt r. Die Gleichung sagt daher aus, daß das Moment aller Kräfte, die auf einer Seite des Gelenkes r an dem Scheibenzug angreifen, in bezug auf r verschwindet. Die Kraftlinie der Mittelkraft aller äußeren Kräfte auf einer Seite jedes Gelenkes muß daher durch das Gelenk hindurchgehen. Diese Gleichungen sollen in folgendem durch die Zeichen (r_l) und (r_r) bezeichnet werden, je nachdem sie die Kräfte links oder rechts des Gelenkes umfassen. Für den Scheibenzug bestehen $p + 2$ voneinander unabhängige Momentengleichungen. Da die Anzahl der Stützkräfte ebenso groß ist, bestimmen diese Gleichungen die Stützkräfte eindeutig. Die Auswahl der $p + 2$ unabhängigen Gleichungen aus den vorhandenen ist so zu treffen, daß sich die Rechnung möglichst einfach gestaltet. In erster Linie wählt man die Gleichungen, welche nur eine unbekannte Stützkraft enthalten.

Beispiele: a) Tragwerk aus zwei Scheiben mit zwei Stützpunkten. Dreigelenkbogen (Abb. 13). Aus $p = 2$ folgt $a = 4$. Die Kraftlinien der Stützkräfte A und B werden lotrecht gewählt, die Kraftlinien von C und D in der Geraden $a\,b$. Durch diese Wahl wird erreicht, daß die Gleichungen (a) und (b) nur je eine Stützkraft enthalten. Die Lasten sind durch den Index I bzw. II den gleichnamigen

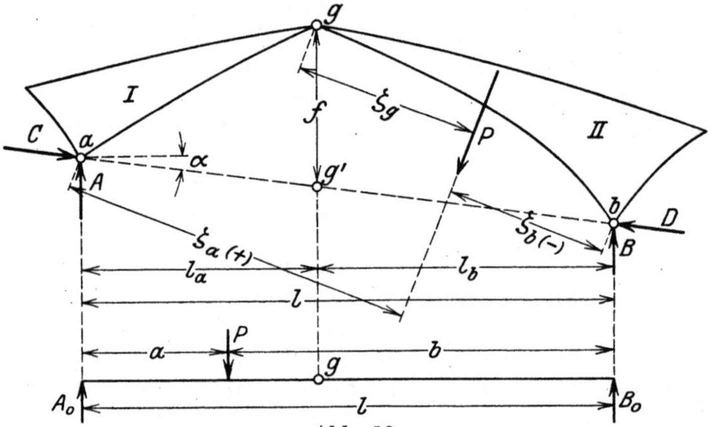

Abb. 13.

Scheiben zugeordnet, wenn die Lasten P_I von den Lasten P_{II} unterschieden werden müssen. Die Abstände der Kraftlinien der Lasten von den jeweiligen Bezugspunkten der Momente ζ_a, ζ_b, ζ_g werden positiv rechts von der Kraftrichtung eingeführt. Aus

$$(a) \quad +\sum P \cdot \zeta_a - B \cdot l = 0\,,$$

$$(b) \quad +\sum P \cdot \zeta_b + A \cdot l = 0$$

folgt

$$A = -\frac{1}{l}\sum P \cdot \zeta_b\,, \qquad B = \frac{1}{l}\sum P \cdot \zeta_a$$

aus

$$(g_l) \quad \sum P_I \cdot \zeta_g + A \cdot l_a - C \cdot f \cdot \cos\alpha = 0\,,$$

$$(g_r) \quad \sum P_{II} \cdot \zeta_g - B \cdot l_b + D \cdot f \cdot \cos\alpha = 0$$

folgt

$$C = \frac{-\frac{l_a}{l}\sum P \cdot \zeta_b + \sum P_I \cdot \zeta_g}{f \cdot \cos\alpha}$$

$$D = \frac{\frac{l_b}{l}\sum P \cdot \zeta_a - \sum P_{II} \cdot \zeta_g}{f \cdot \cos\alpha}\,.$$

An Stelle einer der Gleichungen (g_l), (g_r) kann auch die Gleichung (v_∞) benutzt werden. Wenn nicht alle Lasten lotrecht sind, ist sie jedoch weniger einfach.

Sind alle Lasten lotrecht, so ergibt sich mit der Bezeichnung $\zeta_a = a$, $\zeta_b = -b$

$$\left.\begin{aligned} A &= \frac{1}{l}\sum P\cdot b = A_0\,,\\ B &= \frac{1}{l}\sum P\cdot a = B_0\,,\end{aligned}\right\} \tag{6}$$

$$C = \frac{A_0\cdot l_a - \sum P_I(l_a - a)}{f\cdot\cos\alpha}\,,$$

$$D = \frac{B_0\cdot l_b - \sum P_{II}(l_b - b)}{f\cdot\cos\alpha}\,,$$

aus (g') $A_0\cdot l_a - \sum P_I(l_a - a) - B_0 l_b + \sum P_{II}(l_b - b) = 0\,,$

folgt
$$C = D\,.$$

Um den Zähler der Formeln für C und D in einfacher Weise zu deuten, sei ein einfacher Balken von der Stützweite l benutzt, der durch die Lasten P in den durch a und b bestimmten Punkten belastet ist. Das Moment der äußeren Kräfte, die links des durch l_a, l_b bestimmten Punktes g stehen, in bezug auf g ist

$$M_{0g} = A_0\cdot l_a - \sum P_I\cdot(l_a - a) \tag{7}$$

und das Moment der äußeren Kräfte, die rechts von g stehen

$$M_{0g} = B_0\cdot l_b - \sum P_{II}(l_b - b)\,,$$

also ist

$$C = D = \frac{M_{0g}}{f\cdot\cos\alpha}\,.$$

$H = C\cdot\cos\alpha = D\cdot\cos\alpha$ bezeichne die Horizontalkomponente der Kräfte C und D. Diese ist identisch mit der Horizontalkomponente der Mittelkräfte von A und C einerseits und B und D andererseits, welche die Kämpferdrücke in a und b genannt werden. Dann ist

$$H = \frac{M_{0g}}{f}\,. \tag{8}$$

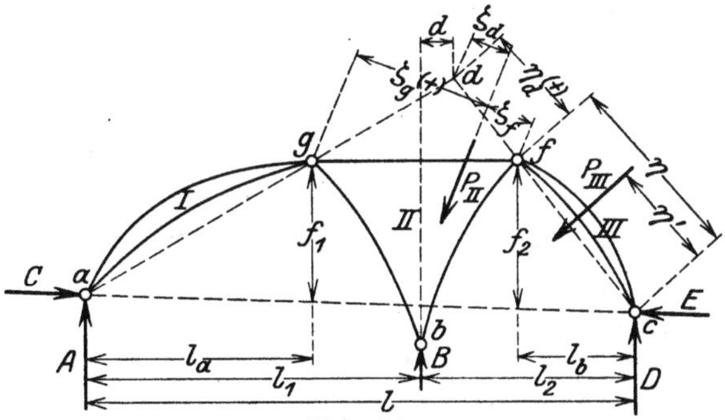

Abb. 14.

Lasten, die rechts von b stehen, gehört ein negativer Wert b zu. Sie erzeugen also einen negativen Wert A. Lasten, die links von a stehen, gehört ein negativer Wert a zu. Sie erzeugen also einen negativen Wert B. Daraus folgt weiter, daß beide Belastungen negative Werte M_{0g} und H erzeugen.

b) Bogenförmiges Tragwerk aus drei Scheiben mit drei Stützpunkten (Abb. 14). Aus $p = 3$ folgt $a = 5$. Von den Stützpunkten müssen zwei je zwei Stützen, der dritte eine Stütze erhalten.

In b sei eine lotrechte Stütze angeordnet, in a und c je ein festes Auflager. Die Kraftlinien von A, B, D sind lotrecht, die von C und E fallen in die Gerade $a\,c$, die unter dem Winkel α gegen die Wagerechte geneigt ist.

Die Gleichungen

$$\begin{array}{ll} (a) & +\sum P\cdot\zeta_a \quad -B\cdot l_1 - D\cdot l = 0\,, \\ (c) & +\sum P\cdot\zeta_c \quad +B\cdot l_2 + A\cdot l = 0\,, \\ (g_l) & A\cdot l_a + \sum P_I\cdot\zeta_g - C\cdot f_1\cos\alpha = 0\,, \\ (f_r) & D\cdot l_b - \sum P_{III}\cdot\zeta_f - E\cdot f_2\cos\alpha = 0 \end{array}$$

werden nach A, D, C, E aufgelöst.

$$\left.\begin{aligned} D &= \frac{1}{l}\sum P\cdot\zeta_a - B\cdot\frac{l_1}{l}\,, \\ A &= -\frac{1}{l}\sum P\cdot\zeta_c - B\frac{l_2}{l}\,, \\ C &= -\frac{\frac{l_a}{l}\sum P\cdot\zeta_c - \sum P_I\cdot\zeta_g}{f_1\cos\alpha} - B\frac{l_2\cdot l_a}{l\cdot f_1\cos\alpha}\,, \\ E &= \frac{\frac{l_b}{l}\sum P\cdot\zeta_a - \sum P_{III}\cdot\zeta_f}{f_2\cos\alpha} - B\frac{l_1\cdot l_b}{l\cdot f_2\cos\alpha}\,. \end{aligned}\right\} \qquad (9)$$

Zur Berechnung von B wird der Schnittpunkt d der Geraden $a\,g$ und $c\,f$ bestimmt, und die Gleichung (d) aufgestellt. Wenn alle Lasten nur an Scheibe II angreifen, folgt aus (g_l), daß die Mittelkraft von A und C in die Gerade $a\,g$ fällt, also die Summe der Momente aus A und C in bezug auf Punkt $d = 0$ ist. Ebenso folgt aus (f_r), daß die Summe der Momente aus D und E in bezug auf Punkt $d = 0$ ist. Mithin folgt aus

$$(d) \qquad \sum P_{II}\cdot\zeta_d + B\cdot d = 0\,,$$

$$B = -\frac{1}{d}\sum P_{II}\cdot\zeta_d\,.$$

Der Wert B, der durch eine an Scheibe III angreifende Last erzeugt wird, ist gleich dem Wert, den die beiden der Lastrichtung parallelen Seitenkräfte der Last in den Punkten f und c erzeugen. Die Stützkräfte sind durch die drei Gleichungen $\sum M = 0$ und die Gleichungen (g_l), (f_l) eindeutig bestimmt. Die beiden letzten enthalten die Lasten P_{III} überhaupt nicht. In den drei ersten aber ist das Moment der Mittelkraft P_{III} gleich der Summe der Momente der Seitenkräfte in f und c. Mithin werden durch Einführung der Seitenkräfte von P_{III} an Stelle P_{III} die fünf Gleichungen nicht verändert.

Durch f und c werden die Parallelen zur Lastrichtung gezogen und aus d die Rechtwinklige zur Lastrichtung. Dann ist die Seitenkraft von P_m in $f = P_m\frac{\eta'}{\eta}$. Die Seitenkraft in c hat auf B keinen Einfluß.

Aus

$$(d) \qquad P_m \frac{\eta'}{\eta} \cdot \eta_d + B_{III} d = 0$$

folgt

$$B_{III} = - P_m \frac{\eta' \cdot \eta_d}{\eta \cdot d}.$$

Ebenso ist der Wert B zu berechnen, der durch eine Last P_I an Scheibe I erzeugt wird. Den Wert B, der durch alle Lasten P_I, P_{II}, P_{III} erzeugt wird, erhält man schließlich nach dem Superpositionsgesetz durch Addition $B_I + B_{II} + B_{III}$. Aus der Gleichung (d) ist ersichtlich, daß das Gleichgewicht nur möglich ist, wenn die Kraftlinie B nicht durch d hindurchgeht. Im anderen Falle besitzt das Tragwerk unendlich kleine Beweglichkeit.

Sind alle Lasten lotrecht, so folgt aus (v_∞) $C = E$ und daraus weiter eine Gleichung zur Berechnung von B. Einfacher ist jedoch auch in diesem Falle die Ermittlung von B aus (d). Ist dies geschehen, so lassen sich die vier anderen Stützkräfte durch statische Größen des einfachen Balkens deuten. Faßt man nämlich B als Last auf, deren Richtung der Richtung der Lasten entgegengesetzt ist, so ist nach den Gleichungen (9)

$$A = A_0, \qquad D = D_0 \tag{10}$$

gleich den Stützdrücken des einfachen Balkens von der Stützweite l. Ferner folgt aus (9)

$$H = C \cos\alpha = E \cdot \cos\alpha = \frac{M_{0g}}{f_1} = \frac{M_{0f}}{f_2} \tag{11}$$

Wenn die Kraftlinie B von der Lotrechten abweicht, ist die Berechnung der Stützkräfte mit Hilfe derselben Gleichungen durchzuführen. Es ändern sich nur die Gleichungen (a), (c), (d).

Das bogenförmige Tragwerk aus vier Scheiben (Abb. 15) bedarf sechs Stützen. Jeder der drei Punkte a, b, c erhält zwei Stützen. Je eine Stützkraft jedes Punktes A, B, C wird lotrecht angenommen. Als Kraftlinie von D und E wird die Gerade $a\,b$, als Kraftlinie von G die Gerade $c\,f$ gewählt. Dann ergibt sich aus

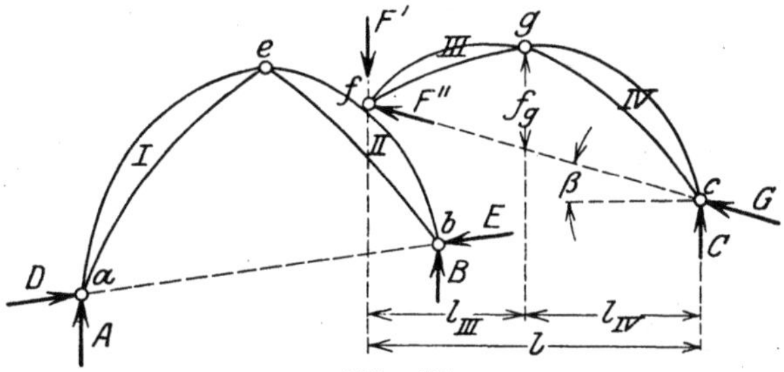

Abb. 15.

$$(f_r) \qquad C = \frac{1}{l}\left(\sum P_{III} \cdot \zeta_f + \sum P_{IV} \cdot \zeta_f\right),$$

$$(g_r) \qquad G = \frac{1}{f_g \cdot \cos\beta}\left(C \cdot l_{IV} - \sum P_{IV} \cdot \zeta_g\right).$$

Ferner folgt aus (f_r), daß die Mittelkraft aller äußeren Kräfte rechts von f durch f hindurchgeht. Der Wert der Mittelkraft sei durch ihre

Seitenkräfte nach der Lotrechten F' und nach der Geraden $c\,f\,F''$ angegeben. F' und F'' sind, da die Lage der Kraft bekannt ist, aus der Bedingung zu bestimmen, daß das Moment der Mittelkraft in bezug auf zwei beliebige Punkte gleich der Summe der Momente der äußeren Kräfte rechts von f um dieselben Punkte ist. Wählt man Punkt c und g, so ergibt sich

$$F' = -\frac{1}{l}\left(\sum P_{III} \cdot \zeta_c + \sum P_{IV} \cdot \zeta_c\right),$$

$$F'' = +\frac{1}{f_g \cdot \cos\beta}\left(F' \cdot l_{III} + \sum P_{III} \cdot \zeta_g\right),$$

wenn die positive Kraft F' der lotrechten Lastrichtung und die positive Kraft F'' der positiven Stützkraft G gleichgerichtet ist. Daß in der zweiten Gleichung alle äußeren Kräfte der Scheibe IV verschwinden, folgt daraus, daß nach Gleichung (g_r) die Mittelkraft dieser Kräfte durch g hindurchgeht. Nunmehr können A, B, D, E aus den Gleichungen (a), (b), (e_l), (e_r) berechnet werden, indem die Momente aller äußeren Kräfte rechts von f durch die Momente ihrer Seitenkräfte F' und F'' ersetzt werden. Diese Gleichungen stimmen dann überein mit den entsprechenden Gleichungen eines aus den Scheiben I und II gebildeten Dreigelenkbogens, der durch die Lasten P_I, P_{II} und die Kräfte F' und F'' belastet ist. Die für F' und F'' gefundenen Werte stimmen überein mit den Werten der Stützkräfte in f eines Dreigelenkbogens aus den Scheiben III und IV, der in f und c je eine feste Stütze hat. Die Richtungen F' und F'' aber sind den Richtungen der bezeichneten Stützkräfte entgegengesetzt. Mithin können auch die äußeren Kräfte an den Scheiben III und IV aus den für den Dreigelenkbogen geltenden Gleichungen berechnet werden, die Werte der in f gefundenen Stützkräfte sind dann in der den Stützkräften entgegengesetzten Richtung als Lasten P_{II} zu behandeln.

20. Fortsetzung. Gelenkträger auf lotrechten Stützen (Abb. 16).

Aus $p = 4$ folgt $a = 6$. Eine der Stützen muß gegen die Lotrechte geneigt sein und wird am einfachsten wagerecht angenommen. An lotrechten Stützen sind demnach fünf erforderlich, ihre Stützkräfte seien A, B, C, D, E bezeichnet. Sie können auf die Scheiben in den durch Abb. 16 a und b dargestellten Anordnungen verteilt sein. Die wagerechte Stütze kann in einem beliebigen Punkte der Scheiben angreifen, meist ist sie mit einer der lotrechten Stützen in einem Punkte vereinigt. Das Tragwerk besitzt dann ein festes Auflager, Punkt a in Abb. 16 a und b, und vier auf wagerechter Bahn verschiebliche Auflager. Zur Berechnung der Stützkräfte werden die Lasten zweckmäßig in ihre lotrechten und wagerechten Seitenkräfte zerlegt und die durch beide erzeugten Werte getrennt ermittelt. Zuerst soll der Einfluß lotrechter Lasten untersucht werden.

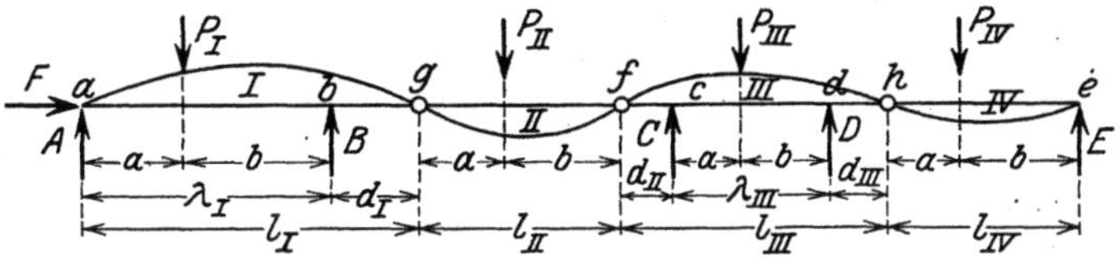

Abb. 16a.

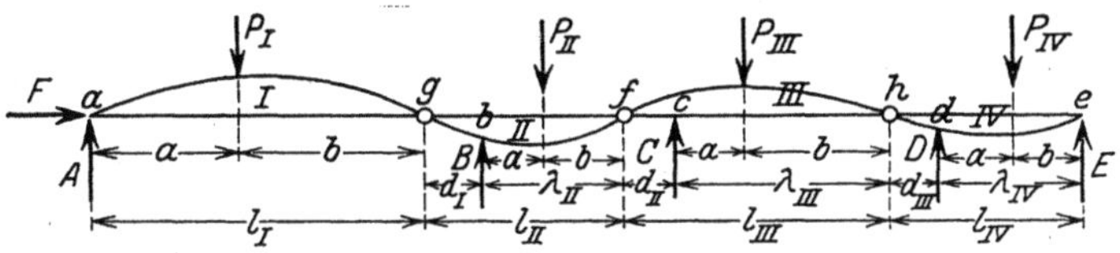

Abb. 16b.

Anordnung a:

$$(g_l)\quad A\cdot l_I + B\cdot d_I - \sum P_I(d_I+b) = 0\,,$$

$$(f_l)\quad A(l_I + l_{II}) + B(d_I + l_{II}) - \sum P_I(d_I + b + l_{II}) - \sum P_{II}\cdot b = 0\,,$$

$$(f_l) - (g_l)\quad (A + B - \sum P_I)\, l_{II} - \sum P_{II}\cdot b = 0\,.$$

Aus (f_l) folgt, daß die Mittelkraft aller Kräfte links von f durch f geht, ihre Größe ist $-A - B + \sum P_I + \sum P_{II}$ und ergibt sich aus der dritten Gleichung

$$-A - B + \sum P_I + \sum P_{II} = \frac{1}{l_{II}} \sum P_{II}\cdot a\,.$$

Aus $\quad (h_r)\quad E\cdot l_{IV} - \sum P_{IV}\cdot a = 0$

ergibt sich

$$E = \frac{1}{l_{IV}} \sum P_{IV}\cdot a\,, \tag{12}$$

ferner folgt, daß die Mittelkraft aller Kräfte rechts von h durch h geht und den Wert

$$-E + \sum P_{IV} = \frac{1}{l_{IV}} \sum P_{IV}\cdot b$$

hat. Nach diesen Ergebnissen enthält (c) nur noch die Stützkraft D, und (d) nur die Stützkraft C, wenn das Moment der Kräfte links von f und das Moment der Kräfte rechts von h durch das ihrer Mittelkräfte ausgedrückt wird. Danach lauten

$$(c)\quad -D\cdot\lambda_{III} - \frac{d_{II}}{l_{II}} \sum P_{II}\cdot a + \sum P_{III}\cdot a + \frac{\lambda_{III} + d_{III}}{l_{IV}} \sum P_{IV}\cdot b = 0\,,$$

$$(d)\quad +C\cdot\lambda_{III} - \frac{\lambda_{III} + d_{II}}{l_{II}} \sum P_{II}\cdot a - \sum P_{III}\cdot b + \frac{d_{III}}{l_{IV}}\cdot \sum P_{IV}\cdot b = 0\,,$$

und ergeben

$$\left.\begin{aligned} C &= \frac{1}{\lambda_{III}}\left(\sum P_{III}\cdot b + \frac{\lambda_{III} + d_{II}}{l_{II}} \sum P_{II}\cdot a - \frac{d_{III}}{l_{IV}} \sum P_{IV}\cdot b\right),\\ D &= \frac{1}{\lambda_{III}}\left(\sum P_{III}\cdot a - \frac{d_{II}}{l_{II}} \sum P_{II}\cdot a + \frac{\lambda_{III} + d_{III}}{l_{IV}} \sum P_{IV}\cdot b\right). \end{aligned}\right\} \tag{13}$$

A und B können durch Auflösung von (g_l) und (f_l) berechnet werden. Einfacher wird aus (g_r) der Schluß gezogen, daß die Mittelkraft aller Kräfte rechts von g durch g geht, ferner der Wert derselben aus $(g_r)-(f_r)$ zu

$$-C-D-E+\sum P_{II}+\sum P_{III}+\sum P_{IV}=\frac{1}{l_{II}}\sum P_{II}\cdot b$$

berechnet. Schließlich werden die Gleichungen (a) und (b) aufgestellt, indem das Moment aller Kräfte rechts von g durch das Moment ihrer Mittelkraft ersetzt wird. So ergibt sich

$$(a)\qquad -B\cdot\lambda_I+\sum P_I\cdot a+\frac{l_I}{l_{II}}\sum P_{II}\cdot b=0\,,$$

$$(b)\qquad A\cdot\lambda_I-\sum P_I\cdot b+\frac{d_I}{l_{II}}\sum P_{II}\cdot b=0\,,$$

$$\left.\begin{aligned} A&=\frac{1}{\lambda_I}\left(\sum P_I\cdot b-\frac{d_I}{l_{II}}\sum P_{II}\cdot b\right),\\ B&=\frac{1}{\lambda_I}\left(\sum P_I\cdot a+\frac{l_I}{l_{II}}\sum P_{II}\cdot b\right).\end{aligned}\right\}\qquad(14)$$

Aus (v_∞) folgt

$$F=0\,.$$

Die vorstehende Rechnung zeigt, daß die Stützkräfte an den Scheiben I und III berechnet werden können, indem man beide Scheiben aus dem Scheibenzug loslöst, in g durch $\frac{1}{l_{II}}\sum P_{II}\cdot b$, in f durch $\frac{1}{l_{II}}\sum P_{II}\cdot a$, in h durch $\frac{1}{l_{IV}}\sum P_{IV}\cdot b$ belastet und jede Scheibe den Gleichgewichtsbedingungen $\sum M=0$ unterwirft. Die genannten Lasten in g und f erhält man durch Zerlegung der Lasten P_{II} in die Seitenkräfte, deren Kraftlinien durch g und f hindurchgehen. Die Last in h erhält man durch Zerlegung der Lasten P_{IV} in die Seitenkräfte, deren Kraftlinien durch h und e hindurchgehen. Sie sind demnach die Gelenkdrücke, die in g, f, h durch die Lasten P_{II} bzw. P_{IV} erzeugt werden.

Anordnung b. Die Stützkräfte A, B, C erhält man nacheinander aus folgenden Gleichungen:

$$(g_l)\qquad A\cdot l_I-\sum P_I\cdot b=0\,,$$

$$A=\frac{1}{l_I}\sum P_I\cdot b\,.\qquad(15)$$

Aus (g_l) folgt, daß die Mittelkraft aller Kräfte links des Gelenkes g durch g geht, der Wert derselben ist

$$-A+\sum P_I=\frac{1}{l_I}\sum P_I\cdot a\,,$$

mithin lautet

$$(f_l)\qquad B\cdot\lambda_{II}-\frac{l_{II}}{l_I}\sum P_I\cdot a-\sum P_{II}\cdot b=0\,,$$

$$B=\frac{1}{\lambda_{II}}\left(\sum P_{II}b+\frac{l_{II}}{l_I}\sum P_I\cdot a\right).\qquad(16)$$

Die Mittelkraft aller Kräfte links vom Gelenk f geht durch f, ihr Wert ist

$$-A - B + \sum P_I + \sum P_{II} = \frac{1}{\lambda_{II}}\left(\sum P_{II}\cdot a - \frac{d_I}{l_I}\sum P_I\cdot a\right),$$

mithin lautet

$$(h_l)\quad C\cdot\lambda_{III} - \sum P_{III}\cdot b - \frac{l_{III}}{\lambda_{II}}\left(\sum P_{II}\cdot a - \frac{d_I}{l_I}\sum P_I\cdot a\right) = 0,$$

$$C = \frac{1}{\lambda_{III}}\left[\sum P_{III}\cdot b + \frac{l_{III}}{\lambda_{II}}\left(\sum P_{II}\cdot a - \frac{d_I}{l_I}\sum P_I\cdot a\right)\right]. \qquad (17)$$

Die Mittelkraft aller Kräfte links des Gelenkes h geht durch h; ihr Wert ist

$$-A - B - C + \sum P_I + \sum P_{II} + \sum P_{III}$$
$$= \frac{1}{\lambda_{III}}\left[\sum P_{III}\cdot a - \frac{d_{II}}{\lambda_{II}}\left(\sum P_{II}\cdot a - \frac{d_I}{l_I}\sum P_I\cdot a\right)\right].$$

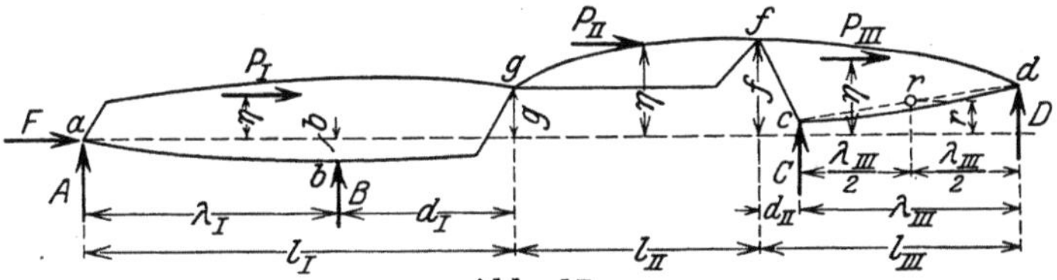

Abb. 17.

Die Gleichung (e) enthält nunmehr nur die Stützkraft D und die Gleichung (d) nur die Stützkraft E, so daß deren Werte unmittelbar aus einer Gleichung zu berechnen sind. $F = 0$ ergibt sich ebenso wie für die Anordnung a.

Die Berechnung der Stützkräfte, die durch wagerechte Lasten erzeugt werden, sei an Abb. 17 gezeigt. Bei lotrechter Lastrichtung ist die Höhenlage der Gelenke ohne Belang, nicht aber bei wagerechter. Deshalb sind in Abb. 17 die Gelenke g und f um die Strecken g bzw. f über der Wagerechten durch den Stützpunkt a der wagerechten Stützkraft angenommen. Der Abstand einer Last von dieser Wagerechten sei durch η, positiv rechts der Lastrichtung, bezeichnet. Die positive Lastrichtung sei der Richtung F gleichgerichtet. Dann ist

$$F = -\sum P$$

$$(g_r)\quad D(\lambda_{III} + d_{II} + l_{II}) + C(d_{II} + l_{II}) - \sum P_{II}(\eta - g)$$
$$- \sum P_{III}(\eta - g) = 0,$$

$$(f_r)\quad D(\lambda_{III} + d_{II}) + C\cdot d_{II} - \sum P_{III}\cdot(\eta - f) = 0,$$

$$g_r) - (f_r)\quad (D + C)\,l_{II} - \sum P_{II}(\eta - g) - \sum P_{III}(f - g) = 0.$$

(Aus (g_r) folgt, daß die Mittelkraft aller Kräfte rechts von g durch g geht. Ihre wagerechte Komponente ist gleich $\sum P_{II} + \sum P_{III}$, ihre lotrechte Komponente

$$-(C + D) = -\frac{1}{l_{II}}\left[\sum P_{II}(\eta - g) + \sum P_{III}(f - g)\right],$$

mithin lautet

$$(a)\quad -B\cdot\lambda_I+\sum P_I\cdot\eta+(\sum P_{II}+\sum P_{III})g$$
$$-\frac{l_I}{l_{II}}[\sum P_{II}(\eta-g)+\sum P_{III}(f-g)]=0\,,$$

$$(b)\quad A\cdot\lambda_I+\sum P_I\cdot(\eta+b)-b\cdot\sum P+(\sum P_{II}+\sum P_{III})g$$
$$-\frac{d_I}{l_{II}}[P_{II}(\eta-g)+\sum P_{III}(f-g)]=0\,.$$

oder

$$A\cdot\lambda_I+\sum P_I\cdot\eta+(\sum P_{II}+\sum P_{III})(g-b)$$
$$-\frac{d_I}{l_{II}}[P_{II}(\eta-g)+\sum P_{III}(f-g)]=0\,.$$

Die Gleichungen ergeben A und B unmittelbar. C und D können aus (g_r) und (f_r) berechnet werden. Einfacher führt die Gleichung (r) zum Ziele, wenn man die Mittelkraft aller Kräfte links des Gelenkes f benutzt. Diese hat die wagerechte Komponente $F+\sum P_I+\sum P_{II}=-\sum P_{III}$ und die lotrechte Komponente $-(A+B)=C+D$, deren Wert aus $(g_r)-(f_r)$ folgt. Demnach lautet

$$(r)\quad \tfrac{1}{2}(C-D)\lambda_{III}-\sum P_{III}(f-r)+\sum P_{III}(\eta-r)$$
$$-(C+D)(d_{II}+\tfrac{1}{2}\lambda_{III})=0$$

oder

$$\tfrac{1}{2}(C-D)\lambda_{III}+\sum P_{III}(\eta-f)$$
$$-\frac{d_{II}+\frac{1}{2}\lambda_{III}}{l_{II}}[\sum P_{II}(\eta-g)+\sum P_{III}(f-g)]=0\,,$$

woraus sich $C-D$ unmittelbar ergibt.

c) Ein Tragwerk, in dem zwei Scheiben r und $r+1$ nicht durch ein Gelenk, sondern durch einen einfachen Stab verbunden sind, ist hinsichtlich der Stabilität dem Scheibenzug von $p+1$ Scheiben und p Gelenken

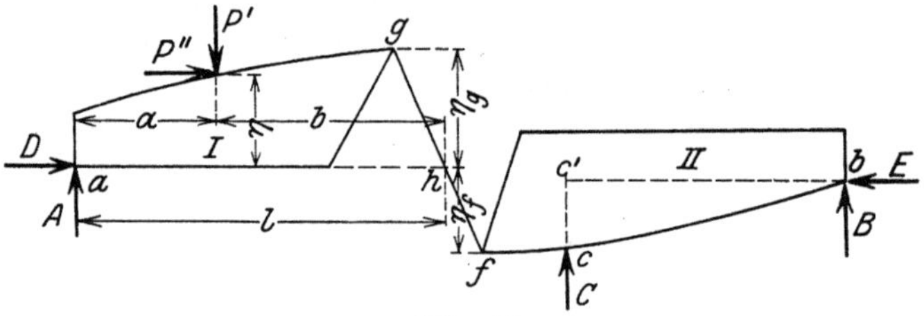

Abb. 18.

gleich. Denn der Stab zwischen den Scheiben r und $r+1$ kann als unbelastete Scheibe aufgefaßt werden. Mithin ist $a=p+3$ die erforderliche Zahl der Stützen. Das in Abb. 18 dargestellte Tragwerk von zwei durch einen Stab verbundenen Scheiben erfordert also fünf Stützen. Es seien a und b als feste Auflager mit je zwei Stützen ausgebildet, c habe eine lotrechte Stütze. A und D ergeben sich aus (g_l) und (f_l). Bildet man

$$(g_l)+[(f_l)-(g_l)]\frac{\eta_g}{\eta_g+\eta_f}\,,$$

so erhält man eine Gleichung, die identisch ist mit der Gleichung (h_l), bezogen auf den Schnittpunkt der wagerechten Kraftlinie D mit der Geraden $g\,f$. Mithin ergibt sich aus (h_l)

$$A = \frac{1}{l}\left(\sum P' \cdot b - \sum P''_\eta\right),$$

wenn P' die lotrechte, P'' die wagerechte Seitenkraft der Last P bezeichnet. Dieses Ergebnis kann auch aus folgender Erwägung geschlossen werden. Die Mittelkraft aller Lasten rechts von g muß in die Gerade $g\,f$ fallen. Schneidet man den Stab durch, so treten an Scheibe I A, D und diese Mittelkraft als äußere Kräfte auf, so daß die Gleichungen $\sum M = 0$ um die Schnittpunkte dieser Kräfte aufgestellt werden können.

Zur Berechnung von B und C dienen die Gleichungen (c') und (b), indem von der Tatsache Gebrauch gemacht wird, daß die Mittelkraft aller Kräfte links von f in die Gerade $g\,f$ fällt und ihre lotrechte Seitenkraft gleich $\sum P'_I - A$ ist. Schließlich ergibt sich E aus (v_∞).

21. Der Scheibenzug mit einzelnen Stäben.

An einen Scheibenzug von p Scheiben seien k_1 Knotenpunkte durch r_1 einfache Stäbe angeschlossen (Abb. 19). Die Berechnung der Stützkräfte ist im allgemeinen nur möglich, indem gleichzeitig die Spannkräfte in den einfachen Stäben ermittelt werden. Zwischen der Anzahl der Stützen a und p, k_1, r_1 besteht folgende Beziehung.

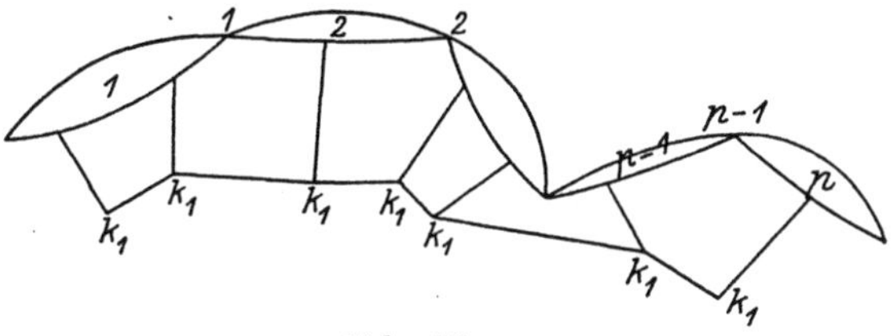

Abb. 19.

Bezeichnet k die Anzahl der Knotenpunkte einer starren Scheibe, so ist die Zahl aller Stäbe des Fachwerks

$$2\sum_1^p k - 3p + r_1 .$$

Die Summe erstreckt sich über alle Scheiben. Die Zahl der Knotenpunkte der starren Scheiben ist $\sum_1^p k - p + 1$, da in $\sum_1^p k$ jedes Gelenk zweimal gezählt ist, und die Zahl aller Knotenpunkte des Fachwerks

$$\sum_1^p k - p + 1 + k_1 .$$

Die Stabilitätsbedingung lautet also

$$2\sum_1^p k - 3p + r_1 + a = 2\left[\sum_1^p k - p + 1 + k_1\right],$$

woraus folgt

$$a = p + 2 + 2k_1 - r_1 .$$

Die Unbekannten, die gleichzeitig zu bestimmen sind, sind die r_1 Spannkräfte in den angegliederten Stäben und die a Stützkräfte. Neben den drei Gleichgewichtsbedingungen für die Gesamtheit aller äußeren Kräfte ergibt sich wiederum für jedes Gelenk eine Gleichung dadurch, daß die Gleichung $\sum Q_m \cdot \bar{\delta}_m = 0$ für alle möglichen voneinander verschiedenen Systeme virtueller Verrückungen, die durch gegenseitige Lagenänderung der einzelnen starren Scheiben entstehen, angeschrieben wird. Diese Gleichungen unterscheiden sich von den analogen des Scheibenzuges nur dadurch, daß sie nicht ohne weiteres als Momentengleichungen aufgestellt werden können. Denn die virtuelle Verrückung der angegliederten Knotenpunkte entspricht im allgemeinen nicht einer Drehung um das fragliche Gelenk, sondern um einen anderen Pol, der kinematisch ermittelt werden muß.

Außerdem bestehen $2\,k_1$ Gleichgewichtsbedingungen für die k_1 angegliederten Knotenpunkte. Die Zahl der Gleichungen ist im ganzen $3 + p - 1 + 2\,k_1 = p + 2 + 2\,k_1$, also ebenso groß, wie die Zahl der Unbekannten $r_1 + a$.

Die Rechnung wird im allgemeinen zweckmäßig in folgender Weise durchgeführt. In den Knotenpunkten k_1 greifen stets mehr als $2\,k_1$ unbekannte Spannkräfte und Stützkräfte an. Durch Auflösung der Gleichgewichtsbedingungen der Knotenpunkte werden $2\,k_1$ Unbekannte als Funktionen der übrigen Unbekannten, die in den Gleichgewichtsbedingungen vorkommen, dargestellt. Danach verbleiben noch $a + r_1 - 2\,k_1$ Unbekannte. Sie können, da nach der Stabilitätsbedingung $r_1 + a - 2\,k_1 = p + 2$ ist, aus den drei Gleichgewichtsbedingungen für die Gesamtheit aller Kräfte und den $p - 1$ Gleichungen für die Gelenke berechnet werden.

Bei diesem Rechnungsgang können nun die Gleichungen für die Gelenke mit Hilfe eines einfachen Kunstgriffes als Momentengleichungen aufgestellt werden. Legt man nämlich durch die angegliederten Stäbe Schnitte in solcher Zahl und in der Art, daß in jedem Gelenk das Tragwerk in zwei Teile zerlegt wird, und ersetzt die Spannkräfte der durchschnittenen Stäbe durch zwei äußere Kräfte, welche auf beide Ufer jedes Schnittes in entgegengesetzter Richtung wirken, dann kann man den virtuellen Verrückungen, die durch Drehung eines Teiles des Tragwerks um ein Gelenk entstehen, die Bedingung vorschreiben, daß sich die gegenseitige Lage aller Glieder in jedem der beiden Teile nicht ändere. Dann ist die virtuelle Verrückung aller Punkte durch die Ansätze *4* dargestellt, womit die obenstehende Gleichung die Form einer Momentengleichung um das Gelenk annimmt.

Zur Berechnung der verbliebenen Unbekannten stehen also drei Gleichungen $\sum M = 0$, welche die Gesamtheit aller äußeren Kräfte umfassen, sowie $2\,p - 2$ Momentengleichungen um die Gelenke, welche nur die Kräfte auf einer Seite des Gelenkes umfassen, zur Verfügung. Aus diesen Gleichungen werden die benötigten und voneinander unabhängigen $p + 2$ nach den in Nr. 19 gegebenen Richtlinien ausgewählt.

Beispiele. a) Kette mit Versteifungsbalken aus zwei Scheiben (Abb. 20). Die starren Scheiben *I* und *II* sind durch das Gelenk g untereinander und durch sieben lotrechte Stäbe mit den Knotenpunkten *2* bis *8* verbunden. Als angeschlossene Knotenpunkte k_1

kann man entweder die Knotenpunkte *1* bis *9* oder *2* bis *8* behandeln. Im ersten Falle ist $r_1 = 15$, im zweiten $r_1 = 13$. Danach ist erforderlich

$$a = 4 + 2 \cdot 9 - 15 = 7$$

oder

$$a = 4 + 2 \cdot 7 - 13 = 5\,.$$

Im ersten Falle erhalten die Knotenpunkte *1* und *9* je zwei Stützen, ebenso Punkt a der Scheibe *I*, dagegen Punkt b der Scheibe *II* eine

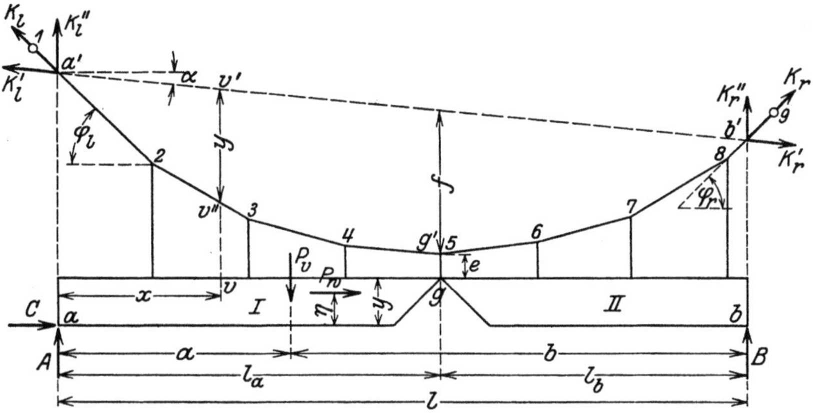

Abb. 20.

Stütze. Damit ist die erforderliche Zahl von sieben Stützen erreicht. Im zweiten Falle erhalten die Knotenpunkte *2* und *8* je eine Stütze, ebenso Punkt b, dagegen Punkt a zwei Stützen. Die Zahl aller Stützen beträgt somit fünf. Beide Auffassungen führen zu derselben Gliederung, wenn man im zweiten Falle die Punkte *1* und *9* als feste Punkte betrachtet und die Stützung der Punkte *2* und *8* durch die Stäbe *1 2* bzw. *8 9* bewirkt.

Es werden in den Lotrechten durch a, b, g, welche die Kette in a', b', g' treffen, Schnitte durch die Kette gelegt. Die Spannkraft K_l im Kettenstab *1 2* wird in die lotrechte Seitenkraft K_l'' und in die Seitenkraft K_l', deren Kraftlinie in die Gerade $a'\,b'$ fällt, zerlegt. Ebenso wird die Spannkraft K_r im Kettenstab *8 9* in die lotrechte Seitenkraft K_r'' und in die Seitenkraft K_r' zerlegt, deren Kraftlinie in die Gerade $a'\,b'$ fällt. Die Gleichgewichtsbedingungen für die Knotenpunkte *2* bis *8* enthalten 15 unbekannte Spannkräfte. Da ihre Anzahl gleich 14 ist, so ergibt die Auflösung jede Spannkraft als Funktion einer derselben. Für den Knotenpunkt n ($n = 2$ bis 8) ist nach Abb. 21

$$\left.\begin{aligned} K_n \cdot \cos\varphi_n &= K_{n+1} \cdot \cos\varphi_{n+1} = H\,, \\ Z_n &= K_n \sin\varphi_n - K_{n+1} \cdot \sin\varphi_{n+1}\,; \\ Z_n &= H\,(\operatorname{tg}\varphi_n - \operatorname{tg}\varphi_{n+1})\,, \end{aligned}\right\} \qquad (18)$$

$$H = K_l \cos\varphi_l = K_r \cos\varphi_r\,. \qquad (19)$$

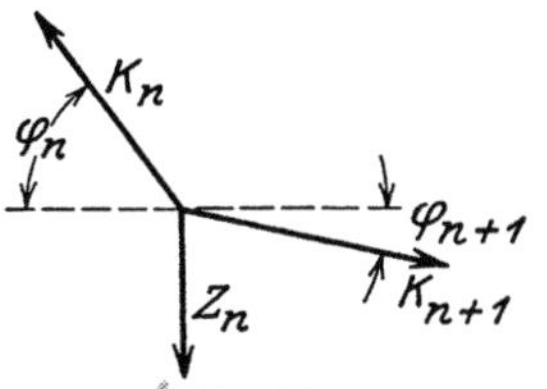

Abb. 21.

Die wagerechte Seitenkraft H der Spannkräfte in den Kettenstäben ist konstant und wird als Unbekannte in die Rechnung eingeführt. Wegen $K_l \cos\varphi_l = K_l' \cos\alpha$ und $K_r \cos\varphi_r = K_r' \cos\alpha$ ist auch

$$K_l' \cos\alpha = K_r' \cos\alpha = H\,.$$

Als Unbekannte verbleiben die Stützkräfte A, B, C und H. Zur Berechnung derselben stehen drei Gleichungen $\sum M = 0$ und eine Gleichung (g_l) oder (g_r) zur Verfügung.

Für lotrechte Lasten gilt

$$(b) \quad (A + K_l'')\,l - \sum P \cdot b = 0\,,$$
$$(a) \quad (B + K_r'')\,l - \sum P \cdot a = 0\,,$$

$$\left.\begin{aligned} \boldsymbol{A + K_l'' = \frac{1}{l}\sum P \cdot b = A_0}\,, \\ \boldsymbol{B + K_r'' = \frac{1}{l}\sum P \cdot a = B_0}\,, \end{aligned}\right\} \tag{20}$$

$$(g_l) \quad (A + K_l'')\,l_a - \sum P_I\,(l_a - a) - K_l'\,(f + e)\cos\alpha + K_5 \cos\varphi_5 \cdot e = 0$$

und infolge $K_l' \cos\alpha = K_5 \cos\varphi_5 = H$:

$$A_0 \cdot l_a - \sum P_I\,(l_a - a) - H \cdot f = 0\,,$$

$$H = \frac{1}{f}\left[A_0 \cdot l_a - \sum P_I\,(l_a - a)\right].$$

Das im Zähler stehende Moment ist dem Moment der äußeren Kräfte des einfachen Balkens von der Stützweite l in bezug auf Punkt g gleichwertig. Es sei M_{0g} bezeichnet:

$$M_{0g} = A_0 \cdot l_a - \sum P_I\,(l_a - a)\,,$$

$$\boldsymbol{H = \frac{M_{0g}}{f}}\,. \tag{21}$$

Aus

$$\frac{K_l''}{K_l'} = \frac{\sin(\varphi_l - \alpha)}{\sin\left(\frac{\pi}{2} - \varphi_l\right)} = \frac{\sin(\varphi_l - \alpha)}{\cos\varphi_l}$$

folgt

$$K_l'' = \frac{H}{\cos\alpha}\,\frac{\sin(\varphi_l - \alpha)}{\cos\varphi_l} = H\,(\operatorname{tg}\varphi_l - \operatorname{tg}\alpha)\,,$$

ebenso

$$K_r'' = H\,(\operatorname{tg}\varphi_r + \operatorname{tg}\alpha)$$

und damit schließlich

$$\left.\begin{aligned} A = A_0 - H\,(\operatorname{tg}\varphi_l - \operatorname{tg}\alpha)\,, \\ B = B_0 - H\,(\operatorname{tg}\varphi_r + \operatorname{tg}\alpha)\,. \end{aligned}\right\} \tag{22}$$

Aus (v_∞) folgt wegen $K_l' = K_r'$ $C = 0$.

Für wagerechte Lasten im Abstand η von der Wagerechten durch a gilt

$$(b)\quad (A + K_l'')\,l + \sum P\cdot\eta = 0\,,$$

$$(a)\quad (B + K_r'')\,l - \sum P\cdot\eta = 0\,,$$

$$(v_\infty)\quad C = -\sum P\,,$$

$$(g_l)\quad (A + K_l'')\,l_a + \sum P\cdot h - \sum P_I(h-\eta) - H\cdot f = 0\,,$$

$$H = \frac{1}{f}\left[-\frac{l_a}{l}\sum P\cdot\eta + \sum P_I\cdot\eta + \sum P_{II}\cdot h\right].$$

In g wirke auf die Scheibe I ein linksdrehendes Moment G und auf Scheibe II ein rechtsdrehendes Moment G als Belastung. Sind die Scheiben biegungsfeste Stäbe, dann greifen die Momente an den Endquerschnitten unmittelbar an. Sind die Scheiben jedoch Fachwerke, dann sind die Momente zwei Kräftepaare, deren Einzelkräfte in g und dem benachbarten Knotenpunkt jeder Scheibe angreifen. Aus

$$(b)\quad (A + K_l'')\,l - G + G = 0\,,$$

$$(a)\quad (B + K_r'')\,l + G - G = 0\,,$$

folgt

$$A + K_l'' = 0\,,\qquad B + K_r'' = 0\,,$$

$$(v_\infty)\quad C = 0\,,$$

schließlich aus

$$(g_l)\quad (A + K_l'')\,l_a - G - H\cdot f = 0\,,$$

$$H = -\frac{G}{f}$$

und damit

$$A = \frac{G}{f}(\operatorname{tg}\varphi_l - \operatorname{tg}\alpha)\,,\qquad B = \frac{G}{f}(\operatorname{tg}\varphi_r + \operatorname{tg}\alpha)\,.$$

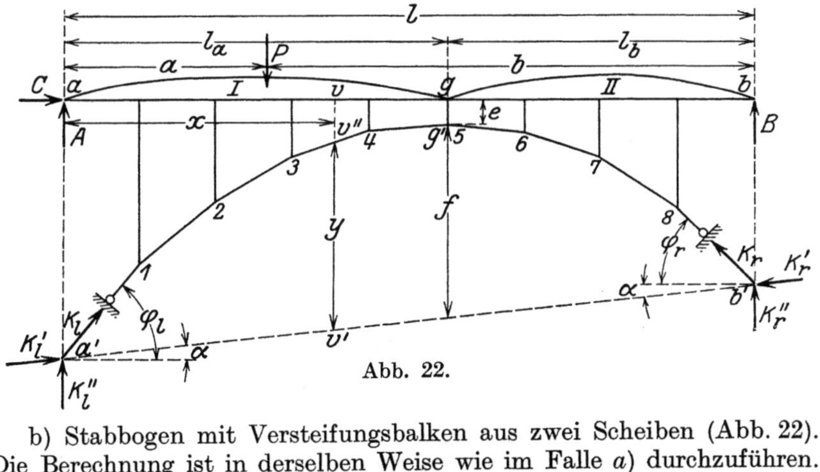

Abb. 22.

b) Stabbogen mit Versteifungsbalken aus zwei Scheiben (Abb. 22). Die Berechnung ist in derselben Weise wie im Falle a) durchzuführen. Aus $p = 2$, $k_1 = 8$, $r_1 = 15$ folgt $a = 4 + 2\cdot 8 - 15 = 5$. Die Knotenpunkte *1* und *8* erhalten je eine Stütze in einem Stab, der sie mit einem festen Punkt verbindet. Die Spannkräfte der Stützstäbe seien K_l und K_r bezeichnet und als Druckkräfte positiv eingeführt. Punkt a der Scheibe I wird durch zwei Stützen zu einem festen Auflager, Punkt b der Scheibe II durch eine lotrechte Stütze zu einem in der Wagerechten verschieblichen Auflager gestaltet. Die Lotrechten durch a und b schneiden die Kraftlinien K_l und K_r in a' und b', die Lotrechte durch g den Stabbogen in g'. In a', b', g' werden Schnitte durch die Stäbe des Stabbogens geführt. Die Kräfte K_l und K_r werden in a' und b' in die lotrechten Seitenkräfte K_l'', K_r'' und die Seitenkräfte K_l', K_r', deren Kraftlinien in die Gerade $a'\,b'$ fallen, zerlegt. Aus den Gleichgewichtsbedingungen der Knotenpunkte *1* bis *8* ergibt sich:

$$K_l \cos\varphi_l = K_n \cos\varphi_n = K_r \cos\varphi_r = H\,, \tag{23}$$

$$K_l' \cos\alpha \;= K_r' \cos\alpha = H\,,$$

$$Z_n = H(\operatorname{tg}\varphi_n - \operatorname{tg}\varphi_{n+1})\,, \tag{24}$$

wenn auch Z_n eine Druckkraft bezeichnet. Die Berechnung soll für lotrechte Lasten durchgeführt werden.

$$(b) \quad (A + K_l'')\,l - \sum P\cdot b = 0\,,$$

$$(a) \quad (B + K_r'')\,l - \sum P\cdot a = 0\,,$$

$$(v_\infty) \quad C = 0\,,$$

$$\left.\begin{aligned} (\boldsymbol{A} + \boldsymbol{K}_l'') &= \frac{1}{l}\sum \boldsymbol{P}\cdot \boldsymbol{b} = \boldsymbol{A}_0\,,\\ (\boldsymbol{B} + \boldsymbol{K}_r'') &= \frac{1}{l}\sum \boldsymbol{P}\cdot \boldsymbol{a} = \boldsymbol{B}_0\,, \end{aligned}\right\} \tag{25}$$

$$(g_l) \quad (A + K_l'')\,l_a - \sum P_I(l_a - a) - K_l' \cos\alpha\,(f + e) + K_5 \cos\varphi_5 \cdot e = 0\,,$$

$$A_0 \cdot l_a - \sum P_I\,(l_a - a) - H\cdot f = 0\,,$$

$$H = \frac{1}{f}\,[A_0\,l_a - \sum P_I\,(l_a - a)]\,,$$

$$\boldsymbol{H} = \frac{\boldsymbol{M}_{0g}}{\boldsymbol{f}}\,, \tag{26}$$

$$\left.\begin{aligned} A &= A_0 - H(\operatorname{tg}\varphi_l - \operatorname{tg}\alpha)\,,\\ B &= B_0 - H(\operatorname{tg}\varphi_r + \operatorname{tg}\alpha)\,. \end{aligned}\right\} \tag{27}$$

Danach ergeben sich für A_0, B_0, H dieselben Werte wie im Falle des Dreigelenkbogens — vgl. Nr. 19 a.

22. Fortsetzung. a) Kette mit Versteifungsbalken aus vier Scheiben (Abb. 23).

Aus $p = 4$, $k_1 = 17$, $r_1 = 31$ folgt

$$a = 6 + 2\cdot 17 - 31 = 9\,.$$

Die Knotenpunkte *1* und *17* erhalten je eine Stütze durch einen im Widerlager gelenkig verankerten Kettenstab. Die Spannkräfte derselben seien K_l und K_r. Die Knotenpunkte *5* und *13* sowie die Punkte a, b, c, d der Scheiben erhalten je eine lotrechte Stütze. Außerdem ist eine wagerechte Stütze in einem beliebigen Punkte der Scheiben erforderlich, gewählt ist Punkt b. Damit ist die erforderliche Zahl von neun Stützen erreicht. Da die Stäbe, welche die Scheiben mit den Knotenpunkten der Kette verbinden, lotrecht sind, folgt aus den Gleichgewichtsbedingungen der Knotenpunkte *1* bis *17*

$$K_n \cos\varphi_n = K_{n+1} \cdot \cos\varphi_{n+1} = H\,, \tag{28}$$

$$Z_n = H(\operatorname{tg}\varphi_n - \operatorname{tg}\varphi_{n+1})\,. \tag{29}$$

Aus den Gleichgewichtsbedingungen für die Knotenpunkte *5* und *13* ergibt sich

$$V_l = H(\operatorname{tg}\gamma_l + \operatorname{tg}\delta_l)\,, \tag{30}$$

$$V_r = H(\operatorname{tg}\gamma_r + \operatorname{tg}\delta_r)\,. \tag{31}$$

Die Lotrechten durch a, d und die Gelenke e, g, f schneiden die Kette in a', d', e', g', f'. In diesen Punkten werden Schnitte durch die Kette

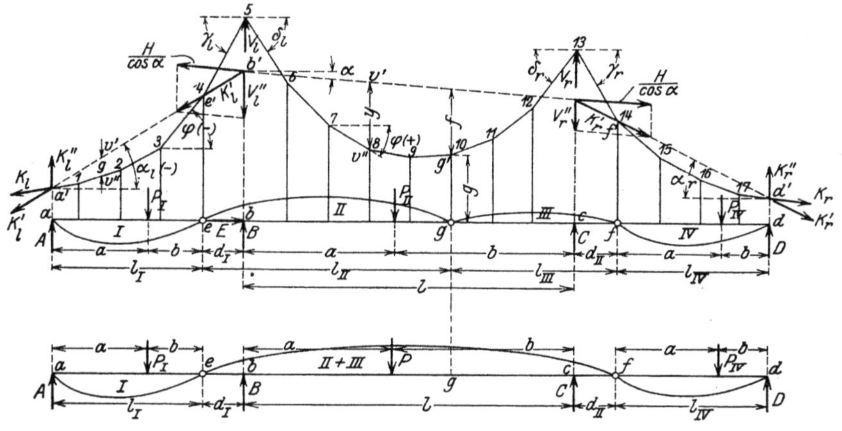

Abb. 23 und 24.

gelegt und die Spannkräfte der durchschnittenen Stäbe als äußere Kräfte an beiden Schnittufern oder in den beiden Knotenpunkten jedes Stabes angebracht.

Die Kraft K_l wird in Punkt a' in die lotrechte Seitenkraft K_l'' und die Seitenkraft K_l' zerlegt, deren Kraftlinie in die Gerade $a'e'$ fällt, ebenso in Punkt d' K_r in die lotrechte Seitenkraft K_r'' und in K_r', deren Kraftlinie in die Gerade $d'f'$ fällt.

$$K_l' \cos\alpha_l = K_r' \cos\alpha_r = H\,.$$

Um die Gleichungen (e_l) und (f_r) aufzustellen, wird die im Knotenpunkt *3* angreifende Kettenkraft K_4 in Punkt e' in die lotrechte Seitenkraft und die Seitenkraft K_4' zerlegt, welche in die Gerade $a'e'$ fällt, ebenso die Kettenkraft K_{15} in Punkt f' in die lotrechte Seitenkraft und die Seitenkraft K_{15}', welche in die Gerade $d'f'$ fällt. Da nun

$$K_4' = K_l' \quad \text{und} \quad K_{15}' = K_r'$$

ist, so verschwindet das Moment der Kräfte K_4' und K_l' in bezug auf e und das Moment der Kräfte K_{15}' und K_r' in bezug auf f. Mithin lauten

$$(e_l) \quad (A + K_l'')\, l_I \;\; - \sum P_I \;\; \cdot b = 0\,,$$
$$(f_r) \quad (D + K_r'')\, l_{IV} - \sum P_{IV} \cdot a = 0\,.$$

Um (c) und (b) aufzustellen, wird K_l' in b', dem Schnittpunkte der Geraden $a'e'$ mit der Lotrechten durch b, nach der Lotrechten und der Geraden $b'c'$, ebenso K_r' in c', dem Schnittpunkte der Geraden $d'f'$ mit der Lotrechten durch c, nach der Lotrechten und der Geraden $b'c'$ zerlegt. Die Seitenkraft von K_l' in der Richtung $c'b'$ ist $K_l' \dfrac{\cos\alpha_l}{\cos\alpha} = \dfrac{H}{\cos\alpha}$ und die Seitenkraft von K_r' nach der Richtung $b'c'$ ist $K_r' \dfrac{\cos\alpha_r}{\cos\alpha} = \dfrac{H}{\cos\alpha}$. Mithin verschwindet die Summe der Momente beider Seitenkräfte. In die Lotrechte fallen die Seitenkräfte

$$V_l'' = K_l' \cdot \cos\alpha_l\,(-\operatorname{tg}\alpha_l + \operatorname{tg}\alpha) = H\,(-\operatorname{tg}\alpha_l + \operatorname{tg}\alpha)\,,$$
$$V_r'' = K_r' \cdot \cos\alpha_r\,(\operatorname{tg}\alpha_r - \operatorname{tg}\alpha) \quad = H\,(\operatorname{tg}\alpha_r - \operatorname{tg}\alpha)\,.$$

Diese werden mit V_l und V_r zu V_l' und V_r' zusammengesetzt:

$$\left.\begin{aligned} V_l' &= V_l - H\,(-\operatorname{tg}\alpha_l + \operatorname{tg}\alpha) = H\,(\operatorname{tg}\gamma_l + \operatorname{tg}\delta_l + \operatorname{tg}\alpha_l - \operatorname{tg}\alpha)\,,\\ V_r' &= V_r - H\,(\operatorname{tg}\alpha_r - \operatorname{tg}\alpha) \quad = H\,(\operatorname{tg}\gamma_r + \operatorname{tg}\delta_r - \operatorname{tg}\alpha_r + \operatorname{tg}\alpha)\,.\end{aligned}\right\} \quad (32)$$

Nunmehr lauten

$$(c) \quad (A + K_l'')\,(l_I + d_I + l) + (B + V_l')\,l - (D + K_r'')\,(d_{II} + l_{IV})$$
$$- \sum P_I\,(b + d_I + l) - \sum P \cdot b + \sum P_{IV}\,(a + d_{II}) = 0\,,$$
$$(b) \quad (D + K_r'')\,(l_{IV} + d_{II} + l) + (C + V_r')\,l - (A + K_l'')\,(d_I + l_I)$$
$$- \sum P_{IV}\,(a + d_{II} + l) - \sum P \cdot a + \sum P_I\,(b + d_I) = 0\,.$$

Die Lasten P umfassen P_{II} und P_{III}. Nach Gleichung (e_l) ist

$$(A + K_l'')\,(l_I + d_I + l) - \sum P_I\,(b + d_I + l) = -\frac{d_I + l}{l_I} \sum P_I \cdot a\,,$$

$$-(A + K_l'')\,(l_I + d_I) + \sum P_I\,(b + d_I) = \frac{d_I}{l_I} \sum P_I \cdot a\,,$$

nach Gleichung (f_r) ist

$$-(D + K_r'')\,(d_{II} + l_{IV}) + \sum P_{IV}\,(a + d_{II}) = \frac{d_{II}}{l_{IV}} \sum P_{IV} \cdot b\,,$$

$$(D + K_r'')\,(l_{IV} + d_{II} + l) - \sum P_{IV}\,(a + d_{II} + l) = -\frac{d_{II} + l}{l_{IV}} \sum P_{IV} \cdot b\,,$$

damit folgt aus (c) und (b)

$$(B + V_l')\,l - \frac{d_I + l}{l_I} \sum P_I \cdot a - \sum P \cdot b + \frac{d_{II}}{l_{IV}} \sum P_{IV} \cdot b = 0\,,$$

$$(C + V_r')\,l - \frac{d_{II} + l}{l_{II}} \sum P_{IV} \cdot b - \sum P \cdot a + \frac{d_I}{l_I} \sum P_I \cdot a = 0\,.$$

Diese Gleichungen führen zu einer einfachen Deutung der Stützkräfte. Wird der Scheibenzug der drei Scheiben der Abb. 24 mit den

Gelenken e und f durch die Lasten P_I, P, P_{IV} belastet, so entstehen nach Nr. 20 die Stützkräfte

$$A_1 = \frac{1}{l_I}\sum P_I \cdot b\,, \qquad D_1 = \frac{1}{l_{IV}}\sum P_{IV}\cdot a\,,$$

$$B_1 = \frac{1}{l}\left[\frac{d_I + l}{l_I}\sum P_I\cdot a + \sum P\cdot b - \frac{d_{II}}{l_{IV}}\sum P_{IV}\cdot b\right],$$

$$C_1 = \frac{1}{l}\left[\frac{d_{II} + l}{l_{IV}}\sum P_{IV}\cdot b + \sum P\cdot a - \frac{d_I}{l_I}\sum P_I\cdot a\right].$$

Mithin ist

$$\left.\begin{aligned} \boldsymbol{A} + \boldsymbol{K}_l'' &= \boldsymbol{A}_1\,, & \boldsymbol{D} + \boldsymbol{K}_r'' &= \boldsymbol{D}_1\,,\\ \boldsymbol{B} + \boldsymbol{V}_l' &= \boldsymbol{B}_1\,, & \boldsymbol{C} + \boldsymbol{V}_r' &= \boldsymbol{C}_1\,, \end{aligned}\right\} \tag{33}$$

d. h. $A + K_l''$, $B + V_l'$, $C + V_r'$, $D + K_r''$ sind gleich den Stützdrücken des Gelenkträgers, der aus den Scheiben I, II, III, IV durch Beseitigung des Gelenkes g entsteht. Zur Berechnung von H wird die Gleichung (g_l) aufgestellt. Wird K_l' in b', wie oben angegeben, in zwei Seitenkräfte zerlegt, so ist die Summe der Momente der Seitenkraft, welche in die Gerade $b'c'$ fällt, und der Kettenkraft K_{10}

$$-\frac{H}{\cos\alpha}(f + g)\cos\alpha + \frac{H}{\cos\varphi_{10}}\cdot g\cdot\cos\varphi_{10} = -H\cdot f\,,$$

mithin lautet

$$(g_l)\quad (A + K_l'')(l_I + l_{II}) + (B + V_l')(l_{II} - d_I) - \sum P_I(b + l_{II})$$
$$-\sum P_{II}(l_{II} - d_I - a) - H\cdot f = 0:$$

durch Subtraktion der Gleichung $\frac{l_I + l_{II}}{l_I}\,(e_l)$ ergibt sich daraus

$$B_1(l_{II} - d_I) - \sum P_{II}(l_{II} - d_I - a) - \frac{l_{II}}{l_I}\sum P_I\cdot a - H\cdot f = 0\,,$$

$$H = \frac{1}{f}\left[B_1(l_{II} - d_I) - \sum P_{II}(l_{II} - d_I - a) - \frac{l_{II}}{l_I}\sum P_I\cdot a\right].$$

Das Moment der äußeren Kräfte, welche auf den Gelenkträger der Abb. 24 wirken, in bezug auf Punkt g ist

$$M_{1g} = B_1(l_{II} - d_I) - \sum P_{II}(l_{II} - d_I - a) - \frac{l_{II}}{l_I}\sum P_I\cdot a\,,$$

also ist

$$\boldsymbol{H} = \frac{\boldsymbol{M}_{1g}}{\boldsymbol{f}}\,. \tag{34}$$

Liegt das Gelenk e in der Lotrechten durch b und das Gelenk f in der Lotrechten durch c, so ist mit $d_I = 0$, $d_{II} = 0$

$$B_l = \frac{1}{l_1}\sum P_I\cdot a + \frac{1}{l}\sum P\cdot b\,,$$

$$C_l = \frac{1}{l_{IV}}\sum P_{IV}\cdot b + \frac{1}{l}\sum P\cdot a\,,$$

$$B_1(l_{II} - d_I) - \frac{l_{II}}{l_I}\sum P_I\cdot a = \frac{l_{II}}{l}\sum P\cdot b$$

und
$$M_{1g} = \frac{l_{II}}{l} \sum P \cdot b - \sum P_{II} (l_{II} - a) = M_{0g},$$

d. h. gleich dem Moment der äußeren Kräfte des einfachen Balkens von der Stützweite l um Punkt g. H ist demnach nur von P abhängig, von P_I und P_{IV} unabhängig.

b) Kette oder Stabbogen mit Versteifungsbalken aus vier Scheiben, deren äußerste Stäbe an den Balken angeschlossen sind (Abb. 25 u. 26). Aus $p = 4$, $k_1 = 20$, $r_1 = 41$ folgt
$$a = 6 + 2 \cdot 20 - 41 = 5\,.$$
In den Punkten a, b, c, d wird je eine lotrechte Stütze angeordnet, außerdem in einem beliebigen Punkte — gewählt ist b — eine wage-

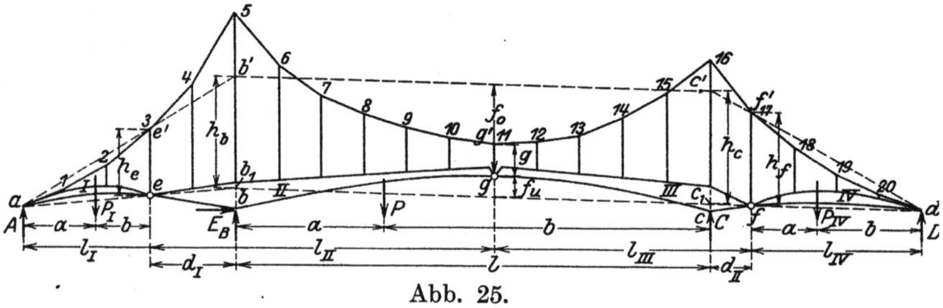

Abb. 25.

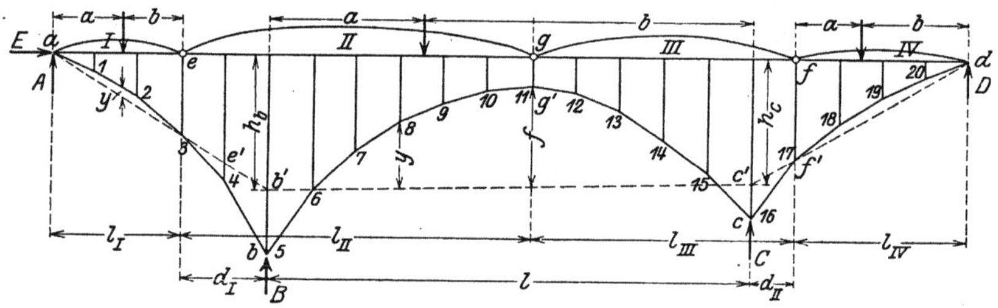

Abb. 26.

rechte Stütze. Die Lotrechten durch die Gelenke e, g, f schneiden die Kette bzw. den Stabbogen in e', g', f'. In diesen Punkten werden Schnitte durch die Stäbe geführt, und die Spannkräfte derselben als äußere Kräfte in den Knotenpunkten angebracht. Aus den Gleichgewichtsbedingungen der Knotenpunkte folgt
$$K_n \cdot \cos\varphi_n = K_{n+1} \cdot \cos\varphi_{n+1} = H\,. \tag{35}$$
Es lauten

(e_l) $\quad A \cdot l_I - \sum P_I \cdot b + H \cdot h_e = 0\,,$

(f_r) $\quad D \cdot l_{IV} - \sum P_{IV} \cdot a + H \cdot h_f = 0\,,$

(c) $\quad A(l_I + d_I + l) + B \cdot l - D(l_{IV} + d_{II}) - \sum P_I (b + d_I + l) - \sum P \cdot b + \sum P_{IV}(a + d_{II}) = 0\,,$

(b) $\quad D(l_{IV} + d_{II} + l) + C \cdot l - A(l_I + d_I) - \sum P_{IV}(a + d_{II} + l) - \sum P \cdot a + \sum P_I (b + d_I) = 0\,.$

A und D werden in (c) und (b) aus Gleichung (e_l) und (f_r) eingeführt

$$\left[B - H\left(\frac{h_b - h_c}{l} + \frac{h_e}{l_I}\right)\right] l - \frac{d_I + l}{l_I} \sum P_I \cdot a - \sum P \cdot b + \frac{d_{II}}{l_{IV}} \sum P_{IV} \cdot b = 0,$$

$$\left[C + H\left(\frac{h_b - h_c}{l} - \frac{h_f}{l_{IV}}\right)\right] l - \frac{d_{II} + l}{l_{IV}} \sum P_{IV} \cdot b - \sum P \cdot a + \frac{d_I}{l_I} \sum P_I \cdot a = 0.$$

Hierin ist
$$h_b = h_e \frac{l_I + d_I}{l_I}, \qquad h_c = h_f \frac{l_{IV} + d_{II}}{l_{IV}}.$$

Werden wiederum die Auflagerdrücke des Gelenkträgers mit den Gelenken e und f nach Abb. 24 eingeführt, so ergibt sich

$$\left.\begin{aligned} &\boldsymbol{A + H \frac{h_e}{l_I} = A_1}, \qquad \boldsymbol{D + H \frac{h_f}{l_{IV}} = D_1}, \\ &\boldsymbol{B - H\left(\frac{h_b - h_c}{l} + \frac{h_e}{l_I}\right) = B_1}, \\ &\boldsymbol{C + H\left(\frac{h_b - h_c}{l} - \frac{h_f}{l_{IV}}\right) = C_1}. \end{aligned}\right\} \tag{36}$$

H ist aus (g_l) zu berechnen

(g_l) $$A(l_I + l_{II}) + B(l_{II} - d_I) - \sum P_I (b + l_{II}) - \sum P_{II} (l_{II} - d_I - a) + H \cdot g = 0.$$

A wird aus Gleichung (e_l) eingeführt

$$\left[B - H\left(\frac{h_b - h_c}{l} + \frac{h_e}{l_I}\right)\right](l_{II} - d_I) - \frac{l_{II}}{l_I} \sum P_I \cdot a - \sum P_{II}(l_{II} - d_I - a) - H\left[h_b \frac{l_{III} - d_{II}}{l} + h_c \frac{l_{II} - d_I}{l} - g\right] = 0.$$

Hierin ist
$$h_b \frac{l_{III} - d_{II}}{l} + h_c \frac{l_{II} - d_I}{l} - g = f_o + f_u = f,$$

also ergibt sich
$$H = \frac{1}{f}\left[B_1 (l_{II} - d_I) - \frac{l_{II}}{l_I} \sum P_I \cdot a - \sum P_{II} (l_{II} - d_I - a)\right]$$

oder
$$\boldsymbol{H = \frac{M_{1g}}{f}}. \tag{37}$$

Liegen die Gelenke e und f in den Lotrechten durch b und c, so ist $M_{1g} = M_{0g}$. Die Lasten P_I und P_{IV} haben dann also keinen Einfluß auf H, vielmehr ist H von den Lasten P der mittleren Öffnung allein abhängig.

c) Bogen aus vier Scheiben und einem Zugstab (Abb. 27 u. 28). Der Zugstab ist in a an I und in d an IV angeschlossen. Aus $p = 4$, $k_1 = 0$, $r_1 = 1$ folgt

$$a = 6 - 1 = 5 .$$

Die Punkte a, b, c, d erhalten je eine lotrechte Stütze, ein beliebiger Punkt — gewählt ist b — außerdem eine wagerechte Stütze. Für das Tragwerk der Abb. 27 gilt, wenn Z die wagerechte Seitenkraft des Zugstabes ist,

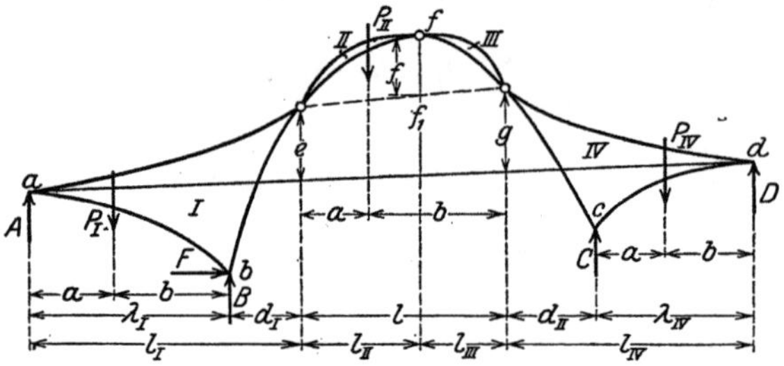

Abb. 27.

$$(e_l) \quad A \cdot l_I + B \cdot d_I - \sum P_I (b + d_I) - Z \cdot e = 0 ,$$

$$(g_l) \quad A (l_I + l) + B (d_I + l) - \sum P_I (b + d_I + l) - \sum P \cdot b - Z \cdot g = 0 ,$$

$$(g_l) - (e_l) \quad (A + B - \sum P_I) l - \sum P \cdot b + Z (e - g) = 0 ,$$

$$(g_r) \quad D \cdot l_{IV} + C \cdot d_{II} - \sum P_{IV} (a + d_{II}) - Z \cdot g = 0 ,$$

$$(e_r) \quad D (l_{IV} + l) + C (d_{II} + l) - \sum P_{IV} (a + d_{II} + l) - \sum P \cdot a - Z \cdot e = 0 ,$$

$$(e_r) - (g_r) \quad (D + C - \sum P_{IV}) l - \sum P \cdot a - Z (e - g) = 0 .$$

Die Laststellung P_I zwischen b und e wird durch einen negativen Wert b, die Laststellung P_{IV} zwischen c und g durch einen negativen Wert a bezeichnet.

$$(b) \quad A \cdot \lambda_I - C (d_I + l + d_{II}) - D (d_I + l + l_{IV}) - \sum P_I \cdot b + \sum P (a + d_I) + \sum P_{IV} (d_I + l + d_{II} + a) = 0 ,$$

$$(b) + (e_r) \quad A \cdot \lambda_I - (C + D - \sum P_{IV}) d_I - \sum P_I \cdot b + d_I \cdot \sum P - Z \cdot e = 0;$$

hierzu wird $\frac{d_I}{l} [(e_r) - (g_r)]$ addiert

$$A \cdot \lambda_I - Z \left[(e - g) \frac{d_I}{l} + e \right] - \sum P_I \cdot b + \frac{d_I}{l} \sum P \cdot b = 0 .$$

Diese Gleichung wird von $\frac{\lambda_I}{l} [(g_l) - (e_l)]$ abgezogen

$$B \cdot \lambda_1 + Z \left[(e - g) \frac{l_I}{l} + e \right] - \frac{l_I}{l} \sum P \cdot b - \sum P_I \cdot a = 0 .$$

$$(c) \quad A (l_I + l + d_{II}) + B (d_I + l + d_{II}) - D \cdot \lambda_{IV} - \sum P_I (b + d_I + l + d_{II}) - \sum P (b + d_{II}) + \sum P_{IV} \cdot a = 0 ,$$

$$(c) - (g_l) \quad (A + B - \sum P_I) d_{II} - D \lambda_{IV} - d_{II} \sum P + \sum P_{IV} \cdot a + Z \cdot g = 0;$$

hiervon wird $\frac{d_{II}}{l}[(g_l) - (e_l)]$ abgezogen

$$-D\lambda_{IV} - Z\left[(e-g)\frac{d_{II}}{l} - g\right] - \frac{d_{II}}{l}\sum P\cdot a + \sum P_{IV}\cdot a = 0,$$

dazu wird $\frac{\lambda_{IV}}{l}[(e_r) - (g_r)]$ addiert

$$C\lambda_{IV} - Z\left[(e-g)\frac{l_{IV}}{l} - g\right] - \frac{l_{IV}}{l}\sum P\cdot a - \sum P_{IV}\cdot b = 0.$$

Die Stützdrücke des Gelenkträgers, der aus den Scheiben I bis IV durch Wegfall des Gelenkes f entsteht, sind:

$$A_1 = \left(\sum P_I \cdot b - \frac{d_I}{l}\sum P\cdot b\right)\frac{1}{\lambda_I},$$

$$B_1 = \left(\sum P_I \cdot a + \frac{l_I}{l}\sum P\cdot b\right)\frac{1}{\lambda_I},$$

$$C_1 = \left(\sum P_{IV}\cdot b + \frac{l_{IV}}{l}\sum P\cdot a\right)\frac{1}{\lambda_{IV}},$$

$$D_1 = \left(\sum P_{IV}\cdot a - \frac{d_{II}}{l}\sum P\cdot a\right)\frac{1}{\lambda_{IV}}.$$

Mit diesen Werten ergibt sich

$$\left.\begin{aligned} \boldsymbol{A} - \boldsymbol{Z}\frac{1}{\lambda_I}\left[(e-g)\frac{d_I}{l} + e\right] &= \boldsymbol{A}_1,\\ \boldsymbol{B} + \boldsymbol{Z}\frac{1}{\lambda_I}\left[(e-g)\frac{l_I}{l} + e\right] &= \boldsymbol{B}_1,\\ \boldsymbol{C} - \boldsymbol{Z}\frac{1}{\lambda_{IV}}\left[(e-g)\frac{l_{IV}}{l} - g\right] &= \boldsymbol{C}_1,\\ \boldsymbol{D} + \boldsymbol{Z}\frac{1}{\lambda_{IV}}\left[(e-g)\frac{d_{II}}{l} - g\right] &= \boldsymbol{D}_1. \end{aligned}\right\} \quad (38)$$

Z ergibt sich aus

$$(f_l)\quad A(l_I + l_{II}) + B(d_I + l_{II}) - \sum P_I(b + d_I + l_{II}) - \sum P_{II}(l_{II} - a) - Z f_1 = 0,$$

$$(f_l) - (e_l)\quad (A + B - \sum P_I)\,l_{II} - \sum P_{II}(l_{II} - a) - Z(f_1 - e) = 0;$$

hiervon wird $\frac{l_{II}}{l}[(g_l) - (e_l)]$ abgezogen

$$\frac{l_{II}}{l}\sum P\cdot b - \sum P_{II}(l_{II} - a) - Z\left[(e-g)\frac{l_{II}}{l} + (f_1 - e)\right] = 0,$$

da

$$f_1 - e\frac{l_{III}}{l} - g\frac{l_{II}}{l} = f,$$

und

$$\frac{l_{II}}{l}\sum P\cdot b - \sum P_{II}(l_{II} - a) = M_{1f},$$

dem Moment der äußeren Kräfte des oben bezeichneten Gelenkträgers in bezug auf Punkt f, so ergibt sich

$$Z = \frac{M_{1f}}{f}. \tag{39}$$

Das Moment M_{1f} ist im vorliegenden Falle identisch mit M_{0f}, dem Moment der äußeren Kräfte des einfachen Balkens von der Stützweite l, der durch die Lasten P belastet ist, in bezug auf Punkt f. Die Lasten P_I und P_{IV} sind daher auf Z ohne Einfluß.

Für das Tragwerk der Abb. 28 gilt

$$(e_l) \quad A\, l_I - \sum P_I b + Z \cdot e = 0\,,$$

$$(g_r) \quad D \cdot l_{IV} - \sum P_{IV} \cdot a + Z \cdot g = 0\,,$$

$$(c) \quad A\,(l_I + d_I + l) + B\,l - D\,(d_{II} + l_{IV}) - \sum P_I\,(b + d_I + l) - \sum P \cdot b + \sum P_{IV}(a + d_{II}) = 0\,,$$

$$(b) \quad A\,(d_I + l_I) - C \cdot l - D\,(l_{IV} + d_{II} + l) - \sum P_I\,(b + d_I) + \sum P \cdot a + \sum P_{IV}(a + d_{II} + l) = 0\,.$$

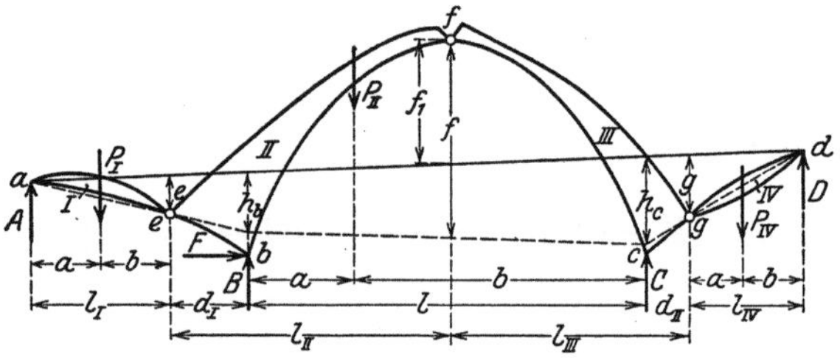

Abb. 28.

In (c) und (b) werden A und D aus den beiden ersten Gleichungen eingeführt

$$B \cdot l - \frac{d_I + l}{l_I} \sum P_I \cdot a - \sum P \cdot b + \frac{d_{II}}{l_{IV}} \sum P_{IV} \cdot b - Z\left[e - g + e\,\frac{d_I + l}{l_I} - g\,\frac{d_{II}}{l_{IV}}\right] = 0\,,$$

$$-C \cdot l - \frac{d_I}{l_I} \sum P_I \cdot a + \sum P \cdot a + \frac{l + d_{II}}{l_{IV}} \sum P_{IV} \cdot b\,, - Z\left[e - g + e\,\frac{d_I}{l_I} - g\,\frac{d_{II} + l}{l_{IV}}\right] = 0\,.$$

Mit
$$h_b = e\,\frac{d_I + l_I}{l_I}\,, \qquad h_c = g\,\frac{d_{II} + l_{IV}}{l_{IV}}$$

wird
$$e - g + e\,\frac{d_I + l}{l_I} - g\,\frac{d_{II}}{l_{IV}} = h_b - h_c + e\,\frac{l}{l_I}\,,$$

$$e - g + e\,\frac{d_I}{l_I} - g\,\frac{d_{II} + l}{l_{IV}} = h_b - h_c - g\,\frac{l}{l_{IV}}\,.$$

Führt man die Stützdrücke des Gelenkträgers ohne das Gelenk f ein, so ergibt sich

$$\left.\begin{aligned} A + Z\frac{e}{l_I} &= A_1\,, \\ B - Z\left(\frac{h_b - h_c}{l} + \frac{e}{l_I}\right) &= B_1\,, \\ C + Z\left(\frac{h_b - h_c}{l} - \frac{g}{l_{IV}}\right) &= C_1\,, \\ D + Z\frac{g}{l_{IV}} &= D_1\,. \end{aligned}\right\} \qquad (40)$$

Z folgt aus

$$(f_l) \quad A\,(l_I + l_{II}) + B\,(l_{II} - d_I) - \sum P_I\,(b + l_{II}) - \sum P_{II}\,(l_{II} - d_I - a) - Z\cdot f_1 = 0\,.$$

A wird aus (e_l) eingeführt

$$B\,(l_{II} - d_I) - \frac{l_{II}}{l_I}\sum P_I\cdot a - \sum P_{II}\,(l_{II} - d_I - a) - Z\left(e\frac{l_I + l_{II}}{l_I} + f_1\right)0\,,$$

schließlich wird B_1 eingeführt

$$B_1\,(l_{II} - d_1) - \frac{l_{II}}{l_I}\sum P_I\cdot a - \sum P_{II}\,(l_{II} - d_I - a) - Z\left[e\frac{l_I + l_{II}}{l_I} + f_1 - \left(\frac{h_b - h_c}{l} + \frac{e}{l_I}\right)(l_{II} - d_I)\right] = 0\,.$$

Nun ist

$$e\frac{l_I + l_{II}}{l_I} + f_1 - \left(\frac{h_b - h_c}{l} + \frac{e}{l_I}\right)(l_{II} - d_I) = \frac{h_b}{l}\,(l_{III} - d_{II}) + \frac{h_c}{l}\,(l_{II} - d_I) + f_1 = f\,,$$

und

$$B_1\,(l_{II} - d_I) - \frac{l_{II}}{l_I}\sum P_I\cdot a - \sum P_{II}\,(l_{II} - d_I - a) = M_{1f}\,,$$

also ergibt sich

$$Z = \frac{M_{1f}}{f}\,. \qquad (41)$$

Die Stützdrücke der Tragwerke a, b, c können auf die Stützdrücke des Gelenkträgers, der aus den Scheiben I bis IV durch Beseitigung des Gelenkes zwischen II und III gebildet wird, zurückgeführt werden, ferner der Horizontalzug der Kette bzw. des Zugstabes und der Horizontaldruck des Stabbogens auf das Moment der äußeren Kräfte des Gelenkträgers, bezogen auf den Punkt des beseitigten Gelenkes.

b) Normalkräfte, Querkräfte und Momente der äußeren Kräfte.

23. Begriff der Normalkraft, der Querkraft, des Momentes.

Nach Ermittlung der Stützkräfte wird das Tragwerk in einzelne Scheiben innerer Stabilität zerlegt, welche entweder Fachwerkscheiben oder biegungsfeste Stäbe sind. Die Wirkung der zu diesem Zweck durchschnittenen Gelenke, steifen Ecken und einfachen Stäbe wird durch äußere Kräfte bzw. Momente ersetzt. Diese bilden an jeder einzelnen Scheibe mit den etwa vorhandenen Stützkräften und Lasten ein System äußerer Kräfte, welche die drei Gleichungen $\sum M = 0$ erfüllen. Wird nun durch eine Scheibe eine Gerade gelegt, welche die Scheibe nur in einem Schnitt trifft, und im Falle des Fachwerks zwischen zwei benachbarte Knotenpunkte, im Falle des biegungsfesten Stabes in die Normale zur Stabachse fällt, so teilt diese Gerade die äußeren Kräfte in zwei Gruppen, und zur Berechnung der inneren Kräfte in dem von der Geraden getroffenen Querschnitt bedarf es der Bestimmung der Mittelkraft einer der beiden Gruppen der äußeren Kräfte nach Größe, Richtung und Lage. Die Größe und Richtung wird im Falle des biegungsfesten Stabes durch die Seitenkräfte der Mittelkraft nach der Tangente und Normalen zur Stabachse in dem von der Geraden getroffenen Punkte angegeben, die Lage durch das Moment der Mittelkraft um diesen Punkt. Im Falle des Fachwerks genügt es, das Moment der Mittelkraft um die beiden Knotenpunkte anzugeben, zwischen denen die Gerade liegt. Zuweilen wird jedoch auch die Seitenkraft nach dieser Geraden benutzt. Die Seitenkraft der Mittelkraft nach der Tangente wird Normalkraft, die Seitenkraft nach der Normalen wird Querkraft genannt. Das Moment der Mittelkraft um den Punkt der Stabachse oder die Knotenpunkte wird kurz das angreifende Moment der äußeren Kräfte genannt.

Nach Ermittlung der Stützkräfte sind demnach die Normalkräfte, Querkräfte und Momente für alle Punkte der Achsen der biegungsfesten Stäbe und die Momente für alle Knotenpunkte der Fachwerkscheiben zu bestimmen. Obwohl diese Größen auch von unbekannten inneren Kräften und Momenten abhängig sind, nämlich den Kräften in den durchschnittenen Gelenken und einfachen Stäben, sowie den Momenten in durchschnittenen steifen Ecken, können sie in den meisten Fällen aus den Stützkräften und Lasten des Tragwerks unmittelbar berechnet werden, da jene inneren Kräfte ohne weitere Rechnung durch Stützkräfte und Lasten zu ersetzen sind.

Für den Scheibenzug folgt aus den Gleichungen (r_l) und (r_r), daß die Kraftlinie der Mittelkraft jeder der beiden durch das Gelenk r getrennten Gruppen der äußeren Kräfte durch r geht. Aus den Gleichungen $\sum M = 0$ für die Gesamtheit der äußeren Kräfte folgt, daß die Mittelkräfte gleiche Größe, aber entgegengesetzte Richtung haben. Mithin ist der Gelenkdruck in r, der auf die Scheibe $r+1$ wirkt, gleich der

Mittelkraft der äußeren Kräfte an den Scheiben *1* bis r, und der Gelenkdruck, der auf Scheibe r wirkt, gleich der Mittelkraft der äußeren Kräfte an den Scheiben $r+1$ bis p. Da das für jedes Gelenk gilt, so folgt: Die Normalkraft und Querkraft im Punkte v eines Scheibenzuges ist gleichwertig der gleichgerichteten Seitenkraft, das angreifende Moment in v ist gleichwertig dem Moment der Mittelkraft aller äußeren Kräfte, die am Tragwerk links oder rechts von v angreifen.

In einem Tragwerk der in Nr. 21 gekennzeichneten Bauart (Abb. 19) greifen an jeder Scheibe des Scheibenzuges außer den Gelenkdrücken die Spannkräfte der Stäbe an, durch welche die Knotenpunkte k_1 an die Scheibe angeschlossen sind. Sie seien Z bezeichnet und werden durch die Gerade in v in die Gruppen Z_l und Z_r zerlegt. Z' bezeichne die an den Knotenpunkten k_1 angreifenden Spannkräfte derselben Stäbe. In den Geraden durch $r-1$, v, r seien die getroffenen Stäbe durchschnitten und ihre S_{r-1}, S_v, S_r bezeichneten Spannkräfte als äußere Kräfte in den Knotenpunkten jedes Stabes angebracht. Die beiden Kräfte links und rechts jedes Schnittes seien durch die Zeiger l und r unterschieden. Schließlich sei G_r der auf Scheibe r und G_r' der auf Scheibe $r+1$ wirkende Gelenkdruck im Gelenk r. Die äußeren Kräfte des Tragwerks, die nicht unmittelbar an der Scheibe r angreifen, seien durch die Gerade in v in die Gruppen Q_l und Q_r, erstere durch die Gerade in $r-1$ in Q_l' und Q_l'', letztere durch die Gerade in r in Q_r'' und Q_r' geteilt. Dann folgt aus den bestehenden Gleichgewichtsbedingungen, daß folgende Gruppen von Kräften unter sich die drei Gleichungen $\sum M = 0$ erfüllen.

$$1.\ G_{r-1}',\ Q_l',\ S_{r-1,l}, \qquad 2.\ S_{r-1,r},\ S_{vl},\ Z_l',\ Q_l'',$$
$$3.\ S_{vr},\ Z_r',\ Q_r'',\ S_{rl}, \qquad 4.\ G_r',\ Q_r',\ S_{rr}.$$

Nach 2. und 3. können die Kräfte Z_l durch die statisch gleichwertige Gruppe $S_{r-1,r}$, S_{vl}, Q_l'' und die Kräfte Z_r durch die statisch gleichwertige Gruppe S_{vr}, Q_r'', S_{rl} ersetzt werden. Nach 1. und 2. und nach 3. und 4. können aber die Kräfte G_{r-1}, Z_l durch die statisch gleichwertige Gruppe Q_l, S_{vl} und die Kräfte G_r, Z_r durch die statisch gleichwertige Gruppe Q_r, S_{vr} ersetzt werden. Daraus folgt: Die Normalkraft und Querkraft im Punkte v des Scheibenzuges ist gleichwertig der gleichgerichteten Seitenkraft, das Moment in v ist gleichwertig dem Moment der Mittelkraft einer der beiden durch die Gerade in v getrennten Kraftgruppen, welche aus den äußeren Kräften des Tragwerks und den als äußere Kräfte angebrachten Spannkräften in den von der Geraden getroffenen Stäben bestehen.

Für einige besondere Bauarten muß die Ermittlung der oben bezeichneten inneren Kräfte der Berechnung der Normalkräfte, Querkräfte und Momente vorausgehen.

Um die Richtung der Normal- und Querkräfte und die Drehungsrichtung der Momente eindeutig zu bezeichnen, ist jedem biegungsfesten Stabe ein Augenpunkt zuzuordnen, von dem aus der Teil links jedes Querschnittes von dem rechts liegenden zu unterscheiden ist.

Die Richtung der Stabachse wird rechtsweisend positiv gewählt. Die äußeren Kräfte links jedes Querschnittes seien Q_l, die rechts jedes Querschnittes Q_r bezeichnet. Die Normalkraft aus der Mittelkraft der Kräfte Q_l wird linksweisend, die Querkraft in der Blickrichtung, das Moment rechtsdrehend (um den Bezugspunkt) positiv festgesetzt. Die Normalkraft aus der Mittelkraft der Kräfte Q_r wird rechtsweisend, die Querkraft der Blickrichtung entgegengesetzt, das Moment linksdrehend positiv festgesetzt. Die Normalkraft und die Querkraft als Seitenkräfte der Mittelkraft der Kräfte Q_l oder Q_r erhält man als Summe der gleichgerichteten Seitenkräfte aller Kräfte Q_l oder Q_r, das Moment als Summe der Momente aller Kräfte Q_l oder Q_r in bezug auf den jeweils betrachteten Punkt der Stabachse. Dieselbe Festsetzung gilt im Falle der Fachwerkscheibe für die Momente um die Knotenpunkte und für die Querkraft.

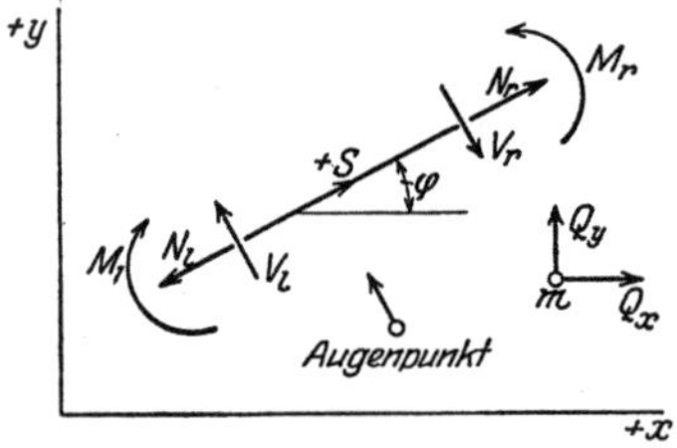

Abb. 29.

Wird das Tragwerk auf ein Koordinatensystem bezogen, dessen positive X-Achse rechtsweisend, dessen positive Y-Achse in der Richtung $+X$ linksweisend ist (Abb. 29), und bezeichnet φ den Neigungswinkel der positiven Richtung der Stabachse gegen die positive X-Achse, x_m, y_m die Koordinaten des Angriffspunktes der Kraft, x, y die des Bezugspunktes, so ist

die Normalkraft

$$\left.\begin{aligned} N_l &= -\sum Q_{lx} \cos\varphi - \sum Q_{ly} \sin\varphi\,, \\ N_r &= +\sum Q_{rx} \cos\varphi + \sum Q_{ry} \sin\varphi\,, \end{aligned}\right\} \tag{42}$$

die Querkraft

$$\left.\begin{aligned} V_l &= -\sum Q_{lx} \sin\varphi + Q_{ly} \cos\varphi\,, \\ V_r &= +\sum Q_{rx} \sin\varphi - Q_{ry} \cos\varphi\,, \end{aligned}\right\} \tag{43}$$

das Moment

$$\left.\begin{aligned} M_l &= \sum Q_{lx} (y_m - y) - \sum Q_{ly} (x_m - x)\,, \\ M_r &= -\sum Q_{rx} (y_m - y) + \sum Q_{ry} (x_m - x)\,. \end{aligned}\right\} \tag{44}$$

Die drei Gleichgewichtsbedingungen $\sum M = 0$ bedingen

$$N_l - N_r = 0\,, \qquad V_l - V_r = 0\,, \qquad M_l - M_r = 0\,.$$

24. Der einfache Balken (Abb. 30).

Die Stützpunkte a und b liegen auf einer Wagerechten. Da alle Lasten lotrecht sind und die wagerechte Stützkraft gleich Null ist, sind alle Normalkräfte gleich Null, und die Querkräfte und Momente haben für alle Punkte jeder Lotrechten dieselben Werte. Es sind demnach nur die Querkräfte und Momente für alle Punkte der Wage-

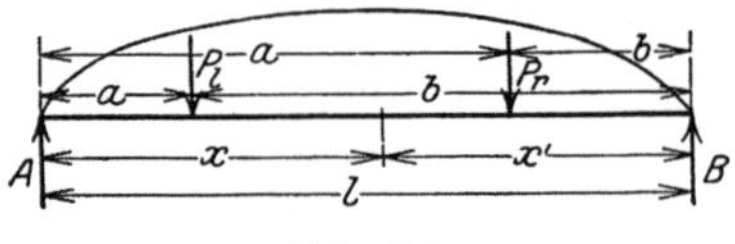

Abb. 30.

rechten $a\,b$ zu berechnen. Mit den aus Abb. 30 ersichtlichen Bezeichnungen ergibt sich für Punkt v

$$\left.\begin{aligned} V &= A - \sum P_l = -B + \sum P_r\,, \\ M &= A \cdot x - \sum P_l\,(x - a)\,, \\ M &= B \cdot x' - \sum P_r\,(x' - b)\,. \end{aligned}\right\} \tag{45}$$

Die Lasten P_l erzeugen

$$B_l = \frac{1}{l} \sum P_l \cdot a\,,$$

also

$$M = \frac{x'}{l} \sum P_l \cdot a\,.$$

Die Lasten P_r erzeugen

$$A_r = \frac{1}{l} \sum P_r \cdot b\,,$$

also

$$M = \frac{x}{l} \sum P_r \cdot b;$$

mithin entsteht nach dem Superpositionsgesetz durch alle Lasten P

$$\boldsymbol{M = \frac{x'}{l} \sum P_l \cdot a + \frac{x}{l} \sum P_r \cdot b\,.} \tag{46}$$

Die Momente der lotrechten äußeren Kräfte am einfachen Balken sollen M_0 bezeichnet werden.

Der Balken sei im Endquerschnitt a durch ein rechtsdrehendes Moment M_a, im Endquerschnitt b durch ein linksdrehendes Moment M_b belastet. Dann folgt aus (a) und (b)

$$A = -\frac{1}{l}\,(M_a - M_b)\,, \qquad B = \frac{1}{l}\,(M_a - M_b)\,,$$

demnach

$$M = M_a + A \cdot x = M_b + B \cdot x',$$

$$\boldsymbol{M = M_a \frac{x'}{l} + M_b \frac{x}{l}\,.} \tag{47}$$

Eine übersichtliche Darstellung des Verlaufes der Momente erhält man in der Linie $\eta = M/$Krafteinheit oder $\eta = M/$Längeneinheit, deren Abszissenachse die Balkenachse ist. In jedem Punkte der Stabachse ist die zugehörige Ordinate in einem Längen- oder Kraftmaßstab aufzutragen. Die so gezeichnete Linie wird Momentenlinie oder Momentenpolygon, die von ihr und der Abszissenachse eingeschlossene Fläche Momentenfläche genannt. Die Momentenlinie des einfachen Balkens für eine Belastung durch lotrechte Lasten ist das zu den äußeren Kräften mit der Polweite 1 (Krafteinheit oder Längeneinheit) gezeichnete Seileck. Die Momentenlinie für die Belastung durch die Momente M_a und M_b in den Endquerschnitten ist nach Gleichung (47) eine Gerade mit den Ordinaten $M_a/1$ in a und $M_b/1$ in b. Durch lotrechte Einzellasten und negative Momente M_a, M_b entstehen nach dem Superpositionsgesetz die Momente

$$M = M_0 - M_a \frac{x'}{l} - M_b \frac{x}{l},$$

deren Fläche durch Abzug des Trapezes mit den Ordinaten M_a, M_b von der M_0-Fläche zu bilden ist (Abb. 31).

Zwischen den Momenten und Querkräften bestehen folgende Beziehungen (Abb. 32). Da die Querkraft gleich der Mittelkraft aller äußeren Kräfte Q_l ist, so hat V_n vom Punkte n den Abstand $e_n = \frac{M_n}{V_n}$. Sofern nun zwischen den Punkten $n - 1$ und n, deren Abstand gleich λ_n ist, keine Lasten angreifen, kann auch M_{n-1} durch V_n bestimmt werden, nämlich

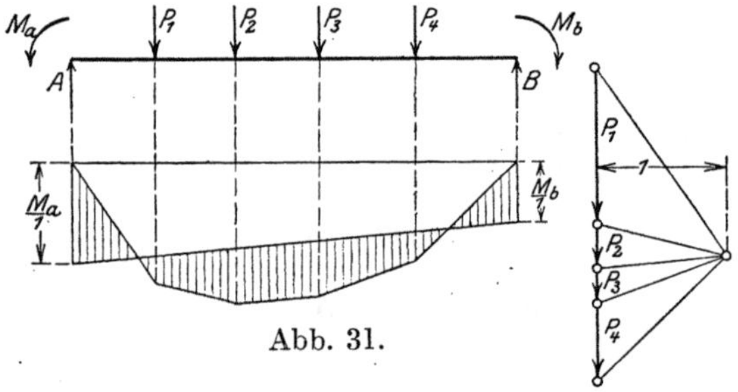

Abb. 31.

$$M_{n-1} = V_n (e_n - \lambda_n),$$

also ist

$$M_n = M_{n-1} + V_n \lambda_n,$$

$$\frac{\boldsymbol{M_n - M_{n-1}}}{\boldsymbol{\lambda_n}} = \boldsymbol{V_n}. \tag{48}$$

Ferner ist

$$\boldsymbol{V_{n+1} = V_n - P_n}, \tag{49}$$

also

$$\frac{\boldsymbol{M_{n+1} - M_n}}{\boldsymbol{\lambda_{n+1}}} - \frac{\boldsymbol{M_n - M_{n-1}}}{\boldsymbol{\lambda_n}} = \boldsymbol{-P_n}. \tag{50}$$

Diese Beziehungen führen zu einer einfachen Berechnung der Momente, wenn die Angriffspunkte der Lasten in gleichem Abstand λ aufeinander folgen. Es sei $m \cdot \lambda = l$, dann ist nach Gleichung (45)

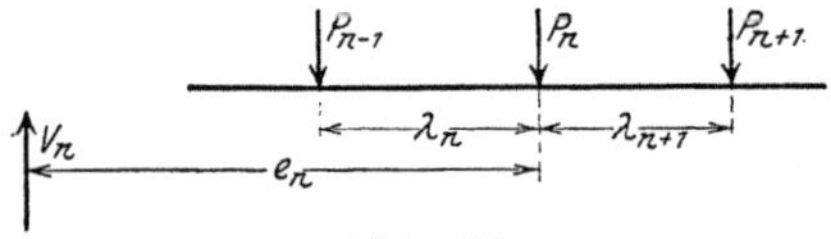

Abb. 32.

$$V_n + B = \sum_n^{m-1} {}_r P_r = b_n,$$

$$V_1 + B = \sum_1^{m-1} {}_r P_r = b_1.$$

Nun ist

$$\frac{M_1}{\lambda} = A = V_1,$$

also folgt

$$\frac{M_1}{\lambda} + B = b_1 = a_1,$$

$$\frac{M_2}{\lambda} + 2B = \frac{M_1}{\lambda} + B + V_2 + B = a_1 + b_2 = a_2,$$

$$\frac{M_n}{\lambda} + nB = \frac{M_{n-1}}{\lambda} + (n-1)B + V_n + B = a_{n-1} + b_n = a_n$$

und schließlich
$$\frac{M_m}{\lambda} + m B = a_{m-1} + b_m = a_m .$$

Da aber $M_m = 0$ ist, so ergibt sich
$$B = \frac{a_m}{m}$$

und
$$\frac{M_n}{\lambda} = a_n - \frac{n}{m} \cdot a_m .$$

Man berechnet die Werte b in der Reihenfolge $b_m = 0$, $b_{m-1} = P_{m-1}$, $b_{m-2} = b_{m-1} + P_{m-2}$ usw. bis b_1, d. h. durch Addition der Lasten mit P_{m-1} beginnend und nach links bis P_1 fortschreitend. Sodann berechnet man die Werte a in der Reihenfolge $a_1, a_2 \ldots a_m$ durch Addition der Werte b mit b_1 beginnend und nach rechts bis b_m fortschreitend. Der letzte der Werte a, durch m geteilt, ergibt B, dessen $n$facher Wert von a_n abzuziehen ist, um $\frac{M_n}{\lambda}$ zu erhalten. Nachstehendes Beispiel (Abb. 33), in dem $m = 6$ ist, erläutert das Verfahren.

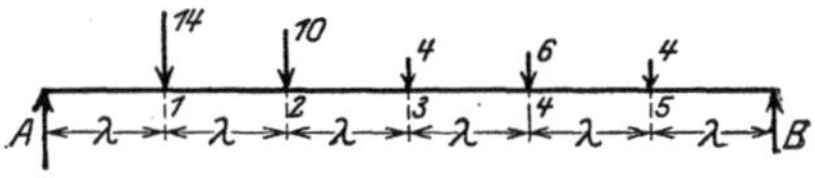

Abb. 33.

	P_r	b_r	a_r	$\frac{n}{m} a_m$	$M_m : \lambda$
1	14	24 + 14 = 38	38	15	38 − 15 = 23
2	10	14 + 10 = 24	38 + 24 = 62	30	62 − 30 = 32
3	4	10 + 4 = 14	62 + 14 = 76	45	76 − 45 = 31
4	6	4 + 6 = 10	76 + 10 = 86	60	86 − 60 = 26
5	4	0 + 4 = 4	86 + 4 = 90	75	90 − 75 = 15
6	0	0	90 + 0 = 90	90	90 − 90 = 0

Noch einfacher gestaltet sich die Rechnung für den häufig vorkommenden Fall einer zur Balkenmitte symmetrischen Belastung, da dann die Querkraft in der Mitte sofort angegeben werden kann. Wenn m eine gerade Zahl ist, ist $V_{\frac{m}{2}} = \frac{1}{2} P_{\frac{m}{2}}$, wenn m eine ungerade Zahl ist, $V_{\frac{m+1}{2}} = 0$. Im ersten Falle ist

$$A = \sum_1^{\frac{m}{2}-1} {}_r P_r + \tfrac{1}{2} P_{\frac{m}{2}} ,$$

$$V_n = A - \sum_1^{n-1} {}_r P_r = \sum_n^{\frac{m}{2}-1} {}_r P_r + \tfrac{1}{2} P_{\frac{m}{2}} ,$$

im zweiten Falle ist

$$A = \sum_1^{\frac{1}{2}(m-1)} {}_r P_r ,$$

$$V_n = A - \sum_1^{n-1} {}_r P_r = \sum_n^{\frac{1}{2}(m-1)} {}_r P_r .$$

Weiter ist
$$\frac{M_1}{\lambda} = V_1,$$
$$\frac{M_n}{\lambda} = \frac{M_{n-1}}{\lambda} + V_n.$$

Die Addition der Lasten von der Mitte nach links bis zum Auflager fortschreitend liefert die Werte der Querkraft, die Addition der V von V_1 nach rechts bis zur Mitte fortschreitend liefert die durch λ geteilten Werte der Momente.

Einflußlinien.

Der Balken sei nur durch eine Last von der Größe der Krafteinheit, $P = 1$, belastet, die rechts des Punktes v steht und vom rechten Auflager den Abstand b hat. Dann ist die Querkraft in Punkt v

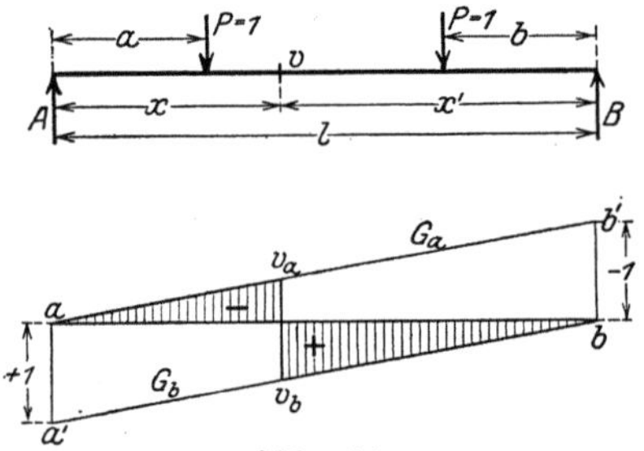

Abb. 34.

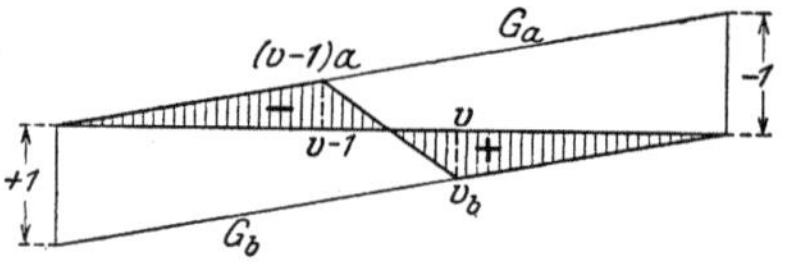

Abb. 34 a.

$$V_v = 1 \cdot \eta_b,$$

wenn
$$\eta_b = \frac{b}{l} \quad \text{ist.}$$

Wandert nun die Last $P = 1$ vom rechten Auflager bis v, so durchläuft b alle Werte von 0 bis x'. Der zu jeder Laststellung b gehörende Wert η_b werde von einer Wagerechten von der Länge l aus in dem durch b bestimmten Punkte als Ordinate in einem Zahlenmaßstab aufgetragen (Abb. 34), dann bestimmen die Endpunkte der Ordinaten eine G_b bezeichnete Gerade, da η_b linear in b ist. Auf der Lotrechten durch a schneidet G_b die Strecke $a\,a'$ ab, welche in dem zur Auftragung der Ordinaten gewählten Maßstab infolge $b = l$ den Wert 1 hat.

Eine Last $P = 1$ links des Punktes v, deren Abstand vom linken Auflager a ist, erzeugt
$$V_v = 1\,\frac{l - a}{l} - 1 = +1 \cdot \eta_a,$$

wenn
$$\eta_a = -\frac{a}{l} \quad \text{ist.}$$

Wandert die Last $P = 1$ vom linken Auflager bis v, so durchläuft a alle Werte von 0 bis x. Wird nun η_a von der oben bezeichneten Wagerechten in derselben Weise aufgetragen wie η_b, und zwar nach der entgegengesetzten Seite, da das Vorzeichen negativ ist, so bestimmen die Endpunkte der Ordinaten η_a eine Gerade G_a. G_a schneidet auf der Lotrechten durch b die Strecke $b\,b'$ ab, welche infolge $a = l$ den Wert -1 hat. G_a und G_b sind Parallele im Abstand 1. Wird $a\,a' = 1$,

$b\,b' = -1$ in einem beliebigen Maßstab aufgetragen, so ist G_a durch die Punkte a und b', G_b durch die Punkte b und a' festgelegt. G_a und G_b geben durch ihre Ordinaten den Wert der Querkraft an, den die Lasteinheit in der durch die Abszisse bezeichneten Stellung erzeugt, und zwar G_a für die Strecke a bis v, G_b für die Strecke v bis b. Die erste wird negative Beitragsstrecke, die zweite positive Beitragsstrecke, entsprechend dem Vorzeichen der Querkraft, genannt. Der Linienzug a, v_a, v_b, b wird Einflußlinie für die Querkraft im Punkte v genannt, die Wagerechte heißt Nullinie und die Fläche zwischen der Einflußlinie und der Nullinie Einflußfläche. Der Schnittpunkt der Nulllinie mit der Einflußlinie wird Nullpunkt oder Belastungsscheide genannt, da er die positive Beitragsstrecke von der negativen scheidet. Die Nullinie kann offensichtlich jede beliebige Neigung gegen die Wagerechte haben, wenn die Projektion ihrer Länge auf die Wagerechte gleich l ist, es ist jedoch meist zweckmäßig, eine wagerechte Nullinie zu wählen.

Die in Vorstehendem für die Querkraft erläuterte Darstellung kann für jede statische Größe durchgeführt werden. Man berechnet die Werte einer statischen Größe Z, welche durch die Lasteinheit $P = 1$ in allen möglichen Laststellungen bei unveränderter Lastrichtung erzeugt werden, und bestimmt durch diese Werte eine Linie, deren Abszissen in der zur Lastrichtung rechtwinkligen Geraden durch die Laststellung angegeben werden. So erhält man die Einflußlinie für die statische Größe Z. Positive und negative Werte sind auf entgegengesetzten Seiten der Nullinie aufzutragen. Der Übersichtlichkeit der Darstellung zuliebe sollen positive Werte auf der Seite der Nullinie, nach welcher die positive Lastrichtung weist, bei lotrechten Lasten also nach unten, negative Werte nach oben aufgetragen werden. Die Einflußlinie stellt danach durch ihre Ordinate den Wert der statischen Größe Z, der durch die Lasteinheit erzeugt wird, als Funktion der Laststellung dar. Bezeichnet η_n die Ordinate der Einflußlinie im Punkte n, so erzeugt die Last P_n in demselben Punkte den Wert

$$Z = P_n \cdot \eta_n ,$$

und durch mehrere Lasten entsteht

$$Z = \sum P_n \cdot \eta_n . \tag{51}$$

Die Einflußlinie läßt sofort die Laststellung erkennen, in welcher ein Maximum oder Minimum der statischen Größe entsteht. Volle Belastung der positiven Beitragsstrecken bei unbelasteten negativen erzeugt $\max Z$, volle Belastung der negativen Beitragsstrecken bei unbelasteten positiven erzeugt $\min Z$. Haben die Lasten verschiedene Größe, so sind dabei die größten Lasten in die Punkte der absolut größten Ordinaten η zu stellen.

Im allgemeinen liegt der Fall mittelbarer Belastung vor. Die Lasteinheit, die über einem Lastknoten steht, erzeugt denselben Wert wie die unmittelbar wirkende in derselben Stellung. Mithin sind die Ordinaten der Einflußlinie für mittelbare und unmittelbare Belastung in den Lastknoten identisch. Die Lasteinheit, die zwischen zwei Lastknoten $v - 1$ und v steht, ist durch die ihr parallelen Seitenkräfte in $v - 1$ und v zu ersetzen, da sie meist durch Zwischenträger von der Art des einfachen Balkens auf die Lastknoten übertragen wird. Nach Abb. 35 ist also

$$P_{v-1} = 1 \cdot \frac{\zeta'}{\lambda}, \qquad P_v = 1 \cdot \frac{\zeta}{\lambda}.$$

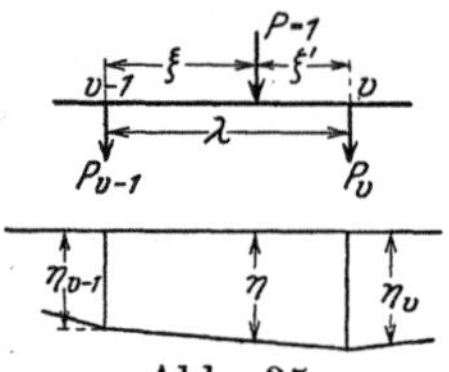
Abb. 35.

Sind nun η_{v-1} und η_v die Ordinaten der Einflußlinie in $v - 1$ und v, so ergibt sich für die Ordinate in der durch ζ, ζ' bezeichneten Stellung der Wert

$$\eta = \eta_{v-1} \cdot \frac{\zeta'}{\lambda} + \eta_v \cdot \frac{\zeta}{\lambda}.$$

Da η in ζ, ζ' linear ist, folgt, daß die Einflußlinie für mittelbare Belastung zwischen zwei benachbarten Lastknoten eine Gerade ist. Danach wird die Einflußlinie für mittelbare Belastung gewonnen, indem die Werte berechnet und als Ordinaten aufgetragen werden, welche die in den Lastknoten stehende Lasteinheit erzeugt, und die Endpunkte der benachbarten Ordinaten durch Gerade verbunden werden.

Abb. 34 stellt die Einflußlinie der Querkraft V für unmittelbare Belastung dar. Sind im Falle mittelbarer Belastung $v - 1$ und v zwei benachbarte Lastknoten (Abb. 34a), so gilt G_a von a bis $v - 1$, G_b von v bis b und die Gerade $(v - 1)_a$, v_b für die Strecke zwischen den Knoten $v - 1$ und v. Die Querkraft zwischen beiden Lastknoten ist konstant.

Um die Einflußlinie für das Moment im Punkte v des einfachen Balkens zu finden, werden die Werte des Momentes berechnet, welche die Lasteinheit rechts und links von v stehend erzeugt. Aus der Laststellung rechts entsteht nach Abb. 36

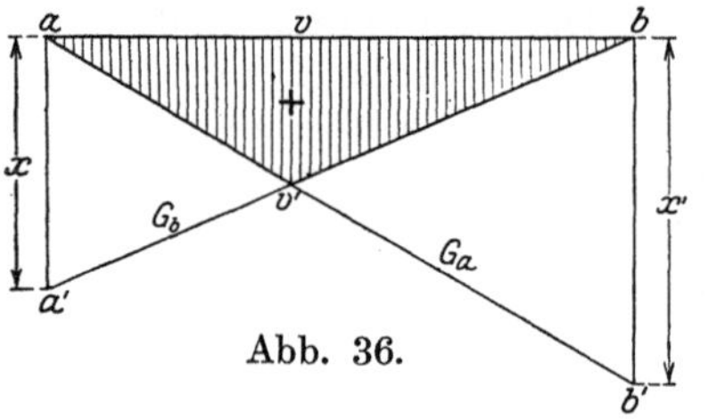

Abb. 36.

$$M = 1 \cdot \frac{b}{l} \cdot x,$$

aus der Laststellung links entsteht

$$M = 1 \cdot \frac{a}{l} \cdot x'.$$

Der erste Wert ist linear in b, der zweite linear in a, mithin ist die Einflußlinie rechts von v eine Gerade G_b, links von v eine Gerade G_a. Da der Laststellung in v $b = x'$ und $a = x$ entspricht, haben G_a und G_b in v dieselbe Ordinate $\frac{x \cdot x'}{l}$. Die Geraden G_a und G_b schneiden sich auf der Lotrechten durch v. G_b schneidet auf der Lotrechten durch a die Strecke $a\,a' = x$, G_a auf der Lotrechten durch b die Strecke $b\,b' = x'$ ab. Die Einflußfläche für das Moment im Punkte v ist demnach ein Dreieck, dessen Spitze lotrecht unter v liegt, dessen Seiten durch $a\,a' = x$ und $b\,b' = x'$ festgelegt sind. Zwei dieser Stücke genügen zur Zeichnung der Einflußlinie. Liegt der Punkt v zwischen zwei Lastknoten, so ist die Spitze des Dreiecks durch die Gerade abzuschneiden, welche die Endpunkte der Ordinaten in den beiden Lastknoten links und rechts von v verbindet.

Zur Ermittlung der größten Querkräfte und Momente, die durch einen Zug von Einzellasten erzeugt werden, kann man die Einflußlinien verwenden. Schneller zum Ziele führt jedoch die Zeichnung eines Seilecks. Handelt es sich um die größten Werte der Momente, so wird das Seileck zunächst ohne Schlußlinie gezeichnet. Die ungünstigste Laststellung, d. h. die Stellung, in welcher der größte Wert entsteht, wird durch Verschieben des Balkens unter den Lasten und Vergleich der in den möglichen Stellungen entstehenden Werte gefunden. Die größten Werte der Querkräfte erhält man in der Ordinate des sog. A-Polygons, eines Seilecks, welches mit der Polweite l zu den Lasten gezeichnet wird. Dabei sind die Lasten von b nach links in der Reihenfolge fortlaufend zu stellen, in der sie von v nach rechts auf dem Balken stehen. Die Ordinate in v gibt $A = V_{max}$ für die bezeichnete Laststellung an.

Die durch die Lastenzüge der Reichsbahn entstehenden Werte V_{max} und M_{max} sind den Tabellen zu entnehmen, welche für die Stützweiten von 10 bis 160 m aufgestellt sind[1]).

25. Der biegungsfeste Stabzug

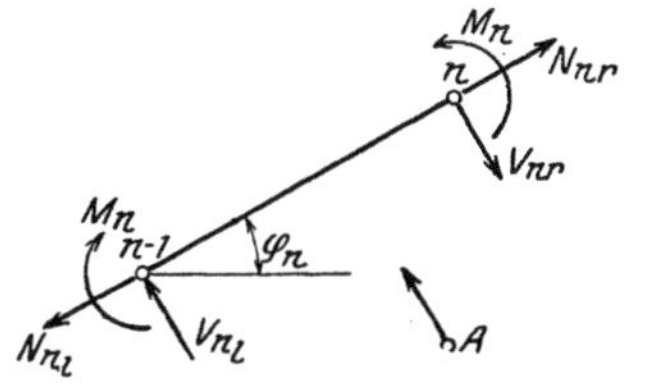

Abb. 37 a.

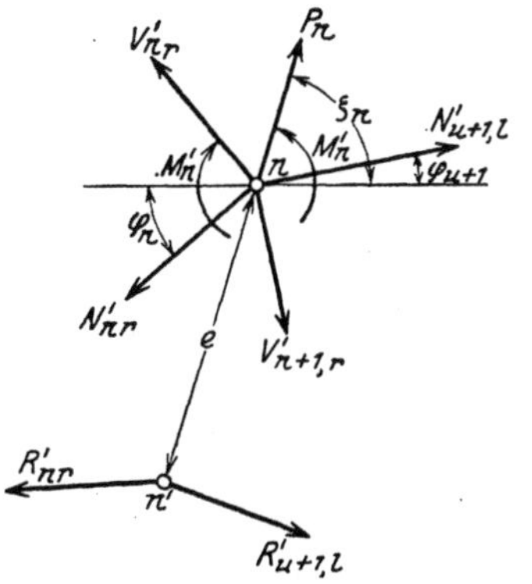

Abb. 37 b.

ist ein Tragwerk aus p biegungsfesten Stäben, die in ihren Endquerschnitten durch $p - 1$ steife Ecken untereinander verbunden sind. Die Stabachsen bilden entweder eine einzige, in den Knotenpunkten geknickte Linie (Abb. 38 und 41) oder sie verzweigen sich in einzelnen Knotenpunkten in zwei oder mehrere Äste (Abb. 44 und 46). Man zerlegt den Stabzug in die einzelnen Stäbe, indem man Schnitte durch die Stabenden unmittelbar neben den Knotenpunkten führt und die inneren Kräfte in den Schnittflächen als äußere Kräfte N, V, M anbringt, welche einerseits auf die Stäbe, andererseits auf die Knotenpunkte wirken. Letztere seien N', V', M' bezeichnet, um sie in folgendem von den gleich großen, aber entgegengesetzt gerichteten N, V, M zu unterscheiden. Abb. 37a stellt die an Stab n anzubringenden, Abb. 37b die auf den Knotenpunkt n wirkenden Kräfte und Momente dar. Der Knotenpunkt muß als Scheibe aufgefaßt werden. Daher bestehen drei Gleichgewichtsbedingungen, deren eine, die

[1]) Vorschriften für Eisenbauwerke. 1925.

Gleichung (n), bedingt, daß die beiden auftretenden Momente gleiche Größe haben. Die beiden anderen lauten

$$\left.\begin{aligned} (v_\infty)\quad & N'_{n+1,l}\cdot\cos\varphi_{n+1} + V'_{n+1,l}\cdot\sin\varphi_{n+1} - N'_{nr}\cos\varphi_n \\ & \qquad - V'_{nr}\sin\varphi_n + P_{nx} = 0\,, \\ (w_\infty)\quad & N'_{n+1,l}\sin\varphi_{n+1} - V'_{n+1,l}\cdot\cos\varphi_{n+1} - N'_{nr}\cdot\sin\varphi_n \\ & \qquad + V'_{nr}\cdot\cos\varphi_n + P_{ny} = 0\,. \end{aligned}\right\} \tag{52}$$

$N'_{n+1,l}$, $V'_{n+1,l}$, M'_n werden zu ihrer Mittelkraft $R'_{n+1,l}$ und ebenso N'_{nr}, V'_{nr}, M'_n zu ihrer Mittelkraft R'_{nr} zusammengesetzt. Am Knotenpunkt n greifen die Kräfte P_n, $R'_{n+1,l}$, R'_{nr} an. Ihre Kraftlinien müssen sich also in einem Punkte n' schneiden. Die Lage desselben auf der Kraftlinie P_n, bestimmt durch die Strecke $e = n\,n'$, ergibt sich aus

$$M'_n = e\,[N'_{n+1,l}\cdot\sin(\zeta_n - \varphi_{n+1}) + V'_{n+1,l}\cdot\cos(\zeta_n - \varphi_{n+1})]$$

oder

$$M_n = e\,[N'_{nr}\cdot\sin(\zeta_n - \varphi_n) + V'_{nr}\cdot\cos(\zeta_n - \varphi_n)]\,.$$

Der Faktor von e in der ersten Gleichung ist die Seitenkraft der Kraft $R'_{n+1,l}$ nach der Rechtwinkligen zur Kraft P_n, der Faktor von e in der zweiten Gleichung die Seitenkraft der Kraft R'_{nr} nach derselben Richtung. Infolge des Gleichgewichts am Knotenpunkte sind beide Seitenkräfte gleich groß.

In derselben Weise seien N'_{nl}, V'_{nl}, M'_{n-l} zu ihrer Mittelkraft R'_{nl} und $N'_{n-l,r}$, $V'_{n-1,r}$, M'_{n-1} zu $R'_{n-1,r}$ vereinigt; R'_{nl}, R'_{n-1r} und P_{n-1} schneiden sich in dem Punkte $n - 1'$ und erfüllen die beiden Gleichgewichtsbedingungen (w_∞), (v_∞).

Am Stab n muß Gleichgewicht zwischen den Kräften R_{nl}, R_{nr} und den Lasten bestehen, die etwa zwischen den Knotenpunkten $n - 1$ und n angreifen. Mithin schneiden sich nach Nr. 18 die Kräfte R_{nl}, R_{nr} und die Mittelkraft der Lasten in einem Punkte und erfüllen die Gleichung (3). Sind keine Lasten vorhanden, so ist $R_{nl} = R_{nr}$, und ihre Kraftlinie die Gerade $n - 1'\,n'$.

Damit gelangt man zu folgendem Schluß: Ist $R_{n-1,r}$ nach Größe, Richtung und Lage bekannt, so ist durch die Gleichgewichtsbedingungen des Knotenpunktes $n - 1$ R_{nl} und danach durch die Gleichgewichtsbedingungen des Stabes n R_{nr} bestimmt. Dieser Schluß läßt sich fortsetzen und umkehren. Danach können für einen Stabzug der ersten Art alle Kräfte R nacheinander ermittelt werden, sobald die äußeren Kräfte in einem der beiden Endpunkte gefunden sind. An einem verzweigten Stabzug können die Kräfte R für jeden Ast ermittelt werden, indem in den Endpunkten begonnen wird, wenn alle äußeren Kräfte bekannt sind. In den Knotenpunkten der Verzweigungsstellen erhält man dann ebenso viele Kräfte R', als Äste vorhanden sind, welche die drei Gleichungen $\sum M = 0$ erfüllen.

Die Bedeutung der Kräfte R_{nl} und R_{nr} erhellt aus folgender Überlegung. Die Kraft R'_{nl} ist im Gleichgewicht mit allen äußeren Kräften an dem Teil des Stabzuges links des Stabes n, zu dem auch der Knotenpunkt $n - 1$ mit der Last P_{n-1} zu rechnen ist. Mithin ist R_{nl} die

Mittelkraft der genannten äußeren Kräfte. Ebenso folgt, daß R_{nr} die Mittelkraft aller äußeren Kräfte an dem Teil des Stabzuges rechts des Stabes n ist, zu dem auch der Knotenpunkt n mit der Last P_n zu rechnen ist. Für den Punkt v der Stabachse zwischen den Knotenpunkten $n-1$ und n treten nach Nr. 23 zu R_{nl} die Lasten P_{nl} hinzu, die zwischen $n-1$ und v angreifen, und zu R_{nr} die Lasten P_{nr}, die zwischen v und n angreifen. Mithin ist R_{vl} die Mittelkraft aller äußeren Kräfte links von v und R_{vr} die Mittelkraft aller äußeren Kräfte rechts von v. Da $R_{vl} = R_{vr}$ ist, können die Indizes l und r fortgelassen werden. Die Kraftlinien aller Kräfte R bilden ein Polygon, dessen Eckpunkte auf den Kraftlinien der äußeren Kräfte liegen. Der Bedeutung der Kräfte wegen wird es Mittelkraftpolygon genannt.

Die Rechtwinklige zur Stabachse in v schneidet die Kraftlinie R_v in v', und es sei $\eta_v = v\,v'$ positiv rechts der Kraftrichtung R_v. Wird nun R_v in die Seitenkräfte N_v und V_v zerlegt, so zeigt sich, daß

$$M_v = N_v \cdot \eta_v$$

ist. Auf jeder Strecke der Stabachse, auf welcher R sich nicht ändert, ändern sich nur die Momente, und zwar linear. Sind also die Momente in zwei Punkten der Strecke gefunden, so sind sie in allen Punkten bekannt.

Durch den dargestellten Rechnungsgang werden alle Kräfte R nacheinander schrittweise ermittelt. Da R_v die Mittelkraft aller äußeren Kräfte links oder rechts von v ist, können ihre Seitenkräfte auch unmittelbar nach den Formeln (42), (43), (44) durch die äußeren Kräfte ausgedrückt werden.

$$\begin{aligned} N_v &= -\sum Q_{lx} \cdot \cos\varphi_n \quad -\sum Q_{ly} \cdot \sin\varphi_n\,, \\ M_v &= -\sum Q_{lx}(y_v - y_m) + \sum Q_{ly}(x_v - x_m)\,, \\ V &= -\sum Q_{lx} \cdot \sin\varphi_n \quad + Q_{ly} \cdot \cos\varphi_n \end{aligned}$$

oder

$$\begin{aligned} N_v &= +\sum Q_{rx} \cos\varphi_n \quad +\sum Q_{ry} \sin\varphi_n\,, \\ M_v &= +\sum Q_{rx}(y_v - y_m) - \sum Q_{ry}(x_v - x_m) \\ V_v &= +\sum Q_{rx} \cdot \sin\varphi_n \quad -\sum_{ry} \cdot \cos\varphi_n\,. \end{aligned}$$

x_m, y_m sind die Koordinaten der Angriffspunkte der äußeren Kräfte. Die Formeln können auch aus Gleichung (41), Seite 37 durch geeignete Wahl der virtuellen Verrückungen abgeleitet werden. Einfacher ist die Querkraft durch die Differenz zweier Momente nach Gleichung (34), Seite 31 auszudrücken. Ist a ein Punkt links, b ein Punkt rechts von v, ferner λ gleich der Strecke $a\,b$, und ändert sich R zwischen a und b nicht, so ist

$$V_v^{\shortparallel} = \frac{1}{\lambda}(M_b - M_a)\,. \tag{53}$$

Meist wählt man hierbei die v zunächst liegenden Knotenpunkte bzw. Angriffspunkte der äußeren Kräfte. Für den Ast eines verzweigten

Stabzuges benutzt man am einfachsten die Ansätze aus Q_l oder Q_r, je nachdem der freie Endpunkt des Astes links oder rechts von v liegt.

Stabzug der Abb. 38. Der Augenpunkt sei für alle Stäbe im Innern des Stabzuges gewählt. Die Lasten seien in die lotrechten Seitenkräfte P_y und wagerechten Seitenkräfte P_x zerlegt, die im Gegensatz zu den Q_y, Q_x in Richtung der negativen Y- bzw. X-Achse positiv eingeführt werden. Die Stützkräfte sind

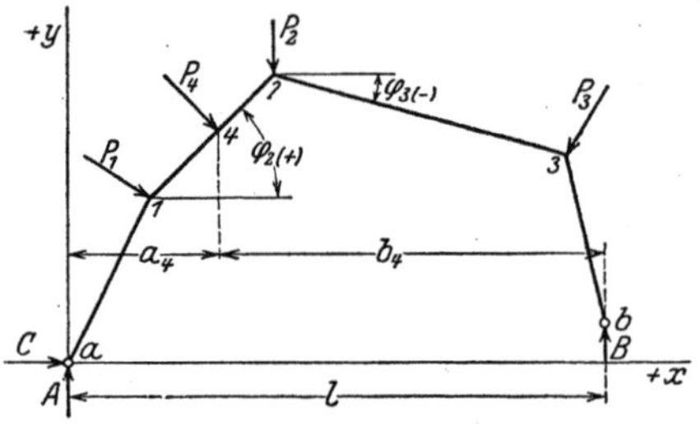

Abb. 38.

$$A = \frac{1}{l}\left(\sum P_y \cdot b + \sum P_x \cdot y_m\right),$$

$$B = \frac{1}{l}\left(\sum P_y \cdot a - \sum P_x \cdot y_m\right),$$

$$C = \sum P_x .$$

Die Normalkraft in einem beliebigen Punkte v der Stabachse ist

$$N_v = -A \sin\varphi_n - C \cdot \cos\varphi_n + \sum P_{ly} \sin\varphi_n + \sum P_{lx} \cdot \cos\varphi_n$$

oder

$$N_v = B \cdot \sin\varphi_n - \sum P_{ry} \sin\varphi_n - \sum P_{rx} \cdot \cos\varphi_n .$$

Das Moment in v ist

$$M_v = A \cdot x - C \cdot y - \sum P_{ly}(x - a) + \sum P_{lx}(y - y_m)$$

oder

$$M_v = B \cdot x' - \sum P_{ry}(x' - b) - \sum P_{rx}(y - y_m) .$$

Nach diesen Formeln werden die Momente in den Knotenpunkten *1*, *2*, *3* und in *4*, dem Angriffspunkt der Last P_4, berechnet. Damit sind sie auch in allen Zwischenpunkten bestimmt. Zur übersichtlichen Darstellung wird die Momentenlinie für jeden Stab gezeichnet (Abb. 39). Es wird in Punkt *1* die Strecke $1\,1' = \frac{M_1}{1}$ rechtwinklig zu Stab *1* und die Strecke $1\,1'' = \frac{M_1}{1}$ rechtwinklig zu Stab *2* aufgetragen, ebenso $2\,2' = \frac{M_2}{1}$ rechtwinklig zu Stab *2*, und $2\,2'' = \frac{M_2}{1}$ rechtwinklig zu Stab *3*, $3\,3' = \frac{M_3}{1}$ rechtwinklig zu Stab *3* und $3\,3'' = \frac{M_3}{1}$ rechtwinklig zu Stab *4*, schließlich $4\,4' = \frac{M_4}{1}$ rechtwinklig zu Stab *2*. Die Geraden $a\,1' - 1''\,4' - 4'\,2' - 2''\,3' - 3''\,b$ bilden die Momentenlinie.

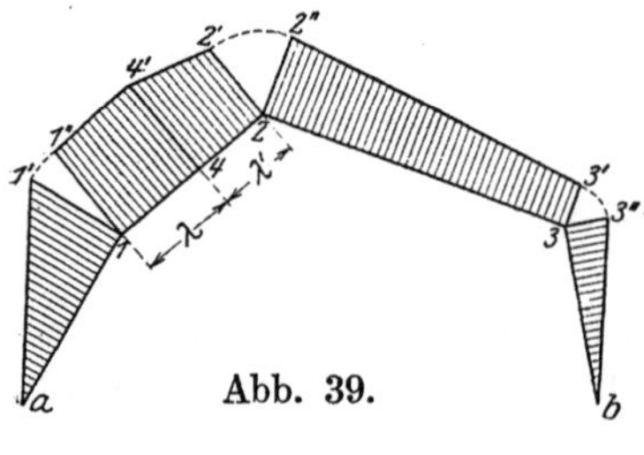

Abb. 39.

Die Querkraft für alle Punkte des Stabes *2* links von *4* ist

$$V = \frac{1}{\lambda}(M_4 - M_1);$$

für alle Punkte rechts von *4*

$$V = \frac{1}{\lambda}(M_2 - M_4) .$$

Um das Mittelkraftpolygon zu zeichnen, wird die Mittelkraft $\sum P$ der Lasten P_1, P_2, P_3, P_4 bestimmt. Im Kräfteplan (Abb. 40b) wird $a_1 1_1 = P_1$, $1_1 4_1 = P_4$, $4_1 2_1 = P_2$, $2_1 b_1 = P_3$ gemacht. Aus einem beliebigen Pol P werden die Polstrahlen Pa_1, $P1_1$, $P4_1$, $P2_1$, Pb_1 gezogen, und parallel zu den Polstrahlen wird das Seileck $1''$, $4''$, $2''$, $3''$ in die Kraftlinien der Lasten (Abb. 40a) eingezeichnet. Die Parallele zu Pa_1 durch $1''$ und die Parallele zu Pb_1 durch $3''$ bestimmen den Punkt P' und damit die Lage der Mittelkraft $\sum P$. Die Größe und Richtung der Mittelkraft ist durch die Strecke $a_1 b_1$ des Kräfteplanes gegeben. Nunmehr wird gezogen: $P'b' \parallel a_1 b_1$, $b'a$, $a_1 0 \parallel b'a$, $b_1 0 \parallel b'b$. Dann ist $0 a_1 = K$, der Mittelkraft von A und C, $b_1 0 = B$. $1'$ ergibt sich auf der Kraftlinie P_1 durch $b'a$, sodann wird gezogen $1'4' \parallel 0\,1_1$, $4'2' \parallel 0\,4_1$, $2'3' \parallel 0\,2_1$, dann ist $3'b \parallel 0\,b_1$. Es ist $K = R_1$, $0\,1_1 = R_{2l}$, $0\,4_1 = -R_{2r}$, $0\,2_1 = R_3$, $0\,b_1 = R_4$, also $a\,1'\,4'\,2'\,3'\,b$ das Mittelkraftpolygon. Sind A, B, C durch Rechnung bestimmt, so kann 0 gefunden werden, indem A und C zu K zusammengesetzt und $a_1 0 \parallel K$, $b_1 0 \parallel B$ gezogen werden. Das Mittelkraftpolygon ist weiter wie oben angegeben zu zeichnen.

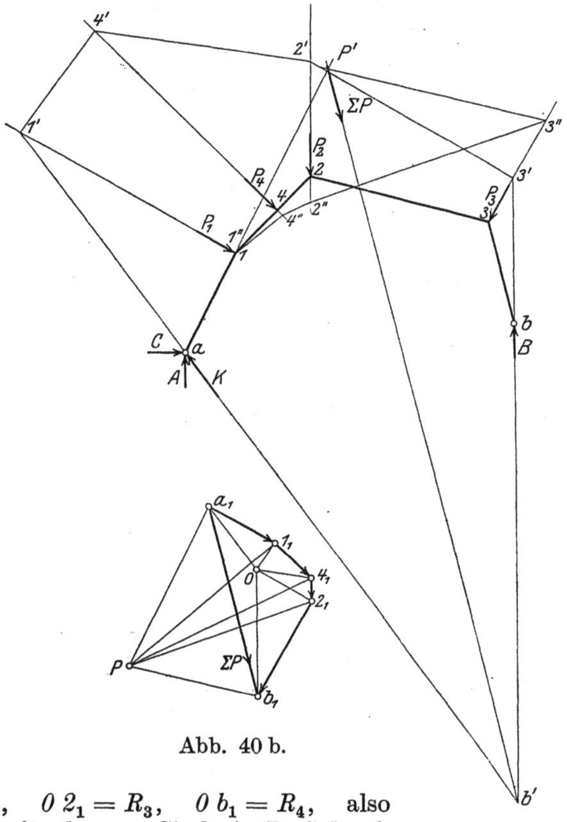

Abb. 40a.

Abb. 40 b.

Einen Sonderfall, der zur Bauart der Rahmen gehört, zeigt Abb. 41. Der linke Pfosten, Stab 1, sei durch eine wagerechte Last W belastet.

$$-A = B = W\frac{h_1}{l}$$

$$C = -W.$$

Aus Q_l ergibt sich

$$M_3 = -C \cdot h_1 = W \cdot h_1$$

aus Q_r

$$M_2 = 0, \qquad M_1 = B \cdot l = W \cdot h_1.$$

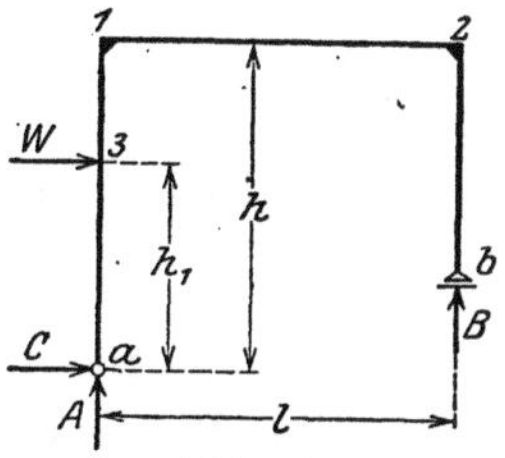

Abb. 41.

Die Abb. 42 zeigt die Momentenflächen. In Abb. 43 sind die Momentenflächen für eine Belastung des rechten Pfostens, Stab *3*, dargestellt. Es ist

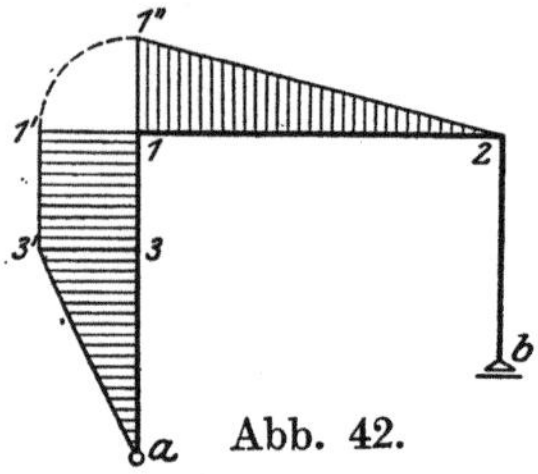

Abb. 42.

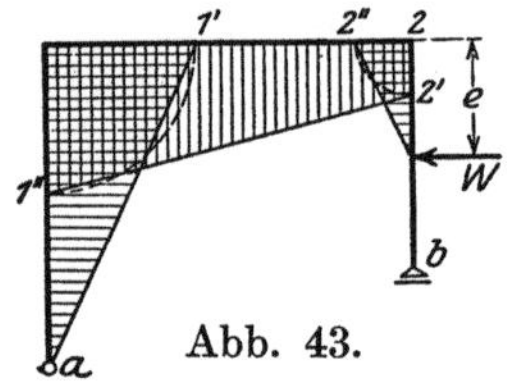

Abb. 43.

$$A = -B = W\frac{h-e}{l},$$
$$C = W,$$
$$M_1 = -C \cdot h = -Wh,$$
$$M_2 = -W \cdot e.$$

In dem verzweigten Stabzug der Abb. 44 sind vier steife Ecken vorhanden, nämlich je eine in den Knotenpunkten *1* und *3* und zwei im Knotenpunkt *2*. Ferner sind fünf Stäbe und drei Stützen sowie sechs Knotenpunkte vorhanden. Da $2 \cdot 6 = 5 + 4 + 3$ ist, ist das Tragwerk stabil und statisch bestimmt.

Die Stützpunkte a und b haben je eine lotrechte, der Stützpunkt c eine wagerechte Stütze. Für lotrechte Lasten ist $C = 0$ und das Tragwerk unterscheidet sich nicht von dem oben behandelten. Durch die in der Abbildung dargestellte wagerechte Last entsteht

$$-A = +B = P\frac{h_1}{l},$$
$$C = P.$$

Der Augenpunkt für die Stäbe *1*, *2*, *3*, b liege im Innern, für Stab c links desselben. Im Knotenpunkt *2* müssen die Endpunkte der Stäbe *2*, *3*, c unterschieden werden, sie seien $2\,l$, $2\,r$, $2\,u$ bezeichnet. Für den Ast $a, 1, 2$ ergibt sich aus Q_l

$$M_1 = +A \cdot e = -P\frac{h_1 \cdot e}{l},$$
$$M_{2l} = A \cdot \frac{l}{2} = -P\frac{h_1}{2},$$

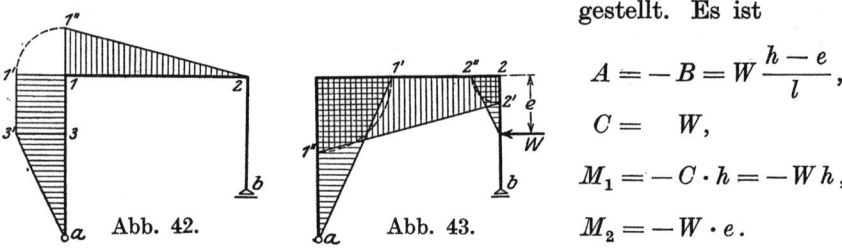

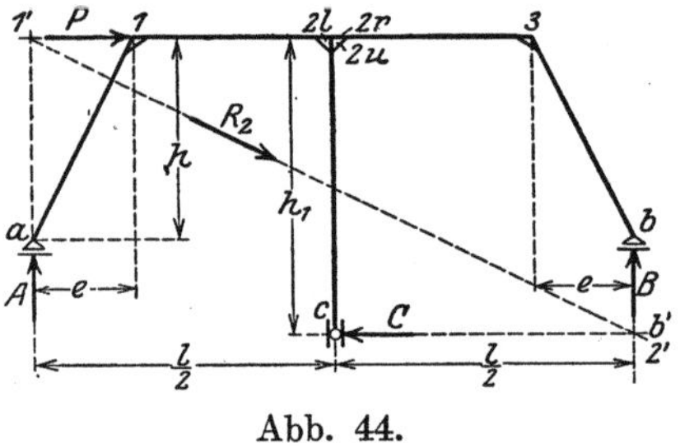

Abb. 44.

für die Äste *2*, *3*, b und c ergibt sich aus Q_r

$$M_3 = B \cdot e = +P\frac{h_1 \cdot e}{l},$$
$$M_{2r} = B\frac{l}{2} = P\frac{h_1}{2},$$
$$M_{2u} = -C \cdot h_1 = -P \cdot h_1.$$

Die Gleichgewichtsbedingung (2) für Knotenpunkt *2* lautet

$$M_{2l} - M_{2r} - M_{2u} = 0,$$

da M_{2r} und M_{2u} links, M_{2l} rechts drehen. Sie wird durch die berechneten Werte der Momente erfüllt. Abb. 45 zeigt die Momentenflächen. Das Mittelkraftpolygon besteht ebenso wie der Stabzug selbst aus drei Ästen $a, 1', 2'$ für $a, 1, 2$; $b, 2'$ für $b, 3, 2$ und $c, 2'$ für $c, 2$. Punkt $1'$ ist der Schnittpunkt von A und P, Punkt $2'$ der Schnittpunkt von B und C.

Das Tragwerk der Abb. 46 weist im Knotenpunkt 2 eine Verzweigung in vier Äste auf. Stab 4 sei in seinem Endpunkt durch die wagerechte Last P belastet. Die Augenpunkte seien wie im vorhergehenden Falle gewählt, Stab 4 und c haben denselben Augenpunkt.

$$-A = +B = P\frac{h_1 + h_2}{l},$$

$$C = \quad P.$$

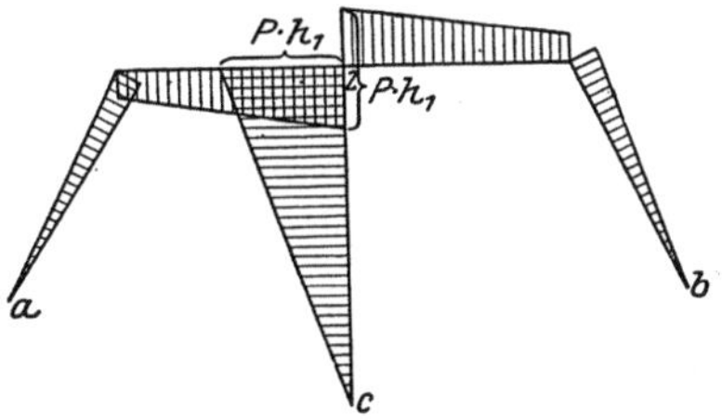

Abb. 45.

Aus Q_l folgt

$$M_1 \quad = A \cdot e \quad = -P\frac{(h_1 + h_2)\,e}{l},$$

$$M_{2l} = A \cdot l_1 \quad = -P\frac{(h_1 + h_2)\,l_1}{l},$$

$$M_{2o} = P \cdot h_2 .$$

Aus Q_r folgt

$$M_3 = \quad B \cdot e \quad = +P\frac{(h_1 + h_2)\,e}{l},$$

$$M_{2r} = \quad B \cdot l_2 = \quad P\frac{(h_1 + h_2)\,l_2}{l},$$

$$M_{2u} = -C \cdot h_1 = -P \cdot h_1 .$$

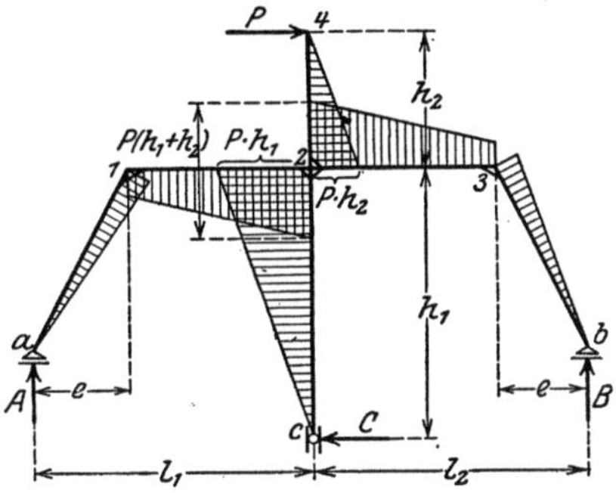

Abb. 46.

Die Gleichgewichtsbedingung (2) lautet

$$M_{2l} + M_{2o} - M_{2r} - M_{2u} = 0,$$

sie wird durch die berechneten Werte erfüllt. Der Schnittpunkt $2'$ der vier Kräfte R für den Knotenpunkt 2 liegt im Unendlichen.

26. Gelenkträger.

Die einzelnen Scheiben eines Gelenkträgers, dessen Stützkräfte berechnet sind, sind bei Ermittlung der Querkräfte und Momente entweder als einfache Balken oder als Kragträger zu behandeln. Der Kragträger ist ein Balken, dessen Stützpunkte nicht in seinen Endpunkten liegen. Der Teil des Trägers zwischen dem Endpunkt und dem nächstgelegenen Stützpunkt wird Kragarm genannt.

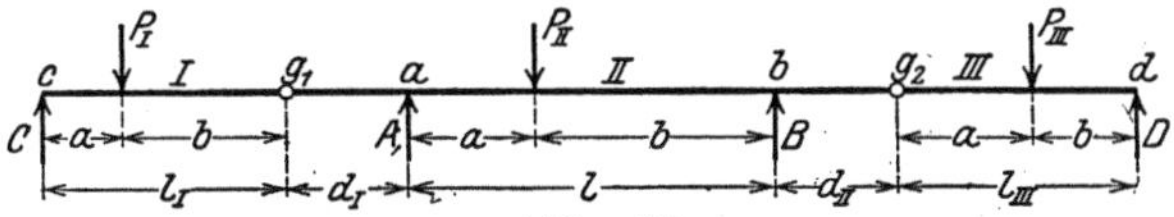

Abb. 47.

Die Aufgabe, die Querkräfte und Momente eines Gelenkträgers beliebiger Gliederung zu bestimmen, ist danach durch Angabe der bezeichneten statischen Größen für den einfachen Balken und das Tragwerk der Abb. 47 erschöpft, dessen Scheibe II ein Kragträger von der Stützweite l mit zwei Kragarmen ist. Die Balken I und III kommen dabei deshalb in Betracht, weil ihre Belastung durch die Gelenkdrücke in g_1 und g_2 auf den Kragträger wirkt. Nach Nr. 20 erzeugen die Lasten P_I den Gelenkdruck

$$G_1 = \frac{1}{l_I} \sum P_I \cdot a$$

und die Lasten P_{III}

$$G_2 = \frac{1}{l_{III}} \sum P_{III} \cdot b .$$

Beide Gelenkdrücke sind als Lasten aufzufassen, welche den Kragträger in g_1 und g_2 belasten.

Die Lasten, welche auf dem Kragträger zwischen den Stützpunkten a und b stehen, seien P, die auf dem linken Kragarm P', die auf dem rechten Kragarm P'' bezeichnet. P_{II} bezeichne alle Lasten auf dem Kragträger, wenn die Unterscheidung der Laststellung nicht nötig ist. Die Abstände der Lasten von den Stützpunkten seien a und b, a negativ links vom Stützpunkt a, b negativ rechts vom Stützpunkt b. Der Punkt v der Geraden $a\,b$ sei durch seine Abstände x, x' von den Stützpunkten a und b bestimmt, wobei den Punkten links von a ein negativer Wert x, den Punkten rechts von b ein negativer Wert x' zugehört. Die Querkräfte und Momente sind auf dem linken Kragarm

$$V_v = -\frac{1}{l_I} \sum P_I \cdot a - \sum P'_l ,$$

$$M_v = -\frac{d_I + x}{l_I} \sum P_I \cdot a + \sum P'_l (a - x) ,$$

auf dem rechten Kragarm

$$V_v = +\frac{1}{l_{III}} \sum P_{III} \cdot b + \sum P''_r ,$$

$$M_v = -\frac{d_{II} + x'}{l_{III}} \sum P_{III} \cdot b + \sum P''_r (b - x') ,$$

$a - x$ und $b - x'$ sind negativ, da die absoluten Werte $a > x$ und $b > x'$ sind. Über den Stützpunkten entstehen die Stützenmomente

$$\left. \begin{aligned} M_a &= -\frac{d_I}{l_I} \sum P_I \cdot a + \sum P' \cdot a , \\ M_b &= -\frac{d_{II}}{l_{III}} \sum P_{III} \cdot b + \sum P'' \cdot b . \end{aligned} \right\} \qquad (54)$$

Innerhalb der Stützweite l entstehen durch die Lasten P

$$V_v = \frac{1}{l} \sum P \cdot b - \sum P_l = V_{0v} ,$$

$$M_v = \frac{x}{l} \sum P \cdot b + \frac{x'}{l} \sum P \cdot a = M_{0v} .$$

Den Einfluß der Lasten P_I und P' drückt man am einfachsten durch M_a aus. G_1 und allen P' sind V_a und M_a statisch gleichwertig. Da die Kraftlinie von V_a durch a geht, hat V_a auf B keinen Einfluß, und es ist

$$B = \frac{1}{l} M_a ,$$

der durch alle Lasten P_I und P' erzeugte Stützdruck. Mithin ist

$$V_v = -B = -\frac{1}{l} M_a ,$$

$$M_v = B \cdot x' = \frac{x'}{l} M_a .$$

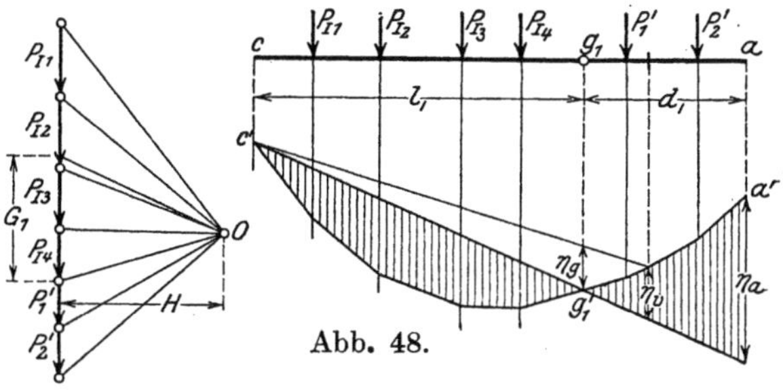

Abb. 48.

In derselben Weise ist der Einfluß der Lasten P_{III} und P'' durch M_b auszudrücken. Aus

$$A = \frac{1}{l} M_b$$

folgt

$$V_v = +A = \frac{1}{l} M_b ,$$

$$M_v = A \cdot x = \frac{x}{l} M_b .$$

Mithin erzeugt volle Belastung

$$\left. \begin{aligned} V_v &= V_{0v} - \frac{1}{l}(M_a - M_b) , \\ M_v &= M_{0v} + \frac{x'}{l} M_a + \frac{x}{l} M_b . \end{aligned} \right\} \qquad (55)$$

V_{0v} und M_{0v} sind nach Nr. 24 die Querkraft und das Moment des einfachen Balkens.

Die Momentenfläche jedes Kragarms wird zweckmäßig mit Hilfe eines Seilecks dargestellt, welches mit der Polweite H zu den Lasten P_I und P' einerseits und den Lasten P_{III} und P'' andererseits gezeichnet ist. Abb. 48 zeigt das Seileck für den linken Kragarm. In diesem wird die Schlußlinie $c' g_1'$ eingetragen und im zugehörigen Krafteck $O f \| c' g_1'$ gezogen. Trennt der Punkt h im Krafteck die Lasten P_I und P', so ist $f h = \frac{1}{l_I} \sum P_I \cdot a = G_1$. Mithin ist der absolute Wert der Ordinate η_v des Seilecks, bezogen auf die Gerade $c' g_1'$,

$$\eta_v = \frac{1}{H} \left[\frac{d_I + x}{l_I} \sum P_I \cdot a - \sum P_l' (a - x) \right]$$

und

$$M_v = -H \cdot \eta_v$$

$$M_a = -H \cdot \eta_a .$$

Für die Stützweite $a\,b$ werde M_{0v} durch ein Seileck zu den Lasten P mit der Polweite H dargestellt, also

$$M_{0v} = H \cdot \eta_{0v}$$

dann ist nach Gleichung (55)

$$M_v = H\left[\eta_{0v} - \left(\frac{x'}{l}\eta_a + \frac{x}{l}\eta_b\right)\right].$$

Die beiden letzten Glieder sind gleich der Ordinate eines Trapezes im Punkte v, dessen Ordinate in $a = \eta_a$, in $b = \eta_b$ ist. Damit ergibt sich die in Abb. 49 dargestellte Momentenfläche.

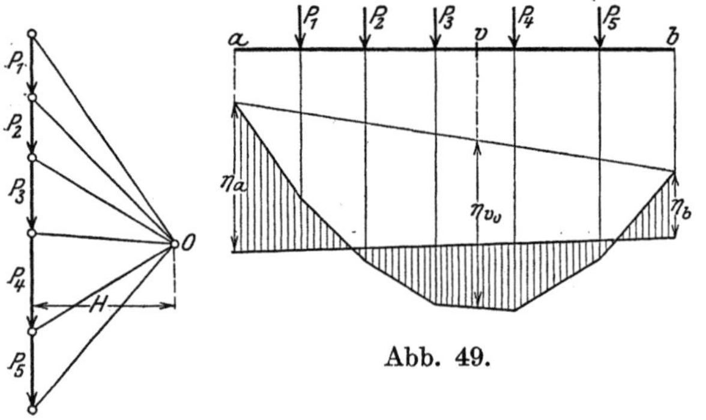

Abb. 49.

Das Moment im Punkte v jedes Kragarmes kann auf das Moment eines einfachen Balkens zurückgeführt werden. In Abb. 48 ist $c'\,v'$ die Schlußlinie eines in c und v gestützten, durch P_I und P_l' belasteten Balkens. Also ist $H \cdot \eta_g$ gleich dem Moment der äußeren Kräfte im Punkte g des einfachen Balkens von der Stützweite $l_I + d_I + x$, welches M_{0g} bezeichnet sei. Nun ist

$$\eta_v = \eta_g \frac{l_I + d_I + x}{l_I},$$

also folgt

$$M_v = -H \cdot \eta_v = -M_{0g} \cdot \frac{l_I + d_I + x}{l_I}$$

und mit $x = 0$

$$M_a = -M_{0g} \frac{l_I + d_I}{l_I}.$$

Der Balken von der Stützweite $l_I + d_I + x$ heißt stellvertretender Balken. Seine Stützweite ändert sich demnach mit dem Ort des gesuchten Momentes.

Zur Ermittlung der Einflußlinien wird der Einfluß einer Einzellast $P_m = 1$ untersucht. Im Punkte v des linken Kragarmes entsteht durch eine Last rechts von v $V_v = 0$, $M_v = 0$. Aus $P_l' = 1$ entsteht

$$V_v = -1,$$

$$M_v = 1\,(a - x),$$

ferner aus $P_I = 1$

$$V_v = -1\frac{a}{l_I},$$

$$M_v = -1\frac{a}{l_I}(d_I + x).$$

Danach bestehen die Einflußlinien für V und M aus zwei Geraden, die sich lotrecht unter g_1 schneiden und in c einen Nullpunkt haben. Die Ordinate der Einflußlinie V_v hat zwischen g_1 und v den Wert -1 (Abb. 50). Die Einflußlinie M_v hat in v einen zweiten Nullpunkt. Die Gerade für die Strecke $g_1\,v$ hat in c die Ordinate $-(l_I + d_I + x)$, da $a = -(l_I + d_I)$ zu setzen ist. Die Einflußlinie ist demnach ein Dreieck, dessen Spitze unter g_1 liegt, dessen Seite $c'v$ durch die lotrecht nach oben aufgetragene Strecke $c\,c' = l_I + d_I + x$ bestimmt ist

Abb. 50.

Abb. 51.

Abb. 52.

Abb. 53.

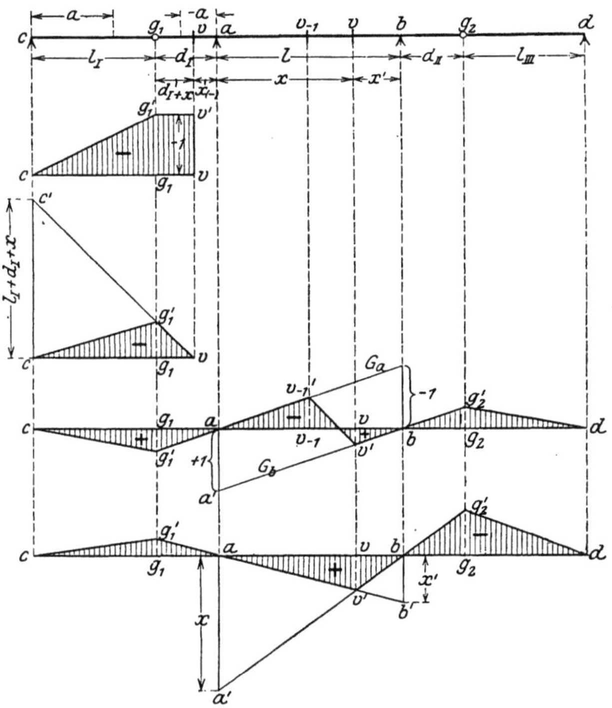

(Abb. 51). Zu diesem Ergebnis führt auch die oben nachgewiesene Tatsache, daß M_v dem Moment M_{0g} des stellvertretenden Balkens proportional ist.

Im Punkte v zwischen den Stützen entsteht durch $P_{IIr} = 1$

$$V_v = 1 \cdot \frac{b}{l}, \qquad M_v = 1 \cdot \frac{b}{l} \cdot x$$

und durch $P_{IIl} = 1$

$$V_v = -1 \cdot \frac{a}{l}, \quad M_v = 1 \frac{a}{l} \cdot x'.$$

Danach ist die Einflußlinie V_v und M_v rechts von v die Gerade G_b, deren Nullpunkt in b liegt, und links von v die Gerade G_a, deren Nullpunkt in a liegt. In allen Punkten zwischen a und b decken sich G_a

und G_b mit den entsprechenden Geraden der Einflußlinien für die Querkraft und das Moment des einfachen Balkens von der Stützweite l.

Aus $P_I = 1$ entsteht

$$V_v = -B = 1 \frac{a \cdot d_I}{l \cdot l_I}, \qquad M_v = -\frac{a \cdot d_I \cdot x'}{l \cdot l_I}.$$

Die Einflußlinie ist eine Gerade, deren Nullpunkt in c liegt, deren Ordinate in g_1 infolge $a = l_I$ denselben Wert hat wie die Ordinate der Geraden G_a. Ebenso ergibt sich für die Strecke III eine Gerade, deren Nullpunkt in d liegt und deren Ordinate in g_2 denselben Wert hat wie die Gerade G_b.

Danach sind die Einflußlinien in folgender Weise zu zeichnen. V_v in Abb. 52. Es ist $a a' = +1$, $b b' = -1$ aufzutragen. Sodann sind die Geraden $a' b$ bis g_2', $b' a$ bis g_1', $g_2' d$, $g_1' c$ und im Falle mittelbarer Belastung $v - 1'$, v', im Falle unmittelbarer Belastung die Lotrechte $v' v'$ zu ziehen. M_v in Abb. 53. Es ist $a a' = +x$, $b b' = +x'$ aufzutragen. Sodann sind die Geraden $a' b$ bis g_2', $b' a$ bis g_1', $g_2' d$, $g_1' c$ zu ziehen. Die Geraden $a' b$ und $b' a$ schneiden sich auf der Lotrechten durch v.

Auf dem Kragarm treten nur negative Momente auf. Die größten absoluten Werte $M_{\min}$ entstehen durch volle Belastung der Strecke zwischen dem Gelenk und v sowie des im Gelenk gestützten Balkens. Dabei sind die schwersten Lasten über das Gelenk zu stellen. Die Werte $M_{\min}$ sind durch Auswertung der Einflußlinien oder ein Seileck zu ermitteln. Handelt es sich um Lastenzüge, für welche die Momente des einfachen Balkens in Tabellen gegeben sind, so gelangt man am schnellsten mit Hilfe des stellvertretenden Balkens zum Ziele.

Zwischen den Stützen a und b treten positive und negative Momente auf. Die Werte $M_{\max}$ entstehen durch volle Belastung der Strecke $a b$ und unbelastete Strecken $c a$, $b d$. Die Werte sind also ebenso zu berechnen wie im Falle des einfachen Balkens. Die Werte $M_{\min}$ entstehen durch volle Belastung der Strecken $c a$, $b d$ bei unbelasteter Strecke $a b$, sie sind also aus den kleinsten Stützenmomenten zu ermitteln.

27. Dreigelenkbogen und die verwandten Bauarten,

Stabbogen oder Kette, die durch einen Scheibenzug von zwei Scheiben versteift sind, weisen in den Formeln für die Querkräfte und Momente keinen Unterschied auf. Eine Verschiedenheit besteht lediglich in der Bedeutung der Horizontalkraft H, welche im Falle des Bogens eine Druckkraft, „Horizontalschub", im Falle der Kette eine Zugkraft, „Horizontalzug", ist. Nach Nr. 19 und 21 ist infolge lotrechter Lasten

$$A = A_0, \qquad B = B_0, \qquad H = \frac{1}{f} M_{0g}.$$

Beim Stabbogen und der Kette setzen sich A_0 und B_0 aus zwei Kräften zusammen

$$A_0 = A + K_l'', \qquad B_0 = B + K_r''.$$

Zwecks Aufstellung der Formeln für das Moment und die Querkraft im Punkte v links des Gelenkes g wird K_l' in der Kraftlinie bis zu dem Punkte v' verschoben, in dem die Lotrechte durch v die Kraftlinie schneidet und in die lotrechte und die wagerechte Seitenkraft zerlegt. Mithin ist für den Dreigelenkbogen, da $K_l' = H \cdot \sec\alpha$ ist,

$$M_v = A_0 \cdot x - \sum P_l(x-a) - H \cdot y .$$

Nun ist

$$A_0 \cdot x - \sum P_l(x-a) = M_{0v} ,$$

dem Moment der äußeren Kräfte am einfachen Balken von der Stützweite l, also folgt

$$\boldsymbol{M_v = M_{0v} - H \cdot y} . \tag{56}$$

Für die normal zur Bogenachse gerichtete Querkraft des Dreigelenkbogens ergibt sich (in Abb. 13 ist α negativ)

$$V_v = (A_0 - \sum P_l)\cos\varphi_v - \frac{H}{\cos\alpha}\sin(\varphi_v - \alpha)$$

und mit

$$A_0 - \sum P_l = V_{0v} ,$$

$$\boldsymbol{V_v \cdot \sec\varphi_v = V_{0v} - H(\operatorname{tg}\varphi_v - \operatorname{tg}\alpha)} . \tag{57}$$

Für die Punkte v rechts des Gelenkes gelten dieselben Formeln, wie ohne weiteres ersichtlich ist, wenn man V und M aus den Kräften Q_r ansetzt.

An dem Versteifungsbalken des Stabbogens und der Kette (Abb. 20 und 22) greifen die Stützkräfte A, B, die Lasten P und die Spannkräfte Z in den lotrechten Stütz- bzw. Hängestäben an. Nach Nr. 23 sind die zur Gruppe Q_l gehörenden Spannkräfte Z_l durch K_l und K_{vl}, die zur Gruppe Q_r gehörenden durch K_r und K_{vr} zu ersetzen, wenn K_v die Kettenkraft in dem Stab bezeichnet, der von der Lotrechten durch v in v'' getroffen wird. K_l wird nach Nr. 21 zerlegt in K_l' und K_l'', ferner K_l' in Punkt v' und K_{vl} in Punkt v'' in die wagerechten und lotrechten Seitenkräfte. Dann liefern K_l und K_v zu M_v die Beiträge

$$K_l'' \cdot x - H \cdot y$$

und zu $V_v \cdot \sec\beta$

$$K_l'' - H(\operatorname{tg}\varphi_v - \operatorname{tg}\alpha) ,$$

wenn die Achse des Versteifungsbalkens gegen die Wagerechte unter dem Winkel β geneigt ist. Mithin ergeben sich für beide Bauarten

$$M_v = (A + K_l'')x - \sum P_l \cdot (x-a) - H \cdot y ,$$

$$V_v \cdot \sec\beta = A + K_l'' - \sum P_l - H(\operatorname{tg}\varphi_v - \operatorname{tg}\alpha) ,$$

also wiederum die Gleichungen (56) und (57).

Die Einflußfläche für das Moment ist als Differenz der Einflußfläche des Momentes des einfachen Balkens und der mit y multiplizierten H-Fläche darzustellen. Die H-Fläche wird infolge $H = \frac{1}{f} M_{0g}$ aus der Einflußfläche für das Moment des einfachen Balkens im Punkte g durch

Teilung durch f gewonnen. Man erhält die $y \cdot H$-Fläche in dem Dreieck, dessen Spitze auf der Lotrechten durch g liegt, dessen Seite G_b auf der Lotrechten durch a die Strecke $l_a \cdot \frac{y}{f}$ und dessen Seite G_a auf der Lotrechten durch b die Strecke $l_b \cdot \frac{y}{f}$ abschneidet. Damit ergibt sich folgende Zeichnung der M_v-Linie, wenn v ein Knotenpunkt ist (Abb. 54). Es wird $a\,a' = +x$ nach unten, $b\,b' = -l_b \cdot \frac{y}{f}$ aufgetragen und die Gerade $a'\,b'$ gezogen. Sodann werden die Schnittpunkte v', g' der Geraden mit den Lotrechten durch v und g bestimmt und $a\,v'$, $g'\,b$ gezogen. Das Dreieck $a\,v'\,b'$ ist die M_{0v}-Fläche mit der schrägen Nulllinie $a\,b'$, das Dreieck $a\,g\,b'$ die $H \cdot y$-Fläche mit derselben Nullinie. Die Dreiecke $a\,v'\,n$ und $n\,g\,b'$ sind also die Differenz beider Flächen, ersteres mit positiver, letzteres mit negativer Ordinate. Das Dreieck $n\,g'\,b$ hat in allen Punkten dieselbe Ordinate wie $n\,g\,b'$. Mithin ist der Linienzug a, v', n, g', b die gesuchte Einflußlinie mit der wagerechten Nullinie $a\,b$.

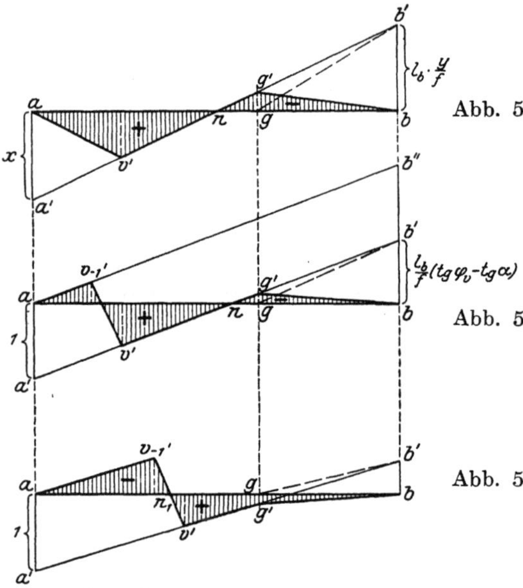

Abb. 54.

Abb. 55.

Abb. 56.

Die V_v-Fläche bzw. die $V_v \cdot \sec\varphi_v$-Fläche ist als Differenz der V_{0v}-Fläche und der $H\,(\mathrm{tg}\,\varphi_v - \mathrm{tg}\,\alpha)$-Fläche darzustellen. Es ist in Abb. 55 $a\,a' = +1$ nach unten, $b\,b' = -\frac{l_b}{f}\,(\mathrm{tg}\,\varphi_v - \mathrm{tg}\,\alpha)$ aufgetragen und die Gerade $a'\,b'$ sowie $a\,b'' \parallel a'\,b'$ zu ziehen. Sodann sind die Punkte $v{-}1'$ auf der Lotrechten durch $v{-}1$, v' auf der Lotrechten durch v, g' auf der Lotrechten durch g zu bestimmen und die Geraden $v{-}1'\,v'$, $g'\,b$ zu ziehen. Dann ist a, $v{-}1'$, $v'\,b'$ die V_{0v}-Fläche mit der schrägen Nullinie $a\,b'$, ferner a, g, b' die $H\,(\mathrm{tg}\,\varphi_v - \mathrm{tg}\,\alpha)$-Fläche mit derselben Nullinie. Da die Ordinaten der Dreiecke $g\,g'\,b$ und $g\,g'\,b'$ in allen Punkten gleich sind, sind die Dreiecke $a\,v{-}1'\,n_1$; $n_1\,v'\,n$ und $n\,g'\,b$ die Differenz der V_{0v}- und $H\,(\mathrm{tg}\,\varphi_0 - \mathrm{tg}\,\alpha)$-Flächen. Das Dreieck $n_1\,v'\,n$ hat positive, die beiden anderen Dreiecke haben negative Ordinaten. Der Linienzug a, $v{-}1'$, v', g', b ist also die V_v-Linie mit der wagerechten Nullinie $a\,b$. Die Abb. 56 zeigt die V_v-Linie für den Fall, daß der Schnittpunkt n der Geraden $a'\,b'$ und $a\,b$ rechts von g liegt. Die Ordinate $g\,g'$ ist dann positiv und die Einflußlinie hat nur eine negative Beitragsstrecke $a\,n_1$ und eine positive $n_1\,b$.

Liegt v rechts des Gelenkes g, so ist zur Zeichnung der M_v-Linie $b\,b' = +x'$, $a\,a' = -l_a \frac{y}{f}$ aufzutragen. Zur Zeichnung der V_v-Linie ist $b\,b' = -1$, $a\,a' = -\frac{l_a}{f}(\operatorname{tg}\varphi_v - \operatorname{tg}\alpha)$ entsprechend dem positiven Wert nach unten aufzutragen. Im übrigen ist nach den obigen Angaben zu zeichnen.

28. Kette und Stabbogen mit Versteifungsbalken aus vier Scheiben.

Für jeden Punkt v des Versteifungsbalkens (Abb. 23) besteht die Gruppe Q_l aus den Stützkräften und Lasten sowie den Spannkräften Z_l in den lotrechten Stütz- bzw. Hängestäben, die links von v liegen. Nach Nr. 23 sind die Kräfte Z_l zu ersetzen durch K_l und K_{vl}, wenn v zwischen a und b liegt, und durch K_l, K_{vl}, V_l, wenn v zwischen b und c liegt. Zur Aufstellung der Formeln wird K_l in K_l' und K_l'' zerlegt. Weiter wird, wenn v zwischen a und b liegt, K_l' in Punkt v' in die lotrechte und wagerechte Seitenkraft zerlegt. Liegt v zwischen b und c, so wird K_l' in Punkt b' in die Seitenkräfte nach der Lotrechten und der Geraden $b'\,c'$ zerlegt, schließlich letztere in Punkt v' in die lotrechte und wagerechte Seitenkraft. K_{vl} wird in jedem Falle in Punkt v'', dem Schnittpunkt der Kraftlinie und der Lotrechten durch v in die lotrechte und wagerechte Seitenkraft zerlegt. Mithin ergibt sich mit den in Nr. 22 eingeführten Bezeichnungen für Punkte der Scheibe I

$$M_v = A_1 x - \sum P_{Il}(x - a) - H \cdot y,$$
$$V_v = A_1 - \sum P_{Il} - H(\operatorname{tg}\varphi_v - \operatorname{tg}\alpha),$$

für Punkte des Kragarmes

$$M_v = A_1(l_I + d_I + x) - \sum P_I(b + d_I + x) + \sum P_l'(a - x) - H \cdot y,$$
$$V_v = A_1 - \sum P_I - \sum P_l' - H(\operatorname{tg}\varphi_v - \operatorname{tg}\alpha)$$

(hierin sind x, $a - x$, y, α und φ_v negativ),

für Punkte der mittleren Öffnung zwischen a und b

$$M_v = A_1(l_I + d_I + x) + B_1 x - \sum P_I(b + d_I + x) - \sum P_{IIl}(x - a) - H \cdot y,$$
$$V_v = A_1 + B_1 - \sum P_I - \sum P_{IIl} - H(\operatorname{tg}\varphi_v - \operatorname{tg}\alpha).$$

In diese Formeln werden die Momente M_{1v} und Querkräfte V_{1v} der äußeren Kräfte an dem Gelenkträger der Abb. 24 eingeführt. Dann lauten die Formeln unabhängig von der Lage des Punktes v

$$\boldsymbol{M_v = M_{1v} - H \cdot y,} \tag{58}$$
$$\boldsymbol{V_v = V_{1v} - H(\operatorname{tg}\varphi_v - \operatorname{tg}\alpha).} \tag{59}$$

Sie gelten auch für alle Punkte der Scheiben III und IV, da sie aus den Kräften Q_r in derselben Weise abgeleitet werden können, wie oben aus den Q_l.

Die Momente und Querkräfte der in den Abb. 25 und 26 dargestellten Bauarten, in welchen der erste Ketten- bzw. Bogenstab an Scheibe I, der letzte an Scheibe IV angeschlossen ist, werden ebenfalls durch die Gleichungen (58) und (59) angegeben. Ist die Achse des Versteifungsbalkens gegen die Wagerechte unter ψ_v geneigt, so gilt (59) für den Wert $V_v \cdot \sec \psi_v$. Jedoch ist y die Summe der Ordinate der Kette bezogen auf den Linienzug $a\, b'\, c'\, d$ und der Ordinate des bogenförmigen Versteifungsbalkens bezogen auf den Linienzug $a\, b_1\, c_1\, d$. Man erhält die Formeln auf dem oben eingeschlagenen Wege, wenn man die Kettenkräfte nach Nr. 22 zerlegt und die dort angegebenen Werte A_1, B_1,

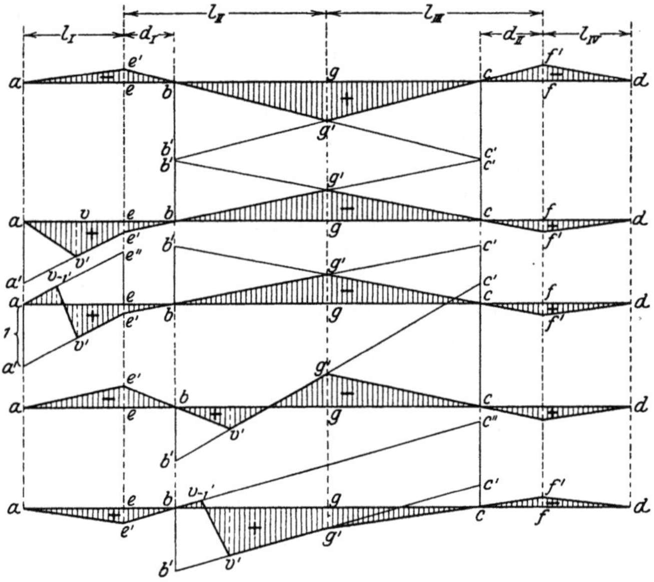

Abb. 57.

Abb. 58.

Abb. 59.

Abb. 60.

Abb. 61.

C_1, D_1 einführt. Ein Unterschied besteht in der Normalkraft. Diese verschwindet für die ersten Bauarten in allen Punkten. Für die zweiten ist

$$N_v = \pm H \cdot \cos \psi_v . \tag{60}$$

Das positive Vorzeichen gilt für den Stabbogen, das negative für die Kette. Der Horizontalschub des Bogens bzw. der Horizontalzug der Kette wird durch den Versteifungsbalken aufgenommen.

Die Einflußlinie für H erhält man nach $H = \frac{1}{f} M_{1g}$ aus der M_{1g}-Linie. Es ist (Abb. 57)

$$b b' = + \frac{1}{f}(l_{II} - d_I), \qquad c c' = + \frac{1}{f}(l_{III} - d_{II})$$

aufzutragen und $b'\, c$ bis f', $c'\, b$ bis e', $e'\, a$, $f'\, d$ zu ziehen. Der Linienzug $a\, e'\, b\, g'\, c\, f'\, d$ ist die H-Linie.

Die Einflußflächen für M_v und V_v sind als Differenzen der M_{1v}- bzw. V_{1v}-Flächen und der entsprechend ihrem Faktor verzerrten

H-Flächen darzustellen. M_v in Punkt v der Scheibe I, Abb. 58. Es ist

$$aa' = +x\,, \qquad bb' = -\frac{y}{f}(l_{II} - d_I)\,, \qquad cc' = -\frac{y}{f}(l_{III} - d_{II})$$

aufzutragen und zu ziehen $b'\,c$ bis f', $c'\,b$ bis e', $a'\,e'$ über v', $v'\,a$, $f'\,d$. Dann ist $a\,e'\,b\,g'\,c\,f'\,d$ die $-H \cdot y$-Fläche, $a\,v'\,e'$ die auf die Nullinie $a\,e'$ bezogene $M_{1\,v}$-Fläche. Da letztere ebenso wie die $H \cdot y$-Linie zwischen a und e positive Ordinaten hat, sind sie zu addieren. Der Linienzug $a\,v'\,e'\,b\,g'\,c\,f'\,d$ ist die M_v-Linie mit der wagerechten Nullinie $a\,d$.

V_v in Punkt v der Scheibe I, Abb. 59. Ist die Größe des Winkels $\varphi_v < \alpha$, so ist $(\operatorname{tg}\varphi_v - \operatorname{tg}\alpha)$ positiv, da beide Winkel negativ sind. Dann ist

$$bb' = -(\operatorname{tg}\varphi_v - \operatorname{tg}\alpha)\frac{1}{f}(l_{II} - d_I)\,, \qquad cc' = -(\operatorname{tg}\varphi_v - \operatorname{tg}\alpha)\frac{1}{f}(l_{III} - d_{II}),$$

$a\,a' = +1$ aufzutragen und zu ziehen $b\,'c$ bis f', $c'\,b$ bis e', $e'\,a'$ über v', $a\,e'' \parallel a'\,e'$ über v—$1'$, v—$1'\,v'$, $f'\,d$. $a\,e'\,b\,g'\,c\,f'\,d$ ist die $-H(\operatorname{tg}\varphi_v - \operatorname{tg}\alpha)$-Linie, $a\,v$—$1'\,v'\,e'$ die V_1-Linie, also $a\,v$—$1'\,v'\,e'\,b\,g'\,c\,f'\,d$ die V_v-Linie bezogen auf die wagerechte Nulllinie $a\,d$. Ist $\varphi_v > \alpha$, dann sind die Strecken $b\,b'$ und $c\,c'$ positiv, im übrigen ändert sich die Zeichnung nicht.

M_v in Punkt v zwischen b und c, Abb. 60. Es ist

$$bb' = +x\,, \qquad cc' = -\frac{y}{f}(l_{III} - d_{II})$$

aufzutragen und zu ziehen $b'\,c'$ über v' und g', $v'\,b$ bis e', $g'\,c$ bis f', $e'\,a$, $f'\,d$. Auf der Strecke $b\,c$ ist $b\,v'\,c'$ die auf $b\,c'$ bezogene M_1-Fläche, $b\,g\,c'$ die auf $b\,c'$ bezogene $-H \cdot y$-Fläche, also $b\,v'\,n\,g'\,c$ die M_v-Fläche mit der wagerechten Nullinie $b\,c$. Da nun die M_1-Linie und $H \cdot y$-Linie geradlinig durch b und c verlaufen, gilt das auch für die M_v-Linie. Somit ist $a\,e'\,b\,v'\,n\,g'\,c\,f'\,d$ die auf die wagerechte Nulllinie $a\,d$ bezogene M_v-Linie.

V_v in Punkt v zwischen b und g, Abb. 61. Es ist

$$bb' = +1\,, \qquad cc' = -(\operatorname{tg}\varphi_v - \operatorname{tg}\alpha)\,\frac{1}{f}(l_{III} - d_{II})$$

aufzutragen und zu ziehen $b'\,c'$ über $v'\,g'$, $b\,c'' \parallel b'\,c'$ über v—$1'$ und bis e', $g'\,c$ bis f', $a\,e'$, $f'\,d$. Auf der Strecke $b\,c$ ist $b\,v$—$1'\,v'\,c'$ die auf $b\,c'$ bezogene V_1-Linie, $b\,g\,c'$ die auf $b\,c'$ bezogene $-H(\operatorname{tg}\varphi_v - \operatorname{tg}\alpha)$-Linie, also $b\,v$—$1'\,v'\,g'\,c$ die V_v-Fläche mit der wagerechten Nulllinie $b\,c$. Für die Seitenstrecken gilt die für die M_v-Linie gezogene Schlußfolgerung. Also ist $a\,e'\,b\,v$—$1'$ $v'\,g'\,c\,f'\,d$ die auf die wagerechte Nullinie $a\,d$ bezogene V_v-Linie. Die Ordinate in g kann negativ sein, entscheidend ist der absolute Wert

$$(\operatorname{tg}\varphi_v - \operatorname{tg}\alpha)\,\frac{1}{f}\,(l_{III} - d_{II})\,.$$

Die Ordinate in f ist dann positiv.

29. Bogen aus vier Scheiben mit Zugstab.

Symmetrische Bauart nach Abb. 62.
Linke Seitenöffnung

$$M_v = \quad A \cdot x - \sum P_{Il}(x-a) - Z \cdot y\,,$$

$$V_v = \quad (A - \sum P_{Il}) \cos\varphi - Z \cdot \sin\varphi\,,$$

$$N_v = -(A - \sum P_{Il}) \sin\varphi - Z \cos\varphi\,,$$

Abb. 62.

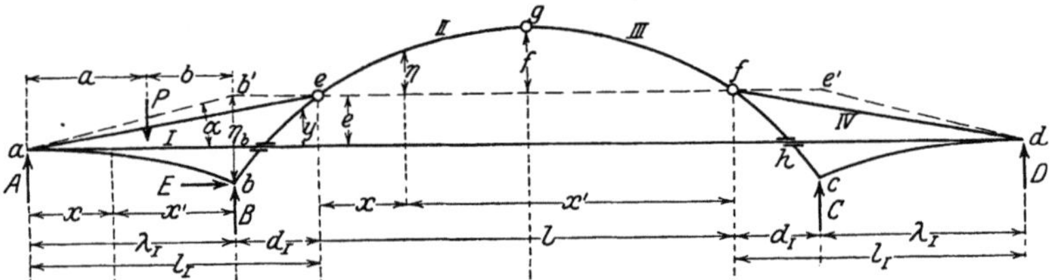

Abb. 64.

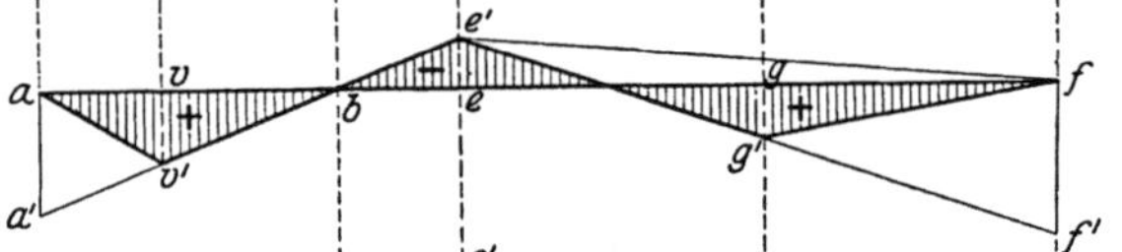

Abb. 65.

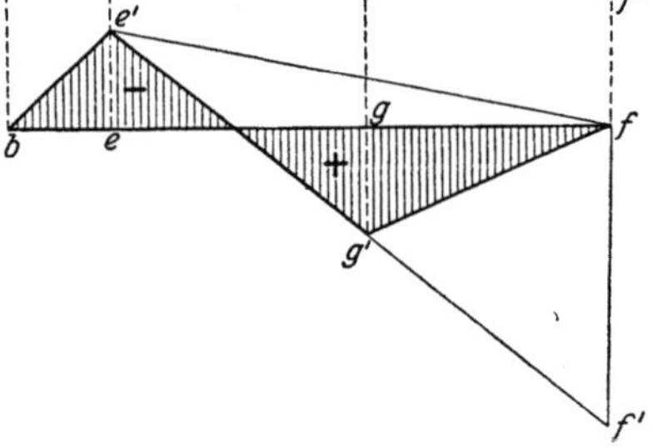

y ist die nach oben positive Ordinate der Bogenachse bezogen auf die Wagerechte $a\,d$, φ der nach oben positive Neigungswinkel der Stabachse gegen die Wagerechte. Nach Nr. 22 ist

$$A = A_1 \quad + Z \frac{e}{\lambda_I}\,,$$

$$B = B_1 \quad - Z \frac{e}{\lambda_I}\,,$$

$$M_v = A_1 x \quad - \sum P_{Il}(x-a) + Z\left(\frac{e}{\lambda_I} \cdot x - y\right),$$

$$V_v = (A_1 \quad - \sum P_{Il}) \cos\varphi + Z\left(\frac{e}{\lambda_I} \cos\varphi - \sin\varphi\right),$$

$$N_v = -(A_1 - \sum P_{Il}) \sin\varphi - Z\left(\frac{e}{\lambda_I} \sin\varphi + \cos\varphi\right)$$

Kragarm. In der Formel für M_v tritt $B(x - \lambda_I)$, in den beiden anderen $B \cos\varphi$ bzw. $-B \sin\varphi$ hinzu. Führt man wieder A_1 und B_1 ein, so ergibt sich

$$M_v = A_1 x + B_1 (x - \lambda_I) - \sum P_{Il}(x - a) + Z(e - y)\,.$$
$$V_v = (A_1 + B_1 - \sum P_{Il}) \cos\varphi - Z \sin\varphi\,,$$
$$N_v = -(A_1 + B_1 - \sum P_{Il}) \sin\varphi - Z \cos\varphi$$

Strecke $e\,f$.

$$M_v = A(l_I + x) + B(d_I + x) - \sum P_I (l_I + x - a) - \sum P_l (x - a) - Z \cdot y\,,$$
$$V_v = (A + B - \sum P_I - \sum P_l) \cos\varphi - Z \sin\varphi\,,$$
$$N_v = -(A + B - \sum P_I - \sum P_l) \sin\varphi - Z \cos\varphi$$

oder

$$M_v = A_1 (l_I + x) + B_1 (d_I + x) - \sum P_I (l_I + x - a) - \sum P_l (x - a) - Z(y - e)\,,$$
$$V_v = (A_1 + B_1 - \sum P_I - \sum P_l) \cos\varphi - Z \sin\varphi\,,$$
$$N_v = -(A_1 + B_1 - \sum P_I - \sum P_l) \sin\varphi - Z \cos\varphi\,.$$

Man benutzt die Momente und Querkräfte des Gelenkträgers aus drei wagerechten Balken auf den Stützen a, b, c, d und mit den Gelenken e, f. Sie seien M_{1v} und V_{1v} bezeichnet. Es wird $e\,f$ bis b' und c', $a\,b'$, $d\,c'$ gezogen, die Ordinate der Bogenachse in bezug auf den Linienzug $a\,b'\,c'\,d$ wird η, positiv nach oben, und der Neigungswinkel der Geraden gegen die Wagerechte α bezeichnet. In der linken Seitenöffnung ist

$$-\eta = \left(\frac{e}{\lambda_I} x - y\right),$$

auf dem Kragarm $\quad -\eta = e - y\,,$

zwischen e und f $\quad \eta = y - e\,.$

Dann nehmen die Formeln die für alle Lagen von v gemeinsame Form an

$$\left.\begin{aligned} \boldsymbol{M_v} &= \boldsymbol{M_{1v} - Z \cdot \eta}\,, \\ \boldsymbol{V_v \sec\varphi} &= \boldsymbol{V_{1v} + Z(\operatorname{tg}\alpha - \operatorname{tg}\varphi)}\,, \\ \boldsymbol{N_v \operatorname{cosec}\varphi} &= \boldsymbol{-V_{1v} - Z(\operatorname{tg}\alpha + \operatorname{cotg}\varphi)}\,. \end{aligned}\right\} \tag{61}$$

Für die Bauart der Abb. 63 erhält man dieselben Formeln, wenn man die Momente und Querkräfte des Gelenkträgers benutzt, dessen Gelenke e und f in den Seitenöffnungen liegen. Der Linienzug $a\,b'\,c'\,d$ ist durch die Geraden $a\,e$ und $d\,f$ bestimmt, der Winkel α wird in der linken Seitenöffnung negativ. Sind in Bauart (62) I und IV, in (63) II und III Fachwerkscheiben, so gilt die erste Formel (61) für M_v in jedem Knotenpunkt, dessen Ordinate in bezug auf die bezeichneten Linienzüge η ist, ferner V_v mit $\varphi = 0$ für die lotrechte Querkraft.

Die Einflußlinie für Z ist in beiden Fällen wesentlich verschieden. Für die Bauart der Abb. 62 ist $M_{1g} = M_{0g}$, dem Moment des einfachen

Balkens von der Stützweite l. Die Einflußfläche erfaßt also nur die Strecke $e f$ und ist ein gleichseitiges Dreieck, dessen Seiten auf den Lotrechten durch e und f durch die Strecken $\frac{l}{2f}$ bestimmt sind. Für die Bauart der Abb. 63 ist die Z-Fläche auf der Strecke $b c$ ebenfalls ein gleichseitiges Dreieck, dessen Seiten unter b und c durch die Strecken $\frac{l}{2f}$ bestimmt sind. Sie erfaßt jedoch auch die Seitenöffnungen durch je ein Dreieck, dessen Spitze unter dem Gelenk liegt. Die Seitenöffnungen bilden daher negative Beitragsstrecken.

Abb. 63.

Abb. 66.

Abb. 67.

Abb. 68.

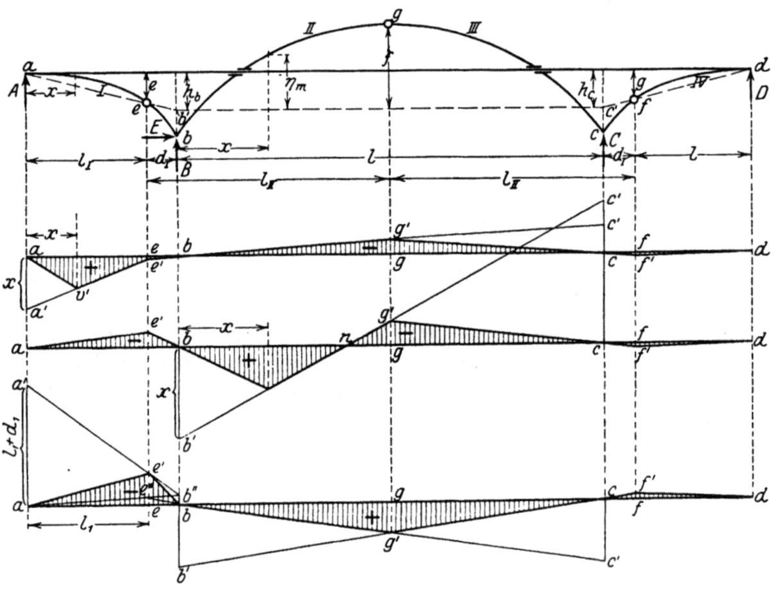

Bauart der Abb. 62. M_v in der Seitenöffnung, Abb. 64. Es ist

$$a a' = +x, \qquad f f' = -\frac{\eta \cdot l}{2f} \text{ (positiv)}$$

aufzutragen und $a' b$ über v' bis e', $e' f'$ über g', $a v'$, $g' f$ zu ziehen. $a v' b e' f$ ist die M_{1v}-Fläche, $e' g' f$ die $-\eta \cdot Z$-Fläche, die positiv ist, da η negativ ist. Mithin ist $a v' b e' g' f$ die auf die wagerechte Nulllinie $a f$ bezogene M_v-Linie.

M_b im Stützpunkt, Abb. 65. Es ist

$$e e' = -d_I, \qquad f f' = -\frac{\eta_b \cdot l}{2f} \text{ (positiv)}$$

aufzutragen und $e' f'$ über g', $b e'$, $g' f$ zu ziehen. $b e' f$ ist die negative M_{1b}-Fläche, $e' g' f$ die positive $-Z \cdot \eta_b$-Fläche, also $b e' g' f$ die M_b-Linie bezogen auf die wagerechte Nullinie $b f$.

Bauart nach Abb. 63. M_v in der Seitenöffnung, Abb. 66. Es ist

$$a\,a' = +x, \qquad c\,c' = -\frac{\eta\,l}{2\,f}$$

aufzutragen und $c'\,b$ über g' bis e', $a'\,e'$ über v', $v'\,a$, $g'\,c$ bis f', $f'\,d$ zu ziehen. $a\,v'\,e'\,b\,g'\,c\,f'\,d$ ist die auf die wagerechte Nullinie bezogene M_v-Linie.

M_v in der Mittelöffnung, Abb. 67. Es ist

$$b\,b' = +x, \qquad c\,c' = -\frac{\eta \cdot l}{2\,f}$$

aufzutragen und $b'\,c'$ über v' und g', $v'\,b$ bis e', $g'\,c$ bis f', $e'\,a$, $f'\,d$ zu ziehen. $a\,e'\,b\,v'\,g'\,c\,f'\,d$ ist die auf die wagerechte Nullinie $a\,d$ bezogene M_v-Linie.

M_b im Stützpunkt, Abb. 68. η_b ist negativ, also die $-Z \cdot \eta$-Fläche positiv. Es ist

$$a\,a' = -(l_I + d_I), \qquad c\,c' = -\frac{\eta_b\,l}{2\,f}$$

entsprechend seinem Vorzeichen positiv aufzutragen und $c'\,b$ über g' bis e'', $a\,e''$ bis b'', $b''\,a'$ über e', $g'\,c$ bis f', $a\,e'$, $e'\,b$, $f'\,d$ zu ziehen. $a\,e'\,b\,g'\,c\,f'\,d$ ist die auf die wagerechte Nullinie bezogene M_b-Linie.

30. Mehrfach zusammenhängende Scheiben

bilden in einem Tragwerk mehrere geschlossene Scheibenzüge, die sich in einzelnen Scheiben überdecken. Das bedingt, daß die einzelne Scheibe im allgemeinen durch mehr als zwei Gelenke mit anderen Scheiben verbunden ist. Die Stabilität der Tragwerke dieser Art kann nach den Regeln der Nr. 2 untersucht werden, indem jede Scheibe in ihre Glieder zerlegt wird. Ebenso kann die statische Untersuchung auf den Gleichgewichtsbedingungen der Knotenpunkte aufgebaut werden. Man gelangt jedoch einfacher zum Ziele, wenn man von der Eigenart der Gliederung Gebrauch macht, indem man die Stabilitätsbedingungen der Scheiben aufstellt und der statischen Untersuchung als erstes Ziel die Ermittlung der Drücke in allen Gelenken stellt. Analytisch bedeutet dieser Rechnungsweg nichts anderes als die Elimination der eliminierbaren Unbekannten aus den Gleichgewichtsbedingungen für die Knotenpunkte jeder Scheibe.

Bei der Stabilitätsuntersuchung wird von der in Nr. 2 gezeigten Tatsache Gebrauch gemacht, daß die Stabilität der starren Scheibe drei Bedingungen erfordert. Das Tragwerk weise p starre Scheiben auf, unter denen auch einzelne einfache Stäbe sein dürfen. Die Zahl der Gelenke sei g, die Zahl der Stützen und Einspannungen a. Unter einem Gelenk sei die gelenkige Verbindung von nur zwei Scheiben verstanden, so daß eine gelenkige Verbindung von n Scheiben in einem Punkte $n - 1$ Gelenke darstellt. Dann stellt jedes Gelenk zwei Stabilitätsbedingungen. Mithin ist

$$3\,p = 2\,g + a$$

die Stabilitätsbeziehung zwischen der Zahl der Scheiben und der an Gelenken und äußeren Gliedern erforderlichen Zahl.

Durch jedes Gelenk werde ein Schnitt geführt und der Gelenkdruck durch zwei gleiche entgegengesetzt gerichtete Kräfte ersetzt, die auf die beiden im Gelenk zusammenhängenden Scheiben wirken. Da die Größe und Richtung des Gelenkdruckes unbekannt sind, sind seine Seitenkräfte nach zwei beliebigen Richtungen einzuführen. Die Zahl der unbekannten Seitenkräfte der Gelenkdrücke und der unbekannten Stützkräfte und Einspannungsmomente ist daher $2g + a$. Für jede Scheibe bestehen drei Gleichgewichtsbedingungen $\sum M = 0$. Mithin

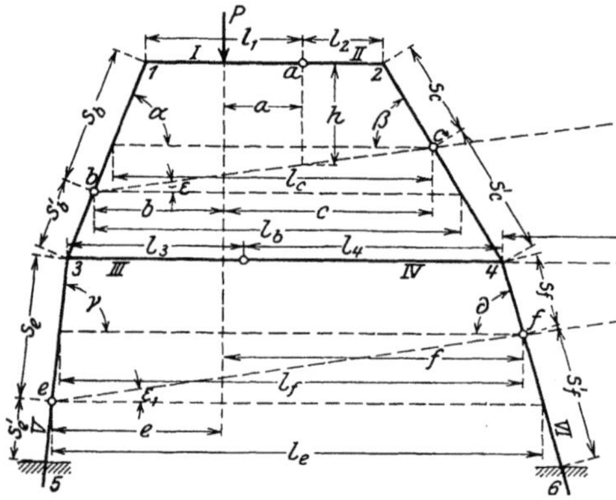

Abb. 69.

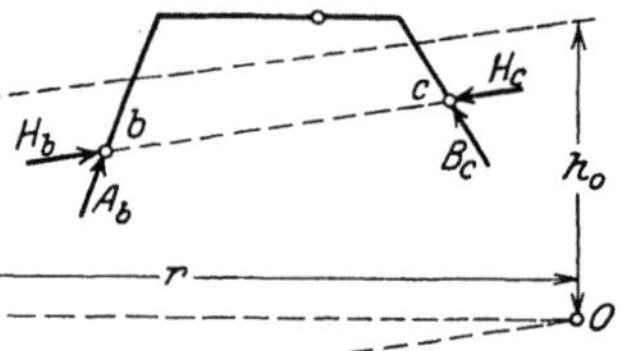

Abb. 70.

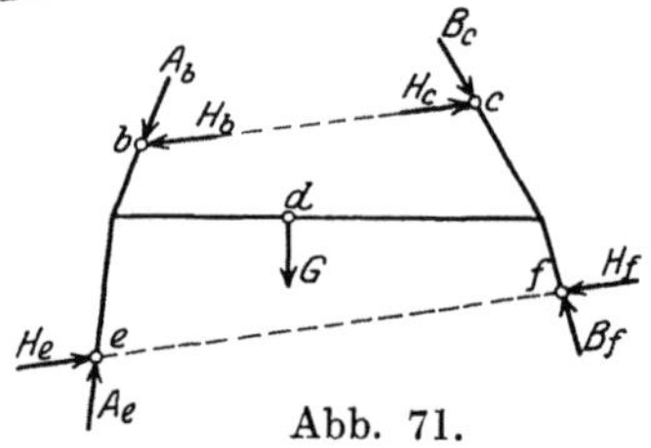

Abb. 71.

sind die Unbekannten durch die Gleichgewichtsbedingungen eindeutig bestimmt, sofern unendlich kleine Beweglichkeit nicht vorliegt, was vorausgesetzt werden darf.

Der beschriebene Weg führt immer zum Ziele. Er läßt sich jedoch meist dadurch vereinfachen, daß bei Berechnung einzelner Unbekannten eine Anzahl von Scheiben im Zusammenhang belassen werden dürfen, was analytisch wieder eine Elimination von eliminierbaren Unbekannten aus einer Gruppe von Gleichungen bedeutet. Das Verfahren sei an einigen Beispielen erläutert:

a) Stockwerkrahmen (Abb. 69). Das Tragwerk enthält 6 Scheiben, 6 Gelenke, 4 Stützen, 2 Einspannungen. Die Bedingung

$$3 \cdot 6 = 2 \cdot 6 + 4 + 2$$

ist also erfüllt. Die Prüfung nach der in Nr. 2 gegebenen Regel ergibt: $k = 12$ (6 Eckpunkte, 6 Gelenke), $r = 12$, $e = 6$ (je 2 in 3 und 4, je 1 in 1 und 2), $a = 6$, also ist

$$2 \cdot 12 = 12 + 6 + 6$$

erfüllt.

Der obere Riegel sei in Punkt v durch die lotrechte Last P belastet. Der Gelenkdruck in b werde nach den Geraden $b\,1$ und $b\,c$, der Gelenkdruck in c nach $c\,2$ und $c\,b$, der Gelenkdruck in e nach $e\,3$ und $e\,f$, der

Gelenkdruck in f nach $f\,4$ und $f\,e$ zerlegt. Abb. 70 zeigt die auf I, II, Abb. 71 die auf III, IV wirkenden Gelenkdrücke. Von den Gleichungen $\sum M = 0$ für I, II ergibt

$$(c) \quad A_b \cdot \sin\alpha = P\frac{c}{l_c}, \qquad (b) \quad B_c \cdot \sin\beta = P\frac{b}{l_b},$$

von den Gleichungen $\sum M = 0$ für I, II, III, IV

$$(f) \quad A_e \cdot \sin\gamma = P\frac{f}{l_f}, \qquad (e) \quad B_f \cdot \sin\delta = P\frac{e}{l_e}.$$

Für I besteht

$$(a) \quad -H_b \cdot h \cdot \cos\varepsilon + A_b \cdot l_1 \cdot \sin\alpha - P \cdot a = 0,$$

für II besteht

$$(a) \quad -H_c \cdot h \cdot \cos\varepsilon + B_c \cdot l_2 \cdot \sin\beta = 0,$$

$$H_b \cdot \cos\varepsilon = P\frac{1}{h}\left(c\frac{l_1}{l_c} - a\right). \qquad H_c \cdot \cos\varepsilon = P\frac{b \cdot l_2}{h \cdot l_b}.$$

Nunmehr können aus den Gleichungen (d) für III und IV H_e und H_f berechnet werden. Einfacher kommt man zum Ziele, wenn man den Gelenkdruck in d nach der Geraden $3\,4$ und der zu ihr Rechtwinkligen zerlegt. Die Seitenkraft nach der Rechtwinkligen sei G bezeichnet, Abb. 71 zeigt die auf IV wirkende Kraft. Um H_f zu eliminieren, werde der Schnittpunkt O der Kraftlinie H_f und der Geraden $3\,4$ benutzt. Für IV besteht

$$(o) \quad B_f \cdot r \cdot \sin\delta - B_c \cdot r \cdot \sin\beta + H_c \cdot h_0 \cdot \cos\varepsilon - G(l_4 + r) = 0,$$

$$G = \frac{1}{l_4 + r}\left[(B_f \sin\delta - B_c \sin\beta)\, r + H_c \cos\varepsilon \cdot h_0\right].$$

Handelt es sich um Berechnung der Momente, so kann auf die noch unbekannten Gelenkdrücke verzichtet werden. Zur Orientierung der Momente sei der Augenpunkt für jeden Stock im Innern desselben gewählt und jeder Riegel dem unteren Stock zugerechnet. Es entstehen folgende Momente

in 1: $M_1 = -H_b \cdot s_b \cdot \sin(\alpha - \varepsilon)$,

in 2: $M_2 = -H_c \cdot s_c \cdot \sin(\beta + \varepsilon)$,

in v: $M = P\dfrac{(l_1 - a)(l_2 + a)}{l_1 + l_2} + M_1\dfrac{l_2 + a}{l_1 + l_2} + M_2\dfrac{l_1 - a}{l_1 + l_2}$,

in 3o: $M_{3o} = +H_b s_b' \cdot \sin(\alpha - \varepsilon)$,

in 3r: $M_{3r} = G \cdot l_3$,

in 3u: $M_{3u} = M_{3o} + M_{3r}$,

in 4o: $M_{4o} = +H_c \cdot s_c' \cdot \sin(\beta + \varepsilon)$,

in 4l: $M_{4l} = -G \cdot l_4$,

in 4u: $M_{4u} = M_{4o} + M_{4l}$,

Mit M_{3u} ist auch M_5, mit M_{4u} M_6 bekannt.

$$M_5 = -M_{3u}\frac{s_e'}{s_e}, \qquad M_6 = -M_{4u} \cdot \frac{s_f'}{s_f}.$$

Denn da auf den Strecken *3 5* und *4 6* keine äußere Kraft angreift, ändert sich der Wert der Momente linear und ist in den Gelenken e und f gleich Null. Die Momentenlinie läuft geradlinig durch den Nullpunkt in e bzw. f. Sollen die Stützdrücke berechnet werden, so ist noch

$$H_e \cdot \sin(\gamma - \varepsilon) = -\frac{1}{s_e} M_{3u},$$

$$H_f \cdot \sin(\delta + \varepsilon) = -\frac{1}{s_f} M_{4u}$$

auszurechnen. Die Mittelkraft aus A_e und H_e ist der Stützdruck in *5*, die Mittelkraft aus B_f und H_f der Stützdruck in *6*.

Wesentlich einfacher gestaltet sich die Rechnung bei regelmäßiger Form des Rahmens. In Abb. 72 bilden die Achsen beider Pfosten eine Gerade, und die Pfostengelenke jedes Stockes liegen auf einer Wagerechten. Die Stabilitätsbedingung ist durch 8 Scheiben, 9 Gelenke, 4 Stützen, 2 Einspannungen erfüllt. Die Gelenkdrücke in b, e, h seien durch ihre Seitenkräfte nach der Pfostenachse A_1, A_2, A_3 und nach der Wagerechten H_1, H_2, H_3 angegeben, die Gelenkdrücke in c, f, i ebenso durch die in die Pfostenachse fallenden Seitenkräfte B_1, B_2, B_3 und die wagerechten Seitenkräfte D_1, D_2, D_3. Die Gelenkdrücke in den Riegelgelenken seien in die wagerechten und lotrechten Seitenkräfte G_1, G_2, G_3 zerlegt. Infolge der lotrechten Last P ergibt sich wie oben aus

$$(c) \text{ für I, II: } \quad A_1 \sin\alpha = P\frac{b_1}{l_1},$$

$$(f) \text{ für III, IV: } \quad A_2 \sin\alpha = P\frac{b_2}{l_2},$$

$$(i) \text{ für V, VI: } \quad A_3 \sin\alpha = P\frac{b_3}{l_3},$$

$$(b) \text{ für I, II: } \quad B_1 \sin\beta = P\frac{a_1}{l_1},$$

$$(e) \text{ für III, IV: } \quad B_2 \sin\beta = P\frac{a_2}{l_2},$$

$$(h) \text{ für V, VI: } \quad B_3 \sin\beta = P\frac{a_3}{l_3};$$

$$\text{aus } (a) \text{ für I: } \quad H_1 = P\frac{1}{h_{1o}}\left(a - d_1\frac{a_1}{l_1}\right),$$

$$\text{aus } (a) \text{ für II: } \quad D_1 = P\frac{d_1'}{h_{1o}}\frac{a_1}{l_1},$$

$$\text{aus } (w_\infty) \text{ für III: } \quad G_2 = +(A_1 - A_2)\cdot\sin\alpha,$$

$$G_2 = P\left(\frac{b_1}{l_1} - \frac{b_2}{l_2}\right),$$

$$\text{aus } (w_\infty) \text{ für V: } \quad G_3 = (A_2 - A_3)\cdot\sin\alpha,$$

$$G_3 = P\left(\frac{b_2}{l_2} - \frac{b_3}{l_3}\right).$$

Nunmehr können alle Momente berechnet werden. Es entsteht

in 1: $M_1 = -H_1 \cdot h_{1o} = -P\left(a - d_1 \frac{a_1}{l_1}\right),$

in 2: $M_2 = -D_1 \cdot h_{1o} = -P\frac{a_1}{l_1} d_1',$

in v: $M_v = P\frac{ab}{l} + M_1\frac{b}{l} + M_2\frac{a}{l} = P\frac{a_1}{l_1}(d_1 - a),$

in 3o: $M_{3o} = -M_1\frac{h_{1u}}{h_{1o}},$

$M_{3o} = +P\left(a - d_1\frac{a_1}{l_1}\right)\frac{h_{1u}}{h_{1o}},$

in 3r: $M_{3r} = G_2 \cdot d_2,$

$M_{3r} = P\left(\frac{b_1}{l_1} - \frac{b_2}{l_2}\right) d_2,$

in 3u: $M_{3u} = M_{3o} + M_{3r}$

in 5o: $M_{5o} = -M_{3u}\frac{h_{2u}}{h_{2o}},$

in 5r: $M_{5r} = G_3 \cdot d_3,$

$M_{5r} = P\left(\frac{b_2}{l_2} - \frac{b_3}{l_3}\right) d_3,$

in 5u: $M_{5u} = +M_{5o} + M_{5r},$

in 7: $M_7 = -M_{5u}\cdot\frac{h_{3u}}{h_{3o}},$

in 4o: $M_{4o} = -M_2\frac{h_{1u}}{h_{1o}},$

$M_{4o} = +P\frac{a_1}{l_1} d_1'\frac{h_{1u}}{h_{1o}}.$

in 4l: $M_{4l} = -G_2 \cdot d_2',$

$M_{4l} = -P\left(\frac{b_1}{l_1} - \frac{b_2}{l_2}\right) d_2',$

in 4u: $M_{4u} = M_{4o} + M_{4l},$

in 6o: $M_{6o} = -M_{4u}\frac{h_{2u}}{h_{2o}},$

in 6l: $M_{6l} = -G_3 \cdot d_3',$

$M_{6l} = -P\left(\frac{b_2}{l_2} - \frac{b_3}{l_3}\right) d_3',$

in 6u: $M_{6u} = M_{6o} + M_{6l}.$

in 8: $M_8 = -M_{6u}\frac{h_{3u}}{h_{3o}},$

Abb. 73 zeigt die Momentenflächen. Wagerechte Last P in Höhe des Riegels *1*

$A_1 \sin\alpha = -P\frac{h_{1o}}{l_1},$ $B_1 \sin\beta = +P\frac{h_{1o}}{l_1},$

$A_2 \sin\alpha = -P\frac{h_1 + h_{2o}}{l_2},$ $B_2 \sin\beta = +P\frac{h_1 + h_{2o}}{l_2},$

$A_3 \sin\alpha = -P\frac{h_1 + h_2 + h_{3o}}{l_3},$ $B_3 \sin\beta = +P\frac{h_1 + h_2 + h_{3o}}{l_3},$

$H_1 = -P\frac{d_1}{l_1},$ $D_1 = +P\frac{d_1'}{l_1},$

$$G_2 = P\left(\frac{h_1 + h_{2o}}{l_2} - \frac{h_{1o}}{l_1}\right),$$

$$G_3 = P\left(\frac{h_1 + h_2 + h_{3o}}{l_3} - \frac{h_1 + h_{2o}}{l_2}\right).$$

Nun können die Momente wie oben berechnet werden. Es sollen noch H_2, H_3, D_2, D_3 berechnet werden. Es ist

$$M_{3u} = M_{3o} + M_{3r},$$

$$M_{3u} = -P\frac{d_1}{l_1} h_{1u} + P\left(\frac{h_1 + h_{2o}}{l_2} - \frac{h_{1o}}{l_1}\right) d_2,$$

hierin wird eingeführt

$$h_1 + h_{2o} = h_{2o}\frac{l_2 - l}{l_2 - l_I}, \qquad h_{1o} = h_{2o}\frac{l_1 - l}{l_2 - l_I}, \qquad h_{1u} = h_{2o}\frac{l_I - l_1}{l_2 - l_I}.$$

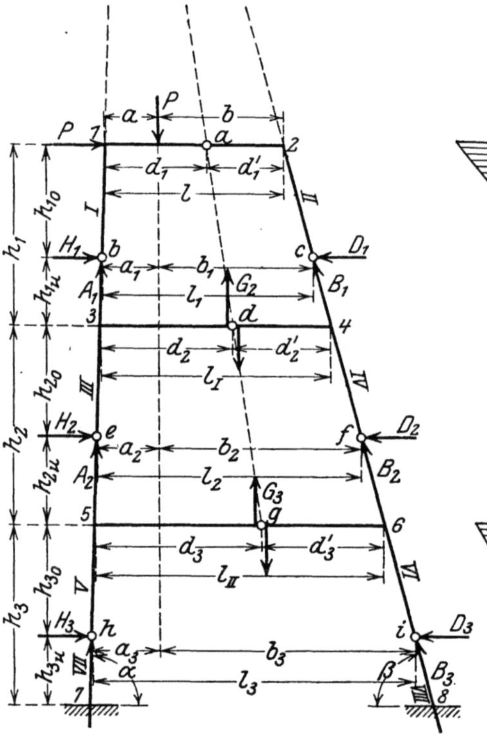

Abb. 72.

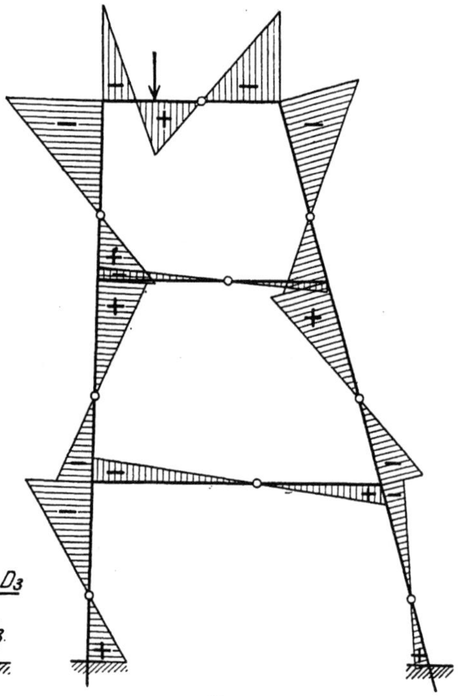

Abb. 73.

Liegen die Gelenke a, d, g auf einer Geraden, die durch den Schnittpunkt der Pfostenachsen geht, so ist

$$d_2 = d_1\frac{l_I}{l},$$

$$M_{3u} = P\frac{h_{2o}\cdot d_1}{l_2 - l_I}\left[\left(\frac{l_2 - l}{l_2} - \frac{l_1 - l}{l_1}\right)\frac{l_I}{l} - \frac{l_I - l_1}{l_1}\right],$$

$$M_{3u} = P\frac{h_{2o}\cdot d_1}{l_2}.$$

Aus $H_2 \cdot h_{2o} = -M_{3u}$

folgt
$$H_2 = -P\frac{d_1}{l_2},$$
$$M_{5u} = M_{5o} + M_{5r},$$
$$M_{5u} = -P\frac{d_1}{l_2}h_{2u} + P\left(\frac{h_1 + h_2 + h_{3o}}{l_3} - \frac{h_1 + h_{2o}}{l_2}\right)d_3,$$

mit
$$h_{2u} = h_{3o}\frac{l_{II} - l_2}{l_3 - l_{II}}, \qquad h_1 + h_2 + h_{3o} = h_{3o}\frac{l_3 - l}{l_3 - l_{II}},$$
$$h_1 + h_{2o} = h_{3o}\frac{l_2 - l}{l_3 - l_{II}}, \qquad d_3 = d_1\frac{l_{II}}{l}$$

ergibt sich
$$M_{5u} = P\frac{h_{3o}\cdot d_1}{l_3 - l_{II}}\left[\left(\frac{l_3 - l}{l_3} - \frac{l_2 - l}{l_2}\right)\frac{l_{II}}{l} - \frac{l_{II} - l_2}{l_2}\right],$$
$$M_{5u} = P\frac{h_{3o}\cdot d_1}{l_3},$$

aus $H_3 \cdot h_{3o} = -M_{5u}$

folgt
$$H_3 = -P\frac{d_1}{l_3}.$$

Nun ist
$$\frac{A_2}{H_2} = \frac{(h_1 + h_{2o})}{d_1\cdot\sin\alpha},$$
$$\frac{A_3}{H_3} = \frac{(h_1 + h_2 + h_{3o})}{d_1\cdot\sin\alpha},$$

mithin gehen die Mittelkräfte aus A_2 und H_2, sowie aus A_3 und H_3, das sind die Gelenkdrücke in e und h ebenso wie der Gelenkdruck in b durch den Punkt a. Daraus folgt weiter, daß auch die Gelenkdrücke in c, f, i durch a gehen. Mithin ist

$$D_2 = B_2\frac{d_1'\cdot\sin\beta}{(h_1 + h_{2o})},$$
$$D_3 = B_3\frac{d_1'\cdot\sin\beta}{(h_1 + h_2 + h_{3o})},$$
$$D_2 = P\frac{d_1'}{l_2},$$
$$D_3 = P\frac{d_1'}{l_3},$$

was auch aus den Werten der Momente M_{4u}, M_{6u} zu berechnen ist. Unter der Voraussetzung, daß die Riegelgelenke auf einer Geraden liegen, die sich mit den Achsen der Pfosten in einem Punkte schneidet, ermöglicht das Ergebnis eine schnelle Berechnung aller Gelenkdrücke und Momente infolge wagerechter Lasten, die in Höhe der Riegel angreifen, bei beliebiger Zahl der Stockwerke.

b) Der Pfostenbalken der Abb. 74 zeigt eine dem behandelten Stockwerkrahmen verwandte Gliederung. Damit das Tragwerk stabil ist, muß einer der Pfosten — gewählt ist der mittlere — ohne Gelenk aus-

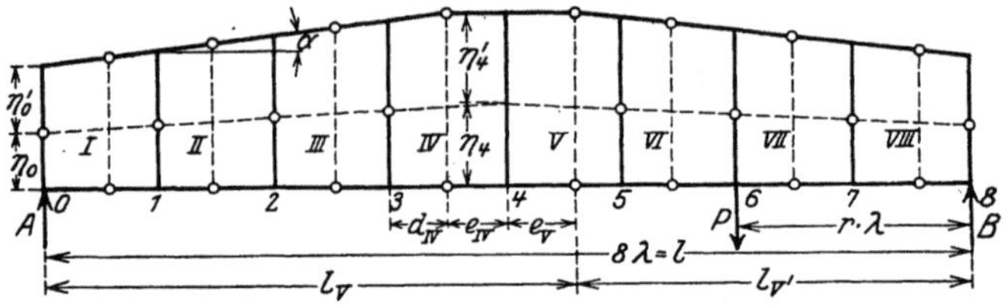

Abb. 74.

gebildet sein. Der Balken ist symmetrisch zur Achse des mittleren Pfostens. Die Gelenke in den Pfosten liegen auf einer Geraden, die sich mit den Achsen der Gurtungen in einem Punkte schneidet. Durch $p = 17$, $g = 24$, $a = 3$ wird die Stabilitätsbedingung

$$3 \cdot 17 = 2 \cdot 24 + 3$$

erfüllt. Der Balken sei durch eine lotrechte Einzellast P, die im Abstand $r \cdot \lambda (r < 4)$ vom rechten Auflager angreift, belastet.

$$A = P\frac{r}{8}, \qquad B = P\frac{8-r}{8}.$$

Man benutzt das Ergebnis der vorhergehenden Untersuchung, nach dem die Drücke in den Gurtungsgelenken jedes Feldes, die links der Mitte durch A entstehen, sich im Gelenk über A schneiden. Rechts der Mitte sind die aus B und P entstehenden Drücke zu trennen, erstere schneiden sich im Gelenk über B, letztere im Pfostengelenk

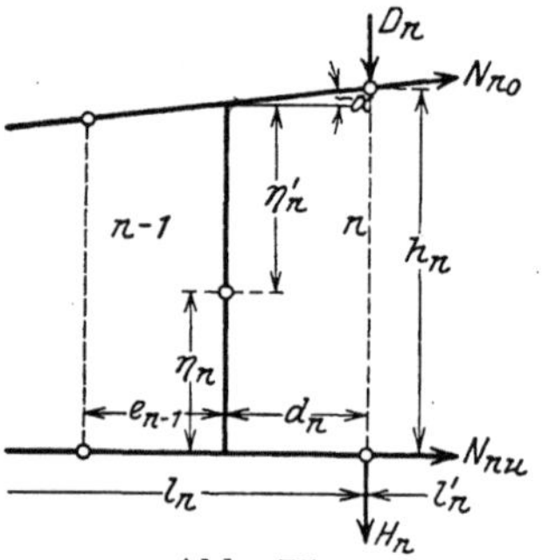

Abb. 75.

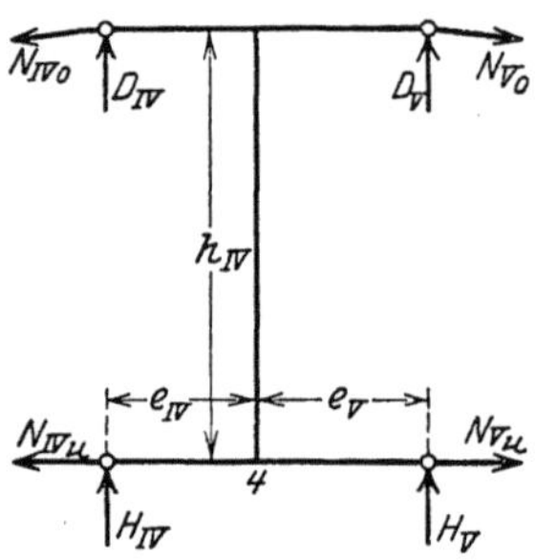

Abb. 76.

über dem Angriffspunkt der Last. Danach können folgende Werte der Gelenkdrücke ohne weiteres hingeschrieben werden (Abb. 75)

$n = I, II, III, IV$

$$N_{no} = -A\frac{l_n}{h_n}\sec\alpha, \qquad N_{nu} = +A\frac{l_n}{h_n},$$

in V
$$N_{Vo} = -\left(B\frac{l'_V}{h_V} - P\frac{l'_V - r\cdot\lambda}{h_V}\right)\sec\alpha = -A\frac{l_V}{h_V}\sec\alpha\,,$$
$$N_{Vu} = +\left(B\frac{l'_V}{h_V} - P\frac{l'_V - r\lambda}{h_V}\right) = +A\frac{l_V}{h_V}.$$

$n > 8 - r$
$$N_{no} = -B\frac{l'_n}{h_n}\sec\alpha\,,$$
$$N_{nu} = +B\frac{l'_n}{h_n}\,,$$

$n = I,\ II,\ III,\ IV$
$$D_n = +A\frac{\eta'_0}{h_n}\,,\qquad H_n = +A\frac{\eta_0}{h_n}\,,$$

$n = V$
$$D_V = +B\frac{\eta'_0}{h_V} - P\frac{\eta'_r}{h_V}\,,\qquad H_V = +B\frac{\eta_0}{h_V} - P\frac{\eta_r}{h_V}\,,$$

$n > 8 - r$
$$D_n = +B\frac{\eta'_0}{h_n}\,,\qquad H_n = +B\frac{\eta_0}{h_n}\,.$$

Die Momente im Knotenpunkt *4* der Gurtung sind im Obergurt (Abb. 76) links vom Pfosten
$$M_l = (D - N\sin\alpha)\,e_{IV}\,,$$
$$M_l = A\frac{1}{h_{IV}}(\eta'_0 + l_{IV}\operatorname{tg}\alpha)\,e_{IV}\,,$$
$$M_l = A\left(1 - \frac{\eta_0}{h_{IV}}\right)e_{IV}\,,$$

rechts vom Pfosten
$$M_r = (D_V - N_{V0}\sin\alpha)\,e_V\,,$$
$$M_r = B\frac{1}{h_V}(\eta'_0 + l'_V\operatorname{tg}\alpha)\,e_V - P\frac{1}{h_V}[\eta'_r + (l'_V - r\lambda)\operatorname{tg}\alpha]\,e_V\,,$$
$$M_r = B\left(1 - \frac{\eta_0}{h_V}\right)e_V - P\left(1 - \frac{\eta_r}{h_V}\right)e_V$$

im Untergurt
links vom Pfosten
$$M_l = H_{IV}\cdot e_{IV} = A\frac{\eta_0}{h_{IV}}e_{IV}\,,$$

rechts vom Pfosten
$$M_r = H_V\,e_V = \left(B\frac{\eta_0}{h_V} - P\frac{\eta_r}{h_V}\right)e_V\,.$$

Dabei liegt der Augenpunkt für beide Gurtungen unter dem Balken. Der Augenpunkt für den Pfosten *4* sei im Rahmen *IV* gewählt, dann entsteht am Kopfende ($e_V = e_{IV}$, $h_V = h_{IV}$)

$$M_o = M_l - M_r\,,$$

$$M_o = (A - B + P)\left(1 - \frac{\eta_0}{h_{IV}}\right) e_{IV} + P\frac{\eta_0 - \eta_r}{h_{IV}} \cdot e_{IV}\,,$$

am Fuß

$$M_u = -M_l + M_r\,,$$

$$M_u = -(A - B + P)\frac{\eta_0}{h_{IV}} e_{IV} + P\frac{\eta_0 - \eta_r}{h_{IV}} e_{IV}\,.$$

Die Normalkräfte wirken, da $-N_{Vo}\cos\alpha = +N_{Vu}$ und $-N_{IVo}\cdot\cos\alpha = +N_{IVu}$ ist, auf den Pfosten mit dem Moment

$$(N_{IV} - N_V)\,h_{IV} = A\,(l_{IV} - l_V) = -2A\cdot e_{IV}\,,$$

da $M_o - M_u = (A - B + P)\,e_{IV} = 2A\cdot e_{IV}$ ist, wird die Gleichung

$$M_o - M_u + (N_{IV} - N_V)\,h_{IV} = 0$$

erfüllt. In M_o und M_u werden die Werte A und B eingeführt

$$M_o = P\left[\frac{r}{4}\left(1 - \frac{\eta_0}{h_{IV}}\right) + \frac{\eta_0 - \eta_r}{h_{IV}}\right] e_{IV}\,.$$

Die Gerade durch die Pfostengelenke teilt die Höhe des Pfostens *4* in η_4 und η_4', dann ist

$$\eta_4 = \eta_0 + (\eta_r - \eta_0)\frac{4}{r}\,, \qquad \eta_4' = h_{IV} - \eta_4\,,$$

$$M_o = P\frac{r}{4h_{IV}}\left[h_{IV} - \eta_0 - (\eta_r - \eta_0)\frac{4}{r}\right] e_{IV}\,,$$

$$M_o = P\frac{\eta_4'\cdot e_{IV}}{4h_{IV}}\cdot r\,,$$

$$M_u = -P\left[\frac{r}{4}\frac{\eta_0}{h_{IV}} - \frac{\eta_0 - \eta_r}{h_{IV}}\right] e_{IV}\,,$$

$$M_u = -P\frac{\eta_4\cdot e_{IV}}{4h_{IV}}\cdot r\,.$$

Abb. 77 zeigt die Momentenflächen für den Pfosten *4* und die Gurtungen *IV—V*. Der Nullpunkt im Pfosten liegt bei jeder Laststellung im Schnittpunkt der Geraden durch die Pfostengelenke mit der Achse des Pfostens *4*. Die Einflußlinien für M_o, M_u sowie M_l, M_r beider Gurtungen sind nach den aufgestellten Formeln leicht zu zeichnen.

c) Der doppelte Hallenrahmen der Abb. 78 besteht aus den Scheiben *I* bis *VII*, die durch die Gelenke *1* bis *8* und außerdem durch die wagerechte Parallelführung in *9* untereinander verbunden sind. Er ist in *b* und *c* lotrecht, in *a* lotrecht und wagerecht gestützt. Die wagerechte Parallelführung in *9* ist einem lotrechten Stab gleichwertig, der durch je ein Gelenk an *VI* und *VII* angeschlossen ist. Demnach ist $p = 8$, $g = 10$, $a = 4$ zu setzen. Die Stabilitätsbedingung

$$3 \cdot 8 = 2 \cdot 10 + 4$$

wird also erfüllt. Hätte die Parallelführung lotrechte Richtung, etwa in einem wagerechten Stab zwischen *VI* und *VII*, so besäße das Tragwerk unendlich kleine Beweglichkeit. Die Gelenkdrücke seien durch

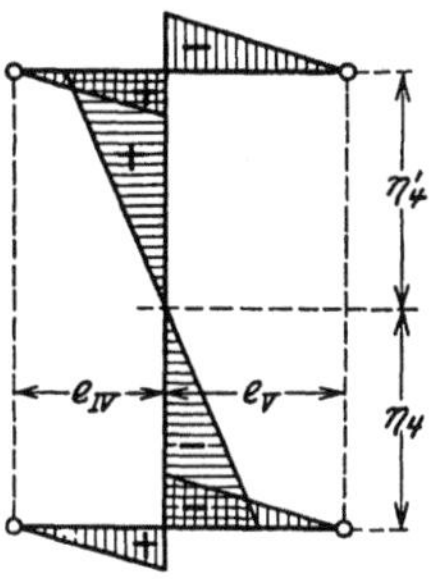

Abb. 77.

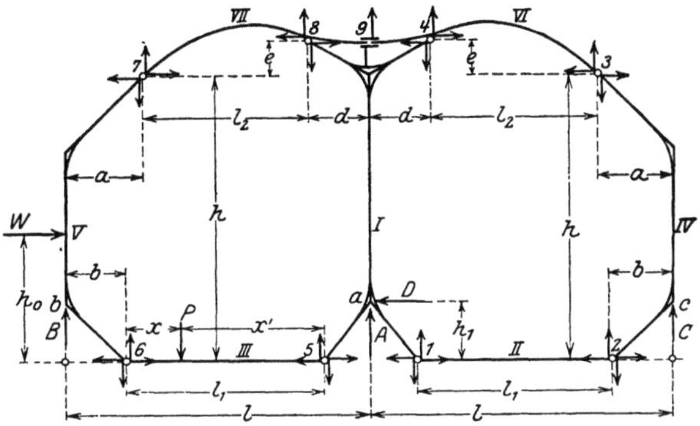

Abb. 78.

ihre lotrechten Seitenkräfte G_n' und die wagerechten Seitenkräfte G_n'' angegeben. Die positiven Richtungen sind für die einzelnen Scheiben aus der Abbildung ersichtlich.

1. Wagerechte Belastung der Scheibe *V* durch die Kraft *W*. Da *II* und *III* unbelastet sind, ist

$$G_1' = G_2' = G_5' = G_6' = 0\,,$$

$$G_1'' = G_2''\,, \quad G_5'' = G_6''\,,$$

Der Schlüssel der Lösung ist G_9, dessen Wert aus (4) für Scheibe *VI* und aus (8) für Scheibe *VII* zu berechnen ist.

$$(4) \qquad G_9 \cdot d - G_3' l_2 + G_3'' e = 0\,,$$

$$(8) \qquad G_9 \cdot d + G_7' l_2 - G_7'' e = 0\,,$$

$$-(4) + (8) \qquad (G_3' + G_7')\, l_2 - (G_3'' + G_7'')\, e = 0\,.$$

$\sum M = 0$ für *IV* ergibt

$$\text{aus } (w_\infty) \qquad G_3' = C\,,$$

$$\text{aus } (c_1) \qquad G_3'' = G_3' \frac{a}{h} = C \frac{a}{h}\,,$$

$$\text{aus } (v_\infty) \qquad G_2'' = -G_3''$$

und für *V*

$$\text{aus } (w_\infty) \qquad G_7' = B\,,$$

$$\text{aus } (b_1) \qquad G_7'' = G_7' \frac{a}{h} + W \frac{h_0}{h} = B \frac{a}{h} + W \frac{h_0}{h}\,,$$

$$\text{aus } (v_\infty) \qquad G_6'' = -G_7'' + W\,.$$

Die Ergebnisse werden in $-(4)+(8)$ eingeführt

$$(B+C)\left(l_2-\frac{a}{h}e\right)-W\frac{h_0}{h}e=0\,,$$

$$B+C=W\frac{h_0\,e}{h\,l_2-a\,e}\,.$$

Für die Gesamtheit der äußeren Kräfte gilt

$$(v_\infty)\qquad D=W\,,$$

$$(w_\infty)\qquad A+B+C=0\,,$$

$$(a)\qquad (B-C)\,l+W\,(h_0-h_1)=0\,,$$

$$B=-\frac{1}{2}W\left(\frac{h_0-h_1}{l}-\frac{e\,h_0}{h\,l_2-a\,e}\right),$$

$$C=\frac{1}{2}W\left(\frac{h_0-h_1}{l}+\frac{e\,h_0}{h\,l_2-a\,e}\right),$$

$$A=-W\,h_0\frac{e}{h\,l_2-a\,e}\,,$$

schließlich ergibt sich

aus (9) für VI: $\quad G_4'=-G_3'\frac{d+l_2}{d}+G_3''\frac{e}{d}\,,$

$$G_4''=G_3''\,,$$

aus (9) für VII: $\quad G_8'=-G_7'\frac{d+l_2}{d}+G_7''\frac{e}{d}\,,$

$$G_8''=G_7''\,.$$

Damit sind alle Gelenkdrücke ermittelt, so daß die Momente in allen Punkten der Stabachsen berechnet werden können.

Lotrechte Last P an Scheibe III.

$$G_6'=P\frac{x'}{l_1}\,,\qquad G_5'=P\frac{x}{l_1}\,,$$

Für V gilt

$$(w_\infty)\qquad B-G_7'-P\frac{x'}{l_1}=0\,,$$

$$(v_\infty)\qquad G_7''+G_6''=0\,,$$

$$(b_1)\qquad G_7''h-G_7'a-P\frac{x'}{l_1}b=0\,,$$

die Gleichungen für IV bleiben unverändert. Die Ergebnisse für G_7' G_7'' G_3' G_3'' werden wieder in $-(4)+(8)$ eingeführt und ergeben eine Gleichung, die nur $B+C$ als Unbekannte enthält. Für die Gesamtheit der Kräfte gelten

$$D=0\,,$$

$$A+B+C-P=0\,,$$

$$(B-C)\,l-P\,(l-b-x)=0\,,$$

woraus die Stützkräfte zu berechnen sind.

c) Die inneren Kräfte des Fachwerks.

31. Erklärungen.

Ist ein Tragwerk in seine einzelnen Scheiben zerlegt, und die Berechnung der Querkräfte und Momente für jede Scheibe durchgeführt, dann handelt es sich nur noch um die Ermittlung der Spannkräfte eines Fachwerks innerer Stabilität. Es darf also in folgendem vorausgesetzt werden, daß das Fachwerk $2k - 3$ Stäbe hat, deren Spannkräfte $2k$ Gleichgewichtsbedingungen der Knotenpunkte erfüllen.

Den geschlossenen Stabzug, welcher den Rand des Fachwerks bildet, nennt man die Gurtungen, seine Stäbe die Gurtungsstäbe. Bei ausschließlich oder vorwiegend paralleler Richtung der äußeren Kräfte unterscheidet man nach der Lage zur Lastrichtung zwischen Obergurtung und Untergurtung. Erstere ist der Lastrichtung, letztere der Stützrichtung zugekehrt. Die Stäbe, welche das Fachwerk durchsetzen, werden Wand- oder Füllungsstäbe genannt. Nach ihrer Neigung gegen die Lastrichtung unterscheidet man Lotrechte oder Pfosten, welche in die Lastrichtung fallen, und Diagonale oder Schrägstäbe. Unter den Schrägstäben sind linkssteigende und rechtssteigende zu trennen. Die linkssteigenden führen vom Knotenpunkt der Untergurtung zu einem Knotenpunkt der Obergurtung, welcher links der Parallelen zur Lastrichtung durch den Untergurtknoten liegt. Die Knotenpunkte, in denen die Lasten angreifen — meist gehören sie nur einer Gurtung an —, werden die Lastknoten genannt. Parallele zur Lastrichtung durch zwei benachbarte Lastknoten gezogen, umgrenzen ein Feld des Fachwerks. Der rechtwinklige Abstand der Parallelen heißt die Feldweite, sie soll λ bezeichnet und ebenso wie das Feld nach dem rechten Lastknoten benannt werden.

Im Hinblick auf die Anordnung der Stäbe in einem Fachwerk ist die Bauweise einfachster Art vor allen anderen ausgezeichnet. Sie baut das Fachwerk an einen aus einem Dreieck bestehenden Kern an, indem sie jeden weiteren Knotenpunkt durch je zwei Stäbe anschließt. In der einzelnen Fachwerkscheibe ist diese Bauart immer vorhanden. Das nächstliegende und für die Konstruktion geeignetste ist es, das Gesetz des zweistäbigen Anschlusses so durchzuführen, daß sich ein Dreieck an das andere reiht. Ein Fachwerk dieser Art soll Dreieckfachwerk genannt werden. Es ist vor anderen Fachwerken dadurch ausgezeichnet, daß man bis auf wenige Ausnahmen quer durch jeden Stab eine Gerade ziehen kann, welche nur zwei andere Stäbe trifft. Werden die von der Geraden getroffenen Stäbe durchschnitten, so trifft der Schnitt drei unbekannte Spannkräfte und zerlegt das Fachwerk in zwei Scheiben innerer Stabilität. Mit Rücksicht auf den Unterschied in der Berechnungsweise der Spannkräfte muß das Dreieckfachwerk von allen anderen Fachwerkscheiben einfachster Bauart unterschieden werden. Durch die letzteren ist ein Schnitt, der nur drei Stäbe trifft, im allgemeinen nicht möglich, sie sollen deshalb kurz als mehrstäbige — mehr als drei Stäbe in einem Schnitt aufweisende — von den dreistäbigen Fachwerken unterschieden werden.

Sind die Kräfte, die an einer Fachwerkscheibe einfachster Bauart angreifen und für diese als äußere Kräfte anzusehen sind, berechnet, so läßt sich folgender Rechnungsgang zur Bestimmung der Spannkräfte sowohl beim Dreiecksfachwerk wie bei dem mehrstäbigen Fachwerk immer durchführen. Stets ist ein Knotenpunkt vorhanden, der nur zwei Stäbe verbindet. Alle weiteren Knotenpunkte können in einer Reihenfolge durchfahren werden, die in jedem hinzutretenden Knotenpunkt nur zwei neue Stäbe hinzufügt. Da nun für jeden Knotenpunkt zwei Gleichgewichtsbedingungen bestehen, erhält man in den in derselben Reihenfolge aufgestellten Gleichgewichtsbedingungen einen Satz von $2\,k$ Gleichungen, in dem das erste Paar zwei unbekannte Spannkräfte enthält und jedes folgende Paar nur zwei unbekannte Spannkräfte hinzufügt. Die vollständige Auflösung der Gleichungen ist also durch Fortschreiten von Paar zu Paar möglich. Da die Zahl der Gleichungen die Zahl der Unbekannten um drei übersteigt, trifft man am Schluß des Lösungsganges auf drei überbestimmte Unbekannte bzw. drei Gleichungen zwischen bekannten Spannkräften und erhält in diesen eine Prüfung für die Richtigkeit der Rechnung. Die beschriebene Berechnungsweise wird in der Ebene meist graphisch durch Zeichnung eines Cremonaschen Kräfteplanes durchgeführt. Sie ist jedoch nur anwendbar, wenn die äußeren Kräfte nach Lage, Richtung und Größe unveränderlich sind, und kommt deshalb im allgemeinen nur als Hilfsrechnung in Betracht. In vielen Fällen wird die Zeichnung eines Kräfteplanes zweckmäßiger auch dann durch ein analytisches Verfahren ersetzt, wenn die genannten Voraussetzungen vorliegen.

32. Die Spannkräfte des Dreieckfachwerkes.

Die Berechnung jeder Spannkraft läßt sich unabhängig von den Werten aller anderen Spannkräfte durchführen. Wenn man die äußeren Kräfte als Veränderliche ansieht, die nur an die drei Bedingungsgleichungen $\sum M = 0$ gebunden sind, so kann man jede Spannkraft als lineare Funktion der äußeren Kräfte unmittelbar darstellen. Man führt einen drei Stäbe treffenden Schnitt und ersetzt deren positive Spannkräfte — Zugkräfte — durch je zwei äußere Kräfte gleicher Größe und Kraftlinie aber entgegengesetzter Richtung, die gleichfalls Spannkräfte genannt werden mögen, in den beiden Knotenpunkten jedes Stabes. An jeder der beiden Scheiben, die durch den Schnitt entstehen, müssen die Spannkräfte mit den angreifenden äußeren Kräften im Gleichgewicht stehen. Die Werte der Spannkräfte sind also durch die drei Gleichungen $\sum M = 0$ für die eine oder die andere Scheibe eindeutig bestimmt. Um Gleichungen mit je einer Unbekannten zu erhalten, stellt man die Momente um die Schnittpunkte der Kraftlinien der Spannkräfte auf. Jedem Stab ist also der Schnittpunkt der beiden anderen Stäbe zuzuordnen, er soll Bezugspunkt des Stabes genannt werden.

Der Bezugspunkt des Obergurtstabes ist der gegenüberliegende Knotenpunkt der Untergurtung, der Bezugspunkt des Untergurtstabes ist der gegenüberliegende Knotenpunkt der Obergurtung. Die Spannkräfte in den Gurtungsstäben O und U seien, wo Unterscheidung notwendig ist, durch einen Zeiger nach ihrem Bezugspunkt benannt. Der Bezugspunkt des Füllungsstabes ist der Schnittpunkt der Gurtungsstäbe. Die Zeigerbezeichnung des Füllungsstabes soll seinem rechten Knotenpunkt entlehnt werden.

Abb. 79a zeigt einen Schnitt, der einen linkssteigenden, Abb. 79b einen Schnitt, der einen rechtssteigenden Schrägstab trifft; Abb. 79c

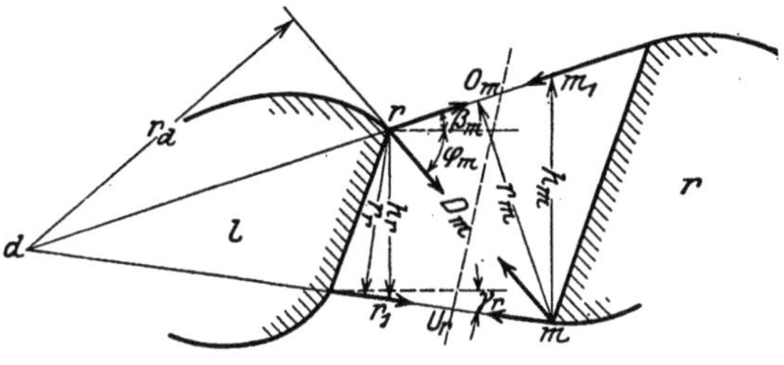

Abb. 79 a.

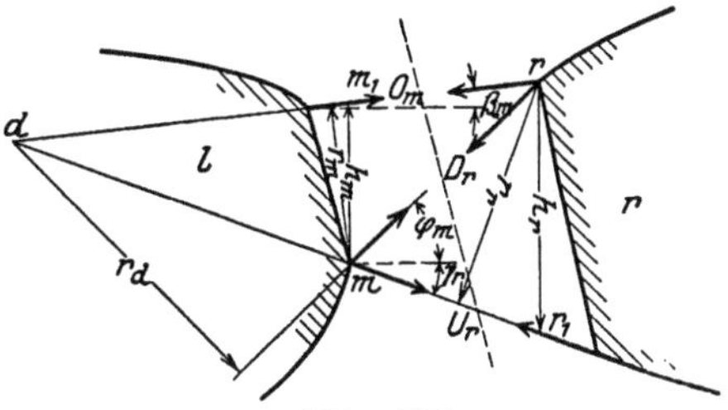

Abb. 79 b.

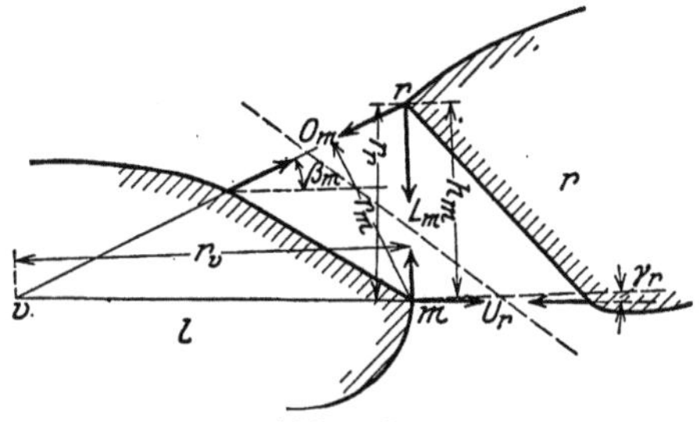

Abb. 79 c.

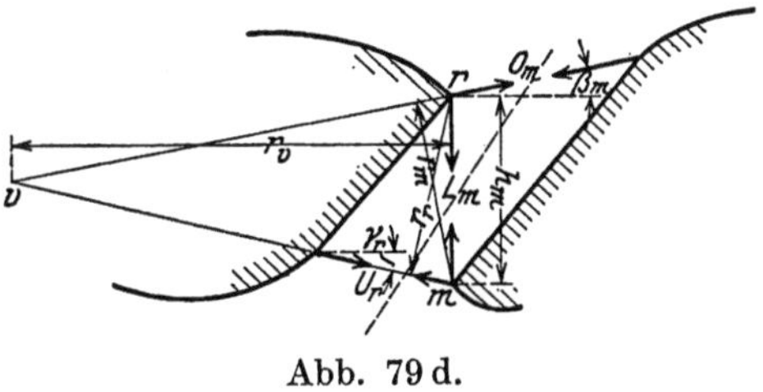

Abb. 79 d.

und d zeigen Schnitte, die eine Lotrechte bei links- bzw. rechtssteigender Anordnung der Schrägstäbe treffen. Es bezeichne M_v das in Nr. 23 gekennzeichnete Moment der äußeren Kräfte um v, wobei es dahingestellt bleiben kann, ob M_v aus den Kräften Q_l oder Q_r errechnet ist. Dann lauten für die vier dargestellten Anordnungen

$$(m) \quad M_m + O_m \cdot r_m = 0\,,$$

$$(r) \quad M_r - U_r \cdot r_r = 0\,,$$

für Anordnung a

$$(d) \quad M_d + D_m \cdot r_d = 0\,,$$

für Anordnung b

$$(d) \quad M_d - D_r \cdot r_d = 0\,,$$

für Anordnung c

$$(v) \quad M_v - L_m \cdot r_v = 0\,,$$

für Anordnung d

$$(v) \quad M_v + L_m \cdot r_v = 0\,.$$

Diese Gleichungen haben für die linke und die rechte Scheibe dieselbe Form und in jedem Glied dieselben Werte, da die Drehungsrichtungen der Momente M und der Momente aus den Spannkräften an beiden Scheiben einander entgegengesetzt sind. Somit ergeben sich allgemein die Formeln

$$\left.\begin{aligned} \boldsymbol{O} &= -\frac{\boldsymbol{M}}{\boldsymbol{r}}, \\ \boldsymbol{U} &= +\frac{\boldsymbol{M}}{\boldsymbol{r}}, \end{aligned}\right\} \tag{62}$$

für den linkssteigenden Schrägstab

$$D = -\frac{M}{r},$$

für den rechtssteigenden

$$D = +\frac{M}{r},$$

für die Lotrechte bei linkssteigendem Schrägstab

$$L = \frac{M}{r},$$

und bei rechtssteigendem Schrägstab

$$L = -\frac{M}{r}.$$

Die Zeiger sind hier entbehrlich, wenn daran festgehalten wird, daß M das Moment um den Bezugspunkt des Stabes und r der Abstand des Stabes vom Bezugspunkt ist.

Die gezeigte Berechnungsweise ist zuerst von A. Ritter angewendet worden, sie wird deshalb Rittersches Verfahren genannt.

Für die Zahlenrechnung ist es häufig günstiger, in den Formeln für O und U den rechtwinkligen Abstand r durch den in der Lotrechten durch den Bezugspunkt gemessenen h — vgl. die Abbildung — zu ersetzen, weil r im Netz des Fachwerks meist erst konstruiert werden muß. Mit

$$h_m \cdot \cos\beta_m = r_m \qquad \text{und} \qquad h_r \cdot \cos\gamma_r = r_r$$

erhält man

$$\left.\begin{aligned} \boldsymbol{O} &= -\frac{\boldsymbol{M}}{\boldsymbol{h}} \sec\beta, \\ \boldsymbol{U} &= +\frac{\boldsymbol{M}}{\boldsymbol{h}} \sec\gamma, \end{aligned}\right\} \tag{63}$$

dabei ist $\sec\beta = \frac{o}{\lambda}$, $\sec\gamma = \frac{u}{\lambda}$ zu rechnen, wozu die Stablängen o und u aus dem Fachwerknetz abgegriffen werden dürfen, während λ meist bekannt und überdies konstant ist.

Die abgeleiteten Formeln für die Spannkräfte D und L werden für die Anwendung durch ungünstige Lage des Bezugspunktes häufig ungeeignet. Dieser Nachteil wird vermieden, wenn man einen weniger einfachen Bau der Formeln in Kauf nimmt.

Linkssteigender Schrägstab Abb. 79a. O und D werden in Punkt r in die lotrechten und wagerechten Seitenkräfte zerlegt, dann folgt aus

$$(r_1) \quad M_{r_1} + (O_m \cos\beta_m + D_m \cos\varphi_m)\, h_r = 0$$

mit

$$O_m \cos\beta_m = -\frac{M_m}{h_m}$$

$$D_m = \left(\frac{M_m}{h_m} - \frac{M_{r_1}}{h_r}\right) \sec\varphi_m \,. \tag{64}$$

Ebenso folgt aus

$$(m_1) \quad M_{m_1} - (U_r \cos\gamma_r + D_m \cos\varphi_m)\, h_m = 0$$

mit

$$U_r \cdot \cos\gamma_r = +\frac{M_r}{h_r}$$

$$D_m = \left(\frac{M_{m_1}}{h_m} - \frac{M_r}{h_r}\right) \sec\varphi_m \,. \tag{65}$$

Rechtssteigender Schrägstab Abb. 79b. O_m und D_r werden in r in die lotrechten und wagerechten Seitenkräfte zerlegt. Aus

$$(r_1) \quad M_{r_1} + (O_m \cos\beta_m + D_r \cos\varphi_r)\, h_r = 0$$

folgt wieder die Formel (64) und aus

$$(m_1) \quad M_{m_1} - (U_r \cos\gamma_r + D_r \cos\varphi_r)\, h_m = 0$$

die Formel (65).

In jeder dieser Formeln liegen die Pole der beiden vorkommenden Momente auf ein und derselben Gurtung. Sind die äußeren Kräfte lotrecht, dann ist

$$M_{r_1} = M_r \qquad \text{und} \qquad M_{m_1} = M_m \,,$$

so daß die Momente für die Knotenpunkte der Diagonalen benutzt werden dürfen. Die für beide Arten der Schrägstäbe gültige Formel wird zweckmäßig in der Form

$$\boldsymbol{D} = \left(\frac{\boldsymbol{M_u}}{\boldsymbol{h_u}} - \frac{\boldsymbol{M_o}}{\boldsymbol{h_o}}\right) \sec\varphi \tag{66}$$

geschrieben, wenn u den Knotenpunkt des Schrägstabes in der Untergurtung und o den Knotenpunkt des Schrägstabes in der Obergurtung bezeichnet. Diese Form ist auch bei nicht lotrechter Lastrichtung zweckmäßig, doch ist dabei zu beachten, daß u und o die Punkte ein und derselben Gurtung sein müssen, die in den Lotrechten durch den Untergurt- und Obergurtknoten des Schrägstabes liegen. Die Formel ist für die Zahlenrechnung sehr geeignet.

Lotrechte bei linkssteigendem Schrägstab Abb. 79c. Aus

$$(w_\infty) \quad V + L_m + O_m \sin\beta_m - U_r \sin\gamma_r = 0$$

folgt

$$L_m = -V + \frac{M_m}{h_m} \operatorname{tg}\beta_m + \frac{M_r}{h_r} \operatorname{tg}\gamma_r \,.$$

Im Falle lotrechter äußerer Kräfte kann infolge $M_m = M_r$ auch einfacher

$$\boldsymbol{L_m = -V + \frac{M_m}{h_m}(\operatorname{tg}\beta_m + \operatorname{tg}\gamma_m)} \tag{67}$$

geschrieben werden. Dabei ist zu beachten, daß β nach oben, γ nach unten positiv ist.

Lotrechte bei rechtssteigendem Schrägstab, Abb. 79d. Aus

$$(w_\infty) \qquad V - L_m + O_m \sin\beta_m - U_r \sin\gamma_r = 0$$

folgt

$$L_m = V - \left(\frac{M_m}{h_m}\operatorname{tg}\beta_m + \frac{M_r}{h_r}\operatorname{tg}\gamma_r\right)$$

oder bei lotrechten äußeren Kräften

$$\boldsymbol{L_m = V - \frac{M_m}{h_m}(\operatorname{tg}\beta_m + \operatorname{tg}\gamma_r)}\,. \tag{68}$$

Bei Anwendung dieser Formeln muß berücksichtigt werden, daß der schräge Schnitt durch das Fachwerk zwei Felder trifft. Je nachdem der Lastknoten m der linken oder rechten Scheibe zugewiesen wird, ist die Querkraft V_{m+1} oder V_m einzuführen. Die Frage hängt also davon ab, in welcher Gurtung die Lasten angreifen. Greifen sie in den Knotenpunkten der Untergurtung an, so ist bei linkssteigendem Schrägstab V_{m+1}, bei rechtssteigendem V_m einzuführen.

Im Falle paralleler Gurtungen (Parallelträger) gestalten sich die Formeln für die Wandstäbe besonders einfach. Aus

$$D = (M_u - M_o)\frac{\sec\varphi}{h}$$

ergibt sich mit $M_u - M_o = \pm V\lambda$

$$\boldsymbol{D = \pm V \operatorname{cosec}\varphi}\,. \tag{69}$$

Das positive Vorzeichen gilt für linkssteigende Schrägstäbe, weil o links von u liegt. Die Formeln (67), (68) gehen in

$$\boldsymbol{L = \mp V} \tag{70}$$

über.

Ein zweites Verfahren zur Ermittlung der Spannkräfte in dem Dreiecksfachwerk löst die Gleichgewichtsaufgabe für eine der beiden durch den Schnitt gebildeten Scheiben dadurch, daß es die bekannten äußeren Kräfte durch zwei ihnen statisch gleichwertige Kräfte ersetzt, deren Kraftlinien durch zwei von den drei Schnittpunkten der gesuchten Kräfte gehen. Alle Kräfte werden so in zwei Punkten vereinigt. Um die äußeren Kräfte durch zwei statisch gleichwertige zu ersetzen, verbindet man eine beliebigen Punkt auf der Kraftlinie der Mittelkraft — Punkt a in Abb. 80 — mit den Punkten o und u und zerlegt durch das Krafteck (Abb. 80a) die Mittelkraft R in $R_o \| a\,o$ und $R_u \| a\,u$. Weiter wird zerlegt R_o nach O und D durch $o'\,c' \| O$ und $c'\,d' \| D$, sowie R_u nach U und D durch $b'\,a' \| U$ und $a'\,d' \| D$. Es ist $D_o = d'\,c'$

die Mittelkraft aus R_o und O, $D_u = a'\,d'$ die Mittelkraft aus U und R_u, mithin wird die Gleichgewichtsbedingung

$$D + D_o - D_u = 0$$

durch

$$D = D_u - D_o = c'a'$$

erfüllt. Die Richtung der Kraft D ist aus dem Umfahrungssinne des geschlossenen Kraftecks $b'\,o'\,c'\,a'$ zu erkennen.

Die Aufgabe, R durch zwei Seitenkräfte zu ersetzen, die durch o und u gehen, läßt viele Lösungen zu. Eine Vereinfachung der Zeichnung wird erreicht, wenn R im Schnittpunkt eines der beiden Gurtstäbe, z. B. U mit der Kraftlinie R in a_1, nach $a_1\,o$ und $a_1\,u$ zerlegt

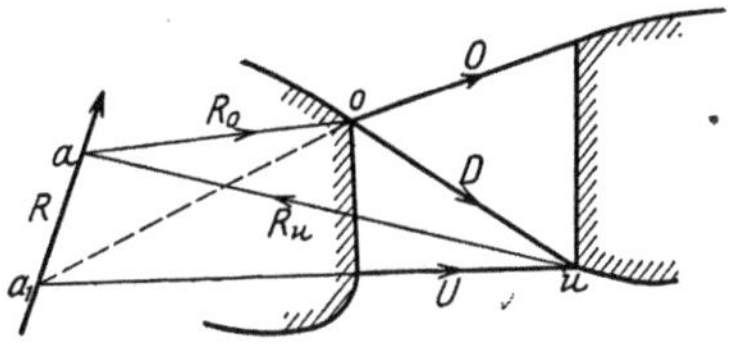

Abb. 80.

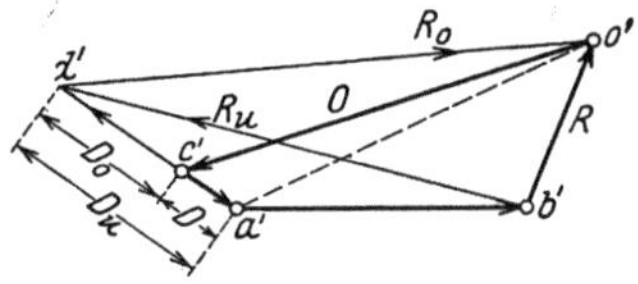

Abb. 80a.

wird. Im Krafteck wird $a'\,b' \parallel U$, $o'\,a' \parallel o\,a_1$, ferner $o'\,c' \parallel O$, $c'\,a' \parallel D$ gezogen. Man erhält auf einfachere Weise wieder das geschlossene Krafteck $b'\,o'\,c'\,a'$. Das dargestellte Sonderverfahren, gekennzeichnet durch Wahl des Punktes a auf der Kraftlinie von U oder O, wird Culmannsches Verfahren genannt. Da es einfacher ist als das allgemeine, wird es immer gewählt, wenn sich die Zeichnung günstig gestaltet. Zuweilen liegen jedoch die Schnittpunkte von R mit den Gurtstäben so entfernt, daß der Winkel $o\,a_1\,u$ für die Zeichnung des Kraftecks zu klein wird. In solchen Fällen wird durch das allgemeine Verfahren eine günstigere Lage von a ermöglicht.

Schließlich kann auch der unendlich ferne Punkt der Kraftlinie R für die Zerlegung in R_o und R_u gewählt werden. Diese Wahl ist bei lotrechter Kraftrichtung vorteilhaft, weil dann R_o und R_u ebenfalls lotrecht sind und ihre Werte durch Momente auszudrücken sind. Ist die Projektion der Strecke $o\,u$ auf die Wagerechte gleich λ, so muß

$$R_o \cdot \lambda = \quad M_u,$$
$$R_u \cdot \lambda = -M_o$$

ein, also

$$R_o = +\frac{M_u}{\lambda}, \qquad R \text{ gleichgerichtet,}$$

$$R_u = -\frac{M_o}{\lambda}, \qquad R \text{ entgegengesetzt}$$

gerichtet. Um das Krafteck zu zeichnen (Abb. 81 a), wird $R_o = \frac{M_u}{\lambda}$ in $o'\,a'$ und $R_u = -\frac{M_o}{\lambda}$ in $b'\,o'$ auf einer Lotrechten aufgetragen und $a'\,d' \parallel O$, $o'\,d' \parallel D$, $b'\,c' \parallel U$ gezogen. Dann ist $o'\,a'\,d'\,c'\,b'\,o'$ das geschlossene Krafteck, also $a' d' = -O$, $d' c' = +D$, $c' b' = +U$. Das Krafteck wird zweckmäßig in das Fachwerknetz eingezeichnet, indem $o' a'$ vom Knotenpunkt u aus aufgetragen wird. $o' c' d'$ fällt dann in die Achse der Diagonale. In Abb. 81 b ist das Krafteck zur Ermittlung von D_2 dargestellt. In diesem ist R_u R gleichgerichtet und R_o entgegengesetzt. Das Verfahren heißt das Zimmermannsche Verfahren.

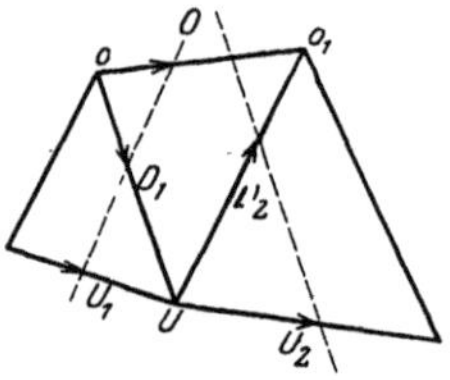
Abb. 81.

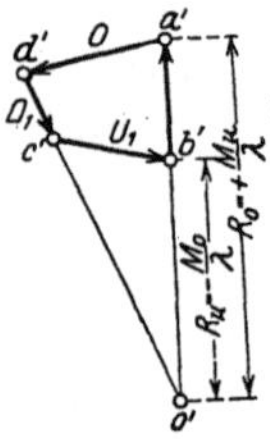
Abb. 81 a.

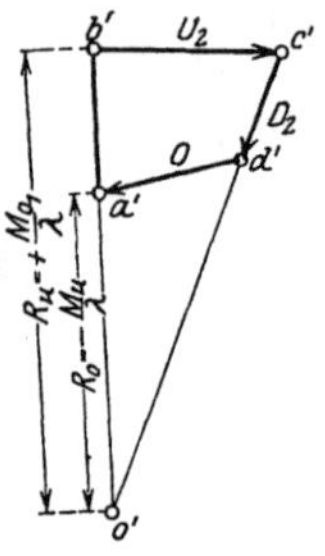
Abb. 81 b.

Die an zweiter Stelle dargestellten Verfahren sind dem Ritterschen Verfahren nicht gleichwertig. Wenigstens verdient letzteres zur Ermittlung der Spannkräfte in den Gurtungen stets den Vorzug. Bei Berechnung der Spannkräfte in den Wandstäben sind sie jedoch nicht unzweckmäßig.

Ein drittes Verfahren schließt aus den Werten der Spannkräfte für gewisse einfache Belastungsfälle und gilt für den Fachwerkbalken mit lotrechten äußeren Kräften, sowie die Teile anderer Tragwerke, für die der stellvertretende Balken eingeführt werden kann. Es beleuchtet besonders den Einfluß wandernder Lasten und eignet sich deshalb für die Darstellung der Einflußlinien.

Ist der Balken links des Stabfeldes unbelastet, so wirkt an der linken Scheibe nur der Stützdruck A, dessen Wert durch A_r bezeichnet sei. Jede Spannkraft im Stabfeld ist also proportional A_r. Kennt man den Wert S' der Spannkraft S, der entsteht, wenn der Stützdruck A den Wert 1 hat, dann hat man die Spannkraft, welche die Lasten rechts des Stabfeldes erzeugen, in

$$S = A_r \cdot S'.$$

Ist der Balken rechts des Stabfeldes unbelastet, so wirkt an der rechten Scheibe nur der Stützdruck B, dessen Wert durch B_l bezeichnet sei. Jede Spannkraft im Stabfelde ist proportional B_l. Kennt man den Wert S'' der Spannkraft S, der entsteht, wenn B den Wert 1 hat, dann hat man die Spannkraft, welche die Lasten links des Stabfeldes erzeugen, in

$$S = B_l \cdot S''.$$

Die Spannkraft infolge von Lasten, die beiderseits des Lastfeldes stehen, kann danach durch

$$\boldsymbol{S = A_r \cdot S' + B_l \cdot S''} \tag{71}$$

ausgedrückt werden.

Die Werte S' werden die Spannkräfte infolge $A = 1$, die Werte S'' die Spannkräfte infolge $B = 1$ genannt. Sie können aus den Formeln (63) bis (70) ohne weiteres abgeleitet werden. Bezeichnet x den wagerechten Abstand des Bezugspunktes eines Gurtungsstabes von der Kraftlinie A und x' den wagerechten Abstand von der Kraftlinie B, ferner x_u, x'_u dieselben Abstände des Untergurtknotens, x_o, x'_o die des Obergurtknotens eines Schrägstabes, dann ist

$$O' = -\frac{x}{h}\sec\beta\,, \qquad O'' = -\frac{x'}{h}\sec\beta\,,$$

$$U' = +\frac{x}{h}\sec\gamma\,, \qquad U'' = +\frac{x'}{h}\sec\gamma\,,$$

$$D' = \left(\frac{x_u}{h_u} - \frac{x_o}{h_o}\right)\sec\varphi\,, \qquad D'' = \left(\frac{x'_u}{h_u} - \frac{x'_o}{h_o}\right)\sec\varphi\,,$$

bei linkssteigendem Schrägstab

$$L' = -1 + \frac{x}{h}(\operatorname{tg}\beta + \operatorname{tg}\gamma)\,,$$

$$L'' = 1 + \frac{x'}{h}(\operatorname{tg}\beta + \operatorname{tg}\gamma)\,,$$

bei rechtssteigendem Schrägstab

$$L' = 1 - \frac{x}{h}(\operatorname{tg}\beta + \operatorname{tg}\gamma)\,,$$

$$L'' = -1 - \frac{x'}{h}(\operatorname{tg}\beta + \operatorname{tg}\gamma)\,.$$

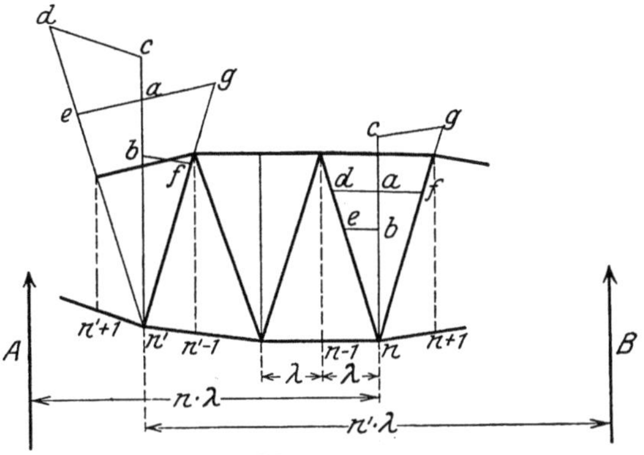

Abb. 82.

Die Formel (71) ist besonders geeignet für die Berechnung der größten und kleinsten Werte in den Wandstäben. Deshalb sollen noch zwei vorwiegend graphische Verfahren zur Bestimmung der Werte D', D'', L', L'' gezeigt werden, die in dem meist vorliegenden Falle konstanter Feldweite einfach durchzuführen sind.

a) Das Verfahren Zimmermanns (Abb. 82). Man trägt im Fachwerknetz in einem Zahlenmaßstab die Strecken $n\,b = n - 1$, $n\,a = n$, $n\,c = n + 1$ auf und zieht $d\,a\,f \parallel O_n$, $b\,e \parallel U_{n-1}$, $c\,g \parallel U_{n+1}$. Dann ist

$$+\,d\,e = D'_n\,, \qquad -\,g\,f = D'_{n+1}\,.$$

Zur Ermittlung von D'_n wird nach S. 125 $R_o = \frac{n\,\lambda}{\lambda}$ und $R_u = -\frac{(n-1)\,\lambda}{\lambda}$ benötigt, zur Ermittlung von D'_{n+1} $R_o = -\frac{n\,\lambda}{\lambda}$, $R_u = +\frac{(n+1)\,\lambda}{\lambda}$.

Daraus erhellt die Richtigkeit des Verfahrens. Über dem n' bezeichneten Knotenpunkt ist die Zeichnung zur Ermittlung der Werte D'' eingetragen. Es ist $n'\,a = n'$, $n'\,b = n' - 1$, $n'\,c = n' + 1$ aufzutragen und $e\,a\,g \parallel O'_n$, $b\,f \parallel U'_{n-1}$, $c\,d \parallel U'_{n+1}$ zu ziehen, dann ist

$$+\,f\,g = D''_{n'-1}\,, \qquad -\,d\,e = D''_{n'}\,.$$

Liegen Lotrechte und linkssteigende Schrägstäbe vor (Abb. 82a) und greifen die Lasten in den Untergurtknoten an, so wird D'_n in $d\,e$ wie vor gefunden und das Krafteck $a\,d\,e\,f$ für den Obergurtknoten $n-1$ gezeichnet. Es ist $-e\,f = L'_{n-1}$. Bei rechtssteigenden Schrägstäben ist L'_n aus D'_n in derselben Weise zu bestimmen.

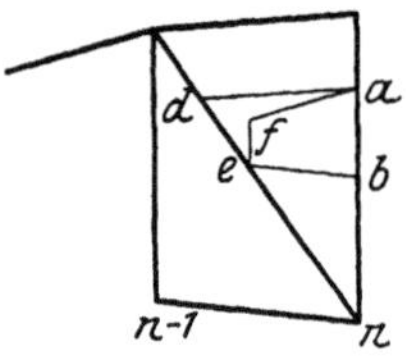

Abb. 82 a.

b) Man berechnet die wagerechten Seitenkräfte der Spannkräfte einer Gurtung aus den Formeln

$$U' \cos\gamma = \frac{x}{h}, \qquad O' \cos\beta = -\frac{x}{h},$$

in denen x bei konstanter Feldweite ein Vielfaches von λ ist und trägt die Werte auf einer Wagerechten von einem Punkte O aus nach einer Seite auf. In Abb. 83 ist

$$O\,n'' = \frac{(n-1)\,\lambda}{h_{n-1}}, \qquad O, n+1'' = \frac{n\,\lambda}{h_n}, \qquad O, n+2'' = \frac{(n+1)\,\lambda}{h_{n+1}}.$$

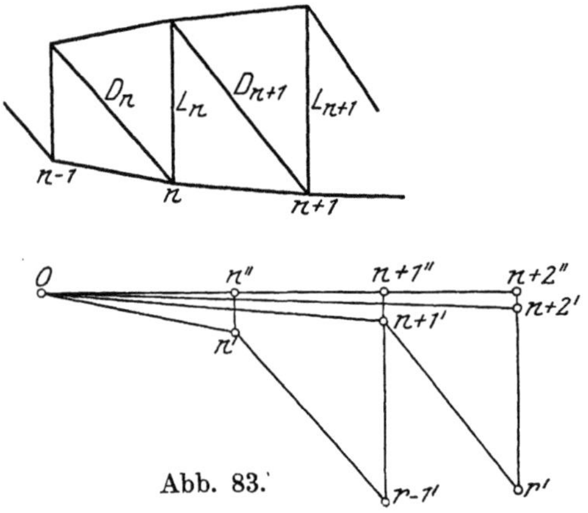

Abb. 83.

Sodann werden durch O Parallele zu den Stäben der fraglichen Gurtung gezogen und mit den Lotrechten durch die Punkte n'', $n+1''$, $n+2''$ usw. zum Schnitt gebracht. In der Abbildung ist

$$O\,n' \parallel U_{n-1}, \qquad O, n+1' \parallel U_n, \qquad O, n+2'' \parallel U_{n+1},$$

also sind die Strecken

$$O\,n' = U'_{n-1}, \quad O, n+1' = U'_n, \quad O, n+2' = U'_{n+1}.$$

Nunmehr lassen sich die Kraftecke für die Knotenpunkte der fraglichen Gurtung zeichnen. In der Abbildung ist

$$n',\; r-1' \parallel D_n,\; r-1',\; n+1' \parallel L_n,\; n+1', r' \parallel D_{n+1},\; r',\; n+2' \parallel L_{n+1}.$$

Das Krafteck für den Knotenpunkt n der Untergurtung ist O, $n+1'$, $r-1'$, n', O, für den Knotenpunkt $n+1$: O, $n+2'$, r', $n+1'$, O, also ist

$$D'_n = +r-1', n', \qquad L'_n = -n+1', r-1',$$

$$D'_{n+1} = +r', n+1', \qquad L'_{n+1} = -n+2', r'.$$

Das Verfahren ist bequem und als Ersatz eines vollständigen Cremonaschen Kräfteplanes besonders für ein Bogenfachwerk geeignet, dessen Gurtungsstäbe meist gegeneinander schwach geneigt sind. Hier wird es auch in dem wichtigen Falle mit Vorteil verwendet, in dem es sich um die Spannkräfte infolge einer wagerechten Stützkraft von der Größe 1 — Belastungsfall $H = \pm 1$ — handelt.

33. Die Anwendung

der in Nr. 32 dargestellten Verfahren auf die wichtigsten Fälle ist noch durch einige besondere Bemerkungen zu erläutern.

a) Der Fachwerkbalken auf lotrechten Stützen. Als Beispiel ist das in Abb. 84 dargestellte Strebenfachwerk gewählt. Die Lotrechten gehören nicht zu den notwendigen Stäben des Fachwerks, sondern dienen nur zur Unterteilung der Felder. Die Lasten greifen also in den Knotenpunkten beider Gurtungen an. Nach Nr. 24 sind die Momente

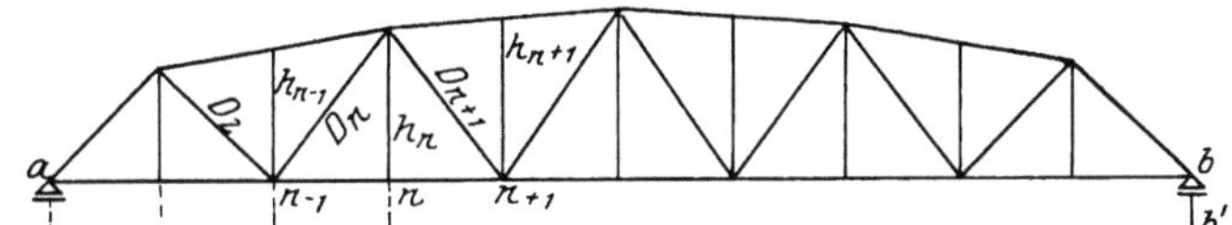

Abb. 84.

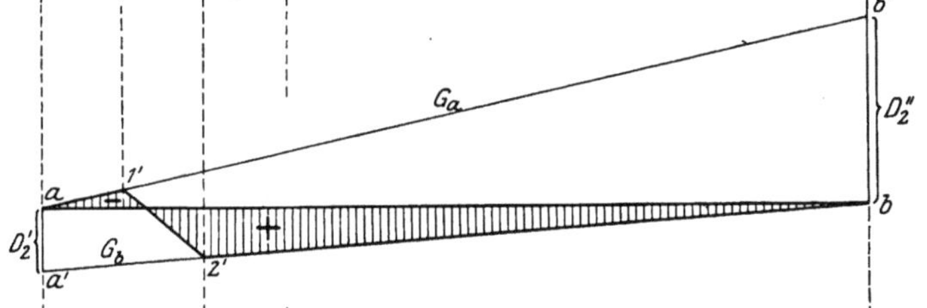

Abb. 85.

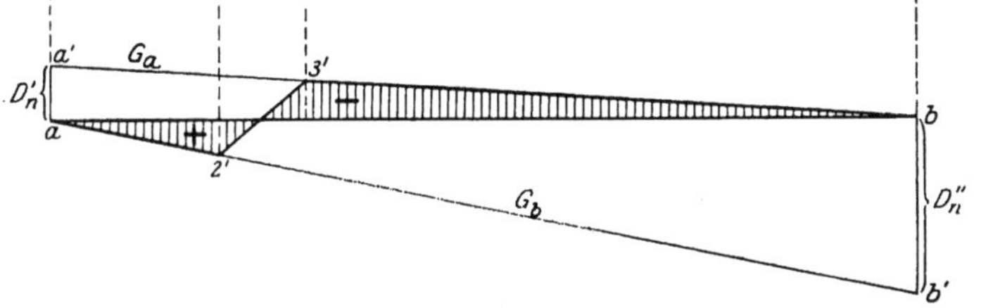

Abb. 86.

um alle Knotenpunkte positiv. Mithin folgt aus den Formeln (63), daß alle Stäbe der Obergurtung durch negative (Druck), alle Stäbe der Untergurtung durch positive Spannkräfte (Zug) beansprucht werden. Es sind die größten Momente aus der Verkehrslast (Nutzlast) für alle Knotenpunkte entweder durch ein Seilpolygon oder mit Hilfe von Tabellen zu berechnen und aus den Werten $M_{\max}$ die Grenzwerte

$$\min O = -\frac{M_{\max}}{h} \sec\beta, \qquad \max U = +\frac{M_{\max}}{h} \sec\gamma. \tag{72}$$

Der Berechnung der Kräfte in den Schrägstäben wird die Formel

$$D = A_r D' + B_l D''$$

zugrunde gelegt. Ist Symmetrie des Netzes zur lotrechten Mittelachse vorhanden, so genügt es, die linke Trägerhälfte zu behandeln. Für den linkssteigenden Schrägstab D_{n+1} ist

$$D'_{n+1} = \left(\frac{(n+1)\lambda}{h_{n+1}} - \frac{n\lambda}{h_n}\right) \sec\varphi_{n+1},$$

$$D''_{n+1} = \left(\frac{(m-n-1)\lambda}{h_{n+1}} - \frac{(m-n)\lambda}{h_n}\right) \sec\varphi_{n+1};$$

für den rechtssteigenden Schrägstab D_n ist

$$D'_n = \left(\frac{(n-1)\lambda}{h_{n-1}} - \frac{n\lambda}{h_n}\right)\sec\varphi_n,$$

$$D''_n = \left(\frac{(m-n+1)\lambda}{h_{n-1}} - \frac{(m-n)\lambda}{h_n}\right)\sec\varphi_n.$$

Da die Schnittpunkte der Stäbe U_n mit O_{n-1} und U_n mit O_{n+1} links der Senkrechten durch a liegen, ist

$$D'_{n+1} > 0, \qquad D''_{n+1} < 0, \qquad D'_n < 0, \qquad D''_n > 0.$$

Mithin erzeugen die Lasten rechts des Stabfeldes Spannkräfte des entgegengesetzten Vorzeichens, wie die Lasten links des Stabfeldes. Durch erstere entsteht die positive Spannkraft D_{n+1}, die negative Spannkraft D_n, durch letztere die negative Spannkraft D_{n+1}, die positive Spannkraft D_n. Die Grenzwerte erhält man also aus

$$\left.\begin{aligned} \max \boldsymbol{D}_{n+1} &= \max \boldsymbol{A}_r \cdot \boldsymbol{D}'_{n+1}, \\ \min \boldsymbol{D}_{n+1} &= \max \boldsymbol{B}_l \cdot \boldsymbol{D}''_{n+1}, \\ \min \boldsymbol{D}_n &= \max \boldsymbol{A}_r \cdot \boldsymbol{D}'_n, \\ \max \boldsymbol{D}_n &= \max \boldsymbol{B}_l \cdot \boldsymbol{D}''_n. \end{aligned}\right\} \tag{73}$$

Die Werte $\max A_r$, $\max B_l$ sind aus dem A-Polygon oder mit Hilfe von Tabellen zu berechnen. Dabei ist das Stabfeld selbst unbelastet angenommen. Stehen Lasten im Stabfeld n, die erste im Abstand x vom Knoten $n-1$ und x' vom Knoten n, $m = l/\lambda$, so erzeugt die Verschiebung des Lastenzuges über die sogenannte Grundstellung (erste Last im rechten bzw. linken Feldknoten) eine Zunahme der Stützdrücke um

$$\Delta A_r = \frac{1}{l}\sum P\cdot x' \quad \text{bzw.} \quad \Delta B_l = \frac{1}{l}\sum P\cdot x.$$

Die $\sum$ umfassen alle Lasten. Aus den Lasten im Stabfeld erhält man in

$$P'_{n-1} = \frac{\sum P x'}{\lambda} \qquad \text{oder} \qquad P'_n = \frac{\sum P\cdot x}{\lambda}$$

(x' und x bezeichnen hierin die Stellung jeder Last) die Knotenlasten in $n-1$ und n. Ferner werden in

$$D^{III} = \mp\frac{d}{h_n}, \qquad D^{IV} = \pm\frac{d}{h_{n-1}}$$

die Seitenkräfte der Lasteinheit in den Knotenpunkten $n-1$ bzw. n nach der Richtung des Schrägstabes berechnet, die sich bei Zerlegung der Lasteinheit nach der Richtung des Schrägstabes und des mit ihm im Knotenpunkt verbundenen Gurtungsstabes ergeben. Das obere Vorzeichen gilt für den linkssteigenden, das untere für den rechtssteigenden Schrägstab. Die absoluten Werte der Spannkräfte nehmen durch Überschreitung der Grundstellung zu, wenn die absoluten Summen

$$\Delta A_r \cdot D' > P'_{n-1} \cdot D^{III},$$
$$\Delta B_l \cdot D'' > P'_n \cdot D^{IV}$$

sind. Die Grenzwerte erhält man dann in

$$\left.\begin{matrix}\max\\ \min\end{matrix}\right\} D = \left\{\begin{matrix}(A_r + \Delta A_r) D' + P'_{n-1} \cdot D^{III}\\ (B_l + \Delta B_l) D'' + P'_n \cdot D^{IV}.\end{matrix}\right.$$

Wird das A Polygon benutzt, so können $A_r + \Delta A_r$ bzw. $B_l + \Delta B_l$ demselben unmittelbar entnommen werden. In den meisten Fällen rechnet man genau genug mit den Grundstellungen.

Die Darstellung der Einflußlinien ergibt sich am einfachsten aus der Formel

$$S = A_r \cdot S' + B_l S''.$$

Die Lasteinheit rechts des Lastfeldes im wagerechten Abstand b vom rechten Stützpunkt erzeugt mit $A_r = 1 \frac{b}{l}$, $B_l = 0$

$$S = S' \frac{b}{l}$$

die Lasteinheit links des Lastfeldes im wagerechten Abstand a vom linken Auflager erzeugt mit $A_r = 0$, $B_l = 1 \frac{a}{l}$

$$S = 1 \frac{a}{l} S''.$$

Danach besteht die Einflußlinie beiderseits des Lastfeldes aus den Geraden G_a und G_b. G_a ist durch o in a, S'' in b, G_b durch o in b, S' in a festgelegt. Für einen Gurtungsstab ist

$$S' = \pm \frac{x}{r}, \qquad S'' = \pm \frac{x'}{r}.$$

G_a und G_b haben für den Untergurt positive, für den Obergurt negative Ordinaten und schneiden sich auf der Lotrechten durch den Bezugspunkt.

Abb. 85 zeigt die Einflußlinie für den linkssteigenden Schrägstab D_2, es ist $a\,a' = D'_2$ positiv, $b\,b' = D''_2$ negativ aufgetragen, $a'\,b$ über $2'$, $a\,b'$ über $1'$ und $1'\,2'$ gezogen. Abb. 86 zeigt die Einflußlinie für den rechtssteigenden Schrägstab D_3. Es ist $a\,a' = D'_3$ negativ, $b\,b' = D''_3$ positiv aufgetragen und wie vor konstruiert. Der Schnittpunkt d der Gurtungsstäbe, die von dem Schnitt durch D getroffen werden, habe von der Lotrechten durch a den wagerechten Abstand x, von der Lotrechten durch b den Abstand x'; dann folgt aus

$$(d)\quad \left.\begin{matrix} D' = \pm \dfrac{x}{r_d} \\[2ex] D'' = \mp \dfrac{x'}{r_d} \end{matrix}\right\} \frac{D'}{D''} = -\frac{x}{x'}.$$

Die Geraden G_a und G_b der Einflußlinien schneiden sich auf der Lotrechten durch d.

Die Spannkräfte, welche durch unveränderliche Lasten, die Eigenlasten, erzeugt werden, erhält man aus den Formeln (63) und (66) auf folgendem Wege. Die Werte $\frac{M_n}{\lambda}$ sind nach dem auf Seite 83 angegebenen Verfahren zu berechnen und die Quotienten $\frac{M_n}{\lambda \cdot h_n}$ zu bilden. Die Multiplikation derselben mit den Längen der Gurtstäbe o_n und u_n liefert sofort die Spannkräfte O und U, da $\frac{o_n}{\lambda} = \sec\beta_n$ und $\frac{u_n}{\lambda} = \sec\gamma_n$ ist. Zwecks Berechnung der Spannkräfte in den Schrägstäben werden die Differenzen

$$\frac{M_n}{\lambda \cdot h_n} - \frac{M_{n-1}}{\lambda \cdot h_{n-1}} \quad \text{und} \quad \frac{M_n}{\lambda h_n} - \frac{M_{n+1}}{\lambda h_{n+1}}$$

gebildet, in denen n nur die Knotenpunkte der Untergurtung bezeichnet. Die Multiplikation der Differenzen mit der zugehörigen Stablänge d gibt infolge $\frac{d_n}{\lambda} = \sec\varphi_n$ die Spannkräfte D. Die Rechnung ist zweckmäßig in Form der nachstehenden Tabelle durchzuführen. Sie beansprucht weniger Zeit als die Zeichnung eines Cremonaschen Kräfteplanes und läßt sich auch leichter prüfen.

n	P_n	V_n	$\frac{M_n}{\lambda}$	$\frac{M_n}{\lambda \cdot h_n}$	$-\frac{M_n}{\lambda h_n} \cdot o_n = O_n$	$\frac{M_n}{\lambda h_n} u_n = U_n$	$\frac{M_n}{\lambda h_n} - \frac{M_{n-1}}{\lambda h_n}$	$\pm(\ldots) d_n = D_n$
1	P_1	V_1	V_1	$\frac{M_1}{\lambda \cdot h_1}$	—	$+\frac{M_1}{\lambda h_1} u_1$	$o - \frac{M_1}{\lambda h_1}$	$(\quad) d_1 = D_1$
2	P_2	V_2	$\frac{M_1}{\lambda} + V_2$	$\frac{M_2}{\lambda \cdot h_2}$	$-\frac{M_2}{\lambda h_2} \cdot o_2$	—	$\frac{M_2}{\lambda h_2} - \frac{M_1}{\lambda h_1}$	$(\quad) d_2 = D_2$
3	P_3	V_3	$\frac{M_2}{\lambda} + V_3$	$\frac{M_3}{\lambda h_3}$	—	$+\frac{M_3}{\lambda h_3} u_3$	$\frac{M_2}{\lambda h_2} - \frac{M_3}{\lambda h_3}$	$(\quad) d_3 = D_3$
4	P_4	V_4	$\frac{M_3}{\lambda} + V_4$	$\frac{M_4}{\lambda \cdot h_4}$	$-\frac{M_4}{\lambda h_4} \cdot o_4$	—	$\frac{M_4}{\lambda h_4} - \frac{M_3}{\lambda h_3}$	$(\quad) d_4 = D_4$

b) Der Kragträger Abb. 87. Die Grenzwerte der Spannkräfte in den Gurtungen sind verhältnisgleich den Grenzwerten der Momente um die Knotenpunkte. Nach Nr. 26 entstehen daher min O und max U in den Stäben der Mittelöffnung durch ungünstigste Belastung derselben bei unbelasteten Seitenöffnungen und sind als Spannkräfte des einfachen Balkens auf den Stützen in a und b zu berechnen. In den Gurtungsstäben der Kragarme treten negative O und positive U nicht auf. Die Spannkräfte max O und min U entstehen in allen Gurtungsstäben mit min M durch ungünstigste Belastung der Seitenöffnungen (schwerste Lasten über den Gelenken) bei unbelasteter Mittelöffnung. Es sind also für ein und dieselbe Belastung die Werte min M um alle Knotenpunkte zu berechnen entweder mit Hilfe des Seilpolygons oder, wenn

Tabellen vorhanden sind, aus diesen mit Hilfe des stellvertretenden Balkens, und weiter die Werte

$$\max \cdot O = -\min \frac{M}{h} \sec\beta\,, \qquad \min U = +\min \frac{M}{h} \sec\gamma\,. \tag{74}$$

Die Spannkräfte in den Füllungsstäben der Mittelöffnung sind nach der Lage des Schnittpunktes der beiden Gurtungsstäbe, die von dem Schnitt durch den Füllungsstab getroffen werden, zu trennen.

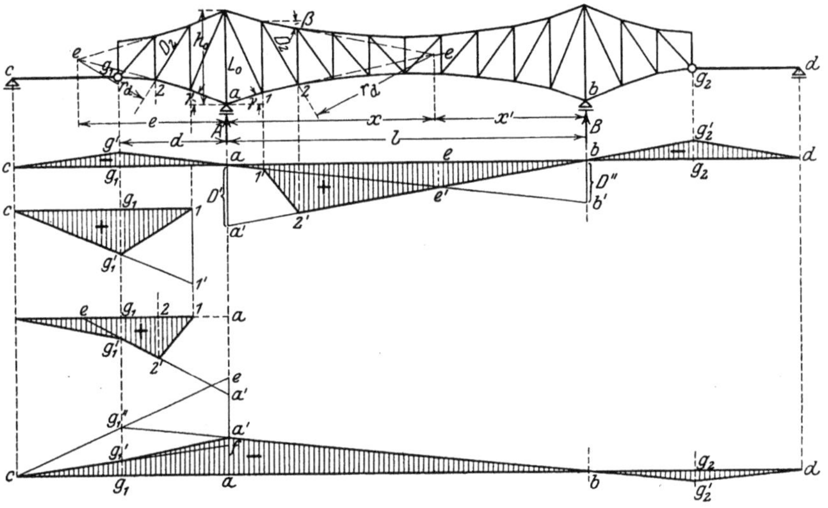

Abb. 87. Abb. 88. Abb. 89. Abb. 90. Abb. 91.

a) Der Schnittpunkt liegt links von a oder rechts von b. In der Formel

$$D = A_r D' + B_l D''$$

werden die Lasten P der Mittelöffnung von den Lasten der Seitenöffnungen getrennt, und letztere durch die Stützenmomente M_a und M_b berücksichtigt. Dann ist

$$A_r = \frac{1}{l}\left(\sum P_r \cdot b + M_b\right) = A_{0r} + \frac{1}{l} M_b\,,$$

$$B_l = \frac{1}{l}\left(\sum P_l \cdot a + M_a\right) = B_{0l} + \frac{1}{l} M_a\,,$$

also

$$D = A_{0r} \cdot D' + B_{0l} \cdot D'' + \frac{1}{l}\left(M_b \cdot D' + M_a \cdot D''\right).$$

Nun ist für den linkssteigenden Schrägstab der linken Trägerhälfte $D' > 0$, $D'' < 0$, wie aus

$$D' = +\frac{x}{r_d}\,, \qquad D'' = -\frac{x'}{r_d}$$

hervorgeht, wenn x und x' die absoluten Werte der Abstände des Bezugspunktes von den Lotrechten durch a und b sind, also entstehen, da M_a und M_b negativ sind,

$$\left.\begin{aligned} \max \boldsymbol{D} &= \max \boldsymbol{A}_{0r} \cdot \boldsymbol{D}' + \min \boldsymbol{M}_a \cdot \frac{\boldsymbol{D}''}{l}, \\ \min \boldsymbol{D} &= \max \boldsymbol{B}_{0l} \cdot \boldsymbol{D}'' + \min \boldsymbol{M}_b \cdot \frac{\boldsymbol{D}'}{l}. \end{aligned}\right\} \tag{75}$$

Für die Lotrechten folgt ebenso aus

$$L = A_{0r} L' + B_{0l} L'' + \frac{1}{l}(M_b L' + M_a L''),$$

da $L' < 0, \quad L'' > 0$ ist

$$\left.\begin{aligned} \min \boldsymbol{L} &= \max \boldsymbol{A}_{0r} \cdot \boldsymbol{L}' + \min \boldsymbol{M}_a \cdot \frac{\boldsymbol{L}''}{l}, \\ \max \boldsymbol{L} &= \max \boldsymbol{B}_{0l} \cdot \boldsymbol{L}'' + \min \boldsymbol{M}_b \cdot \frac{\boldsymbol{L}'}{l}. \end{aligned}\right\} \tag{76}$$

b) Der Schnittpunkt liegt zwischen a und b rechts des Stabfeldes. Es ist

$$D' = +\frac{x}{r_d} > 0, \qquad D'' = +\frac{x'}{r_d} > 0,$$

$$L' < 0, \qquad L'' < 0.$$

Mithin entstehen

$$\left.\begin{aligned} \max \boldsymbol{D} &= \max \boldsymbol{A}_{0r} \cdot \boldsymbol{D}' + \max \boldsymbol{B}_{0l} \cdot \boldsymbol{D}'', \\ \min \boldsymbol{D} &= \frac{1}{l}(\min \boldsymbol{M}_a \cdot \boldsymbol{D}'' + \min \boldsymbol{M}_b \cdot \boldsymbol{D}'). \end{aligned}\right\} \tag{77}$$

$$\left.\begin{aligned} \min \boldsymbol{L} &= \max \boldsymbol{A}_{0r} \cdot \boldsymbol{L}' + \max \boldsymbol{B}_{0l} \cdot \boldsymbol{L}'', \\ \max \boldsymbol{L} &= \frac{1}{l}(\min \boldsymbol{M}_a \cdot \boldsymbol{L}'' + \min \boldsymbol{M}_b \cdot \boldsymbol{L}'). \end{aligned}\right\} \tag{78}$$

Die Werte $\min M_a$, $\min M_b$ sind bereits ermittelt, es ist also nur noch $\max A_{0r}$ und $\max B_{0r}$, das sind die Stützdrücke des einfachen Balkens, zu berechnen.

Durch die Pfosten über dem Auflager ist ein drei Stäbe treffender Schnitt nicht möglich. Die L_0 bezeichnete Spannkraft ist aus den Gleichgewichtsbedingungen des Knotenpunktes a zu berechnen

$$A + L_0 + \sum U \sin\gamma = 0$$

mit

$$\sum U \cdot \sin\gamma = \frac{M_a}{h_0} \sum \operatorname{tg}\gamma$$

ergibt sich

$$\boldsymbol{L}_0 = -\boldsymbol{A} - \frac{\boldsymbol{M}_a}{\boldsymbol{h}_0} \sum \operatorname{tg}\gamma. \tag{79}$$

Der Wert $\min L_0$ ist aus der Einflußlinie zu gewinnen, die unten abgeleitet wird. Das gleiche gilt für die Spannkräfte in den Wandstäben des Kragarmes. Angenähert und für viele Fälle genau genug können die Spannkräfte in den Schrägstäben aus den zur Ermittlung der Gurtkräfte benutzten Momenten um die Knotenpunkte des Kragarmes berechnet werden

$$D = \left(\frac{\min M_u}{h_u} - \frac{\min M_o}{h_o}\right) \sec\varphi ,$$

wobei man jedoch nicht immer den größtmöglichen Wert erhält, weil die Laststellung, für die $\min M$ berechnet ist, nicht gleichzeitig $\max D$ bedingt.

Die Einflußlinien für die Stäbe der Mittelöffnung gewinnt man am einfachsten aus der Formel

$$S = A_r \cdot S' + B_l S''.$$

Die Lasteinheit rechts des Stabfeldes im Abstand b von der Senkrechten durch den Stützpunkt b erzeugt

$$A_r = 1 \cdot \frac{b}{l} , \qquad B_l = 0 .$$

Die Laststellung auf dem rechten Kragarm wird durch ein negatives b bezeichnet. Die Lasteinheit links des Stabfeldes im Abstand a von der Senkrechten durch den Stützpunkt a erzeugt

$$A_r = 0 , \qquad B_l = 1 \frac{a}{l} .$$

Die Laststellung auf dem linken Kragarm wird durch ein negatives a bezeichnet. Die Einflußlinie besteht daher beiderseits des Stabfeldes aus den Geraden G_a und G_b. G_a ist durch o in a, S'' in b, G_b durch o in b, S' in a festgelegt. Durch die Ordinaten in den Gelenken und die Nullpunkte in c und d sind alle zur Zeichnung erforderlichen Stücke gegeben.

Abb. 88 zeigt die Einflußlinie für die Spannkraft D_2. Der Schnittpunkt e von U_1 und O_2 liegt zwischen a und b. Es ist $a a' = D'$, $b b' = D''$ aufzutragen und $a' b$ über $2'$ bis g_2', $b' a$ über $1'$ bis g_1', $c g_1'$, $1' 2'$, $g_2' d$ zu ziehen. Da $D'/D'' = x/x'$ ist, schneiden sich $a' b$ und $b' a$ auf der Lotrechten durch e.

Für O_1 des Kragarmes folgt aus

$$O_1 = -\frac{M_1}{h_1} \sec\beta$$

folgende Zeichnung. Es wird nach Abb. 89

$$1\,1' = (d - \lambda)\left(1 + \frac{d-\lambda}{l_1}\right)\frac{\sec\beta}{h_1}$$

aufgetragen, und $1' c$ über g_1', $g_1' 1$ gezogen. Das Dreieck $c g_1' 1$ ist die O_1-Linie.

D_2-Linie (Abb. 90). Sind die Gurtungsstäbe O_2, U_1 so stark gegeneinander geneigt, daß ihr Schnittpunkt e leicht und sicher bestimmt werden kann, so wird $a a' = \frac{e}{r_d}$ und $a e = e$ aufgetragen, sodann $e a'$

über g_1' und $2'$, $c\,g_1'$, $2'\,1$ gezogen. $c\,g_1'\,2'\,1$ ist die D-Linie. Liegt der Schnittpunkt e zu weit entfernt, so sind die Ordinaten in 2 und g zu berechnen, nämlich

$$\eta_2 = \frac{d_2}{h_1}, \qquad \eta_g = \eta_2 \frac{e - 3\lambda}{e - 2\lambda}$$

aus

$$e - 2\lambda = \lambda \frac{h_2}{h_1 - h_2} \quad \text{folgt} \quad e - 3\lambda = \lambda \frac{2h_2 - h_1}{h_1 - h_2}$$

und

$$\eta_g = \eta_2 \left(2 - \frac{h_1}{h_2}\right).$$

Nach Auftragung von η_2 und η_g ist wie vor zu konstruieren.

L_0-Linie (Abb. 91). Es ist $a\,a' = -1$ aufzutragen, $a'\,b$ bis g_1'' und g_2', $c\,g_1''$, $d\,g_2'$ zu ziehen. Dann ist $c\,g_1''\,b\,g_2'\,d$ die $-A$-Linie. Sodann ist $g_1''\,g_1' = \frac{d}{h_0}\sum \operatorname{tg}\gamma$ aufzutragen und $c\,g_1'\,a'$ zu ziehen. $c\,g_1''\,f$ ist die $-\frac{M_a}{h_0}\sum \operatorname{tg}\gamma$-Fläche bezogen auf die schräge Nullinie $c\,f$. Mithin ist $c\,g_1'\,a'$, $b\,g_2\,d$ die L_0-Linie.

Die Spannkräfte aus Eigenlast sind ähnlich zu berechnen wie die des Fachwerkbalkens auf zwei Stützen. Die V- und $\frac{M}{\lambda}$-Werte für den Kragarm erhält man durch zwei Additionsreihen

$$V_2 = -G - P_3, \qquad V_1 = +V_2 - P_2, \qquad V_0 = +V_1 - P_1,$$

$$\frac{M_2}{\lambda} = V_2, \qquad \frac{M_1}{\lambda} = \frac{M_2}{\lambda} + V_1, \qquad \frac{M_a}{\lambda} = \frac{M_1}{\lambda} + V_0.$$

Für die Mittelöffnung sind in den Querkräften des einfachen Balkens auch die des symmetrischen Kragträgers gefunden. Sodann ist

$$\frac{M_1}{\lambda} = V_1 + \frac{M_a}{\lambda}, \qquad \frac{M_2}{\lambda} = \frac{M_1}{\lambda} + V_1 \quad \text{usw.}$$

Für die Vertikalen ist die Formel

$$L_n = -V_n - \frac{M_n}{h_n}(\operatorname{tg}\beta_n + \operatorname{tg}\gamma_n),$$

für den vorliegenden Zweck in

$$L_n = -V_n - \frac{M_n}{\lambda \cdot h_n} \cdot v_n$$

umzuformen und $v_n = \lambda(\operatorname{tg}\beta_n + \operatorname{tg}\gamma_n)$ aus der Zeichnung abzugreifen.

c) Dreigelenkbogen und verwandte Bauarten. Handelt es sich nur um einzelne Belastungsfälle mit unveränderlichen Lasten wie bei Hallenbindern, dann sind die Momente der äußeren Kräfte für alle Knotenpunkte in der Form

$$M = M_0 - H \cdot y$$

zu berechnen und daraus die Spannkräfte nach den Formeln (63) bis (66). Die zweckmäßigste Formel für die Spannkräfte in den Lotrechten hängt von der Linienführung der oberen Gurtung ab. Verläuft diese in jeder Scheibe des Bogens geradlinig (Abb. 92), so erhält man eine geeignete Formel für L_v aus $(v+1)$ der Untergurtung. Das Moment der äußeren Kräfte an der Scheibe links des schrägen Schnittes durch L_v ist $M_{v+1} - P_v \lambda$, da der Lastknoten v der Obergurtung durch den Schnitt abgetrennt wird. Mithin folgt aus

$$(v+1) \qquad M_{v+1} - P_v \lambda + L_v \cdot \lambda + O_v \cdot h_{v+1} \cdot \cos\beta = 0\,,$$

$$\boldsymbol{L_v = -\left(\frac{M_{v+1}}{h_{v+1}} - \frac{M_v}{h_v}\right)\frac{h_{v+1}}{\lambda} + P_v\,.} \tag{80}$$

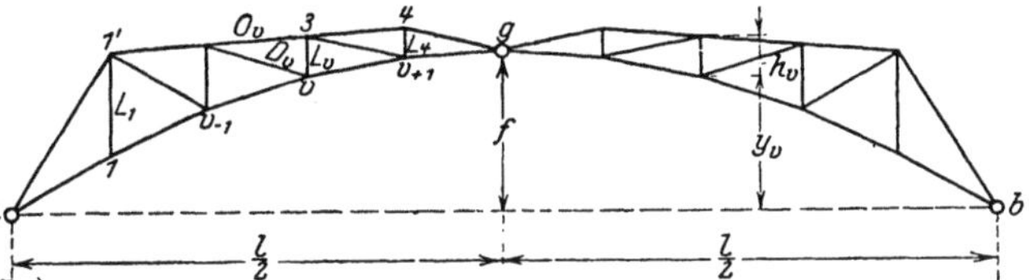

Abb. 92.

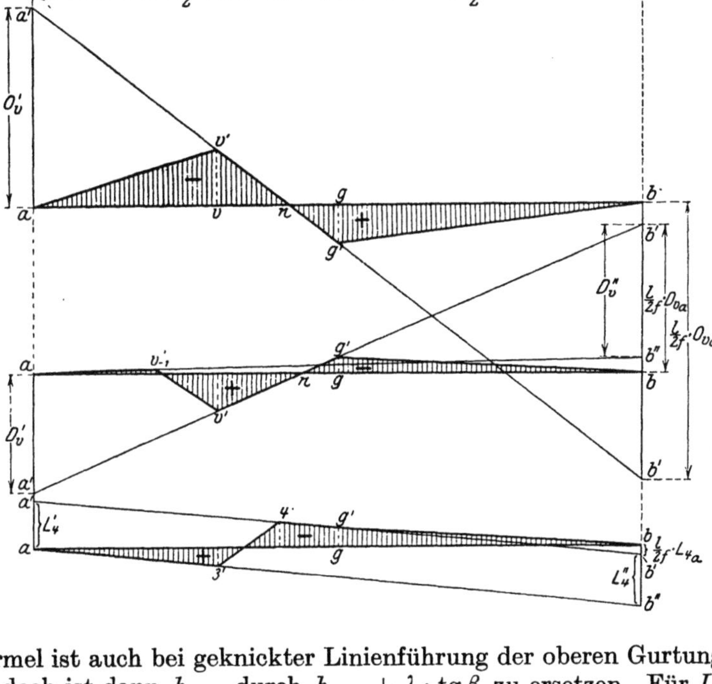

Abb. 93.

Abb. 94.

Abb. 95.

Diese Formel ist auch bei geknickter Linienführung der oberen Gurtung geeignet, doch ist dann h_{v+1} durch $h_{v+1} + \lambda \cdot \operatorname{tg}\beta$ zu ersetzen. Für L_1 ergibt sich aus den Gleichgewichtsbedingungen des Untergurtknotens *1*

$$L_1 = +\frac{M_{1'}}{h_1}(\operatorname{tg}\gamma_1 - \operatorname{tg}\gamma_2)\,,$$

$$L_1 = +\frac{M_{1'}}{h_1}\,\frac{2y_1 - y_2}{\lambda}\,.$$

In der Formel für die Spannkräfte der Schrägstäbe

$$D_v = \left(\frac{M_v}{h_v} - \frac{M_{v-1}}{h_{v-1}}\right)\frac{d_v}{\lambda}$$

werden beide Momente am besten auf die Knotenpunkte der unteren Gurtung bezogen.

Die Spannkräfte aus veränderlichen lotrechten Lasten werden bei allen Tragwerken der bezeichneten Bauart am zweckmäßigsten durch Auswertung der Einflußlinien gewonnen. Zur Darstellung der Einflußlinien gelangt man aus der für die Spannkräfte aller Stäbe geltenden Formel

$$S = \pm \frac{M}{r} = \pm \frac{1}{r}(M_0 - H \cdot y),$$

in welcher M_0 das Moment der äußeren Kräfte des einfachen Balkens um den Bezugspunkt des Stabes und y sein lotrechter Abstand von der in Nr. 27 bezeichneten Geraden $a\,b$ bzw. $a'\,b'$ ist. In diese Formel wird

$$\pm \frac{M_0}{r} = A_{0r} \cdot S' + B_{0l} \cdot S''$$

und

$$\pm 1 \frac{y}{r} = S_a$$

eingeführt.

$$S = A_{0r} S' + B_{0l} S'' - H \cdot S_a .$$

Die beiden ersten Glieder sowie S_a lassen sich als Spannkräfte des behandelten Stabes in einem Fachwerkbalken auf zwei Stützen deuten, der aus den beiden Scheiben des vorgelegten Tragwerks dadurch entsteht, daß das Gelenk durch einen Stab beseitigt wird, und zwar ist $S_0 = A_{0r} \cdot S' + B_{0l} \cdot S''$ die durch die lotrechten äußeren Kräfte und S_a die durch die Kräfte $H = -1$, die als Lasten eingeführt werden, erzeugte Spannkraft. Die Werte S', S'', S_a lassen sich also nach den in Nr. 32 an dritter Stelle dargestellten Verfahren in jedem Falle leicht ermitteln. Die Lasteinheit rechts des Stabfeldes erzeugt, wenn η_a die Ordinate der H-Linie bezeichnet

$$S = S' \frac{b}{l} - \eta_a \cdot S_a ,$$

die Last links des Stabfeldes

$$S = S'' \frac{a}{l} - \eta_a \cdot S_a .$$

Die Einflußfläche jeder Spannkraft erhält man danach als Differenz der Einflußfläche der Spannkraft des bezeichneten einfachen Fachwerkbalkens, die durch die Geraden G_a und G_b bestimmt ist, und der $H \cdot S_a$-Fläche.

O_v-Fläche (Abb. 93). Es wird $a\,a' = O_v'$, entsprechend dem negativen Wert O_v' negativ, $b\,b' = -\frac{l}{2f} O_{va}$ entsprechend dem negativen O_{va}

positiv aufgetragen und $a'b'$ über v' und g', $a\,v'$, $g'b$ gezogen. Es ist $a\,v'\,b'$ die auf die schräge Nullinie $a\,b'$ bezogene O_{vo}-Fläche und $a\,g\,b'$ die auf dieselbe Nullinie bezogene $-H \cdot O_{vo}$-Fläche. Mithin ist $a\,v'\,n\,g'\,b$ die auf die wagerechte Nullinie $a\,b$ bezogene O_v-Linie.

D_v-Linie (Abb. 94). Es ist $a\,a' = D'_v$ positiv, $b\,b' = -\frac{l}{2f} \cdot D_{va}$ negativ und $b'\,b'' = D''_v$ entsprechend seinem Vorzeichen, im vorliegenden Falle also positiv aufzutragen und $a'\,b'$ über $v'\,g'$, $a\,b''$ über $v-1'$, $v-1'\,v'$, $g'\,b$ zu ziehen. Es ist $a\,v-1'\,v'\,b'$ die D_{vo}-Fläche mit der schrägen Nullinie $a\,b'$, $a\,g\,b'$ dis $-H \cdot D_{va}$-Fläche mit derselben Nullinie. Also ist $a\,v-1'\,v'\,n\,g'\,b$ die auf die wagerechte Nullinie $a\,b$ bezogene D_v-Linie.

L_4-Linie (Abb. 95). Es ist $a\,a' = L'_4$ negativ, $b\,b' = -\frac{l}{2f} \cdot L_{4a}$ positiv, $b'\,b'' = L''_4$ entsprechend seinem Vorzeichen positiv aufzutragen und $a'\,b'$ über $4'$ und g', $a\,b''$ über $3'$, $3'\,4'$, $g'\,b$ zu ziehen. Es ist $a\,3'\,4'\,b'$ die L_{4o}-Fläche mit der schrägen Nullinie $a\,b'$, $a\,g\,b'$ die $-H \cdot L_{4a}$-Fläche mit derselben Nullinie. Also ist $a\,3'\,4'\,g'\,b$ die auf die wagerechte Nullinie $a\,b$ bezogene L_4-Linie.

34. Das mehrstäbige Fachwerk.

Schnitte durch ein mehrstäbiges Fachwerk, die mehr als drei Stäbe treffen, teilen es in zwei Scheiben, deren mindestens eine der inneren Stabilität ermangelt. Jedem über die erforderlichen drei im Schnitt vorhandenen Stab entspricht ein fehlendes Glied in einer der beiden Scheiben, und jedes fehlende Glied bedingt eine Bewegungsmöglichkeit, für welche die Gleichung des Prinzips der virtuellen Verrückungen

$$\sum Q_m \bar{\delta}_m = 0$$

besteht, wenn man die Spannkräfte der durchschnittenen Stäbe als äußere Kräfte behandelt. Das nächstliegende Verfahren zur Ermittlung der Spannkräfte in den durchschnittenen Stäben wäre danach durch Aufstellung der bezeichneten Gleichungen die drei Gleichungen $\sum M = 0$ zu ergänzen. Dieser an sich zweckmäßigste Weg wird in Abschnitt e) beschritten werden. Hier soll eine zweite Lösung gezeigt werden, die in der Heranziehung von einzelnen Gleichgewichtsbedingungen der Knotenpunkte besteht, allerdings meist mit dem Nachteil verbunden ist, daß weitere Unbekannte zu den vom Schnitt getroffenen hinzutreten und dadurch die Zahl der gleichzeitig aufzulösenden Gleichungen größer wird. Allgemeingültige Formeln lassen sich nicht aufstellen. Der einzuschlagende Weg muß deshalb an den wichtigsten Beispielen erläutert werden. Erhebliche Bedeutung haben diese Fachwerke nicht, da Gründe der Konstruktion meist gegen ihre Wahl sprechen.

a) Das K-Fachwerk (Abb. 96). In jedem Feld sind zwei Schrägstäbe vorhanden, deren Neigungswinkel φ_n gegen die Wagerechte gleich groß sei. Aus den Gleichgewichtsbedingungen für den Knotenpunkt $n_1 - 1$

ergibt sich sofort die Abhängigkeit zwischen den Spannkräften der Schrägstäbe jedes Feldes

$$(D_{n o} + D_{n u}) \cos\varphi_n = 0\,, \qquad D_{n o} = -D_{n u}$$

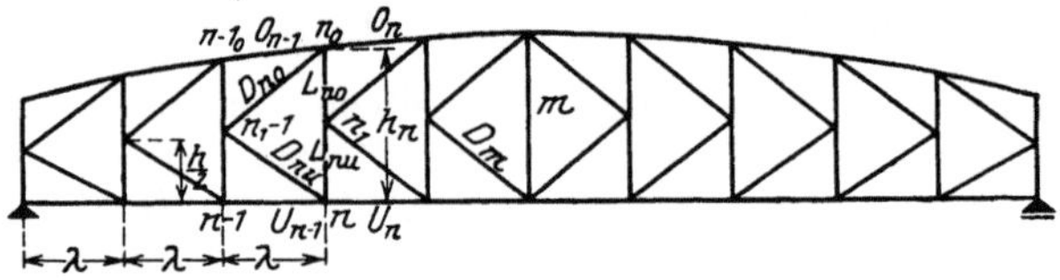

Abb. 96.

Bei lotrechter Richtung der äußeren Kräfte, die vorausgesetzt werden darf, folgt weiter aus

$$(v_\infty) \qquad O_n \cdot \cos\beta_n + (D_{n+1,o} + D_{n+1,u}) \cos\varphi_{n+1} + U_n = 0\,,$$

$$(n_1) \qquad O_n \cos\beta_n (h_n - \tfrac{1}{2} h_{n+1}) - U_n \cdot \tfrac{1}{2} h_{n+1} + M_n = 0\,,$$

$$\left.\begin{aligned} O_n &= -\frac{M_n}{h_n} \cdot \sec\beta_n\,, \\ U_n &= +\frac{M_n}{h_n}\,, \end{aligned}\right\} \tag{81}$$

$$(w_\infty) \qquad V_{n+1} + (D_{n+1,o} - D_{n+1,u}) \sin\varphi_{n+1} + O_n \sin\beta_n = 0$$

ergibt mit

$$V_{n+1} = \frac{M_{n+1} - M_n}{\lambda}\,,$$

$$\frac{h_{n+1}}{\lambda} = \left(\frac{h_n}{\lambda} + \operatorname{tg}\beta_n\right) = 2\operatorname{tg}\varphi_{n+1}\,,$$

$$D_{n+1,u} = -D_{n+1,o} = \left(\frac{M_{n+1}}{h_{n+1}} - \frac{M_n}{h_n}\right) \sec\varphi_{n+1} \tag{82}$$

und schließlich die zweite Gleichgewichtsbedingung für den Knotenpunkt n_1 und die für den Knotenpunkt n der Untergurtung

$$L_{n o} - L_{n u} + (D_{n+1,o} - D_{n+1,u}) \sin\varphi_{n+1} = 0\,,$$

$$L_{n u} + D_n \sin\varphi_n - P_n = 0\,,$$

$$L_{n u} = -\left(\frac{M_n}{h_n} - \frac{M_{n-1}}{h_{n-1}}\right) \operatorname{tg}\varphi_n + P_n\,, \tag{83}$$

$$L_{n o} = L_{n u} + 2 \cdot \left(\frac{M_{n+1}}{h_{n+1}} - \frac{M_n}{h_n}\right) \operatorname{tg}\varphi_{n+1}\,. \tag{84}$$

Die Formeln zeigen denselben Bau wie die entsprechenden des Dreieckfachwerks. Die Grenzwerte sind nach dem in Nr. 33a angegebenen Verfahren zu ermitteln.

b) Das zweiteilige Fachwerk (Abb. 97 und 98). Jeder Schrägstab, mit Ausnahme der beiden äußersten oder mittelsten, kreuzt eine Lot-

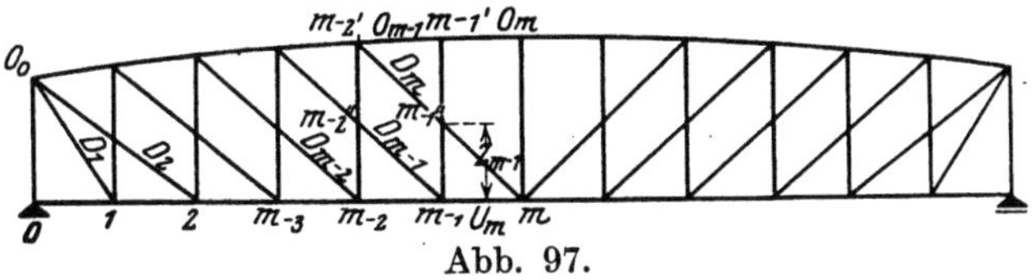

Abb. 97.

rechte, ohne mit ihr verbunden zu sein. In dem Fachwerk der Abb. 97 trifft der lotrechte Schnitt durch das mittelste Feld m nur drei Stäbe. Aus (m) folgt

$$O_m = -\frac{M_m}{h_m} \sec\beta_m ; \tag{85}$$

aus $(m-1)$

$$M_{m-1} + D_m \cdot z_{m-1} \cdot \cos\varphi_m + O_m h_{m-1} \cdot \cos\beta_m = 0 ,$$

$$D_m = \left(\frac{M_m}{h_m} - \frac{M_{m-1}}{h_{m-1}}\right)\frac{h_{m-1}}{z_{m-1}} \cdot \sec\varphi_m ; \tag{86}$$

aus $(m-1'')$

$$M_{m-1} + O_m(h_{m-1} - z_{m-1})\cos\beta_m - U_m \cdot z_{m-1} = 0 ,$$

$$U_m = \frac{M_m}{h_m} - \left(\frac{M_m}{h_m} - \frac{M_{m-1}}{h_{m-1}}\right)\frac{h_{m-1}}{z_{m-1}} . \tag{87}$$

Eine Beziehung zwischen den Spannkräften in zwei aufeinanderfolgenden Schrägstäben erhält man aus den Gleichgewichtsbedingungen des Untergurtknotens n (Abb. 97 a)

$$D_n \cos\varphi_n + U_n - U_{n+1} = 0 ,$$

$(n-1')$ $\quad M_{n-1} - D_n \cos\varphi_n (h_{n-1} - z_{n-1}) - U_n h_{n-1} = 0,$

(n') $\quad M_n - D_{n+1} \cos\varphi_{n+1}(h_n - z_n) - U_{n+1} h_n = 0,$

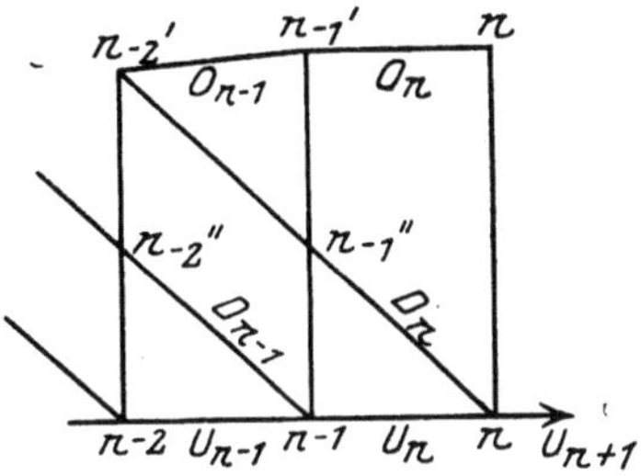

Abb. 97 a.

$$\frac{M_n}{h_n} - \frac{M_{n-1}}{h_{n-1}} - D_{n+1} \cdot \cos\varphi_{n+1}\frac{(h_n - z_n)}{h_n} + D_n \cos\varphi_n\left(\frac{h_{n-1} - z_{n-1}}{h_{n-1}} - 1\right) = 0 ,$$

$$D_n \cdot \cos\varphi_n = \left(\frac{M_n}{h_n} - \frac{M_{n-1}}{h_{n-1}}\right)\frac{h_{n-1}}{z_{n-1}} - D_{n+1} \cdot \cos\varphi_{n+1}\frac{h_n - z_n}{h_n} \cdot \frac{h_{n-1}}{z_{n-1}} . \tag{88}$$

Nach dieser Formel sind alle Spannkräfte in den Schrägstäben von D_m bis D_2 zu berechnen. Für die Gurtungsstäbe folgt nun aus

$$(n) \quad M_n + O_n h_n \cos\beta_n + D_{n+1} \cos\varphi_{n+1} \cdot z_n = 0 .$$

$$O_n = -\left(\frac{M_n}{h_n} + D_{n+1} \cdot \cos\varphi_{n+1} \cdot \frac{z_n}{h_n}\right)\sec\beta_n \tag{89}$$

und aus $(n-1')$

$$U_n = \frac{M_{n-1}}{h_{n-1}} - D_n \cos\varphi_n \frac{h_{n-1} - z_{n-1}}{h_{n-1}} . \tag{90}$$

Schließlich findet man

$$D_1 = U_2 \sec\varphi_1 ,$$
$$L_n = -D_n \sin\varphi_n + P_n .$$

In dem Fachwerk der Abb. 98 lassen sich O_1 und D_2 ohne weiteres aus $\sum M = 0$ berechnen. Die Kräfte in den folgenden Diagonalen bis D_m

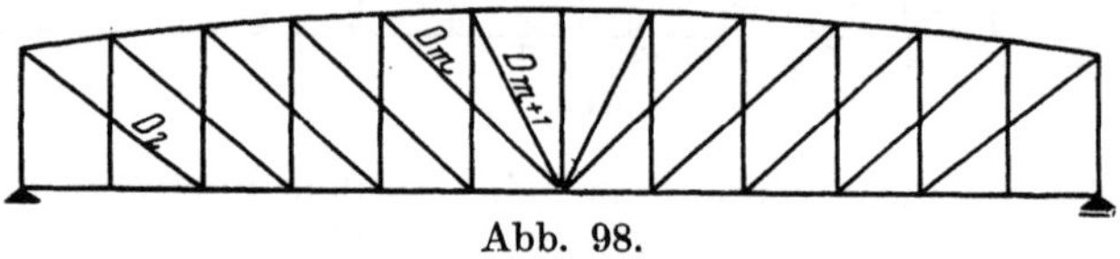

Abb. 98.

ergeben sich dann aus der Formel (88). Der Schnitt durch das mittlere Feld trifft nunmehr nur die drei unbekannten Spannkräfte D_{m+1}, O_m, U_m.

c) Der Parallelträger der Abb. 99 ist in allen Knotenpunkten durch je 2 Stäbe an das Dreieck $IX\,XI\,XI'$ angeschlossen. Ob die Schrägstäbe

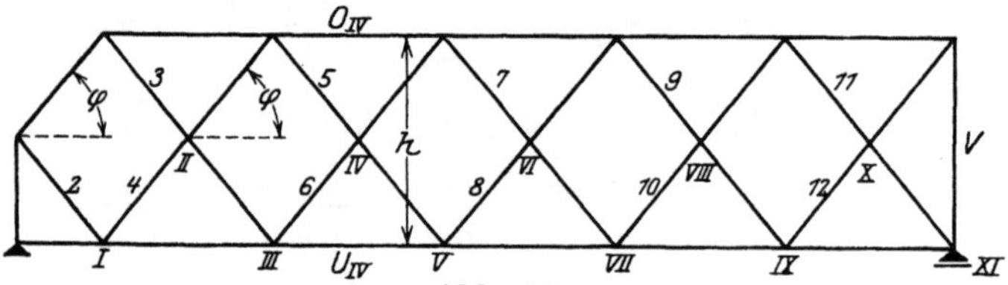

Abb. 99.

in den Schnittpunkten sich kreuzen oder verbunden sind, ist für die Werte der Spannkräfte ohne Belang. Aus

$$(I) \quad M_1 + D_1 \cos\varphi \cdot h = 0 ,$$
$$(I') \quad M_1 - D_2 \cos\varphi \cdot h = 0$$

folgt

$$-D_1 = D_2 = \frac{M_1}{h} \sec\varphi .$$

Um zu einer Beziehung zwischen D_n und D_{n+3} zu gelangen, wird der Schnitt $t-t$ in Abb. 100 geführt und (n) aufgestellt

$$-(D_n \cos\varphi + O_{n-2}) \frac{h}{2} + (D_{n+3} \cdot \cos\varphi + O_{n+2}) \frac{h}{2} - D_n \sin\varphi \cdot \lambda$$
$$+ D_{n+3} \cdot \sin\varphi \cdot \lambda = 0 .$$

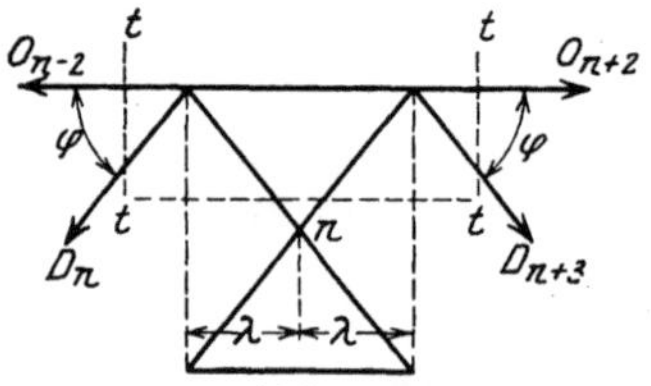

Abb. 100.

Bei lotrechtem Schnitt durch das Feld $n-1$ lautet

$$(n-1) \quad M_{n-1} + (D_n \cdot \cos\varphi + O_{n-2})\, h = 0,$$

bei lotrechtem Schnitt durch das Feld $n+2$ lautet

$$(n+1) \quad M_{n+1} + (D_{n+3} \cos\varphi + O_{n+2})\, h = 0 ,$$

mithin ergibt sich

$$\boldsymbol{D_{n+3} \cdot \sin\varphi = D_n \sin\varphi + \frac{M_{n+1} - M_{n-1}}{2\lambda}} . \tag{91}$$

Aus den Gleichgewichtsbedingungen der Knotenpunkte $n - 1$ und $n + 1$ der Obergurtung folgt

$$D_n = -D_{n+1}, \qquad D_{n+2} = -D_{n+3}.$$

Nach diesen Formeln ist nun zu berechnen

$$D_5 \sin\varphi = D_1 \sin\varphi + \frac{M_3 - M_1}{2\lambda},$$

$$D_4 = -D_5,$$

$$D_7 \sin\varphi = D_4 \sin\varphi + \frac{M_5 - M_3}{2\lambda},$$

$$D_6 = -D_7 \quad \text{usw.} \quad \text{bis } D_{11}.$$

Für die Lotrechte im Stützpunkt b ergibt (X) analog der oben benutzten Gleichung (n)

$$L = -\frac{M_9}{2\lambda} + D_{10} \sin\varphi,$$

schließlich ist

$$D_{12} \sin\varphi = -L.$$

Für die Spannkräfte in den Gurtungen erhält man die Formeln

$$\left.\begin{aligned} O_n &= -\frac{M_{n-1}}{h} - D_{n+1} \cdot \cos\varphi, \\ \text{oder} \quad O_n &= -\frac{M_{n+1}}{h} - D_{n+2} \cdot \cos\varphi. \end{aligned}\right\} \tag{92}$$

$$\left.\begin{aligned} U_n &= \frac{M_{n-1}}{h} - D_{n+2} \cdot \cos\varphi, \\ \text{oder} \quad U_n &= \frac{M_{n+1}}{h} - D_{n+1} \cdot \cos\varphi. \end{aligned}\right\} \tag{93}$$

Werden in diesen Formeln alle Spannkräfte D durch die Momente ersetzt, so ergeben sich Gleichungen, aus denen die Einflußlinien abgeleitet werden können. Einfacher erhält man die Einflußlinien jedoch ebenso wie für die meisten mehrstäbigen Fachwerke mit Hilfe der in Abschnitt e) dargestellten Kinematik (Seite 182).

d) Die inneren Kräfte des Stabwerks.

35. Die Spannungen im geraden Stab.

Nach Berechnung der Normalkräfte, Querkräfte und Momente für alle Punkte der Stabachsen eines Stabwerkes handelt es sich bei Berechnung der inneren Kräfte nur um die Spannungen im Querschnitt des geraden Stabes. Als gerader Stab wird auch ein gekrümmter Stab behandelt, dessen Krümmungsradius groß im Verhältnis zu den Abmessungen des Querschnittes ist. Es wird angenommen, daß die Voraussetzungen der Balkentheorie B. de St. Venants[1]) (vgl. Teil. I,

---

[1]) Saint-Venant, B. de: La flexion des prismes. Journal de mathematiques S. 89. Liouville 1856.

Nr. 9) erfüllt, und nur drei Spannungskomponenten von Null verschieden sind, nämlich die Normalspannung parallel zur Stabachse und die Schubspannungen, welche um die Hauptachsen des Querschnittes drehen. Nach Abb. 101 ist die Schubspannung τ_z parallel zur Y-Achse, τ_y parallel zur Z-Achse. Die Y-Achse ist gegen die Ebene des Tragwerks unter ψ geneigt.

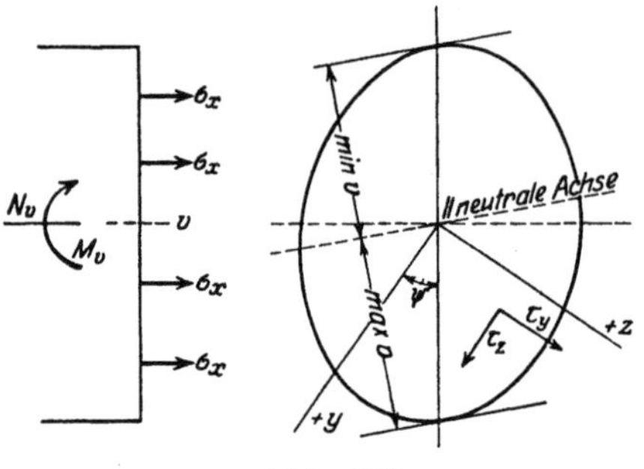

Abb. 101.

Im Punkte v der Stabachse wird in der Normalebene ein Schnitt durch den Stab geführt, und die positiven Spannungen werden als äußere Kräfte auf beiden Schnittufern in entgegengesetzter Richtung angebracht. Für die Kräfte am linken wie am rechten Stabteil bestehen die drei Gleichungen $\sum M = 0$.

$$(v_\infty) \quad N_v - \int \sigma_x dF = 0\,, \tag{94}$$

$$(v) \quad M_v - \int \sigma_x (y \cos\psi + z \sin\psi)\, dF = 0\,, \tag{95}$$

$$(w_\infty) \quad V_v - \int (\tau_y \sin\psi + \tau_z \cos\psi)\, dF = 0\,. \tag{96}$$

Die Bedingung, daß die Mittelkraft der Spannungen in die Ebene der äußeren Kräfte fällt, fügt noch 3 Gleichungen hinzu, von denen zunächst die beiden folgenden nötig sind.

$$\int \sigma_x (y \sin\psi - z \cos\psi)\, dF = 0\,, \tag{97}$$

$$\int (\tau_y \cos\psi - \tau_z \sin\psi)\, dF = 0\,. \tag{98}$$

Die Unbestimmtheit der Gleichungen (94), (95), (97) ist von Bernoulli durch die Annahme behoben worden, daß die das Stabelement begrenzenden Querschnitte bei der Verzerrung eben bleiben, so daß die Dehnung ε_x als lineare Funktion der Koordinaten y, z angesetzt werden kann

$$\varepsilon_x = a + b\,y + c\,z\,. \tag{99}$$

Dieser gewöhnlich als Annahme eingeführte Ansatz ist, wenn nur Einzellasten auftreten, eine notwendige Eigenschaft des Verzerrungszustandes, der die Voraussetzungen $\sigma_y = 0$, $\tau_z = 0$, $\sigma_x = 0$ erfüllt[1]).

Die Gleichgewichtsbedingungen für das Volumenelement — vgl. die Tafel auf Seite 11 — lauten

$$\frac{\partial \sigma_x}{\partial x} + \frac{\partial \tau_z}{\partial y} + \frac{\partial \tau_y}{\partial z} = 0\,,$$

$$\frac{\partial \tau_z}{\partial x} = 0\,, \qquad \frac{\partial \tau_y}{\partial x} = 0\,.$$

Daraus folgt zunächst

$$\frac{\partial \gamma_z}{\partial x} = 0\,, \qquad \frac{\partial \gamma_y}{\partial x} = 0\,, \tag{100}$$

[1]) Winkler, E.: Die Lehre von der Elastizität und Festigkeit, S. 237. Prag 1867.

und da $\gamma_x = 0$ ist, lauten die drei Verträglichkeitsbedingungen, Teil I, Gleichungen (20)

$$\frac{\partial^2 \varepsilon_x}{\partial y^2} + \frac{\partial^2 \varepsilon_y}{\partial x^2} = 0\,, \qquad \frac{\partial^2 \varepsilon_x}{\partial z^2} + \frac{\partial^2 \varepsilon_z}{\partial x^2} = 0\,, \qquad \frac{\partial^2 \varepsilon_y}{\partial z^2} + \frac{\partial^2 \varepsilon_z}{\partial y^2} = 0\,.$$

Infolge $\varepsilon_y = \varepsilon_z$ ergibt sich aus den beiden ersten Gleichungen

$$\frac{\partial^2 \varepsilon_x}{\partial y^2} - \frac{\partial^2 \varepsilon_x}{\partial z^2} = 0\,,$$

und mit $\varepsilon_y = \varepsilon_z = -b_1 \varepsilon_x$ aus der dritten

$$\frac{\partial^2 \varepsilon_x}{\partial y^2} + \frac{\partial^2 \varepsilon_x}{\partial z^2} = 0\,,$$

also folgt

$$\frac{\partial^2 \varepsilon_x}{\partial y^2} = 0\,, \qquad \frac{\partial^2 \varepsilon_x}{\partial z^2} = 0$$

und schließlich

$$\frac{\partial^2 \varepsilon_x}{\partial x^2} = 0\,.$$

Aus der vierten Verträglichkeitsbedingung

$$2\,\frac{\partial^2 \varepsilon_x}{\partial y \cdot \partial z} = \frac{\partial}{\partial x}\left(\frac{\partial \gamma_z}{\partial z} + \frac{\partial \gamma_y}{\partial y}\right)$$

folgt nach den Gleichungen (100)

$$\frac{\partial^2 \varepsilon_x}{\partial y \cdot \partial z} = 0\,.$$

Mithin ist ε_x in jedem Querschnitt eine lineare Funktion von y, z, und die Beiwerte a, b, c in Gleichung (99) dürfen x nur in der ersten Potenz enthalten. Daraus folgt jedoch nicht, daß die Querschnitte bei der Verzerrung eben bleiben.

Mit $\varepsilon_x = \frac{1}{E}\sigma_x$ erhält man den Ansatz

$$\sigma_x = a_1 + b_1 y + c_1 z$$

und aus (94), (95), (97) die Gleichungen

$$\begin{aligned}
N_v &= a_1 \int dF + b_1 \int y\,dF + c_1 \int z\,dF\,,\\
M_v &= a_1 \int (y \cos\psi + z \sin\psi)\,dF\,,\\
&\quad + b_1 \int (y^2 \cos\psi + y \cdot z \sin\psi)\,dF\,,\\
&\quad + c_1 \int (z\,y \cos\psi + z^2 \sin\psi)\,dF\,,\\
0 &= a_1 \int (y \sin\psi - z \cos\psi)\,dF\,,\\
&\quad + b_1 \int (y^2 \sin\psi - y\,z \cos\psi)\,dF\,,\\
&\quad + c_1 \int (y \cdot z \sin\psi - z^2 \cos\psi)\,dF\,.
\end{aligned}$$

Da Y und Z Hauptachsen sind, ist

$$\int y\,dF = 0\,, \qquad \int z\,dF = 0\,, \qquad \int y \cdot z\,dF = 0\,;$$

ferner werden die Fläche $F = \int dF$, die Trägheitsmomente $J_z = \int y^2 dF$ und $J_y = \int z^2 dF$ eingeführt

$$N_v = a_1 \cdot F,$$

$$M_v = b_1 \cos\psi\, J_z + c_1 \sin\psi \cdot J_y,$$

$$0 = b_1 \sin\psi \cdot J_z - c_1 \cos\psi\, J_y.$$

Daraus folgt

$$a_1 = \frac{N_v}{F},$$

$$b_1 = \frac{M_v \cdot \cos\psi}{J_z},$$

$$c_1 = \frac{M_v \cdot \sin\psi}{J_y}$$

und

$$\boldsymbol{\sigma_x = \frac{N_v}{F} + \frac{M_v \cos\psi}{J_z} y + \frac{M_v \sin\psi}{J_y} \cdot z.} \tag{101}$$

Zwischen den Angriffspunkten zweier benachbarter Einzellasten ist $N_v = \text{const.}$ und M_v geradlinig mit der Stabachse veränderlich

$$\frac{d M_v}{dx} = V_v = \text{const.}$$

Damit ist auch $\frac{\partial^2 \varepsilon_x}{\partial x^2} = 0$ in allen Punkten zwischen zwei Einzellasten erfüllt.

Die Punkte gleicher Normalspannungen erfüllen die Gleichung

$$C = \frac{\cos\psi}{J_z} y + \frac{\sin\psi}{J_y} z,$$

welche eine Schar von Parallelen darstellt. Durch den Schwerpunkt geht die Gerade

$$0 = \frac{\cos\psi}{J_z} y + \frac{\sin\psi}{J_y} z,$$

$$\boldsymbol{y = -z \left(\frac{i_z}{i_y}\right)^2 \operatorname{tg}\psi,} \tag{102}$$

wenn $i_z = \sqrt{\frac{J_z}{F}}$, $i_y = \sqrt{\frac{J_y}{F}}$ die Trägheitsradien des Querschnitts sind. In allen Punkten dieser Geraden herrscht die Spannung

$$\sigma_0 = \frac{N_v}{F}.$$

Ihr parallel ist die neutrale Achse, deren Gleichung durch $C = -\frac{\sigma_0}{M_v}$ bestimmt ist.

Die aus dem Moment entstehenden Spannungen sind in jedem Punkte des Querschnittes proportional seinem Abstande v von der zur neutralen Achse parallelen Schwerachse.

Mit der Veränderlichen v lautet die Formel (101)

$$\sigma = \frac{N_v}{F} + \frac{M_v}{J_z} v \cdot \cos\psi \sqrt{1 + \left(\frac{i_z}{i_y}\right)^4 \operatorname{tg}^2 \psi}\,, \tag{103}$$

welche $\max\sigma$ und $\min\sigma$ durch Einführung des größten positiven bzw. negativen Wertes v angibt.

Mit $\psi = 0$ geht die Formel (103) in

$$\sigma = \frac{N_v}{F} + \frac{M_v}{J_z} \cdot y \tag{104}$$

über. Aus dieser erhält man

$$\max\sigma = \frac{N_v}{F} + \frac{M_v}{W_1},$$

$$\min\sigma = \frac{N_v}{F} - \frac{M_v}{W_2}$$

$$W_1 = \frac{J_z}{\max y}, \qquad W_2 = \frac{J_z}{\min y},$$

W_1 und W_2 sind die Widerstandsmomente des Querschnittes. Ist der Querschnitt symmetrisch zur Z-Achse, so ist $\max y = \min y$ und $W_1 = W_2 = W$. Für die Durchführung der Rechnung, namentlich für die Ermittlung der durch wandernde Lasten entstehenden Grenzwerte der Spannungen ist es zuweilen zweckmäßig, die äußeren Kräfte in einem Glied zusammenzufassen. Dazu gelangt man durch

$$\frac{N_v}{F} = \frac{N_v}{J_z} y \cdot \frac{J_z}{F y} = \frac{N_v}{J_z} \frac{i_z^2}{y} \cdot y\,.$$

Auf der positiven Y-Achse ist der Kernpunkt *2* durch den Kernhalbmesser $k_2 = \frac{i_z^2}{\min y}$, auf der negativen Y-Achse der Kernpunkt *1* durch den Kernhalbmesser $k_1 = \frac{i_z^2}{\max y}$ bestimmt. Man erhält

$$\max\sigma = \frac{\max y}{J_z}(N_v \cdot k_1 + M_v)\,,$$

$$\min\sigma = \frac{\min y}{J_z}(N_v k_2 - M_v)$$

oder

$$\max\sigma = \frac{M_{v1}}{W_1}, \qquad \min\sigma = -\frac{M_{v2}}{W_2},$$

worin $M_{v1} = N_v \cdot k_1 + M_v\,, \qquad M_{v2} = -N_v \cdot k_2 + M_v$

die Momente der äußeren Kräfte um die Kernpunkte 1 und 2 des Querschnittes in v sind. Danach sind die Einflußflächen für $\max\sigma$ und $\min\sigma$ den Einflußflächen für die genannten Kernmomente verhältnisgleich.

Für die Schubspannungen folgt aus den Gleichungen (96) und (98)

$$\int \tau_z dF = V_z \cos\psi ,$$
$$\int \tau_y dF = V_v \sin\psi .$$

Dadurch sind τ_z und τ_y nicht bestimmt. Es besteht jedoch infolge

$$\frac{\partial \sigma_x}{\partial x} = V_v\left(\frac{\cos\psi}{J_z} y + \frac{\sin\psi}{J_y} z\right)$$

die Gleichgewichtsbedingung

$$\frac{\partial \tau_z}{\partial y} + \frac{\partial \tau_y}{\partial z} = - V_v\left(\frac{\cos\psi}{J_z} y + \frac{\sin\psi}{J_y} z\right),$$

sowie die fünfte und sechste der Verträglichkeitsbedingungen. Durch diese Gleichungen und die Randbedingung, daß die Mittelkraft aus τ_y und τ_z am Rande des Querschnittes in die Tangente an den Rand fällt, sind τ_y und τ_z eindeutig bestimmt, sofern die angenommene Grundlage ($\sigma_y = \sigma_z = \tau_x = 0$) mit den jeweils vorliegenden besonderen Bedingungen verträglich ist. Die Aufgabe ist jedoch nur für wenige Querschnittsformen gelöst. In der Statik begnügt man sich mit Näherungslösungen, die in vielen Fällen hinreichende Genauigkeit besitzen.

a) Rechteckiger Querschnitt, Länge des Rechtecks — Höhe genannt — parallel zur Ebene des Tragwerkes, Abb. 102. Für $z = \pm \frac{1}{2} b$ fordert die Randbedingung $\tau_y = 0$. Wenn b genügend klein ist, darf für alle Punkte $\tau_y = 0$ gesetzt werden, so daß nur die Schubspannung τ_z auftritt, die daher durch τ ohne Index bezeichnet werden kann.

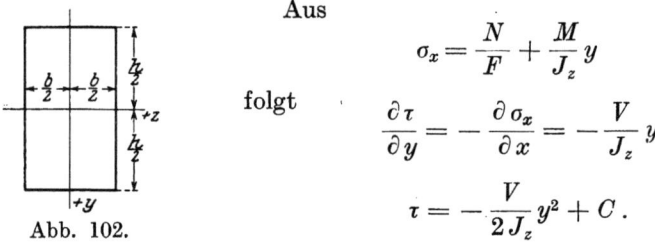

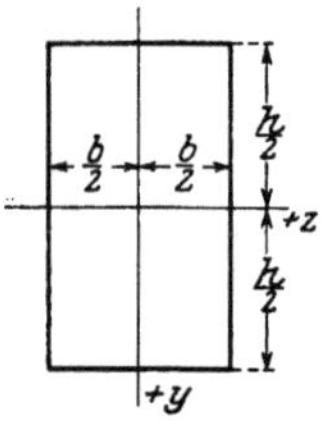

Abb. 102.

Aus

$$\sigma_x = \frac{N}{F} + \frac{M}{J_z} y$$

folgt

$$\frac{\partial \tau}{\partial y} = - \frac{\partial \sigma_x}{\partial x} = - \frac{V}{J_z} y$$

$$\tau = - \frac{V}{2 J_z} y^2 + C .$$

Die Randbedingung für $y = \pm \frac{h}{2}$ ist $\tau = 0$. Sie liefert

$$0 = C - \frac{V}{8 J_z} h^2 ,$$

mithin

$$\boldsymbol{\tau = \frac{V}{2 J_z}\left(\frac{h^2}{4} - y^2\right)} . \tag{105}$$

Dieser Wert erfüllt die Gleichgewichtsbedingung

$$\int \tau dF = V ,$$

$$\frac{V}{2 J_z}\left(\frac{h^2}{4} F - J_z\right) = V ,$$

da $\frac{1}{4} h^2 F = 3\,J_z$ ist. Die Schubspannung τ verteilt sich über die Höhe nach einer Parabel, der größte Wert in der Z-Achse ist

$$\max\tau = \frac{3}{2}\frac{V}{F}.$$

Die Lösung erfüllt die Verträglichkeitsbedingungen nicht und ist daher nicht genau. Die Gleichung (105) gibt aber den mittleren Wert der Schubspannungen längs der Parallelen zur Z-Achse richtig an und liefert daher eine desto genauere Annäherung an die tatsächlich auftretende Spannung, je kleiner b ist.

b) Querschnitt, symmetrisch zur Y-Achse von veränderlicher Breite $b = 2\,f(y)$, Abb. 103. Das Stabelement von der Dicke dx wird durch die Ebene $+y$ in zwei Stücke geteilt. Für das auf der positiven Y-Achse liegende Stück besteht die Gleichgewichtsbedingung

$$dx\int\limits_{-\frac{1}{2}b}^{+\frac{1}{2}b}\tau_z\cdot dz + 2\int\limits_y^h \sigma_x f(y)\,dy - 2\int\limits_y^h\left(\sigma_x + \frac{\partial\sigma_x}{\partial x}dx\right)f(y)\,dy = 0\,.$$

Um zur mittleren Spannung τ in der Ebene des Querschnittes längs der Parallelen zur Z-Achse zu gelangen, wird von dem betrachteten Stück des Stabelementes durch die Ebene $y + dy$ ein Prisma abgeschnitten, dessen Länge gleich $2\,f(y)$ und dessen Querschnitt $dx\cdot dy$ ist. Das Moment der Kräfte, welche auf die Seiten des Prismas wirken, um seine Achse muß verschwinden

$$2\tau\cdot f(y)\,dy\cdot\frac{dx}{2} - \frac{dy}{2}\int\limits_{-\frac{b}{2}}^{+\frac{b}{2}}\tau_z\,dz\cdot dx = 0\,,$$

$$2\tau\cdot f(y) = \int\limits_{-\frac{b}{2}}^{+\frac{b}{2}}\tau_z\cdot dz\,.$$

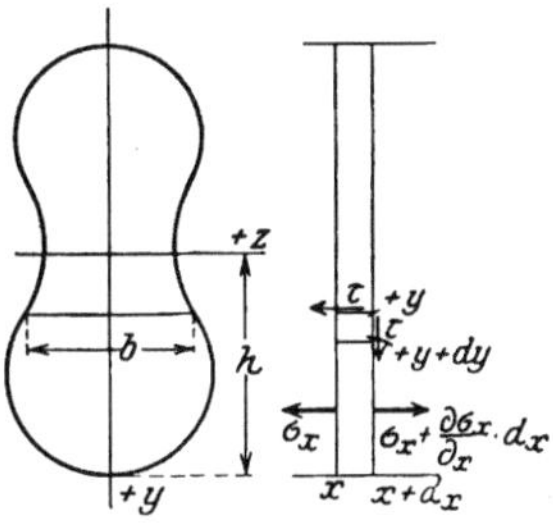

Abb. 103.

Man findet aus vorstehenden Gleichungen

$$\tau\cdot f(y) = \int\limits_y^h\frac{\partial\sigma_x}{\partial x}f(y)\,dy = \frac{V}{J_z}\int\limits_y^h y\cdot f(y)\,dy$$

$$\boldsymbol{\tau\cdot f(y) = \frac{V}{J_z}(S_0 - S_y)} \qquad (106)$$

wenn

$$S_0 = \int\limits_0^h y\cdot f(y)\cdot dy$$

das statische Moment des durch die Z-Achse abgetrennten Teiles des Querschnittes und

$$S_y = \int\limits_0^y y\cdot f(y)\cdot dy$$

das statische Moment des Querschnittes, der zwischen der Z-Achse und der Geraden $+y$ liegt, in bezug auf die Schwerachse ist. Dies Ergebnis erfüllt zwar die Gleichgewichtsbedingung für das Volumenelement

$$\frac{\partial \sigma_x}{\partial x}+\frac{\partial \tau_z}{\partial y}+\frac{\partial \tau_y}{\partial z}=0$$

nicht, da $\frac{\partial \tau_y}{\partial z}$ längs der Z-Achse im allgemeinen von Null verschieden ist, wohl aber die Bedingung, die man durch Integration dieser Gleichgewichtsbedingung längs der Z-Achse erhält

$$\int_{-\frac{b}{2}}^{+\frac{b}{2}}\left(\frac{\partial \sigma_x}{\partial x}+\frac{\partial \tau_z}{\partial y}+\frac{\partial \tau_y}{\partial z}\right)dz=\left[\int_{-\frac{b}{2}}^{+\frac{b}{2}}\frac{\partial \sigma_x}{\partial x}dz+2\frac{\partial \tau}{\partial y}f(y)+\tau_{y1}-\tau_{y2}\right]=0\,.$$

Für die Randwerte τ_{y1}, τ_{y2} gilt die Randbedingung

$$\tau_{y1}-\tau_{y2}=2\,\tau\cdot\frac{d f(y)}{d y}\,,$$

also ist

$$2\frac{\partial \tau}{\partial y}f(y)+\tau_{y1}-\tau_{y2}=2\frac{\partial[\tau\cdot f(y)]}{\partial y}$$

und weiter

$$2\frac{\partial[\tau\cdot f(y)]}{\partial y}=-\int_{-\frac{b}{2}}^{+\frac{b}{2}}\frac{\partial \sigma_x}{\partial x}dz=-2\frac{V}{J_z}y\cdot f(y)\,.$$

Aus Gleichung (106) ergibt sich

$$\frac{\partial[\tau\cdot f(y)]}{\partial y}=-\frac{V}{J_z}\frac{\partial S_y}{\partial y}=-\frac{V}{J_z}y\cdot f(y)$$

womit der Beweis erbracht ist. Die Anwendung der Formel auf den Doppel-T-Querschnitt ergibt für den Steg von der Dicke t den sehr genauen Wert

$$\tau=\frac{V}{J_z}\left(\frac{S_0}{t}-\frac{1}{2}y^2\right) \tag{107}$$

und in der Mitte des Querschnittes

$$\max\tau=\frac{V}{J_z}\frac{S_0}{t}\,.$$

Im Übergang aus dem Steg in den Flansch von der Breite b fällt τ infolge des Unterschiedes zwischen $\frac{S_0}{t}$ und $\frac{S_0}{b}$ unvermittelt ab. Das gilt jedoch nur für den mittleren Wert, während längs der Parallelen zur Y-Achse, die in den Steg fallen, ein stetiger Abfall von dem im Steg auftretenden Wert bis auf Null am Rande stattfindet. Die Ausstrahlung von τ aus dem Steg in den Flansch wird durch die Ausrundung der Hohlkehlen zwischen Steg und Flansch stark beeinflußt. Fehlt die Rundung, so ist ein Sprung der Schubspannung längs der inneren Wand des Flansches vom Wert des Steges auf Null unvermeidlich. Im Flansch ist die Schubspannung τ_y von Null wesentlich verschieden. Da längs der positiven Y-Achse bei positivem V $\frac{\partial \sigma_x}{\partial x} + \frac{\partial \tau_z}{\partial y} < 0$ ist, ist $\frac{\partial \tau_y}{\partial z} > 0$. Da ferner in $z = 0$ $\tau_y = 0$ ist, ist für

$$0 < z < +\frac{b}{2}: \tau_y > 0 \quad \text{und für} \quad 0 > z > -\frac{b}{2}: \tau_y < 0.$$

Die Richtung τ_y weist vom Steg nach den beiden lotrechten Rändern des Flansches. Genauere Formeln für τ_z und τ_y im Flansch sind nicht bekannt; ihre Kenntnis hat im übrigen keine praktische Bedeutung.

Für den unsymmetrischen Querschnitt des]-Eisens führt der Ansatz $\varepsilon_x = a + b \cdot y$ nur dann zu einer Lösung, wenn die Kraftebene gegen die X, Y-Ebene um eine Strecke z_0 parallel verschoben ist. Sind die Normalspannungen σ_x auf Parallelen zur Z-Achse gleich groß, so bedingt das Gleichgewicht am Volumenelement bei positiver Querkraft im gedrückten Flansch eine nach dem Steg zu, im gezogenen Flansch eine vom Steg ab gerichtete Schubspannung τ_y. Die Spannung τ_z kann im Flansch nur klein sein, da sie an den Rändern desselben verschwinden muß. Wird sie vernachlässigt und aus demselben Grunde τ_y im Steg, so ergibt sich das rechtsdrehende Moment um den Schwerpunkt

$$2 \int_{\frac{1}{2}h - t_1}^{\frac{1}{2}h} \tau_y \cdot y \cdot dF + e \int_{-\frac{1}{2}h}^{\frac{1}{2}h} \tau_x \cdot t \cdot dh = 2\,J_1 + e \cdot V$$

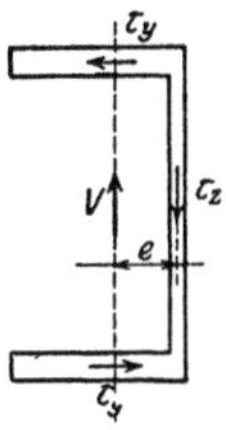

Abb. 104.

wenn t_1 die Stärke des Flansches, t die des Steges und e den Abstand der Stegmitte von der Y-Achse bezeichnet. Mithin hat die lotrechte Mittelkraft V der Schubspannungen von der Y-Achse den Abstand

$$e_1 = e + \frac{2\,J_1}{V}.$$

Aus $\varepsilon_x = a + b \cdot y$ ergibt sich demnach nur dann eine Lösung, wenn $z_0 = e_1$ ist. Ist $z_0 < e_1$, so muß der Wert J_1 abnehmen. J_1 muß verschwinden, wenn $z_0 = e$ ist, und muß für $z_0 < e$ negativ werden. Wenn die Kraftebene in die X, Y-Ebene fällt, müssen also die Spannungen τ_y in den Flanschen die in Abb. 104 angegebenen Richtungen haben. Das ist nur möglich, wenn die Normalspannungen σ_x auf Parallelen zur Z-Achse nicht gleich groß sind. Im allgemeinen Falle muß also der Ansatz für ε_x und demnach auch für σ_x erweitert werden zu

$$\sigma_x = a + b \cdot y + c \cdot y \cdot z$$

oder, wenn eine Normalkraft nicht auftritt und das angreifende Moment linear von x abhängig ist,

$$\sigma_x = b_1 \cdot x \cdot y + c_1 \cdot x \cdot y \cdot z.$$

Dieser Ansatz ist mit der Voraussetzung $\sigma_y = \sigma_z = \tau_x = 0$ nicht verträglich, weil die vierte Verträglichkeitsbedingung nicht erfüllt wird. Die Erfüllung könnte durch $\tau_x = f(x)$ erreicht werden, doch würden die für τ_x bestehenden Randbedingungen unerfüllbar bleiben, wenn τ_x von y und z unabhängig ist. Der oben stehende Ansatz kann daher nur eine Näherungslösung ergeben. Berechnet man die durch ihn bedingte Spannung τ_y im Flansch aus

$$\frac{\partial \sigma_x}{\partial x} + \frac{\partial \tau_y}{\partial z} = 0$$

und den Randbedingungen, indem man τ_z im Flansch vernachlässigt, so erhält man in

$$M = \int \sigma_x \cdot y \cdot dF,$$

$$2 J_1 = (z_0 - e) V$$

zwei Gleichungen, aus denen b_1 und c_1 für jede Lage der Kraftebene zu bestimmen sind. Um ein genaues Ergebnis zu erhalten, müßte die Annahme e als Abstand der Stegmitte von der Y-Achse durch eine genauere Bestimmung ersetzt werden, die den Umstand berücksichtigt, daß τ_z in den Teilen der Flansche, die dem Steg naheliegen, nicht völlig vernachlässigbar ist. Es darf vermutet werden, daß e nur vom Querschnitt abhängig, von der Belastung unabhängig ist. Dann könnte der Wert e durch Versuche und Auswertung mit Hilfe der angegebenen Rechnung bestimmt werden.

Der Nachweis, daß die Annahme $\varepsilon = a + b \cdot y$ für den]-Querschnitt keine richtige Lösung ergibt, ist von Bach[1]) durch Versuche erbracht. Zwei Versuchsergebnisse zeigen, daß die Verteilung der Normalspannungen im Flansch dem Geradliniengesetz näher kommt, wenn die Kraftebene aus der X, Y-Ebene in den Steg verschoben wird. Das stimmt mit dem oben gezogenen Schlusse überein, nachdem in der Lage z_0 der Kraftebene die gleichmäßige Spannungsverteilung erreicht wird. Vor Bach hat schon Sonntag[2]) auf anderem Wege als dem hier eingeschlagenen gefunden, daß die absoluten Werte der Normalspannungen am Steg erheblich größer sein müssen als am Rande der Flansche.

c) Winkelquerschnitt, Abb. 105. Man zerlegt V in die Seitenkräfte nach den Richtungen der Winkelschenkel und weist jede Seitenkraft dem gleichgerichteten Schenkel nach dem parabolischen Verteilungsgesetz zu.

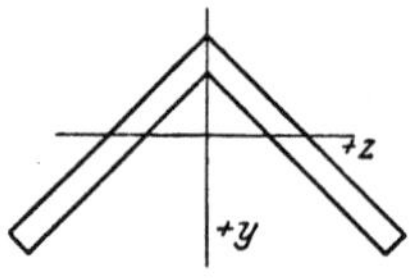

Abb. 105.

Durch die aufgestellten Formeln sind die Spannungen des geraden Stabes auf die angreifenden Momente, die Normal- und Querkräfte zurückgeführt. Nachdem die Berechnung der Momente, Normal- und Querkräfte für alle Punkte der Stabachsen eines Tragwerkes in Abschnitt b allgemein und im besonderen für verschiedene Bauarten gezeigt ist, erübrigt es sich, hier auf die Einzelfälle nochmals einzu-

[1]) Bach, C.: Versuche über die tatsächliche Widerstandsfähigkeit von Trägern mit [-förmigem Querschnitt. Z. V. d. I. 1910, S. 382.
[2]) Sonntag: Biegung, Schub, Scherung. 1909.

gehen. Die Bemerkungen in Nr. 33 sind sinngemäß zu berücksichtigen. Zuweilen besteht jedoch ein grundsätzlicher Unterschied in der Berechnung der inneren Kräfte des Stabwerkes und des Fachwerkes, nämlich der, daß beim Stabwerk gewisse, durch die Form und den Flächeninhalt des Stabquerschnittes bedingte Größen bekannt sein müssen, um die Grenzwerte der auftretenden Spannungen zu berechnen. Diese Notwendigkeit entspricht der Tatsache, daß Formel (104) F und $W = \frac{J_z}{\max y}$ enthält.

36. Normalspannungen bei nicht geradlinigem Formänderungsgesetz.

Die Beziehung zwischen der Dehnung und Spannung sei durch eine Funktion der Form

$$\varepsilon_x = f(\sigma_x) - C\,[f(\sigma_y) + f(\sigma_z)]$$

gegeben. Dann folgt aus $\sigma_y = 0$, $\sigma_z = 0$ wieder

$$\varepsilon_y = \varepsilon_z = -C\,\varepsilon_x$$

und in Verbindung mit $\tau_x = 0$ wie oben weiter aus den Verträglichkeitsbedingungen

$$\frac{\partial^2 \varepsilon_x}{\partial x^2} = \frac{\partial^2 \varepsilon_x}{\partial y^2} = \frac{\partial^2 \varepsilon_x}{\partial z^2} = \frac{\partial^2 \varepsilon_x}{\partial y \cdot \partial z} = 0\,.$$

Demnach ist anzusetzen

$$\varepsilon_x = a + b\,y + c\,z\,,$$

worin a, b, c lineare Funktionen von x sind. Der Beweis ist an die oben getroffene und wohl stets zulässige Voraussetzung gebunden, daß die durch σ_x erzeugten Längs- und Querdehnungen einander proportional sind. Im übrigen kann jedes beliebige Formänderungsgesetz und auch Äolotropie, soweit sie mit jener Bedingung verträglich ist, bestehen. Das Geradliniengesetz gilt danach für die Dehnungen in der Richtung der Stabachse bei jedem Formänderungsgesetz, welches Verhältnisgleichheit zwischen den durch die Normalspannungen σ_x erzeugten Längs- und Querdehnungen bedingt, wenn sich die angreifenden Momente geradlinig von Punkt zu Punkt ändern.

Es wird nun

$$\sigma_x = \varepsilon_x \cdot \alpha \cdot w$$

eingeführt. Hierin ist

$$\alpha = \frac{\sigma_0}{\varepsilon_0}$$

der Quotient aus Spannung und Dehnung für einen beliebig gewählten Spannungswert σ_0

$$w = \frac{\sigma}{\sigma_0 \cdot \frac{\varepsilon}{\varepsilon_0}}$$

eine aus dem Formänderungsgesetz als Funktion der Spannung oder Dehnung zu berechnende veränderliche Zahl. Ist das Formänderungsgesetz durch die Spannungs-Dehnungslinie gegeben, deren Ordinate die Spannung σ, deren Abszisse die Dehnung ε ist, Abb. 106, so zieht man

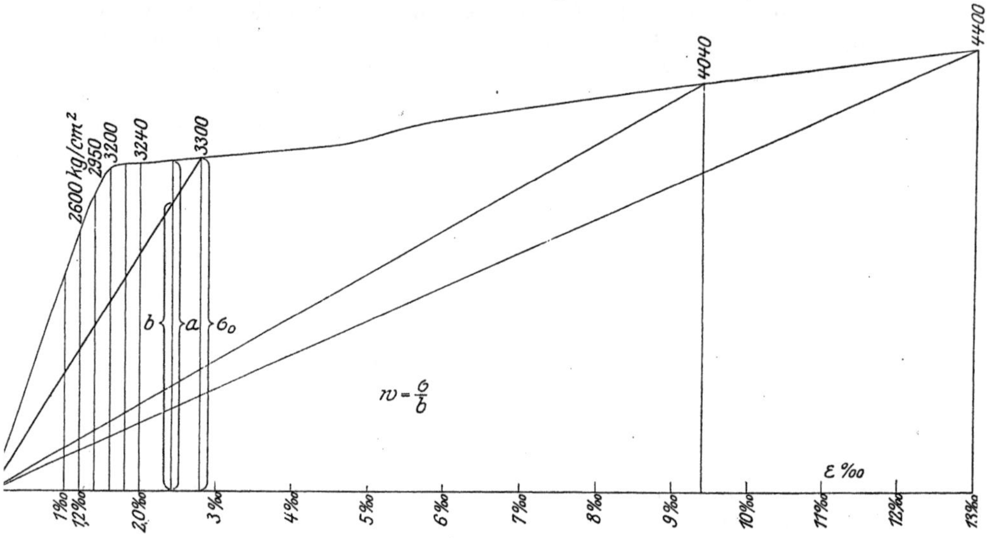

Abb. 106.

die Gerade durch σ_0 und den Anfangspunkt. Sie schneidet auf der Ordinate in ε die Strecke $b = \sigma_0 \dfrac{\varepsilon}{\varepsilon_0}$ ab, also hat man

$$w = \frac{\sigma}{b}$$

als Quotient zweier Strecken.

Die Untersuchung sei auf die Fälle beschränkt, in denen die Y-Achse in der Ebene des Tragwerks liegt. In die Gleichgewichtsbedingungen

$$N_v - \int \sigma \, dF = 0\,,$$

$$M_{vi} - \int \sigma \cdot y \cdot dF = 0\,,$$

wird

$$\sigma = \alpha \cdot w(a + b\,y)\,,$$

$$\sigma = w(a_1 + b_1 \cdot y)$$

eingeführt.

$$N_v = a_1 \int w \cdot dF + b_1 \int y \cdot w \cdot dF\,,$$

$$M_{vi} = a_1 \int w \cdot y \cdot dF + b_1 \int w \cdot y^2 dF\,.$$

Man bildet einen verzerrten Querschnitt, indem man jedes Flächenelement mit dem zugehörigen Wert w multipliziert, berechnet die Lage der Schwerachse und den Flächeninhalt F_i des verzerrten Querschnitts, erstere durch ihren Abstand von der Schwerachse des unverzerrten Querschnittes

$$F_i = \int w \cdot dF\,,$$

$$e = \frac{\int w \cdot y' \, dF}{F_i}\,.$$

y' ist auf die Schwerachse des unverzerrten, y auf die Schwerachse des verzerrten Querschnitts zu beziehen. Mithin ist $\int w \cdot y \cdot dF = 0$. Schließlich berechnet man

$$J_{zi} = \int w \cdot y^2 \cdot dF.$$

Damit erhält man

$$a_1 = \frac{N}{F_i}, \qquad b_1 = \frac{M_v - N_v \cdot e}{J_{zi}} = \frac{M_{vi}}{J_{zi}},$$

wenn beachtet wird, daß M_v das Moment um den Schnittpunkt des Querschnittes mit der Stabachse, und $\int \sigma \cdot y \cdot dF$ das Moment der Spannungen um die Schwerachse des verzerrten Querschnittes bezeichnet. Die Normalspannung in jedem Punkte des Querschnittes ist

$$\sigma = w\left(\frac{N_v}{F_i} + \frac{M_{vi}}{J_{zi}} y\right). \tag{108}$$

Die Rechnung kann nur auf dem Wege der Annäherung durchgeführt werden, da w von dem Ergebnis abhängig ist. Man geht von einer ersten, mehr oder weniger willkürlichen Annahme aus und führt die Rechnung auf dieser Grundlage durch. Liegt das Ergebnis der Annahme hinreichend nahe, so führt fortschreitende Annäherung zum Ziele. Andernfalls muß aus mehreren angenommenen Werten eine Kurve berechnet werden, deren Schnittpunkt mit der Spannungsdehnungslinie die Lösung ergibt.

Da die Z-Achse normal zur Ebene des Tragwerks vorausgesetzt ist, ist w auf Parallelen zur Z-Achse mit σ konstant. Die Verzerrung des Querschnittes ist daher durch Multiplikation der Breite t mit w durchzuführen. Der Rechnungsgang soll an einem für zwei Belastungen durchgerechneten Beispiel erläutert werden. Der Einfachheit halber ist ein rechteckiger Querschnitt $h = 36$ cm, $b = 1$ cm gewählt. Das Formänderungsgesetz ist in Abb. 106 durch die Spannungsdehnungslinie eines Flußstahles dargestellt:

Erste Belastung: $N = 0$, $M = 864000$ kg · cm.

Bei geradlinigem Formänderungsgesetz würde sich

$$\max \sigma = \pm \frac{864\,000}{216} = \pm 4000 \text{ kg/cm}^2$$

ergeben. Man wählt $\sigma_0 = \max \sigma$, so daß w in den äußersten Punkten des Querschnittes gleich 1 und $\max \sigma$ aus

$$\max \sigma = \frac{M}{J_{zi}} \cdot \frac{h}{2}$$

zu berechnen ist. Nun wird eine erste Annahme für σ_0 getroffen, welche < 4000 kg/cm² ist, $\sigma_1 = 3300$ kg/cm², und die Gerade $0\,\sigma_1$ in der Abb. 106 gezogen. Sodann wird $\frac{h}{2}$ in eine Anzahl gleicher Teile — hier zehn — geteilt und jedem Teilungspunkt der Punkt der Abszissen-

	$\sigma_0 = 3300$	$\sigma_0 = 3250$	$\sigma_0 = 3245$
0	1,81	1,46	1,385
4	1,81	1,46	1,385
5	1,76	1,46	1,385
6	1,60	1,45	1,385
7	1,38	1,39	1,350
8	1,21	1,245	1,260
9	1,10	1,11	1,140
10	1,00	1,00	1,00

achse zugeordnet, welcher die Strecke $o\,\varepsilon_0$ verhältnisgleich teilt. Für jeden Teilungspunkt ist $w = \frac{\sigma}{b}$ und daraus $t \cdot w$ zu berechnen. Die Teilungspunkte sind von der Mitte nach dem Rande zu gezählt. Als zweite Annahme ist $\sigma_0 = 3250$, als dritte $\sigma_0 = 3245$ gewählt. Nebenstehend sind die verzerrten Breiten des Querschnittes zusammengestellt. Der Querschnitt F_i ist in der Mitte ein Rechteck und verjüngt sich in der Breite nach beiden Rändern zu bis auf 1 cm. Es ergibt sich

$$1.\ J_i = 5150, \quad 2.\ J_i = 4861, \quad 3.\ J_i = 4673,$$

$$\sigma_{\max} = \pm\frac{8640 \cdot 18}{J_i} = 1:3021, \quad 2:3200, \quad 3:3320.$$

Der Schnittpunkt der $\sigma_{\max}$-Linie und der Spannungsdehnungslinie liegt danach zwischen 3250 und 3245 kg/cm².

Zweite Belastung: $N = 122\,400$ kg, $M = 216\,000$ kg/cm.

Bei geradliniger Spannungsverteilung ergibt sich

$$\max\sigma = \frac{122\,400}{36} + \frac{216\,000}{216} = 4400\ \text{kg/cm}^2,$$

$$\min\sigma = \frac{122\,400}{36} - \frac{216\,000}{216} = 2400\ \text{kg/cm}^2.$$

Es bezeichne σ_a die Spannung am Rande $+\frac{h}{2}$ und σ_b am Rande $-\frac{h}{2}$. Als erste Annahme ist

1. $\sigma_a = 4400$, $\sigma_b = 2400$ und $\sigma_0 = \sigma_a$ gewählt. Daraus ergibt sich
$w_a = 1$, $w_b = 6{,}4$, $F_i = 77{,}3$, $J_i = 8166$, $e = -5{,}45$,
$M_i = 216\,000 + 5{,}45 \cdot 122\,400$, $M_i = 883\,500$,

$$\sigma_a = \frac{122\,400}{77{,}3} + \frac{883\,500}{8166}\,23{,}45 = 4123,$$

$$\sigma_b = 6{,}4\left(\frac{122\,400}{77{,}3} - \frac{883\,500}{8166} \cdot 12{,}55\right) = 1430,$$

2. $\sigma_a = 4130$, $\sigma_b = 1430$, $\sigma_0 = \sigma_a$ gewählt ergibt
$w_a = 1$, $w_b = 5{,}25$, $F_i = 78{,}8$, $J_z = 8135$, $e = -5{,}36$,
$M_i = 216\,000 + 5{,}36 \cdot 122\,400 = 873\,000$, $\sigma_a = 4055$, $\sigma_b = 1050$,

3. $\sigma_a = 4050$, $\sigma_b = 1050$, $\sigma_0 = \sigma_a$ gewählt ergibt
$w_a = 1$, $w_b = 5{,}0$, $F_i = 80{,}6$, $J_i = 8120$, $e = -5{,}5$,
$M_i = 216\,000 + 5{,}5 \cdot 122\,400 = 889\,200$, $\sigma_a = 4091$, $\sigma_b = 750$,

4. $\sigma_a = 4090$, $\sigma_b = 750$, $\sigma_0 = \sigma_a$ gewählt ergibt
$w_a = 1$, $w_b = 5{,}1$, $F_i = 81{,}6$, $J_i = 8160$, $e = -5{,}55$,
$M_i = 216\,000 + 5.55 \cdot 122\,400 = 895\,320$, $\sigma_a = 4080$, $\sigma_b = 690$.

Damit ist genügende Übereinstimmung der errechneten Werte mit den zwecks Bestimmung der Zahl w aus der Spannungsdehnungslinie angenommenen erreicht. Abb. 107 zeigt den verzerrten Querschnitt, wobei h im Maßstab 1 : 4, t in 1 : 1 aufgetragen ist.

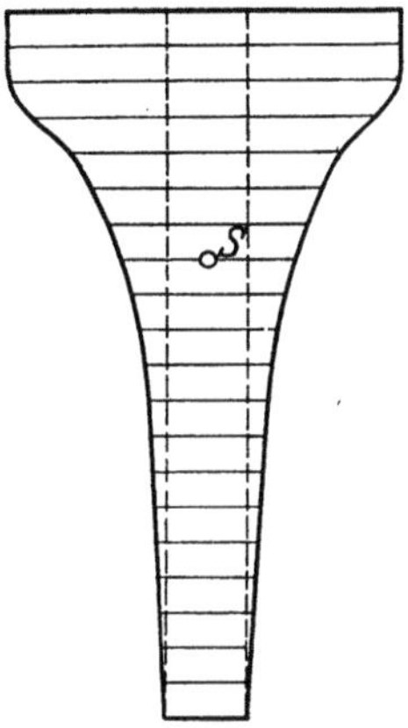

Abb. 107.

37. Die Spannungen im krummen Stab.

Da nur ebene Tragwerke behandelt werden, darf vorausgesetzt werden, daß die Ebene der Krümmung in die Ebene des Tragwerkes fällt. Die Y-Achse liege in derselben Ebene. Dann darf $\sigma_z = 0$, $\tau_x = 0$ angenommen werden, aber $\sigma_y \lesseqgtr 0$. Das Geradliniengesetz für die Dehnungen ε_x gilt nicht[1]). Trotzdem wird in der Statik vorausgesetzt, daß die Längenänderung $\Delta\, ds$ geradlinig verläuft. Die Berechtigung hierzu wird der Erfahrung entnommen, daß das Gesetz für die in der Statik zu behandelnden Krümmungshalbmesser hinreichend genaue Ergebnisse liefert. Es bezeichne nach Abb. 108 ds die Länge des Stabelementes in der Stabachse, deren Krümmungshalbmesser r ist, ds_y die Länge des Stabelementes im Abstand y von der Stabachse. r wird positiv als Ordinate auf der $+Y$-Achse bezeichnet, so daß ds_y ein Bogenelement des Kreises vom Halbmesser $r - y$ ist. Wie begründet, wird

$$\Delta\, ds_y = a + b \cdot y$$

gesetzt. Dann ist wegen $ds_y = ds \dfrac{r-y}{r}$,

$$\varepsilon_s = \frac{\Delta\, ds_y}{ds_y} = \frac{(a + b \cdot y)\, r}{(r-y)\, ds},$$

$$\sigma = \varepsilon_s \cdot E = \frac{a E}{ds} \frac{r}{r-y} + \frac{b \cdot E}{ds} \cdot y \frac{r}{r-y},$$

$$\sigma = a_1 \frac{r}{r-y} + b_1 \cdot y \cdot \frac{r}{r-y}.$$

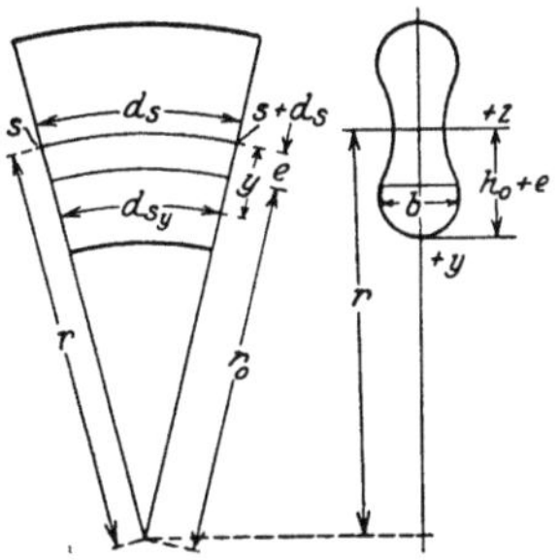

Abb. 108.

Aus den Gleichgewichtsbedingungen

$$N_v = \int \sigma\, dF, \qquad M_v = \int \sigma \cdot y \cdot dF$$

ergibt sich

$$N_v = a_1 \int \frac{r}{r-y} dF + b_1 \int y \frac{r}{r-y} dF,$$

$$M_v = a_1 \int y \frac{r}{r-y} dF + b_1 \int y^2 \frac{r}{r-y} dF.$$

[1]) Die genaue Lösung für den Ringsektor von rechteckigem Querschnitt ist von Föppl: Drang und Zwang, 1920, S. 292 ff. angegeben.

Es ist

$$\int \frac{r}{r-y} dF = \int dF + \frac{1}{r}\int y \cdot dF + \frac{1}{r^2}\int y^2 \frac{r}{r-y} dF,$$

und da $\int y \cdot dF = 0$ ist,

$$\int \frac{r}{r-y} dF = F + \frac{1}{r^2} Z,$$

wenn $Z = \int y^2 \frac{r}{r-y} dF$ bezeichnet.

Ferner ist

$$\int y \frac{r}{r-y} dF = \int y dF + \frac{1}{r}\int y^2 \frac{r}{r-y} dF$$

$$\int y \frac{r}{r-y} dF = \frac{1}{r} Z.$$

Mithin lauten die Gleichungen

$$N_v = a_1 \left(F + \frac{1}{r^2} Z\right) + b_1 \frac{1}{r} Z,$$

$$M_v = a_1 \frac{1}{r} Z + b_1 Z.$$

Zieht man die zweite Gleichung nach Multiplikation mit $\frac{1}{r}$ von der ersten ab, so erhält man

$$N_v - \frac{1}{r} M_v = a_1 F,$$

aus der zweiten folgt nun

$$b_1 = \frac{M_v}{Z} - \frac{N_v}{F \cdot r} + \frac{M_v}{F \cdot r^2}.$$

Die für a_1 und b_1 gefundenen Werte werden in σ eingeführt und die N_v enthaltenden Glieder zusammengefaßt.

$$\sigma = \frac{N_v}{F} + M_v \frac{r}{r-y}\left[-\frac{1}{F \cdot r} + y\left(\frac{1}{F r^2} + \frac{1}{Z}\right)\right]$$

oder

$$\sigma = \frac{1}{F}\left(N_v - \frac{1}{r} M_v\right) + \frac{M_v}{Z} \frac{r \cdot y}{r-y}\,^{1)}. \qquad (109)$$

Die neutrale Achse ist mit $N = 0$ und $\sigma = 0$ durch die Gleichung

$$0 = -\frac{M_v}{F \cdot r} + \frac{M_v}{Z} \frac{r y}{r-y}$$

[1]) Winkler, E.: Die Lehre von der Elastizität und Festigkeit, S. 271. Prag 1867.

bestimmt. Bezeichnet e ihren Abstand von der Schwerachse, so ergibt sich

$$e = \frac{Z \cdot r}{Z + F \cdot r^2}.$$

Es seien die Ordinaten y_0 auf die neutrale Achse bezogen

$$y = y_0 + e\,, \qquad r = r_0 + e\,,$$

dann erhält man

$$\sigma = \frac{N_v}{F} + \frac{M_v}{Z} \left(\frac{r}{r_0}\right)^2 \frac{y_0 \cdot r_0}{r_0 - y_0}\,, \tag{110}$$

wofür man auch

$$\sigma = \frac{1}{F} \left(N_v + M_v \frac{y_0}{e\,(r_0 - y_0)}\right) \tag{111}$$

schreiben kann.

Um das Integral Z genau zu berechnen, muß Reihenentwicklung angewendet werden. Wenn im Nenner des dritten Gliedes y_0 gegen r vernachlässigt wird, ergibt sich

$$Z = J + \frac{1}{r^2} \int y^4 \cdot dF\,.$$

Meist kann genau genug $Z = J$ gesetzt werden. Führt man dann noch die Größe $k^2 = \frac{Z}{F}$ ein, welche mit $Z = J$ in i^2 des Trägheitshalbmessers übergeht, so ergibt sich

$$e = \frac{k^2}{r + \frac{k^2}{r}} \sim \frac{i^2}{r + \frac{i^2}{r}}\,. \tag{112}$$

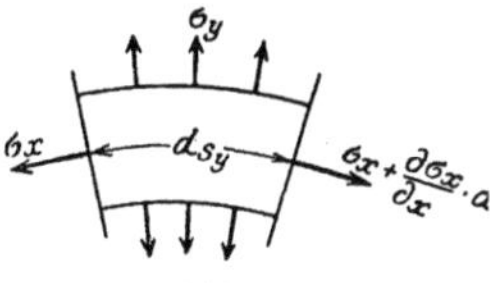

Abb. 109.

Den mittleren Wert σ_y längs der Parallelen zur Z-Achse $+y$ erhält man aus der Gleichgewichtsbedingung für das in Abb. 109 dargestellte Element, welches aus dem Stabelement durch die Kreiszylinderflächen in $+y$ und $+y + dy$ herausgeschnitten ist[1]). $b = f(y)$ bezeichnet die Breite des Querschnittes, die Kräfte $\sigma_x\, dF$ in den Seiten des Elementes, welche in die Querschnitte s und $s + ds$ fallen, ergeben eine Mittelkraft in Richtung des Radius von der Größe $\sigma_x b \cdot dy \cdot \frac{ds}{r}$. In der bezeichneten Kreiszylinderfläche $+y$ wirkt die Kraft $\sigma_y \cdot b\,(r - y)\,\frac{ds}{r}$. Mithin besteht die Gleichgewichtsbedingung

$$\frac{d[\sigma_y \cdot b \cdot (r - y)]}{dy} + \sigma_x \cdot b = 0\,,$$

$$\sigma_y \cdot b\,(r - y) = -\int \sigma_x b \cdot dy + C\,.$$

[1]) Lorenz, H.: Technische Elastizitätslehre, S. 228. 1913.

Am Rande $y = h_0$ muß $\sigma_y = 0$ sein, daraus folgt

$$C = \int^{y=h_0} \sigma_x b \cdot dy\,,$$

$$\sigma_y \cdot b \cdot (r - y) = \int_y^{h_0} \sigma_x b \cdot dy\,.$$

N_v ist auf σ_y ohne Einfluß; also ergibt sich

$$\sigma_y \cdot b(r - y) = \frac{M_v}{Z}\left(\frac{r}{r_0}\right)^2 \int_{y_0}^{h_0} y_0 \frac{r_0}{r_0 - y_0}\, b \cdot dy\,,$$

$$\boldsymbol{\sigma_y \cdot b(r - y) = \frac{M_v}{Z}\left(\frac{r}{r_0}\right)^2 \left[\int_{y_0}^{h_0} y_0 \cdot b \cdot dy + \frac{1}{r_0}\int_{y_0}^{h_0} y_0^2\, b\, dy\right]}, \quad (113)$$

wenn im Nenner des zweiten Integrales y_0 gegen r_0 vernachlässigt wird.

Zahlenbeispiel: Breitflanschiger I Querschnitt Nr. 30.

$$r = 100 \text{ cm}\,, \quad N = 0\,, \quad M = -1\,600\,000 \text{ kg/cm}.$$

Es ist

$$F = 152, \quad J = 25\,201\,.$$

$$Z = 25\,201 + 480 = 25\,680\,, \qquad k^2 = \frac{25\,680}{152} = 169\,,$$

$$e = \frac{169}{100 + 1{,}7} = 1{,}66\,,$$

an der inneren Kante entsteht

$$\min \sigma_x = -\frac{1\,600\,000}{25\,680}\left(\frac{100}{98{,}34}\right)^2 \frac{13{,}34 \cdot 98{,}34}{85} = -994 \text{ kg/cm}^2\,,$$

an der äußeren Kante entsteht

$$\max \sigma_x = +\frac{1\,600\,000}{25\,680}\left(\frac{100}{98{,}34}\right)^2 \frac{16{,}66 \cdot 98{,}34}{115} = +915 \text{ kg/cm}^2\,,$$

min σ_y entsteht im Steg in der Nähe des Überganges zum inneren Flansch. Es sei der Wert in der Stelle des Überganges berechnet. Es ist

$$\int_{y_0}^{h_0} y_0\, b\, dy + \frac{1}{r}\int_{y_0}^{h_0} y_0^2\, b\, dy = b_1 \cdot t_1 \left(h_0 - \frac{1}{2} t_1\right)\left(1 + \frac{h_0 - \frac{1}{2} t_1}{r_0}\right),$$

$$b_1 = 30\,, \qquad t_1 = 1{,}98\,, \qquad b = 1{,}25 \text{ (Stegstärke)}\,,$$

$$= 30 \cdot 1{,}98 \cdot 12{,}35\,(1 + 0{,}12) = 822\,,$$

$$\sigma_y = -\frac{1\,600\,000}{25\,680}\left(\frac{100}{98{,}34}\right)^2 \frac{822}{1{,}25 \cdot 87} = -486 \text{ kg/cm}^2\,.$$

σ_y hat in allen Punkten des Querschnittes dasselbe Vorzeichen, und zwar das Vorzeichen der Spannung σ_x, die an der inneren Kante auftritt. Das Beispiel zeigt, daß σ_y nicht ohne weiteres vernachlässigt werden darf.

e) Lösung durch das Prinzip der virtuellen Verrückungen. Kinematisches Verfahren.

38. Die zwangläufige kinematische Kette.

Die in Nr. 14 dargestellte Ableitung einer Aussage über den Wert einer statischen Größe des statisch bestimmten Tragwerkes aus der Gleichung des Prinzips der virtuellen Verrückungen erfordert

1. die zweckdienliche Bestimmung der $2\,k$ willkürlichen Größen;
2. die Ermittlung der danach ebenfalls bestimmten, abhängigen Größen des jeweils bestehenden Systems virtueller Verrückungen.

Zweckdienlich ist die Bestimmung: Weg der gesuchten, Z_a bezeichneten statischen Größe $\varDelta\,\bar{a} = 1$, Weg aller anderen unbekannten statischen Größen gleich Null. Das so gekennzeichnete System virtueller Verrückungen soll, um es kurz zu bezeichnen, System $\varDelta\,\bar{a} = 1$ genannt werden. Die Gleichung des Prinzips der virtuellen Verrückungen ergibt

$$Z_a \cdot 1 = \sum P_m \cdot \bar{\delta}_m\,, \tag{114}$$

wenn Z_a eine innere, oder

$$Z_a \cdot 1 = -\sum P_m \cdot \bar{\delta}_m\,, \tag{115}$$

wenn Z_a eine äußere statische Größe ist. Falls es sich um eine innere statische Größe handelt, gestaltet sich die Lösung des zweiten Teiles der Aufgabe zuweilen durch eine Änderung der Auflagerbedingungen einfacher, indem einzelnen Knotenpunkten in geeignet gewählter Richtung die Verschiebung Null vorgeschrieben und in ebenso vielen Stützpunkten die Verschiebung $\bar{c} \lesseqgtr 0$ in Kauf genommen wird. Die letzteren gehören dann zu den abhängigen Größen des Systems virtueller Verrückungen, und es ergibt sich die Gleichung

$$Z_a \cdot 1 = \sum P_m \bar{\delta}_m + \sum C \cdot \bar{c}\,. \tag{116}$$

Die Gleichung gibt den Wert Z_a an, wenn die Stützkräfte C bereits gefunden sind.

Die stets durchführbare Lösung des wesentlichen zweiten Teiles der Aufgabe beruht auf den Gesetzen der Bewegung zwangläufiger Getriebe. Um die Bedingungen des Systems $\varDelta\,\bar{a} = 1$ zu verwirklichen, braucht man nur das Glied a des Tragwerks zu beseitigen. Für die $2\,k$ Verschiebungskomponenten der Knotenpunkte des Tragwerks bestehen dann $2\,k - 1$ Stabilitätsbedingungen. Man kann sie also einer willkürlichen Bedingung unterwerfen. Wird hierfür die Bedingung $\varDelta\,\bar{a} = 1$ gewählt, so bestehen für die abhängigen Größen des Systems $\varDelta\,\bar{a} = 1$, nämlich die Unbekannten $\varDelta\,\bar{x}$, $\varDelta\,\bar{y}$ der Knotenpunkte, genau dieselben Gleichungen wie für die $\varDelta\,x$, $\varDelta\,y$ des Gebildes, welches durch Beseitigung des Gliedes a entstanden ist. Daraus folgt: Man findet die abhängigen Größen des Systems $\varDelta\,\bar{a} = 1$ in den Verschiebungskomponenten des bezeichneten Gebildes.

Die virtuellen Verrückungen sind gemäß der Begriffsbestimmung sehr kleine Größen, $\Delta \bar{a}$ ist gleich der sehr kleinen Einheit. Demnach muß auch die Bewegung des bezeichneten Gebildes auf sehr kleine Verschiebungen beschränkt werden. Für die Rechnung ist es jedoch zweckmäßiger, für die Zeichnung notwendig, mit endlichen Größen zu arbeiten. Zu diesem Zweck werden die Verrückungen mit ein und derselben sehr großen Zahl multipliziert bzw. in einem sehr großen Maßstab aufgetragen. Oder aber die Verrückungen werden durch ein und dieselbe sehr kleine Größe geteilt. Wählt man hierfür das Differential der Zeit, so erhält man an Stelle der sehr kleinen Verrückung die endliche Geschwindigkeit einer Verrückung von sehr kleiner Zeitdauer. Beide Wege führen zu endlichen Größen, die man beliebig als Verrückungen oder Geschwindigkeiten deuten und bezeichnen kann.

Die Stütze eines Tragwerkes und den einfachen Stab kann man beseitigen. Die Einspannung und die steife Ecke kann man durch ein Gelenk ausschalten. Jedem biegungsfesten Stab kann man eine Bewegungsfreiheit durch eine Parallelführung zwischen zwei benachbarten Querschnitten geben, deren Bahn entweder parallel oder normal zur Stabachse ist. In jedem Falle verliert das Tragwerk durch einen der bezeichneten Eingriffe eine Stabilitätsbedingung und es entsteht das Gebilde, welches zwangläufige, kinematische Kette genannt wird. Die wesentlichen Eigenschaften der zwangläufigen kinematischen Kette erhellen aus den Gleichungen, denen die Verrückungen der Knotenpunkte unterliegen. Diese sind für jeden Stab

$$0 = (\Delta x_k - \Delta x_i) \cos \alpha_{ik} + (\Delta y_k - \Delta y_i) \cos \beta_{ik},$$

für jede steife Ecke

$$0 = \frac{(\Delta x_k - \Delta x_r) \cos \beta_{rk} - (\Delta y_k - \Delta y_r) \cos \alpha_{rk}}{s_{rk}} - \frac{(\Delta x_i - \Delta x_r) \cos \beta_{ri} - (\Delta y_i - \Delta y_r) \cos \alpha_{ri}}{s_{ri}}$$

für jede Stütze

$$0 = \Delta x_r \cdot \cos \zeta + \Delta y_r \cdot \cos \eta .$$

für jede Einspannung

$$0 = \frac{(\Delta x_k - \Delta x_r) \cos \beta_{rk} - (\Delta y_k - \Delta y_r) \cos \alpha_{rk}}{s_{rk}} .$$

Die Zahl dieser Gleichungen ist $2k - 1$. Die zwangläufige Kette besitzt eine Bewegungsfreiheit, über die willkürlich verfügt werden kann. Um zu einem allgemeinen Schluß zu gelangen, soll die Verfügung

$$\Delta a = w = f(\Delta x, \Delta y)$$

getroffen werden, in welcher w eine unabhängige Veränderliche und $f(\Delta x, \Delta y)$ diejenige lineare Funktion ist, welche in der Stabilitätsbedingung des Gliedes a die Δx, Δy verbindet. $f(\Delta x, \Delta y)$ hat also die Form der rechten Seite einer der vier vorstehenden Gleichungen.

Für die $2k$ unbekannten Δx, Δy bestehen nunmehr $2k$ lineare Gleichungen, die nur ein absolutes Glied enthalten, nämlich w. Mithin ergibt die Auflösung der Gleichungen jede Unbekannte in der Form

$$\Delta y_i = \alpha_i \cdot w, \qquad \Delta x_i = \beta_i w,$$

in welcher α_i und β_i Konstante sind. Daraus folgt weiter

$$\delta_m = (\alpha_m \cdot \cos\zeta + \beta_m \cdot \cos\eta)\, w$$

und schließlich

$$\frac{\Delta y_i}{\Delta x_i} = \frac{\alpha_i}{\beta_i} = \text{const},$$

$$\frac{\Delta y_i}{\Delta y_r} = \frac{\alpha_i}{\alpha_r} = \text{const},$$

$$\frac{\Delta x_i}{\Delta x_r} = \frac{\beta_i}{\beta_r} = \text{const}.$$

Der Quotient $\frac{\Delta y_i}{\Delta x_i}$ bezeichnet die Bahn des Punktes i. Die Bewegung jedes Knotenpunktes erfolgt demnach in vorgeschriebener Bahn, welche von w unabhängig ist. Die Strecke der Verrückung oder deren Geschwindigkeit ist proportional w.

Bildet man zwei beliebige lineare Funktionen der Δx, Δy, $f_1(\Delta x, \Delta y)$ und $f_2(\Delta x, \Delta y)$ ohne absolute Glieder, so ist

$$\frac{f_1(\Delta x, \Delta y)}{f_2(\Delta x, \Delta y)} = \text{const}.$$

Das Verhältnis der Strecken zweier beliebiger Bewegungsgrößen zueinander ist konstant. Ist die Strecke irgendeiner Bewegungsgröße festgelegt, so sind damit die Strecken aller Größen bestimmt. Daraus folgt, daß man die Bedingung $w = f(\Delta x, \Delta y)$ auch durch irgendeine andere ersetzen kann, wodurch w zu einer abhängigen Größe wird. Die Strecken der Verrückungen, welche durch $w = 1$ bedingt sind, können daher auf zwei Wegen gefunden werden. Entweder man setzt $w = 1 = f(\Delta x, \Delta y)$ und erhält so die gesuchten Verrückungen unmittelbar, oder man trifft über irgendeine Bewegungsgröße eine bestimmte Verfügung und ermittelt die dadurch bedingten Strecken $\Delta x'$, $\Delta y'$ ... w'. Dann sind die $w = 1$ zugehörenden Strecken $\frac{\Delta x'}{w'}$, $\frac{\Delta y'}{w'}$ ....

Als Hilfsmittel der Untersuchung werden zuweilen kinematische Ketten von $2k - 2$ Gliedern benutzt, die zwei Bewegungsfreiheiten besitzen. Deshalb soll auch die Bewegung dieser Gebilde untersucht werden. Man fügt zu den $2k - 2$ Stabilitätsbedingungen zwei willkürliche Bedingungen

$$w_a = f_1(\Delta x, \Delta y), \qquad w_b = f_2(\Delta x, \Delta y),$$

die in Δx, Δy linear sind, hinzu, und erhält durch Auflösung der Gleichungen die Unbekannten in der Form

$$\Delta y_i = \alpha_{ai} \cdot w_a + \alpha_{bi} \cdot w_b .$$

$$\Delta x_i = \beta_{ai} \cdot w_a + \beta_{bi} \cdot w_b .$$

Setzt man $w_a = 0$, so wird die Kette zur zwangläufigen, sie sei Kette b genannt. Der Neigungswinkel φ_b der Bahn gegen die X-Achse folgt aus

$$\operatorname{tg} \varphi_b = \frac{\alpha_{bi}}{\beta_{bi}} .$$

Setzt man $w_b = 0$, so entsteht die zwangläufige Kette a. Der Neigungswinkel der Bahn φ_a ist gegeben durch

$$\operatorname{tg} \varphi_a = \frac{\alpha_{ai}}{\beta_{ai}} .$$

Wird einmal w_a, sodann w_b eliminiert, so ergibt sich

$$\Delta y_i \beta_{ai} - \Delta x_i \alpha_{ai} = C_1 \cdot w_b ,$$

$$\Delta y_i \beta_{bi} - \Delta x_i \alpha_{bi} = C_2 \cdot w_a$$

oder

$$\Delta y_i \frac{\beta_{ai}}{\sqrt{\alpha_{ai}^2 + \beta_{ai}^2}} - \Delta x_i \frac{\alpha_{ai}}{\sqrt{\alpha_{ai}^2 + \beta_{ai}^2}} = C_1' w_b ,$$

$$\Delta y_i \frac{\beta_{bi}}{\sqrt{\alpha_{bi}^2 + \beta_{bi}^2}} - \Delta x_i \frac{\alpha_{ai}}{\sqrt{\alpha_{bi}^2 + \beta_{bi}^2}} = C_2' w_a .$$

Die linke Seite beider Gleichungen ist die Projektion der totalen Verrückung auf die Gerade, deren Neigungswinkel ψ gegen die X-Achse

$$\operatorname{tg} \psi_a = - \frac{\beta_{ai}}{\alpha_{ai}} = - \operatorname{cotg} \varphi_a ,$$

$$\operatorname{tg} \psi_b = - \frac{\beta_{bi}}{\alpha_{ai}} = - \operatorname{cotg} \varphi_b$$

ist. Die Projektion der totalen Verrückung jedes Punktes auf die Normale zur Bahn der Kette a ist von w_a unabhängig und proportional w_b, die Projektion auf die Normale zur Bahn der Kette b ist von w_b unabhängig und proportional w_a. Mithin ist die Verrückung jedes Punktes gleich der Diagonale aus den Verrückungen der Ketten a und b unabhängig davon, in welchem Verhältnis w_a zu w_b steht. Das bedeutet, daß jede Bewegung einer Kette von zwei Bewegungsfreiheiten als resultierende Bewegung der beiden zwangläufigen Ketten dargestellt werden kann, die dadurch entstehen, daß jeweils eine Bewegungsfreiheit aufgehoben wird.

Die Kinematik der zwangläufigen Kette ist zuerst von Müller-Breslau[1]) zur Ermittlung der unbekannten äußeren und inneren Kräfte

[1]) Müller-Breslau, H.: Beitrag zur Theorie des ebenen Fachwerks. Schweiz. Bauzeitung Bd. 9, S. 121 und Bd. 10, S. 129. 1887. Ferner: Die graphische Statik der Baukonstruktionen Bd. 1, S. 201. Leipzig 1887; vgl. auch 4. Auflage 1905, S. 471ff.

des Fachwerks verwendet und methodisch ausgebaut worden, nachdem schon Föppl[1]) ihre Eignung zur Spannkraftermittlung erkannt hatte. Unmittelbar nach Müller-Breslau sind R. Land[2]) und O. Mohr[3]) mit ähnlichen Verfahren hervorgetreten.

39. Darstellung der Verrückungen der zwangläufigen kinematischen Kette durch den Polplan.

Die kinematische Kette kann immer als ein Gebilde zusammenhängender starrer Scheiben behandelt werden, da man bei Untersuchung der Bewegungsvorgänge auch den einfachen Stab als Scheibe ansehen kann. Zur Beschreibung der Verrückungen der zwangläufigen kinematischen Kette ist die Angabe der Verrückung jeder Scheibe der Kette notwendig und ausreichend. Die sehr kleinen Bewegungen einer starren Scheibe werden nach Nr. 10 durch die Ansätze

$$\Delta x_i = a + c \cdot y_i ,$$
$$\Delta y_i = b - c \cdot x_i$$

für die Verrückungskomponenten aller Punkte der Scheibe umfaßt. Da beide Gleichungen linear sind, gibt es nur einen, o bezeichneten Punkt, für den $\Delta x = \Delta y = 0$ wird. Seine Koordinaten sind

$$y_0 = -\frac{a}{c}, \qquad x_0 = \frac{b}{c}$$

a und b werden durch x_0 und y_0 ausgedrückt

$$\Delta x_i = \quad (y_i - y_0)\, c ,$$
$$\Delta y_i = -(x_i - x_0)\, c .$$

Die totale Verrückung des Punktes i ist

$$\delta_i = \sqrt{\Delta x_i^2 + \Delta y_i^2} = c \sqrt{(y_i - y_0)^2 + (x_i - x_0)^2} = c \cdot r_i .$$

Die Verrückung jedes Punktes i der Scheibe ist rechtwinklig zu dem Strahl gerichtet, der den Punkt i mit o verbindet, die Größe der Verrückung ist proportional der Länge des Polstrahles r_i. c ist ein sehr kleiner Winkel, der in folgendem durch ω bezeichnet werden soll. Danach ist jede sehr kleine Bewegung einer starren Scheibe eine Drehung um einen bestimmten Punkt um einen sehr kleinen Winkel. Der Punkt wird der augenblickliche Drehpol genannt, ω der Winkel der Drehung oder auch die Winkelgeschwindigkeit. Durch Angabe der Lage des Drehpoles und des Winkels der Drehung ist die sehr kleine Bewegung der starren Scheibe eindeutig beschrieben. Kennt man die Bahnen zweier Punkte einer starren Scheibe, so hat man in dem Schnittpunkt der Recht winkligen zu

[1]) Föppl, A.: Theorie des Fachwerks. Leipzig 1880.
[2]) Land, R.: Kinematische Theorie der statisch bestimmten Träger. Zeitschr. d. österr. Ing.- u. Arch.-Vereins Bd. 40, S. 11 u. 162. 1888.
[3]) Mohr, O.: Über Geschwindigkeitspläne und Beschleunigungspläne. Zivilingenieur Bd. 33, S. 631. 1887.

den Bahnen dieser Punkte den augenblicklichen Drehpol. Kennt man außerdem die Größe der Verrückung eines der beiden Punkte, so kennt man auch ω. Da alle Punkte einer zwangläufigen kinematischen Kette sich nur in bestimmten Bahnen bewegen, besteht für jede Scheibe einer zwangläufigen kinematischen Kette ein bestimmter augenblicklicher Drehpol. Da der Quotient aus den Verrückungen zweier beliebiger Punkte konstant ist, ist auch der Quotient aus den Drehwinkeln zweier beliebigen Scheiben konstant.

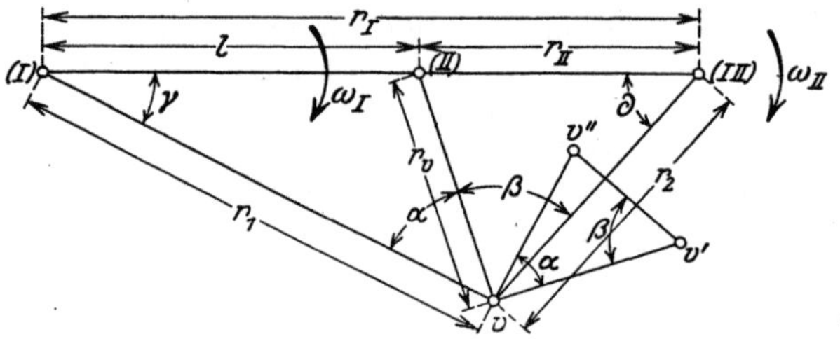
Abb. 110.

Es seien zwei beliebige Scheiben I und II einer zwangläufigen kinematischen Kette betrachtet, deren Pole (I), (II) und Drehwinkel ω_I und ω_{II} bekannt sind. Beide Scheiben sollen den geometrischen Punkt i gemeinsam enthalten, ohne in ihm zusammenzuhängen. Dann ist die Verrückung des Punktes i der Scheibe I, Abb. 110, ausgedrückt in den Koordinaten eines rechtwinkligen Systems beliebiger Lage,

$$\Delta x_i = \omega_I (y_i - y_I), \qquad \Delta y_i = -\omega_I (x_i - x_I)$$

und die des Punktes i der Scheibe II

$$\Delta x_i' = \omega_{II} (y_i - y_{II}), \qquad \Delta y_i' = -\omega_{II} (x_i - x_{II}).$$

Es wird die Lage des Punktes gesucht, in dem $\Delta x_i = \Delta x_i'$, $\Delta y_i = \Delta y_i'$ ist. Aus

$$\frac{\Delta y_i}{\Delta x_i} = \frac{\Delta y_i'}{\Delta x_i'} = -\frac{x_i - x_I}{y_i - y_I} = -\frac{x_i - x_{II}}{y_i - y_{II}}$$

folgt zunächst, daß i auf der Geraden $(I)\,(II)$ liegt. Die Abstände des Punktes i von (I) und (II) werden r_I und r_{II} bezeichnet und unter Benutzung des Neigungswinkels φ der Geraden $(I)\,(II)$ gegen die X-Achse durch

$$r_I = \frac{y_i - y_I}{\sin\varphi}, \qquad r_{II} = \frac{y_i - y_{II}}{\sin\varphi}$$

definiert. Dann folgt aus

$$\Delta x_i = \Delta x_i'$$

$$\boldsymbol{r_I \cdot \omega_I = r_{II} \cdot \omega_{II}},$$

$$r_I - r_{II} = \frac{y_{II} - y_I}{\sin\varphi} = l,$$

$$r_I = l\,\frac{\omega_{II}}{\omega_{II} - \omega_I}.$$

r_I ist $> l$, d. h. Punkt i liegt rechts von (II), wenn $\omega_{II} > \omega_I$ ist; ist $\omega_I > \omega_{II}$, so ist r_I negativ, Punkt i liegt links von (I). Damit Punkt i zwischen (I) und (II) fällt, muß $\frac{\omega_{II}}{\omega_I}$ negativ sein. Ist $\omega_{II} = \omega_I$, so ist i der unendlich ferne Punkt der Geraden (I) (II). Das Ergebnis ist: Für zwei beliebige Scheiben einer zwangläufigen kinematischen Kette besteht immer ein geometrischer Punkt, in dem die Verrückungen beider gleich groß und gleichgerichtet sind, und die relative Verrückung der Scheiben gegeneinander verschwindet. Die Scheiben können in dem Punkt also auch durch ein Gelenk verbunden sein. Der Punkt wird Nebenpol der Scheiben genannt. Die beiden Pole zweier Scheiben und ihr Nebenpol liegen auf einer Geraden. Der Nebenpol bestimmt durch seine Abstände von den Hauptpolen das Verhältnis der Drehwinkel zueinander.

Um die relative Bewegung der Scheibe II gegen I zu beschreiben, zerlegt man die Verrückung eines beliebigen Punktes v der Scheibe II $v\,v'$ in die Komponente $v\,v'' \perp$ Strahl $(I)\,v$ und die Komponente $v''\,v'$ $\perp$ Strahl $(I\,II)\,v$, Abb. 110. Es ist

$$v\,v' = r_v \cdot \omega_{II},$$

$$v\,v'' = r_v \cdot \omega_{II} \frac{\sin\beta}{\sin(\alpha+\beta)}, \qquad v''\,v' = r_v \cdot \omega_{II} \frac{\sin\alpha}{\sin(\alpha+\beta)},$$

mit

$$\frac{r_v}{r_I - r_{II}} = \frac{\sin\gamma}{\sin\alpha}, \qquad \frac{r_v}{r_{II}} = \frac{\sin\delta}{\sin\beta},$$

wird

$$v\,v'' = r_{II} \cdot \omega_{II} \frac{\sin\delta}{\sin(\alpha+\beta)}, \qquad v''\,v' = (r_I - r_{II})\,\omega_{II} \frac{\sin\gamma}{\sin(\alpha+\beta)},$$

$$r_{II} \cdot \omega_{II} = r_I\,\omega_I, \qquad (r_I - r_{II})\,\omega_{II} = r_I(\omega_{II} - \omega_I),$$

$$r_I \frac{\sin\delta}{\sin(\alpha+\beta)} = r_1, \qquad r_I \frac{\sin\gamma}{\sin(\alpha+\beta)} = r_2,$$

und schließlich

$$v\,v'' = r_1 \cdot \omega_I, \qquad v''\,v' = r_2(\omega_{II} - \omega_I).$$

Die Gleichungen besagen: Die Bewegung der Scheibe II kann aus zwei Bewegungen zusammengesetzt werden, einer Drehung um Pol I um den Winkel ω_I und einer Drehung um den Nebenpol $(I\,II)$ um den Winkel $\omega_{II} - \omega_I$. Die erste Drehung stimmt überein mit der Drehung der Scheibe I um ihren Pol, Scheibe I und II bewegen sich wie eine starre Scheibe. Die relative Bewegung der Scheibe II gegen I wird durch die Drehung um den Nebenpol $(I\,II)$ um den Winkel $\omega_{II} - \omega_I$ vollzogen.

Es seien drei Scheiben einer zwangläufigen kinematischen Kette I, II, III betrachtet, deren Nebenpole $(I\,II)$, $(I\,III)$, $(II\,III)$ sind. Die Bewegung der Scheibe I kann aus einer Drehung um Pol III um den Winkel ω_{III} und einer Drehung um den Nebenpol $(I\,III)$ zusammengesetzt werden, ebenso die Bewegung der Scheibe *II* aus einer Drehung um den Pol *III* um den Winkel ω_{III} und einer Drehung um den Nebenpol (*II III*). Während des ersten Teiles der Bewegung drehen sich die drei Scheiben um Pol *III* um denselben Winkel ω_{III}, bewegen sich also wie eine starre Scheibe. Dieser Teil der gesamten Bewegung kommt für die Beschreibung der relativen Bewegung der Scheibe *I* gegen *II* nicht in Betracht. Die relative Bewegung ist dieselbe, die eintritt, wenn $\omega_{III} = 0$ ist und Scheibe *I* sich nur um Pol (*I III*), Scheibe *II* sich nur um Pol (*II III*) dreht. Für die relative Bewegung haben also die Nebenpole (*I III*) und (*II III*) die Bedeutung von Polen. Daraus folgt: Die drei Nebenpole (*I II*), (*I III*), (*II III*) liegen auf einer Geraden.

Von den Nebenpolen von vier Scheiben *I*, *II*, *III*, *IV*, Abb. 111, liegen (*I II*), (*II III*), (*I III*) auf einer Geraden (*I IV*) (*IV III*) (*I III*) auf einer zweiten Geraden. Mithin ist (*I III*) der Schnittpunkt der Geraden durch die Nebenpole (*I II*), (*II III*) und (*I IV*), (*IV III*). Ebenso folgt, daß (*II IV*) der Schnittpunkt der Geraden (*II III*), (*III IV*) und (*II I*), (*I IV*) ist.

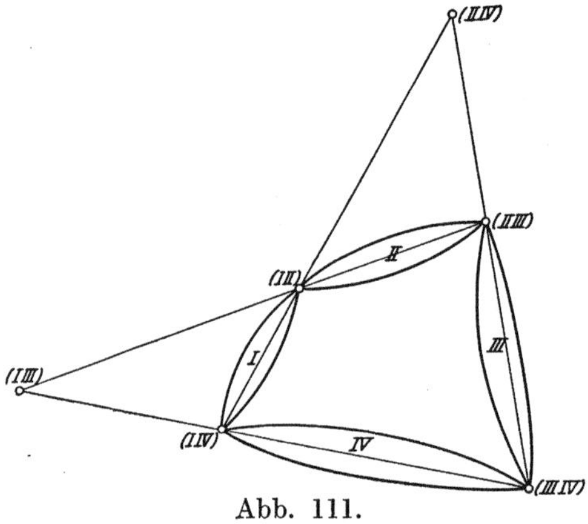

Abb. 111.

Aus den vorstehenden Untersuchungen erhellt: In einer zwangläufigen kinematischen Kette besitzt jede Scheibe einen ganz bestimmten Pol und je zwei Scheiben einen ganz bestimmten Nebenpol. Die Abstände des Nebenpoles von den beiden Polen bestimmen das Verhältnis der Drehwinkel beider Scheiben zueinander. Kennt man alle Pole und Nebenpole, so kennt man alle Quotienten aus den Drehwinkeln je zweier Scheiben. Die Bewegung aller Scheiben ist also bis auf eine willkürliche Größe eindeutig beschrieben. Die zusammenhängende Darstellung der Pole und Nebenpole aller Scheiben einer zwangläufigen kinematischen Kette in der Zeichnung der Kette wird der Polplan genannt.

Die kinematische Kette mit zwei Bewegungsfreiheiten kann einzelne Scheiben enthalten, die nur eine Bewegungsfreiheit haben. Für diese Scheiben besteht ein bestimmter Pol. Die Bewegung jeder Scheibe mit zwei Bewegungsfreiheiten ist auch eine Drehung um einen Pol. Derselbe liegt aber nicht in einem bestimmten Punkt. Es ist gezeigt worden, daß die Bewegung der Kette mit zwei Freiheiten aus den zwangläufigen Bewegungen der beiden Ketten zusammengesetzt werden kann, die durch Vernichtung jeweils einer Freiheit entstehen. Wird w_b vernichtet, so hat jede Scheibe der Kette a einen bestimmten Pol P_a, wird w_a vernichtet, so hat jede Scheibe der Kette b einen bestimmten Pol P_b. Der Pol einer aus w_a und w_b in irgendeinem Verhältnis zusammengesetzten Bewegung liegt demnach auf der Geraden $P_a P_b$. Denn da die Richtung der Bewegung in allen Punkten dieser Geraden bei der Drehung um P_a sowohl wie bei der Drehung um P_b rechtwinklig zu $P_a P_b$ ist, kann durch die Zusammensetzung nur eine rechtwinklig zu $P_a P_b$ gerichtete Bewegung entstehen. Daraus folgt, daß für jede Scheibe einer Kette mit zwei Bewegungsfreiheiten eine bestimmte Gerade besteht, auf welcher der Pol wandert, wenn das Verhältnis $\frac{w_a}{w_b}$ sich ändert. Für die Lage der Geraden gelten folgende Sätze:

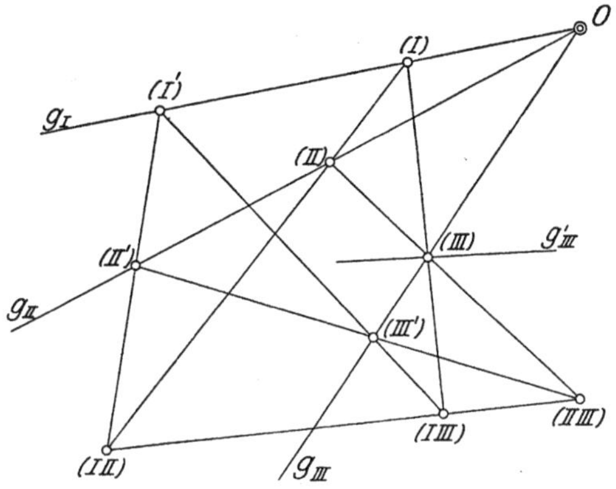

Abb. 112.

Bestehen in einer Kette mit zwei Bewegungsfreiheiten drei bestimmte Nebenpole zwischen drei Scheiben I, II, III, so schneiden sich die Geraden g_I, g_{II}, g_{III}, auf denen die Pole der Scheiben liegen, in einem Punkt.

Bestehen zwei bestimmte Pole für zwei Scheiben (I), (II) und zwei Gerade $g_{I\,III}$, $g_{II\,III}$ für die Nebenpole der Scheiben I und II gegen eine dritte, so geht die Gerade g_{III}, auf welcher der Pol III liegt, durch den Schnittpunkt von $g_{I\,III}$ und $g_{II\,III}$.

In Abb. 112 sind $(I\,II)$, $(I\,III)$, $(II\,III)$ die Nebenpole der Scheiben; wählt man einen beliebigen Punkt $(I)'$ auf g_I, so ist $(II)'$ auf g_{II} durch $(I)'$ $(I\,II)$ bestimmt. $(III)'$ ist nunmehr durch $(I)'$ $(I\,III)$ und $(II)'$ $(II\,III)$ bestimmt und in ihm ein Punkt der Geraden g_{III}. Wandert $(I)'$ nach O, dem Schnittpunkt von g_I und g_{II}, so fallen auch $(II)'$ und $(III)'$ in denselben Punkt. Mithin schneiden g_I, g_{II}, g_{III} sich in O.

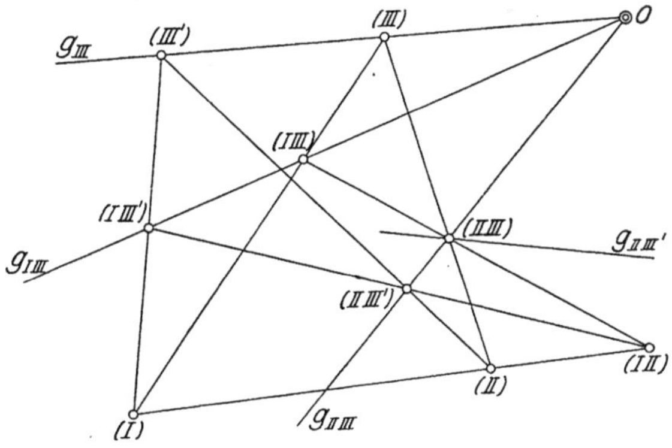

Abb. 113.

In Abb. 113 sind (I), (II) die Pole der Scheiben I, II, $(I\,II)$ ihr Nebenpol, der in einem bestimmten Punkte liegt, da (I) und (II) bestimmte Punkte sind. $g_{I\,III}$, $g_{II\,III}$ sind die Geraden der Nebenpole $(I\,III)$, $(II\,III)$. Wird ein beliebiger Nebenpol $(I\,III)'$ angenommen, dann ist $(II\,III)'$ durch $(I\,III)'$, $(I\,II)$ auf $g_{II\,III}$ bestimmt und weiter

$(III)'$ durch $(I)\,(I\,III)'$ und $(II)\,(II\,III)'$. Pol $(III)'$ liegt auf g_{III}. Wandert $(I\,III)'$ nach O, dann fallen $(I\,III)'$, $(II\,III)'$, $(III)'$ in O zusammen. Mithin geht g_{III} durch den Schnittpunkt von $g_{I\,III}$ und $g_{II\,III}$.

40. Die Konstruktion des Polplanes. Beispiele.

Die Konstruktion des Polplanes beruht auf den oben bewiesenen Sätzen, die nochmals im Zusammenhang aufgeführt werden sollen.

a) Der Pol einer Scheibe liegt auf der Geraden, die durch irgendeinen Punkt der Scheibe rechtwinklig zur Bahn des Punktes gezogen wird.

b) Die Pole (I), (II) und der Nebenpol $(I\,II)$ liegen auf einer Geraden.

c) Die Nebenpole $(I\,II)$, $(I\,III)$, $(II\,III)$ liegen auf einer Geraden.

d) Der Nebenpol $(I\,III)$ ist der Schnittpunkt der Geraden $(I\,II)$ $(II\,III)$ und $(I\,IV)$ $(IV\,III)$.

Um den Polplan zu zeichnen, führt man den Bau von allen Stützpunkten aus gleichzeitig auf. Jeder feste Stützpunkt ist der Pol der in ihm gestützten Scheibe. Jeder in einer Geraden geführte Stützpunkt bestimmt durch die Rechtwinklige zur Bahn eine Gerade für den Pol der gestützten Scheibe. Weiter fügt man Scheibe an Scheibe, indem man in jedem Gelenk einen Nebenpol findet, der gemeinsam mit dem Pol der vorhergehenden Scheibe die Gerade bestimmt, auf welcher der Pol der hinzutretenden Scheibe liegt. Diesen Aufbau kann man so lange fortführen, als jedem Zuge desselben durch die in ihm eingebauten Scheiben nicht mehr als zwei Bewegungsfreiheiten gestattet werden. Denn so lange ist jeder Zug eine Kette mit zwei Bewegungsfreiheiten, in der für jede Scheibe eine bestimmte Gerade ihres Poles besteht. Sodann müssen die Züge zusammengeschlossen werden, was immer möglich ist. In einfacheren Fällen greifen sie ohne weiteres ineinander über, indem zwei Züge eine Scheibe von je einem festen Pol aus durch feste Nebenpole gemeinschaftlich erfassen. Folgende Beispiele der bezeichneten Art dienen zur Erläuterung.

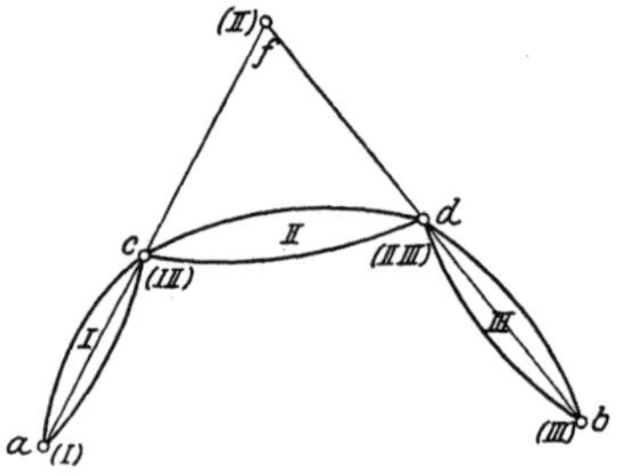

Abb. 114.

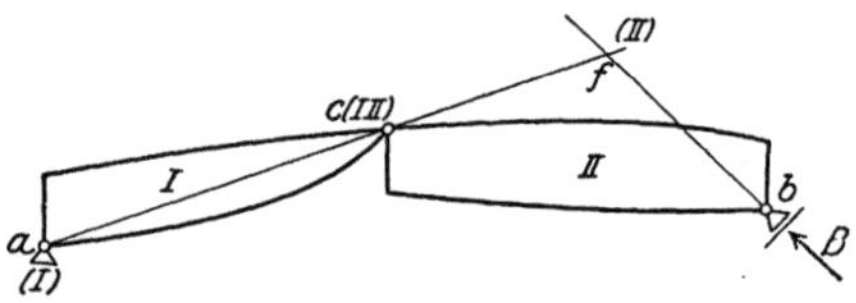

Abb. 115.

Scheibe I in Abb. 114 hat in a, Scheibe III in b ein festes Auflager. Scheibe II ist mit I durch das Gelenk c mit III durch das Gelenk d verbunden. Pol (I) liegt in a, Pol (III) in b, Nebenpol $(I\,II)$ in c, Nebenpol $(II\,III)$ in d. Man zieht $a\,c$ und $b\,d$ und findet im Schnittpunkt f den Pol (II). Pol (II) der Abb. 115 liegt auf der Kraftlinie B.

Man zieht die Gerade *a c* und findet in deren Schnittpunkt *f* mit der Kraftlinie *B* den Pol (*II*). In dem Tragwerk der Abb. 116 ist Scheibe *II* mit *I* und *III* durch je zwei Stäbe verbunden. Hier werden zunächst die Nebenpole (*I II*) und (*II III*) nach Satz d) in den Schnittpunkten der Stäbe gefunden, sodann ergibt sich (*II*) in *f* wie oben. Die behandelten kinematischen Ketten erschöpfen die beim Balken mit einem festen und einem beweglichen Auflager und beim Dreigelenkbogen vorkommenden wichtigen Fälle.

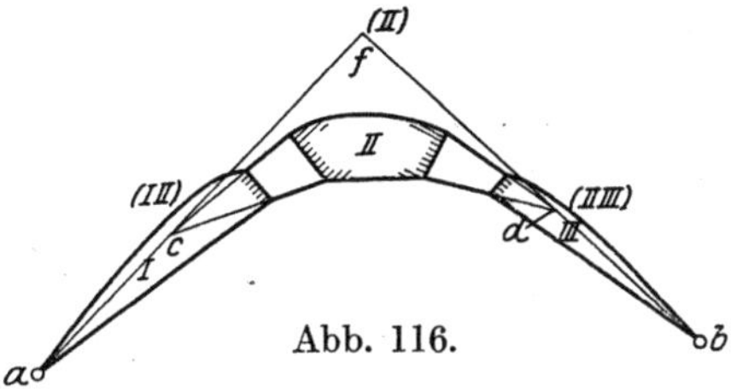

Abb. 116.

Den Pol einer nicht gestützten Scheibe kann man nur bestimmen, wenn man ihre Nebenpole gegen zwei andere Scheiben und deren Pole kennt. In weniger einfachen Fällen als den oben behandelten steckt des öfteren der Schlüssel der Lösung in der Auffindung der Nebenpole mit Hilfe des Satzes c). Abb. 117 zeigt die kinematische Kette, die aus dem durch zwei Scheiben versteiften Stabbogen durch Beseitigung eines Untergurtstabes gebildet ist. Die rechte Hälfte bildet eine starre Scheibe, ihr Pol ist der Stützpunkt *b*. Das Gelenk *g* ist der Nebenpol (*IV V*), also liegt (*IV*) auf der Geraden *g b*. Die linke Hälfte zerfällt in acht Scheiben. Der Pol (*I*) liegt in *a*. Der Nebenpol (*I III*) ist der Schnittpunkt der Stäbe *1* und *2*, das ist der unendlich ferne Punkt der Lotrechten. Mithin liegt (*III*) auf der Lotrechten durch *a*. Der Nebenpol (*II III*) ist der Schnittpunkt der Stäbe *2* und *3*, das ist der unendlich ferne Punkt der Lotrechten. Daraus und aus der Lage des Poles (*III*) auf der Lotrechten durch *a* folgt, daß auch (*II*) auf dieser Lotrechten liegt. Andererseits liegt (*II*) auf der Geraden *a i*, da *i* der Nebenpol (*I II*) ist. Also liegt (*II*) in *a*. Nunmehr muß der Nebenpol (*II IV*) gefunden werden. Dieser muß auf der Geraden *c d* liegen. Eine zweite Gerade findet man über Scheibe *III*. Der Nebenpol (*IV III*) liegt in *e*, der Nebenpol (*III II*) ist der unendlich ferne Punkt der Lotrechten, also ist die Lotrechte durch *e* die Gerade (*IV III*) (*III II*), nach Satz c) muß auf dieser auch (*IV II*) liegen. Ihr Schnittpunkt mit *c d* ist also der Nebenpol (*IV II*). Nunmehr findet man (*IV*) durch die Gerade (*II*) (*II IV*) und die Gerade (*V*) (*V IV*) in *f*, sowie (*III*) als Schnittpunkt der Geraden *f e* und der Lotrechten durch *a*. Die Zeichnung ist danach sehr einfach. Man zieht die Lotrechte durch *e* bis zum Schnitt mit *cd* in (*II IV*), sodann *a* (*II IV*) und *b g* bis *f* und schließlich *f e* bis zur Lotrechten durch *a*.

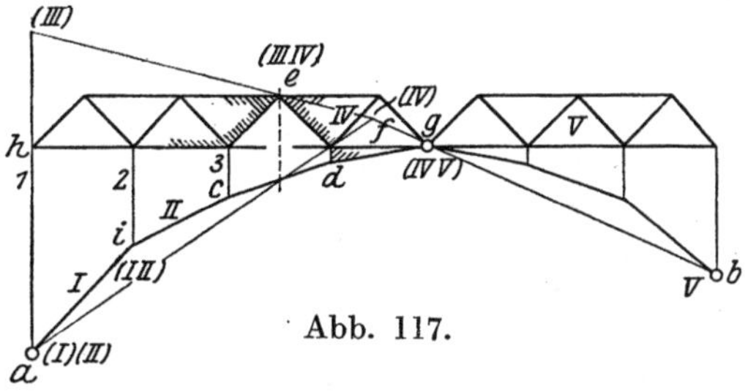

Abb. 117.

Die zwangläufige kinematische Kette der Abb. 118 entsteht aus dem versteiften Stabbogen durch Entfernung eines Schrägstabes. Der

Stabbogen unterscheidet sich von dem der Abb. 117 in der Verbindung des Gelenkes g mit dem Stabbogen. Das Gelenk ist durch einen lotrechten Stab abgestützt. Zur Stabilität ist eine wagerechte Stütze in einem Punkte des Versteifungsbalkens notwendig, sie befindet sich in Punkt h. Pol (VIII) liegt in b, Pol (IX) in h. Die Nebenpole $(VII\ IX)$ und $(VI\ IX)$ im unendlich fernen Punkt der Lotrechten. Daraus folgt zunächst, daß (VII) in b liegt, und daraus weiter, da (VI) auf $(VI\ VII)$ (VII) liegen muß, daß auch (VI) in b liegt. Auf der Geraden $b\,f$ muß demnach (V) liegen. Wie oben erkennt man, daß (I) und (II) in a liegen. Ferner erhält man infolge der wagerechten Untergurtung sofort (III) in k. Denn $(III\ IV)$ ist der Schnittpunkt der Stäbe *3* und *4*, also der unendlich ferne Punkt der Wagerechten. (IV) liegt auf der Geraden $h\,g$, da g der Nebenpol $(IV\ IX)$ ist. Also muß die Gerade $(III\ IV)$ (IV) in die Wagerechte durch g fallen. Die Lage des Poles (IV) selbst läßt sich daraus noch nicht bestimmen. Zuvor muß der Nebenpol $(V\ II)$ über $(V\ IV)$, $(IV\ III)$ und $(III\ II)$ gefunden werden. Es ist $(V\ IV)$ der unendlich ferne Punkt der Lotrechten, $(IV\ III)$ der unendlich ferne Punkt der Wagerechten, also liegt $(III\ V)$ auf der unendlich fernen Geraden. Da nun $(II\ III)$ der unendlich ferne Punkt der Lotrechten ist, so liegt auch $(II\ V)$ auf der unendlich fernen Lotrechten. Andererseits liegt $(II\ V)$ auf $c\,d$, also ist der unendlich ferne Punkt der Geraden $c\,d$ der Nebenpol $(II\ V)$, und die Gerade $(II\ V)$ (II) ist die Parallele zu $c\,d$ durch a. Ihr Schnittpunkt m mit $b\,f$ bestimmt (V). Die Lotrechte durch (V) ergibt schließlich (IV) auf der Geraden $h\,g$. Zur Zeichnung des Polplanes sind zu ziehen: $b\,f$, $a\,m \parallel c\,d$, $m\ (IV)$ lotrecht. Die Zeichnung des Polplanes wird wesentlich schwieriger, wenn die Stützstäbe nicht lotrecht sind, während es belanglos ist, ob *3* und *4* einander parallel oder wagerecht sind.

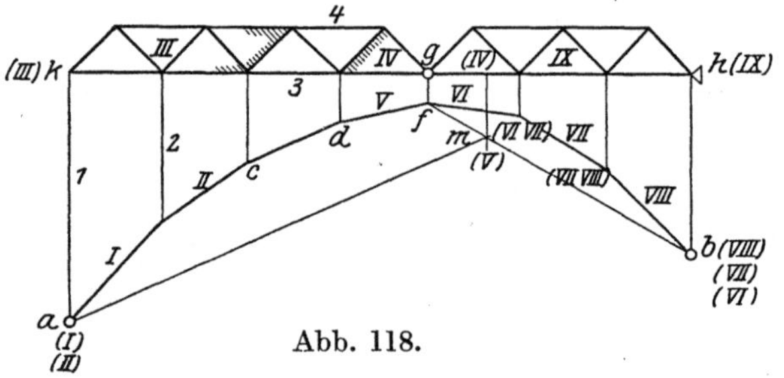

Abb. 118.

Es seien noch zwei Ketten behandelt, die aus dem in Abb. 119 dargestellten bogenförmigen Tragwerk durch Einschaltung eines Gelenks und einer Parallelführung entstehen. Abb. 119. In v des biegungsfesten Stabes I ist ein Gelenk eingeschaltet. Pol (II) liegt in b, die Pole $(I\,a)$, (III), (IV) auf den Lotrechten durch a, c, d, Pol (V) ist der Schnittpunkt der Lotrechten durch a und d, also der unendlich ferne Punkt. Die Nebenpole $(II\ III)$ in f, $(III\ IV)$ in g, $(II\ I\,b)$ in e, $(I\,a\ I\,b)$ in v, $(V\ I\,a)$ in a, $(V\ IV)$ in d sind vorhanden. Daraus folgt: Die Gerade $b\,f$ und die Lotrechte durch c bestimmen (III), die Gerade $(III)\ g$ und die Lotrechte durch d bestimmen (IV). Von $(I\,b)$ läßt sich nur eine Gerade, nämlich $b\,e$, angeben. Zunächst muß nun der Nebenpol $(II\ I\,a)$ ermittelt werden. Dazu braucht man die Nebenpole $(V\ III)$ und $(V\ II)$. Man findet $(V\,III)$ auf $g\,d$ und der Lotrechten durch c, als der Geraden (III) (V), in c', sodann $(V\,II)$ auf der Geraden $c'\,f$ und der Lotrechten durch b, als der Geraden (II) (V), in b' und schließlich $(II\,Ia)$ durch $b'\,a$, der Geraden $(II\,V)$ $(V\,Ia)$, und $e\,v$, der Geraden $(II\,Ib)$ $(Ib\,Ia)$, in h.

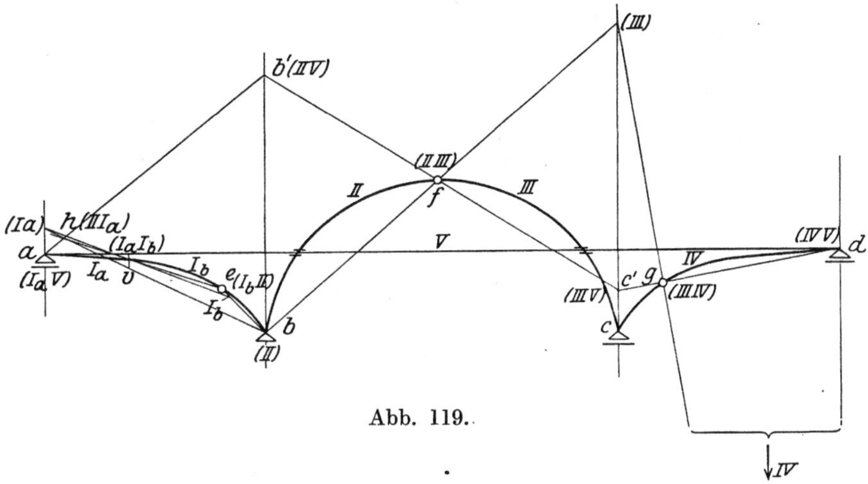

Abb. 119.

Daraus folgt (Ia) durch $b\,h$ auf der Lotrechten durch a, und (Ib) durch $(Ia\,v)$ und $b\,e$. Pol (Ib) liegt stets rechts von e, wenn der Stab I nach unten konkav gekrümmt ist.

Abb. 120. In v ist eine Parallelführung der Querschnitte eingelegt. Pol (IIa) liegt in b. Nebenpol $(IIa\,I)$ in e, da Pol (I) auf der Lotrechten durch a liegt, ist er durch $b\,e$ sofort bestimmt. (V) ist wieder

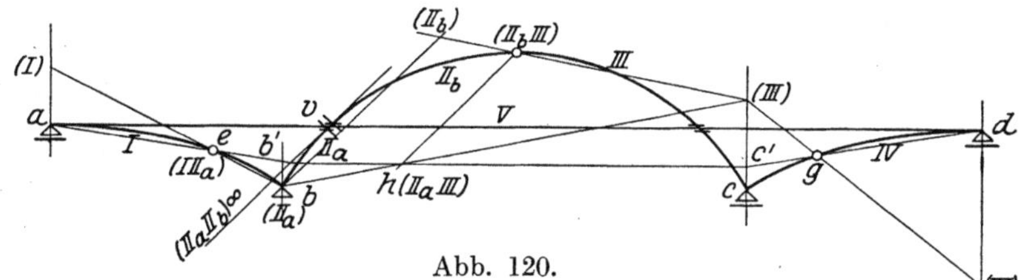

Abb. 120.

der unendlich ferne Punkt der Lotrechten, ferner liegen (III) und (IV) auf den Lotrechten durch c bzw. d. Der Nebenpol $(IIb\,III)$ liegt in f, $(III\,IV)$ in g, $(V\,I)$ in a, $(V\,IV)$ in d. Der Nebenpol $(IIa\,IIb)$ ist, da $\omega_{IIa} = \omega_{IIb}$ ist, der unendlich ferne Punkt der Tangente an die Stabachse in v. Es muß nun $(IIa\,III)$ ermittelt werden. In c' wird wie oben $(V\,III)$ gefunden, und aus denselben Gründen durch $a\,e$ und die Lotrechte durch b in b' $(V\,IIa)$. Daraus folgt, daß $(IIa\,III)$ auf $b'\,c'$ liegt. Die Parallele zur Tangente v durch f, also die Gerade $(IIb\,III)$ $(IIb\,IIa)$ ist die zweite Gerade und bestimmt $(IIa\,III)$ in h. Weiter ergibt $b\,h$ auf der Lotrechten durch c Pol (III), $(III)\,f$ und die Parallele zur Tangente v durch b, als die Gerade (IIa) $(IIa\,IIb)$ den Pol (IIb).

Weniger einfach ist die Zeichnung des Polplanes, wenn drei kinematische Ketten von je zwei Bewegungsfreiheiten zu schließen sind. Die dabei vorkommenden Fälle sind durch die Abb. 112 und 113 gekennzeichnet. Die Scheiben I, II, III in Abb. 112 sind die letzten Glieder der Ketten. Für jede besteht mithin eine Gerade, die sich im allgemeinen nicht in einem Punkte schneiden. Das seien g_I, g_{II}, g'_{III}. Den Schluß bewirken die drei Nebenpole $(I\,II)$, $(I\,III)$, $(II\,III)$, von denen zwei Gelenke oder je zwei die Scheiben verbindende Stäbe sind, der dritte aber nur durch einen Stab bestimmt sein kann. Die Kette I hat $2\,k_1 - 2$, Kette II $2\,k_2 - 2$, Kette III $2\,k_3 - 2$ Glieder. Verbindet man $I + II$ durch ein Gelenk, so hat die so entstandene Kette $k_1 + k_2 - 1$ Knotenpunkte, da das Gelenk sowohl in k_1 wie in k_2 enthalten ist. Die Zahl ihrer Glieder ist $2\,(k_1 + k_2) - 4$, also hat sie $2\,(k_1 + k_2 - 1) - 2$ Glieder, d. h. zwei Bewegungsfreiheiten. Verbindet man die drei Ketten durch zwei Gelenke und einen Stab, so ist die Zahl der Knotenpunkte $k = k_1 + k_2 + k_3 - 2$ die Zahl der Glieder $2\,(k_1 + k_2 + k_1) - 6 + 1$, also ist $2\,k - 1$ die Zahl der Glieder der durch die Verbindung entstandenen Kette. Die Kette ist eine zwangläufige. Wird in einer der Ketten I, II, III ein Glied vernachlässigt, z. B. in III, dann gehören die Scheiben I, II, III einer Kette mit zwei Bewegungsfreiheiten an. Wie oben gezeigt, besteht also für jede Scheibe eine Gerade g_I, g_{II}, g_{III}, und g_I, g_{II}, g_{III} schneiden sich in einem Punkte. Man findet g_{III}, indem man $(I)'$ willkürlich auf g_I annimmt, $(II)'$ durch $(I)'$ $(I\,II)$ auf g_{II} und schließlich $(III)'$ durch $(I)'$ $(I\,III)$ und $(II)'$ $(II\,III)$ bestimmt. Durch $(III)'$ und O ist g_{III} festgelegt. Der Schnittpunkt von g_{III} und g'_{III} ist Pol (III), aus dem nun (II) durch (III) $(II\,III)$ auf g_{II} und (I) durch (III) $(I\,III)$ oder (II) $(I\,II)$ auf g_I zu finden sind.

Im zweiten Falle, Abb. 113, sind I und II Ketten mit je einer Bewegungsfreiheit, III ist eine Kette mit zwei Bewegungsfreiheiten. Der Schluß wird durch zwei Scheiben bzw. Stäbe bewirkt, die I und III sowie II und III verbinden und je eine Gerade für die Nebenpole bedingen. Das seien $g_{I\,III}$ und $g'_{II\,III}$. Ferner besteht die Gerade g_{III} für Pol (III). Man vernachlässigt wieder eine Stabilitätsbedingung, und damit eine der Geraden, z. B. $g'_{II\,III}$. Dann folgt aus den Bedingungen der Kette mit zwei Bewegungsfreiheiten das Bestehen der Geraden $g_{II\,III}$, die durch eine willkürliche Annahme, z. B. $(III)'$, zu bestimmen ist. Der Schnittpunkt von $g_{II\,III}$ und $g'_{II\,III}$ bestimmt den Nebenpol $(II\,III)$ und weiter $(I\,III)$ und (III).

Der zweite Fall liegt bei der zwangläufigen Kette der Abb. 120 vor, wenn die Lager a und d oder eins derselben auf schräger Bahn geführt werden. In Abb. 121 liegt (IIa) in b, (I) im Schnittpunkt der Normalen zur Bahn in a und der Geraden (IIa) $(I\,IIa)$, (V) im Schnittpunkt der Normalen zu den Bahnen in a und d. $(IIa\,V)$ ergibt sich als Schnittpunkt der Geraden (IIa) (V) und $(V\,I)$ $(I\,IIa)$. Pol (III) liegt auf der Lotrechten durch c — Gerade g_{III} —, Nebenpol $(III\,IIa)$

auf der Parallelen zur Tangente v durch f — Gerade $g_{IIa\,III}$ —, und $(III\ V)$ auf $(V\ IV)\,(IV\ III)$ — Gerade $g'_{III\ V}$. Die letztgenannte Gerade sei zunächst vernachlässigt und $(III)'$ beliebig auf g_{III} angenommen. Nun wird gezogen $(III)'\,(IIa)$ über $(IIa\,III)'$ auf $g_{IIa\ III}$ $(IIa\ V)\,(IIa\,III)'$ und $(V)\,(III)'$ bis $(III\ V)'$, dann ist $(III\ V)'\,O$ die

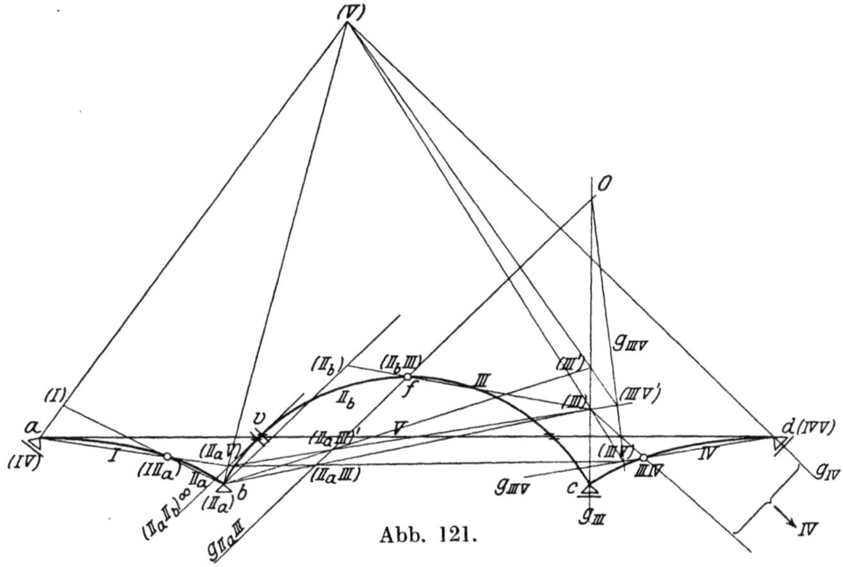

Abb. 121.

Gerade $g_{III\ V}$, ihr Schnittpunkt mit $(IV\ III)$. $(IV\ V)$ bestimmt Nebenpol $(III\ V)$, ferner $(III\ V)\,(V)$ Pol (III) auf g_{III} und $(III)\,(IIa)$ oder auch $(III\ V)\,(IIa\ V)$ auf $g_{IIa\ III}$ den Nebenpol $(IIa\ III)$. Weitere Anwendungen finden sich in den Beispielen in Nr. 44.

41. Der Geschwindigkeitsplan.

Nach Zeichnung des Polplanes kann jede Verrückung δ_m durch den Polabstand und den Drehwinkel ausgedrückt werden. Alle Drehwinkel sind vermittels der Abstände der Nebenpole von den zugehörigen Hauptpolen durch einen willkürlichen Winkel auszudrücken. Das gleiche gilt in jedem Falle für $\Delta\bar{a}$. Mithin enthalten die Gleichungen (114), (115) (116) den willkürlichen Winkel in jedem Glied und können durch denselben geteilt werden. Dadurch entstehen Gleichungen, die als Faktoren der Kräfte nur Strecken des Polplanes enthalten. Die Zurückführung der Drehwinkel auf eine willkürliche Größe durch Rechnung kann jedoch ziemlich umständlich werden. Einfacher und deshalb zweckmäßiger ist meist die graphische Ermittlung der Verrückungen bzw. Geschwindigkeiten. Da die Größe der Verrückungen aller Punkte einer starren Scheibe dem Polabstand der Punkte verhältnisgleich ist, so liegt es nahe, sie durch eine dem Polabstand verhältnisgleiche Strecke darzustellen. Werden die Verrückungen der Punkte k, m, n, o der

Scheibe *I* in Abb. 122 als Strecken $k\,k'$, $m\,m'$, $n\,n'$, $o\,o'$ auf den Polstrahlen von k, m, n, o aus aufgetragen, dann bilden die Punkte k', m', n', o' usw. eine Figur, welche der Figur der Punkte k, m, n, o ähnlich ist und ähnlich liegt in bezug auf den Drehpol als Ähnlichkeitspol. Sie wird die Figur F' oder Geschwindigkeitsplan genannt. Die Strecken $k\,k'$, $m\,m'$, $n\,n'$, $o\,o'$ schließen mit den wirklichen Richtungen der Verrückungen einen rechten Winkel ein und werden deshalb die senkrechten Verrückungen oder Geschwindigkeiten genannt. Um die Richtung der wirklichen Verrückung durch die senkrechte Verrückung eindeutig zu

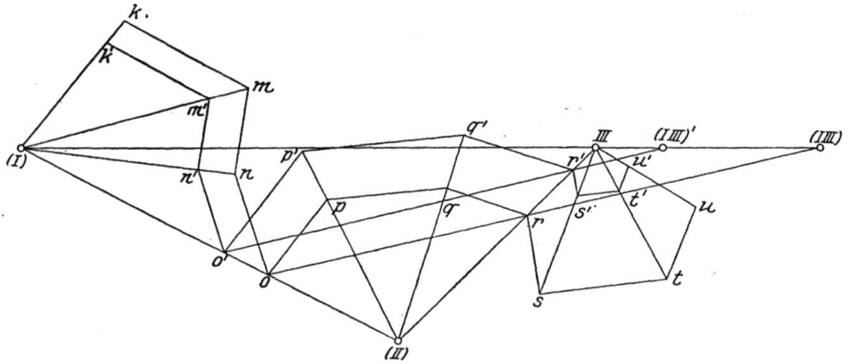

Abb. 122.

bezeichnen, sei festgesetzt, daß die Richtung der letzteren von den Punkten $m \ldots n$ ausgeht und durch Drehung der wirklichen Verrückung um 90° nach rechts entstanden ist.

Sind in der beschriebenen Weise auch die Verrückungen aller Punkte der Scheiben *II* und *III* dargestellt, so gehört zu jeder Scheibe eine Gruppe von Punkten, welche eine ihrem Stabgebilde ähnliche und in bezug auf ihren Pol ähnlich liegende Figur bilden. Da das Gelenk o gemeinschaftlicher Punkt der Scheiben *I* und *II* ist, wird die Verrückung der Scheibe *II* im Punkte o durch dieselbe Strecke $o\,o'$ dargestellt, welche die Verrückung des Punktes o der Scheibe *I* angibt. Die Figuren F' der Scheiben *I* und *II* gehen also durch ein und denselben Punkt o'. Dieselbe Beziehung besteht aber zwischen den Scheiben *II* und *III* im Gelenkpunkt r. Somit folgt, daß die Punkte k', $m' \ldots u'$ einen zusammenhängenden Linienzug beschreiben, dessen Seiten den entsprechenden Stäben parallel sind.

Die gleiche Beziehung, die für ein Gelenk zwischen zwei Scheiben besteht, gilt für den gegenseitigen Pol zweier Scheiben. Denn der gegenseitige Pol kann als gemeinschaftlicher Punkt beider Scheiben angesehen werden, so daß in ihm die Verrückungen nach Größe und Richtung gleich sind. In Abb. 122 ist $(I\,III)$ der gegenseitige Pol der Scheibe *I* und *III*, ihm entspricht für Scheibe *I* auf dem Polstrahl $(I) - (I\,III)$ die Verrückung $(I\,III) - (I\,III)'$, und aus Punkt $(I\,III)'$ folgt der Linienzug $(I\,III)' - r' - s' - t' - u'$ parallel $(I\,III) - r - s - t - u$.

Sind die Scheiben I und II durch zwei Stäbe $c-f$ und $d-e$ verbunden, Abb. 123, so ist deren Schnittpunkt $(I\,II)$ der gegenseitige Pol. Für Scheibe I sei der Linienzug $a'-b'-c'-d' \parallel a-b-c-d$ und $a'-(I\,II)' \parallel a-(I\,II)$ als Figur F' gezeichnet, dann folgt in $(I\,II)'-f' \parallel (I\,II)-f$ oder $(I\,II)'-e' \parallel (I\,II)-e$, sodann $f'-g'-h' \parallel f-g-h$ usw. die Figur F' für Scheibe II.

Das beschriebene Verfahren kann offenbar auf alle Scheiben einer zwangläufigen kinematischen Kette ausgedehnt werden. Da die Verrückungen einer zwangläufigen kinematischen Kette proportional einer

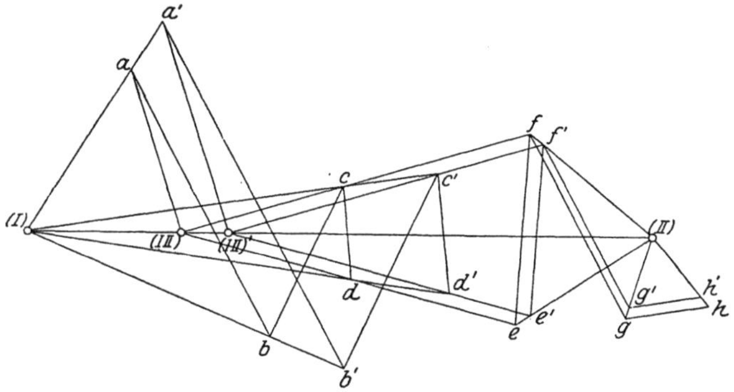

Abb. 123.

willkürlich wählbaren Größe sind, bildet die Figur F' einen zusammenhängenden Linienzug, dessen Seiten den entsprechenden Stäben der Kette parallel sind, und dessen Ecken auf den Polstrahlen der Knotenpunkte liegen. Jeder Scheibe der Kette entspricht in der Figur F' eine ähnliche und in bezug auf den augenblicklichen Pol ähnlich liegende Figur. Ist der Polplan gefunden, so kann die Figur F' für die ganze Kette durch Ziehen paralleler Linien gezeichnet werden, nachdem einer ihrer Punkte willkürlich gewählt ist.

In solchen Fällen des Fachwerks, in denen die durch Beseitigung eines Stabes entstandene Kette im wesentlichen aus einzelnen Stäben besteht und eine große Zahl von Scheiben aufweist, kann es zweckmäßig sein, den Geschwindigkeitsplan ohne Ermittlung des Polplanes zu zeichnen. Das ist, wenn das Fachwerk nach dem Gesetz des zweistäbigen Anschlusses gebildet ist, durch wiederholte Anwendung des folgenden Verfahrens bis zu einem gewissen Punkt durchführbar.

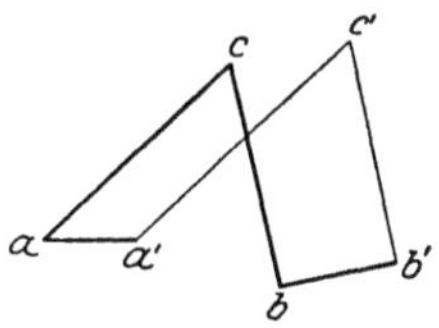

Abb. 124.

Punkt c ist an die Punkte a und b angeschlossen, Abb. 124, die senkrechten Geschwindigkeiten $a\,a'$ und $b\,b'$ sind gegeben. Durch a' wird die Parallele zu $a\,c$, durch b' die Parallele zu $b\,c$ gezogen, der Schnittpunkt c' bestimmt $c\,c'$. Dabei liegt im allgemeinen die Notwendigkeit vor, von zwei nicht gestützten Knotenpunkten auszugehen und denselben willkürliche Verrückungen beizulegen. Wenn möglich, werden diese so gewählt, daß sie die eine oder andere Auflagerbedingung erfüllen. Die unvermeidliche Folge ist jedoch, daß der Geschwindigkeitsplan einen Teil der Auflagerbedingungen nicht erfüllt. Man kann die Kette, indem man sie als starr behandelt, einer zweiten Bewegung unterwerfen, durch welche die Auflagerbedingungen wieder hergestellt werden, und die Verrückungen beider Bewegungen zu einer resultierenden zusammensetzen. Dies Verfahren ist jedoch umständlich, und es ist meist vorzuziehen, Verschiebungen der Stützpunkte in Kauf zu nehmen. Die Kette weist immer in dem Felde des beseitigten Stabes ein Gelenkviereck auf. Von seinen Knotenpunkten werden zwei durch einen Stab verbundene, a und b in Abb. 125, unverschieblich angenommen.

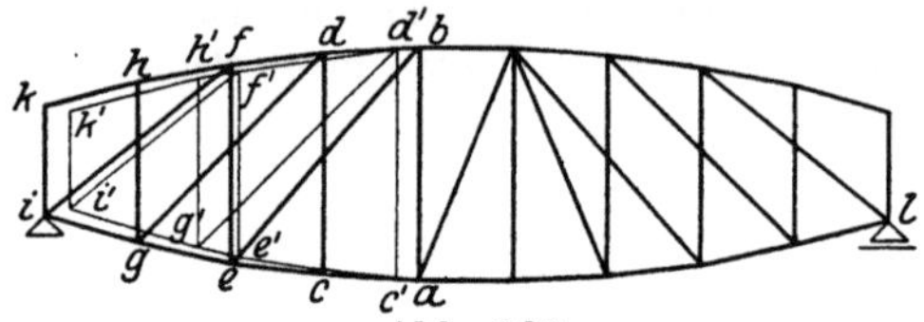

Abb. 125.

Diese Annahme entspricht drei Verfügungen über die Verschiebungskomponenten und bedingt, daß drei Stützenverschiebungen die Eigenschaft abhängiger Größen erhalten. Natürlich schließt das nicht aus, daß die eine oder andere derselben verschwindet. Nun verfügt man über die freie Geschwindigkeit, indem man c' oder d' wählt. Da a der Pol des Stabes $a\,c$ und b der Pol des Stabes $b\,d$ ist, muß c' auf $a\,c$, d' auf $b\,d$ liegen. Die Parallele zu $c\,d$ durch den gewählten Punkt — etwa c' — bestimmt d'. e ist an b und c angeschlossen, es ist zu ziehen $c'e' \parallel c\,e$, $b\,e' \parallel b\,e$. Punkt e' liegt also auf dem Schrägstab $b\,e$. f ist an e und d angeschlossen, es ist zu ziehen $f'e' \parallel f\,e$ und $f'd' \parallel f\,d$. Weiter ist zu ziehen $g'e' \parallel g\,e$, $g'd' \parallel g\,d$ — $h'g' \parallel h\,g$, $h'f' \parallel h\,f$ — $i'g' \parallel i\,g$, $i'f' \parallel i\,f$ — $k'i' \parallel k\,i$, $k'h' \parallel k\,h$. Der Teil der Kette, der rechts von $a\,b$ liegt, ist eine starre Scheibe. Durch die Verfügung $a\,a' = 0$, $b\,b' = 0$ ist die Auflagerbedingung in l erfüllt. Dagegen ergibt sich für den Stützpunkt i die von o verschiedene senkrechte Geschwindigkeit $i\,i'$.

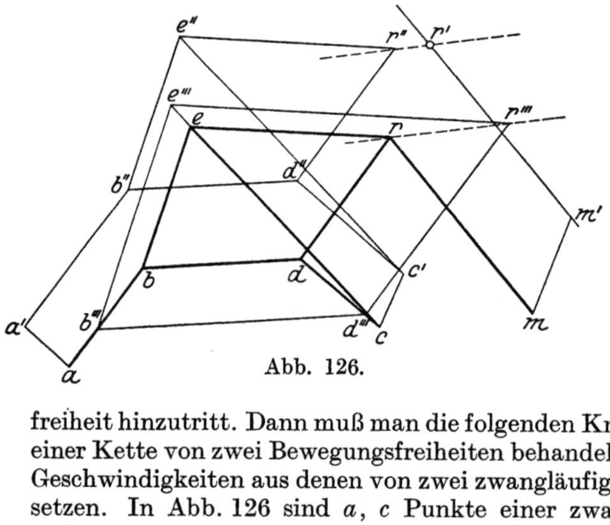

Abb. 126.

In Ketten, deren Bildung das Gesetz des zweistäbigen Anschlusses nicht befolgt, stößt man beim Zeichnen des Geschwindigkeitsplanes auf einen Knotenpunkt, in dem eine zweite Bewegungsfreiheit hinzutritt. Dann muß man die folgenden Knotenpunkte als solche einer Kette von zwei Bewegungsfreiheiten behandeln und die senkrechten Geschwindigkeiten aus denen von zwei zwangläufigen Ketten zusammensetzen. In Abb. 126 sind a, c Punkte einer zwangläufigen Kette, zu deren Bewegungsfreiheit in dem Gelenkviereck a, b, c, d eine zweite hinzutritt. Man wählt b'' willkürlich auf der Parallelen zu $a\,b$ durch a' und zeichnet den Plan weiter bis zu dem Punkte, in dem die zweite Bewegungsfreiheit durch eine hinzutretende Stabilitätsbedingung aufgehoben wird. Das sei Punkt r, für den sich $r\,r''$ ergibt. Dann zeichnet man einen zweiten Plan, in dem man $a\,a' = c\,c' = 0$ annimmt, und $b\,b'''$ willkürlich auf $a\,b$ wählt. Derselbe ergibt $r\,r'''$. Durch r'' wird die Parallele zu $r\,r'''$ gezogen, auf ihr wandert der Punkt r'', wenn b'' auf der Parallelen zu $a\,b$ durch a' wandert. Aus der in r hinzutretenden Stabilitätsbedingung erhält man eine zweite Gerade für den Punkt r'. Ist z. P. Punkt r durch einen Stab an den Punkt m angeschlossen, dessen senkrechte Geschwindigkeit $m\,m'$ ist, so ist die Parallele zu $m\,r$ durch m' diese Gerade. Ist r ein in gegebener Bahn geführter Stützpunkt, so ist die Normale zur Bahn die fragliche Gerade. Ihr Schnittpunkt mit der Parallelen zu $r\,r'''$ durch r'' bestimmt r', von dem aus nun rückwärts bis b' der Plan zu zeichnen ist. Der Verschiebungsplan der aus der Annahme $a\,a' = 0$, $c\,c' = 0$ entstanden ist, verwirklicht die Voraussetzung: erste Bewegungsfreiheit gleich Null. Mithin gibt $r\,r'''$ die Richtung an, in der sich r'' bewegt, wenn die Bewegungsfreiheit in b sich ändert, die erste Bewegungsfreiheit dagegen konstant bleibt.

42. Die Bestimmung der virtuellen Verrückungen aus dem Geschwindigkeitsplan.

Der Geschwindigkeitsplan wird, abgesehen von gelegentlichen Hilfsrechnungen, vor allem in den Fällen verwendet, in denen die Lasten verschiedene Richtung haben. Zur Angabe der Arbeit der äußeren Kräfte, die bei einer virtuellen Verrückung geleistet wird, müssen die Wege der Lasten P_m — $\bar{\delta}_m$ — und der Stützkräfte C_r — $\bar{c}_r$ — bestimmt werden. Da der Weg einer Kraft die Projektion der Verrückung ihres Angriffspunktes auf die Kraftlinie ist, so ist nach Abb. 127

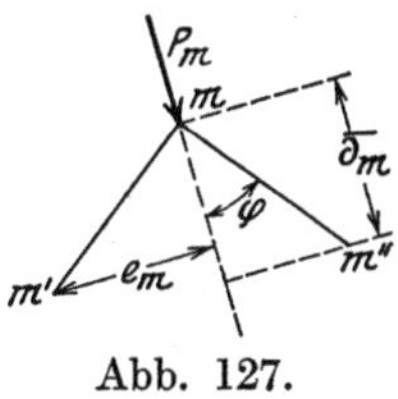

Abb. 127.

$$\bar{\delta}_m = m\,m'' \cos\varphi\,,$$
$$= m\,m' \cos\varphi\,,$$
$$\bar{\delta}_m = e_m\,,$$

das ist gleich dem Abstand des Punktes m' von der Kraftlinie der Kraft P_m. Ebenso ergibt sich $\bar{c}_r = e_r$, dem Abstand des Punktes r' von der Kraftlinie der Stützkraft C_r. Die Arbeiten $P_m \cdot e_m$ und $C_r \cdot e_r$ können positiv und negativ sein. Sie sind positiv, wenn φ zwischen $-\frac{\pi}{2}$ und $+\frac{\pi}{2}$ liegt. In diesem Falle dreht die Kraft P_m um den Punkt m' in rechtsläufiger Richtung. Man hat somit in der relativen Lage des Punktes der Figur F', der dem Angriffspunkt einer Kraft zugehört, zur Kraft ein einfaches Kennzeichen für das Vorzeichen der Arbeit der fraglichen Kraft. Die Arbeit ist positiv, wenn die Drehung rechtsläufig gerichtet ist. Es besteht hierin Übereinstimmung mit dem Vorzeichen eines Momentes der Kraft am linken Stabteil.

a) Spannkraft S_r im Stabe r. Zur Angabe der Arbeit der Spannkraft im Stab r ist $\Delta \bar{s}_r$ zu bestimmen. $\Delta \bar{s}_r$ setzt sich aus den Verrückungen der Knotenpunkte k und i des Stabes r zusammen. Abb. 128. Es ist

$$\Delta \bar{s}_r = k\,k'' \cos\psi_k + i\,i'' \cos\psi_i\,,$$

$$\Delta \bar{s}_r = k\,k' \cos\psi_k + i\,i' \cos\psi_i\,,$$

$$\Delta \bar{s}_r = d\,,$$

das ist gleich dem rechtwinkligen Abstand der Parallelen zum Stab r durch die Punkte k' und i'. Die Verrückung jedes Punktes liefert einen positiven Beitrag, wenn ψ zwischen $-\frac{\pi}{2}$ und $+\frac{\pi}{2}$ liegt. In diesem Falle liegt der Punkt k' rechts der Stabrichtung $i - k$, und der Punkt i' rechts der Stabrichtung $k - i$. Das Vorzeichen der Längenänderung $\Delta \bar{s}_r$ ist also positiv, wenn in der Richtung $i - k$ gesehen die Strecke $i'\,k'$ bzw. in der Richtung $k - i$ gesehen die Strecke $k' - i'$ rechtsweisend ist.

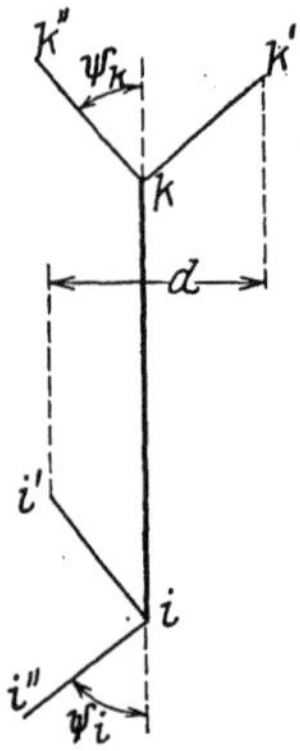

Abb. 128.

Man erhält die Formel

$$S_r = \sum P_m \frac{e_m}{d} + \sum C_r \frac{e_r}{d}\,. \tag{117}$$

Wenn möglich, ist der Maßstab des Geschwindigkeitsplanes so zu wählen, daß $d = 1$ wird.

b) Stützkraft C_r

$$C_r = -\sum P_m \frac{e_m}{e_r}\,. \tag{118}$$

Der Geschwindigkeitsplan kann immer in einem solchen Maßstab gezeichnet werden, daß $e_r = 1$ ist.

c) Normalkraft im Punkte v eines biegungsfesten Stabes. $\Delta \bar{s}_v$ ist die gegenseitige Verschiebung der Ufer des durch v gelegten Schnittes in Richtung der Tangente. Hier greift dieselbe Bestimmung Platz wie im Falle des einfachen Fachwerkstabes, und es ergibt sich dieselbe Formel.

d) Moment im Punkte v eines biegungsfesten Stabes. $\Delta \bar{\varphi}_v$ ist der Winkel der gegenseitigen Drehung der Ufer des durch v gelegten Schnittes, der positiv ist, wenn sich das linke Ufer gegen das rechte nach rechts dreht. Ist m die Scheibe links und n die Scheibe rechts von v, so ist danach

$$\Delta \bar{\varphi}_v = \omega_m - \omega_n\,.$$

Die senkrechte Geschwindigkeit im Punkte v sei $v\,v' = d$ bezeichnet und in der Richtung $v\,(m)$ aufgetragen, so ist mit den aus Abb. 129 ersichtlichen Bezeichnungen

$$d = r_m \cdot \omega_m = r_n\,\omega_n\,,$$

$$\Delta \bar{\varphi}_v = d\,\frac{r_n - r_m}{r_m \cdot r_n}\,.$$

Wenn v zwischen (m) und (n) liegt, ist ω_n und r_n negativ. Man erhält die Formel

$$M_v = -\frac{r_m \cdot r_n}{r_m - r_n}\left(\sum P_m \frac{e_m}{d} + \sum C_r \frac{e_r}{d}\right). \tag{119}$$

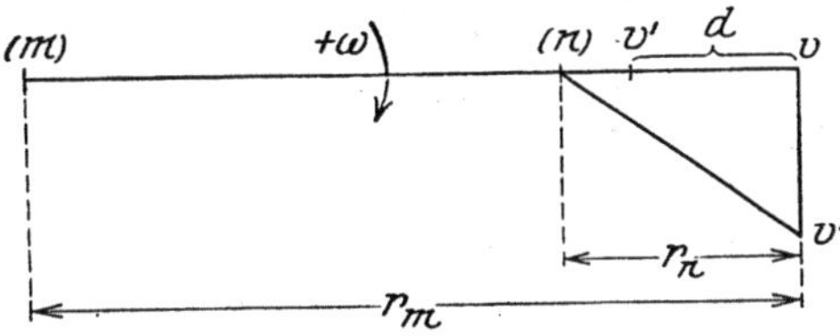

Abb. 129.

Meist kann der Maßstab $d = 1$ gewählt werden. Abb. 130 zeigt als Beispiel einen Dreigelenkbogen. Es ist zu ziehen $a\,v$ und $b\,g$ bis zum Schnitt in f. Auf $a\,v$ ist $v\,v' = 1$ im Zahlenmaßstab aufzutragen und $v'\,g' \parallel v\,g$ zu ziehen. Last in n. Es ist $v'\,n' \parallel v\,n$ zu ziehen und der rechtwinklige Abstand des Punktes n' von der Kraftlinie P_n zu bestimmen, e_n ist positiv. Last in m. Es ist $g'\,m' \parallel g\,m$ zu ziehen und e_m zu bestimmen. e_m ist negativ:

$$M_v = \frac{r_1 \cdot r_2}{r_1 + r_2}(P_n \cdot e_n - P_m e_m), \tag{120}$$

wenn r_2 die absolute Größe bezeichnet.

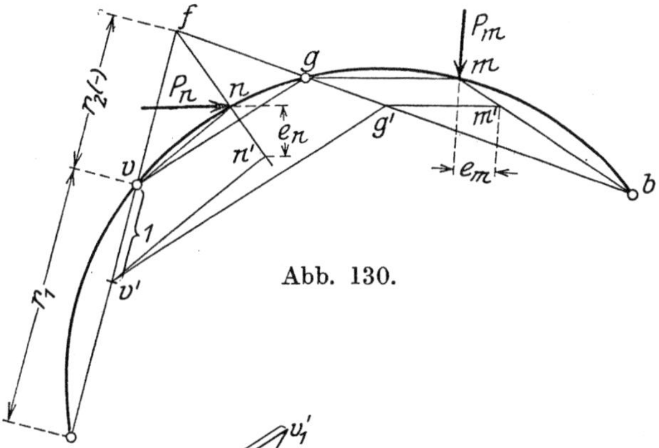

Abb. 130.

e) Querkraft in Punkt v eines biegungsfesten Stabes. $\Delta\bar{p}$ ist die in der Richtung $+V$ positive, gegenseitige Verschiebung der Ufer des durch v gelegten Schnittes. Da Punkt v der Scheibe m ein anderer ist als Punkt v der Scheibe n, weist der Geschwindigkeitsplan zwei Punkte v' auf. Die Formel für V sei an dem Beispiel der Abb. 131 entwickelt. Es ist $b\,g$ und $a\,f$ parallel Tangente v gezogen, $v\,v_1'$ in der Richtung $a\,v$ aufgetragen, und $v_1'\,v_2' = 1$ parallel Tangente v gezogen, dann ist $\Delta\bar{p} = +1$. Ferner ist $v_2'\,g' \parallel v\,g$, $g'\,m' \parallel g\,m$ gezogen und e_m bestimmt. e_m ist positiv.

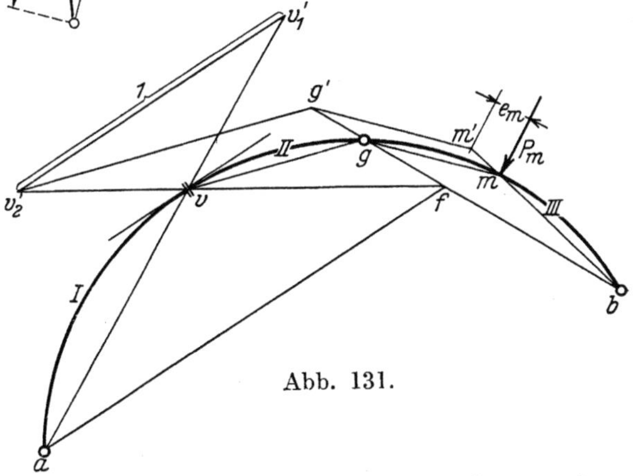

Abb. 131.

$$V = \sum P_m e_m. \tag{120}$$

Der Geschwindigkeitsplan hat für die Ermittlung der größten und kleinsten Werte einer statischen Größe bei veränderlicher Lastrichtung eine ähnliche Bedeutung wie die Einflußlinie. Er macht nicht nur die ungünstigste Stellung, sondern auch die ungünstigste Richtung der Last sofort kenntlich.

Besonders zweckmäßig ist die Benutzung des Geschwindigkeitsplanes zur Zeichnung von Einflußlinien für mehrstäbige Fachwerke. Die Ordinate der Einflußlinie η_n im Punkte n eines Fachwerkbalkens auf zwei lotrechten Stützen ist nach Gleichung (116)

$$\eta_n = \frac{1}{d}(e_n + A \cdot e_a + B \cdot e_b)\,.$$

Die Stützdrücke werden durch die Abstände des Punktes n von den Stützen x_n und x_n' ausgedrückt

$$\eta_n = \frac{1}{d}\left(e_n + e_a\frac{x_n'}{l} + e_b\frac{x}{l}\right). \tag{121}$$

Infolge der lotrechten Lastrichtung ist e_n der wagerechte Abstand des Punktes n' von n, e_a der wagerechte Abstand des Punktes a' vom Stützpunkt a, und dieselbe Bedeutung hat e_b in bezug auf den Stützpunkt b. Mithin ist η_n verhältnisgleich der algebraischen Summe von e_n und der Ordinate des Trapezes, dessen Ordinaten in den Stützpunkten e_a und e_b sind. Abb. 132 zeigt das in Nr. 34 analytisch behandelte Fachwerk [1]). Es soll die Einflußlinie des Schrägstabes D_1 gezeichnet werden. Der Stab wird entfernt. Die Punkte b und o werden festgehalten, dem Punkte *3* wird die senkrechte Geschwindigkeit *3 3'* beigelegt, so daß *3'* mit *1* zusammenfällt. Weiter wird gezogen: $3'2' \parallel 3\,2$ bis zum Schnitt mit *02*, $2'4' \parallel 2\,4$ bis zur Geraden *1 4*, $4'5' \parallel 4\,5$, $3'5' \parallel 3\,5$ — $3'6' \parallel 3\,6$, $4'6' \parallel 4\,6$ — $6'7' \parallel 6\,7$, $5'7' \parallel 5\,7$ — $5'8' \parallel 5\,8$, $6'8' \parallel 6\,8$ — $8'9' \parallel 8\,9$, $7'9' \parallel 7\,9$ — $7'10' \parallel 7\,10$, $8'10' \parallel 8\,10$ — $10'a' \parallel 10\,a$, $9'a' \parallel 9\,a$. e_3, e_5, e_7, e_9 sind negativ, da P_n linkslaufend um n' dreht, $e_b = 0$, e_a ist positiv, da A rechtslaufend um a' dreht. Um eine wagerechte Nullinie zu erhalten, wird in a $a\,a' = e_a$ nach unten aufgetragen und $a'b$ gezogen, ferner werden e_3, e_5, e_7, e_9 von $a'b$ aus nach oben aufgetragen und die Endpunkte verbunden. Der rechtwinklige Abstand des Punktes *2'* von *b 2* ist d, und zwar positiv, da *2'* rechts der Richtung *b 2* liegt.

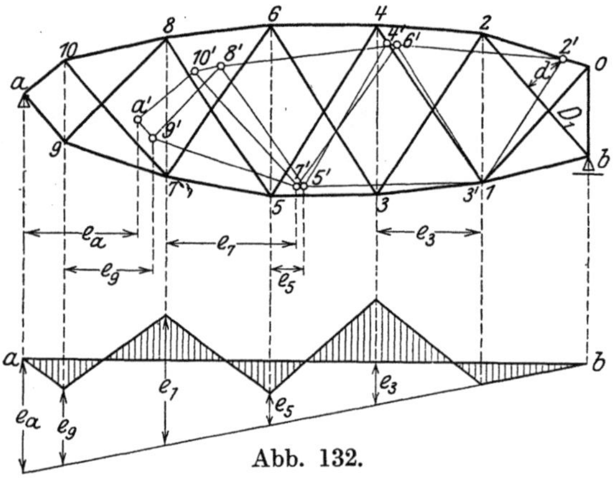

Abb. 132.

[1]) Müller-Breslau: Die graphische Statik Bd. 1, 4. Aufl., S. 501 ff. behandelt dasselbe Fachwerk mit parallelen Gurtungen und eine große Zahl anderer Bauarten.

43. Darstellung der Einflußlinie aus dem Polplan.

Die Einflußlinie ist an sich nur ein Hilfsmittel zur übersichtlichen Darstellung der durch irgendein Berechnungsverfahren gefundenen Werte einer statischen Größe. Zwischen der Einflußlinie und dem Polplan der zwangläufigen kinematischen Kette bestehen jedoch Beziehungen, welche die Einflußlinie zu einem Mittel der Berechnung statischer Größen machen. Denn aus diesen Beziehungen entspringt die Möglichkeit, die Einflußlinie zu zeichnen, sobald ihre Ordinate in einem Punkte gefunden ist oder nachträglich bestimmt werden kann. Aus der Formel für die statische Größe Z_a

$$Z_a = \pm \sum P_m \frac{\bar{\delta}_m}{\Delta \bar{a}}$$

erhält man mit $\Delta \bar{a} = 1$ die Ordinate der Einflußlinie im Punkte m:

$$\eta_m = \pm 1 \cdot \bar{\delta}_m ,$$

$\bar{\delta}_m$ ist die Projektion der Verschiebung des Punktes m des Tragwerkes auf die Lastrichtung, die dadurch entsteht, daß dem Glied a eine den Weg $\Delta \bar{a} = 1$ bedingende Formänderung beigelegt wird, während alle anderen Glieder starr bleiben. Man kann danach die Einflußlinie als Verschiebungslinie des die Lastknoten verbindenden Stabzuges deuten, welche durch die Formänderung $\Delta \bar{a} = 1$ verursacht ist.

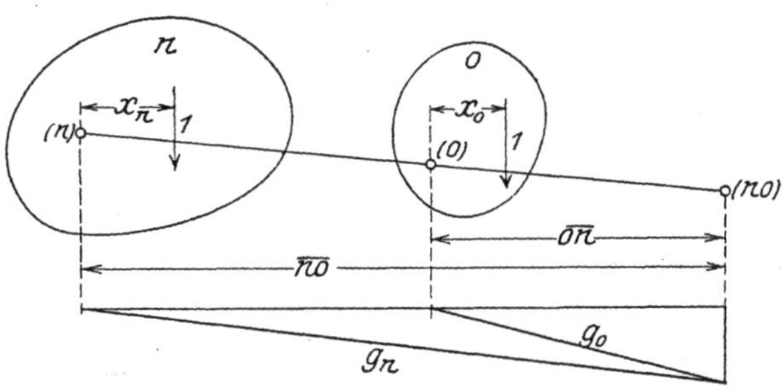

Abb. 133.

Die Kraftlinie der Last an der starren Scheibe n habe vom Pol (n) den rechtwinkligen Abstand x_n, Abb. 133, dann ist

$$\bar{\delta}_m = \omega_n \cdot x_n .$$

Geht die Kraftlinie durch den Pol, so verschwindet $\bar{\delta}$ mit $x = 0$. Daraus folgt: Zu jeder starren Scheibe der zwangläufigen kinematischen Kette gehört eine Gerade der Einflußlinie. Der Nullpunkt der Geraden liegt auf der Parallelen zur Lastrichtung durch den Pol der Scheibe. Der Abstand des Nebenpoles $(n\,o)$ vom Pol (n) sei rechtwinklig zur Lastrichtung gemessen $\overline{n\,o}$ und vom Pol (o) $\overline{o\,n}$, beide Strecken seien in derselben Richtung positiv, dann ist im Punkte m der Scheibe n

$$\bar{\delta}_{mn} = \omega_n \cdot \overline{n\,o} \cdot \frac{x_n}{\overline{n\,o}}$$

und im Punkte m der Scheibe o

$$\bar{\delta}_{mo} = \omega_o \cdot \overline{o\,n} \frac{x_o}{\overline{o\,n}} ,$$

da $\omega_n \cdot \overline{n\,o} = \omega_o \cdot \overline{o\,n}$ ist, folgt

$$\frac{\bar{\delta}_{mn}}{\bar{\delta}_{mo}} = \frac{x_n}{\overline{n\,o}} \cdot \frac{\overline{o\,n}}{x_o} .$$

Fallen beide Punkte im Nebenpol $(n o)$ zusammen, so wird die rechte Seite gleich 1. Aus den Gleichungen folgt: Die Gerade g_n der Einflußlinie, welche der Scheibe n zugehört, und die Gerade g_o, welche der Scheibe o zugehört, schneiden sich auf der Parallelen zur Lastrichtung durch den Nebenpol der Scheiben. Da die Gültigkeit der Gleichung unabhängig davon ist, ob die Scheiben in einem Gelenk zusammenhängen oder nicht, ob sie nebeneinander liegen oder durch andere Scheiben getrennt sind, so schneiden sich zwei beliebige Gerade der Einflußlinie auf der Parallelen zur Lastrichtung durch den Nebenpol der den Geraden entsprechenden Scheiben. Die Nullpunkte der Einflußlinie liegen auf Parallelen zur Lastrichtung durch die Pole, die Knickpunkte liegen auf den Parallelen zur Lastrichtung durch die Nebenpole benachbarter Scheiben. Diese Tatsache genügt, um die Einflußlinie nach willkürlicher Wahl einer Ordinate zu zeichnen, sobald alle Pole und die Nebenpole benachbarter Scheiben konstruiert sind. Liegt einer der Pole oder Nebenpole für die Zeichnung ungeeignet, so wird er durch einen anderen Nebenpol ersetzt.

Danach erübrigt nur noch die Bestimmung einer beliebigen Ordinate, die auch durch Angabe der Strecke der Ordinate zwischen zwei Geraden der Einflußlinie erreicht wird. Meist ist die letztgenannte Bestimmung am einfachsten durchzuführen.

Handelt es sich um die Einflußlinie einer Stützkraft, so ist die Ordinate ohne weiteres gegeben, wenn der Stützpunkt einer Scheibe angehört, über welche die Lasten wandern. Man zerlegt die Lasteinheit im Stützpunkt in die Seitenkräfte nach der Richtung der Stütze und der Geraden, die den Stützpunkt mit dem Pol verbindet. Die Seitenkraft nach der Stützrichtung ist die Ordinate im Stützpunkt. Wird die Scheibe, in welcher der Stützpunkt liegt, nicht belastet, so zeichnet man die Figur F' für den Teil der Kette, der den Stützpunkt und die nächste belastete Scheibe umfaßt, und ermittelt den Wert der Stützkraft infolge der Lasteinheit in einem geeigneten Punkt mit Hilfe der Gleichung (115).

Die Strecke der Ordinate der Einflußlinie für eine innere statische Größe zwischen zwei Geraden g_n und g_o läßt sich in einfacher Weise deuten und berechnen, wenn die Scheiben n und o durch das beseitigte Glied so verbunden sind, daß sie im Tragwerk einer starren Scheibe angehören. Es bezeichne, Abb. 134,

$$\eta'_n = \eta_n - \eta_o\,, \qquad \eta'_o = \eta_o - \eta_n\,.$$

In derselben Kraftlinie sei Scheibe n durch die Last $+1$, Scheibe o durch die Last -1 belastet, dann entsteht

$$1 \cdot \eta'_n = 1\,(\eta_n - \eta_o)\,.$$

Dabei sind beide Scheiben beliebig groß anzunehmen, um diese Belastung in jedem Punkte möglich zu machen. Infolge der Voraussetzung, daß beide Scheiben im Tragwerk einer Scheibe angehören, erzeugt die Belastung keine Stützkräfte. Mithin ist eine Änderung der Stützung der Art, daß die Stützkräfte nur an o angreifen, und als äußere Kraft auf n nur die Last $+1$ wirkt, ohne Einfluß auf den Wert der statischen Größe. Die auf o wirkende Last -1 kann als Mittelkraft der Stützkräfte aufgefaßt werden, welche durch die an n angreifende Last $+1$ entstehen, ohne daß es nötig ist, eine nähere Bestimmung über diese Stützkräfte zu treffen. Man erkennt, daß $1 \cdot \eta_n'$ der Wert der statischen Größe ist, den eine Belastung der Scheibe n durch die Lasteinheit erzeugt, wenn Scheibe o stabil gestützt wird, und $1\,\eta_o'$ der Wert ist, den eine Belastung der Scheibe o durch die Lasteinheit erzeugt, wenn Scheibe n stabil gestützt wird. Es bezeichne x' den Abstand der Ordinate η_n' vom Schnittpunkt der Geraden g_n und g_o — positiv rechts desselben —, ferner $1 \cdot z_o$ den Wert der statischen Größe, den die bezeichnete Belastung der Scheibe n im Punkte $x' = +1$ erzeugt, dann entsteht der Wert $\eta_n' = +1$ in dem Punkte, welcher vom Schnittpunkt g_n, g_o den Abstand $x_o = \frac{1}{z_o}$ hat. Diesen Wert benutzt man zweckmäßig zur Bestimmung der Ordinate, indem man aus dem Wert *1* in x_o auf den Wert η_{no}' im Nullpunkt der Geraden g_o, oder auf den Wert $-\eta_{on}'$ im Nullpunkt der Geraden g_n schließt.

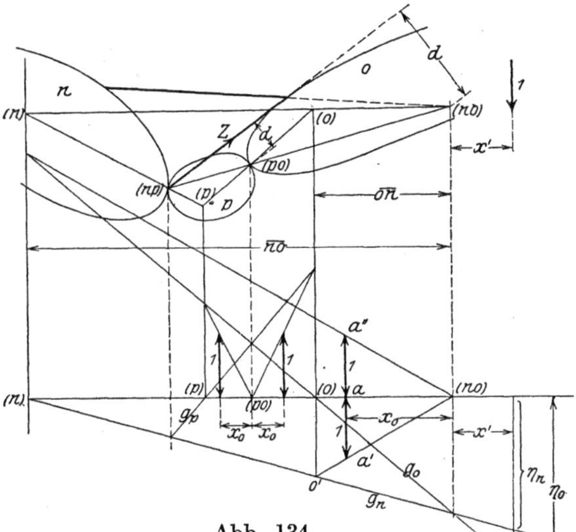

Abb. 134.

Es ist $\eta_{no}' = 1\,\frac{\overline{on}}{x_o}$ und $-\eta_{on}' = 1\,\frac{\overline{no}}{x_o}$. Daraus ergibt sich folgende Zeichnung. Man macht die Strecke $(n\,o)\,a = x_o$, $a\,a' = 1$ und zieht $(n\,o)\,a'$ bis zur Parallelen zur Lastrichtung durch (o), dann ist $(o)\,o' = \eta_{no}'$. Oder man trägt $a\,a'' = -1$ auf und zieht $(n\,o)\,a''$ bis zur Parallelen zur Lastrichtung durch (n), dann ist $(n)\,n' = \eta_{on}'$. Die Zeichnung der Abb. 134 setzt voraus, daß x_o negativ ist.

Der Wert z_o ist nach der gegebenen Deutung der Ordinate η_n' in jedem Falle leicht aus der Gleichung: Moment der Kräfte an Scheibe n um $(n\,o) = 0$, zu berechnen.

a) Z ist eine Spannkraft, deren Abstand von $(n\,o)$ durch d, und zwar rechts der an Scheibe n angreifenden Kraftrichtung positiv, bezeichnet ist.

$$\eta_n' = -\frac{x'}{d}, \qquad z_o = -\frac{1}{d}, \qquad x_o = -d\,.$$

b) Z ist das Moment im Punkte $(n\,o)$, was voraussetzt, daß die Scheiben in $(n\,o)$ zusammenhängen

$$\eta_n' = +x', \qquad z_o = +1, \qquad x_o = +1 \text{ (Längeneinheit).}$$

c) Z ist die unter dem Winkel $\frac{\pi}{2} - \varphi$ gegen die Lastrichtung geneigte Querkraft zwischen den Scheiben n und o. Dann liegt $(n\,o)$ im unendlichen und die Geraden g_n und g_o sind Parallele im Abstand $1 \cdot \operatorname{cosec} \varphi$.

Im Falle der Abb. 134 ist Z die Spannkraft in dem rechts steigenden Schrägstab. Man kann dann auch die Scheiben p und o benutzen, und die Ordinaten $-\eta_{po}'$ im Nullpunkt (o) oder $-\eta_{op}'$ im Nullpunkt p bestimmen, indem man von $(p\,o)$ aus $x_o = \pm \frac{1}{z_o} = \pm d$, dem Abstand der Kraft Z vom Nebenpol $(p\,o)$ aufträgt.

Zuweilen wird ein graphisches Verfahren zur Bestimmung der Ordinaten in den Nullpunkten, z. B. η_{no}' und η_{on}' benutzt. η_{no}' ist der Wert der Spannkraft Z, welcher bei stabiler Stützung der Scheibe o durch die in Punkt (o) auf Scheibe n wirkende Last 1 erzeugt wird. Man zerlegt die Lasteinheit nach der Richtung der Kraft Z und in die durch $(n\,o)$ gehende Seitenkraft nach dem Culmannschen Verfahren. Dazu bringt man die Kraftlinie Z mit der Lastlinie durch (o) zum Schnitt und verbindet den Schnittpunkt mit $(n\,o)$. Das Verfahren ist aber im allgemeinen weniger einfach als das oben dargestellte.

Das Vorzeichen der Ordinate ist durch die angestellten Überlegungen eindeutig bestimmt, wenn man die Bedeutung der Ordinaten η_n' und η_o' beachtet. Es ist jedoch im allgemeinen zweckmäßig, das Verfahren nur zur Bestimmung des absoluten Wertes der Ordinaten zu benutzen und die Frage des Vorzeichens vorher nach folgendem, stets gültigem und einfachem Kennzeichen zu entscheiden. Man wählt einen Nebenpol, der zwischen seinen Polen liegt. Im Falle der Abb. 134 trifft das für $(n\,p)$ und $(p\,o)$ zu, nicht aber für $(n\,o)$. Sodann ist zu untersuchen, ob der Randwinkel zwischen den im Nebenpol vereinigten Scheiben auf der Seite des Scheibenzuges, nach der die positive Lastrichtung weist — also bei lotrechten Lasten der untere Randwinkel — infolge einer positiven Änderung $\Delta \bar{d}$, $\Delta \bar{\varphi}$, $\Delta \bar{p}$ zunimmt oder abnimmt. Im Falle der Zunahme ist die Ordinate positiv, im Falle der Abnahme negativ.

Die Richtigkeit des Kennzeichens erhellt daraus, daß im Falle der Zunahme der Nebenpol sich gegen die Gerade durch die Pole in der Richtung der Last verschiebt, also $\bar{\delta}_m$ und damit auch $\frac{\bar{\delta}_m}{\Delta \bar{d}}$, $\frac{\bar{\delta}_m}{\Delta \bar{\varphi}}$, $\frac{\bar{\delta}_m}{\Delta \bar{p}}$ positiv ist. Im Falle der Abb. 134 erzeugt $+\Delta \bar{d}$ eine Zunahme des unteren Randwinkels in $(n\,p)$ und eine Abnahme des unteren Randwinkels in $(p\,o)$. Mithin ist die Ordinate in $(n\,p)$ positiv, in $(p\,o)$ negativ. Das Kennzeichen trifft natürlich für jeden Nebenpol zu, der zwischen seinen Hauptpolen liegt. Jedoch ist die Frage der Zu- oder Abnahme des Randwinkels meist nur für die Nebenpole der Scheiben einfach zu entscheiden, die mit dem beseitigten Glied unmittelbar zusammenhängen.

44. Beispiele.

a) Dreigelenkbogen. Spannkraft in einem Stab der Untergurtung, Abb. 135. (*I*) und (*III*) liegen in den Auflagergelenken, (*II III*) im Scheitelgelenk. (*II*) ergibt sich als Schnittpunkt von (*I*) (*I II*) und (*III*) (*III II*). Der positive Wert $\Delta \bar{s}$ bedingt eine Zunahme des unteren Randwinkels zwischen *I* und *II*, mithin ist die Ordinate in (*I II*) positiv. Im Abstand *r* von (*I II*) ist die Ordinate *1* aufgetragen, die Gerade durch den Nullpunkt unter (*I II*) und den Endpunkt der Ordinate ergibt η_n', sodann ist $\eta_n' N_{II}$ bis (*II III*), (*II III*) N_{III}, (*I II*) N_I zu ziehen. Um η_n' und η_n'' nach Culmann zu bestimmen, ist der Untergurtstab mit den Lotrechten durch (*I*) und (*II*)

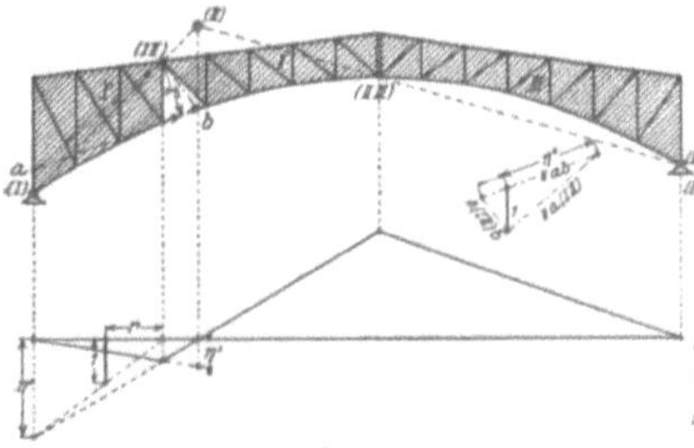

Abb. 135.

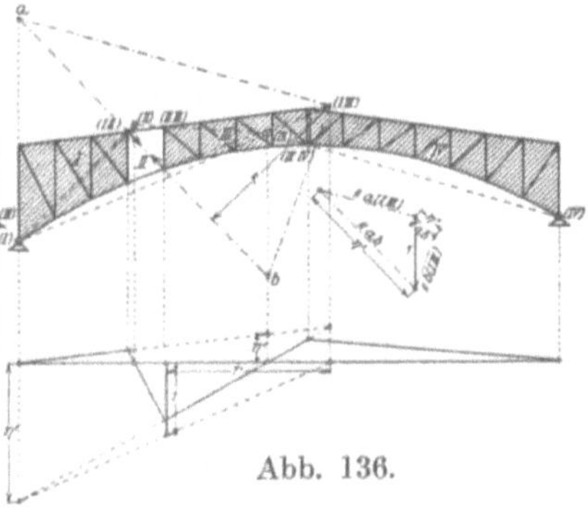

Abb. 136.

zum Schnitt gebracht, sodann sind die Schnittpunkte mit (*I II*) verbunden. Die Zerlegung der Krafteinheit zeigt die Nebenfigur.

Spannkraft im Schrägstab, Abb. 136. (*I III*) wird im Schnittpunkt der Gurtungsstäbe gefunden, sodann (*III*) im Schnittpunkt von (*I*) (*I III*) und (*IV*) (*III IV*), schließlich (*II*) im Schnittpunkt von (*I*) (*I II*) und (*III*) (*II III*). (*II III*) liegt zwischen (*II*) und (*III*), (*I II*) zwischen (*I*) und (*II*). Aus $+\Delta \bar{s}$ folgt eine Zunahme des Randwinkels *II III*, eine Abnahme des Randwinkels *I II*, mithin ist die Ordinate in (*II III*) positiv, in (*I II*) negativ. Zur Bestimmung von η' in N_I ist der rechtwinklige Abstand *r* von (*I III*) gewählt. Die Konstruktion erhellt ohne weiteres aus der Abbildung. Durch den Endpunkt η_d' und N_{III} ist g_{III}, damit die Knickpunkte unter (*III IV*) und unter (*II III*), ferner auf der Lotrechten durch (*I III*) ein Punkt für g_I bestimmt. Durch den letzteren und N_I ist nun g_I festgelegt, und damit ein zweiter Punkt für g_{II}. Um η_d' und η_d'' nach Culmann zu bestimmen, ist der Stab *D* mit den Lotrechten durch (*I*) und (*III*) zum Schnitt gebracht, sodann sind die Schnittpunkte mit (*I III*) verbunden. Die Nebenfigur zeigt die Zerlegung der Kraft *1*.

b) Gelenkträger (Gerberträger). Abb. 137 zeigt den Polplan und die Einflußlinie für einen Obergurtstab. (*III*) wird auf der Lotrechten durch den wagerechten Stützpunkt und (*II*) (*II III*) gefunden, ferner (*I*) durch (*II*) (*I II*) und (*IV*) durch (*III*) (*III IV*) auf den

Lotrechten durch die Stützpunkte. Durch $+\Delta \bar{s}$ entsteht eine Abnahme des Randwinkels zwischen *II* und *III*. Mithin ist die Ordinate in (*II III*) negativ. Im übrigen ist die Konstruktion der Einflußlinie aus der Abbildung ersichtlich.

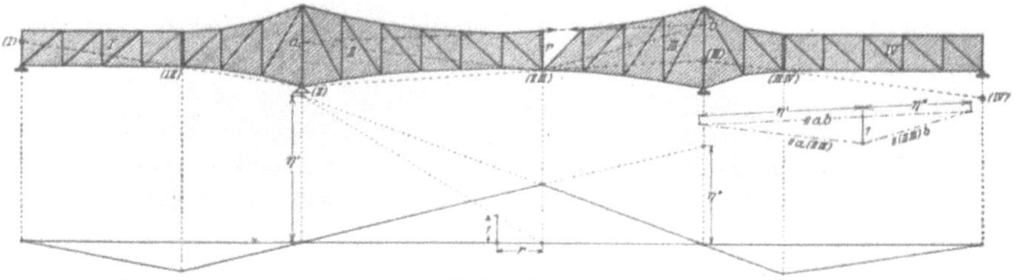

Abb. 137.

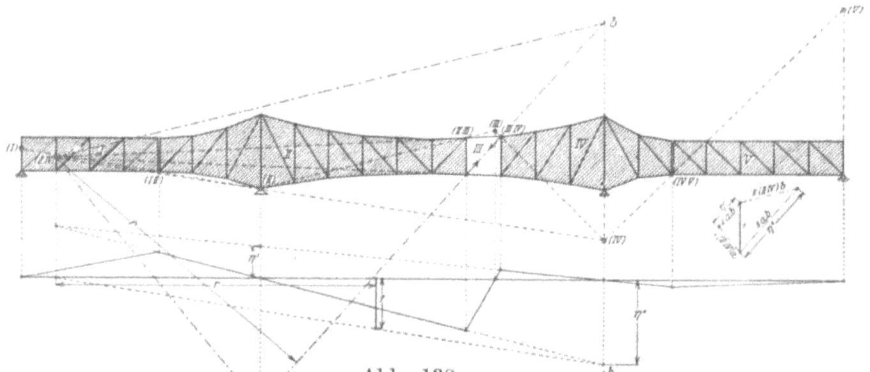

Abb. 138.

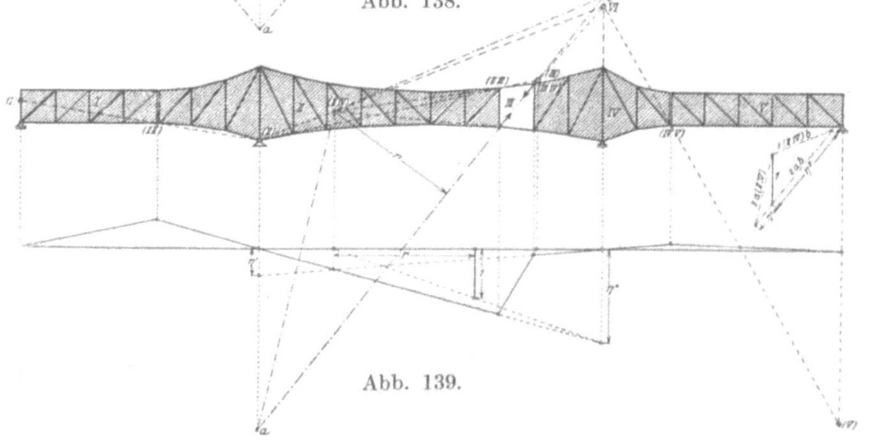

Abb. 139.

Abb. 138 zeigt den Polplan und die Einflußlinie für einen Schrägstab. (*II IV*) liegt im Schnittpunkt der Gurtungsstäbe. (*II*) (*II IV*) ergibt (*IV*) auf der Lotrechten durch den Stützpunkt. (*I*) und (*V*) werden wie oben gefunden, (*III*) durch (*II*) (*II III*) und (*IV*) (*III IV*).

(*II III*) und (*III IV*) liegen zwischen ihren Polen. Durch $+\varDelta\bar{s}$ entsteht eine Zunahme des Randwinkels *II III* und eine Abnahme des Randwinkels *III IV*. Mithin ist die Ordinate in (*II III*) positiv, in (*III IV*) negativ. Im übrigen ist die Konstruktion der Einflußlinie aus der Abbildung ersichtlich.

Abb. 139 zeigt ebenfalls den Polplan und die Einflußlinie eines Schrägstabes. (*II IV*) liegt hier zwischen (*II*) und (*IV*). Daraus ergibt sich, daß (*III IV*) nicht zwischen seinen Polen liegt. Dagegen liegt (*II III*) zwischen (*II*) und (*III*). Durch $+\varDelta\bar{s}$ entsteht eine Zunahme des Randwinkels *II III* und des Randwinkels *II IV*. Die Ordinaten in (*II IV*) und (*II III*) sind daher positiv. Daraus folgt, daß die Ordinate auch in (*III IV*) positiv ist.

c) Fachwerk der Abb. 140. Vier Fachwerkscheiben durch die Gelenke (*I IV*), (*VI VII*), (*VII X*) verbunden, sind auf zwei feste

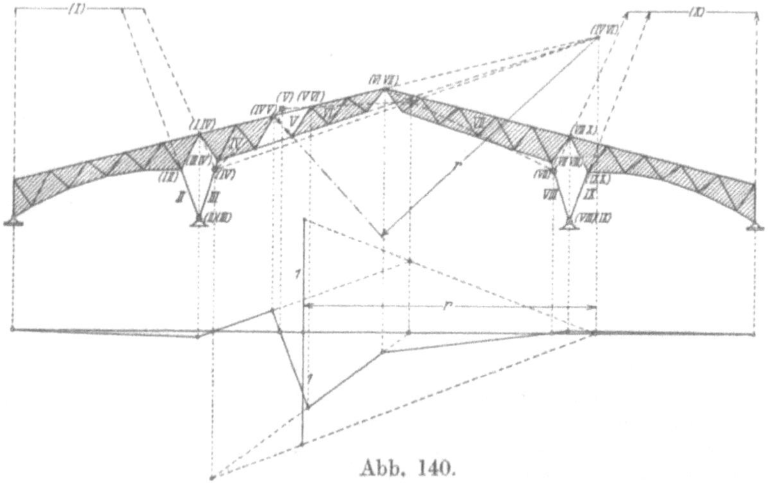

Abb. 140.

Stützpunkte durch je zwei Stäbe *II*, *III* und *VIII*, *IX*, außerdem in den Enden auf zwei wagerecht geführte Stützpunkte gestützt. Die Abbildung zeigt den Polplan und die Einflußlinie für einen Schrägstab der mittleren Öffnung. Die Pole (*II*), (*III*), (*VIII*), (*IX*) liegen in den festen Stützpunkten. Pol (*I*) wird durch (*II*) (*II I*) auf der Lotrechten durch den beweglichen Stützpunkt gefunden, ebenso (*X*) durch (*IX*) (*IX X*) und die Lotrechte zur Bahn des Lagers. Weiter ergibt sich (*IV*) durch (*III*) (*III IV*) und (*I*) (*I IV*), (*VII*) durch (*VIII*) (*VIII VII*) und (*X*) (*X VII*). Nebenpol (*IV VI*) ist der Schnittpunkt der Gurtstäbe im Felde des Schrägstabes, schließlich findet man (*VI*) durch (*IV*) (*IV VI*) und (*VII*) (*VII VI*) sowie (*V*) durch (*IV*) (*IV V*) und (*VI*) (*V VI*). Beide Nebenpole (*IV V*) und (*V VI*) liegen zwischen ihren Polen. Durch $+\varDelta s$ wird der Randwinkel *V VI* vergrößert, dagegen der Randwinkel *IV V* verkleinert. Mithin ist die Ordinate in (*V VI*) positiv, in (*IV V*) negativ. Die Ordinate zwischen g_{IV} und g_{VI} hat den Wert *1* im Abstand *r* von (*IV VI*). Daraus folgt die in der

Abbildung durchgeführte Bestimmung der Ordinate von g_{VI} in N_{IV} und der Ordinate von g_{IV} in N_{VI}.

Abb. 141 stellt Polplan und Einflußlinie für die lotrechte Seitenkraft des Stützdruckes in einem der festen Stützpunkte dar. Die zwangläufige Kette wird durch Verwandlung des festen in einen lotrecht geführten Stützpunkt gebildet. Die Pole (*VI*), (*VII*), (*V*), (*VIII*) sind dieselben wie im ersten Falle. Für die Scheiben *I*, *II*, *IV* sind die Lotrechte durch den linken Stützpunkt, die Geraden g_2 und g_4 in (*V*) (*V IV*), sowie die Nebenpole (*I II*), (*I IV*), (*II IV*), die auf einer Geraden liegen, bekannt. Wird die lotrechte Stütze an der Scheibe *I* vernachlässigt, so bilden *I*, *II*, *IV* eine Kette mit zwei Bewegungsfreiheiten, es muß

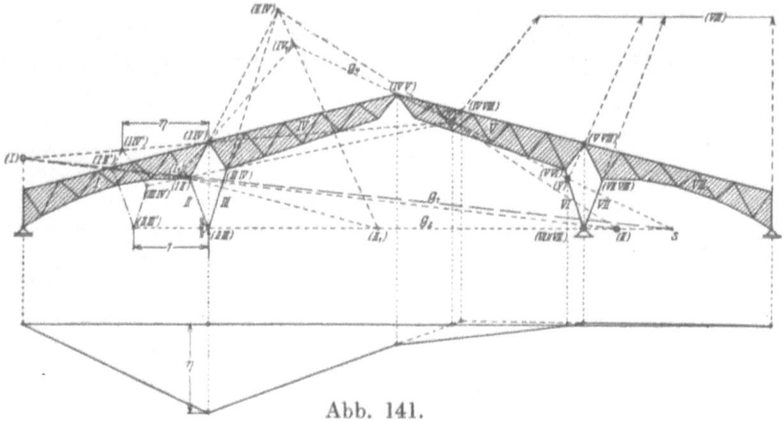

Abb. 141.

also für Scheibe *I* eine Gerade g_1 bestehen, die durch den Schnittpunkt *S* von g_2 und g_4 geht. Ein zweiter Punkt derselben ergibt sich aus der Annahme (II_1) auf g_2 oder (IV_1) auf g_4, die durch die Gerade (II_1) (IV_1) (*II IV*) voneinander abhängig sind, die Geraden (II_1) (*II I*) und (IV_1) (*IV I*) in (I_1). Der Schnittpunkt g_1 mit der Lotrechten durch den Stützpunkt ergibt (*I*), weiter (*I*) (*I IV*) Pol (*IV*) auf g_4 und (*I*) (*I II*) Pol (*II*) auf g_2. (*IV*), (*II*), (*II IV*) liegen auf einer Geraden. Die Lasten wandern über die Scheiben *I*, *IV*, *VI*, *VIII*. Die Ordinate im Knickpunkt (*I IV*) wird durch die Figur *F'* gefunden. Im wagerechten Abstand *1* von (*II III*) wird auf g_2 der erste Punkt gewählt, durch diesen die Parallele zu (*II III*) (*I II*) bis (*I*) (*I II*) und weiter die Parallele zu (*I II*) (*I IV*) bis (*I*) (*I IV*) gezogen. Der wagerechte Abstand η ist positiv, da die Last in (*I IV*) rechtslaufend dreht. Die wagerechte Strecke *1* ist negativ, da die lotrechte Seitenkraft der Stützkraft linkslaufend dreht. Nach Gleichung (115) ist daher die Ordinate $+\eta$. N_I, N_{IV} bestimmen g_I, g_{IV}, letztere lotrecht unter (*IV V*) einen Punkt von g_V. Durch N_V, die Lotrechte durch (*V VIII*) und N_{VIII} ist die Einflußlinie nun vollständig bestimmt.

d) Fachwerk der Abb. 142. Drei Scheiben *I*, *IV*, *VII* sind durch die Gelenke (*I IV*), (*IV VII*) verbunden, in (*I*) in einem festen Stützpunkt, durch die Stäbe *II*, *III* und *V*, *VI* in je einem auf wagerechter

Bahn geführten Stützpunkt gestützt. Schließlich greift im äußersten Punkt der Scheibe *VII* eine schräge Stützkraft an. Aus $p = 3$, $k_1 = 2$, $r_1 = 4$ folgt $a = 3 + 2 + 2 \cdot 2 - 4 = 5$. Das Tragwerk ist stabil. Die Abbildung zeigt den Polplan und die Einflußlinie der schrägen Stützkraft. Pol (*II*) ergibt sich auf der Lotrechten durch den Stützpunkt aus (*I*) (*I II*), weiter (*IV*) aus (*II*) (*II IV*) und (*I*) (*I IV*), (*VI*) aus (*IV*) (*IV VI*) auf der Lotrechten durch den Stützpunkt, schließlich (*VII*) aus (*IV*) (*IV VII*) und (*VI*) (*VI VII*). Zur Bestimmung der Ordinate ist die Last *1* im Abstand *r* vom Pol (*VII*) nach der Rich-

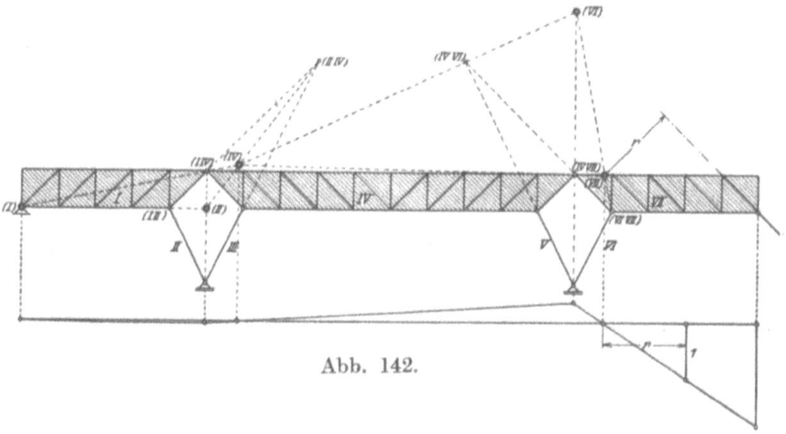

Abb. 142.

tung der Stützkraft und der Geraden durch (*VII*) zerlegt. Der Wert der Seitenkraft nach der Richtung der Stützkraft folgt aus der Momentengleichung um (*VII*) zu $+\frac{1 \cdot r}{r} = +1$. Damit ergibt sich die dargestellte Zeichnung der Einflußlinie.

Abb. 143 zeigt den Polplan und die Einflußlinie der Spannkraft in einem Schrägstab der mittleren Scheibe. Pol (*I*) (*II*) (*IV*) ist wie vorbestimmt. Da (*IV VI*) der unendlich ferne Punkt der Wagerechten ist, besteht für Scheibe *VI* die Gerade (*IV*) (*IV VI*), ferner für *VII* g_7, für *IX* g_9. Sodann sind die festen Nebenpole (*VI VII*), (*VI IX*), (*VII IX*) bekannt. Wird (*IV*) (*IV VI*) vernachlässigt, so besteht in der Kette mit zwei Bewegungsfreiheiten, welche *VI*, *VII*, *IX* bilden, eine dritte Gerade, nämlich g_6. Sie geht durch den Schnittpunkt *S* von g_7 und g_9. Ein zweiter Punkt wird aus der Annahme (VII_1) auf g_7 durch (VII_1) (*VII IX*) bis (IX_1) auf g_9, sowie (IX_1) (*VI IX*) und (VII_1) (*VI VII*) in (VI_1) gefunden. Der Schnittpunkt von g_6 und (*IV*) (*IV VI*) bestimmt (*VI*). Weiter findet man (*V*) aus (*IV*) (*IV V*) und (*VI*) (*VI V*) sowie (*IX*) durch (*VI*) (*VI IX*) auf g_9. In der Abb. ist noch (*VII*) aufgesucht, dessen doppelte Bestimmung eine Kontrolle ermöglicht. Die Nebenpole (*IV V*) und (*V VI*) liegen zwischen ihren Polen. Durch $+\Delta \bar{s}$ entsteht eine Abnahme des Randwinkels *IV V* und eine Zunahme des Randwinkels *V VI*, mithin ist die Ordinate in $(IV\,V)$ negativ, in $(V\,VI)$ positiv. Die Bestimmung der Ordinaten in N_{IV} und N_{VI}, sowie die Zeichnung der Einflußlinie ist ohne weiteres verständlich.

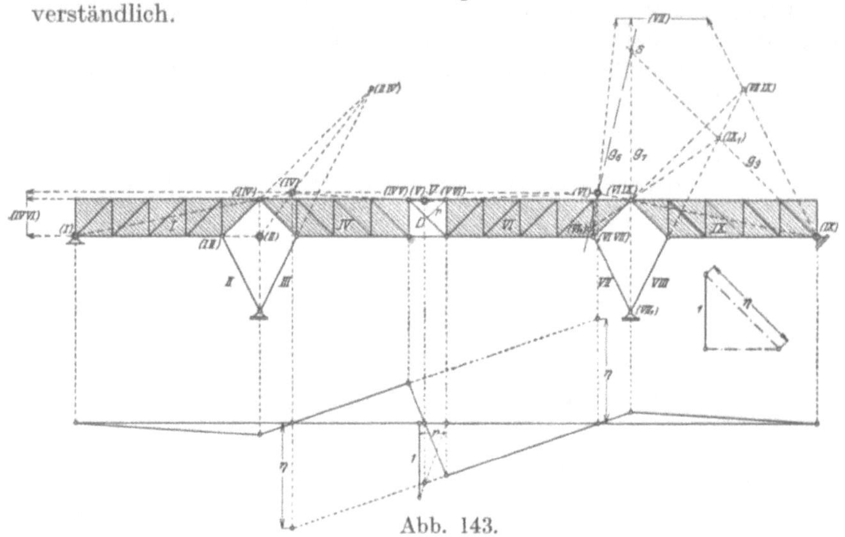

Abb. 143.

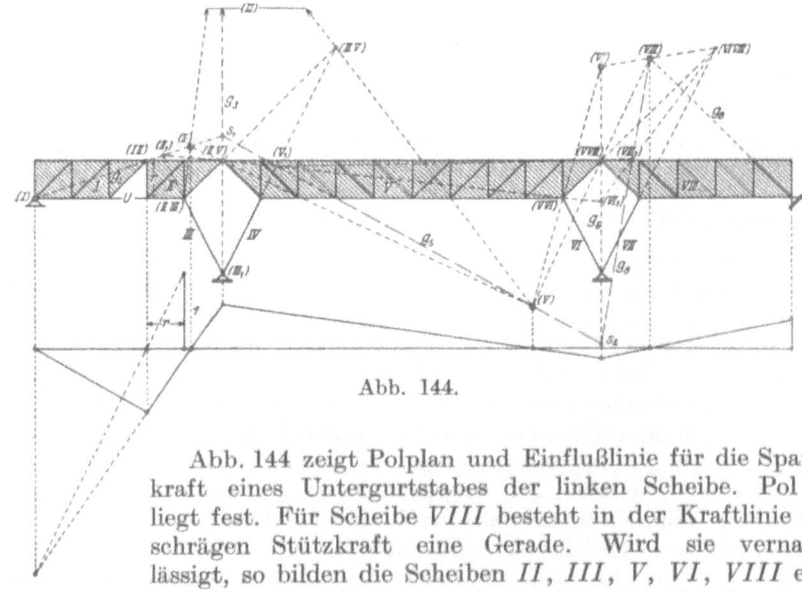

Abb. 144.

Abb. 144 zeigt Polplan und Einflußlinie für die Spannkraft eines Untergurtstabes der linken Scheibe. Pol (I) liegt fest. Für Scheibe VIII besteht in der Kraftlinie der schrägen Stützkraft eine Gerade. Wird sie vernachlässigt, so bilden die Scheiben II, III, V, VI, VIII eine Kette mit zwei Bewegungsfreiheiten, für welche die Geraden g_2 in $(I)\,(I\,II)$, g_3 und g_6, sowie die Nebenpole $(II\,III)$, $(II\,V)$, $(III\,V)$ auf einer Geraden und $(V\,VI)$, $(V\,VIII)$, $(VI\,VIII)$ auf einer zweiten Geraden bekannt sind. Es sind g_5 und g_8 zu bestimmen. Für g_5 ist in S_1, dem Schnittpunkt von g_2 und g_3, ein Punkt bekannt. Ein zweiter wird aus der Annahme (III_1) auf g_3 durch $(III_1)\,(III\,II)$ bis (II_1)

auf g_2, sowie (III_1) $(III\,V)$ und (II_1) $(II\,V)$ in (V_1) gefunden. Der Schnittpunkt S_2 von g_5 und g_6 ist ein Punkt für g_8. Um den zweiten zu finden, wird (V_1) $(V\,VI)$ bis (VI_1) auf g_6, (V_1) $(V\,VIII)$ und (VI_1) $(VI\,VIII)$ bis (VIII_1) gezogen. g_8 durch S_2 und (VIII_1) gezogen bestimmt Pol (VIII) auf der Kraftlinie der schrägen Stützkraft. Nun ergibt (VIII) $(VIII\,V)$ Pol (V) auf g_5 und (V) $(II\,V)$ Pol (II) auf g_2. Pol (III) und (VI) können zur Prüfung der Zeichnung benutzt werden.

Abb. 145 zeigt den Polplan und die Einflußlinie für die Spannkraft eines Wandstabes der linken Scheibe. $(I\,II)$ ist der unendlich ferne

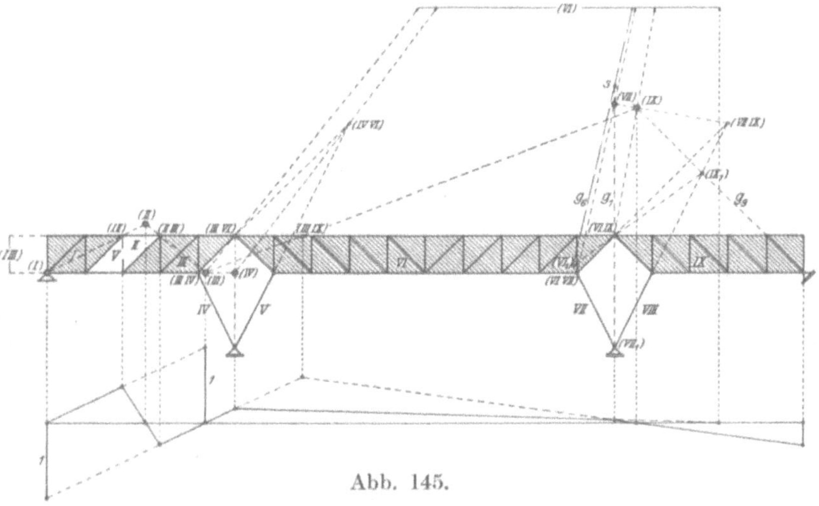

Abb. 145.

Punkt der Wagerechten. Pol (III) muß auf der Wagerechten durch (I) liegen. Da diese durch $(III\,IV)$ geht, fällt sie mit (III) $(III\,IV)$ zusammen und bestimmt (IV) auf der Lotrechten durch den Stützpunkt. In (IV) $(IV\,VI)$ ist nunmehr eine Gerade für (VI) gefunden. Für VII und IX sind jedoch nur g_7 und g_9 sowie die Nebenpole $(VI\,VII)$, $(VI\,IX)$, $(VII\,IX)$ auf einer Geraden vorhanden. Es muß daher unter Vernachlässigung von (IV) $(IV\,VI)$ g_6 bestimmt werden. Das geschieht durch den Schnittpunkt S von g_7 und g_9 und das Dreieck (VII_1) (IX_1) (VI_1). Der Schnittpunkt von g_6 und (IV) $(IV\,VI)$ ist Pol (VI). Sodann ergibt (VI) $(III\,VI)$ Pol (III) und (VI) $(VI\,IX)$ Pol (IX). (III), $(III\,IX)$, (IX) liegen auf einer Geraden. Die Nebenpole $(II\,III)$ und $(I\,II)$ liegen zwischen ihren Polen. Durch $+\Delta\bar{s}$ entsteht eine Zunahme des Randwinkels $II\,III$ und eine Abnahme des Randwinkels $I\,II$. Mithin ist die Ordinate in $(II\,III)$ positiv, in $(I\,II)$ negativ. Wird III stabil gestützt und I durch die Lasteinheit belastet, indem die Stütze (I) unbeachtet bleibt, dann ist der absolute Wert der Spannkraft 1. Danach ergibt sich die dargestellte Zeichnung der Einflußlinie. g_{IX} ist aus dem Schnittpunkt mit g_{III} auf der Lotrechten durch $(III\,IX)$ gezogen, da die Ordinate von g_{VI} in $(VI\,IX)$ zu klein ist.

e) Fachwerk der Abb. 146. Die Gliederung ist aus der Abbildung ersichtlich, in welcher der Polplan und die Einflußlinie für die Spannkraft eines Obergurtstabes des Bogens dargestellt ist. Die Scheiben

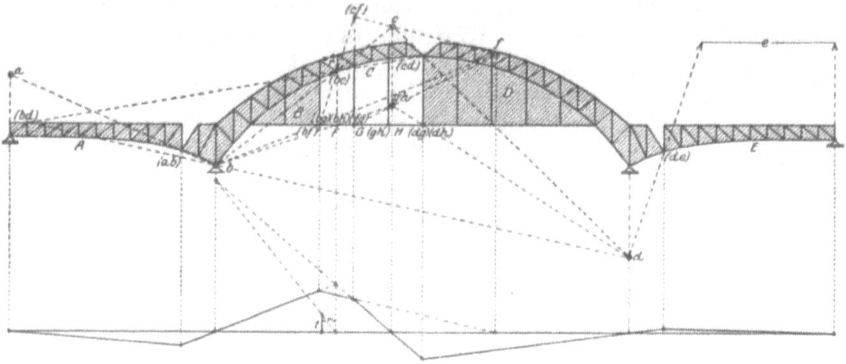

Abb. 146.

sind durch große, die Pole durch kleine Buchstaben bezeichnet. *b* und *a* durch *b* (*b a*) sind gegeben. Da die Nebenpole (*b f*), (*f g*), (*g h*), (*h d*) auf der Wagerechten liegen, ist auch (*b d*) ein Punkt derselben. Ihr Schnittpunkt mit (*b c*) (*c d*) bestimmt (*b d*). Nun ergibt sich *d* auf der Lotrechten durch den Stützpunkt durch *b* (*b d*), weiter *e* durch *d* (*d e*) auf der Lotrechten durch den Stützpunkt der Scheibe *E*, sowie *c* durch *d* (*d c*) und *b* (*b c*). Da die Lasten über *F*, *G*, *H* wandern, sind noch deren Pole bestimmt worden, obwohl sie zur Zeichnung der Einflußlinie schließlich nicht nötig sind. Um *f* zu finden, muß (*c f*) durch (*b f*) (*b c*) und die Lotrechte in (*f g*) bestimmt werden. Nun ergibt *b* (*b f*) und *c* (*c f*) Pol *f*. Pol *h* erhält man aus *d* (*d h*) und der Lotrechten durch *c*, da (*c h*) der unendlich ferne Punkt der Lotrechten ist. Da das auch für (*g c*) gilt, liegt auch *g* auf derselben Lotrechten. Da *g* anderseits durch *h* (*g h*) bestimmt ist, fallen *g* und *h* in einen Punkt. Nebenpol (*b f*) liegt zwischen *b* und *f*. Durch $+\Delta\bar{s}$ entsteht eine Abnahme des Randwinkels *BF*, also ist die Ordinate in (*b f*) negativ.

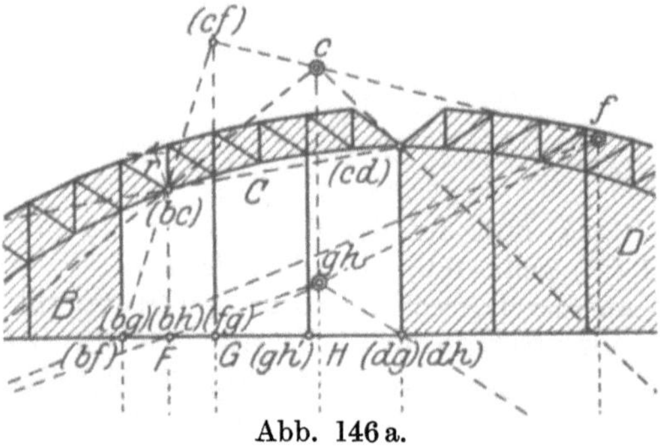

Abb. 146a.

Abb. 147 zeigt Polplan und Einflußlinie für einen Schrägstab. (*b e*) ist der Schnittpunkt der Gurtstäbe *C* und *D*, der unter Umständen ausgerechnet werden muß. (*i e*) ist der unendlich ferne Punkt der Lotrechten, mithin liegt (*b i*) auf der Lotrechten durch (*b e*), anderseits auf (*b h*) (*h i*). Aus denselben Gründen liegt (*b k*) auf der Lotrechten durch (*b e*), anderseits auf (*b i*) (*i k*). Daraus folgt, daß (*b i*) und (*b k*) in einen Punkt fallen. Nun erhält man (*b f*) aus (*b k*) (*k f*) und (*b e*) (*e f*). Da im vorliegenden Falle (*b h*) bis (*k f*) auf einer Wagerechten liegen, konnte der Schluß kürzer gezogen werden. Aus einem später hervor-

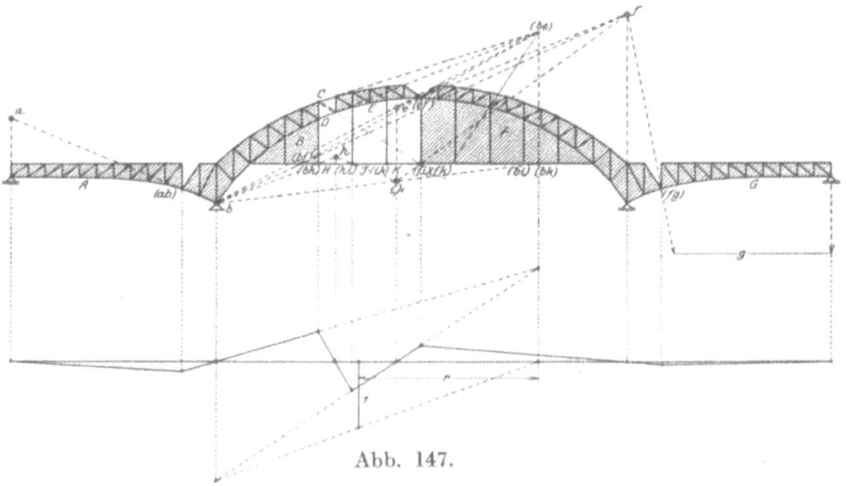

Abb. 147.

tretenden Grunde mußte jedoch (*b k*) bestimmt werden. Deshalb ist der Weg eingeschlagen worden, der gewählt werden muß, wenn die bezeichneten Nebenpole nicht auf einer Wagerechten liegen. Durch *b* (*b f*) wird nun *f* auf der Lotrechten durch den Stützpunkt und weiter *g*

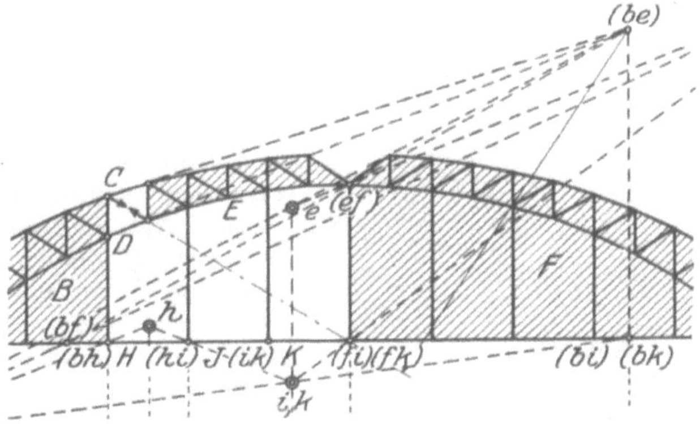

Abb. 147 a.

wie oben gefunden. *e* kann durch *b* (*b e*) und *f* (*f e*) gefunden werden. Der Schnitt beider Geraden ist jedoch so spitz, daß besser zunächst *k* durch *b* (*b k*) und *f* (*f k*) bestimmt wird. Nun erhält man *e* auf der Lotrechten durch *k*. Mit *k* fällt *i* zusammen, da *i* auf der Lotrechten durch *e* und auf *b* (*b i*) liegt. *h* ergibt sich aus *i* (*i h*) und *b* (*b h*). Nebenpol (*b h*) liegt zwischen *b* und *h*. Durch $+\Delta s$ entsteht eine Abnahme des Randwinkels BH, also ist die Ordinate in $(b\,h)$ negativ. Die Zeichnung der Einflußlinie, die Bestimmung der Ordinate von g_e in N_b ist aus der Abbildung ersichtlich.

f) Versteifte Kette über drei Öffnungen. Die Kette ist an die Endpunkte des Versteifungsbalkens angeschlossen. Abb. 148 zeigt den Polplan und die Einflußlinie für das Moment in einem Punkte des Versteifungsbalkens der mittleren Öffnung. Pol b liegt im festen Stützpunkt. Pol a ist ist auf der Rechtwinkligen zur Bahn des Stützpunktes

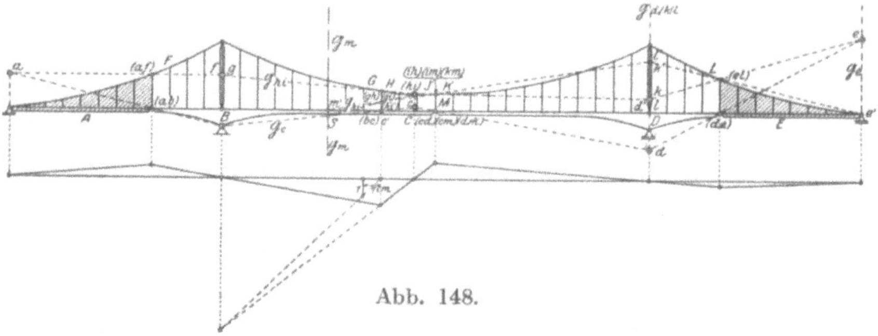

Abb. 148.

durch $b\,(a\,b)$ bestimmt. Der Nebenpol der Kettenstäbe, die über Scheibe B liegen, das sind die Stäbe F bis G gegen B, ist der unendlich ferne Punkt der Lotrechten. Mithin liegt der Pol dieser Stäbe auf der Lotrechten durch b. Auf dieser ist f durch $a\,(a\,f)$ bestimmt. Der Nebenpol des auf F folgenden Stabes gegen F ist der Knotenpunkt der Kette zwischen beiden Stäben. Die Gerade durch diesen und Pol f bestimmt den Pol. Daraus folgt, daß der Pol des an F anstoßenden Kettenstabes mit Pol f zusammenfällt. Der Schluß ist von Stab zu Stab bis G fortzusetzen, mithin liegt Pol g in f. Auf den Stützen der Scheiben D und E läßt sich nur eine Kette mit zwei Bewegungsfreiheiten aufbauen, für welche die Geraden g_d und g_e vorhanden sind. Es wird e' willkürlich angenommen, d' durch $e'\,(d\,e)$ auf g_d, und l' sowie k' durch $e'\,(e\,l)$ auf g_d bestimmt. Da der unendlich ferne Punkt aller über Scheibe D liegenden Kettenstäbe der Nebenpol der Stäbe gegen die Scheibe ist, liegt der Pol aller dieser Kettenstäbe auf g_d. Aus $k'\,(k\,m)$ und $d'\,(d\,m)$ folgt nun m', der Pol des lotrechten Stabes über dem Gelenk. Die Lotrechte durch m' ist die Gerade g_m, da sie durch den Schnittpunkt von g_d und g_e gehen muß. Für Scheibe C besteht g_c in $b\,(b\,c)$. Die Nebenpole $(c\,m)$, $(m\,i)$, $(c\,i)$, letzterer als der unendlich ferne Punkt der Lotrechten, liegen auf einer Geraden. Aus den Geraden g_m und g_c läßt sich also

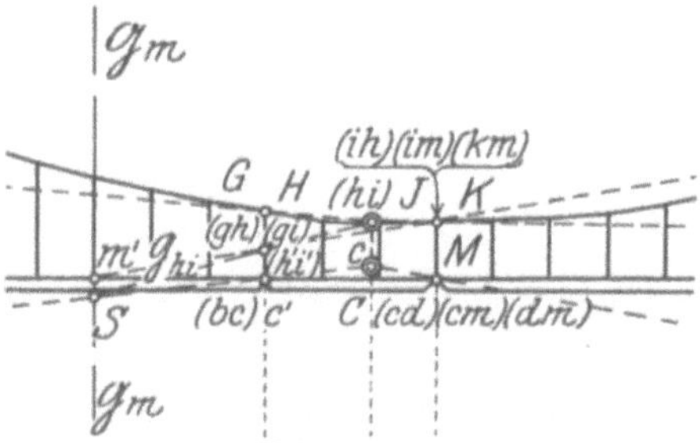

Abb. 148a.

auch eine Gerade g_i für Pol i finden. Ein Punkt derselben ist der Schnittpunkt S von g_m und g_c. Ein zweiter Punkt ist der Schnittpunkt der Geraden m' $(i\,m)$ mit der Lotrechten durch $(b\,c)$. Denn aus m' folgt c' durch m' $(c\,m)$ auf g_c im Nebenpol $(b\,c)$, weiter i' durch m' $(m\,i)$ und die Lotrechte durch $(b\,c)$ als Gerade c' $(c\,i)$. Damit ist g_i gefunden. Ihr Schnittpunkt mit g $(g\,h)$ bestimmt den Pol i. Denn der Nebenpol $(g\,i)$ fällt mit $(g\,h)$ zusammen, wie folgende Überlegung zeigt. Der Nebenpol der Kettenstäbe H bis J gegen Scheibe C ist der unendlich ferne Punkt der Lotrechten, mithin liegt der Nebenpol dieser Kettenstäbe gegen Scheibe B auf der Lotrechten durch $(b\,c)$. Da der Nebenpol $(g\,b)$ der

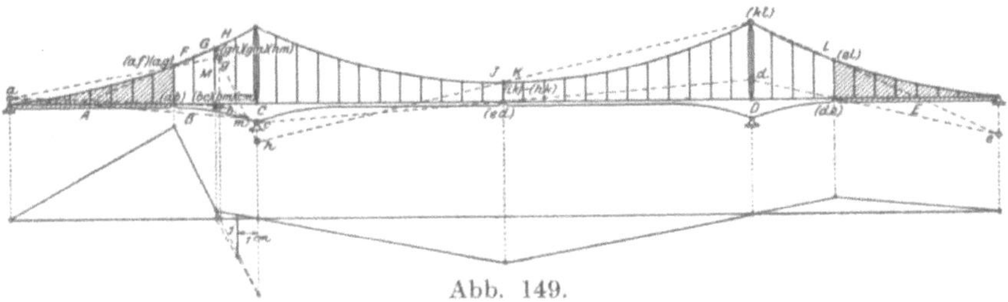

Abb. 149.

unendlich ferne Punkt der Lotrechten ist, liegt der Nebenpol der Kettenstäbe H bis J gegen G auf der Lotrechten durch $(b\,c)$. Andererseits liegt auf Stab H der Nebenpol des an H anstoßenden Kettenstabes gegen G, also ist $(g\,h)$ als Schnittpunkt der Lotrechten durch $(b\,c)$ und des Kettenstabes H der Nebenpol des Stabes gegen G. Diese Schlußfolgerung ist von Stab zu Stab bis J fortzusetzen. Die Lotrechte durch i und g_c bestimmen c. Aus c $(c\,d)$ folgt d und aus d $(d\,e)$ schließlich e.

Die Ordinate der Einflußlinie zwischen den Geraden der Scheiben B und C ergibt sich aus folgender Überlegung. Wird Scheibe c stabil gestützt und Scheibe b durch die Last 1 im Abstand der Längeneinheit belastet, so ist $1 \cdot 1$ der absolute Wert des Momentes. Also ist die Ordinate der Einflußlinie in diesem Punkte gleich der Längeneinheit, und die Ordinate im Nullpunkt N_b gleich x, dem Abstand des Querschnittes, in dem das Moment gesucht wird, vom Stützpunkt. Der Nebenpol $(b\,c)$ liegt zwischen seinen Hauptpolen. Aus $+\Delta\,\overline{\varphi}$ ergibt sich eine Zunahme des Randwinkels. Mithin ist die Ordinate in $(b\,c)$ positiv.

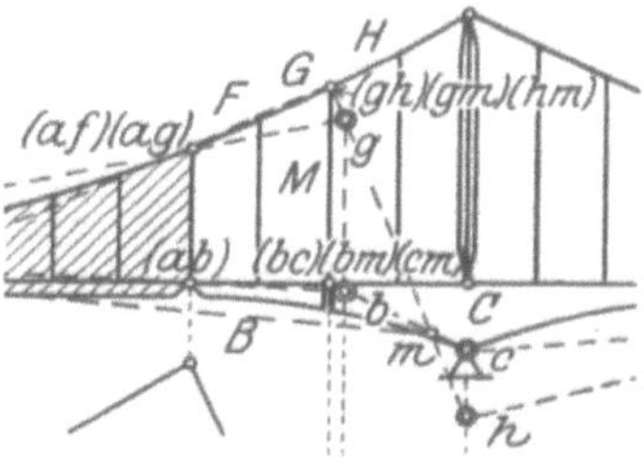

Abb. 149 a.

Abb. 149 zeigt den Polplan und die Einflußlinie für das Moment in einem Punkte des linken Kragarmes des Versteifungsträgers. Aus c ist d und e, weiter durch e $(e\,l)$ Pol l und ebenda Pol k — in der Abbildung irrtümlich $(k\,l)$ bezeichnet — sofort zu finden. Daß letzterer in der Spitze der Pendelstütze liegt, ist Zufall. Da $(h\,c)$ der unendlich ferne Punkt der Lotrechten ist, folgt, daß $(h\,d)$ auf der Lotrechten durch $(c\,d)$ und weiter, daß auch $(h\,k)$ auf derselben Lotrechten liegt. Das gilt für alle Kettenstäbe von J bis H. Durch die oben gezogene Schlußfolgerung erkennt man demnach, daß $(h\,k)$ im Kettenpunkt lotrecht über $(c\,d)$ liegt. Die Lotrechte durch c und die Gerade $k\,(k\,h)$ bestimmen h. $h(h\,m)$ und $c\,(c\,m)$ ergeben m. $(g\,a)$ liegt auf der Lotrechten durch $(a\,b)$ und auf Stab F. Mithin fällt der Nebenpol $(g\,a)$ in

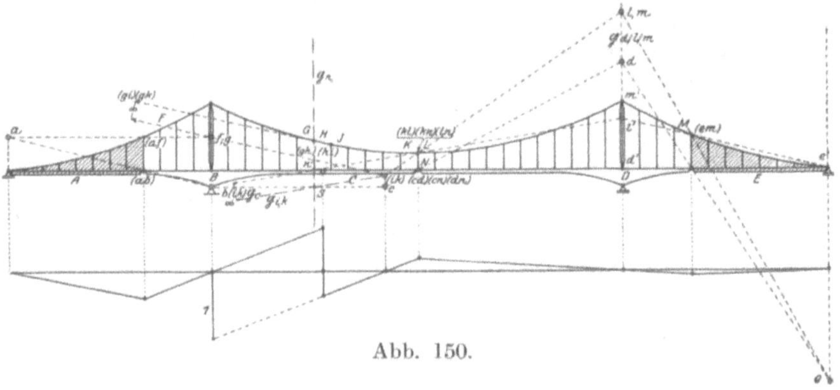

Abb. 150.

den Knotenpunkt der Kette lotrecht über $(a\,b)$. Nun findet man $(a\,m)$ durch $(m\,g)\,(g\,a)$ und $(m\,b)\,(b\,a)$, sodann a durch $m\,(m\,a)$ und schließlich b durch $a\,(a\,b)$ und $c\,(c\,b)$.

Die Ordinate der Einflußlinie ist durch die oben angestellte Überlegung zu ermitteln. Aus dieser folgt, daß der absolute Wert im Abstand der Längeneinheit vom Querschnitt gleich 1 und im Nullpunkt N_c gleich dem Abstand des Querschnittes vom Stützpunkt ist. Der Nebenpol $(a\,b)$ liegt zwischen seinen Polen. Durch $+\Delta\bar{\varphi}$ entsteht eine Abnahme des Randwinkels $A\,B$, also ist die Ordinate in $(a\,b)$ negativ.

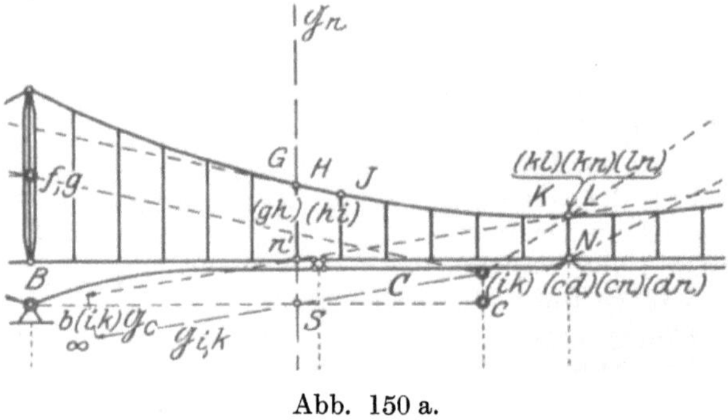

Abb. 150 a.

Abb. 150 zeigt den Polplan und die Einflußlinie für die lotrechte Querkraft in einem Punkte des Versteifungsträgers der mittleren Öffnung. Die Pole b, a, f, g, d', e', l' und die Gerade g_n werden wie im ersten Falle gefunden. g_c ist rechtwinklig zur Parallelführung der Ufer des Schnittes gerichtet, also die Wagerechte durch b. Ihr Schnittpunkt S mit g_n bestimmt einen Punkt der Geraden $g_{i,k}$ für die Pole i und k. Der zweite ist der unendlich ferne Punkt der Geraden $n'\,(k\,n)$. Denn da der Nebenpol $(b\,c)$ der unendlich ferne Punkt der Wagerechten ist, so ergibt sich aus der Annahme n' der Pol c' als Schnittpunkt der Wagerechten $n'(c\,n)$ durch n' und der Wagerechten durch b im Unendlichen. Da ferner $(c\,k)$ auf der Lotrechten liegt, liegt k' auf der Lotrechten durch c' ebenfalls im Unendlichen. Daraus folgt schließlich, daß die Parallele durch S zu $n'(k\,n)$ die Gerade g_k für Pol k ist. Die zweite Gerade ist die Parallele durch g zu dem Kettenstab H, der über dem Schnitt durch den Versteifungsträger liegt. Denn der Nebenpol $(g\,i)$ liegt auf der Lotrechten durch den Nebenpol $(b\,c)$, welcher, wie gezeigt, der unendlich ferne Punkt der Wagerechten ist, und andererseits auf dem Stab H. Mithin ist $(i\,g)$ der unendlich ferne Punkt dieses Stabes. Diese Schlußfolgerung gilt für alle Kettenstäbe über Scheibe C einschließlich des Stabes K. Mithin liegt k auf der bezeichneten Parallelen durch g, ihr Schnitt mit g_k bestimmt seine Lage. Damit sind auch die Pole c, d, e gefunden.

Die Nebenpole $(a\,b)$ und $(c\,d)$ liegen zwischen ihren Polen. Einem $+\Delta\bar{p}$ entspricht eine Zunahme des Randwinkels AB und eine Abnahme des Randwinkels CD, mithin ist die Ordinate in $(a\,b)$ positiv, in $(c\,d)$ negativ. Als absoluter Wert zwischen den Geraden g_b und g_c wird durch dieselbe Überlegung wie oben *1* erkannt.

45. Kinematische Kennzeichen der Stabilität.

In Nr. 2 ist darauf hingewiesen worden, daß die Stabilitätsbedingung: „Anzahl der Glieder gleich doppelter Anzahl der Knotenpunkte“ nicht unter allen Bedingungen die Stabilität eines Tragwerkes gewährleistet, weil die von den Gliedern gestellten Stabilitätsbedingungen nicht notwendig ebenso viele voneinander unabhängige Gleichungen sind. Der Ausnahmefall liegt vor, wenn die Determinante aus den Beiwerten der Verschiebungskomponenten in den Stabilitätsbedingungen verschwindet. Stellt man die Gleichgewichtsbedingungen für ein solches Tragwerk auf, so verschwindet auch die Determinante aus den Beiwerten der unbekannten statischen Größen. Ein einfacheres Kennzeichen als der Wert der bezeichneten Determinante bietet jedoch die Kinematik durch den Pol- oder Geschwindigkeitsplan.

Aus dem vorliegenden Tragwerk sei eine zwangläufige kinematische Kette durch Beseitigung einer Stütze gebildet und der Polplan gezeichnet. Der Stützpunkt r der beseitigten Stütze gehöre der Scheibe n an, und die Kette sei K_r genannt. Da die Lage des Poles (n) von der Lage und Bahn des Stützpunktes r unabhängig ist, so liegt (n) im allgemeinen nicht auf der N_r bezeichneten Normalen zur Bahn und die Drehung der Scheibe um (n) ist mit der Auflagerbedingung der Stütze r nicht verträglich. Indessen kann (n) auch ein Punkt der Normalen N_r sein. Ist das der Fall, so fällt die zwangläufige Verschiebung des Punktes r gerade in die Bahn, die ihm durch die beseitigte Stütze vorgeschrieben ist. Die Drehung der Scheibe n um Pol (n) und damit die Bewegung der zwangläufigen Kette kann also ohne Beseitigung der Stütze r erfolgen. Die Drehung bleibt auf einen sehr kleinen Winkel beschränkt, da der Pol (n) durch die Drehung sofort aus der Normalen N_r verschoben wird. Das gilt daher auch für die Bewegung der zwangläufigen kinematischen Kette. Das vorliegende Tragwerk besitzt unendlich kleine Beweglichkeit. Enthält die zwangläufige kinematische Kette ruhende Scheiben, dann besitzt nur ein Teil des Tragwerks unendlich kleine Beweglichkeit.

Wird außer der Stütze r ein zweites p bezeichnetes Glied beseitigt, welches nicht einer etwa ruhenden Scheibe angehört, so besteht in der Kette mit zwei Bewegungsfreiheiten für die Scheibe n eine Gerade g_n, auf welcher ihre Pole liegen. Liegt nun der Pol (n) der Kette K_r auf N_r, so schneidet g_n die Normale N_r entweder im Pol (n) oder fällt mit N_r zusammen. Im ersten Falle liegt der Pol (n) der zwangläufigen Kette K_p, die durch Beseitigung des Gliedes p entsteht, einerseits auf N_r, andererseits auf g_n. Mithin fällt er mit dem Pol (n) der Kette K_r zusammen. Da nun die Nebenpole der Scheibe n gegen andere Scheiben in beiden Ketten dieselben sind, folgt, daß alle gleichnamigen Pole der Ketten K_r und K_p sich decken. Fallen g_n und N_r in eine Gerade, dann besitzt die zwangläufige Kette K_p zwei Bewegungsfreiheiten, d. h. unendlich viele Polpläne. Einer derselben ist der Polplan der Kette K_r, weil er der Stabilitätsbedingung des Gliedes r genügt. Aus diesen Beziehungen folgt: Für ein Tragwerk von unendlich kleiner Beweglichkeit besteht ein und nur ein Polplan, der mit den Stabilitätsbedingungen aller Glieder verträglich ist. Ferner: Kann für ein Tragwerk oder Teile desselben ein Polplan gezeichnet werden, ohne daß ein Glied beseitigt wird, so besitzt das Tragwerk unendlich kleine Beweglichkeit. Dabei ist unter dem Polplan natürlich ein solcher zu verstehen, der den Sätzen über die gegenseitige Lage der Pole von drei Scheiben in keinem Teile des Tragwerks widerspricht.

Besteht für ein Tragwerk ein Polplan, so kann auch ein Geschwindigkeitsplan gezeichnet werden. Derselbe hat, da kein Glied beseitigt ist, folgende Eigenschaften. Jedem Stab des Tragwerks und jeder Geraden, die zwei Punkte einer starren Scheibe desselben verbindet, gehört eine parallele Gerade des Geschwindigkeitsplancs zu. Der Geschwindigkeitsplan ist jedoch der Figur des Tragwerks nicht ähnlich, da mindestens zwei Ähnlichkeitspole für verschiedene Teile des Tragwerks vorhanden sind. Daraus folgt: Ergibt die Zeichnung des Geschwindigkeitsplanes eine Figur F', welche der Figur des Tragwerks nicht ähnlich ist, deren Gerade jedoch den entsprechenden Geraden des Tragwerks ohne Ausnahme parallel sind, so besitzt das Tragwerk unendlich kleine Beweglichkeit. Der Geschwindigkeitsplan wird zur Prüfung der Stabilität natürlich nur in den Fällen angewendet, in denen er nach den in Nr. 41 gemachten Angaben zweckmäßiger ist als der Polplan. In allen anderen Fällen führt der Polplan einfacher zum Ziele.

Beispiele:

a) Die Abb. 151 zeigt das in Nr. 19 behandelte Tragwerk aus drei Scheiben mit den festen Stützpunkten a und c und dem auf wagerechter Bahn verschieblichen Stützpunkt b. Pol (I) und (III) sind gegeben. Man erhält (II) entweder aus (I) $(I\,II)$ und (III) $(III\,II)$ oder aus (I) $(I\,II)$ und N_b oder aus (III) $(III\,II)$ und N_b. Da die drei Schnittpunkte in einen Punkt fallen, kann der Polplan ohne Beseitigung eines Gliedes gezeichnet werden.

Wird zur Berechnung einer der fünf Stützkräfte, z. B. D die zwangläufige kinematische Kette durch Beseitigung der Stütze gebildet, so sind (I), (II), (III) die Pole der Scheiben der Kette. Mithin folgt aus

$$D = \frac{\sum P_m \cdot \bar{\delta}_m}{e}$$

mit $e = 0$ $D = \infty$. Wird die Stütze B beseitigt, so folgt aus

$$B = \frac{\sum P_m \cdot \bar{\delta}_m}{e}$$

mit $e = 0$ $B = \infty$. Fallen die Schnittpunkte der Geraden (I) $(I\,II)$, (III) $(III\,II)$, N_b zwar nicht in einen Punkt (Abb. 152), liegen aber einander so nahe, daß e_1, e_2, e_3 sehr kleine Strecken sind, dann nehmen die Stützkräfte sehr große Werte an, wenn die Last genügenden Abstand vom Pol ihrer Scheibe hat. Aus der in der Abbildung dargestellten Last ergeben sich

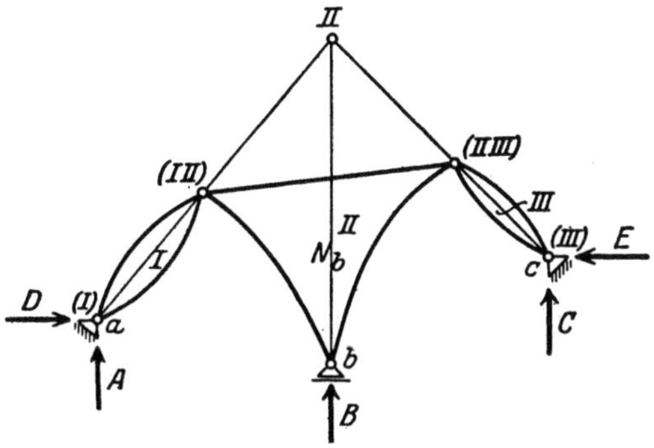

Abb. 151.

$$B = P\frac{a_1}{e_1}, \qquad R_a = -P\frac{a_3}{e_3}, \qquad R_c = -P\frac{a_2}{e_2}$$

als sehr große Kräfte, wenn e_1, e_2, e_3 hinreichend klein sind. Wäre das Tragwerk starr, so bestünde trotzdem bei beliebig kleinen, von Null verschiedenen Werten e Stabilität. Da jedoch alle Tragwerke elastisch sind, erfahren ihre Glieder Formänderungen, deren Werte den inneren Kräften proportional sind. Im vorliegenden Falle erfahren die Längen $a\,d$ und $c\,e$ durch die großen Kräfte R_a und R_c große Dehnungen. Infolgedessen vollzieht Scheibe II eine rechtslaufende Drehung, bei welcher die Strecken e abnehmen und die Stützkräfte noch zunehmen, bis Gleichgewicht eintritt. Sind jedoch e_1, e_2, e_3 hinreichend klein, dann wird die Formänderung so groß, daß schließlich die Schnittpunkte *1*, *2*, *3* in einen Punkt fallen. In dieser Lage kann, wie gezeigt, Gleichgewicht nicht bestehen. Die Formänderung muß also fortschreiten, wobei Punkt *1* auf die rechte Seite der Geraden N_b tritt. Die

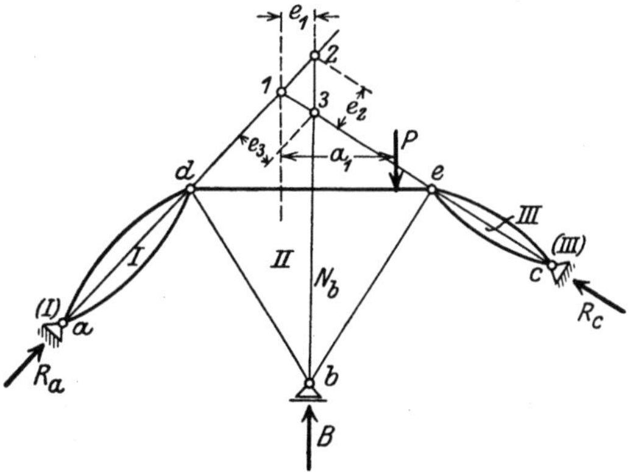

Abb. 152.

Stützkräfte R_a, B, R_c ändern damit ihr Vorzeichen. Bei der fortschreitenden Drehung der Scheibe II nehmen nun e_1, e_2, e_3 zu, so daß den aufeinander folgenden Lagen abnehmende Werte der Stützkräfte zugehören. Das Tragwerk strebt einer Gleichgewichtslage zu, in welcher die Gliederung wesentlich verschieden ist von der Gliederung der spannungslosen Anfangslage. Daraus folgt: Die Stabilität eines elastischen Tragwerkes erfordert nicht nur von Null verschiedene Werte e, sondern darüber hinaus, daß sie eine bestimmte Grenze nicht unterschreiten. Im Falle eines Tragwerkes, welches dem kritischen Punkt unendlich kleiner Beweglichkeit nahe kommt, ist demnach eine schärfere Stabilitätsuntersuchung notwendig, welche die elastischen Formänderungen berücksichtigt. Zur Erläuterung des Vorstehenden diene das in Abb. 153 dargestellte einfachste Beispiel der fraglichen Bauart. Punkt c ist durch zwei Stäbe, die gleich lang gewählt sind, an die festen Stützpunkte a und b angeschlossen und durch die lotrechte Last P belastet. φ_0 ist der Neigungswinkel der Stäbe in der spannungslosen Anfangslage, φ in der Gleichgewichtslage. Da der Möglichkeit endlicher Verschiebungen aus der spannungslosen Anfangslage Rechnung getragen werden muß, sind in die Gleichgewichtsbedingung die Koordinaten der Gleichgewichtslage einzuführen. Die Spannkräfte in den Stäben sind demnach

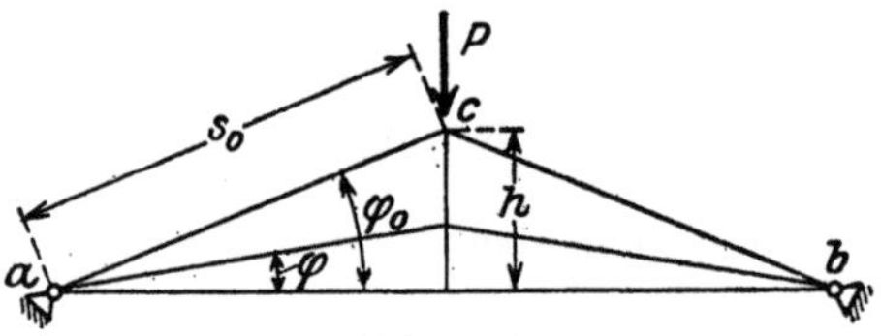

Abb. 153.

$$S = -\frac{P}{2\sin\varphi}$$

und die Längenänderungen

$$\varDelta s = -\frac{a\cdot s_0}{\sin\varphi}, \qquad a = \frac{P}{2\,EF}.$$

Für die Gleichgewichtslage besteht die geometrische Beziehung

$$(s_0 + \varDelta s)\cos\varphi = s_0\cdot\cos\varphi_0,$$

in diese wird $\varDelta s$ eingeführt und s_0 gehoben

$$\left(1 - \frac{a}{\sin\varphi}\right)\cos\varphi = \cos\varphi_0$$

oder

$$\sin\varphi\left(1 - \frac{\cos\varphi_0}{\cos\varphi}\right) = a.$$

Soll Punkt c in der Gleichgewichtslage über der Geraden $a\,b$ liegen, so muß $0 < \varphi < \varphi_0$ sein. Die linke Seite der Gleichung verschwindet für $\varphi = 0$ und $\varphi = \varphi_0$ und ist positiv für alle Werte φ zwischen diesen Grenzen. Sie muß also zwischen denselben ein Maximum haben. Aus

$$\frac{\partial}{\partial\varphi}(\sin\varphi - \operatorname{tg}\varphi\cdot\cos\varphi_0) = \cos\varphi - \frac{\cos\varphi_0}{\cos^2\varphi} = 0$$

folgt, daß das Maximum für

$$\cos\varphi = \sqrt[3]{\cos\varphi_0}$$

besteht. Es hat den Wert

$$\sqrt{(1-\cos^2\varphi)^3} = \sqrt{\left(1-\sqrt[3]{\cos^2\varphi_0}\right)^3}.$$

Die abgeleitete Gleichung kann daher durch positive φ nur erfüllt werden, wenn

$$a < \sqrt{\left(1-\sqrt[3]{\cos^2\varphi_0}\right)^3}$$

ist. Durch Gleichsetzung beider Seiten erhält man die Stabilitätsbedingung für das vorliegende elastische Tragwerk. Nach φ_0 aufgelöst lautet sie

$$\cos\varphi_0 = \sqrt{\left(1-\sqrt[3]{a^2}\right)^3}.$$

Ist φ_0 kleiner als der gefundene Wert, so wird die Ausgangsgleichung nur durch einen negativen Wert φ erfüllt. Das bedingt, daß $1 - \dfrac{\cos\varphi_0}{\cos\varphi}$ ebenfalls negativ, also der absolute Wert des Winkels $\varphi > \varphi_0$ ist. Die Spannkräfte S werden positiv. Der Punkt c befindet sich in der Gleichgewichtslage unter der Geraden $a\,b$, und sein Abstand von $a\,b$ ist größer als h, die Höhe des Punktes c über $a\,b$ in der spannungslosen Anfangslage.

Für die praktische Anwendung kommen Fälle, die der Grenze der unendlich kleinen Beweglichkeit nahe liegen, nicht in Betracht. Sie sind deshalb schon in Nr. 2 ausgeschlossen worden. Das Kennzeichen bietet der Polplan durch die Größe der Strecke e, wobei ohne schärfere Stabilitätsuntersuchung alle Fälle auszuscheiden sind, in denen e nicht mit Sicherheit als hinreichend groß zu erkennen ist.

b) Das Tragwerk der Abb. 154 zeigt die Bauart, die in Nr. 44c untersucht ist. Es besteht aus den biegungsfesten Stäben *I*, *II*, *III*, *IV*

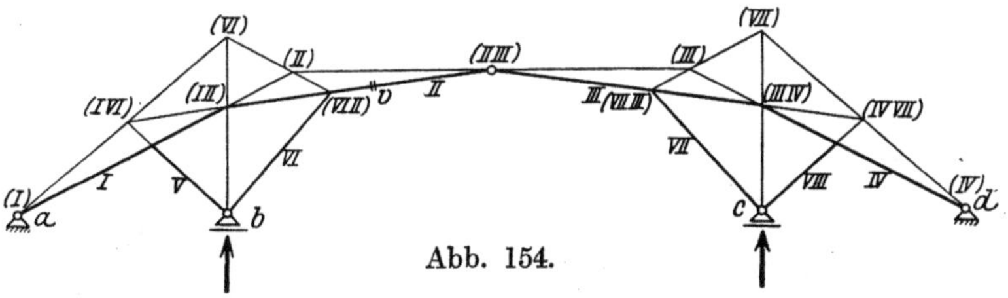

Abb. 154.

mit den Gelenken (*I II*), (*II III*), (*III IV*) und den einfachen Stäben *V*, *VI*, *VII*, *VIII*, die durch Gelenke an *I*, *II*, *III*, *IV* angeschlossen sind. In a und d sind feste Stützpunkte, in b und c wagerecht verschiebliche. Pol (*I*) und (*IV*) sind gegeben. Man findet (*I VI*) durch die Geraden *V* und *II*, sodann (*VI*) auf der Lotrechten in b durch (*I*) (*I VI*), weiter (*II*) durch (*I*) (*I II*) und (*VI*) (*VI II*). Ebenso wird Pol (*III*) bestimmt. Die Pole (*II*), (*III*) und (*II III*) liegen auf einer Geraden.

Mithin kann der Polplan ohne Entfernung eines Gliedes gezeichnet werden und das Tragwerk besitzt unendlich kleine Beweglichkeit.

Wird das Moment im Punkte v gesucht, und die kinematische Kette durch Einschaltung eines Gelenkes in v gebildet, so liegen die Pole (IIa) und (IIb) der beiden Scheiben, in die II durch das Gelenk v zerfällt, im Punkt (II). Mithin ist nach S. 180

$$\Delta\overline{\varphi} = d\,\frac{r_2 - r_1}{r_1 \cdot r_2} = 0\,,$$

da $r_1 = r_2$ ist, also

$$M = \frac{\sum P_m \overline{\delta}_m}{\Delta\overline{\varphi}} = \infty\,.$$

Damit das elastische Tragwerk bei jeder Belastung stabil ist, muß das Gelenk $(II\,III)$ von der Geraden $(II)\,(III)$ einen hinreichend großen Abstand haben. Liegt z. B. $(II\,III)$ nur um eine kleine Strecke über $(II)\,(III)$, so bewegt sich das Gelenk unter lotrechten Lasten durch die Gerade hindurch bis zu einem Punkte unterhalb derselben. Dabei ändert die wagerechte Seitenkraft des Gelenkdruckes das Vorzeichen.

c) Abb. 155 zeigt den durch zwei Scheiben I und II versteiften Stabbogen. Das Gelenk zwischen den Scheiben ist durch die wagerechten Stäbe IX und X ersetzt. Die Stützpunkte a und b, ebenso die Punkte a', b' auf dem Stabbogen liegen auf Wagerechten. Pol (II), (III), (VII) sind gegeben. Pol (I) liegt auf der Lotrechten durch a, die Nebenpole $(IV\,I)$, $(V\,I)$, $(VI\,II)$ sind die unendlich fernen Punkte der Lotrechten. Mithin werden (IV) und weiter (V) in a', ebenso (VI) in b' gefunden. Aus $(V)\,(V\,VIII)$ und $(VI)\,(VI\,VIII)$ ergibt sich nun (VIII). Die Lotrechte durch (VIII) und $(II)\,(II\,IX)$ bestimmen (IX), aus $(IX)\,(IX\,I)$ folgt (I) auf der Lotrechten durch a in Punkt a. Da $(I\,II)$ der unendlich ferne Punkt der Wagerechten ist. liegen (I), $(I\,II)$, (II) auf einer Geraden. Der Polplan kann ohne Beseitigung eines Gliedes gezeichnet werden. Das Tragwerk besitzt unendlich kleine Beweglichkeit. Pol (X) ist durch $(I)\,(I\,X)$, $(II)\,(II\,X)$ und die Lotrechte durch

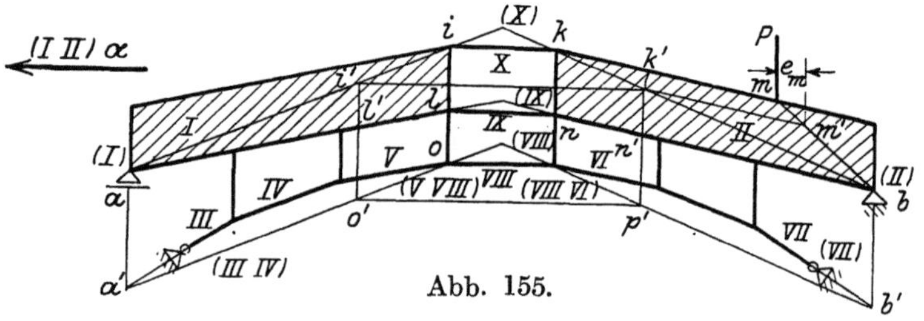

Abb. 155.

(IX) gegeben, welche sich in einem Punkte schneiden. Die Punkte i', k', l', n', o', p' bilden einen Teil der Figur F', welche im Anschluß an diese Punkte vollständig gezeichnet werden kann. Wird zwecks Berechnung der Spannkraft im Stabe X die kinematische Kette durch Beseitigung des Stabes gebildet, so bleibt der Geschwindigkeitsplan unverändert. In

$$S = \frac{\sum P_m \bar{\delta}_m}{\Delta \bar{s}}$$

ist $\Delta \bar{s}$ gleich dem rechtwinkligen Abstand der Parallelen zum Stab X durch die Punkte i' und k'. Da $i'k' \parallel ik$ ist, ist $\Delta \bar{s} = 0$, und es ergibt sich $S = \infty$, wenn $\bar{\delta}_m \gtrless 0$ ist.

Das Superpositionsgesetz beruht darauf, daß die Gleichgewichtsbedingungen und Elastizitätsbedingungen alle Unbekannten in der ersten Potenz enthalten. Da in einem Tragwerk unendlich kleiner Beweglichkeit, ebenso in einem solchen, welches dem Grenzfall nahekommt, die Verschiebungskomponenten weder in den Gleichgewichtsbedingungen noch in den Elastizitätsbedingungen vernachlässigt werden dürfen, wird die genannte Voraussetzung nicht erfüllt. Das Superpositionsgesetz ist demnach für diese Tragwerke nicht gültig.

46. Veränderliche Gliederung.

Es muß hier noch eine andere Art von Tragwerken erwähnt werden, für welche das Superpositionsgesetz seine Gültigkeit ebenfalls verliert. Zuweilen sind Glieder eines Tragwerkes so konstruiert, daß sie nur in einer Richtung Widerstand zu leisten vermögen. Sie sind also unwirksam, wenn die Lasten eine Verschiebung in der Richtung ihres Widerstandes anstreben. Soll das Tragwerk unter solchen Lasten nicht labil sein, so müssen andere Glieder vorhanden sein, welche in diesem Belastungsfalle die Verschiebung verhindern. Es hängt also von der Belastung ab, ob das eine oder das andere Glied wirksam ist. Mithin sind die Gleichgewichtsbedingungen nicht nur in den Lasten, sondern auch in den unbekannten statischen Größen verschieden. Daraus ergibt sich sofort die Ungültigkeit des Superpositionsgesetzes. Tragwerke dieser Art nennt man Tragwerke von veränderlicher Gliederung.

Ein einfaches Beispiel ist der Bogen mit vier Gelenken, deren zwei so konstruiert sind, daß sie Momente einer Drehungsrichtung aufnehmen. Je nach der Belastung wird ein Gelenk ausgeschaltet. Das Tragwerk ist also richtiger als Dreigelenkbogen mit der Lage nach veränderlichem Scheitelgelenk zu bezeichnen.

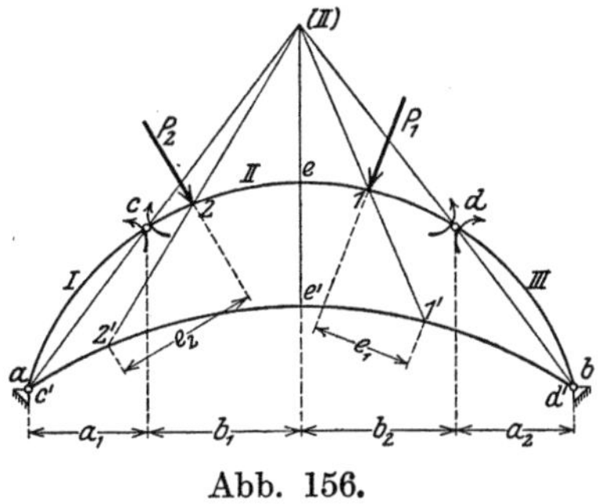

Abb. 156.

Abb. 156 zeigt einen solchen Bogen, in dem die Gelenke c und d zur Aufnahme negativer Momente befähigt sind. Zur Berechnung der Momente M_c und M_d sei die zwangläufige kinematische Kette mit beiden Gelenken c und d durch äußere Doppelmomente M_c und M_d

in den Endquerschnitten beiderseits der Gelenke belastet. Dann gilt die Gleichgewichtsbedingung

$$\sum P_m \bar{\delta}_m - M_c \cdot \varDelta \bar{\varphi}_c - M_d \cdot \varDelta \bar{\varphi}_d = 0 .$$

Nun ist

$$\varDelta \bar{\varphi}_c = \omega_I - \omega_{II}$$

und

$$\varDelta \bar{\varphi}_d = \omega_{II} - \omega_{III} .$$

$\varDelta \bar{\varphi}_c$ und $\varDelta \bar{\varphi}_d$ sind positiv, wenn sich der Winkel nach innen öffnet. Da

$$\omega_I = -\omega_{II} \frac{b_1}{a_1} \qquad \text{und} \qquad \omega_{III} = -\omega_{II} \frac{b_2}{a_2}$$

ist, ergibt sich

$$\varDelta \bar{\varphi}_c = -\omega_{II} \frac{a_1 + b_1}{a_1}, \qquad \varDelta \bar{\varphi}_d = +\omega_{II} \frac{a_2 + b_2}{a_2}.$$

ω_{II} sei linksdrehend, also negativ gewählt. Dann wird $\varDelta \bar{\varphi}_c$ positiv, $\varDelta \bar{\varphi}_d$ negativ. Da nun beide Momente nur negative Werte haben können, entscheidet das Vorzeichen der Arbeit $\sum P_m \bar{\delta}_m$ darüber, welches Gelenk im jeweils vorliegenden Belastungsfalle wirksam ist. Ist die Arbeit positiv, dann ergibt sich

$$M_d = \frac{\sum P_m \bar{\delta}_m}{\varDelta \bar{\varphi}_d} ,$$

ist die Arbeit negativ, dann ergibt sich

$$M_c = \frac{\sum P_m \bar{\delta}_m}{\varDelta \bar{\varphi}_c} .$$

Zur Berechnung der Arbeit wird die Figur F' gezeichnet, indem c' im Punkt a gewählt wird. Bei symmetrischer Bogenform und symmetrischer Lage der Gelenke fällt dann d' in den Punkt b. Für das Bogenstück $c\,d$ ist die ähnliche Kurve $c'\,e'\,d'$ aus dem Ähnlichkeitspol (II) zu zeichnen. Man erhält

$$\sum P_m \cdot \bar{\delta}_m = \sum P_m \cdot e_m ,$$

$$\varDelta \bar{\varphi}_c = \frac{a_1 + b_1}{b_1}, \qquad \varDelta \bar{\varphi}_d = -\frac{a_2 + b_2}{b_2} = -\varDelta \bar{\varphi}_c .$$

Die Neigung der Last gegen den Polstrahl ihres Angriffspunktes entscheidet das Vorzeichen ihrer Arbeit. Die Last P_1 leistet $-P_1 \cdot e_1$, wenn e_1 den absoluten Wert bezeichnet, also

$$M_c = -\frac{b_1}{a_1 + b_1} \cdot P_1 e_1 , \qquad M_d = 0 ,$$

die Last P_2 leistet $+P_2 \cdot e_2$, also

$$M_d = -\frac{b_2}{a_2 + b_2} P_2 \cdot e_2 , \qquad M_c = 0 .$$

Wirken beide Lasten gleichzeitig und ist $P_2 \cdot e_2 - P_1 \cdot e_1 > 0$, so entsteht

$$M_d = -\frac{b_2}{a_2 + b_2}(P_2 e_2 - P_1 \cdot e_1), \qquad M_c = 0.$$

Zwecks Berechnung des Momentes in Punkt v (Abb. 157) bringt man $a\,v$ mit $b\,d$ in (II) und mit $b\,c$ in (II_1) zum Schnitt und zeichnet für den Fall des Gelenkes in d die Figur F' aus den Polen in a, (II), b, für den Fall des Gelenkes in c aus den Polen a, (II_1), b, indem v' in Punkt a gewählt wird. Im ersten Falle ergibt sich die Kurve v', d', im zweiten $v'\,c_1'\,b$. Für jeden bestimmten Belastungsfall muß zunächst entschieden werden, welches Gelenk wirksam ist. Wirken z. B. die Lasten P_1 und P_2, so ist das Gelenk d wirksam. In der Figur F' werden $2'$ und $1'$ aus (II) bestimmt. Es ergibt sich

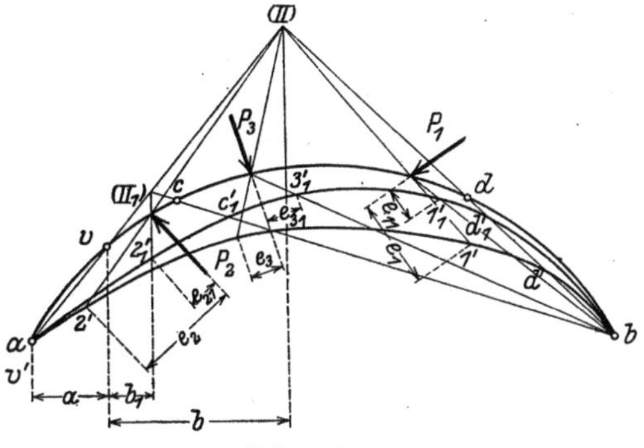

Abb. 157.

$$M_v = -\frac{b}{a + b}(P_1 e_1 + P_2 e_2).$$

Tritt jedoch eine Last P_3 hinzu, deren Arbeit nach der Figur F' der Abb. 156 $P_3 \bar{\delta}_3 > P_1 \bar{\delta}_1 + P_2 \bar{\delta}_2$, dann wird das Gelenk c wirksam und es entsteht

$$M_v = -\frac{b_1}{a + b_1}(P_1 e_{11} + P_2 e_{21} + P_3 e_{31}).$$

Ein Tragwerk gleicher Art ist in Abb. 158 dargestellt: Zwei nebeneinander liegende Bogen mit den festen Stützpunkten a, b, c und den Gelenken d, e, f, g. Die beiden letzten sind so konstruiert, daß sie negative Momente aufnehmen können. Je nach der Belastung besteht das Tragwerk aus den Dreigelenkbogen a, d, b und g, e, c oder aus den Dreigelenkbogen a, d, f und b, e, c. Die Frage, welches der beiden Gelenke f oder g im gegebenen Belastungsfalle wirksam ist, ist mit Hilfe der Figur F' für die zwangsläufige Kette zu entscheiden, die durch die Gelenke d, e, f, g entsteht. Die Untersuchung folgt im übrigen den bei dem ersten Beispiel eingeschlagenen Wegen.

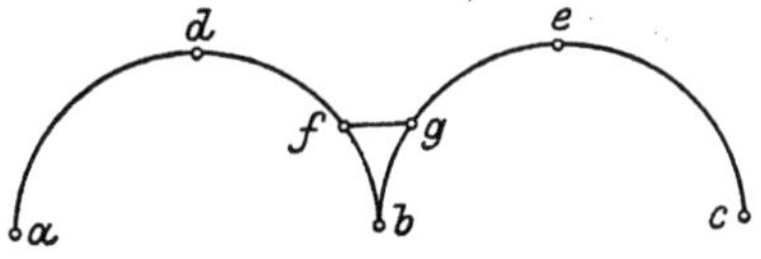

Abb. 158.

Zu den Tragwerken veränderlicher Gliederung muß auch die Pendelstütze eines Kabelkranes gerechnet werden, da ihre Neigung sich sowohl unter der Belastung des Kabels durch die Laufkatze wie unter Winddruck so erheblich ändert, daß die Verschiebungskomponenten in den Gleichgewichtsbedingungen nicht vernachlässigt werden können.

Abb. 159 zeigt die Anordnung des Kranes. Das Kabel ist links in einem festen Punkt aufgehängt, rechts in der Spitze einer Pendelstütze, die durch das Gegengewicht G im Gleichgewicht erhalten wird. Das Gegengewicht ist mit der Stütze fest verbunden und dreht sich mit dieser um das Auflagergelenk in a. Außer dem Gegengewicht ist das Eigengewicht der Stütze zu berücksichtigen, in der Spitze b greift der Horizontalzug H des Kabels und die lotrechte Seitenkraft des Kabelzuges an. Letztere ist bei unbelastetem Kabel gleich $g \cdot s_0$, wenn $2\,s_0$ die Kabellänge und g das Gewicht des Kabels für die Längeneinheit bezeichnet. Wirkt auf das Kabel die Katzenlast P, so tritt $P\left(1 - \frac{b}{2\,l}\right)$ hinzu, also $\frac{1}{2}P$, wenn die Katze in der Mitte steht. Der Wert H ergibt sich aus der Gleichung (a), da das Moment der äußeren Kräfte um a in jeder Stellung verschwinden muß. Um die Gleichung aufzustellen, werden die immer wirkenden lotrechten Lasten, das ist G, E und $g\,s_0$ zu ihrer Mittelkraft vereinigt. Ihre Größe sei

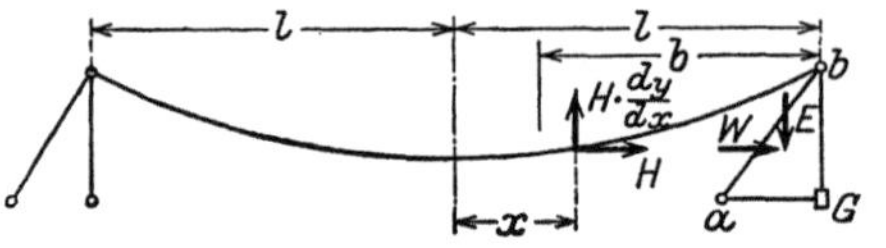

Abb. 159.

$$V = G + E + g\,s_0\,,$$

ihr Angriffspunkt c (Abb. 159a). Meist sind neben dem Kabel, welches die Katze trägt, noch Kabel zur Bedienung vorhanden, welche über Rollen in der Stütze laufen und durch Spanngewichte in gleichbleibender Spannung erhalten werden. In diesem Falle treten die Spanngewichte zu V hinzu und die in allen Lagen unveränderlichen Horizontalzüge sind gleichfalls zu ihrer Mittelkraft zu vereinigen. Da es sich hier nur um die grundsätzliche Behandlung der Aufgabe handelt, ist der Einfachheit zuliebe nur das in b gelenkig gelagerte Tragkabel angenommen worden. Mit den aus der Abbildung ersichtlichen Bezeichnungen lautet, wenn $b = l$ ist,

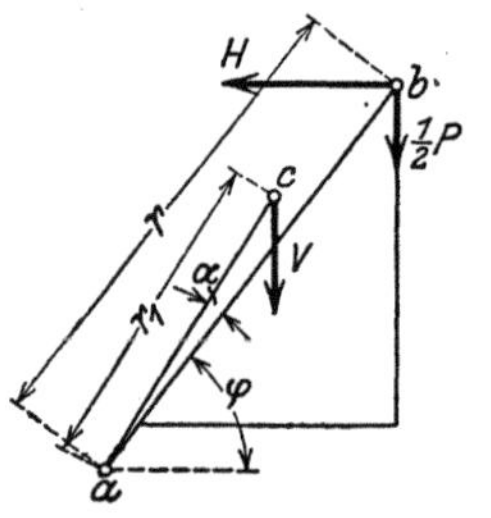

Abb. 159a.

$$(a) \qquad -H \cdot r \cdot \sin\varphi + V\,r_1 \cos(\varphi + \alpha) + \frac{P}{2}\,r \cdot \cos\varphi = 0\,.$$

Daraus ergibt sich

$$H = V\,\frac{r_1}{r}\,(\operatorname{cotg}\varphi\cos\alpha - \sin\alpha) + \frac{P}{2} \cdot \operatorname{cotg}\varphi\,.$$

Andererseits ist H von $g \cdot s_0$, $\frac{P}{2}$ und dem Durchhang des Kabels abhängig. Wird das Kabel im Punkte x durchschnitten und ist s die Länge des Bogens zwischen dem tiefsten Punkt ($x = 0$) und x, so ist die lotrechte Seitenkraft des Kabelzuges

$$H \cdot \frac{dy}{dx} = g \cdot s + \tfrac{1}{2}P\,,$$

daraus erhält man die Differentialgleichung der Kurve des Kabels (Kettenlinie)

$$H\frac{d^2y}{dx^2} = g\frac{ds}{dx} = g\sqrt{1+\left(\frac{dy}{dx}\right)^2}.$$

Das Integral ist

$$y = \frac{H}{g}\left(\mathfrak{Cof}\,\frac{g(x+a)}{H} - C\right)$$

mit den Konstanten a und C. Die Differentiation nach x ergibt

$$\frac{dy}{dx} = \mathfrak{Sin}\,\frac{g(x+a)}{H},$$

$$\frac{d^2y}{dx^2} = \frac{g}{H}\,\mathfrak{Cof}\,\frac{g(x+a)}{H}.$$

Führt man die Differentialquotienten in die Differentialgleichung ein, so erkennt man, daß sie erfüllt wird, da

$$1 + \mathfrak{Sin}^2\,\frac{g(x+a)}{H} = \mathfrak{Cof}^2\,\frac{g(x+a)}{H}$$

ist. Die Konstante a ist, wenn P in $x = 0$ steht, durch die Bedingung $\frac{dy}{dx} = \frac{P}{2H}$ für $x = 0$ bestimmt, das ist

$$\frac{P}{2H} = \mathfrak{Sin}\,\frac{ga}{H},$$

$$a = \frac{H}{g}\,\mathfrak{Ar}\,\mathfrak{Sin}\,\frac{P}{2H}$$

die Konstante C durch $y = 0$ für $x = 0$

$$0 = \mathfrak{Cof}\,\frac{ga}{H} - C,$$

mithin lautet, wenn a als Bezeichnung beibehalten wird, die Gleichung

$$y = \frac{H}{g}\left(\mathfrak{Cof}\,\frac{g(x+a)}{H} - \mathfrak{Cof}\,\frac{ga}{H}\right)$$

für $x = l$ ist y gleich dem Durchhang f

$$f = \frac{H}{g}\left(\mathfrak{Cof}\,\frac{g(l+a)}{H} - \mathfrak{Cof}\,\frac{ga}{H}\right).$$

Ist das Kabel unbelastet, so bestehen die beiden Gleichungen

$$H = V\frac{r_1}{r}(\operatorname{cotg}\varphi\cdot\cos\alpha - \sin\alpha),$$

$$g s_0 = H\,\mathfrak{Sin}\,\frac{gl}{H}.$$

Sie enthalten als Unbekannte l, s_0, φ, H, von denen zwei gegeben sein müssen. Sind l und $\varphi = \varphi_0$ gegeben, dann findet man aus der ersten H, aus der zweiten s_0, die Kabellänge, die erforderlich ist, damit die Pendelstütze unter der Neigung φ_0 im Gleichgewicht ist. Ebensogut könnte s_0 und l gegeben sein, dann wäre aus der zweiten H, sodann aus der ersten φ_0 zu berechnen.

Wird nun das Kabel in $x = 0$ durch P belastet, dann bestehen bei Vernachlässigung der Hebung der Pendelspitze, durch welche die Symmetrie der Kurve des Kabels gestört wird, die Gleichungen

$$H = V \frac{r_1}{r} (\operatorname{cotg} \varphi \cdot \cos \alpha - \sin \alpha) + \frac{P}{2} \operatorname{cotg} \varphi ,$$

$$g s_0 + \tfrac{1}{2} P = H \operatorname{\mathfrak{Sin}} \frac{g(l - \frac{1}{2} z + a)}{H} ,$$

worin z die wagerechte Verschiebung der Pendelspitze nach links

$$z = r (\cos \varphi_0 - \cos \varphi)$$

ist. Die drei Gleichungen enthalten die Unbekannten z, φ, H. Aus der zweiten und dritten folgt

$$\cos \varphi = \cos \varphi_0 - \frac{2}{r} \left[l + a - \frac{H}{g} \operatorname{\mathfrak{Ar}\mathfrak{Sin}} \frac{1}{H} \left(g s_0 + \frac{1}{2} P \right) \right] .$$

Zur Auflösung nach H und φ wählt man φ beliebig, berechnet H aus der ersten Gleichung und erhält in

$$v = g \frac{\frac{r}{2} (\cos \varphi_0 - \cos \varphi) - l - a}{\operatorname{\mathfrak{Ar}\mathfrak{Sin}} \frac{1}{H} (g s_0 + \frac{1}{2} P)} + H$$

die Ordinate einer Kurve, deren Schnittpunkt mit der Abszissenachse ($v = 0$) die Lösung ergibt.

Wirkt der Winddruck W in Höhe h, so folgt bei unbelastetem Kabel aus (a)

$$H = V \frac{r_1}{r} (\operatorname{cotg} \varphi \cdot \cos \alpha - \sin \alpha) + W \cdot \frac{h}{r \cdot \sin \varphi} ,$$

ferner ist

$$g s_0 = H \operatorname{\mathfrak{Sin}} \frac{g(l - \frac{1}{2} z)}{H} ,$$

$$z = r (\cos \varphi_0 - \cos \varphi) .$$

Die Auflösung ist wie oben angegeben durchzuführen. Diese Rechnung muß für jeden Belastungsfall angestellt werden. Eine Addition der Einzelwerte ist nicht zulässig. Wird die Last der Katze in der Mitte plötzlich abgesetzt, z. B. durch Entleerung eines Greifers, so tritt eine unvermittelte Störung des Gleichgewichtes ein. Die Pendelstütze schwingt um das Gelenk. Die in der äußersten Stellung auftretenden Kräfte sind nach den Gesetzen der Dynamik zu berechnen.

III. Die Formänderung des Tragwerkes.

a) Die Lösung durch das Prinzip der virtuellen Verrückungen.

47. Die Grundaufgaben.

Die Aufgabe, die Formänderung eines Tragwerkes zu bestimmen, verlangt die Berechnung einer Verbindung der Verschiebungskomponenten der Knotenpunkte aus der Formänderung der inneren Glieder oder aus der Lagenänderung der äußeren Glieder. Das gilt auch für das Stabwerk, da jeder Punkt der Achse eines biegungsfesten Stabes als Knotenpunkt behandelt und die Drehung des Elementes der Stabachse bzw. des Stabquerschnittes durch eine Verbindung der Verschiebungskomponenten zweier Punkte in unendlich kleinem Abstand ausgedrückt werden kann. Die gegebenen Größen der Aufgabe sind demnach die Längenänderungen Δs der einfachen Stäbe, die Längenänderungen Δds, die Winkeländerungen $\Delta d\varphi$ und die Schiebungen dp der Elemente der biegungsfesten Stäbe oder die Verschiebungen c der Stützpunkte bzw. die Drehungen der Einspannungen. Auch wenn man die Formänderung innerer Glieder sucht, die durch eine gegebene Verbindung von Verschiebungskomponenten bedingt ist, führt man die Lösung am zweckmäßigsten auf die bezeichnete Aufgabe zurück, indem man zunächst die linearen Beziehungen aufstellt, die zwischen der Formänderung der inneren Glieder und der fraglichen Verbindung von Verschiebungskomponenten bestehen.

Jede Formänderungsaufgabe ist eine der folgenden vier Grundaufgaben oder eine Verbindung derselben. Gesucht wird:

1. Die Verschiebung eines Punktes m in bestimmter Richtung, d. i. die Projektion der totalen Verschiebung des Punktes auf eine gegebene Gerade.

2. Die gegenseitige Verschiebung zweier Punkte m und m_1, d. i. die Änderung des Abstandes der Punkte m und m_1.

3. Die Drehung einer Geraden m, die durch zwei Punkte geht oder mit dem Element der Achse eines biegungsfesten Stabes einen bestimmten Winkel einschließt.

4. Die gegenseitige Drehung zweier Geraden m und m_1, die in der bezeichneten Weise festgelegt sind.

Die zweite Aufgabe könnte auch auf zwei Aufgaben der ersten Art, die vierte auf zwei Aufgaben der dritten Art zurückgeführt werden. Da sie jedoch der ersten und dritten an Bedeutung mindestens nicht nachstehen, und sich überdies die Rechnung durch die Zusammenfassung in nicht seltenen Fällen vereinfacht, ist es zweckmäßig, sie als besondere Aufgaben zu behandeln. In der ersten und zweiten Aufgabe werden Längenänderungen gesucht, für die eine positive Richtung festgesetzt werden muß. Die erste Aufgabe ist also durch Angabe der Geraden und der Richtung, die als positive behandelt werden soll, genau zu beschreiben. In der zweiten Aufgabe wird als positive Richtung die positive Änderung des Punktabstandes gewählt. In der dritten und vierten Aufgabe werden Winkeländerungen gesucht, die durch die Länge des Kreisbogens vom Radius der Längeneinheit angegeben werden sollen. Für die dritte Aufgabe ist die Bestimmung der positiven Richtung der Drehung notwendig. In der vierten Aufgabe handelt es sich um die Änderung des Winkels zwischen den Geraden m und m_1. Die positive Richtung wird durch die positive Änderung eines der beiden von den Geraden eingeschlossenen Winkel bestimmt. Da jede der vier Formänderungen durch eine Länge angegeben wird, kann δ_m als allgemeine Bezeichnung gewählt werden.

Nach den Darlegungen in Nr. 15 verlangt die Lösung der Formänderungsaufgabe die Bestimmung eines Gleichgewichtszustandes, dessen Lasten bei jeder virtuellen Verrückung die durch das Produkt aus den gesuchten Verschiebungen und der Krafteinheit ausgedrückte Arbeit leisten. Diese Forderung wird für die Grundaufgaben durch folgende Belastungen erfüllt, die von Müller-Breslau Belastungseinheiten genannt sind.

1. Belastungseinheit des Punktes. Punkt m wird durch die Lasteinheit belastet, deren Richtung die positive Richtung der Verschiebung ist. Die Arbeit der Last ist $1 \cdot \delta_m$.

2. Belastungseinheit des Punktpaares. Die Punkte m und m_1 werden durch je eine Lasteinheit belastet. Die Last in m erhält die Richtung $m_1 m$, die Last in m_1 die Richtung $m m_1$. Sind nun δ'_m und δ'_{m1} die Verschiebungen der Punkte m und m_1 in den Richtungen $m_1 m$ bzw. $m m_1$, so ist die Arbeit der Lasten

$$1 \cdot \delta'_m + 1 \cdot \delta'_{m1} = 1 \cdot \Delta\, m m_1 = 1 \cdot \delta_m .$$

3. Belastungseinheit der Geraden. Die Gerade wird durch ein Kräftepaar belastet, dessen Moment den Wert *1* hat, dessen Richtung die positive Richtung der Drehung der Geraden ist. Die Kraftlinien der Einzelkräfte schließen mit der Geraden den Winkel $\frac{\pi}{2}$ ein. Ihre Angriffspunkte können auf der Geraden beliebig gewählt werden. Sie seien *1* und *2*, ferner ihre Verschiebungen in Richtung der Kräfte δ_1 und δ_2 bezeichnet (Abb. 160). Ist e der Abstand der Punkte, so muß die Größe jeder Kraft

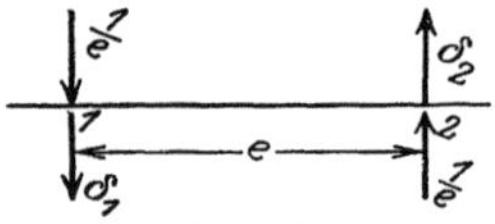

Abb. 160.

$$\frac{1}{e} = \frac{\text{Krafteinheit} \cdot \text{Längeneinheit}}{e}$$

sein, damit das Moment $= 1$ ist. Da δ_m den Winkel der Drehung im Bogenmaß bezeichnet, und es sich um einen sehr kleinen Winkel handelt, ist

$$e \cdot \frac{\delta_m}{1} = e \cdot \operatorname{tg} \frac{\delta_m}{1} = \delta_1 + \delta_2 ,$$

also die Arbeit der Lasten

$$\frac{1}{e}(\delta_1 + \delta_2) = 1 \cdot \frac{\delta_m}{1}, \qquad \text{d. i.} \quad \frac{\text{Krafteinheit} \cdot \text{Längeneinheit} \cdot \delta_m}{\text{Längeneinheit}}$$

oder

$$\frac{1}{e}(\delta_1 + \delta_2) = 1 \cdot \delta_m , \qquad \text{d. i.} \quad \text{Krafteinheit} \cdot \delta_m .$$

Da die Strecke e in der Arbeit der Lasten verschwindet, ist die Festsetzung der Angriffspunkte der Lasten im allgemeinen entbehrlich, und es genügt, die Belastung der Geraden durch die Momenteneinheit einzuführen, deren Richtung mit der Richtung der Drehung übereinstimmt. Ist die Gerade durch das Element der Achse eines biegungsfesten Stabes festgelegt, so wirkt die Belastung auf das Stabelement mit dem Moment *1*. Ist die Gerade durch 2 Punkte in endlichem Abstand festgelegt, so wirkt die Belastung auf das Tragwerk durch ein Kräftepaar vom Moment *1*, dessen Einzelkräfte in den fraglichen Punkten angreifen.

4. Belastungseinheit des Geradenpaares. Die Geraden m und m_1 werden durch je eine Momenteneinheit belastet, deren Richtungen einander entgegengesetzt sind und mit der Richtung der festgesetzten positiven Winkeländerung, des Winkels α in Abb. 161, übereinstimmen. Bezeichnet δ'_m die Drehung der Geraden m und δ'_{m1} die Drehung der Geraden m_1, beide in Richtung der positiven Winkeländerung positiv, dann ist die Arbeit der Lasten

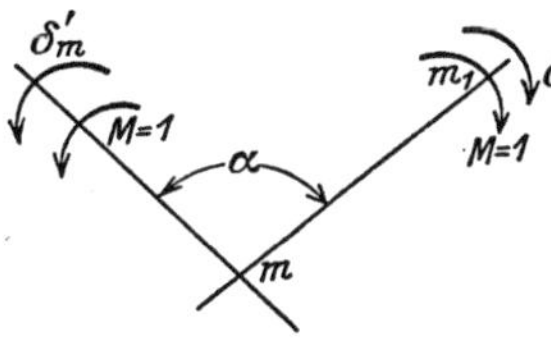

Abb. 161.

$$1 \cdot \delta'_m + 1 \cdot \delta'_{m1} = 1 \cdot \delta_m .$$

Nachdem die jeweils einzuführende Belastung festgesetzt ist, werden die von ihr erzeugten Spannkräfte $\overline{S}$, Momente $\overline{M}$, Normalkräfte $\overline{N}$, Querkräfte $\overline{V}$ sowie die Stützkräfte $\overline{C}$ bzw. Einspannungsmomente $\overline{E}$ berechnet. Ist das vorliegende Tragwerk statisch unbestimmt, so dürfen die genannten statischen Größen als solche eines beliebigen statisch bestimmten Tragwerks berechnet werden, welches aus dem statisch unbestimmten gebildet werden kann. Nunmehr ist der Wert der Arbeit der inneren Kräfte A_i aus

$$-A_i = \sum \overline{S} \cdot \varDelta s$$

oder

$$-A_i = \int \overline{M} \cdot \varDelta\, d\varphi + \int \overline{N} \cdot \varDelta\, ds + \int \overline{V} \cdot dp$$

zu berechnen, da alle $\varDelta s$, $\varDelta\, d\varphi$, $\varDelta\, ds$, dp gegeben sind, ebenso die Arbeit der Stützkräfte und etwaigen Einspannungsmomente, die durch $\overline{L}$ bezeichnet werden soll.

$$\overline{L} = \sum \overline{C} c + \sum \overline{E} c .$$

Man erhält die gesuchte Formänderung in

$$\mathbf{1 \cdot \delta_m = \sum \overline{S} \cdot \varDelta s - \overline{L}} \tag{1}$$

oder

$$\mathbf{1 \cdot \delta_m = \int \overline{M} \cdot \varDelta\, d\varphi + \int \overline{N} \cdot \varDelta\, ds + \int \overline{V} \cdot dp - \overline{L}.} \tag{2}$$

Ist δ_m eine Winkeländerung, so stimmt die Dimension der rechten Seite in den ausgewerteten Gliedern scheinbar nicht mit der Dimension der linken Seite (Kraft · Länge) überein. Da die Belastungseinheit die Dimension Krafteinheit · Längeneinheit hat, fehlt eine Länge im Zähler. Die rechte Seite muß also, damit $\overline{M}$ ein Moment, $\overline{N}$, $\overline{V}$, $\overline{S}$ Kräfte sind, mit der Längeneinheit aus der als Belastung wirkenden Momenteneinheit multipliziert werden. Diese Längeneinheit kann offenbar beliebig gewählt werden, wenn der Radius des Kreisbogens, auf dem δ_m den gesuchten Winkel bezeichnet, in derselben Einheit gemessen wird.

Für die Lösung der Grundaufgaben gilt demnach folgende Regel: Wird

1. die Verschiebung eines Punktes in gegebener Richtung;
2. die gegenseitige Verschiebung zweier Punkte;
3. die Drehung einer Geraden;
4. die gegenseitige Drehung zweier Geraden gesucht,

so sind die inneren und äußeren Kräfte zu berechnen, welche durch die in der positiven Richtung der Verschiebung wirkende Belastungseinheit

1. des Punktes,
2. des Punktpaares,
3. der Geraden,
4. des Geradenpaares

erzeugt werden, im Falle eines statisch unbestimmten Tragwerks unter Ausschaltung der überzähligen Glieder. In dem negativen Wert der Arbeit der inneren Kräfte, vermindert um die Arbeit der Stützkräfte, erhält man die gesuchte Größe.

Durch sinngemäße Anwendung dieser Regel ist jede Formänderungsaufgabe am übersichtlichsten und mit dem geringsten Aufwand von Rechnung zu lösen.

In den Gleichungen (1) und (2) sind die Formänderungen der inneren Glieder durch ihre Ursachen, das sind 1. Lasten, 2. Änderungen der Temperatur, auszudrücken, während die gegebenen Verschiebungen der Stützpunkte und die Drehungen der Einspannungen in den Arbeiten $\overline{L}$ unmittelbar enthalten sind. Die Längenänderung Δs eines einfachen Stabes ist durch Gleichung (32) in Nr. 11

$$\Delta s = S \cdot \varrho + \varepsilon \cdot t \cdot s, \qquad \varrho = \frac{s}{EF} \tag{3}$$

als Funktion der Spannkraft S und der Temperaturänderung t gegeben. Die Δds und $\Delta d\varphi$ des Stabelementes eines biegungsfesten Stabes erhält man aus den Gleichungen (36) in Nr. 11 und den Gleichgewichtsbedingungen (vgl. Abb. 5)

$$N_s = \int \sigma_s \, dF, \qquad M_s = \int \sigma_s (y \cos\psi + z \sin\psi) \, dF,$$
$$0 = \int \sigma_s (z \cos\psi - y \sin\psi) \, dF.$$

Da $\sigma_y = 0$, $\sigma_z = 0$ ist, ist

$$\varepsilon_s = \frac{\sigma_s}{E} + \varepsilon \cdot t.$$

In die Gleichgewichtsbedingungen ist nach Nr. 9

$$\sigma_s = \varepsilon_s' \cdot E = E \left[\frac{\Delta ds}{ds} + \frac{\Delta d\varphi}{ds} (y \cos\psi + z \sin\psi) + \frac{\Delta d\chi}{ds} (z \cos\psi - y \sin\psi) \right]$$

einzuführen, wenn ε_s' die durch die Belastung erzeugte Dehnung bezeichnet. Da

$$\int (y\cos\psi + z\sin\psi)\, dF = 0\,, \qquad \int (z\cos\psi - y\sin\psi)\, dF = 0$$

ist, ergibt sich aus

$$N_s = E \cdot \frac{\Delta\, ds}{ds} \int dF,$$

$$\Delta\, ds = \frac{N_s}{E \cdot F} \cdot ds\,.$$

Ferner ist

$$M_s = E \cdot \frac{\Delta\, d\varphi}{ds} \int (y\cos\psi + z\sin\psi)^2\, dF +$$

$$+ E \cdot \frac{\Delta\, d\chi}{ds} \int (y\cos\psi + z\sin\psi)(z\cos\psi - y\sin\psi)\, dF,$$

$$0 = \frac{\Delta\, d\varphi}{ds} \int (z\cos\psi - y\sin\psi)(y\cos\psi + z\sin\psi)\, dF +$$

$$+ \frac{\Delta\, d\chi}{ds} \int (z\cos\psi - y\sin\psi)^2\, dF$$

und mit den Bezeichnungen

$$\int y^2 \cdot dF = J_z\,, \qquad \int z^2\, dF = J_y\,,$$

$$\frac{M_s}{E} = \frac{\Delta\, d\varphi}{ds} (J_z \cdot \cos^2\psi + J_y \cdot \sin^2\psi) + \frac{\Delta\, d\chi}{ds} (J_y - J_z) \sin\psi \cdot \cos\psi\,,$$

$$0 = \frac{\Delta\, d\varphi}{ds} (J_y - J_z) \sin\psi \cdot \cos\psi + \frac{\Delta\, d\chi}{ds} (J_z \sin^2\psi + J_y \cos^2\psi)\,.$$

Daraus folgt

$$\frac{M_s}{E} (J_z \cdot \sin^2\psi + J_y \cdot \cos^2\psi) = \frac{\Delta\, d\varphi}{ds} \cdot J_z \cdot J_y\,,$$

$$\Delta\, d\varphi = \frac{M_s}{E \cdot J_0}\, ds\,, \qquad J_0 = \frac{J_z \cdot J_y}{J_z \sin^2\psi + J_y \cdot \cos^2\psi}\,.$$

Über die Temperaturänderungen soll vorausgesetzt werden, daß sie geradlinig von t_1 im Punkte $v = \max \cdot (y\cos\psi + z\sin\psi)$ bis t_2 im Punkte $v = \min\, (y\cos\psi + z\sin\psi)$ verlaufen und in der Achse $(v = 0)$ $t = t_0$ sei. Bezeichnet ferner h den Abstand der Tangenten an die Randkurve des Querschnittes rechtwinklig zur Trägerebene, und $\Delta t = t_1 - t_2$, so ist

$$\Delta\, ds_t = \varepsilon \cdot t_0 \cdot ds\,, \qquad \Delta\, d\varphi_t = \varepsilon \frac{\Delta t}{h} \cdot ds\,.$$

Mithin erhält man aus beiden Einflüssen

$$\Delta\, ds = \frac{N_s}{E \cdot F} \cdot ds + \varepsilon \cdot t_0 \cdot ds\,, \tag{4}$$

$$\Delta\, d\varphi = \frac{M_s}{E \cdot J_0} \cdot ds + \varepsilon \cdot \frac{\Delta t}{h} \cdot ds\,. \tag{5}$$

Die Arbeit $\overline{V} \cdot dp = ds \int (\overline{\tau}_z \gamma_z + \overline{\tau}_y \cdot \gamma_y)\, dF$ drückt den Anteil der Querkraft an der gesuchten Formänderung aus. Die Berechnung aus den Normalkräften und Momenten allein beschreibt eine Formänderung, bei der die Querschnitte der biegungsfesten Stäbe eben bleiben und rechtwinklig zur gekrümmten Stabachse stehen. Eine Belastung, welche diese Formänderung erzeugt, ist praktisch nicht möglich. Um sie zu verwirklichen, müßte man die Querkräfte $= 0$ setzen und in jedem Querschnitt eine Belastung durch äußere Kräfte annehmen, die parallel zur Stabachse gerichtet, nach dem Geradliniengesetz über die Fläche des Querschnitts verteilt sind und das Moment $V_s \cdot ds$ haben. Um aus der beschriebenen Belastung zur wirklichen Belastung zu gelangen, wäre eine Belastung zu superponieren, die in jedem Querschnitt aus Schubkräften mit der Mittelkraft V_s und den beschriebenen Kräften in entgegengesetzter Richtung mit dem Moment $-V_s \cdot ds$ besteht. Diese Belastung erzeugt in keinem Punkte Momente, also sind die Dehnungen $\varepsilon_s = 0$. Auf das Stabelement ds wirken im Querschnitt s nur Schubspannungen mit der Mittelkraft V_s, auf den Querschnitt $s + ds$ Schubspannungen mit der Mittelkraft $-V_s$ und die bezeichneten äußeren Kräfte parallel zur Stabachse mit dem Moment $-V_s \cdot ds$. Die Kräfte an dem Stabelement sind also im Gleichgewicht, und an jedem Volumenelement desselben besteht Gleichgewicht, sofern die Schubspannungen die Gleichgewichtsbedingungen erfüllen. Die Volumenelemente erfahren dabei nur Schiebungen γ_z und γ_y, die am Rande des Querschnittes verschwinden und im allgemeinen im Schwerpunkt Größtwerte haben. Die Flächenelemente jedes Querschnittes bleiben danach am Rande rechtwinklig zur Erzeugenden des Stabmantels und stellen sich in der Stabachse schief gegen diese. Die Querschnitte wölben sich auf beiden Seiten der neutralen Achse in entgegengesetzter Krümmung. Mithin verschiebt sich der Schwerpunkt des Querschnittes $s + ds$ gegen die Normale zur Tangentialfläche an den Querschnitt s im Schwerpunkt in Richtung der Y-Achse um $\gamma_{z0}\, ds$ und in Richtung der Z-Achse um $\gamma_{y0} \cdot ds$, wenn der Index $_0$ die Werte der Schiebungen im Schwerpunkt bezeichnet, und

$$\frac{dp}{ds} = \gamma_{z0} \cdot \cos\psi + \gamma_{y0} \cdot \sin\psi$$

gibt für jedes Stabelement die Richtungsänderung der Stabachse in der Ebene des Tragwerks an, welche durch die Querkraft erzeugt wird. Mit γ_{z0} und γ_{y0} ist dp von der Form des Querschnitts abhängig. Wird diese Abhängigkeit durch den Beiwert $\varkappa$ ausgedrückt, so ist

$$dp = \frac{V}{G \cdot F \cdot \varkappa}\, ds \tag{6}$$

zu setzen. Für den Kreisquerschnitt ist eine exakte Lösung für die Spannungen σ, τ_z, τ_y, gegeben[1]). Bezeichnet $V \cdot x$ das Biegungsmoment

---

[1]) Love: Lehrbuch der Elastizität, S. 380 ff.

im Punkte x, fällt die Y-Achse in die Ebene der äußeren Kräfte, und ist $2r$ der Durchmesser des Querschnittes, so ist

$$\sigma = \frac{V \cdot x \cdot y}{J},$$

$$\tau_z = \frac{V}{J}\left[\frac{1}{2}(r^2 - y^2 - z^2) - (r^2 - y^2 - 3z^2)\frac{m+2}{8(m+1)}\right],$$

$$\tau_y = -\frac{V}{J} \cdot y \cdot z \cdot \frac{m+2}{4(m+1)}.$$

Die Gleichgewichtsbedingung

$$\frac{\partial \sigma}{\partial x} + \frac{\partial \tau_z}{\partial y} + \frac{\partial \tau_y}{\partial z} = 0$$

und die Randbedingung $\quad \tau_z \cdot \frac{y}{r} + \tau_y \cdot \frac{z}{r} = 0$

werden erfüllt. Auch kann man sich leicht überzeugen, daß die Verträglichkeitsbedingungen

$$+\frac{\partial}{\partial y}\left(\frac{\partial \gamma_z}{\partial z} - \frac{\partial \gamma_y}{\partial y}\right) = 2\frac{\partial^2 \varepsilon_y}{\partial x \cdot \partial z} = 0,$$

$$\frac{\partial}{\partial z}\left(\frac{\partial \gamma_y}{\partial y} - \frac{\partial \gamma_z}{\partial z}\right) = 2\frac{\partial^2 \varepsilon_z}{\partial x \cdot \partial y} = -\frac{2V}{mEJ}$$

erfüllt werden. Im Schwerpunkt entsteht

$$\max \tau_z = \frac{V}{J} r^2 \left(\frac{1}{2} - \frac{m+2}{8(m+1)}\right)$$

und mit

$$J = \frac{F \cdot r^2}{4}$$

$$\max \tau_z = \frac{V}{F}\left(1{,}5 - \frac{1}{2(m+1)}\right) = \frac{V}{F\frac{5}{7}},$$

wenn $m = 4$ gesetzt wird. Für den Kreisquerschnitt ist demnach $\varkappa = \frac{5}{7}$.

Für den am häufigsten vorkommenden Querschnitt, der zur Y-Achse symmetrisch ist und einen Steg in der Symmetrieachse aufweist, kann $\gamma_y = 0$, $\gamma_z = \gamma_{z0}\left(1 - \frac{4y^2}{h^2}\right)$ gesetzt werden. Aus

$$V = \int \tau_z \cdot dF$$

ergibt sich nun mit $\tau_z = \gamma_z \cdot G$

$$\frac{V}{G} = \gamma_{z0}\int\left(1 - \frac{4y^2}{h^2}\right)dF,$$

$$\frac{V}{G} = \gamma_{z0} \cdot F\left(1 - \frac{4J_z}{F \cdot h^2}\right),$$

$$dp = \gamma_{z0} \cdot ds = \frac{V}{G \cdot F \cdot \varkappa} ds,$$

$$\varkappa = 1 - \frac{4J_z}{F \cdot h^2}, \quad \text{für das Rechteck} = \frac{2}{3}.$$

In die Gleichung (1) wird Gleichung (3), in die Gleichung (2) werden (4), (5) und (6) eingeführt. So erhält man

$$1 \cdot \delta_m = \sum \overline{S} \cdot S \cdot \varrho + \varepsilon \sum \overline{S} \cdot t \cdot s - \overline{L}, \tag{7}$$

$$\left.\begin{aligned} 1 \cdot \delta_m = \int \frac{\overline{M} \cdot M}{E \cdot J_0} ds + \int \frac{\overline{N} \cdot N}{E \cdot F} ds + \int \frac{\overline{V} \cdot V}{G \cdot F \cdot \varkappa} ds + \\ + \varepsilon \left(\int \overline{M} \cdot \frac{\Delta t}{h} \cdot ds + \int \overline{N} \cdot t_0 \cdot ds \right) - \overline{L}. \end{aligned}\right\} \tag{8}$$

Die rechte Seite der Gleichungen gibt den negativen Wert der Arbeit der inneren Kräfte, vermindert um die Arbeit der Stützkräfte für jeden beliebigen Gleichgewichtszustand an. Die Gleichungen gelten demnach in unveränderter Form nicht nur für eine der 4 Grundaufgaben, sondern auch dann, wenn es sich um eine beliebige Verbindung von Verschiebungskomponenten handelt. Sie werden Arbeitsgleichungen für die angenommene Belastung genannt.

Anmerkung. Zu etwas andern Zahlen für $\varkappa$ gelangt man, wenn man die Arbeit $\int \overline{\tau}_z \cdot \gamma_z \cdot dF$ integriert, indem man $\gamma_z = \frac{\tau_z}{G}$ setzt und τ sowie $\overline{\tau}$ durch V und $\overline{V}$ als Funktion der Koordinaten ausdrückt. Für das Rechteck von der Höhe h und Breite t erhält man somit

$$\tau = \frac{V}{2J}\left(\frac{h^2}{4} - y^2\right), \qquad \overline{\tau} = \frac{\overline{V}}{2J}\left(\frac{h^2}{4} - y^2\right), \qquad \int \overline{\tau}_z \cdot \gamma_z \cdot dF = \frac{\overline{V} \cdot V}{G \cdot F \cdot \frac{5}{6}},$$

also $\varkappa = \frac{5}{6}$.

Zur Beleuchtung der Frage soll ein einfaches Beispiel mit den Gleichungen der Elastizitätstheorie (I Gleichungen 19, 20) untersucht werden. Ein Balken rechteckigen Querschnittes (h, t) von der Stützweite $2\,l$ sei in der Mitte durch $2\,P$ belastet. t sei so klein, daß τ_y vernachlässigt und die Aufgabe als ebene behandelt werden darf. Dann treten nur die Spannungen σ_x und τ_z auf, und es gelten die Gleichungen

$$\frac{\partial \sigma_x}{\partial x} + \frac{\partial \tau_z}{\partial y} = 0, \qquad \frac{\partial \tau_z}{\partial x} = 0, \qquad \frac{\partial^2 \varepsilon_x}{\partial y^2} + \frac{\partial^2 \varepsilon_y}{\partial x^2} = \frac{\partial^2 \gamma_z}{\partial x \cdot \partial y}.$$

Der Ursprung des Koordinatensystems wird in Balkenmitte angenommen, die $+X$-Achse durch den rechten Stützpunkt geführt ($x = +l$), die positive Y-Achse ist nach unten gerichtet. Die Lösung ist:

$$u = \frac{P}{E \cdot J}\left(l - \frac{1}{2}x\right) x \cdot y + \frac{P y^3}{6 E \cdot J}\left(2 + \frac{1}{m}\right) + \alpha \cdot y + \beta,$$

$$v = -\frac{P}{E \cdot J}\left[\frac{h^2}{4}\frac{m+1}{m} x + \frac{1}{2m}(l - x) y^2 + \frac{1}{2}\left(l - \frac{1}{3}x\right) x^2\right] - \alpha \cdot x + \gamma.$$

α, β, γ sind Konstante. Infolge $u = 0$, $v = 0$ für $x = 0$, $y = 0$ verschwinden β und γ.

$$\varepsilon_x = \frac{\partial u}{\partial x} = \frac{P}{E J}(l - x) \cdot y, \qquad \sigma_x = \varepsilon_x \cdot E = \frac{P}{J}(l - x) \cdot y,$$

$$\varepsilon_y = \frac{\partial v}{\partial y} = -\frac{P}{E \cdot J \cdot m}(l - x) y, \quad \varepsilon_y = -\frac{\sigma_x}{m \cdot E}, \quad \sigma_y = 0, \quad \gamma_z = \frac{\partial u}{\partial y} + \frac{\partial v}{\partial x},$$

$$\frac{\partial u}{\partial y} = \frac{P}{E J}\left(l - \frac{1}{2}x\right) x + \frac{P y^2}{E J}\left(1 + \frac{1}{2m}\right) + \alpha,$$

$$\frac{\partial v}{\partial x} = -\frac{P}{E J}\left[\frac{h^2}{4}\frac{m+1}{m} - \frac{y^2}{2m} + \left(l - \frac{1}{2}x\right) x\right] - \alpha,$$

$$\gamma_z = -\frac{P}{E J}\frac{m+1}{m}\left(\frac{h^2}{4} - y^2\right), \qquad \tau_z = G \cdot \gamma_z = -\frac{P}{2J}\left(\frac{h^2}{4} - y^2\right).$$

Man überzeugt sich leicht, daß die oben angeführten Differentialgleichungen erfüllt werden. Ist $v_0 = -v$ für $x = +l$, $y = 0$, so ist v_0 die Durchbiegung in Balkenmitte

$$v_0 = +\frac{P}{EJ}\left[\frac{h^2}{4}\frac{m+1}{m}l + \frac{1}{3}l^3\right] + \alpha \cdot l.$$

Die Gleichung der elastischen Linie, bezogen auf die Wagerechte durch die Stützpunkte lautet

$$\delta = v_0 - \frac{P}{EJ}\left[\frac{h^2}{4}\frac{m+1}{m}x + \frac{1}{2}\left(l - \frac{1}{3}x\right)x^2\right] - \alpha \cdot x.$$

Formt man δ in δ_m, den durch die Momente erzeugten, und δ_v, den durch die Querkräfte erzeugten Wert, so ist

$$\delta_m = \frac{P}{EJ}\left[\frac{1}{3}l^3 - \frac{1}{2}\left(l - \frac{1}{3}x\right)x^2\right],$$

$$\delta_v = \frac{P}{EJ}\left[\frac{h^2}{4}\frac{m+1}{m}\left(l - x\right)\right] + \alpha\left(l - x\right).$$

Demnach ist δ_v von α abhängig. Die nächstliegende Bedingung zur Bestimmung von α ist infolge der Symmetrie: Querschnitt in Balkenmitte lotrecht. Sie ist durch $\frac{\partial u}{\partial y} = 0$ für $x = 0$, $y = 0$ ausgedrückt und ergibt $\alpha = 0$. Mithin erhält man:

$$\frac{\partial \delta_v}{\partial x} = -\frac{P}{EJ}\frac{m+1}{m}\frac{h^2}{4} = -\frac{P}{2G \cdot J} \cdot \frac{h^2}{4}$$

und mit $J = \frac{1}{12}F \cdot h^2$

$$\frac{\partial \delta_v}{\partial x} = -\frac{P}{G \cdot F \cdot \frac{2}{3}}, \qquad \varkappa = \tfrac{2}{3}.$$

Wird jedoch α aus der Bedingung $\frac{\partial v}{\partial x} = 0$ für $x = 0$, $y = 0$ bestimmt, die notwendig ist, wenn die beiden Zweige der elastischen Linie in dem Angriffspunkt der Last ohne Knick ineinander übergehen sollen, so erhält man

$$\alpha = -\frac{P}{EJ}\frac{m+1}{m}\frac{h^2}{4} \quad \text{und} \quad \frac{\partial \delta_v}{\partial x} = 0, \qquad \varkappa = \infty.$$

Man erkennt, daß der Verzerrungszustand in nächster Nähe des Angriffspunktes der Last von wesentlichem Einfluß auf die Durchbiegung aus der Querkraft ist. Da bei Ableitung der Arbeit $\int \tau_z \cdot \gamma_z \cdot dF$ der Umstand vernachlässigt ist, daß die Verzerrung in dem Angriffspunkt der Einzellast verschieden ist von der im übrigen bestehenden, folgt daraus, daß die Auswertung des Integrales ein genaues Ergebnis nicht haben kann. Der vernachlässigte Wert ist von derselben Größenordnung wie das Integral. Da beide klein sind im Verhältnis zu dem Einfluß der Momente und die oben ermittelten Zahlen $\varkappa$ größte Werte ergeben, empfiehlt es sich, mit diesen zu rechnen.

48. Ausführung der Rechnung im Falle des Fachwerkes. Beispiele.

Bei Ausführung der Rechnung ist es zweckmäßig, die nach dem Superpositionsgesetz zulässige Trennung der verschiedenen Ursachen vorzunehmen. Demnach sind die Formänderungen 1. infolge einer gegebenen Belastung bei gleichbleibender Temperatur und unverschieblichen Stützen, 2. des unbelasteten und unverschieblich gestützten Tragwerks infolge einer gegebenen Änderung der Temperatur, 3. des unbelasteten Tragwerks infolge gegebener Verschiebungen der

Stützpunkte oder Drehungen der Einspannungen bei unveränderter Temperatur getrennt zu berechnen.

Im Falle des Fachwerks wird die Rechnung am zweckmäßigsten in Form einer Tabelle durchgeführt. Die Summen in Gleichung (7) erstrecken sich über alle Stäbe des vorliegenden Fachwerks. In nicht seltenen Fällen ist die Längenänderung einzelner Stäbe jedoch ohne Einfluß auf die gesuchte Formänderung. Diese Stäbe scheiden durch Verschwinden der Spannkraft $\overline{S}$ aus. Demnach ist im allgemeinen eine Tabelle anzulegen, in der alle Stäbe des Fachwerks aufgeführt werden. Da die Beiwerte ϱ sehr kleine Größen sind, empfiehlt es sich, beide Seiten der Gleichung mit der großen Zahl $\dfrac{E \cdot F_c}{\text{Krafteinheit}}$ zu multiplizieren, in welcher F_c ein geeignet gewählter Querschnitt ist. Enthält z. B. das Fachwerk eine größere Zahl von Stäben gleichen Querschnittes, dann wählt man für F_c diesen Querschnitt. Andernfalls wird $F_c =$ dem größten vorkommenden Querschnitt gesetzt. Man berechnet demnach

$$E \cdot F_c \delta_m = \sum \overline{S} \cdot S \cdot s' + E \cdot F_c (\varepsilon \sum \overline{S} \cdot t \cdot s - L)\,,$$

$$s' = s \frac{F_c}{F}$$

und erhält $E \cdot F_c \cdot \delta_m$, wofür die kürzere Bezeichnung δ'_m eingeführt wird, in der Krafteinheit $\times$ Längeneinheit, in der die Spannkräfte S und Stablängen s eingeführt sind, wenn $\overline{S}$ und $\overline{C}$ die Zahlenwerte der Spann- und Stützkräfte aus der angenommenen Belastung bezeichnen.

Stab	s'	$\overline{S}$	S	$\overline{S} \cdot S \cdot s'$
1				
2				
			$E \cdot F_c \cdot \delta_m = \sum$	$\overline{S} \cdot S \cdot s'$

Nebenstehend ist die zweckmäßige Form der Tabelle zur Berechnung des Einflusses einer Belastung angegeben.

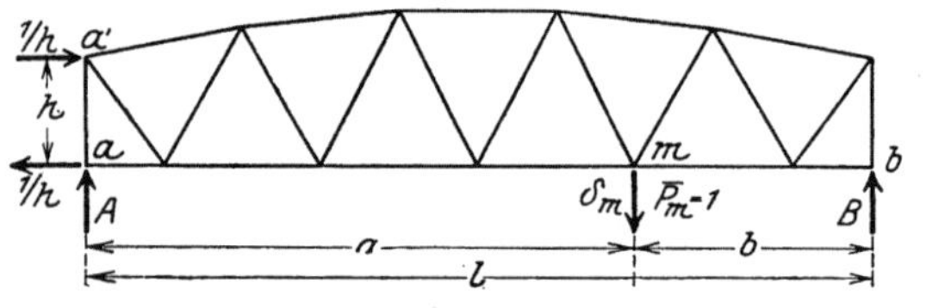

Abb. 162.

Die Anwendung des Verfahrens sei an Beispielen erläutert.

a) Strebenfachwerk, Abb. 162. Gesucht die lotrechte Verschiebung des Punktes m infolge gegebener lotrechter Lasten. Angenommene Belastung: Belastungseinheit des Punktes m, d. i. lotrechte Last *1* in m. Sie erzeugt $\overline{A} = 1 \dfrac{b}{l}$, $\quad \overline{B} = 1 \dfrac{a}{l}$, also

$$\text{in den Stäben links von } m \quad \overline{S} = 1 \frac{b}{l} \cdot S',$$

$$\text{in den Stäben rechts von } m \quad \overline{S} = 1 \frac{a}{l} \cdot S'',$$

wenn S' und S'' die in Nr. 32 Seite 126 gekennzeichneten Spannkräfte aus $A = 1$ bzw. $B = 1$ sind

$$\delta'_m = \frac{b}{l}\sum_l S' \cdot S \cdot s' + \frac{a}{l}\sum_r S'' \cdot S \cdot s', \qquad s' = s\frac{F_c}{F}.$$

Gesucht die Drehung der Lotrechten $a a'$ über dem linken Auflager nach rechts. Angenommene Belastung: Belastungseinheit der Geraden $a a'$, d. i. wagerechte, linksweisende Kraft $\frac{1}{h}$ in a und wagerechte rechtsweisende Kraft $\frac{1}{h}$ in a'. Sie erzeugt $\overline{B} = \frac{1}{l}$, $\overline{S} = \frac{1}{l} \cdot S''$

$$\delta'_m = \frac{1}{l}\sum S'' \cdot S \cdot s'.$$

b) Sichelbogen mit festem Auflager in a, wagerecht verschieblichem Auflager in b, Abb. 163. Gesucht die Verschiebung des Punktes b gegen a, d. i. die Längenänderung der Sehne ab infolge gegebener Lasten.

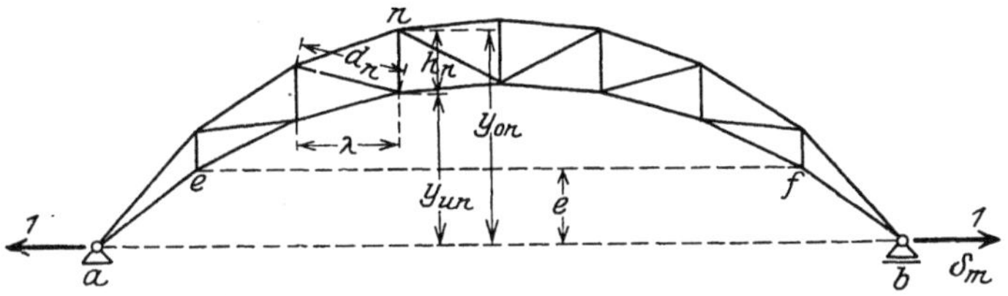

Abb. 163.

Angenommene Belastung: Belastungseinheit des Punktpaares a und b, d. i. Last *1* in a in Richtung ba und Last *1* in b in Richtung ab. Sie erzeugt $\overline{A} = \overline{B} = 0$ und Spannkräfte $\overline{S}$, die S_a bezeichnet werden sollen.

$$\Delta' ab = \delta'_m = \sum S_a \cdot S \cdot s'.$$

Für die Spannkräfte S_a gelten die Formeln

$$O_{na} = -1\frac{y_{un}}{h_n} \cdot \frac{o_n}{\lambda}, \qquad U_{na} = 1\frac{y_{on}}{h_n} \cdot \frac{u_n}{\lambda}.$$

D_a und L_a können sodann nach dem in Nr. 32 angegebenen Verfahren durch Kräftepläne für die Knotenpunkte einer Gurtung gewonnen werden. Nicht unzweckmäßig sind auch die Formeln

$$D_{na} = \left(\frac{y_{un}}{h_n} - \frac{y_{un-1}}{h_{n-1}}\right)\frac{d_n}{\lambda},$$

$$L_{na} = \frac{y_{un}}{h_n}\frac{y_{on} - y_{on-1}}{\lambda} - \frac{y_{on}}{h_n}\frac{y_{un+1} - y_{un}}{\lambda}.$$

Für dieselbe Verschiebung, erzeugt durch 2 Lasten H, deren eine in a in der Richtung ba, die andere in b in der Richtung ab angreift, erhält man, da $S = H \cdot S_a$ ist,

$$\delta'_m = H\sum S_a^2 \cdot s'.$$

Gesucht die gegenseitige Verschiebung der Punkte e und f infolge einer Zunahme der Temperatur um t° in den Stäben der oberen Gurtung. Angenommene Belastung: Belastungseinheit des Punktpaares e, f, d. i. Last 1 in e in Richtung fe und Last 1 in f in Richtung ef. Die Spannkräfte $\overline{S}$ seien S_e bezeichnet, ihre Werte ergeben sich aus den Formeln für S_a, wenn die Ordinaten auf die Gerade ef bezogen werden. Der erste Stab beider Gurtungen bleibt spannungslos.

$$\delta_m = \varepsilon t \sum S_e \cdot o = -\frac{\varepsilon t}{\lambda} \sum \frac{(y_{un} - e)\, o_n^2}{h_n}.$$

Die Summe erstreckt sich nur über die Obergurtstäbe vom zweiten bis vorletzten.

c) Gesucht ist die gegenseitige Verschiebung der Punkte e und f des Sichelbogens mit festen Auflagern in a und b infolge einer Zunahme der Temperatur um t° in den Obergurtstäben. Angenommene Belastung: Belastungseinheit des Punktpaares e, f, wirkend auf ein statisch bestimmtes Fachwerk. Dasselbe kann durch Beseitigung des Obergurtstabes in der Mitte gebildet werden, ebenso auch durch Beseitigung der wagerechten Stütze in b. Letzteres soll gewählt werden. Dann ist $\overline{S} = S_e$

$$\delta'_m = E F_c \sum S_e \cdot \Delta s.$$

Da die Temperaturänderung in dem vorliegenden statisch unbestimmten Fachwerk Spannkräfte erzeugt, die S_t genannt werden sollen, ist

$$\Delta s = \varepsilon t \cdot s + S_t \cdot \frac{s}{EF}$$

zu setzen. Daher ergibt sich

$$\delta'_m = \varepsilon E \cdot F_c \cdot t \sum\nolimits_1 S_e \cdot o + \sum\nolimits_2 S_e \cdot S_t \cdot s'.$$

Die erste Summe erstreckt sich nur über die Stäbe der Obergurtung vom zweiten bis vorletzten. Die zweite Summe erstreckt sich über alle Stäbe, in denen S_e oder S_t nicht verschwindet. Also fallen in $\sum_2$ die ersten und letzten Stäbe beider Gurtungen aus.

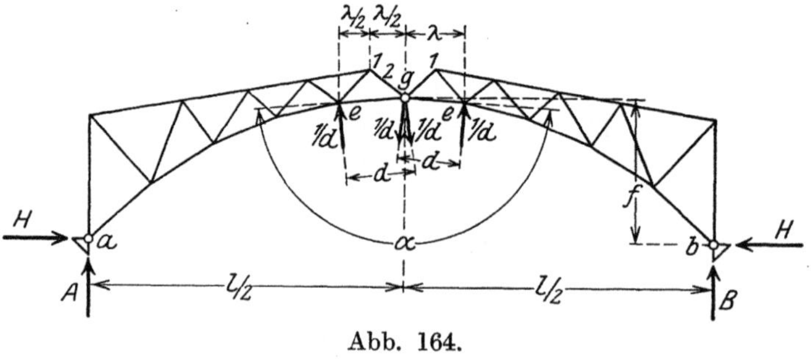

Abb. 164.

d) Dreigelenkbogen, Abb. 164. Gesucht die Drehung der Geraden durch die Punkte g, e der linken Scheibe gegen die Gerade durch die Punkte g, e der rechten Scheibe infolge gegebener Lasten. Die positive

Richtung sei die Änderung des unteren Winkels $+\Delta\alpha$. Angenommene Belastung: Belastungseinheit des Geradenpaares ge, d. i. Last $\frac{1}{d}$ in e und $\frac{1}{d}$ in g, rechtwinklig zu Stab ge der linken Scheibe, rechtsdrehend gerichtet, Last $\frac{1}{d}$ in e und $\frac{1}{d}$ in g rechtwinklig zu Stab ge der rechten Scheibe, linksdrehend gerichtet. Sie erzeugt $\overline{A} = \overline{B} = o$, $\overline{H} = \frac{1}{f}$, und wenn S_a die Spannkräfte bezeichnet, die durch die Kräfte $H = -1$ entstehen,

$$\overline{S} = -\frac{1}{f} \cdot S_a .$$

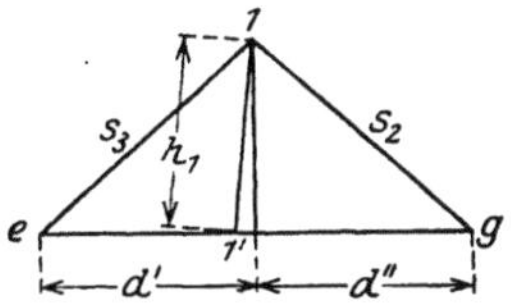

Abb. 164 a.

Nur in dem Untergurtstab *1* und den Diagonalstäben *2* und *3* ist zu $-\frac{1}{f} S_a$ noch die Spannkraft zu addieren, die durch die Kraft $\frac{1}{d}$ in e entsteht. Sie sei S_c bezeichnet. Mit den aus Abb. 164a ersichtlichen Bezeichnungen sind die Werte S_c

in Stab *1*: $\quad S_c = +\frac{d'}{h_1 \lambda}$;

in Stab *2*: $\quad S_c = -\frac{d'}{h_1 \lambda} \frac{s_2}{d''}$;

in Stab *3*: $\quad S_c = -\frac{d'}{h_1 \lambda} \frac{s_3}{d'}$.

Mithin ergibt sich

$$\delta'_m = -\frac{1}{f} \sum S_a \cdot S \cdot s' + \sum S_c \cdot S \cdot s' .$$

Wird hierin für S die Summe der Spannkräfte gleicher Stäbe beider Scheiben aus den gegebenen Lasten eingeführt, dann erstrecken sich die Summen nur über die Stäbe einer Scheibe.

e) Gelenkträger auf 3 Stützen mit dem Gelenk in g, Abb. 165. Gesucht die Drehung des Endfeldes des eingehängten Trägers gegen das

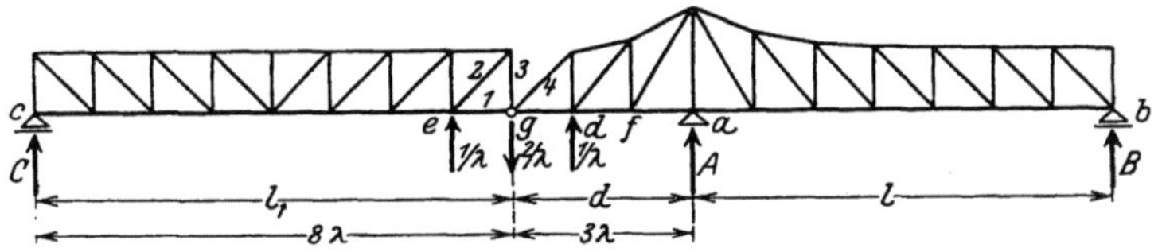

Abb. 165.

Endfeld des Kragträgers infolge gegebener Lasten. Die positive Richtung sei die positive Änderung des unteren Winkels. Angenommene Belastung: Belastungseinheit des Geradenpaares ge, gd, d. s. die lotrecht nach oben gerichteten Lasten $\frac{1}{\lambda}$ in e und d und die lotrecht nach unten gerichtete Last $+\frac{2}{\lambda}$ in g. Sie erzeugt $\overline{C} = -\frac{1}{l_1}$,

aus (a) $$\overline{C}(l_1 + d) - \overline{B}\,l = 0$$

folgt $$\overline{B} = -\frac{l_1 + d}{l_1 \cdot l}.$$

Die Momente $\overline{M}$ verlaufen zwischen c und a geradlinig von o bis $-\left(1 + \frac{d}{l_1}\right)$, nur in Punkt g ist die Gerade unterbrochen. Die Momentenfläche wird durch das Dreieck c, b, a', von dem das Dreieck e', g, d' abgezogen ist, Abb. 165a, dargestellt. Demnach sind die Spannkräfte $\overline{S}$ in folgender Weise zu berechnen. Das Fachwerk, dessen Obergurtung über g nicht

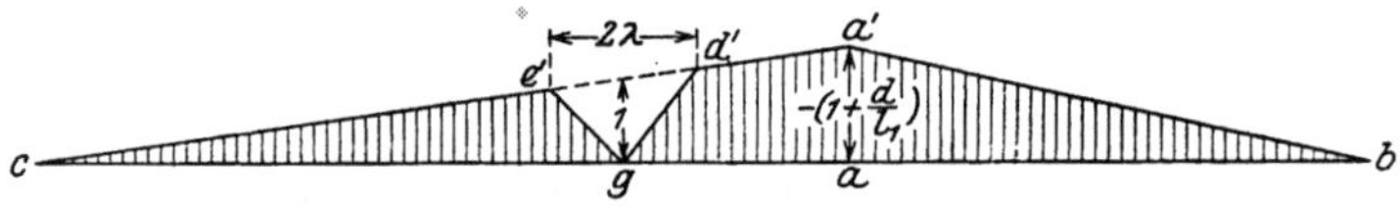

Abb. 165a.

unterbrochen ist, wird als einfacher, in c und b gestützter Balken behandelt. In dem Teil ac entstehen durch $C = 1$ die Spannkräfte S'. In dem Teil ab entstehen durch $B = 1$ die Spannkräfte S''. Schließlich sind die Spannkräfte in den beiden Feldern beiderseits g zu berechnen, die durch die Lasten $\frac{2}{\lambda}$ in g sowie $-\frac{1}{\lambda}$ in e und d entstehen. Diese Spannkräfte — es kommen nur die Stäbe *1, 2, 3, 4* in Betracht — seien S''' bezeichnet. Dann sind die Spannkräfte in den Stäben *1, 2, 3, 4*

$$\overline{S} = -\frac{1}{l_1} S' + S''',$$

in allen andern Stäben zwischen den Stützen a und c

$$\overline{S} = -\frac{1}{l_1} S',$$

in allen Stäben zwischen den Stützen a und b

$$\overline{S} = -\frac{l_1 + d}{l_1 \cdot l} \cdot S''.$$

Die Lotrechte über a kann beliebig dem Teil ac oder ab zugezählt werden. Mithin ergibt sich

$$\delta'_m = -\frac{1}{l_1} \sum_c^a S' \cdot S \cdot s' - \frac{l_1 + d}{l_1 \cdot l} \sum_b^a S'' \cdot S \cdot s' + \sum_e^d S''' \cdot S \cdot s'.$$

In Stab *1* ist $\frac{1}{l_1} S' = +S'''$, also kann der Stab in beiden Summen gestrichen werden.

f) Die in den Knotenpunkten *1, 2, 3* zu einem Dreieck verbundenen Stäbe erfahren die Spannungen σ_1, σ_2, σ_3. Gesucht sind die Änderungen der Winkel des Dreiecks $\Delta\alpha_1$, $\Delta\alpha_2$, $\Delta\alpha_3$, Abb. 166. Um $\Delta\alpha_1$ zu berechnen, werden die Stäbe *2* und *3* durch die Belastungseinheit des Geradenpaares belastet, das sind die einander entgegengesetzt gerichteten Kräfte $\frac{1}{s_2}$ in *3* und *1*, rechtwinklig zu Stab *2* und rechtsdrehend sowie die Kräfte $\frac{1}{s_3}$ in *2* und *1*, rechtwinklig zu Stab *2* gerichtet und linksdrehend. Die angenommene Belastung erzeugt

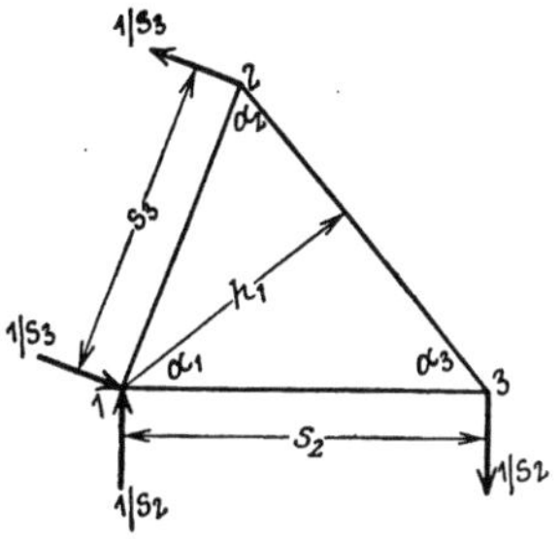

Abb. 166.

$$\bar{S}_1 = \frac{1}{h_1}, \qquad \bar{S}_2 = -\frac{1}{h_1}\cos\alpha_3, \qquad \bar{S}_3 = -\frac{1}{h_1}\cos\alpha_2.$$

Mithin ist

$$E\cdot\Delta\alpha_1 = \frac{1}{h_1}(\sigma_1 s_1 - \sigma_2\cdot s_2\cos\alpha_3 - \sigma_3\cdot s_3\cos\alpha_2).$$

Aus

$$s_1 = s_2\cos\alpha_3 + s_3\cos\alpha_2$$

ergibt sich

$$E\cdot\Delta\alpha_1 = (\sigma_1-\sigma_2)\frac{s_2\cos\alpha_3}{h_1} + (\sigma_1-\sigma_3)\frac{s_3\cdot\cos\alpha_2}{h_1}$$

und mit

$$\frac{s_2\cos\alpha_3}{h_1} = \operatorname{cotg}\alpha_3, \qquad \frac{s_3\cos\alpha_2}{h_1} = \operatorname{cotg}\alpha_2.$$

$$\left.\begin{aligned} \boldsymbol{E\cdot\Delta\alpha_1} &= \boldsymbol{(\sigma_1-\sigma_2)\operatorname{cotg}\alpha_3 + (\sigma_1-\sigma_3)\operatorname{cotg}\alpha_2},\\ \boldsymbol{E\cdot\Delta\alpha_2} &= \boldsymbol{(\sigma_2-\sigma_1)\operatorname{cotg}\alpha_3 + (\sigma_2-\sigma_3)\operatorname{cotg}\alpha_1},\\ \boldsymbol{E\cdot\Delta\alpha_3} &= \boldsymbol{(\sigma_3-\sigma_1)\operatorname{cotg}\alpha_2 + (\sigma_3-\sigma_2)\operatorname{cotg}\alpha_1}.\end{aligned}\right\}{}^{1)} \qquad (9)$$

g) Schließlich soll noch die Anwendung des Verfahrens auf ein nicht stabiles Gebilde gezeigt werden, dessen Formänderung eindeutig bestimmt ist, und zur Ableitung einer häufiger benutzten Formel verwendet werden.

Einfacher Stabzug oder auch schlechtweg Stabzug wird ein Gebilde aus p einfachen Stäben genannt, die durch $p-1$-Gelenke zu einer Kette verbunden sind. Die Stäbe können auch Gerade von bestimmter Länge sein. Ein solcher Stabzug wird des öfteren zur Darstellung von Formänderungen stabiler Tragwerke benutzt, nachdem die Längenänderungen seiner Stäbe und die Änderungen der Winkel zwischen den in einem Gelenk verbundenen Stäben ermittelt sind. Erfahren die Längen bestimmte Änderungen Δs und die Winkel bestimmte Änderungen $\Delta\vartheta$, so sind die gegenseitigen Verschiebungen aller Knoten-

[1]) Müller-Breslau, H.: Graphische Statik II, 1, S. 87.

punkte eindeutig festgelegt. Um irgendeine gegenseitige Verschiebung der Knotenpunkte aus den gegebenen Δs und $\Delta \vartheta$ mit Hilfe des Prinzips der virtuellen Verrückungen zu berechnen, ist nur notwendig, einen Gleichgewichtszustand in den Knotenpunkten des Stabzuges herzustellen, dessen Kräfte die Arbeit $1 \cdot \delta$ leisten. Da der Stabzug nicht stabil ist, folgt aus der Notwendigkeit des Gleichgewichts in allen Knotenpunkten allerdings eine gewisse Beschränkung in der Wahl der Lasten.

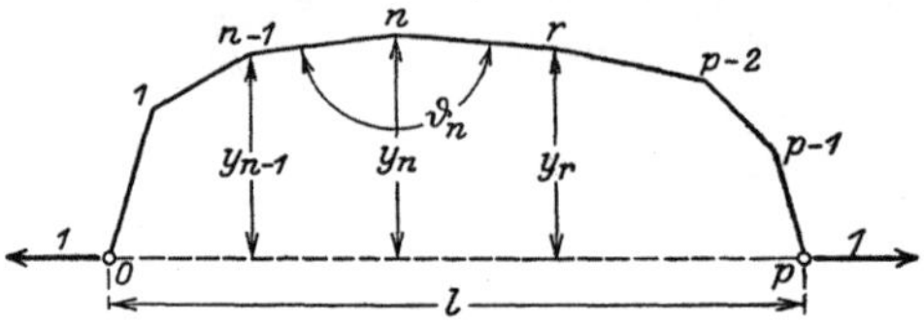

Abb. 167.

Es soll die gegenseitige Verschiebung Δl der Punkte o und p eines Stabzuges aus den gegebenen Längenänderungen Δs aller Stäbe und Winkeländerungen $\Delta \vartheta$ aller Winkel berechnet werden, Abb. 167. Angenommene Belastung: Last *1* in Punkt o in der Richtung po, Last *1* in Punkt p in der Richtung op. Um einen Gleichgewichtszustand herzustellen, werden in jedem Knotenpunkt Lasten hinzugefügt, die durch folgende Angabe für die Punkte $n-1$, n, $n+1$ bestimmt sind (Abb. 167a). Es seien s_n, s_{n+1} die Längen der Stäbe n, und $n+1$, φ_n, φ_{n+1} die Neigungswinkel der Stäbe gegen die Gerade op, y_{n-1}, y_n, y_{n+1} die rechtwinkligen Abstände der Punkte $n-1$, n, $n+1$ von der Geraden op. Rechtswinklig zum Stab n wird in n die Kraft

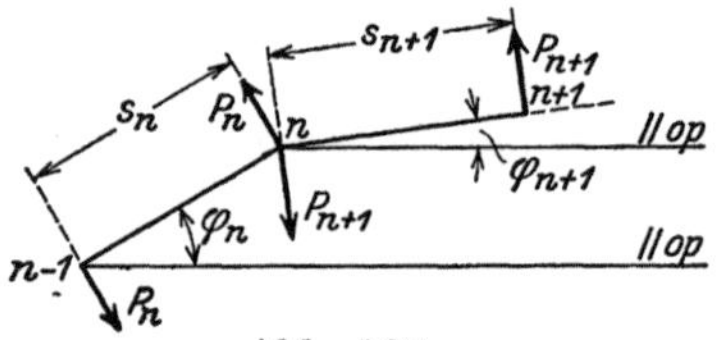

Abb. 167a.

$P_n = \frac{1}{s_n}(y_n - y_{n-1})$ und in $n-1$ dieselbe Kraft in der entgegengesetzten Richtung angebracht. Die Kraftrichtungen werden so gewählt, daß das Kräftepaar das linksdrehende Moment $y_n - y_{n-1}$ ergibt. In derselben Weise werden die Endpunkte jedes Stabes belastet. Dann ist das Moment der Kräfte in den Knoten o bis r, um r

$$\overline{M}_r = 1 \cdot y_r - \sum_1^r (y_n - y_{n-1}) = 0\,,$$

da das auf Stab *1* wirkende Kräftepaar den Wert $-(y_1 - y_0) = -y_1$ hat. Ebenso ergibt sich aus den Kräften in den Knoten p bis r um r

$$\overline{M}_r = 1 \cdot y_r + \sum_{r+1}^p (y_n - y_{n-1}) = 0\,,$$

da die $\sum$ mit $y_{r+1} - y_r$ beginnt, und $y_p - y_{p-1} = -y_{p-1}$ ist. Mithin fällt die Mittelkraft aus den Lasten links oder rechts jedes Stabes in den Stab. Da ferner die Gleichungen $\sum M = 0$ erfüllt werden, besteht in jedem Knotenpunkt Gleichgewicht. Die Spannkraft $\overline{S}_n$ im Stabe n kann aus den Kräften links oder rechts des Stabes berechnet werden. Setzt man $\overline{S}_n =$ der Summe der Seitenkräfte der Kräfte in den Knotenpunkten o bis $n-1$ nach der Stabrichtung, so heben sich die Kräftepaare *1* bis $n-1$, und die in $n-1$ wirkende Kraft $P = \frac{1}{s_n}(y_n - y_{n-1})$ ist rechtwinklig zur Stabrichtung. Also ist

$$\bar{S}_n = 1 \cdot \cos\varphi_n .$$

Um die Arbeit der Kräfte anzusetzen, wird jede Kraft der Kräftepaare in zwei Kräfte zerlegt. In n wirkt aus dem Kräftepaar des Stabes n: $\frac{1}{s_n} y_n$, aus dem Kräftepaar des Stabes $n+1$: $\frac{1}{s_{n+1}} \cdot y_n$ beide nach außen gerichtet, Abb. 167 b. In $n-1$ wirkt aus dem Kräftepaar des Stabes n: $\frac{1}{s_n} y_n$ und in $n+1$ aus dem Kräftepaar des Stabes $n+1$: $\frac{1}{s_{n+1}} \cdot y$, beide nach innen gerichtet. Diese vier Kräfte bilden die mit y_n multiplizierte Belastungseinheit des Geradendaares n und $n+1$, welches im Knotenpunkt n zusammenhängt. Seine positive Richtung ist die positive Änderung des äußeren Winkels, mithin leistet es, da ϑ_n der innere Winkel ist, die Arbeit $-y_n \cdot \vartheta_n$. In derselben Weise werden die Kräftepaare *2* bis $p-1$ zerlegt, die Kräftepaare *1* und p können nicht zerlegt werden, da $y_o = 0$, $y_p = 0$ ist. Man erhält $2 \cdot 2(p-2) + 2 \cdot 2 = 4(p-1)$ Kräfte, welche die mit y multiplizierten Belastungseinheiten der $p-1$-Geradenpaare bilden. Demnach lautet die Gleichung des Prinzips der virtuellen Verrückungen für die angenommene Belastung

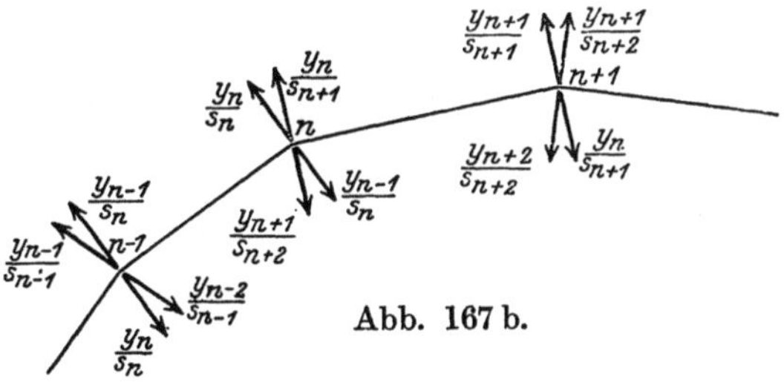

Abb. 167 b.

$$1 \cdot \Delta l - \sum_{1}^{p-1} {}_n y_n \cdot \Delta\vartheta_n - \sum_{1}^{p} {}_n \bar{S}_n \Delta s_n = 0 ,$$

mit $\bar{S} = 1 \cdot \cos\varphi_n$ ergibt sich die gesuchte gegenseitige Verschiebung

$$1 \cdot \Delta l = \sum_{1}^{p} {}_n \Delta s_n \cdot \cos\varphi_n + \sum_{1}^{p-1} {}_n y_n \cdot \Delta\vartheta_n . \qquad (10)^{1)}$$

49. Ausführung der Rechnung im Falle des Stabwerkes. Beispiele.

Man multipliziert beide Seiten der Gleichung (8) mit der Zahl $\frac{E \cdot J_c}{\text{Krafteinheit} \cdot \text{Längeneinheit}^2}$, in der J_c ein geeignet gewähltes Trägheitsmoment ist. Wenn auf einer längeren Strecke der biegungsfesten

[1]) Müller-Breslau, H.: Graphische Statik II, 1, S. 92.

Stäbe das Trägheitsmoment unveränderlich ist, wählt man dieses, andernfalls im allgemeinen das größte vorkommende.

Man berechnet demnach

$$\frac{E\cdot J_c}{1^2}\cdot\delta_m=\int\overline{M}\frac{M}{1}\frac{J_c}{J}ds+\int\overline{N}\cdot N\cdot\frac{J_c}{F\cdot 1^2}ds+\int\overline{V}\cdot V\cdot\frac{E\,J_c}{G\cdot F\cdot\varkappa\cdot 1^2}\cdot ds$$

$$+\frac{E\cdot\varepsilon\cdot J_c}{1}\left(\int\overline{M}\frac{\Delta t}{h}ds+\int\overline{N}\frac{t_0}{1}ds\right)-\frac{E\,J_c}{1^2}\cdot\overline{L},$$

worin *1* die Längeneinheit ist. Man erhält die linke Seite in der Krafteinheit · Längeneinheit, in der die Kräfte und Längen der rechten Seite eingeführt sind, wenn $\overline{M}$, $\overline{N}$, $\overline{V}$, $\overline{C}$ Zahlenwerte bezeichnen. Dabei ist zu beachten, daß J, F und die Stablängen in derselben Längeneinheit angegeben werden müssen. Um die Integration durchführen zu können, müssen die Integrale in Teilintegrale zwischen solchen Grenzen zerlegt werden, innerhalb deren die Momente, Normalkräfte und Querkräfte als stetige Funktionen der Länge s dargestellt werden können. Der Anteil der Querkräfte ist fast immer vernachlässigbar klein, jedenfalls genügt es stets, $\int\overline{V}\cdot V\frac{J_c\cdot E}{F\cdot\varkappa\cdot G}ds$ als nachträgliche Verbesserung anzusetzen. In vielen Fällen ist auch der Anteil der Normalkräfte klein im Verhältnis zu dem der Momente. Das wichtigste Glied ist daher $\int\overline{M}\cdot M\cdot\frac{J_c}{J}\cdot ds$. Sind nun die Achsen der einzelnen Stäbe Gerade oder aus mehreren Geraden zusammengesetzt, so können immer solche Teilintegrale gebildet werden, in denen entweder $\overline{M}$ oder M geradlinig zwischen den Grenzwerten verläuft. Meist trifft das für $\overline{M}$ zu. Die Grenzen eines Teilintegrales mögen die Punkte a und b der Stabachse bezeichnen und l die Länge der Stabachse zwischen denselben. Das durch M_A bezeichnete Moment verlaufe geradlinig zwischen den Werten η_a

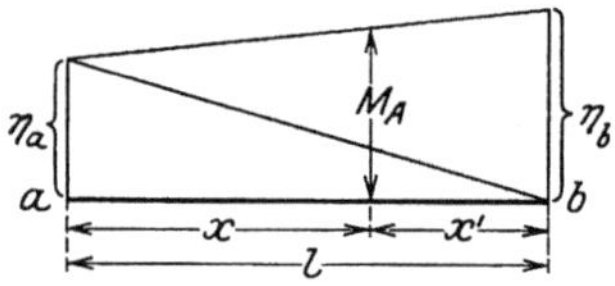

Abb. 168.

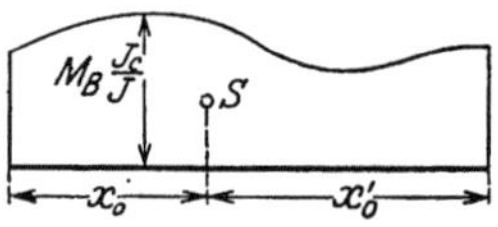

Abb. 169.

in a und η_b in b. Dann ist die M_A-Fläche ein Trapez, dessen Ordinate im Punkte x, x', Abb. 168, durch

$$M_A=\frac{x'}{l}\cdot\eta_a+\frac{x}{l}\cdot\eta_b$$

gegeben ist. Das zweite Moment des Integrals sei M_B bezeichnet. Dann ist

$$\int_a^b M_A\cdot M_B\cdot\frac{J_c}{J}ds=\frac{\eta_a}{l}\int_b^a M_B\cdot\frac{J_c}{J}\cdot x'\cdot dx'+\frac{\eta_b}{l}\int_a^b M_B\cdot\frac{J_c}{J}\cdot x\cdot dx.$$

Trägt man nun die verzerrte Momentenfläche M_B auf, deren Ordinate $M_B \cdot \frac{J_c}{J}$ ist, Abb. 169, so ist

$$\int_b^a M_B \cdot \frac{J_c}{J} \cdot x' \cdot dx' = \mathfrak{S}'_{Bb}$$

das statische Moment der verzerrten M_B-Fläche in bezug auf die Rechtwinklige zum Stab durch b, und

$$\int_a^b M_B \cdot \frac{J_c}{J} \cdot x \cdot dx = \mathfrak{S}'_{Ba}$$

das statische Moment der verzerrten Momentenfläche in bezug auf die Rechtwinklige zum Stab durch a. Man erhält

$$\int_a^b \boldsymbol{M_A \cdot M_B \cdot \frac{J_c}{J} ds = \frac{\eta_a}{l} \cdot \mathfrak{S}'_{Bb} + \frac{\eta_b}{l} \cdot \mathfrak{S}'_{Ba}}. \tag{11}$$

Ist die verzerrte M_B-Fläche durch eine gebrochene Linie begrenzt, so bestimmt man ihren Schwerpunkt S graphisch, er habe von a den Abstand x_0 von b den Abstand x'_0, berechnet den Inhalt F'_B der verzerrten Momentenfläche und weiter

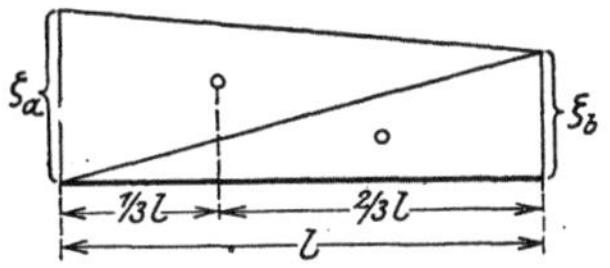

Abb. 169 a.

$$\mathfrak{S}'_{Bb} = F'_B \cdot x'_0, \qquad \mathfrak{S}_{Ba} = F'_b \cdot x_0 .$$

Ist die verzerrte M_B-Fläche ebenfalls geradlinig begrenzt, also im allgemeinen Falle ein Trapez, so kann man die $\mathfrak{S}'_B$ ansetzen, indem man das Trapez durch eine Diagonale in zwei Dreiecke zerlegt. Die verzerrte M_B-Fläche habe in a und b die Ordinaten ζ_a und ζ_b, Abb. 169a, dann ist

$$\int_a^b M_A \cdot M_B \cdot \frac{J_c}{J} ds = \frac{\eta_a}{l} (2\,\zeta_a + \zeta_b) \frac{l \cdot l}{6} + \frac{\eta_b}{l} (2\,\zeta_b + \zeta_a) \frac{l \cdot l}{6} .$$

Ist $\eta_a = \eta_b = \eta$, so ergibt sich

$$\int_a^b \boldsymbol{M_A \cdot M_B \cdot \frac{J_c}{J} ds = \eta \cdot F'_B}, \tag{12}$$

da $\mathfrak{S}'_{Bb} + \mathfrak{S}'_{Ba} = l \cdot F'_B$ ist.

Die dargestellte Auswertung des Integrales ist in allen Fällen durchführbar. Die Formel kann man für die verschiedenen Fälle geradlinig verlaufender Momente M_A und $M_B \cdot \frac{J_c}{J}$ weiter entwickeln. Darauf kann und soll hier jedoch verzichtet werden, da die Integralwerte nach der gegebenen Anweisung in jedem Falle ohne weiteres hingeschrieben werden können. Die Gleichung (11) soll die Auswertungsformel genannt werden. Es empfiehlt sich, die $\overline{M}$ und M-Flächen aufzutragen. Man erkennt dann sofort, welche Teilintegrale zu bilden sind, damit ihre Werte nach der Auswertungsformel hingeschrieben werden können.

Beispiele:

a) Balken auf zwei lotrechten Stützen von veränderlichem Trägheitsmoment, belastet durch lotrechte Einzellasten, deren Momente berechnet sind. Gesucht die lotrechte Verschiebung des Punktes m nach unten. a und b sind die Abstände des Punktes von den gleichnamigen Stützpunkten. Angenommene Belastung: Belastungseinheit des Punktes m, d. i. lotrechte Last *1* in m. Sie erzeugt $\overline{A} = 1 \cdot \frac{b}{l}$, $\overline{B} = 1 \cdot \frac{a}{l}$, $\overline{M}$ in $m = 1 \cdot \frac{a \cdot b}{l}$.

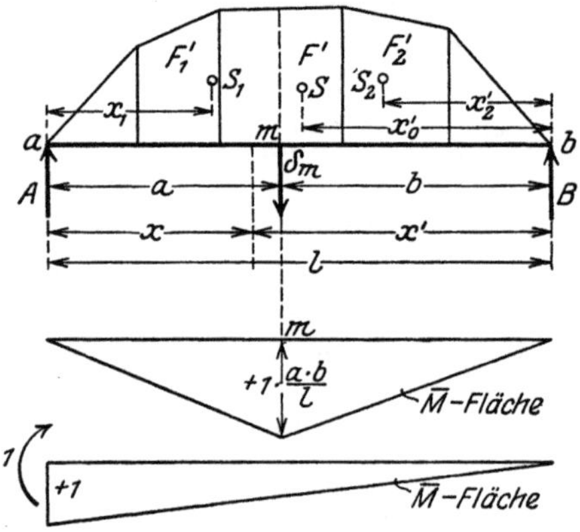

Abb. 170 bis 172.

Die $\overline{M}$-Fläche ist ein Dreieck, dessen Spitze unter m die Höhe $+\frac{ab}{l}$ hat, Abb. 171, Abb. 170 sei die verzerrte M-Fläche. Die $\overline{M}$-Fläche zeigt, daß die Teilintegrale für die Grenzen $0 < x < a$ und $0 < x' < b$ zu bilden sind. Für das erste ist $\eta_a = 0$, für das zweite ist $\eta_b = 0$. Mithin ergibt sich nach der Auswertungsformel

$$\delta'_m = \frac{a \cdot b}{l \cdot a} \cdot \mathfrak{S}'_{Ba} + \frac{a \cdot b}{l \cdot b} \mathfrak{S}'_{Bb}.$$

Die verzerrte M-Fläche wird durch die Lotrechte in m in zwei Flächen geteilt, der Flächeninhalt beider berechnet und ihr Schwerpunkt bestimmt. Es sei

$$\int_0^a M \cdot \frac{J_c}{J} dx = F'_1, \qquad \int_0^b M \cdot \frac{J_c}{J} dx' = F'_2.$$

x_1 der Abstand des Schwerpunktes der Fläche F_1 von a, x'_2 der Abstand des Schwerpunktes der Fläche F'_2 von b. Dann ist

$$\delta'_m = \frac{b}{l} F'_1 \cdot x_1 + \frac{a}{l} F'_2 \cdot x'_2. \tag{13}$$

Gesucht wird die Drehung des Endquerschnittes über dem linken Auflager nach rechts, die identisch ist mit der Drehung der Tangente an die Stabachse im Stützpunkt a. Angenommene Belastung: Belastungseinheit der Geraden, d. i. rechtsdrehendes Moment *1* im Querschnitt a. Sie erzeugt $\overline{B} = \frac{1}{l}$, mithin wird die $\overline{M}$-Fläche durch die Gerade begrenzt, deren Ordinate $= +1$ in a und $= 0$ in b ist, Abb. 172. Die

$\overline{M}$-Fläche zeigt, daß nur ein Integral zu bilden ist, für welches $\eta_b = 0$ ist. Danach ergibt sich

$$\delta'_m = \frac{1}{l}\,\mathfrak{S}'_{Bb}\,. \tag{14}$$

Ist $F' = \int\limits_0^l M \cdot \frac{J_c}{J}\,d\,x$ der Inhalt der verzerrten M-Fläche und x'_0 der Abstand ihres Schwerpunktes vom Stützpunkt b, Abb. 170, so ist

$$\delta'_m = \frac{1}{l}\,F' \cdot x'_0\,.$$

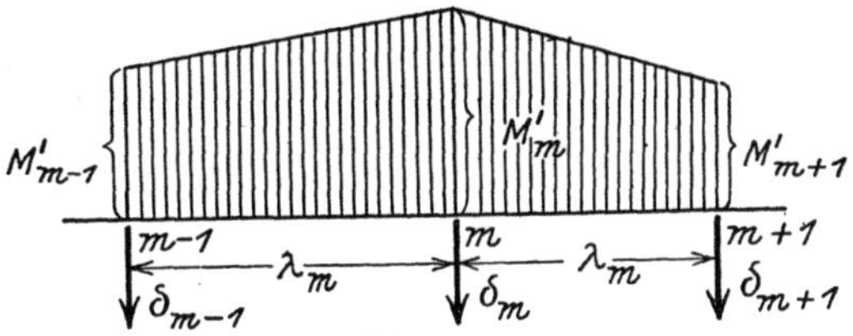

Abb. 173.

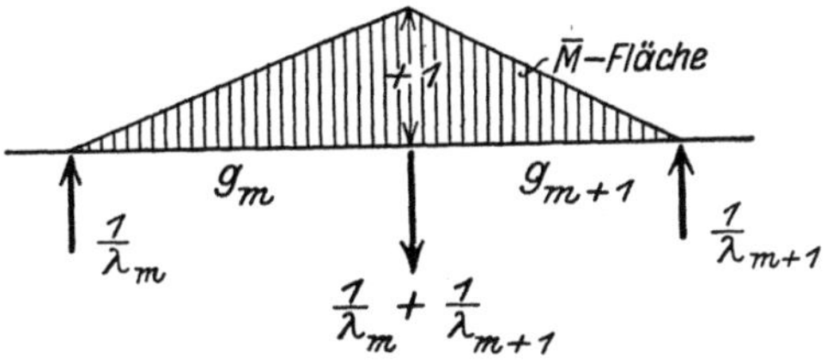

Abb. 174.

Drei beliebige Punkte der Stabachse, $m-1$, m, $m+1$, erfahren die lotrechten Verschiebungen δ_{m-1}, δ_m, δ_{m+1}, es seien M'_{m-1}, M'_m, M'_{m+1} die mit $\frac{J_c}{J}$ multiplizierten Momente in den Punkten aus den gegebenen Lasten. Ferner sei vorausgesetzt, daß zwischen $m-1$ und $m+1$ nur in m eine Last wirkt, und die Werte M' von M'_{m-1} bis M'_m sowie von M'_m bis M'_{m+1} geradlinig verlaufen, Abb. 173. Durch die Punkte $m-1$ und m, ebenso durch m und $m+1$ sei je eine Gerade gelegt, die g_m und g_{m+1} genannt werden. Gesucht wird die Drehung der Geraden g_m gegen die Gerade g_{m+1}, positiv als Änderung des unteren Randwinkels. Angenommene Belastung: Belastungseinheit des Geradenpaares g_m und g_{m+1}, d. i. in $m-1$ die nach oben gerichtete lotrechte Last $\frac{1}{\lambda_m}$, in m die nach unten gerichteten lotrechten Lasten $\frac{1}{\lambda_m} + \frac{1}{\lambda_{m+1}}$, in $m+1$ die nach oben gerichtete Last $\frac{1}{\lambda_{m+1}}$. Sie erzeugt in $m-1$ und $m+1$ $\overline{M} = 0$, in m $\overline{M} = +1$. Die $\overline{M}$-Fläche ist danach ein Dreieck, von der Höhe $+1$ in m und der Basis $\lambda_m + \lambda_{m+1}$, Abb. 174. Aus der $\overline{M}$-Fläche ist ersichtlich, daß zwei Teilintegrale zu bilden sind. Das erste auf der Strecke λ_m, für welches $\eta_a = 0$, $\eta_b = +1$ ist, das zweite auf der Strecke λ_{m+1}, für welchen $\eta_a = +1$, $\eta_b = 0$ ist. Mithin erhält man

$$\tau'_m = \frac{1}{\lambda_m}\,\mathfrak{S}_{m,m-1} + \frac{1}{\lambda_{m+1}} \cdot \mathfrak{S}_{m+1,m+1}\,.$$

$\mathfrak{S}_{m,m-1}$ ist das statische Moment der Fläche M' zwischen $m-1$ und m in bezug auf die Lotrechte durch $m-1$, $\mathfrak{S}_{m+1,m+1}$ das statische

Moment der Fläche M' zwischen m und $m+1$ in bezug auf die Lotrechte durch $m+1$. Da beide M'-Flächen Trapeze sind, werden sie in je zwei Dreiecke zerlegt. So ergibt sich

$$\tau'_m = \frac{1}{\lambda_m}(M'_{m-1} + 2\,M'_m)\frac{\lambda_m^2}{6} + \frac{1}{\lambda_{m+1}}(2\,M'_m + M'_{m+1})\frac{\lambda_{m+1}^2}{6}$$

oder

$$\tau'_m = \tfrac{1}{6}\,[M'_{m-1}\cdot\lambda_m + 2\,(M'_m\cdot\lambda_m + M'_m\cdot\lambda_{m+1}) + M'_{m+1}\cdot\lambda_{m+1}]\,.$$

Hierin ist M'_m für das Feld m verschieden von M'_m für das Feld $m+1$, wenn J_m von J_{m+1} verschieden ist.

Sucht man folgende Verbindung der Verschiebungen

$$-\frac{\delta_{m-1}}{\lambda_m} + \frac{\delta_m}{\lambda_m} + \frac{\delta_m}{\lambda_{m+1}} - \frac{\delta_{m+1}}{\lambda_{m+1}}\,,$$

so sind die Lasten $\frac{1}{\lambda_m}$ in $m-1$, $\frac{1}{\lambda_{m+1}}$ in $m+1$, beide lotrecht nach oben gerichtet, und $\frac{1}{\lambda_m} + \frac{1}{\lambda_{m+1}}$ in m lotrecht nach unten gerichtet anzunehmen. Diese Belastung ist dieselbe wie die zur Berechnung von τ'_m benutzte. Mithin ist

$$\tau'_m = -\,\delta'_{m-1}\cdot\frac{1}{\lambda_m} + \delta'_m\left(\frac{1}{\lambda_m} + \frac{1}{\lambda_{m+1}}\right) - \delta'_{m+1}\frac{1}{\lambda_{m+1}} =$$

$$\tfrac{1}{6}\,[M'_{m-1}\cdot\lambda_m + 2\,M'_m(\lambda_m + \lambda_{m+1}) + M'_{m+1}\cdot\lambda_{m+1}]\,.$$

Ist $\lambda_m = \lambda_{m+1}$, so kann die Gleichung in der Form

$$\frac{\delta_{m-1} - 2\,\delta_m + \delta_{m+1}}{\lambda^2} = -\frac{1}{6\,E\,J_c}(M'_{m-1} + 4\,M'_m + M'_{m+1}) \qquad (15)$$

geschrieben werden. Die Gleichung ist das Analogon zur Differentialgleichung der Biegungslinie

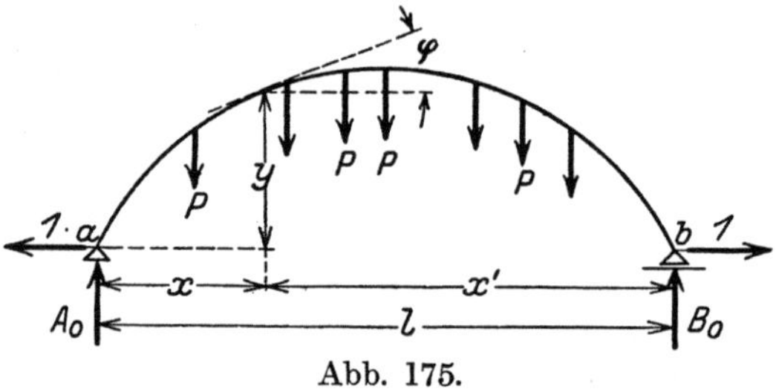

Abb. 175.

$$\frac{d^2\,\delta}{d\,x^2} = -\frac{M}{E\,J}$$

und geht mit $\lambda = d\,x$ in diese über. Sie kann die Differenzengleichung des Biegungspolygones genannt werden.

b) Bogen, fester Stützpunkt in a, wagerecht verschieblicher Stützpunkt in b, belastet durch lotrechte Einzellasten, Abb. 175. Gesucht wird die gegenseitige Verschiebung der Punkte a und b. Angenommene Belastung: Belastungseinheit des Punktpaares a und b, d. i. die Last *1* in a in der Richtung $b\,a$ und die Last *1* in b in der Richtung $a\,b$. Sie erzeugt $\overline{A} = \overline{B} = 0$

$$\overline{N} = 1\cdot\cos\varphi\,, \qquad \overline{M} = 1\cdot y\,.$$

Die $\overline{M}$-Fläche ist demnach die Fläche zwischen der Bogenachse und der Geraden $a\,b$. Die Lasten P erzeugen $N = -(A_0 - \sum P_l)\sin\varphi$ und die Momente M_0 des einfachen Balkens.

$$\Delta' a b = \delta'_m = -\int_0^s (A_0 - \sum P_l)\frac{J_c}{F}\sin\varphi\cdot\cos\varphi\cdot ds + \int_0^s M_0\cdot y\frac{J_c}{J}\,ds\,.$$

Man ersetzt die stetig gekrümmte Stabachse durch ein Polygon, dessen Eckpunkte denselben wagerechten Abstand λ voneinander haben, indem man λ hinreichend klein wählt. Im allgemeinen kann die Wahl auch so getroffen werden, daß alle Angriffspunkte von Lasten Eckpunkte des Polygons sind. Beide Integrale ergeben dann für jede Seite des Polygones ein Teilintegral. Ferner kann für jede Seite $\frac{J_c}{F_n} = i_n^2$ als konstanter Mittelwert eingeführt werden. Jeder Teil des ersten Integrals hat dann den Wert

$$(A_0 - \sum P_l)\,\lambda\cdot i_n^2\cdot\sin\varphi_n\,.$$

Greift eine Last zwischen den Eckpunkten an, so muß $(A_0 - \sum P_l)\,\lambda$ noch in Teile zerlegt werden. Zur Auswertung des zweiten Integrals trägt man in jedem Punkte des Polygones den zugehörigen Wert $\frac{1}{2}M\frac{J_c}{J}$ von der Polygonseite nach beiden Seiten als Ordinate auf, wie Abb. 176 veranschaulicht. Man zeichnet also die verzerrte Momentenfläche für jede Polygonseite so, daß die Polygonseite die Mittelachse der Fläche ist, und der Schwerpunkt der Fläche auf der Polygonseite liegt. Dann ist $\int_0^s M\frac{J_c}{J}\cdot y\cdot ds =$ dem statischen Moment der verzerrten Momentenfläche in bezug auf die Gerade $a\cdot b$. Ist F_n der Inhalt der verzerrten Momentenfläche der Seite n und y_n der Abstand ihres Schwerpunktes von $a\,b$, dann ergibt sich

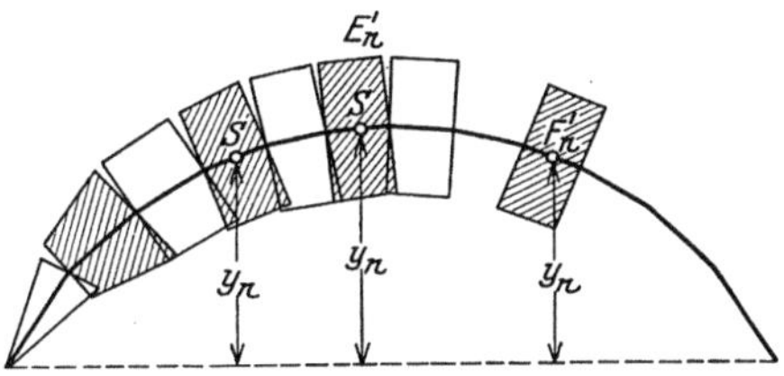

Abb. 176.

$$\delta'_m = -\sum(A_0 - \sum P_l)\,\lambda\cdot i_n^2\sin\varphi_n + \sum F'_n\cdot y_n\,.$$

Gesucht die gegenseitige Verschiebung der Punkte a und b infolge einer Belastung durch die Kraft H in a in der Richtung $b\,a$ und die Kraft H in b in der Richtung $a\,b$. Angenommene Belastung: die Belastungseinheit des Punktpaares a, b. Es ist

$$N = H\cdot\cos\varphi\,,\qquad M = H\cdot y\,,$$

$$\delta'_m = H\left(\int_0^s \frac{J_c}{F}\cdot\cos^2\varphi\cdot ds + \int_0^s \frac{J_c}{J}\cdot y^2\cdot ds\right).$$

Ist die Bogenachse nicht durch eine integrierbare Funktion gegeben, oder $\frac{J_c}{J}$ unregelmäßig veränderlich, z. B. stufenförmig, so wählt man wieder das Polygon, dessen Seiten die konstante Feldweite λ haben. Der Wert des ersten Integrals ist für jede Seite $\lambda \cdot i_n^2 \cdot \cos\varphi_n$. Um das zweite zu berechnen, trägt man $\frac{1}{2} y \frac{J_c}{J}$ als Ordinate einer Momentenfläche von den Geraden des Polygones nach beiden Seiten auf und erhält damit die Fläche, deren statisches Moment in bezug auf $a\,b$ den Wert des Integrales angibt. Die Bogenachse sei eine Parabel vom Pfeil f in $\frac{1}{2} l$ (Abb. 177)

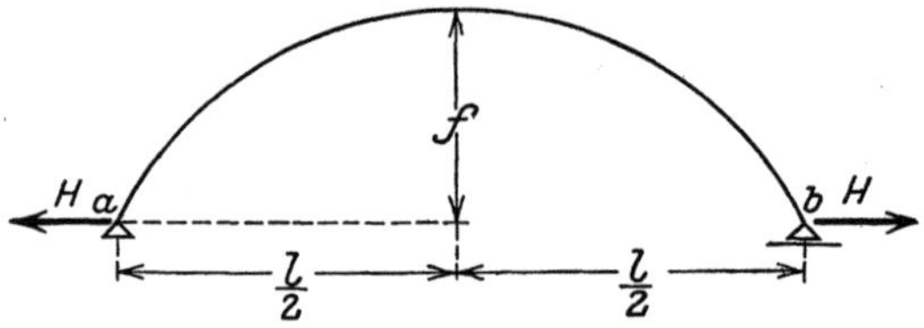

Abb. 177.

$$y = \frac{4f}{l^2} \cdot x \cdot (l - x)$$

und J folge der Beziehung $J \cdot \cos\varphi = J_c$, wenn J_c das Trägheitsmoment im Scheitel ist. Ferner sei hinreichend genau $\frac{J_c}{F} = i^2$ zu setzen. Dann ist

$$\delta_m' = H\,(i^2 \int_0^s \cos\varphi \cdot dx + \int_0^s y^2 \cdot dx),$$

$$\delta_m' = H\left(i^2 \int_0^l \frac{dx}{\sqrt{1 + \left(\frac{4f}{l^2}\right)^2 (l - 2x)^2}} + \left(\frac{4f}{l^2}\right)^2 \int_0^l x^2 (l - x)^2 dx\right).$$

Die Integration ergibt

$$\delta_m' = H \cdot l \left(i^2 \frac{l}{4f} \mathfrak{Ar}\,\mathfrak{Sin} \frac{4f}{l} + \frac{8}{15} f^2\right).$$

Der Wert des ersten Gliedes ist im Verhältnis zu dem des zweiten klein, so lange der Pfeil des Bogens nicht klein ist. Andererseits kommt der Wert $\frac{l}{4f} \cdot \mathfrak{Ar}\,\mathfrak{Sin} \frac{4f}{l}$ der 1 sehr nahe, wenn $\frac{4f}{l}$ kleiner als etwa 0,6 — 0,8 ist. Mithin kann immer genau genug

$$\boldsymbol{\delta_m = H \cdot l \left(\frac{8}{15} f^2 + i^2\right)} \tag{16}$$

gesetzt werden.

c) Portalrahmen, fester Stützpunkt in a, wagerecht verschieblicher Stützpunkt in b. Trägheitsmoment der Pfosten J_0 konstant, des Riegels abgestuft $J_1 = J_0, J_2, J_3$. Der Riegel sei durch lotrechte Einzellasten belastet (Abb. 178). Gesucht wird die gegenseitige Verschiebung der Punkte a und b. Angenommene Belastung: Belastungseinheit des

Punktpaares a und b, d. i. Last *1* in a in der Richtung $b\,a$, Last *1* in b in der Richtung $a\,b$.

$\overline{N} = +1$ im Riegel, $= 0$ in den Pfosten,

$\overline{M} = +1 \cdot y$, im Riegel ist $y = h =$ const. Abb. 179 zeigt die $\overline{M}$-Fläche.

Die Lasten P erzeugen $A = A_0$, $B = B_0$, $M = M_0$; $N = -A_0$ im linken Pfosten $N = -B_0$ im rechten Pfosten, $N = 0$ im Riegel. Für den Riegel wird die verzerrte M_0-Fläche dargestellt ($J_c = J_3$), deren Ordinaten entsprechend der Abstufung der Trägheitsmomente in *1* und *2* unstetig sind. Da N im Riegel, $\overline{N}$ in den Pfosten verschwindet, ist

$$\int N \cdot \overline{N}\, d s \frac{J_c}{F} = 0 .$$

Demnach ist

$$\delta'_m = h \int_0^l M_0 \frac{J_c}{J} d x = h \cdot F'_0, \quad (17)$$

wenn F'_0 den Inhalt der verzerrten Momentenfläche bezeichnet.

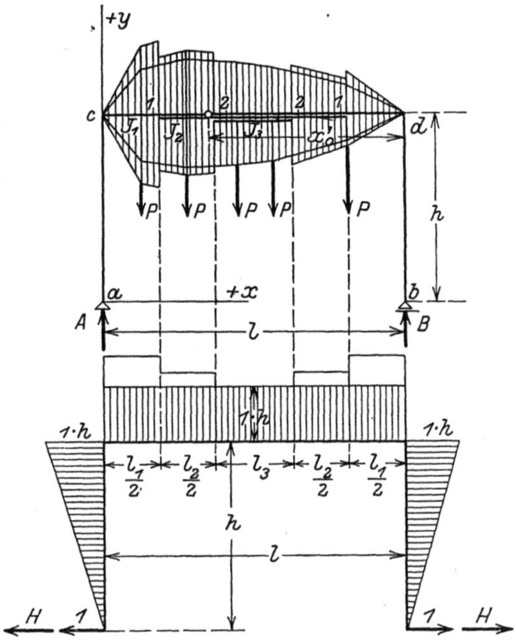

Abb. 178 und 179.

Der Rahmen sei durch eine Kraft H in a in der Richtung $b\,a$ und eine Kraft H in b in der Richtung $a\,b$ belastet (Abb. 179). Gesucht wird die gegenseitige Verschiebung der Punkte a und b. Die Lasten H erzeugen $N = H \cdot \overline{N}$, $M = H \cdot \overline{M}$, mithin ist

$$\delta'_m = H \left(\int \overline{M}^2 \frac{J_c}{J} d s + \int \overline{N}^2 \frac{J_c}{F} d s \right).$$

Die M-Fläche ist der $\overline{M}$-Fläche proportional. Die Integrale werden in die Teile für die Pfosten und den Riegel zerlegt. Zur Berechnung des ersten Integrals für den linken Pfosten nach der Auswertungsformel ist $\eta'_a = 0$, $\eta_b = h$, und $\mathfrak{S}_{Ba}$ als statisches Moment des Dreiecks von der Höhe h und der Basis h in bezug auf die Wagerechte durch a anzusetzen.

$$\int_0^h \overline{M}^2 \frac{J_c}{J_0} d y = \frac{h}{h} \frac{h^2}{2} \frac{2}{3} h \cdot \frac{J_c}{J_0} = \frac{h^2 h'}{3},$$

wenn $h' = h\,\frac{J_c}{J_0}$ bezeichnet. Denselben Wert hat das Integral für den rechten Pfosten. In dem Integral des Riegels ist $\eta_a = \eta_b = h$, mithin ergibt sich

$$\int_0^l \overline{M}^2 \frac{J_c}{J_0}\,dx = h\left(h\,l_1 \frac{J_3}{J_1} + h\cdot l_2 \frac{J_3}{J_2} + h\,l_3\right) = h^2\,(l_1' + l_2' + l_3)\,,$$

worin

$$l_1' = l_1 \frac{J_3}{J_1}\,, \qquad l_2' = l_2 \frac{J_3}{J_2}$$

bezeichnen.

$$\int_0^l \overline{N}^2 \frac{J_c}{F}\,dy = l_1 i_1^2 + l_2 i_2^2 + l_3 i_3^2\,.$$

Man erhält schließlich

$$\delta_m' = H\,h^2 \left[\frac{2}{3}\,h' + l_1' + l_2' + l_3 + l_1\left(\frac{i_1}{h}\right)^2 + l_2\left(\frac{i_2}{h}\right)^2 + l_3\left(\frac{i_3}{h}\right)^2\right]. \qquad (18)$$

Die Formel zeigt, daß der Anteil der Normalkräfte verschwindend klein ist, also die drei letzten Glieder im allgemeinen gestrichen werden können.

Gesucht ist die wagerechte Verschiebung des Kopfpunktes des linken Pfostens nach rechts infolge der oben angegebenen lotrechten Lasten auf dem Riegel. Angenommene Belastung: Belastungseinheit des Punktes c, d. i. wagerechte, rechtsweisende Kraft *1* in c. Sie erzeugt $-\overline{A} = +\overline{B} = 1\,\frac{h}{l}$, $\overline{H} = +1$ in a, $\overline{N} = +\frac{h}{l}$, $\overline{M} = 1\cdot y$ im linken Pfosten, $\overline{N} = -\frac{h}{l}$, $\overline{M} = 0$ im rechten Pfosten, $\overline{N} = 0$, $\overline{M} = +\frac{h}{l}\,x'$ im Riegel. Abb. 180 zeigt die $\overline{M}$-Fläche. Das Integral, welches die Arbeit der Momente ausdrückt, erstreckt sich nur über den Riegel. In der Auswertungsformel ist $\eta_a = +h$, $\eta_b = 0$, $\mathfrak{S}_{Bb}'$ das statische Moment der verzerrten M_0-Fläche in bezug auf die lotrechte durch den rechten Endpunkt des Riegels. Der Schwerpunkt der F_0'-Fläche ist zu bestimmen, sein Abstand von der bezeichneten Lotrechten ist x_0' (Abb. 178). Dann erhält man

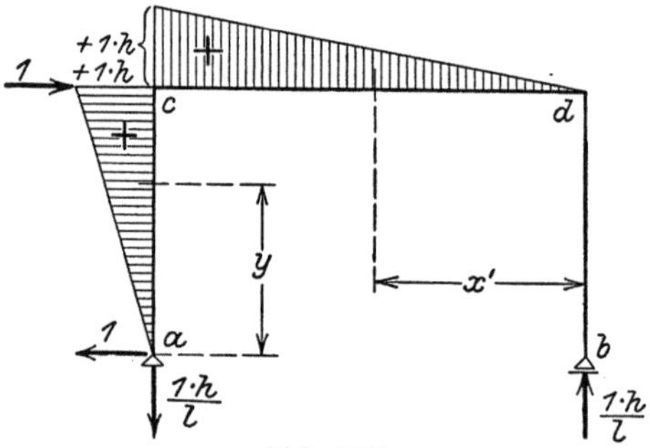

Abb. 180.

$$\delta_m' = \frac{h}{l}\left[F_0'\cdot x_0' - (A_0 - B_0)\,h\,\frac{J_c}{F_0}\right].$$

d) Dreigelenkrahmen, feste Stützpunkte a und b, Gelenk g in Mitte des Riegels. Auf den Riegel wirken lotrechte Einzellasten. Gesucht ist die gegenseitige Drehung der Endquerschnitte beiderseits des Gelenkes g, positiv als Änderung des unteren Winkels zwischen den Querschnitten, der von der Lotrechten durch g durchsetzt wird (Abb. 181).

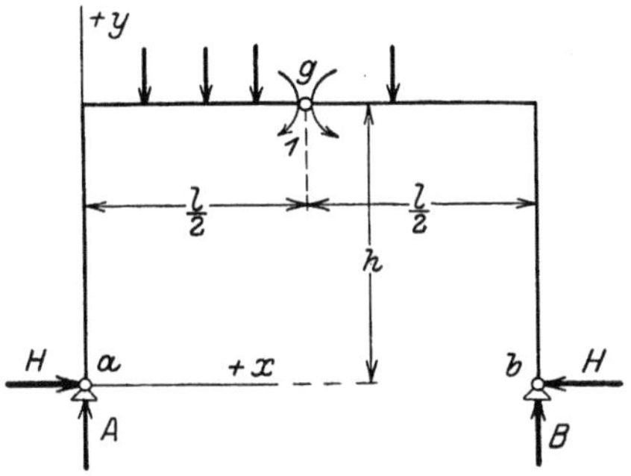

Abb. 181.

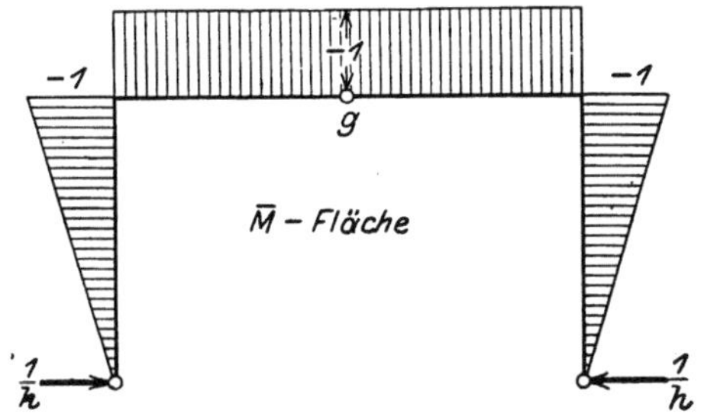

Abb. 182.

Das Vorzeichen der Momente sei durch einen Augenpunkt im Inneren festgelegt. Angenommene Belastung: Belastungseinheit des Geradenpaares, d. i. rechtsdrehendes Moment *1* am Querschnitt links, linksdrehendes Moment *1* am Querschnitt rechts des Gelenkes. Sie erzeugt $\overline{A} = \overline{B} = 0$, $\overline{H} = \frac{1}{h}$, $\overline{N} = -\frac{1}{h}$ im Riegel, $\overline{N} = 0$ in den Pfosten. $\overline{M} = -\frac{y}{h}$ in den Pfosten, $\overline{M} = -1$ im Riegel. Abb. 182 zeigt die $\overline{M}$-Fläche.

Durch die Lasten entsteht im Riegel das Moment

$$M = M_0 - H \cdot h .$$

Da M_0 in $x = 0$ und $x = l$ sowie M in g verschwindet, erhält man die M-Fläche aus der M_0-Fläche, indem man durch Punkt g der M_0-Linie die Wagerechte zieht, wenn die M_0-Linie auf eine wagerechte Nullinie bezogen ist. Damit sind auch die M-Flächen für die Pfosten gefunden, da in den Fußpunkten $M = 0$ und in den Kopfpunkten $M = -H \cdot h$ ist. Ferner ist $N = -H$ im Riegel, $N = -A_0$ im linken, $N = -B_0$ im rechten Pfosten. Abb. 183 zeigt die M-Fläche.

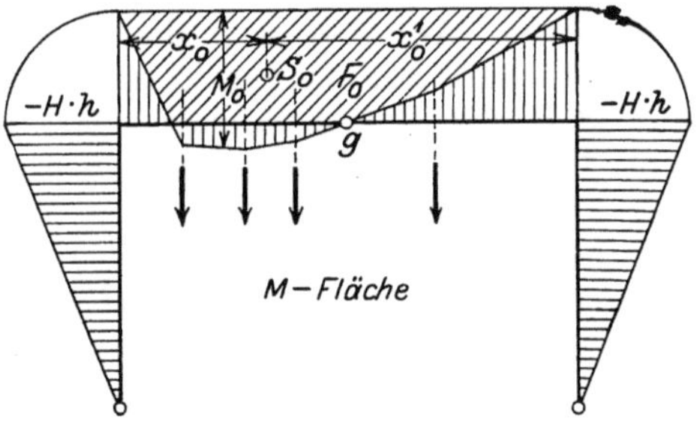

Abb. 183.

Nach der Auswertungsformel ergibt sich für den Riegel mit $\eta_a = \eta_b = -1$

$$\int_0^l \overline{M} M \frac{J_c}{J} dx = -(F_0 - H h l) \frac{J_c}{J_r} = -F_0' + H h l',$$

für den linken Pfosten mit $\eta_a = 0$, $\eta_b = -1$

$$\int_0^h \overline{M}\,M\,\frac{J_c}{J_0}\,dy = H\,\frac{1}{h}\,\frac{h^2}{2}\cdot\frac{2}{3}\,h\,\frac{J_c}{J_0} = H\,\frac{h\,h'}{3},$$

und derselbe Wert für den rechten Pfosten, schließlich

$$\int \overline{N}\,N\,\frac{J_c}{F_r}\,ds = H\cdot l\cdot\frac{i_r^2}{h},$$

da das Integral für die Pfosten verschwindet.

$$\delta_m' = -F_0' + H\,h\left[l' + \frac{2}{3}\,h' + l\left(\frac{i_r}{h}\right)^2\right]. \tag{19}$$

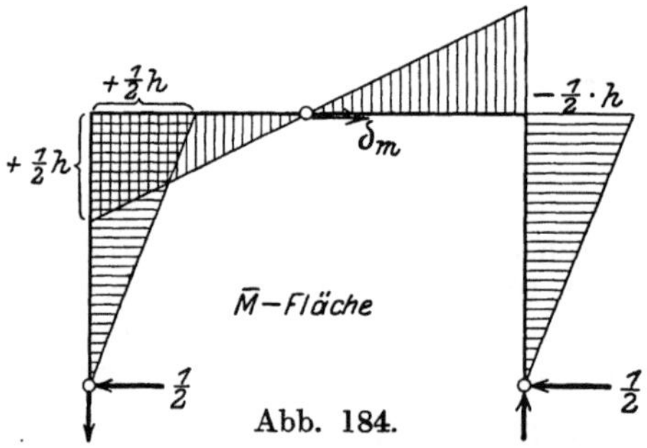

Abb. 184.

Die Formel zeigt, daß der Einfluß der Normalkräfte verschwindend klein ist.

Gesucht ist die wagerechte Verschiebung des Gelenkes g nach rechts. Angenommene Belastung: Belastungseinheit des Punktes g, d. i. wagerechte rechtsweisende Last 1 in g. Sie erzeugt $-\overline{A} = \overline{B} = 1\,\frac{h}{l}$, $\overline{H} = -\frac{1}{2}$ in a, $\overline{H} = +\frac{1}{2}$ in b, $\overline{N} = +\frac{h}{l}$ im linken, $\overline{N} = -\frac{h}{l}$ im rechten Pfosten, $\overline{N} = +\frac{1}{2}$ im Riegel links von g, $\overline{N} = -\frac{1}{2}$ im Riegel rechts von g, $\overline{M} = +\frac{1}{2}\,y$ im linken, $\overline{M} = -\frac{1}{2}\,y$ im rechten Pfosten, $\overline{M} = \frac{1}{2}h - 1\,\frac{h}{l}\,x$ im Riegel. Abb. 184 zeigt die $\overline{M}$-Fläche.

Nach der Auswertungsformel ergibt sich, wenn der Schwerpunkt der M_0-Fläche die Abstände x_0 und x_0' vom linken und rechten Pfosten hat, für den Riegel mit $\eta_a = -\eta_b = \frac{1}{2}h$

$$\int_0^l \overline{M}\,M\,\frac{J_c}{J}\,dx = \left(\frac{h}{2\,l}\,F_0\cdot x_0' - \frac{h}{2\,l}\,F_0\cdot x_0\right)\frac{J_c}{J_r}.$$

Der Anteil des Momentes $-H\cdot h$ wird zu 0, da für das Rechteck $\mathfrak{S}_{Ba} = \mathfrak{S}_{Bb}$, dagegen $\eta_b = -\eta_a$ ist. Aus demselben Grunde wird das Integral für jeden Pfosten $= 0$. In $\int \overline{N}\,N\,\frac{J_c}{F}\,ds$ ist das Teilintegral des Riegels $= 0$, da $N = -H$ konstant ist, während $\overline{N}$ in g das Vorzeichen wechselt. Die Pfosten liefern

$$-A_0\,\frac{h}{l}\,h\cdot i_0^2 \qquad \text{und} \qquad +B_0\,\frac{h}{l}\,h\,i_0^2,$$

$$\delta_m' = \frac{h}{2\,l}\,F_0'\,(x_0' - x_0) - \frac{h^2\cdot i_0^2}{l}\,(A_0 - B_0).$$

e) Kette, vertieft durch zwei wagerechte Balken von konstantem Trägheitsmoment J, die durch das Gelenk g verbunden sind (Abb. 185). Linker Balken durch lotrechte Streckenlast p belastet. Gesucht die gegenseitige Drehung der Endquerschnitte beiderseits des Gelenkes, positiv als Änderung des von der Lotrechten durch g durchsetzten unteren Winkels. Angenommene Belastung: Belastungseinheit des

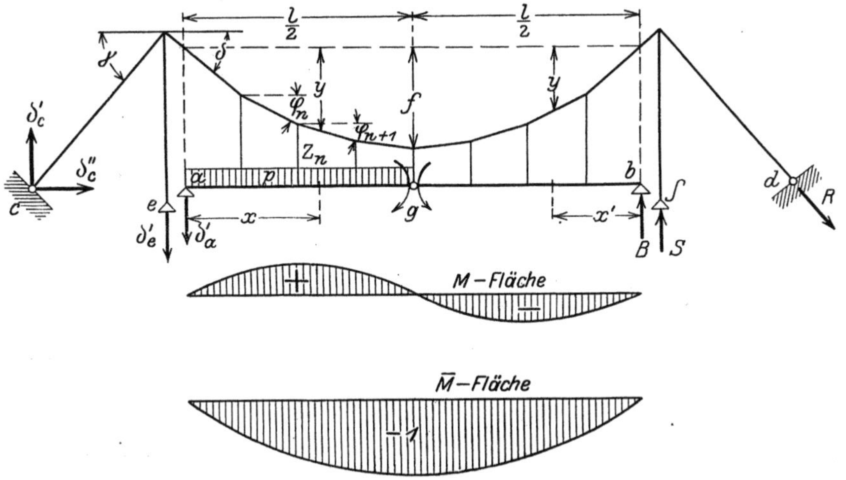

Abb. 185, 185a und 185b.

Geradenpaares, d. i. das rechtsdrehende Moment *1* am Querschnitt links und das linksdrehende Moment *1* am Querschnitt rechts von g. Sie erzeugt

in den Balken $\quad \bar{A}_0 = 0, \quad \bar{B}_0 = 0, \quad \bar{H} = \frac{1}{f}, \quad \bar{M} = -1\frac{y}{f},$

in den Kettenstäben $\quad \bar{K}_n = +\frac{1}{f}\sec\varphi_n,$

in den Hängestäben $\quad \bar{Z}_n = \frac{1}{f}(\operatorname{tg}\varphi_n - \operatorname{tg}\varphi_{n+1}),$

im Pfeiler $\quad \bar{S} = -\frac{1}{f}(\operatorname{tg}\gamma + \operatorname{tg}\delta),$

in der Rückhaltkette $\quad \bar{R} = \frac{1}{f}\sec\gamma.$

Die Belastung erzeugt

$$A_0 = \frac{3}{8}pl, \qquad B_0 = \frac{1}{8}pl, \qquad H = \frac{pl^2}{16f},$$

im Balken *I*

$$M = A_0 x - \frac{1}{2}px^2 - H\frac{4f}{l^2}x(l-x),$$

wenn die Kette eine Parabel vom Pfeil f in $\frac{1}{2} l$ ist.

$$M = \frac{p x}{4}\left(\frac{1}{2} l - x\right),$$

in Balken II

$$M = \quad B_0 x' - H \frac{4 f}{l^2} x'(l - x'),$$

$$M = -\frac{p x'}{4}\left(\frac{1}{2} l - x'\right),$$

in den Kettenstäben $K_n = \quad H \cdot \sec\varphi_n$,

in den Hängestäben $Z_n = \quad H(\operatorname{tg}\varphi_n - \operatorname{tg}\varphi_{n+1})$,

in dem Pfeiler $S = -H(\operatorname{tg}\gamma + \operatorname{tg}\delta)$,

in der Rückhaltkette $R = \quad H \sec\gamma$.

Da die Momente M antisymmetrisch, die Momente $\overline{M}$ symmetrisch zum Gelenk g verlaufen (vgl. Abb. 185a und 185b), ist

$$\int \overline{M} M \frac{ds}{EJ} = 0.$$

Mithin ergibt sich

$$E \cdot F_c \delta_m = \sum \overline{S} \cdot S \cdot s'$$

als Summe der Arbeit der Spannkräfte $\overline{S}$ in der Kette, Rückhaltkette, Hängestäben und Pfeilern.

Die Temperatur nehme in der Kette, den Hängestäben, Stützpfeilern und Rückhaltketten um t^0 zu, ebenso an der Oberkante des Versteifungsbalkens, während sie an der Unterkante unverändert bleibt. Gesucht die gegenseitige Drehung der Endquerschnitte beiderseits des Gelenkes g. Es ist $\Delta t = -t^0$, also wenn h die Höhe des Balkens bezeichnet

$$\int_0^l \overline{M} \frac{\Delta t}{h} dx = + \frac{t^0}{f \cdot h} \int_0^l y \cdot dx = \frac{t^0}{h} \frac{2}{3} \cdot l.$$

Mithin ergibt sich

$$\delta_m = \varepsilon t_0 \left(\frac{2 l}{3 h} + \sum \overline{S} \cdot s\right).$$

Die Summe umfaßt alle Kettenstäbe, Hängestäbe, Stützpfeiler und Rückhaltketten. Schließlich soll an dem vorliegenden Beispiel die Aufstellung der Arbeit $\overline{L}$ erläutert werden. Der Punkt c, in dem die linke Rückhaltkette verankert ist, verschiebe sich um δ'_c nach oben δ''_c nach rechts, der Stützpunkt e um δ'_e und der Stützpunkt a um δ'_a nach unten. Die Auflagerkräfte infolge der angenommenen Belastung, deren positive Richtungen in b, f, d bezeichnet sind, sind

$$\overline{R} = \frac{1}{f} \sec\gamma,$$

mit der wagerechten Seitenkraft $\bar{R}\cos\gamma = \frac{1}{f}$,

und der lotrechten Seitenkraft $\bar{R}\sin\gamma = \frac{1}{f}\operatorname{tg}\gamma$,

$$\bar{S} = \frac{1}{f}(\operatorname{tg}\gamma + \operatorname{tg}\delta),$$

$$\bar{A} = \bar{A}_0 - \bar{H}\operatorname{tg}\delta = -\frac{1}{f}\cdot\operatorname{tg}\delta.$$

Die Richtungen der Kräfte $\bar{R}\cos\gamma$, $\bar{R}\sin\gamma$ und $\bar{S}$ sind denen der Verschiebungen entgegengesetzt, die Kraft $\bar{A}$ ist der Verschiebung gleichgerichtet.

$$\bar{L} = -\frac{1}{f}[\delta_c'\operatorname{tg}\gamma + \delta_c'' + \delta_e'(\operatorname{tg}\gamma + \operatorname{tg}\delta) - \delta_a'\operatorname{tg}\delta],$$

$$\delta_m = -\bar{L} = \frac{1}{f}[(\delta_c' + \delta_e')\operatorname{tg}\gamma + \delta_c'' + (\delta_e' - \delta_a')\operatorname{tg}\delta).$$

f) Auf den Querträgern einer Brücke, deren Hauptträger A und B bezeichnet sind (Abb. 186), ruhen zwei Längsträger a und b symmetrisch zur Mitte der Querträger. Über dem Querträger m sind beide Längsträger durch ein Gelenk aufgelagert, auf beiden Seiten des Querträgers m laufen sie ohne Gelenke durch. Lotrechte Lasten stehen in allen Feldern auf den Längsträgern. Außerdem wirken die äußeren Momente $-\eta_m$ über dem Querträger m auf die Längsträger. Die über den Stützen $m-2$, $m-1$, $m+1$, $m+2$ in den Längsträgern durch die Belastung erzeugten Momente M_{m-2}, M_{m-1}, M_{m+1}, M_{m+2} seien bekannt, ebenso die Momente M_0, die in jedem Felde in den Längsträgern entstehen würden, wenn diese als einfache Balken von der Stützweite λ auf den Querträgern gelagert wären. Die Stützenmomente sind negativ und durch $M_{m-2} = -\eta_{m-2}$, $M_{m-1} = -\eta_{m-1}$ usw. bezeichnet. Abb. 187 zeigt die Momentenfläche der Längsträger. Schließlich seien die Momente $\mathfrak{M}_{a\,m-1}$, $\mathfrak{M}_{a\,m}$, $\mathfrak{M}_{a\,m+1}$ in den Knotenpunkten des Hauptträgers A, sowie die durch den Index b gekennzeichneten in den Knotenpunkten des Hauptträgers B bekannt. Die Momente in den Querträgern seien $\mathfrak{M}'_{m-1}$, $\mathfrak{M}'_m$ usw. bezeichnet.

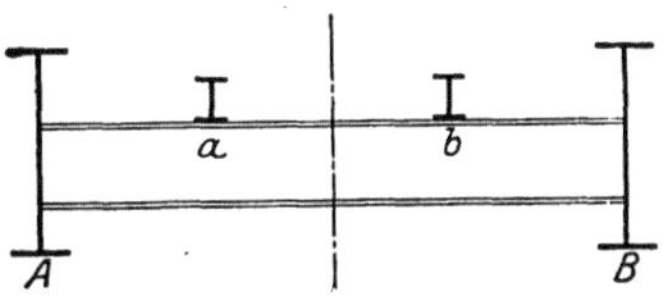

Abb. 186.

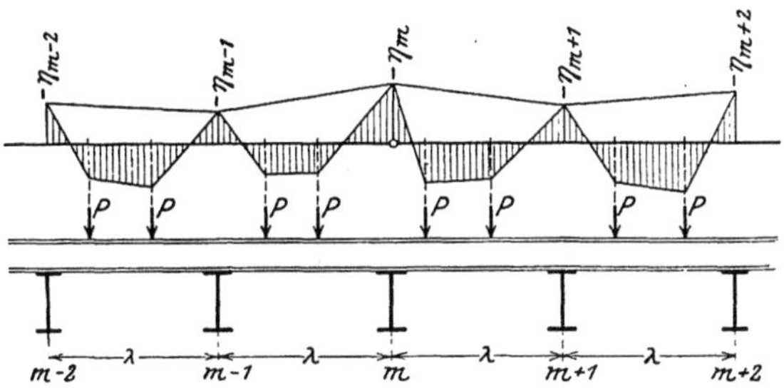

Abb. 187.

Gesucht wird die gegenseitige Drehung der Endquerschnitte des Längsträgers a beiderseits des Gelenkes über m, positiv als Änderung des oberen von der Lotrechten durchsetzten Winkels. Angenommene Belastung: Belastungseinheit des Geradenpaares, d. i. linksdrehendes Moment *1* am Endquerschnitt des Trägers im Felde m, rechtsdrehendes Moment *1* am Endquerschnitt des Trägers im Felde $m+1$. Da der Belastung ein statisch bestimmtes Tragwerk unterworfen werden darf, werden auch über den Querträgern $m-1$ und $m+1$ Gelenke im Längsträger a angenommen. Mithin sind die Stützkräfte der Querträger, die auf den Längsträger wirken,

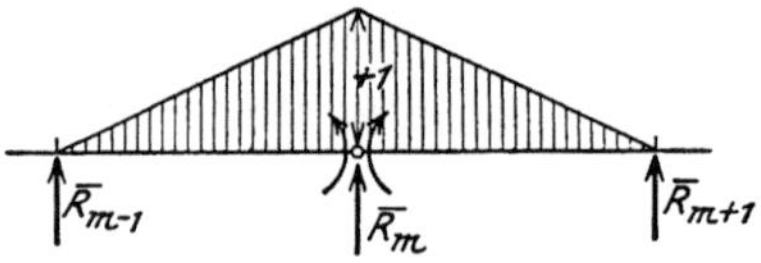

Abb. 188.

$$\bar{R}_{m-1} = \bar{R}_{m+1} = +\frac{1}{\lambda}, \qquad \bar{R}_m = -\frac{2}{\lambda},$$

und die Momente

$$\bar{M}_{m-1} = 0, \quad \bar{M}_m = +1, \quad \bar{M}_{m+1} = 0.$$

Abb. 188 zeigt die $\bar{M}$-Fläche des Längsträgers a. In allen andern Feldern des Längsträgers a und im Längsträger b ist $\bar{M} = 0$. Auf die Querträger wirken in den Punkten a

$$\bar{R}_{m-1} = \bar{R}_{m+1} = +\frac{1}{\lambda},$$

$$\bar{R}_m = -\frac{2}{\lambda}.$$

Mithin sind die Stützkräfte der Hauptträger A und B, die auf die Querträger in $m-1$ und $m+1$ wirken.

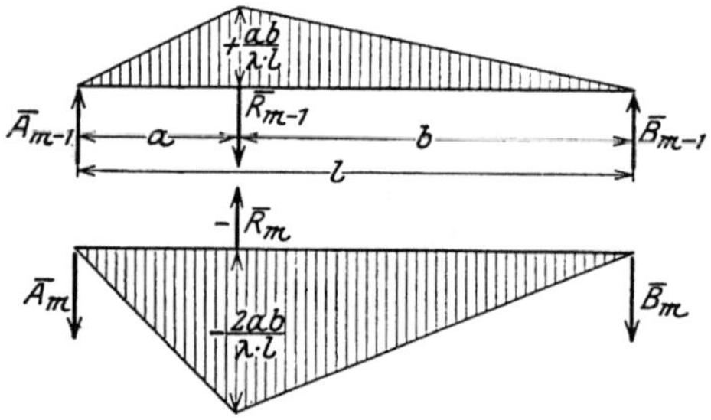

Abb. 189 und 190.

$$\bar{A} = \frac{1}{\lambda}\frac{b}{l}, \qquad \bar{B} = \frac{1}{\lambda}\cdot\frac{a}{l},$$

in m

$$\bar{A} = -\frac{2}{\lambda}\frac{b}{l}, \qquad \bar{B} = -\frac{2}{\lambda}\frac{a}{l}.$$

Die Momente in den Endpunkten $\bar{\mathfrak{M}}' = 0$, in den Punkten a

$$\bar{\mathfrak{M}}'_{m-1} = \bar{\mathfrak{M}}'_{m+1} = \frac{a \cdot b}{\lambda \cdot l},$$

$$\bar{\mathfrak{M}}'_m = -\frac{2ab}{\lambda l}.$$

Abb. 189 zeigt die $\bar{\mathfrak{M}}$-Fläche für die Querträger $m-1$ und $m+1$, Abb. 190 für den Querträger m. Auf die Hauptträger wirken die Stützdrücke $\bar{A}$ und $\bar{B}$ als Lasten, d. h. auf A

$$\bar{P}_{m-1} = \bar{P}_{m+1} = \frac{1}{\lambda}\frac{b}{l} \quad \text{und} \quad \bar{P}_m = -\frac{2}{\lambda}\frac{b}{l},$$

auf B

$$\bar{P}_{m-1} = \bar{P}_{m+1} = \frac{1}{\lambda}\frac{a}{l} \quad \text{und} \quad \bar{P}_m = -\frac{2}{\lambda}\frac{a}{l}.$$

Die drei Lasten P_{m-1}, P_m, P_{m+1} sind untereinander im Gleichgewicht, sie erzeugen also keine Auflagerdrücke und keine Momente $\mathfrak{M}$ links von $m-1$ und rechts von $m+1$, auch wenn die Hauptträger nicht statisch bestimmt sind, sofern nur zwischen den Punkten $m-1$ und $m+1$ in den Hauptträgern kein Gelenk liegt. Mithin entstehen

$$\overline{\mathfrak{M}}_{a\,m-1} = \overline{\mathfrak{M}}_{a\,m+1} = 0\,, \qquad \overline{\mathfrak{M}}_{a\,m} = -1\,\frac{b}{l}\,,$$

$$\overline{\mathfrak{M}}_{b\,m-1} = \overline{\mathfrak{M}}_{b\,m+1} = 0\,, \qquad \overline{\mathfrak{M}}_{b\,m} = -1\,\frac{a}{l}\,.$$

Abb. 191 und 192 zeigen die $\overline{\mathfrak{M}}_a$- und $\overline{\mathfrak{M}}_b$-Flächen. Das Trägheitsmoment der Hauptträger sei zwischen den Knoten $m-1$ und $m+1$ J_0 das der Querträger J_1, das der Längsträger J. Es wird $J_c = J_0$ gesetzt. Dann ist nach der Auswertungsformel für den Längsträger a im Felde m $\eta_a = 0$, $\eta_b = 1$, im Felde $m+1$ $\eta_a = 1$, $\eta_b = 0$ und

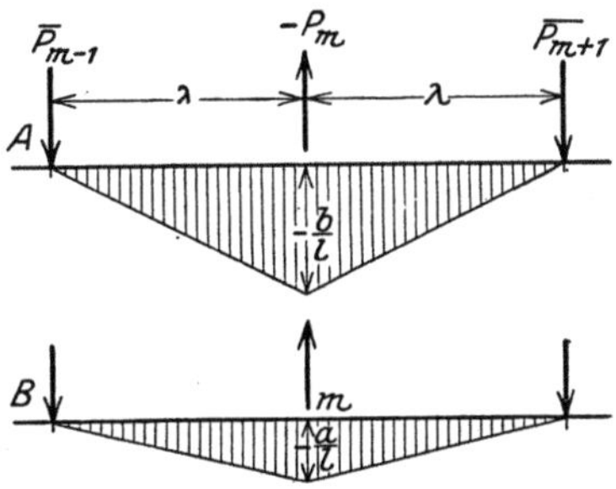

Abb. 191 und 192.

$$\int \overline{M}\, M \frac{J_c}{J}\, ds = \frac{J_0}{J}\cdot\frac{1}{\lambda}(\mathfrak{S}_{m,m-1} + \mathfrak{S}_{m+1,m+1})$$

F_{0m} und F_{0m+1} sei der Inhalt der M_0-Flächen in den Feldern m und $m+1$, sowie x_0 der Abstand des Schwerpunktes der F_{0m}-Fläche von $m-1$ und x_0' der Abstand des Schwerpunktes der F_{0m+1}-Fläche von $m+1$. Dann lautet die rechte Seite

$$\frac{J_0}{J}\cdot\frac{1}{\lambda}\left[F_{0m}\cdot x_0 + F_{0m+1}\cdot x_0' - (2\,\eta_m + \eta_{m-1})\,\frac{\lambda^2}{6} - (2\,\eta_m + \eta_{m+1})\,\frac{\lambda^2}{6}\right].$$

Für die Querträger $m-1$ und $m+1$ ist

$$\text{links von } a \;\; \eta_a = 0\,, \quad \eta_b = \frac{a\,b}{\lambda\cdot l}\,, \qquad \text{rechts von } a \;\; \eta_a = \frac{a\,b}{\lambda\, l}\,, \quad \eta_b = 0\,.$$

Mithin ergibt sich

$$\frac{J_0}{J_1}\int \overline{M}\, M\, ds = \frac{J_0}{J_1\cdot\lambda}\left(\frac{a\,b}{l\,a}\,\mathfrak{S}_A + \frac{a\,b}{l\,b}\,\mathfrak{S}_B\right),$$

wenn $\mathfrak{S}_A$ sich über die $\mathfrak{M}'$-Fläche von A bis a und $\mathfrak{S}_B$ über die $\mathfrak{M}'$-Fläche von B bis a erstreckt. Die $\mathfrak{M}'$-Fläche ist geradlinig zwischen den Punkten A, a, b, B begrenzt, die Momente in a seien $\mathfrak{M}_a'$, in b $\mathfrak{M}_b'$ und mit dem Index des Querträgers bezeichnet. Für $m-1$ ist

$$\frac{J_0}{J_1}\int \overline{M}\cdot M\cdot ds = \frac{1}{\lambda}\left\{\frac{b}{l}\,\mathfrak{M}_{a\,m-1}'\cdot\frac{a^2}{3} + \frac{a}{l}\left[\mathfrak{M}_{b\,m-1}'\left(\frac{a^2}{3} + \frac{b-a}{2}\,\frac{2\,a+b}{3}\right)\right.\right.$$

$$\left.\left. + \mathfrak{M}_{a\,m-1}'\,\frac{b-a}{2}\,\frac{a+2\,b}{3}\right]\right\}\frac{J_0}{J_1}\,,$$

$$= \frac{a}{6\,\lambda}\,[\mathfrak{M}_{a\,m-1}'(2\,b-a) + \mathfrak{M}_{b\,m-1}'\cdot b]\,\frac{J_0}{J_1}\,.$$

ebenso ergibt sich für $m+1$

$$\frac{J_0}{J_1}\int \overline{M}\,M\cdot ds = \frac{a}{6\lambda}\left[\mathfrak{M}'_{a\,m+1}(2\,b-a)+\mathfrak{M}'_{b\,m+1}\cdot b\right]\frac{J_0}{J_1},$$

für m ist links von a $\eta_a = 0$, $\eta_b = -\frac{2\,a\,b}{\lambda\cdot l}$, rechts von a $\eta_a = -\frac{2\,a\cdot b}{\lambda\cdot l}$, $\eta_b = 0$, also wird

$$\frac{J_0}{J_1}\int \overline{M}\cdot M\cdot ds = -\frac{2\,a}{6\lambda}\left[\mathfrak{M}'_{a\,m}(2\,b-a)+\mathfrak{M}'_{b\,m}\cdot b\right]\frac{J_0}{J_1}.$$

Die Arbeit der inneren Kräfte der drei Querträger ist demnach

$$-A\,i = \frac{a}{6\lambda}\left[(\mathfrak{M}'_{a\,m-1}-2\,\mathfrak{M}'_{a\,m}+\mathfrak{M}'_{a\,m+1})(2\,b-a)\right.$$
$$\left.+(\mathfrak{M}'_{b\,m-1}-2\,\mathfrak{M}'_{b\,m}+\mathfrak{M}'_{b\,m+1})\,b\right]\frac{J_0}{J_1}.$$

Für Hauptträger A ist im Feld m $\eta_a = 0$, $\eta_b = -1\frac{b}{l}$, im Feld $m+1$ $\eta_a = -1\frac{b}{l}$, $\eta_b = 0$, demnach ergibt sich

$$\int \overline{M}\,M\,ds = -1\frac{b}{l\cdot\lambda}(\mathfrak{S}_{m,m-1}+\mathfrak{S}_{m+1,m+1}),$$
$$= -1\frac{b}{l\cdot\lambda}\left[(\mathfrak{M}_{a\,m-1}+2\,\mathfrak{M}_{a\,m})\frac{\lambda^2}{6}+(2\,\mathfrak{M}_{a\,m}+\mathfrak{M}_{a\,m+1})\frac{\lambda^2}{6}\right],$$
$$= -\frac{b\,\lambda}{6\,l}(\mathfrak{M}_{a\,m-1}+4\,\mathfrak{M}_{a\,m}+\mathfrak{M}_{a\,m+1}),$$

ebenso ergibt sich für den Hauptträger B

$$\int \overline{M}\,M\,ds = -\frac{a\,\lambda}{6\,l}(\mathfrak{M}_{b\,m-1}+4\,\mathfrak{M}_{b\,m}+\mathfrak{M}_{b\,m+1}).$$

Für die gesuchte Drehung erhält man nun

$$E\,J_0\,\delta_m = \left(F_{0\,m}\cdot\frac{x_0}{\lambda}+F_{0\,m+1}\cdot\frac{x'_0}{\lambda}\right)\frac{J_0}{J}-\frac{\lambda}{6}(\eta_{m-1}+4\,\eta_m+\eta_{m+1})\frac{J_0}{J}$$
$$+\frac{a}{6\lambda}\left[(\mathfrak{M}'_{a\,m-1}-2\,\mathfrak{M}'_{a\,m}+2\,\mathfrak{M}'_{a\,m+1})(2\,b-a)\right.$$
$$\left.+(\mathfrak{M}'_{b\,m-1}-2\,\mathfrak{M}'_{b\,m}+\mathfrak{M}'_{b\,m+1})\,b\right]\frac{J_0}{J_1}$$
$$-\frac{b\,\lambda}{6\,l}(\mathfrak{M}_{a\,m-1}+4\,\mathfrak{M}_{a\,m}+\mathfrak{M}_{a\,m+1})$$
$$-\frac{a\,\lambda}{6\,l}(\mathfrak{M}_{b\,m-1}+4\,\mathfrak{M}_{b\,m}+\mathfrak{M}_{b\,m+1}).$$

Sind die Hauptträger Fachwerkträger, z. B. von der in Abb. 193 dargestellten Gliederung, so ist deren Arbeit

$$-A_i = \sum \bar{S} \cdot S \cdot s'.$$

In A entstehen die Spannkräfte

$$\bar{O}_a = +\frac{b}{l}\frac{\sec\gamma}{h_m}, \qquad \bar{U}_a = -\frac{b}{l}\frac{\sec\beta}{h_m}.$$

Aus den Lasten entsteht

$$O_a = -\frac{\mathfrak{M}_{am}}{h_m}\sec\gamma, \qquad U_a = +\frac{\mathfrak{M}_{am}}{h_m}\sec\beta.$$

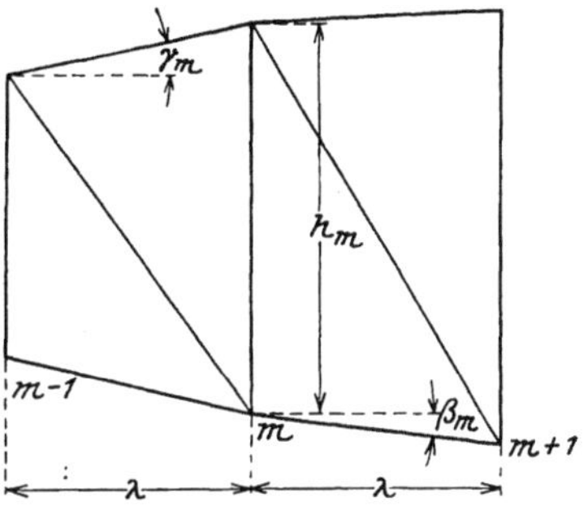

Abb. 193.

Die Formänderung der Füllungsstäbe sei vernachlässigt. Ferner werde $J_c = \frac{1}{2} F h_m^2$ gesetzt. Dann ergibt sich

$$\sum \bar{S} S \cdot s' = -(\mathfrak{M}_{am} \cdot b + \mathfrak{M}_{bm} \cdot a)\frac{\lambda}{2l}(\sec^3\gamma + \sec^3\beta).$$

50. Die Sätze von der Gegenseitigkeit der Formänderungen.

Eine bemerkenswerte Eigenschaft der Formänderung des elastischen Tragwerkes, welches bei unveränderter Temperatur eine Belastung erfährt, folgt aus der Form der Summen bzw. Integrale, welche den Wert der Arbeit der inneren Kräfte ausdrücken. Für ein Tragwerk, welches aus biegungsfesten und einfachen Stäben besteht, ist

$$-A_i = \int \bar{N} \cdot N \cdot \frac{ds}{EF} + \int \bar{M} \cdot M \frac{ds}{EJ} + \int \bar{V} \cdot V \frac{ds}{GF \cdot \varkappa} + \sum \bar{S} \cdot S \frac{s}{EF}.$$

In jedem Glied stehen die Kräfte $\bar{N}$, $\bar{V}$, $\bar{S}$ sowie die Momente $\bar{M}$ des angenommenen Gleichgewichtszustandes, welche die Arbeit leisten, parallel zu den gleichartigen Größen N, V, S, M des Belastungszustandes, welcher die Formänderungen erzeugt. Der Wert der Arbeit wird demnach nicht verändert, wenn diese Größen in jedem Glied vertauscht werden, so daß ein Wechsel zwischen dem die Arbeit leistenden und dem die Formänderung erzeugenden Gleichgewichtszustand eintritt. Kennzeichnet man zwei Gleichgewichtszustände durch die Zeiger a und b, so ist

$$\int N_a \cdot N_b \frac{ds}{EF} + \int M_a \cdot M_b \frac{ds}{EJ} + \int V_a \cdot V_b \frac{ds}{GF \cdot \varkappa} + \sum S_a \cdot S_b \frac{s}{EF}$$

sowohl der Wert der Arbeit der inneren Kräfte des Zustandes a bei der durch den Zustand b erzeugten Formänderung, wie der Wert der Arbeit der inneren Kräfte des Zustandes b bei der durch den Zustand a erzeugten Formänderung. Daraus folgt, daß die Arbeitswerte der äußeren Kräfte beider Zustände einander gleich sind.

$$\sum Q_a \cdot \delta_b = \sum Q_b \cdot \delta_a,$$

ferner, wenn die Stützen keine Verschiebungen erfahren:

$$\sum \boldsymbol{P}_a \cdot \delta_b = \sum \boldsymbol{P}_b \cdot \delta_a. \tag{20}$$

In dieser Gleichung bezeichnet δ_b die Wege der Lasten P_a, die durch den Zustand b erzeugt werden und δ_a die Wege der Lasten P_b, die durch den Zustand a erzeugt werden. Die Gleichung 20 gilt auch dann, wenn die Lasten Stützenverschiebungen erzeugen, die den Stützkräften verhältnisgleich sind, da dann $\sum C_a \cdot \delta_b = \sum C_b \cdot \delta_a$ ist. Demnach besteht der Satz: „Die Arbeit der Lasten des Gleichgewichtszustandes a auf den Wegen, die durch den Gleichgewichtszustand b erzeugt werden, ist gleich der Arbeit der Lasten des Gleichgewichtszustandes b auf den Wegen, die durch den Gleichgewichtszustand a erzeugt werden."

Der Satz ist von Betti[1]) aufgestellt worden. Seine Gültigkeit ist an die oben genannten Voraussetzungen, unverschiebliche oder linear elastische Stützen und unveränderte Temperatur, außerdem aber an geradlinige Beziehungen zwischen den Spannungen und Verzerrungen gebunden, da die parallele Stellung der gleichartigen statischen Größen in der Arbeit der inneren Kräfte nur für ein geradliniges Formänderungsgesetz besteht.

Zu einem wichtigen Sonderfall des Satzes gelangt man, wenn man die Zustände a und b auf je eine Belastungseinheit beschränkt. Dann ist $\sum P_a \cdot \delta_b$ das Produkt aus der Krafteinheit und dem Weg der Belastungseinheit a, der durch die Belastungseinheit b erzeugt wird. Dieser Weg sei δ_{ab} bezeichnet. Ebenso ist $\sum P_b \cdot \delta_a$ das Produkt aus der Krafteinheit und dem Weg der Belastungseinheit b, der durch die Belastungseinheit a erzeugt wird. Dieser Weg sei δ_{ba} bezeichnet. So ergibt sich

$$\delta_{ab} = \delta_{ba}. \tag{21}$$

Der Weg der Belastungseinheit a, der durch die Belastungseinheit b erzeugt wird, ist gleich dem Weg der Belastungseinheit b, der durch die Belastungseinheit a erzeugt wird. Der Satz ist zuerst von Maxwell[2]) aufgestellt und wird meist nach ihm benannt. Er gilt für jede Verbindung der in Nr. 47 angeführten vier Belastungseinheiten. Z. B. ist die gegenseitige Drehung des Geradenpaares a infolge der Belastungseinheit des Punktes b gleich der Verschiebung des Punktes b infolge der Belastungseinheit des Geradenpaares a. Darüber hinaus besteht der Satz für jede andere Belastungseinheit, die man in Erweiterung des Begriffes schaffen mag. Es soll in folgendem die Bezeichnung δ mit zwei Zeigern stets den Weg einer Belastungseinheit angeben, der durch eine zweite Belastungseinheit entsteht. Der erste Zeiger soll den Ort des Weges, der zweite dessen Ursache bezeichnen.

Aus einer Anwendung des Satzes Maxwells erhält man die Darstellung der Einflußlinie für eine Formänderung, die man als Weg einer Belastungseinheit auffassen kann. Es ist δ_{ma} der Weg des Punktes m in bestimmter Richtung, d. i. die Projektion der totalen Verschiebung des Punktes m auf die Richtung, der durch die Belastungseinheit a

---

[1]) Betti, E.: Il nuovo cimento Bd. 7 u. 8. 1872.

[2]) Maxwell, I. Cl.: On the calculation of the equilebrium and stiffues of frames. Philos. Magazin Bd. 27, S. 294. 1864.

entsteht. Es sei nun δ_{ma} für alle Punkte m, in denen Lasten derselben Richtung an einem Tragwerk angreifen können, bestimmt und als Ordinate auf der Parallelen zur Lastrichtung durch m von einer Nulllinie aus aufgetragen. δ_a sei der Weg der Belastungseinheit a, also z. B. die Verschiebung des Punktes a, die gegenseitige Verschiebung der Punkte a und a_1, die Drehung der Geraden a oder die gegenseitige Drehung der Geraden a und a_1. Dann erzeugt die Last *1* im Punkte m, da

$$\delta_{ma} = \delta_{am}$$

ist, den Weg

$$\delta_a = 1 \cdot \delta_{ma}$$

und die Lasten P in einer Anzahl der Punkte m den Weg

$$\delta_a = \sum P_m \cdot \delta_{ma} .$$

Die Verschiebungen der Lastknoten in der Lastrichtung, die durch die Belastungseinheit erzeugt werden, sind die Ordinaten der Einflußlinie für den Weg der Belastungseinheit a.

Offenbar kann diese Beziehung durch den Satz Bettis erweitert werden. Soll die Einflußlinie für die Verbindung verschiedener Wege

$$\alpha \cdot \delta_a + \beta \cdot \delta_b + \gamma \cdot \delta_c$$

dargestellt werden, so belastet man das Tragwerk in a durch den α-fachen Wert der Belastungseinheit, deren Weg δ_a ist, ebenso in b durch den β-fachen Wert der Belastungseinheit, deren Weg δ_b ist usw., und berechnet die durch die bezeichneten Belastungen erzeugten Verschiebungen δ_m der Lastknoten m in der Lastrichtung. Dann ist nach dem Satze Bettis

$$1 \cdot \alpha \cdot \delta_{am} + 1 \cdot \beta \cdot \delta_{bm} + 1 \cdot \gamma \cdot \delta_{cm} = 1 \cdot \delta_m ,$$

also der Wert der gesuchten Verbindung von Wegen, der durch die Last 1 in m erzeugt wird

$$\alpha \cdot \delta_a + \beta \cdot \delta_b + \gamma \cdot \delta_c = \delta_m ,$$

d. h. δ_m ist die Ordinate der gesuchten Einflußlinie.

b) Die elastischen Gewichte.

51. Der Begriff des elastischen Gewichtes. Die Sätze von den elastischen Gewichten.

Die Verschiebung des Knotenpunktes m eines Fachwerkes gegen eine Gerade durch die Knotenpunkte n und n_1 ist die Änderung des Abstandes des Punktes m von dem Punkte n', in dem die Richtung der Verschiebung von der Geraden $n n_1$ geschnitten wird. Die Knotenpunkte m, n, n_1 sollen einer innerlich stabilen, dreistäbigen Fachwerkscheibe angehören (Abb. 194). Den Wert der Verschiebung, die durch eine in den Momenten der äußeren Kräfte um die Knotenpunkte gegebene Belastung erzeugt wird, erhält man in dem Wert der Arbeit der inneren Kräfte der Belastungseinheit des Punktpaares m und n'. Da n' kein Knotenpunkt des Fachwerks ist, ist die Last 1 in n' durch die ihr parallelen Seitenkräfte in den Knotenpunkten n und n_1 zu ersetzen. Es wird ein rechtwinkliges Koordinatensystem eingeführt, dessen Ursprung in m liegt, dessen positive x-Achse der positiven Verschiebung gleichgerichtet ist und dessen positive Y-Achse, in der Richtung der positiven X-Achse gesehen, rechtsweisend gewählt wird. In

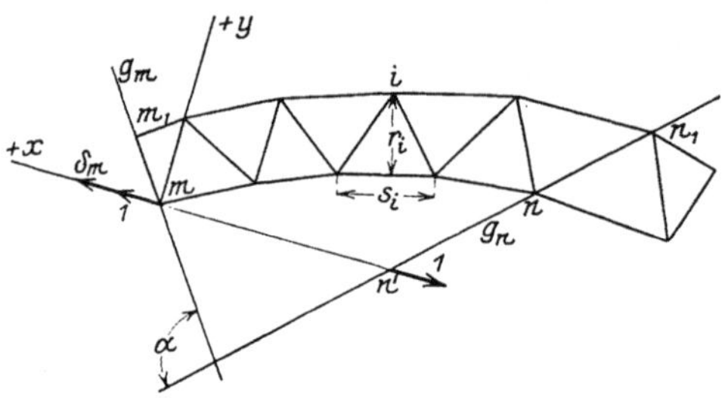

Abb. 194.

$$1 \cdot \delta_m = \sum \bar{S} \cdot S \cdot \frac{s}{EF}$$

werden die Spannkräfte $\bar{S}$ und S durch die Momente $\bar{M}$ und M ausgedrückt. Für jeden Knotenpunkt i der Fachwerkscheibe zwischen m, n, n_1 sind $\bar{M}_i = +1 \cdot y_i$ und M_i gegeben. Mithin erhält man, wenn man jeden Stab seinem Bezugspunkt zuordnet und gleich bezeichnet, sowie den Abstand r_i des Bezugspunktes vom Stab einführt,

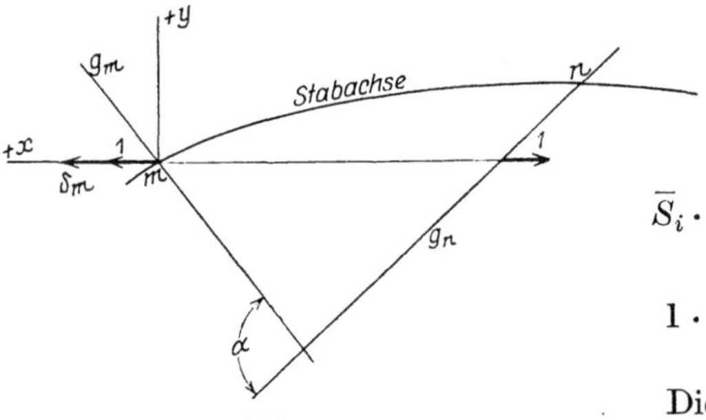

Abb. 195.

$$\bar{S}_i = \pm 1 \frac{y_i}{r_i}, \qquad S_i = \pm \frac{M_i}{r_i},$$

$$\bar{S}_i \cdot S_i = + M_i \cdot 1 \cdot \frac{y_i}{r_i^2},$$

$$1 \cdot \delta_m = \sum M_i \cdot \frac{1 \cdot s_i}{E \cdot F_i \cdot r_i^2} y_i. \quad (22)$$

Die Verschiebung des Punktes m der Achse eines biegungsfesten Stabes in einem Stabwerk gegen eine Gerade, die im Punkte n durch ihren Neigungswinkel gegen die Stabachse festgelegt ist (Abb. 195), erhält man, wenn der Teil mn des Tragwerks einen einfach zusammenhängenden Stabzug bildet, unter Vernachlässigung der Normalkräfte in

$$1 \cdot \delta_m = \int M \cdot \frac{1 \cdot ds}{E J_i} y_i. \quad (23)$$

Eine Gerade g_m sei durch die Punkte $m m_1$ des Fachwerkes bzw. im Punkte m der Achse des Stabwerkes durch den Neigungswinkel gegen die Stabachse festgelegt. Die positive Richtung der gegenseitigen Drehung τ_m der Geraden g_m und g_n sei die positive Änderung des in Abb. 194 und 195 angegebenen Winkels α. Man erhält die durch gegebene Momente M_i erzeugte Drehung τ_m als Arbeit der inneren Kräfte der Belastungseinheit des Geradenpaares g_m und g_n. Da die Belastungseinheit in allen Punkten i des Tragwerkstückes mn das Moment $\overline{M}_i = +1$ erzeugt, ergibt sich

$$\overline{S} \cdot S = M_i \frac{1}{r_i^2},$$

$$\left.\begin{aligned} 1 \cdot \tau_m &= \sum M_i \frac{1 \cdot s_i}{E \cdot F_i \cdot r_i^2}, \\ 1 \cdot \tau_m &= \int M_i \frac{1 \cdot ds}{E \cdot J_i}. \end{aligned}\right\} \tag{24}$$

In wichtigen Fällen sind die äußeren Kräfte so angeordnet, daß das Stück mn des Tragwerkes frei von Lasten und Stützkräften ist. Die links von m angreifenden äußeren Kräfte werden zu ihrer Mittelkraft R_l vereinigt, ebenso die rechts von n angreifenden zu ihrer Mittelkraft R_r. Da Gleichgewicht zwischen den äußeren Kräften besteht, haben R_l und R_r dieselbe Kraftlinie und Größe, aber entgegengesetzte Richtung. Es ist die Verschiebung δ_m für den Fall anzugeben, daß die Kraftlinie durch den Punkt m geht, ferner die Drehung τ_m für den Fall, daß die Mittelkräfte je ein Kräftepaar von dem Moment $+M$ bilden. Um δ_m zu bestimmen, wird durch m eine dritte Achse Z rechtwinklig zur Kraftrichtung R_l gelegt, deren positive Richtung in der positiven Kraftrichtung gesehen nach rechts weist, Abb. 196.

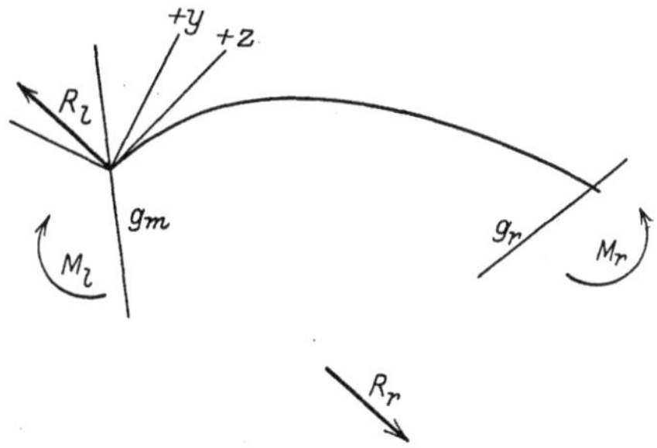

Abb. 196.

Dann ist

$$M_i = R \cdot z_i,$$

also

$$\left.\begin{aligned} 1 \cdot \delta_m &= R \sum \frac{1 \cdot s_i}{E \cdot F_i \cdot r^2} \cdot y_i \cdot z_i, \\ 1 \cdot \delta_m &= R \int \frac{1 \cdot ds}{E \cdot J_i} \cdot y_i \cdot z_i. \end{aligned}\right\} \tag{25}$$

Fällt die Kraftrichtung in die Richtung der Verschiebung, so deckt sich die Z-Achse mit der Y-Achse. Es ist

$$1 \cdot \delta_m = R \sum \frac{1 \cdot s_i}{E \cdot F_i \cdot r_i^2} \cdot y_i^2,$$

$$1 \cdot \delta_m = R \int \frac{1 \cdot ds}{E \cdot J_i} \cdot y_i^2.$$

Für die Drehung τ_m aus der bezeichneten Belastung ergibt sich mit

$$M_i = M = \text{const.},$$

$$\left.\begin{aligned} 1 \cdot \tau_m &= M \cdot \sum \frac{1 \cdot s_i}{E \cdot F_i r_i^2}, \\ 1 \cdot \tau_m &= M \int \frac{1 \cdot ds}{E \cdot J_i}. \end{aligned}\right\} \tag{26}$$

Die Formeln (22) bis (26) enthalten gewisse Größen, die von den wirkenden Momenten sowie von der Lage und Richtung der Verschiebung unabhängig und allein durch die Abmessungen des Tragwerkes im Punkte i bestimmt sind. Sie werden in den Bezeichnungen

$$\left.\begin{aligned} g_i &= \frac{1 \cdot s_i}{E \cdot F_i \cdot r_i^2}, \\ dg_i &= \frac{1 \cdot ds}{E \cdot J_i} \end{aligned}\right\} \tag{27}$$

zusammengefaßt und das elastische Gewicht des Stabes i bzw. des Stabelementes i genannt. Ihre Dimension ist 1 : Länge, da die im Zähler stehende *1* die Krafteinheit ist. Man kann das elastische Gewicht als Kraft auffassen. Wird nun das elastische Gewicht des einfachen Stabes im Bezugspunkt des Stabes, das des Stabelementes im Punkte der Stabachse als Kraft rechtwinklig zur Ebene des Systemes angesetzt, so lassen sich die $\sum$ bzw. $\int$ in den aufgestellten Formeln als Mittelkraft, statisches Moment oder Moment zweiter Ordnung der elastischen Gewichte deuten. Für die Anwendung ist es zweckmäßiger, die Größen g_i bzw. dg_i als Fläche aufzufassen und darzustellen. g_i als den Flächeninhalt eines Kreises, dessen Mittelpunkt der Bezugspunkt des Stabes i ist, dg_i als ein Rechteck, dessen eine Hauptachse mit der Stabachse in i zusammenfällt und in dieser die Abmessung ds, rechtswinklig zu ihr beiderseits die Abmessungen $\frac{1}{2EJ_i}$ hat. Wegen der Größenordnung des Nenners in g_i bzw. dg_i ist der Durchmesser des Kreises und die Höhe $\frac{1}{EJ_i}$ des Rechtecks als sehr klein im Verhältnis zu s und den Koordinaten der Punkte i anzusehen. Dann ist

$$\left.\begin{aligned} 1 \cdot \delta_m &= \sum M_i \cdot g_i \cdot y_i, \\ 1 \cdot \delta_m &= \int M_i \cdot dg_i \cdot y_i \end{aligned}\right\} \tag{28}$$

das statische Moment der M_i-fachen Flächen, durch welche die elastischen Gewichte dargestellt sind, in bezug auf die X-Achse d. i. die Achse in Richtung der Verschiebung. Ferner ist

$$\left.\begin{aligned} 1 \cdot \tau_m &= \sum M_i \cdot g_i, \\ 1 \cdot \tau_m &= \int M_i \cdot dg_i \end{aligned}\right\} \tag{29}$$

der gesamte Flächeninhalt der M_i-fachen Flächen, durch welche die elastischen Gewichte dargestellt sind. Ferner sind

$$\left.\begin{aligned} 1 \cdot \delta_m &= R \cdot \sum g_i \cdot y_i \cdot z_i\,, \\ 1 \cdot \delta_m &= R \int d g_i \cdot y_i \cdot z_i\,, \end{aligned}\right\} \tag{30}$$

oder

$$\left.\begin{aligned} 1 \cdot \delta_m &= R \sum g_i \cdot y_i^2\,, \\ 1 \cdot \delta_m &= R \cdot \sum d g_i \cdot y_i^2 \end{aligned}\right\} \tag{31}$$

die Produkte aus dem Wert der Kraft und dem Momente zweiter Ordnung der bezeichneten Flächen in bezug auf die Achsen, in welche die Verschiebung und die Kraft fallen. Deckt sich die Kraftrichtung mit der Verschiebungsrichtung, so ist das Moment zweiter Ordnung das Trägheitsmoment. Schließlich ist

$$1 \cdot \tau_m = M \cdot G\,, \tag{32}$$

$$G = \sum g_i \quad \text{bzw.} \quad G = \int d g_i$$

das Produkt aus dem Wert des Momentes und dem gesamten Flächeninhalt der bezeichneten Flächen. Mit Hilfe der elastischen Gewichte und der Darstellung derselben durch Flächen sind die Drehung τ_m und die Verschiebung δ_m durch den Inhalt von Flächen, das statische Moment von Flächen oder ein Moment zweiter Ordnung von Flächen ausgedrückt.

Die Frage des Vorzeichens ist durch die Wahl der positiven Koordinatenachsen sowie der positiven Richtung der Momente und Drehungen geklärt. Für die Anwendung empfiehlt es sich, sich von der getroffenen Festsetzung frei zu machen. Das wird durch ein einfaches Kennzeichen ermöglicht, welches in jedem Falle über das Vorzeichen des Anteiles jedes elastischen Gewichtes in den Summen entscheidet. Alle Produkte $M_i \cdot g_i \cdot y_i$, $M_i \cdot d g_i \cdot y_i$, $M_i \cdot g_i$, $M_i \cdot d g_i$ sind aus $M_i \cdot \overline{M}_i$ entstanden, also stets positiv, wenn das Moment der äußeren Lasten und das Moment der Belastungseinheit in derselben Richtung drehen. Die Richtung der Belastungseinheit deckt sich mit der positiven Richtung der Verschiebung oder Drehung. Man kann beide als eine drehende Bewegung ansehen. Mithin hat der Anteil jedes elastischen Gewichtes in allen Summen das positive Vorzeichen, wenn das Moment der äußeren Kräfte und die drehende Bewegung der Formänderung um den Ort des elastischen Gewichtes dieselbe Richtung haben.

Die gefundenen Ergebnisse lassen sich in folgenden Sätzen aussprechen, welche die Sätze über die elastischen Gewichte genannt werden sollen.

Wirken auf ein elastisches Tragwerk äußere Kräfte mit den Momenten M_i, so ist in jedem Teile mn des Tragwerkes, welcher entweder eine dreistäbige Fachwerkscheibe oder einen einfach zusammenhängenden, biegungsfesten Stabzug bildet:

1. die Verschiebung des Punktes m gegen die Gerade g_n gleich dem statischen Moment der M_i-fachen elastischen

Gewichte des Teiles mn in bezug auf die Achse in der Richtung der Verschiebung;

2. die Drehung der Geraden g_m gegen die Gerade g_n gleich der Summe der M_i-fachen elastischen Gewichte des Teiles mn;

Greifen die äußeren Kräfte an dem Teile mn des Tragwerkes selbst nicht an, und ergeben die auf einer Seite desselben wirkenden Kräfte:

3. eine durch den Punkt m gehende Mittelkraft, so ist die Verschiebung des Punktes m gegen die Gerade g_n gleich dem Produkt aus dem Wert der Mittelkraft und dem Moment zweiter Ordnung der elastischen Gewichte des Teiles mn in bezug auf die Achsen in der Richtung der Kraft und der Richtung der Verschiebung, d. i. dem Trägheitsmoment, wenn sich beide Richtungen decken;

4. ein Moment, so ist die Drehung der Geraden g_m gegen g_n das Produkt aus dem Werte des Momentes und der Summe der elastischen Gewichte des Teiles mn.

Über das Vorzeichen entscheiden nach der oben aufgestellten Regel die Richtung der Momente der äußeren Kräfte und die Richtung der drehenden Bewegung.

Beim Fachwerk ist die Anwendung der Sätze über die elastischen Gewichte zur Berechnung einer Verschiebung oder Drehung dann zweckmäßig, wenn ein und dieselbe Formänderung für einige bestimmte Belastungsfälle zu ermitteln ist. Die Rechnung muß in Form einer Tabelle durchgeführt werden. Die elastischen Gewichte g_i bzw. die Momente $g_i \cdot y_i$ sind dann nur einmal zu berechnen und für jeden einzelnen Belastungsfall mit dem Moment M_i desselben zu multiplizieren.

Aus dem ersten Satze ergibt sich folgende Berechnung für

1. die Durchbiegung, d. i. die Verschiebung δ_m des Punktes m der Achse eines geraden oder schwach gekrümmten biegungsfesten Stabes gegen die Gerade durch zwei auf beiden Seiten von m liegende Punkte a und b;

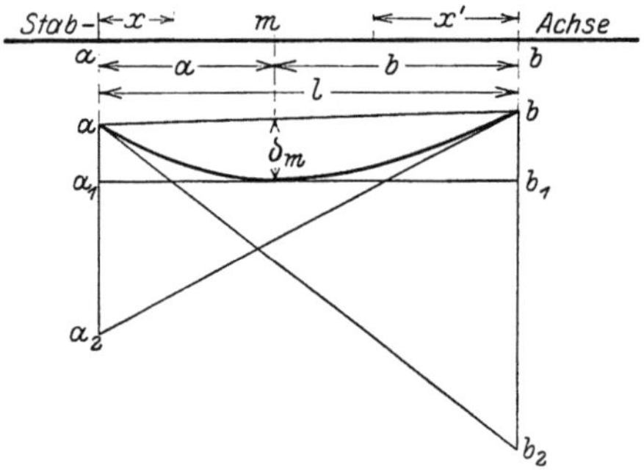

Abb. 197.

2. die Drehung der Tangente an die Stabachse in a oder b gegen die Gerade ab.

An die elastische Linie, d. i. die Kurve der Stabachse in der Gleichgewichtslage, wird in Punkt m die Tangente gezogen, Abb. 197. Sie bestimmt auf den Parallelen zur Verschiebungsrichtung durch a und b die Punkte a_1 und b_1. Nun ist aa_1 die Verschiebung des Punktes a der Stabachse und bb_1 die Verschiebung des Punktes b der Stabachse gegen die Tangente in m, also folgt aus dem ersten Satze

$$aa_1 = \int_0^a M \cdot x \cdot dg\,, \qquad bb_1 = \int_0^b M \cdot x' \cdot dg\,.$$

Da

$$\delta_m = \frac{a}{l} \cdot b\,b_1 + \frac{b}{l}\,a\,a_1$$

ist, so ergibt sich

$$\delta_m = \frac{a}{l}\int_0^b M \cdot x' \cdot dg + \frac{b}{l}\int_0^a M \cdot x \cdot dg\,. \tag{33}$$

Ferner werden in a und b die Tangenten an die elastische Linie gezogen. Die Tangente in a bestimmt auf der Parallelen zur Verschiebungsrichtung durch b den Punkt b_2, die Tangente in b auf der Parallelen zur Verschiebungsrichtung durch a den Punkt a_2. Dann ist $b\,b_2$ die Verschiebung des Punktes b der Stabachse gegen die Tangente in a und $a\,a_2$ die Verschiebung des Punktes a der Stabachse gegen die Tangente in b. Also nach Satz 1

$$b\,b_2 = \int_0^l M \cdot x' \cdot dg\,, \qquad a \cdot a_2 = \int_0^l M \cdot x \cdot dg\,.$$

Da infolge der Kleinheit der Winkel τ_a und τ_b

$$\tau_a = \frac{b\,b_2}{l} \quad \text{und} \quad \tau_b = \frac{a\,a_2}{l}$$

ist, ergibt sich

$$\tau_a = \frac{1}{l}\int_0^l M \cdot x' \cdot dg\,, \qquad \tau_b = \frac{1}{l}\int_0^l M \cdot x \cdot dg\,. \tag{34}$$

Belastet man einen einfachen Balken von der Stützweite l in jedem Element durch eine der Verschiebung gleichgerichtete Last vom Werte $M \cdot dg$, so sind die Auflagerdrücke in a und b

$$A = \frac{1}{l}\int_0^l M \cdot dg \cdot x'\,, \qquad B = \frac{1}{l}\int_0^l M \cdot dg \cdot x\,,$$

also

$$\tau_a = A\,, \qquad \tau_b = B\,. \tag{35}$$

Ferner ist das Moment im Punkte m des Balkens nach Formel 46, S. 81

$$M_m = \frac{a}{l}\int_0^b M \cdot dg \cdot x' + \frac{b}{l}\int_0^a M \cdot dg \cdot x\,.$$

Mithin ist

$$\boldsymbol{\delta_m = M_m}\,. \tag{36}$$

Die Gleichungen (33) und (34) sind in Nr. 49 unter (13) und (14) unmittelbar aus Arbeitsgleichungen abgeleitet worden.

Die vorstehend angegebene Berechnung der Ordinate der elastischen Linie und der Tangentenwinkel hat O. Mohr[1]) aufgestellt und damit

[1]) Mohr, O.: Beitrag zur Theorie der Holz- und Eisenkonstruktionen. Zeitschr. des Arch. u. Ing.-Vereins zu Hannover 1868. — Beitrag zur Theorie der elastischen Bogenträger, ebenda 1870.

den Begriff des elastischen Gewichtes geschaffen. Die weitere Entwicklung des Gedankens ist im wesentlichen von W. Ritter[1]) durchgeführt.

52. Der elastische Schwerpunkt.

In den Punkten m und n eines Tragwerkes werden starre Scheiben angeschlossen, im Falle des Fachwerks durch je zwei Punkte $m m_1$, und $n n_1$, im Falle des Stabwerkes durch je eine steife Ecke, Abb. 198.

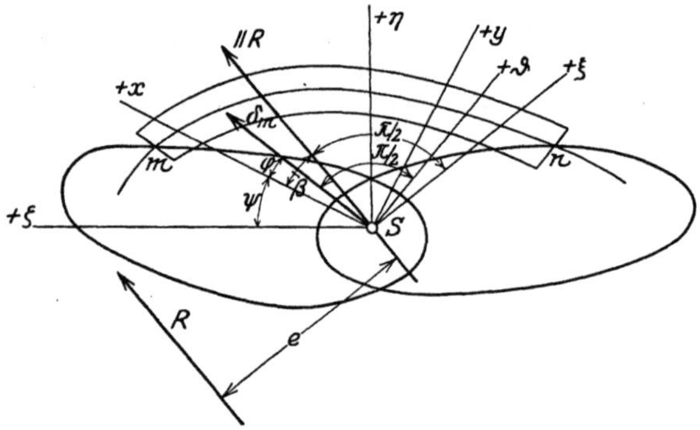

Abb. 198.

Das Stück $m n$ des Tragwerkes sei ein einfach zusammenhängender Stabzug oder eine dreistäbige Fachwerkscheibe und frei von Lasten und Stützkräften. Die gegenseitige elastische Bewegung der Scheiben m und n infolge einer Belastung, welche die genannte Bedingung erfüllt, soll beschrieben werden. Da die elastische Bewegung eine sehr kleine Bewegung ist, wird die Aufgabe am einfachsten und übersichtlichsten durch Bestimmung des gegenseitigen Poles und des Winkels der Drehung gelöst.

Sind die elastischen Gewichte des Stückes $m n$, wie in Nr. 51 angegeben, durch Flächen dargestellt, so haben diese Flächen einen Schwerpunkt S. Für jede durch denselben gelegte Achse gilt die Gleichung $\sum g_i \cdot \zeta_i = 0$, wenn ζ_i den rechtwinkligen Abstand des Ortes des elastischen Gewichtes g_i von der Achse bezeichnet. Für zwei beliebige zueinander rechtwinklige Achsen η und ζ haben die Trägheitsmomente $\sum g_i \cdot \eta_i^2$, $\sum g_i \cdot \zeta_i^2$ und das Zentrifugalmoment $\sum g_i \cdot \eta_i \cdot \zeta_i$ bestimmte Werte. Aus diesen lassen sich die Hauptachsen X, Y berechnen, für die $\sum g_i \cdot x_i \cdot y_i = 0$ ist. Schließt die X-Achse mit der ζ-Achse den Winkel ψ ein, so ist

$$y = \eta \cos \psi - \zeta \sin \psi ,$$
$$x = \zeta \cos \psi + \eta \sin \psi .$$

Aus $\sum g_i \cdot y_i \cdot x_i = 0$ folgt mit den Bezeichnungen

$$\sum g_i \cdot \eta_i^2 = J_\zeta , \quad \sum g_i \cdot \zeta_i^2 = J_\eta , \quad \sum g_i \cdot \zeta_i \cdot \eta_i = Z_{\zeta\eta} ,$$
$$\operatorname{tg} 2\psi = -\frac{2 Z_{\zeta\eta}}{J_\zeta - J_\eta} .$$

[1]) Ritter, W.: Anwendungen der graphischen Statik. Teil I, Zürich 1888.

Die Trägheitsmomente $J_x = \sum g_i \cdot y_i^2$ und $J_y = \sum g_i \cdot x^2$ erhält man aus

$$J_x = J_\zeta \cdot \cos^2\psi + J_\eta \cdot \sin^2\psi - 2\, Z_{\zeta\eta} \cdot \sin\psi \cdot \cos\psi\,,$$

$$J_y = J_\eta \cdot \cos^2\psi + J_\zeta \cdot \sin^2\psi + 2\, Z_{\zeta\eta} \cdot \sin\psi \cdot \cos\psi\,,$$

$$J_x + J_y = J_\zeta + J_\eta\,,$$

$$J_x - J_y = (J_\zeta - J_\eta)\cos 2\psi - 2\, Z_{\zeta\eta} \cdot \sin 2\psi\,,$$

da

$$0 = (J_\zeta - J_y)\sin 2\psi + 2\, Z_{\zeta\eta} \cdot \cos 2\psi$$

ist, folgt

$$J_x - J_y = (J_\zeta - J_\eta)\frac{1}{\cos 2\psi} = (J_\zeta - J_\eta)\sqrt{1 + \operatorname{tg}^2 2\psi}\,,$$

$$J_x = \tfrac{1}{2}(J_\zeta + J_\eta) + \tfrac{1}{2}(J_\zeta - J_\eta)\sqrt{1 + \operatorname{tg}^2 2\psi}\,,$$

$$J_y = \tfrac{1}{2}(J_\zeta + J_\eta) - \tfrac{1}{2}(J_\zeta - J_\eta)\sqrt{1 + \operatorname{tg}^2 2\psi}\,.$$

Die links von m angreifenden äußeren Kräfte werden zu ihrer Mittelkraft R zusammengesetzt. Sodann wird die Parallele zur Kraftrichtung durch S gezogen, sie schließt mit der X-Achse den Winkel β ein. Nun erhält man die gegenseitige Verschiebung des Punktes S der Scheibe m und des Punktes S der Scheibe n in der unter φ gegen die X-Achse geneigten Richtung mit

$$\overline{M}_i = 1 \cdot \vartheta_i\,, \qquad M_i = R\,(e + \xi_i)\,,$$

$$1 \cdot \delta_m = R \sum g_i \cdot \vartheta_i\,(e + \xi_i)\,,$$

und da $\sum g_i \cdot \vartheta_i = 0$ ist

$$1 \cdot \delta_m = R \sum g_i \cdot \vartheta_i \cdot \xi_i\,.$$

Die Größe der Verschiebung ist unabhängig von der Lage der Kraft R und allein durch deren Richtung und Größe bestimmt. Die Ansätze

$$\vartheta_i = y_i \cos\varphi - x_i \sin\varphi\,,$$

$$\xi_i = y_i \cos\beta - x_i \sin\beta$$

ergeben

$$1 \cdot \delta_m = R\,(J_x \cos\beta \cos\varphi + J_y \cdot \sin\beta \sin\varphi)\,.$$

Demnach erhält man $\delta_m = 0$ in der Richtung

$$\operatorname{tg}\varphi_0 = -\frac{J_x \cos\beta}{J_y \sin\beta}\,,$$

$\max \delta_m$ in der durch $\dfrac{d\,\delta_m}{d\,\varphi} = 0$ gefundenen Richtung

$$\operatorname{tg}\varphi_m = \frac{J_y \sin\beta}{J_x \cos\beta} = -\operatorname{cotg}\varphi_0\,.$$

Die Richtung φ_m wird durch folgende Konstruktion bestimmt: Um S wird der Kreis 1 mit dem Radius $i_x^2 = \dfrac{J_x}{G}$ und der Kreis 2 mit dem

Radius $i_y^2 = \frac{J_y}{G}$ geschlagen, Abb. 199, indem ein Maßstab Länge = Längeneinheit² gewählt wird. Die Parallele zur Kraftrichtung schneidet den Kreis *1* in a, den Kreis *2* in b. Durch a wird die Parallele zur Y-Achse, durch b die Parallele zur X-Achse gezogen, der Schnittpunkt beider ist c. Dann ist

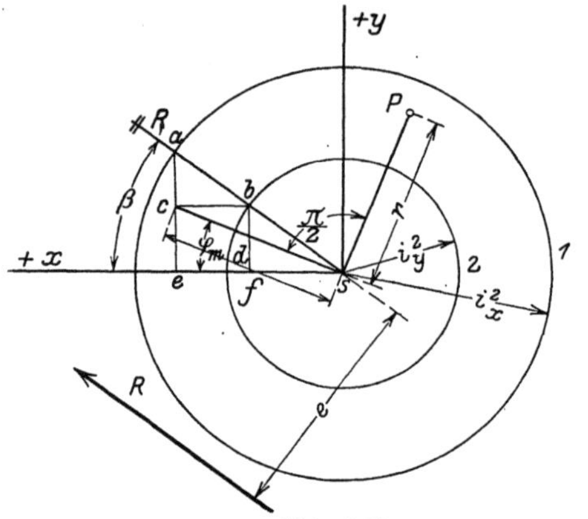

Abb. 199.

$$ce = bf = i_y^2 \cdot \sin\beta\,,$$
$$se = i_x^2 \cdot \cos\beta\,,$$
$$\frac{ce}{se} = \frac{i_y^2 \cdot \sin\beta}{i_x^2 \cdot \cos\beta} = \operatorname{tg}\varphi_m\,,$$
$$sc = se \cdot \cos\varphi_m + ce \cdot \sin\varphi_m\,,$$

also wenn d die Strecke sc bezeichnet

$$d = i_x^2 \cdot \cos\beta \cdot \cos\varphi_m + i_y^2 \cdot \sin\beta \cdot \sin\varphi_m\,.$$

d ist in dem zur Auftragung von i_x^2 und i_y^2 gewählten Maßstab zu messen und hat die Dimension Länge².

$$1 \cdot \delta_m = R \cdot G \cdot d\,. \tag{37}$$

Mithin gibt $sc = d$ die gegenseitige Verschiebung des Punktes S der Scheibe m und des Punktes S der Scheibe n noch Richtung und Größe an. Ist $\beta = 0$, fällt also R in die Richtung der X-Achse, so liegt c im Schnittpunkt der X-Achse mit Kreis *1*. Es ist $d = i_x^2$

$$1 \cdot \delta_m = R \cdot G \cdot i_x^2\,.$$

Ist $\beta = \frac{\pi}{2}$, fällt also R in die Richtung der Y-Achse, so liegt c im Schnittpunkt der Y-Achse mit Kreis *2*. Es ist $d = i_y^2$

$$1 \cdot \delta_m = R \cdot G \cdot i_y^2\,.$$

Zwischen $\beta = 0$ und $\beta = \frac{\pi}{2}$ beschreibt c eine Ellipse, in dieser sind die Kraftrichtung und die Rechtwinklige zu d zugeordnete Durchmesser.

Auf der Rechtwinkligen durch S zu d liegt der Pol. Sein Abstand von S ist gegeben, sobald der Winkel τ der Drehung bekannt ist. Man erhält τ aus

$$\overline{M}_i = +1\,, \qquad M_i = R\,(e + \xi_i)\,,$$
$$1 \cdot \tau = R \sum g_i\,(e + \xi_i)$$

und da $\sum g_i \cdot \xi_i = 0$ ist

$$1 \cdot \tau = R \cdot e \cdot G\,. \tag{38}$$

Bezeichnet nun r den Abstand des Poles P von S und ist rechts der Richtung d positiv, so ist

$$r \cdot \tau = \delta_m ,$$

$$r = \frac{d}{e} .$$

Aus den Gleichungen (37) und (38) ergibt sich: Geht R durch S, so ist $e = 0$, also $\tau = 0$, $r = \infty$. Die gegenseitige Verschiebung der Scheiben ist eine reine Parallelverschiebung um die Strecke

$$\delta_m = R \cdot G \cdot d .$$

Das gilt für jede Richtung der Kraft R. Ist $e = \infty$, $R \cdot e = M$, so wird $r = 0$, $\delta_m = 0$. Die gegenseitige Bewegung der Scheiben m und n ist eine Drehung um S. Der Winkel der Drehung ist

$$\tau = M \cdot G .$$

Punkt S wird der elastische Schwerpunkt genannt. Seine wesentlichen Eigenschaften sind: Wirken auf das Tragwerk beiderseits des elastischen Stückes $m\,n$ zwei äußere Kraftgruppen, deren jede als Mittelkraft ein Moment hat, so drehen sich die Scheiben m und n gegeneinander um den elastischen Schwerpunkt. Geht die Mittelkraft jeder Kraftgruppe durch den elastischen Schwerpunkt, so drehen sich die Scheiben m und n gegeneinander um den unendlich fernen Punkt der Geraden, deren Richtung mit der Kraftrichtung im System der elastischen Gewichte ein zugeordnetes Achsenpaar bildet.

Sind die Kreise *1* und *2* mit den Halbmessern i_x^2 und i_y^2 gezeichnet, so kann für jede beliebige Lage und Richtung der Mittelkraft R die Richtung und Größe der gegenseitigen Verschiebung der Scheiben im Schwerpunkt und die Lage des Poles durch die angegebene Konstruktion bestimmt werden. Die gestellte Aufgabe ist damit ganz allgemein gelöst.

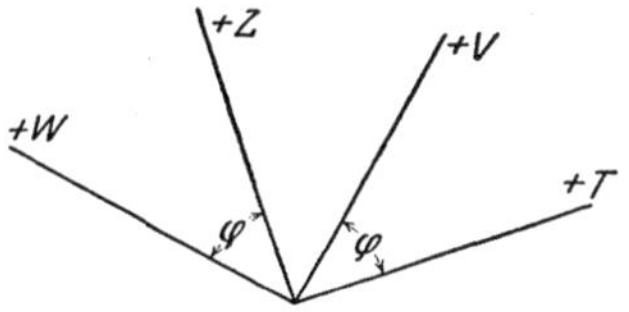

Abb. 200.

Wird ein rechtwinkliges, durch den elastischen Schwerpunkt gehendes Achsenpaar V, W beliebig gewählt, so ist nach dem dritten Satz über die elastischen Gewichte die gegenseitige Verschiebung in der Richtung der V-Achse infolge einer Kraft R derselben Richtung

$$\delta_v = R \cdot G \cdot i_v^2 . \tag{39}$$

Die der V-Achse zugeordnete Achse sei Z genannt und die zur Z-Achse rechtwinklige T-Achse. Dann ist nach Abb. 200

$$Z_{vz} = \sum g_i \cdot w_i \cdot t_i = 0 ,$$

$$t_i = v_i \cos\varphi - w_i \sin\varphi ,$$

$$Z_{vz} = \cos\varphi \sum g_i \cdot v_i \cdot w_i - \sin\varphi \sum g_i \cdot w_i^2 = 0 ,$$

also

$$\operatorname{tg}\varphi = \frac{Z_{v \cdot w}}{J_v} .$$

Die Verschiebung in Richtung der Z-Achse infolge einer der V-Achse gleichgerichteten Kraft ist $= 0$. Die Verschiebung δ_z in Richtung der Z-Achse infolge einer derselben gleichgerichteten Kraft R ist nach dem Satz 3

$$\delta_z = R \cdot G \cdot i_z^2,$$

$$\delta_z = R(\cos^2\varphi \sum g_i \cdot v_i^2 + \sin^2\varphi \sum g_i \cdot w_i^2 - 2\sin\varphi \cdot \cos\varphi \sum g_i \cdot v_i \cdot w_i),$$

$$\delta_z = R\,G(i_w^2 \cdot \cos^2\varphi - i_v^2 \sin^2\varphi). \tag{40}$$

Die Verschiebung in Richtung der V-Achse infolge einer der Z-Achse gleichgerichteten Kraft ist $= 0$.

53. Das elastische Gewicht und der elastische Schwerpunkt des mehrfach zusammenhängenden Stabzuges.

Der Begriff des elastischen Gewichtes läßt sich auch für einen mehrfach zusammenhängenden Stabzug aufstellen und durch die Konstruktion des elastischen Schwerpunktes zur Darstellung der gegenseitigen Verschiebungen verwenden. Das Verfahren gestaltet sich jedoch ziemlich verwickelt und besitzt daher nur in wenigen Fällen einen Vorzug vor der Rechnung durch wiederholte Aufstellung der Arbeitsgleichung. Die Darstellung soll auf die beiden einfachsten Bauarten beschränkt werden:

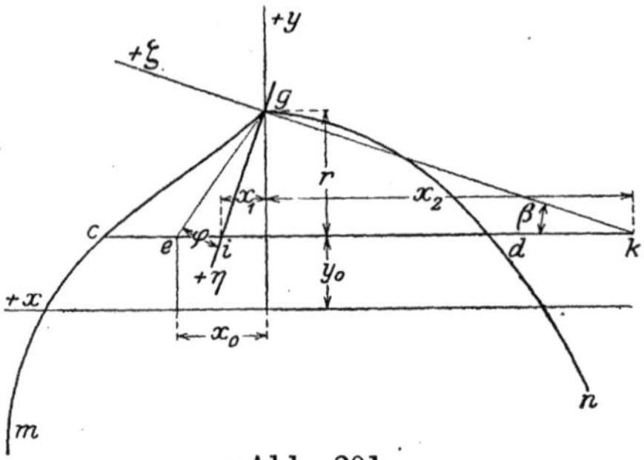

Abb. 201.

a) Zwei biegungsfeste Stabzüge sind durch ein Gelenk g und einen einfachen Stab c, d zu einem innerlich stabilen Tragwerk verbunden, Abb. 201. Es ist der Pol und der Winkel der gegenseitigen Drehung der Scheiben m und n zu bestimmen, wenn die äußeren Kräfte links von m ein rechtsdrehendes Kräftepaar vom Moment M ergeben. Die biegungsfesten Stäbe werden in die Stücke I, d. i. $c\,m$ und $n\,d$, und II d. i. c, g, d zerlegt. Durch g wird das Achsenkreuz ζ, η gelegt, dessen Achsen Hauptachsen für das Stück II sind: $\int_c^d dg \cdot \zeta \cdot \eta = 0$. Die X-Achse wird parallel $c\,d$ gewählt, die Y-Achse durch g gelegt. Der Abstand y_0 der X-Achse vom Stab $c\,d$ soll so bestimmt werden, daß die Achse durch den gesuchten Pol geht. Dazu wird zunächst die Verschiebung δ_x eines Punktes der Scheibe m auf der X-Achse gegen denselben Punkt der Scheibe n gesucht. Aus M entstehen

$$M_I = M\,, \quad M_{II} = \frac{\eta}{r}\cos\beta - \frac{\zeta}{r}\sin\beta\,, \quad S = \frac{1}{r}\,,$$

aus der angenommenen Belastung entsteht

$$\overline{M}_I = 1 \cdot y, \quad \overline{M}_{II} = y_0\left(\frac{\eta}{r}\cos\beta - \frac{\zeta}{r}\sin\beta\right), \quad \overline{S} = \frac{y_0}{r} + 1.$$

Mithin ergibt sich

$$\delta_x = M\left[\int\limits_I y \cdot dg + \frac{y_0}{r^2}\cos^2\beta\int\limits_{II}\eta^2 \cdot dg + \frac{y_0}{r^2}\sin^2\beta\int\limits_{II}\zeta^2 \cdot dg + g(y_0 + r)\right],$$

wenn $g = \frac{s}{E F r^2}$ das elastische Gewicht des Stabes cd ist. Weiter wird δ_y für einen beliebigen Punkt x_0 berechnet. Die angenommene Last *1* in x_0 sei mit dem Stab cd in e zum Schnitt gebracht, eg gezogen und $eg = z$ gesetzt. Der durch die Kräfte *1* erzeugte Gelenkdruck fällt dann in die Gerade eg. Mithin entsteht

$$\overline{M}_I = -1 \cdot (x - x_0), \quad \overline{M}_{II} = \frac{z}{r}(\eta\sin\varphi - \zeta\cos\varphi), \quad \overline{S} = 1 \cdot \frac{x_0}{r},$$

$$\delta_y = M\left[-\int\limits_I (x - x_0) \cdot dg + \frac{z}{r^2}\sin\varphi \cdot \cos\beta\int\limits_{II}\eta^2 \cdot dg + \frac{z}{r^2}\cos\varphi\sin\beta\int\limits_{II}\zeta^2 \cdot dg + g \cdot x_0\right].$$

Die Strecke gk der ζ-Achse sei ζ_0, die Strecke gi der η-Achse sei η_0 bezeichnet und

$$\frac{r}{\cos\beta} = \eta_0, \quad \frac{r}{\sin\beta} = \zeta_0,$$

$$\frac{z\sin\varphi}{r^2} \cdot \cos\beta = \frac{ei}{\eta_0^2} = \frac{x_0 - x_1}{\eta_0^2},$$

$$\frac{z \cdot \cos\varphi}{r^2}\sin\beta = \frac{ek}{\zeta_0^2} = \frac{x_0 + x_2}{\zeta_0^2},$$

sowie

$$\int\limits_{II}\eta^2 \cdot dg = J_\zeta, \quad \int\limits_{II}\zeta^2 \cdot dg = J_\eta$$

eingeführt.

$$\delta_x = M\left[\int\limits_I y \cdot dg + y_0\left(\frac{J_\zeta}{\eta_0^2} + \frac{J_\eta}{\zeta_0^2}\right) + g(y_0 + r)\right],$$

$$\delta_y = M\left[-\int\limits_I (x - x_0) \cdot dg + (x_0 - x_1)\frac{J_\zeta}{\eta_0^2} + (x_0 + x_2)\frac{J_\eta}{\zeta_0^2} + g \cdot x_0\right].$$

Für das Stabstück *II* sind zwei elastische Gewichte anzusetzen, $\frac{J_\zeta}{\eta_0^2}$ in Punkt i und $\frac{J_\eta}{\zeta_0^2}$ in Punkt k. Der Ort des elastischen Gewichtes g des Stabes cd ist das Gelenk g. Für das Stabstück *I* ist der Punkt der Stabachse der Ort des elastischen Gewichtes des Stabelementes. Dann ist δ_x gleich dem statischen Moment der elastischen Gewichte in bezug auf die X-Achse, δ_y gleich dem statischen Moment der elastischen Gewichte in bezug auf die Parallele zur Y-Achse im Abstand x_0. Mithin verschwinden δ_x und δ_y, wenn x_0 und y_0 die Lage des Schwerpunktes der elastischen Gewichte bezeichnen. Die Momente M drehen die Scheiben m und n gegeneinander um den elastischen Schwerpunkt. Den Winkel der Drehung erhält man aus der Arbeitsgleichung für die angenommene Belastung $\overline{M} = 1$

$$\tau = M\left[\int_I dg + \frac{1}{r^2}\cos^2\beta\int_{II}\eta^2\cdot dg + \frac{1}{r^2}\sin^2\beta\int_{II}\zeta^2\cdot dg + g\right],$$

$$\tau = M\cdot G;$$

$$G = \int_I dg + \frac{J_\zeta}{\eta_0^2} + \frac{J_\eta}{\zeta_0^2} + g\,.$$

Aus den angegebenen elastischen Gewichten sind nun die Hauptachsen durch den Schwerpunkt zu bestimmen, dann können die gegenseitigen Verschiebungen bei jeder Belastung wie im Falle des einfach zusammenhängenden Stabes ermittelt werden.

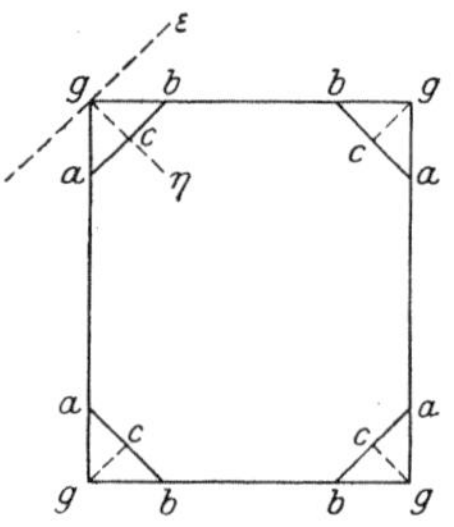

Abb. 202.

Ein Beispiel, in dem die Anwendung nicht unzweckmäßig ist, ist der rechteckige Rahmen der Abb. 202. Vier biegungsfeste Stäbe sind in jeder Ecke durch ein Gelenk g und einen einfachen Stab verbunden. In einem beliebigen Punkte eines Stabes ist ein Schnitt geführt. Um die gegenseitige Bewegung der Schnittufer sowie der mit denselben verbundenen starren Scheiben zu beschreiben, wird in jedem Punkte der Stabstücke aa, bb, das elastische Gewicht $\frac{ds}{EJ}$, und in jedem Eckpunkt das elastische Gewicht des einfachen Stabes $g = \frac{s}{EF\cdot r^2}$ angesetzt. Für die Stabstücke agb jeder Ecke sind die Richtungen der durch den Eckpunkt gehenden Hauptachsen zu bestimmen. Meist wird es mit den Abmessungen der Stablängen und Querschnitte verträglich sein, diese parallel und rechtwinklig zu dem einfachen Stab der Ecke anzunehmen. Dann ist $\zeta_0 = \infty$, also $\frac{J_\eta}{\zeta_0^2} = 0$ und auch das statische Moment des elastischen Gewichtes $= 0$. Mithin sind in den Punkten c, den Fußpunkten der Lote aus den Ecken, die elastischen Gewichte $\frac{J_\zeta}{r^2}$ anzusetzen. Die angegebenen Gewichte bestimmen die Lage des Schwerpunktes und der Hauptachsen sowie das elastische Gewicht G des ganzen Tragwerks. In den Trägheitsmomenten J_x und J_y verschwindet der Anteil der Gewichte $\frac{J_\eta}{\zeta_0^2}$ nicht, da das Quadrat des Abstandes des Ortes des elastischen Gewichtes von den Achsen ∞^2 ist. Der Beitrag ist $J_\eta\left(\frac{r}{s_1}\right)^2$ bzw. $J_\eta\left(\frac{r}{s_2}\right)^2$, wenn s_2 und s_2 die Strecken ga und gb der biegungsfesten Stäbe sind.

b) Ein Stabzug $m\,n$ sei zwischen den Punkten r und q in zwei biegungsfeste Stäbe verzweigt, die in jedem Verzweigungspunkt durch steife Ecken untereinander verbunden sind, Abb. 203. Um die gegenseitige Bewegung der in m und n angeschlossenen Scheiben bei irgend einer Belastung zu beschreiben, wird zunächst der Pol und der Winkel der Drehung gesucht, welche durch das links von m rechtsdrehende und rechts von n linksdrehende Moment M entsteht. Zu diesem Zweck wird das Stabstück $r\,s\,q$ in einem beliebigen Punkte s durchschnitten und das Tragwerk in drei Teile zerlegt, die sich in dem Stab $r\,II\,q$ überdecken. Teil I besteht aus den elastischen Stäben $m\,r$, $r\,II\,q$, $q\,n$ und den starren Scheiben $r\,s$ und $q\,s$, Teil II aus dem elastischen Stab $r\,II\,q$ und den starren Scheiben $m\,r\,s$ und $n\,q\,s$, Teil III aus den elastischen Stäben $s\,r$, $r\,II\,q$, $q\,s$ und den starren Scheiben $m\,r$ und $n\,q$. Sodann werden die elastischen Schwerpunkte I, II, III und in jedem die Hauptachsen bestimmt, sowie die Kreise mit den Radien i_x^2 und i_y^2 geschlagen, Abb. 204. Durch M entsteht die Drehung

$$\tau_I = M \cdot G_I \text{ um Pol } I$$
$$\tau_{II} = M \cdot G_{II} \text{ um Pol } II.$$

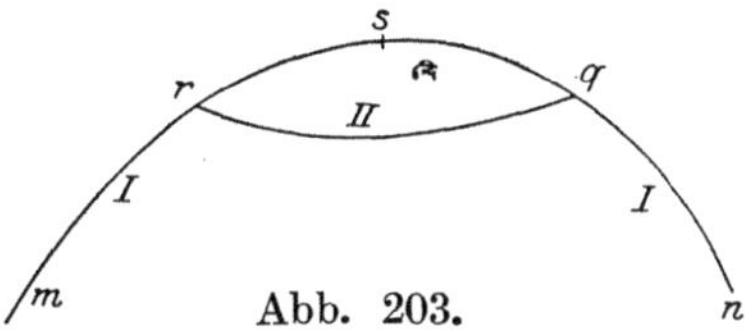

Abb. 203.

Punkt III der starren Scheibe $r\,s$ verschiebt sich dabei gegen Punkt III der starren Scheibe $q\,s$ im Teil II um

$$\delta_3 = M \cdot G_{II} \cdot e$$

rechtsweisend der Richtung II, III. Die gegenseitigen Verschiebungen sowie die gegenseitige Drehung der Schnittufer in s können nun durch zwei auf diese wirkende Kräfte R aufgehoben werden. Dazu müssen diese Kräfte in Teil III eine Drehung der Schnittufer um Punkt II als Pol um den Winkel $-\tau_{II}$ erzeugen, wobei im elastischen Schwerpunkt III die Verschiebung $-\delta_3$ entsteht. Durch diese Bedingungen ist die Richtung, Lage und Größe von R bestimmt. Die Gerade II, III wird mit Kreis *1* in Punkt *1*, mit Kreis *2* in Punkt *2* zum Schnitt gebracht, sodann wird $1\,3 \parallel Y_{III}$, $2\,3 \parallel X_{III}$ und $III\,1'$ über $2'$ rechtwinklig zu $III\,3$ gezogen. $III\,1'$ ist die Richtung der Kraft R. Durch $1'3' \parallel Y_{III}$ und $2'3' \parallel X_{III}$ findet man $III\,3' = d_3$ und den Wert der durch Kraft R entstehenden Verschiebung $\delta = R \cdot d_3 \cdot G_{III}$. Aus $\operatorname{tg} 3'III\,X_{III} = \frac{i_y^2}{i_x^2} \operatorname{tg} 1'III\,X_{III}$, $\operatorname{tg} 1'III\,X_{III} = \frac{i_x^2}{i_y^2} \operatorname{tg} 1\,III\,Y_{III}$ folgt, daß $\sphericalangle 3'III\,1 = \frac{\pi}{2}$ ist. Mithin ist d_3 der Verschiebung δ_3 entgegengesetzt gerichtet. Aus

$$R \cdot d_3 \cdot G_{III} = M \cdot G_{II} \cdot e$$

ergibt sich

$$R = M \frac{G_{II}}{G_{III}} \cdot \frac{e}{d_3}.$$

Der Abstand z der Kraft R von III folgt aus der Bedingung, daß R die Drehung $-\tau_{II}$ um II erzeugt

$$R \cdot z \cdot G_{III} = M \cdot G_{II}.$$

$$z = \frac{d_3}{e}.$$

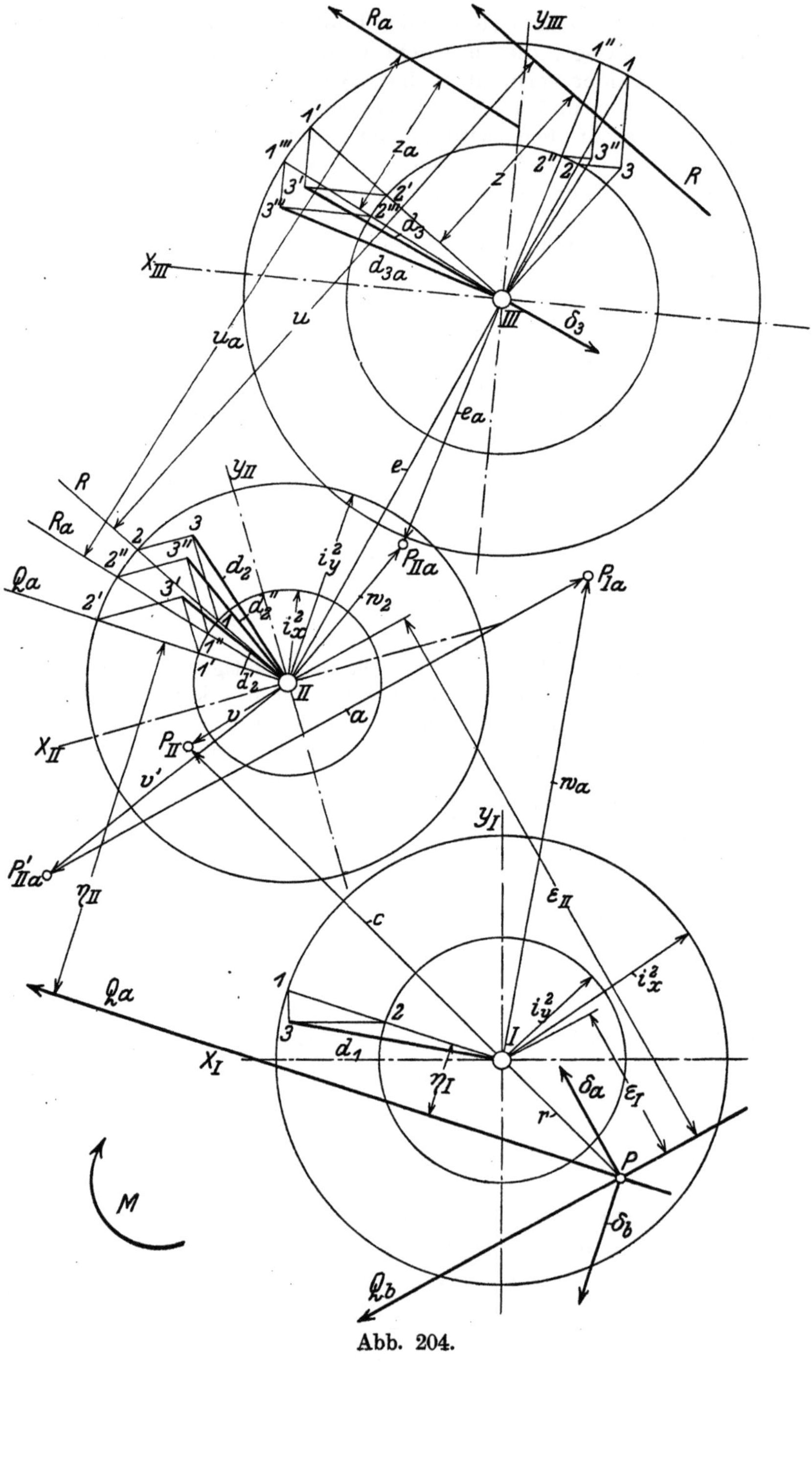
Ra
yIII
R
za
z
d3
d3a
XIII
III
δ3
ua
u
ea
e
yII
R
Ra
Qa
d2
iy2
ix2
w2
PIIa
PIa
XII
II
PII
v
v'
a
P'IIa
ηII
yI
εII
wa
c
Qa
d1
XI
I
ηI
δa
εI
ix2
iy2
r
P
δb
Qb
M

Abb. 204.

Die gleichzeitige Wirkung der Momente M und der Kräfte R erzeugt eine Formänderung, bei welcher die Schnittufer in s sich gegeneinander weder verschieben noch drehen. Demnach stimmt sie mit der Formänderung überein, die in dem in s zusammenhängenden Tragwerk durch die Momente M allein entsteht. Um den gegenseitigen Pol der Scheiben m und n für diese Formänderung zu bestimmen, ist also nur notwendig, die Drehung um Pol I um den Winkel τ_I mit der durch die Kräfte R erzeugten Drehung des Teiles II zusammenzusetzen. Dabei kommt Teil II in Betracht, weil die Teile $m\,r$ und $n\,q$ durch die Kräfte R keine Spannungen erleiden und als starre Scheiben die Drehung beschreiben, welche durch die Formänderung des Stabes $r\,II\,q$ bedingt ist. Auf diese Formänderung aber ist die Formänderung der Stabteile $r\,s\,q$ ohne Einfluß. In Teil II entsteht durch R eine gegenseitige Drehung der Scheiben $r\,m$ und $q\,n$ um den Pol P_{II}, die auf folgende Weise zu bestimmen ist. Durch II wird die Parallele zu R gezogen, mit den Kreisen 1 und 2 in 1 und 2 zum Schnitt gebracht und 3 durch $1\,3 \parallel Y_{II}$ sowie $2\,3 \parallel X_{II}$ bestimmt. $II\,3 = d_2$ bestimmt die Richtung der Verschiebung. Auf der Rechtwinkligen zu $II\,3$ durch II liegt mithin P_{II} im Abstand

$$v = \frac{d_2}{u},$$

wenn u der Abstand der Kraft R von Pol II ist. Der Drehungswinkel ist

$$\tau'_{II} = -R \cdot u \cdot G_{II} = -M \frac{G_{II}^2}{G_{III}} \cdot \frac{u}{z}.$$

Der gesuchte Pol P liegt auf der Geraden $I\,P_{II}$, sein Abstand r von I ist durch

$$r = c\,\frac{-\tau'_{II}}{\tau_I + \tau'_{II}}$$

bestimmt. Der Winkel der Drehung ist

$$\tau = \tau_I + \tau'_{II} = M\left(G_I - \frac{G_{II}^2}{G_{III}} \cdot \frac{u}{z}\right).$$

Der Klammerwert ist also das elastische Gewicht G des Tragwerkes $m\,n$. Um die Hauptachsen zu bestimmen, werden die gegenseitigen Verschiebungen der Scheiben m und n ermittelt, die von zwei durch den Pol P gehenden Kräften Q_a und Q_b erzeugt werden. Die Richtung Q_a wird willkürlich gewählt, die Richtung Q_b rechtwinklig zu der aus Q_a ermittelten Verschiebung δ_a. Da P der Pol der Drehung infolge der Momente M ist, folgt aus dem Satze von der Gegenseitigkeit der Formänderungen, daß die Kräfte Q_a und Q_b keine gegenseitige Drehung der Scheiben m und n erzeugen. Die Pole P_a und P_b sind also unendlich ferne Punkte. Q_a erzeugt in Teil I die Drehung $\tau_{Ia} = Q_a \cdot \eta_I \cdot G_I$ und die Verschiebung

$$\delta_{Ia} = Q_a \cdot d_I \cdot G_I.$$

Pol P_{Ia} ist auf der Rechtwinkligen zu $I\,3 = d_1$ bestimmt durch

$$w_a = \frac{d_1}{\eta_I}.$$

Ferner erzeugt Q_a in Teil II die Drehung

$$\tau_{IIa} = Q_a \cdot \eta_{II} \cdot G_{II}$$

und die Verschiebung

$$\delta_{IIa} = Q_a d'_2 \cdot G_{II}$$

Pol P_{IIa} ist auf der Rechtwinkligen zu $II\ 3' = d'_2$ bestimmt durch

$$w_2 = \frac{d'_2}{\eta_{II}}.$$

Um denselben Pol P_{IIa} drehen sich die Schnittufer in s infolge Q_a. Dabei entsteht in III die gegenseitige Verschiebung

$$\delta_{IIIa} = Q_a \cdot \eta_{II} \cdot G_{II} \cdot e_a,$$

wenn e_a die Strecke $P_{IIa}III$ bezeichnet. Um die gegenseitige Bewegung der Schnittufer aufzuheben, sind zwei Kräfte R_a notwendig, deren Richtung aus der Geraden $P_{IIa}III$ bestimmt wird. Diese Gerade wird in $1''$ und $2''$ mit den Kreisen 1 und 2 zum Schnitt gebracht, $1''\ 3'' \parallel Y_{III}$, $2''\ 3'' \parallel X_{III}$, $III\ 1'''$ rechtwinklig zu $III\ 3''$ über $2'''$ und $1'''\ 3''' \parallel Y_{III}$, $2'''\ 3''' \parallel X_{III}$ gezogen. $III\ 1'''$ ist die Richtung von R_a. Aus

$$R_a \cdot d_{3a} \cdot G_{III} = Q_a \cdot \eta_{II} \cdot G_{II} \cdot e_a$$

ergibt sich

$$R_a = Q_a \frac{G_{II}}{G_{III}} \frac{e_a}{d_{3a}} \cdot \eta_{II}$$

und aus

$$R_a \cdot z_a \cdot G_{III} = Q_a \cdot \eta_{II} \cdot G_{II},$$

$$z_a = \frac{d_{3a}}{e_a}.$$

Die Kräfte R_a erzeugen in Teil II eine gegenseitige Drehung der Scheiben m und n, bei der die Punkte II die gegenseitige Verschiebung

$$\delta'_{IIa} = R_a \cdot d''_2 \cdot G_{II}$$

erfahren. Auf der Rechtwinkligen zu d''_2 liegt der Pol P'_{IIa} der Drehung im Abstande

$$v' = \frac{d''_2}{u_a}.$$

Der Drehungswinkel ist $-\tau_{Ia}$, da aus Q_a und R_a die Drehung $\tau_a = 0$ entsteht. Mithin ist die Rechtwinklige zu $P_{Ia}P'_{IIa}$ die Richtung der gegenseitigen Verschiebung der Scheiben m und n, die durch Q_a und R_a erzeugt wird, und

$$\delta_a = Q_a \cdot \eta_I \cdot G_I \cdot a$$

die Größe derselben. Die Konstruktion läßt sich vereinfachen, wenn die Richtung Q_a so gewählt wird, das P_{IIa} auf $II\ III$ liegt. Dann ist $R_a \parallel R$ und P'_{IIa} liegt auf $II\ P_{II}$. Die Kraftrichtung Q_b wird rechtwinklig zur Richtung δ_a gewählt. Sodann werden die Kräfte R_b bestimmt, welche die durch Q_b erzeugte Bewegung der Schnittufer in s aufheben, schließlich wird die gegenseitige Verschiebung der Scheiben m und n aus Q_b

und R_b ermittelt. Da Q_b rechtwinklig zu δ_a ist, folgt aus dem Gesetz der Gegenseitigkeit, daß δ_b rechtwinklig zu Q_a ist. Nun wird

$$d_a = \frac{\eta_I \cdot G_I \cdot a}{G}, \qquad d_b = \frac{\zeta_I \cdot G_I \cdot b}{G}$$

berechnet, und i_x^2, i_y^2 sowie die Lage der Hauptachsen aus folgenden Gleichungen gefunden. Es bezeichne β den Neigungswinkel der Kraftrichtung Q_a, φ den Neigungswinkel der Verschiebungsrichtung d_a, γ den Neigungswinkel der Kraftrichtung Q_b, χ den Neigungswinkel der Verschiebungsrichtung d_b gegen die X-Achse, Abb. 205. Dann ist

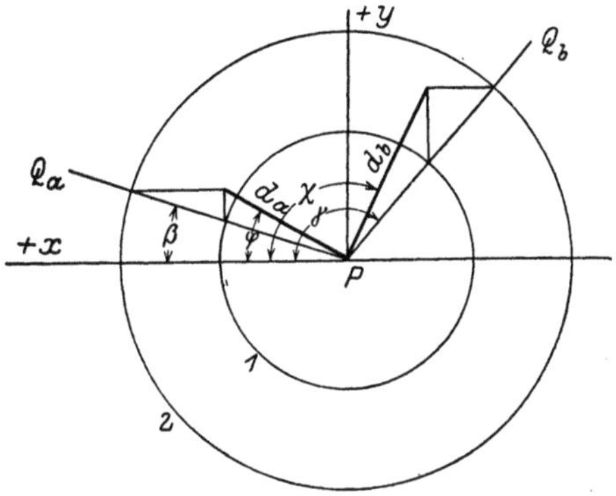

Abb. 205.

$$d_a = i_x^2 \cdot \cos\beta \cdot \cos\varphi + i_y^2 \sin\beta \cdot \sin\varphi,$$
$$d_b = i_x^2 \cdot \cos\gamma \cdot \cos\chi + i_y^2 \sin\gamma \cdot \sin\chi.$$

Aus

$$\gamma = \varphi \pm \frac{\pi}{2} \quad \text{und} \quad \chi = \beta \pm \frac{\pi}{2}$$

folgt

$$\cos\gamma = \mp \sin\varphi, \quad \sin\gamma = \pm \cos\varphi,$$
$$\cos\chi = \mp \sin\beta, \quad \sin\chi = \pm \cos\beta,$$
$$d_b = i_x^2 \sin\beta \cdot \sin\varphi + i_y^2 \cos\beta \cdot \cos\varphi,$$

da d_a und d_b größte Werte sind, bestehen die Gleichungen

$$O = -i_x^2 \cos\beta \sin\varphi + i_y^2 \sin\beta \cdot \cos\varphi,$$
$$O = -i_y^2 \cos\gamma \sin\chi + i_y^2 \sin\gamma \cos\chi,$$

die identisch sind. Aus diesen Gleichungen folgt

$$\frac{d_a + d_b}{\cos(\beta - \varphi)} = i_x^2 + i_y^2,$$
$$d_a \cdot d_b = i_x^2 \cdot i_y^2,$$
$$i_x^2 = \frac{1}{2} \frac{d_a + d_b}{\cos(\beta - \varphi)} \pm \sqrt{\frac{1}{4} \frac{d_a + d_b}{\cos(\beta - \varphi)} - d_a \cdot d_b},$$
$$i_y^2 = \frac{1}{2} \frac{d_a + d_b}{\cos(\beta - \varphi)} \mp \sqrt{\frac{1}{4}\left[\frac{d_a + d_b}{\cos(\beta - \varphi)}\right]^2 - d_a \cdot d_b}.$$

Werden um P die Kreise mit den beiden Radien geschlagen und d_a, d_b nach Größe und Richtung aufgetragen, so ergibt sich aus der Lage der Endpunkte der Strecken d_a, d_b zu den Schnittpunkten der Kraftlinien mit den Kreisen die Lage der Hauptachsen und die Zuordnung der beiden Trägheitsradien zu den Hauptachsen.

Es ist ersichtlich, daß das dargestellte Verfahren auf drei- und mehrfach zusammenhängende Stabzüge ausgedehnt werden kann. Es ist jedoch schon für den zweifach zusammenhängenden Stabzug so verwickelt und überdies ungenau, daß seine Anwendung im allgemeinen nicht empfehlenswert ist.

c) Die Biegungslinie.

54. Die Biegungslinie des einfachen Stabzuges.

Die Projektionen der elastischen Verschiebungen der Knotenpunkte eines Tragwerkes auf eine bestimmte Richtung seien auf Parallelen durch die Knotenpunkte von einer beliebigen Geraden aus als gleichgerichtete Strecken aufgetragen, und die Endpunkte der Strecken durch Gerade verbunden. Der so gezeichnete Geradenzug ist die Biegungslinie des Tragwerkes für die bestimmte Richtung. Wird durch die Knotenpunkte des Tragwerkes ein einfacher Stabzug gelegt, dessen Formänderung der Formänderung des Tragwerkes folgt und durch sie bestimmt ist, so ist die beschriebene Biegungslinie auch die Biegungslinie des Stabzuges. Da nun durch beliebige Knotenpunkte eines Fachwerkes

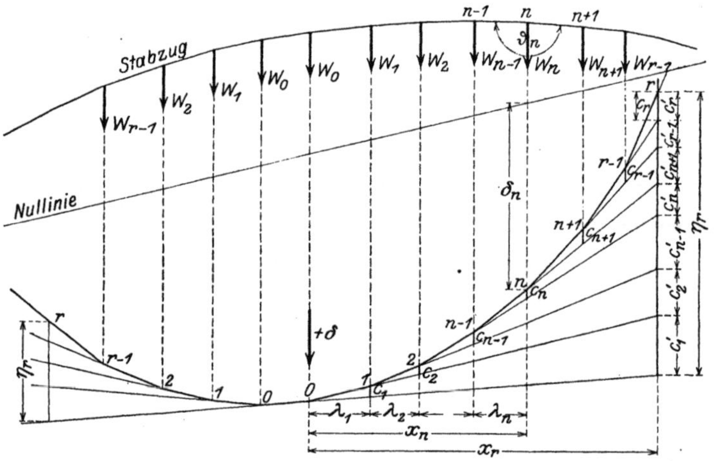

Abb. 206.

und ebenso durch beliebige Knotenpunkte eines Stabwerkes stets ein Stabzug bestimmt werden kann, läßt sich die Biegungslinie jedes Tragwerkes als Biegungslinie eines einfachen Stabzuges durch Zeichnung oder Berechnung der Ordinaten gewinnen, nachdem die Formänderung des Stabzuges ermittelt ist. Dabei ist es gleichgültig, ob die Biegungslinie in allen Knotenpunkten oder nur in einer bestimmten Auswahl derselben gesucht wird. Die Gerade, von der aus die Verschiebungen aufgetragen sind, wird die Nullinie genannt. Ihre Richtung ist beliebig, wird jedoch im allgemeinen rechtwinklig zur Richtung der Verschiebung gewählt. Sie trennt die positive und negative Achse, welche der positiven und negativen Verschiebung gleichgerichtet sind.

Die Berechnung oder Zeichnung der Biegungslinie beruht auf der in folgendem dargestellten geometrischen Beziehung. Durch zwei nebeneinander liegende Knickpunkte der Biegungslinie, die *0*, *0* bezeichnet seien, wird eine Gerade gelegt, Abb. 206. Die Knickpunkte seien von den Punkten *0* aus nach beiden Seiten fortlaufend gezählt. Ferner werden durch je zwei aufeinander folgende Knickpunkte *0 1*, *1 2*, usw. Gerade gezogen. Diese teilen die Ordinate η_r des Punktes r in bezug auf die Gerade *0 0* in r-Strecken c'. Es ist

$$\eta_r = \sum c'_r .$$

Ist nun x_n der Abstand des Punktes n vom Punkte *0*, λ_n der Abstand des Punktes n vom Punkte $n - 1$, beide Strecken in der Rechtwinkligen zur Verschiebungsrichtung gemessen und c_n die Ordinate des Punktes n bezogen auf die Gerade durch die Punkte $n - 2$ und $n - 1$, so ist

$$c'_1 = c_1 \frac{x_r - x_0}{\lambda_1}, \qquad c'_2 = c_2 \frac{x_r - x_1}{\lambda_2}, \qquad c'_n = c_n \frac{x_r - x_{n-1}}{\lambda_n},$$

also

$$\eta_r = \frac{c_1}{\lambda_1}(x_r - x_0) + \frac{c_2}{\lambda_2}(x_r - x_1) + \cdots + \frac{c_r}{\lambda_r}(x_r - x_{r-1}). \tag{41}$$

Werden die Verschiebungen, also die Ordinaten der Biegungslinie in bezug auf die Nullinie durch δ_n bezeichnet, so ist jede Strecke c_n

$$c_n = \delta_n - \delta_{n-1} - (\delta_{n-1} - \delta_{n-2}) \frac{\lambda_n}{\lambda_{n-1}},$$

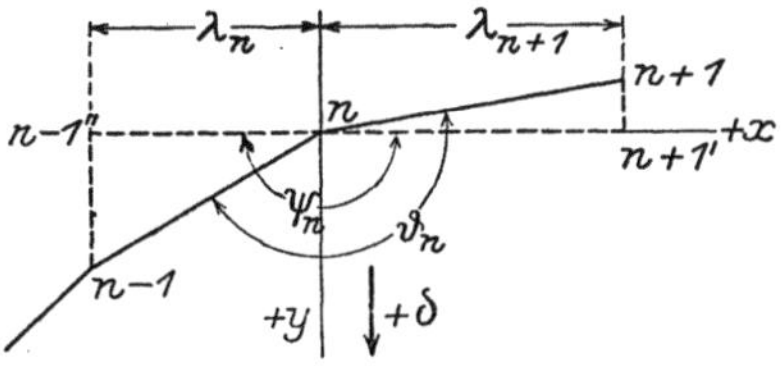

Abb. 207.

also $\frac{c_n}{\lambda_n}$ die Tangente einer Winkeländerung oder, sofern die Verschiebungen sehr klein sind, eine Winkeländerung. $\frac{c_n}{\lambda_n}$ kann nicht die Änderung des Winkels ϑ_{n-1} des Stabzuges sein, da auch die Längenänderungen Δs_n und Δs_{n-1} der Geraden n und $n - 1$ des Stabzuges auf c_n von Einfluß sind. Es ist jedoch möglich, den Winkel, dessen Änderung $\frac{c_n}{\lambda_n}$ ist, durch ein Hilfsmittel im Stabzug darzustellen. Von diesem Mittel soll Gebrauch gemacht werden, um die Berechnung der Größe $\frac{c_n}{\lambda_n}$ als einer Winkeländerung auf eine allgemeingültige Grundlage zu stellen. An den Knotenpunkt n des Stabzuges (Abb. 207) wird der Punkt $n - 1''$ auf der Parallelen zur Verschiebungsrichtung durch $n - 1$ und der Punkt $n + 1'$ auf der Parallelen durch $n + 1$ durch je einen starren, zur Verschiebungsrichtung rechtwinkligen Stab angeschlossen. Schließlich wird $n - 1''$ mit $n - 1$ und $n + 1'$ mit $n + 1$ durch je einen starren Stab verbunden. Die Punkte $n - 1''$ und $n + 1'$ folgen dann jeder Formänderung des Stabzuges, ohne sie zu behindern. Der gestreckte Winkel, den die Stäbe n, $n - 1''$ und n, $n + 1'$ auf der Seite des Stabzuges, nach welcher die positive Verschiebung weist, miteinander einschließen, sei ψ_n bezeichnet. Dann ist

$$\frac{c_{n+1}}{\lambda_{n+1}} = -\Delta \psi_n .$$

Um das zu zeigen, seien die Knotenpunkte $n+1$, n, $n-1$ auf ein rechtwinkliges Koordinatensystem bezogen, dessen Ursprung in Punkt n liegt und dessen positive Y-Achse der positiven Richtung der Verschiebungen gleich ist. Beschreibt nun der Knotenpunkt $n+1$ eine Verschiebung mit den Komponenten Δy_{n+1}, Δx_{n+1}, so beschreibt der Punkt $n+1'$ eine solche mit den Komponenten

$$\Delta y_{n+1'} = \Delta y_{n+1}, \qquad \Delta x_{n+1'} = 0 .$$

Ebenso beschreibt der Punkt $n-1''$ eine Verschiebung

$$\Delta y_{n-1''} = \Delta y_{n-1}, \qquad \Delta x_{n-1''} = 0 ,$$

wenn die Verschiebung des Punktes $n-1$ die Komponenten Δy_{n-1}, Δx_{n-1} hat. Nun ist

$$c_{n+1} = \delta_{n+1} - \delta_n - (\delta_n - \delta_{n-1}) \frac{\lambda_{n+1}}{\lambda_n},$$

$$c_{n+1} = \Delta y_{n+1} + \Delta y_{n-1} \frac{\lambda_{n+1}}{\lambda_n},$$

$$\frac{c_{n+1}}{\lambda_{n+1}} = \frac{\Delta y_{n+1}}{\lambda_{n+1}} + \frac{\Delta y_{n-1}}{\lambda_n},$$

also ergibt sich

$$\frac{c_{n+1}}{\lambda_{n+1}} = \frac{\Delta y'_{n+1}}{\lambda_{n+1}} + \frac{\Delta y'_{n-1}}{\lambda_n} = -\Delta \psi_n .$$

Denn $\frac{\Delta y'_{n+1}}{\lambda_{n+1}}$ ist der Winkel, um den sich der Stab n, $n+1'$ rechtslaufend dreht, und $\frac{\Delta y'_{n-1}}{\lambda_n}$ der Winkel, um den sich der Stab n, $n-1''$ in der entgegengesetzten Richtung dreht. Die Winkeländerungen $\Delta \psi_n$ werden in Gleichung (41) eingeführt

$$\eta_r = -\sum_0^{r-1}{}_n \Delta \psi_n \cdot (x_r - x_n) \qquad \text{oder} \qquad -\sum_0^{r}{}_n \Delta \psi_n \cdot (x_r - x_n) .$$

Die Form der rechten Seite stimmt mit der des statischen Momentes von Kräften überein, welche in den Knotenpunkten *0* bis $r-1$ oder r des Stabzuges parallel zur Richtung der Verschiebung wirken, in bezug auf Knotenpunkt r. Diese Übereinstimmung wird dazu benutzt, die Ordinate der Biegungslinie in bezug auf die Gerade *0 0* als statisches Moment gedachter Kräfte zu berechnen, welche w-Gewichte genannt werden. Wird ihre positive Richtung gleich der positiven Verschiebungsrichtung gewählt, und wie üblich das rechtsdrehende Moment aus Kräften links des Bezugspunktes und das linksdrehende Moment aus Kräften rechts des Bezugspunktes positiv angesetzt, so ist für beide Äste der Biegungslinie, wenn

$$\boldsymbol{w_n = \Delta \psi_n} \tag{42}$$

gesetzt wird,

$$\boldsymbol{\eta_r = M_r w .} \tag{43}$$

Aus der gefundenen Beziehung ergibt sich sofort eine solche gleicher Art für die Ordinate y_r der Biegungslinie in bezug auf eine Gerade $i\,k$ durch zwei beliebige, nicht nebeneinander liegende Punkte i und k in allen Punkten, die zwischen i und k liegen. Nach Abb. 208 ist, da die η negativ sind.

$$\eta_r = y_r + \eta_i \frac{\zeta'}{l} + \eta_k \cdot \frac{\zeta}{l},$$

$$y_r = \eta_r - \eta_i \frac{\zeta'}{l} - \eta_k \frac{\zeta}{l}.$$

Hierin wird

$$-\eta_i = \sum_0^{i-1} {}^n w_n (x_i - x_n),$$

$$-\eta_k = \sum_0^{k-1} {}^n w_n (x_k - x_n);$$

$$\eta_r = -\sum_0^{r-1} {}^n w_n (x_r - x_n)$$

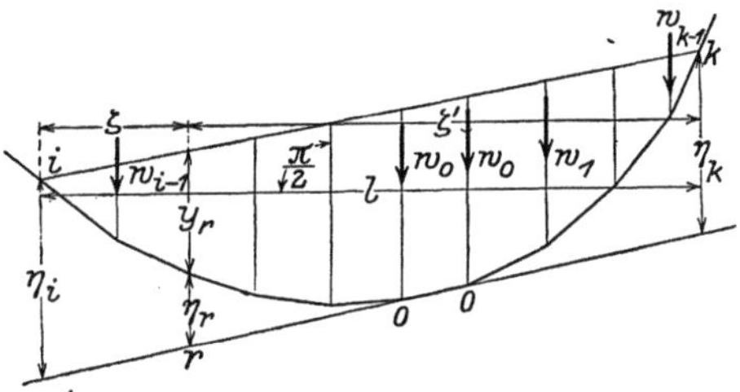

Abb. 208.

eingeführt.

$$y_r = \frac{\zeta'}{l} \sum_0^{i-1} {}^n w_n (x_i - x_n) + \frac{\zeta}{l} \sum_0^{k-1} {}^n w_n (x_k - x_n) - \sum_0^{r} {}^n w_n (x_r - x_n).$$

Liegt r rechts der Punkte 0, so ist das erste Glied das Moment der w-Gewichte in den Punkten 0 bis $i-1$ um Punkt r eines einfachen Balkens von der Stützweite l, das zweite und dritte Glied das Moment der w-Gewichte in den Punkten 0 bis $k-1$ um Punkt r desselben Balkens. Liegt r links von 0, so ist das erste und dritte Glied das Moment der w-Gewichte in den Punkten 0 bis $i-1$ sowie das zweite Glied das Moment der w-Gewichte in den Punkten 0 bis $k-1$ um Punkt r. In beiden Fällen ist demnach y_r = dem Moment aller w-Gewichte in den Punkten zwischen i und k um Punkt r des einfachen Balkens von der Stützweite l.

Demnach bestehen zwei Verfahren zur Berechnung der Ordinate der Biegungslinie aus angenommenen Kräften $w_n = \Delta\psi_n$:

1. Die Ordinate η_r in bezug auf eine Gerade durch zwei nebeneinander liegende Punkte des Stabzuges erhält man in dem statischen Moment der w-Gewichte 0 bis $r-1$ um Punkt r.

2. Die Ordinate y_r in bezug auf eine Gerade durch die beiderseits von r liegenden Punkte i und k erhält man in dem statischen Moment der w-Gewichte aller Punkte zwischen i und k um Punkt r des einfachen Balkens, dessen Stützweite l gleich dem rechtwinklig zur Verschiebungsrichtung gemessenen Abstand der Punkte i und k ist. Dabei ist die positive Kraft w_n der positiven Verschiebung gleichgerichtet, und das Vorzeichen der Momente unterliegt der allgemein getroffenen Festsetzung.

Bei konstantem λ erhält man die Werte M am schnellsten durch zwei Additionsreihen. Im Falle 1 nach dem Muster der folgenden Tabelle:

Punkt	w_n	V_n	$M_n:\lambda$
0	w_0	0	0
1	w_1	$-w_0$	$+V_1$
2	w_2	$+V_1-w_1$	$\frac{M_1}{\lambda}+V_2$
3	w_3	$+V_2-w_2$	$\frac{M_2}{\lambda}+V_3$

Im Falle 2 liegt meist Symmetrie zur Mitte vor. Dann rechnet man zweckmäßig nach folgendem Muster:

Punkt	w_n	V_n	$M_n:\gamma$
1	w_1	V_2+w_1	V_1
2	w_2	V_3+w_2	$\frac{M_1}{\lambda}+V_2$
.	.	.	.
$n-1$	w_{n-1}	V_n+w_{n-1}	$\frac{M_{n-2}}{\lambda}+V_{n-1}$
n	w_n	$\frac{1}{2}w_n$	$\frac{M_{n-1}}{\lambda}+V_n$

Die Punkte sind von i bzw. $k=0$ bis zur Mitte n gezählt. Liegt die Mitte zwischen n und $n+1$, so ist $V_n=0$ zu setzen. Wenn die w-Gewichte unsymmetrisch zur Balkenmitte sind, ist nach dem in Nr. 24, S. 83 angegebenen Verfahren zu rechnen.

Das dargestellte Verfahren kann in dem Moment der w-Gewichte um Punkt r nur die relative Verschiebung des Punktes r gegen eine Gerade durch zwei andere Punkte des Stabzuges ergeben. Sind die Momente als Ordinaten von einer Geraden aus aufgetragen, so ist diese Gerade nicht die wirkliche Nullinie. Der Stabzug wird durch zwei gestützte Knotenpunkte geführt. Die in diesen Punkten errechneten Ordinaten geben die relative Verschiebung der gestützten Punkte gegen eine Gerade durch zwei Punkte des Stabzuges an. Werden sie η_a und η_b bezeichnet und verschieben sich die Stützpunkte um gegebene Strecken δ_a und δ_b, so erfährt die gewählte Gerade in den Punkten a und b die absolute Verschiebung $\delta_a-\eta_a$ und $\delta_b-\eta_b$. Demnach erhält man die absolute Verschiebung des Punktes r durch Addition des errechneten Momentes um r und der Ordinate des Trapezes, dessen

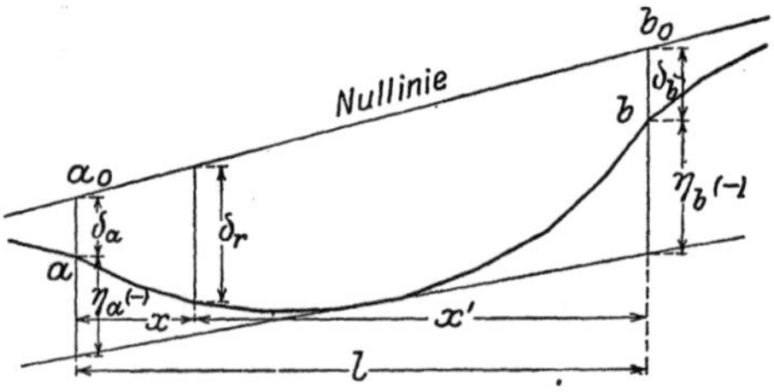

Abb. 209.

Ordinaten in a und b $\delta_a - \eta_a$ und $\delta_b - \eta_b$ sind. Mit den aus Abb. 209 ersichtlichen Bezeichnungen ist

$$\delta_r = M_r w + (\delta_a - \eta_a)\frac{x'}{l} + (\delta_b - \eta_b)\frac{x}{l}. \tag{44}$$

Dieser Ansatz gilt für alle Punkte des Stabzuges, wenn den Punkten links von a ein negatives x, den Punkten rechts von b ein negatives x' beigelegt wird. Zur Darstellung der Biegungslinie ist danach $a\,a_0 = \delta_a$, $b\,b_0 = \delta_b$ aufzutragen, dann bestimmen die Punkte a_0, b_0 die Nulllinie.

Sind die Stützpunkte die Endpunkte des Stabzuges, so liegen alle Punkte desselben zwischen a und b. Man berechnet y_r als Moment der w-Gewichte um Punkt r des einfachen Balkens, dessen Stützweite gleich dem Abstand der Stützpunkte ist und erhält

$$\delta_r = y_r = M_r w,$$

wenn die Stützpunkte sich nicht verschieben, und

$$\delta_r = y_r + \delta_a \frac{x'}{l} + \delta_b \frac{x}{l},$$

wenn die Stützpunkte gegebene Verschiebungen δ_a und δ_b erfahren. Ist einer der Stützpunkte, z. B. b, auf ebener Bahn verschieblich, welche mit der lotrechten Verschiebungsrichtung den Winkel β bildet, Abb. 210, so ist δ_b von der Längenänderung Δl des Abstandes der Punkte a, b abhängig

$$\delta_b = -\Delta l \cdot \operatorname{cotg}\beta.$$

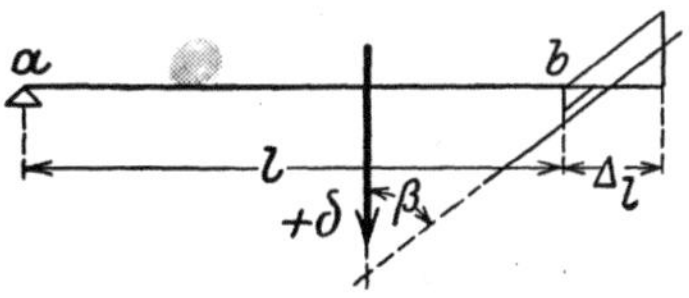

Abb. 210.

Für den einfachen Balken auf zwei Stützen und jeden Bogenträger ohne Kragarm führt der angegebene Weg am einfachsten zum Ziele.

Kragt das vorliegende Tragwerk über die Stützpunkte a und b über, so sind zwei im wesentlichen gleichwertige Berechnungsverfahren möglich. Entweder man wählt eine Gerade durch zwei nebeneinander liegende Knotenpunkte 0, berechnet die Ordinaten η_r für jeden Ast der Biegungslinie als Moment der w-Gewichte in den Punkten 0 bis $r - 1$ und erhält

$$\delta_r = \eta_r + (\delta_a - \eta_a)\frac{x'}{l} + (\delta_b - \eta_b)\frac{x}{l},$$

oder man wählt die Gerade durch die Endpunkte i und k des Tragwerks, berechnet y_r als Moment aller w-Gewichte um Punkt r des einfachen Balkens, dessen Stützweite gleich dem Abstand der Punkte i und k ist, und erhält

$$\delta_r = y_r + (\delta_a - y_a)\frac{x'}{l} + (\delta_b - y_b)\frac{x}{l},$$

wenn l der Abstand der Stützpunkte ist.

Die Biegungslinie eines Balkens auf vier Stützen erhält man am einfachsten, indem man das Tragwerk in drei einfache Balken teilt. Das gilt sowohl für den statisch bestimmten Gelenkträger, wie den statisch unbestimmten durchlaufenden Balken. In den etwa vorhandenen Gelenken ist ein w-Gewicht, $w_g = \Delta\psi_g$, wie in allen andern Knotenpunkten anzusetzen, dagegen ist in den Knotenpunkten über den Stützen das w-Gewicht entbehrlich. Wird in allen Knotenpunkten ein w-Gewicht angesetzt, so kann die Ordinate der Biegungslinie auch als Moment der w-Gewichte für den einfachen Balken berechnet werden, dessen Stützweite gleich dem Abstand der Endstützen ist. Über den mittleren Stützen nimmt das Moment den Wert der gegebenen Stützenverschiebung an, sofern diese bei Berechnung des Wertes der w-Gewichte berücksichtigt ist. Soll im Falle des Gelenkträgers das w-Gewicht in den Gelenken nicht benutzt werden, so muß zunächst die Biegungslinie des Kragträgers ermittelt werden, wozu auch über den Stützen die w-Gewichte anzusetzen sind. Die in den Gelenken gestützten Träger sind dann als einfache Balken zu behandeln, deren Stützpunkt die Verschiebung erfährt, die als Verschiebung des Endpunktes des Kragträgers gefunden ist.

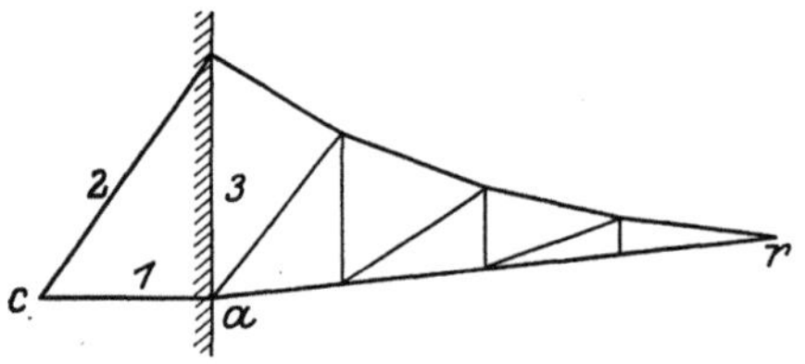

Abb. 211.

Der in Abb. 211 dargestellte Freiträger kann auf einen Balken mit Kragarm zurückgeführt werden. Dazu werden die starren Stäbe *1, 2, 3* hinzugefügt, in a und c unverschiebliche Stützen angenommen und die Ordinaten in r als Momente der w-Gewichte in den Knoten a bis $r-1$ um r berechnet.

Die Berechnung der Ordinate der Biegungslinie als Moment der w-Gewichte und die Bestimmung der Nullinie wird durch eine etwa vorliegende statische Unbestimmtheit nicht berührt. Wie jede Verschiebung eines statisch unbestimmten Tragwerks als solche eines einfach stabilen Tragwerks berechnet werden kann, so gilt das auch für die Biegungslinie.

55. Der Wert der w-Gewichte.

Durch das Hilfsmittel des Anschlusses starrer Stäbe in jedem Knotenpunkt des Stabzuges ist jedes w-Gewicht als Änderung eines gestreckten Winkels dargestellt. Mithin findet man den Wert des w-Gewichtes in jedem Falle in der Winkeländerung $\Delta\psi$.

Der Stabzug, dessen Biegungslinie ermittelt werden soll, ist ein Teil eines Fachwerkes oder Stabwerkes. Die Winkeländerungen $\Delta\psi$ entstehen durch die elastische Formänderung dieses Gebildes. Sie werden mit Hilfe der Arbeitsgleichung berechnet. Um die Größe $\Delta\psi_n$ zu finden, werden die Geraden n, $n-1''$ und n, $n+1'$ mit der Belastungseinheit des Geradenpaares belastet, deren Richtung mit der positiven Winkeländerung $\Delta\psi_n$ übereinstimmt. In Abb. 212 ist die positive Richtung der Verschiebungen durch einen Pfeil bezeichnet. Dadurch ist der untere der beiden Winkel, welche die Stäbe n, $n - 1''$ und n, $n + 1'$ bilden, als Winkel ψ_n gekennzeichnet. Die Belastungseinheit des Geradenpaares bilden drei in den Punkten $n - 1''$, n, $n + 1'$ angreifende Kräfte, deren Kraftlinien rechtwinklig zu den beiden Stäben also parallel zur Verschiebungsrichtung sind. Die Kraft im Punkte n ist der positiven Richtung der Verschiebung gleichgerichtet, ihre Größe ist $\frac{1}{\lambda_n} + \frac{1}{\lambda_{n+1}}$.

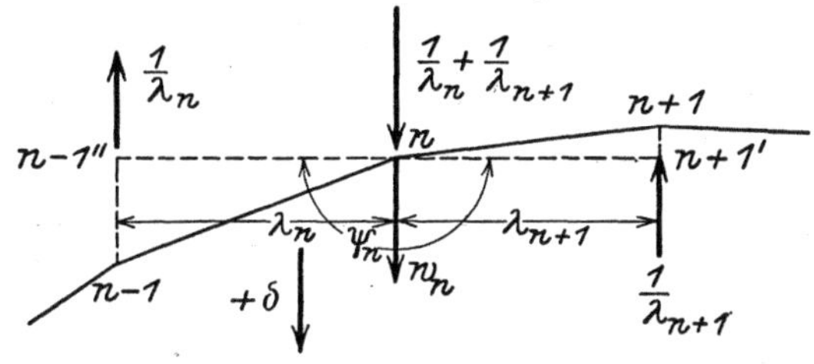

Abb. 212.

Die Kräfte in den Punkten $n - 1''$ und $n + 1'$ haben die entgegengesetzte Richtung und die Größe $\frac{1}{\lambda_n}$ bzw. $\frac{1}{\lambda_{n+1}}$. Wenn sich der Winkel ψ_n um $\Delta\psi_n$ ändert, leisten die drei Kräfte die Arbeit $1 \cdot \Delta\psi_n$. Sie erzeugen in dem Fachwerk oder Stabwerk innere Kräfte, deren Arbeit bei der betrachteten Formänderung A_i bezeichnet sei. Aus der Arbeitsgleichung folgt

$$1 \cdot \Delta\psi_n = -\overline{A}_i ,$$

somit

$$\boldsymbol{w_n = -\overline{A}_i .} \tag{45}$$

Die Berechnung der inneren Arbeit $\overline{A}_i$ gestaltet sich für das Fachwerk und das Stabwerk verschieden.

a) Fachwerk. Die eingeführte Belastungseinheit des Geradenpaares erzeugt in den Stäben des Fachwerks die Spannkräfte $\overline{S}$. Die elastischen Längenänderungen der Stäbe seien Δs. Dann ist

$$-\overline{A}_i = \sum \overline{S} \cdot \Delta s$$

und damit folgt

$$\boldsymbol{w_n = \sum \overline{S}\, \Delta s .} \tag{46}$$

Die Summe erstreckt sich über alle Stäbe, in denen Spannkräfte $\overline{S}$ entstehen. Im allgemeinen sind das nur die Stäbe um den Knotenpunkt n herum. Die Formel hat jedoch ganz allgemeine Gültigkeit. Sie gibt also auch den Wert des w-Gewichtes in dem Gelenk zwischen zwei Fachwerkscheiben an, z. B. dem Scheitelgelenk eines Dreigelenkbogens. In diesem Falle erstreckt sich die Summe über alle Stäbe der Scheiben. Da die angeschlossenen Hilfsstäbe starr angenommen sind, leisten die in ihnen entstehenden Spannkräfte keine Arbeit. Da ferner die Kraftlinien der Kräfte in den Punkten $n - 1''$ und $n + 1'$ durch die Knotenpunkte $n - 1$ und $n + 1$ gehen, können auch diese Knotenpunkte als Angriffspunkte gewählt werden. Mit

$$\Delta s = \frac{S \cdot s}{EF} + \varepsilon \cdot t \cdot s$$

ergibt sich

$$w_n = \sum \overline{S}\left(\frac{S \cdot s}{EF} + \varepsilon \cdot t \cdot s\right).$$

Da die w-Gewichte sehr kleine Größen sind, empfiehlt sich die Multiplikation mit einer großen Zahl. Man wählt zweckmäßig die Zahl $\frac{E \cdot F_c}{\text{Krafteinheit}}$, indem man einen geeigneten Querschnitt konstanter Größe F_c einführt. Dadurch wird gleichzeitig eine Vereinfachung der Rechnung erreicht. Man erhält

$$E \cdot F_c \cdot w_n = w_n' = \sum \overline{S}\left(S \cdot s \cdot \frac{F_c}{F} + \varepsilon \cdot E \cdot t \cdot s \cdot F_c\right)$$

und damit auch die Verschiebungen mit $E \cdot F_c$ vervielfacht. $\overline{S}$ bezeichnet hierin einen Zahlenwert.

Bei unregelmäßiger Gliederung des Fachwerkes werden die Spannkräfte $\overline{S}$ am einfachsten durch Kräftepläne ermittelt. Meist lassen sich jedoch die Spannkräfte $\overline{S}$ durch geeignete Formeln in gewissen

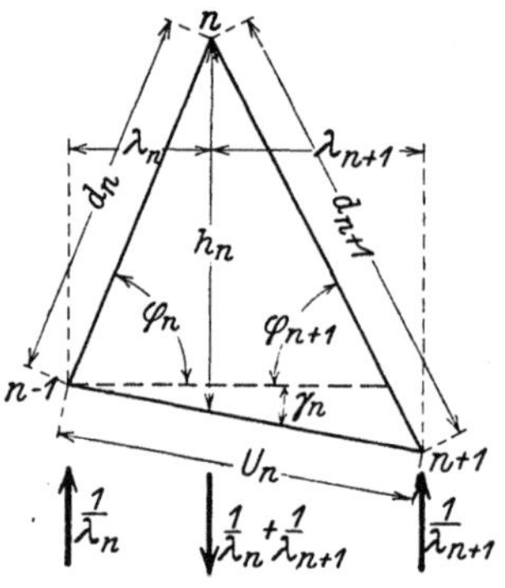

Abb. 213.

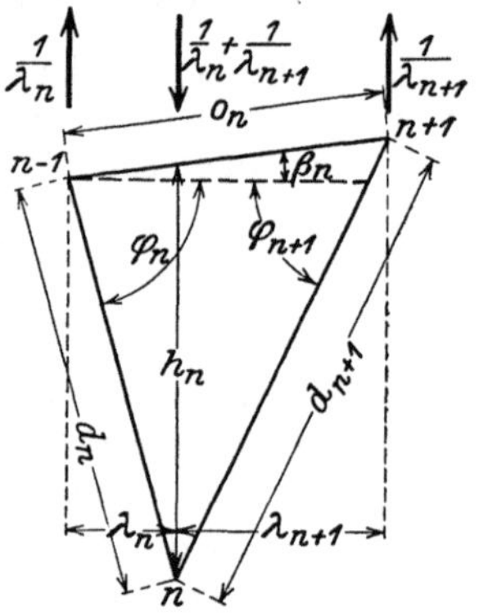

Abb. 214.

Abmessungen des Fachwerkes ausdrücken. Dann erhält man auch für das w-Gewicht eine Formel, welche die Durchführung der Rechnung bequem gestaltet. Die Aufstellung solcher Formeln soll an den wichtigsten Bauarten erläutert werden.

Der Stabzug besteht aus den Schrägstäben eines Strebenfachwerks. Da seine Knotenpunkte abwechselnd der Ober- und Untergurtung angehören, findet derselbe Wechsel in den w-Gewichten statt. Zur Berechnung des w-Gewichtes in einem Knotenpunkt der Obergurtung ist die in Abb. 213 dargestellte Belastung anzunehmen. Sie erzeugt nur in drei Stäben Spannkräfte, nämlich

$$\overline{U}_n = \frac{\sec\gamma_n}{h_n}, \qquad \overline{D}_n = -\frac{\sec\varphi_n}{h_n}, \qquad \overline{D}_{n+1} = -\frac{\sec\varphi_{n+1}}{h_n}.$$

Mithin ergibt sich

$$w_n = \frac{1}{h_n}(\varDelta u_n \cdot \sec\gamma_n - \varDelta d_n \sec\varphi_n - \varDelta d_{n+1} \cdot \sec\varphi_{n+1}). \tag{47}$$

Abb. 214 zeigt die Belastung, die zur Berechnung des w-Gewichtes in einem Knotenpunkt der Untergurtung anzunehmen ist. Sie erzeugt

$$\bar{O}_n = -\frac{\sec\beta_n}{h_n}, \quad \bar{D}_n = \frac{\sec\varphi_n}{h_n}, \quad \bar{D}_{n+1} = \frac{\sec\varphi_{n+1}}{h_n}$$

und man erhält

$$w_n = \frac{1}{h_n}(-\Delta o_n \sec\beta + \Delta d_n \sec\varphi_n + \Delta d_{n+1} \sec\varphi_{n+1}). \tag{48}$$

Die Längenänderungen der Stäbe Δo, Δu, Δd sind von der Ursache abhängig, welche die Formänderung erzeugt. Handelt es sich um eine Belastung, so ist

$$E \cdot F_c \cdot \Delta u_n = \frac{M_n}{h_n} \sec\gamma_n \cdot u'_n, \qquad u'_n = u_n \frac{F_c}{F_u},$$

$$E \cdot F_c \cdot \Delta o_n = -\frac{M_n}{h_n} \sec\beta_n \cdot o'_n, \qquad o'_n = o_n \frac{F_c}{F_d},$$

$$E \cdot F_c \cdot \Delta d_n = \mp\left(\frac{M_n}{h_n} - \frac{M_{n-1}}{h_{n-1}}\right) \sec\varphi_n \cdot d'_n; \qquad d'_n = d_n \frac{F_c}{F_d},$$

$$E \cdot F_c \cdot d_{n+1} = \mp\left(\frac{M_n}{h_n} - \frac{M_{n+1}}{h_{n+1}}\right) \sec\varphi_{n+1} \cdot d'_{n+1}; \qquad d'_{n+1} = d_{n+1} \cdot \frac{F_c}{F_d}$$

einzuführen. In den beiden letzten Formeln gilt das obere Vorzeichen für das w-Gewicht der Obergurtung. Man erhält für dieses

$$E \cdot F_c \cdot w_n = \frac{1}{h_n^2}\left[M_n \cdot u'_n \sec^2\gamma_n + \left(M_n - M_{n-1} \cdot \frac{h_n}{h_{n-1}}\right) d'_n \cdot \sec^2\varphi_n \right.$$
$$\left. + \left(M_n - M_{n+1} \frac{h_n}{h_{n+1}}\right) d'_{n+1} \sec^2\varphi_{n+1}\right]$$

und für das w-Gewicht der Untergurtung

$$E \cdot F_c \cdot w_n = \frac{1}{h_n^2}\left[M_n \cdot o'_n \cdot \sec^2\beta_n + \left(M_n - M_{n-1} \frac{h_n}{h_{n-1}}\right) d'_n \sec^2\varphi_n \right.$$
$$\left. + \left(M_n - M_{n+1} \frac{h_n}{h_{n+1}}\right) d'_{n+1} \sec^2\varphi_{n+1}\right].$$

Ist die Biegungslinie der Untergurtung eines Strebenfachwerks zu berechnen, so läuft der Stabzug durch die Knotenpunkte der Untergurtung. In jedem derselben ist ein w-Gewicht anzusetzen. Abb. 215 zeigt die zur Berechnung anzunehmende Belastung. Sie erzeugt

$$\bar{O}_n = -\frac{\sec\beta_n}{h_n}, \qquad \bar{U}_r = +\frac{\sec\gamma_r}{2h_r}, \qquad \bar{U}_{r+1} = +\frac{\sec\gamma_{r+1}}{2h_{r+1}},$$

$$\bar{D}_r = -\frac{\sec\varphi_r}{2h_r}, \qquad \bar{D}_{n+1} = -\frac{\sec\varphi_{n+1}}{2h_{r+1}}, \qquad \bar{D}_n = \left(\frac{1}{h_n} - \frac{1}{2h_r}\right)\sec\varphi_n,$$

$$\bar{D}_{r+1} = \left(\frac{1}{h_n} - \frac{1}{2h_{r+1}}\right)\sec\varphi_{r+1}.$$

Demnach ergibt sich

$$w_n = \frac{1}{h_n}(-\Delta o_n \cdot \sec\beta_n + \Delta d_n \cdot \sec\varphi_n + \Delta d_{r+1} \cdot \sec\varphi_{r+1}), \tag{49}$$

$$+\frac{1}{2h_r}(+\Delta u_r \cdot \sec\gamma_r - \Delta d_r \sec\varphi_r - \Delta d_n \cdot \sec\varphi_n),$$

$$+\frac{1}{2h_{r+1}}(+\Delta u_{r+1} \cdot \sec\gamma_{r+1} - \Delta d_{n+1} \cdot \sec\varphi_{n+1} - \Delta d_{r+1} \cdot \sec\varphi_{r+1})$$

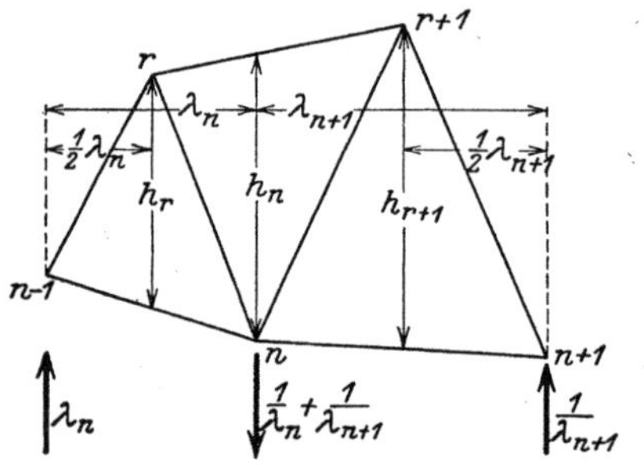

Abb. 215.

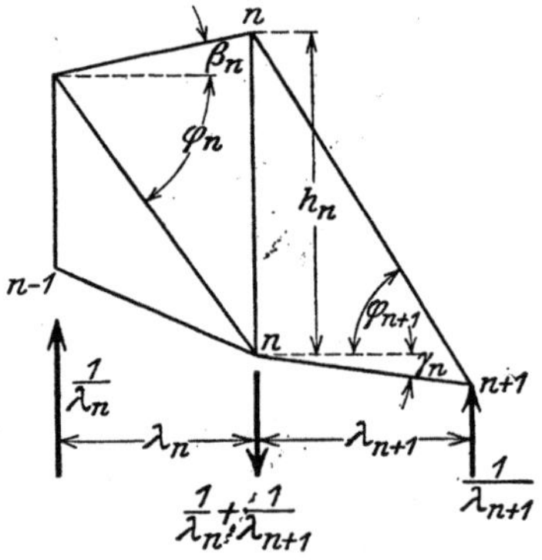

Abb. 216.

Pfostenfachwerk mit linkssteigenden Schrägstäben. Zur Berechnung des w-Gewichtes im Knotenpunkt der Untergurtung ist die in Abb. 216 dargestellte Belastung anzunehmen. Sie erzeugt

$$\overline{O}_n = -\frac{\sec\beta_n}{h_n}, \quad \overline{U}_n = +\frac{\sec\gamma_n}{h_n}, \quad \overline{D}_n = +\frac{\sec\varphi_n}{h_n}, \quad \overline{D}_{n+1} = -\frac{\sec\varphi_{n+1}}{h_n},$$

$$\overline{L}_{n-1} = -\frac{1}{\lambda_n}, \qquad \overline{L}_n = +\frac{1}{h_n}(\operatorname{tg}\beta_n + \operatorname{tg}\varphi_{n+1}).$$

Demnach ergibt sich

$$w_n = \frac{1}{h_n}\Big[-\Delta o_n \cdot \sec\beta_n + \Delta u_n \cdot \sec\gamma_n + \Delta d_n \cdot \sec\varphi_n - \Delta d_{n+1} \cdot \sec\varphi_{n+1} \tag{50}$$

$$-\Delta h_{n-1}\frac{h_n}{\lambda_n} + \Delta h_n(\operatorname{tg}\beta_n + \operatorname{tg}\varphi_{n+1})\Big].$$

Die von den Pfosten abhängigen Glieder sind fast immer vernachlässigbar klein, da die Querschnitte der Pfosten aus Erfordernissen der Konstruktion wesentlich größer gewählt werden, als die in ihnen auftretenden Spannkräfte verlangen. Handelt es sich um eine Belastung, so ist

$$E \cdot F_c \Delta o_n = -\frac{M_n}{h_n} \cdot o_n' \cdot \sec\beta_n, \qquad EF \cdot \Delta u_n = \frac{M_n}{h_n} u_n' \sec\gamma_n,$$

$$E \cdot F_c \Delta d_n = \left(\frac{M_n}{h_n} - \frac{M_{n-1}}{h_{n-1}}\right) d_n' \sec\varphi_n,$$

$$EF_c \Delta d_{n+1} = -\left(\frac{M_n}{h_n} - \frac{M_{n+1}}{h_{n+1}}\right) d_{n+1}' \cdot \sec\varphi_{n+1}$$

einzuführen. Man erhält mit Vernachlässigung der Pfosten

$$E \cdot F_c \cdot w_n = w_n' = \frac{1}{h_n^2}\Big[M_n(o_n' \sec^2\beta_n + u_n' \sec^2\gamma_n)$$

$$+\left(M_n - M_{n-1}\frac{h_n}{h_{n-1}}\right) d_n' \sec^2\varphi_n + \left(M_n - M_{n+1}\frac{h_n}{h_{n+1}}\right) d_{n+1}' \cdot \sec^2\varphi_{n+1}\Big].$$

In manchen Fällen ist es zweckmäßig, die w-Gewichte durch die Größen auszudrücken, welche die Formänderung des Stabzuges kennzeichnen, nämlich die Änderungen $\Delta\vartheta$ der Winkel zwischen den Stäben und die Längenänderungen Δs der Stäbe. Man gewinnt diese Beziehung gleichfalls mit Hilfe der Arbeitsgleichung, indem man die starren Stäbe $n, n-1''$, und $n, n+1'$ und ebenso die Stäbe $n, n-1$ und $n, n+1$ durch die Belastungseinheit des Geradenpaares belastet. Beide Belastungseinheiten erhalten entgegengesetzten Drehungssinn, ihre Kräfte stehen daher untereinander im Gleichgewicht. Abb. 217. Die Belastungseinheit des Geradenpaares $n, n-1''$ und $n, n+1'$ besteht wie oben in drei Kräften, die in den Punkten $n-1''$, n und $n+1'$ angreifen. Die Belastungseinheit des Geradenpaares n, $n-1$ und n, $n+1$ besteht in einem Kräftepaar, dessen Kräfte von der Größe $\frac{1}{s_n}$ in den Punkten $n-1$ und n angreifen, und einem zweiten Kräftepaar, dessen Kräfte von der Größe $\frac{1}{s_{n+1}}$ in den Punkten n und $n+1$ angreifen. Die Richtung beider Kräftepaare deckt sich mit der Richtung der gegenseitigen Drehung der Stäbe n und $n+1$ um $-\Delta\vartheta_n$. Die Belastung erzeugt im Stabe n die Spannkraft $-\frac{\operatorname{tg}\beta_n}{s_n}$ und im Stabe $n+1$ die Spannkraft $+\frac{\operatorname{tg}\beta_{n+1}}{s_{n+1}}$. Mithin lautet die Arbeitsgleichung für die beschriebene Belastung und den durch die Größen $\Delta\vartheta_n$, Δs_n, Δs_{n+1} gekennzeichneten Formänderungszustand

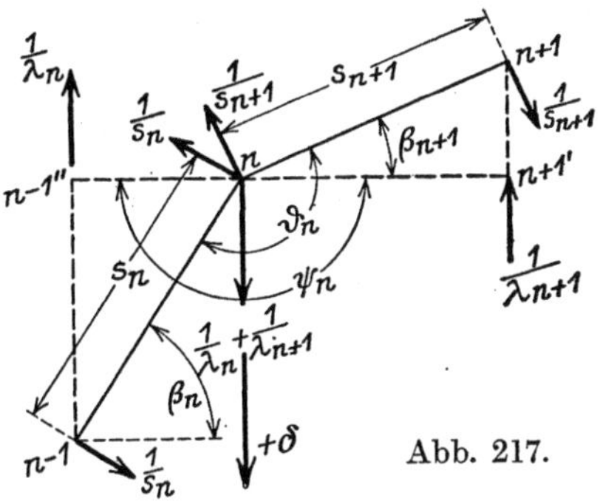

Abb. 217.

$$1 \cdot \Delta\psi_n' - 1 \cdot \Delta\vartheta_n = -\frac{\Delta s_n}{s_n}\operatorname{tg}\beta_n + \frac{\Delta s_{n+1}}{s_{n+1}}\operatorname{tg}\beta_{n+1}$$

und daraus folgt

$$\Delta\psi_n = w_n = \Delta\vartheta_n - \frac{\Delta s_n}{s_n}\operatorname{tg}\beta_n + \frac{\Delta s_{n+1}}{s_{n+1}}\operatorname{tg}\beta_{n+1}. \tag{51}$$

b) Stabwerk. Die eingeführte Belastungseinheit erzeugt in dem Stabwerk die Momente $\overline{M}$ und Normalkräfte $\overline{N}$. Dann ist

$$-\overline{A}_i = \int \overline{M}\,\Delta\,d\varphi + \int \overline{N}\,\Delta\,ds$$

oder, wenn $\Delta d\varphi$ und Δds durch die Momente M und Normalkräfte N ausgedrückt werden, durch welche sie entstehen.

$$w_n = -\overline{A}_i = \int \overline{M} \cdot \frac{M}{EJ} ds + \int \overline{N} \cdot \frac{N}{EF} ds. \qquad (52)$$

Die Integrale erstrecken sich über alle Teile des Stabwerkes, in denen Momente $\overline{M}$ und Normalkräfte $\overline{N}$ auftreten. Bilden die Knotenpunkte $n-1$, n, $n+1$ drei aufeinanderfolgende Punkte der Achse eines biegungsfesten Stabes, so ergreift die eingeführte Belastung nur das Stabstück $n-1$, n, $n+1$. Ist jedoch der Knotenpunkt n ein Gelenk zwischen zwei Stäben, dann ergreift die Belastung beide und unter Umständen noch weitere Stäbe des Stabwerkes. Die Formel läßt sich für diesen Fall nicht weiter vereinfachen, es müssen alle Werte $\overline{M}$ und $\overline{N}$ als Funktionen des Ortes aufgestellt werden, um die Integration durchzuführen.

Im erstgenannten, bei weitem häufigsten Falle führt die Integration unter der Voraussetzung, daß die äußeren Kräfte nur in den Knotenpunkten angreifen und das Trägheitsmoment für jeden Stab zwischen den Knotenpunkten unveränderlich angenommen werden kann, zu einer einfachen Formel für das w-Gewicht. Das Moment der äußeren Kräfte in den Knotenpunkten sei M_{n-1}, M_n, M_{n+1}, die Normalkräfte in den beiden Stäben seien N_n und N_{n+1}. Die angenommene Belastung erzeugt im Stab n (Abb. 218)

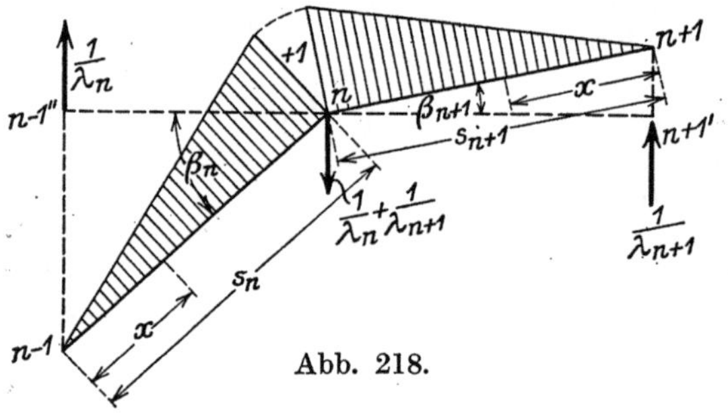

Abb. 218.

$$\overline{M}_x = \frac{1}{\lambda_n} \cdot x \cdot \cos\beta_n = \frac{x}{s_n}, \qquad \overline{N}_n = -\frac{1}{s_n} \operatorname{tg}\beta_n,$$

in Stab $n+1$

$$\overline{M}_x = \frac{1}{\lambda_{n+1}} x \cdot \cos\beta_{n+1} = \frac{x}{s_{n+1}}, \qquad \overline{N}_{n+1} = +\frac{1}{s_{n+1}} \cdot \operatorname{tg}\beta_{n+1}.$$

Die $\overline{M}$-Fläche ist demnach für jeden Stab ein Dreieck von der Höhe 1 in Punkt n, der Höhe 0 in den Punkten $n-1$ und $n+1$. Demnach ergibt die Auswertungsformel

$$\int \overline{M} \cdot M \cdot \frac{J_c}{J} \cdot ds = \frac{1}{s_n}(2M_n + M_{n-1}) \frac{s_n^2}{6} \frac{J_c}{J_n} + \frac{1}{s_{n+1}}(2M_n + M_{n+1}) \frac{s_{n+1}^2}{6} \frac{J_c}{J_{n+1}},$$

oder mit

$$s_n' = s_n \frac{J_c}{J_n}, \qquad s_{n+1}' = s_{n+1} \frac{J_c}{J_{n+1}};$$

$$\int \overline{M} M \frac{J_c}{J} ds = \frac{1}{6} [M_{n-1} \cdot s_n' + 2M_n (s_n' + s_{n+1}') + M_{n+1} \cdot s_{n+1}'].$$

Da ferner

$$\int \overline{N} N \frac{J_c}{F} \cdot ds = -N_n \cdot \frac{J_c}{F_n} \operatorname{tg}\beta_n + N_{n+1} \cdot \frac{J_c}{J_{n+1}} \cdot \operatorname{tg}\beta_{n+1}$$

ist, so erhält man

$$\boldsymbol{E \cdot J_c \cdot w_n = w'_n = \frac{1}{6} [M_{n-1} \cdot s'_n + 2 M_n (s'_n + s'_{n+1}) + M_{n+1} \cdot s'_{n+1}]} \tag{53}$$

$$\boldsymbol{- N_n i_n^2 \cdot \operatorname{tg}\beta_n + N_{n+1} \cdot i_{n+1}^2 \cdot \operatorname{tg}\beta_{n+1}},$$

worin $i_n^2 = \frac{J_c}{F_n}$, $\quad i_{n+1}^2 = \frac{J_c}{F_{n+1}}$ ist.

In vielen Fällen kann man die Knotenpunkte in gleichem Abstand λ wählen, $\frac{J_c}{J_n \cos\beta_n} = 1$ setzen, und den Einfluß der Normalkräfte vernachlässigen, dann gilt die einfache Formel

$$\boldsymbol{E \cdot J_c \cdot w_n = \frac{\lambda}{6} (M_{n-1} + 4 M_n + M_{n+1})}. \tag{54}$$

Aus einer Änderung der Temperatur um t_0 in der Stabachse t_1 an dem unteren t_2 am oberen Rande des Querschnittes, die geradlinig über t_0 verläuft, ist mit

$$\Delta\, d\varphi = \frac{t_1 - t_2}{h} ds = \frac{\Delta t}{h} ds,$$

$$w_n = \frac{\varepsilon \Delta t}{2h} (s_n + s_{n+1}) - \varepsilon t_0 (\operatorname{tg}\beta_n - \operatorname{tg}\beta_{n+1}).$$

Das elastische Gewicht eines biegungsfesten Stabes unterscheidet sich von dem w-Gewicht darin, daß es nur von den Abmessungen des Stabes abhängig ist, während jenes durch die Abmessungen und die Ursachen der Formänderung bestimmt ist. In der Gleichung

$$y_r = M_r w,$$

für die auf die Gerade $i\,k$ bezogene Ordinate der Biegungslinie und in der von Mohr aufgestellten Gleichung (36) S. 253

$$\delta_m = M_m$$

sind die w-Gewichte und die angenommene Belastung des Stabelementes $M \cdot d\,g$ Größen gleicher Art. Die w-Gewichte sind Einzellasten, die Belastung $M \cdot d\,g$ ist eine stetige Belastung. Zur Berechnung des Momentes M_m nach Mohr wird die stetige Belastung durch Einzellasten ersetzt, indem die Strecke $a\,b = l$ in eine Anzahl gleicher Felder von der Länge λ geteilt und jedem Feld die Last $\int_0^\lambda \frac{M \cdot dx}{EJ}$ zugewiesen wird. Stellt man $\eta = \frac{M}{EJ}$ oder auch $\eta' = M \frac{J_c}{J}$ als Ordinate einer Kurve dar und teilt die η-Fläche durch Lotrechte in den Feldpunkten, so ist der Inhalt jedes Flächenteiles gleich der dem Feld zugewiesenen Einzellast. Der Angriffspunkt jeder Einzellast ist der Schwerpunkt der Fläche. Nunmehr werden die Momente der Lasten für den einfachen Balken in den Angriffspunkten der Lasten berechnet. Zwischen diesen Punkten verlaufen die Momente geradlinig. In jedem Feldpunkt haben das statische Moment und die Querkraft der Einzellasten dieselben Werte wie das statische Moment und die Querkraft der stetigen Belastung η.

Die in den Feldpunkten anzusetzenden w-Gewichte kann man aus der stetigen Belastung erhalten, wenn man diese als eine mittelbare, in den Feldpunkten übertragene auffaßt. Denn zu jedem w_n liefern die Felder n und $n+1$ einen Beitrag, der durch das Integral $\frac{1}{\lambda}\int\limits_0^\lambda \eta \cdot x \cdot dx$ angegeben ist. Das ist der Auflagerdruck der Belastung η der Felder n und $n+1$ in Punkt n. Die Momente der mittelbaren Belastung haben in den Feldpunkten denselben Wert wie die Momente der unmittelbaren, während die Querkräfte verschieden sind. Daraus folgt: Berechnet man die Ordinaten der Biegungslinie nach dem von Mohr angegebenen Verfahren, so erhält man das der stetig gekrümmten Biegungslinie in den Feldpunkten umschriebene Vieleck. Die Berechnung der Biegungslinie aus den w-Gewichten ergibt das der stetigen Biegungslinie in den Feldpunkten einbeschriebene Vieleck. Beide Verfahren sind an sich anwendbar. Die Ermittlung aus den w-Gewichten verdient jedoch den Vorzug, da die Abstände der Lasten gleich groß gewählt werden können, und die Laststellungen nicht erst als Schwerpunkte von Flächen berechnet werden müssen.

O. Mohr[1]) hat zuerst die Biegungslinie als Momentenlinie gedachter Kräfte aufgefaßt und die daraus entspringende Berechnung der Ordinate der Biegungslinie gezeigt. Die Berechnung der w-Gewichte aus der Arbeitsgleichung und die gebräuchlichen Formeln für ihre Werte sind von Müller-Breslau[2]) gegeben.

56. Anwendungen.

a) Biegungslinie der Untergurtung des Sichelbogens von der in Abb. 163 dargestellten Bauart mit 12 Feldern, erzeugt durch zwei wagerechte Lasten *1* in den Endpunkten a und b. Nach Nr. 50, S. 247 ist diese Biegungslinie die Einflußlinie für die gegenseitige Verschiebung der Punkte a und b infolge lotrechter Lasten. In den Knotenpunkten *1* bis *11* wird je ein w-Gewicht angesetzt. Infolge der Symmetrie des Fachwerkes und der Belastung zur lotrechten Mittelachse im Knotenpunkt *6* sind die Werte der w-Gewichte gleichfalls symmetrisch. Somit

---

[1]) Fußnote 1 Seite 253 und 16.

[2]) Müller-Breslau, H.: Beitrag zur Theorie des Fachwerkes, Zeitschr. d. Arch.- u. Ing.-Vereins zu Hannover 1885. S. 418. Derselbe Beitrag zur Theorie der ebenen elastischen Träger, ebenda 1888, S. 605.

sind nur die Werte w_1 bis w_6 zu berechnen. Nach Formel 50 ist für $n = 2 \ldots 5$

$$E \cdot F_c \cdot w_n = \frac{1}{h_n} (-\varDelta o'_n \sec\beta_n + \varDelta u'_n \sec\gamma_n + \varDelta d'_n \sec\varphi_n - \varDelta d'_{n+1} \sec\varphi_{n+1}),$$

wenn der Einfluß der Lotrechten vernachlässigt wird. Die Belastung erzeugt die in 48b angegebenen Spannkräfte S_a.

Die Kleinheit des Wertes L_n rechtfertigt neben der Größe des Querschnittes die Vernachlässigung. Mit

$$\varDelta' o_n = -\frac{y_{un}}{h_n} \cdot \lambda \cdot \frac{F_c}{F_0} \sec^2\beta_n, \qquad \varDelta' u_n = +\frac{y_{on}}{h_n} \cdot \lambda \cdot \frac{F_c}{F_u} \sec^2\gamma_n,$$

$$\varDelta' d_n = +\frac{1}{h_n}\left(y_{un} - y_{un-1}\frac{h_n}{h_{n-1}}\right)\lambda \cdot \frac{F_c}{F_d} \sec^2\varphi_n,$$

$$\varDelta' d_{n+1} = -\frac{1}{h_n}\left(y_{un} - y_{un+1}\frac{h_n}{h_{n+1}}\right)\lambda \frac{F_c}{F_d} \sec^2\varphi_{n+1}$$

ergibt sich

$$w'_n = \frac{\lambda}{h_n^2}\left[y_{un} \cdot \frac{F_c}{F_o} \sec^3\beta_n + y_{on} \cdot \frac{F_c}{F_u} \sec^3\gamma_n + \left(y_{un} - y_{un-1}\frac{h_n}{h_{n-1}}\right)\frac{F_c}{F_d} \sec^3\varphi_n \right.$$
$$\left. + \left(y_{un} - y_{un+1}\frac{h_n}{h_{n-1}}\right)\frac{F_c}{F_d} \sec^3\varphi_{n+1}\right].$$

$$w'_1 = \frac{1}{h_1}(-\varDelta o'_1 \sec\beta_1 + \varDelta u'_1 \sec\gamma_1 + \varDelta u'_2 \sec\gamma_2 - \varDelta d'_2 \sec\varphi_2)$$

mit $O_1 = -\frac{y_{u1}}{h_1} \sec\beta_1, \qquad U_1 = +\frac{y_{o1}}{h_1} \sec\gamma_1,$

$$U_2 = +\frac{y_{o1}}{h_1} \sec\gamma_2, \qquad D_2 = +\left(\frac{y_{u2}}{h_2} - \frac{y_{u1}}{h_1}\right) \sec\varphi_2$$

ergibt sich

$$w'_1 = \frac{\lambda}{h_1^2}\left[y_{u1}\frac{F_c}{F_o} \sec^3\beta_1 + y_{o1}\left(\frac{F_c}{F_u} \sec^3\gamma_1 + \frac{F_c}{F_u} \sec^3\gamma_2\right) \right.$$
$$\left. + \left(y_{u1} - y_{u2}\frac{h_1}{h_2}\right)\frac{F_c}{F_d} \sec^3\varphi_2\right],$$

$$w'_6 = \frac{2}{h_6}(-\varDelta o'_6 \sec\beta_6 + \varDelta d'_6 \sec\varphi_6),$$

$$w'_6 = \frac{2\lambda}{h_6^2}\left[y_{u6}\frac{F_c}{F_o} \sec^3\beta_6 + \left(y_{u6} - y_{u5}\frac{h_6}{h_5}\right)\frac{F_c}{F_d} \sec^3\varphi_6\right].$$

In manchen Fällen können auch die Schrägstäbe vernachlässigt werden. Handelt es sich um den Vergleich der Ordinate der Biegungslinie mit der gegenseitigen Verschiebung der Punkte a und b, die durch dieselbe Belastung erzeugt ist, so darf häufig auch $F_c = F_o = F_u$ gesetzt werden. Dann erhält man die einfachen Formeln

$$w_1' = \frac{\lambda}{h_1^2}\,[y_{u1} \sec^3\beta_1 + y_{o1}(\sec^3\gamma_1 + \sec^3\gamma_2)],$$

$$n = 2 \ldots 5,$$

$$w_n' = \frac{\lambda}{h_n^2}\,(y_{un} \cdot \sec^3\beta_n + y_{on} \sec^3\gamma_n),$$

$$w_6' = \frac{2\lambda}{h_6^2}\, y_{u6} \cdot \sec^3\beta_6 .$$

Die Vernachlässigung des von den Diagonalen abhängigen Gliedes in w_6' ist, da $\frac{F_c}{F_d}$ ein mehrfaches von $\frac{F_c}{F_o}$ ist, nur begründet, wenn $y_{u6} - y_{u5}\frac{h_6}{h_5}$ hinreichend klein ist. Im allgemeinen wird der Ansatz $F_c = F_o = 2\,F_u$ in den mittleren Stäben den wirklichen Verhältnissen besser gerecht, als $F_o = F_u$.

Nach Berechnung der w-Gewichte läßt sich die Längenänderung $\Delta' ab = \Delta l'$ auch durch die w'-Gewichte und die Längenänderungen $\Delta' u$ der Untergurtstäbe ausdrücken. In der Formel Nr. 10

$$\Delta l = \sum_1^{m-1} y_n \cdot \Delta\vartheta_n + \sum_1^{m} \Delta s_n \cdot \cos\beta_n$$

wird nach Formel Nr. 51

$$\Delta\vartheta_n = w_n + \frac{\Delta s_n}{s_n} \cdot \operatorname{tg}\beta_n - \frac{\Delta s_{n+1}}{s_{n+1}} \operatorname{tg}\beta_{n+1}$$

eingeführt. Jede Stablängenänderung ist in drei Gliedern vorhanden

$$\Delta s_n\left(-\frac{y_{n-1}}{s_n}\operatorname{tg}\beta_n + \frac{y_n}{s_n}\operatorname{tg}\beta_n + \cos\beta_n\right) =$$

$$\Delta s_n \cos\beta_n\,(\operatorname{tg}^2\beta_n + 1) = \Delta s_n \sec\beta_n .$$

Demnach ergibt sich

$$\boldsymbol{\Delta l = \sum_1^{m-1}{}^{n}\, y_n \cdot w_n + \sum_1^{m}{}^{n}\, \Delta s_n} \cdot \sec\beta_n{}^{1)} \tag{55}$$

und für den vorliegenden Fall

$$\Delta l' = \sum_1^{11}{}^{n}\, y_{un} \cdot w_n' + \sum_1^{12}{}^{n}\, \Delta u_n' \cdot \sec\gamma,$$

$$\Delta l' = \sum_1^{11}{}^{n}\, y_{un} \cdot w_u' + \lambda \sum_1^{12}{}^{n} \left(\frac{y_{o+n}}{h_n} \cdot \frac{F_c}{F_u} \cdot \sec^3\gamma_n\right).$$

Nach Berechnung der w'-Gewichte werden die Durchbiegungen $\delta_m' = E \cdot F_c \cdot \delta_m$ nach Tabelle 2, S. 270 als Momente des einfachen Balkens von der Stützweite l berechnet.

[1]) Müller-Breslau, H.: Graphische Statik II, 1, S. 109.

b) Biegungslinie des vollwandigen Bogens, erzeugt durch zwei wagerechte Kräfte 1 in den Endpunkten a und b. Die Ordinate des Bogens in bezug auf die Gerade $a\,b$ sei y, β der Neigungswinkel des Bogenelementes gegen $a\,b$. Da $M_n = 1 \cdot y_n$, $N_n = 1 \cdot \cos\beta_n$ ist, erhält man nach Formel 53

$$w'_n = \frac{1}{6}\left[y_{n-1} \cdot s'_n + 2y_n\,(s'_n + s'_{n+1}) + y_{n+1} \cdot s'_{n+1}\right] - i_n^2 \cdot \sin\beta_n + i_{n+1}^2 \cdot \sin\beta_{n+1}.$$

Für die Längenänderung der Sehne $a\,b$ ergibt sich nach Gleichung (55)

$$\Delta l' = \sum_1^{m-1} {}^n\, y_n \cdot w'_n + \lambda \sum_1^{m} {}^n\, i_n^2 \cdot \sec\beta_n .$$

Die von i_n^2 abhängigen Glieder sind nur bei sehr flachen Bögen nicht vernachlässigbar klein. Häufig darf $J \cdot \cos\beta = J_c$ gesetzt werden. Dann ist $s'_n = s'_{n+1} = \lambda$ und man erhält mit Vernachlässigung von i_n^2

$$w'_n = \frac{\lambda}{6}\,(y_{n-1} + 4y_n + y_{n+1}).$$

Mit Hilfe dieser einfachen Formel sollen die Ordinaten der Biegungslinie für einen nach der Parabel gekrümmten Bogen $f = 4$ m, $l = 24$ m berechnet werden. Der Bogen wird in 20 Felder geteilt $\lambda = 1{,}2$ m. Die Durchführung der Rechnung zeigt nachstehende Tabelle (2 auf S. 270).

Punkt	w'_n	V_n	$\frac{M_n}{\lambda} = \frac{\delta'_n}{\lambda}$
1	0,2 (0 + 4 · 0,76 + 1,44) = 0,896	31,772	31,772
2	0,2 (0,76 + 4 · 1,44 + 2,04) = 1,716	30,876	62,648
3	0,2 (1,44 + 4 · 2,04 + 2,56) = 2,432	29,160	91,808
4	0,2 (2,04 + 4 · 2,56 + 3,00) = 3,056	26,728	118,536
5	0,2 (2,56 + 4 · 3,00 + 3,36) = 3,584	23,672	142,208
6	0,2 (3,00 + 4 · 3,36 + 3,64) = 4,016	20,088	162,296
7	0,2 (3,36 + 4 · 3,64 + 3,84) = 4,352	16,072	178,368
8	0,2 (3,64 + 4 · 3,84 + 3,96) = 4,592	11,720	190,088
9	0,2 (3,84 + 4 · 3,96 + 4,00) = 4,736	7,128	197,216
10	0,2 (3,96 + 8,00) 2 = 4,784	2,392	199,608

c) Biegungslinie des vollwandigen Dreigelenkbogens, erzeugt durch ein positives Moment $M = 1$ im Scheitelgelenk. Diese Biegungslinie ist nach Nr. 50 die Einflußlinie für die gegenseitige Drehung der Querschnitte beiderseits des Gelenkes in der Richtung des positiven Momentes. Es entsteht

$$H = -\frac{1}{f}, \qquad M = +\frac{y}{f}.$$

Wenn $J\cos\beta = J_c$ gesetzt und i^2 vernachlässigt werden darf, erhält man für alle Knotenpunkte mit Ausnahme des Scheitelgelenkes

$$w'_n = \frac{\lambda}{6f}\,(y_{n-1} + 4y_n + y_{n+1}).$$

Um w'_g im Scheitelgelenk zu berechnen, wird g durch $\frac{2}{\lambda}$, $g-1$ und $g+1$ durch die nach oben gerichtete Kraft $\frac{1}{\lambda}$ belastet. Dadurch entsteht

$$\overline{H} = +\frac{1}{f}, \qquad \overline{M} = -\frac{y}{f}$$

in allen Punkten links von $g-1$ und rechts von $g+1$. In dem Felde g entsteht, wenn ζ den wagerechten Abstand von $g-1$ bezeichnet

$$\overline{M} = -\frac{y}{f} + \frac{1}{\lambda}\cdot\zeta .$$

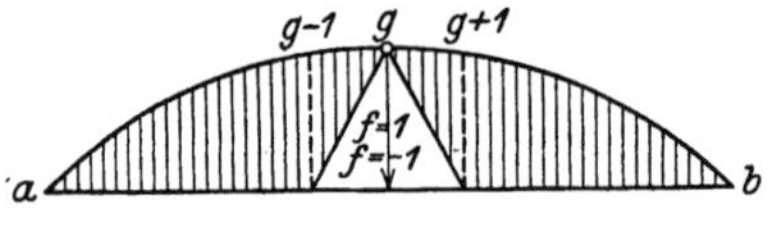

Abb. 219.

Die $\overline{M}$-Fläche ist demnach, wenn $f=-1$ gesetzt wird, die Fläche zwischen der Bogenachse und der Geraden $a\,b$, von der das Dreieck von der Basis 2λ und der Höhe $f=-1$ in g abgezogen ist, Abb. 219. Unter Vernachlässigung der Normalkräfte ergibt die Arbeitsgleichung

$$w'_g = -\frac{1}{f^2}\int_0^l y^2\cdot\frac{J_c}{J}\cdot ds + \frac{2}{\lambda f}\int_0^\lambda y\cdot\zeta\,\frac{J_c}{J}\,ds,$$

nun ist

$$\frac{2}{\lambda\cdot f}\int_0^\lambda y\cdot\zeta\cdot\frac{J_c}{J}\,ds = w''_g$$

wenn w''_g das w'-Gewicht im Scheitel des Bogens ohne Gelenk bezeichnet, also mit den bezeichneten Vernachlässigungen aus

$$w''_g = \frac{\lambda}{3f}(y_{g-1} + 2y_g)$$

zu berechnen ist. Der Winkel, um den die Querschnitte beiderseits des Gelenkes sich gegeneinander in der Richtung des positiven Momentes drehen, sei τ bezeichnet. Dann ergibt die Arbeitsgleichung für die angenommene Belastung $\overline{M} = +1$

$$1.\ \tau' = \frac{1}{f^2}\int_0^l y^2\,\frac{J_c}{J}\,ds,$$

also ist

$$w'_g = -\tau' + w''_g .$$

Ist $J\cos\beta = J_c$ und y die Ordinate einer Parabel, so ergibt die Integration

$$\int_0^l y^2\,dx = \frac{8}{15}f^2 l,$$

$$w'_g = -\frac{8}{15}l + w''_g .$$

Nachstehend sind die Ordinaten der Biegungslinie für den Dreigelenkbogen von den Abmessungen des in b behandelten Bogens berechnet. Die $w'_1 \ldots w'_9$ ergeben sich aus denen des letzteren durch Teilung durch f.

Punkt	w'_n	V_n	$\frac{M'_n}{\lambda} = \frac{\delta'_n}{\lambda}$
1	0,224	+ 1,543	+ 1,543
2	0,429	+ 1,319	+ 2,862
3	0,608	+ 0,890	+ 3,752
4	0,764	+ 0,282	+ 4,034
5	0,896	— 0,482	+ 3,552
6	1,004	— 1,382	+ 2,174
7	1,088	— 2,382	— 0,208
8	1,148	— 3,470	— 3,678
9	1,184	— 4,618	— 8,296
10	$-\frac{8 \cdot 24}{15} + \frac{4{,}784}{4} = -11{,}604$	— 5,802	—14,098

Die lotrechte Durchbiegung des Scheitelgelenkes infolge der Belastung $M = +1$ erhält man aus der Arbeitsgleichung mit

$$\overline{M} = \frac{x}{2} - \frac{l}{4f}\,y, \qquad \overline{N} = -\frac{l}{4f} \cdot \cos\beta,$$

$$\delta'_g = \frac{2}{f}\int\limits_0^{\frac{1}{2}l}\left(\frac{x}{2} - \frac{l}{4f}\,y\right) y\,\frac{J_c}{J}\,ds - \frac{l}{4f^2}\int\limits_0^{l}\frac{J_c}{F}\cos^2\beta\,ds,$$

$$\delta'_g = \frac{1}{f}\int\limits_0^{\frac{1}{2}l} y \cdot x\,dx - \frac{l}{4f^2}\int\limits_0^{l} y^2\,dx - \frac{l^2}{4f^2}\,i_0^2,$$

wenn für $\frac{Jc}{F}\cos\beta$ ein mittlerer Wert i_0^2 eingeführt wird,

$$\delta'_g = +\frac{5}{48}\,l^2 - \frac{2}{15}\,l^2 - l^2\,\frac{i_0^2}{4f^2},$$

$$\delta'_g = -l^2\left(\frac{7}{240} + \frac{i_0^2}{4f^2}\right).$$

Für den vorliegenden Fall ist ohne Berücksichtigung des zweiten Gliedes

$$\frac{\delta'_g}{\lambda} = -14{,}0.$$

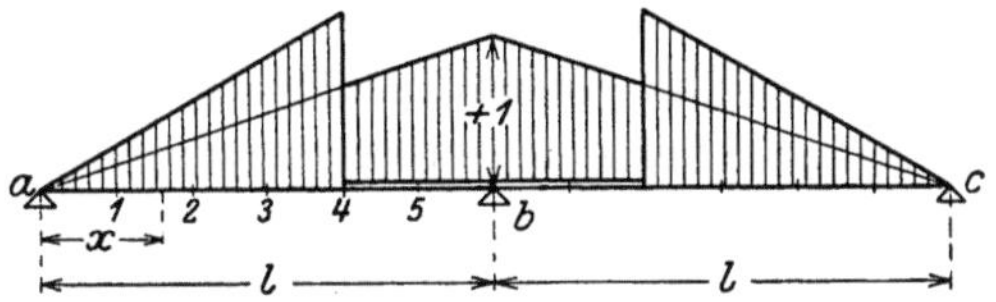

Abb. 220.

Das zweite Glied ist offensichtlich nur bei sehr flachen Bögen zu beachten. Für den vorliegenden entsteht daraus, wenn i_0^2 des I-Querschnittes $N \cdot P\,40 = 248$ cm² gewählt wird, eine Korrektur um 0,192.

d) Der Balken auf drei Stützen der Abb. 220 hat über der mittleren Stütze ein Gelenk. Es soll die Biegungslinie berechnet werden, die durch ein die Querschnitte beiderseits des Gelenkes belastendes Moment $M = +1$ erzeugt wird. Das Moment im Abstand x von den Stützpunkten a und c ist $+\frac{x}{l}$. Das Trägheitsmoment sei abgestuft, die Stufen mögen in den Knotenpunkten liegen. Für jeden Knotenpunkt n in dem sich das Trägheitsmoment nicht ändert, ist

$$w_n' = \frac{\lambda}{6}\frac{J_c}{J}(n-1+4n+n+1)\frac{\lambda}{l} = \frac{n}{m}\lambda\frac{J_c}{J},$$

wenn $m \cdot \lambda = l$ ist. Für jeden Knotenpunkt, in dem sich das Trägheitsmoment ändert, ist

$$w_n' = \frac{\lambda}{6}\left[(n-1)\frac{J_c}{J_n} + 2n\left(\frac{J_c}{J_n} + \frac{J_c}{J_{n+1}}\right) + (n+1)\frac{J_c}{J_{n+1}}\right]\frac{\lambda}{l},$$

$$w_n' = \left[3n\left(\frac{J_c}{J_n} + \frac{J_c}{J_{n+1}}\right) - \frac{J_c}{J_n} + \frac{J_c}{J_{n+1}}\right]\frac{\lambda}{6m}.$$

Die weitere Durchführung der Rechnung sei an einem Zahlenbeispiel erläutert. Es sei $\lambda = 3$, $m = 6$. In den beiden Feldern zunächst der mittleren Stütze sei $\frac{J_c}{J} = 1$, in den übrigen Feldern $\frac{J_c}{J} = 1{,}6$.

Punkt	w_n'	$V+B$	$\frac{M'}{\lambda}+nB$	$n \cdot B$	$\frac{M'}{\lambda}$
1	$\frac{3 \cdot 1{,}6}{6} = 0{,}8$	9,85	9,85	5,65	4,2
2	$\frac{2 \cdot 3 \cdot 1{,}6}{6} = 1{,}6$	9,05	18,90	11,30	7,6
3	$\frac{3 \cdot 3 \cdot 1{,}6}{6} = 2{,}4$	7,45	26,35	16,95	9,4
4	$(12 \cdot 2{,}6 - 0{,}6)\frac{3}{36} = 2{,}55$	5,05	31,40	22,60	8,8
5	$\frac{5 \cdot 3 \cdot 1{,}0}{6} = 2{,}50$	2,50	33,90	28,25	5,65
	0	0	33,90	33,90	0

$$B = \frac{33{,}9}{6} = 5{,}65\,.$$

Die gegenseitige Drehung τ der Querschnitte beiderseits des Gelenkes, die durch die Belastung $M = 1$ erzeugt wird, erhält man aus der Arbeitsgleichung für die angenommene Belastung $\overline{M} = 1$

$$\tau' = 2\int_0^l \overline{M}\,M\frac{J_c}{J}\,dx\,.$$

Abb. 220 zeigt die $M\frac{J_c}{J}$-Fläche. Die $\overline{M}$-Fläche ist ein Dreieck von der Höhe $+1$ in Punkt b. Mithin ist nach der Auswertungsformel, wenn n die Zahl der Felder mit dem kleineren Trägheitsmoment J_2 ist, und $J_c = J_1$ gesetzt wird

$$\tau' = 2\frac{1}{l}\left(\frac{l}{2}\frac{2}{3}l + \frac{n\lambda}{l}\cdot\frac{n\lambda}{2}\cdot\frac{2}{3}n\lambda\frac{J_1 - J_2}{J_2}\right),$$

$$\tau' = \frac{2}{3}\left(l + \frac{n^3\lambda^3}{l^2}\frac{J_1 - J_2}{J_2}\right) = \frac{2}{3}\lambda\left[m + \left(\frac{n}{m}\right)^2 n\frac{J_1 - J_2}{J_2}\right].$$

Man kann auch einfacher

$$\tau' = 2B + \frac{3m-1}{3m}\lambda$$

rechnen, da $w_6' = \frac{m-1+2m}{6m}2\lambda$ ist. Für das vorliegende Beispiel ergibt sich $\tau' = 14{,}13$.

e) Der in Abb. 221 dargestellte Balken auf drei Stützen besteht aus zwei Fachwerkscheiben, die über der Mittelstütze im Knotenpunkt

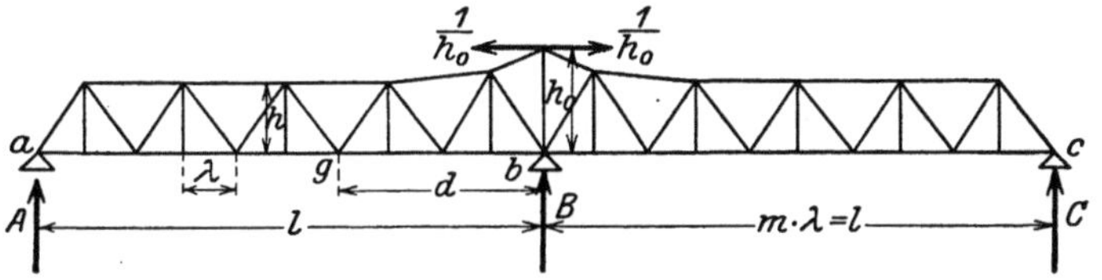

Abb. 221.

der Obergurtung nicht verbunden sind. Der lotrechte Stab ist zweiteilig ausgebildet. Es soll die Biegungslinie der unteren Gurtung berechnet werden, die durch zwei wagerechte, die Scheiben im Obergurtknoten über der Mittelstütze belastende Kräfte $\frac{1}{h_o}$ entsteht. Die Belastung erzeugt

$$A = C = \frac{1}{l}, \qquad O_n = -1\frac{n}{m}\frac{\sec\beta_n}{h_n}, \qquad U_n = +1\frac{n}{m}\frac{\sec\gamma_n}{h_n},$$

im linkssteigenden Schrägstab

$$D_n = \frac{1}{m}\left(\frac{n}{h_n} - \frac{n-1}{h_{n-1}}\right)\sec\varphi_n,$$

im rechtssteigenden Schrägstab

$$D_{n+1} = \frac{1}{m}\left(\frac{n}{h_n} - \frac{n+1}{h_{n+1}}\right)\sec\varphi_{n+1}.$$

Soweit die Gurtungen parallel verlaufen, gelten die einfacheren Formeln

$$O_n = -\frac{n}{mh}, \qquad U_n = +\frac{n}{mh}, \qquad D_n = \frac{\sec\varphi}{mh}, \qquad D_{n+1} = -\frac{\sec\varphi}{mh}.$$

Die w'-Gewichte in den Fußpunkten der Lotrechten sind nach Formel 47, in den anderen Knotenpunkten nach Formel 48 anzusetzen.

Im Teil mit parallelen Gurtungen ist $\Delta' d_n + \Delta' d_{n+1} = 0$, wenn die Querschnitte der Schrägstäbe gleiche Größe haben. Die beiden Glieder sind jedoch auch bei verschiedener Größe der Querschnitte vernachlässigbar klein. Mithin ist für $n = 1, 2 \ldots$ abwechselnd

$$w_n' = 2\frac{n}{m}\frac{\lambda}{h^2}\frac{F_c}{F_u},$$

$$w_n' = 2\frac{n}{m}\frac{\lambda}{h^2}\frac{F_c}{F_o}.$$

In dem Teile des Fachwerks, in dem die Obergurtung ansteigt, ist

$$w_n' = \frac{\lambda}{h_n^2}\left[2\frac{n}{m}\frac{F_c}{F_u} + \left(\frac{n}{m} - \frac{n-1}{m}\frac{h_n}{h_{n-1}}\right)\frac{F_c}{F_{dn}}\sec^3\varphi_n \right.$$
$$\left. + \left(\frac{n}{m} - \frac{n+1}{m}\frac{h_n}{h_{m+1}}\right)\frac{F_c}{F_{dn+1}}\sec^3\varphi_{n+1}\right],$$

und

$$w_n' = \frac{\lambda}{h_n^2}\left[2\frac{n}{m}\frac{F_c}{F_o}\sec^3\beta_n + \cdots + \cdots\right].$$

Auch in diesen Formeln sind die beiden letzten Glieder häufig vernachlässigbar klein. Die Werte $M' : \lambda$ werden aus den w'-Gewichten wie im Falle d) berechnet. Ebenso findet man für τ', die gegenseitige Drehung der Geraden durch die Knotenpunkte der Ober- und Untergurtung beider Scheiben über der Mittelstütze

$$\tau' = 2(B + w_b'),$$

$$w_b' = \frac{\lambda}{h_o^2}\left[\frac{F_c}{F_o}\sec^3\beta + \left(1 - \frac{m-1}{m}\frac{h_o}{h_{o-1}}\right)\frac{F_c}{F_d}\sec^3\varphi\right].$$

f) Gelenkträger auf drei Stützen mit einem Gelenk in g, Abb. 221. Der eingehängte Träger sei durch lotrechte Lasten belastet. Die hierdurch erzeugte Biegungslinie der unteren Gurtung soll berechnet werden. Die w'-Gewichte in den Knotenpunkten *0* bis $m-1$ beider Scheiben mit Ausnahme des Gelenkpunktes g werden nach den Formeln 47 und 48 berechnet. Die Berechnung von w_g' ist in Nr. 48e dargestellt. In der Formel

$$w_g' = \sum \overline{S} \cdot S \cdot s\frac{F_c}{F}$$

erstreckt sich die Summe über alle Spannkräfte des Fachwerkes. Es kann indessen w_g' auch aus den übrigen w'-Gewichten ermittelt werden, wenn man zu den oben bezeichneten noch w_b' im Untergurtknoten b hinzufügt. Wird die Biegungslinie als Moment der w'-Gewichte in allen Knotenpunkten der Untergurtung für den einfachen Balken von der Stützweite $ac = 2l$ ermittelt, so muß das Moment im Punkt b zu 0 werden, da die Verschiebung 0 ist. Ist eine Verschiebung um δ_b nach unten gegeben, so muß

$$\frac{1}{\lambda}M_b' w = EF_c \cdot \frac{\delta_b}{\lambda}$$

sein. Nun läßt sich $M'_b w$ zerlegen in das Moment der nach obigen Angaben berechneten w'-Gewichte und in das Moment aus w'_g. Das erste ist

$$\frac{\lambda}{2}\sum_{n=1}^{m-1} w'_n \cdot n + \frac{\lambda}{2}\sum_{n=1}^{m-1} w'_n \cdot n + \frac{\lambda}{2} w'_b \cdot m\,,$$

worin die erste Summe, abgesehen von w'_g, alle w'-Gewichte der linken, die zweite die w'-Gewichte der rechten Öffnung umfaßt. Das Moment aus w'_g ist $\frac{1}{2} w'_g\,(l-d)$. Mithin erhält man

$$w'_g \frac{l-d}{\lambda} = 2E \cdot F_c \frac{\delta_b}{\lambda} - \sum_{n=1}^{m-1} w'_n \cdot n - \sum_{n=1}^{m-1} w'_n \cdot n - w'_b \cdot m\,.$$

g) Es soll noch eine häufiger benutzte Formel abgeleitet werden. Ein Balken unveränderlichen Trägheitsmomentes auf zwei Stützen a und b sei durch ein Moment M_a in a und ein Moment M_b in b belastet. Gesucht ist die lotrechte Ordinate der Biegungslinie im Abstand z von der Balkenmitte. Die angenommene Belastung ist $P = 1$ in z. Die $\overline{M}$-Fläche ist ein Dreieck von der Höhe $\frac{(l-2z)(l+2z)}{4l}$ und der Basis l, Abb. 222. Die M-Fläche ein Trapez mit den Ordinaten M_a und M_b

$$\delta'_m = \int_{-\frac{l}{2}}^{+\frac{l}{2}} \overline{M} \cdot M\,dz\,.$$

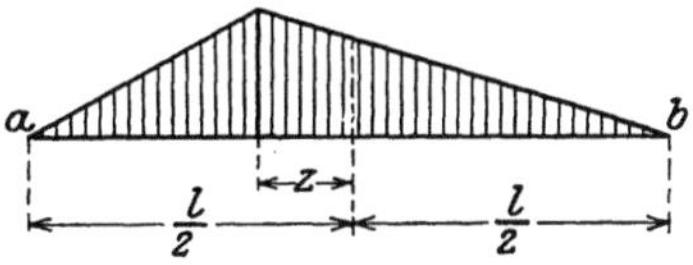

Abb. 222.

Nach der Auswertungsformel ergibt sich

$$\delta'_m = \frac{M_a}{l}\frac{l^2-4z^2}{4l}\cdot\frac{l}{2}\left(\frac{l}{2}+\frac{1}{3}z\right) + \frac{M_b}{l}\cdot\frac{l^2-4z^2}{4l}\cdot\frac{l}{2}\left(\frac{l}{2}-\frac{1}{3}z\right),$$

$$\boldsymbol{\delta'_m = \frac{l^2-4z^2}{48}\left[M_a\left(3+2\frac{z}{l}\right)+M_b\left(3-2\frac{z}{l}\right)\right].} \tag{56}$$

Wird der Balken in $2m$-Felder von der Feldweite λ geteilt, so ist für $z = n\lambda$

$$\frac{\delta'_m}{\lambda^2} = \frac{m^2-n^2}{12}\left[M_a\left(3+\frac{n}{m}\right)+M_b\left(3-\frac{n}{m}\right)\right].$$

Nachstehende Tabelle gibt die Werte für $m = 4$ und 5 an.

n	$\delta'_n : \lambda^2 \cdot m = 4$	$\delta'_u : \lambda^2 : m = 5$
0	$4\,(M_a + M_b)$	$\frac{25}{4}\,(M_a + M_b)$
1	$\frac{5}{16}\,(13\,M_a + 11\,M_b)$	$\frac{16}{20}\,(8\,M_a + 7\,M_b)$
2	$\frac{8}{16}\,(7\,M_a + 5\,M_b)$	$\frac{7}{20}\,(17\,M_a + 13\,M_b)$
3	$\frac{7}{16}\,(5\,M_a + 3\,M_b)$	$\frac{32}{20}\,(3\,M_a + 2\,M_b)$
4	—	$\frac{3}{20}\,(19\,M_a + 11\,M_b)$

IV. Das Gleichgewicht des statisch unbestimmten Tragwerkes.

a) Allgemeine Lösung.

57. Die Elastizitätsbedingungen.

Die wesentliche Eigenschaft des statisch unbestimmten Tragwerkes ist die Beschränkung der Formänderung durch die wechselseitige Abhängigkeit zwischen den Abmessungen seiner Glieder. Jedes Glied stellt eine Elastizitätsbedingung. Mithin sind in einem Tragwerk von $2k + n$ Gliedern die Abmessungen der Glieder durch n Beziehungen untereinander verknüpft, und die Formänderung unterliegt n Beschränkungen. Die Formänderung jedes Gliedes steht in linearer Abhängigkeit zu der in ihm wirkenden statischen Größe. Mithin folgen aus den n Beschränkungen der Formänderung ebenso viele Bedingungen für den Gleichgewichtszustand des statisch unbestimmten Tragwerkes, und die Lösung der Gleichgewichtsaufgabe kann nur aus ihnen hergeleitet werden. Diese Bedingungen aufzustellen, muß das erste Ziel sein. Es ist auf zwei verschiedenen Wegen zu erreichen.

a) Da $2k + n$ Elastizitätsgleichungen einschließlich der Auflagerbedingungen bestehen — I, Gl. (1, 2, 3, 4) —, die nur $2k$ Verschiebungskomponenten enthalten, können die Verschiebungskomponenten eliminiert werden. Danach bleiben n Gleichungen übrig, welche die Änderungen Δs, $\Delta \vartheta$ der Abmessungen der inneren Glieder und die Verschiebungen c der Stützen bzw. Drehungen der Einspannungen miteinander verknüpfen. Sie drücken die Beschränkungen aus, denen die Formänderung unterliegt. Nur wenn sie erfüllt werden, vollzieht sich die Formänderung jedes Gliedes im Einklang mit der Formänderung aller anderen Glieder. Jede Gleichgewichtsbedingung des Prinzips der virtuellen Verrückungen für einen Selbstspannungszustand ist eine Gleichung der bezeichneten Art. Denn da die Kräfte des Selbstspannungszustandes bekannt sind, verbindet die Gleichgewichtsbedingung die virtuellen Verrückungen miteinander. Die virtuellen Verrückungen eines elastischen Tragwerkes unterliegen ganz denselben geometrischen Bedingungen wie die wirklichen. Die Gleichgewichtsbedingungen für einen Selbstspannungszustand enthalten von den Verschiebungskomponenten nur die Stützenverschiebungen. Mithin bringen sie die wirklichen Δs, $\Delta \vartheta$, c in gegenseitige Abhängigkeit. Man erhält die erforderliche Anzahl von n Gleichungen, indem man n voneinander unabhängige Selbstspannungszustände bestimmt. Das erfordert für jeden Zustand die willkürliche Wahl von n statischen Größen und die Berechnung der übrigen $2k$ aus den in gleicher Zahl vorhandenen Gleichgewichtsbedingungen der Knotenpunkte. Da n Größen willkürlich wählbar sind, bestehen n voneinander unabhängige Selbstspannungszustände. Die Willkürlichkeit der Wahl unterliegt nur der Einschränkung, daß die $2k$ Gleichgewichtsbedingungen erfüllbar bleiben. Mithin kann durch die Wahl der willkürlichen Größen die Form der gesuchten Gleichungen beeinflußt werden. Es lassen sich jedoch nicht mehr als n voneinander unabhängige Gleichungen aufstellen, da nur ebenso viele voneinander unabhängige Selbstspannungszustände möglich sind, wie auch die Elimination von $2k$ Größen aus $2k+n$ linearen Gleichungen nicht mehr als n Gleichungen ergeben kann.

Es bezeichne C_r die Stützkräfte, zu denen auch die etwaigen Einspannungsmomente gezählt werden sollen, S_r die Spannkräfte, N_r die Normalkräfte, M_r die Momente und V_r die Querkräfte des Selbstspannungszustandes r. Dann lautet die Gleichgewichtsbedingung des Prinzips der virtuellen Verrückungen für den Selbstspannungszustand r, die ihrer Bedeutung gemäß Arbeitsgleichung für den Zustand r zu nennen ist, für das Fachwerk

$$\sum C_r \cdot c - \sum S_r \cdot \Delta s = 0 \tag{1}$$

für das Stabwerk

$$\sum C_r \cdot c - \sum \int N_r \cdot \Delta ds - \sum \int M_r \cdot \Delta d\varphi - \sum \int V_r \cdot dp - \sum S_r \cdot \Delta s = 0\,. \tag{2}$$

Letztere enthält die Winkeländerungen der steifen Ecken $\Delta\vartheta$ nicht unmittelbar. Sie kann jedoch durch eine einfache Umformung und Integration über die biegungsfesten Stäbe auf die Form

$$\sum C_r c - \sum N_r \Delta s - \sum M_{er} \cdot \Delta\vartheta - \sum S_r \cdot \Delta s = 0$$

gebracht werden, woraus die Gleichwertigkeit beider Gleichungen erhellt.

In (1) und (2) wird nun

$$\Delta s = S \cdot \varrho + \varepsilon \cdot t \cdot s\,,$$

$$\Delta ds = \frac{N}{EF} \cdot ds + \varepsilon \cdot t_0 \cdot ds\,,$$

$$\Delta d\varphi = \frac{M}{EJ} ds + \varepsilon \cdot \frac{\Delta t}{h} \cdot ds\,,$$

$$dp = \frac{V}{GF \cdot \varkappa} ds$$

eingeführt und die Arbeit der Stützkräfte

$$\sum C_r \cdot c = L_r$$

bezeichnet. So erhält man in

$$L_r - \varepsilon \sum S_r \cdot t \cdot s - \sum S_r \cdot S \cdot \varrho = 0 \tag{3}$$

$$\left.\begin{aligned} &L_r - \varepsilon \sum \left(\int N_r t_0 \cdot ds + \int M_r \cdot \frac{\Delta t}{h} \cdot ds \right) \\ &- \sum \left(\int \frac{N_r \cdot N}{EF} ds + \int \frac{M_r \cdot M}{EJ} ds + \int \frac{V_r \cdot V}{GF \cdot \varkappa} \right) - \sum S_r \cdot S \cdot \varrho = 0 \end{aligned}\right\} \tag{4}$$

die gesuchten Gleichungen, welche die Spannkräfte S, Normalkräfte N, Momente M und Querkräfte V des statisch unbestimmten Tragwerkes miteinander verknüpfen. Sie sind Gleichgewichtsbedingungen, drücken aber infolge der zweifachen Abhängigkeit der Arbeit eine Bedingung aus, welcher die Formänderung des statisch unbestimmten Tragwerks unterworfen ist. Da hierin ihre Bedeutung liegt, werden sie Elastizitätsbedingungen des statisch unbestimmten Tragwerks genannt.

b) Der zweite Weg geht von der Formänderung eines einfach stabilen Tragwerkes aus, welches aus $2k$ notwendigen Gliedern des vorgelegten besteht. Werden die Elastizitätsbedingungen der n überzähligen Glieder nicht beachtet, so haben die in den Gliedern wirkenden statischen Größen für die Formänderung des einfach stabilen Tragwerkes die Bedeutung von Lasten. Sie können jeden beliebigen Wert annehmen, da nur $2k$ Gleichgewichtsbedingungen zu erfüllen sind. Bei dieser Formänderung treten Änderungen in den Abmessungen der überzähligen Glieder ein, die trotz bestimmter Lasten, Temperaturänderung und Stützenverschiebungen in gleicher Weise veränderlich sind, wie die statischen Größen der überzähligen Glieder. Mithin kann jeder Änderung ein bestimmter Wert vorgeschrieben werden. Dieser wird nun so gewählt, daß die bisher vernachlässigte Elastizitätsbedingung erfüllt wird. Dadurch erhält man n lineare Gleichungen zwischen den n statischen Größen der überzähligen Glieder. Die den Gleichungen genügenden Werte erzeugen die besondere Formänderung des einfach stabilen Tragwerkes, welche alle Elastizitätsbedingungen der überzähligen Glieder erfüllt. Da die Aufgabe, den Gleichgewichtszustand des vorgelegten Tragwerkes zu bestimmen, nur eine Lösung hat, folgt daraus, daß die berechneten Werte der statischen Größen in den überzähligen Gliedern dieses Tragwerkes auftreten.

Um die Gleichungen aufzustellen, ist zunächst ein einfach stabiles Tragwerk zu bilden. Es wird statisch bestimmtes Hauptsystem genannt. Die statischen Größen der überzähligen Glieder heißen die statisch unbestimmten Größen und sollen $X_a, X_b \dots X_n$ bezeichnet werden. Die Bildung des statisch bestimmten Hauptsystems kann durch Beseitigung von n inneren und äußeren Gliedern durchgeführt werden. Zweckmäßiger als die Beseitigung innerer Glieder ist folgendes Verfahren: Überzählige Stäbe werden in einem beliebigen Punkte durchgeschnitten. Beide Schnittufer werden durch eine Doppelkraft belastet, welche der Stabkraft nach Lage und Richtung gleichwertig ist. Bei der Formänderung des statisch bestimmten Hauptsystems tritt dann eine gegenseitige Verschiebung der Schnittufer in der Kraftrichtung ein. Sie ist zu berechnen. Die Elastizitätsbedingung des Stabes in dem vorgelegten Tragwerk schreibt dieser Verschiebung den Wert 0 vor. Handelt es sich um einen biegungsfesten Stab und soll nur eine Elastizitätsbedingung durch den Schnitt beseitigt werden, so muß angenommen werden, daß die Schnittufer nur parallel oder rechtwinklig zur Stabachse verschieblich sind. Demgemäß sind die Schnittufer durch eine parallel oder rechtwinklig zur Stabachse gerichtete Doppelkraft zu belasten, welche der entsprechenden Seitenkraft der Stabkraft nach Lage und Richtung gleichwertig ist. Bei der Formänderung des statisch bestimmten Hauptsystems tritt eine gegenseitige Verschiebung der Schnittufer ein. Sie ist zu berechnen. Die beseitigte Elastizitätsbedingung des Stabes schreibt ihr den Wert *0* vor. Natürlich kann ein Schnitt durch einen biegungsfesten Stab auch zwei Elastizitätsbedingungen aufheben. Dann sind die Schnittufer durch zwei Doppelkräfte zu belasten und die gegenseitigen Verschiebungen in zwei Richtungen zu berechnen. Beiden ist durch die beseitigten Elastizitätsbedingungen der Wert *0* vorgeschrieben. Durch ein Gelenk in einem beliebigen Punkte der Achse eines biegungsfesten Stabes wird eine steife Ecke ausgeschaltet. Die Querschnitte beiderseits des Gelenkes werden durch ein Doppelmoment belastet, welches dem Moment der Spannungen in demselben Querschnitt nach Lage und Richtung gleichwertig ist. Bei der Formänderung des statisch bestimmten Hauptsystems tritt eine gegenseitige Drehung der Querschnitte ein. Sie ist zu berechnen. Die beseitigte Elastizitätsbedingung in dem vorgelegten Tragwerk schreibt ihr den Wert *0* vor. Ein Schnitt durch einen biegungsfesten Stab kann auch drei Elastizitätsbedingungen beseitigen. Dann sind die Schnittufer durch zwei Doppelkräfte und ein Doppelmoment zu belasten, die den Seitenkräften und dem Moment der Stabkraft nach Lage und Richtung gleichwertig sind. Bei der Formänderung des statisch bestimmten Hauptsystems tritt eine gegenseitige Verschiebung der Schnittufer in zwei Richtungen und eine gegenseitige Drehung ein. Sie sind zu berechnen. Im vorgelegten Tragwerk ist ihnen der Wert *0* vorgeschrieben.

Bei der beschriebenen Bildungsweise des statisch bestimmten Hauptsystems ist die Größe, die aus der Formänderung desselben zu berechnen ist, entweder die gegenseitige Verschiebung der Angriffspunkte der Doppelkraft X in der Kraftrichtung, oder die gegenseitige Drehung der Angriffsgeraden des Doppelmomentes X, welche der statisch unbestimmten Größe nach Lage und Richtung gleichwertig sind. Die Verschiebungen und Drehungen decken sich mit den Wegen, welche die Doppelkräfte bzw. Doppelmomente X bei der Formänderung des statisch bestimmten Hauptsystems zurücklegen. Sie werden daher die Wege der statisch unbestimmten Größen am statisch bestimmten Hauptsystem genannt und δ_a, δ_b . . . δ_n bezeichnet.

Eine überzählige Stütze oder Einspannung wird beseitigt und der Stützpunkt durch eine der Stützkraft nach Lage und Richtung gleichwertige Last, der eingespannte Querschnitt durch ein dem Einspannungsmoment gleichgerichtetes Moment unbestimmter Größe belastet. Bei der Formänderung des statisch bestimmten Hauptsystems tritt eine Verschiebung des Stützpunktes in der Stützrichtung oder eine Drehung des eingespannten Querschnittes ein. Beide Größen decken sich wieder mit den Wegen der X und sollen deshalb so benannt werden. Sie sind zu berechnen. Durch die Auflagerbedingungen des vorgelegten Tragwerkes ist ihnen ein bestimmter Wert c vorgeschrieben. In einem mehrfach stabilen Tragwerk können im allgemeinen mehrere verschiedene Tragwerke einfacher Stabilität aus $2k$ Gliedern gebildet werden.

Demgemäß sind in einem mehrfach statisch unbestimmten Tragwerk auch mehrere statisch bestimmte Hauptsysteme möglich. Man kann sie beliebig aus $2k$ äußeren und inneren Gliedern zusammensetzen, doch müssen mindestens drei äußere Glieder vorhanden sein.

Die Formänderung des statisch bestimmten Hauptsystems entsteht durch die äußeren Ursachen (Lasten, Änderungen der Temperatur, Stützenverschiebungen) und die als Lasten zu behandelnden Größen $X_a, \ldots X_n$. Die Berechnung der Wege $\delta_a, \ldots \delta_n$ ist demnach eine Aufgabe der Formänderung, die nach dem in III dargelegten Verfahren in jedem Falle durchzuführen ist. Sie kann deshalb als erledigt angenommen werden. Der Weg der statisch unbestimmten Größe X_r sei in der Form

$$\delta_r = \delta_{ro} + \delta_{rw} - X_a \cdot \delta_{ra} - \cdots X_r \cdot \delta_{rr} - \cdots X_n \cdot \delta_{rn} \tag{5}$$

dargestellt, die nach dem Superpositionsgesetz (Nr. 13) durch Ermittlung der Beiwerte immer gewählt werden kann. Um die Beiwerte eindeutig zu bezeichnen, muß zuvor die positive Wegrichtung festgesetzt werden. An sich kann sie sowohl der positiven Kraftrichtung X_r gleich wie entgegengesetzt gewählt werden. Da die statisch unbestimmten Größen X_r die Wege δ_{ro} rückgängig machen müssen, erzeugen Wege in der negativen Kraftrichtung positive Werte X. Die statisch unbestimmten Größen können als Reaktionen auf eine Formänderung aufgefaßt werden, die auch bei unbelastetem Tragwerk durch Änderungen der Temperatur oder Verschiebungen der Stützen eintritt. Deshalb wird zweckmäßig als positive Wegrichtung δ_r die negative Richtung der statisch unbestimmten Größe X_r gewählt, die kurz Richtung $X_r = -1$ bezeichnet sei. Danach ist

δ_{ro}	der Weg in der Richtung $X_r = -1$, der entsteht durch	Lasten oder gegebene Änderungen der Temperatur
δ_{rw}		die gegebenen Verschiebungen der Stützpunkte
δ_{ra}		die Lasteinheit $X_a = -1$,
:		
δ_{rr}		,, ,, $X_r = -1$,
:		
δ_{rn}		,, ,, $X_n = -1$.

Die Wege δ_r sind den Elastizitätsbedingungen des statisch unbestimmten Tragwerkes zu unterwerfen. Ist r ein inneres Glied, so ist $\delta_r = 0$, ist r ein äußeres Glied, $\delta_r = -c_r$ zu setzen. Das negative Vorzeichen ist notwendig, weil als positive Richtung c_r die Kraftrichtung X_r gewählt ist. Um die Form der so entstehenden Bedingungsgleichungen für die statisch unbestimmten Größen für beide Fälle gleich zu gestalten, wird δ_{rw} aus den gegebenen Stützenverschiebungen c berechnet. Als Belastung ist $X_r = -1$ anzunehmen. Die durch $X_r = -1$ im statisch bestimmten Hauptsystem entstehenden Stützkräfte seien C_r. Dann lautet die Arbeitsgleichung für die Belastung $X_r = -1$ am starren Tragwerk

$$1 \cdot \delta_{rw} + \sum C_r \cdot c = 0 .$$

Die beiden Glieder $\delta_{rw} - \delta_r$ der Gleichung (5) gehen mit $\delta_r = 0$ bzw. $\delta_r = -c_r$ über in

$$\delta_{rw} - \delta_r = -\sum C_r \cdot c$$

oder

$$\delta_{rw} - \delta_r = -\sum C_r \cdot c + 1 \cdot c_r .$$

Ist r ein äußeres Glied, so ist die angenommene Last $X_r = -1$ der gleichnamigen Stützkraft oder Einspannung im Werte -1 gleich, und $-1 \cdot c_r$ der Arbeit derselben auf dem gegebenen Wege c_r. Es ist also nur eine Erweiterung des Begriffes C_r notwendig, um die rechte Seite beider vorstehenden Gleichungen durch $-\sum C_r \cdot c$ auszudrücken. Diese wird erreicht, wenn unter C_r alle Stützkräfte verstanden werden, die in dem durch $X_r = -1$ bestimmten Gleichgewichtszustand auftreten. Das sind wie in Gleichung (1) und (2) die Werte, welche die Stützkräfte C des statisch unbestimmten Tragwerkes im Zustand $X_r = -1$, der ein Selbstspannungszustand ist, annehmen. Bezeichnet

$$L = \sum C \cdot c$$

die Arbeit der Stützkräfte des statisch unbestimmten Tragwerkes, so ist

$$L_r = \sum C_r \cdot c$$

der Wert der Arbeit L für den Gleichgewichtszustand $X_r = -1$, und allgemein gilt demnach

$$\delta_{rw} - \delta_r = -L_r .$$

Durch Einführung der Bedingungen $\delta_r = 0$ bzw. $\delta_r = -c_r$ folgt somit aus (5) die Gleichung

$$\boldsymbol{\delta_{ro} - L_r = X_a \cdot \delta_{ra} + \cdots + X_r \cdot \delta_{rr} + \cdots + X_n \cdot \delta_{rn}} . \qquad (6)$$

Sie gibt die Form der n Bedingungsgleichungen für die statisch unbestimmten Größen X an. Jede Gleichung ist in den absoluten Größen wie den Beiwerten der X einer statisch unbestimmten Größe zugeordnet. Alle δ_{ro} entstehen aus denselben Lasten oder Temperaturänderungen, alle Beiwerte δ_{rk} haben dieselbe Ursache $X_k = -1$. Da nach dem Maxwellschen Satz (Nr. 50) $\delta_{rk} = \delta_{kr}$ ist, enthalten die n^2 Beiwerte δ_{rk} nur $\frac{n(n+1)}{2}$ verschiedene Werte.

58. Auflösung der Gleichgewichtsbedingungen und der Elastizitätsbedingungen.

Die $2k + n$ statischen Größen des $n$fach statisch unbestimmten Tragwerkes sind aus $2k$ Gleichgewichtsbedingungen und n Elastizitätsbedingungen zu berechnen. Bei der Auflösung werden zweckmäßig die $2k$ Gleichgewichtsbedingungen von den Elastizitätsbedingungen getrennt. Man berechnet zuerst $2k$ statische Größen aus den Gleichgewichtsbedingungen, indem man n Größen als gegebene behandelt. Die Auswahl dieser n Größen kann willkürlich getroffen werden und unterliegt nur der Bedingung, daß die verbleibenden $2k$ Unbekannten durch die Gleichgewichtsbedingungen eindeutig bestimmt sind. Sie sollen $X_a, \ldots X_n$ bezeichnet werden. Da die Gleichgewichtsbedingungen linear sind, erhält man durch ihre Auflösung die $2k$ Größen linear von den Lasten und den n Größen X_r abhängig.

Die statischen Größen können daher immer in der Form

$$\left.\begin{array}{ll} \text{für die Stützkraft} & C = C_o - C_a \cdot X_a - \cdots - C_n \cdot X_n\,, \\ \text{für die Spannkraft} & S = S_o - S_a \cdot X_a - \cdots - S_n \cdot X_n\,, \\ \text{für die Normalkraft} & N = N_o - N_a \cdot X_a - \cdots - N_n \cdot X_n\,, \\ \text{für das Moment} & M = M_o - M_a \cdot X_a - \cdots - M_n \cdot X_n\,, \\ \text{für die Querkraft} & V = V_o - V_a \cdot X_a - \cdots - V_n \cdot X_n \end{array}\right\} \quad (7)$$

dargestellt werden. Hierin drücken C_o, S_o, N_o, M_o, V_o die Werte aus, die durch die Lasten allein erzeugt werden. Nach dem Superpositionsgesetz ist daher

$$C_o = \sum P_m \cdot C'_m\,,$$
$$S_o = \sum P_m \cdot S'_m\,,$$
$$N_o = \sum P_m \cdot N'_m\,,$$
$$M_o = \sum P_m \cdot M'_m\,,$$
$$V_o = \sum P_m \cdot V'_m\,.$$

Die Beiwerte C_r, S_r, N_r, M_r, V_r sind die Werte, die durch den Wert -1 der Größe $X_r (X_r = -1)$ allein entstehen. Die statischen Größen C, S, N, M, V, $X_a, \ldots X_n$ geben, da sie alle Gleichgewichtsbedingungen bei beliebigen Werten der X erfüllen, einen möglichen Gleichgewichtszustand des vorgelegten Tragwerkes an. Einen solchen bilden also auch folgende Gruppen:

(1) die Größen C_o, S_o, N_o, M_o, V_o die Lasten P und $X_a \cdots X_n = 0$,

(a) die Größen C_a, S_a, N_a, M_a, V_a, $X_a = -1$, $X_b \cdots X_n = 0$,

⋮

(r) die Größen C_r, S_r, N_r, M_r, V_r, $X_r = -1$ alle andern $X = 0$,

⋮

(n) die Größen C_n, S_n, N_n, M_n, $V_n \cdots X_n = -1$ alle andern $X = 0$.

Man bezeichnet den Gleichgewichtszustand 1 Zustand $X = 0$, den Gleichgewichtszustand $r (r = a \ldots n)$ Zustand $X_r = -1$. Jeder Zustand $X_r = -1$ ist ein Selbstspannungszustand. Die $2k + n$ Werte seiner statischen Größen sollen nun allgemein C_r, S_r, N_r, M_r, V_r bezeichnet werden, d. h. die Werte -1 für X_r und 0 für alle anderen X sollen in diese Bezeichnungen eingeschlossen werden, um die Formeln zu vereinfachen. Im Zustand $X = 0$ stimmen die Gleichgewichtsbedingungen mit den Gleichgewichtsbedingungen des statisch bestimmten Systems überein, welches durch Ausschaltung der Glieder a bis n entsteht und durch die Lasten P belastet ist. Im Zustand $X_r = -1$ stimmen die Gleichgewichtsbedingungen mit denen desselben statisch bestimmten Systems überein, welches durch eine der Größe X_r nach Lage und Richtung gleichwertige Größe vom Werte -1 belastet ist.

Die Berechnung der Werte $C_o \ldots V_o$, $C_r \ldots V_r$ der Gleichungen (7) ist demnach auf folgende Weise durchzuführen. Es wird durch die beschriebene Ausschaltung der Glieder a bis n ein statisch bestimmtes Hauptsystem gebildet. Die Berechnung desselben für die Belastung durch

$$\left.\begin{array}{ll}(1) & \text{die Lasten } P \\ (a) & \text{die Last } X_a = -1 \\ & \vdots \\ (r) & \text{die Last } X_r = -1 \\ & \vdots \\ (n) & \text{die Last } X_n = -1\end{array}\right\} \text{ ergibt } \left\{\begin{array}{l} C_o,\ S_o,\ N_o,\ M_o,\ V_o, \\ C_a,\ S_a,\ N_a,\ M_a,\ V_a, \\ \vdots \\ C_r,\ S_r,\ N_r,\ M_r,\ V_r, \\ \vdots \\ C_n,\ S_n,\ N_n,\ M_n,\ V_n. \end{array}\right.$$

Nun folgt die Auflösung der Elastizitätsgleichungen. Sollen sie als Arbeitsgleichungen für Selbstspannungszustände aufgestellt werden, so benutzt man die n Selbstspannungszustände $X_r = -1$. In den Elastizitätsgleichungen (3) oder (4) werden die $2k$ berechneten statischen Größen durch die Gleichungen (7) ersetzt, und die $X_a \ldots X_n$ enthaltenden Glieder zusammengefaßt. So erhält man n Gleichungen

$$\boldsymbol{X_a \cdot \mu_{ra} + \cdots + X_r \cdot \mu_{rr} + \cdots + X_n \mu_{rn} = \mu_{ro} - L_r}. \qquad (8)$$

Hierin sind die Beiwerte μ_{rk} und die μ_{ro} für das Fachwerk durch

$$\left.\begin{aligned} \mu_{rk} &= \sum S_r \cdot S_k \cdot \varrho \\ \mu_{ro} &= \sum S_o \cdot S_r \cdot \varrho + \varepsilon \sum S_r \cdot t \cdot s, \end{aligned}\right\} \qquad (9)$$

für das Stabwerk durch

$$\left.\begin{aligned} \mu_{rk} &= \sum \left[\int \frac{N_r \cdot N_k}{EF} ds + \int \frac{M_r \cdot M_k}{EJ} ds + \int \frac{V_r \cdot V_k}{G \cdot F \cdot \varkappa} ds\right] + \sum S_r \cdot S_k \cdot \varrho, \\ \mu_{ro} &= \sum \left[\int \frac{N_r \cdot N_o}{EF} ds + \int \frac{M_r \cdot M_o}{EJ} ds + \int \frac{V_r \cdot V_o}{G \cdot F \cdot \varkappa} ds\right] + \sum S_o \cdot S_r \cdot \varrho \\ &\quad + \varepsilon \sum \left[\int N_r \cdot t_o \cdot ds + \int M_r \cdot \frac{\Delta t}{h} \cdot ds\right] + \varepsilon \sum S_r \cdot t \cdot s \end{aligned}\right\} (10)$$

definiert. Die Summen umfassen alle Stäbe, ebenso die C_r, S_r, N_r, M_r, V_r alle Stützen und Stäbe. Da $n - 1$ statische Größen des Zustandes $X_r = -1$ verschwinden, fällt jedoch in jeder Summe ein Teil der Glieder aus. In den S_o, N_o, M_o, V_o enthaltenden Summen fallen alle überzähligen Glieder aus.

Die Gleichungen (6) enthalten nur die statisch unbestimmten Größen. Bevor sie aufgelöst werden können, müssen die Beiwerte der Unbekannten und die absoluten Glieder ausgerechnet werden. Da jeder Wert δ_r der Weg der statisch unbestimmten Größe X_r in der Richtung $X_r = -1$ ist, der bei der Formänderung des statisch bestimmten Hauptsystems eintritt, sind die Arbeitsgleichungen für die angenommene Belastung $X_r = -1$ und die verschiedenen Ursachen der Wege aufzustellen. Infolge der in Nr. 57 angegebenen Bildungsweise des statisch bestimmten Hauptsystems sind die durch die Belastung $X_r = -1$ erzeugten statischen Größen genau dieselben wie die Größen C_r, S_r, N_r, M_r, V_r

des Selbstspannungszustandes $X_r = -1$ im n fach statisch unbestimmten Tragwerk. Da kein inneres Glied beseitigt ist, müssen die Summen der Arbeitsgleichung alle inneren Glieder umfassen. Mithin ergibt sich δ_{rk} als Weg von $X_r = -1$, der durch $X_k = -1$ erzeugt wird, im Fachwerk

$$1 \cdot \delta_{rk} = \sum S_r \cdot S_k \cdot \varrho ;$$

im Stabwerk

$$1 \cdot \delta_{rk} = \sum \left[\int \frac{N_r \cdot N_k}{E F} d s + \int \frac{M_r \cdot M_k}{E J} d s + \int \frac{V_r \cdot V_k}{G \cdot F \cdot \varkappa} d s \right] + \sum S_r \cdot S_k \cdot \varrho ,$$

ferner δ_{ro} als Weg von $X_r = -1$, der durch gegebene Lasten P_m und Temperaturänderungen erzeugt wird, im Fachwerk

$$1 \cdot \delta_{ro} = \sum S_o \cdot S_r \cdot \varrho + \varepsilon \sum S_r \cdot t \cdot s ;$$

im Stabwerk

$$1 \cdot \delta_{ro} = \sum \left[\int \frac{N_r \cdot N_o}{E F} d s + \int \frac{M_r \cdot M_o}{E J} d s + \int \frac{V_r \cdot V_o}{G \cdot F \cdot \varkappa} d s \right] + \sum S_o \cdot S_r \cdot s + \varepsilon \sum \left[\int N_r \cdot t_o \, d s + \int M_r \frac{\Delta t}{h} d s \right] + \varepsilon \sum S_r \cdot t \cdot s .$$

Demnach ist für das Fachwerk und Stabwerk

$$\delta_{rk} = \mu_{rk} ,$$
$$\delta_{ro} = \mu_{ro} .$$

Die n Gleichungen (6) stimmen mit den n Gleichungen (8) überein.

Die Auflösung der Gleichungen (6) bzw. (8) ergibt die n Werte X_r linear von den absoluten Gliedern $\mu_{ro} - L_r$ abhängig. Mithin erhält man jeden Wert X_r in der Form

$$\left. \begin{aligned} X_r = (\mu_{ao} - L_a) \lambda_{ar} + (\mu_{bo} - L_b) \lambda_{br} + \cdots (\mu_{ro} - L_r) \lambda_{rr} \cdots \\ + (\mu_{rn} - L_n) \lambda_{nr} \end{aligned} \right\} \quad (11)$$

und die Auflösung erfordert die Berechnung der Beiwerte λ, deren Zahl gleich n^2 ist. Werden Determinanten zur Auflösung benutzt, so ist zunächst die Determinante D aus den Beiwerten μ zu bilden.

$$D = \begin{vmatrix} \mu_{aa}, & \mu_{ab} & \cdots & \mu_{an} \\ \mu_{ba}, & \mu_{bb} & \cdots & \mu_{nb} \\ & \vdots & & \\ \mu_{na}, & \mu_{nb} & \cdots & \mu_{nn} \end{vmatrix}$$

Nach dem Satze Maxwells von der Gegenseitigkeit der Formänderung ist $\mu_{rk} = \mu_{kr}$, wie auch unmittelbar aus den Gleichungen (9) und (10) erhellt. Daraus folgt, daß die Determinante D symmetrisch zur Diagonale ist. Jede lotrechte Spalte r kann mit der wagerechten Zeile r vertauscht werden. Aus D sei D_{rk} durch Streichung der Spalte r

und der Zeile k gebildet, ebenso D_{kr} durch Streichung der Spalte k und der Zeile r. Dann ist

$$\lambda_{kr} = (-1)^{r+k} \frac{D_{rk}}{D}, \qquad \lambda_{rk} = (-1)^{k+r} \cdot \frac{D_{kr}}{D}.$$

Da die Spalte k mit der Zeile k und die Zeile r mit der Spalte r vertauscht werden kann, ist

$$D_{kr} = D_{rk} \qquad \text{und} \qquad \lambda_{rk} = \lambda_{kr}.$$

Werden die λ-Werte in Form einer Determinante geschrieben

$$D_1 = \begin{vmatrix} \lambda_{aa}, & \lambda_{ba} & \cdots & \lambda_{na} \\ \lambda_{ab}, & \lambda_{bb} & \cdots & \lambda_{nb} \\ & \vdots & & \\ \lambda_{an}, & \lambda_{bn} & \cdots & \lambda_{nn} \end{vmatrix}$$

so ist D_1 gleichfalls symmetrisch zur Diagonale. Die n^2 Werte λ_{rk} enthalten daher nur $\frac{1}{2} n (n+1)$ verschiedene. Mit ihrer Ermittlung ist die Berechnung der statisch unbestimmten Größen durchgeführt. Die gefundenen Werte sind in die Gleichungen (7) einzusetzen. Dann sind durch diese auch die $2k$ übrigen statischen Größen des Tragwerkes bestimmt.

Zwischen den beiden dargestellten Verfahren besteht der grundsätzliche Unterschied, daß ein statisch bestimmtes Hauptsystem für das Verfahren a nicht notwendig ist und nur als Hilfsmittel der Rechnung dient, dagegen in dem Verfahren b die unentbehrliche Grundlage bildet. Bei der Durchführung der Rechnung verschwindet dieser Unterschied im allgemeinen. Denn, wie gezeigt, wird sowohl die Auflösung der Gleichgewichtsbedingungen nach $2k$ Unbekannten, wie die Bestimmung der n voneinander unabhängigen Selbstspannungszustände mit Hilfe des statisch bestimmten Hauptsystems durchgeführt. Dann decken sich beide Verfahren vollständig. In manchen Fällen des Stabwerkes lassen sich jedoch die erforderlichen n Selbstspannungszustände leicht bestimmen, ohne daß ein statisch bestimmtes Hauptsystem zuvor festgelegt wird, und die Gleichungen (4) können unmittelbar in einer Form aufgestellt werden, die außer den Momenten M_0 einfacher Balken nur n statische Größen enthält. Dann sind diese aus den n Elastizitätsgleichungen ohne weiteres zu berechnen. Beispiele der Art werden in Nr. 60 behandelt.

59. Allgemeiner Gang der Untersuchung. Einflußlinien.

Nach dem Superpositionsgesetz ist eine Trennung der äußeren Ursachen nach Lasten, Änderungen der Temperatur und Verschiebungen der Stützen zulässig. Die Berechnung eines statisch unbestimmten Tragwerkes wird daher für die drei verschiedenen Einwirkungen getrennt durchgeführt. Die Beiwerte der X in den Elastizitätsgleichungen haben für alle drei Fälle unveränderliche Werte. Sie werden zuerst ermittelt. Dazu werden die äußeren und inneren Größen des statisch bestimmten

Hauptsystems berechnet, die durch die n Belastungen $X = -1$ entstehen. Die μ_{rk} erhält man sodann im Falle des Fachwerkes mit Hilfe einer Tabelle (vgl. Nr. 48). Zur Vereinfachung der Rechnung wird jedes Glied der Elastizitätsgleichungen mit EF_c : Krafteinheit multipliziert, so daß

$$\mu'_{rk} = \sum S_r \cdot S_k \cdot s \frac{F_c}{F} \tag{12}$$

zu berechnen ist. Im Falle des Stabwerkes dürfen die Querkräfte immer, die Normalkräfte meist vernachlässigt werden. Die Elastizitätsgleichungen werden in jedem Glied mit EJ_c : Krafteinheit · Längeneinheit² multipliziert, so daß

$$\mu'_{rk} = \sum \int M_r \cdot M_k \cdot \frac{J_c}{J} ds + \sum S_r \cdot S_k \cdot s \cdot \frac{J_c}{F}, \tag{13}$$

wozu erforderlichenfalls noch

$$\sum \int N_r \cdot N_k \cdot \frac{J_c}{F} ds$$

tritt, zu berechnen ist. Es empfiehlt sich immer die aus den Ursachen $X_r = -1$ entstehenden Momentenflächen darzustellen. Für jeden biegungsfesten Stab kann man dann den Wert des Integrales der Momente nach der Auswertungsformel anschreiben.

Die Lasten sind nach unveränderlichen und veränderlichen zu trennen. Im Falle unveränderlicher Lasten werden die äußeren und inneren statischen Größen des statisch bestimmten Hauptsystems berechnet. Für das Fachwerk erhält man

$$\mu'_{ro} = \sum S_o \cdot S_r \cdot s \frac{F_c}{F} \tag{14}$$

aus einer Tabelle. Für das Stabwerk ist

$$\mu'_{ro} = \sum \int M_o \cdot M_r \cdot \frac{J_c}{J} \cdot ds + \sum S_o \cdot S_r \cdot s \cdot \frac{J_c}{F}, \tag{15}$$

erforderlichenfalls um

$$\sum \int N_o \cdot N_r \cdot \frac{J_c}{F} \cdot ds$$

ergänzt, zu berechnen, wobei das die Momente enthaltende Glied für jeden Stab nach der Auswertungsformel anzusetzen und unter Umständen der Inhalt der M_o-Fläche sowie die Lage des Schwerpunktes graphisch zu bestimmen ist. Sind noch die λ-Werte aus den μ-Werten berechnet, so sind die Werte X durch die Gleichungen (11) und weiter alle übrigen $2\,k$ Größen durch die Gleichungen (7) bestimmt.

Die Einwirkung veränderlicher paralleler Lasten kann nur mit Hilfe von Einflußlinien gefunden werden. Mit

oder $$\left.\begin{matrix} EF_c \cdot \mu_{ro} \\ EJ_c \cdot \mu_{ro} \end{matrix}\right\} = \mu'_{ro} = \left.\begin{matrix} EF_c\,\delta_{ro} \\ EJ_c\,\delta_{ro} \end{matrix}\right\} = \delta'_{ro}$$

ergibt sich aus (11)

$$X_r = \sum_a^n {}_k\, \delta'_{ko} \cdot \lambda_{kr} \tag{16}$$

In Nr. 50 ist gezeigt, daß die Einflußlinie für den Weg $\delta_{k\,o}$ der statischen Größe X_k die Biegungslinie ist, die durch die Belastung $X_k = -1$ entsteht, und die Einflußlinie für $\sum_a^n \delta_{k\,o} \cdot \lambda_{k\,r}$ die Biegungslinie, die durch die zusammengesetzte Belastung $X_a = -\lambda_{a\,r}$, $X_b = -\lambda_{b\,r}$ ... $X_n = -\lambda_{n\,r}$ entsteht. Danach bestehen zwei Möglichkeiten, die Ordinaten der Einflußlinie für X_r zu berechnen. Entweder man berechnet die Ordinaten η'_k der Biegungslinie in den Lastknoten für jede der n Belastungen $X_k = -1$ gesondert nach dem in III, c dargestellten Verfahren, indem man die w Gewichte mit $E \cdot F_c$ oder $E \cdot J_c$ multipliziert. Dann erhält man die gesuchte Ordinate in der Summe der Produkte

$$\eta_r = \sum_a^n {}^k \eta'_k \cdot \lambda_{k\,r} \tag{17}$$

oder man berechnet die Ordinaten der Biegungslinie in den Lastknoten für die zusammengesetzte Belastung $X_a = -\lambda_{a\,r}$, $X_b = -\lambda_{b\,r}$ ... $X_n = -\lambda_{n\,r}$, indem man wiederum die w Gewichte mit $E \cdot F_c$ bzw. $E \cdot J_c$ multipliziert, und erhält in der Ordinate der Biegungslinie unmittelbar die Ordinate der Einflußlinie. Ist nur eine Einflußlinie zu berechnen, so ist das zweite Verfahren das einfachere. Werden die Einflußlinien für n statisch unbestimmte Größen gesucht, so sind beide Verfahren ziemlich gleichwertig, wenngleich in besonderen Fällen das eine oder andere vorteilhafter sein kann.

Sind die Einflußlinien für die statisch unbestimmten Größen berechnet, so lassen sich die Einflußlinien für jede der übrigen statischen Größen nach den Gleichungen (7) aus der Einflußlinie für das statisch bestimmte Hauptsystem und den Einflußlinien der X ableiten. Für die statische Größe Z folgt aus

$$Z = Z_0 - \sum_a^n {}^k X_k \cdot Z_k\,,$$

$$\eta = \eta_0 - \sum_a^n {}^k \eta_k \cdot Z_k\,. \tag{18}$$

Danach ist in jedem Lastknoten die Summe der Produkte $\eta_k \cdot Z_k$ zu bilden und von η_0 abzuziehen. Die η_0 können graphisch bestimmt werden, die Produkte $\eta_k \cdot Z_k$ müssen auch in allen Hilfsrechnungen rechnerisch ermittelt werden.

Die Einflußlinie jeder statisch unbestimmten Größe deckt sich mit der Biegungslinie, die durch eine zusammengesetzte Belastung des statisch bestimmten Hauptsystems entsteht. Es läßt sich zeigen, daß die Einflußlinie jeder statischen Größe eines $n$fach statisch unbestimmten Tragwerkes die Biegungslinie für eine einfache Belastung ist[1]). Aus dem $n$fach statisch unbestimmten Tragwerk werde ein $n-1$fach statisch unbestimmtes gebildet, indem auf die in Nr. 57 unter b) dargestellte Weise das Glied ausgeschaltet

[1]) Müller-Breslau, H.: Graphische Statik Bd. II, Ab. 1, S. 189.

wird, dem die statische Größe Z zugehört, und die der Größe Z nach Lage und Richtung gleichwertige Größe als Belastung angebracht wird, d. i. die Doppelkraft oder das Doppelmoment Z im Falle eines inneren, die Kraft oder das Moment Z im Falle eines äußeren Gliedes. Bei der Formänderung des $n-1$fach statisch unbestimmten Tragwerks entsteht der Weg der Größe Z

$$\delta_z = \delta_{zo} - \frac{Z}{1}\,\delta_{zz}\,,$$

wenn δ_z den Weg in der Richtung $Z = -1$, δ_{zo} den Wert von δ_z aus den Lasten, δ_{zz} den Wert aus $Z = -1$ bezeichnet. Im $n$fach statisch unbestimmten Tragwerk ist $\delta_z = 0$. Daraus folgt

$$Z = 1 \cdot \frac{\delta_{zo}}{\delta_{zz}}\,. \tag{19}$$

Da nun die Einflußlinie für δ_{zo} die durch $Z = -1$ erzeugte Biegungslinie des $n-1$fach statisch unbestimmten Tragwerkes ist, ist die Einflußlinie für Z dieselbe Biegungslinie, wenn die Strecke δ_{zz} die Einheit bezeichnet. Diese ist die Zahl 1, wenn Z eine Kraft ist, dagegen die Längeneinheit, wenn Z ein Moment ist. Denn die 1 im Nenner des zweiten Gliedes der Gleichung ist im ersten Falle die Krafteinheit, im zweiten die Momenteneinheit, während die 1 in dem Produkt $1 \cdot \delta_{zo}/\delta_{zz}$ infolge des Begriffes der Ordinate der Einflußlinie stets die Krafteinheit ist. Die dargestellte Beziehung ist in manchen Fällen hochgradig statisch unbestimmter Tragwerke zur Berechnung der Einflußlinien recht geeignet. Natürlich muß dazu die Berechnung der inneren statischen Größen des $n-1$fach statisch unbestimmten Tragwerkes, die durch die Belastung $Z = -1$ erzeugt werden, durchgeführt werden. Das Verfahren ist daher im Grunde genommen nichts anderes als die Berechnung der Biegungslinie eines statisch bestimmten Hauptsystems für eine zusammengesetzte Belastung. Es zeichnet sich aber in manchen Fällen durch die Einfachheit der Ermittlung der zusammengesetzten Belastung aus.

Die Durchführung der Berechnung eines statisch unbestimmten Tragwerkes für gegebene Änderungen der Temperatur und gegebene Stützenverschiebungen deckt sich in allen einzelnen Schritten mit dem Verfahren im Falle unveränderlicher Lasten. Die Werte $\mu_{ro} = \delta_{ro}$ sind aus der Arbeitsgleichung für $X_r = -1$ zu ermitteln, die zu den Formeln (9) und (10) führt, und die L_r sind Summen von Produkten aus unmittelbar gegebenen Größen, sobald die n Selbstspannungszustände $X_r = -1$ bestimmt sind. Erfährt ein Tragwerk eine gleichmäßige Temperaturänderung um t^0, so ist im Fachwerk

$$1 \cdot \delta_{ro} = \varepsilon \cdot t \cdot \sum S_r \cdot s\,,$$

im Stabwerk

$$1 \cdot \delta_{ro} = \varepsilon t \left[\sum \int N_r \cdot ds + \sum S_r \cdot s\right].$$

Den Wert der Arbeit der inneren Kräfte kann man einfacher durch die Arbeit der äußeren Kräfte ausdrücken. Dazu gelangt man auf folgendem Wege. In die Gleichung des Prinzipes der virtuellen Verrückungen für einen angenommenen Gleichgewichtszustand und elastische Formänderungen

$$\sum \overline{Q}_{mx} \cdot \varDelta x_m + \sum \overline{Q}_{my} \cdot \varDelta y_m + A_i = 0$$

wird für alle Knotenpunkte $\varDelta x_m = \alpha \cdot x_m$, $\varDelta y = \alpha \cdot y_m$ eingeführt. Dann wird

$$\varDelta s = \alpha \cdot s, \qquad \varDelta ds = \alpha \cdot ds, \qquad \varDelta d\varphi = 0.$$

Mithin ergibt sich

$$-A_i = \alpha \cdot \sum \overline{S} \cdot s \text{ bzw. } = \alpha [\sum \int \overline{N} \cdot ds + \sum \overline{S} \cdot s]$$

und

$$\sum \overline{Q}_{mx} \cdot x_m + \sum \overline{Q}_{my} \cdot y_m = \begin{cases} \sum \overline{S} \cdot s \\ \sum \int \overline{N} \cdot ds + \sum \overline{S} \cdot s. \end{cases}$$

Für den Selbstspannungszustand r, dem die inneren Kräfte S_r und N_r, sowie die durch ihre Seitenkräfte C_{rx}, C_{ry} ausgedrückten Stützkräfte angehören, folgt daraus

$$\left.\begin{matrix} \sum S_r \cdot s \\ \sum \int N_r \cdot ds + \sum S_r \cdot s \end{matrix}\right\} = \sum C_{rx} \cdot x_r + \sum C_{ry} \cdot y_r.$$

und

$$\mathbf{1 \cdot \delta_{ro} = \varepsilon t \left(\sum C_{rx} \cdot x_r + \sum C_{ry} \cdot y_r\right).} \tag{20}$$

Da das Koordinatensystem beliebig gewählt werden darf, kann man den Ursprung in einen Stützpunkt legen und die X- und die Y-Achse durch einen zweiten führen, wodurch die rechte Seite sich weiter vereinfacht. Gehören dem Selbstspannungszustand keine Stützkräfte an, so ergibt sich

$$\delta_{ro} = 0.$$

Daraus folgt, daß in einem statisch unbestimmten Tragwerk beliebigen Grades ohne überzählige Stützkräfte eine gleichmäßige Änderung der Temperatur keine Spannungen erzeugt.

Die Werte μ'_{rk} und μ'_{ro} der Elastizitätsgleichungen sind von den Verhältniszahlen $\frac{F_c}{F}$, $\frac{J_c}{J}$, $\frac{J_c}{F}$ abhängig. Diese müssen, um die Rechnung zu ermöglichen, zunächst geschätzt werden, wofür durchgerechnete Fälle gleicher Bauart oder statisch bestimmte Systeme einen Anhalt bieten. Führt die Rechnung zu erheblichen Unterschieden zwischen den geschätzten und den aus der Rechnung ermittelten Werten, so muß sie mit den verbesserten Werten wiederholt werden. Bei geringeren Unterschieden werden die gewählten Querschnitte am besten den geschätzten Zahlen angepaßt, indem die zugelassene Beanspruchung teils unterschritten wird, zum Teil aber auch überschritten werden darf. Gleiche Beanspruchung in allen Teilen der Konstruktion ist meist nicht zu erreichen, deckt sich aber auch nicht mit dem Begriff der gleichen Sicherheit. Denn der aus der Voraussetzung eines geradlinigen Formänderungsgesetzes errechnete Spannungszustand ist verschieden von dem Spannungszustand, der unter der Bruchlast eintritt.

Die Herleitung der Elastizitätsgleichungen aus der Arbeitsgleichung für Selbstspannungszustände hat O. Mohr (Fußnote 1, S. 16) für das Fachwerk gegeben. Aus der Formänderung eines statisch bestimmten Hauptsystems sind sie zuerst von Maxwell (Fußnote 2, S. 16) gewonnen worden, der für die weitere Rechnung auch die Gleichungen (7) benutzt hat. In allgemeingültiger Weise ist das auf der Formänderung des statisch bestimmten Hauptsystems beruhende Verfahren von Müller-Breslau[1]) entwickelt. Die Biegungslinie hat zuerst O. Mohr als Einflußlinie zur Ermittlung der Stützdrücke eines durchlaufenden Balkens verwendet. Die erste allgemeine Benutzung der Biegungslinie als Einflußlinie statischer Größen des statisch unbestimmten Tragwerks ist von Müller-Breslau[2]) gemacht.

60. Die Herleitung von Elastizitätsgleichungen aus der Arbeitsgleichung für Selbstspannungszustände

ist in manchen Fällen des Stabwerks ein besonders zweckmäßiges Verfahren. Sie soll an Beispielen erläutert werden.

a) Der durchlaufende Balken auf vielen Stützen (Abb. 223). Die Momente über den Stützen $n-1$, n, $n+1$ seien M_{n-1}, M_n, M_{n+1} bezeichnet, positiv in den in der Abbildung angegebenen Richtungen. Die Stützdrücke seien R_{n-1}, R_n, R_{n+1}. Die Stützen mögen die lotrechten Verschiebungen δ_{n-1}, δ_n, δ_{n+1} nach unten erfahren. Die Lasten seien lotrecht und ergeben in jeder Öffnung die Momente M_0, berechnet als Momente des einfachen Balkens. Abb. 224 zeigt die Momentenflächen M_0 und die Momentenflächen, die positiven Stützenmomenten entsprechen. Das Trägheitsmoment des Querschnittes wird in jeder Öffnung unveränderlich angenommen. Man wählt den Selbstspannungszustand $\overline{M}_n = +1$, alle anderen $\overline{M}_r = 0$. Ihm gehören die Stützdrücke

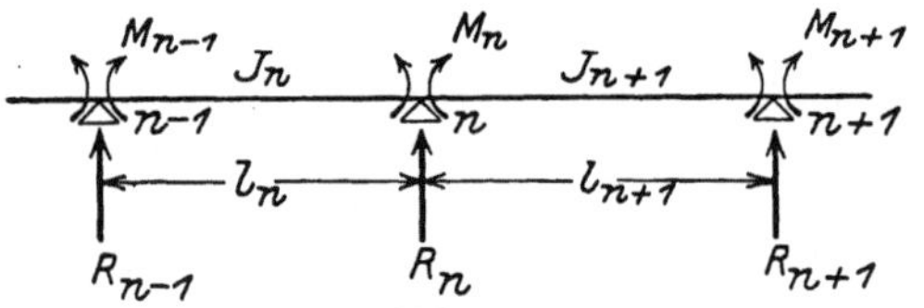

Abb. 223.

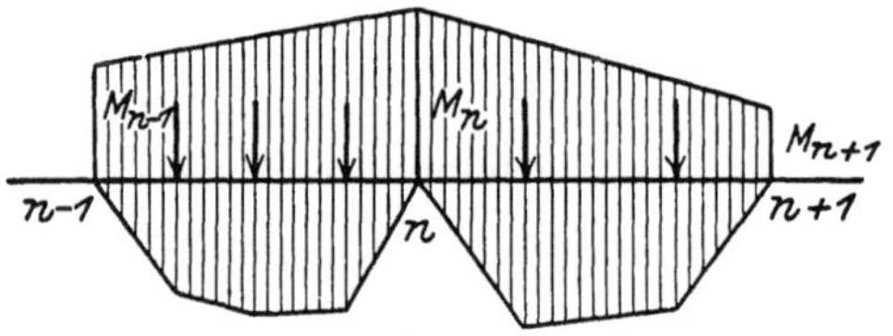

Abb. 224.

$$\overline{R}_{n-1} = \frac{1}{l_n}, \quad \overline{R}_n = -\left(\frac{1}{l_n} + \frac{1}{l_{n+1}}\right), \quad \overline{R}_{n+1} = \frac{1}{l_{n+1}}$$

---

[1]) Müller-Breslau, H.: Die neueren Methoden der Festigkeitslehre, S. 139. Leipzig 1886.

[2]) Müller-Breslau, H.: Beitrag zur Theorie des Fachwerks. Z. Arch. Ing.-Ver. zu Hannover 1885.

an. Abb. 225 zeigt die $\overline{M}$-Fläche. Die Arbeitsgleichung für den bezeichneten Selbstspannungszustand lautet

$$-\frac{\delta_{n-1}}{l_n} + \delta_n\left(\frac{1}{l_n} + \frac{1}{l_{n+1}}\right) - \frac{\delta_{n+1}}{l_{n+1}} - \int \frac{\overline{M} \cdot M}{E J} ds = 0$$

Wie aus der $\overline{M}$-Fläche ersichtlich ist, ist das Integral in zwei Teilintegrale zu zerlegen. Nach der Auswertungsformel kann der Wert jedes Teiles sofort hingeschrieben werden. Dabei seien

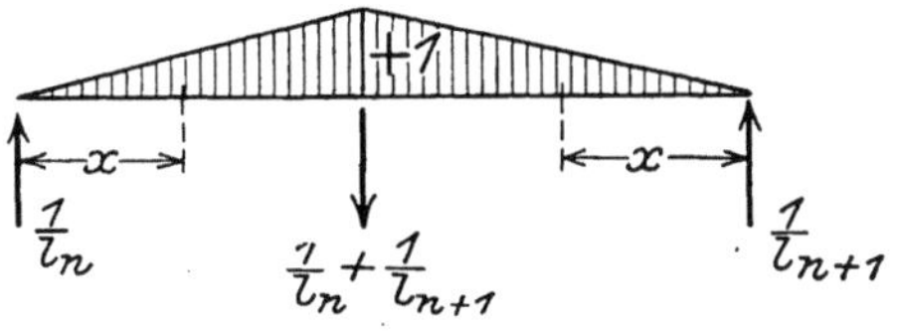

Abb. 225.

$$\mathfrak{S}_{n,n-1} = \int_0^{l_n} M_0 \cdot x \cdot dx\,,$$

$$\mathfrak{S}_{n+1,n+1} = \int_0^{l_{n+1}} M_0 \cdot x \cdot dx$$

die statischen Momente der M_0-Flächen in bezug auf die Senkrechten durch $n-1$ und $n+1$. Man erhält

$$+\frac{\delta_{n-1}}{l_n} - \delta_n\left(\frac{1}{l_n} + \frac{1}{l_{n+1}}\right) + \frac{\delta_{n+1}}{l_{n+1}} + \frac{1}{l_n}(M_{n-1} + 2\,M_n)\frac{l_n^2}{6\,E\,J_n}$$
$$+\frac{1}{l_{n+1}}(M_{n+1} + 2\,M_n)\frac{l_{n+1}^2}{6\,E\,J_{n+1}} + \frac{1}{l_n E\,J_n}\mathfrak{S}_{n,n-1} + \frac{1}{l_{n+1}E \cdot J_{n+1}}\mathfrak{S}_{n+1,n+1} = 0$$

oder mit der Bezeichnung $l' = l/J$

$$\left.\begin{aligned} &6\,E\left[\frac{\delta_{n-1}}{l_n} - \delta_n\left(\frac{1}{l_n} + \frac{1}{l_{n+1}}\right) + \frac{\delta_{n+1}}{l_{n+1}}\right] + M_{n-1} \cdot l'_n + 2\,M_n\,(l'_n + l'_{n+1}) \\ &\quad + M_{n+1} \cdot l'_{n+1} + \frac{6}{l_n J_n}\mathfrak{S}_{n,\,n-1} + \frac{6}{l_{n+1} \cdot J_{n+1}}\mathfrak{S}_{n+1,n+1} = 0\,. \end{aligned}\right\} \quad (21)$$

Das ist die nach Clapeyron benannte Gleichung, die für gleiches Trägheitsmoment zuerst von O. Mohr aufgestellt ist[1]). Die Erweiterung der Gleichung für abgestufte Werte J ist durch Benutzung der verzerrten Momentenflächen ohne weiteres möglich.

b) Geschlossener biegungsfester Stabzug, der statisch bestimmt gestützt ist (Abb. 226). Durch irgendeine Belastung entstehen innere Spannungen, die in jedem Querschnitt das von Punkt zu Punkt der Stabachse veränderliche Moment M_s ergeben. Das System ist dreifach statisch unbestimmt, also sind drei voneinander unabhängige Selbstspannungszustände möglich. Sie werden in folgender Weise bestimmt.

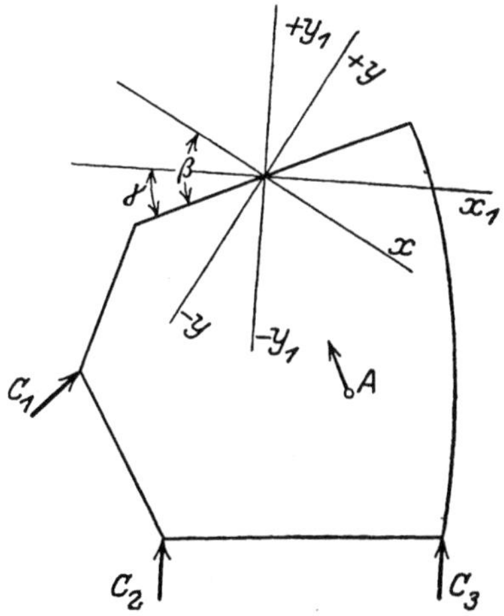

Abb. 226.

[1]) Mohr, O.: Beiträge zur Theorie der Holz- und Eisenkonstruktionen. Z. Arch. Ing.-Ver. zu Hannover 1860, S. 323 u. 407.

1. für alle Punkte $\overline{M}_s = 1$,

2. in einem beliebigen Punkte v

$$\overline{M}_v = 0, \quad \overline{N}_v = 1 \cdot \cos\beta, \quad \overline{V}_v = 1 \cdot \sin\beta.$$

Die Kraftlinie der Mittelkraft aus $\overline{N}_v$ und $\overline{V}_v$ sei als X-Achse gewählt die zu ihr Rechtwinklige als Y-Achse, dann ist im Punkte s der Stabachse

$$\overline{M}_s = 1 \cdot y.$$

Der Einfluß der Normal- und Querkräfte soll vernachlässigt werden, deshalb ist die Angabe N_s und V_s entbehrlich.

3. In demselben Punkte v oder auch einem anderen Punkte sei

$$\overline{M}_v = 0, \quad \overline{N}_v = 1 \cdot \cos\gamma, \quad \overline{V}_v = 1 \cdot \sin\gamma$$

gesetzt. Die Achsen X_1, Y_1 seien wie in 2. bestimmt. Dann ist

$$\overline{M}_s = 1 \cdot y_1.$$

Die Arbeitsgleichungen für die drei Selbstspannungszustände lauten

$$\left.\begin{aligned} \int \frac{M_s}{J_s} \cdot ds &= 0, \\ \int \frac{M_s}{J_s} \cdot y \cdot ds &= 0, \\ \int \frac{M_s}{J_s} \cdot y_1 \cdot ds &= 0. \end{aligned}\right\} \qquad (22)$$

Man kann alle Momente M_s aus den Gleichgewichtsbedingungen durch die äußeren Kräfte und die Momente M_a, M_b, M_c, die in drei beliebigen Punkten a, b, c auftreten, ausdrücken und in die aufgestellten Gleichungen einführen. Diese gehen dadurch in drei Gleichungen über, die von den Werten M_a, M_b, M_c erfüllt werden müssen.

Gleichartige Gleichungen für den Fall von Temperaturänderungen ergeben sich aus den Arbeitsgleichungen für dieselben Selbstspannungszustände und beliebige Winkeländerungen $\Delta d\varphi$ zwischen den Querschnitten jedes Stabelements

$$\begin{aligned} \int \Delta d\varphi &= 0, \\ \int \Delta d\varphi \cdot y &= 0, \\ \int \Delta d\varphi \cdot y_1 &= 0. \end{aligned}$$

Liegen in einem geschlossenen Stabzug zwei Gelenke, so ist nur ein Selbstspannungszustand möglich. Wenn die X-Achse durch die Gelenke gelegt wird, ist derselbe durch $\overline{M} = 1 \cdot y$ und einen in die X-Achse fallenden Gelenkdruck 1 gekennzeichnet. Daraus folgt, daß nur eine Elastizitätsgleichung, nämlich

$$\int M_s \cdot y \cdot ds = 0$$

oder

$$\int \Delta d\varphi \cdot y = 0$$

besteht.

c) In einem mehrfach verzweigten Stabzug von der in Abb. 227 dargestellten Art sind die Momente in den Endquerschnitten je zweier Stäbe, die in einem Knotenpunkt zusammenhängen, durch eine Gleichung untereinander verknüpft. Diese erhält man als Arbeitsgleichung für die angenommene Belastung: Belastungseinheit des Geradenpaares $n-1$, n und n, $n+1$. Abb. 228 zeigt die Kräfte und die ihnen entsprechenden $\overline{M}$-Flächen. Der Winkel zwischen den Geraden n, $n-1$ und n, $n+1$ sei δ_n. Die an jedem Stab angreifenden Lasten werden in die Seitenkräfte parallel und rechtwinklig zur Stabachse zerlegt, und aus den letzteren die Momente M_0 des einfachen Balkens von der Stützweite der Stablänge s berechnet. Sind nun $M_{n-1,r}$ und M_{nl} die Momente in den Endquerschnitten des Stabes n, so besteht dessen M-Fläche aus dem durch $M_{n-1,r}$ und M_{nl} bestimmten Trapez und der M_0-Fläche des Stabes n. In derselben Weise setzt sich die M-Fläche des Stabes $n+1$ aus dem Trapez mit den Endordinaten M_{nr} und $M_{n+1,l}$ sowie der M_0-Fläche zusammen. Es bezeichne $\mathfrak{S}_{nr}$ das statische Moment der M_0-Fläche des Stabes n in bezug auf die Rechtwinklige zur Stabachse durch Punkt r. Die Arbeitsgleichung lautet

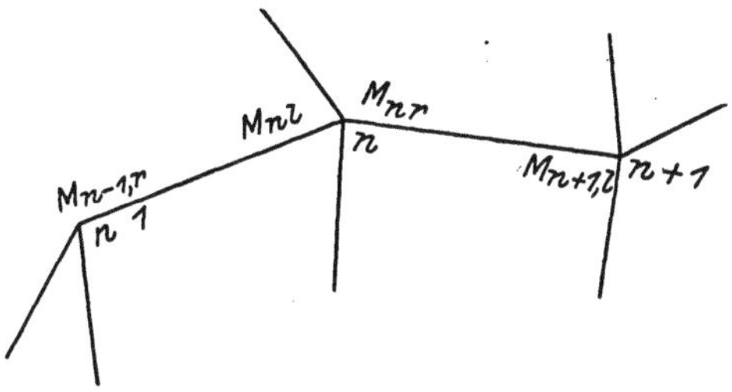

Abb. 227.

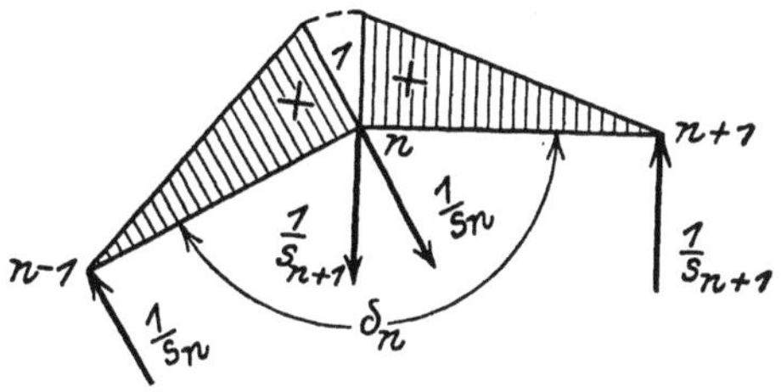

Abb. 228.

$$\left.\begin{aligned} 1\cdot\Delta\delta_n &- (M_{n-1,r}+2M_{nl})\frac{s_n}{6EJ_n} \\ &- (2M_{nr}+M_{n+1,l})\frac{s_{n+1}}{6EJ_{n+1}} \\ &- \frac{1}{s_n EJ_n}\mathfrak{S}_{n,n-1} - \frac{1}{s_{n+1}\cdot E\cdot J_{n+1}}\cdot\mathfrak{S}_{n+1,n+1} = 0. \end{aligned}\right\} \quad (23)$$

Die Aussage der Gleichung nennt Bleich[1]) den Viermomentensatz. Die Gleichung kann als Arbeitsgleichung noch durch die Momente erweitert werden, die infolge der Deformation der Stabachsen durch Druckkräfte in den Stäben entstehen, wie es in Nr. 88 durchgeführt ist. Sie stellt die Elastizitätsbedingung der steifen Ecke n auf, ist aber

[1]) Bleich, F.: Der Viermomentensatz und seine Anwendung auf die Berechnung statisch unbestimmter Tragwerke. Z. Betonbau 1916. — Die Berechnung statisch unbestimmter Tragwerke nach der Methode des Viermomentensatzes. Berlin 1918.

keine Elastizitätsbedingung der in Nr. 57 bezeichneten Art, da sie in $\Delta\,\delta_n$ eine Verbindung der Verschiebungskomponenten enthält. Um die Gleichung zur Berechnung statisch unbestimmter Tragwerke zu benutzen, müssen die $\Delta\,\delta$ eliminiert werden.

Man erhält Elastizitätsgleichungen, in denen die Verschiebungskomponenten nicht vorkommen, auch für ein aus mehrfach verzweigten Stabzügen bestehendes Tragwerk, indem man die in demselben möglichen, unabhängigen Selbstspannungszustände aufsucht und für jeden Selbstspannungszustand die Arbeitsgleichung aufstellt. Das Verfahren

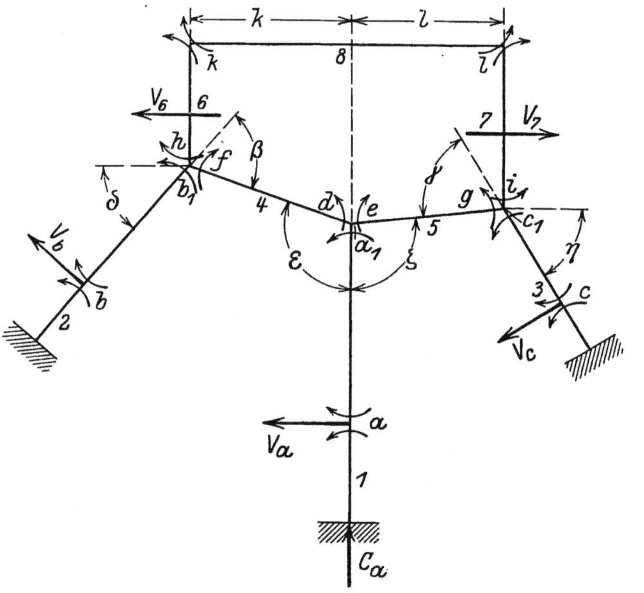

. 229.

soll an dem in Abb. 229 dargestellten Tragwerk erläutert werden. In demselben sind 8 Knotenpunkte, 8 Stäbe, 8 steife Ecken (je zwei in den Punkten b_1, a_1, c_1, je eine in k und l, 6 Stützen und 3 Einspannungen vorhanden. Mithin folgt aus

$$2 \cdot 8 + n = 8 + 8 + 6 + 3\,, \qquad n = 9\,,$$

daß das System 9fach statisch unbestimmt ist. Sind die Stäbe *1*, *2*, *3* unbelastet, so lassen sich zwischen den drei Momenten M_a, M_b, M_c sofort zwei lineare Gleichungen aufstellen, wenn die Punkte a, b, c auf folgende Weise bestimmt werden. Punkt a habe von Punkt a_1 den Abstand s_1' und das Moment in Punkt a_1 sei $M_a + Z_a$ bezeichnet, dann ist das Moment im Abstand x von a_1

$$M = M_a + Z_a \frac{s' - x}{s'}\,.$$

s' wird nun aus der Bedingung berechnet, daß Z_a auf die Verschiebung δ des Punktes a_1 rechtwinklig zur Stabachse ohne Einfluß ist. Es ist

$$E \cdot \delta = M_a \int_0^{s_1} \frac{x}{J_x}\, d\,x + \frac{Z_a}{s'} \int_0^{s_1} \frac{(s'-x)}{J_x}\, x \cdot d\,x,$$

also wird die gestellte Bedingung durch

$$s' \int_0^{s_1} \frac{x \cdot d\,x}{J_x} - \int_0^{s_1} \frac{x^2 \cdot d\,x}{J_x} = 0$$

erfüllt, aus der sich

$$s' = \frac{\displaystyle\int_0^{s_1} \frac{x^2 \cdot d\,x}{J_x}}{\displaystyle\int_0^{s_1} \frac{x \cdot d\,x}{J_x}}$$

ergibt. Ist $J_x = \text{const}$, so wird

$$s' = \tfrac{2}{3}\, s_1 \,.$$

Die Rechtwinklige zur Stabachse durch a_1 geht in jedem Falle durch den Schwerpunkt der verzerrten $Z_a \left(\frac{s'-x}{s'}\right)$ -Fläche. Für $J_x = \text{const}$ ist das Moment in der Einspannung gleich $M_a - \frac{1}{2} Z_a$. Es soll in jedem Stab unveränderliches Trägheitsmoment vorausgesetzt werden, mithin sind die Punkte a, b, c in $\frac{1}{3}$ der Stablänge zu wählen. Die genannten Beziehungen zwischen M_a, M_b, M_c erhält man aus folgenden Selbstspannungszuständen

α) $\overline{N}_4 = 1$, in Stab *4* $\overline{M} = 0$, die Stäbe *3*, *5*, *6*, *7*, *8* spannungslos, in Stab *1*

$$\overline{M}_a + \overline{Z}_a = 0\,, \quad \overline{M}_a - \tfrac{1}{2}\overline{Z}_a = s_1 \sin\varepsilon\,;$$

in Stab *2*

$$\overline{M}_b + \overline{Z}_b = 0\,, \quad \overline{M}_b - \tfrac{1}{2}\overline{Z}_b = -\,s_2 \sin\beta\,.$$

Abb. 230 zeigt die $\overline{M}$-Flächen.

β) $\overline{N}_5 = 1$, in Stab *5* $\overline{M} = 0$, die Stäbe *2*, *4*, *6*, *7*, *8* spannungslos, in Stab *1*

$$\overline{M}_a + \overline{Z}_a = 0\,, \quad \overline{M}_a - \tfrac{1}{2}\overline{Z}_a = -\,s_2 \sin\zeta\,;$$

in Stab *3*

$$\overline{M}_c + \overline{Z}_c = 0\,, \quad \overline{M}_c - \tfrac{1}{2}\overline{Z}_c = +\,s_3 \cdot \sin\gamma\,.$$

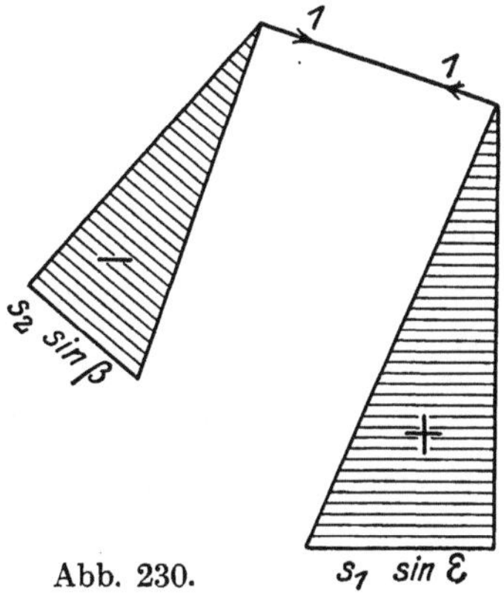

Abb. 230.

Abb. 231 zeigt die $\overline{M}$-Flächen. Nach der Auswertungsformel lautet die Arbeitsgleichung für Zustand α)

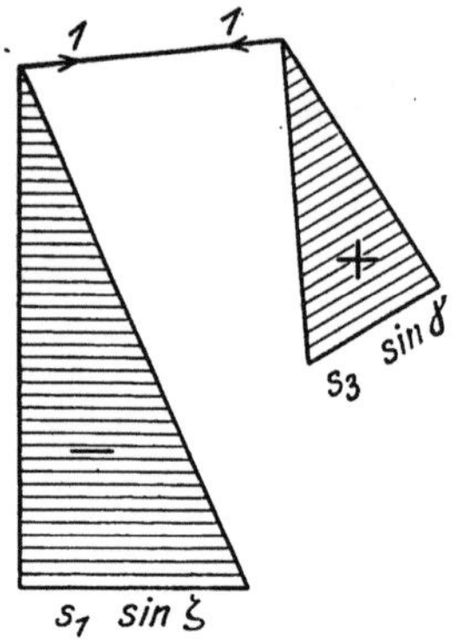

Abb. 231.

$$-M_b \frac{s_2^2}{2 J_2} \sin\beta + M_a \cdot \frac{s_1^2}{2 J_1} \sin\varepsilon = 0$$

und für Zustand β)

$$-M_a \frac{s_1^2}{2 J_1} \sin\zeta + M_c \frac{s_3^2}{2 J_3} \sin\gamma = 0 .$$

Mit den Bezeichnungen $s' = \frac{s}{J}$ ergibt sich

$$M_b = M_a \left(\frac{s_1 \cdot s_1'}{s_2 \cdot s_2'}\right) \frac{\sin\varepsilon}{\sin\beta} ,$$

$$M_c = M_a \left(\frac{s_1 \cdot s_1'}{s_3 \cdot s_3'}\right) \frac{\sin\zeta}{\sin\gamma} .$$

Die weiteren 7 Selbstspannungszustände werden auf folgende Weise bestimmt:

γ) $\overline{M}_b = 1$, $\overline{Z}_b = 0$, $\overline{M}_f = 1$, $\overline{M}_r = 0$ $(r = d, e, g, h, i, k, l, c)$;

$$\overline{Z}_c = 0 , \quad \overline{M}_a + \overline{Z}_a = 0 , \quad \overline{M}_a - \tfrac{1}{2}\overline{Z}_a = \frac{s_1 \sin(\varepsilon - \beta)}{s_4 \cdot \sin\beta} = \varkappa_1 ,$$

$\overline{M}$ Fläche in Abb. 232.

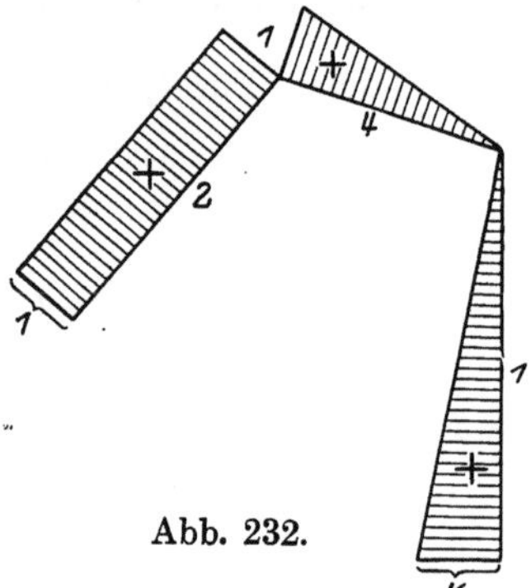

Abb. 232.

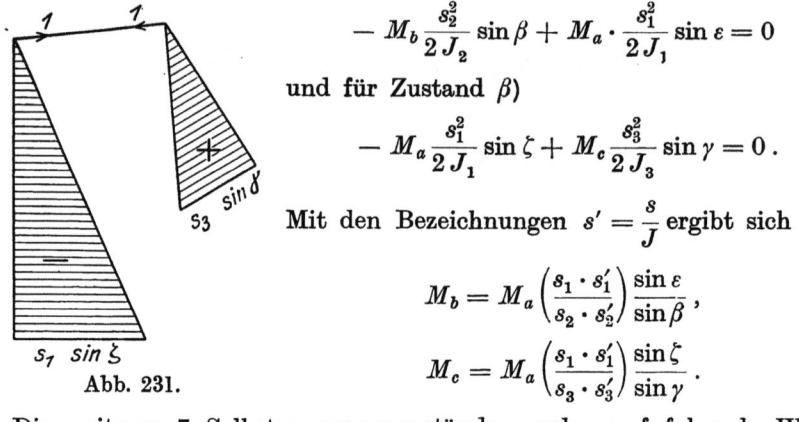

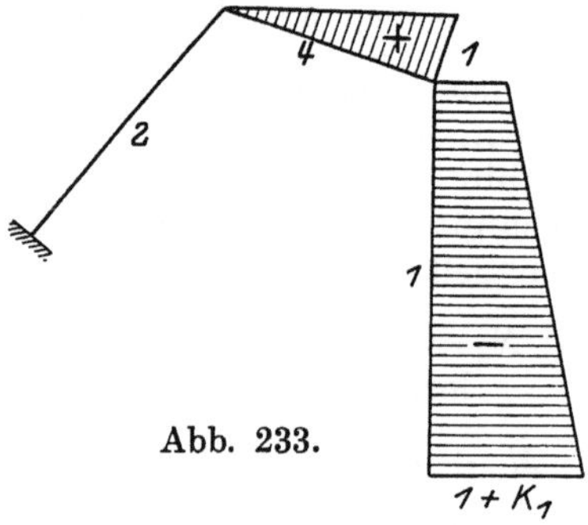

Abb. 233.

δ) $\overline{M}_d = 1$, $\overline{Z}_b = 0$, $\overline{Z}_c = 0$,

$$\overline{M}_a + \overline{Z}_a = -1 , \quad \overline{M}_a - \tfrac{1}{2}\overline{Z}_a = -1 - \varkappa_1 , \quad \overline{M}_r = 0 \, (r = b, c, e, f, g, h, i, k, l) ,$$

$\overline{M}$-Flächen in Abb. 233.

ε)

$$\overline{M}_e = 1 , \quad \overline{Z}_c = 0 , \quad \overline{Z}_b = 0 ,$$

$$\overline{M}_a + \overline{Z}_a = +1 , \quad \overline{M}_a - \tfrac{1}{2}\overline{Z}_a = +1 + \varkappa_2 ,$$

$$\varkappa_2 = \frac{s_1 \sin(\zeta - \gamma)}{s_5 \cdot \sin\gamma} , \quad \overline{M}_r = 0 \ (r = b, c, d, f, g, h, i, k, l) ,$$

$\overline{M}$-Flächen in Abb. 234.

ζ) $\overline{M}_g = 1\,, \quad \overline{M}_c = -1\,, \quad \overline{Z}_c = 0\,, \quad \overline{Z}_b = 0\,,$

$\overline{M}_a + \overline{Z}_a = 0\,, \quad \overline{M}_a - \tfrac{1}{2}\overline{Z}_a = -\varkappa_2\,, \quad \overline{M}_r = 0\,(r = b, d, e, f, h, i, k, l),$

M-Flächen in Abb. 235.

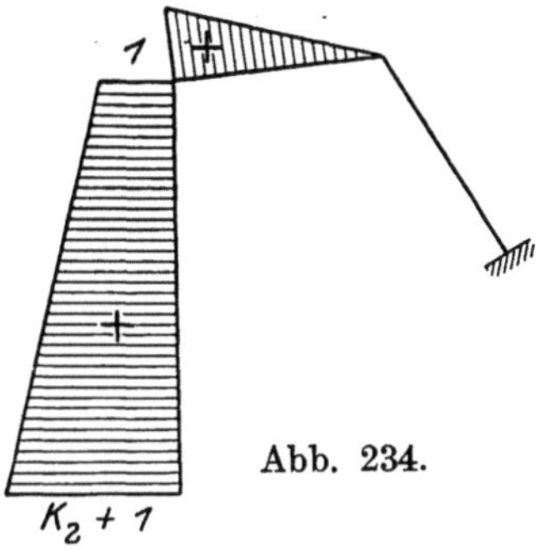

Abb. 234.

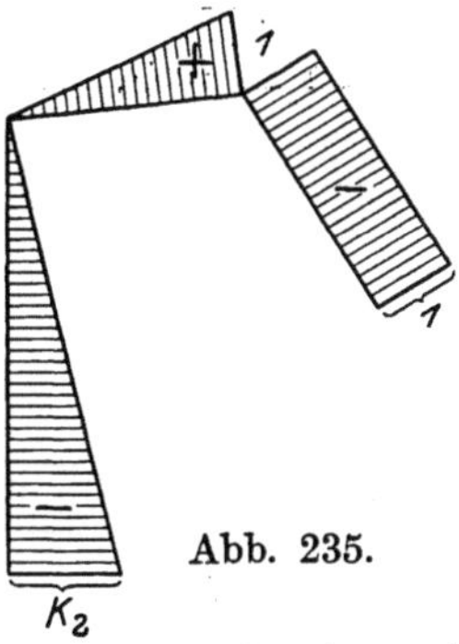

Abb. 235.

Das System aus den Stäben *1* bis *5* ist 6fach statisch unbestimmt. In demselben sind die Zustände α bis ζ gewählt. Mithin lassen sich weitere von diesen unabhängige Selbstspannungszustände hier nicht

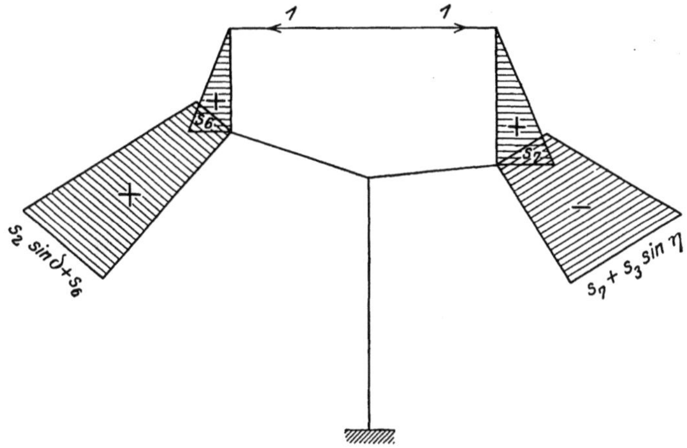

Abb. 236.

angeben. Für den geschlossenen Stabzug der Stäbe *4*, *5*, *6*, *7*, *8* können die drei in b) angegebenen Selbstspannungszustände benutzt werden. Einer derselben wird zweckmäßig durch den folgenden ersetzt:

η) $\overline{N}_g = -1\,, \quad \overline{M}_h = 1 \cdot s_6\,, \quad \overline{M}_b + \overline{Z}_b = 1 \cdot s_6\,,$

$$\overline{M}_b - \tfrac{1}{2}\overline{Z}_b = 1 \cdot s_6 + 1 \cdot s_2 \sin\delta\,,$$

$$\overline{M}_i = 1 \cdot s_7\,, \quad \overline{M}_c + \overline{Z}_c = -1 \cdot s_7\,,$$

$$\overline{M}_c - \tfrac{1}{2}\overline{Z}_c = -1 \cdot s_7 - 1 \cdot s_3 \sin\eta\,,$$

$$\overline{M}_a = 0\,, \quad \overline{Z}_a = 0\,, \quad \overline{M}_d = \overline{M}_e = \overline{M}_f = \overline{M}_g = 0\,,$$

M-Flächen in Abb. 236.

ϑ) $+\overline{M}_k = +\overline{M}_l = +\overline{M}_i = +\overline{M}_h = -\overline{M}_e = -\overline{M}_d = -\overline{M}_f = -\overline{M}_g = 1$, alle anderen $\overline{M} = 0$, alle $\overline{Z} = 0$. $\overline{M}$-Flächen in Abb. 237.

$\varkappa$) $\overline{M}_k = k$, $\overline{M}_h = -\overline{M}_f = k$, $\overline{M}_d = 0$, $-\overline{M}_l = -\overline{M}_i = +\overline{M}_g = l$, $\overline{M}_e = 0$, alle anderen $\overline{M} = 0$, alle $\overline{Z} = 0$. $\overline{M}$-Flächen in Abb. 238.

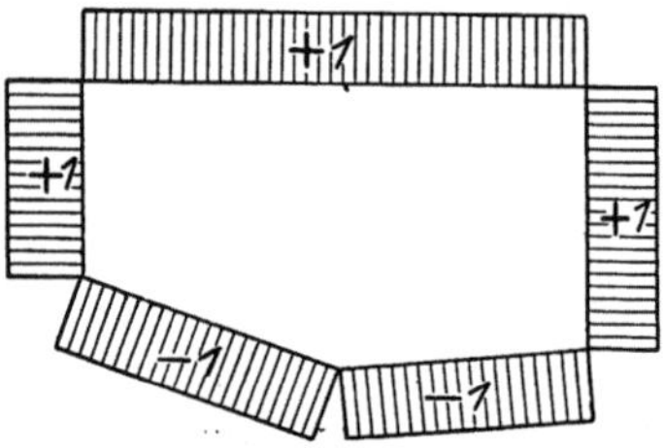

Abb. 237.

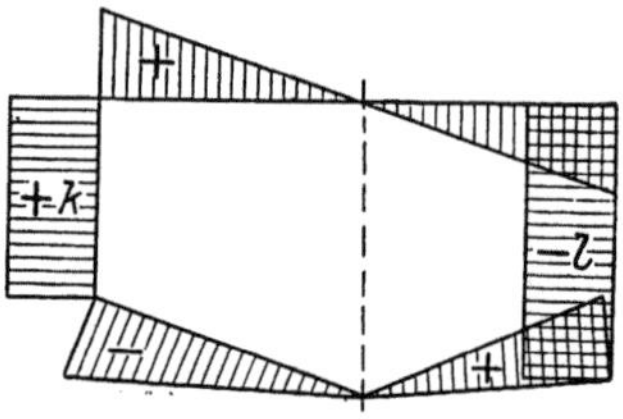

Abb. 238.

Die Stäbe *4*, *5*, *8* sollen belastet sein. Die Seitenkräfte der Lasten rechtwinklig zur Achse des Stabes, an dem sie angreifen, werden bestimmt und daraus die Momente M_0 für einfache Balken von der Stützweite der Stablängen berechnet. $\mathfrak{S}_{nr}$ bezeichne das statische Moment der M_0-Fläche des Stabes n, bezogen auf die Rechtwinklige zur Stabachse durch Punkt r, und $\mathfrak{S}'_{nr}$ das durch J_n geteilte statische Moment. Allgemein soll $s'_n = \frac{s_n}{J_n}$ bezeichnen. Die Momentenflächen für positive Momente des vorliegenden Systems sind unter Weglassung der M_0-Flächen in Abb. 239 dargestellt. Nun werden die Arbeitsgleichungen unter Benutzung der Auswertungsformel angeschrieben. Man erhält

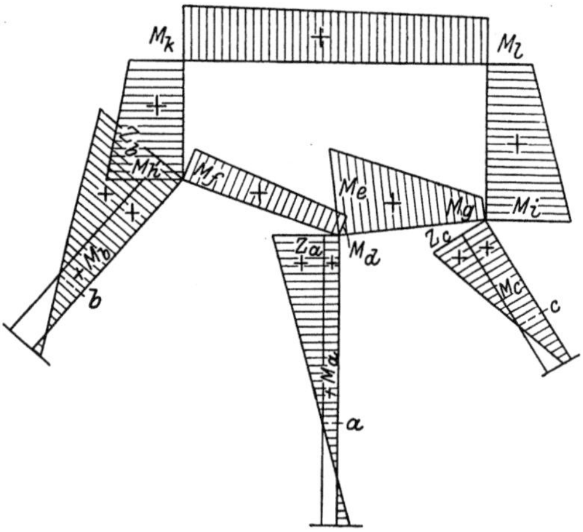

Abb. 239.

$$\gamma)\quad M_b \cdot s'_2 + Z_b \cdot \frac{s'_2}{4} + (2\,M_f + M_d)\,\frac{s'_4}{6} + M_a\,\frac{s'_1}{2} \cdot \varkappa_1 + \frac{1}{s_4}\,\mathfrak{S}'_{4d} = 0\,,$$

$$\delta)\quad (M_f + 2\,M_d)\,\frac{s'_4}{6} - M_a \cdot s'_1\left(1 + \frac{1}{2}\,\varkappa_1\right) - Z_a \cdot \frac{s'_1}{4} + \frac{1}{s_4}\,\mathfrak{S}'_{4f} = 0\,,$$

$$\varepsilon)\quad M_a\,s'_1\left(1 + \frac{1}{2}\,\varkappa_2\right) + Z_a\,\frac{s'_1}{4} + (2\,M_e + M_g)\,\frac{s'_5}{6} + \frac{1}{s_5}\,\mathfrak{S}'_{5g} = 0\,,$$

$$\zeta)\quad -M_a \cdot \frac{s'_1}{2}\,\varkappa_2 + (M_e + 2\,M_g)\,\frac{s'_5}{6} - M_c \cdot s'_3 - Z_c\,\frac{s'_3}{4} + \frac{1}{s_5}\,\mathfrak{S}'_{5e} = 0\,,$$

$$\eta)\quad s_6(M_k+2M_h)\frac{s_6'}{6}+M_b\cdot s_2'\left(s_6+\frac{1}{2}s_2\sin\delta\right)+s_6 Z_b\cdot\frac{s_2'}{4}$$

$$+s_7(M_l+2M_i)\frac{s_7'}{6}-M_c\cdot s_3'\left(s_7+\frac{1}{2}s_3\sin\eta\right)-s_7 Z_c\cdot\frac{s_3'}{4}=0\,,$$

$$\vartheta)\quad (M_k+M_l)s_8'+(M_k+M_h)s_6'+(M_l+M_i)s_7'-(M_f+M_d)s_4'$$

$$-(M_e+M_g)s_5'+F_8'-F_4'-F_5'=0\,,$$

$$\varkappa)\quad [k(2M_k+M_l)-l(2M_l+M_k)]\frac{s_8'}{6}+k(M_k+M_h)s_6'$$

$$-k(2M_f+M_d)\frac{s_4'}{6}-l(M_l+M_i)s_7'+l(2M_g+M_e)\frac{s_5'}{6}+\frac{k}{s_8}\mathfrak{S}_{8l}'$$

$$-\frac{l}{s_8}\mathfrak{S}_{8k}'-\frac{k}{s_4}\mathfrak{S}_{4d}'+\frac{l}{s_5}\mathfrak{S}_{5e}'=0\,.$$

Da durch Gleichung (1) und (2) die Momente M_b und M_c durch M_a auszudrücken sind, enthalten die Gleichungen γ) bis $\varkappa$) noch 12 Unbekannte, nämlich Z_a, Z_b, Z_c, M_a M_d, M_e, M_f, M_g, M_h, M_i, M_k, M_l. Zur Berechnung sind noch fünf Gleichungen erforderlich, die Gleichgewichtsbedingungen sein müssen, da mehr als neun Elastizitätsbedingungen nicht bestehen. Drei Gleichungen ergeben sich als Momentengleichungen um die Knotenpunkte a_1, b_1, c_1

$$\lambda)\qquad M_b+Z_b-M_h-M_f=0\,.$$

$$\mu)\qquad M_a+Z_a+M_d-M_e=0\,,$$

$$\nu)\qquad M_c+Z_c+M_g+M_i=0\,.$$

Die vierte erhält man in

$$\varrho)\qquad V_6-V_7+\sum P_8''=0\,,$$

wenn P_8'' die Seitenkraft der Last P_8 nach der Richtung V_6 bezeichnet. Die Querkräfte V_6 und V_7 sind aus den Momenten zu bestimmen

$$V_6=\frac{1}{s_6}(M_k-M_h)\,,$$

$$V_7=\frac{1}{s_7}(M_l-M_i)\,.$$

Die fünfte Gleichung ist aus den Gleichungen

$$\sum M=0\,,$$

die für die Gesamtheit aller Kräfte,

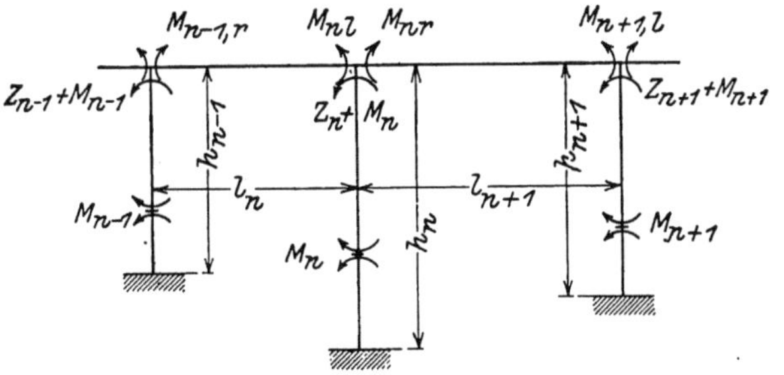

Abb. 240.

ferner für den Rahmen *1, 4, 2* nach Schnitten *e* und *h* oder den Rahmen *1, 5, 3* nach Schnitten in *d* und *i* aufgestellt werden können, in verschiedener Weise zu gewinnen. Erforderlich sind dazu 3 Gleichungen, in denen entweder N_1, N_2 oder N_1, N_3 hinzutreten.

d) Eine für die Rechnung zweckmäßige Form der Elastizitätsgleichungen läßt sich des öfteren durch geeignete Wahl des Selbstspannungszustandes erreichen. Abb. 240 zeigt zwei Öffnungen des durchlaufenden Balkens auf eingespannten Pfosten, die mit dem Balken durch steife Ecken verbunden sind. M_n sei das Pfostenmoment in $\frac{1}{3}$ der Höhe, welches verschwindet, wenn der Kopfpunkt des Pfostens sich in der Wagerechten nicht verschiebt. Wie unter c) gezeigt, besteht, wenn die Normalkräfte vernachlässigt werden dürfen, zwischen den Momenten die Beziehung

$$M_{n-1} : M_n : M_{n+1} \text{ usw.} = \frac{C}{h'_{n+1} \cdot h_{n-1}} : \frac{C}{h'_n \cdot h_n} : \frac{C}{h'_{n+1} \cdot h_{n+1}} \text{ usw.}$$

Das Moment am Kopf des Pfostens ist $Z_n + M_n$ und aus

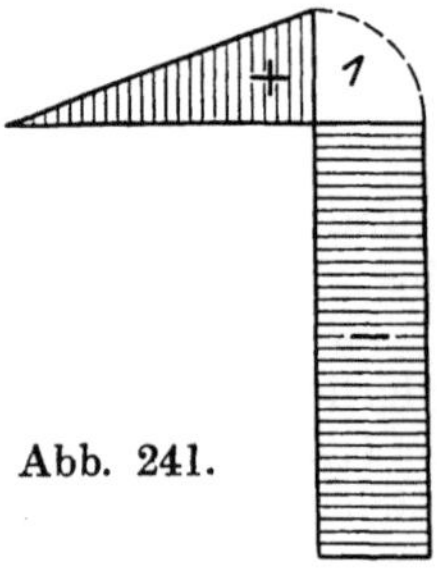

Abb. 241.

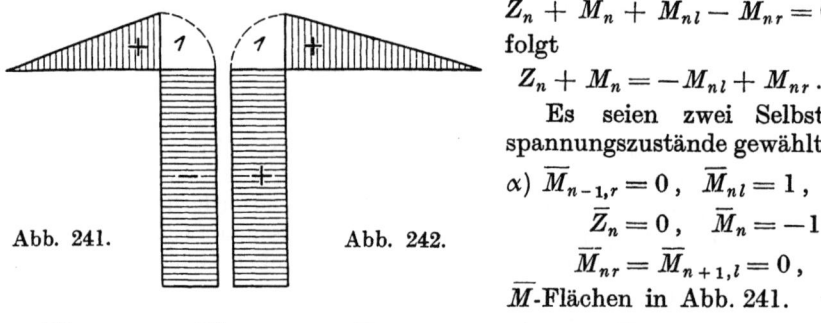

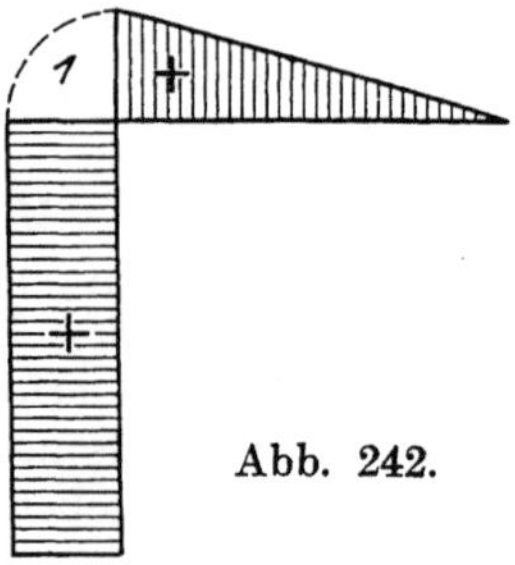

Abb. 242.

$$Z_n + M_n + M_{nl} - M_{nr} = 0$$

folgt

$$Z_n + M_n = -M_{nl} + M_{nr}.$$

Es seien zwei Selbstspannungszustände gewählt:

α) $\overline{M}_{n-1,r} = 0$, $\overline{M}_{nl} = 1$,
$\overline{Z}_n = 0$, $\overline{M}_n = -1$,
$\overline{M}_{nr} = \overline{M}_{n+1,l} = 0$,
$\overline{M}$-Flächen in Abb. 241.

β) $\overline{M}_{n+1l} = 0$, $\overline{M}_{nr} = +1$, $\overline{Z}_n = 0$, $\overline{M}_n = +1$, $\overline{M}_{nl} = \overline{M}_{n-1,r} = 0$,
$\overline{M}$-Flächen in Abb. 242.

Die Arbeitsgleichungen für diese Zustände lauten:

$$(M_{n-1,r} + 2\,M_{nl})\frac{l'_n}{6} + (M_{nl} - M_{nr} + M_n)\frac{h'_n}{4} - M_n \cdot h'_n + \frac{1}{l_n} \cdot \mathfrak{S}'_{n,n-1} = 0,$$

$$(M_{n+1,l} + 2\,M_{nr})\frac{l'_{n+1}}{6} - (M_{nl} - M_{nr} + M_n)\frac{h'_n}{4} + M_n h'_n + \frac{1}{l_{n+1}}\mathfrak{S}'_{n+1,n+1} = 0$$

oder

$$\left.\begin{aligned} M_{n-1,r} \cdot l'_n + M_{nl}\left(2\,l'_n + \frac{3}{2}\,h'_n\right) - M_{nr}\frac{3\,h'_n}{2} \qquad & \\ - M_n \cdot \frac{9\,h'_n}{2} + \frac{6}{l_n} \cdot \mathfrak{S}'_{n,n-1} = 0, & \\ - M_{nl}\frac{3\,h'_n}{2} + M_{nr}\left(2\,l'_{n+1} + \frac{3}{2}\,h'_n\right) \qquad & \\ + M_{n+1,l} \cdot l'_{n+1} + M_n \frac{9\,h'_n}{2} & \\ + \frac{6}{l_{n+1}} \cdot \mathfrak{S}'_{n+1,n+1} = 0\,^{1)}. & \end{aligned}\right\} \quad (24)$$

[1]) Müller-Breslau, H.: Zur Auflösung mehrgliedriger Elastizitätsgleichungen. Der Eisenbau 1917, S. 209. Die Gleichungen sind für den Fall von wagerecht unverschieblichen Pfostenköpfen aufgestellt.

Ein anderer Selbstspannungszustand läßt sich in folgender Weise bestimmen:

γ) $\overline{M}_{nl} = \alpha, \quad \overline{M}_{n-1,r} = -\frac{\alpha}{2},$

$\overline{Z}_{n-1} = 0, \quad \overline{M}_{n-1} = -\frac{\alpha}{2},$

$\overline{M}_{nr} = -\beta, \quad \overline{M}_{n+1,l} = +\frac{1}{2}\beta,$

$\overline{Z}_{n+1} = 0, \quad \overline{M}_{n+1} = -\frac{1}{2}\beta,$

$\overline{Z}_n = 0, \quad \overline{M}_n = -(\alpha + \beta).$

$\overline{M}$-Flächen in Abb. 243.

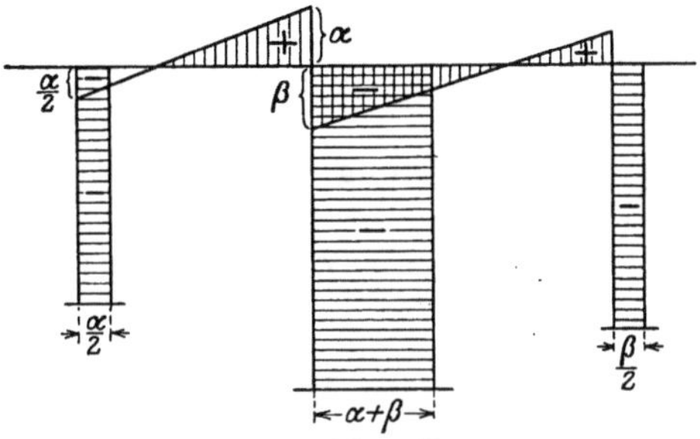

Abb. 243.

Die Arbeit der inneren Kräfte des Balkens n ist

$$\alpha\,(2\,M_{nl} + M_{n-1,r})\,\frac{l'_n}{6\,E} - \frac{\alpha}{2}\,(2\,M_{n-1,r} + M_{nl})\,\frac{l'_n}{6\,E} = \alpha \cdot M_{nl}\,\frac{l'_n}{4\,E}.$$

$M_{n-1,r}$ fällt also durch die Wahl des Nullpunktes der $\overline{M}$-Fläche in $\frac{1}{3}\,l_n$ aus. Danach lautet die Arbeitsgleichung für den Zustand γ

$$-\frac{\alpha}{2}\,Z_{n-1}\cdot\frac{h'_{n-1}}{4} - \frac{\alpha}{2}\,M_{n-1}\cdot h'_{n-1} + \alpha\cdot M_{nl}\,\frac{l'_n}{4} - (\alpha+\beta)\,Z_n\,\frac{h'_n}{4}$$

$$-(\alpha+\beta)\,M_n\cdot h'_n - \beta\cdot M_{nr}\cdot\frac{l'_{n+1}}{4} - \frac{1}{2}\,\beta\cdot Z_{n+1}\,\frac{h'_{n+1}}{4} - \frac{1}{2}\,\beta\cdot M_{n+1}\cdot h'_{n+1}$$

$$+\frac{\alpha}{l_n}\left(\mathfrak{S}'_{n,n-1} - \frac{1}{2}\,\mathfrak{S}'_{nn}\right) - \frac{\beta}{l_{n+1}}\left(\mathfrak{S}'_{n+1,n+1} - \frac{1}{2}\,\mathfrak{S}'_{n+1,n}\right) = 0.$$

Wird nun $\alpha = \frac{4}{l'_n}$, $\beta = \frac{4}{l'_{n+1}}$ gesetzt, so ergibt sich

$$\alpha\cdot M_{nl}\,\frac{l'_n}{4} - \beta\cdot M_{nr}\cdot\frac{l'_{n+1}}{4} = M_{nl} - M_{nr} = -(Z_n + M_n)$$

und die Gleichung

$$\left.\begin{aligned}
&-Z_{n-1}\cdot\frac{h'_{n-1}}{2\,l'_n} - Z_n\cdot h'_n\left(\frac{1}{l'_n} + \frac{1}{l'_{n+1}} + \frac{1}{h'_n}\right) - Z_{n+1}\,\frac{h'_{n+1}}{2\,l'_{n+1}}\\
&-M_{n-1}\,\frac{2\,h'_{n-1}}{l'_n} - M_n\cdot 4\,h'_n\left(\frac{1}{l'_n} + \frac{1}{l'_{n+1}} + \frac{1}{4\,h'_n}\right)\\
&-M_{n+1}\,\frac{2\,h'_{n+1}}{l'_{n+1}} + \frac{4}{l_n\cdot l'_n}\left(\mathfrak{S}'_{n,n-1} - \frac{1}{2}\,\mathfrak{S}'_{nn}\right)\\
&-\frac{4}{l_{n+1}\cdot l'_{n+1}}\left(\mathfrak{S}'_{n+1,n+1} - \frac{1}{2}\,\mathfrak{S}'_{n+1,n}\right) = 0.
\end{aligned}\right\} \quad (25)$$

Wird $\alpha = \frac{4}{l'_n}$, $\beta = -\frac{4}{l'_{n+1}}$ gesetzt, so ergibt sich

$$\alpha M_{nl} \cdot \frac{l'_n}{4} - \beta M_{nr} \frac{l'_{n+1}}{4} = M_{nl} + M_{nr}$$

und die Gleichung

$$\left.\begin{aligned} & Z_{n-1} \cdot \frac{h'_{n-1}}{2 l'_n} + Z_n \cdot h'_n \left(\frac{1}{l'_n} - \frac{1}{l'_{n+1}}\right) - Z_{n+1} \cdot \frac{h'_{n+1}}{2 l'_{n+1}} \\ & \quad + M_{n-1} \cdot \frac{2 h'_{n-1}}{l'_n} + M_n \cdot 4 h'_n \left(\frac{1}{l'_n} - \frac{1}{l'_{n+1}}\right) \\ & \quad - M_{n+1} \cdot \frac{2 h'_{n+1}}{l'_{n+1}} - \frac{4}{l_n \cdot l'_n} \left(\mathfrak{S}'_{n,n-1} - \frac{1}{2} \mathfrak{S}'_{n,n}\right) \\ & \quad - \frac{4}{l_{n+1} l'_{n+1}} \left(\mathfrak{S}'_{n+1,n+1} - \frac{1}{2} \mathfrak{S}'_{n+1,n}\right) = M_{nl} + M_{nr}. \end{aligned}\right\} \quad (26)$$

Da alle Momente M_n durch eine Konstante ausgedrückt werden können, verbindet die erste Gleichung drei aufeinanderfolgende Momente Z in den Pfosten miteinander. Sie ist eine sogenannte dreigliedrige Elastizitätsgleichung für die Größen $Z_n \cdot h'_n$. Die zweite Gleichung gibt den Wert $M_{nl} + M_{nr}$ an, wenn die Werte der Pfosten Momente Z_n und M_n in den drei Pfosten $n-1$, n, $n+1$ gefunden sind.

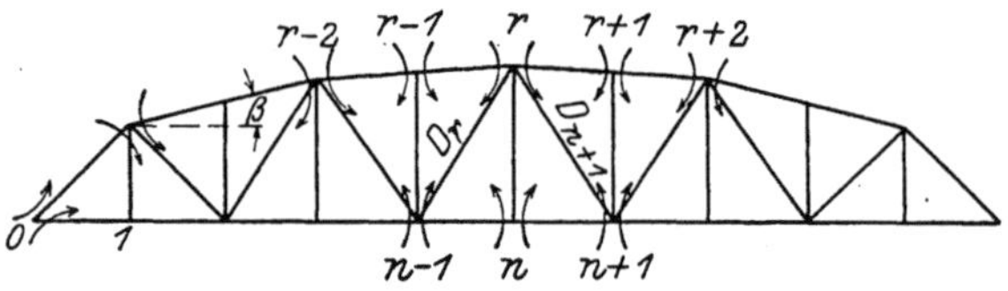

Abb. 244.

e) In dem Fachwerkträger der Abb. 244 sind alle Randstäbe (Gurtungen und Endstreben) in allen Knotenpunkten durch steife Ecken verbunden und biegungsfest ausgebildet. Das Fachwerk hat 20 Knotenpunkte und ist daher 20fach statisch unbestimmt. Zur Aufstellung der Elastizitätsgleichungen wird folgender Selbstspannungszustand gewählt:

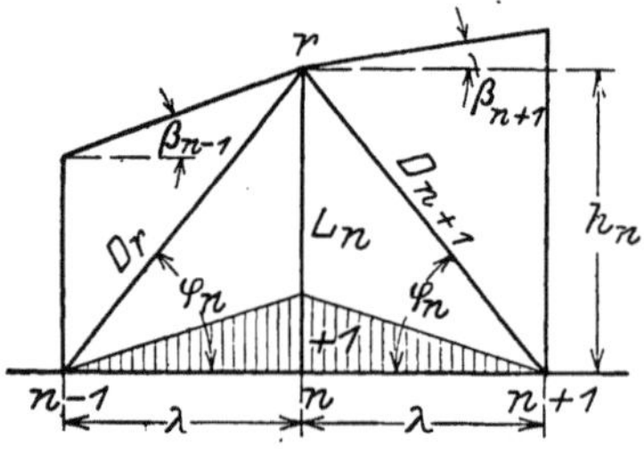

Abb. 245.

$$\overline{M}_n = 1, \qquad \overline{M}_{n-1} = \overline{M}_{n+1} = 0\,;$$

dgl. alle anderen $\overline{M} = 0$

$$\overline{U}_r = -\frac{1}{h_n},$$

$$\overline{D}_r = \overline{D}'_{n+1} = +\frac{\sec \varphi_n}{h}, \quad \overline{L}_n = -\frac{2}{\lambda}$$

$\overline{M}$-Flächen in Abb. 245.

Die Arbeitsgleichung lautet

$$(M_{n-1} + 2\,M_n)\,\frac{\lambda_n'}{6} + (2\,M_n + M_{n+1})\,\frac{\lambda_{n+1}'}{6} - U_r\,\frac{u_n'' + u_{n+1}''}{h_n}$$

$$+ D_r\,\frac{d_r''\cdot\sec\varphi_n}{h_n} + D_{n+1}\cdot\frac{d_{n+1}''\cdot\sec\varphi_n}{h_n} - L_n\cdot\frac{2\,h_n''}{\lambda} = 0\,,$$

$$\lambda_n' = \frac{\lambda}{J_n}\,,\qquad \lambda_{n+1}'' = \frac{\lambda}{J_{n+1}}\,,$$

$$u_n'' = \frac{\lambda}{F_n}\,,\qquad u_{n+1}'' = \frac{\lambda}{F_{n+1}}\,,$$

$$d'' = \frac{d}{F_d}\,.$$

Die Spannkräfte sind von den gegebenen Lasten und den Momenten M linear abhängig. Der durch die Lasten erzeugte Wert ist der des statisch bestimmten Fachwerkes mit Gelenken in allen Knotenpunkten, er sei durch den Zeiger 0 gekennzeichnet. Dann ist

$$U_r \quad = U_{ro} - \frac{1}{h_n}\,(M_n - Mr)\,,$$

$$D_r \quad = D_{ro} + \frac{1}{h_n}\,(M_n - M_r)\sec\varphi_n - \frac{1}{h_{n-1}}\,(M_{n-1} - M_{r-1})\sec\varphi_n\,,$$

$$D_{n+1} = D_{n+1,0} + \frac{1}{h_n}\,(M_n - M_r)\sec\varphi_n - \frac{1}{h_{n+1}}\,(M_{n+1} - M_{r+1})\sec\varphi_n\,,$$

$$L_n \quad = -2\,\frac{M_n}{\lambda}\,.$$

Diese Spannkräfte werden in die Elastizitätsgleichung eingeführt und die Momente zusammengefaßt.

$$\left.\begin{aligned}
&\boldsymbol{M}_{n-1}\left(\frac{\lambda_n'}{6} - \frac{d_r''}{h_n\cdot h_{n-1}}\sec^2\varphi_n\right)\\
&+ \boldsymbol{M}_n\left[\frac{\lambda_n'}{3} + \frac{\lambda_{n+1}'}{3} + \frac{1}{h_n^2}\{u_n'' + u_{n+1}'' + (d_r'' + d_{n+1}'')\sec^2\varphi_n\} + \frac{4h_n''}{\lambda^2}\right]\\
&+ \boldsymbol{M}_{n+1}\left(\frac{\lambda_{n+1}'}{6} - \frac{d_{n+1}''}{h_n\cdot h_{n+1}}\sec^2\varphi_n\right) + \boldsymbol{M}_{r-1}\,\frac{d_r''}{h_n\cdot h_{n-1}}\cdot\sec^2\varphi_n\\
&- \boldsymbol{M}_r\,\frac{1}{h_n^2}\,[u_n'' + u_{n+1}'' + (d_r'' + d_{r+1}'')\sec^2\varphi_n]\\
&+ \boldsymbol{M}_{r+1}\,\frac{d_{n+1}''}{h_n\cdot h_{n+1}}\sec^2\varphi_n = \frac{1}{h_n}\,[\,U_{ro}\,(u_n'' + u_{n+1}'') - D_{ro}\cdot d_r''\sec\varphi_n\\
&- D_{n+1,o}\,d_{n+1}''\cdot\sec\varphi_n]\,.
\end{aligned}\right\}\quad(27)$$

Ist n ein Knotenpunkt der Untergurtung, in dem zwei Diagonalen angeschlossen sind, so sind die Spannkräfte des Selbstspannungszustandes

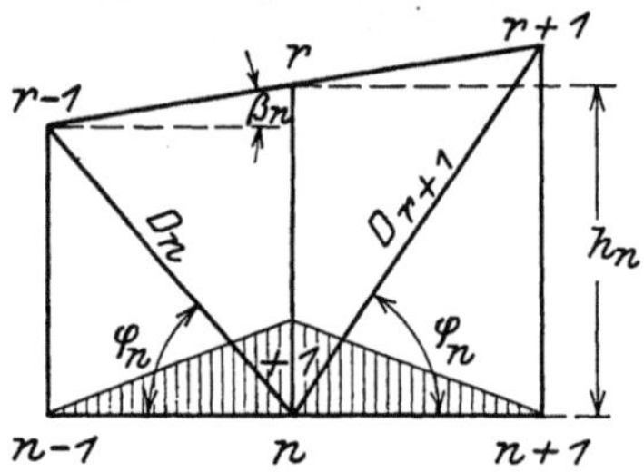

Abb. 246.

$$\overline{O}_n = + \frac{\sec \beta_n}{h_n}, \quad \overline{D}_n = - \frac{\sec \varphi_n}{h_n}.$$

$$\overline{D}_{r+1} = - \frac{\sec \varphi_{r+1}}{h_n},$$

$$\overline{L}_{n-1} = \overline{L}_{n+1} = \frac{1}{\lambda}, \quad \overline{L}_n = 0.$$

$\overline{M}$-Flächen in Abb. 246.

Die Arbeitsgleichung lautet

$$(M_{n-1} + 2\,M_n)\,\frac{\lambda'_n}{6} + (2\,M_n + M_{n+1})\,\frac{\lambda'_{n+1}}{6} + O_n\,\frac{o''_n + o''_n}{h_n}\sec\beta_n$$
$$- D_n\,\frac{d''_n}{h_n}\sec\varphi_n - D_{r+1}\,\frac{d''_{r+1}}{h_n}\sec\varphi_{r+1} + L_{n-1}\cdot\frac{h''_{n-1}}{\lambda}$$
$$+ L_{n+1}\,\frac{h''_{n+1}}{\lambda} = 0.$$

Die Spannkräfte werden durch

$$O_n = O_{n o} + \frac{1}{h_n}(M_n - M_r)\sec\beta_n, \quad \text{(hinreichend genau)}$$

$$D_n = D_{n o} - \frac{1}{h_n}(M_n - M_r)\sec\varphi_n + \frac{1}{h_{n-1}}(M_{n-1} - M_{r-1})\sec\varphi_n,$$

$$D_{r+1} = D_{r+1,0} - \frac{1}{h_n}(M_n - M_r)\sec\varphi_{n+1} + \frac{1}{h_{n+1}}(M_{n+1} - M_{r+1})\sec\varphi_{r+1},$$

$$L_{n-1} = \frac{1}{\lambda}M_n - \frac{2}{\lambda}M_{n-1}, \quad L_{n+1} = \frac{1}{\lambda}M_n - \frac{2}{\lambda}M_{n+1}.$$

ausgedrückt. So ergibt sich eine Gleichung, die sich von der oben entwickelten nur unwesentlich unterscheidet. Auf der rechten Seite tritt an Stelle des U_{ro} enthaltenden Gliedes

$$- O_{no}\,\frac{o''_n + o''_n}{h_n}\sec\beta_n.$$

Da $U_{ro} = \frac{\mathfrak{M}_n}{h_n}$ und $O_{no} = -\frac{\mathfrak{M}_n}{h_n}\sec\beta_n$ ist, wenn $\mathfrak{M}_n$ das Moment der äußeren Kräfte um den Knotenpunkt n bezeichnet, lautet das fragliche Glied der ersten Gleichung

$$+ \mathfrak{M}_n\,\frac{u''_n + u''_{n+1}}{h_n^2}$$

und das der zweiten Gleichung

$$+ \mathfrak{M}_n\,\frac{o''_n + o''_{n+1}}{h_n^2}\sec^2\beta_n.$$

Beide Glieder haben dasselbe Vorzeichen. Auf dieselbe Weise erhält man je eine Elastizitätsgleichung für jeden Knotenpunkt der Obergurtung. Im ersten Knotenpunkt 0 wird

$$\overline{M}_0 = 1\,, \quad \overline{M}_1 = 0\,, \quad \overline{M}_{10} = 0$$

gesetzt, dazu gehört

$$\overline{L}_1 = \frac{1}{\lambda}\,, \quad \overline{U}_1 = 0\,, \quad \overline{O}_1 = -\frac{1}{\lambda}\sin\beta\,.$$

$\overline{M}$-Fläche in Abb. 247.

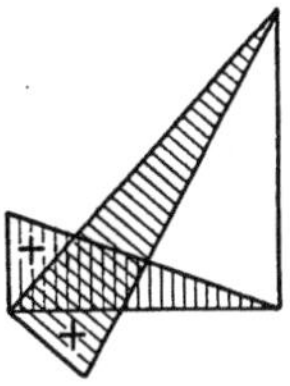

Abb. 247.

Die Arbeitsgleichung lautet

$$(M_1 + 2\,M_0)\frac{\lambda_1'}{6} + (2\,M_0 + M_{10})\frac{o_1'}{6} - O_1\frac{o_1''}{\lambda}\sin\beta + L_1\frac{h_1''}{\lambda} = 0\,.$$

Die Spannkräfte sind durch

$$L = \frac{1}{\lambda}M_0 - \frac{2}{\lambda}M_1 + \frac{1}{\lambda}M_2\,,$$

$$O_1 = O_{10} - \frac{1}{\lambda}(M_0\sin\beta - M_1\operatorname{cosec}\beta + M_{10}\operatorname{cotg}\beta\cdot\cos\beta)$$

auszudrücken. So ergibt sich

$$M_2\frac{h_1''}{\lambda^2} + M_1\left(\frac{\lambda_1'}{6} - \frac{o_1''}{\lambda^2} - \frac{2\,h_1''}{\lambda^2}\right) + M_0\left(\frac{\lambda_1'}{3} + \frac{o_1'}{3} + \frac{o_1''}{\lambda^2}\sin^2\beta + \frac{h_1''}{\lambda^2}\right)$$

$$+ M_{10}\left(\frac{o_1'}{3} + \frac{o_1''}{o^2}\right) = O_{10}\frac{o_1''}{\lambda}\sin\beta\,.$$

Für jeden Knotenpunkt besteht eine Elastizitätsgleichung, mithin ist die Zahl der Gleichungen gleich der Zahl der Unbekannten.

b) Vereinfachung und rechnerische Auflösung der Elastizitätsgleichungen.

61. Erweiterung des Begriffes der statisch unbestimmten Größe durch Lastengruppen.

Als statisch unbestimmte Größen sind die Kräfte oder Momente eingeführt worden, die in n überzähligen Gliedern auftreten. Die Zustände $X_r = -1$ $(r = a \ldots n)$ sind gebildet worden, indem X_r der Wert -1, allen anderen X der Wert 0 beigelegt ist. Diese Bestimmungsweise ist nicht notwenig und kann durch folgende allgemeinere ersetzt werden. Ein Selbstspannungszustand kann durch willkürliche Verfügung über n statische Größen bestimmt werden. Mithin erhält man einen solchen, indem man

$$X_a = Y_{ar}\,, \quad X_b = Y_{br}\,, \quad \ldots\,, \quad X_n = Y_{nr}$$

als willkürliche Konstante einführt und alle übrigen $2k$ Größen dann aus den Gleichgewichtsbedingungen berechnet. Letztere seien $-C_r$, $-S_r$, $-N_r$, $-M_r$, $-V_r$ bezeichnet. Zu einem veränderlichen Selbstspannungszustand gelangt man durch Multiplikation der Konstanten mit der Veränderlichen Y_r. Wird n mal in dieser Weise verfahren, so lassen sich die $n \cdot \infty$ vielen möglichen Gleichgewichtszustände des $n$fach statisch unbestimmten Tragwerks durch

$$Z = Z_0 - Z_a \cdot Y_a - Z_b Y_b - \cdots Z_n \cdot Y_n \tag{28}$$

für die $2k$ aus den Gleichgewichtsbedingungen berechneten, und

$$X_r = Y_{ra} \cdot Y_a + Y_{rb} \cdot Y_b + \cdots Y_{rn} \cdot Y_n \tag{29}$$

für die überzähligen Größen ausdrücken. Z_0 ist der von den Lasten abhängige Wert, den man aus den Gleichgewichtsbedingungen erhält, wenn alle $Y_r = 0$ gesetzt werden, also auch alle X_r verschwinden. $Y_r = -1$, alle anderen $Y = 0$, alle $P = 0$ kennzeichnet einen Selbstspannungszustand, der Zustand $Y_r = -1$ genannt wird. Seine statischen Größen sollen durch den Zeiger r bezeichnet werden, und C_r, S_r, N_r, M_r, V_r sollen, um die Formeln möglichst einfach zu gestalten, alle $2k + n$ statischen Größen, d. h. auch die Werte in den überzähligen Gliedern $-Y_{ar}, \ldots, -Y_{nr}$ umfassen. Dann lautet die Arbeitsgleichung für den Selbstspannungszustand $Y_r = -1$ im Fachwerk

$$L_r - \sum S_r \cdot \varDelta s = 0$$

und im Stabwerk

$$L_r - \sum \int N_r d \varDelta s - \sum \int M_r \varDelta d\varphi - \sum \int V_r d p - \sum S_r \varDelta s = 0 .$$

In diesen Gleichungen werden wieder die Längen- und Winkeländerungen durch die inneren Kräfte und Momente sowie die Änderungen der Temperatur ausgedrückt. So erhält man die Gleichungen (3) und (4), in denen die durch den Zeiger r bezeichneten Größen dem Zustand $Y_r = -1$ angehören, als Elastizitätsgleichungen. Diese aus den n Zuständen $Y_r = -1$ abgeleiteten Gleichungen können sich von den Gleichungen, die für die Zustände $X_r = -1$ aufgestellt sind, natürlich nur in der Form unterscheiden. Beide Gruppen von Gleichungen müssen identisch sein, da mehr als n voneinander unabhängige Gleichungen nicht möglich sind.

Werden nun die Gleichungen (28) in die Elastizitätsgleichungen eingeführt, so gehen diese in lineare Gleichungen über, welche als Unbekannte nur die n $Y_a \ldots Y_n$ enthalten. Die Auflösung der Gleichungen ergibt die Werte Y, und die Einführung der gefundenen Werte in (28) schließlich alle $2k$ statischen Größen Z. Die Y sind nach der gegebenen Entwicklung Zahlen. Sie können aber auch ohne weiteres als Kräfte oder Momente aufgefaßt werden, wenn man die $Y_{ar} \ldots Y_{nr}$, Z_r als Zahlen ansieht. Für die Rechnung ist es offenbar gleichgültig, welche Auffassung gewählt wird. Da für die Y Gleichungen derselben Art bestehen, wie für die X, werden diese Größen ebenfalls statisch unbestimmte Größen genannt.

Die Bedeutung der Y am statisch bestimmten Hauptsystem erhellt aus folgender Überlegung. Belastet man die Schnittufer der Schnitte durch innere Glieder mit Doppelkräften bzw. Doppelmomenten, die den inneren statischen Größen der Glieder nach Lage und Richtung gleichwertig sind, sowie die Angriffspunkte beseitigter Stützen und die Angriffsgeraden beseitigter Einspannungen durch Kräfte bzw. Momente, die den beseitigten Stützkräften oder Einspannungsmomenten nach Lage und Richtung gleichwertig sind, und legt den Lasten die Werte Y_{ar}, Y_{br} ... Y_{nr} bei, so erhält man eine Belastung des statisch bestimmten Hauptsystems durch n Lasten bestimmter Größe. Multipliziert man jede Last mit der veränderlichen Zahl Y_r, so erhält man eine Belastung durch n veränderliche, in ihrem gegenseitigen Verhältnis aber unveränderliche Lasten. Die Gesamtheit der Lasten wird Lastengruppe oder Gruppenbelastung genannt, und Y gibt den Wert an, dem die n einzelnen, auch Gruppenlasten genannten Lasten verhältnisgleich sind.

Da die Elastizitätsgleichungen (3) und (4) für jede Lastengruppe bestehen, besteht auch eine Gleichung der Form (6), welche die Y-Werte durch die Werte von Verschiebungen am statisch bestimmten Hauptsystem untereinander verbindet. Durch Einführung von (28) in (3) oder (4) erhält man

$$\boldsymbol{Y_a \cdot \mu_{ra} + \cdots + Y_r \cdot \mu_{rr} + \cdots + Y_n \cdot \mu_{rn} = \mu_{ro} - L_r}, \quad (30)$$

$$\mu_{rk} = \sum S_r S_k \cdot \varrho$$

oder

$$\mu_{rk} = \sum \left[\int \frac{N_r \cdot N_k}{EF} ds + \int \frac{M_r \cdot M_k}{EJ} ds + \int \frac{V_r \cdot V_k}{G \cdot F \cdot \varkappa} ds \right] + \sum S_r \cdot S_k \cdot \varrho \,.$$

Die rechte Seite beider Ansätze für μ_{rk} ist die Arbeit der inneren Kräfte des Zustandes $Y_r = -1$ bei der durch $Y_k = -1$ erzeugten Formänderung oder die Arbeit der inneren Kräfte des Zustandes $Y_k = -1$ bei der durch $Y_r = -1$ erzeugten Formänderung. Nun folgt aus der Arbeitsgleichung für $Y_r = -1$

$$1 \cdot \mu_{rk} = \sum_a^n {}_v Y_{vr} \cdot \vartheta_{vk}$$

und aus der Arbeitsgleichung für $Y_k = -1$

$$1 \cdot \mu_{rk} = \sum_a^n {}_v Y_{vk} \cdot \vartheta_{vr} \,,$$

wenn ϑ_{vk} den Weg der statisch unbestimmten Größe $X_v = -1$, der durch die Lastengruppe $Y_k = -1$ entsteht, und ϑ_{vr} denselben Weg aus der Lastengruppe $Y_r = -1$ bezeichnet. Demnach ist μ_{rk} als Weg von $Y_r = -1$, erzeugt durch $Y_k = -1$, oder als Weg von $Y_k = -1$

infolge $Y_r = -1$ gekennzeichnet und δ_{rk} bzw. δ_{kr} zu bezeichnen. Ebenso folgt aus

$$\mu_{ro} = \sum S_r \cdot S_o \cdot \varrho + \varepsilon \sum S_r \cdot t \cdot s$$

und

$$\mu_{ro} = \sum \left[\int \frac{N_r \cdot N_o}{EF} ds + \int \frac{M_r \cdot M_o}{EJ} ds + \int \frac{V_r \cdot V_o}{G \cdot F \cdot \varkappa} ds \right] + \sum S_r \cdot S_o \cdot s$$
$$+ \varepsilon \sum \left[\int N_r \cdot t_o \cdot ds + \int \frac{M_r \cdot \Delta t}{h} ds \right] + \varepsilon \sum S_r \cdot t \cdot s,$$

daß μ_{ro} der Weg von $Y_r = -1$ ist, der am statisch bestimmten Hauptsystem durch die gegebenen Lasten und Änderungen der Temperatur entsteht. Er ist δ_{ro} zu bezeichnen. Mithin folgt aus (30)

$$\boldsymbol{Y_a \cdot \delta_{ra} + \cdots + Y_r \cdot \delta_{rr} + \cdots + Y_r \cdot \delta_{rn} = \delta_{ro} - L_r}. \quad (31)$$

Die Berechnung der δ-Werte kann aus der Arbeit der inneren Kräfte der Zustände $Y = -1$ nach den vorstehenden Formeln für die μ-Werte erfolgen. Zweckmäßiger werden jedoch die ϑ-Werte benutzt, also

$$\left.\begin{aligned} \boldsymbol{\delta_{rk}} &= \boldsymbol{Y_{ar} \cdot \vartheta_{ak} + Y_{br} \cdot \vartheta_{bk} + \cdots + Y_{nr} \cdot \vartheta_{nk}} \\ \boldsymbol{\delta_{rr}} &= \boldsymbol{Y_{ar} \cdot \vartheta_{ar} + Y_{br} \cdot \vartheta_{br} + \cdots + Y_{nr} \cdot \vartheta_{nr}} \end{aligned}\right\} \quad (32)$$

$$\boldsymbol{\delta_{ro} = Y_{ar} \cdot \vartheta_{ao} + Y_{br} \cdot \vartheta_{bo} + \cdots + Y_{nr} \cdot \vartheta_{no}} \quad (33)$$

gesetzt. Jeder Beiwert ϑ_{rk} als Weg der Größe $X_r = -1$ infolge des Zustandes $Y_k = -1$ ist mit Hilfe der Arbeitsgleichung für die angenommene Belastung $X_r = -1$ zu berechnen. Es ist zu beachten, daß für die ϑ-Werte der Satz von der Gegenseitigkeit der Verschiebungen nicht gilt, also $\vartheta_{rk} \lesseqgtr \vartheta_{kr}$ ist, weil ϑ_{rk} die Gruppenlast $X_r = -1$ und die Lastengruppe $Y_k = -1$, dagegen ϑ_{kr} die Lastengruppe $Y_r = -1$ und die Gruppenlast $X_k = -1$ verbindet.

Die Auflösung der Elastizitätsgleichungen durch Berechnung der λ-Werte ergibt Y_r in Form der Gleichung (11). Handelt es sich um veränderliche Lasten einer Richtung, so folgt wie in Nr. 59 aus

$$Y_r = \delta_{ao} \cdot \lambda_{ar} + \delta_{bo} \cdot \lambda_{br} + \cdots + \delta_{no} \cdot \lambda_{nr},$$

daß die Einflußlinie für Y_r die Biegungslinie des statisch bestimmten Hauptsystems ist, welche durch die zusammengesetzte Belastung $Y_a = -\lambda_{ar}$, $Y_b = -\lambda_{br} \ldots Y_n = -\lambda_{nr}$ erzeugt wird.

Die Gleichungen, welche die X und Y verbinden, sollen in Tafelform geschrieben werden:

$$\left.\begin{array}{c|ccccc} & Y_a & Y_b & Y_c & \cdots & Y_n \\ \hline X_a & Y_{aa} & Y_{ab} & Y_{ac} & \cdots & Y_{an} \\ X_b & Y_{ba} & Y_{bb} & Y_{bc} & \cdots & Y_{bn} \\ & & & \vdots & & \\ X_r & Y_{ra} & Y_{rb} & Y_{rc} & \cdots & Y_{rn} \\ & & & \vdots & & \\ X_n & Y_{na} & Y_{nb} & Y_{nc} & \cdots & Y_{nn} \end{array}\right\} \quad (34)$$

Sie enthalten n^2 Beiwerte Y_{rk}, die nur der Bedingung unterliegen, daß die n Gleichungen zwischen den X und Y voneinander unabhängig sind. Diese Bedingung wird erfüllt, wenn die Determinante aus den Y_{rk} von Null verschieden ist.

62. Elastizitätsgleichungen mit je einer Unbekannten.

Die Gleichgewichtsbedingungen statisch bestimmter Tragwerke kann man meistens als Gleichungen mit je einer Unbekannten aufstellen. In verhältnismäßig seltenen Fällen wird einmal die Auflösung von zwei Gleichungen nach zwei Unbekannten notwendig. Dieselbe Eigenschaft erhalten die Elastizitätsgleichungen durch Einführung geeigneter Lastengruppen als statisch unbestimmte Größen. Es ist immer möglich, die Gruppen so zu wählen, daß alle Beiwerte μ_{rk}, die zwei verschiedenen Gruppen angehören, verschwinden und nur die Beiwerte μ_{rr} einen von Null verschiedenen Wert haben, der positiv sein muß, da μ_{rr} die Summe von Quadraten der statischen Größen ist. Da μ_{rk} der Weg der Größe $Y_r = -1$, erzeugt durch $Y_k = -1$, ist, bedingt die Forderung $\mu_{rk} = 0$ gegenseitige Unabhängigkeit der Formänderungen. Die Gesamtheit der Größen der Gruppe Y_r darf bei der durch $Y_k = -1$ bedingten Formänderung keine Arbeit leisten.

Wenn alle μ_{rk} verschwinden, lauten die n Elastizitätsgleichungen

$$Y_r \cdot \mu_{rr} = \mu_{ro} - L_r$$

und ergeben

$$Y_r = \frac{\mu_{ro} - L_r}{\mu_{rr}}. \tag{35}$$

Da die Einflußlinie für μ_{ro} die Biegungslinie des statisch bestimmten Hauptsystems ist, die durch die Lastengruppe $Y_r = -1$ erzeugt wird, ist diese Biegungslinie auch die Einflußlinie für Y_r, wenn ihre Ordinate in dem Maßstab der Strecke $\mu_{rr} = 1$ gemessen wird.

Gegenseitige Unabhängigkeit der Formänderungszustände erhält man in dem zweifach statisch unbestimmten Tragwerk, sofern eine nach Größe und Richtung unbekannte Kraft als statisch unbestimmte behandelt werden kann, durch geeignete Wahl der Richtungen der Seitenkräfte. Jede Seitenkraft muß rechtwinklig zu der Verschiebung gerichtet sein, welche die andere erzeugt. Eine Seitenkraft kann willkürlich angenommen werden, die Richtung der zweiten ist dann bestimmt. Für das dreifach statisch unbestimmte System erhält man in wichtigen Fällen durch die Eigenschaften des elastischen Schwerpunktes voneinander unabhängige Verschiebungszustände, indem man ein Moment und zwei Einzelkräfte im elastischen Schwerpunkt als statisch unbestimmte Größen einführt. Da das Moment eine Drehung um den elastischen Schwerpunkt erzeugt, verschwindet bei dieser Formänderung der Weg jeder Einzelkraft. Eine Kraft kann willkürlich gewählt werden, die Richtung der zweiten fällt in die der ersten konjugierte Achse (Zentrifugalmoment der elastischen Gewichte gleich Null). Anwendungen des Verfahrens sind in Nr. 69 dargestellt.

Bei jeder Bauart und beliebigem Grade statischer Unbestimmtheit führt der Weg zum Ziele, der von den Gleichungen (34) ausgeht und die Beiwerte der Y-Gruppen nacheinander zweckentsprechend bestimmt. Da $\mu_{rk} = \mu_{kr}$ ist, stellt die Forderung, daß alle μ_{rk} verschwinden, $\frac{1}{2} n(n-1)$ lineare Bedingungen. Von den n^2 Beiwerten der nY-Gruppen können mithin $\frac{1}{2} n(n+1)$ willkürlich gewählt werden. Die Wahl der willkürlichen und die Berechnung der abhängigen Beiwerte greift ineinander ein. Das Verfahren ist immer in folgender Weise durchzuführen.

Die n-Größen X der Gruppe Y_a werden willkürlich gewählt und die Verschiebungen ϑ_{ka} $(k = a, b \ldots n)$ berechnet. Dann ergibt sich die Bedingung

$$1 \cdot \delta_{ba} = Y_{ab} \vartheta_{aa} + Y_{bb} \vartheta_{ba} + \cdots + Y_{nb} \cdot \vartheta_{na} = 0 .$$

Sie bestimmt einen Wert der Gruppe Y_b, wenn $n-1$ Werte willkürlich festgesetzt sind. Aus $\delta_{ba} = 0$ folgt

$$1 \, \delta_{ab} = Y_{aa} \vartheta_{ab} + Y_{ba} \vartheta_{bb} + \cdots + Y_{na} \cdot \vartheta_{nb} = 0 ,$$

das ist eine Aussage über den Verschiebungszustand $Y_b = -1$, die weiterhin benutzt wird.

Nunmehr werden die Wege ϑ_{kb} $(k = a, b \ldots n)$ berechnet und die Bedingungen aufgestellt

$$1 \cdot \delta_{cb} = Y_{ac} \cdot \vartheta_{ab} + Y_{bc} \cdot \vartheta_{bb} + \cdots + Y_{nc} \cdot \vartheta_{nb} = 0 ,$$
$$1 \cdot \delta_{ca} = Y_{ac} \cdot \vartheta_{aa} + Y_{bc} \cdot \vartheta_{ba} + \cdots + Y_{nc} \cdot \vartheta_{na} = 0 .$$

Von den Beiwerten der Y_c-Gruppe werden $n-2$ willkürlich gewählt, und die zwei verbleibenden aus den Bedingungen $\delta_{cb} = 0$, $\delta_{ca} = 0$ berechnet. Sodann werden die Wege ϑ_{kc} $(k = a, b \ldots n)$ berechnet. Aus

$$1 \, \delta_{ac} = Y_{aa} \cdot \vartheta_{ac} + Y_{ba} \cdot \vartheta_{bc} + \cdots + Y_{na} \cdot \vartheta_{nc} = 0 ,$$
$$1 \, \delta_{bc} = Y_{ab} \cdot \vartheta_{ac} + Y_{bb} \cdot \vartheta_{bc} + \cdots + Y_{nb} \cdot \vartheta_{nc} = 0$$

ergeben sich zwei Aussagen über den Verschiebungszustand $Y_c = -1$.

Für die Beiwerte der Gruppe Y_d bestehen drei Bedingungen

$$1 \cdot \delta_{dc} = Y_{ad} \cdot \vartheta_{ac} + Y_{bd} \cdot \vartheta_{bc} + \cdots + Y_{nd} \cdot \vartheta_{nc} = 0 ,$$
$$1 \cdot \delta_{db} = Y_{ad} \cdot \vartheta_{ab} + Y_{bd} \cdot \vartheta_{bb} + \cdots + Y_{nd} \cdot \vartheta_{nb} = 0 ,$$
$$1 \cdot \delta_{da} = Y_{ad} \cdot \vartheta_{aa} + Y_{bd} \cdot \vartheta_{ba} + \cdots + Y_{nd} \cdot \vartheta_{na} = 0 .$$

$n-3$ Beiwerte werden willkürlich gewählt und die übrigen drei aus vorstehenden Gleichungen berechnet. Darauf werden die Wege ϑ_{kd} $(k = a, b \ldots n)$ berechnet. Aus

$$1 \cdot \delta_{ad} = Y_{aa} \cdot \vartheta_{ad} + Y_{ba} \cdot \vartheta_{bd} + \cdots + Y_{na} \cdot \vartheta_{nd} = 0 ,$$
$$1 \cdot \delta_{bd} = Y_{ab} \cdot \vartheta_{ad} + Y_{bb} \cdot \vartheta_{bd} + \cdots + Y_{nb} \cdot \vartheta_{nd} = 0 ,$$
$$1 \cdot \delta_{cd} = Y_{ac} \cdot \vartheta_{ad} + Y_{bc} \cdot \vartheta_{bd} + \cdots + Y_{nc} \cdot \vartheta_{nd} = 0$$

folgen drei Aussagen über den Verschiebungszustand $Y_d = -1$.

In der für die ersten Gruppen dargestellten Weise schreitet man von Gruppe zu Gruppe fort. Die Beiwerte der Gruppe Y_{n-1} unterliegen $n-2$ Bedingungen $\delta_{(n-1)r}=0$, also werden zwei Werte willkürlich gewählt und $n-2$ aus diesen Bedingungen berechnet. Damit folgen aus $\delta_{r(n-1)}=0$ $(r=a\ldots n-2)$ $n-2$ Aussagen über den Verschiebungszustand $Y_{n-1}=-1$. Die Beiwerte der Gruppe Y_n unterliegen $n-1$ Bedingungen $\delta_{nr}=0$ $(r=a\ldots n-1)$, also wird ein Wert willkürlich gewählt, die übrigen $n-1$ Werte werden berechnet. Aus $\delta_{rn}=0$ folgen $n-1$ Aussagen über den Verschiebungszustand $Y_n=-1$. Damit ist die Unabhängigkeit der Verschiebungszustände aller statisch unbestimmten Größen erreicht.

Die Bedeutung der Aussagen $\delta_{kr}=0$ $(k=a,b\ldots r-1)$ erhellt, wenn die Beiwerte der Gruppe Y_r, nämlich alle Y_{kr}, als Lasten aufgefaßt und die statisch unbestimmten Größen Y_k infolge dieser Belastung berechnet werden. Da für diesen Fall der Weg der statisch unbestimmten Größe, der am statisch bestimmten Hauptsystem durch die Lasten entsteht, $\delta_{ko}=-1\cdot\delta_{kr}$ ist, lauten die Elastizitätsgleichungen

$$-1\cdot\delta_{kr}-Y_k\cdot\delta_{kk}=0$$

und aus $\delta_{kr}=0$ folgt $Y_k=0$. Demnach sind die aus den Bedingungen $\delta_{rk}=0$ berechneten Werte Y_{kr} die durch die willkürlichen Gruppenlasten des Zustandes Y_r erzeugten statisch unbestimmten Größen in dem $r-1$fach statisch unbestimmten System, welches entsteht, wenn das statisch bestimmte Hauptsystem den $r-1$ Beschränkungen der Formänderung $\delta_k=0$ $(k=a,b\ldots r-1)$ unterworfen wird.

Auf dem entwickelten Grundgedanken beruhen zwei Verfahren, die sich durch Verfolgung verschiedener Richtlinien bei Wahl der willkürlichen Beiwerte Y_{kr} jeder Gruppe unterscheiden. Es liegt nahe, die Zustände $Y_r=-1$ dadurch möglichst einfach zu gestalten, daß man den Wert $Y_{rr}=1$, alle anderen willkürlichen Werte $Y_{kr}=0$ setzt. Das ergibt folgende Tafel der Gleichungen zwischen X_r und Y_r.

	Y_a	Y_b	Y_c	Y_d	$\ldots$	Y_{n-1}	Y_n
X_a	1	Y_{ab}	Y_{ac}	Y_{ad}	$\ldots$	$Y_{a(n-1)}$	Y_{an}
X_b		1	Y_{bc}	Y_{bd}	$\ldots$	$Y_{b(n-1)}$	Y_{bn}
X_c			1	Y_{cd}	$\ldots$	$Y_{c(n-1)}$	Y_{cn}
X_d				1	$\ldots$	$Y_{d(n-1)}$	Y_{dn}
$\ldots$	. . .	. . .	. . .	. . .	. . .	. . .	. . .
X_{n-1}						1	$Y_{(n-1)n}$
X_n							1

Aus

$$1\cdot\delta_{ba}=Y_{ab}\cdot\vartheta_{aa}+1\cdot\vartheta_{ba}=0$$

ergibt sich

$$Y_{ab}=-\frac{\vartheta_{ba}}{\vartheta_{aa}},$$

damit folgt aus

$$1\cdot\delta_{ab}=Y_{aa}\cdot\vartheta_{ab}=0, \quad \vartheta_{ab}=0.$$

Die Gruppe Y_b erfüllt die Bedingung, welche der Formänderung durch das Glied a vorgeschrieben ist, also ist Y_{ab} der Wert der statischen Größe X_a, welcher durch die Last $X_b = 1$ im einfach statisch unbestimmten System entsteht.

Die Gruppe Y_c ist bestimmt durch

$$1 \cdot \delta_{cb} = Y_{ac} \cdot \vartheta_{ab} + Y_{bc} \cdot \vartheta_{bb} + 1 \cdot \vartheta_{cb} = 0 ,$$
$$1 \cdot \delta_{ca} = Y_{ac} \cdot \vartheta_{aa} + Y_{bc} \cdot \vartheta_{ba} + 1 \cdot \vartheta_{ca} = 0 .$$

Da $\vartheta_{ab} = 0$, ergibt sich aus der ersten Gleichung

$$Y_{bc} = -\frac{\vartheta_{cb}}{\vartheta_{bb}},$$

aus der zweiten

$$Y_{ac} = -\frac{\vartheta_{ca}}{\vartheta_{aa}} - Y_{bc} \cdot \frac{\vartheta_{ba}}{\vartheta_{aa}} .$$

Aus $\delta_{ac} = 0$ folgt

$$1 \cdot \vartheta_{ac} = 0,$$

und daher aus

$$1 \cdot \delta_{bc} = Y_{ab} \cdot \vartheta_{ac} + 1 \cdot \vartheta_{bc} = 0$$
$$\vartheta_{bc} = 0.$$

Also erfüllt die Gruppe Y_c die Bedingungen, welche die Glieder a und b der Formänderung vorschreiben. Y_{ac} und Y_{bc} sind die Werte der statischen Größen X_a und X_b, welche im zweifach statisch unbestimmten System durch die Last $X_c = 1$ erzeugt werden.

Die Gruppe Y_d ist bestimmt durch

$$1 \cdot \delta_{dc} = Y_{ad} \cdot \vartheta_{ac} + Y_{bd} \cdot \vartheta_{bc} + Y_{cd} \cdot \vartheta_{cc} + 1 \cdot \vartheta_{dc} = 0 ,$$
$$1 \cdot \delta_{db} = Y_{ad} \cdot \vartheta_{ab} + Y_{bd} \cdot \vartheta_{bb} + Y_{cd} \cdot \vartheta_{cb} + 1 \cdot \vartheta_{db} = 0 ,$$
$$1 \cdot \delta_{da} = Y_{ad} \cdot \vartheta_{aa} + Y_{bd} \cdot \vartheta_{ba} + Y_{cd} \cdot \vartheta_{ca} + 1 \cdot \vartheta_{da} = 0 .$$

Da $\vartheta_{ac} = 0$, $\vartheta_{bc} = 0$, $\vartheta_{ab} = 0$ ist, ergibt sich aus der ersten Gleichung

$$Y_{cd} = -\frac{\vartheta_{dc}}{\vartheta_{cc}},$$

aus der zweiten

$$Y_{bd} = -\frac{\vartheta_{db}}{\vartheta_{bb}} - Y_{cd} \cdot \frac{\vartheta_{cb}}{\vartheta_{bb}},$$

aus der dritten

$$Y_{ad} = -\frac{\vartheta_{da}}{\vartheta_{aa}} - Y_{cd} \frac{\vartheta_{ca}}{\vartheta_{aa}} - Y_{bd} \frac{\vartheta_{ba}}{\vartheta_{aa}} .$$

Aus $1 \cdot \delta_{ad} = 0$ folgt $\vartheta_{ad} = 0$, damit aus

$$1 \cdot \delta_{bd} = Y_{ab} \cdot \vartheta_{ad} + 1 \cdot \vartheta_{bd} = 0$$
$$\vartheta_{bd} = 0 ,$$

schließlich aus

$$1 \cdot \delta_{cd} = Y_{ac} \cdot \vartheta_{ad} + Y_{bc} \cdot \vartheta_{bd} + 1 \cdot \vartheta_{cd} = 0$$

folgt

$$\vartheta_{cd} = 0 .$$

Die Gruppe Y_d erfüllt die Bedingungen, welche die Glieder a, b, c der Formänderung vorschreiben. Y_{ad}, Y_{bd}, Y_{cd} sind die Werte der statischen Größen X_a, X_b, X_c, welche im dreifach statisch unbestimmten System durch die Last $X_d = 1$ erzeugt werden. Die Rechnung wird in der dargestellten Weise bis zur Gruppe Y_n fortgesetzt. Die Gruppen steigen vom statisch bestimmten Hauptsystem zum $n$fach statisch unbestimmten System in n Stufen auf.

Die Verschiebungen ϑ_{kr} werden auf folgende Weise berechnet. Es bezeichne μ_{kr} den Weg der Größe $X_k = -1$ infolge $X_r = -1$. Dann sind alle ϑ_{ka} identisch mit μ_{ka} $(k = a, b \ldots n)$, da der Zustand $Y_a = -1$ identisch ist mit $X_a = -1$. Alle ϑ_{kb} sind Verschiebungen des statisch bestimmten Hauptsystems, erzeugt durch die Lasten $X_b = -1$ und $X_a = -Y_{ab}$ oder, wie oben gezeigt, Verschiebungen des einfach statisch unbestimmten Systems mit dem überzähligen Glied a erzeugt durch $X_b = -1$. Also ist

$$\vartheta_{kb} = 1\,\mu_{kb} + Y_{ab}\,\mu_{ka},$$

da

$$Y_{ab} = -\frac{\mu_{ba}}{\mu_{aa}},$$

$$\vartheta_{kb} = \mu_{kb} - \frac{\mu_{ba} \cdot \mu_{ka}}{\mu_{aa}};$$

insonderheit ist

$$\vartheta_{bb} = \mu_{bb} - \frac{\mu_{ba} \cdot \mu_{ab}}{\mu_{aa}}.$$

Alle Verschiebungen ϑ_{kc} sind Verschiebungen des statisch bestimmten Hauptsystems, erzeugt durch $X_c = -1$, $X_b = -Y_{bc}$, $X_a = -Y_{ac}$ oder Verschiebungen des zweifach statisch unbestimmten Systems mit den Gliedern a und b erzeugt durch $X_c = -1$. Also ist

$$\vartheta_{kc} = 1 \cdot \mu_{kc} + Y_{bc} \cdot \mu_{kb} + Y_{ac} \cdot \mu_{ka};$$

wird

$$Y_{ac} = -\frac{\mu_{ca}}{\mu_{aa}} - Y_{bc}\frac{\mu_{ba}}{\mu_{aa}}$$

eingeführt, so entsteht

$$\vartheta_{kc} = \mu_{kc} - \frac{\mu_{ca} \cdot \mu_{ka}}{\mu_{aa}} + Y_{bc}\left(\mu_{kb} - \frac{\mu_{ba} \cdot \mu_{ka}}{\mu_{aa}}\right)$$

und mit

$$Y_{bc} = -\frac{\vartheta_{cb}}{\vartheta_{bb}}$$

$$\vartheta_{kc} = \mu_{kc} - \frac{\mu_{ca} \cdot \mu_{ka}}{\mu_{aa}} - \frac{\vartheta_{cb} \cdot \vartheta_{kb}}{\vartheta_{bb}}.$$

Die beiden ersten Glieder sind aus den μ Werten in derselben Weise gebildet wie ϑ_{kb}. Sie stellen den Weg der Größe $X_k = -1$ dar, der am statisch bestimmten Hauptsystem durch $X_c = -1$ und $X_a = \frac{\mu_{ca}}{\mu_{aa}}$ erzeugt wird. Da nun $\frac{\mu_{ca}}{\mu_{aa}}$ der Wert von X_a ist, der im einfach statisch unbestimmten System durch $X_c = -1$ entsteht, so gibt $\mu_{kc} - \frac{\mu_{ca} \cdot \mu_{ka}}{\mu_{aa}}$

den Weg der Größe $X_k = -1$ im einfach statisch unbestimmten System an, der durch $X_c = -1$ entsteht. Die Wege der Größen $X_k = -1$ $(k = b \ldots n)$ in den statisch unbestimmten Systemen seien eingeklammert und die im einfach statisch unbestimmten System durch den Zeiger b gekennzeichnet, also

$$\left.\begin{aligned} \mu_{kb} - \frac{\mu_{ba} \cdot \mu_{ka}}{\mu_{aa}} &= (\mu_{kb})_b \\ \mu_{bb} - \frac{\mu_{ba} \cdot \mu_{ab}}{\mu_{aa}} &= (\mu_{bb})_b \\ \mu_{kr} - \frac{\mu_{ra} \cdot \mu_{ka}}{\mu_{aa}} &= (\mu_{kr})_b \end{aligned}\right\} \tag{36}$$

bezeichnet; dann ist

$$\vartheta_{kc} = (\mu_{kc})_b - \frac{(\mu_{cb})_b \cdot (\mu_{kb})_b}{(\mu_{bb})_b}$$

der Weg der Größe $X_k = -1$, der im zweifach statisch unbestimmten System mit den Gliedern a und b durch $X_c = -1$ entsteht, ausgedrückt durch die Verschiebungen, die im einfach statisch unbestimmten System durch $X_c = -1$, $X_b = -Y_{bc}$ erzeugt werden. Die Wege der Größen $X_k = -1$ $(k = c \ldots n)$ im zweifach statisch unbestimmten System sollen durch den Zeiger c bezeichnet werden

$$(\mu_{kr})_b - \frac{(\mu_{rb})_b \cdot (\mu_{kb})_b}{(\mu_{bb})_b} = (\mu_{kr})_c \,. \tag{37}$$

Mit dieser Bezeichnung ist

$$\vartheta_{kc} = (\mu_{kc})_c \,,$$

$$\vartheta_{cc} = (\mu_{cc})_c \,,$$

ϑ_{kd} ist der Weg der Größe $X_k = -1$ $(k = d \ldots n)$, der am dreifach statisch unbestimmten System mit den Gliedern a, b, c durch $X_d = -1$ entsteht. Er ist aus den Verschiebungen am zweifach statisch unbestimmten System zu berechnen, die durch $X_d = -1$,

$$X_c = -Y_{cd} = + \frac{(\mu_{dc})_c}{(\mu_{cc})_c}$$

entstehen, und durch den Zeiger d zu bezeichnen

$$\vartheta_{kd} = (\mu_{kd})_c - \frac{(\mu_{dc})_c \cdot (\mu_{kc})_c}{(\mu_{cc})_c} = (\mu_{kd})_d \,. \tag{38}$$

Aus der Darstellung erhellt die von Stufe zu Stufe fortschreitende Berechnung der Werte ϑ_{kr}. Auf jeder Stufe r braucht man nur die Werte ϑ_{kr} $(k = r \ldots n)$. Um die Werte aller folgenden Stufen berechnen zu können, müssen alle $(n - r + 1)^2$ Werte der Stufe ermittelt werden. Die Zahlenrechnung wird zweckmäßig mit Tafeln durchgeführt.

Man stellt zuerst die Tafel a auf, welche alle Verschiebungen am statisch bestimmten Hauptsystem enthält:

a

	a	b	$\cdots$	n
a	μ_{aa}	μ_{ba}	$\cdots$	μ_{na}
b	μ_{ab}	μ_{bb}	$\cdots$	μ_{nb}
.	.	.	.	.
.	.	.	.	.
n	μ_{an}	μ_{bn}	$\cdots$	μ_{nn}.

Aus dieser wird Tafel b nach der Formel (36) berechnet:

b

	b	c	$\cdots$	n
b	$(\mu_{bb})_b$	$(\mu_{cb})_b$	$\cdots$	$(\mu_{nb})_b$
c	$(\mu_{bc})_b$	$(\mu_{cc})_b$	$\cdots$	$(\mu_{nc})_b$
.	.	.	.	.
.	.	.	.	.
n	$(\mu_{bn})_b$	$(\mu_{cn})_b$	$\cdots$	$(\mu_{nn})_b$.

Weiter aus Tafel b Tafel c nach der Formel (37):

c

	c	d	$\cdots$	n
c	$(\mu_{cc})_c$	$(\mu_{dc})_c$	$\cdots$	$(\mu_{nc})_c$
d	$(\mu_{cd})_c$	$(\mu_{dd})_c$	$\cdots$	$(\mu_{cn})_c$
.	.	.	.	.
.	.	.	.	.
n	$(\mu_{cn})_c$	$(\mu_{dn})_c$	$\cdots$	$(\mu_{nn})_c$

und so weiter. In der letzten Tafel steht nur das Glied $(\mu_{nn})_n$. Jede Tafel r enthält die Wege im $r - 1$fach statisch unbestimmten System. Da in (μ_{kr}) und (μ_{rk}) einer jeden Tafel k und r dieselben Größen $X_k = -1$, $X_r = -1$ bezeichnen, ist $(\mu_{kr}) = (\mu_{rk})$. Mithin sind in jeder Tafel nur die Werte in und auf einer Seite der Diagonale zu berechnen.

Das dargestellte Verfahren kommt nur bei unregelmäßiger Gliederung eines mehrfach statisch unbestimmten Systems in Betracht. Erheblich größere Bedeutung ist dem zweiten Verfahren beizumessen, welches bei Wahl der willkürlichen Größen Y_{kr} von dem Gesichtspunkt ausgeht, die dem vorliegenden System innewohnenden Eigenschaften für die Berechnung der Spannungszustände $Y = -1$ auszunutzen. Hierfür kommen vorwiegend zwei Eigenschaften in Betracht: Symmetrie und Gliederung in mehrere leicht zu berechnende Grundsysteme; beides sind Eigenschaften, die bei statischer Unbestimmtheit höheren Grades häufig vorliegen.

Bei dreifach statisch unbestimmten Systemen, die eine Symmetrieachse aufweisen, kann man stets drei überzählige Glieder wählen, von denen eins — a — in der Symmetriecahse, die beiden anderen — b und c — symmetrisch in bezug auf das erste liegen. Man wählt dann die Y-Gruppen nach folgenden Gleichungen:

	Y_a	Y_b	Y_c
X_a	1	$+Y_{ab}$	0
X_b	0	$+1$	$+1$
X_c	0	$+1$	-1

welche nur einen unbekannten Wert Y_{ab} enthalten. Aus

$$1\,\delta_{ba} = Y_{ab}\,\vartheta_{aa} + 1\,\vartheta_{ba} + 1\,\vartheta_{ca} = 0$$

ergibt sich

$$Y_{ab} = -\frac{\vartheta_{ba} + \vartheta_{ca}}{\vartheta_{aa}}\,.$$

Die Bedingungen

$$1\,\delta_{cb} = +1\,\vartheta_{bb} - 1\,\vartheta_{cb} = 0\,,$$
$$1\,\delta_{ca} = +1\,\vartheta_{ba} - 1\,\vartheta_{ca} = 0$$

werden erfüllt, da X_b und X_c symmetrisch in bezug auf X_a liegen, und daher $\vartheta_{ba} = \vartheta_{ca}$ und $\vartheta_{bb} = \vartheta_{cb}$ ist. Für die Verschiebungen δ_{rr} ergeben sich:

$$1\cdot\delta_{aa} = 1\cdot\vartheta_{aa}\,,\qquad 1\,\delta_{bb} = Y_{ab}\cdot\vartheta_{ab} + 1\cdot\vartheta_{bb} + 1\cdot\vartheta_{cb}\,;$$

aus $1\,\delta_{ab} = 0$ folgt $\vartheta_{ab} = 0$, also wird

$$1\cdot\delta_{bb} = 1\cdot\vartheta_{bb} + 1\cdot\vartheta_{cb}\,,$$
$$1\cdot\delta_{cc} = 1\cdot\vartheta_{bc} - 1\cdot\vartheta_{cc}\,.$$

Die Zustände Y_b und Y_c sind Gleichgewichtszustände am einfach statisch unbestimmten System mit dem Gliede a, welche dessen Elastizitätsbedingung erfüllen. Der Zustand Y_b ist symmetrisch, Y_c antisymmetrisch zur Symmetrieachse. Die Verschiebungen $\vartheta_{ba} + \vartheta_{ca}$ und $\vartheta_{bb} + \vartheta_{cb}$ werden aus der Arbeitsgleichung für die angenommene Belastung $X_b = -1$, $X_c = -1$ und die Verschiebungszustände $Y_a = -1$ und $Y_b = -1$ berechnet. Ferner $\vartheta_{bc} - \vartheta_{cc}$ aus der Arbeitsgleichung für die angenommene Belastung $X_b = -1$, $X_c = +1$ und den Verschiebungszustand $Y_c = -1$. Da so stets gleichartige Zustände miteinander zu verbinden sind, erstreckt sich die Auswertung der inneren Arbeit jedesmal nur über die Hälfte des Tragwerks.

Bei fünffach statisch unbestimmten Systemen der gleichen Art werden ein in der Symmetrieachse gelegenes Glied und je zwei symmetrisch gelegene als überzählig gewählt. Ersteres sei a bezeichnet; symmetrisch zu a liegen b, c und d, e. Wenn möglich, werden a, b, c

so gewählt, daß das System mit diesen Gliedern ein bekanntes dreifach statisch unbestimmtes System bildet. Die Y-Gruppen sind durch folgende Gleichungen dargestellt:

	Y_a	Y_b	Y_c	Y_d	Y_e
X_a	1	$+Y_{ab}$	0	$+Y_{ad}$	0
X_b	0	$+1$	-1	$+Y_{bd}$	$-Y_{be}$
X_c	0	$+1$	$+1$	$+Y_{bd}$	$+Y_{be}$
X_d	0	0	0	$+1$	-1
X_e	0	0	0	$+1$	$+1$

Die Gleichungen enthalten die vier unbekannten Größen Y_{ab}, Y_{ad}, Y_{bd}, Y_{be}. Aus $\delta_{ba}=0$ ergibt sich wieder

$$Y_{ab}=-\frac{\vartheta_{ba}+\vartheta_{ca}}{\vartheta_{aa}}.$$

Von den Gleichungen

$$1\,\delta_{dc}=Y_{ad}\vartheta_{ac}+Y_{bd}(\vartheta_{bc}+\vartheta_{cc})+1\,(\vartheta_{dc}+\vartheta_{ec})=0\,,$$

$$1\,\delta_{db}=Y_{ad}\vartheta_{ab}+Y_{bd}(\vartheta_{bb}+\vartheta_{cb})+1\,(\vartheta_{db}+\vartheta_{eb})=0\,,$$

$$1\,\delta_{da}=Y_{ad}\vartheta_{aa}+Y_{bd}(\vartheta_{ba}+\vartheta_{ca})+1\,(\vartheta_{da}+\vartheta_{ea})=0$$

wird die erste ohne weiteres erfüllt. Denn wegen der Antisymmetrie des Zustandes $Y_c=-1$ ist $\vartheta_{bc}=-\vartheta_{cc}$, $\vartheta_{dc}=-\vartheta_{ec}$. Ferner folgt aus $1\,\delta_{ac}=0$ und $1\delta_{ab}=0$, $\vartheta_{ac}=0$, $\vartheta_{ab}=0$. Demnach ergibt sich aus der zweiten Gleichung

$$Y_{bd}=-\frac{\vartheta_{db}+\vartheta_{eb}}{\vartheta_{bb}+\vartheta_{cb}}$$

und aus der dritten Gleichung

$$Y_{ad}=-\frac{\vartheta_{da}+\vartheta_{ca}}{\vartheta_{aa}}-Y_{bd}\cdot\frac{\vartheta_{ba}+\vartheta_{ca}}{\vartheta_{aa}}=-\frac{\vartheta_{da}+\vartheta_{ea}}{\vartheta_{aa}}+Y_{bd}\cdot Y_{ab}\,.$$

Der Zustand Y_d ist symmetrisch zur Symmetrieachse.

Aus

$$1\,\delta_{ad}=1\cdot\vartheta_{ad}=0\,,$$

$$1\,\delta_{bd}=Y_{ab}\cdot\vartheta_{ad}+1\cdot\vartheta_{bd}+1\cdot\vartheta_{cd}=0\,,$$

$$1\,\delta_{cd}=-1\cdot\vartheta_{bd}+1\cdot\vartheta_{cd}=0$$

folgt

$$\vartheta_{ad}=0\,,\quad \vartheta_{bd}=0\,,\quad \vartheta_{cd}=0\,.$$

Mithin sind Y_{ad}, Y_{bd}, $Y_{cd}=Y_{bd}$ die statisch unbestimmten Größen, welche in den Gliedern a, b, c des dreifach statisch unbestimmten Systems durch $X_e=+1$, $X_d=+1$ erzeugt werden. Die Gleichungen

$$1\cdot\delta_{ed}=-Y_{be}(\vartheta_{bd}-\vartheta_{cd})-\vartheta_{dd}+\vartheta_{ed}=0\,,$$

$$1\cdot\delta_{eb}=-Y_{be}(\vartheta_{bb}-\vartheta_{cb})-\vartheta_{db}+\vartheta_{eb}=0\,,$$

$$1\cdot\delta_{ea}=-Y_{be}(\vartheta_{ba}-\vartheta_{ca})-\vartheta_{da}+\vartheta_{ea}=0$$

werden erfüllt, da infolge der Symmetrie der Zustände Y_a, Y_b, Y_d

$$\vartheta_{bd} = \vartheta_{cd}\,, \quad \vartheta_{dd} = \vartheta_{ed}\,,$$
$$\vartheta_{bb} = \vartheta_{cb}\,, \quad \vartheta_{db} = \vartheta_{eb}\,,$$
$$\vartheta_{ba} = \vartheta_{ca}\,, \quad \vartheta_{da} = \vartheta_{ea}\,,$$

ist.

Aus
$$1\,\delta_{ec} = -Y_{be}\cdot(\vartheta_{bc} - \vartheta_{cc}) - \vartheta_{dc} + \vartheta_{ec} = 0$$
folgt
$$Y_{be} = -\frac{\vartheta_{dc} - \vartheta_{ec}}{\vartheta_{bc} - \vartheta_{cc}}\,.$$

Der Zustand Y_e ist antisymmetrisch zur Symmetrieachse.

Für den Verschiebungszustand $Y_e = -1$ gilt

$$1\,\delta_{ae} = 1\,\vartheta_{ae} = 0\,,$$
$$1\,\delta_{be} = Y_{ab}\,\vartheta_{ae} + 1\,\vartheta_{be} + 1\,\vartheta_{ce} = 0\,,$$
$$1\,\delta_{ce} = -1\,\vartheta_{be} + 1\,\vartheta_{ce} = 0\,.$$

Daraus folgt:
$$\vartheta_{ae} = 0\,, \quad \vartheta_{be} = 0\,, \quad \vartheta_{ce} = 0\,,$$
aus
$$1\,\delta_{de} = Y_{ad}\,\vartheta_{ae} + Y_{bd}\,(\vartheta_{be} + \vartheta_{ce}) + 1\,\vartheta_{de} + 1\,\vartheta_{ee} = 0$$
folgt, da die beiden ersten Glieder verschwinden,
$$\vartheta_{de} = -\vartheta_{ee}\,.$$

Mithin sind $Y_{ae} = 0$, $-Y_{be}$, $+Y_{be}$ die statisch unbestimmten Größen, welche in den Gliedern a, b, c des dreifach statisch unbestimmten Systems durch $X_d = -1$, $X_e = +1$ erzeugt werden. Für die Verschiebungen δ_{rr} ergeben sich:

$$1\cdot\delta_{aa} = 1\,\vartheta_{aa}\,,$$
$$1\cdot\delta_{bb} = Y_{ab}\,\vartheta_{ab} + 1\,\vartheta_{bb} + 1\,\vartheta_{cb} = 1\,(\vartheta_{bb} + \vartheta_{cb})\,,$$
$$1\cdot\delta_{cc} = -1\,\vartheta_{bc} + 1\,\vartheta_{cc}\,,$$
$$1\cdot\delta_{dd} = Y_{ad}\,\vartheta_{ab} + Y_{bd}\,(\vartheta_{bd} + \vartheta_{cd}) + 1\,\vartheta_{dd} + 1\,\vartheta_{ed} = 1\,(\vartheta_{dd} + \vartheta_{ed})\,,$$
$$1\cdot\delta_{ee} = -Y_{be}\,(\vartheta_{be} - \vartheta_{ce}) - 1\,\vartheta_{de} + \vartheta_{ee} = -1\,(\vartheta_{de} - \vartheta_{ee})\,.$$

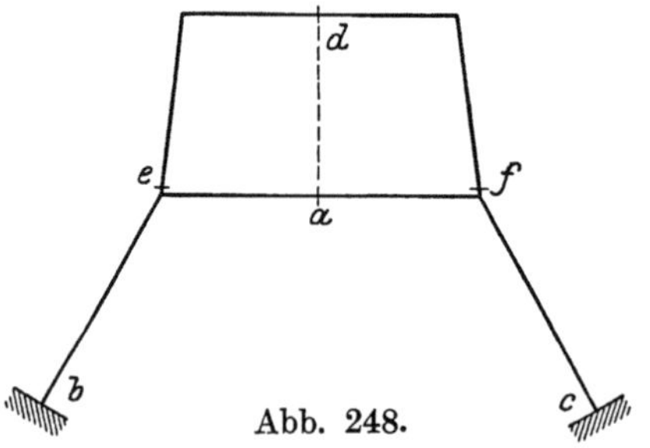

Abb. 248.

Bei Berechnung der Summen und Differenzen von Verschiebungen ist nach den oben gemachten Angaben zu verfahren.

In einem sechsfach statisch unbestimmten System, welches eine Symmetrieachse aufweist, ist es meist möglich, zwei in der Achse liegende und je zwei symmetrisch gelegene Glieder als überzählige zu behandeln. Abb. 248 zeigt ein solches System. In der Symmetrieachse werden die steifen Ecken a und d, symmetrisch zur Achse die steifen Ecken b, c und e, f als überzählige Glieder behandelt. Die statischen Größen X sind die in diesen Punkten auftretenden Momente. Folgende Gleichungen zeigen die Y-Gruppen,

	Y_a	Y_b	Y_c	Y_d	Y_e	Y_f
X_a	1	Y_{ab}	0	Y_{ad}	$+Y_{ae}$	0
X_b	0	1	-1	Y_{bd}	$+Y_{be}$	$-Y_{cf}$
X_c	0	1	$+1$	Y_{bd}	$+Y_{be}$	$+Y_{cf}$
X_d	0	0	0	1	$+Y_{de}$	0
X_e	0	0	0	0	$+1$	-1
X_f	0	0	0	0	$+1$	$+1$

die sieben Unbekannte enthalten.

Aus
$$1\cdot\delta_{ba} = Y_{ab}\vartheta_{aa} + 1\cdot\vartheta_{ba} + 1\cdot\vartheta_{ca}$$
ergibt sich
$$Y_{ab} = -\frac{\vartheta_{ba}+\vartheta_{ca}}{\vartheta_{aa}}$$
damit folgt aus $1\,\delta_{ab}=0$: $\vartheta_{ab}=0$. Die Gleichungen
$$\delta_{cb} = -1\,\vartheta_{bb} + 1\,\vartheta_{cb} = 0$$
$$\delta_{ca} = -1\,\vartheta_{ba} + \vartheta_{ca} = 0$$
werden von selbst erfüllt, da wegen der Symmetrie $\vartheta_{bb}=\vartheta_{cb}$ und $\vartheta_{ba}=\vartheta_{ca}$ ist.

Aus
$$\delta_{bc} = Y_{ab}\vartheta_{ac} + 1\,\vartheta_{bc} + 1\,\vartheta_{cc} = 0\,,$$
$$\delta_{ac} = 1\,\vartheta_{ac} = 0$$
folgt
$$\vartheta_{bc} = -\vartheta_{cc}\,,$$

Bis hierher stimmt das Verfahren mit dem oben zur Berechnung eines dreifach statisch unbestimmten Systems behandelten überein.

Zur Berechnung der Beiwerte Y_d dienen:
$$1\,\delta_{dc} = Y_{ad}\cdot\vartheta_{ac} + Y_{bd}(\vartheta_{bc}+\vartheta_{cc}) + 1\,\vartheta_{dc} = 0\,,$$
$$1\,\delta_{db} = Y_{ad}\cdot\vartheta_{ab} + Y_{bd}(\vartheta_{bb}+\vartheta_{cb}) + 1\,\vartheta_{db} = 0\,,$$
$$1\,\delta_{da} = Y_{ad}\;\vartheta_{aa} + Y_{bd}(\vartheta_{ba}+\vartheta_{ca}) + 1\,\vartheta_{da} = 0\,.$$

Da Y_c ein antisymmetrischer Zustand ist, ist $\vartheta_{dc}=0$, so daß die erste Gleichung in allen Gliedern zu Null wird.

Aus der zweiten und dritten folgt
$$Y_{bd} = -\frac{\vartheta_{db}}{\vartheta_{bb}+\vartheta_{cb}}\,,\quad Y_{ad} = -\frac{\vartheta_{da}}{\vartheta_{aa}} + Y_{bd}\cdot Y_{ab}\,.$$

Bei Vernachlässigung von Normalkräften wird im vorliegenden Tragwerk $\vartheta_{db}=0$ und $\vartheta_{da}=0$, also auch
$$Y_{bd} = Y_{ad} = 0\,.$$

Nun folgt aus

$$1\cdot\delta_{ad} = 1\cdot\vartheta_{ad} = 0\,,$$
$$1\cdot\delta_{bd} = Y_{ab}\cdot\vartheta_{ad} + 1\cdot\vartheta_{bd} + 1\,\vartheta_{cd} = 0\,,$$
$$1\cdot\delta_{cd} = -1\,\vartheta_{bd} + 1\,\vartheta_{cd} = 0\,,$$
$$\vartheta_{bd} = 0\,,\quad \vartheta_{cd} = 0\,.$$

Zur Bestimmung der Beiwerte Y_e dienen

$$1\,\delta_{ed} = Y_{ae}\vartheta_{ad} + Y_{be}(\vartheta_{bd} + \vartheta_{cd}) + Y_{de}\vartheta_{dd} + 1(\vartheta_{ed} + \vartheta_{fd}) = 0\,,$$
$$1\,\delta_{ec} = Y_{ae}\vartheta_{ac} + Y_{be}(\vartheta_{bc} + \vartheta_{cc}) + Y_{de}\vartheta_{dc} + 1(\vartheta_{ec} + \vartheta_{fc}) = 0\,,$$
$$1\,\delta_{eb} = Y_{ae}\vartheta_{ab} + Y_{be}(\vartheta_{bb} + \vartheta_{cb}) + Y_{de}\vartheta_{db} + 1(\vartheta_{eb} + \vartheta_{fb}) = 0\,,$$
$$1\,\delta_{ea} = Y_{ae}\vartheta_{aa} + Y_{be}(\vartheta_{ba} + \vartheta_{ca}) + Y_{de}\vartheta_{da} + 1(\vartheta_{ea} + \vartheta_{fa}) = 0\,.$$

Die zweite Gleichung wird erfüllt, da jedes Glied zu Null wird. Aus der ersten Gleichung folgt

$$Y_{de} = -\frac{\vartheta_{ed} + \vartheta_{fd}}{\vartheta_{dd}}\,,$$

aus der dritten

$$Y_{be} = -\frac{\vartheta_{eb} + \vartheta_{fb}}{\vartheta_{bb} + \vartheta_{cb}} + Y_{de}\cdot Y_{bd}\,,$$

aus der letzten

$$Y_{ae} = -\frac{\vartheta_{ea} + \vartheta_{fa}}{\vartheta_{aa}} - Y_{de}\cdot\frac{\vartheta_{da}}{\vartheta_{aa}} + Y_{be}\cdot Y_{ab}\,.$$

Aus

$$1\,\delta_{ae} = 1\,\vartheta_{ae} = 0\,,$$
$$1\,\delta_{be} = Y_{ab}\vartheta_{ae} + 1\,\vartheta_{bc} + 1\,\vartheta_{ce} = 0\,,$$
$$1\,\delta_{ce} = -1\,\vartheta_{be} + 1\,\vartheta_{ce} = 0$$

folgt

$$\vartheta_{be} = 0\,,\quad \vartheta_{ce} = 0\,.$$

Aus

$$1\,\delta_{de} = Y_{ad}\vartheta_{ae} + Y_{bd}(\vartheta_{be} + \vartheta_{ce}) + 1\,\vartheta_{de} = 0\,,$$

also

$$\vartheta_{de} = 0\,.$$

Die Werte Y_f ergeben sich aus

$$1\cdot\delta_{fe} = -Y_{ef}(\vartheta_{be} - \vartheta_{ce}) - 1\,\vartheta_{ee} + 1\,\vartheta_{fe} = 0\,,$$
$$1\cdot\delta_{fd} = -Y_{ef}(\vartheta_{bd} - \vartheta_{cd}) - 1\,\vartheta_{ed} + 1\,\vartheta_{fd} = 0\,,$$
$$1\cdot\delta_{fc} = -Y_{ef}(\vartheta_{bc} - \vartheta_{cc}) - 1\,\vartheta_{ec} + 1\,\vartheta_{fc} = 0\,,$$
$$1\cdot\delta_{fb} = -Y_{ef}(\vartheta_{bb} - \vartheta_{cb}) - 1\,\vartheta_{eb} + 1\,\vartheta_{fb} = 0\,,$$
$$1\cdot\delta_{fa} = -Y_{ef}(\vartheta_{ba} - \vartheta_{ca}) - 1\,\vartheta_{ea} + 1\,\vartheta_{fa} = 0\,.$$

Die erste, zweite, vierte und fünfte Gleichung werden erfüllt, da jedes Glied infolge der Symmetrie der Zustände Y_a, Y_b, Y_d, Y_e zu Null wird. Aus der dritten folgt

$$Y_{ef} = -\frac{\vartheta_{ec} - \vartheta_{fc}}{\vartheta_{bc} - \vartheta_{cc}}.$$

Aus

$$1\,\delta_{af} = 1\,\vartheta_{af} = 0\,,$$
$$1\,\delta_{bf} = Y_{ab}\,\vartheta_{af} + 1\cdot\vartheta_{bf} + 1\cdot\vartheta_{cf} = 0\,,$$
$$1\,\delta_{cf} = -1\,\vartheta_{bf} + 1\,\vartheta_{cf} = 0$$

folgt

$$\vartheta_{af} = 0\,,\quad \vartheta_{bf} = 0\,,\quad \vartheta_{cf} = 0\,.$$

Aus

$$1\,\delta_{df} = Y_{ad}\cdot\vartheta_{af} + Y_{bd}(\vartheta_{bf} + \vartheta_{cf}) + 1\,\vartheta_{df} = 0\,,$$
$$1\,\delta_{ef} = Y_{ae}\cdot\vartheta_{af} + Y_{be}(\vartheta_{bf} + \vartheta_{cf}) + Y_{de}\,\vartheta_{df} + 1\,\vartheta_{ef} + 1\,\vartheta_{ff} = 0$$

folgt

$$\vartheta_{df} = 0\,,\qquad \vartheta_{ef} = -\vartheta_{ff}\,.$$

Für die Verschiebungen δ_{rr} ergeben sich:

$$1\,\delta_{aa} = 1\cdot\vartheta_{aa}\,,$$
$$1\,\delta_{bb} = Y_{ab}\vartheta_{ab} + 1\,(\vartheta_{bb} + \vartheta_{cb}) = 1\,(\vartheta_{bb} + \vartheta_{bc})\,,$$
$$1\,\delta_{cc} = -1\,(\vartheta_{bc} - \vartheta_{cc})\,,$$
$$1\,\delta_{dd} = Y_{ad}\vartheta_{ad} + Y_{bd}(\vartheta_{bd} + \vartheta_{cd}) + 1\,\vartheta_{dd} = 1\cdot\vartheta_{dd}\,,$$
$$1\,\delta_{ee} = Y_{ae}\vartheta_{ae} + Y_{be}(\vartheta_{be} + \vartheta_{ce}) + Y_{de}\vartheta_{de} + 1\,(\vartheta_{ee} + \vartheta_{fe}) = 1\,(\vartheta_{ee} + \vartheta_{fe})\,,$$
$$1\,\delta_{ff} = -Y_{cf}(\vartheta_{bf} - \vartheta_{cf}) - 1\,(\vartheta_{ef} - \vartheta_{ff}) = -1\,(\vartheta_{ef} - \vartheta_{ff})\,.$$

Die Größen Y_{ad}, Y_{bd}, Y_{bd} sind die Werte, welche in den Gliedern a, b, c des dreifach statisch unbestimmten Systems durch $X_d = +1$ erzeugt werden. Die Größen Y_{ae}, Y_{be}, Y_{be}, Y_{de} sind die Werte, welche in den Gliedern a, b, c, d des vierfach statisch unbestimmten Systems durch $X_e = +1$, $X_f = +1$ erzeugt werden. Die Größen 0, $-Y_{cf}$, Y_{cf}, 0 sind dieselben Werte erzeugt durch $X_e = -1$, $X_f = +1$.

Neben der Ausnutzung der Symmetrie bietet das Verfahren den Vorteil, die Berechnung des sechsfach statisch unbestimmten Systems auf das einfachere Grundsystem des dreifach statisch unbestimmten Rahmens $b-e-f-c$ zurückzuführen. Stehen die Pfosten lotrecht, dann werden zweckmäßig als überzählige Glieder b, c die steifen Ecken in $^1/_3$ der Pfostenhöhe angenommen. Dann wird außer $Y_{bd} = 0$ auch $Y_{be} = 0$.

Das in den wesentlichen Grundzügen dargestellte Verfahren ist bei symmetrischer Gliederung hochgradig statisch unbestimmter Systeme sehr zweckmäßig. Beispiele für die Anwendung sind in Nr. 75 bis 79 gegeben[1]). Das Verfahren wird auch dann mit Vorteil benutzt, wenn

[1]) Grüning: Elastizitätsgleichungen gegenseitiger Unabhängigkeit. Der Eisenbau 1921, S. 305, behandelt u. a. den Fall zyklischer Symmetrie.

ein System nicht vollkommene Symmetrie aufweist. Die dann erforderlich werdenden Änderungen zeigt die Behandlung des Beispiels in Nr. 75.

Lastengruppen als statisch unbestimmte Größen zur Erzielung von Elastizitätsgleichungen mit je einer Unbekannten sind zuerst von R. Krohn[1]), bald nachher auch von Mohr[2]) und Müller-Breslau[3]) benutzt worden. Die Gleichungen (34) und ihre Verwendung in dem ersten dargestellten Verfahren sind von S. Müller[4]), das zweite Verfahren ist von Müller-Breslau[5]) angegeben.

63. Die rechnerische Auflösung der Elastizitätsgleichungen

besteht, wie in Nr. 58 gezeigt, stets in der Ermittlung der Beiwerte λ in Gleichung (11). Neben der Berechnung aus Determinanten steht in der Statik der Tragwerke die Lösung durch die von Gauß angegebene Elimination[6]). Infolge gewisser, meistens vorliegender Eigenschaften der Elastizitätsgleichungen ist dieses Verfahren besonders geeignet. Um es anzuwenden, müssen zunächst die Beziehungen aufgesucht werden, die zwischen den Beiwerten μ der Unbekannten X bzw. Y und den λ bestehen.

Die Elastizitätsgleichungen sollen unter Benutzung der Maxwellschen Beziehung $\mu_{rk} = \mu_{kr}$ in der Form

$$X_a \cdot \mu_{ar} + X_b \cdot \mu_{br} + \cdots + X_n \mu_{nr} = N_r \tag{39}$$

geschrieben werden, in der N_r das absolute Glied bezeichnet. Jede dieser n Gleichungen wird mit einem unbestimmten Beiwert λ_r multipliziert, sodann die Summe aller Gleichungen gebildet und nach den Größen X geordnet. Dann entsteht

$$\begin{gathered}
X_a(\mu_{aa} \cdot \lambda_a + \cdots + \mu_{ar} \cdot \lambda_r + \cdots + \mu_{an} \cdot \lambda_n) + \\
\vdots \\
X_r(\mu_{ra} \cdot \lambda_a + \cdots + \mu_{rr} \cdot \lambda_r + \cdots + \mu_{rn} \cdot \lambda_n) + \\
\vdots \\
X_n(\mu_{na} \cdot \lambda_a + \cdots + \mu_{nr} \cdot \lambda_r + \cdots + \mu_{nn} \cdot \lambda_n) = \\
N_a \lambda_a + \cdots N_r \cdot \lambda_r + \cdots N_n \lambda_n .
\end{gathered}$$

---

1) Krohn, R.: Beitrag zur Theorie der elastischen Bogenträger. Z. Baukunde Bd. 3, S. 219. 1880.

2) Mohr, O.: Beitrag zur Theorie des Bogenfachwerks. Z. Arch. Ing.-Ver. zu Hannover Bd. 27, S. 243. 1881.

3) Müller-Breslau, H.: Vereinfachung der Theorie der statisch unbestimmten Bogenträger. Z. Arch. Ing.-Ver. zu Hannover Bd. 30, S. 575. 1884. — Beitrag zur Theorie der ebenen elastischen Träger. Ebenda Bd. 34, S. 605. 1888. — Beiträge zur Theorie der ebenen elastischen Träger. Zentralbl. Bauverw. 1889, S. 475, 499.

4) Müller, S.: Zur Berechnung mehrfach statisch unbestimmter Tragwerke. Zentralbl. Bauverw. 1907, S. 23.

5) Müller-Breslau, H.: Die graphische Statik der Baukonstruktionen. Bd. II, Abt. 1, S. 162. 4. Aufl. 1907.

6) Jordan, H.: Über die Berechnung der Nebenspannungen in Fachwerken mit steifen Knotenpunkten. (Dissert. Hannover 1904), bringt die erstmalige Anwendung in der Statik.

Verfügt man nun über die willkürlichen Größen λ so, daß der Beiwert von $X_r = 1$, und die Beiwerte aller anderen Größen $= 0$ werden, so ergibt sich die Gleichung

$$X_r = N_a \cdot \lambda_a + \cdots + N_r \cdot \lambda_r + \cdots + N_n \cdot \lambda_n\,,$$

also die Gleichung (11). Daraus folgt, daß die Größen $\lambda_{ar}, \lambda_{br} \ldots \lambda_{nr}$ den Gleichungssatz erfüllen, welcher durch die vorstehende Verfügung entsteht. Das ist, da allgemein $\mu_{kr} = \mu_{rk}$ ist

$$\begin{aligned}
\mu_{aa} \cdot \lambda_{ar} + \cdots + \mu_{ra} \cdot \lambda_{rr} + \cdots + \mu_{na} \cdot \lambda_{nr} &= 0. \\
&\vdots \\
\mu_{ar} \cdot \lambda_{ar} + \cdots + \mu_{rr} \cdot \lambda_{rr} + \cdots + \mu_{nr} \cdot \lambda_{nr} &= 1. \\
&\vdots \\
\mu_{an} \cdot \lambda_{ar} + \cdots + \mu_{rn} \cdot \lambda_{rr} + \cdots + \mu_{nn} \cdot \lambda_{nr} &= 0.
\end{aligned}$$

Durch Auflösung dieser Gleichungen nach den λ_{kr} ergeben sich die Beiwerte der Gleichung (11). Die Gleichungen sind von der Form der Gleichungen (39) und gehen aus diesen hervor, wenn $X_k = \lambda_{kr}$ $(k = a, b \ldots n)$, $N_r = 1$ und alle anderen $N = 0$ gesetzt werden.

Bei Ableitung der gefundenen Beziehung ist X_r willkürlich aus den Größen X ausgewählt worden. Mithin kann der Reihe nach $r = a, b, c \ldots n$ gesetzt werden und es besteht für die Beiwerte λ in jeder der Gleichungen (11) ein Gleichungssatz der bezeichneten Art. Die n-Gleichungssätze unterscheiden sich untereinander — abgesehen von der Verschiedenheit der unbekannten λ — nur in der rechten Seite. Für $r = a, b, c \ldots n$ ist stets die rechte Seite der gleichnamigen Gleichung $= 1$. In der Form ist diese Gleichung jedes Satzes dadurch gekennzeichnet, daß die Größen μ und λ denselben zweiten Zeiger haben. In allen anderen Gleichungen ist die rechte Seite $= 0$.

Zur Bestimmung der unbekannten Beiwerte λ sind also n mal n-Gleichungen aufzulösen. Diese Berechnungsweise erscheint umständlicher als die unmittelbare Auflösung der Gleichungen (39). Sie ist der letzteren jedoch dadurch überlegen, daß jeder Satz nur ein absolutes Glied enthält. Da ferner $n - 2$ Gleichungen je zweier Sätze miteinander übereinstimmen, kann die Auflösung jedes Satzes für die Auflösung aller anderen Sätze nutzbar gemacht werden, wenn man entweder in der Reihenfolge $r = a, b, c \ldots n$ oder $r = n, n - 1, n - 2 \ldots b, a$ vorgeht.

In der weiteren Rechnung sollen die Gleichungen in Tafelform geschrieben werden. In dieser lauten die Elastizitätsgleichungen

$$\left.\begin{array}{cccc|c}
X_a & X_b & \ldots & X_n & \\
\hline
\mu_{aa} & \mu_{ba} & \cdots & \mu_{na} & N_a \\
\mu_{ab} & \mu_{bb} & \cdots & \mu_{nb} & N_e \\
 & & \vdots & & \\
\mu_{ar} & \mu_{br} & \cdots & \mu_{nr} & N_r \\
 & & \vdots & & \\
\mu_{an} & \mu_{bn} & \cdots & \mu_{nn} & N_n
\end{array}\right\} \qquad (39)$$

und ihre Auflösung

$$\left.\begin{array}{cccc|c}
N_a & N_b & \ldots & N_n & \\
\hline
\lambda_{aa} & \lambda_{ba} & \ldots & \lambda_{na} & X_a \\
\lambda_{ab} & \lambda_{bb} & \ldots & \lambda_{nb} & X_b \\
 & & \vdots & & \\
\lambda_{ar} & \lambda_{br} & \ldots & \lambda_{nr} & X_r \\
 & & \vdots & & \\
\lambda_{an} & \lambda_{bn} & \ldots & \lambda_{nn} & X_n
\end{array}\right\} \qquad (40)$$

Zur Vereinfachung der Schreibweise soll in folgendem die Bezeichnung

$$\mu_{rk} = r\,k$$

benutzt werden. Die erste Tafel stellt auch alle Gleichungssätze zur Bestimmung der λ dar, wenn die rechte Seite einer Gleichung $= 1$, die aller anderen $= 0$ gesetzt und an Stelle der unbekannten X die unbekannten λ eingeführt werden. Nach dem Gaußschen Verfahren wird die erste Gleichung der Reihe nach mit $\frac{a\,k}{a\,a}$ $(k = b \ldots n)$ erweitert und von der Gleichung k abgezogen. Dadurch erhält man $n - 1$ Gleichungen, welche die erste unbekannte λ_{ar} nicht mehr enthalten. Ihre Beiwerte seien mit $(r\,k)_b$ bezeichnet. Das Bildungsgesetz der Beiwerte ist gegeben durch

$$(r\,k)_b = r\,k - r\,a \cdot \frac{a\,k}{a\,a}.$$

Weiter wird die erste Gleichung des reduzierten Satzes der Reihe nach mit $\frac{(b\,k)_b}{(b\,b)_b}$ $(k = c, d \ldots n)$ erweitert und von der Gleichung k abgezogen. Dadurch erhält man einen Satz von $n - 2$ Gleichungen, welche die unbekannten λ_{ar} und λ_{br} nicht mehr enthalten. Die Beiwerte dieses Satzes seien mit $(r\,k)_c$ bezeichnet.

Es ist also

$$(r\,k)_c = (r\,k)_b - (r\,b)_b \frac{(b\,k)_b}{(b\,b)_b}.$$

Diese Reduktion um je eine Gleichung wird fortgesetzt. Dabei bleiben die rechten Seiten aller Gleichungen unverändert, so lange die rechte Seite der ersten Gleichung eines Satzes $= 0$ ist. Auch in den reduzierten Gleichungssätzen ist also die rechte Seite der Gleichung $= 1$, deren Beiwerte an zweiter Stelle den Zeiger r haben. Nach $r - 1$ Reduktionen rückt die Gleichung r an die erste Stelle. Dann kann das Verfahren nicht mehr fortgesetzt werden, da die rechten Seiten dabei nicht mehr $= 0$ würden. Man beginnt deshalb die Ausrechnung mit $r = n$, ermittelt also zuerst die unbekannten $\lambda_{an} \cdot \lambda_{bn}, \ldots, \lambda_{nn}$. Wenn $r = n$ ist, kann die Reduktion $n - 1$ mal durchgeführt werden, der letzte Satz besteht also nur aus einer Gleichung mit der unbekannten λ_{nn}. Die Beiwerte aller Sätze sind durch die Gleichung

$$(r\,k)_{m+1} = (r\,k)_m - (r\,m)_m \frac{(m\,k)_m}{(m\,m)_m}, \tag{41}$$

$m = a, b, c, \ldots, n-1$; $k = m+1,\ m+2, \ldots, n$ und $r = m+1,\ m+2, \ldots, n$ gegeben. Aus dieser Beziehung folgt allgemein

$$(r\,k)_{m+1} = (k\,r)_{m+1},$$

also sind in jedem Gleichungssatz die Beiwerte symmetrisch zur Diagonale. Die auf vorstehende Weise gefundenen Gleichungssätze lauten:

$$\left.\begin{array}{ll}
\text{a)} & \begin{array}{ccccc|c}
\lambda_{an} & \lambda_{bn} & \ldots & \lambda_{n-1,n} & \lambda_{nn} & \\
\hline
a\,a & b\,a & \ldots & n-1, a & n\,a & 0 \\
a\,b & b\,b & \ldots & n-1, b & n\,b & 0 \\
 & & \vdots & & & \\
a, n-1 & b, n-1 & \ldots & n-1, n-1 & n, n-1 & 0 \\
a\,n & b\,n & \ldots & n-1, n & n\,n & 1
\end{array} \\[2ex]
\text{b)} & \begin{array}{ccccc|c}
\lambda_{bn} & \lambda_{cn} & \ldots & \lambda_{n-1,n} & \lambda_{nn} & \\
\hline
(b\,b)_b & (c\,b)_b & \ldots & (n-1, b)_b & (n\,b)_b & 0 \\
(b\,c)_b & (c\,c)_b & \ldots & (n-1, c)_b & (n\,c)_b & 0 \\
 & & \vdots & & & \\
(b, n-1)_b & (c, n-1)_b & \ldots & (n-1, n-1)_b & (n, n-1)_b & 0 \\
(b\,n)_b & (c\,n)_b & \ldots & (n-1, n)_b & (n\,n)_b & 1
\end{array} \\[2ex]
(n-1) & \begin{array}{cc|c}
\lambda_{n-1,n} & \lambda_{nn} & \\
\hline
(n-1, n-1)_{n-1} & (n, n-1)_{n-1} & 0 \\
(n-1, n)_{n-1} & (n\,n)_{n-1} & 1
\end{array} \\[2ex]
(n) & \begin{array}{c|c}
\lambda_{nn} & \\
\hline
(n\,n)_n & 1
\end{array}
\end{array}\right\} \tag{42}$$

Zur Berechnung der unbekannten λ_{kr} wird aus jedem Satze die erste Gleichung benutzt. Da nur die Quotienten $\dfrac{(k\,r)_r}{(r\,r)_r}$ in die Rechnung eingehen, wird jede Gleichung durch den Beiwert des ersten Gliedes geteilt. In jeder ersten Gleichung können die Zeiger weggelassen werden, da das an zweiter Stelle stehende Zeichen die Reduktionsstufe angibt. Mit den Bezeichnungen

$$\overline{ka} = \frac{ka}{aa}, \qquad (\overline{kr}) = \frac{(kr)_r}{(rr)_r}$$

bilden die ersten Gleichungen der reduzierten Sätze folgenden Satz:

$$\left.\begin{array}{cccccc|c}
\lambda_{an} & \lambda_{bn} & \lambda_{cn} & & \lambda_{n-1,\,n} & \lambda_{nn} & \\
\hline
1 & \overline{ba} & \overline{ca} & \dots & \overline{n-1,\,a} & \overline{na} & 0 \\
 & 1 & (\overline{cb}) & \dots & (\overline{n-1,\,b}) & (\overline{nb}) & 0 \\
 & & 1 & \dots & (\overline{n-1,\,c}) & (\overline{nc}) & 0 \\
 & & & \vdots & & & \\
 & & & & 1 & (\overline{n,\,n-1}) & 0 \\
 & & & & & 1 & \frac{1}{(nn)}
\end{array}\right\} \qquad (43)$$

Hieraus ergibt sich

$$\lambda_{nn} = \frac{1}{(nn)},$$

$$\lambda_{n-1,\,n} = -\lambda_{nn}(\overline{n,\,n-1}).$$

Ferner folgt aus der Gleichung

$$1 \cdot \lambda_{n-1,\,n-1} + (\overline{n,\,n-1})\,\lambda_{n,\,n-1} = \frac{1}{(n-1,\,n-1)},$$

$$\lambda_{n-1,\,n-1} = \frac{1}{(n-1,\,n-1)} + \lambda_{nn}(\overline{n,\,n-1})^2.$$

Für die Beiwerte $\lambda_{k(n-1)}$ gelten die Gleichungssätze (42 a) bis (42 n—1), wenn in jedem Satze die rechte Seite der $n-1$ ten Gleichung $= 1$ und die der n ten Gleichung $= 0$ gesetzt wird. Von dem Gleichungssatz (43) gelten also die ersten $n-1$ Gleichungen, wenn die rechte Seite der $n-1$ ten Gleichung $\frac{1}{(n-1,\,n-1)}$ gesetzt wird. Da $\lambda_{(n-1)n} = \lambda_{n(n-1)}$ ist, sind nur noch $n-1$ unbekannte vorhanden, die in der Reihenfolge $k = (n-1), (n-2), \dots, b, a$ berechnet werden.

Diese Schlußfolgerung wird fortgesetzt. Für die Gruppe λ_{kr} gilt der Gleichungssatz (42 a), in dem die rechte Seite der r ten Gleichung $= 1$ gesetzt wird. Mithin gelten mit derselben Bedingung die Sätze (42 a) bis (42 r) und von dem Satz (43) die Gleichungen 1 bis r. Ist die Rechnung in der Reihenfolge $r = n,\ n-1$ bis $r+1$ durchgeführt, so enthält die Gruppe λ_{kr} nur noch r Unbekannte, die man schrittweise durch Auflösung der Gleichungen $r, r-1, \dots, b, a$ des Satzes (43) findet. Mithin umfaßt der Satz (43) alle Gleichungen zur Berechnung aller unbekannten λ. Man setzt nacheinander für $r = n, n-1, \dots, b, a$ die rechte Seite $= \frac{1}{(r\,r)}$, erhält so n Sätze von $n, n-1, \ldots, 2, 1$ Gleichungen, die man mit der letzten beginnend zur Auflösung bringt.

Für die λ-Werte mit zwei gleichen Zeigern erhält man auf folgendem Wege eine allgemeine Formel. Die Gleichung (43r) besteht für alle Gruppen λ_{ks} $(s = r \cdots n)$, und zwar ist für $s = r$ die rechte Seite $\frac{1}{(r\,r)}$, für $s > r = 0$. Mithin lautet Gleichung a für die Gruppen $s = a \cdots n$

$$1 \cdot \lambda_{aa} + \overline{ba} \cdot \lambda_{ba} + \overline{ca} \cdot \lambda_{ca} + \overline{da} \cdot \lambda_{da} + \cdots + \overline{na} \cdot \lambda_{na} = \frac{1}{\overline{aa}},$$

$$1 \cdot \lambda_{ab} + \overline{ba} \cdot \lambda_{bb} + \overline{ca} \cdot \lambda_{cb} + \overline{da} \cdot \lambda_{db} + \cdots + \overline{na} \cdot \lambda_{nb} = 0,$$

$$1 \cdot \lambda_{ac} + \overline{ba} \cdot \lambda_{bc} + \overline{ca} \cdot \lambda_{cc} + \overline{da} \cdot \lambda_{dc} + \cdots + \overline{na} \cdot \lambda_{nc} = 0,$$

$$1 \cdot \lambda_{ad} + \overline{ba} \cdot \lambda_{bd} + \overline{ca} \cdot \lambda_{cd} + \overline{da} \cdot \lambda_{dd} + \cdots + \overline{na} \cdot \lambda_{nd} = 0,$$

$$\vdots$$

$$1 \cdot \lambda_{an} + \overline{ba} \cdot \lambda_{bn} + \overline{ca} \cdot \lambda_{cn} + \overline{da} \cdot \lambda_{dn} + \cdots + \overline{na} \cdot \lambda_{nn} = 0.$$

Die zweite Gleichung wird mit $\overline{b\,a}$, die dritte mit $\overline{c\,a}$, die vierte mit $\overline{d\,a}$, die letzte mit $\overline{n\,a}$ multipliziert, sodann werden die Gleichungen 2 bis n von der ersten abgezogen. So erhält man

$$1 \cdot \lambda_{aa} - \lambda_{bb}\overline{ba}^2 - \lambda_{cc} \cdot \overline{ca}^2 - \lambda_{dd} \cdot \overline{da}^2 \cdots - \lambda_{nn} \cdot \overline{na}^2$$
$$- 2[\lambda_{bc} \cdot \overline{ba} \cdot \overline{ca} + \lambda_{bd} \cdot \overline{ba} \cdot \overline{da} + \cdots + \lambda_{n-1,n} \cdot \overline{n-1,a}, \overline{na}] = \frac{1}{\overline{aa}}.$$

Die Klammer umfaßt alle Produkte, die aus zwei verschiedenen Beiwerten der ersten Gleichung und einem λ-Wert gebildet werden können. Die Zeiger jedes λ-Wertes stimmen mit der ersten Stelle der beiden Beiwerte überein. Demnach ist allgemein

$$\lambda_{rr} = \frac{1}{(r\,r)} + \sum_{r+1}^{n}{}_s \lambda_{ss} \cdot \overline{(sr)}^2 + 2 \sum_{s=r+1}^{s=n-1}{}_s \overline{(sr)} \sum_{k=s+1}^{k=n}{}_k \lambda_{sk} \cdot \overline{(kr)}. \qquad (44)$$

Diese Formel vermittelt den Übergang von jeder λ-Gruppe zu dem wichtigsten Werte der folgenden Gruppe.

Die Gleichungssätze (42) stimmen mit den Gleichungen, welche durch die Tafeln a, b, c ... Seite 329 dargestellt sind, überein. Daraus folgt, daß die Auflösung der Elastizitätsgleichungen nach dem Gaußschen Verfahren den Gleichgewichtszustand des $n$fach statisch unbestimmten Tragwerks aus dem des statisch bestimmten Hauptsystems von Stufe zu Stufe aufsteigend entwickelt. Der genannte Lösungsweg deckt sich daher mit der Einführung von Gruppenlasten, deren Beiwerte in der Diagonale = 1 auf einer Seite der Diagonale = 0 gesetzt werden, trotzdem beide Verfahren verschiedenen Grundgedanken entspringen[1]).

---

[1]) Pirlet. J.: Die Berechnung statisch unbestimmter Systeme. Der Eisenbau 1910.

Die Berechnung der λ-Werte mit Hilfe der Gaußschen Auflösung führt zu genauen Ergebnissen, wenn der Beiwert $(r\,r)$ jeder Gleichung größer ist als alle anderen Beiwerte in derselben Gleichung. Denn dann bestehen alle Produkte aus zwei Faktoren, deren einer < 1 ist, und in dem Gleichungssatz (43) sind alle Beiwerte < 1. Dieser Umstand wirkt fehlermildernd. Trotzdem ist auch bei diesem Verfahren eine Häufung von Fehlern nicht ausgeschlossen, deshalb ist eine größere Genauigkeit in der Rechnung unerläßlich, als in den Ergebnissen im allgemeinen gefordert wird. Das bedingt, daß schon die μ-Werte des statisch bestimmten Hauptsystems auf eine desto größere Stellenzahl berechnet werden müssen, je höher der Grad der statischen Unbestimmtheit ist. Eine gewisse Prüfung der Rechnung bei der Reduktion bietet die Quersumme jeder Gleichung. Aus

$$(k\,r)_{m+1} = (k\,r)_m - (k\,m)_m \frac{(m\,r)_m}{(m\,m)_m}$$

folgt

$$\sum_{m+1}^{n}{}_k (k\,r)_{m+1} = \sum_{m}^{n}{}_k (k\,r)_m - \frac{(m\,r)_m}{(m\,m)_m} \sum_{m}^{n}{}_k (k\,m)_m .$$

Die Quersumme jeder Gleichung des Satzes $m+1$ ist gleich der Quersumme derselben Gleichung des Satzes m, vermindert um die mit dem Quotienten $\frac{(m\,r)_m}{(m\,m)_m}$ multiplizierte Quersumme der ersten Gleichung des Satzes m.

Die Elastizitätsgleichungen besitzen in den meisten Fällen ohne weiteres die Eigenschaft, daß die Werte μ_{rr} jeder Gleichung größer sind als die μ_{kr}. Besteht sie für die Gleichungen des statisch bestimmten Hauptsystems, so ist sie auch in den folgenden Gleichungssätzen vorhanden, die ja gleichfalls Elastizitätsgleichungen, und zwar solche statisch unbestimmter Tragwerke verschiedenen Grades sind.

Der dargestellte Rechnungsgang kann offenbar ebenso gut durch Reduktion der Gleichungen in der Reihenfolge $n, n-1 \ldots a$ durchgeführt werden. Die Gruppen λ_{kr} sind dann in der Reihenfolge $r = a, b \ldots n$ zu berechnen. Eine weitgehende Prüfung der Ergebnisse erhält man durch zweimalige Durchführung in beiden Folgen. Zuweilen ist es zweckmäßig, die Reduktion von a bis r, sodann von n bis r durchzuführen, dann erhält man Gleichungen, aus denen die Gruppe λ_{kr} zuerst zu berechnen ist. Das gilt namentlich für die am häufigsten vorkommenden Fälle, in denen eine große Zahl von Gleichungen vorliegt, jede aber nur eine beschränkte Zahl der Unbekannten enthält.

Man unterscheidet dreigliedrige, fünfgliedrige und mehrgliedrige Elastizitätsgleichungen. Unter dreigliedrigen versteht man solche, welche in jeder Gleichung nur drei aufeinanderfolgende Unbekannte enthalten, und zwar in der Gleichung r die Größen X_{r-1}, X_r, X_{r+1} in der Verbindung

$$\mu_{r-1,r} \cdot X_{r-1} + \mu_{rr} \cdot X_r + \mu_{r+1,r} \cdot X_{r+1} .$$

Die erste Gleichung kann dann nur zwei Unbekannte X_a und X_b, die letzte nur X_{n-1}, X_n enthalten. Fünfgliedrige sind durch die Form

$$\mu_{r-2,r} \cdot X_{r-2} + \mu_{r-1,r} \cdot X_{r-1} + \mu_{rr} \cdot X_r + \mu_{r+1,r} \cdot X_{r+1} + \mu_{r+2,r} \cdot X_{r+2}$$

gekennzeichnet. Die erste Gleichung enthält nur X_a, X_b, X_c, die letzte X_n, X_{n-1}, X_{n-2}, die zweite X_a, X_b, X_c, X_d, die vorletzte X_n, X_{n-1}, X_{n-2}, X_{n-3}. Siebengliedrige Gleichungen enthalten sieben Unbekannte, die in der für drei- und fünfgliedrige Gleichungen gekennzeichneten Form zusammengefaßt sind.

Für die dreigliedrigen Gleichungen ergibt sich folgendes sehr einfache und übersichtliche Lösungsverfahren. Die Tafel der Gleichungen ist mit den Bezeichnungen $\mu_{rk} = r\,k$

X_a	X_b	X_c	X_d	X_{n-3}	X_{n-2}	X_{n-1}	X_n		
aa	ba	0	0	0	0	0	0	N_a	(45)
ab	bb	cb	0	0	0	0	0	N_b	
0	bc	cc	dc	0	0	0	0	N_c	
					. . .				
0	0	0	0	$n-3, n-2$	$n-2, n-2$	$n-1, n-2$	0	N_{n-2}	
				0	$n-2, n-1$	$n-1, n-1$	$n, n-1$	N_{n-1}	
					0	$n-1, n$	n, n	N_n	

Eliminiert man nun in der Reihenfolge $a \ldots n$, so ändert sich bei jeder Reduktion nur die zweite Gleichung jedes Satzes und nur im zweiten Glied.

$$(b\,b) = b\,b - b\,a\,\frac{a\,b}{a\,a},$$

$$(c\,c) = c\,c - c\,b\,\frac{b\,c}{(b\,b)},$$

da $c\,c$ und $b\,c$, $c\,b$ bei der ersten Reduktion unverändert bleiben. Daraus folgt, daß allgemein

$$(r+1, r+1) = r+1, r+1 - r+1, r\,\frac{r, r+1}{(r\,r)} \tag{46}$$

ist. Mithin kann man nach dieser Formel den Gleichungssatz, der aus jeder ersten Gleichung aller reduzierten Sätze besteht (Satz 43), unmittelbar hinschreiben. Er lautet

λ_{ar}	λ_{br}	λ_{cr}		$\lambda_{n-2,r}$	$\lambda_{n-1,r}$	λ_{nr}		
aa	ba	0		0	0	0	a	(47)
0	(bb)	cb		0	0	0	b	
0	0	(cc)	dc	0	0	0	c	
				. . .				
0	0	0		$(n-2, n-2)$	$n-1, n-2$	0	$n-2$	
0	0	0		0	$(n-1, n-1)$	$n, n-1$	$n-1$	
0	0	0		0	0	(n, n)	n	

In jeder Gleichung werden die Beiwerte durch den ersten geteilt. Mit der Bezeichnung $\overline{(r+1, r)} = \frac{r+1, r}{(r\,r)}$ erhält man dann den Satz

$$\left.\begin{array}{cccccc|c}
\lambda_{ar} & \lambda_{br} & \lambda_{cr} & \lambda_{n-2,r} & \lambda_{n-1,r} & \lambda_{nr} & \\
\hline
1 & \overline{ba} & 0 & & & & a \\
0 & 1 & \overline{(cb)} & & & & b \\
0 & 0 & 1 & \overline{(dc)} & & & c \\
 & & & \vdots & & & \\
 & & & 1 & \overline{(n-1, n-2)} & 0 & n-2 \\
 & & & 0 & 1 & \overline{(n, n-1)} & n-1 \\
 & & & 0 & 0 & 1 & n
\end{array}\right\} \tag{48}$$

Für die Gruppe λ_{kr} gelten von diesen Sätzen die Gleichungen a bis r; die rechte Seite der Gleichung r ist $\frac{1}{(r\,r)}$, die der Gleichungen a bis $r-1$ ist Null. Mithin ist

$$\lambda_{ar} = -\lambda_{br} \cdot \overline{ba},$$

$$\lambda_{br} = -\lambda_{cr} \cdot \overline{(cb)}.$$

$$\lambda_{k-1,r} = -\lambda_{kr} \cdot \overline{(k, k-1)}, \tag{49}$$

wenn $k \leqq r$ ist.

Die Formel (44) ergibt

$$\lambda_{rr} = \frac{1}{(r\,r)} + \lambda_{r+1,r+1} \cdot \overline{(r+1, r)}^2, \tag{50}$$

da der Beiwert $(r+2, r)$ und alle folgenden zu Null werden. Mithin kann in folgender Weise gerechnet werden

$$\lambda_{nn} = \frac{1}{(n\,n)},$$

$$\lambda_{n-1,n-1} = \frac{1}{(n-1, n-1)} + \lambda_{nn} \cdot \overline{(n, n-1)}^2,$$

$$\lambda_{n-2,n-2} = \frac{1}{(n-2, n-2)} + \lambda_{n-1,n-1} \overline{(n-1, n-2)}^2,$$

usw.

$$\lambda_{bb} = \frac{1}{(b\,b)} + \lambda_{cc} \overline{(c\,b)}^2,$$

$$\lambda_{aa} = \frac{1}{a\,a} + \lambda_{bb} \overline{b\,a}^2.$$

Damit sind die λ-Werte in der Diagonale gefunden. Aus diesen erhält man die Werte λ_{kr}, die links der Diagonale stehen, da $k \leqq r$ ist, nach der Formel (49)

$$\lambda_{r-1,r} = -\lambda_{rr} \cdot \overline{(r, r-1)},$$
$$\lambda_{r-2,r} = -\lambda_{r-1,r} \cdot \overline{(r-1, r-2)},$$
usw.

Aus der Formel (49) folgt:

$$\frac{\lambda_{r-1,r}}{\lambda_{rr}} = \frac{\lambda_{r-1,r+1}}{\lambda_{r,r+1}} = \frac{\lambda_{r-1,r+2}}{\lambda_{r,r+2}} = -\overline{(r, r-1)}.$$

In der Tafel der λ stehen links der Diagonale in zwei nebeneinander befindlichen Spalten die Werte jeder Zeile zueinander in einem festen Verhältnis. Da die Werte zweier Spalten links der Diagonale in zwei übereinander befindlichen Zeilen rechts der Diagonale stehen, gilt diese Beziehung hier für je zwei Zeilen übereinander.

Die Reduktion der Elastizitätsgleichungen in der Reihenfolge n bis a ergibt in der Diagonale die Werte $n\,n$, $(n-1, n-1)_1$, $(n-2, n-2)_1 \ldots$ $(b\,b)_1$, $(a\,a)_1$ nach der Formel

$$(r, r)_1 = r\,r - r, r+1 \frac{r+1, r}{(r+1, r+1)_1}.$$

Die Werte rechts der Diagonale verschwinden, links derselben bleiben die Beiwerte der Elastizitätsgleichungen unverändert. Wird wieder jede Gleichung durch $(r\,r)_1$ geteilt und die Bezeichnung

$$\overline{(r, r+1)} = \frac{r, r+1}{(r+1, r+1)_1}$$

eingeführt, so erhält man folgende Tafel:

λ_{ar}	λ_{br}	λ_{cr}	λ_{dr}		$\lambda_{n-1,r}$	λ_{nr}	
1	0	0	0		0	0	a
$\overline{(a\,b)}$	1	0	0		0	0	b
0	$\overline{(b\,c)}$	1	0		0	0	c
0	0	$\overline{(c\,d)}$	1		0	0	d
			.				
			.				
				$\overline{(n-2, n-1)}$	1	0	$n-1$
					$\overline{n-1, n}$	1	n

(51)

Für die Gruppe λ_{kr} gelten von diesem Satze die Gleichungen n bis r. Die rechte Seite der Gleichung r ist $\frac{1}{(r\,r)_1}$, die rechte Seite der anderen Gleichungen ist Null. Mithin ist

$$\lambda_{nr} = -\lambda_{n-1,r} \cdot \overline{(n-1, n)},$$
$$\lambda_{n-1,r} = -\lambda_{n-2,r} \cdot \overline{(n-2, n-1)},$$
$$\lambda_{k+1,r} = -\lambda_{kr} \cdot \overline{(k, k+1)}, \qquad (52)$$

wenn $k \geqq r$ ist.

$$\lambda_{rr} = \frac{1}{(r\,r)_1} + \lambda_{r-1,r-1} \overline{(r-1, r)}^2.$$

Jeder Diagonalwert kann nun auch mit Hilfe der Beiwerte $\overline{(r+1,r)}$ und $\overline{(r,r+1)}$ unmittelbar berechnet werden. Führt man

$$\lambda_{r+1,\,r+1} = \frac{1}{(r+1,\,r+1)_1} + \lambda_{rr}\,\overline{(r,\,r+1)}^2$$

in Gleichung (50) ein, so ergibt sich

$$\lambda_{rr}\left[1 - \overline{(r,\,r+1)}^2\,\overline{(r+1,\,r)}^2\right] = \frac{1}{(rr)}\left(1 + \frac{\overline{(r+1,\,r)}^2\cdot(r,\,r)}{(r+1,\,r+1)_1}\right),$$

da
$$\frac{\overline{(r+1,\,r)}^2\cdot(r,\,r)}{(r+1,\,r+1)_1} = \frac{\overline{(r+1,\,r)}(r+1,\,r)}{(r+1,\,r+1)_1} = \overline{(r+1,\,r)}\,\overline{(r,\,r+1)}$$

ist, folgt
$$\lambda_{rr} = \frac{1}{(rr)\left[1 - \overline{(r,\,r+1)}\,\overline{(r+1,\,r)}\right]}. \tag{53}$$

Dieses Ergebnis ist auch aus den Gleichungen (48), r und (51), $r+1$ abzuleiten

$$1\cdot\lambda_{rr} + \overline{(r+1,\,r)}\cdot\lambda_{r+1,\,r} = \frac{1}{(rr)},$$

$$\overline{(r,\,r+1)}\cdot\lambda_{rr} + 1\cdot\lambda_{r+1,\,r} = 0.$$

Ebenso ergibt sich aus den Gleichungen (48), $r-1$ und (51), r

$$1\cdot\lambda_{r-1,\,r} + \overline{(r,\,r-1)}\cdot\lambda_{rr} = 0,$$

$$\overline{(r-1,\,r)}\cdot\lambda_{r-1,\,r} + 1\cdot\lambda_{rr} = \frac{1}{(rr)_1},$$

$$\lambda_{rr} = \frac{1}{(rr)_1\left[1 - \overline{(r,\,r-1)}\,\overline{(r-1,\,r)}\right]}. \tag{54}$$

Da die Formel (52) für die Werte rechts der Diagonale gilt, stehen hier die Werte jeder Zeile in zwei nebeneinander stehenden Spalten zueinander in festem Verhältnis, und dieselbe Beziehung gilt links der Diagonale für die Werte jeder Spalte in zwei Zeilen übereinander. Zur Ausführung der Zahlenrechnung benutzt man zweckmäßig folgende Tafel, die Zahlenrechteck[1]) genannt wird:

			$-(\overline{ab})$		$-(bc)$		$-\overline{cd}$		
		a		b		c		d	
	a	λ_{aa}							
$-(\overline{ab})$									$-\overline{ba}$
	b			λ_{bb}					
$-(\overline{bc})$									$-(\overline{cb})$
	c					λ_{cc}			
$-\overline{cd}$									$-(\overline{dc})$
	d							λ_{dd}	
			$-\overline{ba}$		$-(\overline{cb})$		$-(\overline{dc})$		

[1]) Lewe, V.: Die Berechnung durchlaufender Träger und mehrstieliger Rahmen nach dem Verfahren des Zahlenrechtecks. (Dr.-Dissert. Dresden 1915), leitet das wesentliche des dargestellten Rechnungsganges aus der Determinantentheorie ab.

Zwischen den Zeilen und Spalten werden die Festwerte angeschrieben, welche die Zeilen und Spalten miteinander verknüpfen. Nachdem die Diagonalwerte aus einer der gegebenen Formeln berechnet sind, ermittelt man alle anderen durch Multiplikation mit den Festwerten. Da deren absolute Werte < 1 sind, nehmen die absoluten λ-Werte von der Diagonale aus nach beiden Seiten ab. Das Vorzeichen wechselt von Glied zu Glied. Die Festwerte werden häufig auch in den folgenden Rechnungen für ein statisch unbestimmtes Tragwerk benutzt, dessen Elastizitätsgleichungen dreigliedrig sind.

Die Tafel fünfgliedriger Elastizitätsgleichungen hat folgenden Kopf:

λ_{aa}	λ_{ba}	λ_{ca}	λ_{da}	λ_{ea}	λ_{fa}	λ_{ga}	
$a\,a$	$b\,a$	$c\,a$	0	0	0	0	a
$a\,b$	$b\,b$	$c\,b$	$d\,b$	0	0	0	b
$a\,c$	$b\,c$	$c\,c$	$d\,c$	$e\,c$	0	0	c
0	$b\,d$	$c\,d$	$d\,d$	$e\,d$	$f\,d$	0	d
0	0	$c\,e$	$d\,e$	$e\,e$	$f\,e$	$g\,e$	e
			.				
			.				

Bei jeder Reduktion ändern sich die zweite und dritte Gleichung jedes Satzes. Es sind zu berechnen

$$(b\,b)_b = b\,b - b\,a\frac{a\,b}{a\,a},$$

$$(c\,b)_b = c\,b - c\,a\frac{a\,b}{a\,a},$$

$$(c\,c)_b = c\,c - a\,c\frac{c\,a}{a\,a}.$$

Der Kopf des Satzes b ist

λ_{ba}	λ_{ca}	λ_{da}	λ_{ea}	
$(b\,b)_b$	$(c\,b)_b$	$d\,b$	0	b
$(b\,c)_b$	$(c\,c)_b$	$d\,c$	$e\,c$	c

alle anderen Gleichungen bleiben unverändert. Es folgt

$$(c\,c)_c = (c\,c)_b - (c\,b)_b\frac{(b\,c)_b}{(b\,b)_b},$$

$$(d\,c)_c = d\,c - d\,b\frac{(b\,c)_b}{(b\,b)_b},$$

$$(d\,d)_c = d\,d - d\,b\frac{b\,d}{(b\,b)_b}.$$

Der Kopf des Satzes c ist

λ_{ca}	λ_{da}	λ_{ea}	λ_{da}
$(c\,c)_c$	$(d\,c)_c$	$e\,c$	0
$(c\,d)_c$	$(d\,d)_c$	$e\,d$	$f\,d$

alle anderen Gleichungen bleiben unverändert. Aus den ersten Gleichungen jedes Satzes erhält man nun, wenn die Zeiger weggelassen werden:

λ_a	λ_b	λ_c	λ_d	λ_e		λ_{n-2}	λ_{n-1}	λ_n	
$a\,a$	$b\,a$	$c\,a$							a
	$(b\,b)$	$(c\,b)$	$d\,b$						b
		$(c\,c)$	$(d\,c)$	$e\,c$					c
			$(d\,d)$	$(e\,d)$	$f\,d$				d
				.					.
				.					.
						$(n-2,\,n-2)$	$(n-1,\,n-2)$	$n,\,n-2$	$n-2$
							$(n-1,\,n-1)$	$(n,\,n-1)$	$n-1$
								$(n,\,n)$	n

Diesen Satz kann man sofort nach folgenden Formeln hinschreiben:

$$(r\,r) = r\,r - \frac{r,r-2^2}{(r-2,r-2)} - \frac{(r,r-1)^2}{(r-1,r-1)},$$

$$(r+1,r) = r+1, \quad r-r+1, \quad \mathrm{r}-1\,\frac{(r,r-1)}{(r-1,r-1)}.$$

Die Beiwerte jeder Gleichung werden durch den Wert der Diagonale geteilt und wieder die Bezeichnungen

$$(r+1,r) = \frac{(r+1,r)}{(r,r)}, \qquad \overline{(r+2,r)} = \frac{r+2,r}{(r\,r)}$$

eingeführt. Dann ergibt sich

$$\lambda_{nn} = \frac{1}{(n\,n)},$$

$$\lambda_{n-1,n} = -\lambda_{nn}\,\overline{(n,n-1)},$$

$$\lambda_{n-2,n} = -\lambda_{n-1,n}\,\overline{(n-1,n-2)} - \lambda_{nn}\,\overline{(n,n-2)}$$

usw. bis λ_{an}. Aus Formel (44) folgt

$$\lambda_{r-1,r-1} = \frac{1}{(r-1,r-1)} + \lambda_{rr}\,\overline{(r,r-1)}^2 + \lambda_{r+1,r+1}\,\overline{(r+1,r-1)}^2$$

$$+ 2\,\lambda_{r,r+1}\,\overline{(r,r-1)}\,\overline{(r+1,r-1)},$$

also

$$\lambda_{n-1,n-1} = \frac{1}{(n-1,n-1)} + \lambda_{nn}\,\overline{(n,n-1)}^2$$

weiter aus Gleichung $n-2$

$$\lambda_{n-2,n-1} = -\lambda_{n-1,n-1}\,\overline{(n-1,n-2)} - \lambda_{n,n-1}\,\overline{(n,n-2)}$$

usw. bis $\lambda_{a n-1}$. Der Übergang zum Satze $\lambda_{k n-2}$ ergibt sich wieder aus der Formel (44). Damit sind $\lambda_{n-2, n-2}$, $\lambda_{n-1, n-2}$, $\lambda_{n, n-2}$ bekannt, die übrigen Werte werden aus den Gleichungen $n - 3$ bis a nacheinander berechnet. In derselben Weise kann die Reduktion in der entgegengesetzten Folge durchgeführt und zur Ermittlung der Gruppen $\lambda_{k r}$ $(r = a \ldots n)$ benutzt werden.

Soll eine $\lambda_{k r}$-Gruppe in der Mitte zuerst oder gesondert berechnet werden, so ist die zweite Reduktion in der Reihenfolge n bis $r + 1$ durchzuführen. Aus den Gleichungen $r - 1$ und r des ersten, $r + 1$ und $r + 2$ des zweiten Satzes lassen sich nun $\lambda_{r-1, r}$, $\lambda_{r r}$, $\lambda_{r+1, r}$, $\lambda_{r+2, r}$ und $\lambda_{r-1, r+1}$, $\lambda_{r, r+1}$, $\lambda_{r+1, r+1}$, $\lambda_{r+2, r}$ berechnen. Die Gleichungen lauten

	$\lambda_{r-1, k}$	$\lambda_{r k}$	$\lambda_{r+1, k}$	$\lambda_{r+2, k}$
$r - 1)$	1	$\overline{(r, r - 1)}$	$\overline{(r + 1, r - 1)}$	0
$r)$	0	1	$\overline{(r + 1, r)}$	$\overline{r + 2, r)}$
$r + 1)$	$\overline{(r - 1, r + 1)}_1$	$\overline{(r, r + 1)}_1$	1	0
$r + 2)$	0	$\overline{(r, r + 2)}_1$	$\overline{(r + 1, r + 2)}_1$	1

Für die Gruppe $k = r$ ist die rechte Seite der ersten, dritten, vierten Gleichung Null, die der zweiten Gleichung $\frac{1}{(r r)}$. Für die Gruppe $k = r + 1$ ist die rechte Seite der dritten Gleichung $\frac{1}{(r + 1,\ r + 1)_1}$, die der anderen Gleichungen Null. Aus der zweiten und vierten erhält man

$$\alpha_1 \cdot \lambda_{r k} + \beta_1 \lambda_{r+1, k} = \frac{1}{(r r)} \quad \text{oder } 0;$$

aus der ersten und dritten

$$\alpha_2 \lambda_{r k} + \beta_2 \cdot \lambda_{r+1, k} = 0 \quad \text{oder} \quad \frac{1}{(r + 1, r + 1)_1},$$

$$\alpha_1 = 1 - \overline{(r + 2, r)}\,\overline{(r, r + 2)}_1, \quad \alpha_2 = \overline{(r, r + 1)}_1 - \overline{(r, r - 1)}\,\overline{(r - 1, r + 1)}_1,$$

$$\beta_1 = \overline{(r + 1, r)} - \overline{(r + 1, r + 2)}_1\,\overline{(r + 2, r)},$$

$$\beta_2 = 1 - \overline{(r + 1, r - 1)}\,\overline{(r - 1, r + 1)}_1.$$

Die Auflösung der Gleichungen ergibt

$$\lambda_{r r} = \frac{1}{(r r)\,(\alpha_1 \beta_2 - \beta_1 \alpha_2)}, \qquad \lambda_{r+1, r+1} = \frac{1}{(r + 1, r + 1)_1\,(\alpha_1 \beta_2 - \beta_1 \alpha_2)},$$

$$\lambda_{r+1, r} = -\lambda_{r r} \frac{\alpha_2}{\beta_2} \quad \text{oder} \quad = -\lambda_{r+1, r+1} \frac{\beta_1}{\alpha_1}.$$

Die erste und vierte Gleichung sowie die auf beiden Seiten folgenden vermitteln die weitere Rechnung.

Die siebengliedrigen Elastizitätsgleichungen werden auf Gleichungen mit vier Unbekannten zurückgeführt. In jeder sind drei Beiwerte zu berechnen. Zu den Formeln der fünfgliedrigen tritt noch eine um ein Glied erweiterte hinzu. Wird von beiden Seiten nach der Mitte zu reduziert, so erhält man sechs Gleichungen für sechs Unbekannte, die sich leicht zu drei Gleichungen mit drei Unbekannten umformen lassen.

Die fortschreitende Elimination kann durch fortschreitende Substitution ersetzt werden. Der Gang der Lösung wird dadurch nicht wesentlich berührt. Man muß immer die Gleichungen entweder in einer Reihenfolge von der ersten bis letzten durchlaufen, um eine Gleichung mit einer Unbekannten zu erhalten. Oder man schreitet von den beiden äußersten Gleichungen nach der Mitte zu und erhält hier eine beschränkte Zahl von Gleichungen mit einer gleich großen Zahl von Unbekannten.

Für einige selten vorkommende Gleichungssysteme hat Hertwig besondere Verfahren angegeben. Eine ausführliche Zusammenstellung aller wichtigen Lösungsverfahren ist von O. Domke im Handbuch für Eisenbetonbau, 2. Auflage, dargestellt. Im übrigen wird auf die unten aufgeführte Literatur[1]) verwiesen.

Es ist offensichtlich, daß die in Nr. 62 dargestellten Verfahren zur Aufstellung von Elastizitätsgleichungen mit je einer Unbekannten auch rein mathematisch als Verfahren zur Lösung von linearen Gleichungen entwickelt werden können. Von dem ersten dieser Verfahren ist bereits erwähnt, daß es mit der Auflösung der Elastizitätsgleichungen des statisch bestimmten Hauptsystems durch die Gaußsche Elimination übereinstimmt. Bei dem zweiten Verfahren handelt es sich um Fälle, in denen die Elastizitätsgleichungen gewisse ausgezeichnete Eigenschaften besitzen, aus denen sich besondere Lösungswege ergeben. Die statische Behandlung durch Einführung von Lastengruppen hat jedoch den Vorteil, den jeweils geeigneten Lösungsweg deutlicher zu zeigen und die weiteren Rechnungen nicht selten erheblich zu vereinfachen. Dabei kommt namentlich die Tatsache in Betracht, daß jede Formänderung eines mehrfach statisch unbestimmten Systems aus der Arbeitsgleichung zu berechnen ist, indem ein beliebiges statisch bestimmtes System der angenommenen Belastung unterworfen wird.

---

[1]) a) Müller-Breslau, H.: Die graphische Statik Bd. II, Abt. 2, S. 219ff. 1908. — b) Hertwig: Über die Berechnung mehrfach statisch unbestimmter Systeme und verwandte Aufgaben. Z. f. Bauw. 1910, S. 109. — c) Hertwig: Die Lösung linearer Gleichungen durch unendliche Reihen und ihre Anwendung auf die Berechnung hochgradig statisch unbestimmter Systeme. Müller-Breslau-Festschrift 1912, S. 37. — d) Ostenfeld, A.: Auflösung von fünfgliedrigen Elastizitätsgleichungen. Eisenbau 1913, S. 120. — e) Fraudsen, P.: Rechnerische Auflösung Clapeyronscher Gleichungen. Eisenbau 1913, S. 440. — Hertwig, A.: Die Berechnung des Trägers auf mehreren Stützen mit gleichem und veränderlichem Querschnitt, mit frei drehbaren oder eingespannten Stützen. Arm. Beton 1913, S. 219. — g) Müller-Breslau, H.: Zur Auflösung mehrgliedriger Elastizitätsgleichungen. Eisenbau 1916, S. 111 u. 299. III. Anwendung auf mehrfach gestützte Rahmen. Eisenbau 1917, S. 193. — h) Lewe, V.: Die mathematisch rechnerische Auflösung der allgemeinen sowie der drei- und fünfgliedrigen Elastizitätsgleichungen. Eisenbau 1916, S. 175. — i) Hertwig, A.: Einige besondere Klassen linearer Gleichungen und ihre Auflösung in der Statik der durchlaufenden Träger und der Rahmengebilde. Eisenbau 1917, S. 69. — k) Müller-Breslau, H.: Die graphische Statik Bd. II, Abt. I, S. 173. 5. Aufl. 1922.

V. Anwendungen der Theorie des statisch unbestimmten Tragwerkes.

a) Tragwerke mit einem überzähligen Glied.

64. Der Bogen mit zwei Gelenken und verwandte Bauarten.

Der Bogen mit festen Kämpfergelenken (Abb. 249) weist vier Stützkräfte auf, der Bogen mit Zugstab (Abb. 250) drei Stützkräfte aber einen überzähligen Stab. Für beide Bauarten kann der einfache Balken als statisch bestimmtes Hauptsystem gewählt werden. In dem Bogen mit Kämpfergelenken wird dazu die wagerechte Stütze in einem Kämpfer (z. B. in a) beseitigt, und die wagerechte Stützkraft als statisch unbestimmte Größe X_a eingeführt. Die positive Richtung zeigt die Abb. 249. Im Bogen mit Zugstab wird der Zugstab in irgend einem Punkte durchgeschnitten. Das Nächstliegende ist, die Spannkraft Z des Stabes als statisch unbestimmte Größe zu behandeln. Mit Rücksicht auf die Parallele zum Bogen mit Kämpfergelenken und die unten genannten verwandten Bauarten soll die wagerechte Seitenkraft $Z \cdot \cos\alpha = X_a$ als statisch unbestimmte Größe eingeführt werden. Um die Belastung der Schnittufer im statisch bestimmten Hauptsystem durch die Doppelkraft X_a zu ermöglichen, wird angenommen, daß beide Schnittufer in der Wagerechten geführt sind, so daß aus X_a die lotrechte Seitenkraft $X_a \cdot \operatorname{tg}\alpha$ in der Führung und die Spannkraft $Z = X_a \cdot \sec\alpha$ entsteht.

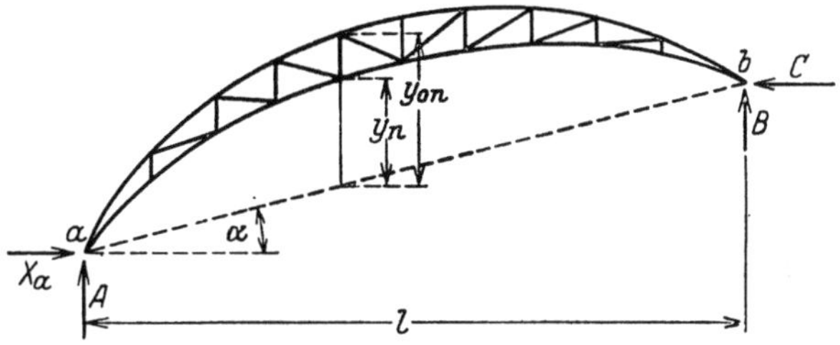

Abb. 249.

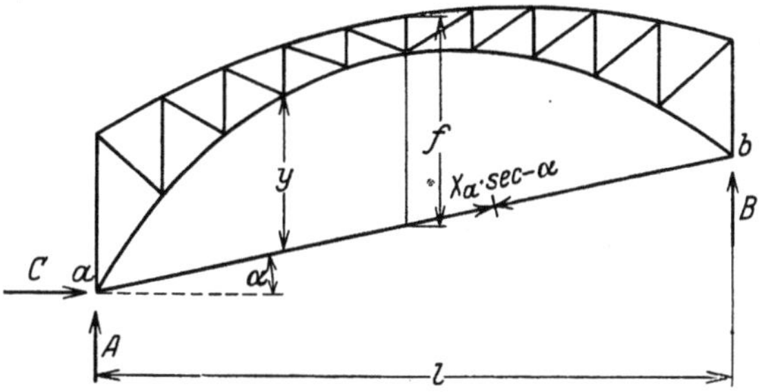

Abb. 250.

Als statisch bestimmtes Hauptsystem kann auch der Dreigelenkbogen verwendet werden, und in manchen Fällen ist diese Wahl vorzuziehen. Dazu wird der Untergurtstab in der Lotrechten durch den Scheitelknoten der Obergurtung durchgeschnitten. Trifft wie in Abb. 251 die Lotrechte einen Knotenpunkt der Untergurtung, so wird der Schnitt durch den Knotenpunkt geführt und der lotrechte Stab als zweiteiliger Stab aufgefaßt. Handelt es sich um einen vollwandigen Bogen, so wird ein Gelenk im Scheitel der Bogenachse eingeschaltet. In jedem Falle entstehen so zwei durch ein Gelenk verbundene Scheiben, in denen je eine Gerade durch die Schnittufer und das Gelenk oder durch die Endquerschnitte beiderseits des Gelenkes bestimmt ist. Als statisch unbestimmte Größe X_a wird das Moment der inneren Kräfte in den Schnittflächen um das Gelenk eingeführt. Die positive Richtung zeigt die Abb. 251. X_a wirkt im statisch bestimmten Hauptsystem als äußeres Doppelmoment auf die beiden Geraden.

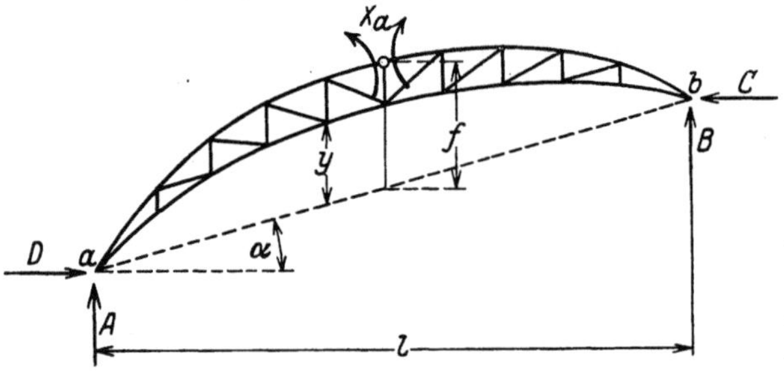

Abb. 251.

Den Wert der statisch unbestimmten Größe erhält man bei unverschieblichen Stützen in allen Fällen nach Gleichung IV (6) in

$$X_a = \frac{\delta_{a\,o}}{\delta_{a\,a}}. \tag{1}$$

Hierin bezeichnet, wenn das statisch bestimmte Hauptsystem ein einfacher Balken ist, im Bogen mit Kämpfergelenken:

δ_{ao} die wagerechte Verschiebung des Stützpunktes a in der Richtung $X_a = -1$, die durch Lasten oder Temperaturänderungen entsteht;

δ_{aa} dieselbe Verschiebung, die durch die Belastung $X_a = -1$ entsteht;

im Bogen mit Zugstab:

δ_{ao} die in die Wagerechte fallende gegenseitige Verschiebung der Schnittufer in der Richtung $X_a = -1$, die durch Lasten oder Temperaturänderungen erzeugt wird;

δ_{aa} dieselbe gegenseitige Verschiebung, erzeugt durch $X_a = -1$.

Ist das statisch bestimmte Hauptsystem ein Dreigelenkbogen, so ist für beide Bauarten:

δ_{ao} die gegenseitige Drehung der Angriffsgeraden der Momente X_a in der Richtung $X_a = -1$, die durch Lasten oder Temperaturänderungen entsteht;

δ_{aa} dieselbe gegenseitige Drehung, die durch die Belastung $X_a = -1$ entsteht.

Die Rechnung beginnt mit der Ermittlung der statischen Größen des Zustandes $X_a = -1$. Im statisch bestimmten Hauptsystem des einfachen Balkens entstehen die Stützkräfte

$$A_a = -\operatorname{tg}\alpha\,, \qquad B_a = +\operatorname{tg}\alpha\,, \qquad C_a = -1$$

im Falle des Bogens mit Kämpfergelenken, und $A_a = B_a = C_a = 0$ im Falle des Bogens mit Zugstab. Die Spannkräfte beider Bauarten, die allgemein S_a bezeichnet seien, sind

$$O_{n\,a} = -\frac{y_n}{h_n}\cdot\frac{o}{\lambda}, \qquad U_{n\,a} = +\left(\frac{y_n}{h_n}+1\right)\cdot\frac{u}{\lambda}, \qquad D_{n\,a} = \left(\frac{y_n}{h_n}-\frac{y_{n-1}}{h_{n-1}}\right)\frac{d_n}{\lambda}. \tag{2}$$

$$Z_a = -1\cdot\sec\alpha\,.$$

Im vollwandigen Bogen treten, wenn φ den Neigungswinkel des Stabelementes gegen die Wagerechte bezeichnet,

$$N_a = 1 \cdot \frac{\cos(\varphi - \alpha)}{\cos\alpha}, \qquad M_a = 1 \cdot y \tag{3}$$

und gegebenenfalls

$$Z_a = -1 \cdot \sec\alpha$$

auf. Im statisch bestimmten Hauptsystem des Dreigelenkbogens haben alle statische Größen des Zustandes $X_a = -1$ die mit $-\frac{1}{f}$ multiplizierten Werte der vorstehend angegebenen. Im Kämpfergelenk a der Bauart Abb. 249 tritt noch die wagerechte Stützkraft $\frac{1}{f}$ hinzu. Ist die Feldweite konstant, so werden zweckmäßig die λfachen Werte S_a berechnet. Es folgt die Berechnung des Nenners der Gleichung (1). Aus der Arbeitsgleichung für die angenommene Belastung $X_a = -1$ und den Formänderungszustand $X_a = -1$ erhält man

$$\left.\begin{aligned} \delta'_{aa} &= \sum S_a^2 \cdot s' \\ \text{oder} \quad \delta'_{aa} &= \int N_a^2 \cdot \frac{J_c}{F} ds + \int M_a^2 \frac{J_c}{J} ds + \left(Z_a^2 \cdot l_z \cdot \frac{J_c}{F_z}\right). \end{aligned}\right\} \tag{4}$$

Die $\sum$ der ersten Formel umfaßt alle Stäbe, also gegebenenfalls auch das Zugband. In der zweiten Formel tritt das eingeklammerte Glied nur für den Bogen mit Zugstab auf.

In der Berechnung des Zählers (δ'_{ao}) sind unveränderliche Lasten, veränderliche Lasten und Änderungen der Temperatur zu trennen. Aus unveränderlichen Lasten erhält man δ'_{ao} mit Hilfe der Arbeitsgleichung für die angenommene Belastung $X_a = -1$ und den durch die Lasten P erzeugten Formänderungszustand. Werden die statischen Größen des statisch bestimmten Hauptsystems durch den Zeiger 0 gekennzeichnet, so ist

$$\delta'_{ao} = \left\{\begin{aligned} &\sum S_a \cdot S_o \cdot s' \\ &\int N_a \cdot N_o \cdot \frac{J_c}{F} ds + \int M_a \cdot M_o \cdot \frac{J_c}{J} ds + \left(Z_a \cdot Z_o \cdot l_z \cdot \frac{J_c}{F_z}\right). \end{aligned}\right\} \tag{5}$$

Im statisch bestimmten Hauptsystem des einfachen Balkens ist $Z_o = 0$, die Glieder der rechten Seite erfassen nur den Bogen. Der Einfluß der Normalkräfte kann immer vernachlässigt werden. Ist der Dreigelenkbogen das statisch bestimmte Hauptsystem, so werden die Spannkräfte Normalkräfte und Momente desselben zweckmäßig durch die gleichartigen statischen Größen des einfachen Balkens und den Horizontalschub H_o ausgedrückt, also durch

$$S_o + S_a \cdot H_o \cdot f, \qquad N_o + N_a \cdot H_o \cdot f, \qquad M_o + M_a H_o \cdot f,$$

wenn S_a, N_a, M_a die aus dem Moment $X_a = -1$ entstehenden Werte sind. Man erhält so

$$\delta'_{ao} = \left\{ \begin{array}{l} \sum S_a \cdot S_o \cdot s' + H_o \cdot f \cdot \delta'_{aa} \\ \int N_a \cdot N_o \cdot \frac{J_c}{F} ds + \int M_a \cdot M_o \cdot \frac{J_c}{J} ds + H_o \cdot f \cdot \delta'_{aa}, \end{array} \right\} \qquad (6)$$

Die Auswertung der Formeln (4), (5), (6) ist nach den in III, Nr. 48 und 49 gegebenen Anweisungen durchzuführen.

Handelt es sich um die Untersuchung mehrerer bestimmter Belastungsfälle, so wird zweckmäßig der einfache Balken als statisch bestimmtes Hauptsystem gewählt und von den Sätzen über die elastischen Gewichte (S. 251) Gebrauch gemacht. Nach dem ersten Satze ist im Bogen mit Kämpfergelenken die Verschiebung $\varDelta\, a\, b$ des Punktes a gegen b, die durch Lasten entsteht, gleich dem statischen Moment der $M_o$fachen elastischen Gewichte in bezug auf $a\,b$

$$\varDelta\, a b = \sum M_o \cdot g \cdot y \cdot \cos\alpha\,.$$

Da nach Gleichung I (1)

$$\delta_{ao} = \varDelta\, a b \cdot \sec\alpha$$

ist, ergibt sich

$$\delta'_{ao} = \left\{ \begin{array}{l} \sum M_o \cdot g' \cdot y\,, \\ \int M_o \cdot d g' \cdot y\,. \end{array} \right.$$

Nach dem dritten Satze ist dieselbe Verschiebung $\varDelta a b$, die durch $X_a = -1$, das ist die Doppelkraft $-1 \cdot \sec\alpha$ in der Kraftlinie $a\,b$ erzeugt wird, gleich dem Produkt aus $1 \cdot \sec\alpha$ und dem Trägheitsmoment der elastischen Gewichte in bezug auf $a\,b$.

$$\varDelta\, a b = \sec\alpha \sum g \cdot y^2 \cdot \cos^2\alpha\,,$$

also

$$\delta'_{aa} = \varDelta\, a b \cdot \sec\alpha = \left\{ \begin{array}{l} \sum g' \cdot y^2\,, \\ \int d g' \cdot y^2\,. \end{array} \right.$$

Mithin kann X_a durch die Formel

$$\boldsymbol{X_a = \frac{\mathfrak{S}_o}{T}} \qquad (7)$$

ausgedrückt werden, in der

$$\mathfrak{S}_o = \left\{ \begin{array}{l} \sum M_o \cdot g' \cdot y \\ \int M_o \cdot d g' \cdot y \end{array} \right., \qquad T = \left\{ \begin{array}{l} \sum g' \cdot y^2 \\ \int d g' \cdot y^2 \end{array} \right.$$

ist. Um die Formel für den Bogen mit Zugstab zu verwenden, ist zu T noch $l_z \cdot \frac{F_c}{F_z} \sec^2\alpha$ bzw. $l_z \cdot \frac{J_c}{F_z} \sec^2\alpha$ hinzuzufügen. Für den vollwandigen Bogen gelangt man so nur zu der oben auf anderem Wege abgeleiteten Berechnung. Beim Fachwerkbogen bietet die Formel (7) aber den Vorteil, daß die Produkte $g' \cdot y$ nur einmal berechnet werden müssen und für die verschiedenen Belastungsfälle weiter die Momente M_o und nicht die Spannkräfte S_o benötigt werden.

Veränderliche parallele Lasten. Die Einflußlinie für δ_{ao} ist nach Nr. 50, S. 247 die Biegungslinie des statisch bestimmten Hauptsystems, die durch die Belastung $X_a = -1$ erzeugt wird. Nach Gleichung (1) erhält man demnach die Ordinate der Einflußlinie für X_a in der durch δ_{aa} geteilten Ordinate der bezeichneten Biegungslinie

$$\eta_a = \frac{\delta_{ma}}{\delta_{aa}} = \frac{\delta'_{ma}}{\delta'_{aa}}. \tag{8}$$

Die Ordinate der Biegungslinie δ'_{ma}, infolge $X_a = -1$ ist nach dem in Nr. 56 für das Fachwerk und das Stabwerk dargestellten Verfahren als Moment der w'-Gewichte des einfachen Balkens zu berechnen. Die dort unter a) und b) angegebene Rechnungsweise trifft bei Wahl des einfachen Balkens als statisch bestimmtes Hauptsystem zu. Die Ordinaten der Einflußlinie sind in allen Punkten positiv. Unter c) ist die Berechnung der Biegungslinie des vollwandigen Dreigelenkbogens gezeigt, der im Scheitel durch ein Doppelmoment $+1$ belastet ist. Aus $X_a = -1$ ergeben sich demnach in den Lastknoten zwischen den Kämpfern und dem Scheitelgelenk negative w'-Gewichte und nur im Scheitelgelenk der positive Wert

$$w'_g = +\delta'_{aa} + w''_g, \tag{9}$$

wenn w''_g der ebenfalls negative Wert des w'-Gewichtes in g für den Fall des gelenklosen Bogens ist

$$w''_g = \int_{g-1}^{g+1} M_a \cdot \overline{M} \frac{J_c}{J} ds.$$

Aus der gegebenen Herleitung ist ersichtlich, daß die Formel (9) auch für das Fachwerk gültig ist, für welches

$$w''_g = \sum_{g-1}^{g+1} S_a \cdot \overline{S} \cdot s'$$

zu berechnen ist. Die Einflußlinie besteht aus zwei nach der positiven Seite konkaven Ästen, die in g einen scharfen Knick mit positiver Ordinate bilden. Bei konstanter Feldweite berechnet man am besten in allen Fällen die Werte $Mw' : \lambda$ durch zwei Additionsreihen und erhält

$$\eta_a = \frac{Mw'}{\lambda} : \frac{\delta'_{aa}}{\lambda}.$$

Ist der Wert der statisch unbestimmten Größe gefunden, so sind alle übrigen statischen Größen aus der Gleichung IV (7)

$$Z = Z_0 - Z_a \cdot X_a \tag{10}$$

zu berechnen. Die Ordinate η_z der Einflußlinie für Z erhält man demnach in

$$\eta_z = \eta_0 - Z_a \cdot \eta_a.$$

Zur Auftragung wird zweckmäßiger die Form

$$\eta_z = (Z_a)\left[\frac{\eta_0}{(Z_a)} \pm \eta_a\right] \tag{11}$$

verwendet, in der (Z_a) den absoluten Wert bezeichnet. Man zeichnet die $\frac{\eta_0}{(Z_a)}$-Linie und trägt die η_a unter Berücksichtigung des Vorzeichens von den Endpunkten der Ordinaten dieser Linie ab. So erhält man eine wagerechte Nullinie, was für die Auswertung vorteilhaft ist. Der Multiplikator der Einflußlinie ist $\mu = (Z_a)$.

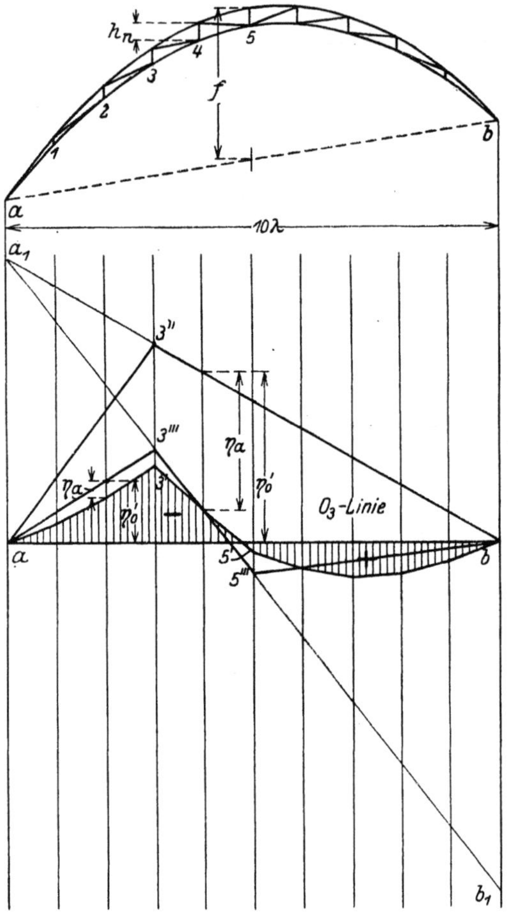

Abb. 252.

Abb. 252 zeigt die Einflußlinie für die Spannkraft O_3 des dargestellten Sichelbogens. Bei dieser Bogenform kann in den w'-Gewichten und δ'_{aa} der Einfluß der Diagonalen vernachlässigt werden, da die Spannkräfte D_a klein sind. Ist X_a die wagerechte Stützkraft, so ergibt sich infolge

$$O_a = -\frac{y_3}{h_3} \cdot \frac{o_3}{\lambda},$$

$$\eta = (O_a)\left[\frac{\eta_o}{(O_a)} + \eta_a\right].$$

In der O_o-Linie ist

$$a a_1 = -\frac{x_3}{h_3} \frac{o_3}{\lambda},$$

mithin ist hier $a a_1 = -\frac{x_3}{y_3}$ aufzutragen, $a_1 b$ über $3''$ und $a\,3''$ zu ziehen. $a\,3''\,b$ ist die $\frac{O_o}{(O_a)}$-Linie, deren Ordinaten η_o' negativ sind. Von dem Geradenzug $a\,3''\,b$ sind die positiven Ordinaten η_a, wie $3''\,3'$ zeigt, abzutragen. So entsteht die schraffierte O-Fläche mit dem Multiplikator $\mu = \frac{y_3}{h_3} \frac{o}{\lambda}$. Ist der Dreigelenkbogen als statisch bestimmtes Hauptsystem gewählt, so ist

$$O_a = \frac{y_3}{f \cdot h_3} \frac{o_3}{\lambda},$$

$$\eta = (O_a)\left[\frac{\eta_o}{(O_a)} - \eta_a\right].$$

In der O_o-Linie des Dreigelenkbogens ist $a a_1 = -\frac{x_3}{h_3} \frac{o_3}{\lambda}$ und $b b_1 = +\frac{l \cdot y_3}{2 f \cdot h_3} \frac{o_3}{\lambda}$. Mithin ist hier $a a_1 = -\frac{x_3}{y_3} f$, $b b_1 = +\frac{1}{2} l$ aufzutragen, $a_1\,b_1$ über $3'''$ und $5'''$, weiter $a\,3'''$, $b\,5'''$ zu ziehen. $a\,3'''\,5'''\,b$ ist die $\frac{O_0}{(O_a)}$-Linie. Zur Darstellung in Abb. 252 ist der Maßstab $1 = f$ gewählt, um dieselbe O-Linie zu erhalten, die aus dem statisch bestimmten Hauptsystem des einfachen Balkens abgeleitet ist. Von den Ordinaten η_0' der $\frac{O_0}{(O_a)}$-Linie sind die η_a abzuziehen, wie $5'''\,5'$ und $3'''\,3'$ zeigt. η_a ist positiv in 5, in 4 und 6 nahezu gleich Null, in allen anderen Punkten negativ.

In Abb. 253 ist die Einflußlinie für die Spannkraft D_3 des dargestellten Zwickelbogens gezeichnet. Bei dieser Bauart dürfen die Schrägstäbe in den w'-Gewichten und in δ_{aa}' im allgemeinen nicht vernachlässigt werden. Der Einfluß auf die wagerechte Stützkraft ist allerdings verhältnismäßig gering. Dagegen ist er auf das Moment im Scheitel und die Spannkräfte in den mittleren Stäben der Untergurtung nicht unerheblich, da diese die Differenz zweier Größen bilden, von denen eine fehlerfrei ist. Die Schätzung der Verhältniszahlen $\frac{F_c}{F}$ wird am besten den Spannkräften des Dreigelenkbogens angepaßt, dessen Scheitelgelenk im mittleren Obergurtknoten liegt. Als statisch unbestimmte Größe X_a wird das Moment um diesen Knotenpunkt (5 der Obergurtung) gewählt.

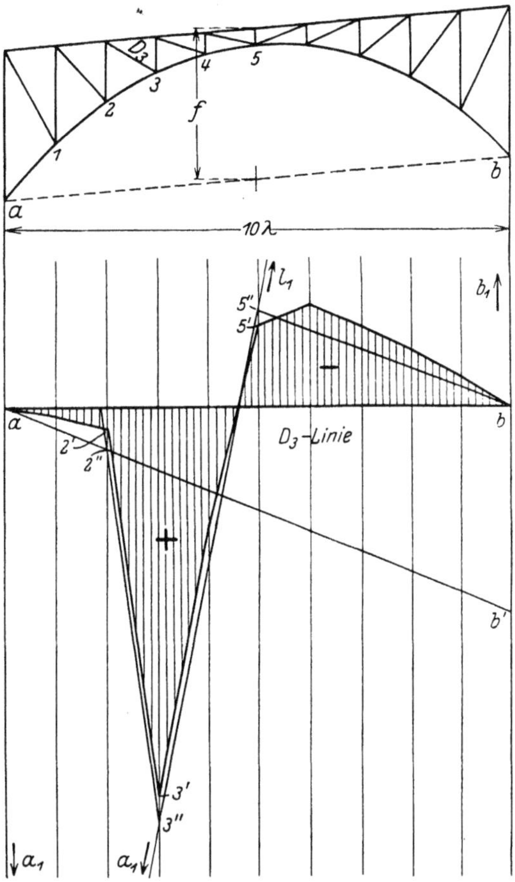

Abb. 253.

Infolge

$$D_a = -\frac{1}{f}\left(\frac{y_3}{h_3} - \frac{y_2}{h_2}\right)\frac{d_3}{\lambda}$$

ist die Ordinate der Einflußlinie

$$\eta = (D_a)\left[\frac{\eta_0}{(D_a)} + \eta_a\right].$$

In der D_o-Linie des Dreigelenkbogens ist $a a_1 = D_3'$, $b b_1 = -\frac{l}{2}(D_a)$, $b_1 b' = D_3''$. Mithin ist hier

$$a a_1 = \frac{D_3'}{(D_a)} = f \frac{\frac{3\lambda}{h_3} - \frac{2\lambda}{h_2}}{\frac{y_3}{h_3} - \frac{y_2}{h_2}}, \qquad b b_1 = -\frac{1}{2} l,$$

$$b b' = -\frac{1}{2} l + f \frac{\frac{7\lambda}{h_3} - \frac{8\lambda}{h_2}}{\frac{y_3}{h_3} - \frac{y_2}{h_2}}$$

aufzutragen, sodann $a_1 b_1$ über $3''$ und $5''$, $a b'$ über $2''$ und $2'' 3''$, $5'' b$ zu ziehen. $a 2'' 3'' 5'' b$ ist die $\frac{D_o}{(D_a)}$-Linie. Von den Endpunkten ihrer Ordinaten sind $5'' 5'$ positiv, alle anderen η_a, wie $3'' 3'$, negativ abzutragen. So ergibt sich die schraffierte D_3-Linie, deren Multiplikator $\mu = (D_a)$ ist. Wie die Beispiele zeigen, lassen sich die Einflußlinien der Spannkräfte aus den $\frac{S_o}{(S_a)}$-Linien beider statisch bestimmten Hauptsysteme in gleich einfacher Weise ableiten.

Änderungen der Temperatur. Aus der Arbeitsgleichung für die angenommene Belastung $X_a = -1$ erhält man

$$\delta_{ao} = \left\{ \begin{array}{l} \varepsilon \sum S_a \cdot t \cdot s, \\ \varepsilon \int N_a \cdot t_o \cdot ds + \varepsilon \int M_a \cdot \frac{\Delta t}{h} ds + (\varepsilon \cdot Z_a \cdot t \cdot l_z) \end{array} \right\}. \tag{12}$$

Erfahren alle Teile des Systems dieselbe Änderung t, so ist nach Gleichung IV (20) für den Bogen mit Kämpfergelenken und das statisch bestimmte Hauptsystem des einfachen Balkens

$$\delta_{ao} = \left\{ \begin{array}{l} \varepsilon t \sum S_a s \\ \varepsilon t \int N_a ds \end{array} \right\} = \varepsilon \cdot t \cdot l \cdot \sec^2 \alpha,$$

also der Stützdruck

$$X_a = \varepsilon t \frac{l \sec^2 \alpha}{\delta_{aa}}.$$

Bildet der Dreigelenkbogen das statisch bestimmte Hauptsystem so ist

$$\delta_{ao} = -\varepsilon \cdot t \frac{l}{f} \sec^2 \alpha,$$

also das Moment

$$X_a = -\varepsilon \cdot t \frac{l \sec^2 \alpha}{f \cdot \delta_{aa}}.$$

Der Wert δ_{aa} des ersten Systems ist $= f^2 \cdot \delta_{aa}$ des zweiten.

Für den Bogen mit Zugstab ist in beiden statisch bestimmten Hauptsystemen

$$\delta_{ao} = 0, \qquad X_a = 0,$$

da im Zustand $X_a = -1$ keine Stützkräfte auftreten.

Hat t in den verschiedenen Gliedern verschiedene Werte, so müssen die Formeln (12) ausgewertet werden. Im Bogen mit Zugstab trete eine Änderung t_2 in allen Teilen des Bogens, t_1 im Zugstab ein. Für das statisch bestimmte Hauptsystem des einfachen Balkens gilt dann

$$\sum t \cdot S_a \cdot s = t_2 \sum S_a \cdot s - (t_1 - t_2)\, l_z \cdot \sec\alpha$$
$$= (t_2 - t_1)\, l_z \sec\alpha\,.$$

Im Zugstab entsteht die Spannkraft

$$X_a = \varepsilon \frac{(t_2 - t_1)\, l_z \sec\alpha}{\delta_{aa}}\,.$$

Für das statisch bestimmte Hauptsystem des Dreigelenkbogens ist

$$\sum t \cdot S_a \cdot s = \frac{1}{f}(t_1 - t_2)\, l_z \sec\alpha\,,$$

also ist das Moment im Scheitel

$$X_a = \varepsilon \frac{(t_1 - t_2)\, l_z \sec\alpha}{f \cdot \delta_{aa}}\,.$$

Im vollwandigen Bogen mit Zugstab sei t_2 die Änderung in der Bogenachse, $\varDelta t = t_u - t_o$ die Differenz der Änderungen an der inneren und der äußeren Kante, t_1 im Zugstab. Im statisch bestimmten Hauptsystem des einfachen Balkens ist

$$\delta_{ao} = \varepsilon\, (t_2 - t_1)\, l_z \sec\alpha + \varepsilon \frac{\varDelta t}{h} \int y \cdot ds\,,$$

in dem des Dreigelenkbogens

$$\delta_{ao} = \frac{1}{f}\, \varepsilon\, (t_1 - t_2)\, l_z \sec\alpha - \varepsilon \frac{\varDelta t}{h} \frac{1}{f} \int y\, ds\,.$$

Verschiebungen der Stützpunkte um δ_a' und δ_b' lotrecht nach unten, δ_a'' und δ_b'' wagerecht nach außen ergeben am einfachen Balken die Arbeit

$$L_a = (\delta_a' - \delta_b')\, \mathrm{tg}\,\alpha + \delta_a'' + \delta_b''\,,$$

am Dreigelenkbogen

$$L_a = -\frac{1}{f}(\delta_a' - \delta_b')\, \mathrm{tg}\,\alpha - \frac{1}{f}(\delta_a'' + \delta_b'')$$

und nach Gleichung IV (6) den Stützdruck bzw. das Moment

$$X_a = -\frac{L_a}{\delta_{aa}}\,.$$

Für den Bogen mit Zugband ist $L_a = 0$, also $X_a = 0$. Verschiebungen der Stützen erzeugen keine Spannungen.

Dem Bogen mit zwei Gelenken verwandte Bauarten sind die Kette und der Stabbogen, die durch einen Balken auf zwei lotrechten Stützen versteift sind. In beiden Fällen wird das statisch bestimmte Hauptsystem zweckmäßig durch ein Gelenk im Versteifungsbalken gebildet, wodurch die in Abb. 20 und 22 dargestellten Tragwerke entstehen.

Für das Moment X_a um das Gelenk gilt die Formel (1), deren Berechnung genau den oben eingeschlagenen Wegen folgt. Das trifft weiter auch für die Ermittlung aller anderen statischen Größen insonderheit die Darstellung der Einflußlinien zu. Die Verhältniszahlen $\frac{F_c}{F}$ wählt man zweckmäßig in Anlehnung an die absolut größten Spannkräfte des statisch bestimmten Hauptsystems, wobei natürlich der Tatsache Rechnung zu tragen ist, daß die Querschnitte der Stäbe den Erfordernissen der konstruktiven Durchbildung angepaßt werden müssen. Dies Verfahren ist auch beim Bogen mit zwei Gelenken empfehlenswert, wenn die Verhältniszahlen nicht aus bereits durchgerechneten Beispielen entnommen werden können. Es führt dann von selbst auf den Dreigelenkbogen als statisch bestimmtes Hauptsystem. Ein Vorteil dieser Wahl liegt auch darin, daß aus dem Materialbedarf des Dreigelenkbogens zutreffender auf den des statisch unbestimmten Tragwerkes geschlossen werden kann als aus dem Balken auf zwei lotrechten Stützen.

65. Der biegungsfeste Stabzug mit zwei festen Stützpunkten.

a) Der Portralrahmen (Abb. 254). Zur Orientierung der Momente wird der Augenpunkt im Innern des Rahmens gewählt. Das statisch bestimmte Hauptsystem wird durch Beseitigung der wagerechten Stütze in Punkt a gebildet, und als statisch unbestimmte Größe der wagerechte Stützdruck X_a eingeführt. Durch $X_a = -1$ entstehen mit den aus der Abbildung ersichtlichen Bezeichnungen die Stützdrücke

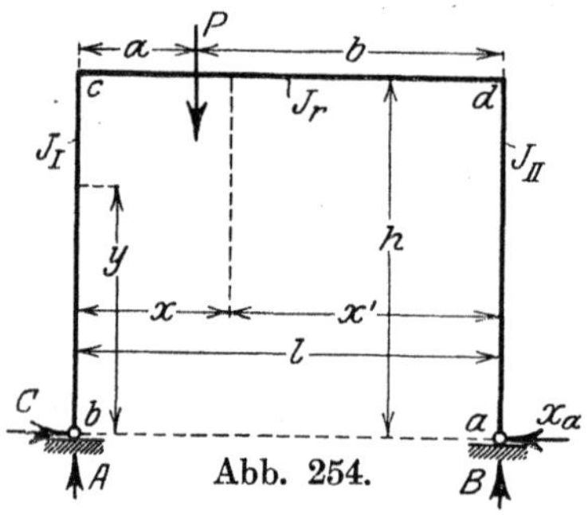

Abb. 254.

$$A_a = 0, \quad B_a = 0, \quad C_a = -1,$$

die Normalkräfte in den Pfosten: $N_a = 0$,

im Riegel: $N_a = +1$;

die Momente in den Pfosten: $M_a = +y$,

im Riegel: $M_a = +h$.

Die statischen Größen des statisch unbestimmten Systems sind demnach die Stützkräfte:

$$A = A_0, \qquad B = B_0, \qquad C = C_0 + X_a, \qquad X_a,$$

die Normalkräfte im linken Pfosten: $N = -A_0$,

im rechten Pfosten: $N = -B_0$,

im Riegel: $N = N_0 - X_a$;

die Momente in den Pfosten: $M = M_0 - X_a \cdot y$,

im Riegel: $M = M_0 - X_a \cdot h$.

Aus Gleichung IV (6) folgt:

$$X_a = \frac{\delta_{a0} - L_a}{\delta_{aa}},$$

oder mit den Bezeichnungen

$$\delta'_{a0} = E J_c \cdot \delta_{a0}, \qquad \delta'_{aa} = E J_c \cdot \delta_{aa},$$

$$X_a = \frac{\delta'_{a0} - E \cdot J_c \cdot L_a}{\delta'_{aa}}. \tag{13}$$

Hierin ist δ_{a0} die wagerechte Verschiebung des Stützpunktes a (= der Längenänderung der Sehne $b-a$) des statisch bestimmten Hauptsystems, die durch die gegebenen Lasten oder Änderungen der Temperatur entsteht, δ_{aa} dieselbe Formänderung infolge der Belastung durch $X_a = -1$.

Nach dem Satz über die elastischen Gewichte ist δ'_{aa} das Trägheitsmoment der elastischen Gewichte $ds' = \frac{J_c}{J} \cdot ds$ in bezug auf die Achse $a-b$, welches T bezeichnet sei,

$$\delta'_{aa} = T = \int y^2 \cdot ds'. \tag{14}$$

Mit den Bezeichnungen

$$h'_I = h\frac{J_c}{J_I}, \qquad h'_{II} = h\frac{J_c}{J_{II}}, \qquad \lambda' = \lambda\frac{J_c}{J_r}, \qquad \sum \lambda = l,$$

also λ = der Länge der Riegelstrecke von konstantem J_r ergibt sich

$$T = [\tfrac{1}{3}(h'_I + h'_{II}) + \sum \lambda'] h^2.$$

Ist J_r für den ganzen Riegel konstant, und $J_I = J_{II}$, so ist

$$T = \left(\frac{2}{3} h' + l'\right) h^2. \tag{15}$$

Bei Berechnung des Zählers müssen die verschiedenartigen Ursachen gesondert behandelt werden.

Belastung des Riegels durch lotrechte Lasten P ohne Temperaturänderungen und Stützenverschiebungen:

$$A_0 = \sum \frac{P \cdot b}{l}, \qquad B_0 = \sum \frac{P \cdot a}{l}, \qquad M_{x0} = \frac{x'}{l} \sum P_l \cdot a + \frac{x}{l} \sum P_r \cdot b,$$

P_l die Lasten links, P_r die Lasten rechts von x. Nach dem Satz über die elastischen Gewichte ist δ'_{a0} gleich dem statischen Moment der M_0fachen elastischen Gewichte ds' in bezug auf die Sehne $a-b$:

$$\delta'_{a0} = h \int_0^l M_{x0}\, dx' = \mathfrak{S}_0.$$

Also ergibt sich

$$X_a = \frac{\mathfrak{S}_0}{T} = \frac{F'_0 \cdot h}{T}. \tag{16}$$

F'_0 ist der Inhalt der verzerrten M_0-Fläche. Eine Einzellast ergibt bei konstantem J_r

$$F'_0 = P\frac{a \cdot b}{2l} \cdot l',$$

also entsteht durch alle Lasten

$$X_a = \frac{l'}{2lh(\frac{2}{3}h' + l')}\sum P \cdot a \cdot b. \qquad (17)$$

Demnach ist die Einflußlinie eine Parabel.

Nunmehr können die Momente für alle Punkte des Rahmens angegeben werden. In den Pfosten entsteht

$$M = -X_a \cdot y,$$

in den Punkten c und d

$$M = -X_a \cdot h = -\frac{F'_0}{\frac{2}{3}h' + l'}.$$

Danach ist die M-Fläche für jeden Pfosten ein Dreieck mit der Höhe $-X_a h$ in den oberen Eckpunkten, für den Riegel das mit der Polweite 1 zu den Lasten gezeichnete Seileck mit den Endordinaten $-X_a \cdot h$. Aus $\delta'_a = 0$ folgt nach dem Satz über die elastischen Gewichte

$$\mathfrak{S} = \int M \cdot y \cdot ds' = 0. \qquad (18)$$

Das statische Moment der Mfachen elastischen Gewichte in bezug auf die Sehne a—b ist $= 0$.

Wagerechte Last W am linken Pfosten in Höhe h_1 angreifend.

$$A_0 = -\frac{W \cdot h_1}{l}, \qquad B_0 = \frac{W \cdot h_1}{l}, \qquad C_0 = -W.$$

Die Momente M_0 sind im linken Pfosten:

$$y \leqq h_1, \qquad M_0 = +W \cdot y,$$
$$y \geqq h_1, \qquad M_0 = +W \cdot h_1,$$

im rechten Pfosten: $\quad M_0 = 0,$

im Riegel: $\quad M_0 = \frac{W \cdot h_1}{l} \cdot x'.$

Abb. 255 zeigt die M_0-Fläche.

$$\delta'_{a0} = \mathfrak{S}_0 = \int M_0 \cdot y \cdot ds',$$
$$\mathfrak{S}_0 = W \cdot h_1[\tfrac{1}{2}l' \cdot h + \tfrac{1}{2}h' \cdot h - \tfrac{1}{6}h'_1 \cdot h_1],$$
$$X_a = W \cdot \frac{h_1}{h}\left[\frac{1}{2} + \frac{h \cdot h' - h_1 \cdot h'_1}{(4h' + 6l')h}\right]. \qquad (19)$$

Nunmehr können die Momente M angegeben werden. Es ist im linken Pfosten:

$$y \leqq h_1 : M = (W - X_a)\,y,$$

im rechten Pfosten: $\quad M = -X_a \cdot y,$

im Eckpunkt c: $\quad M = \left(W - X_a\frac{h}{h_1}\right)h_1,$

im Eckpunkt d: $\quad M = -X_a \cdot h.$

Abb. 256 zeigt die M-Fläche. Auch für sie gilt infolge $\delta'_a = 0$

$$\mathfrak{S} = \int M \cdot y \cdot ds' = 0 .$$

Greift die Last in Höhe des Riegels an, so wird

$$C = -\tfrac{1}{2} W ,$$

$$X_a = \tfrac{1}{2} W ,$$

das Moment im Eckpunkt c: $M = +\tfrac{1}{2} W \cdot h,$

und im Eckpunkt d: $M = -\tfrac{1}{2} W \cdot h,$

also in Riegelmitte: $M = 0 .$

Die Temperatur ändere sich in den äußersten Punkten der Pfostenquerschnitte um t'_1, in den innersten Punkten um t''_1, in den äußersten

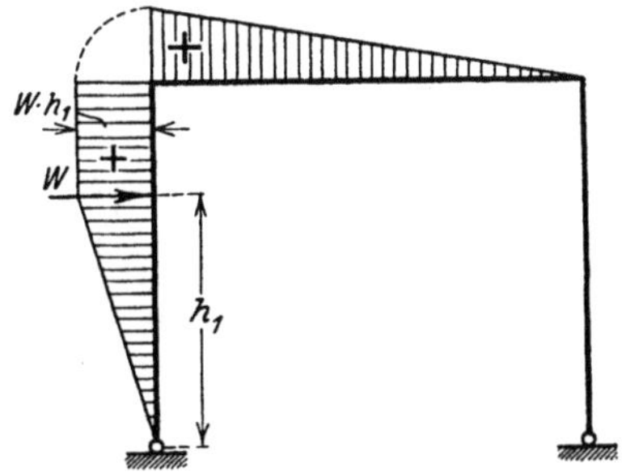

Abb. 255.

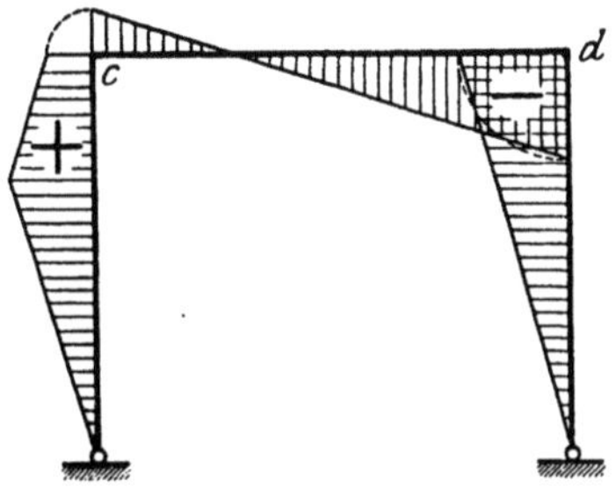

Abb. 256.

Punkten der Riegelquerschnitte um t'_0 in den innersten Punkten um t''_0. Ferner seien a_1 und a_0 die Höhen der Pfosten- bzw. Riegelquerschnitte F_1 und F_0, und es bezeichnen

$$\Delta t_1 = t'_1 - t''_1 , \qquad t_1 = \tfrac{1}{2}(t'_1 + t''_1) ,$$

$$\Delta t_0 = t'_0 - t''_0 , \qquad t_0 = \tfrac{1}{2}(t'_0 + t''_0) .$$

$\delta_{ao} = \delta_{at}$ ergibt sich aus der Arbeitsgleichung für die Belastung $X_a = -1$ und den Formänderungszustand des statisch bestimmten Hauptsystems infolge der angegebenen Temperaturänderungen.

$$\delta_{at} = \varepsilon \int t \cdot N_a \cdot ds - \varepsilon \int \frac{\Delta t}{a} \cdot M_a \cdot ds ,$$

$$\delta_{at} = \varepsilon t_0 \cdot l - 2\varepsilon \frac{\Delta t_1}{a_1} \int_0^h y \cdot dy - \varepsilon \frac{\Delta t_0}{a_0} \cdot h \int_0^l dx ,$$

$$\delta'_{at} = \varepsilon \cdot E J_c \left[t_0 \cdot l - \frac{\Delta t_1}{a_1} h^2 - \frac{\Delta t_0}{a_0} h \cdot l \right] ,$$

$$X_a = \frac{\delta'_{at}}{T} . \tag{20}$$

Stützenverschiebungen. Da $A_a = 0$, $B_a = 0$ ist, sind lotrechte Verschiebungen der Stützpunkte ohne Einfluß auf L_a. In der Wagerechten mögen sich die Stützpunkte so verschieben, daß die relative Verschiebung Δl von a gegen b entsteht. Dann ist

$$L_a = 1 \cdot \Delta l\,,$$

mithin

$$X_a = -\frac{E J_c \cdot \Delta l}{T}. \tag{21}$$

b) Der vieleckige Stabzug der Abb. 257 ist in den Punkten a und b in Gelenken gelagert. Die statische Anordnung des Systems ist von der Art des behandelten Portalrahmens. Das statisch bestimmte Hauptsystem wird durch Beseitigung der wagerechten Stütze in a gebildet, und als statisch unbestimmte Größe die wagerechte Stützkraft X_a eingeführt. Infolge $X_a = -1$ entsteht mit den aus der Abbildung ersichtlichen Bezeichnungen

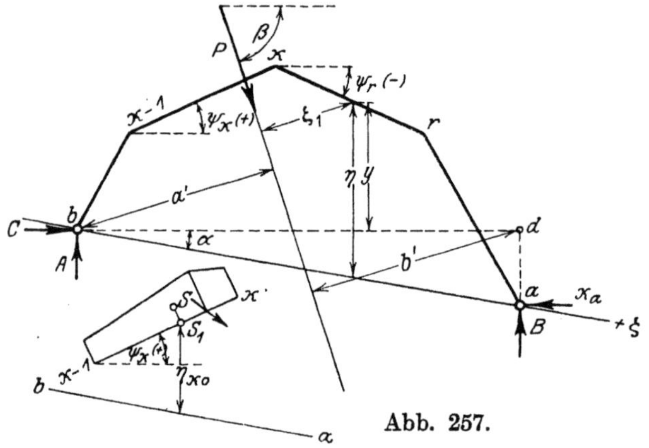

Abb. 257.

Abb. 257 a.

$$A_a = 1 \cdot \operatorname{tg}\alpha\,, \qquad B_a = -1 \operatorname{tg}\alpha\,, \qquad C_a = -1\,,$$
$$M_a = 1 \cdot \eta\,, \qquad N_a = 1 \cos\psi_k - 1 \cdot \operatorname{tg}\alpha \cdot \sin\psi_k\,.$$

Die statischen Größen des statisch unbestimmten Systems sind

$$A = A_0 - X_a \operatorname{tg}\alpha\,, \qquad B = B_0 + X_a \cdot \operatorname{tg}\alpha\,, \qquad C = C_0 + X_a\,,\ X_a\,,$$
$$M = M_0 - X_a \cdot \eta\,, \qquad N = N_0 - X_a(\cos\psi_k - \operatorname{tg}\alpha \cdot \sin\psi_k)\,.$$

Aus der Gleichung IV (6) ergibt sich

$$X_a = \frac{\delta'_{a0} - E J_c \cdot L_a}{\delta'_{aa}}.$$

Die Wege der statisch unbestimmten Größe δ'_{aa} und δ'_{a0} werden mit Hilfe der Arbeitsgleichung berechnet. Als Belastungszustand ist also $X_a = -1$ einzuführen. Der Einfluß der Normalkräfte soll vernachlässigt werden, was meist zulässig ist. So ergibt sich

$$\delta'_{aa} = \int \eta^2 ds' = T\,.$$

T bezeichnet danach das Trägheitsmoment der elastischen Gewichte ds' in bezug auf die Achse a—b in dem schiefwinkligen Koordinatensystem ζ, η. Sind η_{k-1} und η_k die Ordinaten der beiden Eckpunkte des Stabes k und s_k seine Länge, so ergibt sich

$$T = \tfrac{1}{3} \sum [\eta_{k-1}^2 + \eta_{k-1} \cdot \eta_k + \eta_k^2] \cdot s'_k . \tag{22}$$

Der Stabzug sei durch Lasten verschiedener Richtung belastet. Der Abstand jeder Last vom Stützpunkt b sei a', vom Schnittpunkt d der Lotrechten durch a mit der Wagerechten durch $b : b'$ und vom Punkte x, y der Stabachse ζ. Dann ist

$$A_0 = \sum \frac{P \cdot b'}{l}, \qquad B_0 = \sum \frac{P \cdot a'}{l}, \qquad C = -\sum P \cdot \cos\beta ,$$

$$N_0 = -A_0 \sin\psi_k - C_0 \cos\psi_k - \sum P_l \cdot \cos(\beta + \psi_k) ,$$

$$M_0 = A_0 \cdot x - C_0 \cdot y - \sum P_l \cdot \zeta .$$

P_l sind die Kräfte, die links vom Punkte x, y angreifen. Aus der Arbeitsgleichung für $X_a = -1$ ergibt sich nun unter Vernachlässigung der Normalkräfte

$$\delta'_{a\,0} = \int M_0 \cdot \eta \cdot d s' = \mathfrak{S}_0 \tag{23}$$

dem statischen Moment der M_0fachen elastischen Gewichte in bezug auf die Achse a—b in dem Koordinatensystem ζ, η. Da η in den Eckpunkten unstetig ist, wird das Integral in Teilintegrale zerlegt.

$$\mathfrak{S}_0 = \sum \int_{\eta_{k-1}}^{\eta_k} M_0 \cdot \eta \cdot d s' .$$

Es bezeichne η_{k0} die Ordinate des Schwerpunktes der M_0fachen elastischen Gewichte ds' des Stabes k, und es werde gesetzt

$$\eta = \eta_{k0} + \eta' ,$$

dann ist

$$\int_{\eta_{k-1}}^{\eta_k} M_0 \cdot \eta \cdot d s' = \eta_{k0} \int_{\eta_{k-1}}^{\eta_k} M_0 \cdot d s' ,$$

da

$$\int_{\eta_{k-1}}^{\eta_k} M_0 \cdot \eta' d s' = 0 ,$$

ist. Ferner ist

$$\int_{\eta_{k-1}}^{\eta_k} M_0 \cdot d s' = F'_{k0} ,$$

dem Inhalt der verzerrten M_0-Fläche des Stabes k. Mithin ergibt sich

$$X_a = \frac{\mathfrak{S}_0}{T} = \frac{\sum F'_{k0} \cdot \eta_{k0}}{T} . \tag{24}$$

Der Zähler wird zweckmäßig graphisch bestimmt. Es werden die Momente M_0 für alle Eckpunkte des Stabzuges und für alle Angriffspunkte der Lasten ermittelt, sodann die Werte $M_0 \cdot \frac{J_c}{J}$ in jedem Punkte rechtwinklig zur Stabachse aufgetragen. So erhält man für jeden Stab ein Polygon, welches die verzerrte Momentenfläche darstellt. Schließlich wird der Inhalt jeder Fläche F_{k0} sowie der Schwerpunkt ermittelt, und der Schwerpunkt auf die Stabachse projiziert. Der so gefundene Punkt s_1 ist der Schwerpunkt der M_0fachen elastischen Gewichte des Stabes k (s. Abb. 257a). Nunmehr können die Normalkräfte und Momente des statisch unbestimmten Systems nach den oben angegebenen Formeln (s. auch S. 90) berechnet werden. Werden die Momente $M\frac{J_c}{J}$ in derselben Weise aufgetragen wie die M_0, sodann die Flächeninhalte und die Schwerpunkte der verzerrten M-Flächen ermittelt, und die Schwerpunkte auf die Stabachsen projiziert, dann ist infolge $\delta_a = 0$

$$\mathfrak{S} = \sum F_k' \cdot \eta_k = 0 \,.$$

66. Balken auf drei lotrechten Stützen (Abb. 258 und 259).

Als statisch unbestimmte Größe X_a wird das Moment über der mittleren Stütze gewählt, dessen positive Richtung in Abb. 259 angegeben ist. Das statisch bestimmte Hauptsystem wird im Fachwerk durch einen Schnitt durch den Obergurtknoten und Behandlung des lotrechten Stabes in b als zweiteilig, im vollwandigen Balken durch Einschaltung eines Gelenkes gebildet. Es besteht somit aus zwei einfachen Balken, die über b durch ein Gelenk verbunden und in Geraden beiderseits des Gelenkes durch das Doppelmoment X_a belastet sind. Nach Gleichung IV (6) ist

$$X_a = \frac{\delta_{a0}}{\delta_{aa}} \,. \qquad (25)$$

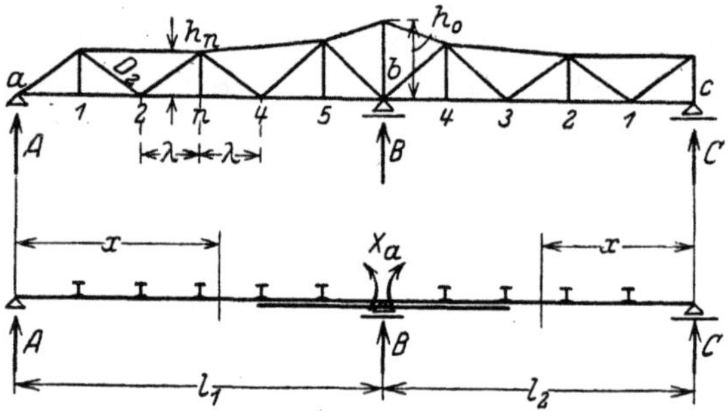

Abb. 258 und 259.

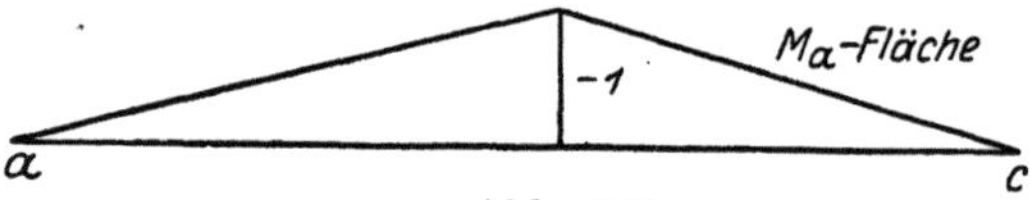

Abb. 260.

Hierin ist: δ_{a0} die gegenseitige Drehung der Angriffsgeraden des Momentes X_a in Richtung $X_a = -1$, erzeugt durch Lasten oder Änderungen der Temperatur, δ_{aa} dieselbe Drehung, erzeugt durch die Belastung $X_a = -1$. Zuerst sind die statischen Größen des Zustandes $X_a = -1$ zu ermitteln. Es entstehen die Stützkräfte

$$A_a = -\frac{1}{l_1}, \qquad C_a = -\frac{1}{l_2}, \qquad B_a = +\frac{1}{l_1} + \frac{1}{l_2} \,.$$

Die Momentenfläche M_a ist ein Dreieck mit der Basis $l_1 + l_2$, dessen Spitze in b liegt und die Ordinate -1 hat (Abb. 260).

$N_a = 0$, $M_a = -\frac{x}{l}$, $l = l_1$ in der linken, $l = l_2$ in der rechten Öffnung. Die Spannkräfte des Fachwerkes sind, wenn $m\lambda = l$ ist, aus den Formeln zu berechnen:

$$O_{na} = +\frac{n}{m \cdot h_n} \cdot \frac{o_n}{\lambda}, \qquad U_{na} = -\frac{n}{m h_n} \cdot \frac{u_n}{\lambda},$$

für den nach links in der linken bzw. rechts in der rechten Öffnung steigenden Schrägstab

$$D_{na} = -\left(\frac{n}{m \cdot h_n} - \frac{n-1}{m \cdot h_{n-1}}\right) \frac{d_n}{\lambda},$$

für den Schrägstab der entgegengesetzten Neigung

$$D_{n+1,a} = -\left(\frac{n}{m \cdot h_n} - \frac{n+1}{m \cdot h_{n+1}}\right) \frac{d_{n+1}}{\lambda}.$$

Ist λ konstant, berechnet man am einfachsten die λfachen Werte, indem man mit den Werten $\frac{n}{m \cdot h_n}$ beginnt, die Zahlen sind, wenn die Längeneinheit aus der Belastung $X_a = -1$ berücksichtigt wird.

Unveränderliche Lasten. Für das Fachwerk werden

$$\delta'_{ao} = \sum S_a \cdot S_o \cdot s',$$
$$\delta'_{aa} = \sum S_a^2 \cdot s'$$

durch Tabellen berechnet, nachdem die Spannkräfte S_o gefunden sind.

Für den vollwandigen Balken erhält man

$$\delta'_{ao} = -\frac{1}{l_1}\int_0^{l_1} M_o \cdot \frac{J_c}{J} \cdot x \cdot dx - \frac{1}{l_2}\int_0^{l_2} M_o \frac{J_c}{J} x \cdot dx.$$

Die mit $\frac{J_c}{J}$ verzerrten M_o-Flächen werden aufgetragen, die Flächeninhalte F'_{o1}, F'_{o2} und die Abstände der Schwerpunkte von $a : x_1$ und von $b : x_2$ ermittelt.

$$\delta'_{ao} = -\frac{x_1}{l_1} \cdot F'_{o1} - \frac{x_2}{l_2} F'_{o2}. \tag{26}$$

Ferner ist

$$\delta'_{aa} = \frac{1}{l_1^2}\int_0^{l_1} \frac{J_c}{J} \cdot x^2 \cdot dx + \frac{1}{l_2^2}\int_0^{l_2} \frac{J_c}{J} \cdot x^2 \cdot dx.$$

Jedes Integral ist verhältnisgleich dem statischen Moment der mit $\frac{J_c}{J}$ verzerrten M_a-Fläche eines Balkens in bezug auf die Lotrechte durch den äußeren Stützpunkt. Sind die Trägheitsmomente abgestuft, so lassen sich die Integrale nach der Auswertungsformel als Summe der statischen Momente von Dreiecksflächen ausdrücken und berechnen.

Veränderliche lotrechte Lasten. Die Einflußlinie für δ_{ao} ist (s. S. 247) die Biegungslinie des statisch bestimmten Hauptsystems in den Lastknoten, die durch $X_a = -1$ entsteht. Die Berechnung der Ordinate derselben ist in Nr. 56d und e für den Fall $X_a = +1$ gezeigt. Ebenda ist auch die Ermittlung von δ'_{aa} aus den w'-Gewichten angegeben. Ist δ'_{ma} die Ordinate der Biegungslinie, so erhält man die Ordinate η_a der Einflußlinie für X_a in

$$\eta_a = \frac{\delta'_{ma}}{\delta'_{aa}},$$

sie ist, da alle w'-Gewichte negativ sind, in allen Punkten negativ.

Ist X_a berechnet, so wird das Moment im Punkte x aus

$$M_x = M_{ox} - M_a \cdot X_a = M_{ox} + \frac{x}{l} \cdot X_a, \tag{27}$$

und jede Spannkraft aus

$$S = S_o - S_a \cdot X_a \tag{28}$$

gefunden. Die Ordinate η der Einflußlinie für das Moment M_x ist demnach

$$\eta = \frac{x}{l}\left(\frac{M_{ox}}{x} \cdot l + \eta_a\right). \tag{29}$$

Da die M_{ox}-Fläche ein Dreieck bildet, dessen Spitze unter dem Punkte x liegt und durch $a a_1 = x$ bzw. $c c_1 = x$ in der rechten Öffnung bestimmt ist, ist zur Darstellung der $\frac{M_{ox}}{x} \cdot l$-Fläche $a a_1 = l_1$ oder $c c_1 = l_2$ aufzutragen. Abb. 261 zeigt die Einflußlinie für M_x in $x = 4\,\lambda$ der linken Öffnung. Es ist $a\,a_1 = l_1$ aufgetragen, $a_1\,b$ über $4''$, und $a\,4''$ gezogen. Die Ordinate η'_o des Dreiecks $a\,4''\,b$ ist der Wert $\frac{M_{ox}}{x} \cdot l_1$. Da η'_o positiv ist, ist die negative Ordinate η_a in allen Punkten abzuziehen. In der rechten Öffnung ist $\eta'_o = 0$, also η_a negativ aufzutragen. Der Multiplikator ist $\mu = \frac{4\,\lambda}{l_1} = \frac{2}{3}$. Da $O_4 = -\frac{M_4}{h_4}\sec\gamma_4$ ist, gilt die Einflußlinie mit dem Multiplikator $\mu = -\frac{2}{3\,h_4}\sec\gamma_4$ unmittelbar für die Spannkraft O_4. Die Form der Einflußlinie für M_x erhellt auch aus der Proportionalität zwischen der Einflußlinie und der Biegungslinie des durch ein Gelenk in x gebildeten statisch bestimmten Hauptsystems infolge der Belastung $M_x = -1$. Das statisch bestimmte System ist ein Gelenkträger, in dem der Kragträger wie der eingehängte Träger durch negative Momente beansprucht werden. Mithin sind alle w-Gewichte mit Ausnahme des im Gelenk anzusetzenden negativ. Letzteres muß positiv sein, da das Moment aller w-Gewichte für den Balken von der Stützweite $l_1 + l_2$ in b den Wert Null hat. Demnach besteht die Biegungslinie aus zwei nach der positiven Seite konkaven Ästen, die in x einen scharfen Knick bilden.

Für die Spannkraft in einem Schrägstab erhält man unter Benutzung des durch $A = 1$ erzeugten Wertes D', infolge $D_a = -\frac{1}{l} D'$

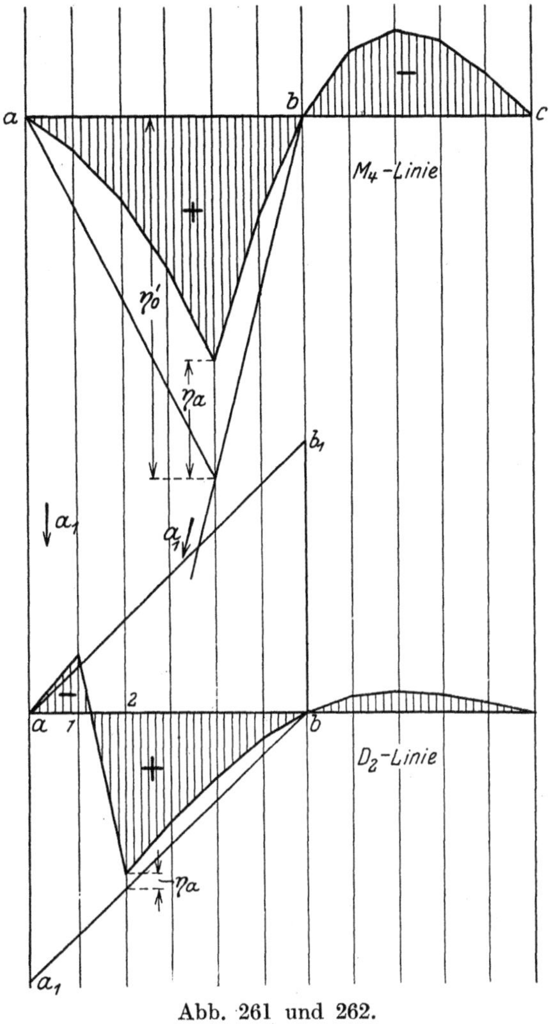

Abb. 261 und 262.

$$\eta = \frac{(D')}{l}\left(\frac{D_0}{(D')}\, l \pm \eta_a\right).$$

Das Vorzeichen von η_a ist dem des Wertes D' gleich.

Da in der D_0-Linie $a a_1 = D'$, $b b_1 = D''$ ist, ist hier $a a_1 = l$, $b b_1 = l \frac{D''}{D'}$ aufzutragen. In Abb. 262 ist die Einflußlinie für den linkssteigenden Schrägstab D_2 (Abb. 258) dargestellt. Da die Obergurtung über Knotenpunkt *2* parallel zur Untergurtung ist, ist $a a_1 = -b b_1 = l_1$ aufzutragen, $a_1 b$ über *2''*, $b_1 a$ über *1''* und *1'' 2''* zu ziehen. Von dem Geradenzug $a\,1''\,2''\,b\,c$ ist sodann η_a negativ abzutragen. Der Multiplikator ist $\mu = \frac{1}{l}(D')$.

Für eine gleichmäßige Änderung der Temperatur ergibt sich nach Gleichung IV (20)

$$\delta_{ao} = \varepsilon t \sum C_a \cdot y = 0,$$

da die x-Achse durch die Stützpunkte gelegt werden kann. Liegt Punkt b um y_b über der Geraden $a c$, so ist

$$\delta_{ao} = \varepsilon \cdot t \cdot y_b \left(\frac{1}{l_1} + \frac{1}{l_2}\right).$$

Eine gleichmäßige Änderung der Temperatur erzeugt also nur dann Spannungen, wenn die drei Stützpunkte nicht auf einer Geraden liegen.

Aus einer ungleichmäßigen Änderung im vollwandigen Balken um $\varDelta t$ entsteht

$$\delta_{ao} = -\varepsilon \cdot \frac{\varDelta t}{h \cdot l_1} \int\limits_0^{l_1} x \cdot dx - \varepsilon \frac{\varDelta t}{h \cdot l_2} \int\limits_0^{l_2} x\, dx ,$$

$$\delta_{ao} = -\varepsilon \cdot \frac{\varDelta t}{2h} (l_1 + l_2) .$$

Demnach entsteht ein positives Moment X_a, wenn $\varDelta t$ negativ ist, d. h. die Temperatur an der oberen Kante des Balkens stärker zunimmt als an der unteren. Die Stützen mögen sich um δ_a, δ_b, δ_c lotrecht nach unten verschieben. Dann ist

$$L_a = + \frac{\delta_a}{l_1} - \delta_b \left(\frac{1}{l_1} + \frac{1}{l_2} \right) + \frac{\delta_c}{l_2} ,$$

$$X_a = \frac{1}{\delta_{aa}} \left[- \frac{\delta_a}{l_1} + \delta_b \left(\frac{1}{l_1} + \frac{1}{l_2} \right) - \frac{\delta_c}{l_2} \right] .$$

b) Tragwerke mit drei überzähligen Gliedern.

67. Bogenförmiger Fachwerkträger auf vier lotrechten Stützen (Abb. 263).

Ein Stützpunkt ist fest, drei sind wagerecht verschieblich.

Die Verhältniszahlen $\frac{F_c}{F}$ werden dem statisch bestimmten System entnommen, dessen Gliederung einen dem Gleichgewichtszustand des vorliegenden Tragwerkes nahe kommenden erwarten läßt. In der Mittel-

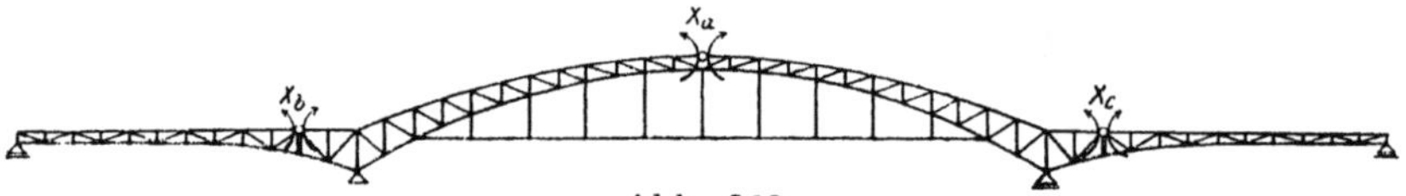

Abb. 263.

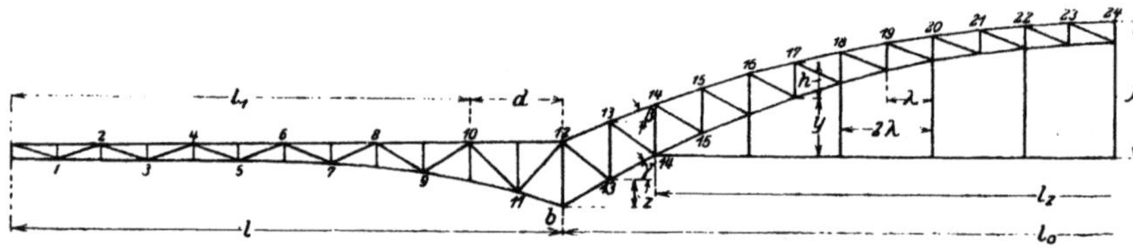

Abb. 263 a.

öffnung kann ein solches System nur durch ein Scheitelgelenk im Knotenpunkt *24* der Obergurtung erreicht werden. Die beiden verbleibenden überzähligen Glieder können durch zwei Gelenke in der Mittelöffnung, etwa in den Untergurtknoten *14*, oder in den beiden Seitenöffnungen ausgeschaltet werden. Durch vergleichende Rechnungen ist die letzte Anordnung als günstiger und die Lage der Gelenke in dem Abstand $\frac{1}{4}$ bis $\frac{1}{6}\, l$ von der mittleren Stütze als geeignet befunden worden. Daher sind die Gelenke in den Knotenpunkten *10* gewählt. Für das so gebildete statisch bestimmte System sind die Einflußlinien aufzutragen und auszuwerten. Für das vorliegende Tragwerk haben sich aus der Eigenlast $g = 5{,}4\,\frac{t}{m}$ und Verkehrslast $p = 3{,}0\,\frac{t}{m}$ die nachstehend zusammengestellten Zahlen $\frac{F_c}{F}$ ergeben.

$$\frac{F_c}{F} = \overset{O}{\frac{1 \quad 3 \quad 5 \quad 7 \quad 9\text{—}13 \quad 14 \quad 15\text{—}17 \quad 18\text{—}21 \quad 22\text{—}24 \quad Z}{3{,}8 \quad 1{,}13 \quad 1{,}0 \quad 1{,}13 \quad 3{,}8 \quad 2{,}24 \quad 3{,}8 \quad 1{,}58 \quad 1{,}46 \quad 1{,}52}},$$

$$\frac{F_c}{F} = \overset{U}{\frac{2 \quad 4\text{—}6 \quad 8 \quad 10\text{—}12 \quad 13\text{—}18 \quad 19\text{—}22}{1{,}52 \quad 1{,}0 \quad 1{,}52 \quad 3{,}0 \quad 2{,}10 \quad 3{,}8}},$$

$$\frac{F_c}{F} = \overset{D}{\frac{1{,}2 \quad 3{,}4 \quad 5{,}6 \quad 7\text{—}11 \quad 12 \quad 13{,}14 \quad 15\text{—}18 \quad 19\text{—}21 \quad 22\text{—}24 \quad L_{12}}{2{,}38 \quad 3{,}8 \quad 12{,}65 \quad 3{,}8 \quad 5{,}4 \quad 2{,}8 \quad 19 \quad 9{,}5 \quad 7{,}6 \quad 1{,}52}}.$$

Der Berechnung des statisch unbestimmten Tragwerkes wird das bezeichente statisch bestimmte Hauptsystem zugrunde gelegt. Die Lage der Gelenke in den Seitenöffnungen anstatt über den Stützen gestaltet die Rechnungen in keiner Weise umständlicher, das gleiche gilt bezüglich der Anordnung eines Gelenkes im Knotenpunkt *24* der Obergurtung an Stelle eines Schnittes durch den Zugstab. Hingegen gewinnt man so den Vorteil, daß man die für das statisch bestimmte System aufgetragenen Einflußlinien für die des statisch unbestimmten benutzen kann. Die überzähligen Größen sind die Momente X_a, X_b, X_c der Spannungen in den Schnittflächen um die Gelenke. Die positiven Richtungen zeigt die Abb. 263. Als statisch unbestimmte Größen werden die Gruppen Y_a, Y_b, Y_c nach folgender Tafel eingeführt.

	Y_a	Y_b	Y_c
X_a	1	Y_{ab}	0
X_b	0	+1	+1
X_c	0	+1	−1

Aus $\delta_{ba} = 0$ ergibt sich

$$Y_{ab} = -\frac{\vartheta_{ba} + \vartheta_{ca}}{\vartheta_{aa}} \tag{30}$$

Die Zustände $Y_a = -1$, $Y_b = -1$, $Y_c = -1$ sind voneinander unabhängig, so daß für die statisch unbestimmten Größen die Gleichungen IV (35)

$$\left.\begin{aligned} Y_a &= \frac{\delta_{ao}}{\delta_{aa}}, \\ Y_b &= \frac{\delta_{bo}}{\delta_{bb}}, \\ Y_c &= \frac{\delta_{co}}{\delta_{cc}} \end{aligned}\right\} \tag{31}$$

bestehen. Hierin ist

$$\delta_{aa} = \vartheta_{aa}, \qquad \delta_{bb} = \vartheta_{bb} + \vartheta_{cb}, \qquad \delta_{cc} = \vartheta_{bc} - \vartheta_{cc}.$$

Die Rechnung ist mit Ermittlung der Spannkräfte S_a aus $Y_a = -1$ zu beginnen, die nur im Zugstab und den Feldern *15* bis *24* auftreten. Da die Feldweite λ konstant ist, werden die λfachen Werte berechnet. Sie sollen durch Unterstreichung gekennzeichnet werden.

$$\underline{Z}_a = +\frac{\lambda}{f}, \quad \underline{O}_{na} = \frac{y_n \cdot o_n}{f \cdot h_n}, \quad \underline{U}_{na} = -\left(\frac{y_n}{h_n} + 1\right)\frac{u_n}{f},$$

$$\underline{D}_{na} = -\left(\frac{y_n}{h_n} - \frac{y_{n-1}}{h_{n-1}}\right)\frac{d_n}{f}, \quad \underline{L}_{na} = -\underline{O}_{na}\sin\beta - \underline{U}_{na}\sin\gamma\,.$$

Die Rechnung gestaltet sich am einfachsten bei folgender Durchführung. Für $n = 1 \ldots 24$ wird zuerst

$$a_n = \frac{1}{h_n},$$

weiter für $n = 14$ bis 24

$$y'_n = \frac{y_n}{f}, \quad b_n = a_n \cdot y'_n, \quad \frac{1}{f} = c$$

ausgerechnet. Dann erhält man

$$\left.\begin{aligned}
&\underline{O}_{na} = b_n \cdot o_n, \qquad \underline{U}_{na} = -(b_n + c)\,u_n,\\
&\underline{D}_{na} = -(b_n - b_{n-1})\,d_n,\\
&\underline{L}_{na} = -b_n(\varDelta y_n - \varDelta y_{n+1} + h_n - h_{n-1}) + c \cdot \varDelta y_{n+1},\\
&\varDelta y_n = y_n - y_{n-1}, \qquad \varDelta y_{n+1} = y_{n+1} - y_n\,.
\end{aligned}\right\} \quad (32)$$

Die $\underline{L}_{na}$ können vernachlässigt werden, da die Querschnitte aus Gründen der Konstruktion groß gewählt werden müssen. Die Stablängen o, u, d werden aus dem Systemnetz abgegriffen.

Es folgt die Berechnung der durch $X_b = -1$, $X_c = -1$ erzeugten Spannkräfte S'_b. Die Momente aus dieser Belastung verlaufen in den Seitenöffnungen geradlinig von o in a bis $-\frac{l}{l-e} = -\nu = -1{,}2$ in b, wenn e den Abstand des Gelenkes bezeichnet. In der Mittelöffnung haben sie den konstanten Wert $-\nu$. Also ist

$$Z'_b = -\frac{\nu}{f}$$

und für alle Knotenpunkte der Felder *15* bis *24*

$$M'_b = -\nu\left(1 - \frac{y}{f}\right).$$

In den Seitenöffnungen ergibt sich

$$n = 1, 3, 5 \ldots 11,$$

$$\underline{O}'_{nb} = \nu\frac{n}{m} \cdot a_n \cdot o_n = \frac{n}{10} \cdot a_n \cdot o_n \text{ im vorliegenden Falle}$$

$$\left.\begin{aligned}
&\underline{D}'_{n\,b} = -\frac{\nu}{m}[n\cdot a_n - (n-1)\,a_{n-1}]\,d\,n = -\frac{1}{10}[n\cdot a_n - (n-1)\,a_{n-1}]\,d_n;\\
&\quad n = 2, 4, 6 \ldots 12\\
&\underline{U}'_{n\,b} = -\nu\frac{n}{m}\,a_n\cdot u_n \qquad\qquad = -\frac{n}{10}\,a_n\cdot u_n\,,\\
&\underline{D}'_{n\,b} = -\frac{\nu}{m}[(n-1)\,a_{n-1} - n\cdot a_n]\,d_n = -\frac{1}{10}[(n-1)\,a_{n-1} - n\cdot a_n]\,d_n\,,\\
&\underline{L}'_{12\,b} = -\frac{\nu}{m}[1 - m\cdot a_{12}\,(z_{11} + z_{13})] = -\frac{1}{10}[1 - 12\cdot a_{12}\,(z_{11} + z_{13})]\,.
\end{aligned}\right\} \quad (33)$$

Für die Stäbe der Mittelöffnung werden zunächst die Spannkräfte $\underline{S}''_b$ berechnet, die aus dem Werte $M'_b = -1$ unter der Annahme eines in *24* geschlossenen Bogens entstehen.

$$\left.\begin{aligned}
&\underline{O}''_{n\,b} = a_n\cdot o_n\,,\qquad \underline{U}''_{n\,b} = -a_n\cdot u_n\,,\qquad \underline{D}''_{n\,b} = -(a_n - a_{n-1})\,d_n\,.\\
&\text{Die Spannkräfte}\\
&\qquad \underline{L}''_{n\,b} = -a_n(\varDelta\,y_n - \varDelta\,y_{n+1} + h_n - h_{n-1})
\end{aligned}\right\} \quad (34)$$

sind höchstens in den Knoten *13* zu berücksichtigen. Aus $\underline{S}''_b$ erhält man $\underline{S}'_b$ in den Feldern *13, 14*

$$\underline{S}'_b = \nu\cdot \underline{S}''_b\,,$$

in den Feldern *15* bis *24*

$$\underline{S}'_b = \nu\,(\underline{S}''_b - \underline{S}_a)\,. \qquad (35)$$

Es folgt die Berechnung von $Y_{a\,b}$. Den Zähler der Formel (30) erhält man aus der Arbeitsgleichung für die angenommene Belastung $X_b = -1$, $X_c = -1$ und die Formänderung infolge $Y_a = -1$

$$\lambda^2(\vartheta'_{b\,a} + \vartheta'_{c\,a}) = 2\sum_{15}^{24}\underline{S}_a\cdot\underline{S}'_b\cdot s' - \nu\left(\frac{\lambda}{f}\right)^2\cdot l'_z\,,$$

$$s' = s\,\frac{F_c}{F}\,,\qquad l'_z = l_z\,\frac{F_c}{F_z}\,.$$

Durch Einführung der Formel (35) entsteht

$$\lambda^2(\vartheta'_{b\,a} + \vartheta'_{c\,a}) = \nu\left[2\sum_{15}^{24}\underline{S}''_b\cdot\underline{S}_a\cdot s' - 2\sum_{15}^{24}\underline{S}^2_a\cdot s' - \left(\frac{\lambda}{f}\right)^2 l'_z\right].$$

$\vartheta'_{a\,a}$ ergibt sich aus der Arbeitsgleichung für die angenommene Belastung $X_a = -1$ und die Formänderung infolge $Y_a = -1$, die identisch ist mit $X_a = -1$

$$\lambda^2\cdot\vartheta'_{a\,a} = 2\sum_{15}^{24}\underline{S}^2_a\cdot s' + \left(\frac{\lambda}{f}\right)^2\cdot l'_z\,.$$

Daraus folgt

$$\left.\begin{aligned} Y_{ab} &= -\nu(\mu - 1)\,, \\ \mu &= \frac{\sum_{15}^{24} \underline{S}_b'' \cdot \underline{S}_a \cdot s'}{\sum_{15}^{24} \underline{S}_a'^2 \cdot s' + \frac{1}{2}\left(\frac{\lambda}{f}\right)^2 \cdot l_z'}\,. \end{aligned}\right\} \tag{36}$$

Die Spannkräfte $\underline{S}_b$ des Zustandes $Y_b = -1$ sind in den Feldern *1* bis *14*

$$\underline{S}_b = \underline{S}_b'\,,$$

in den Feldern 15 bis 24

$$\underline{Z}_b = \underline{Z}_b' + \underline{Z}_a \cdot Y_{ab} = -\nu \cdot \mu\left(\frac{\lambda}{f}\right),$$

$$\underline{S}_b = \underline{S}_b' + Y_{ab} \cdot \underline{S}_a = \nu\,(\underline{S}_b'' - \mu \cdot \underline{S}_a)\,.$$

Spannkräfte S_c des Zustandes $Y_c = -1$. In den Feldern *1* bis *12* links bzw. rechts ist

$$\underline{S}_c = \pm \underline{S}_b\,,$$

$$\underline{L}_{12c} = \pm L_{12b}\,,$$

ebenso im Untergurtstab des Feldes 13

$$\underline{U}_{12c} = \pm \underline{U}_{12b}\,.$$

Da $Z_c = 0$ ist, verlaufen die Momente M_c für alle Knotenpunkte der Mittelöffnung geradlinig von $-\nu$ in b bis $+\nu$ in c. Mithin können die Spannkräfte S_c unmittelbar aus den S_b'' berechnet werden. Für die Gurtungsstäbe gilt

$$\left.\begin{aligned} \underline{S}_{nc} &= \pm\nu\left(1 - \frac{n_1}{12}\right)\underline{S}_{nb}''\,, \\ &\text{für die Schrägstäbe} \\ \underline{D}_{nc} &= \pm\nu\left(1 - \frac{n_1}{12}\right)\underline{D}_{nb}'' \pm \frac{\nu}{12} a_{n-1} \cdot d_n\,, \end{aligned}\right\} \tag{37}$$

$$n_1 = n - 12 = 1, 2 \ldots 12\,.$$

Nun sind δ_{bb}' und δ_{cc}' aus Arbeitsgleichungen zu berechnen. Die angenommene Belastung $Y_b = -1$ und die Formänderung aus $Y_b = -1$ ergibt

$$\lambda^2 \cdot \delta_{bb}' = 2\sum_1^{24} \underline{S}_b^2 \cdot s' + \underline{Z}_b^2 \cdot l_z'\,, \tag{38}$$

die angenommene Belastung $Y_c = -1$ und die Formänderung aus $Y_c = -1$

$$\lambda^2 \cdot \delta_{cc}' = 2\sum_1^{24} \underline{S}_c^2 \cdot s'\,. \tag{39}$$

Die Beziehungen

$$\delta_{bb}' = \vartheta_{bb}' + \vartheta_{cb}'\,,$$

$$\delta_{cc}' = \vartheta_{bc}' - \vartheta_{cc}'$$

kennzeichnen beide Werte als Formänderungsgrößen des einfach statisch unbestimmten Systems ohne das Gelenk in *24*. Mithin können sie als solche aus der angenommenen Belastung $X_b = -1$, $X_c = -1$ bzw. $X_b = -1$, $X_c = +1$ berechnet werden, der das statisch bestimmte

Hauptsystem oder auch das statisch bestimmte System ohne Zugstab und ohne Gelenk in *24* unterworfen werden darf. Für δ'_{cc} ergibt sich so wieder die Formel (39), da $Z_c = 0$ ist und die Spannkräfte aus $X_b = -1$, $X_c = +1$ identisch sind mit den S_c. Für δ'_{bb} dagegen erhält man

$$\lambda^2 \cdot \delta'_{bb} = 2 \sum_1^{24} \underline{S}'_b \cdot \underline{S}_b \cdot s' + \underline{Z}'_b \cdot \underline{Z}_b \cdot l'_z \tag{40}$$

oder

$$\lambda^2 \cdot \delta'_{bb} = 2 \sum_1^{12} \underline{S}'_b \cdot \underline{S}_b \cdot s' + 2\nu \sum_{13}^{24} \underline{S}''_b \cdot \underline{S}_b \cdot s'. \tag{41}$$

Die Formeln (38), (40), (41) müssen denselben Wert ergeben. Wird in (38) in jedem Glied ein $\underline{S}_b$ durch

$$\underline{S}_b = \underline{S}'_b + Y_{ab} \cdot \underline{S}_a,$$

ein Z_b durch

$$\underline{Z}_b = \underline{Z}'_b + Y_{ab} \cdot \underline{Z}_a$$

ersetzt, so erhält man

$$\lambda^2 \cdot \delta'_{bb} = 2 \sum_1^{24} \underline{S}'_b \cdot \underline{S}_b \cdot s' + \underline{Z}'_b \cdot \underline{Z}_b \cdot l'_z + Y_{ab} (2 \sum_1^{24} \underline{S}_a \cdot \underline{S}_b \cdot s' + \underline{Z}_a \cdot \underline{Z}_b \cdot l'_z)\,.$$

Das letzte Glied verschwindet, da der Faktor von $Y_{ab} = \lambda^2 \cdot \vartheta'_{ab}$ und $\vartheta_{ab} = 0$ ist. Weiter wird die $\sum\limits_1^{24}$ in $\sum\limits_1^{12}$ und $\sum\limits_{13}^{24}$ getrennt, in den Feldern *12*, *13* $\underline{S}'_b = \nu \underline{S}''_b$ und in *15* bis *24* $\underline{S}'_b = \nu(\underline{S}''_b - \underline{S}_a)$ und $\underline{Z}'_b = -\nu \underline{Z}_a$ eingeführt

$$\lambda^2 \cdot \delta'_{bb} = 2 \sum_1^{12} \underline{S}'_b \cdot \underline{S}_b \cdot s' + 2 \cdot \nu \sum_{13}^{24} \underline{S}''_b \cdot \underline{S}_b \cdot s' - \nu \left(2 \sum_{15}^{24} \underline{S}_a \cdot \underline{S}_b \cdot s' + \underline{Z}_a \cdot \underline{Z}_b \cdot l'_z\right).$$

Da in allen Feldern *1* bis *14* $S_a = 0$ ist, verschwindet das letzte Glied mit ϑ_{ab}. Damit ist die Übereinstimmung der drei Formeln dargetan. Die danach mögliche mehrfache Berechnung des Wertes bietet eine gewisse Prüfung, die indessen nicht unbedingt zuverlässig ist, da sie einen etwaigen Fehler in den gemeinsamen Ausgängen beider Wege nicht nachweist. Am zweckmäßigsten ist die Formel (41), weniger (40), da sie die sonst nicht benötigten Spannkräfte S'_b in den Feldern *15* bis *24* enthält. Zur Durchführung der Rechnung sind folgende Tabellen geeignet.

a) Für die Felder *1* bis *12*:

Nr.	a_n	s_n	$\underline{S}'_b = \underline{S}_b$	s'	$S_b \cdot s'$	$\underline{S}^2_b \cdot s'$

b) Für die Felder *13*, *14*:

Nr.	a_n	s_n	$\underline{S}''_b$	$\nu \underline{S}''_b = \underline{S}_b$	$\underline{S}_c$	s'	$\underline{S}_b \cdot s'$	$\underline{S}_c \cdot s'$	$\underline{S}''_b \cdot \underline{S}_b \cdot s'$	$\underline{S}^2_c \cdot s'$

c) Für die Felder *15* bis *24*:

Nr.	a_n	y'_n	b_n	s_n	$\underline{S}_a$	$\underline{S}''_b$	s'	$\underline{S}_a \cdot s'$	$\underline{S}''_b \cdot \underline{S}_a \cdot s'$	$\underline{S}^2_a \cdot s'$	$\underline{S}_b$	$\underline{S}_c$	$\underline{S}_b\, s'$	$\underline{S}''_b \cdot \underline{S}_b \cdot s'$	$\underline{S}_c\, s'$	$\underline{S}^2_c \cdot s'$

Die Berechnung der Spannkräfte $\underline{S}_a$, $\underline{S}_b$, $\underline{S}_c$ nach den angegebenen Formeln führt schneller zum Ziele als die Zeichnung von Kräfteplänen und ist überdies genauer. Wenn auch bei dem benutzten Verfahren die Auflösung von Elastizitätsgleichungen entfällt, so müssen doch die Ordinaten der Einflußlinien für die statisch unbestimmten Größen mit größerer Genauigkeit als der im Endergebnis erforderlichen ermittelt werden. Das bedingt natürlich, daß in der Berechnung der Beiwerte der Elastizitätsgleichungen und weiter der statischen Größen, aus denen diese gefunden werden, zum mindesten kein geringerer Genauigkeitsgrad zulässig ist.

Es folgt die Berechnung der Einflußlinien aus den Biegungslinien des statisch bestimmten Hauptsystems infolge der Belastungen $Y_a = -1$, $Y_b = -1$, $Y_c = -1$. Die beiden letzteren sind identisch mit den Biegungslinien des einfach statisch unbestimmten Systems infolge der Belastung $X_b = -1$, $X_c = -1$ bzw. $X_b = -1$, $X_c = +1$.

Den Wert der w'-Gewichte in den Knotenpunkten *14, 16, 18, 20, 22, 24* der Untergurtung erhält man in der Arbeit der inneren Kräfte $\overline{S}$, die durch die in Abb. 264 dargestellte Belastung entstehen. Es ist

$$\overline{\underline{O}}_{n-1} = -\frac{o_{n-1}}{2h_{n-1}}, \qquad \overline{\underline{O}}_n = -\frac{o_n}{h_n}, \qquad \overline{\underline{O}}_{n+1} = -\frac{o_{n+1}}{2h_{n+1}},$$

$$\overline{\underline{U}}_{n-1} = +\frac{u_{n-1}}{2h_{n-1}}, \qquad \overline{\underline{U}}_n = +\frac{u_n}{h_n}, \qquad \overline{\underline{U}}_{n+1} = +\frac{u_{n+1}}{2h_{n+1}}.$$

Diese Spannkräfte erhält man am einfachsten aus den $\underline{S}_b''$-Werten

$$\left.\begin{array}{lll} \overline{\underline{O}}_{n-1} = -\frac{1}{2}\underline{O}_{n-1}'', & \overline{\underline{O}}_n = -\underline{O}_n'', & \overline{\underline{O}}_{n+1} = -\frac{1}{2}\underline{O}_{n+1}'', \\ \overline{\underline{U}}_{n-1} = -\frac{1}{2}\underline{U}_{n-1}'', & \overline{\underline{U}}_n = -\underline{U}_n'', & \overline{\underline{U}}_{n+1} = -\underline{U}_{n+1}''. \\ \text{Ferner sind} & & \\ \overline{\underline{D}}_{n-1} = \frac{1}{2}a_{n-1}\cdot d_{n-1}, & & \overline{\underline{D}}_n = (a_n - \frac{1}{2}a_{n-1})\,d_n, \\ \overline{\underline{D}}_{n+1} = (\frac{1}{2}a_{n+1} - a_n)\,d_{n+1}, & & \overline{\underline{D}}_{n+2} = -\frac{1}{2}a_{n+1}\cdot d_{n+2}. \end{array}\right\} \quad (42)$$

Die Lotrechten werden aus dem oben angegebenen Grunde vernachlässigt. Aus diesen Werten findet man für $n = 14$ bis 24

$$\lambda^2 w_{na}' = \sum \overline{\underline{S}}\cdot\underline{S}_a\cdot s', \qquad \lambda^2 w_{nb}' = \sum \overline{\underline{S}}\cdot\underline{S}_b\cdot s', \qquad \lambda^2\cdot w_{nc}' = \sum \overline{\underline{S}}\cdot\underline{S}_c\cdot s'$$

aus je einer Tabelle:

Nr.	$\overline{\underline{S}}_n$	$\underline{S}_a\cdot s'$	$\overline{\underline{S}}\cdot\underline{S}_a\cdot s'$	$\underline{S}_b\cdot s'$	$\overline{\underline{S}}\cdot\underline{S}_b\cdot s'$	$\underline{S}_c\cdot s'$	$\overline{\underline{S}}\,\underline{S}_c\cdot s'$

Die Produkte $\underline{S}_a\cdot s'$, $\underline{S}_b\cdot s'$, $\underline{S}_c\cdot s'$ sind aus den Tabellen b) und c) zu entnehmen. Aus dem für den Knotenpunkt *24* des Zustandes $Y_a = -1$ errechneten Wert erhält man das w'-Gewicht durch die Formel

$$\lambda^2 w_g' = \lambda^2\cdot\delta_{aa}' + w_{24}',$$

deren Ableitung in Nr. 56 und 64 angegeben ist. Zur Berechnung der w-Gewichte in den Knotenpunkten *2* bis *8* ist die in Abb. 265 dargestellte Belastung anzunehmen. Sie erzeugt

$$\left.\begin{array}{lll}\underline{\bar{O}}_{n-1} = -\tfrac{1}{2}a_{n-1}\cdot o_{n-1}\,, & \underline{\bar{O}}_{n+1} = -\tfrac{1}{2}a_{n+1}\cdot o_{n+1}\,, & \underline{\bar{U}}_n = +a_n\cdot u_n\,,\\ \underline{\bar{D}}_{n-1} = +\tfrac{1}{2}a_{n-1}\cdot d_{n-1}\,, & \underline{\bar{D}}_n = (\tfrac{1}{2}a_{n-1} - a_n)d_n\,, & \\ \underline{\bar{D}}_{n+1} = (\tfrac{1}{2}a_{n+1} - a_n)d_{n+1}\,, & \underline{\bar{D}}_{n+2} = \tfrac{1}{2}a_{n+1}\cdot d_{n+2}\,. & \end{array}\right\} \quad (43)$$

Für w'_{12} sind die Spannkräfte $\underline{\bar{S}}$ in den Feldern *11* und *12* nach den Formeln (43), in den Feldern *13, 14* nach den Formeln (42) zu berechnen. Dazu tritt $\underline{L}_{12} = -a_{12}(z_{11} + z_{13})$.

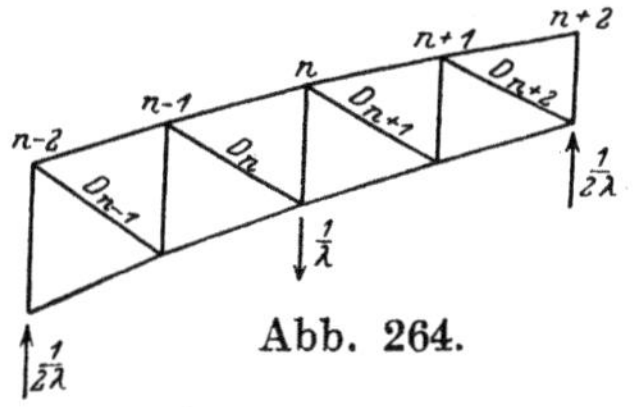

Abb. 264.

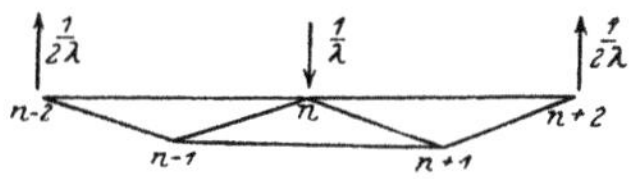

Abb. 265.

Da in allen Stäben der Seitenöffnungen $S_a = 0$, $S_b = \pm S_c$ ist, ist in den Knotenpunkten *2* bis *8* nur ein w'-Gewicht zu berechnen. Die Tabelle beschränkt sich auf die Spalten

Nr.	$\underline{\bar{S}}$	$\underline{S}_b\cdot s'$	$\underline{\bar{S}}\cdot\underline{S}_b\cdot s'$

Im Knotenpunkt *12* treten die Felder *13, 14* hinzu, in denen S_b und S_c verschieden sind. Demgemäß erweitert sich die Tabelle für w'_{12} um zwei Spalten.

Die Ordinaten der Biegungslinie werden zuerst für die Mittelöffnung berechnet. Die w'-Gewichte sind für die Zustände $Y_a = -1$, $Y_b = -1$ symmetrisch zur Mitte. Mithin erhält man die Ordinaten in den Knotenpunkten *14* bis *24* als Moment der w'-Gewichte für den einfachen in b und c gestützten Balken durch zwei Additionsreihen (Tabelle 2, S. 270) in der Form $\tfrac{1}{2}\lambda\cdot M'_w = \tfrac{1}{2}\lambda\cdot\delta'_m$. Zu jeder ist die Senkung des Punktes *12* zu addieren

$$\tfrac{1}{2}\lambda\,\delta'_{12} = -\tfrac{1}{2}\underline{L}_{12}\cdot h'_{12}\,,$$

die für $Y_a = -1$ verschwindet und auch im Zustand Y_b nur klein ist. Die w'-Gewichte des Zustandes $Y_c = -1$ sind antisymmetrisch zur Mitte, also $w'_{24} = 0$. Mithin hat ihr Moment in *24* den Wert Null und man kann die Ordinaten in *14* bis *22* als Momente des einfachen, in *12* und *24* gestützten Balkens berechnen, wozu die in Nr. 56d, S. 286 angegebene Tabelle benutzt wird. Man addiert die w-Gewichte in der Reihenfolge *14* bis *22*, die so erhaltenen Werte in der Reihenfolge *22* bis *12*. Ist a_{12} der letzte Wert der zweiten Additionsreihe

$$a_{12} = \tfrac{1}{2}\lambda \cdot M w'_{12} + 6c,$$

dann ist c aus der Bedingung

$$\tfrac{1}{2}\lambda M w'_{12} = \tfrac{1}{2}\lambda \delta'_{12c} = -\tfrac{1}{2}\underline{L}_{12c} \cdot h'_{12}$$

zu bestimmen.

$$c = \tfrac{1}{6}(a_{12} + \tfrac{1}{2}\underline{L}_{12c} \cdot h'_{12}).$$

Um $\tfrac{1}{2}\lambda \cdot \delta'_{n_1 c}$ zu erhalten, ist $(6 - \tfrac{1}{2}n_1)c$ von a_{n_1} abzuziehen.

Aus δ'_{14} und δ'_{12} wird weiter δ'_{10} mit Hilfe von w'_{12} berechnet. Da im Zustand $Y_a = -1$ $w'_{12} = 0$ ist, ergibt sich $\delta'_{10a} = -\delta'_{14a}$. Die Biegungslinie *14, 12, 10* ist eine Gerade. Für die Zustände $Y_b = -1$, $Y_c = -1$ berechnet man die Verschiebung δ''_{10} gegen die Gerade durch *12* und *14* aus

$$\lambda^2 \delta''_{10} = -\lambda^2 w'_{12} \cdot 2\lambda$$

und addiert δ''_{10} zu $-(\delta'_{14} - \delta'_{12}) + \delta'_{12}$ Mithin ist

$$\tfrac{1}{2}\lambda \cdot \delta'_{10b} = -\tfrac{1}{2}\lambda \cdot \delta'_{14b} + \lambda\, \delta'_{12b} - \lambda^2 \cdot w'_{12b},$$

$$\tfrac{1}{2}\lambda \cdot \delta'_{10c} = -\tfrac{1}{2}\lambda \cdot \delta'_{14c} + \lambda \cdot \delta'_{12c} - \lambda^2 \cdot w'_{12c}.$$

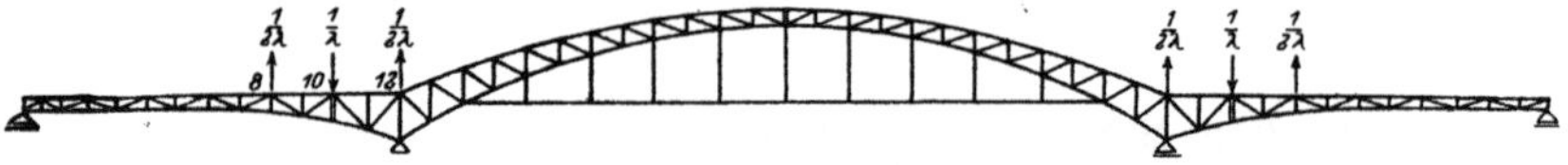

Abb. 266.

In den Knotenpunkte *0* bis *10* verläuft die Biegungslinie aus $Y_a = -1$ geradlinig. Für die Zustände $Y_b = -1$ und $Y_c = -1$ haben die w'-Gewichte dieselben Werte, die Ordinaten der Biegungslinien unterscheiden sich nur durch die Verschiedenheit der Ordinate δ'_{10}. Man rechnet zweckmäßig nach folgender Tabelle, in der

$$b_n = \lambda^2 V_n + C, \qquad a_n = \tfrac{1}{2}\lambda M_n + nC$$

ist.

n	$\lambda^2 w'_n$	b_n	a_n	$n C_b$	$n C_c$	$a_n - n C_b$	$a_n - n C_c$
2	$\lambda^2 w'_2$	$b_4 + \lambda^2 w'_2$	b_2				
4	$\lambda^2 w'_4$	$b_6 + \lambda^2 w'_4$	$a_2 + b_4$				
6	$\lambda^2 w'_6$	$b_8 + \lambda^2 w'_6$	$a_4 + b_6$				
8	$\lambda^2 w'_8$	$\lambda^2 w'_8$	$a_6 + b_8$				
10	0	0	a_8				

Nach Ermittlung von a_{10} erhält man

$$C_b = \tfrac{1}{10}(a_{10} - \tfrac{1}{2}\lambda\,\delta'_{10b}),$$

$$C_c = \tfrac{1}{10}(a_{10} - \tfrac{1}{2}\lambda\,\delta'_{10c})$$

und weiter die beiden letzten Spalten der Tabelle, welche $\tfrac{1}{2}\lambda\,\delta'_{mb}$ und $\tfrac{1}{2}\lambda\,\delta'_{mc}$ angeben.

Man kann auch ein w'-Gewicht in den Knoten *10* ansetzen, dessen Wert aus der in Abb. 266 dargestellten Belastung zu berechnen und

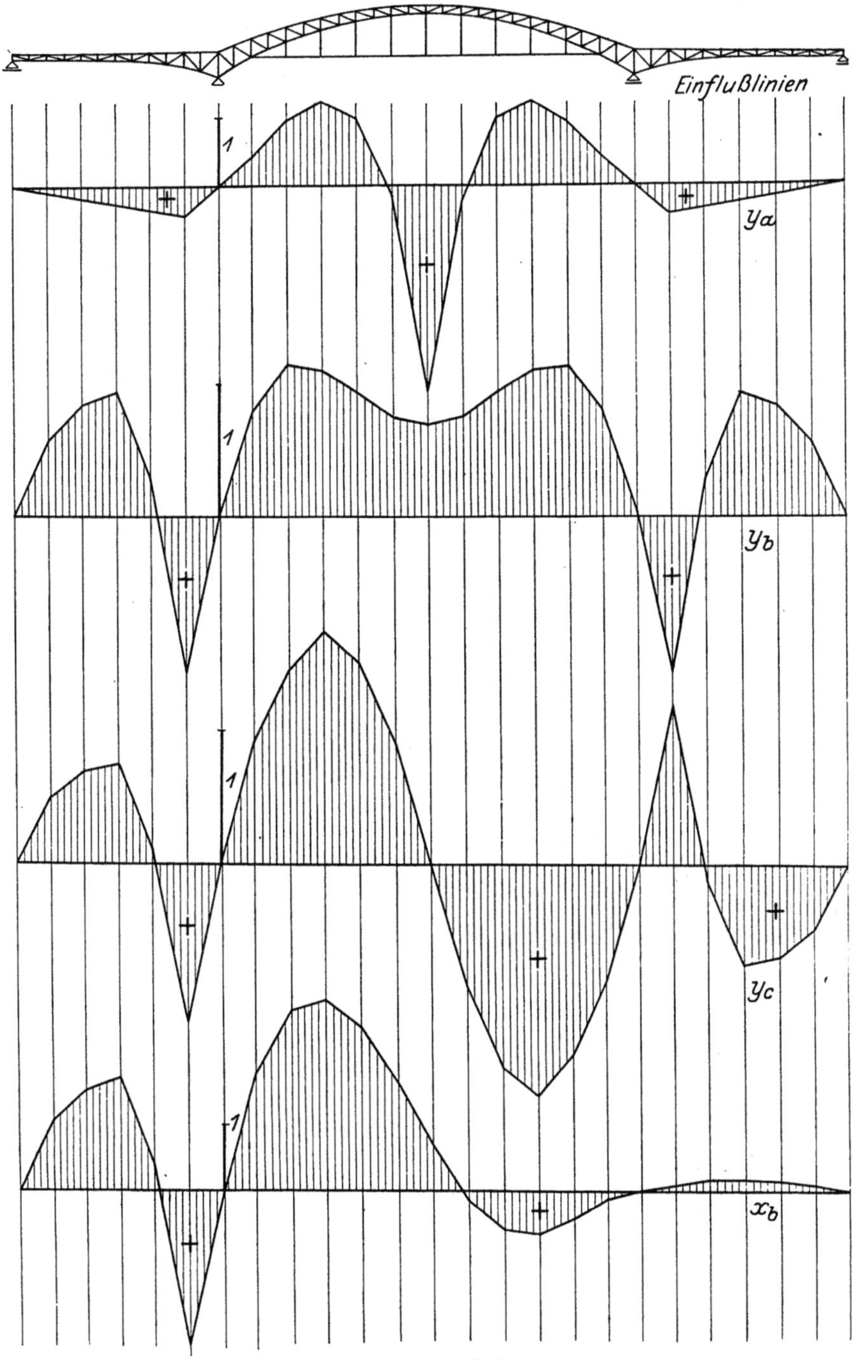

Abb. 267 bis 270.

durch $\vartheta'_{bb} + \vartheta'_{cb}$ bzw. $\vartheta'_{bc} - \vartheta'_{cc}$ auszudrücken ist. w'_{12} wird dann entbehrlich und die Biegungslinie in der Seitenöffnung als Momentenlinie des in a und b gestützten Balkens gefunden. Die Berechnung der Ordinaten der Biegungslinien ist damit durchgeführt. Da die errechneten Zahlen die $\frac{1}{2}\lambda$fachen Ordinaten sind, erhält man aus ihnen die Ordinaten der Einflußlinien in

$$\eta_a = \frac{\frac{1}{2}\lambda \cdot \delta'_{ma}}{\frac{1}{2}\lambda \cdot \delta'_{aa}}, \qquad \eta_b = \frac{\frac{1}{2}\lambda \cdot \delta'_{mb}}{\frac{1}{2}\lambda \cdot \delta'_{bb}}, \qquad \eta_c = \frac{\frac{1}{2}\lambda \cdot \delta'_{mc}}{\frac{1}{2}\lambda \cdot \delta'_{cc}}.$$

Die Einflußlinien Y_a, Y_b, Y_c sind in den Abb. 267, 268, 269 dargestellt. Abb. 270 zeigt die Einflußlinie für das Moment X_b, die mit verändertem Multiplikator für die Spannkraft U_{10} gilt.

Die Einflußlinien für die Spannkräfte sind nach der Formel

$$\eta = \eta_o - \frac{1}{\lambda}(S_a \cdot \eta_a + \underline{S}_b \cdot \eta_b + S_c \cdot \eta_c) \tag{44}$$

Punkt für Punkt zu berechnen. Bezeichnet

$$\eta' = \frac{1}{\lambda}(\underline{S}_a \eta_a + \underline{S}_b \cdot \eta_b + \underline{S}_c \cdot \eta_c),$$

so ist η' von den bereits aufgetragenen η_o-Linien abzutragen, so daß die Nullinie wagerecht bleibt. In der linken Seitenöffnung ist $\underline{S}_c = + \underline{S}_b$, also ist

$$\eta = (S_b)\left[\frac{\eta_o}{(S_b)} \mp (\eta_b + \eta_c)\right]$$

darzustellen. Das positive Vorzeichen gilt, wenn S_b negativ ist. In den Abb. 271 bis 276 sind die Einflußlinien für die Spannkräfte in einigen wichtigen Gurtungsstäben gezeichnet. Die Einflußlinien des statisch bestimmten Hauptsystems sind gestrichelt. Die Auswertung der Einflußlinien ergibt für die Gurtkräfte über der mittleren Stütze größere, in den Feldern *3* bis *6* dagegen wesentlich kleinere Werte als im statisch bestimmten Hauptsystem. Trotzdem ist eine Änderung der Zahlen $\frac{F_c}{F}$ in dem Teile des Fachwerks zwischen den Knotenpunkten *10* nicht notwendig. Eine gewisse Überschreitung der zugelassenen Spannung in den fraglichen Stäben setzt die Sicherheit des Tragwerkes nicht herab, da nach Überschreitung der Elastizitätsgrenze der Unterschied zwischen dem statisch bestimmten und statisch unbestimmten System mehr und mehr abnimmt. Die Änderung der Querschnitte in den Gurtungen der Felder *3* bis *6* ist nicht von irgendwie beachtenswertem Einfluß.

Eine gleichmäßige Änderung der Temperatur ergibt nach Gleichung IV (20)

$$\delta_{ao} = 0,$$
$$\delta_{bo} = -\varepsilon \cdot t \frac{2 z_o}{l_1}, \qquad l_1 = l - e,$$
$$\delta_{co} = 0,$$

also

$$Y_a = 0, \qquad Y_c = 0. \qquad Y_b = -\varepsilon E \cdot F_c \cdot t \frac{2 z_o}{l_1 \delta'_{bb}}$$

ist zwar von Null verschieden, aber so klein, daß der Einfluß der Temperaturänderung vernachlässigt werden kann. Tritt eine Änderung

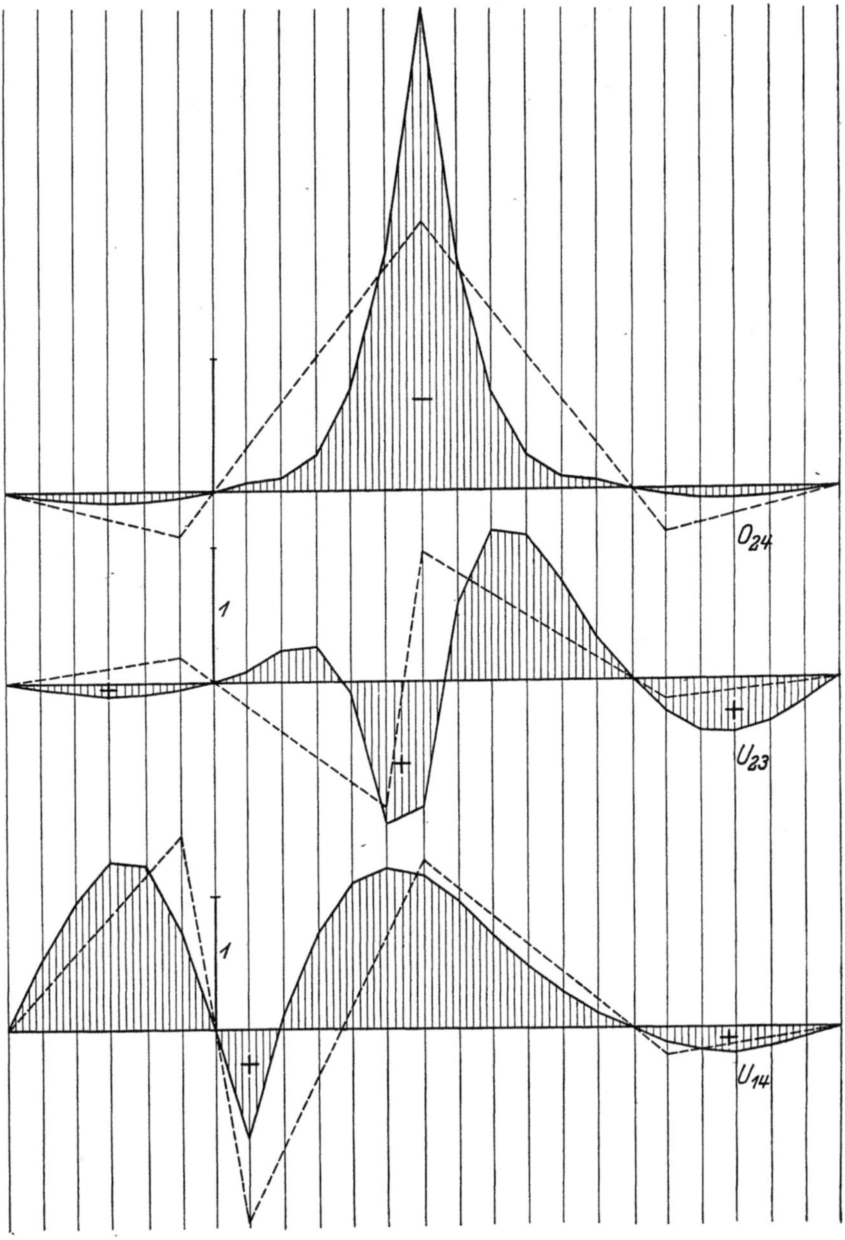

Abb. 271 bis 273.

der Temperatur nur in den Obergurtstäben *13* bis *13* und den Untergurtstäben *15* bis *15* ein, so ist

$$\delta_{ao} = \varepsilon t \sum S_a \cdot s \,,$$
$$\delta_{bo} = \varepsilon \cdot t \sum S_b \cdot s \,,$$
$$\delta_{co} = 0 \,.$$

Die $\sum$ erstrecken sich nur über die genannten Stäbe.

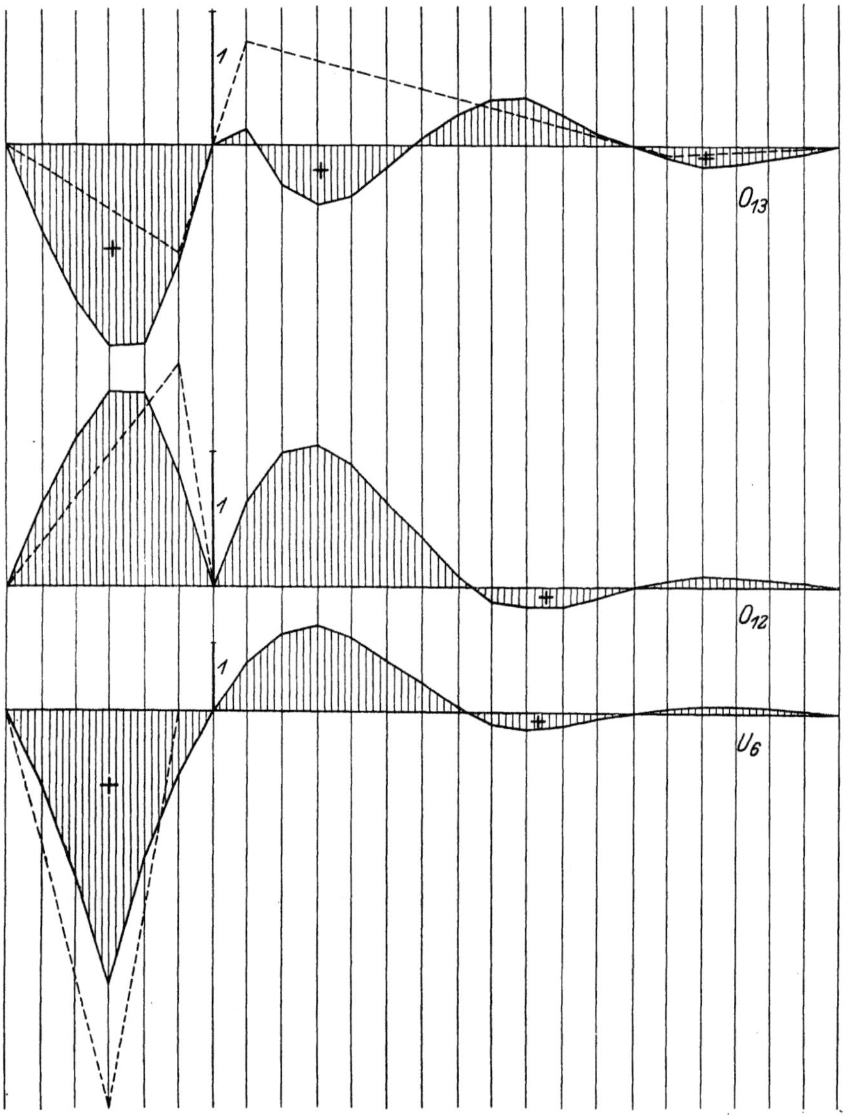

Abb. 274 bis 276.

Aus einer Senkung der Stütze b um δ_b und der Stütze c um δ_c entsteht

$$L_b = -\frac{1}{l_1}(\delta_b + \delta_c)\,,$$

$$L_c = -\frac{1}{l_1}(\delta_b - \delta_c)\left(1 + \frac{2l}{l_0}\right),$$

$$Y_b = \frac{\delta_b + \delta_c}{l_1 \cdot \delta_{bb}}\,, \qquad Y_c = \frac{\delta_b - \delta_c}{l_1 \cdot \delta_{cc}}\left(1 + \frac{2l}{l_0}\right).$$

68. Versteifte Hängebrücke

über drei Öffnungen, deren Kette in den Enden des durchlaufenden Versteifungsträgers verankert ist (Abb. 277). Die Kurve der Kette ist

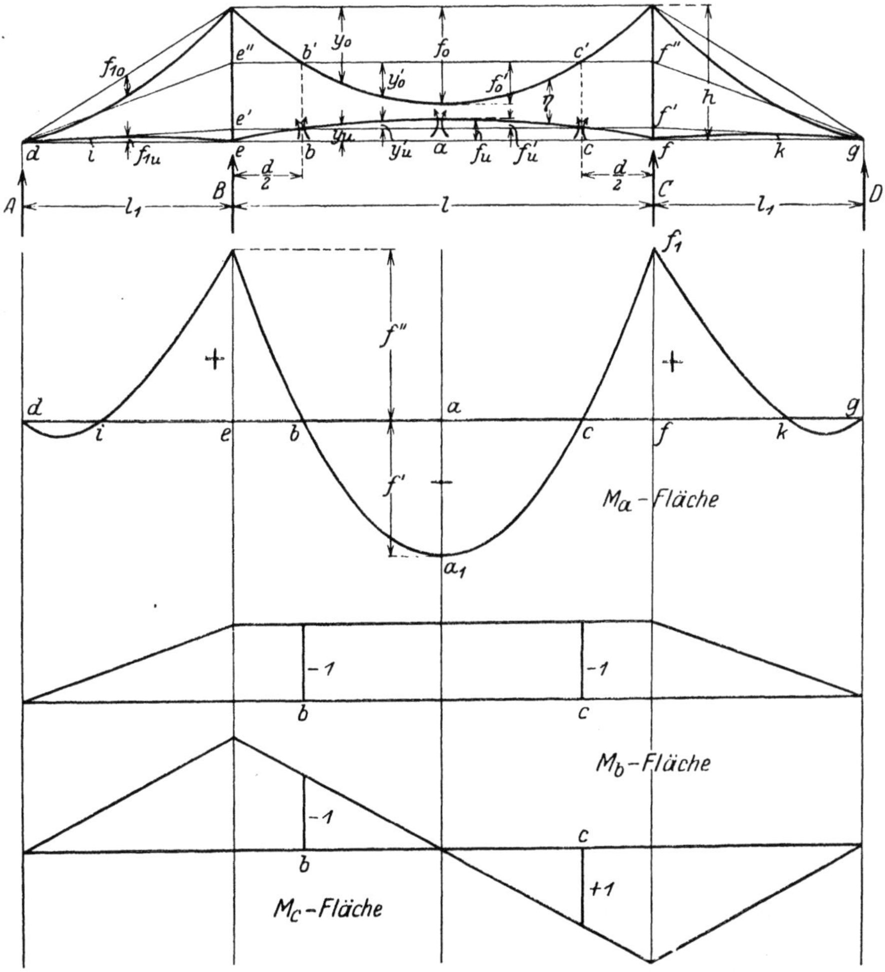

Abb. 277 bis 280.

in jeder Öffnung eine Parabel, desgleichen ist die Achse des vollwandigen Versteifungsträgers parabolisch gekrümmt. Es bezeichne

$$f = f_o + f_u, \qquad f_1 = f_{1o} + f_{1u}$$

und es sei

$$f_1 = \left(\frac{l_1}{l}\right)^2 f.$$

Das statisch bestimmte Hauptsystem wird durch die Gelenke a im Scheitel des Versteifungsträgers, b und c im Abstand $\frac{1}{2} d$ von den Mittelstützen gebildet. Die Momente X_a, X_b, X_c, deren positive Richtung die Abbildung zeigt, werden zu den Gruppen Y_a, Y_b, Y_c nach folgender Tafel zusammengefaßt.

	Y_a	Y_b	Y_c
X_a	$+1$	$+Y_{ab}$	0
X_b	0	$+1$	$+1$
X_c	0	$+1$	-1

Aus $\delta_{ba} = 0$ folgt

$$Y_{ab} = -\frac{\vartheta_{ba} + \vartheta_{ca}}{\vartheta_{aa}}.$$

Zunächst wird der Zähler aus der Arbeitsgleichung für die angenommene Belastung $X_b = -1$, $X_c = -1$, und die Formänderung infolge $Y_a = -1$ berechnet. Zur Darstellung der aus $Y_a = -1$ entstehenden inneren Kräfte werden die Punkte b', c' lotrecht über b, c bestimmt, $b'c'$ bis e'' und f'', bc bis e' und f' sowie de'', de', gf'', gf' gezogen. Die Ordinate der Kette bezogen auf $de''f''g$ ist y'_o mit dem Stich f'_o in a, die Ordinate des Balkens bezogen auf $de'f'g$ ist y'_u mit dem Stich f'_u. Es bezeichne $y' = y'_o + y'_u$, $f' = f'_o + f'_u$, φ den Neigungswinkel der Kette, ψ den des Balkens gegen die Wagerechte, x den Abstand in jeder Öffnung von der linken Stütze.

Aus $Y_a = -1$ entsteht

$$\left.\begin{aligned} &\text{der wagerechte Kettenzug} && H_a = \frac{1}{f'}, \\ &\text{die Kettenkraft} && K_{na} = \frac{1}{f'} \sec\varphi, \\ &\text{im Balken die Normalkraft} && N_a = -\frac{1}{f'} \cos\psi, \\ &\text{das Moment} && M_a = -\frac{y'}{f'}. \end{aligned}\right\} \quad (45)$$

Aus $X_b = -1$, $X_c = -1$ entsteht

$$\left.\begin{aligned} &H'_b = -\frac{1}{f'}, \quad K'_{nb} = -\frac{1}{f'}\sec\varphi, && N'_{nb} = +\frac{1}{f'}\cos\psi \\ &\text{in der Seitenöffnung} && M'_b = -\frac{x}{l_1} + \frac{y'}{f'}, \\ &\text{in der Mittelöffnung} && M'_b = -1 + \frac{y'}{f'}. \end{aligned}\right\} \quad (46)$$

Mithin ist

$$\vartheta'_{ba} + \vartheta'_{ca} = \frac{2}{f' l_1}\int_0^{l_1} x \cdot y' \frac{J_c}{J} ds + \frac{2}{f'}\int_0^{\frac{1}{2}l} y' \cdot \frac{J_c}{J} ds - \frac{2}{f'^2}\int_0^{l_1} y'^2 \cdot \frac{J_c}{J} ds$$

$$- \frac{2}{f'^2}\int_0^{\frac{1}{2}l} y'^2 \frac{J_c}{J} ds - \frac{2}{f'^2}\int_0^{l_1+\frac{1}{2}l} \cos^2\psi \frac{J_c}{F_b} ds - \frac{2}{f'^2}\sum \sec^2\varphi \frac{J_c}{F_k} \cdot s.$$

Die $\sum$ erstreckt sich über die halbe Kette. Die Zugstangen und die Pendelstütze werden vernachlässigt.

$$\vartheta'_{aa} = \frac{2}{f'^2}\left[\int_0^{l_1} y'^2 \frac{J_c}{J} ds + \int_0^{\frac{1}{2}l} y'^2 \cdot \frac{J_c}{J} ds + \int_0^{l_1+\frac{1}{2}l} \cos^2\psi \frac{J_c}{F_b} ds + \sum \sec^2\varphi \frac{J_c}{F_k} \cdot s\right].$$

Die Lage der Gelenke b und c wird so bestimmt, daß $\vartheta'_{ba} + \vartheta'_{ca} = -\vartheta'_{aa}$ ist, dann erhält man $Y_{ab} = 1$. Dazu muß

$$\frac{1}{l_1}\int_0^{l_1} x \cdot y' \cdot \frac{J_c}{J} ds + \int_0^{\frac{1}{2}l} y' \cdot \frac{J_c}{J} ds = 0$$

sein. Über den Querschnitt sei zunächst die Annahme $\frac{J_c}{J\cos\psi} = \text{const} = 1$ getroffen, so daß $\frac{J_c}{J} ds = dx$ wird. In der Mittelöffnung ist $y' = y - f''$ in der Seitenöffnung $y' = y - f''\frac{x}{l_1}$, $f'' = f - f'$ einzuführen;

$$\frac{1}{l_1}\int_0^{l_1} x \cdot y \cdot dx + \int_0^{\frac{1}{2}l} y \cdot dx - f''\left[\frac{1}{l_1^2}\int_0^{l_1} x^2 \cdot dx + \int_0^{\frac{1}{2}l} dx\right] = 0. \quad (47)$$

Mit $y = \frac{4 f_1}{l_1^2} x (l_1 - x)$ bzw. $y = \frac{4 f}{l^2} x (l - x)$ ergibt die Integration

$$\tfrac{1}{3} f_1 \cdot l_1 + \tfrac{1}{3} f \cdot l - f''(\tfrac{1}{3} l_1 + \tfrac{1}{2} l) = 0$$

mit $\frac{f_1}{f} = \left(\frac{l_1}{l}\right)^2$ folgt

$$f'' = 2f \frac{1 + \left(\frac{l_1}{l}\right)^3}{3 + 2\frac{l_1}{l}}. \quad (48)$$

Einer Zunahme des Trägheitsmomentes über den Mittelstützen, die in beiden Öffnungen im Abstand $\frac{1}{2}a$ ausläuft, kann man durch den Ansatz

$$\frac{J_c}{J} ds = \left[1 - b\left(1 - \frac{4x(a-x)}{a^2}\right)\right] dx$$

Rechnung tragen, der in $\frac{1}{2}a$ in $\frac{J_c}{J} ds = dx$ übergeht. Durch die Konstanten b und a kann so eine Anpassung an die vorhandenen Trägheitsmomente in a, e und einem Zwischenpunkt erreicht werden. Der Ansatz läßt sich natürlich noch erweitern, meistens dürfte er jedoch genügen. f'' ist dann aus der Gleichung

$$\frac{1}{3}f_1 l_1 - b\int_0^{\frac{1}{2}a}(l_1 - x')\,y\left[1 - \frac{4x'(a-x')}{a^2}\right]dx' + \frac{1}{3}f\cdot l$$

$$-b\int_0^{\frac{1}{2}a} y\left[1 - \frac{4x(a-x)}{a^2}\right]dx - f''\left\{\frac{1}{3}l_1 - \frac{b}{l_1^2}\int_0^{\frac{1}{2}a}(l_1 - x')^2\left[1 - \frac{4x'(a-x)}{a^2}\right]dx'\right.$$

$$\left.+\frac{1}{2}l - b\int_0^{\frac{1}{2}a}\left[1 - \frac{4x(a-x)}{a^2}\right]dx\right\} = 0$$

zu bestimmen. Führt man y als Parabelordinaten ein und integriert, so ergibt sich

$$f'' = 2f\,\frac{1 + \left(\frac{l_1}{l}\right)^3 - \frac{b}{4}\left(\frac{a}{l}\right)^2\left[\frac{l+l_1}{l} - \frac{3}{5}\frac{a}{l} + \frac{1}{20}\frac{a^2}{l\cdot l_1}\right]}{3 + 2\frac{l_1}{l} - b\frac{a}{l}\left[3 - \frac{1}{2}\frac{a}{l_1} + \frac{1}{20}\left(\frac{a}{l_1}\right)^2\right]}. \tag{49}$$

Mit $\frac{l_1}{l} = \frac{1}{2}$ ergibt sich bei konstanten $\frac{J_c}{J\cos\psi}$

$$f'' = \tfrac{9}{16}f, \qquad f' = \tfrac{7}{16}f$$

und

$$\frac{l-d}{l} = \frac{\sqrt{7}}{4}. \qquad \frac{d}{2} = \frac{l}{2}\cdot 0{,}3385\,.$$

Wird $a = \frac{1}{3}l$ und eine Zunahme des Trägheitsmomentes auf den zweifachen Wert angenommen, so ist $b = \frac{1}{2}$ zu setzen. Es ergibt sich

$$f'' = \frac{9{,}972}{16}f, \qquad f' = \frac{6{,}028}{16}f, \qquad \frac{d}{2} = \frac{l}{2}\cdot 0{,}3861\,.$$

Nimmt das Trägheitsmoment auf das Dreifache zu, so ist $b = \frac{2}{3}$ zu setzen. Es ergibt sich

$$f'' = \frac{10{,}35}{16}f, \qquad f' = \frac{5{,}65}{16}f, \qquad \frac{d}{2} = \frac{l}{2}\cdot 0{,}406\,.$$

Die Lage der Querschnitte b und c ändert sich demnach nicht erheblich. Im Zustand $Y_b = -1$ entsteht, wenn b und c nach vorstehendem bestimmt sind, aus $X_b = -1$, $X_c = -1$: $H_b' = -\frac{1}{f}$, aus $Y_{ab} = -1$: $H_a' = +\frac{1}{f}$, also im ganzen $H_b = 0$. Mithin ist das Moment in allen Punkten der Mittelöffnung $M_b = -1$, in den Seitenöffnungen $M_b = -\frac{x}{l_1}$. Abb. 279 zeigt die M_b-Fläche. Im Zustand $Y_c = -1$ ist $Y_{ac} = 0$, also auch $H_c = 0$. Aus

$$\boldsymbol{X_b = Y_b + Y_c, \qquad X_c = Y_b - Y_c} \tag{50}$$

folgt, daß die in der Kette auftretenden Spannkräfte auf die Momente X_b und X_c ohne Einfluß sind. Die M_a-Linie hat einen Nullpunkt in jeder Seitenöffnung. Aus

$$M_a = -\frac{4 f_1 \cdot x (l_1 - x)}{f' \cdot l_1^2} + \frac{f''}{f'} \frac{x}{l_1},$$

ergibt sich $M_a = 0$ in
$$\frac{x}{l_1} = 1 - \frac{f''}{4 f_1} = \frac{f'}{f}.$$

Für $\frac{J_c}{J \cos\psi} = \text{const}$ ist also $x = \frac{7}{16} l_1$. Daraus folgt, daß das Moment in diesen i und k bezeichneten Punkten

$$\boldsymbol{M} = \boldsymbol{M_0} - \boldsymbol{M_b} \cdot \boldsymbol{Y_b} - \boldsymbol{M_c} \cdot \boldsymbol{Y_c} \tag{51}$$

von der Spannkraft in der Kette ebenfalls unabhängig ist, da M_0 in den Seitenöffnungen das Moment des einfachen Balkens ist. Die Momente in den Querschnitten i, b, c, k haben demnach genau die Werte, die in dem durchlaufenden Balken auf vier lotrechten Stützen ohne Kette auftreten.

Die M_a-Fläche aus $Y_a = -1$ zeigt Abb. 278, in der $f' = -1$ zu setzen ist. Für die Werte der statisch unbestimmten Größen gelten bei unverschieblichen Stützen

$$\left.\begin{aligned} \boldsymbol{Y_a} &= \frac{\delta'_{a0}}{\delta'_{aa}}, \\ \boldsymbol{Y_b} &= \frac{\delta'_{b0}}{\delta'_{bb}}, \\ \boldsymbol{Y_c} &= \frac{\delta'_{c0}}{\delta'_{cc}}. \end{aligned}\right\} \tag{52}$$

Die Nenner sind aus den Arbeitsgleichungen für die angenommene Belastung $Y = -1$ und die Formänderung infolge $Y = -1$ zu berechnen. So ergibt sich

$$\delta'_{aa} = 2\int_0^{l_1 + \frac{1}{2} l} M_a^2 \frac{J_c}{J} ds + 2 H_a^2 \sum \sec^3\varphi \frac{J_c}{F_k} \cdot \lambda + 2 N_a^2 \int_0^{l_1 + \frac{1}{2} l} \cos^2\psi \frac{J_c}{F_b} ds.$$

In der Seitenöffnung wird

$$M_a = \frac{f''}{f' \cdot l_1} x \left[1 - \frac{f}{f'' \cdot l_1} (l_1 - x)\right]$$

in der Mittelöffnung
$$M_a = \frac{f''}{f'} - \frac{4 f}{f' \cdot l^2} x (l - x)$$

eingeführt. Es ist zweckmäßig, die Integration durchzuführen, entweder mit $\frac{J_c}{J \cos\psi} = 1$ oder mit Hilfe des oben gegebenen Ansatzes. In der Kette darf immer $\frac{J_c}{F_k} \sec^3\varphi = i_k^2$ aus dem Kettenquerschnitt über a berechnet und benutzt werden, ebenso im Balken $\frac{J_c}{F_b} \cos\psi = i_b^2$.

Da beide in Betracht kommenden Glieder ohnehin klein sind im Verhältnis zum ersten Glied, ist die etwaige Vernachlässigung ohne Einfluß. Für den Fall $\frac{J_c}{J\cos\varphi} = 1$ ergibt sich nach Ausführung der Integration

$$\delta'_{aa} = \frac{1}{15}\left(\frac{f''}{f'}\right)^2 \left\{l\left[3 - 4\frac{f'}{f''} + 8\left(\frac{f'}{f''}\right)^2\right] + l_1\left[6 - 3\left(\frac{f'}{f''}\right) + \left(\frac{f'}{f''}\right)^2\right]\right\}$$

$$+ \frac{1}{f'^2}(i_k^2 + i_b^2)(l + 2l_1). \tag{53}$$

Unter derselben Voraussetzung kann man nach der Auswertungsformel aus Abb. 279 und 280 sofort hinschreiben

$$\delta'_{bb} = \frac{1}{l_1}\frac{l_1}{2}\frac{2l_1}{3}\cdot 2 + 1\cdot l = \frac{2}{3}l_1 + l, \tag{54}$$

$$\delta'_{cc} = \left[\frac{l}{l-d}\frac{1}{l_1}\frac{l}{l-d}\frac{l_1}{2}\frac{2l_1}{3} + \frac{l}{l-d}\frac{2}{l}\frac{l}{l-d}\frac{l}{4}\frac{2l}{6}\right]2,$$

$$\delta'_{cc} = 2\left(\frac{l}{l-d}\right)^2\left(\frac{1}{3}l_1 + \frac{1}{6}l\right). \tag{55}$$

Die Biegungslinien aus $Y_a = -1$, $Y_b = -1$, $Y_c = -1$ werden aus den w'-Gewichten berechnet. Man erhält für $Y_a = -1$

$$w'_{na} = -\frac{\lambda}{6f'}\left[y'_{n-1}\frac{J_c}{J_n\cdot\cos\psi_n} + 2y'_n\left(\frac{J_c}{J_n\cdot\cos\psi_n} + \frac{J_c}{J_{n+1}\cdot\cos\psi_{n+1}}\right)\right.$$
$$\left. + y'_{n+1}\frac{J_c}{J_{n+1}\cdot\cos\psi_n}\right]$$

und im Gelenk a

$$w'_{aa} = \delta'_{aa} - \tfrac{1}{3}\lambda\left(\frac{y'_{a-1}}{f'} + 2\right).$$

Man könnte auch in den Gelenken b und c ein w'-Gewicht ansetzen. Dieses ist in gleicher Weise wie w'_{aa} aus $\frac{1}{2}(\vartheta'_{ba} + \vartheta'_{ca}) = -\frac{1}{2}\vartheta'_{aa} = -\frac{1}{2}\delta'_{aa}$ zu berechnen. Für $Y_b = -1$ ergibt sich in der Seitenöffnung

$$w'_{nb} = -\frac{\lambda}{6}\left[\frac{(n-1)\lambda}{l_1}\frac{J_c}{J_n\cos\psi_n} + 2\frac{n\lambda}{l_1}\left(\frac{J_c}{J_n\cdot\cos\psi_n} + \frac{J_c}{J_{n+1}\cdot\cos\psi_{n+1}}\right)\right.$$
$$\left. + \frac{(n+1)\lambda}{l_1}\frac{J_c}{J_{n+1}\cdot\cos\psi_{n+1}}\right],$$

für die Mittelöffnung

$$w'_{nb} = -\frac{\lambda}{2}\left(\frac{J_c}{J_n\cos\psi_n} + \frac{J_c}{J_{n+1}\cdot\cos\psi_{n+1}}\right).$$

Für $Y_c = -1$ gilt in beiden Öffnungen

$$w'_{nc} = \mp\frac{\lambda}{6}\frac{l}{l-d}\left[\frac{(n-1)\lambda}{l_1}\frac{J_c}{J_n\cdot\cos\psi_n} + 2\frac{n\lambda}{l_1}\left(\frac{J_c}{J_n\cdot\cos\psi_n} + \frac{J_c}{J_{n+1}\cdot\cos\psi_{n+1}}\right)\right.$$
$$\left. + \frac{(n+1)\lambda}{l_1}\frac{J_c}{J_{n+1}\cdot\cos\psi_{n+1}}\right],$$

wobei in der Mittelöffnung l_1 durch $\frac{1}{2}l$ zu ersetzen und die Knotenpunkte von a aus nach beiden Seiten zu zählen sind. Für $\frac{J_c}{J \cdot \cos\psi} = \text{const}$ werden die Formeln sehr einfach und bequem.

Die Ordinaten der Biegungslinien δ'_m berechnet man zuerst für alle Punkte der Seitenöffnungen als Momente des einfachen Balkens durch zwei Additionsreihen in Tabellenform. Sodann erhält man die Ordinaten für den Kragarm eb bzw. fc, indem man sie auf die Gerade durch den Stützpunkt und den letzten Punkt der Seitenöffnung bezieht, wie in Nr. 68 für Punkt *10* gezeigt ist. So findet man schließlich die Durchbiegungen in b und c. Für alle Punkte der Strecke bc werden die Ordinaten wieder als Momente des einfachen Balkens berechnet, und zu den so gefundenen Werten die Ordinaten der Geraden addiert, die durch die Verschiebungen in b und c festgelegt ist.

Aus den Ordinaten der Biegungslinien ergeben sich die Ordinaten der Einflußlinien durch Teilung durch δ'_{rr}. Wenn man $\frac{J_c}{J\cos\psi}$ als Funktion von x ausdrückt, insonderheit also im Falle eines konstanten Wertes, kann man die Ordinaten δ'_m mit Hilfe der Arbeitsgleichung für die angenommene Belastung $P_m = 1$ und die jeweils zutreffende Formänderung durch Integration auch als Funktion von x darstellen. Die so abgeleiteten Formeln sind jedoch nicht so einfach, daß sich die Zahlenrechnung dadurch günstiger gestaltet. Die Berechnung aus den w'-Gewichten ergibt im Gegenteil eine bequemere Auswertung.

Der Horizontalzug der Kette ist, da $H_b = 0$, $H_c = 0$ ist

$$\boldsymbol{H} = \boldsymbol{H}_o - \frac{1}{f'} \cdot \boldsymbol{Y}_a. \tag{56}$$

Nach Gleichung 37, S. 73, ist $H_o = \frac{M_{1a}}{f'}$, wenn M_{1a} das Moment im Punkte a des Gelenkträgers mit den Gelenken b und c bezeichnet. Demnach entsteht durch Lasten auf den Strecken db und cg $H_o = 0$ und

$$H = -\frac{1}{f'} \cdot Y_a.$$

Auf der Strecke bc ist die Einflußlinie H_o ein Dreieck mit der Spitze unter a und der Ordinate $\frac{l-d}{4f'}$. Im Abstand e von b ist die Ordinate demnach $\eta_o = \frac{e}{2f'}$, und die Ordinate der Einflußlinie für H

$$\eta = \frac{1}{f'}\left(\frac{1}{2}e - \eta_a\right),$$

$$\eta_a = \frac{\delta'_{ma}}{\delta'_{aa}}.$$

Für δ'_{ma} soll ein Ausdruck aus der Arbeitsgleichung für die angenommene Belastung $\overline{P}_m = 1$ und die Formänderung infolge $Y_a = -1$ aufgestellt werden. $\overline{P}_m = 1$ erzeugt

$$\overline{H} = \frac{e}{2f'}, \qquad \overline{M} = \overline{M}_1 - \frac{e \cdot y'}{2f'},$$

wenn $\overline{M}_1$ das Moment des Gelenkträgers mit den Gelenken in b und c ist. Mithin ergibt sich

$$\delta'_{ma} = -\frac{1}{f'}\int \overline{M}_1 \cdot y' \cdot \frac{J_c}{J} ds + \frac{e}{2f'^2}\left[\int y'^2 \cdot \frac{J_c}{J} ds + \int \cos^2\psi \frac{J_c}{F_b} ds + \sum \sec^3\varphi \frac{J_c}{F_k}\lambda\right],$$

$$\delta'_{ma} = -\frac{1}{f'}\int \overline{M}_1 \cdot y' \cdot \frac{J_c}{J} ds + \frac{e}{2}\delta'_{aa},$$

$$\eta_a = -\frac{\int \overline{M}_1 \cdot y' \cdot \frac{J_c}{J} ds}{f' \cdot \delta'_{aa}} + \frac{1}{2} e .$$

Demnach wird

$$\eta = \frac{\int \overline{M}_1 \cdot y' \cdot \frac{J_c}{J} ds}{f'^2 \cdot \delta'_{aa}} . \tag{57}$$

Da für die Seitenöffnungen $\eta = -\frac{1}{f'}\eta_a$, andererseits $\frac{1}{2}e$ auch in der Formel für η_a fortfällt, gilt der für η gefundene Ausdruck für das ganze Tragwerk. Der Nenner $f'^2 \cdot \delta'_{aa}$ ist δ'_{hh} aus $H = -1$, wenn die M_h-Fläche aus der M_a-Fläche durch Wahl des Maßstabes $f' = f'$ abgeleitet wird. Demnach ist der Kettenzug derselbe, der in dem einfach statisch unbestimmten System mit den Gelenken in b und c auftritt.

Eine gleichmäßige Temperaturänderung ergibt, wenn der Wärmebeiwert ε für die Pendelstützen derselbe ist wie für die Kette, Balken und Hängestangen nach Gleichung IV (20) $Y_a = 0$, $Y_b = 0$, $Y_c = 0$. Tritt nun in der Kette eine Erhöhung der Temperatur um $t°$ ein, so entsteht

$$Y_a = \varepsilon t \frac{\sum \sec^2\varphi \cdot \lambda}{f' \cdot \delta'_{aa}}, \qquad Y_b = 0, \qquad Y_c = 0\,[1]).$$

69. Der eingespannte Stabzug.

Drei verschiedene Gliederungen des statisch bestimmten Hauptsystems sind möglich. Die Gestalt des Stabzuges und die Lage der Lasten bestimmen die für die Rechnung vorwiegend geeignete Bauart.

---

[1]) Schachenmeier, W.: Beitrag zur Theorie der Hängebrücke mit aufgehobenem Horizontalzug. Z. V. D. I. 1915, S. 437, 485. Die Gelenke b und c werden über den Stützen angeordnet. Die Durchbiegung wird untersucht.

a) Der Portalrahmen (Abb. 281). Das statisch bestimmte Hauptsystem wird durch Einschaltung von 3 Gelenken, a in Riegelmitte, b und c in den Pfosten, gebildet. Die letzteren werden in den Punkten gewählt, in denen das Moment 0 entsteht, wenn bei geradlinigem Verlauf der Momente der Kopfpunkt des Pfostens keine wagerechte Verschiebung erfährt. Der Voraussetzung gemäß ist die Momentenfläche ein verschränktes Trapez, der Nullpunkt teile die Höhe in die Strecken h_u und h_o. Dann wird die gestellte Bedingung nach dem Satz über die elastischen Gewichte erfüllt, wenn das statische Moment der verzerrten Momentenfläche in bezug auf die Riegelachse $= 0$ ist. Dazu müssen h_o und h_u die Gleichung:

$$+\, h_o \int_0^h y\,(h-y)\,d\,y' - h_u \int_0^h (h-y)^2\,d\,y' = 0$$

erfüllen. Mithin ergibt sich:

$$\frac{h_o}{h_u} = \frac{\int_0^h (h-y)^2\,d\,y'}{\int_0^h y\,(h-y)\,d\,y'}\,.$$

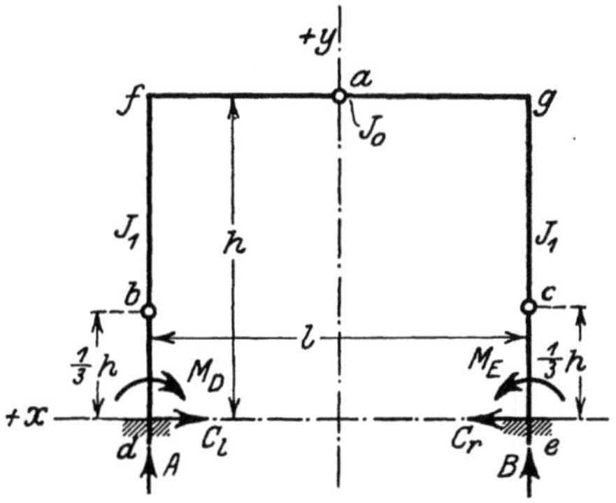

Abb. 281.

Ist das Trägheitsmoment der Pfosten konstant, was im folgenden vorausgesetzt sei, so wird $\frac{h_o}{h_u} = 2$. Die Punkte b und c werden also in $^1/_3$ der Höhe gewählt. Als statisch unbestimmte Größen werden, um Elastizitätsgleichungen mit je einer Unbekannten zu erhalten, 3 Gruppen der in den Punkten a, b, c wirkenden Momente X_a, X_b, X_c gewählt, die durch folgende Tafel bestimmt sind:

	Y_a	Y_b	Y_c
Y_a	1	Y_{ab}	0
Y_b	0	+1	+1
Y_c	0	+1	−1

Die statisch unbestimmten Größen Y erfüllen die Bedingungen $\delta_{ca} = 0$, $\delta_{cb} = 0$. Y_{ab} ist so zu bestimmen, daß auch $\delta_{ba} = 0$ wird.

$$\delta_{ba} = Y_{ab} \cdot \vartheta_{aa} + 1\,\vartheta_{ba} + 1\,\vartheta_{ca} = 0\,.$$

Infolge der für die Punkte b und c gewählten Lage in $^1/_3\,h$ wird aber $\vartheta_{ba} + \vartheta_{ca} = 0$, also $\delta_{ba} = 0$ durch $Y_{ab} = 0$ erfüllt. Durch diese Wahl der Punkte b und c ist also erreicht, daß die Beiwerte der statisch unbestimmten Größen keiner Berechnung bedürfen.

Infolge $Y_a = -1$ entstehen die Momente, deren Vorzeichen durch einen Augenpunkt im Inneren festgelegt ist:

$$M_a = +\frac{1}{2}\left(1 - 3\frac{y}{h}\right), \text{ also im Riegel } M_a = -1,$$

infolge: $Y_b = -1$,

$$M_b = -1{,}5\left(1 - \frac{y}{h}\right), \text{ also im Riegel } M_b = 0,$$

infolge: $Y_c = -1$,

$$M_c = -\frac{2x}{l}, \text{ also im linken Pfosten } M_c = -1,$$

im rechten Pfosten $M_c = +1$. Abb. 282 a, b, c zeigen die Momentenflächen. Aus den Abb. a und b ist sofort ersichtlich, daß $\delta_{ba} = 0$ ist.

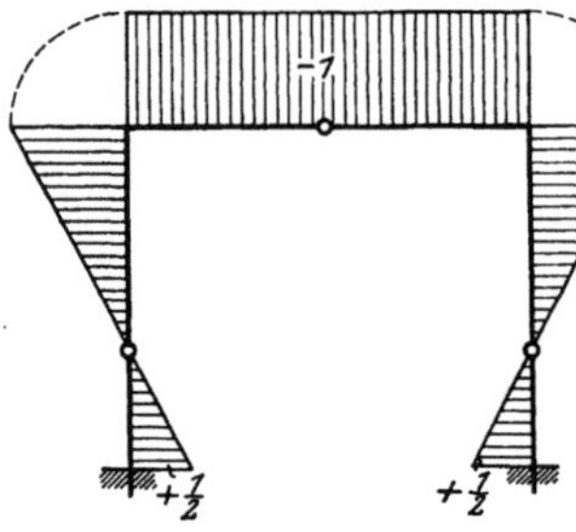

Abb. 282 a.

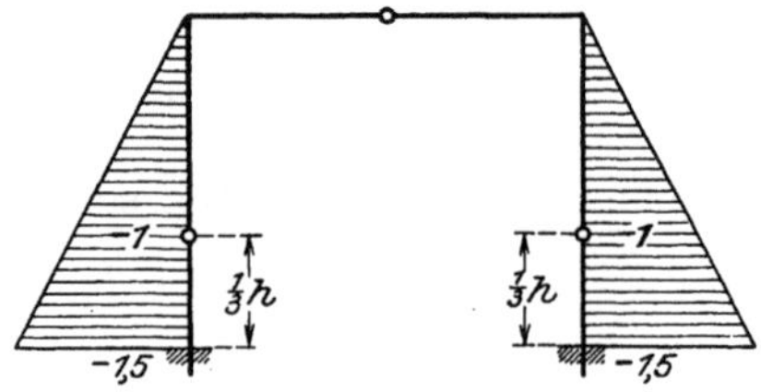

Abb. 282 b.

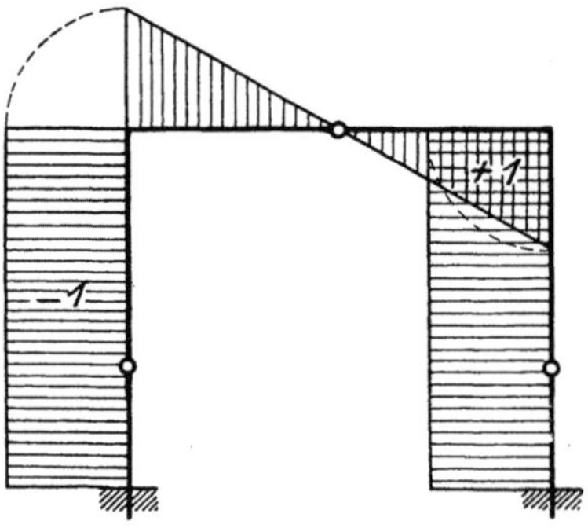

Abb. 282 c.

Denn die Auswertung von:

$$\delta_{ba} = \int M_a \cdot M_b \cdot \frac{ds}{EJ}$$

ergibt für den Riegel den Wert 0 und für jeden Pfosten ein Integral, welches dem statischen Moment des verschränkten Trapezes der M_a-Fläche in bezug auf die Riegelachse bzw. dem statischen Moment des Dreiecks der M_b-Fläche in bezug auf die Wagerechte durch den Nullpunkt des verschränkten Trapezes proportional ist. Da dieser Nullpunkt in $^1/_3\,h$ liegt, fällt der Schwerpunkt des Trapezes in den Riegel und der Schwerpunkt des Dreiecks in die Wagerechte durch den Nullpunkt. Da die Abb. a und b symmetrisch, die Abb. c dagegen antisymmetrisch in bezug auf die lotrechte Mittelachse sind, erhellt ohne weiteres, daß $\delta_{ca} = \delta_{cb} = 0$ ist.

Jede der drei Elastizitätsgleichungen enthält nur eine Unbekannte. Mithin ergibt sich

$$\left.\begin{aligned} Y_a &= \frac{\delta'_{a0} - E \cdot J_c \cdot L_a}{\delta'_{aa}}, \\ Y_b &= \frac{\delta'_{b0} - E \cdot J_c \cdot L_b}{\delta'_{bb}}, \\ Y_c &= \frac{\delta'_{c0} - E \cdot J_c \cdot L_c}{\delta'_{cc}}. \end{aligned}\right\} \tag{58}$$

Zunächst werden die Nenner mit Hilfe der Arbeitsgleichung berechnet. Nach dieser ist

$$\delta'_{aa} = \int M_a^2\, ds' = \frac{1}{4}\int\left(1 - 3\,\frac{y}{h}\right)^2 ds' = \frac{9}{4\,h^2}\int(\tfrac{1}{3}\,h - y)^2\, ds'.$$

Das Integral ist das Trägheitsmoment der elastischen Gewichte ds' in bezug auf die Achse $b-c$, d. i.

$$\left.\begin{aligned} \delta'_{aa} &= \frac{9}{4\,h^2}\left[2\,\frac{h'}{3}\left(\frac{8}{27}\,h^2 + \frac{1}{27}\,h^2\right) + \frac{4}{9}\,l'\,h^2\right] = \frac{1}{2}h' + l', \\ \delta'_{bb} &= \int M_b^2\, ds' = 2{,}25\int\left(1 - \frac{y}{h}\right)^2 ds' = \frac{2{,}25}{h^2}\int(h - y)^2\, ds'. \end{aligned}\right\} \tag{59}$$

Das Integral ist das Trägheitsmoment der elastischen Gewichte ds' in bezug auf die Riegelachse, d. i.

$$\left.\begin{aligned} \delta'_{bb} &= \frac{2{,}25}{h^2}\cdot\frac{2\cdot h^2\cdot h'}{3} = 1{,}5\,h', \\ \delta'_{cc} &= \int M_c^2\, ds' = \frac{4}{l^2}\int x^2\, ds'. \end{aligned}\right\} \tag{60}$$

Das Integral ist das Trägheitsmoment der elastischen Gewichte ds' in bezug auf die lotrechte Mittelachse, d. i.

$$\delta'_{cc} = \frac{4}{l^2}\left[2\,h'\,\frac{l^2}{4} + \frac{l'\,l^2}{12}\right] = 2\,h' + \frac{1}{3}\,l'. \tag{61}$$

Die im Zähler stehenden Verschiebungen infolge der Belastung oder einer Temperaturänderung werden gleichfalls aus den Arbeitsgleichungen für $Y_a = -1$, $Y_b = -1$, $Y_c = -1$ berechnet.

Lotrechte Belastung des Riegels. Die Gelenkdrücke in b seien R_b, H in c, R_c, H bezeichnet, und die Richtung der Drücke auf die oberen Pfostenstücke R_b, R_c sei positiv nach oben, H nach innen wirkend. P_{la} seien die Lasten links, P_{ra} die Lasten rechts von a.

$$R_b = \frac{1}{l}\sum P\cdot b, \qquad R_c = \frac{1}{l}\sum P\cdot a,$$

$$H = \frac{\sum P_{la}\cdot a + \sum P_{ra}\cdot b}{2\cdot\frac{2}{3}\,h}.$$

Die Momente M_0 sind in den Pfosten

$$M_0 = -H\left(y - \tfrac{1}{3}h\right)$$

im Punkte x des Riegels

$$M_0 = \mathfrak{M}_0 - H \cdot \tfrac{2}{3}h\,,$$

wenn $\mathfrak{M}_0$ das Moment des einfachen Balkens von der Stützweite l im Punkte x bezeichnet, also durch

$$\mathfrak{M}_0 = \frac{l+2x}{2l}\sum P_l \cdot a + \frac{l-2x}{2l}\sum P_r \cdot b$$

definiert ist. Abb. 283 zeigt die M_0-Fläche, für jeden Pfosten ein verschränktes Trapez mit den Nullpunkten in b und c, für den Riegel ein mit der Polweite 1 zu den Lasten gezeichnetes Seileck, dessen Ordinaten in den Ecken $= -H \cdot \frac{2}{3}h$, in Punkt $a = 0$ sind. Da für $x = \pm\frac{1}{2}l$, $\mathfrak{M}_0 = 0$ ist, kann für alle Punkte des Rahmens

$$M_0 = \mathfrak{M}_0 - H\left(y - \tfrac{1}{3}h\right)$$

gesetzt werden. Mithin ergibt sich

$$\delta'_{a0} = \int M_0 \cdot M_a \cdot ds'\,,$$

$$\delta'_{a0} = -\frac{3}{2h}\int \mathfrak{M}_0 \cdot \left(y - \tfrac{1}{3}h\right) ds' + H\frac{3}{2h}\int \left(y - \tfrac{1}{3}h\right)^2 ds'\,.$$

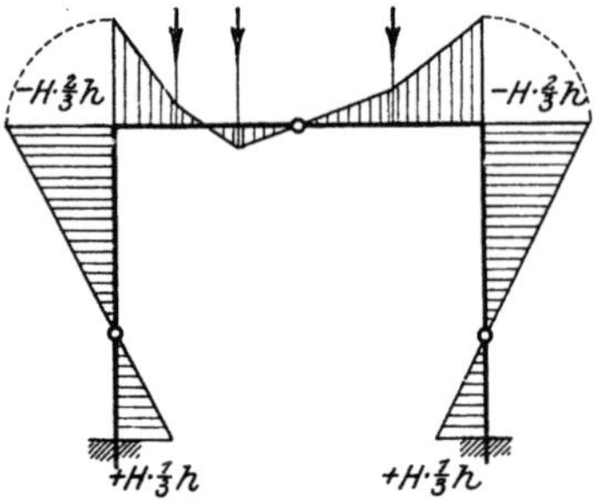

Abb. 283.

Da

$$\delta'_{aa} = \frac{9}{4h^2}\int \left(y - \tfrac{1}{3}h\right)^2 ds'$$

ist, so folgt

$$\delta'_{a0} = -\int_{-\frac{l}{2}}^{+\frac{l}{2}} \mathfrak{M}_0 \cdot dx' + H\,\tfrac{2}{3}h \cdot \delta'_{aa}$$

und weiter

$$\boldsymbol{Y_a = -\frac{F'_0}{\frac{1}{2}h' + l'} + H \cdot \frac{2}{3}h}\,, \qquad (62)$$

wenn $F'_0 = \int_{-\frac{l}{2}}^{+\frac{l}{2}} \mathfrak{M}_0 \cdot dx'$ den Flächeninhalt der verzerrten $\mathfrak{M}_0$-Fläche bezeichnet.

$$\delta'_{b0} = \int M_0 \cdot M_b \cdot ds'\,.$$

Das Integral beschränkt sich auf die Pfosten, da M_b für den Riegel $= 0$ ist. Da aber die M_0-Fläche der Pfosten ein verschränktes Trapez mit dem Nullpunkt in $\frac{1}{3}h$ und die M_b-Fläche ein Dreieck ist, dessen Spitze im oberen Eckpunkt liegt, wird das Integral aus den oben dargelegten Gründen auch für die Pfosten zu 0. Also folgt $\delta'_{b0} = 0$ und damit

$$\boldsymbol{Y_b = 0}\,.$$

$$\delta'_{c0} = \int M_0 \cdot M_c \cdot ds'\,,$$

$$\delta'_{c0} = -\frac{2}{l}\int \mathfrak{M}_0 \cdot x \cdot ds' + \frac{2H}{l}\int \left(y - \tfrac{1}{3}h\right) x \cdot ds'\,.$$

Das zweite Integral ist das statische Moment einer zur Y-Achse symmetrischen Fläche in bezug auf die Symmetrieachse. Mithin ist es $= 0$ und

$$\delta'_{c0} = -\frac{2}{l}\int_{-\frac{l}{2}}^{+\frac{l}{2}} \mathfrak{M}_0 \cdot x \cdot dx' .$$

Es wird der Schwerpunkt der verzerrten $\mathfrak{M}_0$-Fläche bestimmt. Sein Abstand von der Y-Achse sei x_0, positiv im Sinne der positiven X-Achse.

Dann ergibt sich $$Y_c = -\frac{2 F'_0 \cdot x_0}{l\left(2h' + \frac{1}{3}l'\right)} . \qquad (63)$$

Die Formeln für δ'_{a0} und δ'_{b0} können nach Zerlegung der M_0-Fläche in die $\mathfrak{M}_0$- und H-Fläche auch nach der Auswertungsformel angeschrieben werden. Nunmehr können die Momente des statisch unbestimmten Systems angegeben werden. Sie sind

im Punkte f: $$M = -H \cdot \tfrac{2}{3} h + Y_a + Y_c ,$$
$$M = -F'_0 \left[\frac{1}{\frac{1}{2}h' + l'} + \frac{1}{2h' + \frac{1}{3}l'} \cdot \frac{2x_0}{l}\right];$$

im Punkte g: $$M = -H \cdot \tfrac{2}{3} h + Y_a - Y_c ,$$
$$M = -F'_0 \left[\frac{1}{\frac{1}{2}h' + l'} - \frac{1}{2h' + \frac{1}{3}l'} \cdot \frac{2x_0}{l}\right];$$

im Punkte d: $$M = +H \cdot \tfrac{1}{3} h - \tfrac{1}{2} Y_a + Y_c ,$$
$$M = +F'_0 \left[\frac{1}{h' + 2l'} - \frac{1}{2h' + \frac{1}{3}l'} \cdot \frac{2x_0}{l}\right];$$

im Punkte e: $$M = -H \cdot \tfrac{1}{3} h - \tfrac{1}{2} Y_a - Y_c ,$$
$$M = +F'_0 \left[\frac{1}{h' + 2l'} + \frac{1}{2h' + \frac{1}{3}l'} \cdot \frac{2x_0}{l}\right].$$

Durch die Momente in f und g sind auch die Momente in allen Punkten des Riegels bestimmt.

$$M_x = \mathfrak{M}_0 + M_f \frac{l + 2x}{2l} + M_g \frac{l - 2x}{2l} .$$

Die M-Fläche ist für jeden Pfosten ein verschränktes Trapez, dessen Nullpunkt im linken Pfosten gegen b um

$$\tfrac{1}{3} h \frac{h' + 2l'}{2h' + \frac{1}{3}l'} \cdot \frac{2x_0}{l}$$

nach unten und im rechten Pfosten gegen c um dieselbe Strecke nach oben verschoben ist.

Wagerechte Last W in irgendeinem Riegelpunkt. Im statisch bestimmten Hauptsystem entstehen die Gelenkdrücke

$$R_b = -W\frac{2h}{3l}, \qquad R_c = +W\frac{2h}{3l}, \qquad H_b = -\tfrac{1}{2}W, \qquad H_c = \tfrac{1}{2}W$$

und die Momente

$$M_0 = \mp W\frac{2h}{3l}\left(\frac{l}{2} - x\right) \pm \tfrac{1}{2}W\left(y - \tfrac{1}{3}h\right).$$

Das obere Vorzeichen gilt für die linke, das untere für die rechte Systemhälfte, wenn x als absoluter Wert behandelt wird.

$$M_0 = \pm W\left[\frac{2h}{3l}x - \tfrac{1}{2}(h - y)\right].$$

Abb. 284 zeigt die M_0-Fläche. Da sie antisymmetrisch zur Y-Achse ist, während die M_a- und M_b-Flächen symmetrisch zu dieser sind, folgt sofort

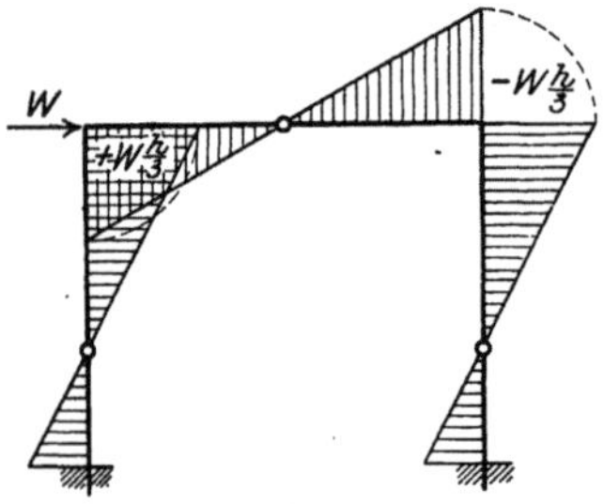

Abb. 284.

$$\delta'_{a0} = 0, \quad \delta'_{b0} = 0,$$
$$Y_a = 0, \quad Y_b = 0,$$
$$\delta'_{c0} = \int M_0 \cdot M_c \cdot ds',$$

d. i. nach der Auswertungsformel

$$\delta'_{c0} = -\frac{Wh}{3}\left(\tfrac{1}{2}h' + \tfrac{1}{3}l'\right)$$

und

$$Y_c = -\frac{1}{3}Wh\frac{l' + \frac{3}{2}h'}{l' + 6h'}. \tag{64}$$

Die Momente des statisch unbestimmten Systems sind:

in Punkt f: $M = \dfrac{Wh}{3}\left[1 - \dfrac{l' + \frac{3}{2}h'}{l' + 6h'}\right] = \dfrac{Wh}{2}\cdot\dfrac{3h'}{l' + 6h'}$,

in Punkt g: $M = -\dfrac{Wh}{2}\cdot\dfrac{3h'}{l' + 6h'}$,

in Punkt d: $M = -\dfrac{Wh}{6}\left[1 + \dfrac{2l' + 3h'}{l' + 6h'}\right] = -\dfrac{Wh}{2}\,\dfrac{l' + 3h'}{l' + 6h'}$,

in Punkt e: $M = +\dfrac{Wh}{2}\,\dfrac{l' + 3h'}{l' + 6h'}$.

Die M-Flächen der Pfosten sind verschränkte Trapeze, deren Nullpunkte gegen b und c um $h\dfrac{2l' + 3h'}{3(l' + 6h')}$ nach oben verschoben sind. Die M-Fläche des Riegels hat wie die M_0-Fläche den Nullpunkt in Riegelmitte. Solange die Normalkräfte unberücksichtigt bleiben können, ist eine Verschiebung der Last W in der Riegelachse ohne Einfluß auf die Momente. Daraus folgt bei Beachtung der für lotrechte Lasten durchgeführten Rechnung, daß bei beliebig gerichteter Belastung des Riegels allein Y_b stets $= 0$ ist, so daß nur zwei statisch unbestimmte Größen zu berechnen sind. Im Falle einer horizontalen Belastung eines Pfostens, die nicht am Kopfende angreift, ist die getroffene Wahl des statisch bestimmten Hauptsystems weniger zweckmäßig.

Der Rahmen erfahre die in Nr. 65a bezeichnete Temperaturänderung. Aus den Arbeitsgleichungen für $Y_a = -1$, $Y_b = -1$ folgt

$$\delta_{at} = \varepsilon t \int N_a \cdot ds - \varepsilon \frac{\Delta t}{a} \int M_a \cdot ds .$$

Nun ist für den Pfosten $N_a = 0$, für den Riegel $N_a = -\frac{3}{2h}$,

$$\delta_{at} = -\frac{3\varepsilon t_0}{2h} \int_{-\frac{l}{2}}^{+\frac{l}{2}} dx + \varepsilon \frac{\Delta t_0}{a_0} \int_{-\frac{l}{2}}^{+\frac{l}{2}} dx - \varepsilon \frac{\Delta t_1}{a_1} \int_0^h \left(1 - 3\frac{y}{h}\right) dy ,$$

$$\delta_{at} = \varepsilon \left[l \left(-\frac{3t_0}{2h} + \frac{\Delta t_0}{a_0} \right) + \frac{\Delta t_1}{a_1} \frac{h}{2} \right],$$

$$\delta_{bt} = \varepsilon t \int N_b ds - \varepsilon \frac{\Delta t}{a} \int M_b ds .$$

Für die Pfosten ist $N_b = 0$, für den Riegel $N_b = +\frac{3}{2h}$,

$$\delta_{bt} = \varepsilon t_0 \frac{3}{2h} \int_{-\frac{l}{2}}^{+\frac{l}{2}} dx + 3 \cdot \varepsilon \frac{\Delta t_1}{a_1} \int_0^h \left(1 - \frac{y}{h}\right) dy ,$$

$$\delta_{bt} = \varepsilon \left[t_0 \frac{3l}{2h} + \frac{\Delta t_1}{a_1} \frac{3h}{2} \right].$$

Aus der Arbeitsgleichung für $Y_c = -1$ folgt $\delta_{ct} = 0$, da die Formänderung der Stabelemente symmetrisch zur Y-Achse angenommen ist, während die Momente M_c antisymmetrisch zu dieser sind. Mithin ergibt sich

$$Y_a = +\varepsilon \cdot E \cdot J_c \frac{l \left(-\frac{3t_0}{2h} + \frac{\Delta t_0}{a_0} \right) + \frac{\Delta t_1}{a_1} \frac{h}{2}}{l' + \frac{1}{2} h'} ,$$

$$Y_b = +\varepsilon \cdot E \cdot J_c \frac{t_0 \frac{3l}{2h} + \frac{\Delta t_1}{a_1} \frac{3h}{2}}{1{,}5 h'} ,$$

$$Y_c = 0 .$$

Im statisch unbestimmten System entstehen die Momente

im Riegel: $M = +Y_a$,

in den Pfosten: $M = \frac{1}{2} Y_a \left(3\frac{y}{h} - 1\right) + 1{,}5\, Y_b \left(1 - \frac{y}{h}\right)$.

Stützenverschiebungen. Die Einspannung im Stützpunkt d drehe sich rechtslaufend um τ_l, im Stützpunkte e linkslaufend um τ_r, ferner verschiebe sich d um c_l' nach unten und um c_l'' wagerecht nach links, der Stützpunkt e um c_r' nach unten und um c_r'' wagerecht nach rechts. Zur Berechnung von L_a, L_b, L_c müssen die Stützkräfte infolge $Y_a = -1$, $Y_b = -1$, $Y_0 = -1$ angegeben werden. Es ist

$$A_a = 0\,, \qquad B_a = 0\,, \qquad C_{la} = C_{ra} = \frac{3}{2h}\,,$$

$$A_b = 0\,, \qquad B_b = 0\,, \qquad C_{lb} = C_{rb} = -\frac{3}{2h}\,,$$

$$A_c = +\frac{2}{l}\,, \quad B_c = -\frac{2}{l}\,, \quad C_{lc} = C_{rc} = 0\,.$$

Mithin folgt unter Beachtung des Umstandes, daß das Einspannungsmoment in d rechtsdrehend, in e linksdrehend positiv bezeichnet ist,

$$L_a = \tfrac{1}{2}(\tau_l + \tau_r) - \frac{3}{2h}(c_l'' + c_r'')\,,$$

$$L_b = -1{,}5\,(\tau_l + \tau_r) + \frac{3}{2h}(c_l'' + c_r'')\,,$$

$$L_c = -\tau_l + \tau_r - \frac{2}{l}(c_l' - c_r')\,,$$

$$Y_a = -\frac{E J_c \cdot L_a}{l' + \frac{1}{2}h'}\,,$$

$$Y_b = -\frac{E J_c \cdot L_b}{1{,}5\, l'}\,,$$

$$Y_c = -\frac{E J_c \cdot L_c}{\frac{1}{3}l' + 2h'}\,.$$

Elastische Formänderungen. Nach Ermittlung der Momente und Normalkräfte des statisch unbestimmten Systems ergibt sich jede Formänderungsgröße desselben aus der Arbeitsgleichung für die jeweils geeignete angenommene Belastung und den zu untersuchenden Verschiebungszustand. Dabei kann — vgl. Nr. 47 — der angenommenen Belastung jedes mögliche statisch bestimmte System unterworfen werden. Die Wahl wird zweckmäßig so getroffen, daß die Rechnung sich möglichst einfach gestaltet.

Handelt es sich um die Biegungslinie des Riegels, so sind drei Gelenke so einzuschalten, daß der Riegel zum Balken auf zwei Stützen wird, also etwa in f, g, b. Durch die lotrechte Last 1 im Punkte ζ entstehen dann die Momente $\overline{M} = \frac{\frac{1}{2}l + \zeta}{l} \cdot (\frac{1}{2}l - x)$ links von ζ und $\overline{M} = \frac{\frac{1}{2}l - \zeta}{l} \cdot (\frac{1}{2}l + x)$ rechts von ζ. Danach folgt aus der Arbeitsgleichung die Ordinate der Biegungslinie

$$1 \cdot \delta = \frac{\frac{1}{2}l + \zeta}{l} \int\limits_{\frac{1}{2}l}^{\frac{1}{2}l - \zeta} \left(\frac{M_x}{E J_r} - \varepsilon \frac{\Delta t_0}{a_0}\right) (\tfrac{1}{2}l - x) \cdot dx$$

$$+ \frac{\frac{1}{2}l - \zeta}{l} \int\limits_{\frac{1}{2}l}^{\frac{1}{2}l + \zeta} \left(\frac{M_x}{EJ} - \varepsilon \frac{\Delta t_0}{a_0}\right) (\tfrac{1}{2}l + x)\, dx\,.$$

Der Vergleich der Formel mit der Gleichung III (33) — S. 253 — zeigt, daß die Ordinate der Biegungslinie des Riegels nach dem Verfahren Mohrs als Moment des einfachen Balkens, erzeugt durch die Belastung $\frac{M_x}{E J_r} - \varepsilon \frac{\Delta t_0}{a_0}$ für die Längenheit, berechnet werden kann.

Es sei die Drehung der Tangente an die Stabachse im Punkte g —α— zu berechnen. Das statisch bestimmte System wird wieder durch die drei Gelenke f, g, b gebildet. Die zur Berechnung einzuführende Belastungseinheit der Geraden kann ebensowohl dem Ende der Riegelachse wie dem Ende der Pfostenachse zugewiesen werden, da beide Stabelemente dieselbe Drehung erfahren. Wird die erste Belastung gewählt, so entstehen im Riegel die Momente $\overline{M} = \frac{1}{l} \cdot (\frac{1}{2}l - x)$, während in den Pfosten $\overline{M} = 0$ ist. Mithin lautet die Arbeitsgleichung

$$1 \cdot \alpha = \frac{1}{l} \int\limits_{\frac{1}{2}l}^{\frac{1}{2}l} \left[\frac{M_x}{E J_r} - \varepsilon \frac{\Delta t_0}{a_0}\right] (\tfrac{1}{2}l - x)\, dx\,.$$

Die rechte Seite der Gleichung ist der Auflagendruck der gedachten Belastung $\left[\frac{M_x}{E \cdot J} - \varepsilon \frac{\Delta t_0}{a_0}\right]$ im rechten Stützpunkt des einfachen Balkens. Mithin kann das Mohrsche Verfahren auch im vorliegenden Falle angewendet werden. Wird die Belastungseinheit der Geraden dem obersten Stabelement des Pfostens zugewiesen, so entstehen im linken Pfosten und im Riegel die Momente $\overline{M} = 0$, im rechten Pfosten $\overline{M} = -1$. Die Arbeitsgleichung lautet

$$1 \cdot \alpha = -\int\limits_0^h \left[\frac{M_y}{EJ} - \varepsilon \frac{\Delta t_1}{a_1}\right] dy\,.$$

Sie ist meist einfacher auszuwerten als die erste Gleichung.

Es sei die nach rechts gerichtete, wagerechte Verschiebung eines Punktes der Riegelachse infolge lotrechter, zur Y-Achse unsymmetrisch gruppierter Lasten gesucht. Wenn Normalkräfte unberücksichtigt bleiben dürfen, kann das statisch bestimmte System durch die Gelenke f, g, e oder d, f, g gebildet werden. Im ersten Falle entstehen im linken Pfosten die Momente $\overline{M} = -1\,(h - y)$, im Riegel und rechten Pfosten $\overline{M} = 0$.

Mit
$$M = -H_0(y - \tfrac{1}{3}h) + Y_a \frac{3}{2\,h}(y - \tfrac{1}{3}h) + Y_c$$
ergibt sich
$$1 \cdot \delta = -\frac{1}{EJ}\int\limits_0^h \left[-H_0(y - \tfrac{1}{3}h) + Y_a \frac{3}{2\,h}(y - \tfrac{1}{3}h) + Y_c\right](h - y)\,dy\,.$$
Das Integral ist das statische Moment der M-Fläche in bezug auf die Riegelachse, wie auch aus dem Satze über die elastischen Gewichte gefolgert werden kann. Da die H- und Y_a-Flächen in b einen Nullpunkt haben, ist das bezeichnete statische Moment dieser Flächen $= 0$. Also wird
$$1\,\delta = -\frac{1}{EJ}\int\limits_0^h Y_c\,(h - y)\,dy = -Y_c \frac{h^2}{2\,EJ}\,.$$

Werden die Gelenke in d, f, g gewählt, so entstehen die Momente $\overline{M} = 0$ im linken Pfosten und Riegel, im rechten Pfosten $\overline{M} = +1\,(h - y)$. Ferner ist im rechten Pfosten
$$M = -H\,(y - \tfrac{1}{3}h) + Y_a \frac{3}{2\,h}(y - \tfrac{1}{3}h) - Y_c\,.$$
Die beiden ersten Glieder sind aus dem angegebenen Grunde wieder ohne Einfluß, daher ergibt sich
$$\underline{1\,\delta} = -\frac{1}{EJ}\int\limits_0^h Y_c\,(h - y)\,dy\,.$$
Auf die horizontale Verschiebung δ sind H und Y_a in jedem Falle ohne Einfluß. Die Verschiebung ist, wenn $Y_b = 0$ ist, nur von Y_c abhängig, und die abgeleitete Formel gilt demnach bei beliebiger Richtung der am Riegel angreifenden Lasten.

b) Der vieleckige Stabzug der in Abb. 285 dargestellten Bauart[1]). Das System ist statisch dem behandelten Portalrahmen gleichartig. Die Untersuchung wird jedoch zweckmäßig mit Hilfe eines anderen statisch bestimmten Hauptsystems durchgeführt. Das statisch bestimmte Hauptsystem wird durch Einschaltung von Gelenken in den Stützpunkten und Beseitigung der wagerechten Stütze in a gebildet.

[1]) Müller-Breslau, H.: Die neueren Methoden der Festigkeitslehre. 4. Aufl., S. 122.

Es ist also statisch von der Art des einfachen Balkens. Die statischen Größen der überzähligen Glieder sind die Momente X_a, X_b und die wagerechte Stützkraft X_c. Als statisch unbestimmte Größen werden Gruppen von X_a, X_b, X_c eingeführt, die so gebildet werden, daß die Eigenschaften des elastischen Schwerpunktes zur Erzielung von Verschiebungszuständen gegenseitiger Unabhängigkeit ausgenutzt werden.

Zu jeder dieser Gruppen, die Y_a, Y_b, Y_c bezeichnet seien, gehören bestimmte Werte der Stützkräfte A, B, C des statisch bestimmten Hauptsystems, da jeder statisch unbestimmten Größe ein Gleichgewichtszustand der äußeren Kräfte entsprechen muß. Setzt man in jeder Gruppe A, X_a, X_c einerseits und B, C, X_b andererseits zu einer Resultierenden zusammen, so haben diese gleiche Lage und Größe, aber entgegengesetzte Richtung. Sie müssen, damit die Verschiebungszustände voneinander unabhängig sind, folgende sein:

a) je ein Moment Y_a;

b) je eine durch den elastischen Schwerpunkt gehende Kraft beliebiger Richtung Y_b;

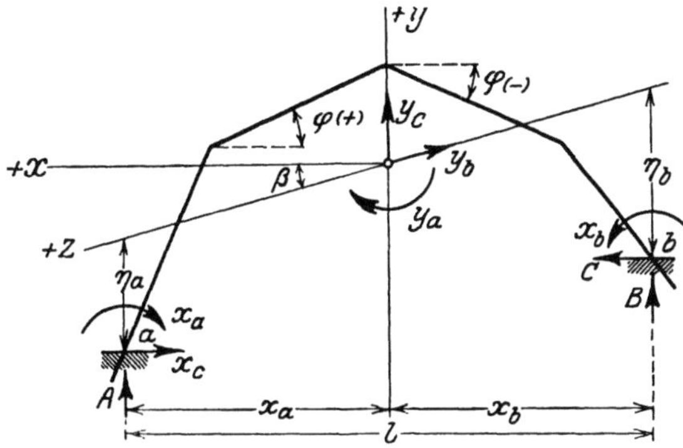

Abb. 285.

c) je eine durch den elastischen Schwerpunkt gehende Kraft, Y_c, deren Kraftlinie in die der Kraftlinie von Y_b zugeordnete Achse fällt. Die Abbildung zeigt die als positiv festgesetzten Richtungen von Y_a, Y_b, Y_c als der Resultierenden der Stützkräfte des linken Stützpunktes A, X_a, X_c. Die Kraftlinie von Y_b ist der lotrechten zugeordnet gewählt. In dem bezeichneten rechtwinkligen Koordinatensystem x, y ist also

$$\operatorname{tg}\beta = -\frac{\int x \cdot y \cdot ds'}{\int x^2 \, ds'}.$$

Die Kraftlinie von Y_c fällt in die lotrechte. Zur Gruppe Y_a gehören die sechs statischen Größen $A = 0$, $X_c = 0$, $X_a = Y_a$; $B = 0$, $C = 0$, $X_b = Y_a$. Zur Gruppe Y_b gehören

$$A = Y_b \sin\beta, \quad X_c = Y_b \cdot \cos\beta, \quad X_a = Y_b \cdot \eta_a \cdot \cos\beta,$$

$$B = -Y_b \sin\beta, \quad C = Y_b \cos\beta, \quad X_b = Y_b \cdot \eta_b \cdot \cos\beta.$$

Zur Gruppe Y_c gehören

$$A = +Y_c, \quad X_c = 0, \quad X_a = -Y_c \cdot x_a,$$

$$B = -Y_c, \quad C = 0, \quad X_b = +Y_c \cdot x_b.$$

Demnach sind die statischen Größen des statisch unbestimmten Systems

$$\left.\begin{aligned}
A &= A_0 + Y_b \sin\beta + Y_c, \\
B &= B_0 - Y_b \cdot \sin\beta - Y_c, \\
C &= C_0 + Y_b \cdot \cos\beta, \\
X_a &= Y_a + Y_b \cdot \eta_a \cdot \cos\beta - Y_c x_a, \\
X_b &= Y_a + Y_b \cdot \eta_b \cdot \cos\beta + Y_c \cdot x_b, \\
X_c &= Y_b \cdot \cos\beta .
\end{aligned}\right\} \qquad (65)$$

Ferner im Punkte x, y der Stabzugachse

$$\begin{aligned}
M &= M_0 + Y_a - Y_b (y \cdot \cos\beta + x \sin\beta) - Y_c \cdot x, \\
N &= N_0 - Y_b \cos(\varphi - \beta) - Y_c \cdot \sin\varphi .
\end{aligned}$$

Aus den Eigenschaften des elastischen Schwerpunktes (Nr. 52, S. 257) folgt nun sofort $\delta_{ab} = \delta_{ac} = \delta_{bc} = 0$. Mithin enthält jede Elastizitätsgleichung nur eine Unbekannte.

$$\left.\begin{aligned}
Y_a &= \frac{\delta'_{a0} - E \cdot J_c \cdot L_a}{\delta'_{aa}}, \\
Y_b &= \frac{\delta'_{b0} - E \cdot J_c \cdot L_b}{\delta'_{bb}}, \\
Y_c &= \frac{\delta'_{c0} - E \cdot J_c \cdot L_c}{\delta'_{cc}}.
\end{aligned}\right\} \qquad (66)$$

Die Werte der Nenner ergeben sich aus dem Satz über die elastischen Gewichte. δ'_{aa} ist die gegenseitige Drehung zweier Geraden, δ'_{bb} und δ'_{cc} sind die gegenseitigen Verschiebungen zweier Punkte. Die Richtung der Formänderung fällt bei allen drei Größen in die Richtung der sie erzeugenden statischen Größe 1.

$$\left.\begin{aligned}
\delta'_{aa} &= \int ds' = G, \\
\delta'_{bb} &= \int (y \cos\beta + x \sin\beta)^2 \, ds', \\
\delta'_{bb} &= \int y^2 \, ds' \cdot \cos^2\beta - \int x^2 \cdot ds' \sin^2\beta = T_x \cdot \cos^2\beta - T_y \cdot \sin^2\beta, \\
\delta'_{cc} &= \int x^2 \cdot ds' = T_y .
\end{aligned}\right\} \qquad (67)$$

G ist das elastische Gewicht des Stabzuges, T_x das Trägheitsmoment der elastischen Gewichte ds' in bezug auf die x-Achse, T_y das Trägheitsmoment in bezug auf die y-Achse.

Lasten verschiedener Richtung. Die Stützkräfte, Normalkräfte und Momente des statisch bestimmten Hauptsystems werden nach den auf Seite 89, 90 gegebenen Formeln aufgestellt. Sodann ergeben sich die Formänderungsgrößen δ'_{a0}, δ'_{b0}, δ'_{c0} wiederum aus dem Satz über die elastischen Gewichte. Danach ist $-\delta'_{a0}$ gleich der Summe der M_0fachen elastischen Gewichte ds', δ'_{b0} und δ'_{c0} gleich den statischen Momenten der M_0fachen elastischen Gewichte ds' in bezug auf die Z- bzw. Y-Achse.

$$\left.\begin{aligned} \delta'_{a0} &= -\int M_0 \cdot ds' = -F'_0\,, \\ \delta'_{b0} &= \int M_0 (y\cos\beta + x\sin\beta)\, ds' = \mathfrak{S}'_{0x} \cdot \cos\beta + \mathfrak{S}'_{0y} \sin\beta\,, \\ \delta'_{c0} &= \int M_0 \cdot x \cdot ds' = \mathfrak{S}'_{0y}\,, \end{aligned}\right\} \quad (68)$$

$$\left.\begin{aligned} Y_a &= -\frac{F'_0}{G}\,, \\ Y_b &= +\frac{\mathfrak{S}'_{0x}\cos\beta + \mathfrak{S}'_{0y} \cdot \sin\beta}{T_x \cdot \cos^2\beta - T_y \sin^2\beta}\,, \\ Y_c &= \frac{\mathfrak{S}'_{0y}}{T_y}\,. \end{aligned}\right\} \quad (69)$$

Die entwickelten Formeln gelten allgemein für jede Form des Stabzuges und jede beliebige Belastung. Man kann sie von den hier gewählten positiven Richtungen der Größen Y und der Koordinatenachsen unabhängig machen und im einzelnen schnell entscheiden, ob eine Last einen positiven oder negativen Wert Y erzeugt, wenn man beachtet, daß jedes Y der Verschiebung δ_0 in Richtung $Y = -1$ proportional ist, und das Vorzeichen von δ_0 durch die diesbezügliche Regel des Satzes über die elastischen Gewichte bestimmt ist. Diese Regel schreibt das positive Vorzeichen vor, wenn die als drehende Bewegung um den Ort des elastischen Gewichtes aufgefaßte Verschiebung und das Moment M_0 den gleichen Drehungssinn haben. Im vorliegenden Falle muß danach F'_0 das negative, $\mathfrak{S}'_{0x}$ und $\mathfrak{S}'_{0y}$ das positive Vorzeichen erhalten.

Zur Auswertung der Integrale wird zweckmäßig das in Nr. 65 b dargestellte graphische Verfahren angewendet. Danach werden die verzerrten Momentenflächen gezeichnet, ferner wird der Flächeninhalt und Schwerpunkt derselben für jeden Stabteil mit gerader Achse bestimmt und der Schwerpunkt auf die zugehörige Stabachse projiziert.

Temperaturänderungen. Die Temperaturen ändern sich in den äußersten Punkten jedes Querschnittes um t', in den innersten Punkten um t''. Die Höhe des Querschnittes sei a. In der Stabachse trete die Änderung t_0 ein, im übrigen verlaufen sie linear zwischen t' und t'' und es sei $t' - t'' = \Delta t$ bezeichnet. δ_{at}, δ_{bt}, δ_{ct} werden aus den Arbeitsgleichungen für $Y_a = -1$, $Y_b = -1$, $Y_c = -1$ berechnet.

$$\delta_{at} = \varepsilon \int \frac{\Delta t}{a}\, ds\,,$$

$$\delta'_{bt} = \varepsilon \sum t_0 s \cdot \cos(\varphi - \beta) - \varepsilon \int \frac{\Delta t}{a} (y\cos\beta + x\sin\beta)\, ds\,,$$

$$\delta'_{ct} = +\varepsilon \sum t_0 s \sin\varphi - \varepsilon \int \frac{\Delta t}{a} \cdot x \cdot ds\,.$$

Stützenverschiebungen. Die Arbeitswerte L_a, L_b, L_c sind wie unter a) zu berechnen.

Nach Ermittlung der statisch unbestimmten Größen können alle statischen Größen des statisch unbestimmten Systems nach den Formeln (65) angegeben werden.

c) Der Rahmen mit zwei lotrechten Pfosten und schrägem Riegel (Abb. 286). Greifen die Lasten an dem Riegel an, so ist die Rechnung am zweckmäßigsten nach dem unter b) dargestellten Verfahren durchzuführen. Handelt es sich jedoch um eine Belastung der lotrechten Pfosten, so gestaltet sich die Rechnung durch eine andere Wahl des statisch bestimmten Hauptsystems einfacher. Die Untersuchung darf auf horizontale Lasten beschränkt werden, da lotrechte Lasten nur einen lotrechten Auflagerdruck am Fuß des belasteten Pfostens und Normalkräfte in dem belasteten Pfostenstück aber keine statisch unbestimmten Größen erzeugen, sofern der Einfluß der Normalkräfte auf die Formänderung vernachlässigt werden darf. An dem in Abb. 286 dargestellten dreistäbigen Rahmen mögen die Lasten am linken Pfosten angreifen. Das statisch bestimmte Hauptsystem wird durch Entfernung der Einspannung und der beiden Stützen im Stützpunkt b gebildet. Die überzähligen statischen Größen sind das linksdrehend positive Moment X_a und die Stützkräfte X_b, X_c. Im Stützpunkt a wirken die statischen Größen des statisch bestimmten Hauptsystems, das Moment M_{A0} und die Stützkräfte A_0, C_0.

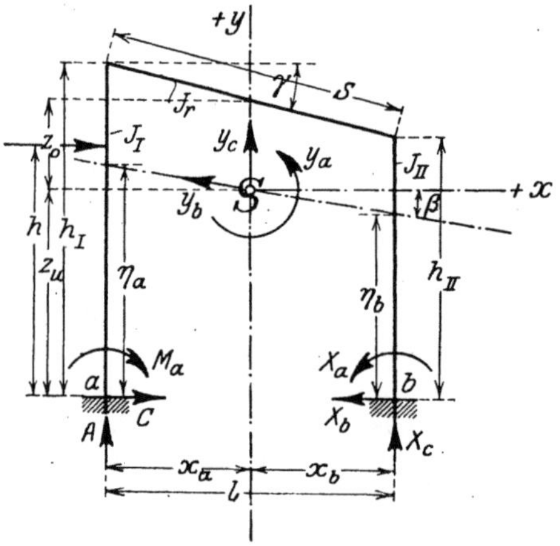

Abb. 286.

Als statisch unbestimmte Größen werden wiederum drei Gruppen von X_a, X_b, X_c eingeführt, die so zu bilden sind, daß die Eigenschaften des elastischen Schwerpunktes zur Erzielung von Verschiebungszuständen gegenseitiger Unabhängigkeit ausgenutzt werden. Das wird durch folgende Gruppen erreicht.

Gruppe	Y_a:	$X_a = Y_a$,	$X_b = 0$,	$X_c = 0$.
,,	Y_b:	$X_a = Y_b \cdot \eta_b \cdot \cos\beta$,	$X_b = Y_b \cdot \cos\beta$,	$X_c = Y_b \sin\beta$.
,,	Y_c:	$X_a = -Y_c \cdot x_b$,	$X_b = 0$	$X_c = Y_c$.

Der Winkel β ist bestimmt durch

$$\operatorname{tg}\beta = -\frac{\int x \cdot y \cdot ds'}{\int x^2\, ds'}.$$

Die Resultierende von X_a, X_b, X_c der Gruppe Y_b ist die gegen die Wagerechte unter β geneigte Kraft Y_b, deren Lage um $\eta_b \cos\beta$ gegen den Punkt b nach oben verschoben ist. Die Resultierende derselben Kräfte der Gruppe Y_c ist die lotrechte Kraft Y_c, deren Lage gegen Punkt b nach links um x_b verschoben ist. η_b und x_b werden so gewählt, daß beide Kräfte durch den elastischen Schwerpunkt gehen. Ihre Kraftlinien fallen in einander zugeordnete Achsen. Mithin ist

$$\delta_{ba} = 0\,, \qquad \delta_{ca} = 0\,, \qquad \delta_{cb} = 0\,.$$

Infolge $Y_a = -1$ entsteht

$$A_a = 0\,, \quad C_a = 0\,, \quad M_{Aa} = -1\,, \quad M_a = -1\,, \quad N_a = 0;$$

infolge $Y_b = -1$.

$$A_b = +1 \sin\beta\,, \quad C_b = -1\cos\beta\,, \quad M_{Ab} = -1\cdot\eta_a\cos\beta\,,$$
$$N_b = +1\cos(\varphi+\beta)\,, \quad M_b = +y\cos\beta + x\sin\beta;$$

infolge $Y_c = -1$,

$$A_c = +1\,, \quad C_c = 0\,, \quad M_{Ac} = -1\cdot x_a\,,$$
$$N_c = -1\sin\varphi\,, \quad M_c = +1\cdot x\,.$$

Danach sind die statischen Größen des statisch unbestimmten Systems

$$\left.\begin{aligned}
A &= A_0 - Y_b\sin\beta - Y_c\,,\\
C &= C_0 + Y_b\cos\beta\,,\\
M_A &= M_{A0} + Y_a + Y_b\cdot\eta_a\cos\beta + Y_c\cdot x_a\,,\\
&\text{die Normalkräfte im linken Pfosten:}\\
N &= N_0 + Y_b\sin\beta + Y_c\,,\\
&\text{im rechten Pfosten:}\\
N &= N_0 - Y_b\sin\beta - Y_c\,,\\
&\text{im Riegel: } N = N_0 - Y_b\cos(\gamma-\beta) - Y_c\sin\gamma;\\
&\text{die Momente}\\
M &= M_0 + Y_a - Y_b(y\cdot\cos\beta + x\sin\beta) - Y_c\cdot x\,.
\end{aligned}\right\} \tag{70}$$

Aus den Elastizitätsgleichungen folgt

$$\left.\begin{aligned}
Y_a &= \frac{\delta'_{a0}}{\delta'_{aa}}\\
Y_b &= \frac{\delta'_{b0}}{\delta'_{bb}}\\
Y_c &= \frac{\delta'_{c0}}{\delta'_{cc}}
\end{aligned}\right\} \tag{71}$$

Nach dem Satz über die elastischen Gewichte ist

$$\left.\begin{aligned}
\delta'_{aa} &= \int ds' = G\\
\delta'_{bb} &= T_x\cos^2\beta - T_y\sin^2\beta\,,\\
\delta'_{cc} &= T_y\,.
\end{aligned}\right\} \tag{72}$$

$$\left.\begin{aligned}
\delta'_{a0} &= -\int M_0\,ds' = -F'_0\,,\\
\delta'_{b0} &= \int M_0(y\cos\beta + x\sin\beta)\,ds' = \mathfrak{S}'_{0x}\cos\beta + \mathfrak{S}'_{0y}\sin\beta\,,\\
\delta'_{c0} &= \int M_0\cdot x\cdot ds' = \mathfrak{S}'_{0y}\,.
\end{aligned}\right\} \tag{73}$$

Die vorstehenden Formeln gelten offensichtlich für jede Form des Stabzuges. Im vorliegenden Falle ergeben sich aus ihnen folgende, in den Abmessungen des Stabzuges ausgedrückte Formeln. Es bezeichnen

$$h_I' = h_I \frac{J_c}{J_I}, \qquad h_{II}' = h_{II} \frac{J_c}{J_{II}}, \qquad s' = s \frac{J_c}{J_r}.$$

Dann ist

$$G = h_I' + h_{II}' + s', \tag{74}$$

$$x_a = \frac{l(2h_{II}' + s')}{2G}, \qquad x_b = \frac{l(2h_I' + s')}{2G},$$

$$z_u = \frac{h_I \cdot h_I' + h_{II} \cdot h_{II}' + (h_I + h_{II})s'}{2G}, \qquad z_0 = \frac{h_I \cdot h_I' + h_{II} \cdot h_{II}'}{2G},$$

$$T_x = T_{ab} - G z_n^2,$$

wenn T_{ab} das Trägheitsmoment in bezug auf die Achse a—b bezeichnet

$$T_x = \tfrac{1}{3} h_I^2 h_I' + \tfrac{1}{3} h_{II}^2 \cdot h_{II}' + \tfrac{1}{3}(h_I^2 + h_I \cdot h_{II} + h_{II}^2)s' - G \cdot z_u^2,$$

$$T_y = h_I' \cdot x_a^2 + h_{II}' \cdot x_b^2 + \tfrac{1}{3}(x_a^2 - x_a \cdot x_b + x_b^2)s',$$

$$Z_{xg} = \int x \cdot y \cdot ds' = h_I' \cdot x_a (z_u - \tfrac{1}{2} h_I) - h_{II}' \cdot x_b (z_u - \tfrac{1}{2} h_{II})$$
$$+ s' [\tfrac{1}{2}(x_b - x_a) z_0 - \tfrac{1}{3}(x_a^2 - x_a \cdot x_b + x_b^2) \operatorname{tg} \gamma].$$

Daraus ergeben sich durch Umformung die für die Rechnung bequemeren Ausdrücke

$$\left.\begin{aligned} T_x &= G\left[z_u\left(\frac{2}{3}(h_I + h_{II}) - z_u\right) - \frac{1}{3} h_I \cdot h_{II}\right], \\ T_y &= \frac{l}{2}\left[\frac{1}{6} l \cdot s' + h_I' \cdot x_a + h_{II}' \cdot x_b\right], \\ Z_{xy} &= +\frac{1}{2} h_I' \cdot h_{II} \cdot x_a - \frac{1}{2} h_{II}' \cdot h_I \cdot x_b - \frac{1}{12} s' l (h_I - h_{II}). \end{aligned}\right\} \tag{75}$$

Die wagerechte Last W, in Höhe h angreifend, erzeugt im statisch bestimmten Hauptsystem

$$A_0 = 0, \qquad C_0 = -W, \qquad M_{A0} = - W \cdot h$$

im linken Pfosten $z_u > -y$, $y < h - z_u$, $M_0 = -W(h - z_u - y)$, in allen anderen Teilen des Systems $M_0 = 0$. Die Momente M_0 ergreifen also nur das Pfostenstück zwischen Punkt a und dem Angriffspunkt der Last. Die M_0-Fläche ist ein Dreieck von der Höhe h und der Basis $-Wh$. Mithin ergibt sich

$$F_0' = -\tfrac{1}{2} W h h',$$

$$\mathfrak{S}_{0x} = \tfrac{1}{2} W \cdot h h' (z_u - \tfrac{1}{3} h),$$

$$\mathfrak{S}_{0y} = \tfrac{1}{2} W \cdot h h' \cdot x_a.$$

$$\left.\begin{aligned} Y_a &= \frac{W \cdot h \cdot h'}{2G}, \\ Y_b &= \frac{1}{2} W \cdot h \cdot h' \frac{\left(z_u - \frac{1}{3} h\right)\cos\beta + x_a \sin\beta}{T_x \cdot \cos^2\beta - T_y \sin^2\beta}, \\ Y_c &= \frac{1}{2} W \cdot h \cdot h' \frac{x_a}{T_y}. \end{aligned}\right\} \tag{76}$$

Die Frage des Vorzeichens soll noch unabhängig vom Koordinatensystem nach der Regel des Satzes über die elastischen Gewichte geprüft werden. Sofern der Schwerpunkt der M_0-Fläche tiefer liegt als der elastische Schwerpunkt $(z_u - \frac{1}{3}h) > 0$, sind die Momente aus $Y_a = -1$, $Y_b = -1$, $Y_c = -1$ für diesen Punkt am rechten Stabteil rechtsdrehend, M_0 ist gleichfalls rechtsdrehend, mithin ergeben sich für Y_a, Y_b, Y_c positive Werte.

Werden Y_a und Y_c zu einer Resultierenden zusammengesetzt, so hat ihre Kraftlinie von der Y-Achse den Abstand $x_0 = +\dfrac{T_y}{G \cdot x_a}$. Die Resultierende der drei statischen Größen Y_a, Y_b, Y_c geht also durch den Punkt der Kraftlinie y_b mit den Koordinaten

$$x_0 = \frac{T_y}{G \cdot x_a}, \qquad y_0 = -\frac{Z_{xy}}{G \cdot x_a},$$

die von der Größe und Lage der Kraft W unabhängig sind.

Es sei noch der Einfluß eines Momentes $W \cdot e$ untersucht, welches am Kopf des linken Pfostens rechtsdrehend angreift. Das Moment erzeugt im Riegel und rechten Pfosten des statisch bestimmten Hauptsystems keine Momente oder Normalkräfte. Im linken Pfosten entsteht $M_0 = -W \cdot e$, $N_0 = 0$. Die M_0-Fläche ist also ein Rechteck von der Breite $-W \cdot e$ und der Länge h_I. Da für ihren Schwerpunkt, falls $z_u - \frac{1}{2}h > 0$ ist, die Momente aus $Y_a = -1$, $Y_b = -1$, $Y_c = -1$ denselben Drehungssinn haben wie M_0, entstehen positive Werte Y_a, Y_b, Y_c.

$$\left.\begin{aligned} Y_a &= \frac{W \cdot e \cdot h_I'}{G}, \\ Y_b &= W \cdot e \cdot h_I' \frac{(z_0 - \frac{1}{2}h_I)\cos\beta + x_a \sin\beta}{T_x \cdot \cos^2\beta - T_y \cdot \sin^2\beta}, \\ Y_c &= W \cdot e\, h_I' \frac{x_a}{T_y}. \end{aligned}\right\} \tag{77}$$

Die Resultierende der drei statischen Größen geht wieder durch den Punkt mit den Koordinaten y_0, x_0, deren Werte oben angegeben sind.

d) Eine allgemeine Beziehung gilt für die Mfachen elastischen Gewichte ds' des dreifach statisch unbestimmten Stabzuges beliebiger Form, wenn die Momente M des statisch unbestimmten Systems allein durch Lasten ohne Temperaturänderungen und Stützenverschiebungen erzeugt werden. Um diese Eigenschaft abzuleiten, sei das statisch bestimmte Hauptsystem durch Beseitigung der Einspannung und der Stützkräfte in einem der beiden Stützpunkte — z. B. b — gebildet. Ist nun das statisch bestimmte Hauptsystem durch irgendwelche Lasten und die drei überzähligen statischen Größen belastet, so erfüllt es voraussetzungsgemäß die Auflagerbedingungen des gegebenen, statisch unbestimmten Systems nämlich: die totale Verschiebung des Punktes b ist $= 0$ und die Drehung des Querschnittes in b

ist $=0$. Durch Punkt b seien zwei beliebige Achsen verschiedener Richtung x, y gelegt, und die rechtwinkligen Abstände der Punkte der Systemachse von diesen Achsen mit x', y' bezeichnet. Dann ist

$$\delta_{bx} = 0\,, \qquad \delta_{by} = 0\,, \qquad \tau_b = 0\,.$$

Nach dem Satz über die elastischen Gewichte ist aber

$$\delta'_{bx} = \int M \cdot x' \cdot ds'\,, \qquad \delta'_{by} = \int M y' \cdot ds'\,, \qquad \tau_b = \int M \cdot ds'\,.$$

Also ergibt sich

$$\int M \cdot x' \cdot ds' = 0\,, \qquad \int M \cdot y' \cdot ds' = 0\,, \qquad \int M \cdot ds' = 0\,.$$

Daraus folgt weiter, daß das statische Moment der Mfachen elastischen Gewichte für jede beliebige andere Achse in der Systemebene $= 0$ ist. Die gefundene Eigenschaft ist dieselbe, die für den geschlossenen Stabzug in Nr. 60b auf andere Weise abgeleitet ist, sowie analog der des einfach statisch unbestimmten Stabzuges: statisches Moment der Mfachen elastischen Gewichte ds' in bezug auf die Achse durch die beiden Stützpunkte $=0$. Sie kann zur Prüfung des Rechnungsergebnisses, in manchen Fällen auch zur Berechnung benutzt werden. Ein einfaches Beispiel hierfür bildet der gerade in den Endpunkten eingespannte Balken konstanten Trägheitsmomentes. Es werde der Schwerpunkt des M_0-Fläche bestimmt, sein Abstand von Balkenmitte sei x_0 (Abb. 287), der Flächeninhalt F_0. Dann gelten nach dem obigen Satze die Gleichungen

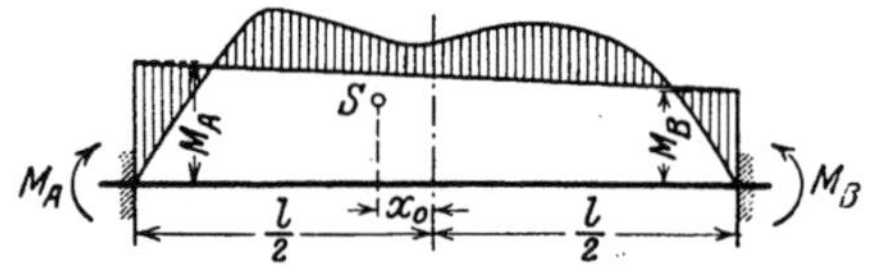

Abb. 287.

$$M_A \cdot \frac{l}{2}\left(\frac{l}{6} - x_0\right) - M_B \frac{l}{2}\left(\frac{l}{6} + x_0\right) = 0\,,$$

$$(M_A + M_B)\frac{l}{2} + F_0 = 0\,.$$

Bei veränderlichem Trägheitsmoment können sie in der Form

$$M_A \cdot \frac{l'}{2}(\zeta_a - x_0) - M_B \cdot \frac{l''}{2}(\zeta_b + x_0) = 0\,,$$

$$M_A \frac{l'}{2} + M_B \frac{l''}{2} + F'_0 = 0$$

aufgestellt werden, in welchen allerdings die Beiwerte l' und l'' sowie ζ_a und ζ_b besonderer Ermittlung bedürfen.

70. Der geschlossene Stabzug.

a) Der rechteckige Rahmen[1]), der in Abb. 288 dargestellt ist, hat in Punkt a ein festes, in Punkt b ein in der Wagerechten ver-

---

[1]) Müller-Breslau, H.: Die neueren Methoden der Festigkeitslehre. 4. Aufl., S. 134 ff.

schiebliches Auflager. Er ist äußerlich statisch bestimmt. Die innere Gliederung weist jedoch drei überzählige Glieder auf. Werden nämlich durch einen in irgendeinem Punkte der Stabachse geführten Schnitt drei Glieder entfernt, so entsteht das stabile System des offenen Stabzuges auf 2 lotrechten Stützen. Der Schnitt sei durch die Mitte des oberen Riegels geführt. Die drei überzähligen statischen Größen sind die drei Komponenten der Spannungen, welche in dem fraglichen Querschnitt des geschlossenen Rahmens wirken. Sie treten als innere Größen paarweise, die beiden Ufer des Schnittes in entgegengesetzter Richtung belastend, auf. Es sind dies die Momente X_a, die Normalkräfte X_b, die Querkräfte X_c, Zur Orientierung der Momente sei der Augenpunkt hier außerhalb des Rahmens gewählt, so daß der Rahmen von c über d, a, b, e bis c einen von links nach rechts verlaufenden Stabzug bildet. Die Abbildung zeigt die positiven Richtungen der auf das rechte Ufer in c wirkenden X_a, X_b, X_c.

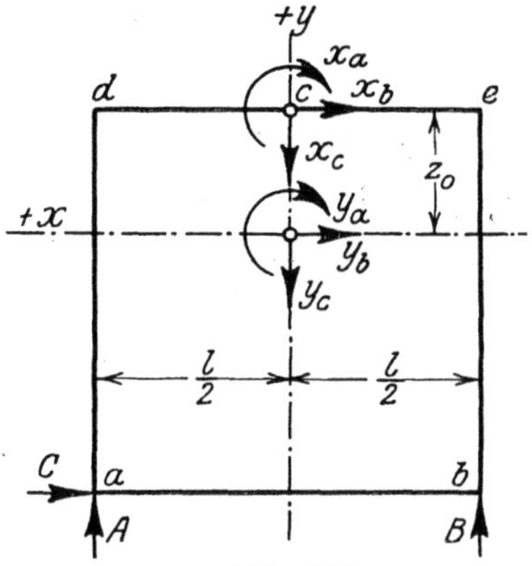

Abb. 288.

Als statisch unbestimmte Größen werden drei Gruppen von X_a, X_b, X_c eingeführt, die Y_a, Y_b, Y_c benannt seien und so gewählt werden, daß aus den Eigenschaften des elastischen Schwerpunktes voneinander unabhängige Verschiebungszustände $Y_a = -1$, $Y_b = -1$, $Y_c = -1$ entstehen. Dazu sind einzuführen: als Gruppe Y_a die beiden auf das rechte und linke Ufer wirkenden Momente $X_a = Y_a$, als Gruppe Y_b die auf das rechte und linke Ufer wirkenden Normalkräfte $X_b = Y_b$ und die Momente $X_a = -Y_b \cdot z_0$, als Gruppe Y_c die auf das rechte und linke Ufer wirkenden Querkräfte $X_c = Y_c$. Der lotrechte Abstand des elastischen Schwerpunktes vom Riegel ist z_0, vom Querträger z_u. Mithin ist die Resultierende von X_a, X_b, X_c der Gruppe Y_b für jedes Ufer die wagerechte Kraft Y_b, deren Kraftlinie durch den elastischen Schwerpunkt geht. Die Resultierende von X_a, X_b, X_c der Gruppe Y_c ist die lotrechte Kraft Y_c, deren Kraftlinie infolge der Symmetrie des Systems gleichfalls durch den elastischen Schwerpunkt geht. Aus demselben Grunde fallen beide Kraftlinien in zugeordnete Achsen. Mithin folgt aus den Eigenschaften des elastischen Schwerpunktes $\delta_{ba} = 0$, $\delta_{ca} = 0$, $\delta_{cb} = 0$.

Der Rahmen sei auf das rechtwinklige Koordinatensystem X, Y bezogen, dessen Ursprung in den elastischen Schwerpunkt fällt. Infolge $Y_a = -1$ entstehen in allen Punkten der Systemachse die Momente $M_a = -1$, die Normalkräfte $N_a = 0$. Infolge $Y_b = -1$ entstehen $M_b = +1 \cdot y$, im oberen Riegel $N_b = -1$, im Querträger $N_b = +1$, in beiden Pfosten $N_b = 0$. Infolge $Y_c = -1$ entstehen $M_c = -1 \cdot x$, in den Riegeln $N_c = 0$, im linken Pfosten $N_c = +1$, im rechten Pfosten $N_c = -1$. Die Momente und Normalkräfte des statisch unbestimmten Systems sind demnach

$$M = M_0 + Y_a - Y_b \cdot y + Y_c \cdot x,$$

im oberen Riegel: $N = N_0 + Y_b$,

im Querträger: $N = N_0 - Y_b$,

im linken Pfosten: $N = N_0 - Y_c$,

im rechten Pfosten: $N = N_0 + Y_c$.

Aus den Elastizitätsgleichungen ergibt sich:

$$Y_a = \frac{\delta'_{a0}}{\delta'_{aa}}, \qquad Y_b = \frac{\delta'_{b0}}{\delta'_{bb}}, \qquad Y_c = \frac{\delta'_{c0}}{\delta'_{cc}}.$$

Stützenverschiebungen sind auf Y_a, Y_b, Y_c ohne Einfluß, da L_a, L_b, L_c in dem äußerlich statisch bestimmten System verschwinden. δ'_a ist die gegenseitige Drehung zweier Geraden, δ'_b und δ'_c sind die gegenseitigen Verschiebungen zweier Punkte. Mithin ist nach dem Satz über die elastischen Gewichte:

$$\left.\begin{aligned}
\delta'_{aa} &= \int ds' = G, \\
\delta'_{bb} &= \int y^2 \cdot ds' = T_x, \\
\delta'_{cc} &= \int x^2 \cdot ds' = T_y, \\
\delta'_{a0} &= -\int M_0 ds' = -F'_0, \\
\delta'_{b0} &= \int M_0 \cdot y \cdot ds' = \mathfrak{S}'_{0x}, \\
\delta'_{c0} &= -\int M_0 \cdot x \cdot ds' = -\mathfrak{S}'_{0y},
\end{aligned}\right\} \qquad (78)$$

Das Vorzeichen von F'_0 und $\mathfrak{S}'_{0y}$ ist negativ, da das Moment aus $Y_a = -1$ und $Y_c = -1$ (letzteres für positive x) den entgegengesetzten Drehungssinn hat wie M_0. Das Vorzeichen von $\mathfrak{S}'_{0x}$ ist positiv, da für positive y das Moment aus $Y_b = -1$ denselben Drehungssinn hat wie M_0. Durch eine Belastung ohne Temperaturänderungen entstehen die statisch unbestimmten Größen:

$$\left.\begin{aligned}
\boldsymbol{Y_a} &= -\frac{\boldsymbol{F'_0}}{\boldsymbol{G}}, \\
\boldsymbol{Y_b} &= \frac{\boldsymbol{\mathfrak{S}'_{0x}}}{\boldsymbol{T_x}}, \\
\boldsymbol{Y_c} &= -\frac{\boldsymbol{\mathfrak{S}'_{0y}}}{\boldsymbol{T_y}}.
\end{aligned}\right\} \qquad (79)$$

Diese Formeln nehmen in den Abmessungen des Rahmens folgende für die Durchführung der Rechnung bequeme Form an. Es bezeichne:

$$h' = h \cdot \frac{J_c}{J_h}, \qquad l'_u = l \frac{J_c}{J_u}, \qquad l'_o = l \frac{J_c}{J_o}.$$

Dann ist

$$G = 2h' + l'_u + l'_o, \tag{80}$$

$$z_o = \frac{h(h' + l'_u)}{G}, \qquad z_u = \frac{h(h' + l'_o)}{G}. \tag{81}$$

$$T_x = T_u - G \cdot z_u^2,$$

wenn T_u das Trägheitsmoment in bezug auf die Achse des unteren Riegels ist.

$$T_x = h^2 (\tfrac{2}{3} h' + l'_o) - G \cdot z_u^2,$$

$$T_x = G \cdot h \cdot z_u - \tfrac{1}{3} h^2 \cdot h' - G \cdot z_u^2,$$

$$T_x = G \cdot z_o \cdot z_u - \frac{1}{3} h^2 \cdot h', \tag{82}$$

$$T_y = \tfrac{1}{2} h' l^2 + \tfrac{1}{12} l'_o l^2 + \tfrac{1}{12} l'_u l^2,$$

$$T_y = \frac{1}{12} l^2 (6h' + l'_o + l'_u). \tag{83}$$

Belastung des Querträgers durch lotrechte Einzellasten. Es entstehen die Auflagerdrücke

$$A = \sum \frac{P \cdot b}{l}, \qquad B = \sum \frac{P \cdot a}{l}.$$

Im Riegel und in den Pfosten sind die Momente $M_0 = 0$, im Querträger entstehen die Momente $\mathfrak{M}_0$ des einfachen Balkens auf zwei Stützen. Der Flächeninhalt der verzerrten Momentenfläche ist F'_0, der Abstand ihres Schwerpunktes von der Y-Achse sei x_0. Dann ergibt sich

$$\left.\begin{aligned} Y_a &= -\frac{F'_o}{2h' + l'_o + l'_u} \\ Y_b &= -\frac{F'_o \cdot z_u}{G \cdot z_o \cdot z_u - \frac{1}{3} h^2 \cdot h'}, \\ Y_c &= -\frac{12 F'_o \cdot x_o}{l^2 (6h' + l'_o + l'_u)}. \end{aligned}\right\} \tag{84}$$

Werden Y_a und Y_b zu einer Resultierenden zusammengesetzt, so ergibt sich die wagerechte Kraft Y_b im Abstand y_0 von der X-Achse

$$y_0 = \frac{G \cdot z_o \cdot z_u - \frac{1}{3} h^2 h'}{z_u (2h' + l'_o + l'_u)},$$

$$y_0 = z_o - \frac{h}{3} \cdot \frac{h'}{h' + l'_o}.$$

Vom oberen Riegel hat also die Resultierende den Abstand

$$z'_0 = z_0 - y_0 = \tfrac{1}{3} h \frac{h'}{h' + l'_0} \tag{85}$$

Da z_0' und y_0 von der Belastung unabhängig sind, geht die Resultierende von Y_a, Y_b, Y_c stets durch den Punkt y_0 der Y-Achse. Es genügt daher, die statisch unbestimmten Kräfte Y_b und Y_c zu berechnen. In den Ecken des Rahmens entstehen folgende Momente

in d: $$M_D = -Y_b \cdot z_0' + Y_c \cdot \frac{l}{2},$$

$$M_D = F_0' \left(\frac{h^2 \cdot h'}{3\,T_x \cdot G} - \frac{x_0\,l}{2\,T_y} \right);$$

in e: $$M_E = -Y_b \cdot z_0' - Y_c \cdot \frac{l}{2},$$

$$M_E = F_0' \left(\frac{h^2 \cdot h'}{3\,T_x \cdot G} + \frac{x_0\,l}{2\,T_y} \right);$$

in a: $$M_A = +Y_b (h - z_0') + Y_c \frac{l}{2},$$

$$M_A = -F_0' \left(\frac{h^2 (2\,h' + 3\,l_0')}{3\,T_x \cdot G} + \frac{x_0 \cdot l}{2\,T_y} \right);$$

in b: $$M_B = +Y_b (h - z_0') - Y_c \frac{l}{2},$$

$$M_B = -F_0' \left(\frac{h^2 (2\,h' + 3\,l_0')}{3\,T_x \cdot G} - \frac{x_0 \cdot l}{2\,T_y} \right).$$

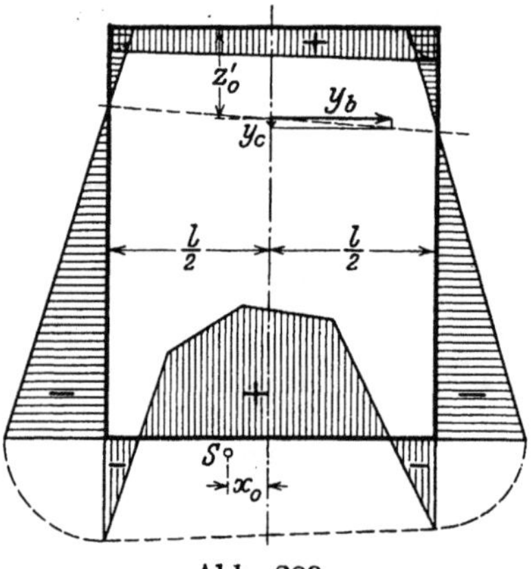

Abb. 289.

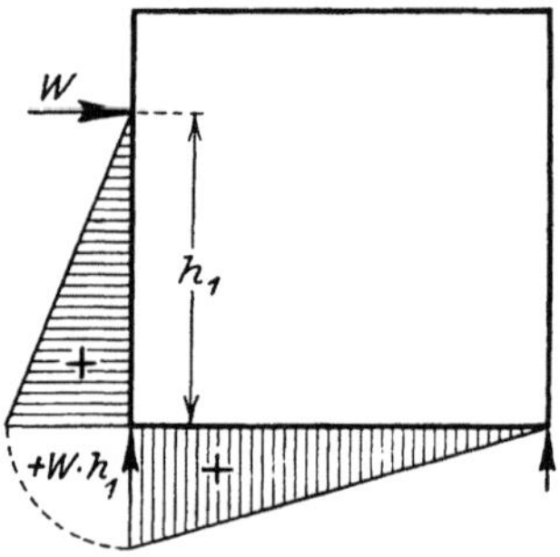

Abb. 290.

Die Momente der Pfosten und des oberen Riegels verlaufen geradlinig zwischen den Eckmomenten. Im Punkte x des Querträgers ist das Moment

$$M_x = \mathfrak{M}_{0x} + M_A \frac{l + 2\,x}{2\,l} + M_B \frac{l - 2\,x}{2\,l}.$$

Abb. 289 zeigt die M-Fläche.

Belastung des linken Pfostens durch die wagerechte Kraft W in der Höhe h_1. Die Auflagerkräfte sind

$$A = -W\frac{h_1}{l}, \qquad B = +W\cdot\frac{h_1}{l}.$$

also entstehen die Momente im linken Pfosten

$$z_0 > y > h_1 - z_u : M_0 = 0; \qquad h_1 - z_u > y > -z_u : M_0 = W(h_1 - z_u - y),$$

im Querträger: $\qquad M_0 = \frac{1}{2}W\cdot h_1\left(1+\frac{2x}{l}\right),$

im rechten Pfosten und oberen Riegel $M_0 = 0$. Abb. 290 zeigt die M_0-Fläche. Mithin ergibt sich

$$F'_0 = \tfrac{1}{2}W\cdot h_1(h'_1 + l'_u),$$
$$\mathfrak{S}'_{0x} = -\tfrac{1}{2}W\cdot h_1[h'_1(z_u - \tfrac{1}{3}h_1) + l'_u\cdot z_u],$$
$$\mathfrak{S}'_{0x} = -\tfrac{1}{2}W\cdot h_1[(h'_1 + l'_u)z_u - \tfrac{1}{3}h'_1\cdot h_1],$$
$$\mathfrak{S}'_{0y} = \tfrac{1}{2}W\cdot h_1(\tfrac{1}{2}h'_1\cdot l + \tfrac{1}{6}l'_u l),$$
$$\mathfrak{S}'_{0y} = \tfrac{1}{12}W\cdot h_1\cdot l(3h'_1 + l'_u),$$

$$\left.\begin{aligned} \mathbf{Y_a} &= -\frac{1}{2}\mathbf{W}\cdot\mathbf{h_1}\frac{\mathbf{h'_1}+\mathbf{l'_u}}{\mathbf{G}},\\ \mathbf{Y_b} &= -\frac{1}{2}\mathbf{W}\cdot\mathbf{h_1}\frac{(\mathbf{h'_1}+\mathbf{l'_u})\mathbf{z_u} - \frac{1}{3}\mathbf{h'_1}\mathbf{h_1}}{\mathbf{T_x}},\\ \mathbf{Y_c} &= -\phantom{\frac{1}{2}}\mathbf{W}\cdot\mathbf{h_1}\frac{\mathbf{l}(3\mathbf{h'_1}+\mathbf{l'_u})}{12\,\mathbf{T_y}}. \end{aligned}\right\} \tag{86}$$

Die Eckmomente sind

in a: $\qquad M_A = W\cdot h_1 + Y_a + Y_b\cdot z_u + Y_c\cdot\frac{l}{2},$

in b: $\qquad M_B = Y_a + Y_b\cdot z_u - Y_c\cdot\frac{l}{2},$

in d: $\qquad M_D = Y_a - Y_b\cdot z_0 + Y_c\cdot\frac{l}{2},$

in e: $\qquad M_E = Y_a - Y_b\cdot z_0 - Y_c\cdot\frac{l}{2}.$

Greift die Last in Höhe des Riegels an, ist also $h_1 = h$, so entsteht

$$\left.\begin{aligned} Y_a &= -\tfrac{1}{2}W\cdot h\frac{h'+l'_u}{G},\\ Y_b &= -\tfrac{1}{2}W\cdot\frac{G z_o\cdot z_u - \frac{1}{3}h'h^2}{T_x} = -\tfrac{1}{2}W,\\ Y_c &= -\phantom{\tfrac{1}{2}}Wh\frac{3h'+l'_u}{l(6h'+l'_u+l'_o)}. \end{aligned}\right\} \tag{87}$$

Setzt man Y_a und Y_b zu einer Resultierenden zusammen, so ist deren Abstand von der X-Achse

$$y_0 = \frac{h(h' + l'_u)}{G} = z_0,$$

d. h. sie fällt in die Riegelachse und die Resultierende von Y_a, Y_b, Y_c geht durch die Mitte des Riegels. Für diesen Belastungsfall ist also, da $Y_b = -\frac{1}{2} W$ ist, nur Y_c zu berechnen. Die Eckenmomente sind

$$M_A = \quad W \cdot h - \tfrac{1}{2} W \cdot h - \frac{W h}{2} \frac{3 h' + l'_u}{6 h' + l'_u + l'_o},$$

$$M_A = \quad \tfrac{1}{2} W h \frac{3 h' + l'_o}{6 h' + l'_u + l'_o},$$

$$M_B = -\tfrac{1}{2} W \cdot h + \frac{W h}{2} \frac{3 h' + l'_u}{6 h' + l'_u + l'_o},$$

$$M_B = -\tfrac{1}{2} W h \frac{3 h' + l'_o}{6 h' + l'_u + l'_o},$$

$$M_D = -\tfrac{1}{2} W h \frac{3 h' + l'_u}{6 h' + l'_u + l'_o},$$

$$M_E = +\tfrac{1}{2} W h \frac{3 h' + l'_u}{6 h' + l'_u + l'_o}.$$

Die M-Fläche ist in Abb. 291 dargestellt.

Belastung des oberen Riegels durch lotrechte Lasten. Für diesen Belastungsfall gestaltet sich die Rechnung einfacher, wenn

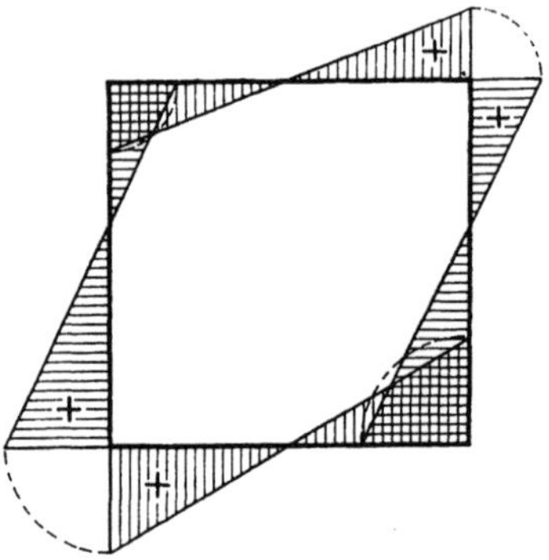

Abb. 291.

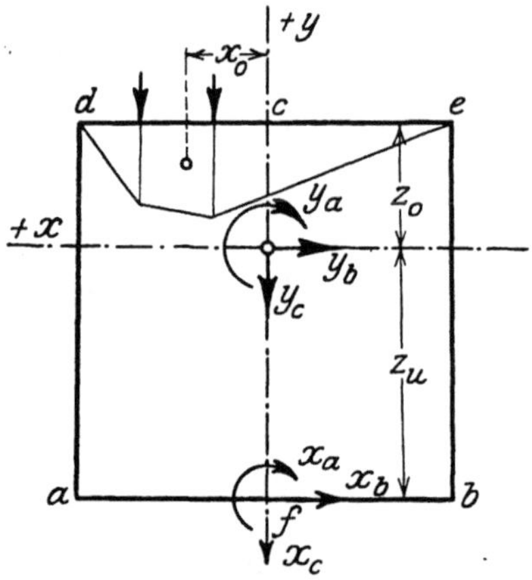

Abb. 292.

das statisch bestimmte Hauptsystem durch einen Schnitt in der Mitte des unteren Riegels geführt wird. Der Augenpunkt sei im Innern des Rahmens gewählt. Die überzähligen Größen sind die Momente X_a, die Normalkräfte X_b, die Querkräfte X_c, welche auf das rechte Schnittufer wirkend in Abb. 292 dargestellt sind. Als statisch unbestimmte Größen werden Gruppen Y_a, Y_b, Y_c der Art eingeführt, daß die

Resultierenden von X_a, X_b, X_c jeder Gruppe a) ein Moment, b) eine durch den elastischen Schwerpunkt gehende horizontale Kraft, c) eine gleichfalls durch den elastischen Schwerpunkt gehende vertikale Kraft sind. Aus

$$Y_a = \frac{\delta'_{a0}}{\delta'_{aa}}, \qquad Y_b = \frac{\delta'_{b0}}{\delta'_{bb}}, \qquad Y_c = \frac{\delta'_{c0}}{\delta'_{cc}}$$

folgt dann, wenn F'_0 den absoluten Wert des Flächeninhaltes der verzerrten Momentenfläche und x_0 den Abstand ihres Schwerpunktes von der Y-Achse bezeichnet

$$\left.\begin{aligned} Y_a &= -\frac{F'_0}{G}, \\ Y_b &= +\frac{F'_0 \cdot z_0}{T_x}, \\ Y_c &= -\frac{F'_0 \cdot x_0}{T_y}. \end{aligned}\right\} \tag{88}$$

$F'_0 \cdot z_0$ erhält das positive Vorzeichen, da das Moment aus $Y_b = -1$ denselben Drehungssinn hat wie M_0, während die Momente aus $Y_a = -1$ und $Y_c = -1$ den entgegengesetzten Drehungssinn haben. Werden Y_a und Y_b zu einer Resultierenden zusammengesetzt, so ergibt sich die horizontale Kraft Y_b im Abstand

$$y_0 = -\frac{T_x}{G \cdot z_0} = -\left(z_u - \frac{h}{3}\frac{h'}{h' + l'_u}\right).$$

Der Abstand vom unteren Riegel ist

$$z'_u = z_u + y_0 = \frac{h}{3}\frac{h'}{h' + l'_u}.$$

Die Resultierende von Y_a, Y_b, Y_c geht also bei jeder Belastung des oberen Riegels durch den Punkt y_0 der Y-Achse. Die Eckenmomente sind:

$$M_A = +Y_b \cdot z'_u + Y_c \cdot \frac{l}{2},$$

$$M_A = +F'_0\left(\frac{h^2 h'}{3\,T_x \cdot G} - \frac{x_0 l}{2\,T_y}\right),$$

$$M_B = +F'_0\left(\frac{h^2 h'}{3\,T_x \cdot G} + \frac{x_0 l}{2\,T_y}\right),$$

$$M_D = -Y_b(h - z'_u) + Y_c\frac{l}{2},$$

$$M_D = -F'_0\left(\frac{h^2(2\,h' + 3\,l'_u)}{3\,T_x \cdot G} + \frac{x_0 l}{2\,T_y}\right),$$

$$M_E = -F'_0\left(\frac{h^2(2\,h' + 3\,l'_u)}{3\,T_x \cdot G} - \frac{x_0 l}{2\,T_y}\right).$$

Im Punkte x des oberen Riegels entsteht das Moment

$$M_x = +\mathfrak{M}_{0x} + M_D\frac{l + 2x}{2l} + M_E\frac{l - 2x}{2l}.$$

b) Geschlossener Stabzug beliebiger Form. Das dargestellte Verfahren führt bei beliebiger Form des Stabzuges zu Elastizitätsgleichungen mit je einer Unbekannten. Das statisch bestimmte Hauptsystem wird durch einen Schnitt gebildet, der an beliebiger Stelle geführt werden kann. Die überzähligen Größen sind die paarweise auf beide Schnittufer wirkenden Momente X_a, Normalkräfte X_b, Querkräfte X_c. Als statisch unbestimmte Größen werden die Gruppen Y_a, Y_b, Y_c eingeführt. Die Gruppe Y_a bilden zwei Momente $X_a = Y_a$. Die Gruppe Y_b besteht aus Werten von X_a, X_b, X_c, die eine durch den elastischen Schwerpunkt in beliebiger Richtung gehende resultierende Kraft Y_b ergeben. Die Werte X_a, X_b, X_c der Gruppe Y_c werden so gewählt, daß ihre Resultierende gleichfalls durch den elastischen Schwerpunkt geht und in die der Richtung Y_b zugeordnete Achse fällt. Dann folgt aus den Elastizitästgleichungen:

$$Y_a = \frac{\delta'_{a0}}{\delta'_{aa}}, \qquad Y_b = \frac{\delta'_{b0}}{\delta'_{bb}}, \qquad Y_c = \frac{\delta'_{c0}}{\delta'_{cc}},$$

also werden:

$$\left.\begin{aligned} Y_a &= \pm \frac{\int M_0\, ds'}{G}, \\ Y_b &= \pm \frac{\mathfrak{S}'_{0x}}{T_x}, \\ Y_c &= \pm \frac{\mathfrak{S}'_{0y}}{T_y}, \end{aligned}\right\} \tag{89}$$

wobei die X-Achse in die Richtung Y_b, die y-Achse in die Richtung Y_c fällt. Über die Frage des Vorzeichens entscheidet am einfachsten die Regel des Satzes über die elastischen Gewichte.

In gleicher Weise ist die aus biegungsfesten und einfachen Stäben zusammengesetzte Bauart der Abb. 202, S. 260 dem Verfahren zugänglich. Wenn der Ort des elastischen Gewichtes der Ecken einfach zu bestimmten ist, gestaltet sich die Rechnung kaum umständlicher als für den gelenklosen Stabzug.

71. Der Fachwerkrahmen.

Rahmen, die nicht aus biegungsfesten Stäben zusammengesetzt, sondern als Fachwerke ausgebildet sind, können nach den in Nr. 69 und 70 dargestellten Verfahren untersucht werden, indem die elastischen Gewichte ds' der Stabelemente durch die elastischen Gewichte der Stäbe $g' = \frac{s'}{r^2} \cdot \frac{F_c}{F}$ ersetzt werden. Für die statisch unbestimmten Größen ergeben sich die a. a. O. abgeleiteten Formeln mit der entsprechend veränderten Bedeutung der Zeichen. Die Untersuchung sei für zwei Fälle durchgeführt.

a) Portalrahmen mit eingespannten Pfosten (Abb. 293.) Als überzählige Glieder werden die Stäbe 1, 2 und die wagerechte Stütze in Punkt a behandelt. Die überzähligen Kräfte sind die Spannkräfte X_1, X_2, welche als äußere Kräfte an den Stabenden angreifen, und die Stützkraft X_c. Als statisch unbestimmte Größen werden folgende Gruppen Y_a, Y_b, Y_c eingeführt.

Gruppe Y_a: $X_1 = X_2 = Y_a \cdot \frac{1}{e}$, $X_c = 0$,

„ Y_b: $X_1 = X_2 = -Y_b \frac{z_u}{e}$, $X_c = Y_b$,

„ Y_c; $X_1 = -X_2 = Y_c \frac{l}{2e}$, $X_c = 0$.

Dabei entstehen die Stützkräfte in

Gruppe Y_a: $A = B = +Y_a \cdot \frac{1}{e}$,

„ Y_b: $A = B = -Y_b \frac{z_u}{e}$, $C = Y_b$,

„ Y_c: $A = -B = +Y_c\left(1 + \frac{l}{2e}\right)$, $C = 0$.

Die Resultierenden von X_1, A, X_c ergeben in Gruppe Y_a das Moment Y_a, welches linksdrehend positiv eingeführt ist, in Gruppe Y_b die durch den elastischen Schwerpunkt gehende wagerechte Kraft Y_b, in Gruppe Y_c die gleichfalls durch den elastischen Schwerpunkt gehende lotrechte Kraft Y_c. Die Resultierenden von X_2, B, C haben in den drei Gruppen dieselbe Lage und Größe, jedoch entgegengesetzte Richtung. Mithin ist $\delta_{ba} = 0$, $\delta_{ca} = 0$, $\delta_{cb} = 0$.

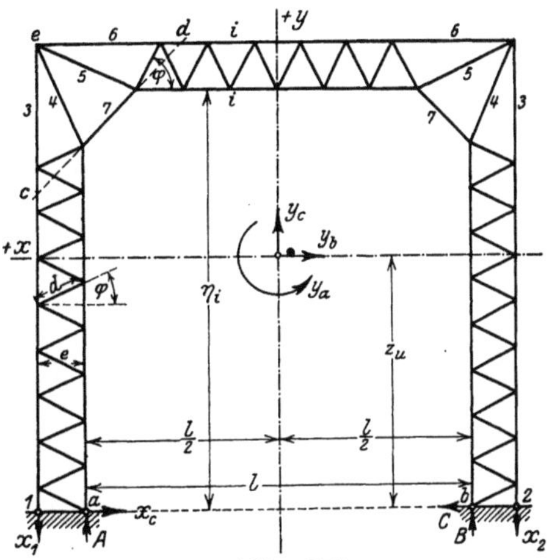

Abb. 293.

Infolge $Y_a = -1$, $Y_b = -1$, $Y_c = -1$ entstehen in den Stäben des Systems die Spannkräfte

$$S'_{ia} = \pm\frac{1}{r_i}, \quad S'_{ib} = \pm\frac{1 \cdot y_i}{r_i}, \quad S'_{ic} = \pm\frac{1 \cdot x_i}{r_i}.$$

Die Spannkräfte des statisch unbestimmten Systems sind

$$S'_i = S'_{i0} \mp \frac{1}{r_i}(Y_a + Y_b \cdot y_i + Y_c \cdot x_i),$$

r_i bezeichnet den Abstand des Bezugspunktes i vom Stab i.

Aus den Elastizitätsgleichungen folgt

$$\left.\begin{aligned} Y_a &= \frac{\delta'_{a0} - E\,J_c \cdot L_a}{\delta'_{aa}}, \\ Y_b &= \frac{\delta'_{b0} - E\,J_c \cdot L_b}{\delta'_{bb}}, \\ Y_c &= \frac{\delta'_{c0} - E\,J_c \cdot L_c}{\delta'_{cc}}. \end{aligned}\right\} \tag{90}$$

Aus dem Satz über die elastischen Gewichte ergibt sich

$$\left.\begin{aligned} \delta'_{aa} &= \sum^{i} g'_i = G, \\ \delta'_{bb} &= \sum^{i} g'_i \cdot y_i^2 = T_x, \\ \delta'_{cc} &= \sum^{i} g'_c \cdot x_i^2 = T_y. \end{aligned}\right\} \tag{91}$$

$$\left.\begin{aligned} \delta'_{a0} &= \sum^{i} M_{i0} \cdot g'_i = F'_0, \\ \delta'_{b0} &= \sum^{i} M_{i0} \cdot g'_i \cdot y_i = \mathfrak{S}'_{0x}, \\ \delta'_{c0} &= \sum^{i} M_{i0} \cdot g'_i \cdot x_i = \mathfrak{S}'_{0y}. \end{aligned}\right\} \tag{92}$$

Die Vorzeichen von F'_0, $\mathfrak{S}'_{0x}$, $\mathfrak{S}'_{0y}$ sind positiv, da die Momente aus $Y_a = -1$, $Y_b = -1$, $Y_c = -1$ im positiven Quadranten denselben Drehungssinn haben wie das Moment M_0. δ'_{a0}, δ'_{b0}, δ'_{c0} infolge Änderung der Temperatur, die durch den Zeiger t bezeichnet sei, werden aus den Arbeitsgleichungen für $Y_a = -1$, $X_b = -1$, $Y_c = -1$ und den durch die gegebenen Temperaturänderungen bedingten Verschiebungszustand berechnet.

$$\begin{aligned} \delta'_{at} &= \varepsilon E \cdot \sum S'_{ia} \cdot s \cdot t, \\ \delta'_{bt} &= \varepsilon E \cdot \sum S'_{ib} \cdot s \cdot t, \\ \delta'_{ct} &= \varepsilon E \cdot \sum S'_{ic} \cdot s \cdot t. \end{aligned}$$

Die Ermittlung von L_a, L_b, L_c aus den gegebenen Stützenverschiebungen gestaltet sich ebenso wie für das vollwandige System, doch ist dabei zu beachten, daß die Spannkräfte X_1, X_2 ebenfalls Stützkräfte erzeugen.

Die Lage des elastischen Schwerpunktes ist durch

$$z_u = \frac{1}{G} \sum^{i} g'_i \cdot \eta_i$$

bestimmt, wenn η_i den lotrechten Abstand des Ortes i des elastischen Gewichtes von der Geraden $a-b$ bezeichnet. Die Summen erstrecken sich über alle Stäbe des Fachwerks. Der Ort des elastischen Gewichtes jedes Stabes der inneren Gurtung ist der gegenüberliegende Knotenpunkt der äußeren Gurtung, ebenso der Ort des elastischen Gewichtes jedes Stabes der äußeren Gurtung der gegenüberliegende Knotenpunkt der inneren Gurtung. Der Ort von g_4 ist Punkt c als Schnittpunkt der Stäbe 3 und 7, der Ort von g_5 ist d als Schnittpunkt der Stäbe 7 und 6, der Ort von g_7 ist der Eckpunkt e. Der Ort der elastischen Gewichte der Diagonalen in den Pfosten ist der unendlich ferne Punkt der Lotrechten, also ist für jede dieser Diagonalen das elastische Gewicht

$$g_i' = \frac{d_i}{r^2}\frac{F_c}{F_i} = \frac{1}{\infty^2} = 0;$$

desgleichen sind die statischen Momente

$$g_i \cdot x_i = \frac{1}{\infty^2} = 0\,, \qquad g_i \cdot y_i = \frac{1}{\infty} = 0\,.$$

Der Ort der Diagonalen des Riegels ist der unendlich ferne Punkt der Wagerechten; also ist für jede Diagnonale des Riegels

$$g_i' = \frac{1}{\infty^2} = 0\,, \qquad g_i' \cdot x_i = \frac{1}{\infty} = 0\,, \qquad g_i' \cdot y_i = \frac{1}{\infty^2} = 0\,.$$

Für jede Diagonale des Pfostens ist

$$g_i' \cdot x_i^2 = \frac{1}{\infty^2} = 0\,,$$

dagegen

$$g_i' \cdot y_i^2 = d_i\left(\frac{y_i}{r_i}\right)^2 \frac{F_c}{F} = \frac{d_i}{\cos^2\varphi}\,\frac{F_c}{F_i}$$

und für jede Diagonale des Riegels

$$g_i \cdot y_i^2 = \frac{1}{\infty 2} = 0\,, \qquad g_i' x_i^2 = d_i\left(\frac{x_i}{r_i}\right)^2 \frac{F_c}{F} = \frac{d_i}{\sin^2\varphi}\,\frac{F_c}{F_i}\,,$$

wenn φ den Neigungswinkel der Diagonalen gegen die Wagerechte bezeichnet. Daraus folgt: G und z_u sind durch die elastischen Gewichte der Gurtungen und der Stäbe *4,5* allein bestimmt. In T_x treten dazu noch die elastischen Gewichte der Diagonalen der Pfosten, in T_y die der Diagonalen im Riegel. Infolge lotrechter Lasten ist für die Diagonalen der Pfosten $M_{i0} \cdot g_i' \cdot y_i = 0$, $M_{i0} \cdot g_i' \cdot x_i = 0$, da das Moment M_{i0} auch für den unendlich fernen Punkt der Lotrechten einen endlichen Wert hat. Für die Diagonalen des Riegels ist $M_{i0} \cdot g_i' \cdot y_i = 0$, dagegen

$$M_{i0} \cdot g_i' \cdot x_i = \pm V_0 d_i \left(\frac{x_i}{r_i}\right)^2 \frac{F_c}{F} = \pm \frac{M_{n0} - M_{n-1,0}}{\lambda}\,\frac{d_i}{\sin^2\varphi}\cdot\frac{F_c}{F_i}\,,$$

wenn V_0 die Querkraft des Feldes zwischen den Knotenpunkten n und $n - 1$ bezeichnet. Mithin umfassen F_0' und $\mathfrak{S}_{0x}$ nur die M_0fachen elastischen Gewichte der Gurtungen und der Stäbe *4,5*. In $\mathfrak{S}_{0y}'$ treten dazu noch die M_0fachen elastischen Gewichte der Diagonalen des Riegels. Der Einfluß der Diagonalen auf die Formänderung ist im allgemeinen jedoch so gering, daß die ihnen entsprechenden Glieder auch in T_x, T_y, $\mathfrak{S}_{0y}'$ vernachlässigt werden können.

Zur Berechnung der Einflußlinien für Y_a, Y_b, Y_c für lotrechte Belastung des Riegels aus den elastischen Gewichten führt folgende

Überlegung. Die Ordinate der Einflußlinie im Punkte m ist der Wert der statischen Größe der durch $P_m = 1$ erzeugt wird. Durch $P_m = 1$ entstehen in allen Knotenpunkten i links von m die Momente

$$M_{i0} = \frac{1}{4l}(l - 2x_i)(l + 2x_m)$$

und in allen Knotenpunkten i rechts von m

$$M_{i0} = \frac{1}{4l}(l + 2x_i)(l - 2x_m).$$

Aus $Y_a \cdot G = F_0'$ folgt

$$\eta_{am} \cdot G = \frac{1}{2l}(l + 2x_m)\sum\nolimits_l g_i' \frac{l - 2x_i}{2} + \frac{1}{2l}(l - 2x_m)\sum\nolimits_r g_i' \frac{l + 2x_i}{2}.$$

$\sum_l$ umfaßt die elastischen Gewichte links, von m, $\sum_r$ die Gewichte rechts von m, g_m selbst ist entweder in $\sum_l$ oder in $\sum_r$ enthalten. Werden die elastischen Gewichte als Kräfte aufgefaßt, welche den Riegel in der Richtung der negativen Y-Achse belasten, so ist die rechte Seite der Gleichung das statische Moment dieser gedachten Kräfte für den Punkt m eines einfachen Balkens von der Stützweite l. Da diese Beziehung für jeden Knotenpunkt der belasteten Gurtung gilt, so sind die Ordinaten der Einflußlinie proportional den Momenten der gekennzeichneten Belastung durch die elastischen Gewichte und aus diesen Momenten zu berechnen, indem G als Kraft- bzw. Zahleneinheit eingeführt wird. Ebenso findet man

$$\eta_{bm} \cdot T_x = \frac{1}{2l}(l + 2x_m)\sum\nolimits_l g_i' \cdot y_i \cdot \frac{l - 2x_i}{2} + \frac{1}{2l}(l - 2x_m)\sum\nolimits_r g_i' \cdot y_i \frac{l + 2x_i}{2},$$

$$\eta_{cm} \cdot T_y = \frac{1}{2l}(l + 2x_m)\sum\nolimits_l g_i' x_i \frac{l - 2x_i}{2} + \frac{1}{2l}(l - 2x_m)\sum\nolimits_r g_i' \cdot x_i \frac{l + 2x_i}{2}.$$

Die Ordinaten der Einflußlinie für Y_b und Y_c sind danach als statische Momente der gedachten Kräfte $g_i' \cdot y_i$ bzw. $g_i' \cdot x_i$ zu berechnen, indem T_x bzw. T_y als Einheit eingeführt wird. Die Kräfte $g_i' \cdot y_i$ sind für alle Punkte des Riegels positiv, d. h. in Richtung der negativen Y-Achse wirkend. Die Kräfte $g_i' \cdot x_i$ ändern mit x ihre Vorzeichen, sie sind positiv auf der linken Seite der Y-Achse und negativ auf der rechten Seite. Die Einflußlinien für Y_a, Y_b sind daher bei der vorausgesetzten symmetrischen Gliederung des Systems symmetrisch zur Y-Achse, während die Einflußlinie für Y_c antisymmetrisch ist.

Das dargestellte Verfahren ist auch zur Berechnung des Fachwerkbogens mit eingespannten Kämpfern geeignet, der ja nur in der Form, nicht aber im statischen Aufbau von dem behandelten Rahmen verschieden ist.

In dem geschlossenen rechteckigen Rahmen der Abb. 294 werden das Gelenk im Knotenpunkt c und der gegenüberliegende Stab als überzählige Glieder behandelt. Ihnen entsprechen als überzählige statische Größen die Komponenten X_a und X_b des Gelenkdruckes und die Spannkraft X_c. Als statisch unbestimmte Größen werden

Gruppe Y_a: $X_a = -\frac{1}{e} \cdot Y_a\,,\qquad X_c = +\frac{1}{e} \cdot Y_a\,,\qquad X_b = 0\,,$

Gruppe Y_b: $X_a = -Y_b \cdot \frac{z_0 - e}{e}\,,\qquad X_c = Y_b \frac{z_0}{e}\,,\qquad X_b = 0\,,$

Gruppe Y_c: $X_a = 0\,,\qquad X_b = +Y_b\,,\qquad X_c = 0$

eingeführt. Die Resultierenden von X_a, X_b, X_c sind in Gruppe Y_a das Moment Y_a, in Gruppe Y_b die wagerechte Kraft Y_b im Abstand z_0 vom Obergurt, in Gruppe Y_c die lotrechte Kraft Y_c in der Y-Achse. Wenn z_0 den Abstand des elastischen Schwerpunktes vom Obergurt bezeichnet, gehen Y_b und Y_c durch diesen und fallen in zugeordnete Achsen, so daß $\delta_{ba} = 0$, $\delta_{ca} = 0$, $\delta_{cb} = 0$ ist. Daher ergibt sich wieder

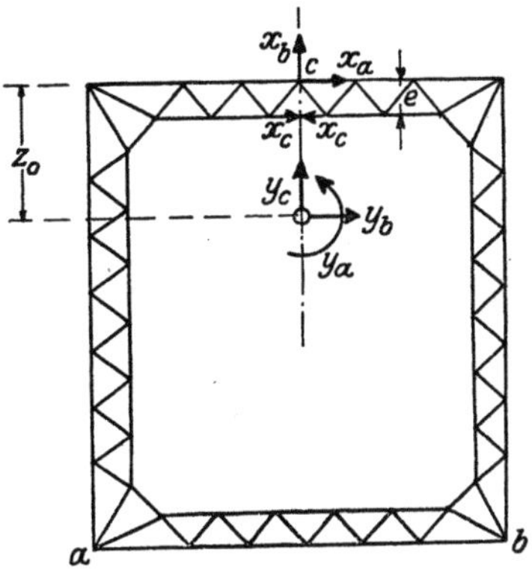

Abb. 294.

$$Y_a = +\frac{F_0'}{G}\,,$$

$$Y_b = +\frac{\mathfrak{S}_{0x}'}{T_x}\,,$$

$$Y_c = +\frac{\mathfrak{S}_{0y}'}{T_y}\,.$$

worin $G = \sum g_i'\,,\qquad T_x = \sum g_i' \cdot y_i^2\,,\qquad T_y = \sum g_i' x_i^2\,,$

$$F_0' = \sum M_{i0} \cdot g_i\,,\quad \mathfrak{S}_{0x}' = \sum M_{i0} \cdot g_i' \cdot y_i\,,\quad \mathfrak{S}_{0y}' = \sum M_{i0} \cdot g_i' \cdot x_i$$

ist. Die Summen erstrecken sich über alle elastischen Gewichte, für die Diagonalen gelten die Ausführungen des oben behandelten Falles.

c) Durchlaufender Balken auf vielen lotrechten Stützen.

72. Frei drehbare Stützen (Abb. 295).

a) Die Stützpunkte sind unverschieblich. Die Stützenmomente sind untereinander durch die sogenannte Clapeyronsche Gleichung IV (21) verknüpft, wenn das Trägheitsmoment in jeder Öffnung konstant ist.

$$\frac{1}{6} M_{n-1} \cdot l_n' + \frac{1}{3} M_n (l_n' + l_{n+1}') + \frac{1}{6} M_{n+1} \cdot l_{n+1}' =$$
$$- \frac{1}{l_n} \mathfrak{S}_{n,n-1}' - \frac{1}{l_{n+1}} \cdot \mathfrak{S}_{n+1,n+1}'\,, \tag{93}$$
$$l' = l \frac{J_c}{J}\,.$$

Faßt man die Stützenmomente als statisch unbestimmte Größen auf und bildet das statisch bestimmte Hauptsystem durch Gelenke über den Stützen, so lauten die Elastizitätsgleichungen IV (6)

$$M_{n-1} \cdot \delta'_{n,n-1} + M_n \cdot \delta'_{nn} + M_{n+1} \cdot \delta'_{n,n+1} = \delta'_{no} \qquad (94)$$

$$\delta'_{no} = EJ_c \cdot \delta_{no}$$

δ'_{nr} ist aus der Arbeitsgleichung für die angenommene Belastung $M_n = -1$ und die Formänderung $M_r = -1$ zu berechnen. Da der Zustand $M_n = -1$ nur die Felder n und $n+1$ ergreift, ebenso der Zustand $M_r = -1$ nur die Felder r und $r+1$, verschwindet δ'_{nr} für alle Stützen, die nicht unmittelbar nebeneinander liegen. Daraus folgt,

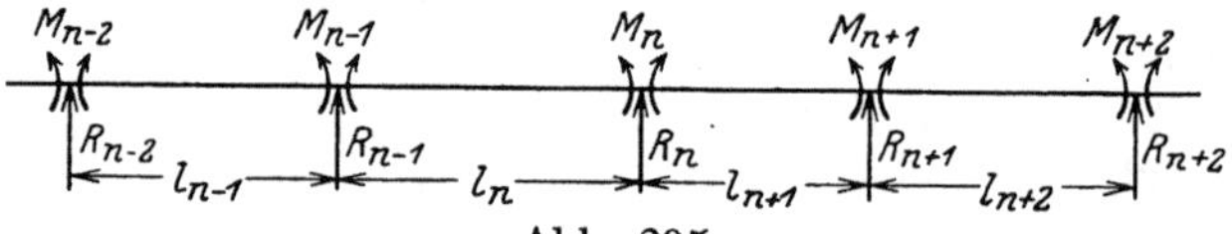

Abb. 295.

daß jede Elastizitätsgleichung nur drei aufeinander folgende Stützenmomente enthält. Die $M_n = -1$·Fläche ist ein Dreieck von der Höhe -1 in n und der Basis $l_n + l_{n+1}$. Mithin ist nach der Auswertungsformel, wenn x den Abstand von $n-1$ bzw. $n+1$ und x' den Abstand von n bezeichnet,

$$\delta'_{n,n-1} = \frac{1}{l_n^2} \int_0^{l_n} \frac{J_c}{J} x' \cdot x \cdot dx\,,$$

$$\delta'_{nn} = \frac{1}{l_n^2} \int_0^{l_n} \frac{J_c}{J} x^2 dx + \frac{1}{l_{n+1}^2} \int_0^{l_{n+1}} \frac{J_c}{J} x^2 \cdot dx\,,$$

$$\delta'_{n,n+1} = \frac{1}{l_{n+1}^2} \int_0^{l_{n+1}} \frac{J_c}{J} x' \cdot x \cdot dx\,.$$

Bei unveränderlichem Trägheitsmoment in jedem Felde ist demnach

$$\delta'_{n,n-1} = \tfrac{1}{6} l'_n\,, \qquad \delta'_{nn} = \tfrac{1}{3}(l'_n + l'_{n+1})\,, \qquad \delta'_{n,n+1} = \tfrac{1}{6} l'_{n+1}\,.$$

Damit stimmen die linken Seiten der Gleichungen (93) und (94) überein. Bei abgestuftem Trägheitsmoment lassen sich die Integrale als statische Momente von Dreiecksflächen ausdrücken. Auf demselben Wege kann die Clapeyronsche Gleichung leicht erweitert werden. δ'_{no} erhält man aus der Arbeitsgleichung für $M_n = -1$ und die Formänderung infolge der Lasten. Es geben also nur die Lasten in den Feldern n und $n+1$ einen Beitrag. Mit den Momenten M_o der einfachen Balken n und $n+1$ ist

$$\delta'_{no} = -\frac{1}{l_n} \int_0^{l_n} M_o \frac{J_c}{J} x \cdot dx - \frac{1}{l_{n+1}} \int_0^{l_{n+1}} M_o \frac{J_c}{J} x \cdot dx\,,$$

also nach S. 305 $\delta'_{no} = -\dfrac{1}{l_n} \mathfrak{S}'_{n,n-1} - \dfrac{1}{l_{n+1}} \mathfrak{S}'_{n+1,n+1}\,.$

Werden der Inhalt F_0' der mit $\frac{J_c}{J}$ verzerrten Momentenflächen und die Abstände der Schwerpunkte x_0, x_0' von der linken bzw. rechten Stütze bestimmt, so ist

$$\delta_{n0}' = -\frac{x_{n-1,0}}{l_n} F_{n0}' - \frac{x_{n+1,0}'}{l_{n+1}} F_{n+1,0}' = -N_n . \qquad (95)$$

In den Endstützen ($n = 0$, $n = m$) sei der Balken frei gelagert, also $M_0 = 0$, $M_m = 0$. Dann enthalten die erste und letzte Gleichung nur zwei Momente. Im ganzen bestehen $m - 1$ Gleichungen für ebenso viele Stützenmomente. Das Schema der Gleichungen zeigt folgende Tafel, in der die Zeiger mit Rücksicht auf die in Nr. 63 gegebenen Formeln vertauscht sind.

M_a	M_b	M_c		M_{m-3}	M_{m-2}	M_{m-1}	
aa	ba						$-N_a$
ab	bb	cb					$-N_b$
	bc	cc	dc				$-N_c$
			. . .				
				$m-3, m-2$	$m-2, m-2$	$m-1, m-2$	$-N_{m-2}$
					$m-2, m-1$	$m-1, m-1$	$-N_{m-1}$

Nach Berechnung der Beiwerte kr, müssen die Gleichungen zunächst aufgelöst werden. Die Auflösung besteht in der Ermittlung der λ-Beiwerte der folgenden Tafel (Zahlenrechteck), welche die Momente M_r mit den absoluten Gliedern $-N$ verknüpft. Sie wird nach dem in Nr. 63 dargestellten Verfahren zur Auflösung dreigliedriger Elastizitätsgleichungen durchgeführt, welches immer eine einfache und übersichtliche Rechnung ergibt.

$-N_a$	$-N_b$		$-N_{m-2}$	$-N_{m-1}$	
λ_{aa}	λ_{ba}		$\lambda_{m-2,a}$	$\lambda_{m-1,a}$	M_a
λ_{ab}	λ_{bb}		$\lambda_{m-2,b}$	$\lambda_{m-1,b}$	M_b
		. . .			
λ_{ar}	λ_{br}		$\lambda_{m-2,r}$	$\lambda_{m-1,r}$	M_r
		. . .			
λ_{am-1}	λ_{bm-1}		$\lambda_{m-2,m-1}$	$\lambda_{m-1,m-1}$	M_{m-1}.

Für unveränderliche Lasten sind noch die Ansätze 95 auszuwerten. Damit ist die Berechnung der Stützenmomente abgeschlossen. Alle weiteren Untersuchungen sind nach den in Nr. 24 für den einfachen Balken gegebenen Richtlinien durchzuführen.

Veränderliche lotrechte Lasten. Die Ordinate η_n der Einflußlinie für das Moment M_n erhält man aus

$$\eta_n = \sum_{a}^{m-1} {}_v\, \delta'_{vo} \cdot \lambda_{vn} = \sum_{a}^{m-1} {}_v\, \delta_{vo} \cdot \lambda'_{vn} \,. \qquad \lambda'_{vn} = E J_c \cdot \lambda_{vn}$$

Nach dem Satze Bettis (Nr. 50 Seite 247) ist die Einflußlinie für $\sum \delta_{vo} \cdot \lambda'_{vn}$ die Biegungslinie des statisch bestimmten Hauptsystems, die durch die $m-1$-Momente $M_v = -\lambda'_{vn}$ erzeugt wird. Trägt man die λ'_{vn}-Werte als Ordinaten in den Stützpunkten auf und verbindet die Endpunkte durch Gerade (Abb. 296), so stellt der Geradenzug die Momente aus der angegebenen Belastung in allen Punkten des Balkens

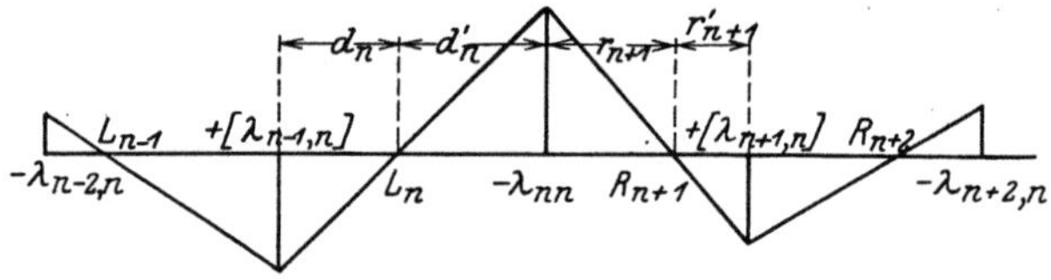

Abb. 296.

dar. In der durch diese Momente erzeugten Biegungsslinie erhält man die Einflußlinie für M_n. λ'_{nn} als Diagonalwert der Tafel ist positiv, also das Moment in n negativ. Nach beiden Seiten ändern die λ'-Werte und damit die Momente von Stütze zu Stütze das Vorzeichen. In $n-1$ und $n+1$ sind demnach die Momente positiv und haben die absoluten Werte $[\lambda'_{n-1,n}]$, $[\lambda'_{n+1,n}]$.

Trägt man die Werte λ'_{vk} für das Moment k in derselben Weise auf, so besteht nach Gleichung IV (49) S. 344 in jedem Felde r links von n und k die Beziehung

$$\frac{\lambda'_{r-1,k}}{\lambda'_{rk}} = \frac{\lambda'_{r-1,n}}{\lambda'_{rn}} = -\overline{r, r-1}$$

und in jedem Felde r rechts von n und k nach Gleichung IV (52)

$$\frac{\lambda'_{rk}}{\lambda'_{r-1,k}} = \frac{\lambda'_{rn}}{\lambda'_{r-1,n}} = -\overline{r-1, r}\,.$$

Mithin gehen die Geraden der Momentenlinie links der Stützpunkte n und k in jedem Felde durch denselben, L bezeichneten Punkt, und rechts dieser Stützpunkte in jedem Felde durch denselben, R bezeichneten Punkt. In jedem Felde besteht ein Punkt L und ein Punkt R, die Festpunkte genannt werden. Die Lage von L_r ist durch den Wert $\overline{r, r-1}$, die Lage von R_r durch $\overline{r-1, r}$ bestimmt.

Die Ordinate der Einflußlinie für M_n im Felde r erhält man nun unter der Voraussetzung konstanter Trägheitsmomente in jedem Felde nach Gleichung III (56), wenn z in der Richtung $a \ldots m$ positiv ist, in

$$\eta_{rn} = -\frac{l_r^2 - 4z^2}{48}\left[\lambda_{rn}\left(3 + 2\frac{z}{l_r}\right) + \lambda_{r-1,n}\left(3 - 2\frac{z}{l_r}\right)\right]\frac{J_c}{J_r}.$$

Es ist zu beachten, daß die λ-Werte von der Form der Elastizitätsgleichungen abhängen. Sind die Beiwerte derselben die wirklichen Verschiebungen aus den Momenten $M = -1$, so gilt das auch für δ_{no}. Die Einflußlinie ist daher die Biegungslinie für die Belastung durch die Momente $M = -\lambda$ und die Formel für η_r muß $E \cdot J_r$ im Nenner enthalten. Sind jedoch die Elastizitätsgleichungen mit $E \cdot J_c$ multipliziert, wie hier geschehen, dann müssen die mit $E \cdot J_c$ multiplizierten $-\lambda$-Werte als Ursache der Biegungslinie eingeführt werden. Die Ausführung der Multiplikation ist aber unnötig, da sie in der Formel für η_r durch die Teilung durch $E \cdot J_r$ in die Multiplikation mit $\frac{J_c}{J_r}$ übergeht.

Ist $r \leqq n$, so ist

$$\lambda_{r-1,n} = -\lambda_{r,n} \cdot \overline{r, r-1}\,.$$

Ist $r \geqq n$, so ist

$$\lambda_{r,n} = -\lambda_{r-1n} \cdot \overline{r-1, r}\,.$$

Mithin ist

$$\eta_r = -\frac{l_r^2 - 4z^2}{48}\lambda_{rn}\left[3 + 2\frac{z}{l_r} - \overline{r, r-1}\left(3 - 2\frac{z}{l_r}\right)\right]\frac{J_c}{J_r}$$

bzw.

$$\eta_r = -\frac{l_r^2 - 4z^2}{48}\lambda_{r-1,n}\left[3 - 2\frac{z}{l_r} - \overline{r-1, r}\left(3 + 2\frac{z}{l_r}\right)\right]\frac{J_c}{J_r}\,.$$

Die kleinsten Klammerwerte $2 - 4 \cdot \overline{r, r-1}$ bzw. $2 - 4 \cdot \overline{r-1, r}$, die mit $z = \mp \frac{1}{2} l_r$ entstehen, sind stets positiv, wie allgemein bewiesen werden soll. Dazu wird ein beliebig veränderliches Trägheitsmoment angenommen. Im Felde r läßt sich η_r als Durchbiegung aus der Arbeitsgleichung für die angenommene Belastung $\bar{P} = 1$ und die Formänderung aus $M_{r-1} = -\lambda_{r-1,n}$, $M_r = -\lambda_{rn}$ ansetzen. Es sei $\varDelta'$ die mit $\frac{J_c}{J}$ verzerrte Momentenfläche des Dreiecks der Belastung $\bar{P} = 1$, x_0 und x_0' die Abstände ihres Schwerpunktes von $r-1$ und r. Dann lautet die bezeichnete Gleichung

$$\eta_r = -\frac{\lambda_{rn}}{l_r}\varDelta' \cdot x_0 - \frac{\lambda_{r-1,n}}{l_r}\varDelta' \cdot x_0'$$

und wenn $r < n$ ist, mit $\lambda_{r-1,n} = -\lambda_{rn} \cdot \overline{r, r-1}$

$$\eta_r = -\frac{\lambda_{rn}}{l_r}\varDelta'(x_0 - \overline{r, r-1} \cdot x_0')\,,$$

wenn $r > n$ ist

$$\eta_r = -\frac{\lambda_{r-1,n}}{l_r}\varDelta' \cdot (x_0' - \overline{r-1, r} \cdot x_0)\,.$$

Für $\overline{r, r-1}$ und $\overline{r-1, r}$ lassen sich größte Werte angeben, die nicht erreicht werden. Aus der Elastizitätsgleichung

$$\lambda_{r-2,n} \frac{1}{l_{r-1}^2} \int_0^{l_{r-1}} \frac{J_c}{J} x \cdot x' \cdot dx + \lambda_{r-1,n} \left(\frac{1}{l_{r-1}^2} \int_0^{l_{r-1}} \frac{J_c}{J} x^2 \cdot dx + \frac{1}{l_r^2} \int_0^{l_r} \frac{J_c}{J} x^2 \, dx \right)$$

$$+ \lambda_{rn} \frac{1}{l_r^2} \int_0^{l_r} \frac{J_c}{J} x \cdot x' \cdot dx = 0 ,$$

ergibt sich durch Elimination von $\lambda_{r-2,n}$

$$\lambda_{r-1,n} \left(\frac{1}{l_r^2} \int_0^{l_r} \frac{J_c}{J} x^2 \cdot dx + a \right) + \lambda_{rn} \frac{1}{l_r^2} \int_0^{l_r} \frac{J_c}{J} x' \cdot x \cdot dx = 0 ,$$

$$a = \frac{1}{l_{r-1}'} \int_0^{l_{r-1}} \frac{J_c}{J} x^2 \, dx - \frac{\overline{r-1, r-2}}{l_{r-1}^2} \int_0^{l_{r-1}} \frac{J_c}{J} x' \cdot x \cdot dx .$$

Daraus folgt

$$\overline{r, r-1} = \frac{\int_0^{l_r} \frac{J_c}{J} x' \cdot x \cdot dx}{\int_0^{l_r} \frac{J_c}{J} x^2 \cdot dx + a l_r^2} ,$$

a ist immer positiv, mithin erreicht $\overline{r, r-1}$ seinen größten Wert mit $a = 0$, der eintritt, wenn das Trägheitsmoment im Felde $r-1$ ∞ ist. Der Schwerpunkt des mit $\frac{J_c}{J}$ verzerrten Dreiecks der $M_{r-1} = -1$-Fläche im Felde r habe die Abstände y_0 von $r-1$ und y_0' von r. Daher ist

$$\overline{r, r-1} \leqq \frac{y_0}{y_0'} , \qquad \text{für } J_r = \text{const} \leqq \tfrac{1}{2} .$$

Nun geht Δ' in der Grenze $z = -\frac{1}{2} l_r$ in eine Figur über, deren Ordinaten denen des verzerrten Dreiecks der M_{r-1}-Fläche verhältnisgleich sind, also ist $\frac{x_0}{x_0'} > \frac{y_0}{y_0'}$. Daraus folgt, daß $x_0 - \overline{r, r-1} \cdot x_0'$ stets positiv ist und η_r im Felde r links von n in allen Punkten das Vorzeichen des Wertes $-\lambda_{rn}$ hat. Durch dieselbe Schlußfolgerung ist zu beweisen, daß $x_0' - \overline{r-1, r} \cdot x_0$ stets positiv ist, und η_r im Felde rechts von n in allen Punkten das Vorzeichen des Wertes $-\lambda_{r-1,n}$ hat. In den Festpunkten L hat der linke Ast der Einflußlinie, in den Festpunkten R der rechte Ast Wendepunkte.

Die Einflußlinie für jedes Stützenmoment M_n hat demnach in den unmittelbar beiderseits n liegenden Feldern negative Ordinaten. Weiterhin wechselt das Vorzeichen auf beiden Seiten von Feld zu Feld mit dem Vorzeichen der λ. Die absoluten Werte der Ordinaten nehmen von Feld zu Feld ab. Zwischen den Ordinaten der Einflußlinie für M_n und M_{n+1} bestehen folgende Beziehungen:

$$\eta_{rn} = -\frac{\lambda_{rn}}{l_r}\Delta' \cdot x_0 - \frac{\lambda_{r-1,n}}{l_r}\Delta' \cdot x_0',$$

$$\eta_{rn+1} = -\frac{\lambda_{r,n+1}}{l_r}\Delta' \cdot x_0 - \frac{\lambda_{r-1,n+1}}{l_r}\Delta' \cdot x_0'.$$

Wenn $r \leqq n$ ist, ist

$$\frac{\lambda_{r,n+1}}{\lambda_{rn}} = \frac{\lambda_{r-1,n+1}}{\lambda_{r-1,n}} = -\overline{n, n+1}.$$

Daraus folgt

$$\eta_{rn+1} = -\eta_{rn} \cdot \overline{n, n+1}.$$

wenn $r \geqq n+2$ ist, ist

$$\frac{\lambda_{rn}}{\lambda_{rn+1}} = \frac{\lambda_{r-1,n}}{\lambda_{r-1,n+1}} = -\overline{n+1, n}.$$

Daraus folgt

$$\eta_{rn} = -\eta_{rn+1} \cdot \overline{n+1, n},$$

Demnach kann man die Einflußlinie für M_{n+1} links von n aus der Einflußlinie für M_n durch Multiplikation mit $-\overline{n, n+1}$ ableiten und die Einflußlinie für M_n rechts von $n+1$ aus der Einflußlinie für M_{n+1} durch Multiplikation mit $-\overline{n+1, n}$. Diese Beziehung ermöglicht eine bequeme Berechnung aller Einflußlinien, indem man die linken Äste von a bis $m-1$ fortschreitend entwickelt, darauf die rechten von $m-1$ bis a fortschreitend. Da die Multiplikatoren < 1 sind, nehmen die absoluten Werte der Ordinaten dabei ab, und man erkennt ohne weiteres, wann die Berechnung abgebrochen werden kann.

In häufigen Fällen des durchlaufenden Balkens handelt es sich darum, belastete Felder, deren Belastung unveränderlich ist, mit unbelasteten so zu verbinden, daß kleinste Werte der Stützenmomente entstehen. Diese Aufgabe kann natürlich auch mit Einflußlinien gelöst werden, wird aber einfacher behandelt, indem man den Einfluß der Belastung jedes Feldes auf die Stützenmomente untersucht, während alle anderen Felder unbelastet sind. Ist das Feld n belastet, so entstehen mit

$$N_{n-1} = \frac{1}{l_n} \cdot F_{no}' \cdot x_o' \text{ und } N_n = \frac{1}{l_n} F_{no}' \cdot x_o$$

die nach Obigem stets negativen Momente

$$\left.\begin{aligned} M_{n-1} &= -\frac{1}{l_n} F_{no}'(\lambda_{n-1,n-1} \cdot x_o' + \lambda_{n,n-1} \cdot x_o), \\ M_n &= -\frac{1}{l_n} F_{no}'(\lambda_{n-1,n} \cdot x_o' + \lambda_{n,n} x_o). \end{aligned}\right\} \quad (96)$$

Alle Stützenmomente lassen sich durch die Spalten $n-1$ und n des Zahlenrechtecks darstellen:

$-\frac{1}{l_n}F'_{on}\cdot x'_o$	$-\frac{1}{l_n}F'_{on}\cdot x_o$	
$\lambda_{n-1,a}$	λ_{na}	M_a
$\lambda_{n-1,b}$	λ_{nb}	M_b
.		
.		
.		
$\lambda_{n-1,n-2}$	$\lambda_{n,n-2}$	M_{n-2}
$\lambda_{n-1,n-1}$	$\lambda_{n,n-1}$	M_{n-1}
$\lambda_{n-1,n}$	$\lambda_{n,n}$	M_n
$\lambda_{n-1,n+1}$	$\lambda_{n,n+1}$	M_{n+1}
.		
.		
.		
$\lambda_{n-1,m-1}$	$\lambda_{n,m-1}$	M_{m-1}

Für $r < n-1$ ist

$$\frac{\lambda_{n-1,r-1}}{\lambda_{n-1,r}} = \frac{\lambda_{n,r-1}}{\lambda_{n,r}} = -\overline{r, r-1},$$

für $r > n$ ist

$$\frac{\lambda_{n-1,r}}{\lambda_{n-1,r-1}} = \frac{\lambda_{n,r}}{\lambda_{n,r-1}} = -\overline{r-1, r}.$$

Daraus folgt im ersten Falle

$$\boldsymbol{M_{r-1} = -M_r \cdot \overline{r, r-1}},$$

im zweiten Falle

$$\boldsymbol{M_r = -M_{r-1} \cdot \overline{r-1, r}}.$$

Demnach sind alle Stützenmomente nach Ermittlung der Momente M_{n-1} und M_n aus diesen zu berechnen, indem man von Stütze zu Stütze nach links fortschreitend mit $-\overline{r, r-1}$ und nach rechts fortschreitend mit $-\overline{r-1, r}$ multipliziert. Die Momente wechseln von Stütze zu Stütze das Vorzeichen, ihre absoluten Werte nehmen dabei ab.

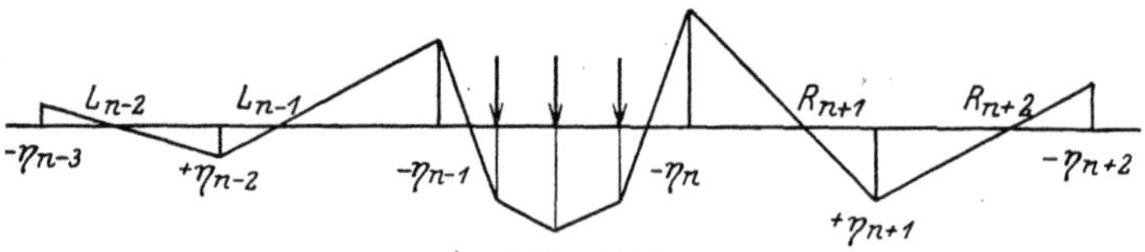

Abb. 297.

Trägt man die Momente als Ordinaten auf und verbindet die Endpunkte durch Gerade, so geht der Geradenzug links des belasteten Feldes durch die Festpunkte L, rechts des belasteten Feldes durch die Festpunkte R. Abb. 297 zeigt die Momentenlinie.

b) Verschiebliche Stützen. Haben die Verschiebungen bestimmte Größen, so sind die Arbeiten L_r wie in Nr. 66 zu berechnen, daraus die Stützenmomente. Eine grundsätzliche Änderung der Aufgabe tritt ein, wenn die Stützenverschiebungen den auftretenden Stützdrücken verhältnisgleich sind. Es sei die lotrecht nach unten positive Verschiebung im Stützpunkte n

$$\delta_n = \alpha \cdot R_n$$

und α eine Konstante für alle Stützen. In Gleichung (93) tritt dann nach Gleichung IV (21) auf der linken Seite

$$E \cdot J_c \left[\frac{\delta_{n-1}}{l_n} - \delta_n \left(\frac{1}{l_n} + \frac{1}{l_{n+1}}\right) + \frac{\delta_{n+1}}{l_{n+1}}\right] =$$
$$+ \alpha \cdot E \cdot J_c \left[\frac{1}{l_n} R_{n-1} - R_n \left(\frac{1}{l_n} + \frac{1}{l_{n+1}}\right) + \frac{1}{l_{n+1}} R_{n+1}\right]$$

hinzu. Die Stützdrücke sind durch die Momente und die Werte R_0 auszudrücken, die durch Belastung der beiden anstoßenden, als einfache Balken behandelten Felder entstehen.

$$R_n = R_{no} + \frac{1}{l_n} M_{n-1} - M_n \left(\frac{1}{l_n} + \frac{1}{l_{n+1}}\right) + \frac{1}{l_{n+1}} M_{n+1} .$$

Durch R_{n-1} tritt das Moment M_{n-2}, durch R_{n+1} das Moment M_{n+2} in die Gleichung ein. So ergibt sich der durch folgendes Schema dargestellte Gleichungssatz:

$$\left.\begin{aligned} &\boldsymbol{M_{n-2} \cdot n-2, n + M_{n-1} \cdot n-1, n + M_n \cdot n, n + M_{n+1}} \\ &\quad \boldsymbol{\cdot\, n+1, n + M_{n+2} \cdot n+2, n = -N_n}\,,^{1)} \end{aligned}\right\} \quad (97)$$

$$n-2, n = \frac{\alpha \cdot E J_c}{l_{n-1} \cdot l_n}, \qquad n+2, n = \frac{\alpha \cdot E J_c}{l_{n+1} \cdot l_{n+2}},$$

$$n-1, n = \frac{1}{6} l_n' - \frac{\alpha \cdot E J_c}{l_n}\left(\frac{1}{l_{n+1}} + \frac{2}{l_n} + \frac{1}{l_{n-1}}\right),$$

$$n+1, n = \frac{1}{6} l_{n+1}' - \frac{\alpha \cdot E J_c}{l_{n+1}}\left(\frac{1}{l_n} + \frac{2}{l_{n+1}} + \frac{1}{l_{n+2}}\right),$$

$$n, n = \frac{1}{3}(l_n' + l_{n+1}') + \alpha E J_c \left[\frac{1}{l_n^2} + \left(\frac{1}{l_n} + \frac{1}{l_{n+1}}\right)^2 + \frac{1}{l_{n+1}^2}\right],$$

$$N_n = \frac{1}{l_n} \mathfrak{S}_{n,n+1}' + \frac{1}{l_{n+1}} \mathfrak{S}_{n+1,n+1}' + \alpha E J_c \left[\frac{1}{l_n} R_{n-1,0} - R_{no}\left(\frac{1}{l_n} + \frac{1}{l_{n+1}}\right) + \frac{1}{l_{n+1}} R_{n+1,0}\right].$$

---

[1]) Müller-Breslau, H.: Die graphische Statik II, 2, S. 61 ff. Die Bezeichnungen und der Gang der Untersuchung weichen von der hier gegebenen Darstellung etwas ab.

Um die Einflußlinie abzuleiten wird die rechte Seite durch die infolge lotrechter Lasten entstehende Drehung δ_{no} ausgedrückt. Die Lasten erzeugen Momente M_0 und die positiven Stützenverschiebungen $\delta = \alpha R_0$. Die anzunehmende Belastung $M_n = -1$ erzeugt die Stützdrücke

$$\overline{R}_{n-1} = -\frac{1}{l_n}, \qquad \overline{R}_n = +\left(\frac{1}{l_n} + \frac{1}{l_{n+1}}\right), \qquad \overline{R}_{n+1} = -\frac{1}{l_{n+1}},$$

und die Momente $-\frac{x}{l_n}$ bzw. $-\frac{x}{l_{n+1}}$. Mithin lautet die Arbeitsgleichung:

$$1 \cdot \delta_{no} + \alpha \left[\frac{1}{l_n} R_{n-1,0} - R_{n,0}\left(\frac{1}{l_n} + \frac{1}{l_{n+1}}\right) + \frac{1}{l_{n+1}} R_{n+1,0}\right] + \frac{1}{l_n \cdot E J_n} \mathfrak{S}_{n,n-} \\ + \frac{1}{l_{n+1} E \cdot J_{n+1}} \mathfrak{S}_{n+1,n+1} = 0 .$$

Daraus folgt

$$N_n = -E \cdot J_c \delta_{no} = -\delta'_{no} .$$

Um die Gleichung (97) aus den Gleichungen IV (6) zu erhalten, braucht man nur die elastischen Stützen als innere Glieder des Systems (etwa Stützstäbe) aufzufassen, für die $\varrho = \alpha$ ist. Bei dem Stützdruck $\overline{R}_n$ der angenommenen und dem Werte R_n der die Formänderung erzeugenden Belastung entsteht der Beitrag zum negativen Wert der inneren Arbeit $(-A_i)$ $R_n \cdot \overline{R}_n \cdot \alpha$. So ergibt sich aus der Arbeitsgleichung für die angenommene Belastung $M_n = -1$ und die Formänderung infolge $M_n = -1$

$$\delta'_{nn} = \frac{1}{l_n^2}\int_0^{l_n} \frac{J_c}{J} x^2 dx + \frac{1}{l_{n+1}^2}\int_0^{l_{n+1}} \frac{J_c}{J} x^2 \cdot dx + \alpha E \cdot J_c\left[\frac{1}{l_n^2} + \left(\frac{1}{l_n} + \frac{1}{l_{n+1}}\right)^2 + \frac{1}{l_{n+1}^2}\right],$$

ebenso für die Formänderung infolge $M_{n-1} = -1$

$$\delta'_{n\,n-1} = \frac{1}{l_n^2}\int_0^{l_n} \frac{J_c}{J} x \cdot x' dx - \alpha E J_c \left[\frac{1}{l_n}\left(\frac{1}{l_{n-1}} + \frac{1}{l_n}\right) + \frac{1}{l_n}\left(\frac{1}{l_n} + \frac{1}{l_{n+1}}\right)\right]$$

und für die Formänderung aus $M_{n-2} = -1$

$$\delta'_{n,n-2} = \alpha \cdot E J_c \frac{1}{l_n} \cdot \frac{1}{l_{n-1}} .$$

Das negative Vorzeichen in der zweiten Gleichung entsteht daraus, daß die Stützdrücke in $n-1$ und n aus den Zuständen $M_n = -1$ und $M_{n-1} = -1$ entgegengesetzte Vorzeichen haben.

Die vorliegende Aufgabe führt auf fünfgliedrige Elastizitätsgleichungen. Die Auflösung nach den Unbekannten ist nach dem in Nr. 63 gegebenen Verfahren durchzuführen. Sind die Beiwerte λ berechnet, so hat man für jedes Moment r die Gleichung

$$\boldsymbol{M_n = \sum_a^{m-1} {}^v \delta'_{vo} \cdot \lambda_{vn} = \sum_a^{m-1} {}^v \delta_{vo} \cdot \lambda'_{vn}}, \qquad \lambda'_{vn} = E J_c \cdot \lambda_{vn} \qquad (98)$$

und zieht daraus wieder den Schluß: Die Einflußlinie für M_n ist die Biegungslinie des statisch bestimmten Hauptsystems, die durch die Belastung $M_v = -\lambda'_{vn}$ über jeder Stütze entsteht. Diese Belastung erzeugt erstens eine Krümmung der Stabachse wie im Falle starrer Stützen, zweitens Stützensenkungen. Mit der Krümmung der Stabachse sind lotrechte η'_n bezeichnete Verschiebungen verbunden, die in jedem Felde aus den Momenten $-\lambda'$ über den Feldstützen nach Gleichung III (56) zu berechnen sind. Aus den Stützensenkungen ergibt sich eine lotrechte Verschiebung η''_n, welche in jedem Felde die Ordinate eines durch die Senkung der Feldstützen bestimmten Trapezes ist. Um die Senkungen der Stützen zu erhalten, sind die Stützdrücke aus der Belastung $M = -\lambda'$ zu berechnen, und mit α zu multiplizieren, wobei einem positiven Wert des Stützdruckes eine positive Senkung zugehört. λ_{nn} ist positiv, dann entsteht aus $M_{n-1} = -\lambda'_{n-1,n}$, $M_n = -\lambda'_{nn}$, $M_{n+1} = -\lambda'_{n+1,n}$ die positive Stützenverschiebung in n

$$\delta_n = +\alpha\left(\frac{\lambda'_{nn} - \lambda'_{n-1,n}}{l_n} + \frac{\lambda'_{nn} - \lambda'_{n+1,n}}{l_{n+1}}\right).$$

Man kann die Einflußlinie für das Stützenmoment M_n auch aus dem Satze herleiten, daß sie der Biegungslinie des statisch unbestimmten Tragwerkes verhältnisgleich ist, welches durch ein Gelenk über n gebildet wird und durch das Moment $M_n = -1$ belastet ist[1]). Bei einer geringen Zahl von Stützen gestaltet sich so die Auflösung der Elastizitätsgleichungen etwas einfacher als die Berechnung der Beiwerte λ.

73. Elastisch drehbare Stützen.

a) Die Stützpfosten sind im Fuß eingespannt, am Kopf mit dem Balken durch eine steife Ecke verbunden. Abb. 298 zeigt das System, die gewählten Bezeichnungen sind in Abb. 240 angegeben. Die Pfosten

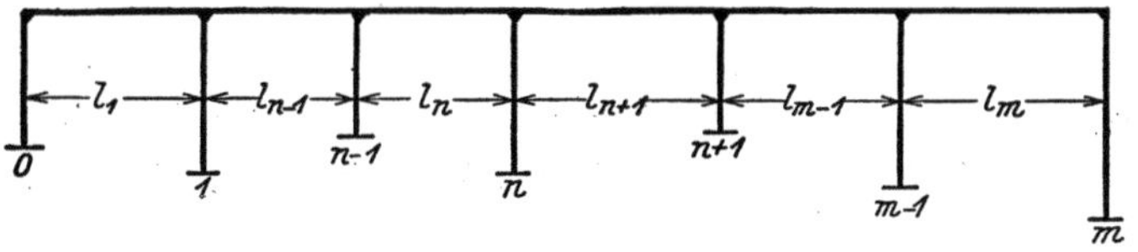

Abb. 298.

werden von 0, $1 = a$ bis m gezählt, jeder Pfosten ist dem rechts liegenden Rahmen zugeordnet. Es sind vorhanden $2m + 1$ Stäbe, $2(m-1) + 2$ steife Ecken, $2(m+1)$ Stützen, $m + 1$ Einspannungen und $2(m+1)$ Knotenpunkte. Mithin folgt aus

$$2 \cdot 2\,(m + 1) + n = 7\,m + 4\,,$$

[1]) Hartmann, F.: Die statisch unbestimmten Systeme des Eisen- und Eisenbetonbaues, S. 94. Berlin 1922.

daß $n = 3\,m$ überzählige Glieder vorhanden sind. Ebenso groß ist die Zahl der Elastizitätsgleichungen, die in Nr. 60d bereits aufgestellt sind. Aus m-Gleichungen ist gefunden

$$M_r \cdot h'_r \cdot h_r = M_n \cdot h'_n \cdot h_n = C\,,$$

so daß allgemein in allen folgenden Gleichungen

$$M_n \cdot h'_n = \frac{C}{h_n}$$

eingeführt werden kann. Von den Gleichungen IV (25) sind $m+1$ vorhanden, für jeden Pfosten 1, von den Gleichungen (26) $m-1$ je 1 für die Balkenquerschnitte 1 bis $m-1$. Die Aufgabe besteht im wesentlichen in der Lösung der Gleichungen IV (25), die dreigliedrige Elastizitätsgleichungen für die Größen $X_n = Z_n \cdot h'_n$, und nach dem in Nr. 63 dargestellten Verfahren aufzulösen sind, wenn man C zunächst als bekannt annimmt. Die Gleichungen sollen in der Form

$$\boldsymbol{n-1, n \cdot X_{n-1} + n, n \cdot X_n + n+1, n \cdot X_{n+1} = -\,C \cdot \alpha_n + N_n} \qquad (99)$$

benutzt werden. Hierin ist

$$n-1, n = \frac{1}{2\,l'_n}\,, \qquad n, n = \frac{1}{l'_n} + \frac{1}{l'_{n+1}} + \frac{1}{h'_n}\,, \qquad n+1, n = \frac{1}{2\,l'_{n+1}}\,,$$

$$\alpha_n = \frac{2}{h_{n-1} \cdot l'_n} + \frac{4}{h_n}\left(\frac{1}{l'_n} + \frac{1}{l'_{n+1}} + \frac{1}{4\,h'_n}\right) + \frac{2}{h_{n+1} \cdot l'_{n+1}}\,,$$

$$N_n = \frac{4}{l_n \cdot l'_n}\left(\mathfrak{S}'_{n,n-1} - \frac{1}{2}\mathfrak{S}'_{nn}\right) - \frac{4}{l_{n+1} \cdot l'_{n+1}}\left(\mathfrak{S}'_{n+1,n+1} - \frac{1}{2}\mathfrak{S}'_{n+1,n}\right).$$

Nach Berechnung der Beiwerte λ ist jede Größe X durch

$$\boldsymbol{X_n = -\,C \sum_0^m{}^v \alpha_v \cdot \lambda_{vn} + \sum_0^m{}^v N_v \cdot \lambda_{vn}} \qquad (100)$$

gegeben. Zur Berechnung von C muß eine Gleichgewichtsbedingung benutzt werden, da eine Elastizitätsbedingung nicht mehr vorhanden ist. Bezeichnet H_n die wagerechte Stützkraft des Pfostens n, P'' die wagerechte Seitenkraft der Lasten, die nur an dem Balken angreifen, so ist

$$\sum_0^m{}^n H_n + \sum P'' = 0$$

diese Gleichgewichtsbedingung. Es ist

$$H_n = \frac{3\,Z_n}{2\,h_n} = \frac{3\,X_n}{2\,h_n \cdot h'_n}\,,$$

$$\sum_0^m{}^n \frac{X_n}{h_n \cdot h'_n} = -\frac{2}{3}\sum P''.$$

X_n wird aus Gleichung (100) eingeführt und die $\sum$ nach α_v und N_v geordnet

$$-C\sum_0^m {}_v\,\alpha_v\cdot\sum_0^m {}_n\frac{\lambda_{vn}}{h_n\cdot h_n'}+\sum_0^m {}_v N_v\cdot\sum_0^m\frac{\lambda_{vn}}{h_n\cdot h_n'}=-\frac{2}{3}\sum P''.$$

Daraus folgt

$$C=\beta\left[\sum_0^m {}_v N_v\sum_0^m {}_n\frac{\lambda_{vn}}{h_n\cdot h_n'}+\frac{2}{3}\sum P''\right], \tag{101}$$

$$\beta=\frac{1}{\sum_0^m {}_v\,\alpha_v\cdot\sum_0^m {}_n\dfrac{\lambda_{vn}}{h_n\cdot h_n'}}.$$

Die Momente $M_{nl}+M_{nr}=Y_n$ erhält man nun aus IV (26)

$$\left.\begin{aligned}Y_n=&-\frac{4}{l_n\cdot l_n'}\left(\mathfrak{S}_{n\,n-1}'-\frac{1}{2}\mathfrak{S}_{n\,n}'\right)-\frac{4}{l_{n+1}'\cdot l_{n+1}'}\left(\mathfrak{S}_{n+1,n+1}'-\frac{1}{2}\mathfrak{S}_{n+1,n}'\right)\\&+X_{n-1}\cdot\frac{1}{2\,l_n'}+X_n\left(\frac{1}{l_n'}-\frac{1}{l_{n+1}'}\right)-X_{n+1}\frac{1}{2\,l_{n+1}'}+C\cdot\gamma_n,\end{aligned}\right\} \tag{102}$$

$$\gamma_n=\frac{2}{h_{n-1}\cdot l_n'}+\frac{4}{h_n}\left(\frac{1}{l_n'}-\frac{1}{l_{n+1}'}\right)-\frac{2}{h_{n+1}\cdot l_{n+1}'}$$

einer Gleichung, deren rechte Seite nur noch bekannte Größen enthält. Die Lösung ist damit durchgeführt, da

$$M_{nl}+M_{nr}=Y_n,$$
$$M_{nl}-M_{nr}=-Z_n-M_n$$

sofort die Momente in den Balkenquerschnitten beiderseits der Pfosten ergeben. Es soll noch die Berechnung der Einflußlinien gezeigt werden. Bei lotrechter Lastrichtung ist C stets ein kleiner Wert, der verschwindet, wenn die Pfostenköpfe sich in der Wagerechten nicht verschieben. Es ist deshalb zweckmäßig, den Einfluß eines von Null verschiedenen Wertes als nachträgliche Verbesserung des aus der Annahme $C=0$ errechneten zu behandeln. Die Gleichungen lassen erkennen, daß die Verbesserung additiv hinzutritt. Es sei nur das Feld r durch lotrechte Lasten belastet. Dann ist

$$X_n=+N_{r-1}\cdot\lambda_{r-1,n}+N_r\cdot\lambda_{rn}$$

$$N_{r-1}=-\frac{4}{l_r\cdot l_r'}\left(\mathfrak{S}_{r,r}'-\frac{1}{2}\mathfrak{S}_{r,r-1}'\right),$$

$$N_r=+\frac{4}{l_r\cdot l_r'}\left(\mathfrak{S}_{r,r-1}-\frac{1}{2}\mathfrak{S}_{r,r}'\right),$$

$$X_n=\frac{4}{l_r\cdot l_r'}\left[\mathfrak{S}_{r,r-1}'\left(\frac{1}{2}\lambda_{r-1,n}+\lambda_{rn}\right)-\mathfrak{S}_{rr}'\left(\lambda_{r-1,n}+\frac{1}{2}\lambda_{rn}\right)\right].$$

Ist $r\leqq n$, so ist $\lambda_{r-1,n}=-\lambda_{rn}\cdot\overline{r,r-1}$

$$X_n=\frac{4\lambda_{rn}}{l_r\cdot l_r'}\left[\mathfrak{S}_{r,r-1}'\left(1-\frac{1}{2}\overline{r,r-1}\right)-\mathfrak{S}_{rr}'\left(\frac{1}{2}-\overline{r,r-1}\right)\right]. \tag{103}$$

Der Klammerwert ist von n unabhängig, also gilt

$$X_{n+1} = \frac{4 \cdot \lambda_{r\,n+1}}{l_r \cdot l'_r} [\ \ldots\ ],$$

$$\frac{X_{n+1}}{X_n} = \frac{\lambda_{r\,n+1}}{\lambda_{rn}} = -\overline{n, n+1}\,.$$

Ist X_r berechnet, so können X_{r+1} bis X_m durch Multiplikation mit den Festwerten $-\overline{n, n+1}$ des Zahlenrechteckes gefunden werden. Wenn $r > n$ ist, ist $\lambda_{rn} = -\lambda_{r-1,n} \cdot \overline{r-1, r}$

$$X_n = \frac{4\lambda_{r-1,n}}{l_r \cdot l'_r}\left[\mathfrak{S}'_{r,r-1}\left(\frac{1}{2} - \overline{r-1,r}\right) - \mathfrak{S}'_{rr}\left(1 - \frac{1}{2}\overline{r-1,r}\right)\right], \quad (104)$$

$$X_{n-1} = \frac{4\lambda_{r-1,n-1}}{l_r \cdot l'_r} [\ \ldots\ ],$$

$$\frac{X_{n-1}}{X_n} = \frac{\lambda_{r-1,n-1}}{\lambda_{r-1,n}} = -\overline{n, n-1}\,.$$

Nach Ermittlung von X_{r-1} können X_{r-2} bis X_0 durch Multiplikation mit den Festwerten $-\overline{n, n-1}$ gefunden werden. Weiter ergibt sich

$$Y_{r-1} = -\frac{4}{l_r \cdot l'_r}\left(\mathfrak{S}'_{r,r} - \frac{1}{2}\mathfrak{S}'_{r,r-1}\right) + X_{r-2} \cdot \frac{1}{2\,l'_{r-1}}$$

$$+ X_{r-1}\left(\frac{1}{l'_{r-1}} - \frac{1}{l'_r}\right) - X_r \frac{1}{2\,l'_r}\,.$$

X_r wird durch X_{r-1} ausgedrückt.

$$X_r = \frac{4}{l_r \cdot l_r}\left[-\left(\mathfrak{S}'_{rr} - \frac{1}{2}\mathfrak{S}'_{r,r-1}\right)\lambda_{r-1,r} + \left(\mathfrak{S}'_{r,r-1} - \frac{1}{2}\mathfrak{S}'_{rr}\right)\lambda_{r,r}\right],$$

$$X_{r-1} = \frac{4}{l_r \cdot l'_r}\left[-\left(\mathfrak{S}'_{rr} - \frac{1}{2}\mathfrak{S}'_{r,r-1}\right)\lambda_{r-1,r-1} + \left(\mathfrak{S}'_{r,r-1} - \frac{1}{2}\mathfrak{S}'_{r,r}\right)\lambda_{r,r-1}\right].$$

Die Gleichung für X_{r-1} wird durch $\overline{r, r-1}$ geteilt und zu X_r addiert.

$$X_r + X_{r-1}\frac{1}{\overline{r,r-1}} = -\frac{4}{l_r \cdot l'_r}\left(\mathfrak{S}'_{rr} - \frac{1}{2}\mathfrak{S}'_{r,r-1}\right)\left(\lambda_{r-1,r-1} \cdot \frac{1}{\overline{r,r-1}} + \lambda_{r-1,r}\right),$$

$$X_r = -X_{r-1} \cdot \frac{1}{\overline{r,r-1}} - \frac{4\lambda_{r-1,r-1}}{l_r \cdot l'_r}\left(\mathfrak{S}'_{rr} - \frac{1}{2}\mathfrak{S}'_{r,r-1}\right)\left(\frac{1}{\overline{r,r-1}} - \overline{r-1,r}\right),$$

$$Y_{r-1} = -\frac{4}{l_r \cdot l'_r}\left(\mathfrak{S}'_{rr} - \frac{1}{2}\mathfrak{S}'_{r,r-1}\right)\left[1 - \frac{\lambda_{r-1,r-1}}{2\,l'_r}\left(\frac{1}{\overline{r,r-1}} - \overline{r-1,r}\right)\right]$$

$$+ X_{r-1}\left[\frac{1}{l'_{r-1}}\left(1 - \frac{1}{2}\overline{r-1,r-2}\right) + \frac{1}{l'_r}\left(\frac{1}{2\overline{r,r-1}} - 1\right)\right]. \quad (105)$$

Nach links folgen $n < r - 1$

$$Y_n = X_n\left[\frac{1}{l'_n}\left(1 - \frac{1}{2}\overline{n, n-1}\right) + \frac{1}{l'_{n+1}}\left(\frac{1}{\overline{\overline{2n+1, n}}} - 1\right)\right]. \quad (105\text{a})$$

Rechts des belasteten Feldes ist

$$Y_r = -\frac{4}{l_r \cdot l'_r}\left(\mathfrak{S}'_{r,r-1} - \frac{1}{2}\mathfrak{S}'_{r,r}\right) + X_{r-1}\frac{1}{2\,l'_r} + X_r\left(\frac{1}{l'_r} - \frac{1}{l'_{r+1}}\right) - X_{r+1}\frac{1}{2\,l'_{r+1}}.$$

Hier wird X_{r-1} durch X_r mit Hilfe der oben benutzten Gleichungen ausgedrückt, indem die Gleichung für X_r durch $\overline{r-1, r}$ geteilt wird, ferner $X_{r+1} = -X_r \cdot \overline{r, r+1}$ eingeführt. So erhält man

$$Y_r = -\frac{4}{l_r \cdot l'_r}\left(\mathfrak{S}'_{r,r-1} - \frac{1}{2}\mathfrak{S}'_{rr}\right)\left[1 - \frac{\lambda_{rr}}{2\,l'_r}\left(\frac{1}{\overline{\overline{r-1, r}}} - \overline{r, r-1}\right)\right]$$

$$- X_r\left[\frac{1}{l'_r}\left(\frac{1}{\overline{\overline{2r-1, r}}} - 1\right) + \frac{1}{l'_{r+1}}\left(1 - \frac{1}{2}\overline{r, r+1}\right)\right]. \quad (106)$$

Weiter folgt $n > r$

$$Y_n = -X_n\left[\frac{1}{l'_n}\left(\frac{1}{\overline{\overline{2n-1, n}}} - 1\right) + \frac{1}{l'_{n+1}}\left(1 - \frac{1}{2}\overline{n, n+1}\right)\right]. \quad (106\text{a})$$

Aus den Gleichungen (103) bis (106a) erhält man sofort die Ordinate der Einflußlinien im Felde r, indem man die statischen Momente $\mathfrak{S}'$ als solche des Momentendreiecks darstellt, welches durch $\overline{P} = 1$ in z entsteht.

$$\mathfrak{S}'_{rr} = \frac{l_r^2 - 4z^2}{48}\,l'_r\left(3 - 2\,\frac{z}{l_r}\right), \qquad \mathfrak{S}'_{r,r-1} = \frac{l_r^2 - 4z^2}{48}\,l'_r\left(3 + 2\,\frac{z}{l_r}\right),$$

$$\mathfrak{S}'_{r,r-1} - \frac{1}{2}\mathfrak{S}'_{rr} = \frac{l_r^2 - 4z^2}{32}\,l'_r\left(1 + 2\,\frac{z}{l_r}\right),$$

$$\mathfrak{S}'_{rr} - \frac{1}{2}\mathfrak{S}'_{r,r-1} = \frac{l_r^2 - 4z^2}{32}\,l'_r\left(1 - 2\,\frac{z}{l_r}\right).$$

Gleichung (103) gibt für X_n, Gleichung (106), (106a) für Y_n die Ordinate des linken Astes ($r \leqq n$) der Einflußlinie an; ebenso Gleichung (104) für X_n, Gleichung (105), (105a) für Y_n die des rechten Astes ($r > n$).

Durch die Belastung des Feldes r entsteht

$$C = \frac{4\beta}{l_r \cdot l'_r}\left[-\left(\mathfrak{S}'_{rr} - \frac{1}{2}\mathfrak{S}'_{r,r-1}\right)\sum_0^m{}_n \frac{\lambda_{r-1,n}}{h_n \cdot h'_n} + \left(\mathfrak{S}'_{r,r-1} - \frac{1}{2}\mathfrak{S}'_{rr}\right)\sum_0^m{}_n \frac{\lambda_{rn}}{h_n \cdot h_n}\right].$$

Daraus läßt sich sofort die Einflußlinie für C berechnen. Weiter erhält man

$$X_n = -C\sum_0^m{}_v \alpha_v \cdot \lambda_{vn},$$

$$Y_n = C\left[\frac{2}{h_{n-1} \cdot l'_n}\left(1 - \frac{h_{n-1}}{4}\sum_0^m{}_n \alpha_v \cdot \lambda_{v,n-1}\right)\right.$$

$$\left. + \frac{4}{h_n}\left(\frac{1}{l'_n} - \frac{1}{l'_{n+1}}\right)\left(1 - \frac{h_n}{4}\sum_0^m{}_n \alpha_v \cdot \lambda_{vn}\right) - \frac{2}{h_{n+1} \cdot l'_{n+1}}\left(1 - \frac{h_{n+1}}{4}\sum_0^m{}_n \alpha_v \cdot \lambda_{vn+1}\right)\right].$$

Nach diesen Formeln ist zu beurteilen, ob und wie weit der Einfluß von C berücksichtigt werden muß. Ist der Balken in einem Endpunkt wagerecht unverschieblich gestützt, so ist $C = 0$, die Berechnung vereinfacht sich damit. In der Elastizitätsgleichung für a bzw. $m - 1$ ist dann

$$n, n = \frac{3}{4\,l'_a} + \frac{1}{l'_b} + \frac{1}{h'_a} \qquad \text{oder} \qquad n, n = \frac{1}{l'_{m-1}} + \frac{3}{4\,l'_m} + \frac{1}{h'_{m-1}}$$

zu setzen. Aus

$$\sum_0^m{}_n \frac{X_n}{h_n \cdot h'_n} + \frac{2}{3}\sum P'' + \frac{2}{3}C_1 = 0$$

erhält man den wagerechten Stützdruck C_1.

b) Die Stützpfosten sind in Gelenken gelagert. Da $2\,(m + 1)$ Stützen vorhanden sind, folgt aus

$$2 \cdot 2\,(m + 1) + n = 6\,m + 3\,,$$

daß $n = 2\,m - 1$ überzählige Glieder vorhanden sind. In jedem Pfosten tritt ein Moment Z_n am Kopf auf, welches bis zum Fuß geradlinig

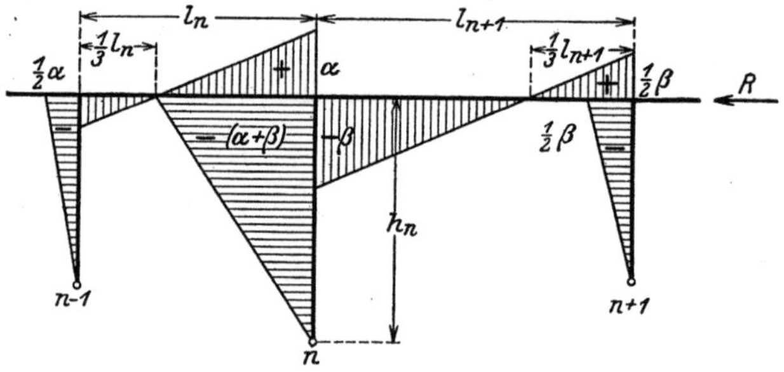

Abb. 299.

auf Null abnimmt, wenn die Pfosten durch äußere Kräfte nicht belastet sind. Obwohl die Zahl der statischen Größen um $m + 1$ kleiner ist als im Tragwerk mit eingespannten Pfosten, ist die Berechnung in genau derselben Weise durchzuführen. Zur Aufstellung der Elastizitätsgleichungen wird der Selbstspannungszustand

$$\overline{M}_{nl} = \alpha\,, \qquad \overline{M}_{n-1,r} = -\tfrac{1}{2}\alpha\,, \qquad \overline{M}_{nr} = -\beta\,, \qquad \overline{M}_{n+1,l} = +\tfrac{1}{2}\beta\,,$$

$$\overline{Z}_{n-1} = -\frac{\alpha}{2}\,, \qquad \overline{Z}_n = -(\alpha + \beta)\,, \quad \overline{Z}_{n+1} = -\frac{1}{2}\beta$$

gewählt, dessen Momente in Abb. 299 dargestellt sind. Da mit den Momenten Z wagerechte Stützkräfte verbunden sind, bilden die genannten statischen Größen noch keinen Gleichgewichtszustand. Es muß eine Kraft im Riegel

$$\overline{R} = \frac{\alpha}{2\,h_{n-1}} + \frac{\alpha + \beta}{h_n} + \frac{\beta}{2\,h_{n+1}}$$

hinzutreten, die von einem dritten Rahmen aufgenommen wird. Diese Aufgabe kann für alle Selbstspannungszustände demselben Rahmen zugewiesen werden, so daß die Arbeit in allen Gleichungen durch

$$C\left(\frac{\alpha}{2h_{n-1}} + \frac{\alpha+\beta}{h_n} + \frac{\beta}{h_{n+1}}\right)$$

auszudrücken ist. Zu demselben Ergebnis gelangt man, wenn man eine wagerechte elastische Stütze im Riegel hinzufügt, deren Kraft $\overline{R}$ die durch vorstehenden Ansatz ausgedrückte Arbeit leistet, und sodann C aus der Bedingung bestimmt, daß die Stützkraft verschwindet. C ist dabei der Weg der Kraft $\overline{R} = 1$.

Dies Hilfsmittel hat den Vorteil, daß alle aus dem bezeichneten Selbstspannungszustand abgeleiteten Gleichungen in derselben Weise aufgestellt werden können. Die überzähligen Glieder werden zwar so um eine Stütze vermehrt, die Rechnung aber einfacher. Da die Stützkraft dieser Stütze $= 0$ wird, erfährt der Gleichgewichtszustand des vorliegenden Tragwerkes keine Änderung. Aus den in Abb. 299 dargestellten Momentenflächen des Selbstspannungszustandes ist folgende Gleichung mit Hilfe der Auswertungsformel abzulesen:

$$-\frac{\alpha}{2h_{n-1}} Z_{n-1}\cdot\frac{h'_{n-1}}{2}\cdot\frac{2h_{n-1}}{3} + \frac{\alpha}{l_n} M_{nl}\cdot\frac{l'_n}{2}\left(\frac{2}{3} l_n - \frac{1}{2}\frac{1}{3} l_n\right)$$
$$-\frac{\beta}{l_{n+1}} M_{nr}\frac{l'_{n+1}}{2}\left(\frac{2}{3} l_{n+1} - \frac{1}{2}\frac{1}{3} l_{n+1}\right) - \frac{\alpha+\beta}{h_n}\quad\frac{h'_n}{2}\frac{2h_n}{3}$$
$$-\frac{\beta}{2h_{n+1}} Z_{n+1}\frac{h'_{n+1}}{2}\frac{2h_{n+1}}{3} + \frac{\alpha}{l_n}\left(\mathfrak{S}'_{n,n-1} - \frac{1}{2}\mathfrak{S}'_{nn}\right)$$
$$-\frac{\beta}{l_{n+1}}\left(\mathfrak{S}'_{n+1,n+1} - \frac{1}{2}\mathfrak{S}'_{n+1,n}\right) + C\left(\frac{\alpha}{2h_{n-1}} + \frac{\alpha+\beta}{h_n} + \frac{\beta}{h_{n+1}}\right) = 0\,.$$

Wird $\alpha = \frac{4}{l'_n}$, $\beta = \frac{4}{l'_{n+1}}$ gesetzt, so erhält man mit der Bezeichnung $X_n = Z_n \cdot h'_n$

$$\boldsymbol{n-1, n\cdot X_{n-1} + n, n\cdot X_n + n+1, n\, X_n = C\cdot \alpha_n + N_n}, \quad (107)$$

$$n-1, n = \frac{2}{3l'_n},\qquad n, n = \frac{4}{3}\left(\frac{1}{l'_n} + \frac{1}{l'_{n+1}}\right) + \frac{1}{h'_n},\qquad n+1, n = \frac{2}{3l'_{n+1}},$$

$$\alpha_n = \frac{2}{l'_n h_{n-1}} + \frac{4}{h_n}\left(\frac{1}{l'_n} + \frac{1}{l'_{n+1}}\right) + \frac{2}{l'_{n+1} h_{n+1}},$$

$$N_n = +\frac{4}{l'_n l_n}\left(\mathfrak{S}'_{n,n-1} - \frac{1}{2}\mathfrak{S}'_{nn}\right) - \frac{4}{l'_{n+1}\cdot l'_{n+1}}\left(\mathfrak{S}'_{n+1,n+1} - \frac{1}{2}\mathfrak{S}'_{n+1,n}\right).$$

Wird $\alpha = \frac{4}{l'_n}$, $\beta = -\frac{4}{l'_{n+1}}$ gesetzt, so ergibt sich

$$\left.\begin{aligned} M_{nl} + M_{nr} = & -\frac{4}{l_n \cdot l'_n}\left(\mathfrak{S}'_{n,n-1} - \frac{1}{2}\mathfrak{S}'_{nn}\right) \\ & - \frac{4}{l_{n+1} \cdot l'_{n+1}}\left(\mathfrak{S}'_{n+1,n+1} - \frac{1}{2}\mathfrak{S}'_{n+1,n}\right) + X_{n-1}\frac{2}{3\,l'_n} \\ & + X_n \cdot \frac{4}{3}\left(\frac{1}{l'_n} - \frac{1}{l'_{n+1}}\right) - X_{n+1}\frac{2}{3\,l'_{n+1}} \\ & - C\left[\frac{2}{l'_n \cdot h_{n-1}} + \frac{4}{h_n}\left(\frac{1}{l'_n} - \frac{1}{l'_{n+1}}\right) - \frac{2}{l'_{n+1} \cdot h_{n+1}}\right]. \end{aligned}\right\} \qquad (108)$$

Es bestehen $m+1$ Gleichungen (107), $m-1$ Gleichungen (108), ihre Zahl stimmt also mit der Zahl der überzähligen Glieder einschließlich der hinzugefügten Stütze überein. Die Zahl der Unbekannten X_n, $Y_n = M_{nl} + M_{nr}$, C ist um 1 größer. Zu ihrer Bestimmung dient die Gleichgewichtsbedingung

$$\sum_0^m H + \sum P'' = 0\,,$$

welche die oben angegebene Bedingung, daß die Stützkraft der hinzugefügten Stütze verschwindet, erfüllt. Ist der Riegel in irgendeinem Punkte unverschieblich gestützt, so wird $C = 0$, und aus der vorstehenden Gleichgewichtsbedingung folgt der Wert der wagerechten Stützkraft. Die aufgestellten Gleichungen zeigen, daß die Aufgabe genau in derselben Weise zu lösen ist, die unter a) für das Tragwerk mit eingespannten Pfosten dargestellt ist.

Ist der Einfluß von Änderungen der Temperatur zu untersuchen, so sind in den Arbeitsgleichungen für die Selbstspannungszustände die Glieder $\varepsilon\int N_r \cdot t \cdot ds - \varepsilon\int M_r \frac{\Delta t}{h} ds$ hinzuzufügen. Für das Tragwerk mit eingespannten Pfosten ergibt sich so bei der Temperaturänderung t in der Balkenachse

$$M_n \cdot h'_n \cdot h_n = C + 2\varepsilon \cdot t \cdot x_n\,,$$

worin x_n den wagerechten Abstand des Pfostens n von einem bestimmten Pfosten, etwa o oder m, bezeichnet. Um ein gleichartiges Glied ist C in dem Fall des Tragwerkes mit Fußgelenken zu erweitern. Im übrigen begegnet die Aufstellung der Glieder keinen Schwierigkeiten.

Beide Bauarten sind in der Literatur vielfach und nach verschiedenen Methoden behandelt worden. Die wichtigsten Arbeiten sind unten[1]) angegeben. Auf $m+1$ dreigliedrige Gleichungen hat Bleich[2]) die Aufgabe zurückgeführt, der aus dem Viermomentensatz (s. S. 307) Gleichungen von der hier auf anderem Wege gefundenen Form ableitet.

74. Das Pfostenstabwerk.

Eine den in Nr. 73 behandelten Tragwerken gleichartige Bauart zeigt das Pfostenstabwerk, aus dem der Zweigelenkbogen der Abb. 300 gebildet ist. Die Untersuchung folgt den bei jenen eingeschlagenen Wegen. Das System bildet eine Folge von Rahmen, deren jeder drei überzählige Glieder aufweist. Mithin ist es $3m+1$fach statisch unbestimmt, wenn m die Zahl der Rahmen bezeichnet, da ein äußeres überzähliges Glied hinzutritt. Zur Orientierung der Momente sei der Augenpunkt für jeden Rahmen im Inneren gewählt und jeder Pfosten dem rechts liegenden Rahmen zugewiesen. Abb. 301 zeigt die positiven Momente. Das Trägheitsmoment sei in beiden Gurtungen jedes Feldes gleich und konstant. Die Trägheitsmomente der Pfosten sind beliebig, jedoch für jeden Pfosten konstant.

Eine Elastizitätsgleichung wird aus dem in Abb. 302 durch die Momentenflächen dargestellten Selbstspannungszustand hergeleitet. Mit Hilfe der Auswertungsformel ist abzulesen

$$\alpha\,(M_{nl}+M'_{nl})\frac{s'_n}{4}-\beta\,(M_{nr}+M'_{nr})\frac{s'_{n+1}}{4}-\frac{\alpha}{2}(Z_{n-1}+Z'_{n-1})\frac{h'_{n-1}}{2}$$
$$-(\alpha+\beta)\,(Z_n+Z'_n)\frac{h'_n}{2}-\frac{\beta}{2}(Z_{n+1}+Z'_{n+1})\frac{h'_{n+1}}{2}=0\,. \qquad (109)$$

Dabei ist vorausgesetzt, daß die Lasten nur in den Knotenpunkten angreifen. Mit $\alpha=\frac{4}{s'_n}$, $\beta=\frac{4}{s'_{n+1}}$ und den Gleichgewichtsbedingungen

$$M_{nl}-M_{nr}=-Z_n\,,\qquad M_{nl}-M'_{nr}=-Z'_n\,,$$
$$M_{nl}+M'_{nl}-(M_{nr}+M'_{nr})=-(Z_n+Z'_n)$$

folgt

$$-(Z_{n-1}+Z'_{n-1})\frac{h'_{n-1}}{s'_n}-(Z_n+Z'_n)\,h'_n\left(\frac{2}{s'_n}+\frac{2}{s'_{n+1}}+\frac{1}{h'_n}\right)$$
$$-(Z_{n+1}+Z'_{n+1})\frac{h'_{n+1}}{s'_{n+1}}=0\,. \qquad (110)$$

---

[1]) Winkler: Theorie der Brücken I. S. 94. 1886. — Hertwig, A.: Die Berechnung des Trägers auf mehreren Stützen mit gleichem und veränderlichem Querschnitt und frei drehbaren oder eingespannten Stützen. Arm. Beton 1913, S. 119. — Müller-Breslau, H.: Zur Auflösung mehrgliedriger Elastizitätsgleichungen. Eisenbau 1916, S. 111; 1917, S. 193. Die graphische Statik II, 2, S. 130. — Gehler: Rahmenberechnung mittels der Drehwinkel. Otto Mohr-Festschrift. Berlin 1916. — Derselbe: Der Rahmen. Berlin 1913. — Kaufmann: Beitrag zur Berechnung dem kontinuierlichen Träger verwandter Systeme von höherem Grade statischer Unbestimmtheit. Eisenbau 1921.

[2]) Bleich, F.: Die Berechnung statisch unbestimmter Tragwerke nach der Methode des Viermomentensatzes. S. 109. Berlin 1918.

Es bestehen $m + 1$ Gleichungen der vorliegenden Art, wenn in den Endpunkten ein Pfosten vorhanden ist. Die erste und letzte enthält

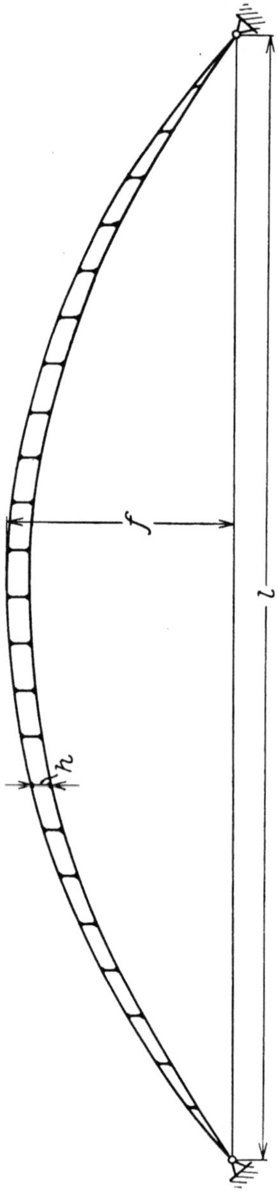

Abb. 300.

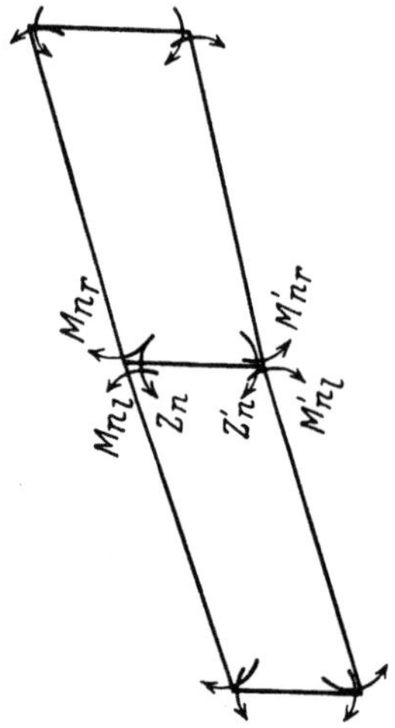

Abb. 301.

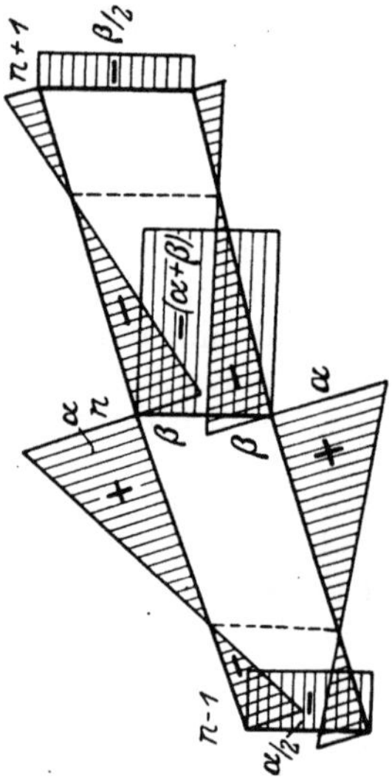

Abb. 302.

nur zwei Größen $Z + Z'$. Es liegt also ein System dreigliedriger Elastizitätsgleichungen vor. In dem behandelten Falle erhält man die erste und letzte Gleichung mit $h_0 = 0$. Da die rechte Seite aller Gleichungen bei der getroffenen Voraussetzung, daß die Lasten nur in den Knotenpunkten angreifen, den Wert Null hat, ergibt sich allgemein

$$(Z_n + Z'_n)\,h'_n = 0\,,$$
$$Z'_n = -Z_n\,.$$

Daraus folgt weiter aus (109), da α und β beliebige Konstanten sind,

$$M'_{nl} = -M_{nl}\,,$$
$$M'_{nr} = -M_{nr}\,.$$

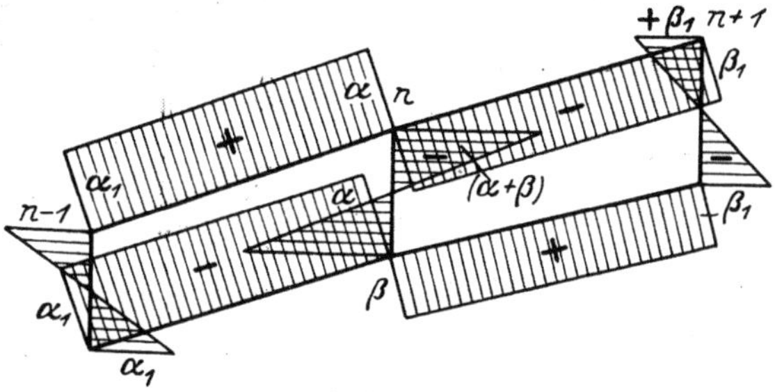

Abb. 303.

Die zu diesem Ergebnis benutzten Gleichungen umfassen je zwei selbständige Elastizitätsgleichungen für jeden Rahmen, so daß ihre Zahl $2\,m$ beträgt und noch m-Elastizitätsgleichungen bestehen, wenn von dem äußeren überzähligen Glied abgesehen wird. Zur Herleitung dieser Gleichungen dient der in Abb. 303 dargestellte Selbstspannungszustand, aus dem abzulesen ist:

$$\begin{aligned}(M_{nl} - M'_{nl})(2\alpha + \alpha_1)\frac{s'_n}{6} + (M_{n-1,r} - M'_{n-1,r})(\alpha + 2\alpha_1)\frac{s'_n}{6}\\ -(M_{nr} - M'_{nr})(2\beta + \beta_1)\frac{s'_{n+1}}{6} - (M_{n+1,l} - M'_{n+1,l})(\beta + 2\beta_1)\frac{s'_{n+1}}{6}\\ +\alpha_1(Z_{n-1} - Z'_{n-1})\frac{h'_{n-1}}{6} - (\alpha+\beta)(Z_n - Z'_n)\frac{h'_n}{6} + \beta_1(Z_{n+1} - Z'_{n+1})\frac{h'_{n+1}}{6} = 0,\end{aligned} \qquad (111)$$

$$\alpha_1 = \alpha\,\frac{h_{n-1}}{h_n}\,, \qquad \beta_1 = \beta\,\frac{h_{n+1}}{h_n}\,.$$

Die Gleichung umfaßt je eine selbständige Elastizitätsgleichung für die Rahmen n und $n+1$, deren jede identisch ist mit der Gleichung IV (22) $\sum M\,\frac{J_c}{J}\,y \cdot ds$, bezogen auf die Achse durch die Mittelpunkte der Pfosten. Da

$$Z_n - Z'_n = -\,(M_{nl} - M'_{nl}) + (M_{nr} - M'_{nr})$$

ist, sind in jedem Feld noch zwei Unbekannte vorhanden. Die fehlende Gleichung wird aus folgenden Gleichgewichtsbedingungen gewonnen. Die im Obergurtstab n auftretende Kraft wird nach der Lotrechten und der Stabrichtung zerlegt. Letztere sei O_n bezeichnet und γ_n der Neigungswinkel gegen die Wagerechte. Für die Kräfte im lotrechten Schnitt $n-1, r$ gilt an der linken Scheibe

$$\mathfrak{M}_{n-1,u} - (M_{n-1r} - M'_{n-1,r}) + O_n \cdot h_{n-1} \cdot \cos\gamma = 0\,,$$

ferner für die Kräfte im lotrechten Schnitt $n\,l$

$$\mathfrak{M}_{nu} - (M_{nl} - M'_{nl}) + O_n h_n \cdot \cos\gamma = 0\,,$$

worin $\mathfrak{M}_{n-1,u}$ und $\mathfrak{M}_{nu}$ die Momente der äußeren Kräfte um die Knotenpunkte der unteren Gurtung bezeichnen. Daraus ergibt sich

$$\mathfrak{M}_{n-1,u} \cdot h_n - \mathfrak{M}_{nu} \cdot h_{n-1} - (M_{n-1,r} - M'_{n-1,r}) h_n + (M_{nl} - M'_{nl}) h_{n-1} = 0,$$

$$M_{n-1,r} - M'_{n-1,r} = (M_{nl} - M'_{nl}) \frac{h_{n-1}}{h_n} + \mathfrak{M}_{n-1,u} - \mathfrak{M}_{nu} \frac{h_{n-1}}{h_n}$$

und ebenso

$$M_{n+1,l} - M'_{n+1,l} = (M_{nr} - M'_{nr}) \frac{h_{n+1}}{h_n} - \mathfrak{M}_{nu} \frac{h_{n+1}}{h_n} + \mathfrak{M}_{n+1,u}.$$

In der Gleichung (111) werden nun $M_{n-1,r} - M'_{n-1,r}$ und $M_{n+1,l} - M'_{n+1,l}$ eliminiert.

$$\begin{aligned}
&(M_{nl} - M'_{nl})\, s'_n \cdot \alpha_1 2\left(1 + \frac{h_{n-1}}{h_n} + \frac{h_n}{h_{n-1}}\right) \\
&- (M_{nr} - M'_{nr})\, s'_{n+1} \cdot \beta_1 2\left(1 + \frac{h_n}{h_{n+1}} + \frac{h_{n+1}}{h_n}\right) \\
&+ \alpha_1 (Z_{n-1} - Z'_{n-1}) h'_{n-1} - (\alpha + \beta)(Z_n - Z'_n) h'_n + \beta_1 (Z_{n+1} - Z'_{n+1}) h'_{n+1} \\
&+ \left(\mathfrak{M}_{n-1,u} - \mathfrak{M}_{nu} \cdot \frac{h_{n-1}}{h_n}\right) s'_n \cdot \alpha_1 \left(2 + \frac{h_n}{h_{n-1}}\right) \\
&+ \left(\mathfrak{M}_{nu} \frac{h_{n+1}}{h_n} - \mathfrak{M}_{n+1,u}\right) s'_{n+1} \cdot \beta_1 \left(2 + \frac{h_n}{h_{n+1}}\right) = 0.
\end{aligned}$$

Es bezeichnet $a_n = \dfrac{1}{1 + \dfrac{h_{n-1}}{h_n} + \dfrac{h_n}{h_{n-1}}}$, und es wird $\alpha_1 = \dfrac{a_n}{s'_n}$, $\beta_1 = \dfrac{a_{n+1}}{s'_{n+1}}$ gesetzt; dann gehen die beiden ersten Glieder in

$$2(M_{nl} - M'_{nl}) - 2(M_{nr} - M'_{nr}) = -2(Z_n - Z'_n)$$

über, und man erhält die Gleichung

$$\left.\begin{aligned}
&-(Z_{n-1} - Z'_{n-1}) h'_{n-1} \cdot \frac{a_n}{s'_n} \\
&+ (Z_n - Z'_n) h'_n \left(\frac{h_n}{h_{n-1}} \cdot \frac{a_n}{s'_n} + \frac{h_n}{h_{n+1}} \cdot \frac{a_{n+1}}{s'_{n+1}} + \frac{2}{h'_n}\right) \\
&-(Z_{n+1} - Z'_{n+1}) h'_{n+1} \cdot \frac{a_{n+1}}{s'_{n+1}} = \mathfrak{M}_{n-1,u} \cdot a_n \left(2 + \frac{h_n}{h_{n-1}}\right) \\
&- \mathfrak{M}_{nu}\left[a_n \left(1 + 2\frac{h_{n-1}}{h_n}\right) - a_{n+1}\left(1 + 2\frac{h_{n+1}}{h_n}\right)\right] \\
&- \mathfrak{M}_{n+1,u} \cdot a_{n+1} \left(2 + \frac{h_n}{h_{n+1}}\right).
\end{aligned}\right\} \quad (112)$$

Damit ist ein Satz von dreigliedrigen Elastizitätsgleichungen für die Größen $(Z_n - Z'_n) h'_n$ gewonnen, der nach dem in Nr. 63 dargestellten Verfahren durch Berechnung der λ-Werte aufzulösen ist. Da die Beiwerte beiderseits der Diagonale negativ sind, haben die Festwerte das positive Vorzeichen. Mithin sind alle λ gleichfalls positiv. Treten nur lotrechte äußere Kräfte auf, so ist die rechte Seite negativ, soweit die Querkraft positiv ist. Also sind unter dieser Voraussetzung die Momente $Z_n - Z'_n$ negativ.

Wird $\alpha_1 = \frac{a_n}{s'_n}$, $\beta_1 = -\frac{a_{n+1}}{s'_{n+1}}$ gesetzt, so erhält man die Gleichung

$$\left.\begin{aligned} M_{nl} + M_{nr} - (M'_{nl} + M'_{nr}) &= -(Z_{n-1} - Z'_{n-1})\, h'_{n-1} \frac{a_n}{2 s_n} \\ &+ \frac{1}{2}(Z_n - Z'_n)\, h'_n \left(\frac{h_n}{h_{n-1}} \cdot \frac{a_n}{s'_n} - \frac{h_n}{h_{n+1}} \frac{a_{n+1}}{s'_{n+1}}\right) \\ &+ (Z_{n+1} - Z'_{n+1})\, h'_{n+1} \frac{a_{n+1}}{2 s'_{n+1}} - \mathfrak{M}_{n-1,u} \frac{a_n}{2}\left(2 + \frac{h_n}{h_{n-1}}\right) \\ &+ \frac{1}{2}\mathfrak{M}_{nu}\left[a_n\left(1 + 2\frac{h_{n-1}}{h_n}\right) + a_{n+1}\left(1 + 2\frac{h_{n+1}}{h_n}\right)\right] \\ &- \mathfrak{M}_{n+1,u} \frac{a_{n+1}}{2}\left(2 + \frac{h_n}{h_{n+1}}\right), \end{aligned}\right\} \quad (113)$$

aus der die Summe der Momente der linken Seite berechnet wird, nachdem die $Z_n - Z'_n$ gefunden sind.

Als äußere statisch unbestimmte Größe wird die wagerechte Stützkraft X_a eingeführt. Zunächst werden die Momente $Z_{na} - Z'_{na}$ aus $X_a = -1$ mit Hilfe der Gleichung (112), sodann weiter die Momente in den Gurtungen berechnet. Die Ordinate der Biegungslinie δ_{ma}, die durch $X_a = -1$ erzeugt wird, kann dann aus den Momenten infolge $X_a = -1$ einer Gurtung allein berechnet werden. Das gleiche gilt für δ_{aa}. Man erhält die Ordinate der Einflußlinie für X_a in

$$\eta_a = \frac{\delta_{ma}}{\delta_{aa}}.$$

Greifen die Lasten auch zwischen den Knotenpunkten an, so sind alle Elastizitätsgleichungen um die statischen Momente $\mathfrak{S}'$ der Momentenflächen einfacher Balken zu erweitern, wie in Nr. 73 gezeigt ist. Die Größen $Z_n + Z'_n$ sind dann im allgemeinen von Null verschieden.

Sind die Trägheitsmomente in beiden Gurtungen nicht gleich oder die Pfosten nicht lotrecht, z. B. normal zu den auf konzentrischen Kreisen liegenden Gurtungen gerichtet, so gestaltet sich die Rechnung weniger einfach. Immerhin kann man die Aufgabe auch in manchen dieser Fälle auf dreigliedrige Gleichungen zurückführen. Eine ganz allgemeine Lösung, die auf der von Rahmen zu Rahmen fortschreitenden Bestimmung des elastischen Schwerpunktes beruht, hat L. Mann[1]) gegeben.

---

[1]) Mann, L.: Statische Berechnung steifer Vierecknetze (Diss.: Berlin 1909), gibt die erste Lösung der Aufgabe durch dreigliedrige Gleichungen. — Engesser: Die Berechnung der Rahmenträger. Z. f. Bauwesen 1913. — Domke: Handbuch für Eisenbetonbau. 2. Aufl. Bd. X, S. 72ff.

75. Durchlaufender Balken über dem Portalrahmen.

Das in Abb. 304 dargestellte Tragwerk ist ein durchlaufender Balken auf vier Stützen, deren mittlere mit dem Balken durch steife Ecken verbunden und im Fuß fest eingespannt sind. Diese Stützen bilden also mit dem mittleren Balkenstück einen Portalrahmen. Zu den

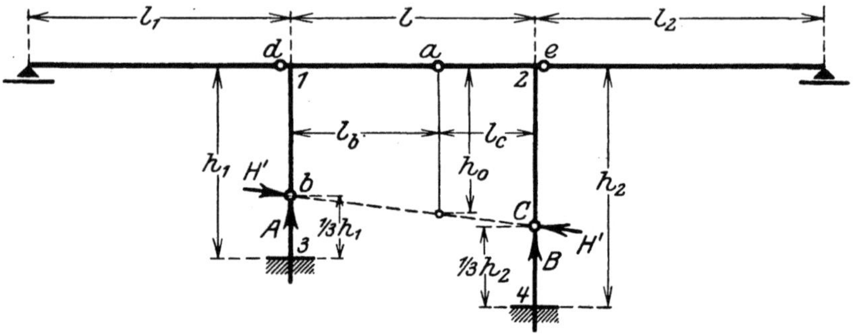

Abb. 304.

drei überzähligen Gliedern des Rahmens tritt in den beiden äußeren Balkenstücken je ein überzähliges Glied hinzu. Das System ist demnach fünffach statisch unbestimmt.

Als überzählige statische Größen werden die Momente $X_a \ldots X_e$ in den Querschnitten $a, b \ldots e$ gewählt. Die Lage des Punktes a bleibt zunächst unbestimmt, sie sei durch $\nu = \frac{l_c}{l_b}$ bezeichnet. Die Punkte b und c werden in $^1/_3$ der Pfostenhöhe gewählt, d unmittelbar links des linken und e rechts des rechten Pfostens in der Balkenachse. Als statisch unbestimmte Größen werden die Gruppen $Y_a, Y_b \ldots Y_e$ eingeführt, deren Beziehung zu den Momenten X aus der nachstehenden Tafel ersichtlich ist. Von den 25 Beiwerten bleiben 15 willkürlich wählbar, 10 sind durch die Bedingungen $\delta_{rk} = 0$ bestimmt. Y_{bb} wird $= \frac{h_1}{h_2}$ gewählt, um zu erreichen, daß $\delta_{ba} = 0$ durch $Y_{ab} = 0$ erfüllt wird. Für Y_{dd} könnte ebenfalls jeder willkürliche Wert gewählt werden, die Wahl wird jedoch zweckmäßig so getroffen, daß die Bedingungen $\delta_{dc} = 0$, $\delta_{db} = 0$ durch $Y_{bd} = Y_{cd} = 0$ erfüllt werden.

	Y_a	Y_b	Y_c	Y_d	Y_e
X_a	1	Y_{ab}	Y_{ac}	Y_{ad}	Y_{ae}
X_b	0	$\frac{h_1}{h_2}$	$-Y_{bc}$	Y_{bd}	Y_{be}
X_c	0	1	1	Y_{cd}	$-Y_{ce}$
X_d	0	0	0	Y_{dd}	$-Y_{de}$
X_e	0	0	0	1	1

Die Momente M_a des Zustandes $Y_a = -1$ sind die Momente des Dreigelenkrahmens, erzeugt durch $X_a = -1$. Die Gelenkdrücke in b und c werden in die lotrechten Komponenten A, B und die in die Gerade $b-c$ fallenden Komponenten H' mit der wagerechten Seitenkraft H zerlegt. Aus

$$A_a = 0\,, \quad B_a = 0\,, \quad H_a = \frac{1}{h_0} = \frac{\nu + 1}{\frac{2}{3}(h_1 \nu + h_2)}$$

folgt

$$M_{1a} = -\frac{h_1(\nu + 1)}{h_1 \nu + h_2} = -\zeta_a\,, \qquad M_{2a} = -\frac{h_2(\nu + 1)}{h_1 \nu + h_2} = -\eta_a\,,$$

$$M_{3a} = +\tfrac{1}{2}\zeta_a\,, \qquad M_{4a} = +\tfrac{1}{2}\eta_a\,.$$

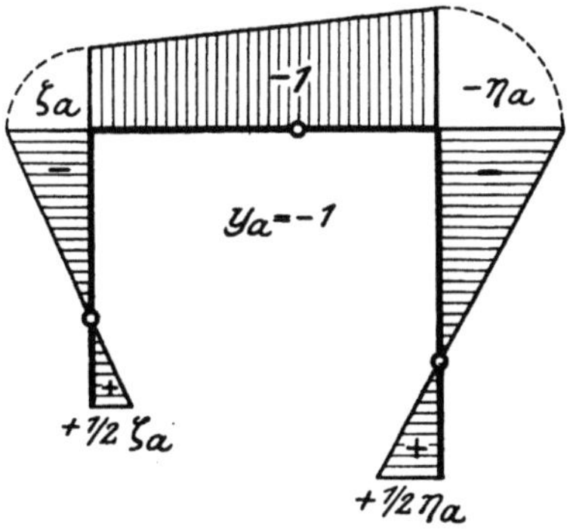

Abb. 305.

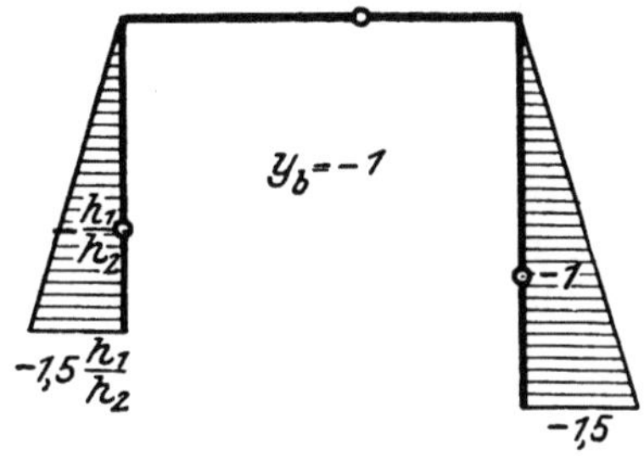

Abb. 306.

Abb. 305 zeigt die M_a-Flächen. Nach der Auswertungsformel ergibt sich, da der Schwerpunkt der M_a-Fläche der Pfosten in der Riegelachse liegt,

$$\left.\begin{aligned} 1 \cdot \delta'_{aa} &= 1 \cdot \vartheta'_{aa} = \tfrac{1}{4}(\zeta_a^2 h'_1 + \eta_a^2 h'_2) + \tfrac{1}{3} l'(\zeta_a^2 + \zeta_a \cdot \eta_a + \eta_a^2), \\ 1\,\delta'_{aa} &= \left[\frac{1}{4}(h_1^2 h'_1 + h_2^2 h'_2) + \frac{1}{3} l'(h_1^2 + h_1 h_2 + h_2^2)\right]\frac{4}{9 h_0^2}, \end{aligned}\right\} \quad (114)$$

$\delta_{ba} = 0$ lautet

$$1\,\vartheta_{ca} + \frac{h_1}{h_2}\vartheta_{ba} + Y_{ab}\vartheta_{aa} = 0\,.$$

Die Momente, die durch $X_c = -1$, $X_b = -\frac{h_1}{h_2}$ erzeugt werden, sind in Abb. 306 dargestellt. Wie oben berechnet, ergibt sich

$$M_{1b} = 0\,, \quad M_{2b} = 0\,, \quad M_{3b} = -1{,}5\frac{h_1}{h_2}\,, \quad M_{4b} = -1{,}5\,.$$

Mithin wird

$$1\,\vartheta_{ca} + \frac{h_1}{h_2}\vartheta_{ba} = 0 \quad \text{und} \quad Y_{ab} = 0\,.$$

Die Momente M_b des Zustandes $Y_b = -1$ sind also die in Abb. 306 dargestellten.

$$\delta_{bb} = 1 \cdot \vartheta_{cb} + \frac{h_1}{h_2}\vartheta_{bb} = \left(\frac{h_1}{h_2}\right)^2 \frac{1{,}5^2}{3} h_1' + \frac{1{,}5^2}{3} h_2',$$

$$\delta_{bb} = 0{,}75\left[h_1'\left(\frac{h_1}{h_2}\right)^2 + h_2'\right]. \tag{115}$$

Aus $\delta_{ab} = 0$ folgt $\vartheta_{ab} = 0$. Aus

$$\delta_{cb} = 1\,\vartheta_{cb} - Y_{bc}\vartheta_{bb} = 0,$$

folgt:

$$Y_{bc} = +\frac{\vartheta_{cb}'}{\vartheta_{bb}'},$$

ϑ_{cb} und ϑ_{bb} sind aus den Arbeitsgleichungen für die Zustände $X_c = -1$ und $X_b = -1$ sowie den Verschiebungszustand $Y_b = -1$ zu berechnen. Durch $X_c = -1$ entstehen im linken Pfosten Momente, deren Kurve geradlinig durch Punkt b verläuft; im rechten Pfosten verläuft die Momentenkurve geradlinig durch den Punkt $X_c = -1$. Aus der M_b-Fläche folgt also, daß der Beitrag des Moments des linken Pfostens zu ϑ_{cb} gleich 0 ist und der Beitrag der Momente des rechten Pfostens ebenso groß wie der Beitrag, der aus Momenten $\overline{M} = -1$ in allen Punkten errechnet ist. Demnach ist

$$\vartheta_{cb}' = h_2' \cdot 0{,}75.$$

Die analoge Beziehung gilt für die durch $X_b = -1$ erzeugten Momente

$$\vartheta_{bb}' = \frac{h_1 h_1'}{h_2} \cdot 0{,}75,$$

$$Y_{bc} = +\frac{h_2 \cdot h_2'}{h_1 \cdot h_1'}. \tag{116}$$

Nunmehr wird $\nu = \dfrac{h_1 h_1'}{h_2 h_2'}$ gewählt. Die Belastung $X_b = +\dfrac{h_2 h_2'}{h_1 h_1'}$, $X_c = -1$ ergibt dann $A = -\left(\dfrac{h_2 h_2'}{h_1 h_1'} + 1\right)\dfrac{1}{l}$,

$$H = -\left[\left(\frac{h_2 h_2'}{h_1 h_1'} + 1\right)\frac{l_b}{l} - \frac{h_2 h_2'}{h_1 h_1'}\right]\frac{1}{h_0} = 0$$

und die Momente

$$M_1 = +\frac{h_2 h_2'}{h_1 h_1'}, \qquad M_2 = -1, \qquad M_3 = +\frac{h_2 h_2'}{h_1 h_1'}, \qquad M_4 = -1$$

Abb. 307 zeigt die Momentenflächen.

Aus

$$\delta_{ca} = 1\,\vartheta_{ca} - Y_{bc}\vartheta_{ba} + Y_{ac}\vartheta_{aa} = 0$$

folgt

$$Y_{ac} = -\frac{\vartheta_{ca}' - Y_{bc}\vartheta_{ba}'}{\vartheta_{aa}'}.$$

Die Arbeitsgleichung für den Zustand $X_c = -1$, $X_b = Y_{bc} = \frac{h_2 h_2'}{h_1 h_1'}$ liefert nach den in Abb. 305 und 307 dargestellten Momentenflächen

$$\vartheta'_{ca} - Y_{bc}\vartheta'_{ba} = -\frac{h_2 \cdot h_2'}{h_1 \cdot h_1'}\frac{\zeta_a \cdot h_1'}{4} + \frac{\eta_a h_2'}{4} - \frac{l'}{6}\left[\frac{h_2 h_2'}{h_1 h_1'}(2\zeta_a + \eta_a) - (2\eta_a + \zeta_a)\right].$$

Die beiden ersten Glieder werden zu 0.

$$Y_{ac} = \frac{3 l' h_0}{2} \cdot \frac{\frac{h_2 h_2'}{h_1 \cdot h_1'}(2 h_1 + h_2) - (2 h_2 + h_1)}{\frac{3}{2}(h_1^2 h_1' + h_2^2 h_2') + 2 l'(h_1^2 + h_1 \cdot h_2 + h_2^2)}. \quad (117)$$

Die Momente M_c des Zustandes $Y_c = -1$ sind

$$M_{1c} = \frac{h_2 \cdot h_2'}{h_1 h_1'} - \zeta_a \cdot Y_{ac}, \qquad M_{2c} = -1 - \eta_a \cdot Y_{ac},$$

$$M_{3c} = \frac{h_2 \cdot h_2'}{h_1 \cdot h_1'} + \tfrac{1}{2}\zeta_a \cdot Y_{ac}, \qquad M_{4c} = -1 + \tfrac{1}{2}\eta_a \cdot Y_{ac}.$$

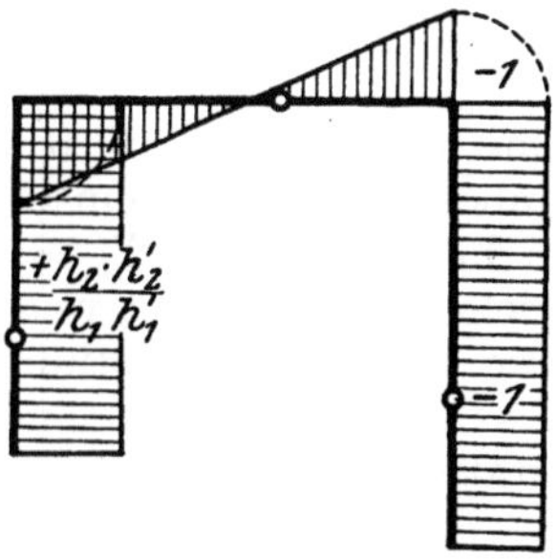

Abb. 307.

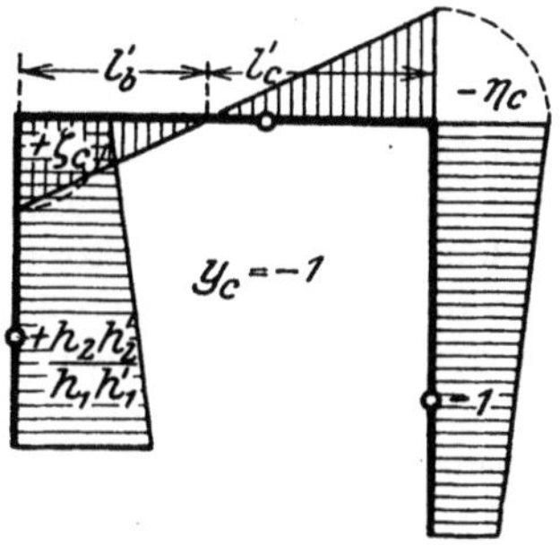

Abb. 308.

Für die Durchführung der Rechnung erhält man bequemere Formeln durch Einführung des Wertes $\nu_c = \frac{l_c'}{l_b'}$, welcher die Lage des Momentennullpunktes im Riegel bezeichnet

$$\nu_c = \frac{1 + \eta_a \cdot Y_{ac}}{\frac{h_2 h_2'}{h_1 h_1'} - \zeta_a \cdot Y_{ac}} = \frac{3 h_1 h_1' + 2 l'(2 h_1 + h_2)}{3 h_2 h_2' + 2 l'(2 h_2 + h_1)}. \quad (118)$$

Die Momente in Punkt *1* und *2* sind

$$\left.\begin{aligned} M_1 &= \frac{h_2 \cdot h_2'}{h_1 \cdot h_1'} \cdot \frac{h_1 \nu + h_2}{h_1 \nu_c + h_2} = \zeta_c, \\ M_2 &= -\zeta_c \cdot \nu_c = -\eta_c. \end{aligned}\right\}$$

Abb. 308 zeigt die Momentenflächen M_c. Aus

$$\delta_{bc} = 1\,\vartheta_{cc} + \frac{h_1}{h_2}\vartheta_{bc} = 0, \qquad \delta_{ac} = \vartheta_{ac} = 0$$

folgt

$$\vartheta_{cc} = -\frac{h_1}{h_2}\vartheta_{bc}, \qquad \delta_{cc} = 1 \cdot \vartheta_{cc} - \frac{h_2 h_2'}{h_1 h_1'}\vartheta_{bc}.$$

Die rechte Seite ist aus der Arbeitsgleichung für $X_c = -1$, $X_b = \frac{h_2 h_2'}{h_1 h_1'}$ und den Verschiebungszustand $Y_c = -1$ zu berechnen. Nach den Abb. 307 und 308 liefert die Auswertungsformel

$$\delta'_{cc} = h_1' \left(\frac{h_2 h_2'}{h_1 h_1'}\right)^2 + h_2' + \frac{l'}{6}\left[2 - \frac{h_2 h_2'}{h_1 h_1'} + \frac{h_2 h_2'}{h_1 h_1'}\left(\frac{2 h_2 h_2'}{h_1 h_1'} - 1\right)\right],$$

$$+ Y_{ac}\left\{-\tfrac{1}{4}\zeta_a h_1' \frac{h_2 h_2'}{h_1 h_1'} + \tfrac{1}{4}\eta_a h_2' + \frac{l'}{6}\left[2\eta_a + \zeta_a - \frac{h_2 h_2'}{h_1 h_1'}(2\zeta_a + \eta_a)\right]\right\}.$$

Unter Berücksichtigung der Gleichungen (114) und (117) ergibt sich daraus

$$\delta'_{cc} = h_1' \left(\frac{h_2 h_2'}{h_1 h_1'}\right)^2 + h_2' + \frac{l'}{3}\left[1 - \frac{h_2 h_2'}{h_1 h_1'} + \left(\frac{h_2 h_2'}{h_1 h_1'}\right)^2\right] - Y_{ac}^2 \cdot \vartheta'_{aa}. \quad (119)$$

Das letzte Glied ist meist verschwindend klein.

Zur Bestimmung der Beiwerte Y_{cd}, Y_{bd} dienen die Gleichungen

$$\delta_{dc} = 1\,\vartheta_{ec} + Y_{dd}\vartheta_{dc} + Y_{cd}\vartheta_{cc} + Y_{bd}\vartheta_{bc} = 0,$$

$$\delta_{db} = 1 \cdot \vartheta_{eb} + Y_{dd} \cdot \vartheta_{db} + Y_{cd}\vartheta_{cb} + Y_{bd}\vartheta_{bb} = 0.$$

Die Zustände $Y_b = -1$, $Y_c = -1$ sind mit $\vartheta_{ab} = 0$, $\vartheta_{ac} = 0$ verbunden und Zustände des einfach statisch unbestimmten Systems ohne das Gelenk in a. Also können alle durch $Y_b = -1$ und $Y_c = -1$ erzeugten Formänderungen aus der Arbeitsgleichung berechnet werden, indem der jeweilig anzunehmenden Belastung ein statisch bestimmtes System unterworfen wird, welches an Stelle des Gelenkes in a in einem der Pfosten ein zweites Gelenk aufweist. Dieses sei statisch bestimmtes System a genannt. Zur Berechnung von $\vartheta_{ec} + Y_{dd} \cdot \vartheta_{dc}$ und $\vartheta_{eb} + Y_{dd} \cdot \vartheta_{db}$ ist als Belastung $X_e = -1$, $X_d = -Y_{dd}$ einzuführen, und diese ergreift in dem statisch bestimmten System a nur den Riegel durch die zwischen $M_1 = -Y_{dd}$ und $M_2 = -1$ linear verlaufenden Momente. Da im Riegel die Momente $M_b = 0$ sind, ist für jeden Wert Y_{dd}

$$\vartheta_{eb} + Y_{dd}\vartheta_{db} = 0$$

und
$$\vartheta_{ec} + Y_{dd}\vartheta_{dc} = [-Y_{dd}(2 - \nu_c) + (2\nu_c - 1)]\,\zeta_c \cdot \frac{l'}{6}$$

wird zu 0, wenn $Y_{dd} = \frac{2\nu_c - 1}{2 - \nu_c}$ gewählt wird. Damit folgt aus $\delta_{dc} = 0$, $\delta_{db} = 0$: $Y_{bd} = 0$, $Y_{cd} = 0$. Durch Einführung des für ν_c gefundenen Wertes ergibt sich

$$Y_{dd} = \frac{h_1}{h_2}\,\frac{2l' + 2h_1' - h_2'\dfrac{h_2}{h_1}}{2l' + 2h_2' - h_1'\dfrac{h_1}{h_2}}, \quad (120)$$

$$\delta_{da} = 1\,\vartheta_{ea} + Y_{dd}\vartheta_{da} + Y_{ad}\vartheta_{aa} = 0$$

ergibt
$$Y_{ad} = -\frac{\vartheta'_{ea} + Y_{dd} \cdot \vartheta'_{da}}{\vartheta'_{aa}}.$$

Der Zähler ist aus der Arbeitsgleichung für den Zustand $X_e = -1$, $X_d = -Y_{dd}$ und den Verschiebungszustand $Y_a = -1$ zu berechnen. Diese Belastung erzeugt

$$A = \frac{1}{l}(Y_{dd} - 1), \qquad B = -\frac{1}{l}(Y_{dd} - 1), \qquad H = -\frac{Y_{dd}\cdot\nu + 1}{\frac{2}{3}(h_1\nu + h_2)}$$

und die Momente in den Pfosten

$$M_1 = \frac{Y_{dd}\cdot\nu + 1}{\nu + 1}\cdot\zeta_a, \qquad M_2 = \frac{Y_{dd}\nu + 1}{\nu + 1}\cdot\eta_a,$$

$$M_3 = -\tfrac{1}{2}M_1, \qquad M_4 = -\tfrac{1}{2}M_2.$$

im Riegel

$$M_1 = \frac{Y_{dd}\nu + 1}{\nu + 1}\zeta_a - Y_{dd}, \qquad M_2 = \frac{Y_{dd}\cdot\nu + 1}{\nu + 1}\eta_a - 1.$$

Danach ergibt sich

$$\vartheta'_{ea} + Y_{dd}\cdot\vartheta'_{da} = -\frac{Y_{dd}\cdot\nu + 1}{\nu + 1}\cdot\vartheta'_{aa} + \frac{l'}{6}[Y_{dd}(2\zeta_a + \eta_a) + 2\eta_a + \zeta_a]$$

und

$$Y_{ad} = \frac{Y_{dd}\cdot\nu + 1}{\nu + 1} - \frac{l'}{6}\,\frac{Y_{dd}(2\zeta_a + \eta_a) + 2\eta_a + \zeta_a}{\vartheta'_{aa}}. \qquad (121)$$

Die Momente M_d des Zustandes $Y_d = -1$ sind in den Pfosten

$$M_{1d} = \left(\frac{Y_{dd}\cdot\nu + 1}{\nu + 1} - Y_{ad}\right)\zeta_a, \qquad M_{2d} = \left(\frac{Y_{dd}\cdot\nu + 1}{\nu + 1} - Y_{ad}\right)\eta_a;$$

durch Einführung des Wertes Y_{dd} ergibt sich

$$M_{1d} = \frac{h_1}{h_2}\,\frac{2l'}{2l' + 2h'_2 - h'_1\frac{h_1}{h_2}}, \qquad M_{2d} = \frac{2l'}{2l' + 2h'_2 - h'_1\frac{h_1}{h_2}},$$

$$M_{3d} = -\tfrac{1}{2}M_1, \qquad M_{4d} = -\tfrac{1}{2}M_2.$$

Im Riegel entstehen

$$M_{1d} = \frac{h_1}{h_2}\,\frac{2l'}{2l' + 2h'_2 - h'_1\frac{h_1}{h_2}} - Y_{dd} = -\frac{h_1}{h_2}\,\frac{2h'_1 - h'_2\frac{h_2}{h_1}}{2l' + 2h'_2 - h'_1\frac{h_1}{h_2}} = -\zeta_d,$$

$$M_{2d} = \frac{2l'}{2l' + 2h'_2 - h'_1\frac{h_1}{h_2}} - 1 = -\frac{2h'_2 - h'_1\frac{h_1}{h_2}}{2l' + 2h'_2 - h'_1\frac{h_1}{h_2}} = -\eta_d.$$

Abb. 309 zeigt die Momentenflächen M_d.

Aus

$$\delta_{cd} = 1\,\vartheta_{cd} - Y_{bc}\vartheta_{bd} + Y_{ac}\vartheta_{ad} = 0,$$

$$\delta_{bd} = 1\,\vartheta_{cd} + \frac{h_1}{h_2}\vartheta_{bd} = 0,$$

$$\delta_{ad} = 1\,\vartheta_{ad} = 0,$$

folgt $\vartheta_{ad} = 0$, $\vartheta_{bd} = 0$, $\vartheta_{cd} = 0$. Der Zustand Y_d ist also ein Gleichgewichtszustand des dreifach statisch unbestimmten Systems ohne die Gelenke a, b, c. Es ist

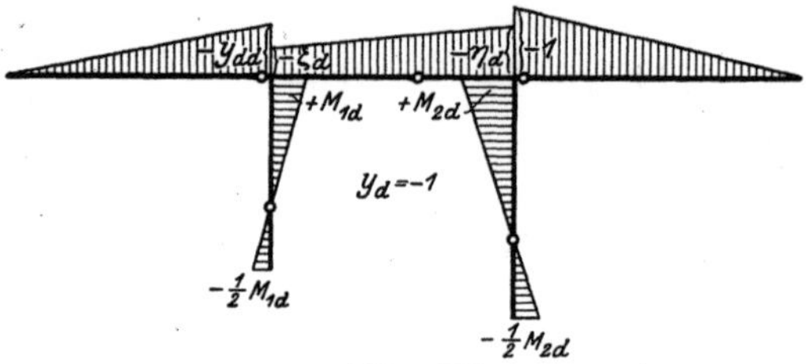

Abb. 309.

$$\delta_{dd} = 1\,\vartheta_{ed} + Y_{dd} \cdot \vartheta_{dd}$$

und wird am einfachsten aus der Arbeitsgleichung für den Zustand

$$X_d = -Y_{dd}\,, \quad X_e = -1$$

berechnet, indem das statisch bestimmte System a der bezeichneten Belastung unterworfen wird. Nach Abb. 309 liefert also die Auswertungsformel

$$\delta'_{dd} = \tfrac{1}{3}(l'_1 Y^2_{dd} + l'_2) + \tfrac{1}{6} l' [Y_{dd}(2\zeta_d + \eta_d) + 2\eta_d + \zeta_d]\,,$$

$$\boldsymbol{\delta'_{dd} = \frac{1}{3}(l'_1 Y^2_{dd} + l'_2) + \frac{1}{2} l' \frac{Y_{dd} \cdot h'_1 \dfrac{h_1}{h_2} + h'_2}{2l' + 2h'_2 - h'_1 \dfrac{h_1}{h_2}}}. \tag{122}$$

Der Beiwert Y_{de} ist aus der Bedingung

$$\delta_{ed} = 1\,\vartheta_{ed} - Y_{de}\vartheta_{dd} = 0$$

zu bestimmen. ϑ_{ed} und ϑ_{dd} werden aus den Arbeitsgleichungen für $X_e = -1$ bzw. $X_d = -1$ und den Verschiebungszustand $Y_d = -1$ berechnet, indem das statisch bestimmte System a benutzt wird. Danach ergibt sich

$$\vartheta'_{dd} = \tfrac{1}{3} l'_1 + \tfrac{1}{6} l' (2\zeta_d + \eta_d) = \tfrac{1}{3} l'_1 + \tfrac{1}{2} l' \frac{h'_1 h_1}{h_2\left(2l' + 2h'_2 - h'_1 \dfrac{h_1}{h_2}\right)}\,,$$

$$\vartheta'_{ed} = \tfrac{1}{3} l'_2 + \tfrac{1}{6} l' (2\eta_d + \zeta_d) = \tfrac{1}{3} l'_2 + \tfrac{1}{2} l' \frac{h'_2}{2l' + 2h'_2 - h'_1 \dfrac{h_1}{h_2}}\,,$$

$$\boldsymbol{Y_{de} = \frac{\vartheta'_{ed}}{\vartheta'_{dd}} = \frac{2l'_2\left(2l' + 2h'_2 - h'_1 \dfrac{h_1}{h_2}\right) + 3l'h'_2}{2l'_1\left(2l' + 2h'_2 - h'_1 \dfrac{h_1}{h_2}\right) + 3l'h'_1 \dfrac{h_1}{h_2}}}\,, \tag{123}$$

$$\delta_{ec} = 1\,\vartheta_{ec} - Y_{de} \cdot \vartheta_{dc} - Y_{ce} \cdot \vartheta_{cc} + Y_{be} \cdot \vartheta_{bc} = 0\,,$$

$$\delta_{eb} = 1\,\vartheta_{eb} - Y_{de} \cdot \vartheta_{db} - Y_{ce} \cdot \vartheta_{cb} + Y_{be} \cdot \vartheta_{bb} = 0\,.$$

Die Verschiebungen ϑ_{ec}, ϑ_{dc}, ϑ_{eb}, ϑ_{db} der Zustände $Y_c = -1$, $Y_b = -1$ können aus der Arbeitsgleichung berechnet werden, indem das statisch bestimmte System a der anzunehmenden Belastung unterworfen wird. Diese Belastung ist in beiden Fällen $X_e = -1$, $X_d = +Y_{de}$ und ergreift nur den Riegel. Also folgt nach den in Abb. 306 und 308 dargestellten Momentenflächen

$$\vartheta'_{eb} - Y_{de} \cdot \vartheta'_{bb} = 0\,,$$
$$\vartheta'_{ec} - Y_{de}\, \vartheta'_{dc} = \tfrac{1}{6} l' [2\nu_c - 1 + Y_{de}(2-\nu_c)]\,\zeta_c\,,$$
$$= \tfrac{1}{6} l' \cdot \zeta_c (2-\nu_c)\left(\frac{2\nu_c - 1}{2-\nu_c} + Y_{de}\right),$$
$$= \tfrac{1}{6} l' \zeta_c (2-\nu_c)(Y_{dd} + Y_{de})\,,$$

$$\left.\begin{aligned} \boldsymbol{Y_{be}} &= \boldsymbol{Y_{ce} \frac{\vartheta'_{cb}}{\vartheta'_{bb}} = Y_{ce} \cdot \frac{h_2 \cdot h'_2}{h_1 \cdot h'_1}}\,, \\ \boldsymbol{Y_{ce}} &= \boldsymbol{\frac{l' \zeta_c (2-\nu_c)(Y_{dd} + Y_{de})}{6\,\delta'_{cc}}}\,. \end{aligned}\right\} \tag{124}$$

Aus

$$\delta_{ea} = 1\,\vartheta_{ea} - Y_{de} \cdot \vartheta_{da} - Y_{ce}\left(\vartheta_{ca} - \frac{h_2 \cdot h'_2}{h_1 \cdot h'_1}\vartheta_{ba}\right) + Y_{ae} \cdot \vartheta_{aa} = 0$$

ist Y_{ae} zu berechnen. Die beiden ersten Glieder ergeben sich aus der Arbeitsgleichung für den Zustand $X_e = -1$, $X_d = +Y_{de}$ und den Verschiebungszustand $Y_a = -1$. Die Momente des Belastungszustandes im statisch bestimmten Hauptsystem sind in den Pfosten:

$$M_1 = \frac{-Y_{de} \cdot \nu + 1}{\nu + 1}\zeta_a\,, \qquad M_2 = \frac{-Y_{de} \cdot \nu + 1}{\nu + 1} \cdot \eta_a\,,$$
$$M_3 = -\tfrac{1}{2} M_1\,, \qquad M_4 = -\tfrac{1}{2} M_2\,;$$

im Riegel:

$$M_1 = \frac{-Y_{de} + 1}{\nu + 1} \cdot \zeta_a + Y_{de}\,, \qquad M_2 = \frac{-Y_{de} \cdot \nu + 1}{\nu + 1} \cdot \eta_a - 1\,.$$

Danach ergibt sich

$$1\,\vartheta'_{ea} - Y_{de} \cdot \vartheta'_{da} = -\frac{-Y_{de} \cdot \nu + 1}{\nu + 1} \cdot \vartheta'_{aa} + \tfrac{1}{6} l' [-Y_{de}(2\zeta_a + \eta_a) + 2\eta_a + \zeta_a]\,,$$

$$Y_{ae} = \frac{-Y_{de} \cdot \nu + 1}{\nu + 1} - \frac{3 l' h_0}{2} \cdot \frac{-Y_{de}(2h_1 + h_2) + 2h_2 + h_1}{\tfrac{3}{2}(h_1^2 h'_1 + h_2^2 h'_2) + 2l'(h_1^2 + h_1 h_2 + h_1^2)} - Y_{ce} \cdot Y_{ac}\,. \tag{125}$$

Die Momente M_e des Zustandes $Y_e = -1$ sind im Riegel:

$$M_{1e} = \frac{-Y_{de}\nu + 1}{\nu + 1}\zeta_a + Y_{de} - Y_{ae} \cdot \zeta_a - Y_{ce} \cdot \frac{h_2 h'_2}{h_1 h'_1}\,,$$

$$M_{1e} = l' \cdot h_1 \cdot \frac{-Y_{de}(2h_1 + h_2) + 2h_2 + h_1}{\tfrac{3}{2}(h_1^2 \cdot h'_1 + h_2^2 h'_2) + 2l'(h_1^2 + h_1 h_2 + h_2^2)} + Y_{de} - Y_{ce} \cdot \zeta_c = \zeta_e\,,$$

$$M_{2e} = l' \cdot h_2 \frac{-Y_{de}(2h_1 + h_2) + 2h_2 + h_1}{\tfrac{3}{2}(h_1^2 h'_1 + h_2^2 h'_2) + 2l'(h_1^2 + h_1 h_2 + h_2^2)} - 1 + Y_{ce} \cdot \zeta_c \cdot \nu_c = -\eta_e.$$

in den Pfosten:

$$M_{1e} = \zeta_e - Y_{de}\,, \qquad M_{2e} = -\eta_e + 1\,,$$

$$M_{3e} = -\tfrac{3}{2}\,Y_{ce}\frac{h_2 h_2'}{h_1 h_1'} - \tfrac{1}{2}\,(\zeta_e - Y_{de})\,, \qquad M_{4e} = \tfrac{3}{2}\,Y_{ce} + \tfrac{1}{2}\,(\eta_e - 1)\,.$$

Abb. 310 zeigt die Momentenflächen M_e.

Zur Prüfung des Rechnungsergebnisses dient die Gleichung $\int M_e \frac{J_c}{J}\,ds = 0$ für den Rahmen. Die M_e-Fläche des Rahmens läßt sich durch Superposition der Y_{ce}-Fläche, der mit

$$-\left(\frac{-Y_{de}\cdot\nu + 1}{\nu + 1} - Y_{ae}\right)$$

multiplizierten M_a-Fläche und im Riegel einer Trapezfläche von den Ordinaten $+Y_{de}$ im linken und -1 im rechten Endpunkt zusammensetzen.

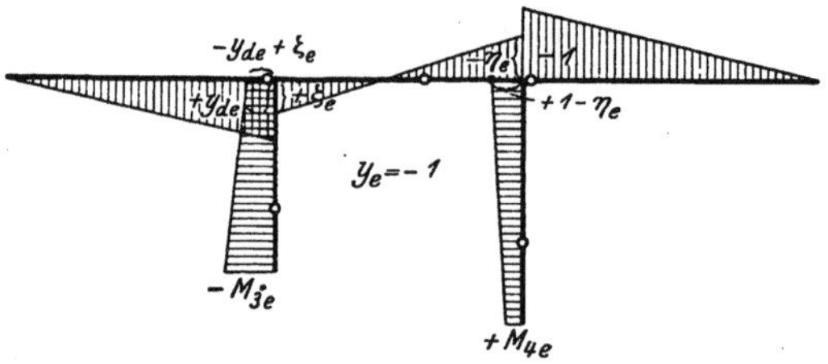

Abb. 310.

Die Gleichung $\int M_e \frac{J_c}{J}\,ds = 0$ lautet also

$$(Y_{de} - 1)\frac{l'}{2} + \left(\frac{-Y_{de}\nu + 1}{\nu + 1} - Y_{ae}\right)\left[\frac{h_1 + h_2}{2}\,l' + \tfrac{1}{4}\,h_1 h_1' + \tfrac{1}{4}\,h_2 h_2'\right]\frac{2}{3\,h_0}$$

$$+ Y_{ce}\left[-\frac{h_2 h_2'}{h_1} + h_2' + \tfrac{1}{2}\,l'\left(1 - \frac{h_2 h_2'}{h_1 h_1'}\right)\right] = 0\,.$$

Daraus folgt

$$\left(\frac{-Y_{de}\cdot\nu + 1}{\nu + 1} - Y_{ae}\right) = \frac{Y_{ce}\left[h_2'\left(\frac{h_2}{h_1} - 1\right) + \tfrac{1}{2}\,l'\left(\frac{h_2\cdot h_2'}{h_1\cdot h_1'} - 1\right)\right] - \tfrac{1}{2}\,l'\,(Y_{de} - 1)}{\left[\frac{h_1 + h_2}{2}\,l' + \tfrac{1}{4}\,(h_1 h_1' + h_2 h_2')\right]\frac{2}{3\,h_0}}\,.$$

Aus

$$\delta_{ce} = 1\,\vartheta_{ce} - Y_{bc}\cdot\vartheta_{be} + Y_{ac}\cdot\vartheta_{ae} = 0\,,$$

$$\delta_{be} = 1\cdot\vartheta_{ce} + \frac{h_1}{h_2}\cdot\vartheta_{be} = 0\,,$$

$$\delta_{ae} = 1\,\vartheta_{ae} = 0$$

folgt $\vartheta_{ae} = 0$, $\vartheta_{be} = 0$, $\vartheta_{ce} = 0$. Der Zustand Y_e ist also ein Gleichgewichtszustand des dreifach statisch unbestimmten Systems ohne die Gelenke a, b, c. Es ergibt sich

$$\delta_{ee} = 1\,\vartheta_{ee} - Y_{de}\cdot\vartheta_{de}$$

aus der Arbeitsgleichung für den Zustand $X_e = -1$, $X_d = +Y_{de}$ und den Verschiebungszustand $Y_e = -1$.

$$\delta_{ee}' = \tfrac{1}{3}\,(Y_{de}^2\,l_1' + l_2') + \tfrac{1}{6}\,l'\,[Y_{de}\,(2\zeta_e - \eta_e) + 2\eta_e - \zeta_e]\,. \qquad (126)$$

Die Last P_m im Punkte m erzeugt die statisch unbestimmten Größen

$$Y_r = \frac{P_m \delta_{mr}}{\delta_{rr}}. \qquad (r = a, b, c, d, e)$$

Eine lotrechte Last in der linken Seitenöffnung (Abb. 311), deren Abstand vom linken Stützpunkt a vom Punkte d b ist, erzeugt

$$Y_a = Y_b = Y_c = 0,$$

$$Y_d = \frac{P_m \cdot \delta'_{md}}{\delta'_{dd}},$$

$$Y_e = \frac{P_m \delta'_{me}}{\delta'_{ee}},$$

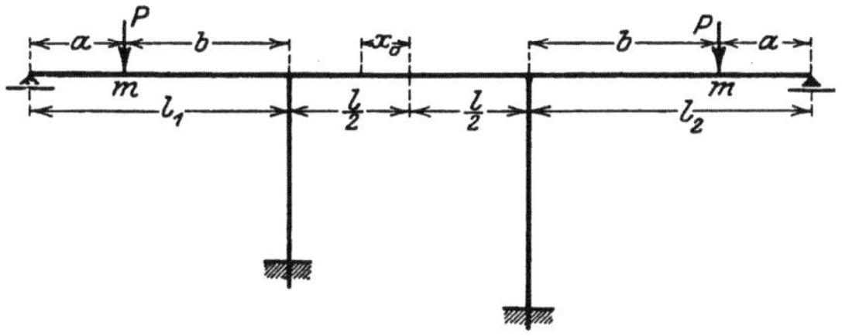

Abb. 311.

δ'_{md} und δ'_{me} sind aus der Arbeitsgleichung für den Zustand $\overline{P}_m = 1$ und den Verschiebungszustand $Y_d = -1$ bzw. $Y_e = -1$ zu berechnen. Es ist

$$\delta'_{md} = -\frac{a \cdot b}{2} \frac{l_1 + a}{3} \cdot \frac{Y_{dd}}{l_1} \frac{J_c}{J_1}, \qquad \delta'_{me} = \frac{a b}{2} \frac{l_1 + a}{3} \cdot \frac{Y_{de}}{l_1} \frac{J_c}{J_1}.$$

Zur Berechnung der Ordinate der Einflußlinie wird besser $b = l_1 - a$ eingeführt, dann ergeben sich die Formeln

$$Y_d = -\frac{Y_{dd}}{6\delta'_{dd}} l'_1 \cdot a\left(1 - \frac{a^2}{l_1^2}\right), \qquad Y_e = \frac{Y_{de}}{6\delta'_{ee}} l'_1 \cdot a\left(1 - \frac{a^2}{l_1^2}\right).$$

Für die rechte Seitenöffnung ergibt sich, wenn a den Abstand der Last vom rechten Stützpunkt bezeichnet, $Y_a = Y_b = Y_c = 0$

$$Y_d = -\frac{1}{6\delta'_{dd}} l'_2 \cdot a\left(1 - \frac{a^2}{l_2^2}\right), \qquad Y_e = -\frac{1}{6\delta'_{ee}} l'_2 \cdot a\left(1 - \frac{a^2}{l_2^2}\right).$$

Eine Last in der Mittelöffnung im Abstand x_0 links der Mitte der Öffnung erzeugt

$$Y_e = +P\frac{l \cdot l'}{48}\left(1 - \frac{4x_0^2}{l^2}\right)\left[\zeta_e\left(3 + \frac{2x_0}{l}\right) - \eta_e\left(3 - \frac{2x_0}{l}\right)\right]\frac{1}{\delta'_{ee}},$$

$$Y_d = -P\frac{l \cdot l'}{48}\left(1 - \frac{4x_0^2}{l^2}\right)\left[\zeta_d\left(3 + \frac{2x_0}{l}\right) + \eta_d\left(3 - \frac{2x_0}{l}\right)\right]\frac{1}{\delta'_{dd}},$$

$$Y_c = +P\frac{l \cdot l'}{48}\left(1 - \frac{4x_0^2}{l^2}\right)\left[\zeta_c\left(3 + \frac{2x_0}{l}\right) - \eta_c\left(3 - \frac{2x_0}{l}\right)\right]\frac{1}{\delta'_{cc}},$$

$$Y_b = 0.$$

Die Momente aus der Belastung $\overline{P}_m = 1$ sind in diesen vier Fällen die Momente des einfachen Balkens von der Stützweite l, werden also durch ein Dreieck dargestellt. Zur Berechnung von δ'_{ma} müssen jedoch die Momente des Dreigelenkrahmens eingeführt werden. Es entsteht aus $P_m = 1$, wenn m links von a liegt,

$$M_1 = -\frac{(l - 2x_0)\,\nu}{2(\nu + 1)} \cdot \zeta_a\,, \qquad M_2 = -\frac{(l - 2x_0)\,\nu}{2(\nu + 1)} \cdot \eta_a\,,$$

$$M_3 = -\tfrac{1}{2} M_1\,, \qquad M_4 = -\tfrac{1}{2} M_2\,.$$

Die Momente können also durch Superposition der Momente des einfachen Balkens von der Stützweite l und der mit $+\frac{(l - 2x_0)\,\nu}{2(\nu + 1)}$ multiplizierten Momente M_a dargestellt werden. Liegt m rechts von a, dann ist

$$M_1 = -\frac{(l + 2x_0)}{2(\nu + 1)}\,\zeta_a\,, \qquad M_2 = -\frac{(l + 2x_0)}{2(\nu + 1)}\,\eta_a\,.$$

Zu den Momenten des einfachen Balkens treten die mit $\frac{l + 2x_0}{2(\nu + 1)}$ multiplizierten Momente M_a. Mithin ist für m links von a

$$\delta'_{ma} = \frac{(l - 2x_0)\,\nu}{2(\nu + 1)}\,\vartheta'_{aa} - \frac{l \cdot l'}{48}\left(1 - \frac{4x_0^2}{l^2}\right)\left[\zeta_a\left(3 + \frac{2x_0}{l}\right) + \eta_a\left(3 - \frac{2x_0}{l}\right)\right],$$

$$Y_a = P_m \frac{(l - 2x_0)\,\nu}{2(\nu + 1)} - P_m \frac{l \cdot l'}{48}\left(1 - \frac{4x_0^2}{l^2}\right)\left[\zeta_a\left(3 + \frac{2x_0}{l}\right) + \eta_a\left(3 - \frac{2x_0}{l}\right)\right]\frac{1}{\delta'_{aa}}\,,$$

für m rechts von a ist das erste Glied durch $P_m \frac{l + 2x_0}{2(\nu + 1)}$ zu ersetzen.

Aus den aufgestellten Formeln ergeben sich mit $P_m = 1$ die Ordinaten der Einflußlinien. Im Balken entstehen die Momente

in Punkt d: $\quad M = Y_{dd} \cdot Y_d - Y_{de} \cdot Y_e$,
in Punkt *1*: $\quad M = \zeta_a \cdot Y_a - \zeta_c \cdot Y_c + \zeta_d \cdot Y_d - \zeta_e \cdot Y_e$,
in Punkt *2*: $\quad M = \eta_a \cdot Y_a + \eta_c \cdot Y_c + \eta_d \cdot Y_d + \eta_e \cdot Y_e$,
in Punkt e: $\quad M = 1 \cdot Y_d + 1 \cdot Y_e$.

Die Einflußlinien dieser Momente werden durch dieselben Funktionen der Laststellung dargestellt wie die Einflußlinien der Y. Die Konstanten ergeben sich aus dem vorstehenden Ansatze.

Für eine wagerechte, nach rechts gerichtete Last, die in irgendeinem Punkte der Balkenachse angreift, ist δ'_{md} und δ'_{me} am einfachsten aus der Arbeitsgleichung zu berechnen, indem der Belastung aus $\overline{P}_m = 1$ das statisch bestimmte System unterworfen wird, welches durch Gelenke in den Punkten *1*, *2*, *4* oder *1*, *2*, *3* gebildet wird. Im ersten Falle sind die Momente im linken Pfosten $-1 \cdot y$, in allen anderen Gliedern 0, im zweiten im rechten Pfosten $+1 \cdot y$ und in allen anderen Gliedern 0. Hierbei bezeichnet y den lotrechten Abstand von der Riegelachse. Mithin ist

$$\delta'_{md} = 0\,, \qquad \delta'_{me} = Y_{ce}\frac{h'_2 h_2}{2}\,.$$

Zur Berechnung von δ'_{ma}, δ'_{mb}, δ'_{mc} sind die durch $\overline{P}_m = 1$ im Dreigelenkrahmen entstehenden Momente einzuführen. Diese sind

$$M_1 = \frac{2}{3}\,\frac{h_2 \cdot \zeta_a}{\nu + 1}, \qquad M_2 = -M_1 \cdot \nu, \qquad M_3 = -\tfrac{1}{2} M_1, \qquad M_4 = -\tfrac{1}{2} M_2.$$

Aus diesen Momenten und den Werten M_a, M_b, M_c erhält man nach der Auswertungsformel

$$\delta'_{ma} = -\tfrac{1}{6} M_1 \cdot l' [2\,\zeta_a + \eta_a - \nu\,(2\,\eta_a + \zeta_a)],$$

$$\delta'_{mb} = 0,$$

$$\delta'_{mc} = \tfrac{1}{4} M_1 \left(h'_1 \cdot \frac{1}{\nu} + h'_2 \cdot \nu\right) + \tfrac{1}{6} M_1 \cdot l' [2\,\zeta_c - \eta_c + \nu\,(2\,\eta_c - \zeta_c)],$$

da der Beitrag der Momente M_a für die Pfosten

$$\tfrac{1}{4}\,(\zeta_a \cdot h'_1 - \nu \cdot \eta_a \cdot h'_2) = 0$$

ist.

Die Momente des statisch unbestimmten Systems sind

$$M = M_0 - M_a \cdot Y_a - M_c \cdot Y_c - M_e \cdot Y_e.$$

Besonders einfach gestalten sich die Formeln für ein System, welches zur lotrechten Mittelachse symmetrisch ist.

$$\nu = 1, \qquad \zeta_a = \eta_a = 1, \qquad M_{1a} = M_{2a} = -1, \qquad M_{3a} = M_{4a} = +\tfrac{1}{2},$$

$$\boldsymbol{\delta'_{aa} = \frac{1}{2} h' + l'}, \tag{127}$$

$$M_{3b} = M_{4b} = -1{,}5,$$

$$\boldsymbol{\delta'_{bb} = 1{,}5\, h'}, \tag{128}$$

$$\boldsymbol{Y_{bc} = 1}, \qquad \boldsymbol{Y_{ac} = 0}, \qquad M_{1c} = -M_{2c} = 1, \qquad M_{3c} = -M_{4c} = 1,$$

$$\boldsymbol{\delta'_{cc} = 2\,h' + \frac{1}{3} l'}, \tag{129}$$

$$\boldsymbol{Y_{dd} = 1}, \qquad \boldsymbol{Y_{ad} = \frac{h'}{h' + 2\,l'}}, \qquad \text{im Riegel: } M_{1d} = M_{2d} = -\frac{h'}{h' + 2\,l'},$$

$$\text{in den Pfosten: } M_{1d} = M_{2d} = \frac{2\,l'}{h' + 2\,l'}; \qquad M_{3d} = M_{4d} = -\frac{l'}{h' + 2\,l'},$$

$$\boldsymbol{\delta'_{dd} = \frac{2}{3} l'_1 + \frac{l'\,h'}{h' + 2\,l'}}, \tag{130}$$

$$\boldsymbol{Y_{de} = 1}, \qquad \boldsymbol{Y_{be} = Y_{ce} = \frac{l'}{l' + 6\,h'}}, \qquad \boldsymbol{Y_{ae} = 0},$$

$$\text{im Riegel: } M_{1e} = -M_{2e} = \frac{6\,h'}{l' + 6\,h'},$$

$$\text{im Pfosten: } M_{1e} = -M_{2e} = -\frac{l'}{l' + 6\,h'}, \qquad M_{3e} = -M_{4e} = -\frac{l'}{l' + 6\,h'},$$

$$\boldsymbol{\delta'_{ee} = \frac{2}{3} l'_1 + \frac{2\,l'\,h'}{l' + 6\,h'}}. \tag{131}$$

Nachstehende Tafel gibt die Beziehungen zwischen den Momenten X und den statisch unbestimmten Größen Y an.

	Y_a	Y_b	Y_c	Y_d	Y_e
X_a	1	0	0	$\frac{h'}{h'+2l'}$	0
X_b	0	1	-1	0	$\frac{l'}{l'+6h'}$
X_c	0	1	1	0	$-\frac{l'}{l'+6h'}$
X_d	0	0	0	1	-1
X_e	0	0	0	1	1

76. Der in den Eckpunkten von Portalrahmen eingespannte Bogen der Abb. 312 weist neun überzählige Glieder auf. Die Untersuchung wird am zweckmäßigsten durch eine solche Zusammenfassung der überzähligen statischen Größen zu Gruppen durchgeführt, daß die

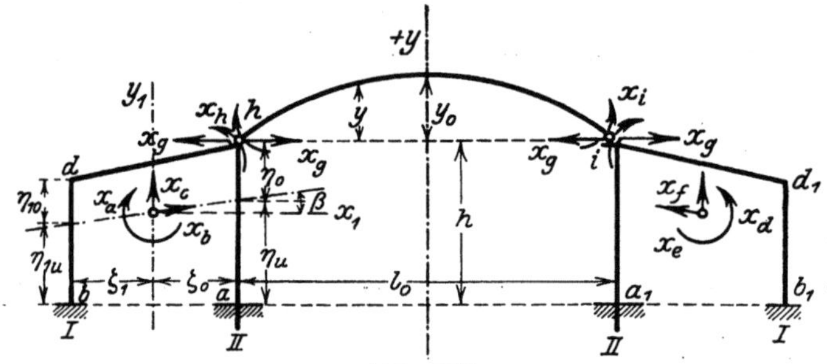

Abb. 312.

Rahmen der beiden Seitenöffnungen als statisch unbestimmtes Hauptsystem für die Berechnung des Bogens dienen. Die 3 überzähligen Größen des Bogens werden sodann in 2 zur Mittelachse symmetrischen und einer antisymmetrischen Gruppe vereinigt. Zur Bildung des statisch bestimmten Hauptsystems werden die Stützen und die Einspannung in den Punkten b, b_1 beseitigt, Gelenke in h und i eingelegt und der Bogen in i wagerecht verschieblich angenommen. Die Stützdrücke und das Einspannungsmoment in b werden wie in Nr. 70 zu den Gruppen X_a, X_b, X_c zusammengefaßt, ebenso die Stützdrücke und das Moment in b_1 zu X_d, X_e, X_f. Danach sind X_a, X_d Momente, $X_c \cdot X_f$ lotrechte Kräfte, X_b, X_e Kräfte, deren Richtung der Lotrechten zugeordnet ist. X_b, X_c gehen durch den elastischen Schwerpunkt des linken Rahmens, X_e, X_f durch den des rechten Rahmens. X_g ist die wagerechte Stützkraft des Bogens, X_h, X_i sind Momente in h und i. Die Abb. 312 zeigt die eingeführten positiven Richtungen.

Die Verbindung zwischen den Größen X und den statisch unbestimmten Y erhellt aus nachstehender Tafel. Die Gruppen $Y_a \ldots Y_f$ sind identisch mit den gleichnamigen $X_a \ldots X_f$.

	Y_a	Y_b	Y_c	Y_d	Y_e	Y_f	Y_g	Y_h	Y_i
X_a	1	0	0	0	0	0	Y_{ag}	Y_{ah}	Y_{ai}
X_b	0	1	0	0	0	0	Y_{bg}	Y_{bh}	Y_{bi}
X_c	0	0	1	0	0	0	Y_{cg}	Y_{ch}	Y_{ci}
X_d	0	0	0	1	0	0	Y_{dg}	Y_{dh}	Y_{di}
X_e	0	0	0	0	1	0	Y_{eg}	Y_{eh}	Y_{ei}
X_f	0	0	0	0	0	1	Y_{fg}	Y_{fh}	Y_{fi}
X_g	0	0	0	0	0	0	1	Y_{gh}	Y_{gi}
X_h	0	0	0	0	0	0	0	1	Y_{hi}
X_i	0	0	0	0	0	0	0	1	1

Die Gruppenwerte Y_{nr} sind so zu bestimmen, daß die Verschiebungen δ_{kr} des Zustandes $Y_k = -1$ infolge $Y_r = -1$ zu 0 werden. Die Zahl dieser Bedingungen ist $\frac{1}{2} 9 \cdot 8 = 36$, die Zahl der Beiwerte Y_{nr} ist 81, also können 45 von ihnen willkürlich gewählt werden. Durch die getroffene Wahl der Gruppen $Y_a \ldots Y_f$ sind die 15 Bedingungen

$$\delta_{ab} = \delta_{ac} = \delta_{ad} = \delta_{ae} = \delta_{af} = 0\,,$$
$$\delta_{bc} = \delta_{bd} = \delta_{be} = \delta_{bf} = 0\,,$$
$$\delta_{cd} = \delta_{ce} = \delta_{cf} = 0\,,$$
$$\delta_{de} = \delta_{df} = 0\,,$$
$$\delta_{ef} = 0$$

erfüllt und 39 willkürliche Beiwerte bestimmt. Die 27 Beiwerte der Gruppen Y_g, Y_h, Y_i haben 21 Bedingungen zu erfüllen, so daß noch 6 Beiwerte willkürlich gewählt werden können. Die oben bezeichnete Gruppenbildung wird erreicht durch

$$Y_{ig} = 0\,, \qquad Y_{hg} = 0\,, \qquad Y_{gg} = 1\,,$$
$$Y_{hh} = 1\,, \qquad Y_{ih} = 1\,,$$
$$Y_{ii} = 1\,.$$

Nach Nr. 69 ist

$$\delta'_{aa} = \delta'_{dd} = G\,,$$
$$\delta'_{bb} = \delta'_{ee} = T_{x_1} \cos^2\beta - T_{y_1} \sin^2\beta\,,$$
$$\delta'_{cc} = \delta'_{ff} = T_{y_1}\,.$$

Zur Bestimmung der Beiwerte der Gruppe Y_g dienen die Bedingungen $\delta_{gr} = 0$ $(r = f, e, d, c, b, a)$.

$$\delta_{gf} = 1 \cdot \vartheta_{gf} + Y_{fg} \vartheta_{ff} + Y_{eg} \cdot \vartheta_{ef} + Y_{dg} \vartheta_{df} + Y_{cg} \cdot \vartheta_{cf} + Y_{bg} \cdot \vartheta_{bf} + Y_{ag} \cdot \vartheta_{af} = 0,$$

$$\delta_{ge} = 1 \cdot \vartheta_{ge} + Y_{fg} \cdot \vartheta_{fe} + Y_{eg} \cdot \vartheta_{ee} + Y_{dg} \vartheta_{de} + Y_{cg} \cdot \vartheta_{ce} + Y_{bg} \cdot \vartheta_{be} + Y_{ag} \cdot \vartheta_{ae} = 0,$$

$$\delta_{gd} = 1 \cdot \vartheta_{gd} + Y_{fg} \cdot \vartheta_{fd} + Y_{eg} \cdot \vartheta_{ed} + Y_{dg} \cdot \vartheta_{dd} + Y_{cg} \cdot \vartheta_{cd} + Y_{bg} \cdot \vartheta_{bd} + Y_{ag} \cdot \vartheta_{ad} = 0,$$

$$\delta_{gc} = 1 \cdot \vartheta_{gc} + Y_{fg} \cdot \vartheta_{fc} + Y_{eg} \cdot \vartheta_{ec} + Y_{dg} \cdot \vartheta_{dc} + Y_{cg} \vartheta_{cc} + Y_{bg} \cdot \vartheta_{bc} + Y_{ag} \cdot \vartheta_{ac} = 0.$$

$$\delta_{gb} = 1 \vartheta_{gb} + Y_{fg} \cdot \vartheta_{fb} + Y_{eg} \cdot \vartheta_{eb} + Y_{dg} \cdot \vartheta_{db} + Y_{cg} \cdot \vartheta_{cb} + Y_{bg} \cdot \vartheta_{bb} + Y_{ag} \cdot \vartheta_{ab} = 0,$$

$$\delta_{ga} = 1 \vartheta_{ga} + Y_{fg} \cdot \vartheta_{fa} + Y_{eg} \cdot \vartheta_{ea} + Y_{dg} \cdot \vartheta_{da} + Y_{cg} \cdot \vartheta_{ca} + Y_{bg} \cdot \vartheta_{ba} + Y_{ag} \cdot \vartheta_{aa} = 0.$$

Da

$$\vartheta_{rf} = \delta_{rf} = 0 \quad (r = a, b, c, d, e),$$
$$\vartheta_{re} = \delta_{re} = 0 \quad (r = a, b, c, d, f),$$
$$\vartheta_{rd} = \delta_{rd} = 0 \quad (r = a, b, c, e, f),$$
$$\vartheta_{rc} = \delta_{rc} = 0 \quad (r = a, b, d, e, f),$$
$$\vartheta_{rb} = \delta_{rb} = 0 \quad (r = a, c, d, e, f),$$
$$\vartheta_{ra} = \delta_{ra} = 0 \quad (r = b, c, d, e, f),$$

folgt

$$\left.\begin{aligned} Y_{fg} &= -\frac{\vartheta'_{gf}}{\vartheta'_{ff}}, & Y_{cg} &= -\frac{\vartheta'_{gc}}{\vartheta'_{cc}}, \\ Y_{eg} &= -\frac{\vartheta'_{ge}}{\vartheta'_{ee}}, & Y_{bg} &= -\frac{\vartheta'_{gb}}{\vartheta'_{bb}}, \\ Y_{dg} &= -\frac{\vartheta'_{gd}}{\vartheta'_{dd}}, & Y_{ag} &= -\frac{\vartheta'_{ga}}{\vartheta'_{aa}}. \end{aligned}\right\} \tag{132}$$

Infolge des Bettischen Satzes wird nun $1 \cdot \delta_{rg} = 0$ $(r = f, e, d, c, b, a)$, also

$$\delta_{fg} = 1 \cdot \vartheta_{fg} = 0, \qquad \delta_{cg} = 1 \cdot \vartheta_{cg} = 0,$$
$$\delta_{eg} = 1 \cdot \vartheta_{eg} = 0, \qquad \delta_{bg} = 1 \cdot \vartheta_{bg} = 0,$$
$$\delta_{dg} = 1 \cdot \vartheta_{dg} = 0, \qquad \delta_{ag} = 1 \cdot \vartheta_{ag} = 0.$$

Zur Bestimmung der Beiwerte der Gruppe Y_h dienen die Bedingungen $\delta_{hr} = 0$ ($r = g, f, e, d, c, b, a$), bei deren Aufstellung die Beziehungen $\vartheta_{rg} = 0$ zu berücksichtigen sind. Aus

$$\begin{aligned}
\delta_{hg} &= 1 \cdot \vartheta_{ig} + 1 \cdot \vartheta_{hg} + Y_{gh} \cdot \vartheta_{gg} &&= 0\,,\\
\delta_{hf} &= 1 \cdot \vartheta_{if} + 1 \cdot \vartheta_{hf} + Y_{gh} \cdot \vartheta_{gf} + Y_{fh} \cdot \vartheta_{ff} &&= 0\,,\\
\delta_{he} &= 1 \cdot \vartheta_{ie} + 1 \cdot \vartheta_{he} + Y_{gh} \cdot \vartheta_{ge} + Y_{eh} \cdot \vartheta_{ee} &&= 0\,,\\
\delta_{hd} &= 1 \cdot \vartheta_{id} + 1 \cdot \vartheta_{hd} + Y_{gh} \cdot \vartheta_{gd} + Y_{dh} \cdot \vartheta_{dd} &&= 0\,,\\
\delta_{hc} &= 1 \cdot \vartheta_{ic} + 1 \cdot \vartheta_{hc} + Y_{gh} \cdot \vartheta_{gc} + Y_{ch} \cdot \vartheta_{cc} &&= 0\,,\\
\delta_{hb} &= 1 \cdot \vartheta_{ib} + 1 \cdot \vartheta_{hb} + Y_{gh} \cdot \vartheta_{gb} + Y_{bh} \cdot \vartheta_{bb} &&= 0\,,\\
\delta_{ha} &= 1 \cdot \vartheta_{ia} + 1 \cdot \vartheta_{ha} + Y_{gh} \cdot \vartheta_{ga} + Y_{ah} \cdot \vartheta_{aa} &&= 0
\end{aligned}$$

folgt

$$\left.\begin{aligned}
Y_{gh} &= -\frac{\vartheta'_{ig} + \vartheta'_{hg}}{\vartheta'_{gg}}\,,\\
Y_{fh} &= -\frac{\vartheta'_{if} + \vartheta'_{hf}}{\vartheta'_{ff}} - Y_{gh} \cdot \frac{\vartheta'_{gf}}{\vartheta'_{ff}}\,,\\
Y_{eh} &= -\frac{\vartheta'_{ie} + \vartheta'_{he}}{\vartheta'_{ee}} - Y_{gh} \cdot \frac{\vartheta'_{ge}}{\vartheta'_{ee}}\,,\\
Y_{dh} &= -\frac{\vartheta'_{id} + \vartheta'_{hd}}{\vartheta'_{dd}} - Y_{gh} \cdot \frac{\vartheta'_{gd}}{\vartheta'_{dd}}\,,\\
Y_{ch} &= -\frac{\vartheta'_{ic} + \vartheta'_{hc}}{\vartheta'_{cc}} - Y_{gh} \cdot \frac{\vartheta'_{gc}}{\vartheta'_{cc}}\,,\\
Y_{bh} &= -\frac{\vartheta'_{ib} + \vartheta'_{hb}}{\vartheta'_{bb}} - Y_{gh} \cdot \frac{\vartheta'_{gb}}{\vartheta'_{bb}}\,,\\
Y_{ah} &= -\frac{\vartheta'_{ia} + \vartheta'_{ha}}{\vartheta'_{aa}} - Y_{gh} \cdot \frac{\vartheta'_{ga}}{\vartheta'_{aa}}\,.
\end{aligned}\right\} \tag{133}$$

Der Symmetrie des Systems wegen ist

$$Y_{fh} = Y_{ch}\,, \qquad Y_{eh} = Y_{bh}\,, \qquad Y_{dh} = Y_{ah}\,.$$

Infolge des Bettischen Satzes wird

$$\begin{aligned}
\delta_{ah} &= 1 \cdot \vartheta_{ah} = 0\,, & \delta_{eh} &= 1 \cdot \vartheta_{eh} = 0\,,\\
\delta_{bh} &= 1 \cdot \vartheta_{bh} = 0\,, & \delta_{fh} &= 1 \cdot \vartheta_{fh} = 0\,,\\
\delta_{ch} &= 1 \cdot \vartheta_{ch} = 0\,, & \delta_{gh} &= 1 \cdot \vartheta_{gh} = 0\,.\\
\delta_{dh} &= 1 \cdot \vartheta_{dh} = 0\,,
\end{aligned}$$

Zur Bestimmung der Gruppenwerte Y_i dienen die Bedingungen $\delta_{ir} = 0$ $(r = h, g, f, e, d, c, b, a)$. Unter Berücksichtigung der zu 0 werdenden Verschiebungen ϑ ergibt sich

$$\delta_{ih} = 1 \cdot \vartheta_{ih} + Y_{hi} \vartheta_{hh} = 0\,,$$
$$\delta_{ig} = 1 \cdot \vartheta_{ig} + Y_{hi} \cdot \vartheta_{hg} + Y_{gi} \cdot \vartheta_{gg} = 0$$

und weiter

$$Y_{hi} = -\frac{\vartheta_{ih}}{\vartheta'_{hh}}\,, \qquad Y_{gi} = -\frac{\vartheta'_{ig}}{\vartheta'_{gg}} - Y_{hi} \frac{\vartheta_{hg}}{\vartheta'_{gg}}\,. \tag{134}$$

Die Zustände Y_h und Y_g sind symmetrisch zur lotrechten Mittelachse, desgleichen die Momente X_i und X_h, mithin ist

$$\vartheta_{ih} = \vartheta_{hh}\,, \qquad \vartheta_{ig} = \vartheta_{hg}\,,$$

so daß sich $Y_{hi} = -1$, $Y_{gi} = 0$ ergibt. Ferner folgt aus

$$\delta_{if} = 1 \cdot \vartheta_{if} - 1 \cdot \vartheta_{hf} + Y_{fi} \cdot \vartheta_{ff} = 0\,,$$
$$\delta_{ie} = 1 \cdot \vartheta_{ie} - 1 \cdot \vartheta_{he} + Y_{ei} \cdot \vartheta_{ee} = 0\,,$$
$$\delta_{id} = 1 \cdot \vartheta_{id} - 1 \cdot \vartheta_{hd} + Y_{di} \cdot \vartheta_{dd} = 0\,,$$
$$\delta_{ic} = 1 \cdot \vartheta_{ic} - 1 \cdot \vartheta_{hc} + Y_{ci} \cdot \vartheta_{cc} = 0\,,$$
$$\delta_{ib} = 1 \cdot \vartheta_{ib} - 1 \cdot \vartheta_{hb} + Y_{bi} \cdot \vartheta_{bb} = 0\,,$$
$$\delta_{ia} = 1 \cdot \vartheta_{ia} - 1 \cdot \vartheta_{ha} + Y_{ai} \cdot \vartheta_{aa} = 0\,,$$

$$\left.\begin{aligned} Y_{fi} &= -\frac{\vartheta'_{if} - \vartheta'_{hf}}{\vartheta'_{ff}}\,, & Y_{ci} &= -\frac{\vartheta'_{ic} - \vartheta'_{hc}}{\vartheta'_{cc}}\,, \\ Y_{ei} &= -\frac{\vartheta'_{ie} - \vartheta'_{he}}{\vartheta'_{ec}}\,, & Y_{bi} &= -\frac{\vartheta'_{ib} - \vartheta'_{hb}}{\vartheta'_{bb}}\,, \\ Y_{di} &= -\frac{\vartheta'_{id} - \vartheta'_{hd}}{\vartheta'_{dd}}\,, & Y_{ai} &= -\frac{\vartheta'_{ia} - \vartheta'_{ha}}{\vartheta'_{aa}}\,, \end{aligned}\right\} \tag{135}$$

aus $\qquad \vartheta_{if} = \vartheta_{hc}\,, \qquad \vartheta_{ie} = \vartheta_{hb}\,, \qquad \vartheta_{id} = \vartheta_{ha}\,,$

und $\qquad \vartheta_{hf} = \vartheta_{he} = \vartheta_{hd} = 0\,. \qquad \vartheta_{ic} = \vartheta_{ib} = \vartheta_{ia} = 0$

folgt $\qquad Y_{fi} = -Y_{ci}\,, \qquad Y_{ei} = -Y_{bi}\,, \qquad Y_{di} = -Y_{ai}\,.$

Infolge des Bettischen Satzes wird

$$\delta_{ai} = 1 \cdot \vartheta_{ai} = 0\,, \qquad \delta_{ei} = 1 \cdot \vartheta_{ei} = 0\,,$$
$$\delta_{bi} = 1 \cdot \vartheta_{bi} = 0\,, \qquad \delta_{fi} = 1 \cdot \vartheta_{fi} = 0\,,$$
$$\delta_{ci} = 1 \cdot \vartheta_{ci} = 0\,, \qquad \delta_{gi} = 1 \cdot \vartheta_{gi} = 0$$
$$\delta_{di} = 1 \cdot \vartheta_{di} = 0\,,$$

und $\qquad \delta_{hi} = 1 \cdot \vartheta_{hi} + 1\,\vartheta_{ii} = 0\,, \quad$ also $\quad \vartheta_{hi} = -\vartheta_{ii}\,.$

Für den Weg δ_{rr} der Größe $Y_r = -1$ infolge $Y_r = -1$ ergeben sich folgende Werte

$$\delta'_{aa} = 1 \cdot \vartheta'_{aa}, \qquad \delta'_{bb} = 1 \cdot \vartheta'_{bb}, \qquad \delta'_{cc} = 1 \cdot \vartheta'_{cc},$$
$$\delta'_{dd} = 1 \cdot \vartheta'_{dd}, \qquad \delta'_{ee} = 1 \cdot \vartheta'_{ee}, \qquad \delta'_{ff} = 1 \cdot \vartheta'_{ff},$$
$$\delta'_{gg} = 1 \cdot \vartheta'_{gg},$$
$$\delta'_{hh} = 1 \cdot \vartheta'_{ih} + 1 \cdot \vartheta'_{hh},$$
$$\delta'_{ii} = 1 \cdot \vartheta'_{ii} - 1 \cdot \vartheta'_{hi}.$$

Damit sind alle Beiwerte der Y-Gruppen durch Verschiebungen des statisch bestimmten Hauptsystems ausgedrückt. Sie sollen nun in den Abmessungen des Systems dargestellt werden. In der Gruppe Y_g sind nur die drei Größen

$$Y_{cg} = -\frac{\vartheta'_{gc}}{\vartheta'_{cc}}, \qquad Y_{bg} = -\frac{\vartheta'_{gb}}{\vartheta'_{bb}}, \qquad Y_{ag} = -\frac{\vartheta'_{ga}}{\vartheta'_{aa}},$$

zu berechnen. Die Nenner sind bereits angegeben. Im Zähler stehen die Wege der Kräfte $X_g = -1$ infolge der Zustände $Y_c = -1$, $Y_b = -1$,

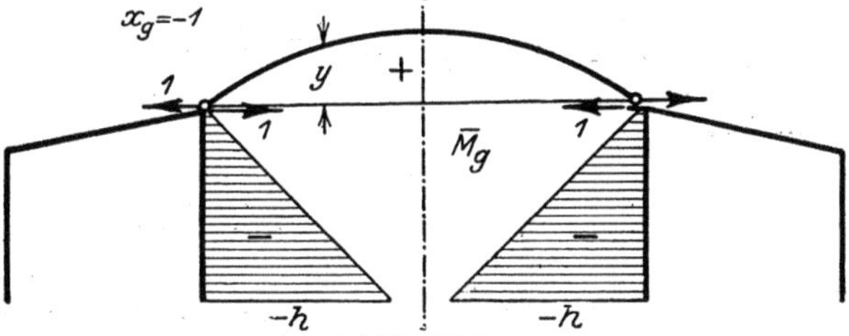

Abb. 313.

$Y_a = -1$. Sie sind aus den entsprechenden Arbeitsgleichungen zu berechnen. Zur Orientierung der Momente sei der Augenpunkt für die Rahmen im äußeren, für die Mittelöffnung im inneren gewählt. Die Pfosten *II* können dann ohne Wechsel des Vorzeichens der Momente sowohl den Rahmen als der mittleren Öffnung zugezählt werden. $X_g = -1$ erzeugt im Bogen die Momente $\overline{M}_g = +y$, im Pfosten *II* $\overline{M}_g = -\eta$ (η ist auf die Wagerechte hi bezogen und nach unten positiv); im Pfosten *I* und Riegel $\overline{M}_g = 0$. Abb. 313 zeigt die $\overline{M}_g$-Fläche. Danach erstrecken sich die Integrale in den Verschiebungen ϑ_{gc}, ϑ_{gb}, ϑ_{ga} nur über den Pfosten *II*. In diesem ist

$$M_a = +1, \qquad M_b = (\eta - \eta_0)\cos\beta, \qquad M_c = +\zeta_0.$$

Mithin ergibt sich

$$\vartheta'_{ga} = -\int_0^h \eta \cdot d\eta' = -\tfrac{1}{2} h \cdot h',$$

$$\vartheta'_{gb} = -\cos\beta \int_0^h (\eta - \eta_0)\,\eta\, d\eta' = -\tfrac{1}{2} h h' \left(\tfrac{2}{3} h - \eta_0\right)\cos\beta,$$

$$\vartheta'_{gc} = -\zeta_0 \int_0^h \eta \cdot d\eta' = -\tfrac{1}{2} h \cdot h' \cdot \zeta_0$$

und weiter

$$\left.\begin{aligned} Y_{ag} &= \frac{h \cdot h'}{2\,G}, \\ Y_{bg} &= \frac{h \cdot h'}{2\,(T_{x_1}\cos^2\beta - T_{y_1}\sin^2\beta)}\left(\frac{2}{3}h - \eta_0\right)\cos\beta, \\ Y_{cg} &= \frac{h \cdot h'}{2\,T_{y_1}} \cdot \zeta_0 . \end{aligned}\right\} \quad (136)$$

Diese Ergebnisse können auch aus den Rahmenformeln Nr. 69, S. 405, abgeleitet werden. Denn aus $\vartheta_{ag} = 0$, $\vartheta_{bg} = 0$, $\vartheta_{cg} = 0$ folgt nach Nr. 62, S. 325, daß Y_{ag}, Y_{bg}, Y_{cg} die drei statisch unbestimmten Größen X_a, X_b, X_c des Rahmens sind, die durch die Last $X_g = +1$ erzeugt werden. $X_g = +1$ wirkt als wagerechter Gelenkdruck auf den Rahmen in Punkt h. Mithin entstehen durch $X_g = +1$ nach den Gleichungen (76), S. 406, die Werte

$$X_a = \frac{h \cdot h'}{2\,G},$$

$$X_b = \frac{h \cdot h'}{2\,(T_{x_1}\cos^2\beta - T_{y_1}\sin^2\beta)}\left[(z_u - \tfrac{1}{3}h) + \zeta_0 \cdot \operatorname{tg}\beta\right]\cos\beta,$$

$$X_c = \frac{h \cdot h'}{2\,T_{y_1}} \cdot \zeta_0,$$

die wegen $(z_u - \frac{1}{3}h) + \zeta_0 \operatorname{tg}\beta = \frac{2}{3}h - \eta_0$ mit den für Y_{ag}, Y_{bg}, X_{cg} gefundenen übereinstimmen.

Die Berechnung der Beiwerte der Gruppe Y_h beginnt mit

$$Y_{gh} = -\frac{\vartheta'_{ig} + \vartheta'_{hg}}{\vartheta'_{gg}}.$$

Der Zähler $\vartheta'_{ig} + \vartheta'_{hg}$, d. i. die Summe der Wege der Momente $X_i = -1$ und $X_h = -1$ infolge $Y_g = -1$, ergibt sich aus der Arbeitsgleichung für den Zustand $X_i = -1$, $X_h = -1$ und den Verschiebungszustand $Y_g = -1$. Die Verschiebung ϑ'_{gg}, d. i. der Weg der Kräfte

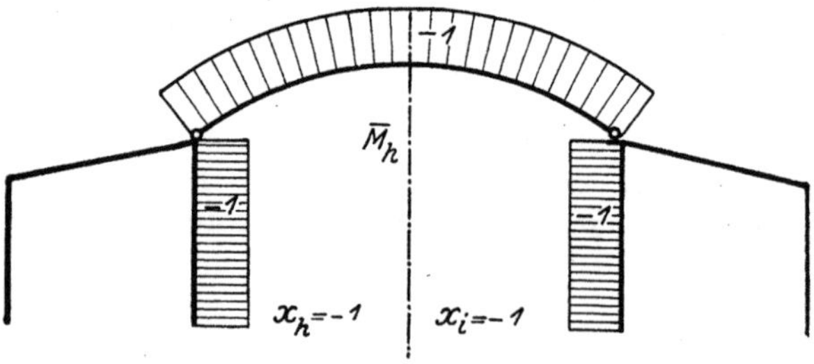

Abb. 314.

$X_g = -1$ infolge $Y_g = -1$, ergibt sich aus der Arbeitsgleichung für den Zustand $X_g = -1$ und den Verschiebungszustand $Y_g = -1$. Die Belastung $X_i = -1$, $X_h = -1$ erzeugt in allen Punkten des Bogens und der Pfosten II das Moment $\overline{M}_h = -1$, in den Pfosten I und den Riegeln die Momente 0 (s. Abb. 314). Die Momente des Zustandes

$Y_g = -1$ sind für den Bogen identisch mit den Momenten des Zustandes $X_g = -1$ (Abb. 313), für die Pfosten aus den Größen Y_{ag}, Y_{bg}, Y_{cg} zu berechnen. Im Punkt h ergibt sich

$$M_g = -Y_{bg} \cdot \eta_0 \cdot \cos\beta + Y_{cg} \cdot \zeta_0 + Y_{ag},$$

$$M_g = \frac{h \cdot h'}{2}\left[-\frac{\eta_0 (\frac{2}{3} h - \eta_0) \cos^2\beta}{T_{x_1} \cos^2\beta - T_{y_1} \sin^2\beta} + \frac{1}{G}\left(1 + \frac{G \cdot \zeta_0^2}{T_{y_1}}\right)\right] = \varkappa_g.$$

Im Punkte a ergibt sich

$$M_g = +\varkappa_g - h(1 - Y_{bg} \cdot \cos\beta) = -\nu_g.$$

Abb. 315 zeigt die M_g-Fläche. Danach ist $\int \overline{M}_h \, M_g \cdot ds'$ der Flächeninhalt der verzerrten M_g-Flächen der Pfosten II und des Bogens. Das Trägheitsmoment des Bogens verlaufe nach dem Gesetz $J \cdot \cos\varphi = J_c$.

$$\vartheta'_{ig} + \vartheta'_{hg} = -h'(\varkappa_g - \nu_g) - \tfrac{2}{3} y_0 \cdot l_0.$$

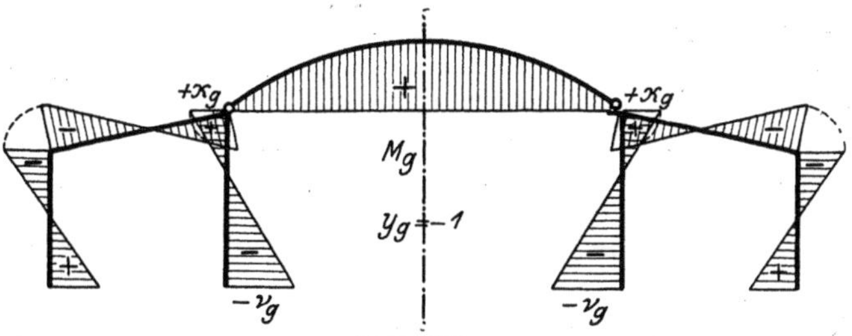

Abb. 315.

In ϑ'_{gg} ist $\int \overline{M}_g \cdot M_g \cdot ds'$ für die Pfosten aus dem Dreieck der $\overline{M}_g$-Fläche (Abb. 313) und dem verschränkten Trapez der M_g-Fläche zu berechnen. Nach der Auswertungsformel ergibt sich also

$$\vartheta'_{gg} = +\tfrac{1}{3}(2\nu_g - \varkappa_g)\, h \cdot h' + \int_0^l y^2 \, ds',$$

$$\vartheta'_{gg} = +\tfrac{1}{3}(2\nu_g - \varkappa_g)\, h \cdot h' + \tfrac{8}{15} l_0 \cdot y_0^2. \tag{137}$$

$$\boldsymbol{Y_{gh} = \frac{3(\varkappa_g - \nu_g)\, h' + 2\, l_0 \cdot y_0}{(2\nu_g - \varkappa_g)\, h\, h' + \frac{8}{5} l_0 \cdot y_0^2}}. \tag{138}$$

Aus $\vartheta_{ag} = 0$, $\vartheta_{bg} = 0$, $\vartheta_{cg} = 0$ folgt, daß die Beiwerte Y_{ag}, Y_{bg}, Y_{cg} die Größen X_a, X_b, X_c sind, die durch die Belastung des Rahmens $X_h = +1$, $X_g = +Y_{gh}$ erzeugt werden. Sie können daher sowohl aus den Verschiebungen ϑ wie aus den Rahmenformeln berechnet werden. Es sei der letztere Weg gewählt. Das Moment $X_h = +1$ und die wagerechte Kraft Y_{gh} werden zu einer Resultierenden zusammengesetzt. Diese ist die wagerechte Kraft Y_{gh}, die im Abstand

$$r = \frac{(2\nu_g - \varkappa_g)\, h \cdot h' + \frac{8}{5} \cdot l_0 \cdot y_0^2}{3(\varkappa_g - \nu_g)\, h' + 2\, l_0 \cdot y_0}$$

über dem Punkte h wirkt. Sie erzeugt nur im Pfosten II des statisch bestimmten Hauptsystems Momente, und zwar im Punkte h $M_0 = +1$, im Punkte a $M_0 = +(1 + h/r)$. Die Momentenfläche M_0 ist also ein Trapez mit den bezeichneten Ordinaten, und es ergibt sich

$$\left.\begin{aligned} Y_{ah} &= \frac{(2r+h)h'}{2r \cdot G}, \\ Y_{bh} &= \frac{\left[(\eta_u - \eta_o) + \frac{h}{r}\left(\eta_u - \frac{1}{3}h\right)\right]h' \cdot \cos\beta}{2\left[T_{x_1}\cos^2\beta - T_{y_1}\sin^2\beta\right]}, \\ Y_{ch} &= \frac{(2r+h)h'}{2r \cdot T_g} \cdot \zeta_0 . \end{aligned}\right\} \qquad (139)$$

Die Vorzeichen sind positiv, da die Momente aus $X_a = -1$, $X_b = -1$, $X_c = -1$ im Schwerpunkt der M_0-Fläche dem Moment M_0 gleichgerichtet sind.

Von den Beiwerten der Gruppe Y_i sind nur Y_{ai}, Y_{bi}, Y_{ci} zu berechnen. Aus $\vartheta_{ai} = 0$, $\vartheta_{bi} = 0$, $\vartheta_{ci} = 0$ folgt, daß Y_{ai}, Y_{bi}, Y_{ci} die Größen X_a, X_b, X_c sind, die durch die Belastung des Rahmens durch $X_h = Y_{hi} = -1$ erzeugt werden. Durch diese Belastung entstehen wiederum nur im Pfosten II des statisch bestimmten Hauptsystems Momente, nämlich $M_0 = -1$. Daher ergibt sich aus den Rahmenformeln

$$\left.\begin{aligned} Y_{ai} &= -\frac{h'}{G}, \\ Y_{bi} &= -\frac{\left(\eta_u - \frac{1}{2}h\right)h' \cdot \cos\beta}{T_{x_1}\cos^2\beta - T_{y_1}\sin^2\beta}, \\ Y_{ci} &= -\frac{h'}{T_{y_1}} \cdot \zeta_0 . \end{aligned}\right\} \qquad (140)$$

Die Vorzeichen sind negativ, da die Momente aus $X_a = -1$, $X_b = -1$, $X_c = -1$ in dem Schwerpunkt der M_0-Fläche M_0 entgegengesetzt gerichtet sind.

Damit sind alle Y_{kr} bestimmt, desgleichen $\delta'_{aa} \ldots \delta'_{gg}$, das letztere in Gleichung (137). Es erübrigt noch die Berechnung von δ'_{hh} und δ'_{ii}. $\delta'_{hh} = \vartheta'_{ih} + \vartheta'_{hh}$ erhält man aus der Arbeitsgleichung für den Zustand $X_h = -1$, $X_i = -1$ und den Verschiebungszustand $Y_h = -1$. Die Momente $\overline{M}_h$ zeigt Abb. 314. Mithin ist in δ'_{hh} das Integral $\int \overline{M}_h M_h ds'$ gleich dem Flächeninhalt der verzerrten M_h-Fläche. Im Bogen entstehen durch $Y_h = -1$ die Momente

$$M_h = -1 + \frac{y}{r},$$

in Punkt h des Pfostens

$$M_h = -1 + Y_{ah} - Y_{bh} \cdot \eta_0 \cdot \cos\beta + Y_{ch} \cdot \zeta_0 ,$$

$$M_h = -1 - \frac{\left[\eta_u - \eta_o + \frac{h}{r}\left(\eta_u - \frac{1}{3}h\right)\right]h' \cdot \eta_o \cdot \cos^2\beta}{2\left[T_{x_1}\cos^2\beta - T_{y_1}\sin^2\beta\right]} + \frac{(2r+h)h'}{2rG}\left(1 + \frac{G \cdot \zeta_0^2}{T_{y_1}}\right) = -\varkappa_h .$$

In Punkt a entsteht

$$M_h = -\varkappa_h - h\left(\frac{1}{r} - Y_{bh}\cos\cdot\beta\right) = -\nu_h$$

Abb. 316 zeigt die M_h-Fläche. Mithin ist

$$\delta'_{hh} = (\varkappa_h + \nu_h)\,h' + l_0 - \frac{2}{3}\,\frac{l_0\cdot y_0}{r}. \tag{141}$$

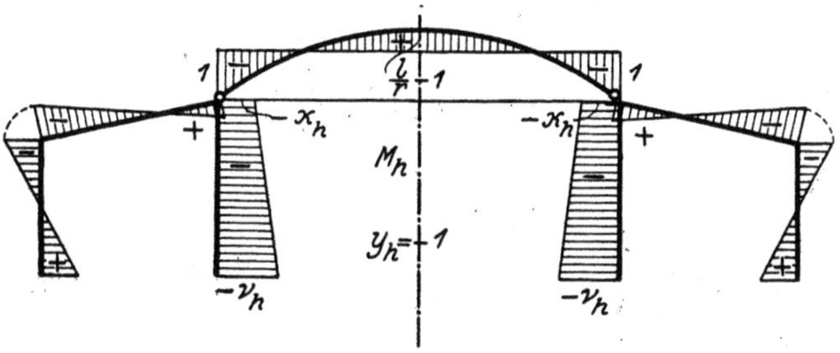

Abb. 316.

$\delta'_{ii} = +\vartheta'_{ii} - \vartheta'_{hi}$ ist aus der Arbeitsgleichung für die Belastung $X_i = -1$, $X_h = +1$ und den Verschiebungszustand $Y_i = -1$ zu berechnen. Die Belastung erzeugt im Bogen die Momente $\overline{M}_i = +\frac{2x}{l_0}$, im linken Pfosten II die Momente $\overline{M}_i = +1$, im rechten Pfosten II die Momente $\overline{M}_i = -1$. In den Pfosten I und den Riegeln sind die Momente $= 0$. Abb. 317 zeigt die $\overline{M}_i$-Fläche. Im Zustand $Y_i = -1$

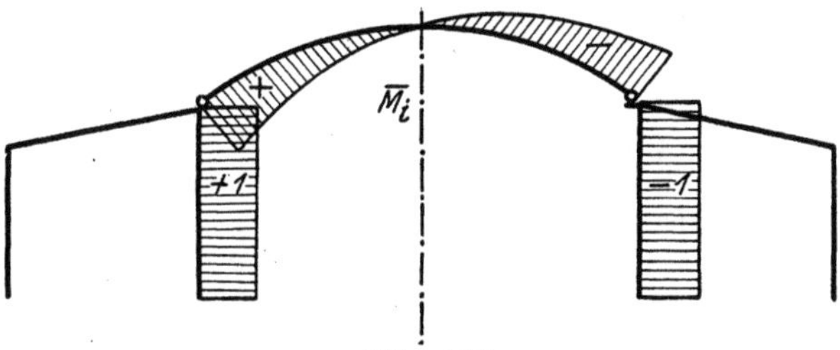

Abb. 317.

entstehen im Bogen die Momente $M_i = +\frac{2x}{l}$. In Punkt h des Pfostens

$$M_i = +1 + Y_{ai} - Y_{bi}\eta_o\cdot\cos\beta + Y_{ci}\zeta_0,$$

$$M_i = 1 + \frac{(2\eta_u - h)\,h'\cdot\eta_o\cdot\cos^2\beta}{2\,[T_{x_1}\cos^2\beta - T_{y_1}\sin^2\beta]} - \frac{h'}{G}\left(1 + \frac{G\cdot\zeta_0^2}{T_{y_1}}\right) = \varkappa_i$$

bezeichnet. In Punkt a

$$M_i = \varkappa_i + Y_{bi}\,h\cdot\cos\beta = -\nu_i$$

bezeichnet.

Die Momente im rechten Pfosten II haben dieselben Werte mit dem negativen Vorzeichen. Abb. 318 zeigt die M_i-Fläche. Aus der $\overline{M}_i$-Fläche folgt, daß in δ_{ii} das Integral $\int \overline{M}_i M_i ds'$ für die Pfosten gleich dem Inhalt der verzerrten M_i-Fläche ist. Mithin ergibt sich

$$\delta'_{ii} = (\varkappa_i - \nu_i)\, h' + \frac{8}{l_0^2}\int\limits_0^{\frac{l_0}{2}} x^2\, ds',$$

$$\delta'_{ii} = (\varkappa_i - \nu_i)\, h' + \frac{1}{3} l_0 . \tag{142}$$

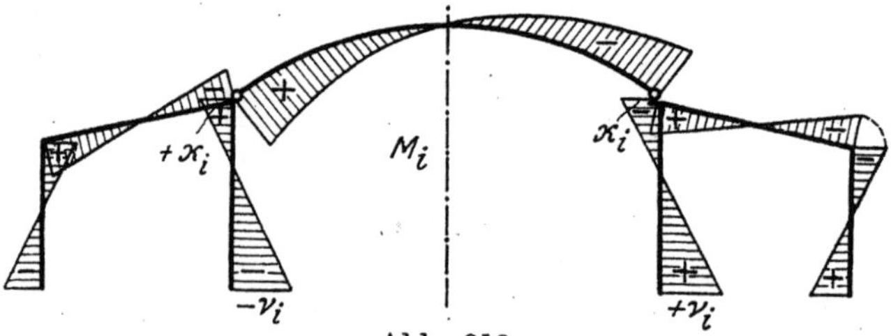

Abb. 318.

Zur Prüfung der Genauigkeit der Rechnung kann die Bedingung $\vartheta'_{gh} = 0$ benutzt werden. ϑ'_{gh} ergibt sich aus der Arbeitsgleichung für $X_g = -1$ und dem Verschiebungszustand $Y_h = -1$. Nach der Auswertungsformel liefern die $\overline{M}_g$- und M_h-Flächen

$$\vartheta'_{gh} = (\varkappa_h + 2\,\nu_h)\,\frac{h \cdot h'}{3} - \int\limits_0^l \left(1 - \frac{y}{r}\right) y \cdot ds',$$

$$\vartheta'_{gh} = (\varkappa_h + 2\,\nu_h)\,\frac{h\,h'}{3} - \frac{2}{3}\, l_0 y_0 + \frac{8}{15}\, l_0 \frac{y_0^2}{r}.$$

Aus $\delta'_{gh} = 0$ folgt also

$$\varkappa_h + 2\,\nu_h = 2\, l_0 y_0 \frac{1 - \frac{4}{5}\frac{y_0}{r}}{h \cdot h'}.$$

Zur vollständigen Darstellung der Momente für die Zustände $Y_g = -1$, $Y_h = -1$, $Y_i = -1$ seien noch die bisher nicht benötigten Momente in den Ecken b, d der beiden Rahmen angegeben. Es ist

in Punkt b: $\quad M_r = + Y_{ar} + Y_{br} \cdot \eta_{1u} \cdot \cos\beta - Y_{cr} \cdot \zeta_1 \qquad (r = g, h, c)$,

in Punkt d: $\quad M_r = + Y_{ar} - Y_{br} \cdot \eta_{1o} \cdot \cos\beta - Y_{cr} \cdot \zeta_1$,

in Punkt h des Riegels:

$$M_g = + \varkappa_g, \qquad M_h = -\varkappa_h + 1, \qquad M_i = + \varkappa_i - 1 .$$

In dem rechten Rahmen sind die Momente M_g und M_h gleich denen des linken Rahmens, die Momente M_i denen des linken Rahmens gleich, jedoch entgegengesetzt gerichtet. Die Abb. 315, 316, 318 zeigen die M_g-, M_h-, M_i-Flächen.

Für die statisch unbestimmten Größen Y, die durch irgendeine Belastung oder Temperaturänderung erzeugt werden, ergeben sich aus den Elastizitätsgleichungen, da alle δ_{kr} verschwinden, die Formeln

$$Y_r = \frac{\delta'_{r0}}{\delta'_{rr}}.$$

Ferner folgt aus der Arbeitsgleichung für den Zustand $Y_r = -1$ und den Verschiebungszustand infolge einer gegebenen Belastung

$$\delta'_{r0} = \int M_0 \cdot M_r \cdot ds'$$

und aus der Arbeitsgleichung für denselben Zustand und den Verschiebungszustand infolge gegebener Temperaturänderungen

$$\delta'_{rt} = \varepsilon \int N_r \cdot t_0 \cdot ds' + \varepsilon \int M_r \cdot \frac{\Delta t}{a} \cdot ds'.$$

Eine Belastung des Bogens durch lotrechte Kräfte erzeugt die Momente $\mathfrak{M}_0$ des einfachen Balkens von der Stutzweite l_0. In allen anderen Teilen des Systems ist $M_0 = 0$. Mithin wird $Y_a = Y_b = Y_c = Y_d = Y_e = Y_f = 0$. Ferner

$$\delta'_{g0} = \int_0^l \mathfrak{M}_0 \cdot y \cdot ds',$$

d. i. = dem statischen Moment der $\mathfrak{M}_0$fachen elastischen Gewichte in bezug auf die Achse $h-i$.

$$\delta'_{h0} = -\frac{1}{r} \int_0^l \mathfrak{M}_0 (r - y)\, ds'.$$

Das Integral ist das statische Moment der $\mathfrak{M}_0$fachen elastischen Gewichte in bezug auf die wagerechte Achse im Abstande r von der Geraden $h-i$.

$$\delta'_{i0} = \frac{2}{l} \int_0^l \mathfrak{M}_0 \cdot x \cdot ds'.$$

Das Integral ist das statische Moment der $\mathfrak{M}_0$fachen elastischen Gewichte in bezug auf die lotrechte Mittelachse. Besteht die Belastung in Einzellasten, so wird die Integration zweckmäßig graphisch nach dem auf S. 365 dargestellten Verfahren durchgeführt.

Zur Berechnung der Einflußlinien der statisch unbestimmten Größen für lotrechte Belastung des Bogens und der Riegel führt folgende Überlegung. Wirkt nur eine Einzellast 1 im Punkte m, so ist

$$\delta'_{r0} = \delta'_{rm} = \delta'_{mr}$$

und

$$Y_r = \frac{\delta'_{mr}}{\delta'_{rr}}.$$

Die Ordinate der Einflußlinie ist also gleich dem durch δ'_{rr} geteilten Wert der Ordinate der Biegungslinie, die durch die Belastung $Y_r = -1$ entsteht. Die Ordinate der Biegungslinie ist in der Mittelöffnung als statisches Moment der w-Gewichte zu berechnen, die den einfachen in h und i lotrecht gestützten Balken belasten. Die Größe der w-Gewichte erhält man aus den Formeln (53), (54), S. 279, indem man die Momente M_r einführt. In den Seitenöffnungen gilt dieselbe Berechnungsweise für die Einflußlinien von Y_g, Y_h, Y_i, wobei die Riegel als einfache Balken mit den Stützpunkten d und h zu behandeln sind. Denn δ'_{mr} ist eine Größe des Verschiebungszustandes $Y_r = -1$. Da aber für die Zustände $Y_g = -1$, $Y_h = -1$, $Y_i = -1$ $\vartheta_{ar} = \vartheta_{br} = \vartheta_{cr} = \vartheta_{dr} = \vartheta_{er} = \vartheta_{fr} = 0$ ist $(r = g, h, i)$, so sind diese Verschiebungszustände identisch mit denen des sechsfach statisch unbestimmten Systems, welches aus dem vorliegenden, neunfach statisch unbestimmten, durch die Gelenke h, i und die wagerechte Gleitung in i gebildet wird. Jede Verschiebung des sechsfach statisch unbestimmten Systems kann aus der Arbeitsgleichung berechnet werden, indem der jeweils einzuführenden Belastung ein beliebiges, statisch bestimmtes System unterworfen wird, welches aus dem sechsfach statisch unbestimmten zu bilden ist. Schaltet man zu diesem Zweck Gelenke in Punkt h des Riegels, sowie in d und b ein, so gelangt man zu der oben bezeichneten Stützungsart. Die Einflußlinien für Y_a, Y_b, Y_c erstrecken sich nur über den Riegel des linken Rahmens, die für Y_d, Y_e, Y_f über den des rechten Rahmens. Die Ordinate der Biegungslinie ist als Moment des in d und h gestützten Balkens zu berechnen, der durch die w-Gewichte belastet ist und in Punkt d die lotrechte Verschiebung infolge $Y_r = -1$ $(r = a, b, c)$ erfährt. Diese ist nach dem Satz über die elastischen Gewichte gleich dem statischen Moment der $M_r$fachen elastischen Gewichte des Pfostens II und des Riegels in bezug auf die Lotrechte durch d.

Eine wagerecht nach rechts gerichtete Kraft P in Punkt h erzeugt, da die M_0-Fläche nur den Pfosten II ergreift, noch der Auswertungsformel

$$Y_a = -P \cdot \frac{h \cdot h'}{2G} \qquad Y_d = 0,$$

$$Y_b = -P \frac{h \cdot h' (\eta_u - \frac{1}{3} h) \cos\beta}{2[T_{x_1} \cos^2\beta - T_{y_1} \sin^2\beta]} \qquad Y_e = 0,$$

$$Y_c = -P \cdot \frac{h \cdot h' \cdot \varepsilon}{2 T_{y_1}} \qquad Y_f = 0,$$

$$Y_g = P \frac{(2\nu_g - \varkappa_g) h \cdot h'}{6 \delta'_{gg}},$$

$$Y_h = P \frac{(2\nu_h + \varkappa_h) h \cdot h'}{6 \cdot \delta'_{hh}},$$

$$Y_i = P \frac{(2\nu_i - \varkappa_i) h \cdot h'}{6 \delta'_{ii}}.$$

d) Untersuchung von Stockwerkrahmen nach Müller-Breslaus Verfahren zur Aufstellung von Elastizitätsgleichungen gegenseitiger Unabhängigkeit.

77. Der zweistielige symmetrische Stockwerkrahmen.

Der Rahmen von m-Stockwerken weist $3\,m$-überzählige Glieder auf. Das System sei symmetrisch zur lotrechten Mittelachse. Das statisch bestimmte Hauptsystem wird durch Einschaltung von je drei Gelenken in jedem Stock gebildete, ein Gelenk in der Mitte des Riegels, die beiden anderen Gelenke in den Pfosten in gleicher Höhe. Im untersten Stock werden die Pfostengelenke in $\frac{1}{3}$ der Höhe gewählt, in den folgenden Stockwerken bleibt ihre Höhenlage zunächst noch unbestimmt. Zur Orientierung der Momente sei der Augenpunkt im Inneren jedes Stockwerks gewählt und jeder Riegel dem unteren Stock zugezählt. Abb. 319 zeigt die Lage der Gelenke und die in ihnen auftretenden überzähligen Momente X_a, X_b .... Als statisch unbestimmte Größen Y_a, Y_b ... werden Gruppen der Momente X_a ... eingeführt, die für die Stockwerke *1* und *2* durch nachstehende Tafel angegeben sind.

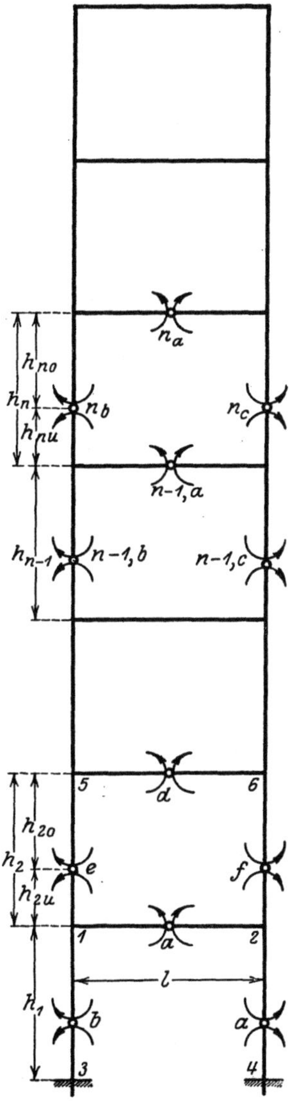

Abb. 319.

	Y_a	Y_b	Y_c	Y_d	Y_e	Y_f
X_a	1	0	0	Y_{ad}	Y_{ae}	Y_{af}
X_b	0	1	-1	Y_{bd}	Y_{be}	Y_{bf}
X_c	0	1	$+1$	Y_{cd}	Y_{ce}	Y_{cf}
X_d	0	0	0	1	Y_{de}	Y_{df}
X_e	0	0	0	0	1	Y_{ef}
X_f	0	0	0	0	1	1

Durch die getroffene Wahl der Beiwerte der Gruppen Y_a, Y_b, Y_c werden die Bedingungen

$$\delta_{ba} = \delta_{ab} = 0, \qquad \delta_{cb} = \delta_{bc} = 0,$$

$$\delta_{ca} = \delta_{ac} = 0$$

erfüllt. Es ist nach 69a

$$\delta'_{aa} = \tfrac{1}{2}\,h'_1 + l'_1,$$

$$\delta'_{bb} = 1,5\,h'_1,$$

$$\delta'_{cc} = 2\,h'_1 + \tfrac{1}{3}\,l'_1.$$

Die zunächst unbestimmte Lage der Gelenke d und e sei durch das Verhältnis $\frac{h_{2o}}{h_{2u}} = \alpha_2$ bezeichnet.

Die Beiwerte der Gruppe Y_d werden aus den Bedingungen

$$\delta_{dc} = 1 \cdot \vartheta_{dc} + Y_{cd} \cdot \vartheta_{cc} + Y_{bd} \cdot \vartheta_{bc} = 0\,,$$

$$\delta_{db} = 1 \cdot \vartheta_{db} + Y_{cd} \cdot \vartheta_{cb} + Y_{bd} \cdot \vartheta_{bb} = 0\,,$$

$$\delta_{da} = 1 \cdot \vartheta_{da} + Y_{cd} \cdot \vartheta_{ca} + Y_{bd} \cdot \vartheta_{ba} + Y_{ad} \cdot \vartheta_{aa} = 0$$

bestimmt. Da $\vartheta_{bc} = -\vartheta_{cc}$ und $\vartheta_{bb} = \vartheta_{cb}$ ist, folgt

$$Y_{cd} - Y_{bd} = -\frac{\vartheta'_{dc}}{\vartheta'_{cc}}\,,$$

$$Y_{cd} + Y_{bd} = -\frac{\vartheta'_{db}}{\vartheta'_{bb}}\,.$$

Die Zähler sind aus den Arbeitsgleichungen für den Zustand $X_d = -1$ und die Verschiebungszustände $Y_c = -1$, $Y_b = -1$ zu berechnen. Die durch $X_d = -1$ erzeugten Momente sind $\overline{M}_{1d} = \overline{M}_{2d} = \frac{1}{\alpha_2}$, $\overline{M}_{3d} = \overline{M}_{4d} = -\frac{1}{2\,\alpha_2}$, im Riegel 1 entstehen die Momente 0. Abb. 320 zeigt die Momentenfläche $\overline{M}_d$. Da der Schwerpunkt der $\overline{M}_d$-Fläche der Pfosten 1 in Höhe der Riegelachse 1 liegt, ist $\vartheta'_{db} = 0$. Aus der Symmetrie der $\overline{M}_d$-Fläche und der Antisymmetrie der M_c-Fläche folgt $\vartheta'_{dc} = 0$. Demnach wird

$$Y_{bd} = 0\,, \qquad Y_{cd} = 0\,, \qquad Y_{ad} = -\frac{\vartheta'_{da}}{\vartheta'_{aa}}\,.$$

Nach der Auswertungsformel ergibt sich

$$\vartheta'_{da} = -2 \cdot \frac{1}{\alpha_2 \cdot h_1} \cdot \frac{h'_1}{4} \cdot h_1 = -\frac{h'_1}{2\,\alpha_2}\,,$$

$$\boldsymbol{Y_{ad} = +\frac{1}{\alpha_2}\,\frac{h'_1}{h'_1 + 2\,l'_1} = \frac{\zeta_1}{\alpha_2}}\,. \tag{143}$$

Mithin entstehen aus $Y_d = -1$ die Momente

im Pfosten *2*: $\quad M_{1d} = M_{2d} = +\frac{1}{\alpha_2}\,;$

im Pfosten *1*: $\quad M_{1d} = M_{2d} = +\frac{1}{\alpha_2}\,(1 - \zeta_1)\,,$

$$M_{3d} = M_{4d} = -\frac{1}{2\,\alpha_2}\,(1 - \zeta_1)\,;$$

im Riegel 1: $\quad M_{1d} = M_{2d} = -\frac{\zeta_1}{\alpha_2}\,.$

Abb. 321 zeigt die M_d-Flächen. Aus $\delta_{cd} = 0$, $\delta_{bd} = 0$, $\delta_{ad} = 0$ folgt

$$\vartheta_{cd} - \vartheta_{bd} = 0\,, \qquad \vartheta_{cd} + \vartheta_{bd} = 0\,,$$

also $\vartheta_{ed} = 0$, $\vartheta_{bd} = 0$, $\vartheta_{ad} = 0$. Der Zustand Y_d ist ein symmetrischer Gleichgewichtszustand des dreifach statisch unbestimmten Systems ohne die Gelenke a, b, c.

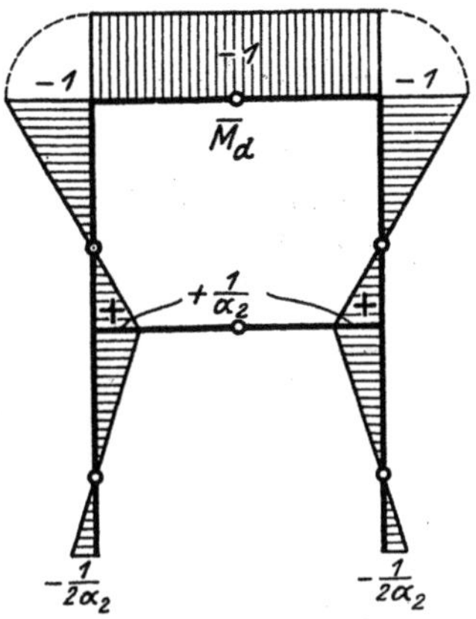

Abb. 320.

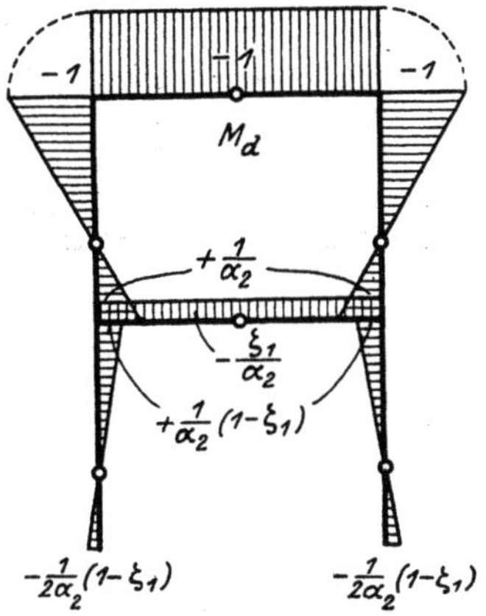

Abb. 321.

Der Wert Y_{de} ergibt sich aus der Bedingung

$$1 \cdot \delta_{ed} = 1 \vartheta_{fd} + 1 \cdot \vartheta_{ed} + Y_{de} \vartheta_{dd} = 0,$$

$$Y_{de} = -\frac{\vartheta'_{fd} + \vartheta'_{ed}}{\vartheta'_{dd}},$$

$\vartheta'_{fd} + \vartheta'_{ed}$ wird aus der Arbeitsgleichung für den Zustand $X_f = -1$, $X_e = -1$ und den Verschiebungszustand $Y_d = -1$ berechnet. Dabei wird zweckmäßig das statisch bestimmte System, welches der bezeichneten Belastung zu unterwerfen ist, durch die Gelenke b, c und ein zweites Gelenk in einem der Pfosten *1* gebildet. Es sei statisch bestimmtes System a benannt. Aus $X_e = -1$, $X_f = -1$ entstehen die Momente

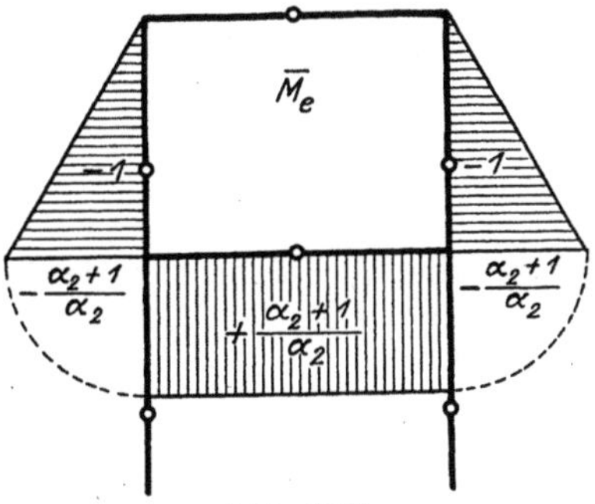

Abb. 322.

$$\overline{M}_{5e} = \overline{M}_{6e} = 0, \qquad \overline{M}_{1e} = \overline{M}_{2e} = -\frac{\alpha_2 + 1}{\alpha_2} \quad \text{in den Pfosten,}$$

$$\overline{M}_{1e} = \overline{M}_{2e} = +\frac{\alpha_2 + 1}{\alpha_2} \quad \text{im Riegel } 1.$$

Die Pfosten des ersten Stockes bleiben spannungslos. Abb. 322 zeigt die $\overline{M}_e$-Flächen. Aus dieser und aus Abb. 321 folgt nach der Auswertungsformel

$$\vartheta'_{fd} + \vartheta'_{ed} = -\frac{\alpha_2 + 1}{\alpha_2}\left[\frac{1}{6} h'_2 \left(\frac{2}{\alpha_2} - 1\right) 2 + \frac{\zeta_1 l'_1}{\alpha_2}\right].$$

Es sei nun α_2 so bestimmt, daß $Y_{de} = 0$ wird. Dazu muß $\vartheta'_{fd} + \vartheta'_{ed} = 0$ sein, also

$$\alpha_2 = 2 + 3\,\frac{\zeta_1 l'_1}{h'_2}. \tag{144}$$

Y_{be} und Y_{ce} ergeben sich aus den Bedingungen

$$1 \cdot \delta_{ec} = 1\,\vartheta_{fc} + 1 \cdot \vartheta_{ec} + Y_{ce} \cdot \vartheta_{cc} + Y_{be} \cdot \vartheta_{bc} = 0\,,$$

$$1 \cdot \delta_{eb} = 1\,\vartheta_{fb} + 1 \cdot \vartheta_{eb} + Y_{ce} \cdot \vartheta_{cb} + Y_{be} \cdot \vartheta_{bb} = 0\,.$$

Zur Berechnung von $\vartheta_{fc} + \vartheta_{ec}$ und $\vartheta_{fb} + \vartheta_{eb}$ kann das statisch bestimmte System a der Belastung $X_f = -1$, $X_e = -1$ unterworfen werden, da $\vartheta_{ab} = 0$ und $\vartheta_{ac} = 0$ ist. Die $\overline{M}_e$-Fläche ergreift nur den

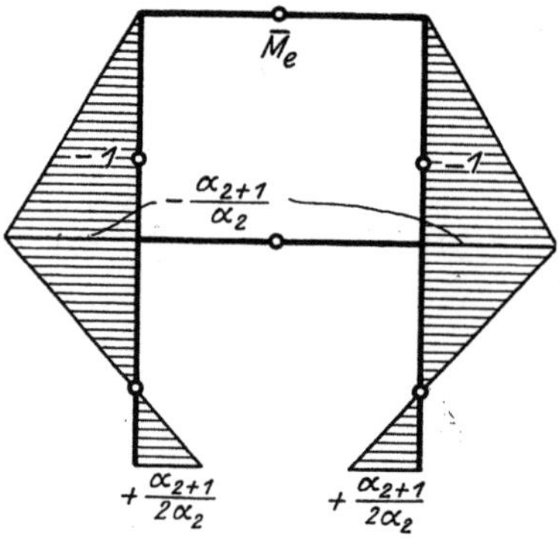

Abb. 323.

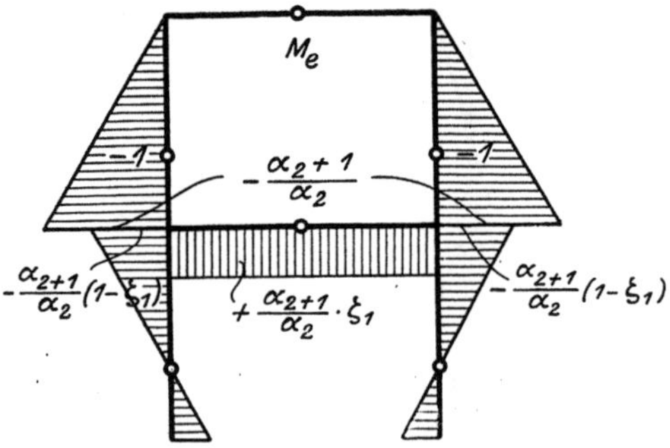

Abb. 324.

Riegel, die M_b-Fläche nur die Pfosten des ersten Stockes. Die $\overline{M}_e$-Fläche ist symmetrisch, die M_c-Fläche antisymmetrisch zur Mittelachse. Demnach ist

$$\vartheta_{fb} + \vartheta_{eb} = 0\,, \qquad \vartheta_{fc} + \vartheta_{ec} = 0\,,$$

$$Y_{bd} = 0\,, \qquad Y_{cd} = 0\,.$$

Aus
$$1\,\delta_{ea} = 1\,\vartheta_{fa} + 1\,\vartheta_{ea} + Y_{ae} \cdot \vartheta_{aa} = 0$$
folgt
$$Y_{ae} = -\frac{\vartheta'_{fa} + \vartheta'_{ea}}{\vartheta'_{aa}}.$$

Aus $X_f = -1$, $X_e = -1$ entstehen im statisch bestimmten Hauptsystem die Momente

$$\overline{M}_{1e} = \overline{M}_{2e} = -\frac{\alpha_2 + 1}{\alpha_2}\,,$$

$$\overline{M}_{3e} = \overline{M}_{4e} = +\frac{\alpha_2 + 1}{2\,\alpha_2}\,,$$

in den Pfosten, in den Riegeln die Momente 0. Abb. 323 zeigt die $\overline{M}_e$-Fläche. Aus dieser und der M_a-Fläche Abb. 282a folgt

$$\vartheta'_{fa} + \vartheta'_{ea} = \frac{\alpha_2 + 1}{\alpha_2}\,\frac{h'_1}{4} \cdot 2\,,$$

$$Y_{ae} = -\frac{\alpha_2 + 1}{\alpha_2}\,\frac{h'_1}{h'_1 + 2\,l'_1} = -\frac{\alpha_2 + 1}{\alpha_2} \cdot \zeta_1\,. \tag{145}$$

Abb. 324 zeigt die Momentenflächen M_e des Zustandes $Y_e = -1$. Aus

$$1\,\delta_{ae} = 1\cdot\vartheta_{ae} = 0\,,$$
$$1\,\delta_{be} = 1\cdot\vartheta_{ce} + 1\,\vartheta_{be} = 0\,,$$
$$1\,\delta_{ce} = 1\cdot\vartheta_{ce} - 1\,\vartheta_{be} = 0\,,$$
$$1\,\delta_{de} = 1\cdot\vartheta_{de} + Y_{ae}\vartheta_{ae} = 0\,,$$

folgt $\vartheta_{ae} = 0$, $\vartheta_{be} = 0$, $\vartheta_{ce} = 0$, $\vartheta_{de} = 0$. Der Zustand Y_e ist ein symmetrischer Gleichgewichtszustand des vierfach statisch unbestimmten Systems ohne die Gelenke a, b, c, d. Die Bedingungen

$$\delta_{fe} = 1\,\vartheta_{fe} + Y_{ef}\cdot\vartheta_{ee} = 0\,,$$
$$\delta_{fd} = 1\,\vartheta_{fd} + Y_{ef}\vartheta_{ed} + Y_{df}\vartheta_{dd} = 0$$

ergeben infolge der durch die Symmetrie der Zustände bedingten Beziehungen $\vartheta_{fe} = \vartheta_{ee}$, $\vartheta_{fd} = \vartheta_{ed}$

$$\mathbf{Y_{ef} = -1\,, \qquad Y_{df} = 0\,.} \tag{146}$$

Zur Bestimmung von Y_{cf}, Y_{bf}, Y_{af} dienen

$$1\cdot\delta_{fc} = 1\cdot\vartheta_{fc} - 1\,\vartheta_{ec} + Y_{cf}\cdot\vartheta_{cc} + Y_{bf}\cdot\vartheta_{bc} = 0\,,$$
$$1\cdot\delta_{fb} = 1\cdot\vartheta_{fb} - 1\,\vartheta_{eb} + Y_{cf}\cdot\vartheta_{cb} + Y_{bf}\cdot\vartheta_{bb} = 0\,,$$
$$1\cdot\delta_{fa} = 1\cdot\vartheta_{fa} - 1\,\vartheta_{ea} + Y_{cf}\cdot\vartheta_{ca} + Y_{bf}\cdot\vartheta_{ba} + Y_{af}\cdot\vartheta_{aa} = 0\,.$$

Die Belastung $X_f = -1$, $X_e = +1$ erzeugt sowohl im statisch bestimmten Hauptsystem wie im statisch bestimmten System a die Momente $+1$ in allen Punkten des linken, -1 in allen Punkten des rechten Pfostens *2*, im Riegel *2* $\overline{M}_{5f} = -\overline{M}_{6f} = 1$, im Riegel *1* $\overline{M}_{1f} = -\overline{M}_{2f} = -1$. Alle anderen Teile des Systems bleiben spannungslos. Abb. 325 zeigt die $\overline{M}_f$-Flächen. Mithin ist

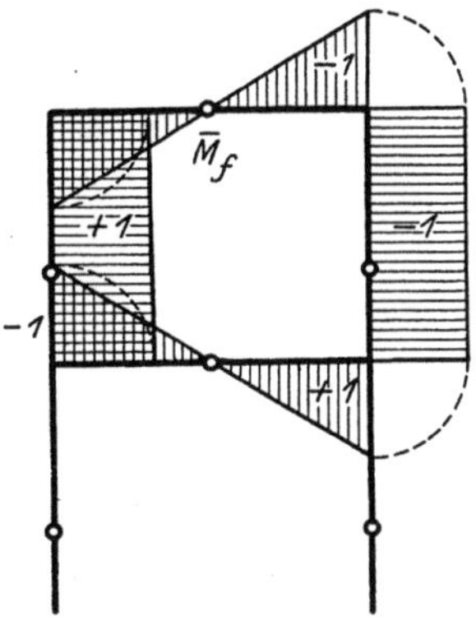

Abb. 325.

$$\vartheta_{fb} - \vartheta_{eb} = 0\,,\quad \vartheta_{fa} - \vartheta_{ea} = 0\,,$$
$$\vartheta'_{fc} - \vartheta'_{ec} = -\tfrac{1}{6}l'_1\cdot(2-1)\,2 = -\tfrac{1}{3}l'_1\,,$$
$$Y_{bf} = -Y_{cf}\,,$$
$$Y_{cf} = -\frac{\vartheta'_{fc} - \vartheta'_{ec}}{\vartheta'_{cc} - \vartheta'_{bc}} = -\frac{\vartheta'_{fc} - \vartheta'_{ec}}{\delta'_{cc}}\,,$$

$$\mathbf{Y_{cf} = \frac{l'_1}{l'_1 + 6h'_1} = \eta_1\,, \qquad Y_{bf} = -\eta_1\,, \qquad Y_{af} = 0\,.} \tag{147}$$

Durch $Y_f = -1$ entstehen die Momente

$$\text{in den Pfosten } 2\colon \begin{cases} M_{5f} = -M_{6f} = 1\,,\\ M_{1f} = -M_{2f} = 1\,,\end{cases}$$

$$\text{in den Pfosten } 1\colon \begin{cases} M_{1f} = -M_{2f} = \eta_1\,,\\ M_{3f} = -M_{4f} = \eta_1\,,\end{cases}$$

$$\text{im Riegel } 1\colon\ M_{1f} = -M_{2f} = -(1-\eta_1)\,.$$

Abb. 326 zeigt die M_f-Flächen. Aus

$$
\begin{aligned}
1 \cdot \delta_{af} &= 1 \cdot \vartheta_{af} = 0\,,\\
1 \cdot \delta_{bf} &= 1 \cdot \vartheta_{cf} + 1\,\vartheta_{bf} = 0\,,\\
1 \cdot \delta_{cf} &= 1 \cdot \vartheta_{cf} - 1\,\vartheta_{bf} = 0\,,\\
1 \cdot \delta_{df} &= 1 \cdot \vartheta_{df} + Y_{ad} \cdot \vartheta_{af} = 0\,,\\
1 \cdot \delta_{ef} &= 1 \cdot \vartheta_{ff} + 1\,\vartheta_{ef} + Y_{ae}\,\vartheta_{af} = 0
\end{aligned}
$$

folgt $\vartheta_{af} = 0$, $\vartheta_{bf} = 0$, $\vartheta_{cf} = 0$, $\vartheta_{df} = 0$, $\vartheta_{ff} = -\vartheta_{ef}$. Der Zustand Y_f ist ein zur lotrechten Mittelachse antisymmetrischer Gleichgewichtszustand des vierfach statisch unbestimmten Systems ohne die Gelenke a, b, c, d.

$$1\,\delta_{ff} = 1\,\vartheta_{ff} - 1 \cdot \vartheta_{ef}\,,$$

ergibt sich nach den Momentenflächen $\overline{M}_f$ und M_f, Abb. 325 und 326, zu

$$\mathbf{1\,\delta'_{ff} = 2\,h'_2 + \tfrac{1}{3} l'_2 + \tfrac{1}{3} l'_1 (1 - \eta_1)\,.} \tag{148}$$

Ferner ist

$$\delta_{dd} = \vartheta_{dd}\,.$$

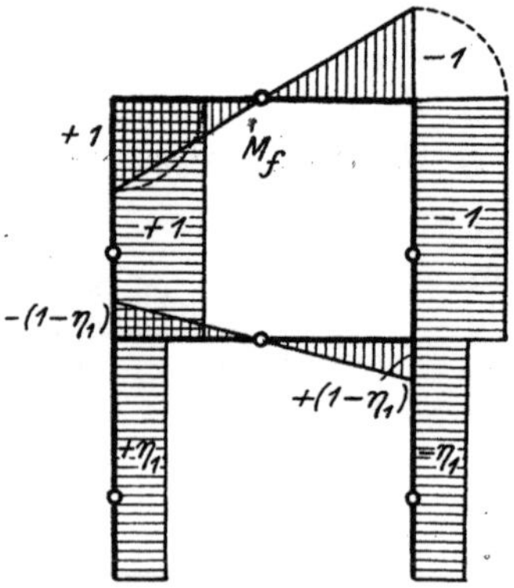

Abb. 326.

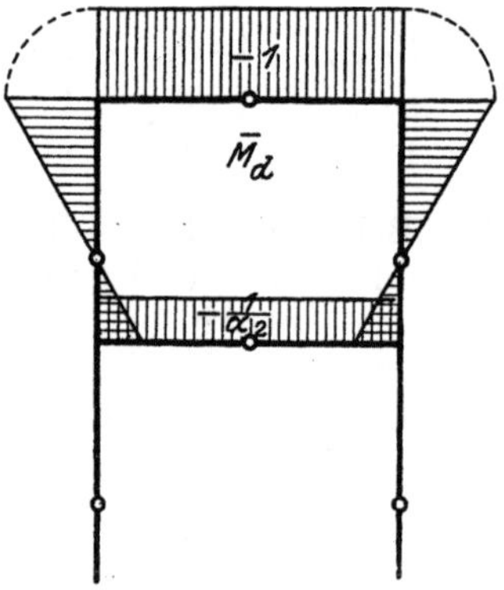

Abb. 327.

Die Belastung $X_d = -1$ erzeugt im statisch bestimmten System a die Momente -1 in allen Punkten des Riegels *2*, $-\dfrac{1}{\alpha_2}$ in allen Punkten des Riegels *1*, $\overline{M}_{5d} = \overline{M}_{6d} = -1$, $\overline{M}_{1d} = \overline{M}_{2d} = +\dfrac{1}{\alpha_2}$ in den Pfosten. Abb. 327 zeigt die $\overline{M}_d$-Flächen. Aus Abb. 327 und 321 ergibt sich

$$\delta'_{dd} = l'_2 + \frac{\zeta_1}{\alpha_2^2} \cdot l'_1 + \frac{2\,h'_2}{6}\left[2 - \frac{1}{\alpha_2} + \frac{1}{\alpha_2}\left(\frac{2}{\alpha_2} - 1\right)\right]$$

und unter Berücksichtigung von $\alpha_2 = 2 + 3\,\dfrac{l'_1 \zeta_1}{h'_2}$

$$\boldsymbol{\delta'_{dd} = l'_2 + h'_2\,\frac{2\,\alpha_2 - 1}{3\,\alpha_2}}\,, \tag{149}$$

$$\delta'_{ee} = 1\,\vartheta'_{fe} + 1\,\vartheta'_{ee}\,.$$

Aus den Momentenflächen $\overline{M}_e$ und M_e, Abb. 322 und 324, folgt

$$\delta'_{ee} = \left(\frac{\alpha_2 + 1}{\alpha_2}\right)^2 (\tfrac{2}{3} h'_2 + \zeta_1 l'_1)\,,$$

$$\delta'_{ee} = \frac{(\alpha_2 + 1)^2}{3\,\alpha_2} \cdot h'_2\,. \tag{150}$$

Die drei statisch unbestimmten Größen Y_a, Y_b, Y_c umfassen die überzähligen Momente des ersten Stockes, die drei Größen Y_d, Y_e, Y_f die überzähligen Momente des zweiten und ersten Stockes. In jedem weiteren Stockwerk treten drei neue statisch unbestimmte Größen Y hinzu, deren Bildungsweise dem dargestellten Verfahren folgt. Der Allgemeinheit der Darstellung zuliebe seien die überzähligen Momente und die statisch unbestimmten Größen jetzt durch zwei Zeiger bezeichnet. Der erste Zeiger gebe das Stockwerk, der zweite die Lage im Riegel, linken oder rechten Pfosten an. Demgemäß bezeichnen X_{na} das Moment im Riegel, X_{nb} das Moment im linken, X_{nc} das Moment im rechten Pfosten des n^{ten} Stockes. Die statisch unbestimmten Größen Y_{na}, Y_{nb}, Y_{nc} umfassen die X_{na}, X_{nb}, X_{nc} und alle überzähligen Momente der unteren Stockwerke. Von ihren Beiwerten sind sechs willkürlich und werden wie folgt gewählt:

$$\begin{aligned} Y_{(na)(na)} &= 1\,, & Y_{(nb)(na)} &= 0\,, & Y_{(nc)(na)} &= 0\,, \\ & & Y_{(nb)(nb)} &= 1\,, & Y_{(nc)(nb)} &= 1\,, \\ & & & & Y_{(nc)(nc)} &= 1\,. \end{aligned}$$

Nachstehende Tafel erläutert die Beziehung zwischen den X und Y.

	$Y_{n-1,a}$	$Y_{n-1,b}$	$Y_{n-1,c}$	Y_{na}	Y_{nb}	Y_{nc}
$X_{n-1,a}$	1	$Y_{(n-1,a)(n-1,b)}$	$Y_{(n-1,a)(n-1,c)}$	$Y_{(n-1,a)(na)}$	$Y_{(n-1,a)(nb)}$	$Y_{(n-1,a)(nc)}$
$X_{n-1,b}$	0	1	$Y_{(n-1,b)(n-1,c)}$	$Y_{(n-1,b)(na)}$	$Y_{(n-1,b)(nb)}$	$Y_{(n-1,b)(nc)}$
$X_{n-1,c}$	0	1	1	$Y_{(n-1,c)(na)}$	$Y_{(n-1,c)(nb)}$	$Y_{(n-1,c)(nc)}$
$X_{n,a}$	0	0	0	1	$Y_{(na)(nb)}$	$Y_{(na)(nc)}$
$X_{n,b}$	0	0	0	0	1	$Y_{(nb)(nc)}$
$X_{n,c}$	0	0	0	0	1	1

Die Lage der Gelenke (n_b) und (n_c), die durch $\frac{h_{no}}{h_{nu}} = \alpha_n$ bezeichnet ist, wird so bestimmt, daß die Bedingung $\delta_{(nb)(na)} = 0$ durch den Wert $Y_{(na)(nb)} = 0$ erfüllt wird. Ist bis zum $n - 1^{\text{ten}}$ Stock so verfahren, dann folgt aus $\delta_{(ra)(rb)} = 0$, wenn $r \leqq n$ ist, alle $\vartheta_{(ra)(rb)} = 0$. Das bedeutet, daß die Formänderung infolge Y_{rb} den Riegel r und alle über dem r^{ten} liegenden Stockwerke nicht ergreift, $\vartheta_{(na)(rb)} = 0$, $\vartheta_{(nb)(rb)} = 0$,

$\vartheta_{(nc)(rb)} = 0 - n > r -$. Die Beiwerte $Y_{(n-1,b)(na)}$ und $Y_{(n-1,c)(na)}$ haben die Bedingungen

$$\delta_{(na)(n-1c)}, = 1 \cdot \vartheta_{(na)(n-1,c)} + Y_{(n-1,c)(na)} \cdot \vartheta_{(n-1,c)(n-1,c)} + Y_{(n-1,b)(na)} \cdot \vartheta_{(n-1,b)(n-1,c)} = 0\,,$$

$$\delta_{(na)(n-1,b)} = 1 \cdot \vartheta_{(na)(n-1,b)} + Y_{(n-1,c)(na)} \cdot \vartheta_{(n-1,c)(n-1,b)} + Y_{(n-1,b)(na)} \cdot \vartheta_{(n-1,b)(n-1,b)} = 0\,,$$

zu erfüllen. Wie gezeigt ist $\vartheta_{(na)(n-1,b)} = 0$. Ebenso ist auch $\vartheta_{(na)(n-1,c)} = 0$, da der Zustand $Y_{n-1,c}$ antisymmetrisch, der Zustand $X_{na} = -1$ symmetrisch zur lotrechten Mittelachse ist. Also ergibt sich

$$\boldsymbol{Y_{(n-1,c)(na)} = 0\,, \qquad Y_{(n-1,b)(na)} = 0\,.}$$

Nachdem $Y_{(na)(nb)}$ durch Bestimmung von α_n zu 0 geworden ist, haben $Y_{(n-1,c)(nb)}$ und $Y_{(n-1,b)(nb)}$ die Bedingungen

$$\delta_{(nb)(n-1,c)} = 1 \cdot \vartheta_{(nc)(n-1,c)} + 1\, \vartheta_{(nb)(n-1,c)} + Y_{(n-1,c)(nb)} \cdot \vartheta_{(n-1,c)(n-1,c)} + Y_{(n-1,b)(nb)} \cdot \vartheta_{(n-1,b)(n-1,c)} = 0\,,$$

$$\delta_{(nb)(n-1,b)} = 1 \cdot \vartheta_{(nc)(n-1,b)} + 1 \cdot \vartheta_{(nb)(n-1,b)} + Y_{(n-1,c)(nb)} \cdot \vartheta_{(n-1,c)(n-1,b)} + Y_{(n-1,b)(nb)} \cdot \vartheta_{(n-1,b)(n-1,b)} = 0$$

zu erfüllen. Da der Zustand $X_{nc} = -1$, $X_{nb} = -1$ symmetrisch zur lotrechten Mittelachse ist, ist $\vartheta_{(nc)(n-1,c)} + \vartheta_{(nb)(n-1,c)} = 0$. Desgleichen ist $\vartheta_{(nc)(n-1,b)} + \vartheta_{(nb)(n-1,b)} = 0$. Mithin ergibt sich

$$Y_{(n-1,c)(nb)} = 0\,, \qquad Y_{(n-1,b)(nb)} = 0\,.$$

Die Fortsetzung dieser Schlußfolgerung in der Reihenfolge $r = n - 1$, $n - 2$, ... 1 zeigt, daß alle

$$Y_{(rb)(na)} = 0\,, \quad Y_{(rc)(na)} = 0\,, \quad Y_{(rb)(nb)} = 0\,, \quad Y_{(rc)(nb)} = 0$$

sind. In den Gruppen Y_{na} und Y_{nb} sind also nur die Beiwerte von 0 verschieden, welche den Riegelmomenten der unter dem n^{ten} liegenden Riegel entsprechen. Diese Beiwerte folgen einem bestimmten Gesetz. Aus der Bedingung

$$\delta'_{(na)(n-1,a)} = 1 \cdot \vartheta'_{(na)(n-1,a)} + Y_{(n-1,a)(na)} \cdot \vartheta'_{(n-1,a)(n-1,a)} = 0$$

folgt

$$Y_{(n-1,a)(na)} = -\frac{\vartheta'_{(na)(n-1,a)}}{\vartheta'_{(n-1,a)(n-1,a)}}\,.$$

Die im Zähler stehende Verschiebung wird aus der Arbeitsgleichung für den Zustand $X_{na} = -1$ und den Verschiebungszustand $Y_{n-1,a}$ berechnet, die im Nenner stehende Verschiebung aus der Arbeitsgleichung für den Zustand $X_{n-1,a} = -1$ und denselben Verschiebungszustand. Da der Verschiebungszustand $Y_{n-1,a}$ mit $\vartheta_{(rk)(n-1,a)} = 0$ $(r < n - 1$, $k = a, b, c)$ verbunden ist, ist er ein Verschiebungszustand des $3(n-2)$fach statisch unbestimmten Systems ohne Gelenke in den Stockwerken $n - 2$, $n - 3$ ... 1. Mithin kann der jeweiligen Belastung das statisch bestimmte System a unterworfen werden, welches im Riegel des Stockes $n-2$ kein Gelenk, jedoch zwei Gelenke in einem der Pfosten aufweist und in den unteren Stockwerken beliebig gebildet ist. Aus $X_{na} = -1$ entstehen in dem statisch bestimmten System a die Momente

$$\overline{M}_{5(na)} = \overline{M}_{6(na)} = -1,$$

$$\overline{M}_{1(na)} = \overline{M}_{2(na)} = +\frac{1}{\alpha_n},$$

$$\overline{M}_{3(na)} = \overline{M}_{4(na)} = -\frac{1}{\alpha_n \cdot \alpha_{n-1}}.$$

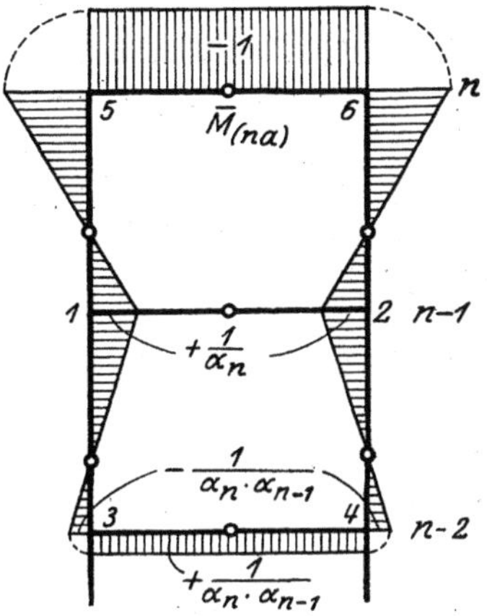

Abb. 328.

In allen Punkten des Riegels n sind die Momente $= -1$, in allen Punkten des Riegels $n-2 = +\dfrac{1}{\alpha_n \cdot \alpha_{n-1}}$ und im Riegel $n-1 = 0$. Abb. 328 zeigt die $\overline{M}_{(na)}$-Flächen. Aus $X_{n-1,a} = -1$ entstehen die Momente

$$\overline{M}_{1(n-1,a)} = \overline{M}_{2(n-1,a)} = -1, \qquad \overline{M}_{3(n-1,a)} = \overline{M}_{4(n-1,a)} = +\frac{1}{\alpha_{n-1}}.$$

In allen Punkten des Riegels $n-1$ sind die Momente $= -1$, in allen Punkten des Riegels $n-2 = -\dfrac{1}{\alpha_{n-1}}$. Abb. 329 zeigt die $\overline{M}_{(n-1,a)}$-Flächen. Die durch $Y_{n-1,a}$ entstehenden Momente haben im Riegel und den Pfosten $n-1$ dieselben Werte, im Riegel $n-1$ dagegen den

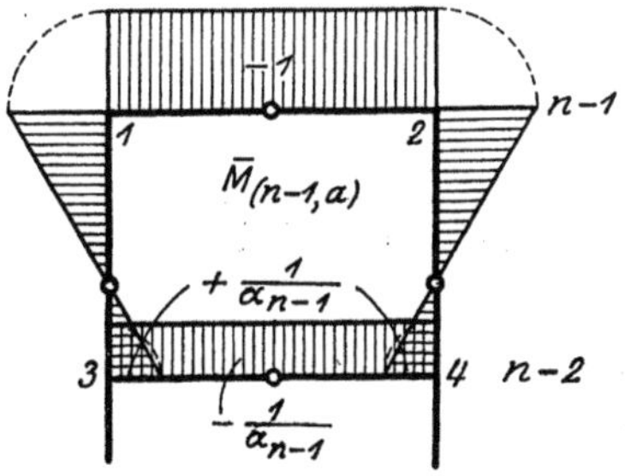

Abb. 329.

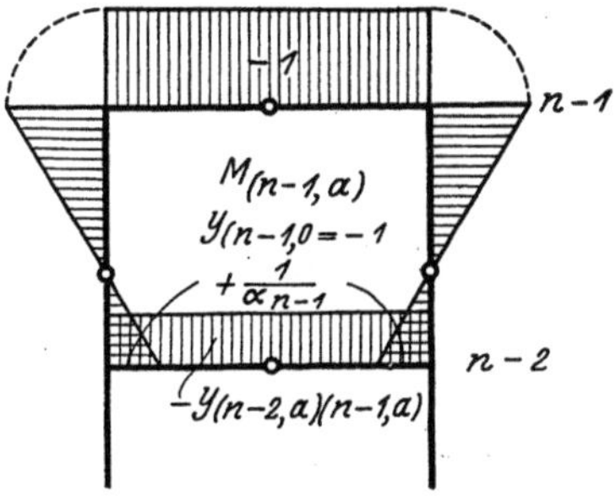

Abb. 330.

Wert $-Y_{(n-2,a)(n-1,a)}$. Abb. 330 zeigt die $M_{(n-1,a)}$-Flächen für den hier in Betracht kommenden Teil des Systems. Danach ergibt sich

$$\vartheta'_{(na)(n-1,a)} = -\frac{2h'_{n-1}}{3\alpha_n \cdot \alpha_{n-1}}\left(\alpha_{n-1} - 1 + \frac{1}{\alpha_{n-1}}\right) - \frac{Y_{(n-2,a)(n-1,a)} \cdot l'_{n-2}}{\alpha_n \cdot \alpha_{n-1}},$$

$$\vartheta'_{(n-1,a)(n-1,a)} = \frac{2h'_{n-1}}{3\alpha_{n-1}}\left(\alpha_{n-1} - 1 + \frac{1}{\alpha_{n-1}}\right) + \frac{Y_{(n-2,a)(n-1,a)} \cdot l'_{n-2}}{\alpha_{n-1}} + l'_{n-1}.$$

Nun ist α_{n-1} durch die Bedingung

$$Y_{(n-1,a)(n-1,b)} = -\frac{\vartheta'_{(n-1,b)(n-1,a)} + \vartheta'_{(n-1,c)(n-1,a)}}{\vartheta'_{(n-1,a)(n-1,a)}} = 0$$

bestimmt. Der Zähler ist aus der Arbeitsgleichung für den Zustand $X_{n-1,b} = -1$, $X_{n-1,c} = -1$ und den Verschiebungszustand $Y_{n-1,a} = -1$ zu berechnen. Im statisch bestimmten System a entstehen durch die genannte Belastung im Riegel $n-1$ die Momente 0, im Riegel $n-2$ die Momente $+\frac{\alpha_{n-1}+1}{\alpha_{n-1}}$. Die Momentenflächen zeigt Abb. 331. Mithin wird

$$\vartheta'_{(n-1,b)(n-1,a)} + \vartheta'_{(n-1,c)(n-1,a)} = -\frac{(\alpha_{n-1}+1)}{\alpha_{n-1}}\left[\frac{h'_{n-1}}{3}\left(\frac{2}{\alpha_{n-1}} - 1\right) + Y_{(n-2,a)(n-1,a)} \cdot l'_{n-2}\right] = 0$$

durch

$$Y_{(n-2,a)(n-1,a)} \cdot l'_{n-2} = \frac{h'_{n-1}}{3}\left(1 - \frac{2}{\alpha_{n-1}}\right)$$

erfüllt. Durch Einführung dieses Wertes ergibt sich

$$\vartheta'_{(n\,a)(n-1,a)} = -\frac{h'_{n-1}}{\alpha_n} \cdot \frac{2\,\alpha_{n-1} - 1}{3\,\alpha_{n-1}},$$

$$\vartheta'_{(n-1,a)(n-1,a)} = h'_{n-1} \cdot \frac{2\,\alpha_{n-1} - 1}{3\,\alpha_{n-1}} + l'_{n-1},$$

$$\mathbf{Y_{(n-1,a)(n\,a)} = \frac{\zeta_{n-1}}{\alpha_n}}, \tag{151}$$

wenn

$$\zeta_{n-1} = \frac{h'_{n-1}}{h'_{n-1} + l'_{n-1}\dfrac{3\,\alpha_{n-1}}{2\,\alpha_{n-1} - 1}},$$

bezeichnet. Mithin ist

$$Y_{(n-2,a)(n-1,a)} = \frac{\zeta_{n-2}}{\alpha_{n-1}},$$

und die Beziehung $\vartheta'_{(n-1,b)(n-1,a)} + \vartheta'_{(n-1,c)(n-1,a)} = 0$ wird durch

$$\alpha_{n-1} = 2 + \frac{3\,\zeta_{n-2} \cdot l'_{n-2}}{h'_{n-1}},$$

erfüllt. Für α_n ergibt derselbe Rechnungsgang aus der Bedingung $Y_{(n\,a)(n\,b)} = 0$

$$\boldsymbol{\alpha_n = 2 + \frac{3\,\zeta_{n-1} \cdot l'_{n-1}}{h'_n}}. \tag{152}$$

Auf die Beiwerte $Y_{(n-1,a)(n+1,a)}$ und $Y_{(n-1,a)(n+2,a)}$ wird in folgender Weise geschlossen. $Y_{(n-1,a)(n+1.a)}$ ergibt sich aus der Bedingung $\delta_{(n+1,a)(n-1,a)} = 0$ unter Berücksichtigung von $Y_{(n\,a)(n+1,a)} = \frac{\zeta_n}{\alpha_{n+1}}$ zu

$$Y_{(n-1,a)(n+1,a)} = -\frac{1\,\vartheta'_{(n+1,a)(n-1,a)} + \dfrac{\zeta_n}{\alpha_{n+1}} \cdot \vartheta'_{(n\,a)(n-1,a)}}{\vartheta'_{(n-1,a)(n-1,a)}}.$$

Der Zähler ist aus der Arbeitsgleichung für den Zustand $X_{n+1,a} = -1$; $X_{na} = -\frac{\zeta_n}{\alpha_{n+1}}$ und den Verschiebungszustand $Y_{n-1,a} = -1$ zu berechnen. In dem statisch bestimmten System a erzeugt die bezeichnete Belastung im Riegel $n-1$ das Moment 0 in den Pfosten $n-1$ oben $-\frac{1}{\alpha_n \cdot \alpha_{n+1}}(1-\zeta_n)$ unten $+\frac{1}{\alpha_n \cdot \alpha_{n+1} \cdot \alpha_{n-1}}(1-\zeta_n)$ im Riegel $n-2$: $-\frac{1}{\alpha_n \cdot \alpha_{n+1} \cdot \alpha_{n-1}}(1-\zeta_n)$. Abb. 332 zeigt die Momentenflächen. Der Vergleich mit den Momentenflächen des Zustandes $X_{na} = -1$ in Abb. 328 zeigt, daß

$$\vartheta'_{(n+1)(n-1,a)} + \frac{\zeta_n}{\alpha_{n+1}} \cdot \vartheta'_{(na)(n-1,a)} = -\frac{1-\zeta_n}{\alpha_{n+1}} \cdot \vartheta'_{(na)(n-1,a)}$$

ist. Also folgt,

$$Y_{(n-1,a)(n+1,a)} = -\frac{1-\zeta_n}{\alpha_{n+1}} \cdot Y_{(n-1,a)(na)}, \qquad (153)$$

$$Y_{(n-1,a)(n+1,a)} = -\frac{\zeta_{n-1}(1-\zeta_n)}{\alpha_n \cdot \alpha_{n+1}}.$$

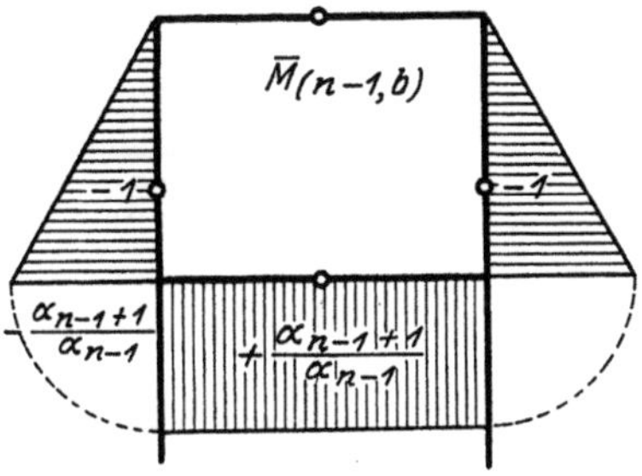

Abb. 331.

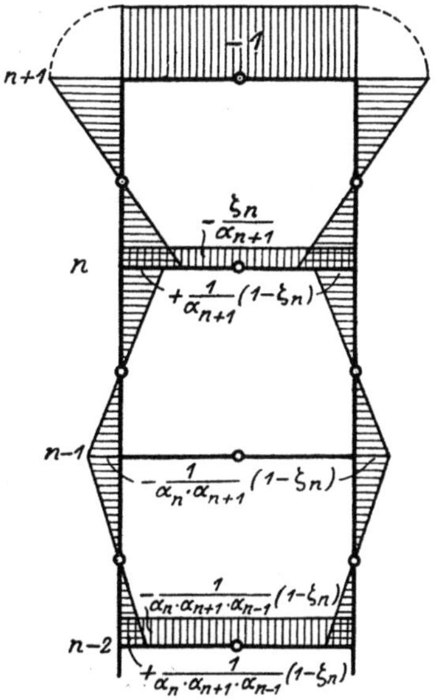

Abb. 332.

$Y_{(n-1,a)(n+2,a)}$ ergibt sich aus der Bedingung $\delta_{(n+2,a)(n-1,a)} = 0$ unter Berücksichtigung von

$$Y_{(n+1,a)(n+2,a)} = \frac{\zeta_{n+1}}{\alpha_{n+2}}, \qquad Y_{(na)(n+2,a)} = -\frac{\zeta_n \cdot (1-\zeta_{n+1})}{\alpha_{n+1} \cdot \alpha_{n+2}}$$

zu

$$Y_{(n-1,a)(n+2,a)} = -\frac{\left[\vartheta'_{(n+2,a)(n-1,a)} + \frac{\zeta_{n+1}}{\alpha_{n+2}} \cdot \vartheta'_{(n+1,a)(n-1,a)} - \frac{\zeta_n(1-\zeta_{n+1})}{\alpha_{n+1} \cdot \alpha_{n+2}} \cdot \vartheta'_{(na)(n-1,a)}\right]}{\vartheta'_{(n-1,a)(n-1,a)}}.$$

Der Zähler ist aus der Arbeitsgleichung für den Zustand

$$X_{n+2,a} = -1, \qquad X_{n+1,a} = -\frac{\zeta_{n+1}}{\alpha_{n+2}}, \qquad X_{na} = +\frac{\zeta_n(1-\zeta_{n+1})}{\alpha_{n+1} \cdot \alpha_{n+2}}$$

und den Verschiebungszustand $Y_{n-1,a} = -1$ zu berechnen. Die Belastung erzeugt in den Pfosten $n-1$ oben das Moment $+\frac{(1-\zeta_n)(1-\zeta_{n+1})}{\alpha_{n+2}\cdot\alpha_{n+1}\cdot\alpha_n}$ unten das Moment $-\frac{(1-\zeta_n)(1-\zeta_{n+1})}{\alpha_{n+2}\cdot\alpha_{n+1}\cdot\alpha_n\cdot\alpha_{n-1}}$. Denselben Wert mit dem positiven Vorzeichen hat das Moment im Riegel $n-2$, während das Moment im Riegel $n-1=0$ ist. Abb. 333 zeigt die Momentenflächen. Der Vergleich mit den Momentenflächen des Zustandes $X_{na} = -1$ zeigt, daß der Zähler

$$= \frac{(1-\zeta_n)(1-\zeta_{n+1})}{\alpha_{n+2}\cdot\alpha_{n+1}}\cdot\vartheta'_{(n\,a)\,(n-1,\,a)}$$

ist. Daraus folgt

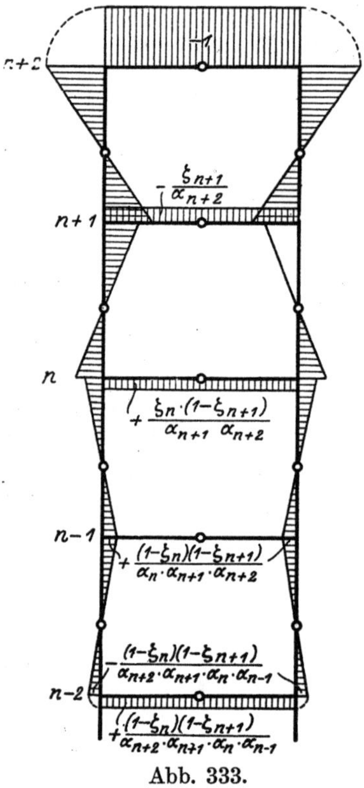

Abb. 333.

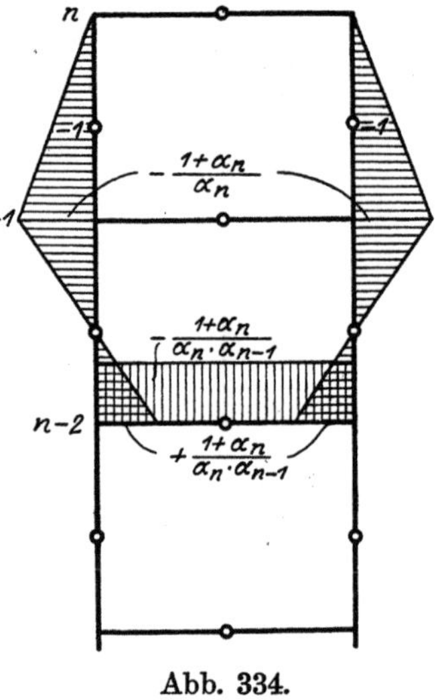

Abb. 334.

$$Y_{(n-1,\,a)\,(n+2,\,a)} = -\frac{1-\zeta_{n+1}}{\alpha_{n+2}}\cdot Y_{(n-1,\,a)\,(n+1,\,a)}$$

oder

$$Y_{(n-1,\,a)\,(n+2,\,a)} = +\frac{(1-\zeta_{n+1})(1-\zeta_n)}{\alpha_{n+2}\cdot\alpha_{n+1}}\cdot Y_{(n-1,\,a)\,(n\,a)} \tag{154}$$

oder

$$Y_{(n-1,\,a)\,(n+2,\,a)} = +\frac{(1-\zeta_{n+1})(1-\zeta_n)\,\zeta_{n-1}}{\alpha_{n+2}\cdot\alpha_{n+1}\cdot\alpha_n}$$

ist. Damit ist die Formel gefunden, nach der die Beiwerte $Y_{(n,\,a)\,(n+r,\,a)}$ $r = 1, 2\ldots$ der Reihe nach anzuschreiben sind, indem mit

$$Y_{(n\,a)\,(n+1,\,a)} = \frac{\zeta_n}{\alpha_{n+1}}$$

begonnen wird. In derselben Weise, wie oben $\vartheta'_{(n-1,a)(n-1,a)}$ gefunden ist, ergibt sich die allgemeingültige Formel

$$\delta'_{(na)(na)} = \vartheta'_{(na)(na)} = l'_n + h'_n \frac{2\alpha_{n-1}}{3\alpha_n}. \tag{155}$$

Die Beiwerte der Gruppen Y_{rb} können unmittelbar aus den Beiwerten der Gruppen Y_{ra} abgeleitet werden. Es ist

$$Y_{(n-1,a)(nb)} = -\frac{\vartheta'_{(nb)(n-1,a)} + \vartheta'_{(nc)(n-1,a)}}{\vartheta'_{(n-1,a)(n-1,a)}}.$$

Die im Zähler stehenden Verschiebungen sind aus der Arbeitsgleichung für den Zustand $X_{nb} = -1$, $X_{nc} = -1$ und den Verschiebungszustand $Y_{n-1,a} = -1$ zu berechnen. Die Belastung erzeugt im statisch bestimmten System a in den Riegeln n und $n-1$ die Momente 0, im Riegel $n-2$: $-\frac{1+\alpha_n}{\alpha_n \cdot \alpha_{n-1}}$, in den Pfosten in Höhe des Riegels $n-1$: $-\frac{1+\alpha_n}{\alpha_n}$, in Höhe des Riegels $n-2$: $+\frac{1+\alpha_n}{\alpha_n \cdot \alpha_{n-1}}$. Abb. 334 zeigt die Momentenflächen. Der Vergleich mit den Momentenflächen des Zustandes $X_{na} = -1$ (Abb. 328) zeigt, daß

$$\vartheta'_{(nb)(n-1,a)} + \vartheta'_{(nc)(n-1,a)} = -(1+\alpha_n) \cdot \vartheta'_{(na)(n-1,a)}$$

ist. Daraus folgt

$$\boldsymbol{Y_{(n-1,a)(nb)} = -(1+\alpha_n) \cdot Y_{(n-1,a)(na)}}, \tag{156}$$

oder

$$Y_{(n-1,a)(nb)} = -\frac{1+\alpha_n}{\alpha_n} \cdot \zeta_{n-1}$$

ist. Unter Berücksichtigung dieses Wertes ergibt sich aus $\delta'_{(nb)(n-2,a)} = 0$,

$$Y_{(n-2,a)(nb)} = -\frac{\vartheta'_{(nb)(n-2,a)} + \vartheta'_{(nc)(n-2,a)} - \frac{1+\alpha_n}{\alpha_n} \cdot \zeta_{n-1} \cdot \vartheta'_{(n-1,a)(n-2,a)}}{\vartheta'_{(n-2,a)(n-2,a)}}.$$

Zur Berechnung des Zählers ist die Belastung $X_{nb} = -1$, $X_{nc} = -1$, $X_{n-1,a} = +\frac{1+\alpha_n}{\alpha_n} \cdot \zeta_{n-1}$ einzuführen. Für $Y_{(n-2,a)(na)}$ gilt

$$Y_{(n-2,a)(na)} = -\frac{\vartheta'_{(na)(n-2,a)} + \frac{1}{\alpha_n} \cdot \zeta_{n-1} \cdot \vartheta'_{(n-1,a)(n-2,a)}}{\vartheta'_{(n-2,a)(n-2,a)}}$$

und zur Berechnung des Zählers ist die Belastung $X_{na} = -1$, $X_{n-1,a} = -\frac{\zeta_{n-1}}{\alpha_n}$ einzuführen. Diese erzeugt im Riegel $n-2$ die Momente 0, im Riegel $n-3$ die Momente $-\frac{1-\zeta_{n-1}}{\alpha_n \cdot \alpha_{n-1} \cdot \alpha_{n-2}}$, in den Pfosten $n-2$ oben die Momente $-\frac{1-\zeta_{n-1}}{\alpha_n \cdot \alpha_{n-1}}$, unten $+\frac{1-\zeta_{n-1}}{\alpha_n \cdot \alpha_{n-1} \cdot \alpha_{n-2}}$. Abb. 335

zeigt diese Momentenflächen. Die Belastung $X_{nb} = -1$, $X_{nc} = -1$, $X_{n-1\,a} = \frac{1+\alpha_n}{\alpha_n} \cdot \zeta_{n-1}$ erzeugt im Stockwerk $n-2$ und dem Riegel $n-3$ dieselben Momente mit $-(\alpha_n + 1)$ multipliziert (s. Abb. 336). Daraus folgt

$$Y_{(n-2,\,a)\,(nb)} = -(1+\alpha_n) \cdot Y_{(n-2,\,a)\,(na)}\,.$$

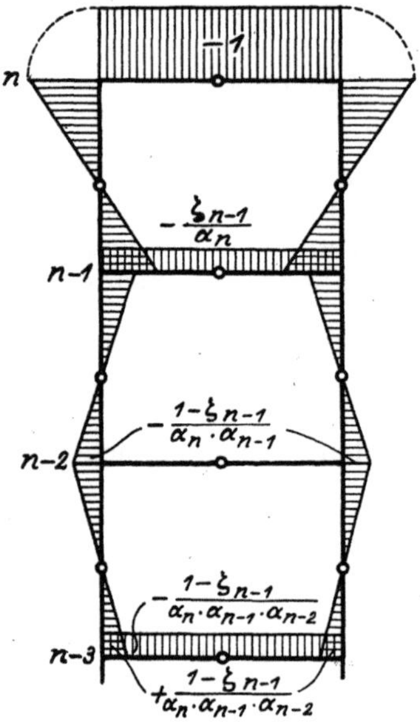

Abb. 335.

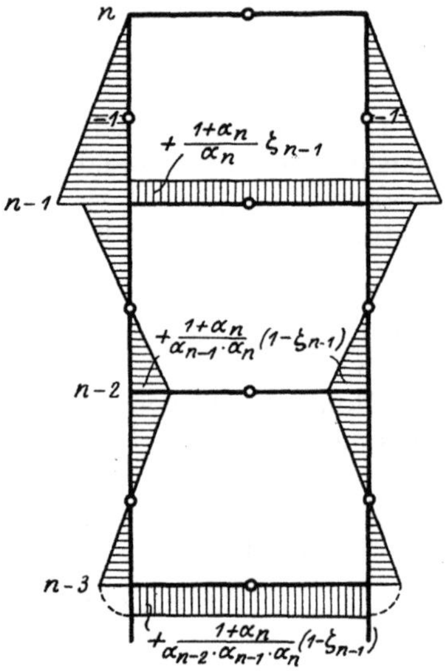

Abb. 336.

Da aber alle $Y_{(rb)\,(nb)}$ und $Y_{(rc)\,(nb)} = 0$ sind, ist die vorstehende Schlußfolgerung fortzusetzen, so daß allgemein für $r < n$

$$Y_{(ra)\,(nb)} = -(1+\alpha_n) \cdot Y_{(ra)\,(na)} \tag{157}$$

gilt. Es bleibt noch die Berechnung von $\delta'_{(nb)\,(nb)}$. Nach dem Satze Bettis folgt aus $\delta'_{(nb)\,(ra)} = 0$ zunächst $\delta'_{(ra)\,(nb)} = 0$ und weiter $\vartheta'_{(ra)\,(nb)} = 0$, wenn $r = n-1,\ n-2\ \ldots\ 1$ ist. Mithin ist

$$\delta'_{(nb)\,(nb)} = \vartheta'_{(nb)\,(nb)} + \vartheta'_{(nc)\,(nb)}$$

und aus der Arbeitsgleichung für die Belastung $X_{nb} = -1$, $X_{nc} = -1$ zu berechnen, indem das statisch bestimmte System a eingeführt wird. Die dadurch erzeugten Momente sind in Abb. 337 dargestellt. Aus $Y_{nb} = -1$ entstehen in den Pfosten des Stockes n dieselben Momente, im Riegel $n-1$ dagegen $+\frac{1+\alpha_n}{\alpha_n} \cdot \zeta_{n-1}$. Mithin ergibt sich

$$\delta'_{(nb)\,(nb)} = \left(\frac{1+\alpha_n}{\alpha_n}\right)^2 \left(\tfrac{2}{3} h'_n + l'_{n-1} \cdot \zeta_{n-1}\right)$$

und infolge $\quad \alpha_n \cdot h'_n = 2\,h'_n + 3\,l'_{n-1} \cdot \zeta_{n-1}$,

$$\boldsymbol{\delta'_{(nb)\,(nb)} = \frac{(1+\alpha_n)^2}{3\,\alpha_n} \cdot h'_n}\,. \tag{158}$$

Für die Beiwerte der Gruppe Y_{nc} gelten die Bedingungen

$$\delta_{(nc)(nb)} = 1 \cdot \vartheta_{(nc)(nb)} + Y_{(nb)(nc)} \cdot \vartheta_{(nb)(nb)} = 0\,,$$
$$\delta_{(nc)(na)} = 1 \cdot \vartheta_{(nc)(na)} + Y_{(nb)(nc)} \vartheta_{(nb)(na)} + Y_{(na)(nc)} \cdot \vartheta_{(na)(na)} = 0\,.$$

Da die Momente aus $Y_{nb} = -1$ und $Y_{na} = -1$ symmetrisch zur lotrechten Mittelachse sind, die Momente aus $X_{nb} = -1$, $X_{nc} = +1$ dagegen antisymmetrisch, ist

$$\vartheta'_{(nb)(nb)} - \vartheta'_{(nc)(nb)} = 0\,,$$
$$\vartheta'_{(nb)(na)} - \vartheta'_{(nc)(na)} = 0\,.$$

Daher folgt

$$Y_{(nb)(nc)} = -1\,, \qquad Y_{(na)(nc)} = 0\,.$$

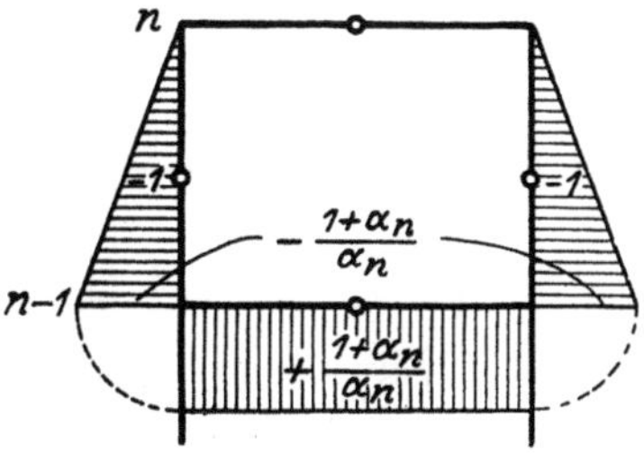

Abb. 337.

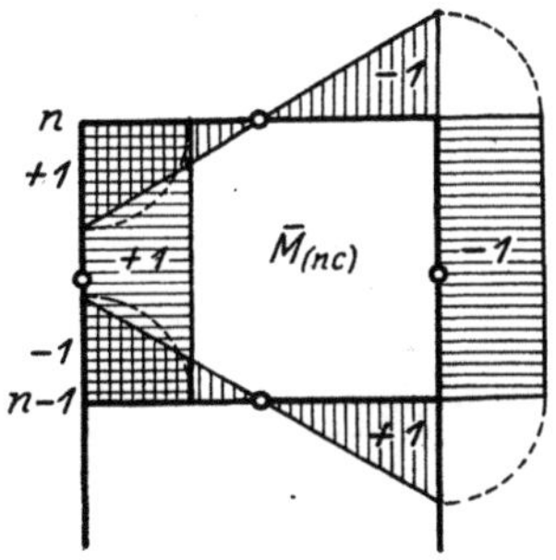

Abb. 338.

Die Fortsetzung dieser Schlußfolgerung in der Reihenfolge $r = n-1$, $n-2\,.\,.\,.\,1$ führt zu dem Ergebnis

$$Y_{(rb)(nc)} = -Y_{(rc)(nc)}\,, \qquad Y_{(ra)(nc)} = 0\,. \tag{159}$$

Somit ist in jedem Stockwerk nur der Beiwert $Y_{(rc)(nc)}$ zu bestimmen. Aus

$$\delta_{(nc)(n-1,c)} = \vartheta_{(nc)(n-1,c)} - \vartheta_{(nb)(n-1,c)} + Y_{(n-1,c)(nc)} \cdot [\vartheta_{(n-1,c)(n-1,c)} - \vartheta_{(n-1,b)(n-1,c)}] = 0$$

ergibt sich

$$Y_{(n-1,c)(nc)} = -\frac{\vartheta'_{(nc)(n-1,c)} - \vartheta'_{(nb)(n-1,c)}}{\vartheta'_{(n-1,c)(n-1,c)} - \vartheta'_{(n-1,b)(n-1,c)}}\,.$$

Der Zähler ist aus der Arbeitsgleichung für den Zustand $X_{nc} = -1$, $X_{nb} = +1$ und den Verschiebungszustand $Y_{n-1,c} = -1$ zu berechnen. Die Belastung erzeugt im linken Pfosten n die Momente $+1$, im rechten -1, im Riegel n links $+1$, rechts -1, im Riegel $n-1$ links -1, rechts $+1$. Die Momentenflächen $\overline{M}_{nc}$ zeigt Abb. 338; sie erstrecken sich nur über die bezeichneten Systemstücke. Im Zustand $Y_{n-1,c} = -1$ entstehen im linken Pfosten $n-1$ die Momente $+1$, im rechten -1, im Riegel $n-1$ links $+1$, rechts -1, im Riegel $n-2$ links $-(1-\eta_{n-2})$, rechts $+(1-\eta_{n-2})$, wenn $\eta_{n-2} = Y_{(n-2,c)(n-1,c)}$ bezeichnet (Abb. 339).

Der Nenner ist aus der Arbeitsgleichung für den Zustand $X_{n-1,c} = -1$, $X_{n-1,b} = +1$ und den Verschiebungszustand $Y_{n-1,c} = -1$ zu berechnen.

Die Belastung ergreift nur die Riegel und Pfosten $n-1$ sowie den Riegel $n-2$ mit den in Abb. 340 dargestellten Momenten. Mithin ergibt sich

$$\vartheta'_{(nc)\,(n-1,c)} - \vartheta'_{(nb)\,(n-1,c)} = -\tfrac{1}{3}\,l'_{n-1},$$

$$\vartheta'_{(n-1,c)\,(n-1,c)} - \vartheta'_{(n-1,b)\,(n-1,c)} = 2\,h'_{n-1} + \tfrac{1}{3}\,l'_{n-1} + \tfrac{1}{3}\,l'_{n-2}\,(1-\eta_{n-2}),$$

$$Y_{(n-1,c)\,(nc)} = \frac{l'_{n-1}}{6\,h'_{n-1} + l'_{n-1} + l'_{n-2}\,(1-\eta_{n-2})} = \eta_{n-1}. \quad (160)$$

In derselben Weise ergibt sich

$$Y_{(n-2,c)\,(n-1,c)} = \frac{l'_{n-2}}{6\,h'_{n-2} + l'_{n-2} + l'_{n-3}\,(1-\eta_{n-3})} = \eta_{n-2}.$$

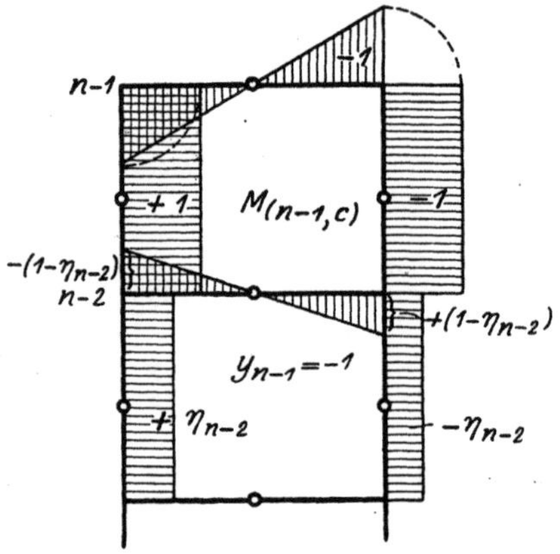

Abb. 339.

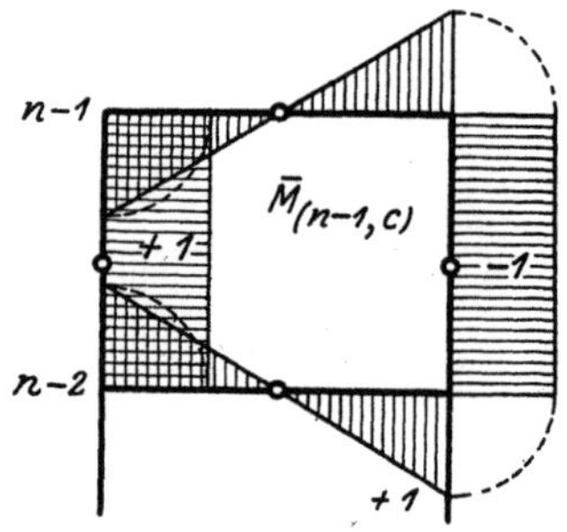

Abb. 340.

Die η-Werte lassen sich demnach in der Reihenfolge $n = 1, 2 \ldots m$ berechnen, da wegen $l'_0 = 0$ auch $\eta_0 = 0$ ist. Der Wert $\eta_1 = \dfrac{l'_1}{6\,h'_1 + l'_1}$ ist oben bereits angegeben.

Für jeden Beiwert $Y_{(rc)\,(nc)}$ $(r < n-1)$ gilt die Bedingung

$$\delta_{(nc)\,(rc)} = \sum_{r+2}^{n}{}_k\, Y_{(kc)\,(nc)}\,[\vartheta_{(kc)\,(rc)} - \vartheta_{(kb)\,(rc)}]$$
$$+ Y_{(r+1,c)\,(nc)}\,[\vartheta_{(r+1,c)\,(rc)} - \vartheta_{(r+1,b)\,(rc)}]$$
$$+ Y_{(rc)\,(nc)}\,[\vartheta_{(rc)\,(rc)} - \vartheta_{(rb)\,(rc)}] = 0.$$

Der Zustand $X_{kc} = -1$, $X_{kb} = +1$ ergreift nur die Pfosten k, sowie die Riegel k und $k-1$, in denen durch $Y_{rc} = -1$ keine Momente entstehen, wenn $k \geqq r+2$ ist. Mithin ist

$$\vartheta_{(kc)\,(rc)} - \vartheta_{(kb)\,(rb)} = 0,$$

und es folgt

$$\frac{Y_{(rc)\,(nc)}}{Y_{(r+1,c)\,(nc)}} = -\frac{+\vartheta'_{(r+1,c)\,(r\cdot c)} - \vartheta'_{(r+1,b)\,(rc)}}{\vartheta'_{(rc)\,(rc)} - \vartheta_{(rb)\,(rc)}}.$$

Wie oben gezeigt, ist die rechte Seite

$$= \eta_r = \frac{l_r}{6\,h'_r + l'_r + l'_{r-1}\,(1 - \eta_{r-1})}\,,$$

so daß die allgemein gültige Gleichung

$$Y_{(r\,c)\,(n\,c)} = Y_{(r+1,\,c)\,(n\,c)} \cdot \eta_r \tag{161}$$

besteht, welche die Berechnung aller Beiwerte $Y_{(r\,c)\,(n\,c)}$ in der Reihenfolge $r = n-1,\ n-2\ \ldots\ 1$ ermöglicht.

Aus $\delta_{(r\,b)\,(n\,c)} = 0$ und $\delta_{(r\,c)\,(n\,c)} = 0$ folgt $\vartheta_{(r\,b)\,(n\,c)} = 0$ und $\vartheta_{(r\,c)\,(n\,c)} = 0$. Mithin ergibt sich

$$\begin{aligned}\delta'_{(n\,c)\,(n\,c)} &= \vartheta'_{(n\,c)\,(n\,c)} - \vartheta'_{(n\,b)\,(n\,c)}\,,\\ &= 2\,h'_n + \tfrac{1}{3}\,l'_n + \tfrac{1}{3}\,l'_{n-1}\,(1 - \eta_{n-1})\,,\end{aligned}$$

oder

$$\delta'_{(n\,c)\,(n\,c)} = \frac{l'_n}{3\,\eta_n}\,. \tag{162}$$

Mit Hilfe der entwickelten Formeln können nun die Beiwerte aller Gruppen Y für jede beliebige Zahl von Stockwerken ohne weiteres angeschrieben werden. Man beginnt mit Stockwerk *1* und schreibt die Beiwerte $Y_{(1\,a)\,(r\,a)}$ in folgender Reihenfolge:

$$Y_{(1\,a)\,(2\,a)} = \frac{\zeta_1}{\alpha_2}\,,\quad Y_{(1\,a)\,(3\,a)} = -\frac{\zeta_1\,(1-\zeta_2)}{\alpha_2\,\alpha_3}\,,\quad Y_{(1\,a)\,(4\,a)} = +\frac{\zeta_1\,(1-\zeta_2)\,(1-\zeta_3)}{\alpha_2\cdot\alpha_3\cdot\alpha_4}\ \text{usw.}$$

Dann folgen die $Y_{(2\,a)\,(r\,a)}$, beginnend mit

$$Y_{(2\,a)\,(2\,a)} = 1\,,\qquad Y_{(2\,a)\,(3\,a)} = \frac{\zeta_2}{\alpha_3}\,,\qquad Y_{(2\,a)\,(4\,a)} = -\frac{\zeta_2}{\alpha_3}\,\frac{(1-\zeta_3)}{\alpha_4}\,,$$

$$Y_{(2\,a)\,(5\,a)} = +\frac{\zeta_2\,(1-\zeta_3)\,(1-\zeta_4)}{\alpha_3\cdot\alpha_4\cdot\alpha_5}\,.$$

Die Zeile $Y_{(3\,a)\,(r\,a)}$ beginnt mit

$$Y_{(3\,a)\,(3\,a)} = 1,\qquad Y_{(3\,a)\,(4\,a)} = \frac{\zeta_3}{\alpha_4}\,,\qquad Y_{(3\,a)\,(5\,a)} = -\frac{\zeta_3\,(1-\zeta_4)}{\alpha_4\cdot\alpha_5}\ \text{usw.}$$

Die Beiwerte der Gruppen $Y_{r\,b}$ erhält man dann aus denen der Gruppen $Y_{r\,a}$, indem man die letzteren mit $-(\alpha_r + 1)$ multipliziert und $Y_{(r\,b)\,(r\,b)} = Y_{(r\,c)\,(r\,b)} = 1$ setzt. Die Beiwerte der Gruppen $Y_{r\,c}$ können wie die der Gruppen $Y_{r\,a}$ in den Zeilen aufeinander folgend hingeschrieben werden

$$Y_{(1\,c)\,(1\,c)} = 1\,,\ Y_{(1\,c)\,(2\,c)} = \eta_1\,,\ Y_{(1\,c)\,(3\,c)} = \eta_1\cdot\eta_2\,,\ Y_{(1\,c)\,(4\,c)} = \eta_1\cdot\eta_2\cdot\eta_3\ \text{usw.},$$

oder in den Spalten aufeinander folgend

$$Y_{(2\,c)\,(2\,c)} = 1,\ Y_{(1\,c)\,(2\,c)} = \eta_1;\ Y_{(3\,c)\,(3\,c)} = 1,\ Y_{(2\,c)\,(3\,c)} = \eta_2,\ Y_{(1\,c)\,(3\,c)} = \eta_1\cdot\eta_2\,.$$

Nachstehende Tafel gibt die Beiwerte für fünf Stockwerke an.

	Y_{1a}	Y_{1b}	Y_{1c}	Y_{2a}	Y_{2b}	Y_{2c}	Y_{3a}	Y_{3b}	Y_{3c}	Y_{4a}
X_{1a}	1	0	0	$+\frac{\zeta_1}{\alpha_2}$	$-(\alpha_2+1)\frac{\zeta_1}{\alpha_2}$	0	$-\frac{\zeta_1(1-\zeta_2)}{\alpha_2\cdot\alpha_3}$	$+(\alpha_3+1)\frac{\zeta_1(1-\zeta_2)}{\alpha_2\cdot\alpha_3}$	0	$+\frac{\zeta_1(1-\zeta_2)(1-\zeta}{\alpha_2\cdot\alpha_3\cdot\alpha_4}$
X_{1b}	0	+1	-1	0	0	$-\eta_1$	0	0	$-\eta_1\cdot\eta_2$	0
X_{1c}	0	+1	+1	0	0	$+\eta_1$	0	0	$+\eta_1\cdot\eta_2$	0
X_{2a}	0	0	0	1	0	0	$+\frac{\zeta_2}{\alpha_3}$	$-(\alpha_3+1)\frac{\zeta_2}{\alpha_2}$	0	$-\frac{\zeta_2(1-\zeta_3)}{\alpha_3\cdot\alpha_4}$
X_{2b}	0	0	0	0	+1	-1	0	0	$-\eta_2$	0
X_{2c}	0	0	0	0	+1	+1	0	0	$+\eta_2$	0
X_{3a}	0	0	0	0	0	0	+1	0	0	$\frac{\zeta_3}{\alpha_4}$
X_{3b}	0	0	0	0	0	0	0	+1	-1	0
X_{3c}	0	0	0	0	0	0	0	+1	+1	0
X_{4a}	0	0	0	0	0	0	0	0	0	+1
X_{4b}	0	0	0	0	0	0	0	0	0	0
X_{4c}	0	0	0	0	0	0	0	0	0	0
X_{5a}	0	0	0	0	0	0	0	0	0	0
X_{5b}	0	0	0	0	0	0	0	0	0	0
X_{5c}	0	0	0	0	0	0	0	0	0	0

Der Gang der Rechnung ist folgender:

$$\left.\begin{array}{ll}
\zeta_1 = \dfrac{h_1'}{h_1' + 2\,l_1'}, & \alpha_2 = 2 + \dfrac{3\,\zeta_1\,l_1'}{h_2'}, \\[2ex]
\zeta_2 = \dfrac{h_2'}{h_2' + l_2'\,\dfrac{3\,\alpha_2}{2\,\alpha_2 - 1}}, & \alpha_3 = 2 + \dfrac{3\,\zeta_2\,l_2'}{h_3'}, \\[2ex]
\zeta_3 = \dfrac{h_3'}{h_3' + l_3'\,\dfrac{3\,\alpha_3}{2\,\alpha_3 - 1}}, & \alpha_4 = 2 + \dfrac{3\,\zeta_3\,l_3'}{h_4'}, \\[2ex]
\zeta_4 = \dfrac{h_4'}{h_4' + l_4'\,\dfrac{3\,\alpha_4}{2\,\alpha_4 - 1}}, & \alpha_5 = 2 + \dfrac{3\,\zeta_4\,l_4'}{h_5'}, \\[2ex]
\zeta_5 = \dfrac{h_5'}{h_5' + l_5'\,\dfrac{3\,\alpha_5}{2\,\alpha_5 - 1}}, &
\end{array}\right\} \qquad (163)$$

Y_{4b}	Y_{4c}	Y_{5a}	Y_{5b}	Y_{5c}
$+1)\frac{\zeta_1\cdot(1-\zeta_2)(1-\zeta_3)}{\alpha_2\cdot\alpha_3\cdot\alpha_4}$	0	$-\frac{\zeta_1(1-\zeta_2)(1-\zeta_3)(1-\zeta_4)}{\alpha_2\cdot\alpha_3\cdot\alpha_4\cdot\alpha_5}$	$+(\alpha_5+1)\frac{\zeta_1(1-\zeta_2)(1-\zeta_3)(1-\zeta_4)}{\alpha_2\cdot\alpha_3\cdot\alpha_4\alpha\cdot{}_5}$	0
0	$-\eta_1\cdot\eta_2\cdot\eta_3$	0	0	$-\eta_1\cdot\eta_2\cdot\eta_3\cdot\eta_4$
0	$+\eta_1\cdot\eta_2\cdot\eta_3$	0	0	$+\eta_1\cdot\eta_2\cdot\eta_3\cdot\eta_4$
$-(\alpha_4+1)\frac{\zeta_2(1-\zeta_3)}{\alpha_3\cdot\alpha_4}$	0	$+\frac{\zeta_2(1-\zeta_1)(1-\zeta_4)}{\alpha_3\cdot\alpha_4\cdot\alpha_5}$	$-(\alpha_5+1)\frac{\zeta_2(1-\zeta_3)(1-\zeta_4)}{\alpha_3\cdot\alpha_4\cdot\alpha_5}$	0
0	$-\eta_2\cdot\eta_3$	0	0	$-\eta_2\cdot\eta_3\cdot\eta_4$
0	$+\eta_2\cdot\eta_3$	0	0	$+\eta_2\cdot\eta_3\cdot\eta_4$
$-(\alpha_4+1)\frac{\zeta_3}{\alpha_4}$	0	$-\frac{\zeta_3(1-\zeta_4)}{\alpha_4\cdot\alpha_5}$	$+(\alpha_5+1)\frac{\zeta_3(1-\zeta_4)}{\alpha_4\cdot\alpha_5}$	0
0	$-\eta_3$	0	0	$-\eta_3\cdot\eta_4$
0	$+\eta_3$	0	0	$+\eta_3\cdot\eta_4$
0	0	$\frac{\zeta_4}{\alpha_5}$	$-(\alpha_5+1)\frac{\zeta_4}{\alpha_5}$	0
+1	-1	0	0	$-\eta_4$
+1	+1	0	0	$+\eta_4$
0	0	+1	0	0
0	0	0	+1	-1
0	0	0	+1	+1

$$\left.\begin{aligned}
\eta_1 &= \frac{l_1'}{6h_1' + l_1'}, & \eta_2 &= \frac{l_2'}{6h_2' + l_2' + l_1'(1-\eta_1)}, \\
\eta_3 &= \frac{l_3'}{6h_3' + l_3' + l_2'(1-\eta_2)}, & \eta_4 &= \frac{l_4'}{6h_4' + l_4' + l_3'(1-\eta_3)}, \\
\eta_5 &= \frac{l_5'}{6h_5' + l_5' + l_4'(1-\eta_4)},
\end{aligned}\right\} \quad (164)$$

$$\left.\begin{aligned}
\delta'_{(1a)(1a)} &= l_1' + \tfrac{1}{2}h_1' = \frac{h_1'}{2\zeta_1} = \frac{l_1'}{1-\zeta_1}, \\
\delta'_{(2a)(2a)} &= l_2' + h_2'\frac{2\alpha_2-1}{3\alpha_2} = \frac{h_2'}{\zeta_2}\,\frac{2\alpha_2-1}{3\alpha_2} = \frac{l_2'}{1-\zeta_2}, \\
\delta'_{(3a)(3a)} &= l_3' + h_3'\frac{2\alpha_3-1}{3\alpha_3} = \frac{h_3'}{\zeta_3}\,\frac{2\alpha_3-1}{3\alpha_3} = \frac{l_3'}{1-\zeta_3}, \\
\delta'_{(4a)(4a)} &= l_4' + h_4'\frac{2\alpha_4-1}{3\alpha_4} = \frac{h_4'}{\zeta_4}\,\frac{2\alpha_4-1}{3\alpha_4} = \frac{l_4'}{1-\zeta_4}, \\
\delta'_{(5a)(5a)} &= l_5' + h_5'\frac{2\alpha_5-1}{3\alpha_5} = \frac{h_5'}{\zeta_5}\,\frac{2\alpha_5-1}{3\alpha_5} = \frac{l_5'}{1-\zeta_5},
\end{aligned}\right\} \quad (165)$$

$$\left.\begin{aligned}
\delta'_{(1b)(1b)} &= 1{,}5\,h'_1 & \delta'_{(2b)(2b)} &= h'_2\,\frac{(\alpha_2+1)^2}{3\,\alpha_2}\,,\\
\delta'_{(3b)(3b)} &= h'_3\,\frac{(\alpha_3+1)^2}{3\,\alpha_3}\,, & \delta'_{(4b)(4b)} &= h'_4\,\frac{(\alpha_4+1)^2}{3\,\alpha_4}\,,\\
\delta'_{(5b)(5b)} &= h'_5\,\frac{(\alpha_5+1)^2}{3\,\alpha_5}\,,
\end{aligned}\right\} \qquad (166)$$

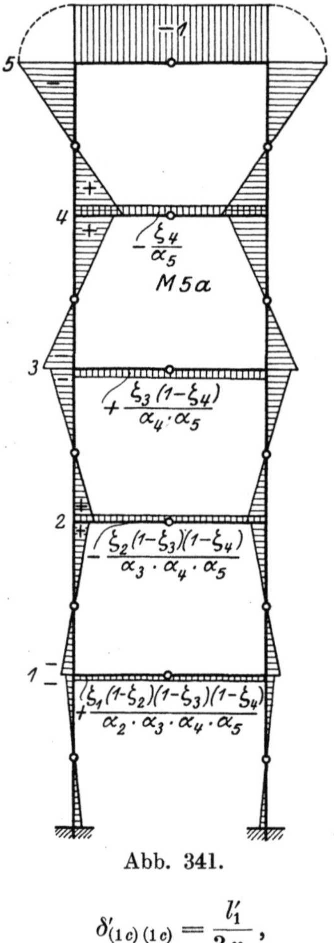

Abb. 341.

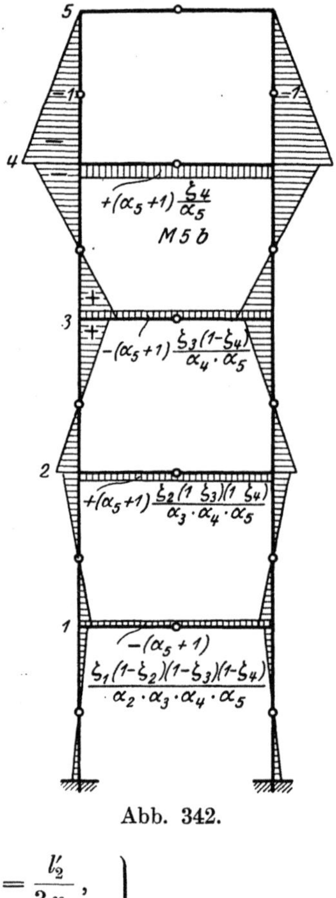

Abb. 342.

$$\left.\begin{aligned}
\delta'_{(1c)(1c)} &= \frac{l'_1}{3\,\eta_1}\,, & \delta'_{(2c)(2c)} &= \frac{l'_2}{3\,\eta_2}\,,\\
\delta'_{(3c)(3c)} &= \frac{l'_3}{3\,\eta_3}\,, & \delta'_{(4c)(4c)} &= \frac{l'_4}{3\,\eta_4}\,,\\
\delta'_{(5c)(5c)} &= \frac{l'_5}{3\,\eta_5}\,,
\end{aligned}\right\} \qquad (167)$$

Die Abb. 341, 342, 343 zeigen die M_{5a}-, M_{5b}-, M_{5c}-Flächen.

Für jede statisch unbestimmte Größe Y besteht nun eine Elastizitätsgleichung, die nur eine Unbekannte enthält. Der Wert der statisch Unbestimmten Y_{rk} ist daher

$$Y_{rk} = \frac{\int M_0 \cdot M_{rk} \cdot ds' + \varepsilon E J_c \left[\int N_{rk} \cdot t_0 ds + \int \frac{\Delta t}{a} M_{rk} \cdot ds\right]}{\delta'_{(rk)(rk)}}, \quad (168)$$

wenn M_0 die durch die gegebene Belastung im statisch bestimmten Hauptsystem erzeugten Momente, M_{rk} und N_{rk} die Momente und Normalkräfte des Zustandes $Y_{rk} = -1$ bezeichnen.

1. Belastung des Riegels *5* durch eine Einzellast P im Abstand e vom linken Pfosten. Da die Zustände Y teils symmetrisch, teils antisymmetrisch zur lotrechten Mittelachse sind, wird die Belastung zweckmäßig in eine symmetrische und eine antisymmetrische zerlegt. Erstere ist $+\frac{1}{2}P$ in den Punkten e und $l-e$, letztere $\frac{1}{2}P$ in e und $-\frac{1}{2}P$ in $l-e$. Für die erstere werden alle $Y_{rc} = 0$, für die zweite alle Y_{ra} und $Y_{rb} = 0$. Die Momente aus der ersten seien M', aus der zweiten M'' bezeichnet.

$$Y_{5a} = \frac{\int M'_0 \cdot M_{5a} \cdot ds'}{\delta'_{(5a)(5a)}} = \tfrac{1}{2} P \cdot \frac{2\,\delta'_{m(5a)}}{\delta'_{(5a)(5a)}},$$

$$Y_{5b} = \frac{\int M'_0 \cdot M_{5b} \cdot ds'}{\delta'_{(5b)(5b)}} = \tfrac{1}{2} P \cdot \frac{2\,\delta'_{m(5b)}}{\delta'_{(5b)(5b)}},$$

$\delta'_{m(5a)}$ und $\delta'_{m(5b)}$ bezeichnen die lotrechte Verschiebung des Angriffspunktes der Last infolge $Y_{5a} = -1$ bzw. $Y_{5b} = -1$. Der Zustand $Y_{5a} = -1$ ist identisch mit dem Zustand $X_{5a} = -1$ des zwölffach statisch unbestimmten Systems ohne Gelenke in den Stockwerken *1* bis *4*. Mithin kann zur Berechnung von $2\,\delta'_{m(5a)}$ der Belastung $P = 1$ in Punkt e und $l-e$ das statisch bestimmte System unterworfen werden, welches im Riegel *4* kein Gelenk, dafür aber zwei Gelenke in einem der Pfosten *4* aufweist. Die M'_0-Fläche erstreckt sich dann nur über die Riegel *5* und *4* sowie über die Pfosten *5*. In den Pfosten treten

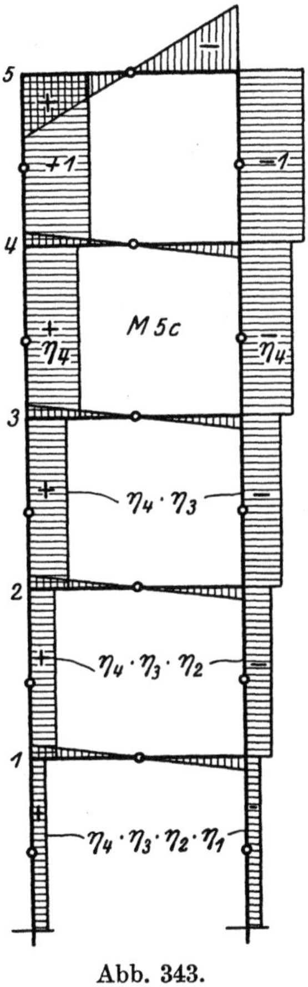

Abb. 343.

oben die Momente $M'_0 = -1 \cdot e$, unten $M'_0 = +\frac{1 \cdot e}{\alpha_5}$ auf, im Riegel *4* $M'_0 = -\frac{1\,e}{\alpha_5}$, im Riegel *5* zwischen e und $l-e$ $M'_0 - 0$.

Abb. 344 zeigt die M'_0-Flächen. Bezeichnet $\mathfrak{S}'_{5(5a)}$ das statische Moment der $\frac{J_c}{J}$ M_{5a}-Flächen der Pfosten in bezug auf die Riegelachse *5* und $\mathfrak{S}'_{4(5a)}$ das statische Moment derselben Flächen in bezug auf die Riegelachse *4*, so ist:

$$2\,\delta'_{m(5a)} = e \cdot e' - 1\,\frac{e}{h_5}\,\mathfrak{S}'_{4(5a)} + \frac{e}{\alpha_5}\left(\frac{1}{h_5}\,\mathfrak{S}'_{5(5a)} + \frac{\zeta_4\,l'_4}{\alpha_5}\right).$$

Nun ist α_5 aus

$$\frac{1}{h_5}\,\mathfrak{S}'_{5(5a)} + \frac{\zeta_4 l'_4}{\alpha_5} = 0$$

bestimmt, also fällt das letzte Glied fort.

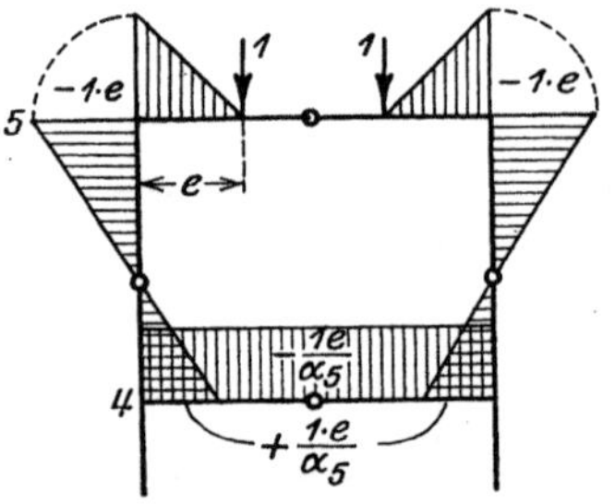

Abb. 344.

$$2\,\delta'_{m(5a)} = e \cdot e' + 2e\left(2 - \frac{1}{\alpha_5}\right)\frac{h'_5}{6},$$

$$2\,\delta_{m(5a)} = e\left(e' + h'_5\,\frac{2\,\alpha_5 - 1}{3\,\alpha_5}\right),$$

$$\boldsymbol{Y_{5a} = \tfrac{1}{2}\,Pe \cdot \zeta_5 \cdot \varkappa},$$

wenn

$$\varkappa = 1 + \frac{e'}{h'_5}\,\frac{3\,\alpha_5}{2\,\alpha_5 - 1}$$

bezeichnet.

Der Zustand $Y_{5b} = -1$ ist identisch mit dem Zustand $X_{5b} = -1$, $X_{5c} = -1$ des 13fach statisch unbestimmten Systems ohne das Gelenk 5a und ohne Gelenke in den Stockwerken *1* bis *4*. Also kann zur Berechnung von $\delta'_{m(5b)}$ das statisch bestimmte System eingeführt werden, welches an Stelle des Gelenkes in 5a ein zweites Gelenk in einem der Pfosten *5* aufweist. Die Momentenfläche M'_0 erstreckt sich dann nur über den Riegel *5*. Da in diesem die Momente $M_{5b} = 0$ sind, ist

$$\boldsymbol{\delta'_{m(5b)} = 0, \qquad Y_{5b} = 0.}$$

Jeder Zustand $Y_{rb} = -1$ $(r = 1 \ldots 5)$ ist ein Gleichgewichtszustand des statisch unbestimmten Systems ohne das Gelenk ra. Demnach gilt die vorstehende Schlußfolgerung für alle $\delta'_{m(rb)}$, so daß $Y_{4b} = 0$, $Y_{3b} = 0$, $Y_{2b} = 0$, $Y_{1b} = 0$.

$$Y_{4a} = \tfrac{1}{2}\,P\,\frac{2\,\delta'_{m(4a)}}{\delta'_{(4a)(4a)}}.$$

Der Zustand $Y_{4a} = -1$ ist identisch mit dem Zustand $X_{4a} = -1$ des neunfach statisch unbestimmten Systems ohne Gelenke in den Stockwerken *1* bis *3*. Zur Berechnung von $\delta'_{m(4a)}$ wird das statisch bestimmte System durch drei Gelenke in den Pfosten *3* gebildet. In diesem entstehen in den Pfosten *4* oben die Momente $M'_0 = +\frac{1\,e}{\alpha_5}$, unten $M'_0 = -\frac{1\,e}{\alpha_5 \cdot \alpha_4}$, im Riegel *4* $M'_0 = 0$, im Riegel *3* $M'_0 = +\frac{1\,e}{\alpha_5 \cdot \alpha_4}$,

Abb. 345 zeigt die M'_0-Fläche, Abb. 346 die M_{4a}-Fläche für denselben Teil des Systems. Unter Berücksichtigung des Wertes α_4 ergibt sich

$$2\,\delta'_{m\,(4a)} = -2\,\frac{e}{\alpha_5}\left(2-\frac{1}{\alpha_4}\right)\frac{h'_4}{6},$$

$$Y_{4a} = -\tfrac{1}{2}Pe\cdot\frac{\zeta_4}{\alpha_5}.$$

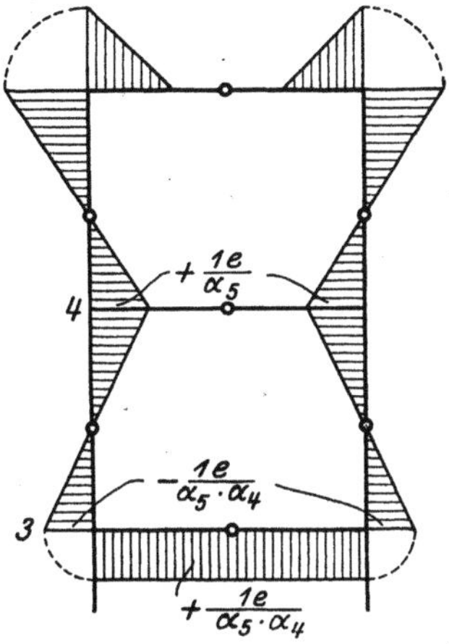

Abb. 345.

Auf dieselbe Weise findet man

$$Y_{3a} = +\tfrac{1}{2}Pe\cdot\frac{\zeta_3}{\alpha_5\cdot\alpha_4},$$

$$Y_{2a} = -\tfrac{1}{2}Pe\cdot\frac{\zeta_2}{\alpha_5\cdot\alpha_4\cdot\alpha_3},$$

$$Y_{1a} = +\tfrac{1}{2}Pe\cdot\frac{\zeta_1}{\alpha_5\cdot\alpha_4\cdot\alpha_3\cdot\alpha_2}.$$

Die Momente in den Riegeln sind

$$X_{5a} = \quad Y_{5a} = \tfrac{1}{2}Pe\,\zeta_5\cdot\varkappa,$$

$$X_{4a} = \quad Y_{5a}\cdot\frac{\zeta_4}{\alpha_5} + Y_{4a} = -\tfrac{1}{2}Pe\,\frac{\zeta_4}{\alpha_5}(1-\zeta_5\cdot\varkappa),$$

$$\boldsymbol{X_{4a} = -\tfrac{1}{2}P\cdot e\,(1-\zeta_5\cdot\varkappa)\cdot Y_{(4a)\,(5a)}},$$

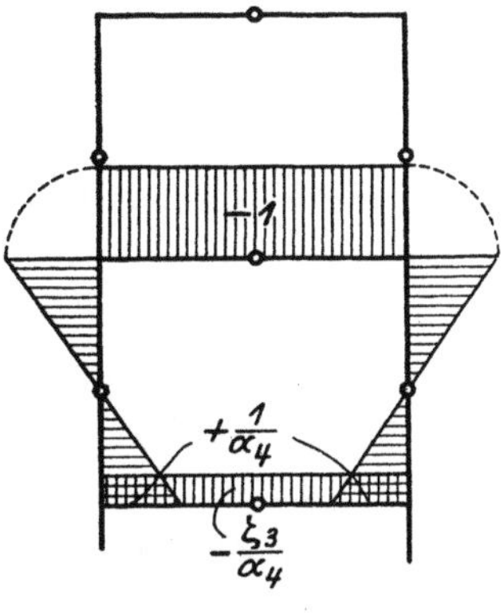

Abb. 346.

$$X_{3a} = -Y_{5a}\frac{\zeta_3(1-\zeta_4)}{\alpha_5\cdot\alpha_4} + Y_{4a}\frac{\zeta_3}{\alpha_4} + Y_{3a},$$

$$X_{3a} = \quad \tfrac{1}{2}Pe\,\frac{\zeta_3(1-\zeta_4)}{\alpha_5\cdot\alpha_4}(1-\zeta_5\cdot\varkappa),$$

$$\boldsymbol{X_{3a} = -\tfrac{1}{2}\,Pe\,(1-\zeta_5\cdot\varkappa)\cdot Y_{(3a)\,(5a)}},$$

$$X_{2a} = \quad Y_{5a}\frac{\zeta_2(1-\zeta_3)(1-\zeta_4)}{\alpha_5\cdot\alpha_4\cdot\alpha_3}$$

$$-Y_{4a}\frac{\zeta_2(1-\zeta_3)}{\alpha_4\cdot\alpha_3} + Y_{3a}\frac{\zeta_2}{\alpha_3} + Y_{2a},$$

$$X_{2a} = -\tfrac{1}{2}Pe\,\frac{\zeta_2(1-\zeta_3)(1-\zeta_4)}{\alpha_5\cdot\alpha_4\cdot\alpha_3}(1-\zeta_5\cdot\varkappa),$$

$$\boldsymbol{X_{2a} = -\tfrac{1}{2}Pe\,(1-\zeta_5\cdot\varkappa)\,Y_{(2a)\,(5a)}},$$

$$X_{1a} = -Y_{5a}\frac{\zeta_1(1-\zeta_2)(1-\zeta_3)(1-\zeta_4)}{\alpha_5\cdot\alpha_4\cdot\alpha_3\cdot\alpha_2} + Y_{4a}\frac{\zeta_1(1-\zeta_2)(1-\zeta_3)}{\alpha_4\cdot\alpha_3\cdot\alpha_2}$$

$$-Y_{3a}\frac{\zeta_1(1-\zeta_2)}{\alpha_3\cdot\alpha_2} + Y_{2a}\frac{\zeta_1}{\alpha_2} + Y_{1a},$$

$$X_{1a} = \quad \tfrac{1}{2}Pe\,\frac{\zeta_1(1-\zeta_2)(1-\zeta_3)(1-\zeta_4)}{\alpha_5\cdot\alpha_4\cdot\alpha_3\cdot\alpha_2}(1-\zeta_5\cdot\varkappa).$$

$$\boldsymbol{X_{1a} = -\tfrac{1}{2}Pe\,(1-\zeta_5\varkappa)\cdot Y_{(1a)\,(5a)}}.$$

Die Momente in den Pfosten sind, wenn die Momente an Kopf und Fuß des Pfostens r durch die Bezeichnungen M_{ro} und M_{ru} unterschieden werden:

$$M'_{5o} = -\tfrac{1}{2} Pe + X_{5a} = -\tfrac{1}{2} Pe(1 - \zeta_5 \cdot \varkappa)$$

$$M'_{5u} = -M'_{5o}\frac{1}{\alpha_5} = -\frac{1}{\zeta_4} X_{4a},$$

$$M'_{4o} = -\frac{1}{\zeta_4} X_{4a}(1 - \zeta_4),$$

$$M'_{4u} = +\frac{1}{\zeta_4 \cdot \alpha_4} X_{4a}(1 - \zeta_4)$$

und da $X_{3a} = X_{4a}\dfrac{Y_{(3a)(5a)}}{Y_{(4a)(5a)}}$ ist

$$M'_{4u} = -\frac{1}{\zeta_3} X_{3a},$$

$$M'_{3o} = -\frac{1}{\zeta_3} X_{3a}(1 - \zeta_3),$$

$$M'_{3u} = +\frac{1}{\zeta_3 \alpha_3} X_{3a}(1 - \zeta_3) = -\frac{1}{\zeta_2} X_{2a},$$

$$M'_{2o} = -\frac{1}{\zeta_2} X_{2a}(1 - \zeta_2),$$

$$M'_{2u} = +\frac{1}{\zeta_2 \alpha_2} X_{2a}(1 - \zeta_2) = -\frac{1}{\zeta_1} X_{1a},$$

$$M'_{1o} = -\frac{1}{\zeta_1} X_{1a}(1 - \zeta_1),$$

$$M'_{1u} = +\frac{1}{2\zeta_1} X_{1a}(1 - \zeta_1).$$

Die antisymmetrische Belastung $P = 1$ in e und $P = -1$ in $l - e$ erzeugt nur im Riegel *5* Momente, die von 0 verschieden sind. In e entsteht das Moment $M''_o = e\left(1 - \frac{2e}{l}\right)$ in $l - e$ $M''_o = -e\left(1 - \frac{2e}{l}\right)$. Abb. 347 zeigt die M''_o-Fläche. Da die Zustände $Y_{4c}, Y_{3c}, Y_{2c}, Y_{1c}$ den Riegel 5 nicht ergreifen, ist

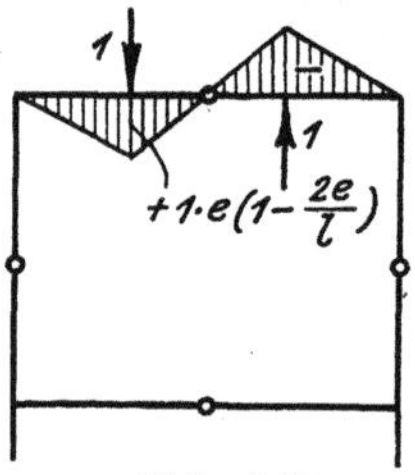

Abb. 347.

$$Y_{4c} = Y_{3c} = Y_{2c} = Y_{1c} = 0,$$

$$Y_{5c} = \tfrac{1}{2} P \frac{2\,\delta'_{m(5c)}}{\delta'_{(5c)(5c)}}.$$

Aus Abb. 347 und Abb. 343 ergibt sich

$$2\,\delta'_{m(5c)} = e\left(1 - \frac{2e}{l}\right)\frac{l'_5}{4} \cdot \frac{4(l-e)}{3l} = \frac{e(l-2e)(l-e)\,l'_5}{3\,l^2}.$$

$$Y_{5c} = \tfrac{1}{2} Pe\,\frac{(l-2e)(l-e)\,\eta_5}{l^2}.$$

Die Momente in den Pfosten sind:

$$M''_{5o} = M''_{5u} = \mp Y_{5c},$$
$$M''_{4o} = M''_{4u} = \mp Y_{5c} \cdot \eta_4,$$
$$M''_{3o} = M''_{3u} = \mp Y_{5c} \cdot \eta_4 \cdot \eta_3,$$
$$M''_{2o} = M''_{2u} = \mp Y_{5c} \cdot \eta_4 \cdot \eta_3 \cdot \eta_2,$$
$$M''_{1o} = M''_{1u} = \mp Y_{5c} \cdot \eta_4 \cdot \eta_3 \cdot \eta_2 \eta_1,$$

in den Riegeln:

$$M''_5 = \mp Y_{5c},$$
$$M''_4 = \pm Y_{5c} (1 - \eta_4),$$
$$M''_3 = \pm Y_{5c} \cdot \eta_4 (1 - \eta_3),$$
$$M''_2 = \pm Y_{5c} \cdot \eta_4 \cdot \eta_3 (1 - \eta_2),$$
$$M''_1 = \pm Y_{5c} \cdot \eta_4 \eta_3 \eta_2 (1 - \eta_1),$$

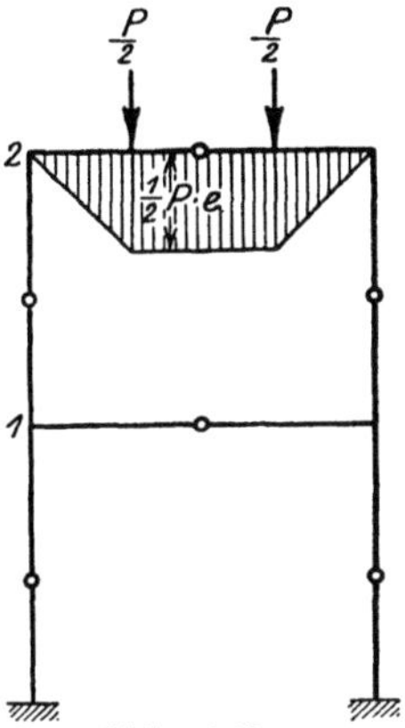

Abb. 348.

Die oberen Vorzeichen gelten für den linken, die unteren für den rechten Pfosten bzw. die entsprechenden Riegelpunkte.

Da alle Werte $\eta < 1$ sind, nehmen die absoluten Größen der Momente in den Pfosten von oben nach unten ab.

2. Belastung des Riegels *2* durch eine Einzellast P in Punkt m im Abstand e vom linken Pfosten. Die Belastung wird wie im Falle 1 in eine symmetrische, $\frac{1}{2} P$ in e und $l - e$, und eine antisymmetrische, $\frac{1}{2} P$ in e und $-\frac{1}{2} P$ in $l - e$ zerlegt. Für erstere sind alle Y_{rc}, für letztere alle Y_{ra}, $Y_{rb} = 0$. Wie im Falle 1 ergibt sich:

$$Y_{2a} = \tfrac{1}{2} P e \cdot \zeta_2 \cdot \varkappa, \qquad Y_{2b} = 0,$$
$$Y_{1a} = -\tfrac{1}{2} P e \frac{\zeta_1}{\alpha_2}, \qquad Y_{1b} = 0.$$

Ferner ist

$$Y_{3a} = \tfrac{1}{2} P \frac{2\,\delta'_{m\,(3a)}}{\delta'_{(3a)\,(3a)}}, \qquad Y_{3b} = \tfrac{1}{2} P \frac{2\,\delta'_{m\,(3b)}}{\delta'_{(3b)\,(3b)}},$$

Die Zustände $Y_{3a} = -1$ und $Y_{3b} = -1$ sind Gleichgewichtszustände des 6fach statisch unbestimmten Systems ohne Gelenke im ersten und zweiten Stock. Mithin kann zur Berechnung von $\delta'_{m\,(3a)}$ und $\delta'_{m\,(3b)}$ das statisch bestimmte System a durch drei Gelenke in den Pfosten 2 gebildet werden Die Belastung durch $P_m = 1$ in e und $l - e$ ergreift demnach nur den Riegel *2* und die Momentenfläche ist die Momentenfläche des einfachen Balkens von der Stützweite l (s. Abb. 348). Mithin ist

$$2\,\delta'_{m\,(3a)} = -\frac{e\,(l-e)}{l}\, l'_2 \cdot \frac{\zeta_2}{\alpha_3},$$

$$2\,\delta'_{m\,(3b)} = +\frac{e\,(l-e)}{l}\, l'_2\,(\alpha_3 + 1) \cdot \frac{\zeta_2}{\alpha_3},$$

$$\mathbf{Y_{3a} = -\tfrac{1}{2} P e \left(1 - \frac{e}{l}\right) \frac{\zeta_2\,(1 - \zeta_3)}{\alpha_3}\,\frac{l'_2}{l'_3}}.$$

$$(\alpha_3 + 1)\, Y_{3b} = +\tfrac{1}{2} P e \left(1 - \frac{e}{l}\right) \frac{3\, l'_2}{h'_3} \cdot \zeta_2.$$

Zur Berechnung der Momente des Systems wird Y_{3b} nur in der Form $Y_{3a} - (\alpha_3 + 1)\, Y_{3b}$ gebraucht.

$$Y_{3a} - (\alpha_3 + 1)\, Y_{3b} = Y_{3a}\left(1 + \frac{3\, l_3'}{h_3'} \frac{\alpha_3}{1 - \zeta_3}\right),$$

da

$$\frac{3\, l_3'}{h_3'} \frac{\alpha_3}{1 - \zeta_3} = \frac{3\, l_3'\, \alpha_3}{h_3'} \cdot \frac{h_3' + l_3' \dfrac{3\,\alpha_3}{2\,\alpha_3 - 1}}{l_3' \dfrac{3\,\alpha_3}{2\,\alpha_3 - 1}},$$

$$= 2\,\alpha_3 - 1 + \frac{3\, l_3' \cdot \alpha_3}{h_3'}$$

ist, so wird

$$\mathbf{Y_{3a} - (\alpha_3 + 1)\, Y_{3b} = Y_{3a} \cdot \alpha_3 \left(2 + 3\,\frac{l_3'}{h_3'}\right).}$$

Alle Zustände Y_{ra}, Y_{rb}, $r \geqq 3$ sind Gleichgewichtszustände in einem statisch unbestimmten System ohne Gelenke im Stockwerk *1* und *2*, mithin kann zur Berechnung aller $\delta'_{m\,(ra)}$, $\delta'_{m\,(rb)}$ das statisch bestimmte System a benutzt werden, dessen Momentenflächen in Abb. 348 dargestellt sind. Danach ergibt sich

$$2\,\delta'_{m\,(4a)} = \frac{e\,(l - e)\, l_2'}{l} \frac{\zeta_2\,(1 - \zeta_3)}{\alpha_4 \cdot \alpha_3},$$

$$2\,\delta'_{m\,(4b)} = -\frac{e\,(l - e)\, l_2'}{l} \frac{\zeta_2\,(1 - \zeta_3)\,(\alpha_4 + 1)}{\alpha_4 \cdot \alpha_3},$$

$$2\,\delta'_{m\,(5a)} = -\frac{e\,(l - e)\, l_2'}{l} \frac{\zeta_2\,(1 - \zeta_3)\,(1 - \zeta_4)}{\alpha_5 \cdot \alpha_4 \cdot \alpha_3},$$

$$2\,\delta'_{m\,(5b)} = \frac{e\,(l - e)\, l_2'}{l} \frac{\zeta_2\,(1 - \zeta_3)\,(1 - \zeta_4)\,(\alpha_5 + 1)}{\alpha_5 \cdot \alpha_4 \cdot \alpha_3},$$

$$Y_{4a} = \tfrac{1}{2}\, Pe\left(1 - \frac{e}{l}\right) \frac{\zeta_2 \cdot (1 - \zeta_3)\,(1 - \zeta_4)}{\alpha_4 \cdot \alpha_3} \frac{l_2'}{l_4'},$$

$$(\alpha_4 + 1) \cdot Y_{4b} = -\tfrac{1}{2}\, Pe\left(1 - \frac{e}{l}\right) \frac{3\, l_2'}{h_4'} \frac{\zeta_2\,(1 - \zeta_3)}{\alpha_3},$$

$$Y_{5a} = -\tfrac{1}{2}\, Pe\left(1 - \frac{e}{l}\right) \frac{\zeta_2\,(1 - \zeta_3)\,(1 - \zeta_4)\,(1 - \zeta_5)}{\alpha_5 \cdot \alpha_4 \cdot \alpha_3} \cdot \frac{l_2'}{l_5'},$$

$$(\alpha_5 + 1) \cdot Y_{5b} = \tfrac{1}{2}\, Pe\left(1 - \frac{e}{l}\right) \frac{3\, l_2'}{h_5'} \frac{\zeta_2\,(1 - \zeta_3)\,(1 - \zeta_4)}{\alpha_4 \cdot \alpha_3}.$$

Wie oben findet man

$$\mathbf{Y_{4a} - (\alpha_4 + 1)\, Y_{4b} = Y_{4a} \cdot \alpha_4 \left(2 + 3\,\frac{l_4'}{h_4'}\right),}$$

$$\mathbf{Y_{5a} - (\alpha_5 + 1)\, Y_{5b} = Y_{5a} \cdot \alpha_5 \left(2 + 3\,\frac{l_5'}{h_5'}\right).}$$

Die Werte Y_{ra} werden am einfachsten in folgender Reihenfolge berechnet:

$$Y_{3a} = -\tfrac{1}{2} Pe\left(1 - \frac{e}{l}\right)\frac{\zeta_2(1-\zeta_3)}{\alpha_3}\frac{l_2'}{l_3'}, \qquad Y_{4a} = -Y_{3a}\frac{1-\zeta_4}{\alpha_4}\cdot\frac{l_3'}{l_4'},$$

$$Y_{5a} = -Y_{4a}\frac{1-\zeta_5}{\alpha_5}\cdot\frac{l_4'}{l_5'}.$$

In den Riegeln entstehen die Momente

$$X_{1a} = Y_{1a} + Y_{2a}\cdot\frac{\zeta_1}{\alpha_2} - [Y_{3a} - (\alpha_5+1)\,Y_{3b}]\frac{\zeta_1(1-\zeta_2)}{\alpha_2\cdot\alpha_3}$$
$$+ [Y_{4a} - (\alpha_4+1)\,Y_{4b}]\frac{\zeta_1(1-\zeta_2)(1-\zeta_3)}{\alpha_2\,\alpha_3\,\alpha_4}$$
$$- [Y_{5a} - (\alpha_5+1)\,Y_{5b}]\frac{\zeta_1(1-\zeta_2)(1-\zeta_3)(1-\zeta_4)}{\alpha_2\,\alpha_3\,\alpha_4\,\alpha_5},$$

$$X_{1a} = -\tfrac{1}{2} Pe(1-\zeta_2\varkappa)\,Y_{(1a)(2a)} + Y_{3a}\cdot\alpha_3\cdot\beta_3\cdot Y_{(1a)(3a)}$$
$$+ Y_{4a}\cdot\alpha_4\cdot\beta_4\cdot Y_{(1a)(4a)} + Y_{5a}\cdot\alpha_5\cdot\beta_5\cdot Y_{(1a)(5a)},$$

$$X_{2a} = \tfrac{1}{2} Pe\zeta_2\varkappa + Y_{3a}\cdot\alpha_3\cdot\beta_3\cdot Y_{(2a)(3a)} + Y_{4a}\cdot\alpha_4\cdot\beta_4\cdot Y_{(2a)(4a)}$$
$$+ Y_{5a}\cdot\alpha_5\cdot\beta_5\cdot Y_{(2a)(5a)},$$

$$X_{3a} = Y_{3a} + Y_{4a}\cdot\alpha_4\cdot\beta_4\cdot Y_{(3a)(4a)} + Y_{5a}\cdot\alpha_5\cdot\beta_5\cdot Y_{(3a)(5a)},$$

$$X_{4a} = Y_{4a} + Y_{5a}\cdot\alpha_5\cdot\beta_5\cdot Y_{(4a)(5a)}$$

$$X_{5a} = Y_{5a},$$

worin $\beta_r = 2 + 3\frac{l_r'}{h_r'}$ bezeichnet.

Nach Berechnung der Riegelmomente erhält man die Momente in den Pfosten aus den Formeln

$$M'_{r+1,u} = \frac{1}{\zeta_r}(Y_{ra} - X_{ra}), \quad M'_{ro} = \frac{1}{\zeta_r}[Y_{ra} - X_{ra}(1-\zeta_r)], \tag{169}$$

$r = 1, 3, 4, 5$ und

$$M'_{3u} = \frac{1}{\zeta_2}(Y_{2a} - X_{2a}), \quad M'_{2o} = \frac{1}{\zeta_2}[Y_{2a} - X_{2a}(1-\zeta_2)] - \tfrac{1}{2}P\cdot e. \tag{170}$$

Die antisymmetrische Belastung erzeugt nur im Riegel *2* Momente, die von 0 verschieden sind. Die Momentenflächen aus $P = 1$ in e und $P = -1$ in $l - e$ ist die in Abb. 347 dargestellte. Wie im Falle 1 ergibt sich

$$Y_{1c} = 0, \qquad Y_{2c} = \tfrac{1}{2} Pe\frac{(l-2e)(l-e)}{l^2}\eta_2.$$

Ferner nach Abb. 347 und der Momentenfläche M_{3c}, welche durch Abb. 343 veranschaulicht wird

$$Y_{3c} = -\tfrac{1}{2} P e \frac{(l-2e)(l-e)}{l^2} \eta_3 (1-\eta_2) \frac{l'_2}{l'_3},$$

und ebenso

$$Y_{4c} = -\tfrac{1}{2} P e \frac{(l-2e)(l-e)}{l^2} \eta_4 \cdot \eta_3 (1-\eta_2) \frac{l'_2}{l'_4},$$

$$Y_{4c} = Y_{3c} \cdot \eta_4 \frac{l'_3}{l'_4},$$

$$Y_{5c} = -\tfrac{1}{2} P e \frac{(l-2e)(l-e)}{l^2} \eta_5 \cdot \eta_4 \cdot \eta_3 (1-\eta_2) \frac{l'_2}{l'_5},$$

$$Y_{5c} = Y_{4c} \cdot \eta_5 \cdot \frac{l'_4}{l'_5}.$$

In den Pfosten entstehen die Momente

$$+X_{5b} = -X_{5c} = Y_{5c},$$

$$+X_{4b} = -X_{4c} = Y_{5c}\eta_4 + Y_{4c},$$

$$+X_{3b} = -X_{3c} = (Y_{5c} \cdot \eta_4 + Y_{4c})\eta_3 + Y_{3c},$$

$$+X_{2b} = -X_{2c} = [(Y_{5c}\eta_4 + Y_{4c})\eta_3 + Y_{3c}]\eta_2 + Y_{2c},$$

$$+X_{1b} = -X_{1c} = \{[(Y_{5c}\eta_4 + Y_{4c})\eta_3 + Y_{3c}]\eta_2 + Y_{2c}\}\eta_1,$$

und in den Riegeln

$$M''_r = \pm(X_{rb} - X_{r+1,b}). \tag{171}$$

Das obere Vorzeichen gilt für den linken, das untere für den rechten Endpunkt des Riegels r.

Aus dem vorstehenden Beispiel ergibt sich folgender Rechnungsgang für den Fall einer Einzellast P, die im Abstand e vom linken Pfosten den Riegel n eines Stockwerkrahmens von m Geschossen belastet.

Nach Berechnung der in der Tafel angegebenen Werte $Y_{(rk)\,(r_1 k_1)}$ ist zu berechnen:

$$\left.\begin{aligned}
Y_{na} &= \tfrac{1}{2} P e \cdot \zeta_n \cdot \varkappa,\\
Y_{n+1,a} &= -\tfrac{1}{2} P e \left(1 - \frac{e}{l}\right) \frac{\zeta_n (1-\zeta_{n+1})}{\alpha_{n+1}} \frac{l'_n}{l'_{n+1}},\\
Y_{n+2,a} &= -Y_{n+1,a} \cdot \frac{1-\zeta_{n+2}}{\alpha_{n+2}} \frac{l'_{n+1}}{l'_{n+2}},
\end{aligned}\right\} \tag{172}$$

also allgemein für $r = n+2 \ldots m$

$$Y_{(r+1)a} = -Y_{r \cdot a} \frac{1-\zeta_{r+1}}{\alpha_{r+1}} \frac{l'_r}{l'_{r+1}}. \tag{173}$$

Die Riegelmomente sind in der Reihenfolge $r = n + 1 \ldots m$ und $r = n,\ n - 1 \ldots 1$ zu ermitteln.

$$\left.\begin{aligned} X_{n+1,a} &= Y_{n+1,a} + \sum_{n+2}^{m} {}^r\, Y_{ra} \cdot \alpha_r \cdot \beta_r \cdot Y_{(n+1,a)(ra)}, \\ X_{n+2,a} &= Y_{n+2,a} + \sum_{n+3}^{m} {}^r\, Y_{ra} \cdot \alpha_r \cdot \beta_r \cdot Y_{(n+2,a)(ra)} \\ &\text{usw.} \end{aligned}\right\} \quad (174)$$

$$\left.\begin{aligned} X_{na} &= \tfrac{1}{2} Pe \cdot \zeta_n \cdot \varkappa + \sum_{n+1}^{m} {}^r \cdot Y_{ra} \cdot \alpha_r \cdot \beta_r \cdot Y_{(na)(ra)}, \\ X_{n-1,a} &= -\tfrac{1}{2} Pe\,(1 - \zeta_n \varkappa)\, Y_{(n-1,a)(na)} + \sum_{n+1}^{m} {}^r\, Y_{ra} \cdot \alpha_r \cdot \beta_r \cdot Y_{(n-1,a)(ra)}. \end{aligned}\right\} \quad (175)$$

Die Momente in den Pfosten werden in derselben Reihenfolge nach den Formeln (169) und (170) berechnet. Damit sind die Momente M' aus der symmetrischen Belastung gefunden. Aus der antisymmetrischen entsteht

$$Y_{1c} \ldots \text{ bis } Y_{n-1,c} = 0, \qquad Y_{nc} = \tfrac{1}{2} Pe \frac{(l - 2e)(l - e)}{l^2} \cdot \eta_n. \quad (176)$$

$$\begin{aligned} Y_{n+1,c} &= -Y_{nc} \frac{\eta_{n+1} \cdot (1 - \eta_n)}{\eta_n} \frac{l'_n}{l'_{n+1}}, \\ Y_{n+2,c} &= Y_{n+1,c} \cdot \eta_{n+2} \cdot \frac{l'_{n+1}}{l'_{n+2}}, \\ Y_{n+3,c} &= Y_{n+2,c} \cdot \eta_{n+3} \cdot \frac{l'_{n+2}}{l'_{n+3}} \\ &\text{usw.} \end{aligned}$$

Sodann sind die Pfostenmomente in der Reihenfolge $m,\ m - 1 \ldots 1$ zu berechnen.

$$\left.\begin{aligned} X_{mb} &= -X_{mc} = Y_{mc}, \\ X_{m-1,b} &= -X_{m-1,c} = X_{mb} \cdot \eta_{m-1} + Y_{m-1,c}, \\ X_{m-2,b} &= -X_{m-2,c} = X_{m-1,b} \cdot \eta_{m-2} + Y_{m-2,c} \\ &\text{usw.} \end{aligned}\right\} \quad (177)$$

schließlich die Riegelmomente nach Formel (171).

c) Belastung des linken Pfostens in Höhe des Riegels *3* durch eine wagerechte Kraft W. Die Momente des statisch bestimmten Hauptsystems sind:

im Riegel *3*: $$M_{3o} = \pm \tfrac{1}{2} W \cdot h_3 \cdot \frac{\alpha_3}{\alpha_3 + 1},$$

im Pfosten *3*: $$M_{3oo} = \pm \tfrac{1}{2} W \cdot h_3 \frac{\alpha_3}{\alpha_3 + 1},$$

$$M_{3uo} = \mp \tfrac{1}{2} W \cdot h_3 \frac{1}{\alpha_3 + 1},$$

im Riegel 2: $M_{2o} = \pm\frac{1}{2} W \left[\frac{h_3}{\alpha_3 + 1} + \frac{h_2 \alpha_2}{\alpha_2 + 1}\right],$

im Pfosten 2: $M_{2oo} = \pm\frac{1}{2} W \cdot h_2 \frac{\alpha_2}{\alpha_2 + 1},$

$M_{2uo} = \mp\frac{1}{2} W \cdot h_2 \frac{1}{\alpha_2 + 1},$

im Riegel 1: $M_{1o} = \pm\frac{1}{2} W \left[\frac{h_2}{\alpha_2 + 1} + \frac{h_1 \cdot 2}{3}\right],$

im Pfosten 1: $M_{1oo} = \pm\frac{1}{3} W \cdot h_1,$

$M_{1uo} = \mp\frac{1}{6} W \cdot h_1 .$

Das obere Vorzeichen gilt für den linken Pfosten, das untere für den rechten. Abb. 349 zeigt die M_0-Flächen. Da diese zur lotrechten Mittelachse antisymmetrisch sind, werden alle $Y_{ra} = 0$ und $Y_{rb} = 0$.

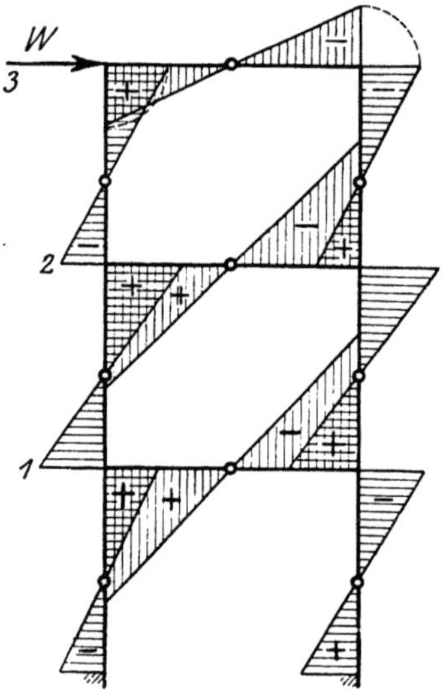

Abb. 349.

$$Y_{1c} = W \frac{\delta'_{m(1c)}}{\delta'_{(1c)(1c)}}, \quad Y_{2c} = W \frac{\delta'_{m(2c)}}{\delta'_{(2c)(2c)}},$$

$$Y_{3c} = W \frac{\delta'_{m(3c)}}{\delta'_{(3c)(3c)}}.$$

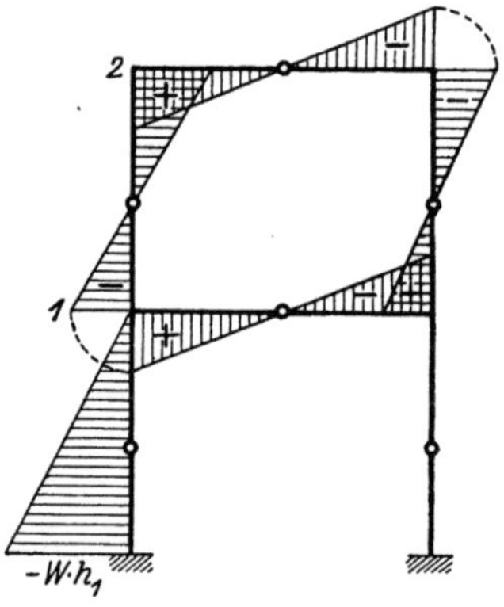

Abb. 350.

Aus der M_0-Fläche und der M_{1c}-Fläche folgt mit $W = 1$

$$\delta'_{m(1c)} = \frac{1}{6} h_1 h'_1 + \frac{1}{9} h_1 \cdot l'_1 + \frac{1}{6} \frac{h_2}{\alpha_2 + 1} l'_1,$$

$$\delta'_{m(1c)} = -\frac{1}{18} \frac{h_1 l'_1}{\eta_1} + \frac{1}{2} h_1 \left(h'_1 + \frac{1}{3} l'_1\right) + \frac{1}{6} \frac{h_2 \cdot l'_1}{\alpha_2 + 1}.$$

Der Zustand $Y_{2c} = -1$ ist ein Gleichgewichtszustand des dreifach statisch unbestimmten Systems ohne Gelenke im ersten Stock. Mithin kann zur Berechnung von $\delta'_{m(2c)}$ das statisch bestimmte System im ersten Stock durch ein Gelenk am Kopf des linken Pfostens und zwei Gelenke im rechten

Pfosten gebildet werden. Im ersten Stock entstehen die Momente M_o: im linken Pfosten: $M_{1oo} = 0$, $M_{1uo} = -W \cdot h_1$, im rechten Pfosten: $M_{1oo} = 0$, $M_{1uo} = 0$; im Riegel: $M_{1o} = \pm \frac{1}{2} W h_2 \frac{1}{\alpha_2 + 1}$. Abb. 350 zeigt die M_0-Fläche. Danach ergibt sich

$$\delta'_{m(2c)} = \frac{1}{2} \cdot h_2 \frac{\alpha_2 - 1}{\alpha_2 + 1} h'_2 + \frac{1}{6}\left[h_2 \frac{\alpha_2}{\alpha_2 + 1} + \frac{h_3}{\alpha_3 + 1}\right] l'_2 - \frac{1}{6} h_2 \frac{1}{\alpha_2 + 1} l'_1 (1 - \eta_1) - \tfrac{1}{2} h_1 \cdot h'_1 \cdot \eta_1 ,$$

$$\delta'_{m(2c)} = -\frac{1}{6} \frac{h_2 \cdot l'_2}{(\alpha_2 + 1)\,\eta_2} + \frac{1}{6} h_2 \left(l'_2 + 3 h'_2 - 3 \frac{h_1 h'_1}{h_2} \cdot \eta_1\right) + \frac{1}{6} \frac{h_3 \cdot l'_2}{\alpha_3 + 1} .$$

Zur Berechnung von $\delta'_{m(3c)}$ wird das statisch bestimmte System im ersten und zweiten Stock durch ein Gelenk im Kopfe des linken Pfostens *2*, je zwei Gelenke in den rechten Pfosten *1* und *2* und ein Gelenk im Riegel *1* gebildet. Die Momente M_0 im linken Pfosten sind: $M_{2oo} = 0$, $M_{1o} = -W \cdot h_2$, $M_{1uo} = -W(h_1 + h_2)$, im Riegel *2*: $M_{2o} = \pm \frac{1}{2} W h_3 \frac{1}{\alpha_3 + 1}$, in allen anderen Stücken $M_0 = 0$. Abb. 351 zeigt die M_0-Flächen. Danach ergibt sich

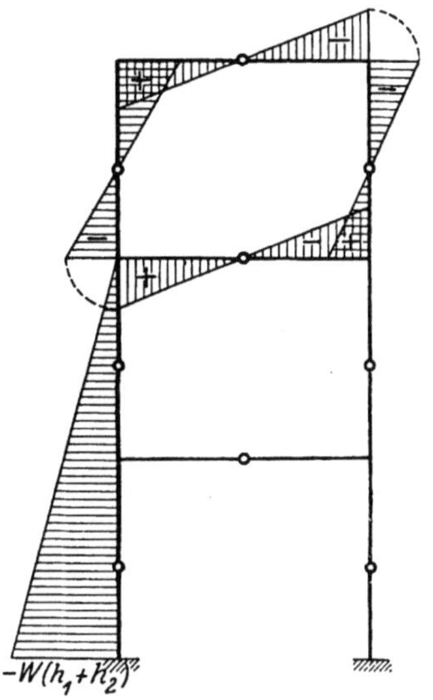

Abb. 351.

$$\delta'_{m(3c)} = -\frac{1}{6} \frac{l'_3 \cdot h_3}{(\alpha_3 + 1)\,\eta_3} - \frac{1}{2}\left[h_2 \cdot h'_2 + h'_1 \cdot \eta_1 (h_1 + 2 h_2)\right] \cdot \eta_2 + \frac{1 \cdot h_3}{2} \left(h'_3 + \tfrac{1}{3} l'_3\right) .$$

Ferner

$$Y_{1c} = W\left[-\frac{1}{6} h_1 + \frac{1}{2} h_1 \left(1 + 3 \frac{h'_1}{l'_1}\right) \eta_1 + \frac{1}{2} \frac{h_2 \cdot \eta_1}{\alpha_2 + 1}\right],$$

$$Y_{2c} = W\left[-\frac{1}{2} \frac{h_2}{\alpha_2 + 1} + \frac{1}{2} h_2 \left(1 + 3 \frac{h'_2}{l'_2} - \frac{h_1 \cdot h'_1}{h_2 \cdot l'_2} 3 \eta_1\right) \eta_2 + \frac{1}{2} \frac{h_3 \cdot \eta_2}{\alpha_3 + 1}\right],$$

$$Y_{3c} = W\left[-\frac{1}{2} \frac{h_3}{\alpha_3 + 1} + \frac{1}{2} h_3 \left\{1 + 3 \frac{h'_3}{l'_3} - \left[h_2 h'_2 + h'_1 \eta_1 (h_1 + 2 h_2)\right] \frac{3 \eta_2}{l'_3}\right\} \eta_3\right].$$

Die Formeln zeigen die Bauart der Formeln für alle statisch unbestimmten Größen Y_{rc} im Falle der Belastung des linken Pfostens in Höhe des Riegels k durch die wagerechte Last W, wenn $k \geqq r$ ist. Zur Berechnung von Y_{rc} $(r > k)$ aus

$$Y_{rc} = W \frac{\delta'_{m(rc)}}{\delta'_{(rc)(rc)}}$$

wird das statisch bestimmte System durch ein Gelenk am Kopf des linken Pfostens k, je zwei Gelenke in den rechten Pfosten *1* bis k und ein Gelenk in jedem Riegel gebildet. Die M_0-Fläche erstreckt sich dann nur über den linken Pfosten als Dreieck von der Basis $W(h_1 + h_2 + \ldots h_k)$ im Fuß des ersten Pfostens. Danach ergibt sich für das vorliegende System von fünf Stöcken

$$\delta'_{m\,(4c)} = -\tfrac{1}{2}\,[h_3\,h'_3 + \eta_2\,\{h'_2\,(h_2 + 2\,h_3) + \eta_1\,h'_1\,(2\,h_3 + 2\,h_2 + h_1)\}]\,\eta_3\,,$$

$$\delta'_{m\,(5c)} = \delta'_{m\,(4c)} \cdot \eta_4\,,$$

$$Y_{4c} = W \cdot \delta'_{m\,(4c)}\,\frac{3\,\eta_4}{l'_4}\,, \qquad Y_{5c} = Y_{4c} \cdot \eta_5\,\frac{l'_4}{l'_5}\,.$$

Die Momente in den Riegeln sind nunmehr wie in den Fällen a und b zu berechnen.

Die Berechnung des symmetrischen Stockwerkrahmens, dessen Pfosten gegen die Lotrechte geneigt sind, wird gleichfalls nach dem dargestellten Verfahren durchgeführt. Bezeichnet h die Länge der Pfosten in den einzelnen Stockwerken, dann sind die Formeln für die statisch unbestimmten Größen Y_a, Y_b ohne weiteres gültig. Für die Y_c ergeben sich jedoch geringfügige Änderungen.

78. Der dreistielige Stockwerkrahmen (Abb. 352),

dessen mittlerer Pfosten in jedem Stock zwei Gelenke aufweist, hat $4\,m$ überzählige Glieder. Als statisch bestimmtes Hauptsystem wird

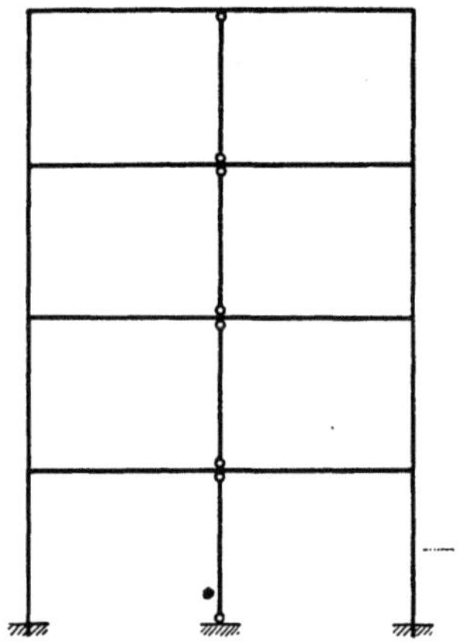

Abb. 352.

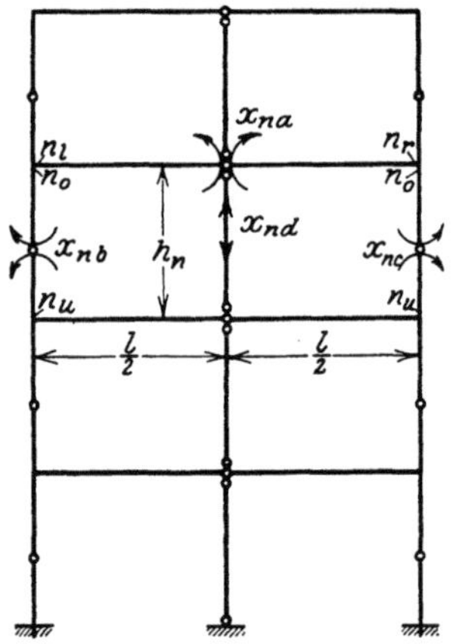

Abb. 353.

dieselbe Anordnung gewählt, wie im Falle des zweistieligen Rahmens, indem der mittlere Pfosten jedes Stockes als überzähliges Glied behandelt wird. Die statischen Größen der überzähligen Glieder im Stockwerk n sind demnach die Momente X_{na} in Riegelmitte, X_{nb} und X_{nc} in den Punkten b und c der äußeren Pfosten und die Druckkraft X_{nd} im mittleren Pfosten (Abb. 353). Die Lage der Punkte b und c sei durch $\alpha_n = \dfrac{h_{no}}{h_{nu}}$ bezeichnet. Die statisch unbestimmten Größen Y_{na}, Y_{nb}, Y_{nc},

Y_{nd} umfassen die überzähligen Größen X_{ra}, X_{rb}, X_{rc}, X_{rd} der Stöcke 1 bis n. Die Beiwerte werden in der Gruppe X_n nach folgender Tafel gewählt.

	Y_{na}	Y_{nb}	Y_{nc}	Y_{nd}
X_{na}	1	$Y_{(na)(nb)}$	$Y_{(na)(nc)}$	$Y_{(na)(nd)}$
X_{nb}	0	1	$Y_{(nb)(nc)}$	$Y_{(nb)(nd)}$
X_{nc}	0	1	1	$Y_{(nc)(nd)}$
X_{nd}	0	0	0	1

Sind nun die Bedingungen $\delta_{(rk)(r_1 k)} = 0$ für $r = 1$ bis $n - 1$, $r_1 = 1$ bis $n - 1$ jedoch $rk \gtrless r_1 k$ erfüllt, so ergibt sich, wie im Falle des zweistieligen Rahmens, aus den Bedingungen $\delta_{(nc)(nb)} = 0$ und $\delta_{(nc)(na)} = 0$

$$Y_{(nb)(nc)} = -1\,, \qquad Y_{(na)(nc)} = 0\,.$$

Ferner wird α_n so bestimmt, daß die Bedingung $\delta_{(nb)(na)} = 0$ durch $Y_{(na)(nb)} = 0$ erfüllt wird. Die Formänderung aus $Y_{nb} = -1$ ergreift dann nur die unteren Stöcke, nicht aber den Riegel n, noch die Stöcke $n + 1$ bis m. Daraus folgt zunächst, daß auch $Y_{(nb)(nd)} = 0$ und $Y_{(nc)(nd)} = 0$ ist. Denn der Zustand $Y_{nb} = -1$ ist wegen $\vartheta_{(na)(nb)} = 0$, $\vartheta_{(rd)(nb)} = 0$ ($r = 1, \; 2 \ldots n - 1 \; n$) ein Gleichgewichtszustand des statisch unbestimmten Systems, welches das Gelenk na nicht aufweist, wohl aber alle Mittelposten 1 bis $n - 1$. Zur Berechnung von $\vartheta_{(nd)(nb)}$ aus der Arbeitsgleichung kann daher ein statisch bestimmtes System gebildet werden, welches an Stelle des Gelenkes na in einem der Pfosten n ein zweites Gelenk und außerdem alle Mittelpfosten 1 bis $n - 1$ enthält. In diesem entstehen durch $X_{nd} = -1$ nur im Riegel n von 0 verschiedene Momente. Mithin ist $\vartheta_{(nd)(nb)} = 0$. Aus der Symmetrie des Zustandes $X_{nd} = -1$ und der Antisymmetrie des Zustandes $Y_{nc} = -1$ folgt ferner $\vartheta_{(nd)(nc)} = 0$. Damit ergibt sich aus $\delta_{(nd)(nb)} = 0$, $\delta_{(nd)(nc)} = 0$,

$$Y_{(nb)(nd)} = 0\,, \qquad Y_{(nc)(nd)} = 0\,.$$

Von den Beiwerten der Spalte Y_{nd} ist also nur $Y_{(na)(nd)}$ zu berechnen.

Zuvor muß α_n ermittelt werden. Dabei darf vorausgesetzt werden, daß die Beiwerte von Y_{na} der Gruppen 1 bis $n - 1$ aus den Bedingungen $\delta_{(na)(rk)} = 0$ bestimmt sind. Der Zustand $Y_{na} = -1$ ist ein Gleichgewichtszustand des $4\,(n - 1)$-fach statisch unbestimmten Systems, welches alle überzähligen Glieder der Stöcke 1 bis $n - 1$ enthält. Zur Berechnung von $\vartheta'_{(nb)(na)} + \vartheta'_{(nc)(na)}$ werde das statisch bestimmte System durch das Gelenk $n - 1$, a, drei Gelenke in den Pfosten $n - 1$ und eine solche Anordnung der Gelenke in den unteren Stöcken gebildet, daß alle Mittelpfosten 1 bis $n - 1$ bestehen bleiben. Dies System sei statisch bestimmtes System a genannt. Ferner bezeichne nl, na, nr den linken Endpunkt, den Punkt a und den rechten Endpunkt des Riegels n, no, den Punkt am Kopf nu, den Punkt am Fuß der äußeren Pfosten n. Die Belastung durch $X_{nb} = -1$, $X_{nc} = -1$ erzeugt im statisch bestimmten System a die Momente 0 in allen Punkten des Riegels n und in $n-1, a$, $\overline{M}_{nb} = -\frac{\alpha_n + 1}{\alpha_n}$ in nu und $\overline{M}_{nb} = +\frac{\alpha_n + 1}{\alpha_n}$ in $n-1, l$ und $n-1, r$. Abb. 354 zeigt die Momentenflächen $\overline{M}_{nb}$. Die durch $Y_{na} = -1$ erzeugten Momente M_{na} sind im Riegel n $M_{na} = -1$, in Punkt $n-1, a$, $M_{na} = -Y_{(n-1,a)(na)}$, in $n-1$, l und $n-1, r$, $M_{na} = +2\,Y_{(n-1,a)(na)}$ in no $M_{na} = -1$, in nu $M_{na} = +\frac{1}{\alpha_n}$. Daß die Momente in $n-1, l$ und $n-1, r$ den Wert $+2\,Y_{(n-1,a)(na)}$ haben, ergibt sich aus der Übereinstimmung des Zustandes $Y_{na} = -1$ mit dem Gleichgewichtszustand des oben bezeichneten $4(n-1)$-fach statisch unbestimmten Systems. In diesem System ist der Zustand $X_{n-1,a} = -1$, alle anderen $X = 0$ ein Selbstspannungszustand. Werden dessen Momente $\overline{M}_{n-1,a}$ bezeichnet, so ist demnach

$$\int \overline{M}_{n-1,a} \cdot M_{na} \cdot ds' = 0\,.$$

Die Momente $\overline{M}_{n-1,a}$ erstrecken sich nur über den Riegel $n-1$ und werden durch ein gleichschenkliges Dreieck von der Höhe -1 in

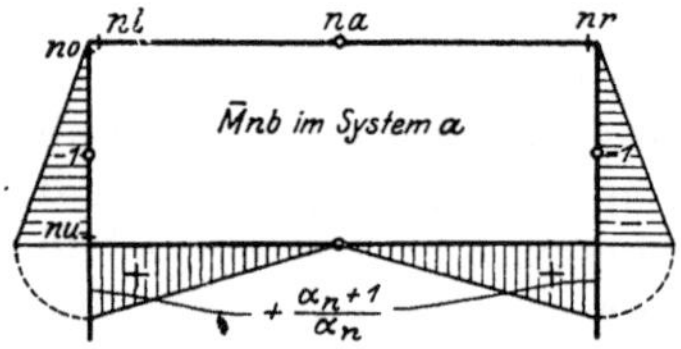

Abb. 354.

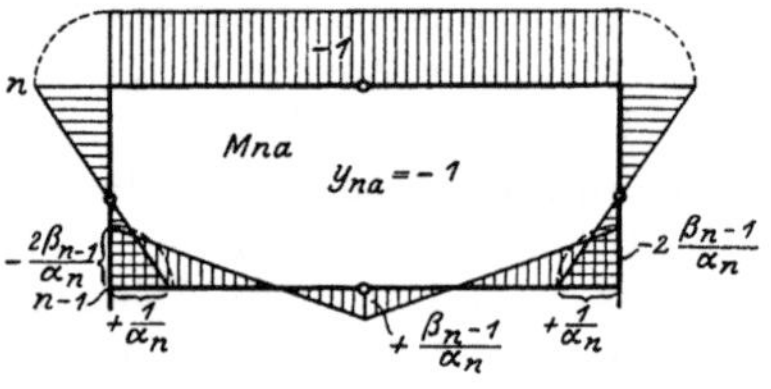

Abb. 355.

$n-1, a$ dargestellt. Wenn z_l, z_a, z_r die Momente M_{na} in $n-1, l$; $n-1, a$; $n-1, r$ bezeichnet, so geht bei konstantem Trägheitsmoment vorstehende Gleichung in

$$\frac{2}{l}\left[(z_l + 2\,z_a) + (z_r + 2\,z_a)\right]\frac{l^2}{4\cdot 6} = 0 \tag{178}$$

über. Wegen der Symmetrie des Zustandes $Y_{na} = -1$ ist $z_l = z_r$, also folgt

$$z_l = z_r = -2\,z_a\,.$$

Diese Bezeichnung gilt offenbar für alle Momente M_{na} in den Riegeln 1 bis $n-1$.

Zur Durchführung der Rechnung sei die Bezeichnung $Y_{(n-1,a)(na)} = -\frac{\beta_{n-1}}{\alpha_n}$ eingeführt. Die Ordinaten der M_{na}-Fläche des Riegels $n-1$ sind also in $n-1$, l und $n-1$, r: $-2\frac{\beta_{n-1}}{\alpha_n}$ in $n-1$, a: $+\frac{\beta_{n-1}}{\alpha_n}$, Abb. 355 zeigt die M_{na}-Flächen. Aus Abb. 355 und Abb. 354 ergibt sich nun

$$\vartheta'_{(nb)(na)} + \vartheta'_{(nc)(na)} = -\frac{\alpha_{n+1}}{\alpha_n}\left[\left(\frac{2}{\alpha_n} - 1\right)\frac{h'_n}{3} + \frac{2}{l}(4-1)\frac{\beta_{n-1}}{\alpha_n}\cdot\frac{l}{6}\cdot\frac{l'_{n-1}}{4}\cdot 2\right].$$

Damit $Y_{(na)(nb)} = 0$ wird, muß sein

$$(2 - \alpha_n)\frac{h'_n}{3} + \frac{\beta_{n-1} \cdot l'_{n-1}}{2} = 0\,, \tag{179}$$

also ist

$$\alpha_n = 2 + \frac{3\,\beta_{n-1} \cdot l'_{n-1}}{2\,h'_n} \tag{180}$$

zu setzen. Das 2. Glied der linken Seite in Gleichung (179) ist nach der Auswertungsformel als statisches Moment der halben M_{na}-Fläche des Riegels in bezug auf die Lotrechte durch a aufgestellt. Infolge Gleichung (178) ist dies statische Moment, geteilt durch $\frac{l}{2}$, gleich dem Flächeninhalt derselben Fläche. Mithin ergibt sich die Gleichung (180) sowohl für eine $\overline{M}$-Fläche der Abb. 354 wie für eine solche der Abb. 356, die man erhält, wenn man das statisch bestimmte System ohne Gelenk

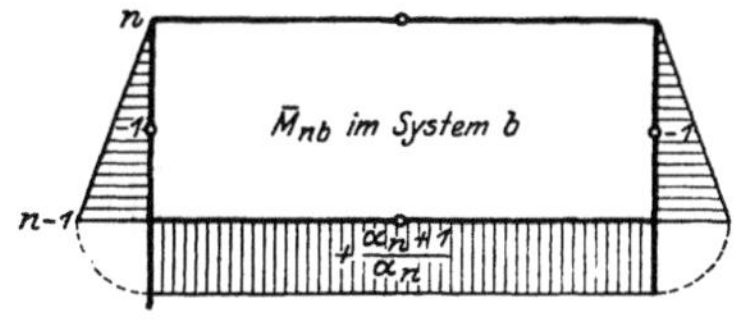

Abb. 356.

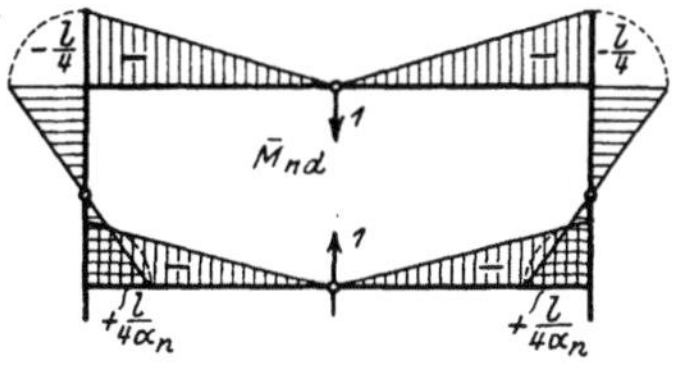

Abb. 357.

in $n-1$, a und ohne Mittelpfosten $n-1$ bildet. Dies System sei statisch bestimmtes System b genannt.

Der Beiwert $Y_{(na)(nd)}$ ergibt sich aus der Bedingung $\delta_{(nd)(na)} = 0$ zu

$$Y_{(na)(nd)} = -\frac{\vartheta'_{(nd)(na)}}{\vartheta'_{(na)(na)}}\,.$$

Zur Berechnung beider Verschiebungen werde das statisch bestimmte System a benutzt. Durch $X_{nd} = -1$ entstehen in diesem die Momente $\overline{M}_{nd} = -\frac{1}{4}l$ in nl, nr und no, $\overline{M}_{nd} = +\frac{1}{4}\frac{l}{\alpha_n}$ in nu, $\overline{M}_{nd} = -\frac{1}{4}\frac{l}{\alpha_n}$ in $n-1, l$ und $n-1, r$, $\overline{M}_{nd} = 0$ in n, a und $n-1, a$. Abb. 357 zeigt die $\overline{M}_{nd}$-Flächen. Durch $X_{na} = -1$ entstehen $\overline{M}_{na} = -1$ in allen Punkten des Riegels n und in no, $\overline{M}_{na} = +\frac{1}{\alpha_n}$ in nu, $\overline{M}_{na} = -\frac{1}{\alpha_n}$ in $n-1, l$ und $n-1, r$, $\overline{M}_{na} = 0$ in $n-1, a$ (s. Abb. 358). Unter Beachtung der Gleichung (179) folgt aus Abb. 357 und 355

$$\vartheta'_{(nd)(na)} = \frac{l}{4}\left(\frac{l'_n}{2} + h'_n\,\frac{2\,\alpha_n - 1}{3\,\alpha_n}\right).$$

Aus Abb. 358 und 355

$$\vartheta'_{(n a)(n a)} = l'_n + h'_n \frac{2\alpha_n - 1}{3\alpha_n}, \tag{181}$$

$$Y_{(n a)(n d)} = -\frac{l}{8}(1 + \zeta_n) \tag{182}$$

$$\zeta_n = \frac{h'_n}{h'_n + l'_n \dfrac{3\alpha_n}{2\alpha_n - 1}}.$$

Es folgt die Berechnung der Beiwerte für $Y_{n+1,a}$ in der Gruppe X_n. Aus $\delta_{(n+1,a)(n d)} = 0$ ergibt sich

$$Y_{(n d)(n+1,a)} = -\frac{\vartheta'_{(n+1,a)(n d)}}{\vartheta'_{(n d)(n d)}}.$$

$Y_{nd} = -1$ ist ein Gleichgewichtszustand des statisch unbestimmten Systems, welches das Gelenk na nicht aufweist, wohl aber alle Pfosten

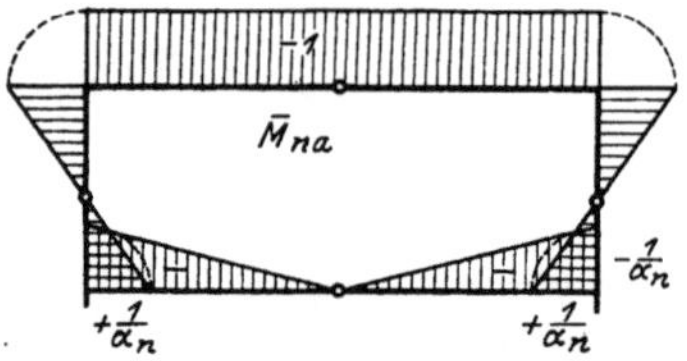

Abb. 358.

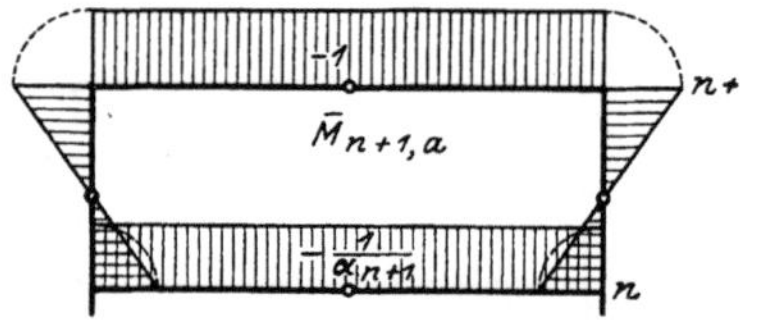

Abb. 359.

1 bis $n - 1$. Zur Berechnung der Verschiebungen wird das statisch bestimmte System b benutzt. Die Belastung durch $X_{n+1,a} = -1$ ergreift in diesem nur den Riegel n durch die Momente $\overline{M}_{n+1,a} = -\frac{1}{\alpha_{n+1}}$ (s. Abb. 359). Die Belastung $X_{n d} = -1$ besteht in zwei Einzelkräften 1, die den Riegel n und die mittleren Stützen $n - 1$ bis 1 belasten. Von 0 verschiedene Momente treten nur im Riegel n auf; sie werden durch ein gleichschenkliges Dreieck von der Höhe $+\frac{1}{4}l$ in na dargestellt (s. Abb. 360). Aus $Y_{n d} = -1$ entsteht in Punkt na $M_{n d} = +\frac{l}{8}(1 + \zeta_n)$ und $M_{n d} = -\frac{l}{8}(1 - \zeta_n)$ in nl und nr (s. Abb. 361). Mithin ist

$$\vartheta'_{(n+1,a)(n d)} = -\frac{l'_n}{\alpha_{n+1}} \cdot \frac{l \cdot \zeta_n}{8},$$

$$\vartheta'_{(n d)(n d)} = \frac{l'_n}{4} \cdot \frac{l}{8}\left[(1 + \zeta_n)\,2 - 1 + \zeta_n\right]\frac{l}{6}, \tag{183}$$

$$\boldsymbol{Y_{(n d)(n+1,a)} = \frac{24 \cdot \zeta_n}{\alpha_{n+1}(1 + 3\zeta_n)\, l}}. \tag{184}$$

Aus den Bedingungen $\delta_{(n+1,a)(n b)} = 0$, $\delta_{(n+1,a)(n c)} = 0$ sind $Y_{(n b)(n+1,a)}$ und $Y_{(n c)(n+1,a)}$ zu berechnen. Wie oben gezeigt, ist $\vartheta'_{(n+1,a)(n b)} = 0$.

Ferner ist wegen der Symmetrie des Zustandes $X_{n+1,a} = -1$ und der Antisymmetrie des Zustandes $Y_{nc} = -1$ auch $\vartheta'_{(n+1,a)(nc)} = 0$. Daraus folgt $\qquad Y_{(nb)(n+1,a)} = 0, \qquad Y_{(nc)(n+1,a)} = 0$.

Der Beiwert $Y_{(na)(n+1,a)}$ ergibt sich aus der Bedingung $\delta_{(n+1,a)(na)} = 0$ zu

$$Y_{(na)(n+1,a)} = -\frac{\vartheta'_{(n+1,a)(na)} + Y_{(nd)(n+1,a)} \cdot \vartheta'_{(nd)(na)}}{\vartheta'_{(na)(na)}}. \tag{185}$$

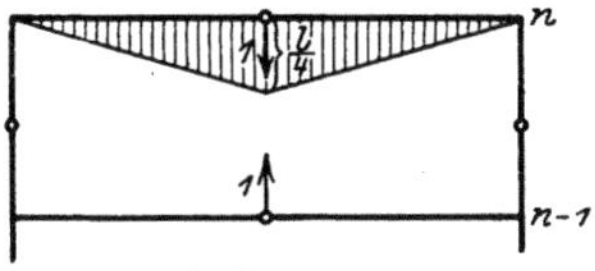

Abb. 360.

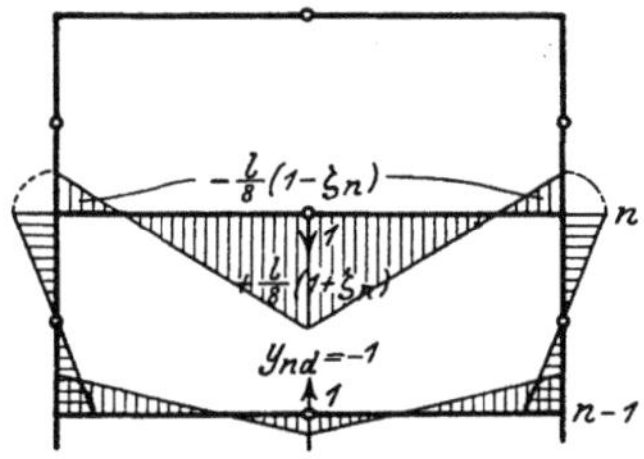

Abb. 361.

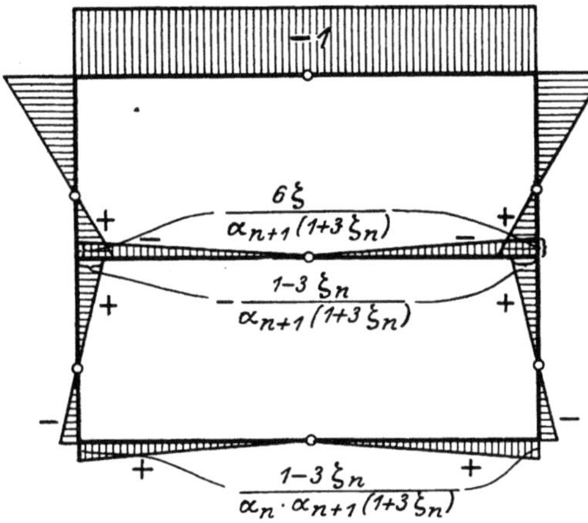

Abb. 362.

Die Verschiebungen des Zählers sind aus der Arbeitsgleichung für die Belastung $X_{n+1,a} = -1$, $X_{nd} = -Y_{(nd)(n+1,a)}$ und den Verschiebungszustand $Y_{na} = -1$ zu berechnen, indem das statisch bestimmte System a benutzt wird. In diesem entstehen die Momente $\overline{M} = -\frac{l}{4} Y_{(nd)(n+1,a)}$ $= -\frac{6\zeta_n}{\alpha_{n+1}(1+3\zeta_n)}$ in nl und nr, $\overline{M} = 0$ in na, $\overline{M} = \frac{1}{\alpha_{n+1}} \frac{1-3\zeta_n}{1+3\zeta_n}$ in no, $\overline{M} = +\frac{1}{\alpha_n \cdot \alpha_{n+1}} \frac{1-3\zeta_n}{1+3\zeta_n}$ in $n-1,\ l$ und $n-1,\ r$, $\overline{M} = 0$ in $n-1,\ a$. Abb. 362 zeigt die $\overline{M}$-Flächen. Aus den Abb. 362 und 355 ergibt sich unter Beachtung der Gleichung (179)

$$\vartheta'_{(n+1,a)(na)} + Y_{(nd)(n+1,a)} \cdot \vartheta'_{(nd)(na)} = \frac{6\zeta_n}{\alpha_{n+1}(1+3\zeta_n)} \frac{l'_n}{2}$$
$$- \frac{1}{\alpha_{n+1}} \cdot \frac{1-3\zeta_n}{1+3\zeta_n} \cdot h'_n \cdot \frac{2\alpha_n - 1}{3\alpha_n},$$

$$Y_{(na)(n+1,a)} = -\frac{1}{\alpha_{n+1}(1+3\zeta_n)} \frac{3\zeta_n\left(l'_n + h'_n \frac{2\alpha_n - 1}{3\alpha_n}\right) - h'_n \frac{2\alpha_n - 1}{3\alpha_n}}{l'_n + h'_n \frac{2\alpha_n - 1}{3\alpha_n}},$$

$$\boldsymbol{Y_{(na)(n+1,a)} = -\frac{2\zeta_n}{\alpha_{n+1}(1+3\zeta_n)} = -\frac{\beta_n}{\alpha_{n+1}}}, \tag{186}$$

wenn die oben eingeführte Bezeichnung β_n benutzt wird, welche somit durch

$$\beta_n = \frac{2\,\zeta_n}{1 + 3\,\zeta_n} = \frac{2\,h'_n}{4\,h'_n + l'_n\,\dfrac{3\,\alpha_n}{2\,\alpha_n - 1}}$$

definiert ist. Aus (184) und (186) folgt noch

$$Y_{(n\,d)\,(n+1,\,a)} = -\frac{12}{l}\,Y_{(n\,a)\,(n+1,\,a)} = \frac{12\,\beta_n}{l\cdot\alpha_{n+1}}\,.$$

Die Momente $M_{n+1,\,a}$ in $n\,l$ und $n\,r$ sind

$$-\frac{l}{4}\cdot Y_{(n\,d)\,(n+1,\,a)} - Y_{(n\,a)\,(n+1,\,a)} = -\frac{2\,\beta_n}{\alpha_{n+1}}\,,$$

erfüllen also die Gleichung (178). Ebenso ergibt sich

$$Y_{(n+1,\,a)\,(n+2,\,a)} = -\frac{\beta_{n+1}}{\alpha_{n+2}}\,,\qquad Y_{(n+1,\,d)\,(n+2,\,a)} = +\frac{12\,\beta_{n+1}}{l\cdot\alpha_{n+2}}\,.$$

Weiter folgt aus $\delta_{(n+2,\,a)\,(n\,d)} = 0$

$$Y_{(n\,d)\,(n+2,\,a)} = -\frac{\vartheta'_{(n+2,\,a)\,(n\,d)} + \dfrac{12\,\beta_{n+1}}{l\cdot\alpha_{n+2}}\,\vartheta'_{(n+1,\,d)\,(n\,d)} - \dfrac{\beta_{n+1}}{\alpha_{n+2}}\cdot\vartheta'_{(n+1,\,a)\,(n\,d)}}{\vartheta'_{(n\,d)\,(n\,d)}}\,.$$

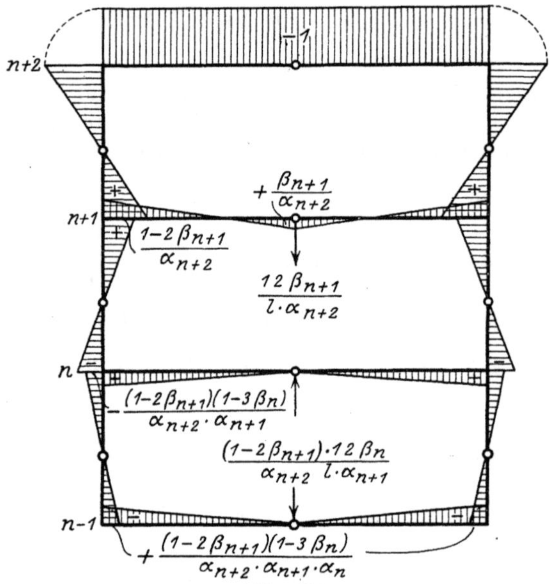

Abb. 363.

Zur Berechnung des Zählers ist das statisch bestimmte System b der Belastung

$$X_{n+2,\,a} = -1\,,$$

$$X_{n+1,\,d} = -\frac{12\,\beta_{n+1}}{l\cdot\alpha_{n+2}}\,,$$

$$X_{n+1,\,a} = +\frac{\beta_{n+1}}{\alpha_{n+2}}$$

zu unterwerfen. Von den beiden Kräften $X_{n+1,\,d}$ liefert die im Punkt $n\,a$ angreifende zum Zähler den Beitrag $-\frac{12\,\beta_{n+1}}{l\cdot\alpha_{n+2}}\cdot\vartheta'_{(n\,d)\,(n\,d)}$, da der Weg der Kraft $X_{n+1,\,d} = -1$ dem Weg der Kraft $X_{n\,d} = -1$ in Punkt $n\,a$ entgegengesetzt gerichtet ist. Die Belastung durch $X_{n+2,\,a}$, $X_{n+1,\,d}$ in Punkt $n+1$, a und $X_{n+1,\,a}$ erzeugt im Riegel n die Momente $\overline{M} = +\frac{1 - 2\,\beta_{n+1}}{\alpha_{n+1}\cdot\alpha_{n+2}}$. Abb. 363 zeigt die Momentenflächen in den Stöcken $n+1$ und $n+2$.

Die zur Berechnung von $\vartheta'_{(n+1,a)(nd)}$ einzuführende Belastung $X_{n+1,a} = -1$ erzeugt nach Abb. 359 im Riegel n die Momente $-\frac{1}{\alpha_{n+1}}$, also ist der Zähler

$$= -\frac{1-2\beta_{n+1}}{\alpha_{n+2}}\vartheta'_{(n+1,a)(nd)} - \frac{12\beta_{n+1}}{l\cdot\alpha_{n+2}}\cdot\vartheta'_{(nd)(nd)}$$

und mit $\varkappa_{n+1} = \frac{1-2\beta_{n+1}}{\alpha_{n+2}}$ erhält man

$$Y_{(nd)(n+2,a)} = -\varkappa_{n+1}\cdot Y_{(nd)(n+1,a)} + Y_{(n+1,d)(n+2,a)}\,. \tag{187}$$

In den für $Y_{(nb)(n+2,a)}$ und $Y_{(nc)(n+2,a)}$ geltenden Bedingungen $\delta_{(n+2,a)(nb)} = 0$ und $\delta_{(n+2,a)(nc)} = 0$ ist, wie oben gezeigt, $\vartheta_{(n+2,a)(nb)} = 0$, $\vartheta_{(n+1,d)(nb)} = 0$, $\vartheta_{(n+1,a)(nb)} = 0$, $\vartheta_{(nd)(nb)} = 0$, und infolge der Antisymmetrie des Zustandes $Y_{nc} = -1$ auch $\vartheta_{(n+2,a)(nc)} = 0$, $\vartheta_{(n+1,d)(nc)} = 0$, $\vartheta_{(n+1,a)(nc)} = 0$, $\vartheta_{(nd)(nc)} = 0$. Mithin folgt $Y_{(nb)(n+2,a)} = 0$, $Y_{(nc)(n+2,a)} = 0$. Diese Schlußfolgerung läßt sich fortsetzen, so daß alle $Y_{(nb)(n+r,a)} = 0$, $Y_{(nc)(n+r,a)} = 0$ sind. Die statisch unbestimmten Größen Y_{ra} haben daher nur für die $X_{r,a}$ und $X_{r,d}$ von 0 verschiedene Beiwerte.

Aus $\delta_{(n+2,a)(na)} = 0$ ergibt sich

$$Y_{(na)(n+2,a)} = -[\vartheta'_{(n+2,a)(na)} + Y_{(n+1,d)(n+2,a)}\cdot\vartheta'_{(n+1,d)(na)} + Y_{(n+1,a)(n+2,a)}\cdot\vartheta'_{(n+1,a)(na)} + Y_{(nd)(n+2,a)}\cdot\vartheta'_{(nd)(na)}]\frac{1}{\vartheta'_{(na)(na)}}\,.$$

Zur Berechnung des Zählers ist die Belastung

$$X_{n+2,a} = -1\,,\qquad X_{n+1,d} = -\frac{12\beta_{n+1}}{l\cdot\alpha_{n+2}}\,,\qquad X_{n+1,a} = +\frac{\beta_{n+1}}{\alpha_{n+2}}\,,$$

$$X_{nd} = +\frac{1-2\beta_{n+1}}{\alpha_{n+2}}\,\frac{12\beta_n}{l\cdot\alpha_{n+1}} - \frac{12\beta_{n+1}}{l\cdot\alpha_{n+2}}\,,$$

in dem statisch bestimmten System a einzuführen. Diese erzeugt in nl und nr die Momente

$$\overline{M} = +\frac{1-2\beta_{n+1}}{\alpha_{n+2}}\cdot\frac{3\beta_n}{\alpha_{n+1}}\,,$$

in na: $\overline{M} = 0\,,$

in no: $\overline{M} = -\frac{(1-2\beta_{n+1})(1-3\beta_n)}{\alpha_{n+2}\cdot\alpha_{n+1}}\,,$

in nu: $\overline{M} = +\frac{(1-2\beta_{n+1})(1-3\beta_n)}{\alpha_{n+2}\cdot\alpha_{n+1}\cdot\alpha_n}\,,$

in $n-1, l, n-1, r$: $\overline{M} = -\frac{(1-2\beta_{n+1})(1-3\beta_n)}{\alpha_{n+2}\cdot\alpha_{n+1}\,\alpha_n}\,,$

in $n-1, a$: $\overline{M} = 0\,.$

Abb. **363** zeigt die Momentenflächen.

Zur Berechnung des Zählers der Gleichung (185) sind die in Abb. 362 dargestellten Momente benutzt worden. Beachtet man, daß $\frac{1-3\zeta_n}{1+3\zeta_n} = 1 - 3\beta_n$ ist, so erkennt man, daß die Momente der Abb. 363 gleich den mit $-\frac{1-2\beta_{n+1}}{\alpha_{n+2}}$ multiplizierten Momenten der Abb. 362 sind. Mithin ist

$$Y_{(na)(n+2,a)} = -\varkappa_{n+1} \cdot Y_{(na)(n+1,a)} \cdot \qquad (188)$$

In derselben Weise findet man

$$Y_{(n+1,d)(n+3,a)} = -\varkappa_{n+2} \cdot Y_{(n+1,d)(n+2,a)} + Y_{(n+2,d)(n+3,a)},$$
$$Y_{(n+1,a)(n+3,a)} = -\varkappa_{n+2} \cdot Y_{(n+1,a)(n+2,a)},$$

und die Fortsetzung dieser Schlußfolgerung führt zu dem allgemeinen Ergebnis für $r = 1, 2 \ldots n-1$

$$\left.\begin{aligned} \boldsymbol{Y}_{(rd)(n+1,a)} &= -\varkappa_n \cdot \boldsymbol{Y}_{(rd)(na)} + \boldsymbol{Y}_{(nd)(n+1,a)}, \\ \boldsymbol{Y}_{(ra)(n+1,a)} &= -\varkappa_n \cdot \boldsymbol{Y}_{(ra)(na)} \cdot \end{aligned}\right\} \qquad (189)$$

Die Beiwerte der statisch unbestimmten Größen Y_{nb} sind durch Gleichungen von der Form

$$Y_{(rk)(nb)} = -\frac{\vartheta'_{(nb)(rk)} + \vartheta'_{(nc)(rk)} + \sum r_1 Y_{(r_1 k)(nb)} \cdot \vartheta'_{(r_1 k)(rk)}}{\vartheta'_{(rk)(rk)}},$$

bestimmt. Die durch $X_{nb} = -1$, $X_{nc} = -1$ erzeugten Momente $\overline{M}_{nb}$ sind in allen Stöcken 1 bis $n-1$ mit den durch $X_{na} = -1$ erzeugten Momenten durch die Beziehung

$$\overline{M}_{nb} = -(\alpha_n + 1) \cdot \overline{M}_{na}$$

verbunden. Mithin ist

$$\vartheta'_{(nb)(rk)} + \vartheta'_{(nc)(rk)} = -(\alpha_n + 1)\,\vartheta'_{(na)(rk)},$$

aus

$$Y_{(n-1,d)(nb)} = -\frac{\vartheta'_{(nb)(n-1,d)} + \vartheta'_{(nc)(n-1,d)}}{\vartheta'_{(n-1,d)(n-1,d)}}$$

folgt zunächst

$$Y_{(n-1,d)(nb)} = -(\alpha_n + 1) \cdot Y_{(n-1,d)(na)}$$

In der Gleichung für $Y_{(n-1,a)(nb)}$ tritt im Zähler der rechten Seite $Y_{(n-1,d)(nb)} \cdot \vartheta'_{(n-1,d)(n-1,a)}$ hinzu, so daß auch

$$Y_{(n-1,a)(nb)} = -(\alpha_n + 1) \cdot Y_{(n-1,a)(na)}$$

ist. Die Fortsetzung dieser Schlußfolgerung ergibt die allgemeine Beziehung

$$\boldsymbol{Y}_{(rk)(nb)} = -(\alpha_n + 1) \cdot \boldsymbol{Y}_{(rk)(na)} \cdot \qquad (190)$$

Von den Beiwerten der statisch unbestimmten Größen Y_{nd} ist $Y_{(na)(nd)}$ bereits durch Gleichung (182) gegeben. Für $Y_{(n-1,d)(nd)}$ folgt aus $\delta_{(nd)(n-1,d)} = 0$

$$Y_{(n-1,d)(nd)} = -\frac{\vartheta'_{(nd)(n-1,d)} + Y_{(na)(nd)} \cdot \vartheta'_{(na)(n-1,d)}}{\vartheta'_{(n-1,d)(n-1,d)}}.$$

Zur Berechnung des Zählers ist die Belastung $X_{nd} = -1$, $X_{na} = -Y_{(na)(nd)} = \frac{l}{8}(1+\zeta_n)$ in dem statisch bestimmten System b einzuführen. Von den beiden Kräften $X_{nd} = -1$ leistet die in $n-1$, a angreifende die Arbeit $-1 \cdot \vartheta'_{(n-1,d)(n-1,d)}$. Die in na angreifende Kraft $X_{nd} = -1$ und $X_{na} = +\frac{l}{8}(1+\zeta_n)$ erzeugen die Momente in nl und nr $\overline{M} = -\frac{l}{8}(1-\zeta_n)$ und in allen Punkten des Riegels $n-1$ $\overline{M} = -\frac{l}{8\alpha_n}(1-\zeta_n)$. Für $Y_{(n-1,d)(na)}$ gilt

$$Y_{(n-1,d)(na)} = -\frac{\vartheta'_{(na)(n-1,d)}}{\vartheta'_{(n-1,d)(n-1,d)}}.$$

Zur Berechnung von $\vartheta'_{(na)(n-1,d)}$ ist das statisch bestimmte System b durch $X_{na} = -1$ zu belasten. Dadurch entstehen im Riegel $n-1$ die Momente $\overline{M}_{na} = -\frac{1}{\alpha_n}$. Die Momente des Zustandes $Y_{n-1,d} = -1$ und die Momente $\overline{M}$ bzw. $\overline{M}_{na}$ erfassen nur den Riegel $n-1$ gemeinsam. Da für diesen

$$\overline{M} = \frac{l}{8}(1-\zeta_n) \cdot \overline{M}_{na} \text{ ist, so folgt}$$

$$\vartheta'_{(nd)(n-1,d)} + Y_{(na)(nd)} \cdot \vartheta'_{(na)(n-1,d)} = \frac{l}{8}(1-\zeta_n) \cdot \vartheta'_{(na)(n-1,d)} - 1 \cdot \vartheta'_{(n-1,d)(n-1,d)}$$

und

$$Y_{(n-1,d)(nd)} = \frac{l}{8}(1-\zeta_n) \cdot Y_{(n-1,d)(na)} + 1.$$

Für $Y_{(n-1,a)(nd)}$ gilt

$$Y_{(n-1,a)(nd)} = -\frac{\vartheta'_{(nd)(n-1,a)} + Y_{(na)(nd)} \cdot \vartheta'_{(na)(n-1,a)} + Y_{(n-1,d)(nd)} \cdot \vartheta'_{(n-1,d)(n-1,a)}}{\vartheta'_{(n-1,a)(n-1,a)}}.$$

Zur Berechnung des Zählers ist das statisch bestimmte System a (Stützen 1 bis $n-2$, Gelenk in $n-2, a$) der Belastung $X_{nd} = -1$, $X_{na} = -Y_{(na)(nd)} = \frac{l}{8}(1+\zeta_n)$, $X_{n-1,d} = -Y_{(n-1,d)(nd)}$ zu unterwerfen. Die Einzelkräfte dieser Belastung sind $X_{nd} = -1$ in Punkt na, $X_{n-1,d} - X_{nd} = -\frac{l}{8}(1-\zeta_n)$, $Y_{(n-1,d)(na)}$ in Punkt $n-1$, a. Die Kraft $X_{n-1,d} = -Y_{(n-1,a)(nd)}$ in Punkt $n-2$, a wird durch die Stützen $1 \ldots n-2$ aufgenommen. Mithin entstehen die Momente in $n-1$, a $\overline{M} = 0$,

in $n-1$, l und $n-1$, r $\overline{M} = -\frac{l^2}{32}(1-\zeta_n)\, Y_{(n-1,d)(na)}$

in $n-1$, o: $\overline{M} = +\frac{l}{8}(1-\zeta_n)\left[\frac{1}{\alpha_n} - \frac{l}{4} \cdot Y_{(n-1,d)(na)}\right]$,

in $n-1$, u: $\overline{M} = -\frac{l}{8\alpha_{n-1}}(1-\zeta_n)\left[\frac{1}{\alpha_n} - \frac{l}{4} \cdot Y_{(n-1,d)(na)}\right]$, in $n-2, l$ und $n-2, r$ dasselbe Moment mit dem positiven Vorzeichen; in $n-2, a$ $\overline{M}-0$. Für $Y_{(n-1,a)(na)}$ gilt

$$Y_{(n-1,a)(na)} = -\frac{\vartheta'_{(na)(n-1,a)} + Y_{(n-1,d)(na)} \cdot \vartheta'_{(n-1,d)(n-1,a)}}{\vartheta'_{(n-1,a)(n-1,a)}}.$$

Zur Berechnung des Zählers ist im statisch bestimmten System a die Belastung $X_{na} = -1$, $X_{n-1,d} = -Y_{(n-1,d)(na)}$ einzuführen. Diese erzeugt

in $n-1, a$: $\quad \overline{M}_a = 0,$

in $n-1, l$ und $n-1, r$: $\quad \overline{M}_a = -\frac{l}{4} \cdot Y_{(n-1,d)(na)},$

in $n-1, o$: $\quad \overline{M} = \frac{1}{\alpha_n} - \frac{l}{4} Y_{(n-1,d)(na)},$

in $n-1, u$: $\quad \overline{M}_a = -\frac{1}{\alpha_{n-1}}\left[\frac{1}{\alpha_n} - \frac{l}{4} Y_{(n-1,d)(na)}\right],$

	Y_{1a}	Y_{1b}	Y_{1c}	Y_{1d}	Y_{2a}	Y_{2b}	Y_{2c}	Y_{2d}
X_{1a}	1	0	0	$-\mu_1$	$-\frac{\beta_1}{\alpha_2}$	$+(\alpha_2+1)\frac{\beta_1}{\alpha_2}$	0	$-\nu_2\frac{\beta_1}{\alpha_2}$
X_{1b}	0	1	-1	0	0	0	$-\eta_1$	0
X_{1c}	0	1	$+1$	0	0	0	$+\eta_1$	0
X_{1d}	0	0	0	1	$+\frac{12\beta_1}{l\alpha_2}$	$-(\alpha_2+1)\frac{12\beta_1}{l\alpha_2}$	0	$+\nu_2\frac{12\beta_1}{l\alpha_2}+1$
X_{2a}	—	—	—	—	1	0	0	$-\mu_2$
X_{2b}	—	—	—	—	—	1	-1	0
X_{2c}	—	—	—	—	—	1	$+1$	0
X_{2d}	—	—	—	—	—	0	0	1
X_{3a}	—	—	—	—	—	—	—	—
X_{3b}	—	—	—	—	—	—	—	—
X_{3c}	—	—	—	—	—	—	—	—
X_{3d}	—	—	—	—	—	—	—	—

in $n-2, l$ und $n-2, r$ dasselbe Moment mit dem positiven Vorzeichen, in $n-2, a$ $\overline{M}_a = 0$. Für Riegel und Pfosten $n-1$, sowie für den Riegel $n-2$ ist also

$$\overline{M} = \frac{l}{8}(1-\zeta_n)\,\overline{M}_a,$$

und daraus folgt

$$Y_{(n-1,a)(nd)} = \frac{l}{8}(1-\zeta_n)\cdot Y_{(n-1,a)(na)}.$$

Die Fortsetzung dieser Schlußfolgerung ergibt die allgemein gültigen Beziehungen

$$\left.\begin{aligned} \boldsymbol{Y_{(rd)(nd)}} &= \frac{l}{8}(1-\zeta_n)\cdot \boldsymbol{Y_{(rd)(na)}} + 1,\\ \boldsymbol{Y_{(ra)(nd)}} &= \frac{l}{8}(1-\zeta_n)\cdot \boldsymbol{Y_{(ra)(na)}}. \end{aligned}\right\} \tag{191}$$

Die Beiwerte der statisch unbestimmten Größen Y_{nb} und Y_{nd} sind aus den gleichnamigen Beiwerten von Y_{na} durch einfache Multiplikation mit dem konstanten Faktor $-(\alpha_n+1)$ bzw. $\frac{l}{8}(1-\zeta_n)$ zu berechnen. Die Beiwerte der antisymmetrischen Größen Y_{nc} sind dieselben wie

Y_{3a}	Y_{3b}	Y_{3c}	Y_{3d}	
$+\frac{\beta_1}{\alpha_2}\cdot\varkappa_2$	$-(\alpha_3+1)\frac{\beta_1}{\alpha_2}\cdot\varkappa_2$	0	$+\nu_3\frac{\beta_1}{\alpha_2}\varkappa_2$	X_{1a}
0	0	$-\eta_1\cdot\eta_2$	0	X_{1b}
0	0	$+\eta_1\cdot\eta_2$	0	X_{1c}
$-\frac{12\beta_1}{l\alpha_2}\varkappa_2+\frac{12\beta_2}{l\alpha_3}$	$-(\alpha_3+1)\left[-\frac{12\beta_1}{l\alpha_2}\cdot\varkappa_2+\frac{12\beta_2}{l\alpha_3}\right]$	0	$+\nu_3\left[\frac{12\beta_1}{l\alpha_2}\varkappa_2+\frac{12\beta_2}{l\alpha_3}\right]+1$	X_{1d}
$-\frac{\beta_2}{\alpha_3}$	$+(\alpha_3+1)\frac{\beta_2}{\alpha_3}$	0	$-\nu_3\frac{\beta_2}{\alpha_3}$	X_{2a}
0	0	$-\eta_2$	0	X_{2b}
0	0	$+\eta_2$	0	X_{2c}
$+\frac{12\beta_2}{l\alpha_3}$	$-(\alpha_3+1)\frac{12\beta_2}{l\alpha_3}$	0	$+\nu_3\frac{12\beta_2}{l\cdot\alpha_3}+1$	X_{2d}
1	0	0	$-\mu_3$	X_{3a}
—	1	-1	0	X_{3b}
—	1	$+1$	0	X_{3c}
—	0	0	1	X_{3d}

die entsprechenden des zweistieligen Stockwerkrahmens. Damit sind die Formeln gefunden, nach denen alle Beiwerte für eine beliebige Anzahl von Stöcken angeschrieben werden können. Es werden folgende Bezeichnungen benutzt

$$\beta_n = \frac{2\,h_n'}{4\,h_n' + l_n' \dfrac{3\,\alpha_n}{2\,\alpha_n - 1}}, \qquad \alpha_n = 2 + \frac{3\,l_{n-1}' \cdot \beta_{n-1}}{2\,h_n'},$$

die sich von $\alpha_1 = 2$ aus schrittweise berechnen lassen.

$$\zeta_n = \frac{h_n'}{h_n' + l_n' \dfrac{3\,\alpha_n}{2\,\alpha_n - 1}}, \qquad \mu_n = \frac{l}{8}(1 + \zeta_n), \qquad \nu_n = \frac{l}{8}(1 - \zeta_n),$$

$$\varkappa_n = \frac{1 - 2\,\beta_n}{\alpha_{n+1}}.$$

Die Tafel der Beiwerte ist in folgender Weise anzuschreiben:

Zeile X_{1a}: $Y_{1a} = 1$, $Y_{2a} = -\dfrac{\beta_1}{\alpha_2}$, $Y_{3a} = +\dfrac{\beta_1}{\alpha_2} \cdot \varkappa_2$, $Y_{4a} = -\dfrac{\beta_1}{\alpha_2} \cdot \varkappa_2 \cdot \varkappa_3$, usw.

„ X_{2a}: $Y_{2a} = 1$, $Y_{3a} = -\dfrac{\beta_2}{\alpha_3}$, $Y_{4a} = +\dfrac{\beta_2}{\alpha_3}\varkappa_3$,

„ X_{3a}: $Y_{3a} = 1$, $Y_{4a} = -\dfrac{\beta_3}{\alpha_4}$,

„ X_{4a}: $Y_{4a} = 1$ usw.

Zeile X_{1d}: $Y_{1a} = 0$, $Y_{2a} = \dfrac{12\,\beta_1}{l \cdot \alpha_2}$, $Y_{3a} = -\dfrac{12\,\beta_1}{l \cdot \alpha_2} \cdot \varkappa_2$, $Y_{4a} = +\dfrac{12\,\beta_1}{l \cdot \alpha_2} \cdot \varkappa_2 \cdot \varkappa_3$,

„ X_{2d}: $Y_{2a} = 0$, $Y_{3a} = \dfrac{12\,\beta_2}{l \cdot \alpha_3}$, $Y_{4a} = -\dfrac{12\,\beta_2}{l \cdot \alpha_3}\varkappa_3$,

„ X_{3d}: $Y_{3a} = 0$, $Y_{4a} = \dfrac{12\,\beta_3}{l \cdot \alpha_4}$,

„ X_{4d}: $Y_{4a} = 0$ usw.

Hinzuzufügen ist noch

in Spalte Y_{3a}: $X_{1d} = +\dfrac{12\,\beta_2}{l\,\alpha_3}$,

„ „ Y_{4a}: $X_{1d} = X_{2d} = \dfrac{12\,\beta_3}{l\,\alpha_4}$ usw.

Damit sind die Spalten Y_{ra} abgeschlossen. In den Spalten Y_{rb} ist

$$Y_{(1b)(1b)} = Y_{(2b)(2b)} = Y_{(3b)(3b)} = Y_{(4b)(4b)} = \text{usw.} = 1,$$
$$Y_{(1c)(1b)} = Y_{(2c)(2b)} = Y_{(3c)(3b)} = Y_{(4c)(4b)} = \text{usw.} = 1$$

zu setzen. Die übrigen Werte werden aus den Spalten Y_{ra} derselben Zeile durch Multiplikation mit $-(\alpha_r + 1)$ gewonnen. In den Spalten

$$Y_{rd} \text{ ist } Y_{(1d)(1d)} = Y_{(2d)(2d)} = Y_{(3d)(3d)} = Y_{(4d)(4d)} = \text{usw.} = 1\,,$$

$$Y_{(1a)(1d)} = -\mu_1\,,\quad Y_{(2a)(2d)} = -\mu_2\,,\quad Y_{(3a)(3d)} = -\mu_3\,,\quad Y_{(4a)(4d)} = -\mu_4$$

usw. zu setzen. Die übrigen Werte werden aus den Y_{ra} derselben Zeile durch Multiplikation mit ν_r gewonnen. Schließlich ist noch hinzuzufügen

in Spalte Y_{2d}:

$$X_{1d} = 1\,,$$

in Spalte Y_{3d}:

$$X_{1d} = X_{2d} = 1 \quad \text{usw.}$$

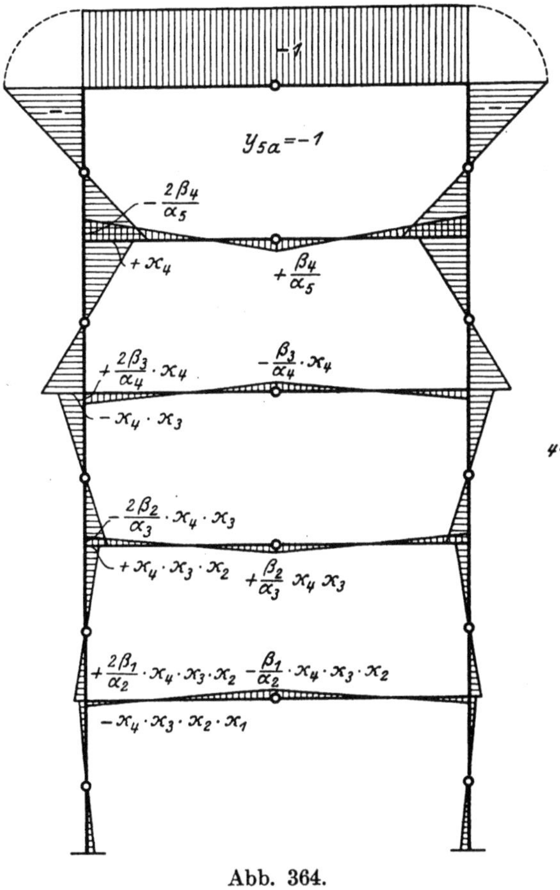

Abb. 364.

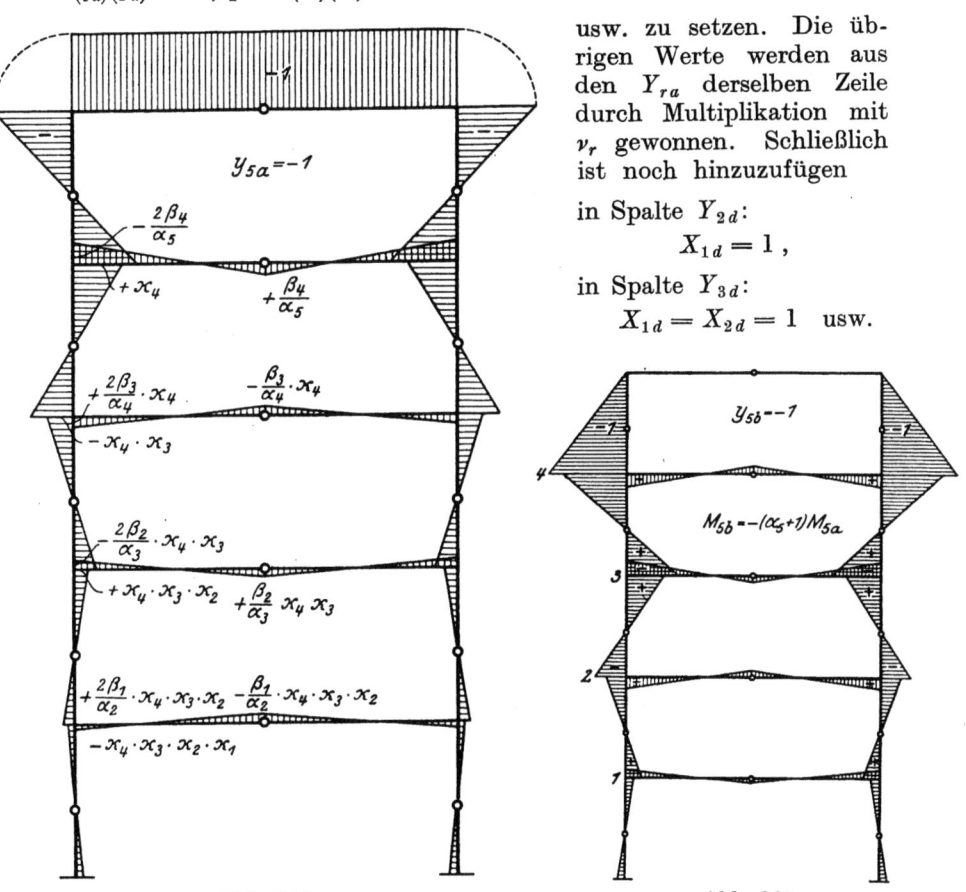

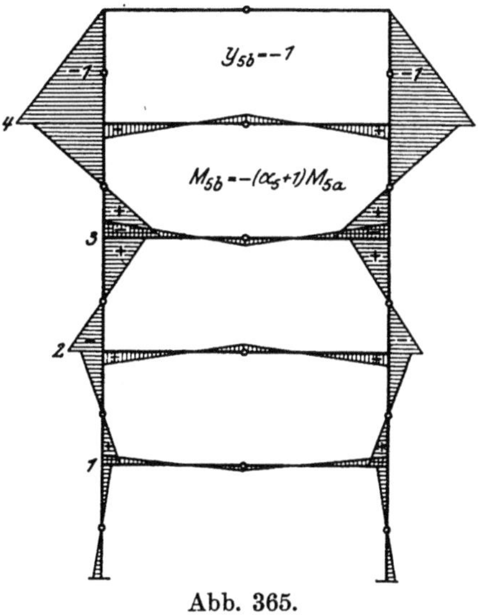

Abb. 365.

Die Beiwerte η in den Spalten Y_{rc} werden wie im Falle des zweistieligen Rahmens angeschrieben. Auf Seite 510 und 511 ist die Tafel für drei Stockwerke aufgestellt.

Abb. 364 zeigt die durch $Y_{5a} = -1$ erzeugten Momente M_{5a}. Aus derselben ist ersichtlich, daß man die Momente am Kopf der Pfosten in der Reihenfolge

$$n\,o\colon M_{na} = -1\,,\quad n-1, o\colon M_{na} = \varkappa_{n-1}\,,\quad n-2, o\colon M_{na} = -\varkappa_{n-1}\cdot\varkappa_{n-2}\,,$$

$$n-3, o\colon M_{na} = +\varkappa_{n-1}\cdot\varkappa_{n-2}\cdot\varkappa_{n-3} \text{ usw.}$$

anschreiben kann. Abb. 365 und 366 zeigen die M_{5b} und M_{5d}-Flächen.

Es erübrigt noch die Berechnung der Verschiebungen $\delta'_{(nk)(nk)}$. Durch Gleichung (181) ist

$$\delta'_{(na)(na)} = \vartheta'_{(na)(na)} = l'_n + h'_n \frac{2\alpha_n - 1}{3\alpha_n},$$

$$\delta'_{(na)(na)} = \frac{h'_n}{\zeta_n} \frac{2\alpha_n - 1}{3\alpha_n} = \frac{l'_n}{1 - \zeta_n} \tag{192}$$

bereits gegeben. Ferner ist

$$\delta'_{(nb)(nb)} = \vartheta'_{(nb)(nb)} + \vartheta'_{(nc)(nb)}.$$

Aus Abb. 367, welche die M_{nb}-Fläche des Stockes n zeigt und Abb. 365 ergibt sich

$$\delta'_{(nb)(nb)} = \left(\frac{\alpha_n + 1}{\alpha_n}\right)^2 \left[\frac{2}{3} h'_n + l'_{n-1} \cdot \frac{\beta_{n-1}}{2}\right]$$

und mit

$$\frac{l'_{n-1} \cdot \beta_{n-1}}{2} = \frac{\alpha_n h'_n}{3} - \frac{2 h'_n}{3},$$

$$\delta'_{(nb)(nb)} = h'_n \frac{(\alpha_n + 1)^2}{3\alpha_n}. \tag{193}$$

Wie im Falle des zweistieligen Rahmens ist

$$\delta'_{(nc)(nc)} = \frac{l'_n}{3\eta_n}. \tag{194}$$

Nach Gleichung (183) ist

$$\delta'_{(nd)(nd)} = \vartheta'_{(nd)(nd)} = \frac{l^2 l'_n}{8 \cdot 24}(1 + 3\zeta_n). \tag{195}$$

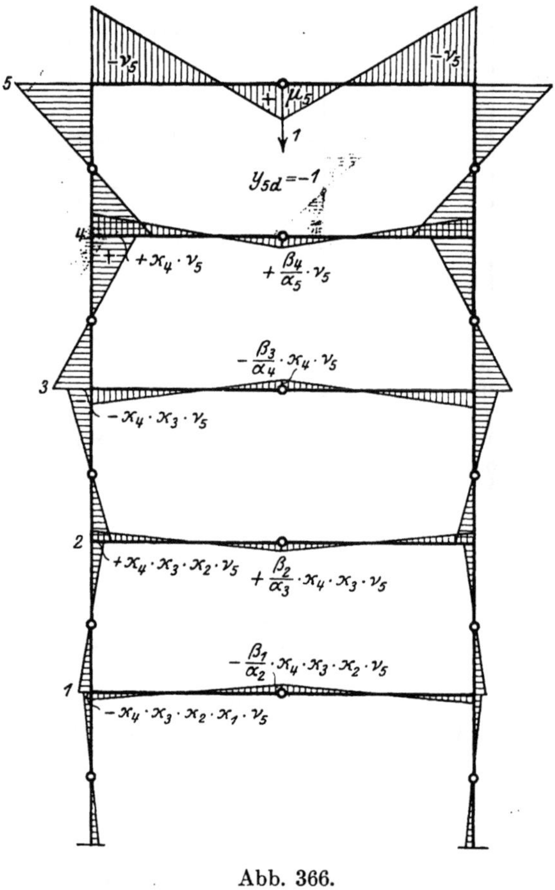

Abb. 366.

Der Wert jeder statisch unbestimmten Größe, der durch Lasten P_m erzeugt wird, ist nunmehr durch

$$Y_{nk} = \frac{\sum P_m \cdot \delta'_{m(nk)}}{\delta'_{(nk)(nk)}}$$

gegeben. Bei der Berechnung von $\delta'_{m(nk)}$ ist das in Nr. 77 dargestellte Verfahren anzuwenden, indem das für die Rechnung jeweils geeignete, statisch bestimmte System aus dem statisch unbestimmten gebildet

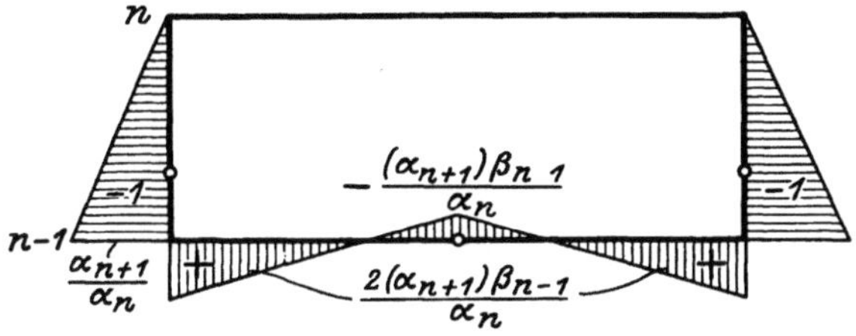

Abb. 367.

wird, dessen Gleichgewichtszustand mit dem Zustand $Y_{nk} = -1$ übereinstimmt. Der Einfluß von Temperaturänderungen ist durch die Gleichung (168) in Nr. 77 bestimmt.

79. Der vierstielige Stockwerkrahmen mit drei Stockwerken.

Das in Abb. 368 dargestellte System sei symmetrisch zur lotrechten Mittelachse und die beiden äußeren Rahmen wiederum symmetrisch in bezug auf ihre lotrechte Mittelachse. Es ist 27fach statisch un-

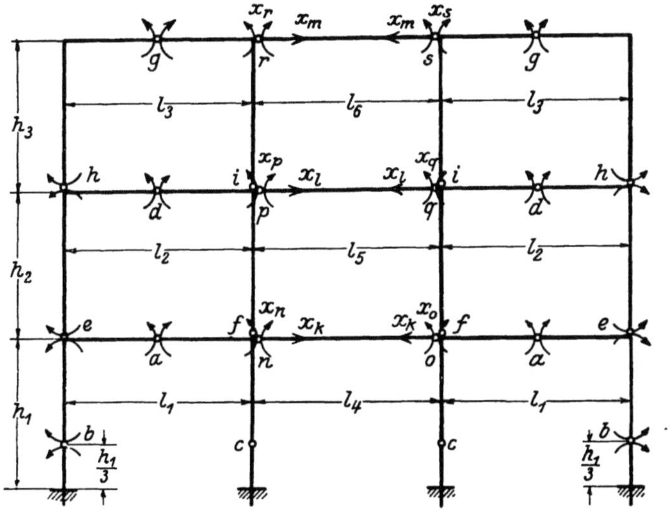

Abb. 368.

bestimmt. Die Berechnung wird auf ein Grundsystem zurückgeführt, welches aus 2 zweistieligen Stockwerkrahmen von je 3 Stockwerken besteht. Dazu werden im mittleren Rahmen die Gelenke *n*, *o* in den Endpunkten des Riegels *1*, *p*, *q* in den Endpunkten des Riegels *2*, *r*, *s* in den Endpunkten des Riegels *3* eingeschaltet und die Riegel in einem ihrer Endpunkte wagerecht verschieblich gelagert. Die statischen

Größen der überzähligen Glieder sind die Momente X_n, X_o, X_p, X_q, X_r, X_s, und die Normalkräfte X_k, X_l, X_m.

Das Grundsystem besteht aus 2 voneinander getrennten, 9fach statisch unbestimmten Stockwerkrahmen.

Als überzählige Größen des Grundsystems werden die Momente in Riegelmitte X_a, X_d, X_g bzw. $X_{a'}$, $X_{d'}$, $X_{g'}$, die Momente in $^1/_3$ der Höhe des Pfostens *1* X_b, X_c bzw. $X_{b'}$, $X_{d'}$, sowie in den Fußpunkten der Pfosten *2* und *3* X_e, X_f, X_h, X_i bzw. $X_{e'}$, $X_{f'}$, $X_{h'}$, $X_{i'}$ eingeführt. Alle Momente werden durch einen im Innern jedes Rahmens liegenden Augenpunkt orientiert, die Pfosten den Stockwerkrahmen des Grundsystems und jeder Riegel dem unteren Rahmen zugezählt. Die Normalkräfte werden als Zugkräfte positiv angesetzt. Abb. 368 zeigt die positive Richtung der überzähligen Größen. Die Momente $X_a \ldots X_i$ des linken Rahmens werden in 9 Gruppen statisch unbestimmter Größen $Y_a \ldots Y_i$ zusammengefaßt, welche nach dem in Nr. 77 gezeigten Verfahren unter Berücksichtigung der Lage der Pfostengelenke zu berechnen sind. Ebenso bilden die Momente $X_{a'} \ldots X_{i'}$ 9 Gruppen $Y_{a'} \ldots Y_{i'}$. Die nachstehende Tabelle zeigt die statischen Größen der Gruppen.

	Y_a	Y_b	Y_c	Y_d	Y_e	Y_f	Y_g	Y_h	Y_i
X_a	1	0	0	0	$-\zeta_1$	0	0	$+\lambda_2 \cdot \zeta_1$	0
X_b	0	$+1$	$+1$	0	0	$+\eta_1$	0	0	$+\eta_2 \cdot \eta_1$
X_c	0	$+1$	-1	0	0	$-\eta_1$	0	0	$-\eta_2 \cdot \eta_1$
X_d	—	—	—	1	$-\zeta_2$	0	0	$-\zeta_2(2-\lambda_2)$	0
X_e	—	—	—	0	$+1$	$+1$	0	$-\lambda_2$	$+\eta_2$
X_f	—	—	—	0	$+1$	-1	0	$-\lambda_2$	$-\eta_2$
X_g	—	—	—	—	—	—	1	$-\zeta_3$	0
X_h	—	—	—	—	—	—	0	$+1$	$+1$
X_i	—	—	—	—	—	—	0	$+1$	-1

Da die Gelenke *e*, *f*, *h*, *i* in den Fußpunkten der Pfosten liegen, ergreift die Belastung $X_d = -1$ nur den zweiten Stock und $X_g = -1$ nur den dritten Stock. Mithin wird

$$Y_{ad} = Y_{bd} = Y_{cd} = 0\,, \quad \text{ferner} \quad Y_{dg} = Y_{eg} = Y_{fg} = 0\,,$$

damit auch $Y_{ag} = Y_{bg} = Y_{cg} = 0$.

Sodann erhält man nach Abb. 369 und 370

$$Y_{de} = -\frac{\vartheta_{ed} + \vartheta_{fd}}{\vartheta_{dd}} = -\frac{h_2'}{2h_2' + 3l_2'} = -\zeta_2\,.$$

Aus Abb. 369, 371 und 372 folgt $Y_{be} = Y_{ce} = 0$. Ferner aus 369 und 373

$$Y_{ae} = -\frac{\vartheta_{ea} + \vartheta_{fa}}{\vartheta_{aa}} = -\frac{h_1'}{h_1' + 2l_1'} = -\zeta_1\,.$$

Aus Abb. 374 und 370, welche auch die Momente aus $Y_g = -1$ darstellt, folgt

$$Y_{gh} = -\frac{\vartheta_{hg} + \vartheta_{ig}}{\vartheta_{gg}} = -\frac{h_3'}{2h_3' + 3l_3'} = -\zeta_3.$$

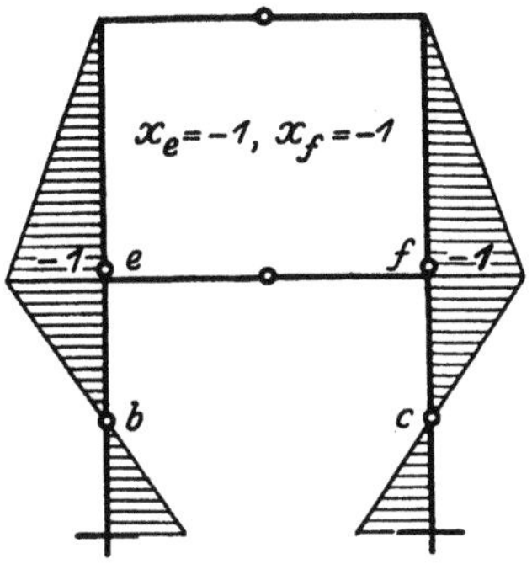

Abb. 369.

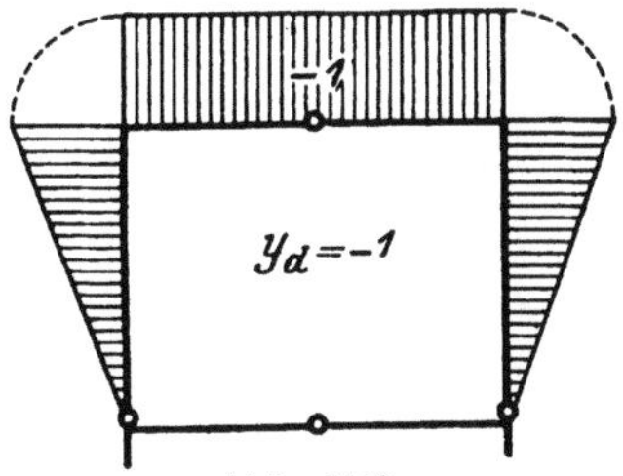

Abb. 370.

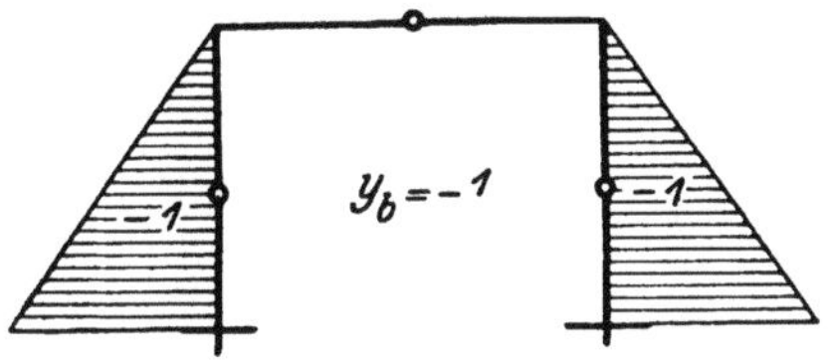

Abb. 371.

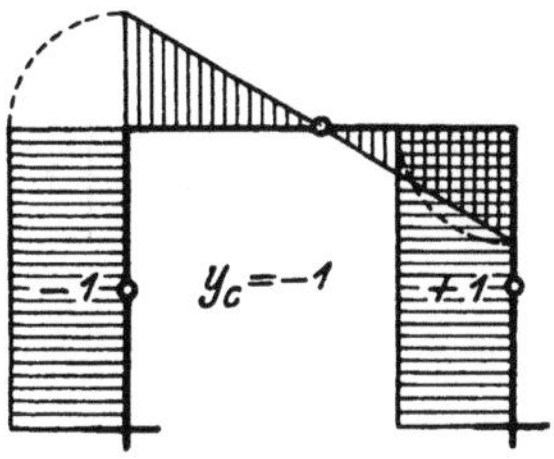

Abb. 372.

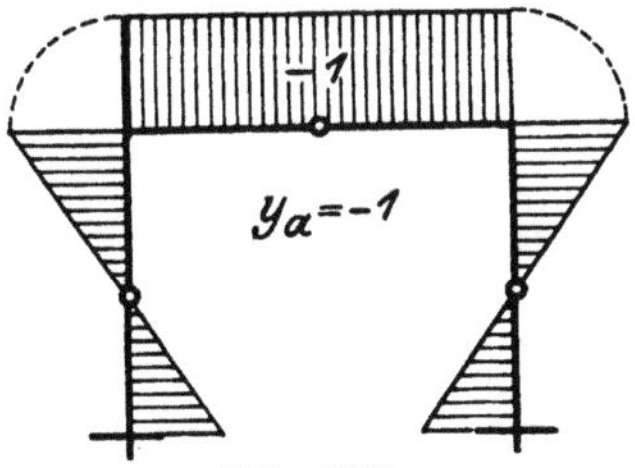

Abb. 373.

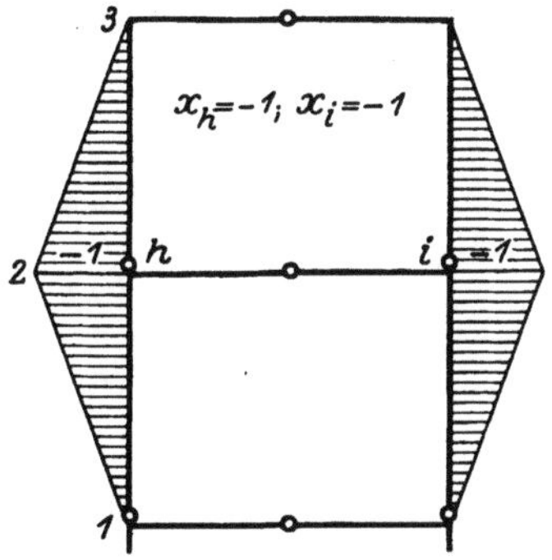

Abb. 374.

Aus Abb. 375 — Momentenflächen des Zustandes $Y_e = -1$ — und Abb. 374 ergibt sich

$$Y_{eh} = Y_{fh} = -\frac{\vartheta_{he} + \vartheta_{ie}}{\vartheta_{ee} + \vartheta_{fe}},$$

$$\vartheta_{he} + \vartheta_{ie} = (1 - 2\zeta_2)\frac{h_2'}{3} = l_2'\zeta_2.$$

Aus Abb. 369 und 375 folgt

$$\vartheta_{ee} + \vartheta_{fe} = (2 - \zeta_2)\frac{h_2'}{3} + (1 - \zeta_1)\frac{h_1'}{2} = (2 - \zeta_2)\frac{h_2'}{3} + l_1'\zeta_1,$$

$$Y_{eh} = Y_{fh} = -\frac{3\,l_2'\,\zeta_2}{(2 - \zeta_2)\,h_2' + 3\,l_1'\,\zeta_1} = -\lambda_2,$$

$$Y_{dh} = -\frac{\vartheta_{hd} + \vartheta_{id}}{\vartheta_{dd}} + \lambda_2\,\frac{\vartheta_{ed} + \vartheta_{fd}}{\vartheta_{dd}}.$$

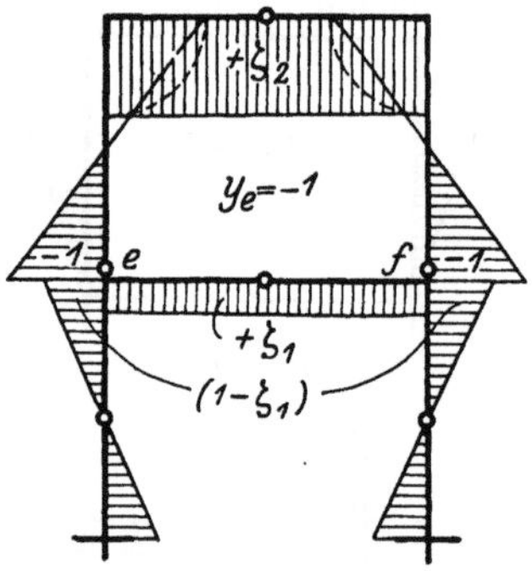

Abb. 375.

Nach Abb. 370 und 374 ist

$$\frac{\vartheta_{hd} + \vartheta_{id}}{\vartheta_{dd}} = \frac{2\,h_2'}{2\,h_2' + 3\,l_2'},$$

also ist

$$Y_{dh} = -\zeta_2\,(2 - \lambda_2).$$

Infolge $\vartheta_{da} = \vartheta_{ha} = \vartheta_{ia} = \vartheta_{ga} = 0$ ergibt sich

$$Y_{ah} = +\lambda_2\,\frac{\vartheta_{ea} + \vartheta_{fa}}{\vartheta_{aa}} = \lambda_2\,\zeta_1.$$

Ferner erhält man wie in Nr. 77

$$Y_{bf} = -Y_{cf} = \frac{l_1'}{l_1' + 6\,h_1'} = \eta_1,$$

$$Y_{ei} = -Y_{fi} = \frac{l_2'}{l_2' + 6\,h_2' + l_1'\,(1 - \eta_1)} = \eta_2,$$

$$Y_{bi} = -Y_{ci} = \eta_1 \cdot \eta_2.$$

Damit sind die Gruppenwerte bestimmt. Es ist

$$\left.\begin{aligned}
\delta_{aa}' &= \vartheta_{aa} = l_1' + \frac{1}{2}\,h_1' = \frac{h_1'}{2\,\zeta_1},\\
\delta_{bb}' &= \vartheta_{bb} + \vartheta_{cb} = 1{,}5\,h_1',\\
\delta_{cc}' &= \vartheta_{bc} - \vartheta_{cc} = \frac{l_1'}{3} + 2\,h_1' = \frac{l_1'}{3\,\eta_1},\\
\delta_{dd}' &= \vartheta_{dd} = l_2' + \frac{2\,h_2'}{3} = \frac{h_2'}{3\,\zeta_2},\\
\delta_{ee}' &= \vartheta_{ee} + \vartheta_{fe} = \frac{l_2' \cdot \zeta_2}{\lambda_2},\\
\delta_{ff}' &= \vartheta_{ef} - \vartheta_{ff} = \frac{l_2'}{3\,\eta_2},\\
\delta_{gg}' &= \vartheta_{gg} = l_3' + \frac{2}{3}\,h_3' = \frac{h_3'}{3\,\zeta_3}.
\end{aligned}\right\}\qquad(196)$$

Aus der Momentenfläche $Y_h = -1$ (Abb. 376) und der Momentenfläche $M_h = -1$, $M_i = -1$ des statisch bestimmten Systems mit 2 Ge-

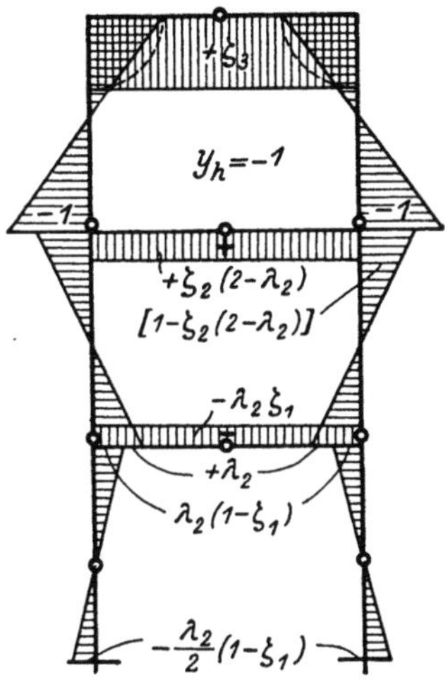

Abb. 376.

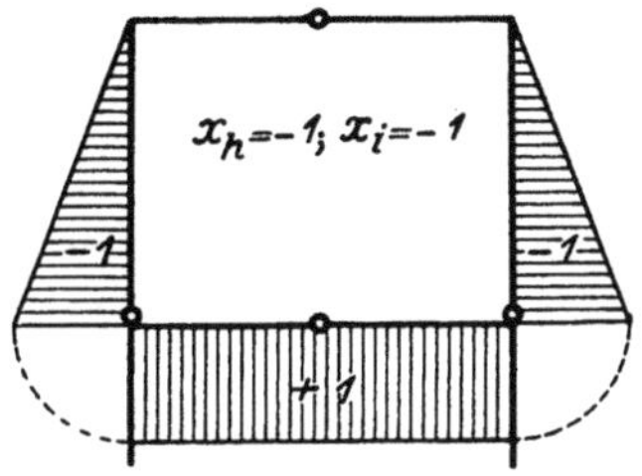

Abb. 376a.

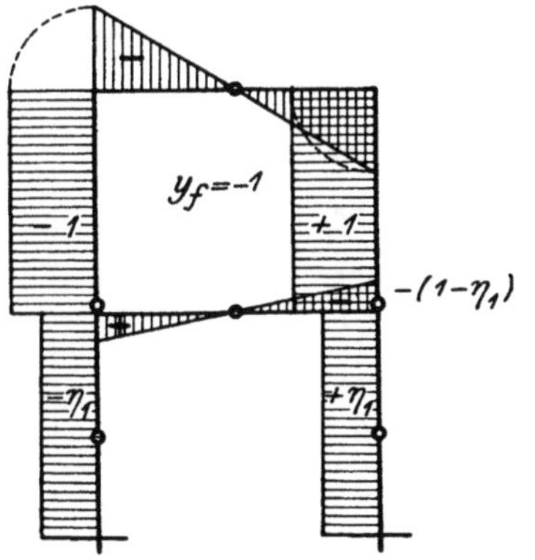

Abb. 377.

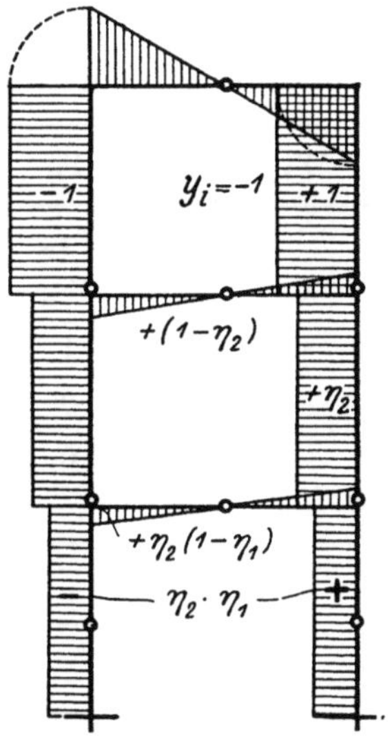

Abb. 378.

lenken in einem der Pfosten 2 jedoch ohne das Gelenk d (Abb. 376a) folgt

$$\vartheta_{hh} + \vartheta_{ih} = \tfrac{1}{3} h'_3(2 - \zeta_3) + l'_2 \cdot \zeta_2(2 - \lambda_2),$$

also, wenn

$$\lambda_3 = \frac{3 l'_3 \cdot \zeta_3}{h'_3(2 - \zeta_3) + 3 l'_2 \zeta_2 (2 - \lambda_2)}$$

eingeführt wird,

$$\left.\begin{aligned} \delta'_{hh} &= \vartheta_{hh} + \vartheta_{ih} = \frac{l'_3 \zeta_3}{\lambda_3} \\ \delta'_{ii} &= \vartheta_{hi} - \vartheta_{ii} = \frac{l'_3}{3\eta_3}, \end{aligned}\right\} \qquad (197)$$

$$\eta_3 = \frac{l'_3}{l'_3 + 6 h'_3 + l'_2(1 - \eta_2)}.$$

Die Abb. 373, 371, 372, 375, 376, 377, 378 zeigen die Momente aus $Y_a = -1$, $Y_b = -1$, $Y_c = -1$, $Y_e = -1$, $Y_h = -1$, $Y_f = -1$, $Y_i = -1$. Die Momente aus $Y_d = -1$, $Y_g = -1$ erfassen nur die Stockwerke *2* bzw. *3* gemäß Abb. 370.

Die statisch unbestimmten Größen $Y_k \ldots Y_s$ sind durch lineare Gleichungen folgender Art definiert.

$$\begin{aligned} X_v &= Y_{vk} \cdot Y_k + Y_{vl} \cdot Y_l + Y_{vm} \cdot Y_m \\ &\quad + Y_{vn} \cdot Y_n + Y_{vo} \cdot Y_o + Y_{vp} \cdot Y_p \\ &\quad + Y_{vq} \cdot Y_q + Y_{vr} \cdot Y_r + Y_{vs} \cdot Y_s , \\ v &= k, \quad l \ldots r, s. \end{aligned}$$

Die Gruppen Y_k, Y_l, Y_m werden nun so bestimmt, daß sie nur die drei Überzähligen enthalten, welche in der Symmetrieachse des Grundsystems liegen, d. i. X_k, X_l, X_m. Die Gruppen Y_n, Y_p, Y_r werden symmetrisch in bezug auf die lotrechte Mittelachse, die Gruppen Y_o, Y_q, Y_s antisymmetrisch angeordnet. Folgende Tabelle zeigt die Gruppenwerte für das Grundsystem.

	Y_k	Y_l	Y_m	Y_n	Y_o	Y_p	Y_q	Y_r	Y_s
X_k	1	Y_{kl}	Y_{km}	Y_{kn}	0	Y_{kp}	0	Y_{kr}	0
X_l	0	1	Y_{lm}	Y_{ln}	0	Y_{lp}	0	Y_{lr}	0
X_m	0	0	1	Y_{mn}	0	Y_{mp}	0	Y_{mr}	0
X_n	—	0	0	+1	+1	Y_{np}	Y_{nq}	Y_{nr}	Y_{ns}
X_o	—	—	0	+1	−1	Y_{np}	$-Y_{nq}$	Y_{nr}	$-Y_{ns}$
X_p	—	—	—	0	0	+1	+1	Y_{pr}	Y_{ps}
X_q	—	—	—	0	0	+1	−1	Y_{pr}	$-Y_{ps}$
X_r	—	—	—	—	0	0	0	+1	+1
X_s	—	—	—	—	—	0	0	+1	−1

Abb. 379 zeigt die Momentenflächen des Zustandes $X_k = -1$ am statisch bestimmten Hauptsystem. Danach wird $Y_{gk} = Y_{dk} = Y_{ak} = 0$ und $Y_{hk} = -Y_{ik}$, $Y_{ek} = -Y_{fk}$, $Y_{bk} = -Y_{ck}$.

Ferner ist

$$Y_{hk} = -\frac{\vartheta_{ki}}{\vartheta_{hi} - \vartheta_{ii}} .$$

Aus Abb. 378 und 379 ergibt sich

$$\vartheta_{kl} = \eta_2 \left[\frac{1}{2} \eta_1 h_1' - \frac{l_1'}{3} (1 - \eta_1) \right] \frac{h_1}{3} = -\frac{1}{2} \eta_2 \eta_1 h_1 h_1' ,$$

$$\mathbf{Y}_{hk} = 3 \eta_3 \eta_2 \eta_1 \frac{h_1 h_1'}{2 l_3'} = \bar{h}_k ,$$

$$Y_{ek} = -\frac{\vartheta_{kf}}{\vartheta_{ef} - \vartheta_{ff}} - \bar{h}_k \frac{\vartheta_{hf} - \vartheta_{if}}{\vartheta_{ef} - \vartheta_{ff}} .$$

Aus Abb. 377 und 379 folgt

$$\vartheta_{kf} = \left[\frac{1}{2}\eta_1 h_1' - \frac{l_1'}{3}(1-\eta_1)\right]\frac{h_1}{3} = -\frac{1}{2}\eta_1 h_1 h_1',$$

$$\boldsymbol{Y_{ek} = 3\eta_2\eta_1 \frac{h_1 h_1'}{2 l_2'} + \bar{h}_k\eta_2 = \frac{\bar{h}_k}{\beta_3}},$$

wenn

$$\beta_3 = \frac{l_2'}{l_2' + 6h_3' + l_3'}$$

ist,

$$Y_{bk} = -\frac{\vartheta_{kc}}{\vartheta_{bc} - \vartheta_{cc}} - \bar{h}_k \frac{\vartheta_{hc} - \vartheta_{ic}}{\vartheta_{bc} - \vartheta_{cc}} - \frac{\bar{h}_k}{\beta_3}\frac{\vartheta_{ec} - \vartheta_{fc}}{\vartheta_{bc} - \vartheta_{cc}}.$$

Aus Abb. 372 und 379 folgt

$$\vartheta_{kc} = \tfrac{1}{18} h_1 (3h_1' + 2l_1'),$$

da $\vartheta_{hc} - \vartheta_{ic} = 0$ ist, ergibt sich

$$\boldsymbol{Y_{bk} = -\frac{\eta_1 h_1 (3h_1' + 2l_1')}{6 l_1'} + \frac{\bar{h}_k}{\beta_3}\eta_1 = -\bar{b}_k}.$$

Damit ergeben sich folgende Eckmomente in den Pfosten und Riegeln des Stockwerkrahmen I, II für den Zustand $Y_k = -1$

$$M_k =$$

in 1. I u:	$+(\frac{1}{6}h_1 + \bar{b}_k)$,	in 1. II u:	$-(\frac{1}{6}h_1 + \bar{b}_k)$,
in 1. I o:	$-(\frac{1}{3}h_1 - \bar{b}_k)$,	in 1. II o:	$+\frac{1}{3}h_1 - \bar{b}_k$,
in 2. I u, in 2. I o:	$-\frac{\bar{h}_k}{\beta_3}$,	in 2. II u, in 2. II o:	$+\frac{\bar{h}_k}{\beta_3}$,
in 3. I u, in 3. I o:	$-\bar{h}_k$,	in 3. II u, in 3. II o:	$+\bar{h}_k$,
in 1. I r:	$-\bar{h}_k\frac{1-\beta_2}{\beta_3\cdot\beta_2}$.	in 1. II l:	$+\bar{h}_k\frac{1-\beta_2}{\beta_3\cdot\beta_2}$,
in 2. I r:	$-\bar{h}_k\frac{1-\beta_3}{\beta_3}$,	in 2. II l:	$+\bar{h}_k\frac{1-\beta_3}{\beta_3}$,
in 3. I r:	$-\bar{h}_k$.	in 3. II r:	$+\bar{h}_k$.

Es ist

$$\beta_2 = \frac{l_1'}{l_1' + 6h_2' + l_2'(1-\beta_3)}$$

und

$$\tfrac{1}{3}h_1 - \bar{b}_k = \frac{\bar{h}_k}{\beta_3\cdot\beta_2}.$$

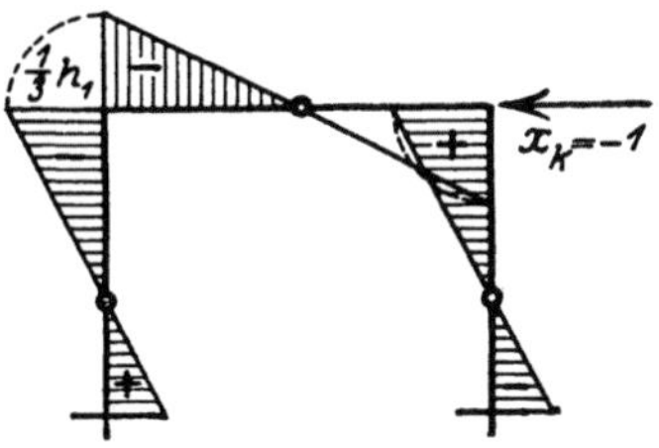

Abb. 379.

Die Punkte sind durch das Stockwerk (1, 2, 3) und den Pfosten (I, II), dem sie angehören, bezeichnet, o und u ordnet sie dem Kopf oder Fuß des Pfostens, l und r dem Riegel links bzw. rechts des bezeichneten Pfostens zu.

Abb. 380 zeigt die Momentenflächen des Zustandes $Y_k = -1$ für den Rahmen I, II. Die Flächen des Rahmens III, IV sind symmetrisch.

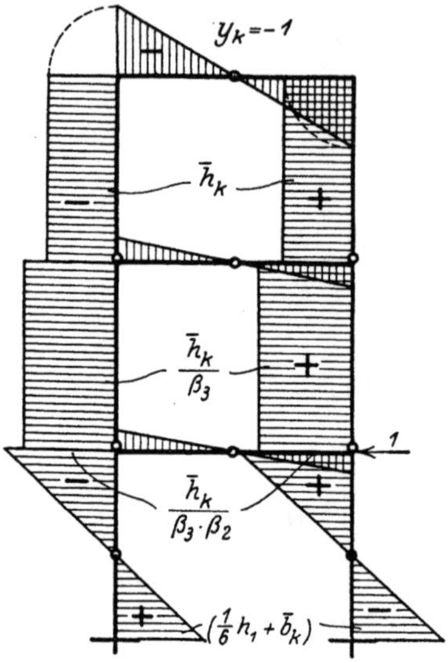

Abb. 380.

Gruppe Y_l: $Y_{kl} = -\frac{\vartheta_{lk}}{\vartheta_{kk}}$,

Der der Zustand $Y_k = -1$ identisch ist mit dem Zustand $X_k = -1$ des 18fach statisch unbestimmten Grundsystems, kann zur Berechnung von ϑ_{lk} das statisch bestimmte System der Belastung $X_l = -1$ unterworfen werden, welches in den Pfosten 1, II, 2 II, keine Gelenke aufweist und im übrigen auf beliebige Weise statisch bestimmt gemacht ist. Dasselbe System kann zur Berechnung von ϑ_{kk} der Belastung $X_k = -1$ unterworfen werden. Abb. 381 und 382 zeigen die Momentenflächen des Rahmens I, II.

Mithin ergibt sich

$$\frac{1}{2}\vartheta_{kk} = \frac{1}{2}\bar b_k h_1 h_1',$$

$$\frac{1}{2}\vartheta_{lk} = \frac{1}{2}\vartheta_{kk} + \bar b_k h_1' h_2 - \frac{1}{12} h_1 h_1' h_2 - \frac{1}{2}\frac{\bar h_k}{\beta_3} h_2' h_2,$$

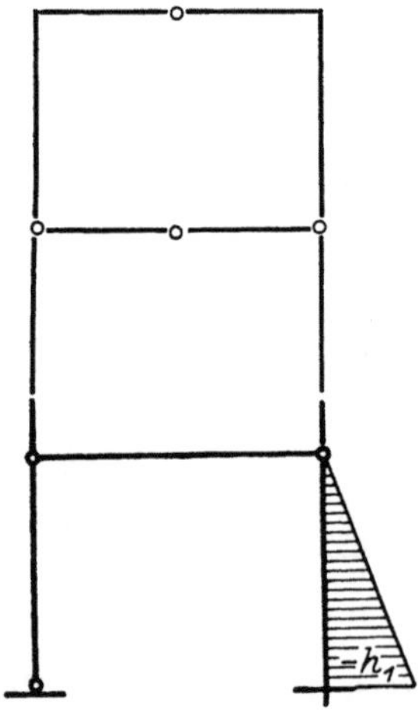

Abb. 381.

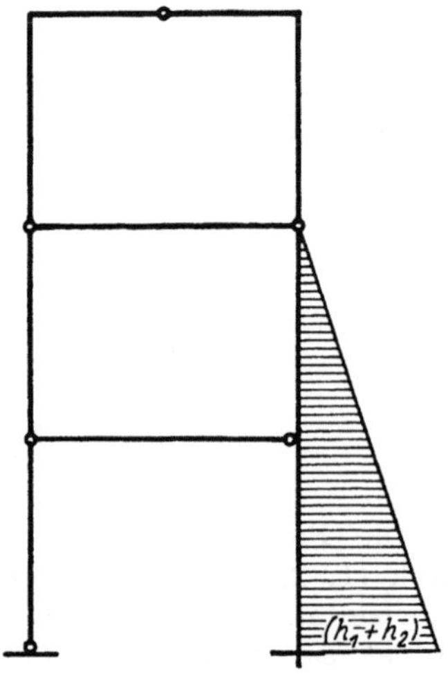

Abb. 382.

daraus wird durch Umformung

$$\frac{1}{2}\vartheta_{lk} = \frac{1}{2}\vartheta_{kk} + \frac{\bar{h}_k}{\beta_3}\frac{h_2}{6}[3h_2' + l_2'(1-\beta_3)],$$

$$\boldsymbol{Y_{kl} = -1 - \frac{\bar{h}_k}{\bar{b}_k\beta_3}\frac{h_2}{3h_1}\frac{3h_2' + l_2'(1-\beta_3)}{h_1'} = -\bar{k}_l,}$$

$$Y_{hl} = -Y_{il} = -\frac{\vartheta_{li}}{\vartheta_{hi} - \vartheta_{ii}} + \bar{k}_l\frac{\vartheta_{ki}}{\vartheta_{hi} - \vartheta_{ii}}.$$

Aus Abb. 382 und 378 folgt

$$\vartheta_{li} = -\tfrac{1}{2}\eta_2 h_2' h_2 - \eta_2\eta_1 h_1'(h_2 + \tfrac{1}{2}h_1),$$

$$\frac{\vartheta_{li}}{\vartheta_{hi} - \vartheta_{ii}} = -\bar{h}_k\left[1 + \frac{h_2}{h_1}\left(2 + \frac{h_2'}{h_1'\eta_1}\right)\right],$$

$$\boldsymbol{Y_{hl} = \bar{h}_k\left[1 - \bar{k}_l + \frac{h_2}{h_1}\left(2 + \frac{h_2'}{h_1'\eta_1}\right)\right] = \bar{h}_l,}$$

$$Y_{el} = -Y_{fl} = -\frac{\vartheta_{lf}}{\vartheta_{ef} - \vartheta_{ff}} + \bar{k}_l\frac{\vartheta_{kf}}{\vartheta_{ef} - \vartheta_{ff}} - \bar{h}_l\frac{\vartheta_{hf} - \vartheta_{if}}{\vartheta_{ef} - \vartheta_{ff}}.$$

Da der Zustand $Y_f = -1$ identisch ist mit dem Zustand $X_e = -1$, $X_f = +1$ des 4fach statisch unbestimmten Systems ohne die Gelenke $a, b, c, d,$ kann zur Berechnung von ϑ_{ef} das statisch bestimmte System nach Abb. 383 gebildet werden. Aus der daselbst dargestellten Momentenfläche für $X_l = -1$ und aus Abb. 377 folgt

$$\vartheta_{lf} = \frac{h_2}{2}(h_2' + \tfrac{1}{3}l_2') - \tfrac{1}{2}\eta_1 h_1' h_1,$$

$$\frac{\vartheta_{lf}}{\vartheta_{ef} - \vartheta_{ff}} = \frac{3\eta_2 h_2}{2l_2'}(h_2' + \tfrac{1}{3}l_2') + \frac{\vartheta_{kf}}{\vartheta_{ef} - \vartheta_{ff}},$$

$$Y_{el} = -\frac{1}{2}h_2 + \frac{3\eta_2 h_2}{2l_2'}(h_2' + 2h_1'\eta_1) - (\bar{k}_l - 1)\bar{h}_k\frac{l_3'}{l_2'\eta_3} + \bar{h}_l\eta_2,$$

$$Y_{el} = -\frac{h_2}{2} + \bar{h}_l\left(\frac{l_3'}{l_2'\eta_3} + \eta_2\right),$$

$$\boldsymbol{Y_{el} = -\frac{h_2}{2} + \frac{\bar{h}_l}{\beta_2} = -\bar{e}_l,}$$

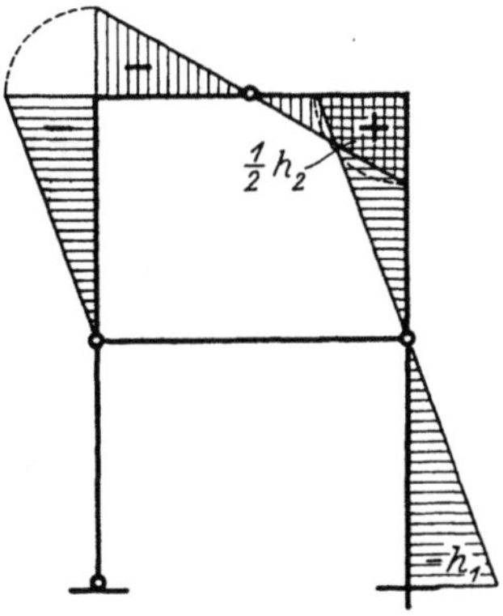

Abb. 383.

$$Y_{bl} = -Y_{cl} = -\frac{\vartheta_{lc}}{\vartheta_{bc} - \vartheta_{cc}} + \bar{k}_l\frac{\vartheta_{kc}}{\vartheta_{bc} - \vartheta_{cc}} - \bar{h}_l\frac{\vartheta_{hc} - \vartheta_{ic}}{\vartheta_{bc} - \vartheta_{cc}} + \bar{e}_l\frac{\vartheta_{ec} - \vartheta_{fc}}{\vartheta_{bc} - \vartheta_{cc}},$$

da $\vartheta_{lc} = \vartheta_{kc}$ ist, folgt

$$Y_{bl} = (\bar{k}_l - 1)\frac{\eta_1 h_1(3h_1' + 2l_1')}{6l_1'} - \bar{e}_l\cdot\eta_1.$$

Nun ist $\vartheta_{kl} = 0$, also folgt

$$Y_{bl} = -Y_{cl} = 0,$$

und man erhält in

$$\bar{e}_l = (\bar{k}_l - 1)\frac{1}{3}h_1\left(1 + \frac{3h_1'}{2l_1'}\right)$$

eine Prüfung der Rechnung.

Die Eckmomente in den Pfosten und Riegeln des Rahmens I, II für den Zustand $Y_l = -1$ sind

$M_l =$

in 1. I o:	$+\frac{1}{3}h_1(\bar{k}_l - 1)$,	in 1. II o:	$-\frac{1}{3}h_1(\bar{k}_l - 1)$,
in 2. I u:	$+\bar{e}_l$,	in 2. II u:	$-\bar{e}_l$,
in 2. I o:	$-\frac{\bar{h}_l}{\beta_3}$,	in 2. II o:	$+\frac{\bar{h}_l}{\beta_3}$,
in 3. I u, in 3. I o:	$-\bar{h}_l$,	in 3. II u, in 3. II o:	$+\bar{h}_l$,
in 1. I r:	$-(\bar{k}_l - 1)\frac{h_1 h_1'}{2l_1'}$,	in 1. II l:	$+(\bar{k}_l - 1)\frac{h_1 h_1'}{2l_1'}$,
in 2. I r:	$-\bar{h}_l\frac{1-\beta_3}{\beta_3}$,	in 2. II l:	$+\bar{h}_l\frac{1-\beta_3}{\beta_3}$,
in 3. I r:	$-\bar{h}_l$.	in 3. II l:	$+\bar{h}_l$.

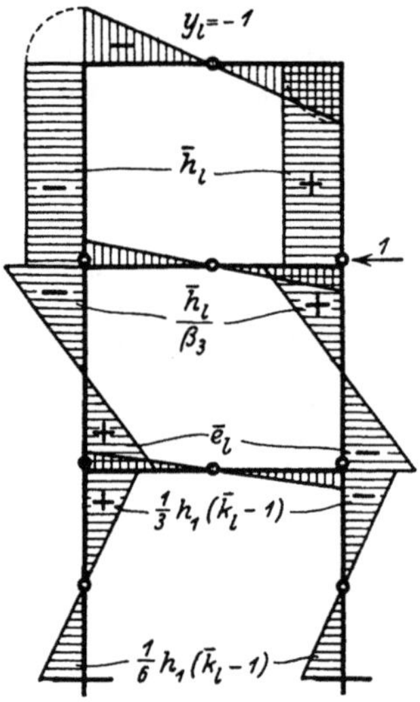

Abb. 384.

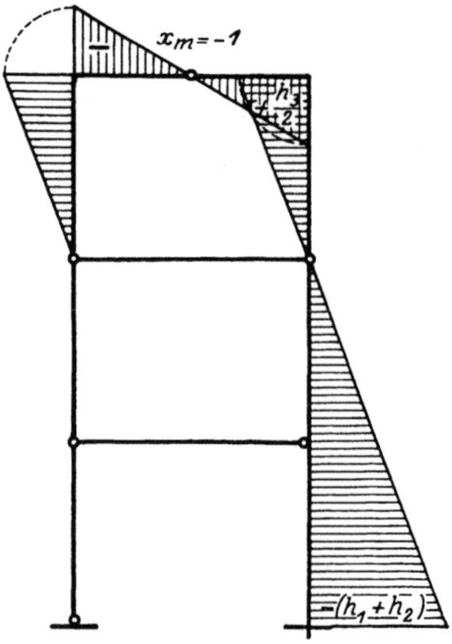

Abb. 385.

Abb. 384 zeigt die Momentenflächen des Rahmens I, II, die des Rahmens III, IV sind ihnen symmetrisch.

$$\textbf{Gruppe } \boldsymbol{Y_m}\textbf{:} \quad Y_{lm} = -\frac{\vartheta_{ml}}{\vartheta_{ll}}.$$

Zur Berechnung von ϑ_{ml} und ϑ_{ll} wird zweckmäßig ein statisch bestimmtes System nach Abb. 385 gebildet, welches die Momente des Zustandes $X_m = -1$ zeigt. Für die Pfosten 1 und 2 ist damit auch die Momentenfläche des Zustandes $X_l = -1$ dargestellt. Aus Abb. 385 und 384 ergibt sich

$$\frac{\vartheta_{ml}}{2} = \frac{\vartheta_{ll}}{2} + \bar{h}_l \cdot \frac{h_3}{6}(3h_3' + l_3'),$$

$$\frac{\vartheta_{ll}}{2} = \frac{h_2}{12}\left[(\bar{k}_l - 1)h_1\left(h_1' + 2h_2' + 3\frac{h_2' h_1'}{l_1'}\right) - h_2 h_2'\right],$$

$$\boldsymbol{Y_{lm} = -1 - \frac{h_3}{h_2}\frac{2\bar{h}_l(3h_3' + l_3')}{(\bar{k}_l - 1)h_1\left(h_1' + 2h_2' + 3\frac{h_2' h_1'}{l_1'}\right) - h_2 h_2'}},$$

$$\boldsymbol{Y_{lm} = -\bar{l}_m},$$

$$Y_{km} = -\frac{\vartheta_{mk}}{\vartheta_{kk}} + \bar{l}_m \frac{\vartheta_{lk}}{\vartheta_{kk}}.$$

Aus Abb. 385 und 380 folgt

$$\frac{\vartheta_{mk}}{2} = \frac{\vartheta_{lk}}{2} + \bar{h}_k \frac{h_3}{6}(3h_3' + l_3'),$$

$$\boldsymbol{Y_{km} = -\frac{\bar{h}_k}{\bar{b}_k}\frac{h_3}{h_1}\frac{3h_1' + l_3'}{3h_1'} + (\bar{l}_m - 1)\bar{k}_l = +\bar{k}_m},$$

$$Y_{hm} = -Y_{im} = -\frac{\vartheta_{mi}}{\vartheta_{hi} - \vartheta_{ii}} + \bar{l}_m \frac{\vartheta_{li}}{\vartheta_{hi} - \vartheta_{ii}} - \bar{k}_m \frac{\vartheta_{ki}}{\vartheta_{hi} - \vartheta_{ii}}.$$

Aus Abb. 385 und 378 folgt

$$\vartheta_{mi} = \vartheta_{li} + \tfrac{1}{6} h_3 (3h_3' + l_3'),$$

$$Y_{hm} = -\frac{\eta_3 h_3 (3h_3' + l_3')}{2l_3'} - (\bar{l}_m - 1)\bar{h}_k\left[1 + \frac{h_2}{h_1}\left(2 + \frac{h_2'}{h_1'\eta_1}\right)\right] + \bar{k}_m \cdot \bar{h}_k,$$

$$\boldsymbol{Y_{hm} = -\frac{\eta_3 h_3(3h_3' + l_3')}{2l_3'} - \bar{h}_k\left[\bar{l}_m - \bar{k}_m - 1 + (\bar{l}_m - 1)\frac{h_2}{h_1}\left(2 + \frac{h_2'}{h_1'\eta_1}\right)\right]},$$

$$\boldsymbol{Y_{hm} = -\bar{h}_m},$$

$$Y_{em} = -Y_{fm} = -\frac{\vartheta_{mf}}{\vartheta_{ef} - \vartheta_{ff}} + \bar{l}_m \frac{\vartheta_{lf}}{\vartheta_{ef} - \vartheta_{ff}} - \bar{k}_m \frac{\vartheta_{kf}}{\vartheta_{ef} - \vartheta_{ff}} + \bar{h}_m \frac{\vartheta_{hf} - \vartheta_{if}}{\vartheta_{ef} - \vartheta_{ff}}.$$

Aus Abb. 383 und 377 folgt $\vartheta_{mf} = \vartheta_{lf}$,

$$Y_{em} = (\bar{l}_m - 1)\left\{\frac{h_2}{2} - \bar{h}_k \frac{l_3'}{l_2'\eta_3}\left[\frac{h_2}{h_1}\left(2 + \frac{h_2'}{h_1'\eta_1}\right) + 1\right]\right\} + \bar{k}_m \frac{3\eta_2\eta_1 h_1 h_1'}{2l_2'} - \bar{h}_m \eta_2.$$

Durch Umformung entsteht

$$\boldsymbol{Y_{em} = (\bar{l}_m - 1)\frac{h_2}{2} + \frac{h_3(3h_3' + l_3')}{2l_2'} - \frac{\bar{h}_m}{\beta_3} = \bar{e}_m},$$

$$Y_{bm} = -Y_{cm} = -\frac{\vartheta_{mc}}{\vartheta_{bc} - \vartheta_{cc}} + \bar{l}_m \frac{\vartheta_{lc}}{\vartheta_{bc} - \vartheta_{cc}} - \bar{k}_m \frac{\vartheta_{kc}}{\vartheta_{bc} - \vartheta_{cc}} - \bar{e}_m \frac{\vartheta_{ec} - \vartheta_{fc}}{\vartheta_{bc} - \vartheta_{cc}}.$$

Da $\vartheta_{mc} = \vartheta_{lc} = \vartheta_{kc}$ ist, wird

$$Y_{bm} = -(1 - \bar{l}_m + \bar{k}_m)\,\frac{\eta_1 h_1 (3h_1' + 2l_1')}{6l_1'} + \bar{e}_m \eta_1 .$$

Aus $\vartheta_{km} = 0$ folgt $Y_{bm} = -Y_{cm} = 0$ und damit in

$$\bar{e}_m = (1 - \bar{l}_m + \bar{k}_m)\,\frac{1}{3} h_1 \left(1 + \frac{3h_1'}{2l_1'}\right)$$

eine Prüfung der Rechnung.

Durch $Y_m = -1$ entstehen im Rahmen I II die Momente

$M_m =$

in 1. I o: $-\frac{1}{3} h_1 (1 - \bar{l}_m + \bar{k}_m)$,	in 1. II o: $+\frac{1}{3} h_1 (1 - \bar{l}_m + \bar{k}_m)$,
in 2. I u: $-\bar{e}_m$,	in 2. II u: $+\bar{e}_m$,
in 2. I o: $+\frac{1}{2} h_2 (\bar{l}_m - 1) - \bar{e}_m$,	in 2. II o: $-\frac{1}{2} h_2 (\bar{l}_m - 1) + \bar{e}_m$,
in 3. I u: $+\bar{h}_m$,	in 3. II u: $-\bar{h}_m$,
in 3. I o: $-\frac{1}{3} h_3 + \bar{h}_m$,	in 3. II o: $+\frac{1}{3} h_3 - \bar{h}_m$,
in 1. I r: $+\frac{1}{2} h_1 (1 - \bar{l}_m + \bar{k}_m)\frac{h_1'}{l_1'}$,	in 1. II l: $-\frac{1}{2} h_1 (1 - \bar{l}_m + \bar{k}_m)\frac{h_1'}{l_1'}$,
in 2. I r: $+\bar{h}_m \frac{1-\beta_3}{\beta_3} - \frac{h_3(3h_3' + l_3')}{2l_2'}$,	in 2. II l: $-\bar{h}_m \frac{1-\beta_3}{\beta_3} + \frac{h_3(3h_3' + l_3')}{2l_2'}$,
in 3. I r: $-\frac{1}{2} h_3 + \bar{h}_m$,	in 3. II l: $+\frac{1}{2} h_3 - \bar{h}_m$,

$$-\tfrac{1}{2} h_2 (\bar{l}_m - 1) + \bar{e}_m = -\frac{\bar{h}_m}{\beta_3} + \frac{h_3(3h_3' + l_3')}{2l_2'} .$$

Abb. 386 zeigt die Momentenflächen des Rahmens I II, die des Rahmens III IV sind ihnen symmetrisch.

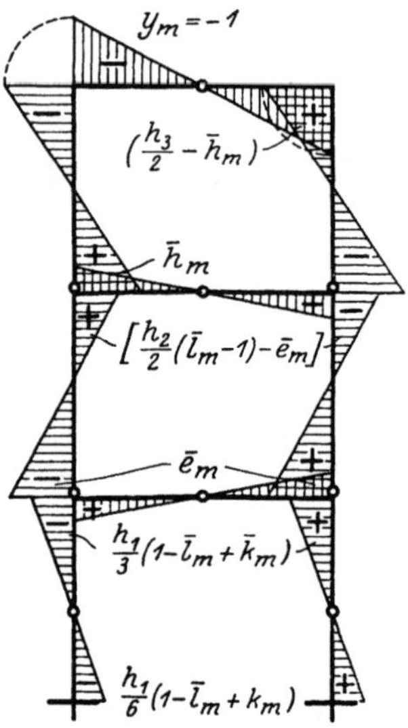

Abb. 386.

Da $\vartheta_{km} = \vartheta_{lm} = 0$ ist, müssen die Momente die Stetigkeitsbedingung im Punkte e und f, d. i. die Arbeitsgleichung für den Zustand $X_e = -1$, $X_e' = -1$ befriedigen. Damit ergibt sich

$$\tfrac{1}{3} h_1 (1 - \bar{l}_m + \bar{k}_m) h_1' \tfrac{3}{2} + 3\bar{e}_m h_2' - \tfrac{1}{2} h_2 h_2' (\bar{l}_m - 1) = 0$$

oder in

$$\bar{e}_m = -\frac{h_1 h_1'}{6h_2'}(1 - \bar{l}_m + \bar{k}_m) + \frac{h_2}{6}(\bar{l}_m - 1)$$

eine zweite Prüfung der Rechnung.

Gruppe Y_n: $$Y_{mn} = -\frac{\vartheta_{nm} + \vartheta_{om}}{\vartheta_{mm}} .$$

Zur Berechnung von $\vartheta_{nm} + \vartheta_{om}$ wird der Belastung $X_n = -1$, $X_o = -1$ zweckmäßig das statisch bestimmte System unterworfen, in dem die Belastung nur die Riegel *1* und *1'* ergreift. Dazu sind Gelenke in den Pfosten 1_{II}, 1_{III}, am Kopf an Stelle der Gelenke *a* sind *a'* einzuschalten. Abb. 387 zeigt die Momentenflächen für die Belastung $X_n = -1$, $X_o = -1$. Aus Abb. 386 und 387 folgt

$$\vartheta_{nm} + \vartheta_{om} = (1 - \bar{l}_m + \bar{k}_m)\frac{h_1 h_1'}{6}.$$

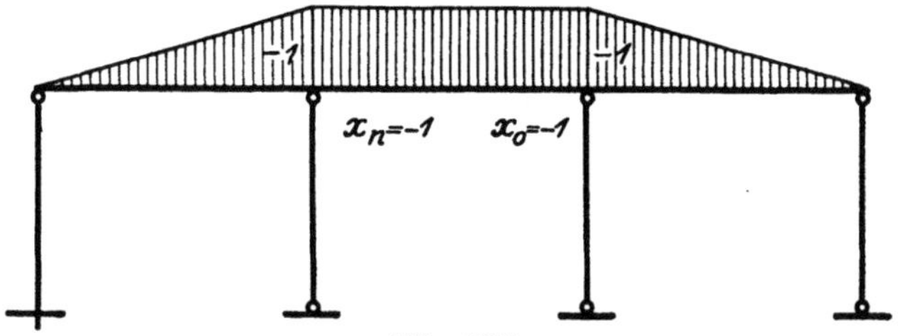

Abb. 387.

Aus Abb. 385 und 386 folgt

$$\frac{\vartheta_{mm}}{2} = \frac{\vartheta_{lm}}{2} + \left[2\left(\frac{1}{2}h_3 - \bar{h}_m\right) - \bar{h}_m\right]\frac{h_3' h_3}{6} + \left(\frac{1}{2}h_3 - \bar{h}_m\right)\frac{l_3' h_3}{6}$$

und da $\vartheta_{lm} = 0$ ist

$$\vartheta_{mm} = \tfrac{1}{6} h_3[h_3(2h_3' + l_3') - 2\bar{h}_m(3h_3' + l_3')],$$

$$\boldsymbol{Y_{mn} = -(1 - \bar{l}_m + \bar{k}_m)\frac{h_1 h_1'}{h_3[h_3(2h_3' + l_3') - 2\bar{h}_m(3h_3' + l_3')]}},$$

$$\boldsymbol{Y_{mn} = -\bar{m}_n},$$

$$Y_{ln} = -\frac{\vartheta_{nl} + \vartheta_{ol}}{\vartheta_{ll}} + \bar{m}_n\frac{\vartheta_{ml}}{\vartheta_{ll}}.$$

Wie oben ergibt sich nach Abb. 384 und 387

$$\vartheta_{nl} + \vartheta_{ol} = -(\bar{k}_l - 1)\frac{h_1 h_1'}{6},$$

$$\boldsymbol{Y_{ln} = (\bar{k}_l - 1)\frac{h_1 h_1'}{h_2\left[(\bar{k}_l - 1)h_1\left(h_1' + 2h_2' + \frac{3h_2' h_1'}{l_1'}\right) - h_2 h_2'\right] + \bar{m}_n \cdot \bar{l}_m}},$$

$$\boldsymbol{Y_{ln} = \bar{l}_n},$$

$$Y_{kn} = -\frac{\vartheta_{nk} + \vartheta_{ok}}{\vartheta_{kk}} + \bar{m}_n\frac{\vartheta_{mk}}{\vartheta_{kk}} - \bar{l}_n\frac{\vartheta_{lk}}{\vartheta_{kk}}.$$

Nach Abb. 380 und 387 wird

$$\frac{\vartheta_{nk} + \vartheta_{ok}}{2} = -\bar{h}_k\frac{1 - \beta_2}{\beta_3\beta_2}\frac{l_1'}{6},$$

$$\boldsymbol{Y_{kn} = \frac{\bar{h}_k}{\bar{b}_k}\frac{1}{3h_1 h_1'}\left[\frac{1 - \beta_2}{\beta_3\beta_2} + \bar{m}_n h_3(3h_3' + l_3')\right] + (\bar{m}_n - \bar{l}_n)\bar{k}_l},$$

$$\boldsymbol{Y_{kn} = +\bar{k}_n},$$

$$\frac{Y_{hn} - Y_{in}}{2} = -\frac{\vartheta_{ni} + \vartheta_{oi}}{\vartheta_{hi} - \vartheta_{ii}} + \bar{m}_n\frac{\vartheta_{mi}}{\vartheta_{hi} - \vartheta_{ii}} - \bar{l}_n\frac{\vartheta_{li}}{\vartheta_{hi} - \vartheta_{ii}} - \bar{k}_n\frac{\vartheta_{ki}}{\vartheta_{hi} - \vartheta_{ii}}.$$

Aus Abb. 378 und 387 folgt

$$\vartheta_{ni} + \vartheta_{oi} = \tfrac{1}{6}\eta_2(1-\eta_1)\,l'_1,$$

$$\frac{\vartheta_{ni} + \vartheta_{oi}}{\vartheta_{hi} - \vartheta_{ii}} = \frac{2\bar{h}_k}{h_1},$$

$$\frac{Y_{hn} - Y_{in}}{2} = -\frac{2\bar{h}_k}{h_1} + \bar{m}_n \frac{\eta_3 h_3(3h'_3 + l'_3)}{2\,l'_3} - (\bar{m}_n - \bar{l}_n)\bar{h}_k \cdot \left[1 + \frac{h_2}{h_1}\left(2 + \frac{h'_2}{h'_1\eta_1}\right)\right] + \bar{k}_n\bar{h}_k,$$

$$\frac{\boldsymbol{Y_{hn} - Y_{in}}}{\boldsymbol{2}} = +\bar{h}_k\left[-\frac{2}{h_1} - (\bar{m}_n - \bar{l}_n - \bar{k}_n) - (\bar{m}_n - \bar{l}_n)\frac{h_2}{h_1}\left(2 + \frac{h'_2}{h'_1\eta_1}\right)\right] + \bar{m}_n \frac{\eta_3 h_3(3h'_3 + l'_3)}{2\,l'_3},$$

$$\frac{\boldsymbol{Y_{hn} - Y_{in}}}{\boldsymbol{2}} = +\bar{i}_n,$$

$$\frac{Y_{hn} + Y_{in}}{2} = -\frac{\vartheta_{nh} + \vartheta_{oh}}{\vartheta_{hh} + \vartheta_{ih}}.$$

Aus Abb. 376 und 387 folgt

$$\vartheta_{nh} + \vartheta_{oh} = \tfrac{1}{2}\lambda_2\zeta_1 l'_1,$$

$$\frac{\boldsymbol{Y_{hn} + Y_{in}}}{\boldsymbol{2}} = -\frac{\lambda_3\lambda_2\zeta_1 l'_1}{2\zeta_3 l'_3} = -\bar{h}_n,$$

$$Y_{gn} = -\frac{\vartheta_{ng} + \vartheta_{og}}{\vartheta_{gg}} + \bar{h}_n\frac{\vartheta_{hg} + \vartheta_{ig}}{\vartheta_{gg}},$$

da $\vartheta_{ng} + \vartheta_{og} = 0$ ist

$$\boldsymbol{Y_{gn} = -\bar{h}_n \cdot \zeta_3},$$

$$\frac{Y_{en} - Y_{fn}}{2} = -\frac{\vartheta_{nf} + \vartheta_{of}}{\vartheta_{ef} - \vartheta_{ff}} + \bar{m}_n\frac{\vartheta_{mf}}{\vartheta_{ef} - \vartheta_{ff}} - \bar{l}_n\frac{\vartheta_{lf}}{\vartheta_{ef} - \vartheta_{ff}} - \bar{k}_n\frac{\vartheta_{kf}}{\vartheta_{ef} - \vartheta_{ff}} - \bar{i}_n\frac{\vartheta_{hf} - \vartheta_{if}}{\vartheta_{ef} - \vartheta_{ff}}.$$

Aus Abb. 377 und 387 folgt

$$\frac{\vartheta_{nf} + \vartheta_{of}}{\vartheta_{ef} - \vartheta_{ff}} = 3\eta_2\eta_1\frac{h'_1}{l'_2},$$

$$\frac{Y_{en} - Y_{fn}}{2} = -3\eta_2\eta_1\frac{h'_1}{l'_2} + (\bar{m}_n - \bar{l}_n)\left\{\frac{1}{2}h_2 - \bar{h}_k\frac{l'_3}{l'_2\eta_3}\left[1 + \frac{h_2}{h_1}\left(2 + \frac{h'_2}{h'_1\eta_1}\right)\right]\right\} + \bar{k}_n 3\eta_2\eta_1\frac{h_1 h'_1}{2\,l'_2} + \bar{i}_n\eta_2,$$

$$\frac{\boldsymbol{Y_{en} - Y_{fn}}}{\boldsymbol{2}} = (\bar{m}_n - \bar{l}_n)\frac{h_2}{2} + \frac{\bar{i}_n}{\beta_3} - \bar{m}_n\frac{h_3(3h'_3 + l'_3)}{2\,l'_2} = -\bar{f}_n,$$

$$\frac{Y_{en} + Y_{fn}}{2} = -\frac{\vartheta_{ne} + \vartheta_{oe}}{\vartheta_{ee} + \vartheta_{fe}} + \bar{h}_n\frac{\vartheta_{he} + \vartheta_{ie}}{\vartheta_{ee} + \vartheta_{fe}}.$$

Aus Abb. 375 und 387 folgt

$$\frac{\vartheta_{ne}+\vartheta_{oe}}{\vartheta_{ee}+\vartheta_{fe}}=-\frac{\lambda_2\zeta_1 l_1'}{2\zeta_2 l_2'},$$

$$\frac{Y_{en}+Y_{fn}}{2}=\frac{\lambda_2\zeta_1 l_1'}{2\zeta_2 l_2'}+\bar{h}_n\lambda_2=\bar{h}_n\left[2+\frac{h_3'(2-\zeta_3)}{3l_2'\zeta_2}\right]=\bar{e}_n,$$

$$Y_{dn}=-\frac{\vartheta_{nd}+\vartheta_{od}}{\vartheta_{dd}}+\bar{h}_n\frac{\vartheta_{hd}+\vartheta_{id}}{\vartheta_{dd}}-\bar{e}_n\frac{\vartheta_{ed}+\vartheta_{fd}}{\vartheta_{dd}},$$

da $\vartheta_{nd}+\vartheta_{od}=0$ ist

$$Y_{dn}=\bar{h}_n 2\zeta_2-\bar{e}_n\zeta_2=-\bar{h}_n\frac{h_3'(2-\zeta_3)}{3l_2'}=-\bar{d}_n,$$

$$\frac{Y_{bn}-Y_{cn}}{2}=-\frac{\vartheta_{nc}+\vartheta_{oc}}{\vartheta_{bc}+\vartheta_{cc}}+\bar{m}_n\frac{\vartheta_{mc}}{\vartheta_{bc}-\vartheta_{cc}}-\bar{l}_n\frac{\vartheta_{lc}}{\vartheta_{bc}-\vartheta_{cc}}$$
$$-\bar{k}_n\frac{\vartheta_{kc}}{\vartheta_{bc}-\vartheta_{cc}}+\bar{f}_n\frac{\vartheta_{ec}-\vartheta_{fc}}{\vartheta_{bc}-\vartheta_{cc}},$$

Aus Abb. 372 und 387 folgt

$$\frac{\vartheta_{nc}+\vartheta_{oc}}{\vartheta_{bc}-\vartheta_{cc}}=-\frac{l_1'}{2(l_1'+6h_1')}=-\frac{1}{2}\eta_1,$$

$$\frac{Y_{bn}-Y_{cn}}{2}=\frac{1}{2}\eta_1+(\bar{m}_n-\bar{l}_n-\bar{k}_n)\frac{h_1(3h_1'+2l_1')\eta_1}{6l_1'}-\bar{f}_n\eta_1.$$

Aus Abb. 371 und 387 folgt $\vartheta_{nb}+\vartheta_{ob}=0$. Da auch $\vartheta_{db}\ldots\vartheta_{mb}=0$ ist, so wird

$$\frac{Y_{bn}+Y_{cn}}{2}=0,$$

$$Y_{an}=-\frac{\vartheta_{na}+\vartheta_{oa}}{\vartheta_{aa}}-\bar{e}_n\frac{\vartheta_{ea}+\vartheta_{fa}}{\vartheta_{aa}}.$$

Aus Abb. 373 und 388 folgt

$$\frac{\vartheta_{na}+\vartheta_{oa}}{\vartheta_{aa}}=-\frac{h_1'}{4\left(l_1'+\frac{h_1'}{2}\right)}=-\frac{1}{2}\zeta_1,$$

$$Y_{an}=\zeta_1\left(\frac{1}{2}-\bar{e}_n\right)=\bar{a}_n\zeta_1.$$

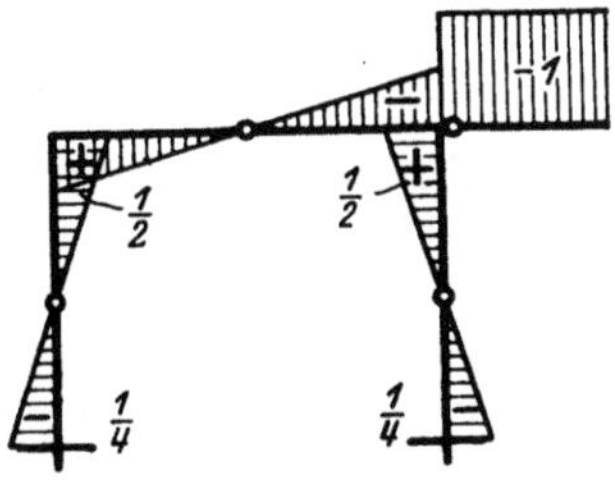

Abb. 388.

Aus $\vartheta_{kn}=0$ folgt

$$\frac{Y_{bn}-Y_{cn}}{2}=0,$$

also erhält man in

$$\bar{f}_n=\frac{1}{2}+\frac{1}{3}h_1(\bar{m}_n-\bar{l}_n-\bar{k}_n)\left(1+\frac{3h_1'}{2l_1'}\right)$$

eine Prüfung der Rechnung.

Die Eckmomente lassen sich in ein symmetrisches und ein antisymmetrisches Glied zerlegen. Die symmetrischen Glieder des Zustandes $Y_n = -1$ sind $M'_n =$

in 1. I o	und	1. II o:	$+\bar{a}_n(1-\zeta_1)$,
in 2. I u	und	2. II u:	$-\bar{e}_n$,
in 2. I o	und	2. II o:	$+\bar{h}_n + \bar{d}_n = \bar{h}_n\left[1 + \frac{h'_3(2-\zeta_3)}{3\,l'_2}\right]$,
in 3. I u	und	3. II u:	$+\bar{h}_n$,
in 3. I o	und	3. II o:	$-\bar{h}_n\cdot\zeta_3$,
in 1. I r	und	1. II l:	$-\bar{a}_n\cdot\zeta_1$, in 1. II r: $-\frac{1}{2}$,
in 2. I r	und	2. II l:	$+\bar{d}_n$,
in 3. I r	und	3. II l:	$-\bar{h}_n\cdot\zeta_3$.

Die antisymmetrischen Glieder sind $M''_n =$

in 1. I o: $-\frac{1}{3}h_1(\bar{l}_n + \bar{k}_n - \bar{m}_n)$, in 1. II o: $+\frac{1}{3}h_1(\bar{l}_n + \bar{k}_n - \bar{m}_n)$,
in 2. I u: $+\bar{f}_n$, in 2. II u: $-\bar{f}_n$,
in 2. I o: $-\frac{1}{2}h_2(\bar{l}_n - \bar{m}_n) + \bar{f}_n$, in 2. II o: $+\frac{1}{2}h_2(\bar{l}_n - \bar{m}_n) - \bar{f}_n$,
in 3. I u: $-\bar{i}_n$, in 3. II u: $+\bar{i}_n$,
in 3. I o: $+\frac{1}{2}h_3\cdot\bar{m}_n - \bar{i}_n$, in 3. II o: $-\frac{1}{2}h_3\bar{m}_n + \bar{i}_n$,
in 1. I r: $+\frac{1}{2}h_1(\bar{l}_n + \bar{k}_n - \bar{m}_n)\frac{h'_1}{l'_1}$, in 1. II l: $-\frac{1}{2}h_1(\bar{l}_n + \bar{k}_n - \bar{m}_n)\frac{h'_1}{l'_1}$,
in 1. II r: $-\frac{1}{2}$,
in 2. I r: $-\frac{1}{2}h_2(\bar{l}_n - \bar{m}_n) + \bar{f}_n + \bar{i}_n$, in 2. II l: $+\frac{1}{2}h_2(\bar{l}_n - \bar{m}_n) - \bar{f}_n - \bar{i}_n$,
in 3. I r: $+\frac{1}{2}h_3\bar{m}_n - \bar{i}_n$, in 3. II l: $-\frac{1}{2}h_3\bar{m}_n + \bar{i}_n$,

$$\frac{1}{2}h_2(\bar{l}_n - \bar{m}_n) - \bar{f}_n - \bar{i}_n = +\bar{i}_n\frac{1-\beta_3}{\beta_3} - \bar{m}_n\frac{h_3(3h'_3 + l'_3)}{2\,l'_2}.$$

Abb. 389 und 390 zeigen die Momentenflächen des Zustandes $Y_n = -1$.

Der Verschiebungszustand $Y_n = -1$ erfüllt die Bedingungen $\vartheta_{kn} = 0$, $\vartheta_{ln} = 0$, $\vartheta_{mn} = 0$. Da diese Bedingungen von den symmetrischen Gliedern der Momente allein erfüllt werden, müssen ihnen auch die antisymmetrischen Glieder genügen. Daraus folgt, daß beide Glieder der Momente die Stetigkeitsbedingung in den Punkten f und i, d. i. die Arbeitsgleichungen, für die Zustände $X_f = -1$, $X_i = -1$‘ $X'_f = -1$, $X'_i = -1$ alle andern $X = 0$, erfüllen müssen. Nach Abb. 389 ist also

$$(\tfrac{1}{2} - \bar{e}_n)(1-\zeta_1)\tfrac{3}{2}h'_1 - 2\bar{e}_n h'_2 + \bar{h}_n h'_2 + (\bar{e}_n - 2\bar{h}_n)\zeta_2 h'_2 = 0,$$

$$-\bar{e}_n h'_2 + 2\bar{h}_n(1-2\zeta_2)h'_2 + 2\bar{e}_n\zeta_2 h'_2 + \bar{h}_n(2-\zeta_3)h'_3 = 0.$$

Daraus folgt

$$\bar{e}_n = \lambda_2\left(\bar{h}_n + \frac{1}{2}\,\frac{\zeta_1 l_1'}{\zeta_2 l_2'}\right),$$

$$\bar{e}_n = \bar{h}_n\left[2 + \frac{(2-\zeta_3)h_3'}{3 l_2'\zeta_2}\right],$$

also die oben gefundenen Gleichungen. Nach Abb. 390 ist

$$-\frac{h_1 h_1'}{2}(\bar{m}_n - \bar{l}_n - \bar{k}_n) - 3\bar{f}_n h_2' - \frac{h_2 h_2'}{2}(\bar{m}_n - \bar{l}_n) = 0,$$

$$-\bar{f}_n h_2' - h_2 h_2'(\bar{m}_n - \bar{l}_n) - 2\bar{f}_n h_2' + 3\bar{i}_n h_3' - \frac{h_3 h_3'}{2}\bar{m}_n = 0,$$

daraus folgt

$$\boldsymbol{\bar{f}_n = -(\bar{m}_n - \bar{l}_n - \bar{k}_n)\frac{h_1 h_1'}{6h_2'} - (\bar{m}_n - \bar{l}_n)\frac{h_2}{6}},$$

$$\bar{i}_n = \bar{f}_n\frac{h_2'}{h_3'} + (\bar{m}_n - \bar{l}_n)\frac{h_2 h_2'}{3h_3'} + \bar{m}_n\frac{h_3}{6},$$

$$\boldsymbol{\bar{i}_n = -(\bar{m}_n - \bar{l}_n - \bar{k}_n)\frac{h_1 h_1'}{6h_3'} + (\bar{m}_n - \bar{l}_n)\frac{h_2 h_2'}{6h_3'} + \bar{m}_n\frac{h_3}{6}}.$$

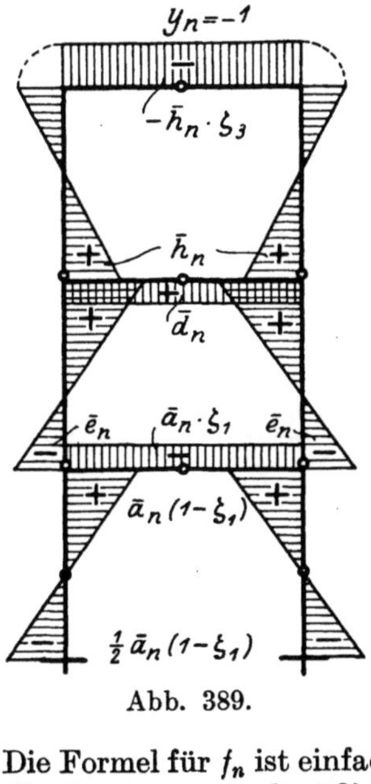

Abb. 389.

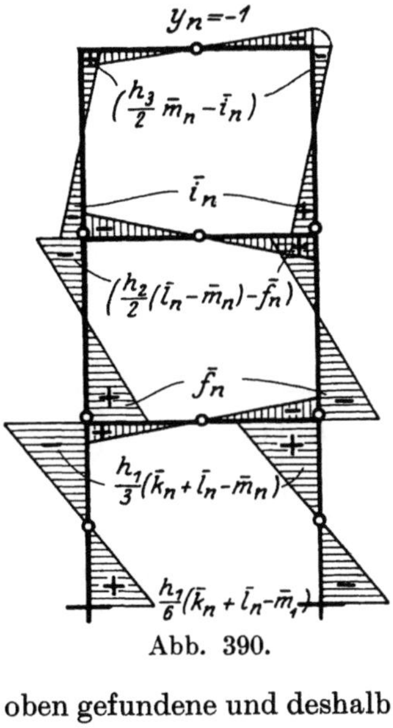

Abb. 390.

Die Formel für f_n ist einfacher als die oben gefundene und deshalb für die Rechnungen zweckmäßiger.

Gruppe Y_p: $\quad Y_{np} = -\dfrac{\vartheta_{pn}+\vartheta_{qn}}{\vartheta_{nn}+\vartheta_{on}}$.

Aus Abb. 389, 390 und 391 folgt

$$\frac{\vartheta_{pn}+\vartheta_{qn}}{2} = -\tfrac{1}{6}l_2'\left[\bar{i}_n\frac{1-\beta_3}{\beta_3} - \bar{m}_n\frac{h_3(3h_3'+l_3')}{2l_2'}\right] - \tfrac{1}{2}\bar{d}_n l_2'.$$

Aus Abb. 389, 390 und 387 folgt

$$\frac{\vartheta_{nn}+\vartheta_{on}}{2}=+(\bar{l}_n+\bar{k}_n-\bar{m}_n)\frac{h_1 h_1'}{12}+\bar{a}_n\zeta_1\frac{l_1'}{2}+\frac{l_4'}{2},$$

$$Y_{np}=\frac{2\bar{l}_n(l_3'+6h_3')-\bar{m}_n h_3(l_3'+3h_3')+2\bar{h}_n h_3'(2-\zeta_3)}{(\bar{l}_n+\bar{k}_n-\bar{m}_n)h_1 h_1'+6\bar{a}_n\zeta_1 l_1'+6l_4'}=\bar{n}_p,$$

$$Y_{mp}=-\frac{\vartheta_{pm}+\vartheta_{qm}}{\vartheta_{mm}}-\bar{n}_p\frac{\vartheta_{nm}+\vartheta_{om}}{\vartheta_{mm}}.$$

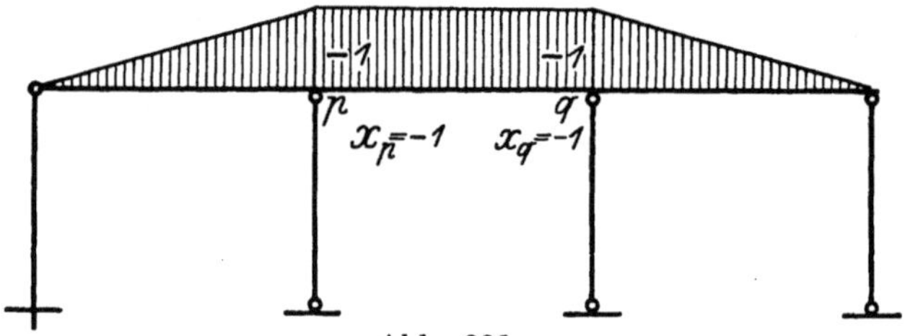

Abb. 391.

Aus Abb. 386 und 391 folgt

$$\frac{\vartheta_{pm}+\vartheta_{qm}}{2}=-\frac{l_2'}{6}\left[\frac{h_3(3h_3'+l_3')}{2l_2'}-\bar{h}_m\frac{1-\beta_3}{\beta_3}\right],$$

$$Y_{mp}=+\frac{h_3(3h_3'+l_3')-2\bar{h}_m(6h_3'+l_3')}{h_3[h_3(2h_3'+l_3')-2\bar{h}_m(3h_3'+l_3')]}-\bar{n}_p\bar{m}_n=\bar{m}_p,$$

$$Y_{lp}=-\frac{\vartheta_{pl}+\vartheta_{ql}}{\vartheta_{ll}}-\bar{n}_p\frac{\vartheta_{nl}+\vartheta_{ol}}{\vartheta_{ll}}-\bar{m}_p\frac{\vartheta_{ml}}{\vartheta_{ll}}.$$

Aus Abb. 384 und 391 folgt

$$\frac{\vartheta_{pl}+\vartheta_{ql}}{2}=-\bar{h}_l\frac{6h_3'+l_3'}{6},$$

$$Y_{lp}=\frac{2\bar{h}_l(6h_3'+l_3')+\bar{n}_p(\bar{k}_l-1)h_1h_1'}{h_2\left[(\bar{k}_l-1)h_1\left(h_1'+2h_2'+3h_2'\frac{h_1'}{l_1'}\right)-h_2h_2'\right]}-\bar{m}_p\bar{l}_m=\bar{l}_p,$$

$$Y_{kp}=-\frac{\vartheta_{pk}+\vartheta_{qk}}{\vartheta_{kk}}-\bar{n}_p\frac{\vartheta_{nk}+\vartheta_{ok}}{\vartheta_{kk}}-\bar{m}_p\frac{\vartheta_{mk}}{\vartheta_{kk}}-\bar{l}_p\frac{\vartheta_{lk}}{\vartheta_{kk}}.$$

Aus Abb. 380 und 391 folgt

$$\frac{\vartheta_{pk}+\vartheta_{qk}}{2}=-\bar{h}_k\frac{6h_3'+l_3'}{6},$$

$$Y_{kp}=\frac{\bar{h}_k}{3\bar{b}_k h_1 h_1'}\left[6h_3'+l_3'+\bar{n}_p\cdot\frac{1}{\beta_3}(6h_2'+l_2'(1-\beta_3))-\bar{m}_p h_3(3h_3'+l_3')\right]$$
$$-(\bar{m}_p+\bar{l}_p)\bar{k}_l=-\bar{k}_p,$$

$$\frac{Y_{hp}-Y_{ip}}{2}=-\frac{\vartheta_{pi}+\vartheta_{qi}}{\vartheta_{hi}-\vartheta_{ii}}-\bar{n}_p\frac{\vartheta_{ni}+\vartheta_{oi}}{\vartheta_{hi}-\vartheta_{ii}}-\bar{m}_p\frac{\vartheta_{mi}}{\vartheta_{hi}-\vartheta_{ii}}-\bar{l}_p\frac{\vartheta_{li}}{\vartheta_{hi}-\vartheta_{ii}}$$
$$+k_p\frac{\vartheta_{ki}}{\vartheta_{hi}-\vartheta_{ii}}.$$

Aus Abb. 378 und 391 folgt

$$\frac{\vartheta_{pi}+\vartheta_{qi}}{\vartheta_{hi}-\vartheta_{ii}}=\frac{\eta_3(1-\eta_2)l_2'}{2\,l_3'}=2\,\frac{\overline{h}_k}{h_1}\left(1+\frac{h_2'}{h_1'\eta_1}\right),$$

$$\frac{Y_{hp}-Y_{ip}}{2}=-2\,\frac{\overline{h}_k}{h_1}\left(1+\frac{h_2'}{h_1'\eta_1}\right)-\overline{n}_p\,\frac{2\,\overline{h}_k}{h_1}-\overline{m}_p\,\frac{\eta_3 h_3(3\,h_3'+l_3')}{2\,l_3'}$$
$$+(\overline{m}_p+\overline{l}_p)\overline{h}_k\left[1+\frac{h_2}{h_1}\left(2+\frac{h_2'}{h_1'\eta_1}\right)\right]-\overline{k}_p\overline{h}_k\,,$$

$$\boldsymbol{\frac{Y_{hp}-Y_{ip}}{2}=-\overline{h}_k\left[\frac{2}{h_1}\left(1+\frac{h_2'}{h_1'\eta_1}+\overline{n}_p\right)-(\overline{m}_p+\overline{l}_p-\overline{k}_p)\right.}$$
$$\boldsymbol{\left.-(\overline{m}_p+\overline{l}_p)\frac{h_2}{h_1}\left(2+\frac{h_2'}{h_1'\eta_1}\right)\right]-\overline{m}_p\,\frac{\eta_3 h_3(3\,h_3'+l_3')}{2\,l_3'}},$$

$$\boldsymbol{\frac{Y_{hp}-Y_{ip}}{2}=-\overline{i}_p},$$

$$\frac{Y_{hp}+Y_{ip}}{2}=-\frac{\vartheta_{ph}+\vartheta_{qh}}{\vartheta_{hh}+\vartheta_{ih}}-\overline{n}_p\,\frac{\vartheta_{nh}+\vartheta_{oh}}{\vartheta_{hh}+\vartheta_{ih}}.$$

Aus Abb. 376 und 391 folgt

$$\vartheta_{ph}+\vartheta_{qh}=-\tfrac{1}{2}\,\zeta_2(2-\lambda_2)\,l_2',$$

$$\frac{Y_{hp}+Y_{ip}}{2}=\frac{\lambda_3(2-\lambda_2)\,\zeta_2 l_2'}{2\,\zeta_3 l_3'}-\overline{n}_p\,\frac{\lambda_3\lambda_2\zeta_1 l_1'}{2\,\zeta_3 l_3'},$$

$$\boldsymbol{\frac{Y_{hp}+Y_{ip}}{2}=\overline{h}_n\left(2+\frac{h_2'}{\zeta_1 l_1'}-\overline{n}_p\right)=\overline{h}_p},$$

$$\boldsymbol{Y_{gp}=-\overline{h}_p\,\zeta_3},$$

$$\frac{Y_{ep}-Y_{fp}}{2}=-\frac{\vartheta_{pf}+\vartheta_{qf}}{\vartheta_{ef}-\vartheta_{ff}}-\overline{n}_p\,\frac{\vartheta_{nf}+\vartheta_{of}}{\vartheta_{ef}-\vartheta_{ff}}-\overline{m}_p\,\frac{\vartheta_{mf}}{\vartheta_{ef}-\vartheta_{ff}}$$
$$-\overline{l}_p\,\frac{\vartheta_{lf}}{\vartheta_{ef}-\vartheta_{ff}}+\overline{k}_p\,\frac{\vartheta_{kf}}{\vartheta_{ef}-\vartheta_{ff}}+\overline{i}_p\,\frac{\vartheta_{hf}-\vartheta_{if}}{\vartheta_{ef}-\vartheta_{ff}}.$$

Aus Abb. 377 und 391 folgt

$$\frac{\vartheta_{pf}+\vartheta_{qf}}{\vartheta_{ef}-\vartheta_{ff}}=-\frac{1}{2}\,\eta_2\,.$$

$$\frac{Y_{ep}-Y_{fp}}{2}=\frac{1}{2}\,\eta_2-\overline{n}_p\,3\,\eta_2\eta_1\,\frac{h_1'}{l_2'}-(\overline{m}_p+\overline{l}_p)\,\frac{\eta_2 h_2(3\,h_2'+l_2')}{2\,l_2'}$$
$$+(\overline{m}_p+\overline{l}_p-\overline{k}_p)\,3\,\eta_2\eta_1\,\frac{h_1 h_1'}{2\,l_2'}-\overline{i}_p\eta_2\,,$$

$$\boldsymbol{\frac{Y_{ep}-Y_{fp}}{2}=-\frac{\overline{i}_p}{\beta_3}+\frac{1}{2}-\frac{1}{2}\,h_2(\overline{m}_p+\overline{l}_p)+\overline{m}_p\,\frac{h_3(3\,h_3'+l_3')}{2\,l_2'}=-\overline{f}_p},$$

$$\frac{Y_{ep}+Y_{fp}}{2}=-\frac{\vartheta_{pe}+\vartheta_{qe}}{\vartheta_{ee}+\vartheta_{fe}}-\overline{n}_p\,\frac{\vartheta_{ne}+\vartheta_{oe}}{\vartheta_{ee}+\vartheta_{fe}}-\overline{h}_p\,\frac{\vartheta_{he}+\vartheta_{ie}}{\vartheta_{ee}+\vartheta_{fe}}+\overline{h}_p\zeta_3\,\frac{\vartheta_{ge}}{\vartheta_{ee}+\vartheta_{fe}}.$$

Aus Abb. 375 und 391 folgt

$$\vartheta_{pe} + \vartheta_{qe} = -\frac{\zeta_2 l_1'}{2},$$

$$\frac{\boldsymbol{Y_{ep} + Y_{fp}}}{2} = \frac{\lambda_2}{2}\left(1 + \bar{n}_p \frac{\zeta_1 l_1'}{\zeta_2 l_2'} - 2\bar{h}_p\right) = \bar{e}_p,$$

$$Y_{dp} = -\frac{\vartheta_{pd} + \vartheta_{qd}}{\vartheta_{dd}} - \bar{n}_p \frac{\vartheta_{nd} + \vartheta_{od}}{\vartheta_{dd}} - \bar{h}_p \frac{\vartheta_{hd} + \vartheta_{id}}{\vartheta_{dd}} - \bar{e}_p \frac{\vartheta_{ed} + \vartheta_{fd}}{\vartheta_{da}}.$$

$$\vartheta_{nd} + \vartheta_{od} = 0.$$

Aus Abb. 370 und 392 folgt

$$\vartheta_{pd} + \vartheta_{qd} = -\tfrac{1}{3} h_2',$$

$$\boldsymbol{Y_{dp}} = \zeta_2 (1 - 2\bar{h}_p - \bar{e}_p) = \bar{d}_p \cdot \zeta_2,$$

$$\boldsymbol{Y_{bp} + Y_{cp} = 0},$$

$$\frac{Y_{bp} - Y_{cp}}{2} = -\frac{\vartheta_{pc} + \vartheta_{qc}}{\vartheta_{bc} - \vartheta_{cc}} - \bar{n}_p \frac{\vartheta_{nc} + \vartheta_{oc}}{\vartheta_{bc} - \vartheta_{cc}} - \bar{m}_p \frac{\vartheta_{mc}}{\vartheta_{bc} - \vartheta_{cc}}$$
$$- \bar{l}_p \frac{\vartheta_{lc}}{\vartheta_{bc} - \vartheta_{cc}} + \bar{k}_p \frac{\vartheta_{kc}}{\vartheta_{bc} - \vartheta_{cc}} + \bar{f}_p \frac{\vartheta_{ec} - \vartheta_{fc}}{\vartheta_{bc} - \vartheta_{cc}},$$

$$\vartheta_{pc} + \vartheta_{qc} = 0.$$

$$\frac{Y_{bp} - Y_{cp}}{2} = \frac{1}{2} \bar{n}_p \eta_1 - \tfrac{1}{3} h_1 (\bar{m}_p + \bar{l}_p - \bar{k}_p) \eta_1 \left(1 + \frac{3 h_1'}{2 l_1'}\right) - \bar{f}_p \eta_1$$

Da $\vartheta_{kp} = 0$ ist, folgt $\boldsymbol{Y_{bp} - Y_{cp} = 0}$, also in

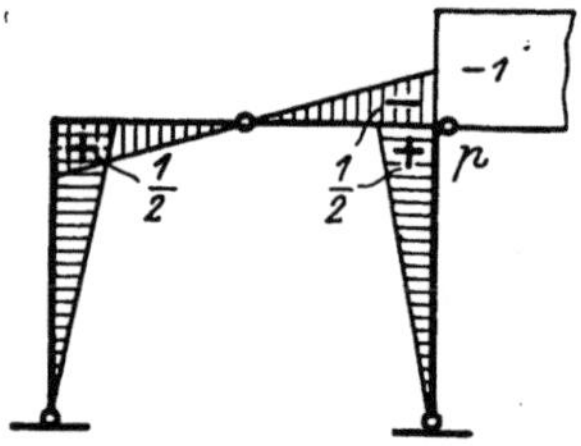

Abb. 392.

$$\bar{f}_p = \frac{1}{2} \bar{n}_p + \frac{1}{3} h_1 (\bar{k}_p - \bar{l}_p - \bar{m}_p)\left(1 + \frac{3 h_1'}{2 l_1'}\right)$$

eine Prüfung der Rechnung

$$Y_{ap} = -\frac{\vartheta_{pa} + \vartheta_{qa}}{\vartheta_{aa}} - \bar{n}_p \frac{\vartheta_{na} + \vartheta_{oa}}{\vartheta_{aa}} - \bar{e}_p \frac{\vartheta_{ea} + \vartheta_{fa}}{\vartheta_{aa}},$$

$$\vartheta_{pa} + \vartheta_{qa} = 0.$$

$$\boldsymbol{Y_{ap}} = \left(\frac{1}{2} \bar{n}_p - \bar{e}_p\right) \zeta_1 = -\bar{a}_p \zeta_1$$

Die Eckmomente des Zustandes $Y_p = -1$ werden wieder in ein symmetrisches und ein antisymmetrisches Glied zerlegt. Erstere sind

$M_p =$

in 1. I o und 1. II o: $-\bar{a}_p (1 - \zeta_1)$,
in 2. I u und 2. II u: $-\bar{e}_p$,
in 2. I o und 2. II o: $+\tfrac{1}{2} \bar{d}_p (1 - 2\zeta_2) + \tfrac{1}{2} \bar{e}_p$,
in 3. I u und 3. II u: $-\bar{h}_p$,
in 3. I o und 3. II o: $+\bar{h}_p \cdot \zeta_3$,
in 1. I r und 1. II l: $+\bar{a}_p \cdot \zeta_1$, in 1. II r: $-\tfrac{1}{2} \bar{n}_p$,
in 2. I r und 2. II l: $-\bar{d}_p$. in 2. II r: $-\tfrac{1}{2}$,
in 3. I r und 3. II l: $+\bar{h}_p \cdot \zeta_3$.

Die antisymmetrischen Glieder sind $M_p'' =$

in 1. I o: $+\frac{1}{3} h_1 (\bar{k}_p - \bar{l}_p - \bar{m}_p)$, in 1. II o: $-\frac{1}{3} h_1 (\bar{k}_p - \bar{l}_p - \bar{m}_p)$,
in 2. I u: $+\bar{f}_p$, in 2. II u: $-\bar{f}_p$
in 2. I o: $-\frac{1}{2} h_2 (\bar{m}_p + \bar{l}_p) + \bar{f}_p$, in 2. II o: $+\frac{1}{2} h_2 (\bar{m}_p + \bar{l}_p) - \bar{f}_p$,
in 3. I u: $+\bar{i}_p$, in 3. II u: $-\bar{i}_p$,
in 3. I o: $-\frac{1}{2} h_3 \cdot \bar{m}_p + \bar{i}_p$, in 3. II o: $+\frac{1}{2} h_3 \bar{m}_p - \bar{i}_p$,
in 1. I r: $-\frac{1}{2} h_1 (\bar{k}_p - \bar{l}_p - \bar{m}_p) \frac{h_1'}{l_1'}$, in 1. II l: $+\frac{1}{2} h_1 (\bar{k}_p - \bar{l}_p - \bar{m}_p) \frac{h_1'}{l_1'}$,
in 1. II r: $-\frac{1}{2} \bar{n}_p$,
in 2. I r: $-\frac{1}{2} h_2 (\bar{m}_p + \bar{l}_p) + \frac{1}{2} + \bar{f}_p - \bar{i}_p$, in 2. II l: $+\frac{1}{2} h_2 (\bar{m}_p + \bar{l}_p) - \frac{1}{2} - \bar{f}_p + \bar{i}_p$,
in 2. II r: $-\frac{1}{2}$,
in 3. I r: $-\frac{1}{2} h_3 \bar{m}_p + \bar{i}_p$, in 3. II l: $+\frac{1}{2} h_3 \bar{m}_p - \bar{i}_p$,

$$\frac{1}{2} h_2 (\bar{m}_p + \bar{l}_p) - \frac{1}{2} - \bar{f}_p + \bar{i}_p = \bar{m}_p \frac{h_3 (3 h_3' + l_3')}{2 l_2'} - \bar{i}_p \frac{1 - \beta_3}{\beta_3} .$$

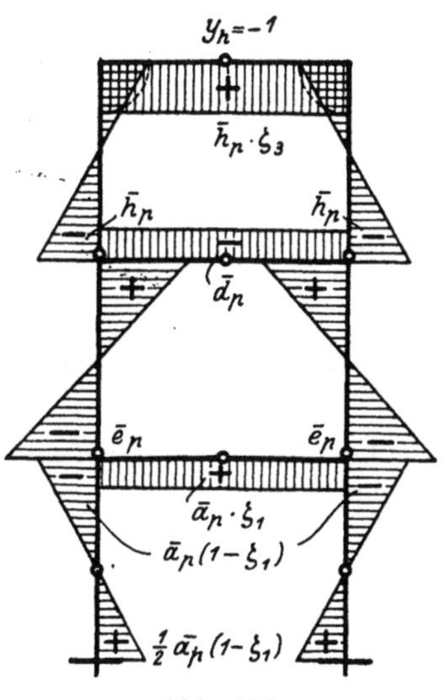

Abb. 393.

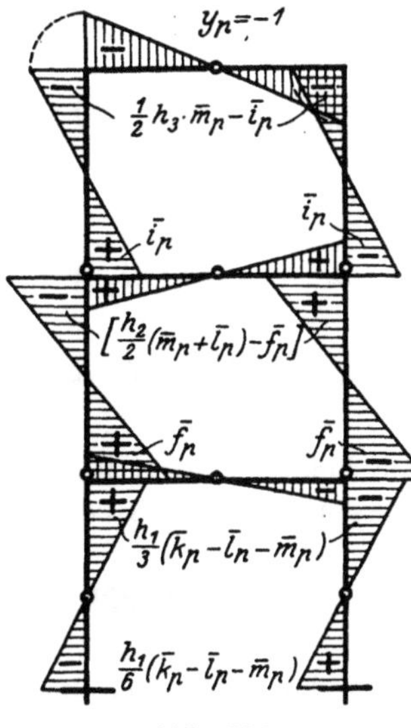

Abb. 394.

Abb. 393 und 394 zeigen die Momentenflächen. Der Verschiebungszustand $Y_p = -1$ liefert folgende Prüfungen der Rechnung

$$\vartheta_{np} + \vartheta_{op} = 0 .$$

Aus Abb. 387, 393 und 394 folgt

$$\frac{1}{2} (\vartheta_{np} + \vartheta_{op}) = -(\bar{k}_p - \bar{l}_p - \bar{m}_p) \frac{h_1 h_1'}{12} - (\bar{e}_p - \frac{1}{2} \bar{n}_p) \frac{\zeta_1 l_1'}{2} + n_p \frac{l_4'}{2} = 0 ,$$

$$\boldsymbol{\bar{k}_p - \bar{l}_p - \bar{m}_p = + \bar{n}_p \frac{3 (\zeta_1 l_1' + 2 l_4')}{h_1' h_1} - \bar{e}_p \frac{6 \zeta_1 l_1'}{h_1 h_1'}} .$$

Aus den Stetigkeitsbedingungen für die Punkte e und i ergeben sich infolge $\vartheta_{kp}=0$, $\vartheta_{lp}=0$, $\vartheta_{mp}=0$ nach Abb. 393 die Gleichungen

$$-(\bar{e}_p-\tfrac{1}{2}\bar{n}_p)(1-\zeta_1)\frac{3h_1'}{2}-\bar{e}_p h_2'(2-\zeta_2)+(\tfrac{1}{2}-\bar{h}_p)(1-2\zeta_2)h_2'=0$$

$$-\bar{e}_p h_2'(1-2\zeta_2)+2(\tfrac{1}{2}-\bar{h}_p)(1-2\zeta_2)h_2'-\bar{h}_p(2-\zeta_3)h_3'=0\,.$$

Daraus folgt

$$\bar{e}_p=\tfrac{1}{2}\lambda_2\left(1-2h_p+\bar{n}_p\frac{\zeta_1 l_1'}{\zeta_2 l_2'}\right),$$

also der oben gefundene Wert und

$$\bar{e}_p=1-\bar{h}_p\left[2+\frac{h_3'(2-\zeta_3)}{3l_2'\zeta_2}\right].$$

Ferner ist nach Abb. 394

$$\frac{h_1h_1'}{2}(\bar{m}_p+\bar{l}_p-\bar{k}_p)-2\bar{f}_p h_2'+\frac{h_2h_2'}{2}(\bar{m}_p+\bar{l}_p)-\bar{f}_p h_2'=0$$

$$-\bar{f}_p h_2'+h_2h_2'(\bar{m}_p+\bar{l}_p)-2\bar{f}_p h_2'-2\bar{i}_p h_3'+\frac{h_3h_3'}{2}\bar{m}_p-\bar{i}_p h_3'=0\,.$$

Daraus folgt

$$\bar{f}_p=\frac{h_1h_1'}{6h_2'}(\bar{m}_p+\bar{l}_p-\bar{k}_p)+\frac{h_2}{6}(\bar{m}_p+\bar{l}_p)\,,$$

$$\bar{i}_p=-\frac{h_1h_1'}{6h_3'}(\bar{m}_p+\bar{l}_p-\bar{k}_p)+\frac{h_2h_2'}{6h_3'}(\bar{m}_p+\bar{l}_p)+\frac{h_3}{6}\bar{m}_p\,.$$

Die beiden letzten Formeln sind einfacher als die oben gefundenen und deshalb für die Rechnung zweckmäßiger.

$$\textbf{Gruppe } Y_r\textbf{:}\quad Y_{pr}=-\frac{\vartheta_{rp}+\vartheta_{sp}}{\vartheta_{pp}+\vartheta_{qp}}\,.$$

Nach Abb. 393, 394 und 395 bzw. 391 ergibt sich

$$\frac{\vartheta_{rp}+\vartheta_{sp}}{2}=-\bar{m}_p\frac{h_3l_3'}{12}+\bar{i}_p\frac{l_3'}{6}-\bar{h}_p\zeta_3\frac{l_3'}{2}\,,$$

$$\frac{\vartheta_{pp}+\vartheta_{qp}}{2}=\bar{i}_p\frac{l_3'+6h_3'}{6}-\bar{m}_p\frac{h_3(3h_3'+l_3')}{12}+\frac{\bar{d}_p l_2'}{2}+\frac{l_5'}{2}\,,$$

$$Y_{pr}=\frac{(\bar{m}_p h_3-2\bar{i}_p+6\bar{h}_p\zeta_3)l_3'}{2\bar{i}_p(l_3'+6h_3')-\bar{m}_p(l_3'+3h_3')+6\bar{d}_p l_2'+6l_5'}=\bar{p}_r\,,$$

$$Y_{nr}=-\frac{\vartheta_{rn}+\vartheta_{sn}}{\vartheta_{nn}+\vartheta_{on}}-\bar{p}_r\frac{\vartheta_{pn}+\vartheta_{qn}}{\vartheta_{nn}+\vartheta_{on}}\,.$$

Nach Abb. 389, 390 und 395 ergibt sich

$$\frac{\vartheta_{rn}+\vartheta_{sn}}{2}=\overline{m}_n\frac{h_3 l_3'}{12}-\overline{i}_n\frac{l_3'}{6}+\overline{h}_n\frac{\zeta_3 l_3'}{2},$$

$$Y_{nr}=-\frac{(\overline{m}_n h_3-2\overline{i}_n+6\overline{h}_n\zeta_3)\,l_3'}{+(\overline{l}_n+\overline{k}_n-\overline{m}_n)\,h_1 h_1'+6\overline{a}_n\zeta_1 l_1'+6 l_4'}+\overline{p}_r\overline{n}_p=-\overline{n}_r,$$

$$Y_{mr}=-\frac{\vartheta_{rm}+\vartheta_{sm}}{\vartheta_{mm}}-\overline{p}_r\frac{\vartheta_{pm}+\vartheta_{qm}}{\vartheta_{mm}}+\overline{n}_r\frac{\vartheta_{nm}+\vartheta_{om}}{\vartheta_{mm}}.$$

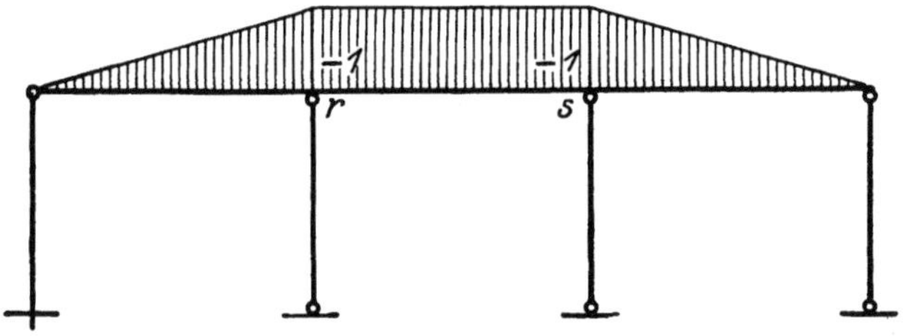

Abb. 395.

Nach Abb. 386 und 395 ist

$$\frac{\vartheta_{rm}+\vartheta_{sm}}{2}=-\frac{1}{6}\left(\frac{1}{2}h_3-\overline{h}_m\right)l_3',$$

$$Y_{mr}=\frac{(h_3-2\overline{h}_m)\,l_3'+\overline{p}_r[h_3(3h_3'+l_3')-2\overline{h}_m(6h_3'+l_3')]}{h_3[h_3(2h_3'+l_3')-2\overline{h}_m(3h_3'+l_3')]}+\overline{n}_r\overline{m}_n=\overline{m}_r,$$

$$Y_{lr}=-\frac{\vartheta_{rl}+\vartheta_{sl}}{\vartheta_{ll}}-\overline{p}_r\frac{\vartheta_{pl}+\vartheta_{ql}}{\vartheta_{ll}}+n_r\frac{\vartheta_{nl}+\vartheta_{ol}}{\vartheta_{ll}}-\overline{m}_r\frac{\vartheta_{ml}}{\vartheta_{ll}}.$$

Nach Abb. 384 und 395 ist

$$\frac{\vartheta_{rl}+\vartheta_{sl}}{2}=-\overline{h}_l\frac{l_3'}{6},$$

$$Y_{lr}=\frac{2\overline{h}_l[l_3'+\overline{p}_r\,(l_3'+6h_3')]-\overline{n}_r(\overline{k}_l-1)\,h_1 h_1'}{h_2\left[(\overline{k}_l-1)\,h_1\left(h_1'+2h_2'+\frac{3h_2'h_1'}{l_1'}\right)-h_2 h_2'\right]}-\overline{m}_r\overline{l}_m,$$

$$Y_{lr}=-\overline{l}_r,$$

$$Y_{kr}=-\frac{\vartheta_{rk}+\vartheta_{sk}}{\vartheta_{kk}}-\overline{p}_r\frac{\vartheta_{pk}+\vartheta_{qk}}{\vartheta_{kk}}+\overline{n}_r\frac{\vartheta_{nk}+\vartheta_{ok}}{\vartheta_{kk}}-\overline{m}_r\frac{\vartheta_{mk}}{\vartheta_{kk}}+\overline{l}_r\frac{\vartheta_{lk}}{\vartheta_{kk}}.$$

Nach Abb. 380 und 395 ist

$$\frac{\vartheta_{rk}+\vartheta_{sk}}{2}=-\bar{h}_k\frac{l_3'}{6},$$

$$\boldsymbol{Y_{kr}=\frac{\bar{h}_k}{3\bar{b}_k h_1 h_1'}\left[l_3'+\bar{p}_r(l_3'+6h_3')-\bar{n}_r\frac{1-\beta_2}{\beta_3\beta_2}l_1'-\bar{m}_r h_3(3h_3'+l_3')\right]}$$
$$\boldsymbol{-(\bar{m}_r-\bar{l}_r)\bar{k}_l,}$$

$$\boldsymbol{Y_{kr}=+\bar{k}_r,}$$

$$\frac{Y_{hr}-Y_{ir}}{2}=-\frac{\vartheta_{ri}+\vartheta_{si}}{\vartheta_{hi}-\vartheta_{ii}}-\bar{p}_r\frac{\vartheta_{pi}+\vartheta_{qi}}{\vartheta_{hi}-\vartheta_{ii}}+\bar{n}_r\frac{\vartheta_{ni}+\vartheta_{oi}}{\vartheta_{hi}-\vartheta_{ii}}$$
$$-\bar{m}_r\frac{\vartheta_{mi}}{\vartheta_{hi}-\vartheta_{ii}}+\bar{l}_r\frac{\vartheta_{li}}{\vartheta_{hi}-\vartheta_{ii}}-\bar{k}_r\frac{\vartheta_{ki}}{\vartheta_{ki}-\vartheta_{ii}}.$$

Nach Abb. 378 und 395 ist

$$\vartheta_{ri}+\vartheta_{si}=-\tfrac{1}{6}l_3',$$

$$\boldsymbol{\frac{Y_{hr}-Y_{ir}}{2}=\frac{\eta_3}{2l_3'}[l_3'-\bar{p}_r(1-\eta_2)l_2'+\bar{n}_r\eta_2(1-\eta_1)l_1'-\bar{m}_r h_3(l_3'+3h_3')]}$$
$$\boldsymbol{+\bar{h}_k\left[\bar{m}_r-\bar{l}_r+\bar{k}_r+(\bar{m}_r-\bar{l}_r)\frac{h_2}{h_1}\left(2+\frac{h_2'}{h_1'\eta_1}\right)\right],}$$

$$\boldsymbol{\frac{Y_{hr}-Y_{ir}}{2}=-\bar{i}_r,}$$

$$\frac{Y_{hr}+Y_{ir}}{2}=-\frac{\vartheta_{rh}+\vartheta_{sh}}{\vartheta_{hh}+\vartheta_{ih}}-\bar{p}_r\frac{\vartheta_{ph}+\vartheta_{qh}}{\vartheta_{hh}+\vartheta_{ih}}+\bar{n}_r\frac{\vartheta_{nh}+\vartheta_{oh}}{\vartheta_{hh}+\vartheta_{ih}}.$$

Nach Abb. 376 und 395 ist

$$\vartheta_{rh}+\vartheta_{sh}=-\tfrac{1}{2}\zeta_3 l_3',$$

$$\frac{Y_{hr}+Y_{ir}}{2}=\frac{\lambda_3}{2}+\bar{p}_r\frac{\lambda_3\zeta_2(2-\lambda_2)l_2'}{2\zeta_3 l_3'}+\bar{n}_r\frac{\lambda_3\lambda_2\zeta_1 l_1'}{2\zeta_3 l_3'},$$

$$\boldsymbol{\frac{Y_{hr}+Y_{ir}}{2}=\frac{1}{2}\lambda_3+\bar{h}_n\left[\bar{p}_r\left(2+\frac{h_2'}{\zeta_1 l_1'}\right)+\bar{n}_r\right]=\bar{h}_r,}$$

$$Y_{gr}=-\frac{\vartheta_{rg}+\vartheta_{sg}}{\vartheta_{gg}}-\bar{h}_r\frac{\vartheta_{hg}+\vartheta_{ig}}{\vartheta_{gg}}.$$

Die Belastung $X_r=-1$, $X_s=-1$ ergreift das statisch bestimmte Hauptsystem im dritten Stock durch Momente der in Abb. 392 dargestellten Art, den zweiten und ersten Stock nur durch Normalkräfte.

Daher ist nach Abb. 370

$$\vartheta_{rg} + \vartheta_{sg} = -\tfrac{1}{3} h_3',$$

$$\boldsymbol{Y_{gr} = \zeta_3 (1 - \overline{h}_r)},$$

$$\frac{Y_{er} - Y_{fr}}{2} = -\frac{\vartheta_{rf} + \vartheta_{sf}}{\vartheta_{ef} - \vartheta_{ff}} - \overline{p}_r \frac{\vartheta_{pf} + \vartheta_{qf}}{\vartheta_{ef} - \vartheta_{ff}} + \overline{n}_r \frac{\vartheta_{nf} + \vartheta_{of}}{\vartheta_{ef} - \vartheta_{ff}} - \overline{m}_r \frac{\vartheta_{mf}}{\vartheta_{ef} - \vartheta_{ff}}$$
$$+ \overline{l}_r \frac{\vartheta_{lf}}{\vartheta_{ef} + \vartheta_{ff}} - \overline{k}_r \frac{\vartheta_{kf}}{\vartheta_{ef} - \vartheta_{ff}} + \overline{i}_r \frac{\vartheta_{hf} - \vartheta_{if}}{\vartheta_{ef} - \vartheta_{ff}},$$

$$\vartheta_{rf} + \vartheta_{sf} = 0,$$

$$\frac{Y_{er} - Y_{fr}}{2} = \frac{1}{2} \overline{p}_r \eta_2 + \overline{n}_r 3 \eta_2 \eta_1 \frac{h_1'}{l_2'} - (\overline{m}_r - \overline{l}_r) \frac{\eta_2 h_2}{2 l_2'} (l_2' + 3 h_2')$$
$$+ (\overline{m}_r - \overline{l}_r + \overline{h}_r)\, 3\, \eta_2 \eta_1 \frac{h_1 h_1'}{2 l_2'} - \overline{i}_r \eta_2,$$

$$\boldsymbol{\frac{Y_{er} - Y_{fr}}{2} = -\frac{\overline{i}_r}{\beta_3} + \frac{1}{2} \overline{p}_r - \frac{l_3'}{2 l_2'} - \frac{1}{2} h_2 (\overline{m}_r - \overline{l}_r) + \overline{m}_r \frac{h_3 (3 h_3' + l_3')}{2 l_2'} = \overline{f}_r},$$

$$\frac{Y_{er} + Y_{fr}}{2} = -\frac{\vartheta_{re} + \vartheta_{se}}{\vartheta_{ee} + \vartheta_{he}} - \overline{p}_r \frac{\vartheta_{pe} + \vartheta_{qe}}{\vartheta_{ee} + \vartheta_{he}} + \overline{n}_r \frac{\vartheta_{ne} + \vartheta_{oe}}{\vartheta_{ee} + \vartheta_{he}} - \overline{h}_r \frac{\vartheta_{he} + \vartheta_{ie}}{\vartheta_{ee} + \vartheta_{he}}.$$

$$\vartheta_{re} + \vartheta_{se} = 0$$

$$\boldsymbol{\frac{Y_{er} + Y_{fr}}{2} = -\frac{\lambda_2}{2} \left[-p_r + \overline{n}_r \frac{\zeta_1 l_1'}{\zeta_2 l_2'} + 2 \overline{h}_r \right] = -\overline{e}_r},$$

$$Y_{dr} = -\frac{\vartheta_{rd} + \vartheta_{sd}}{\vartheta_{dd}} - \overline{p}_r \frac{\vartheta_{pd} + \vartheta_{qd}}{\vartheta_{dd}} - \overline{h}_r \frac{\vartheta_{hd} + \vartheta_{id}}{\vartheta_{dd}} + \overline{e}_r \frac{\vartheta_{ed} + \vartheta_{fd}}{\vartheta_{dd}}.$$

$$\vartheta_{rd} + \vartheta_{sd} = 0$$

$$\boldsymbol{Y_{dr} = \zeta_2 (\overline{p}_r - 2 \overline{h}_r + \overline{e}_r) = -\overline{d}_r},$$

$$Y_{ar} = \overline{n}_r \frac{\vartheta_{na} + \vartheta_{oa}}{\vartheta_{aa}} + \overline{e}_r \frac{\vartheta_{ea} + \vartheta_{fa}}{\vartheta_{aa}},$$

$$\boldsymbol{Y_{ar} = +\zeta_1 \left(-\frac{\overline{n}_r}{2} + \overline{e}_r \right) = +\zeta_1 \overline{a}_r},$$

$$\frac{Y_{br} - Y_{cr}}{2} = -\frac{\vartheta_{rc} + \vartheta_{sc}}{\vartheta_{bc} - \vartheta_{cc}} + \overline{n}_r \frac{\vartheta_{nc} + \vartheta_{oc}}{\vartheta_{bc} - \vartheta_{cc}} - (\overline{m}_r - \overline{l}_r + \overline{k}_r) \frac{\vartheta_{ke}}{\vartheta_{bc} - \vartheta_{cc}}$$
$$- \overline{f}_r \frac{\vartheta_{ec} - \vartheta_{fc}}{\vartheta_{bc} - \vartheta_{cc}}$$

$$\vartheta_{rc} + \vartheta_{sc} = 0$$

$$\frac{Y_{br} - Y_{cr}}{2} = -\frac{1}{2} \overline{n}_r \eta_1 - (\overline{m}_r - \overline{l}_r + \overline{k}_r) \frac{\eta_1 h_1}{3} \left(1 + \frac{3 h_1'}{2 l_1'} \right) + \overline{f}_r \eta_1.$$

Da $\vartheta_{kr} = 0$ ist, folgt $Y_{br} = Y_{cr} = 0$, oder

$$\boldsymbol{\overline{f}_r = \frac{1}{2} \overline{n}_r + \frac{1}{3} h_1 (\overline{m}_r - \overline{l}_r + \overline{k}_r) \left(1 + \frac{3 h_1'}{2 l_1'} \right)}.$$

Die spiegelsymmetrischen Glieder der Eckmomente des Zustandes $Y_r = -1$ sind $M'_r =$

in 1. I o und 1. II o: $+\bar{a}_r(1-\zeta_1)$,
in 2. I u und 2. II u: $+\bar{e}_r$,
in 2. I o und 2. II o: $-\frac{1}{2}\bar{d}_r\frac{1-2\zeta_2}{\zeta_2} - \frac{1}{2}\bar{e}_r$,
in 3. I u und 3. II u: $-\bar{h}_r$,
in 3. I o und 3. II o: $+\frac{1}{2}-(1-\bar{h}_r)\zeta_3$,
in 1. I r und 1. II l: $-\bar{a}_r\zeta_1$, in 1. II r: $+\frac{1}{2}n_r$,
in 2. I r und 2. II l: $+\bar{d}_r$, in 2. II r: $-\frac{1}{2}\bar{p}_r$,
in 3. I r und 3. II l: $-(1-\bar{h}_r)\zeta_3$, in 3. II r: $-\frac{1}{2}$.

Die antisymmetrischen Glieder sind $M''_r =$

in 1. I o: $-\frac{1}{3}h_1(\bar{m}_r-\bar{l}_r+\bar{k}_r)$, in 1. II o: $+\frac{1}{3}h_1(\bar{m}_r-\bar{l}_r+\bar{k}_r)$,
in 2. I u: $-\bar{f}_r$, in 2. II u: $+\bar{f}_r$,
in 2. I o: $+\frac{1}{2}h_2(\bar{l}_r-\bar{m}_r)-\bar{f}_r$, in 2. II o: $-\frac{1}{2}h_2(\bar{l}_r-\bar{m}_r)+\bar{f}_r$,
in 3. I u: $+\bar{i}_r$, in 3. II u: $-\bar{i}_r$,
in 3. I o: $-\frac{1}{2}h_3\bar{m}_r+\bar{i}_r$, in 3. II o: $+\frac{1}{2}h_3\cdot\bar{m}_r-\bar{i}_r$,
in 1. I r: $+\frac{1}{2}h_1(\bar{m}_r-\bar{l}_r+\bar{k}_r)\frac{h'_1}{l'_1}$, in 1. II l: $-\frac{1}{2}h_1(\bar{m}_r-\bar{l}_r+\bar{k}_r)\frac{h'_1}{l'_1}$,
in 2. I r: $+\bar{i}_r\frac{1-\beta_3}{\beta_3}+\frac{l'_3}{2\,l'_2}-\bar{m}_r\frac{h_3(3h'_3+l'_3)}{2\,l'_2}$, in 1. II r: $\frac{1}{2}\bar{n}_r$,
in 2. II l: $-\bar{i}_r\frac{1-\beta_3}{\beta_3}-\frac{l'_3}{2\,l'_2}+\bar{m}_r\frac{h_3(3h'_3+l'_3)}{2\,l'_2}$, in 2. II r: $-\frac{1}{2}\bar{p}_r$,
in 3. I r; $-\frac{1}{2}h_3\bar{m}_r+\bar{i}_r+\frac{1}{2}$, in 3. II l: $+\frac{1}{2}h_3\cdot\bar{m}_r-\bar{i}_r-\frac{1}{2}$, in 3. II r: $-\frac{1}{2}$.

Abb. 396 und 397 zeigen die Momentenflächen. Der Verschiebungszustand $Y_r = -1$ liefert folgende Prüfungen der Rechnung

$$\vartheta_{pr}+\vartheta_{qr}=0.$$

Aus Abb. 391, 396 und 397 folgt

$$-\bar{d}_r\zeta_2 l'_2+\bar{i}_r\frac{l'_3+6h'_3}{3}+\frac{l'_3}{6}-\bar{m}_r\frac{h_3(3h'_3+l'_3)}{6}+\bar{p}_r l'_5=0,$$

$$\vartheta_{nr}+\vartheta_{or}=0.$$

Aus Abb. 387, 396 und 397 folgt

$$(\bar{m}_r-\bar{l}_r+\bar{k}_r)\frac{h_1h'_1}{6}+\bar{e}_r\zeta_1 l'_1-\bar{n}_r\frac{\zeta_1 l'_1}{2}-\bar{n}_r l'_4=0,$$

$$\bar{m}_r-\bar{l}_r+\bar{k}_r=\bar{n}_r\frac{3(\zeta_1 l'_1+2l'_4)}{h_1h'_1}-\bar{e}_r\frac{6\zeta_1 l'_1}{h_1h'_1}.$$

Die Stetigkeitsbedingungen in f und i lauten

$$(\bar e_r - \tfrac12 \bar n_r)(1-\zeta_1)\frac{3h_1'}{2} + 2\bar e_r h_2' - \bar e_r\zeta_2 h_2' + (\tfrac12\bar p_r - \bar h_r)(1-2\zeta_2)h_2' = 0$$

und

$$\bar e_r h_2' - 2 e_r \zeta_2 h_2' + (\tfrac12 \bar p_r - \bar h_r)(1-2\zeta_2)2h_2' - 2\bar h_r h_3' + \tfrac12 h_3' - (1-\bar h_r)\zeta_3 h_3' = 0,$$

daraus folgt

$$\bar e_r = \tfrac12\lambda_2\left(2\bar h_r - \bar p_r + n_r\frac{\zeta_1 l_1'}{\zeta_2 l_2'}\right),$$

das ist der oben gefundene Wert und

$$\bar e_r = \bar h_r\left[2+\frac{h_3'(2-\zeta_3)}{3l_2'\zeta_2}\right] - \bar p_r - \frac12\,\frac{\zeta_3 l_3'}{\zeta_2 l_2'}.$$

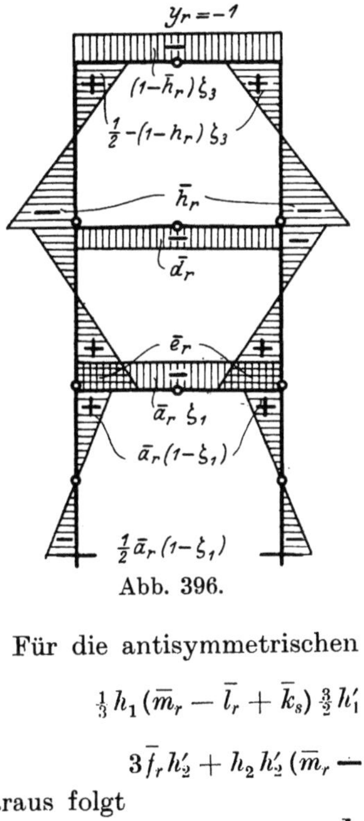

Abb. 396.

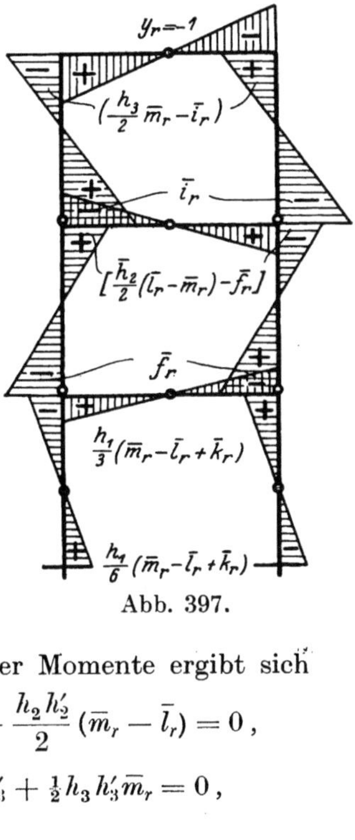

Abb. 397.

Für die antisymmetrischen Glieder der Momente ergibt sich

$$\tfrac13 h_1(\bar m_r - \bar l_r + \bar k_s)\tfrac32 h_1' + 3\bar f_r h_2' + \frac{h_2 h_2'}{2}(\bar m_r - \bar l_r) = 0,$$

$$3\bar f_r h_2' + h_2 h_2'(\bar m_r - \bar l_r) - 3\bar i_r h_3' + \tfrac12 h_3 h_3'\bar m_r = 0,$$

daraus folgt

$$\bar f_r = -(\bar m_r - \bar l_r + \bar k_r)\frac{h_1 h_1'}{6h_2'} - \frac{h_2}{6}(\bar m_r - \bar l_r),$$

$$\bar i_r = -(\bar m_r - \bar l_r + \bar k_r)\frac{h_1 h_1'}{6h_3'} + (\bar m_r - \bar l_r)\frac{h_2 h_2'}{6h_3'} + \bar m_r\frac{h_3}{6}.$$

Gruppe Y_o: $Y_{ko} = Y_{lo} = Y_{mo} = 0,$

$$\frac{Y_{ho} - Y_{io}}{2} = -\frac{\vartheta_{ni} - \vartheta_{oi}}{\vartheta_{hi} - \vartheta_{ii}}.$$

Nach Abb. 378 und 398 ist $\vartheta_{ni} - \vartheta_{oi} = \eta_2(1 - \eta_1)\frac{l_1'}{6} = \eta_2\eta_1 h_1'$,

$$\frac{Y_{ho} - Y_{io}}{2} = -3\,\eta_3\,\eta_2\,\eta_1\frac{h_1'}{l_3'} = -\bar{i}_o,$$

$$\frac{Y_{ho} + Y_{io}}{2} = -\frac{\vartheta_{nh} - \vartheta_{oh}}{\vartheta_{hh} + \vartheta_{ih}}.$$

Nach Abb. 376 und 398 ist $\vartheta_{nh} - \vartheta_{oh} = \frac{1}{2}\lambda_2\zeta_1 l_1'$,

$$\frac{Y_{ho} + Y_{io}}{2} = -\frac{\lambda_3\lambda_2\zeta_1 l_1'}{2\zeta_3 l_3'} = -\bar{h}_o,$$

$$Y_{go} = +\bar{h}_o\zeta_3,$$

$$\frac{Y_{eo} - Y_{fo}}{2} = -\frac{\vartheta_{nf} - \vartheta_{of}}{\vartheta_{ef} - \vartheta_{ff}} + \bar{i}_o\frac{\vartheta_{hf} - \vartheta_{if}}{\vartheta_{ef} - \vartheta_{ff}}.$$

Nach Abb. 377 und 398 ist $\vartheta_{nf} - \vartheta_{of} = \eta_1 h_1'$,

$$\frac{Y_{eo} - Y_{fo}}{2} = -\frac{3\eta_2\eta_1 h_1'}{l_2'} - \bar{i}_o\eta_2 = -\frac{\bar{i}_o}{\beta_3},$$

$$\frac{Y_{eo} + Y_{fo}}{2} = -\frac{\vartheta_{ne} - \vartheta_{oe}}{\vartheta_{ee} + \vartheta_{fe}} + \bar{h}_o\frac{\vartheta_{he} + \vartheta_{ie}}{\vartheta_{ee} + \vartheta_{fe}}.$$

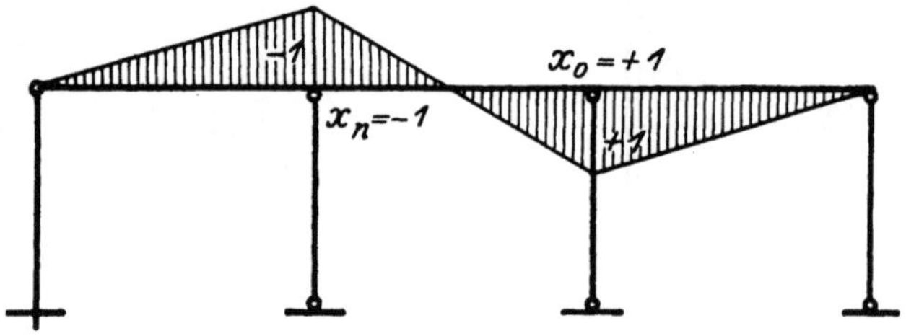

Abb. 398.

Nach Abb. 375 und 398 ist $\vartheta_{ne} - \vartheta_{oe} = -\frac{1}{2}\zeta_1 l_1'$,

$$\frac{Y_{eo} + Y_{fo}}{2} = \frac{\lambda_2\zeta_1 l_1'}{2\zeta_2 l_2'} + \bar{h}_o\lambda_2,$$

$$\frac{Y_{eo} + Y_{fo}}{2} = \bar{h}_o\left[2 + \frac{h_3'(2 - \zeta_3)}{3\zeta_2 l_2'}\right] = \bar{e}_o,$$

$$Y_{do} = -\frac{\vartheta_{nd} - \vartheta_{od}}{\vartheta_{dd}} + \bar{h}_o\frac{\vartheta_{hd} + \vartheta_{id}}{\vartheta_{dd}} - \bar{e}_o\frac{\vartheta_{ed} + \vartheta_{fd}}{\vartheta_{dd}},$$

$\vartheta_{nd} - \vartheta_{od} = 0$,

$$Y_{do} = -\bar{h}_o\frac{h_3'(2 - \zeta_3)}{3\,l_2'} = -\bar{d}_o,$$

$$\frac{Y_{bo} - Y_{co}}{2} = -\frac{\vartheta_{nc} - \vartheta_{oc}}{\vartheta_{bc} - \vartheta_{cc}} + \frac{\bar{i}_o}{\beta_3}\frac{\vartheta_{ec} - \vartheta_{fc}}{\vartheta_{bc} - \vartheta_{cc}}.$$

Nach Abb. 372 und 398 ist

$$\vartheta_{nc} - \vartheta_{oc} = -\tfrac{1}{6} l'_1,$$

$$\frac{Y_{bo} - Y_{co}}{2} = \eta_1\left(\frac{1}{2} - \frac{\bar{i}_o}{\beta_3}\right) = \bar{c}_o,$$

$\dfrac{Y_{bo} + Y_{co}}{2} = 0$, da nach Abb. 371 und 398 $\vartheta_{nb} - \vartheta_{ob} = 0$ ist,

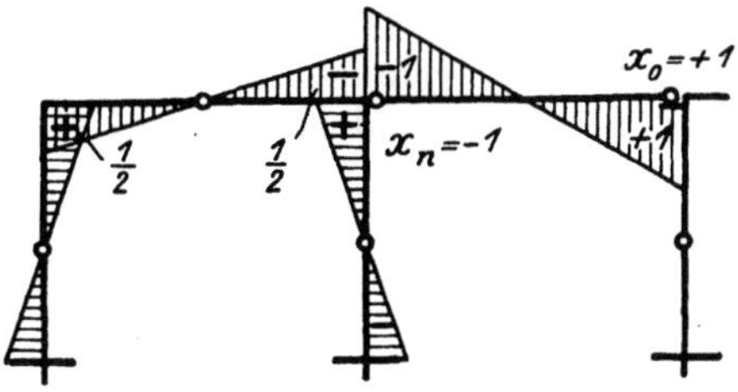

Abb. 399.

$$Y_{ao} = -\frac{\vartheta_{na} - \vartheta_{oa}}{\vartheta_{aa}} - \bar{e}_o \frac{\vartheta_{ea} + \vartheta_{fa}}{\vartheta_{aa}}.$$

Nach Abb. 373 und 399 ist

$$\vartheta_{na} - \vartheta_{oa} = -\tfrac{1}{4} h'_1,$$

$$Y_{ao} = \zeta_1\left(\tfrac{1}{2} - \bar{e}_o\right) = \zeta_1 \bar{a}_o.$$

Die symmetrischen Glieder der Momente des Zustandes $Y_o = -1$ sind im Rahmen I II $M'_o =$

in 1. I u und 1. II u: $-\tfrac{1}{2}\bar{a}_o(1 - \zeta_1)$,
in 1. I o und 1 II o: $+\bar{a}_o(1 - \zeta_1)$,
in 2. I u und 2. II u: $-\bar{e}_o$,
in 2. I o und 2. II o: $+\bar{h}_o + \bar{d}_o$,
in 3. I u und 3. II u: $+\bar{h}_o$,
in 3. I o und 3. II o: $-\bar{h}_o \cdot \zeta_3$,
in 1. I r und 1. II l: $-\bar{a}_o\zeta_1$, in 1. II r: $-\tfrac{1}{2}$,
in 2. I r und 2. II l: $+\bar{d}_o$,
in 3. I r und 3. II l: $-\bar{h}_o\zeta_3$.

Die antisymmetrischen Glieder sind

in 1. I u, in 1. I o: $-\bar{c}_o$, in 1. II u, in 1. II o: $+\bar{c}_o$,
in 2. I u, in 2. I o: $+\dfrac{\bar{i}_o}{\beta_3}$, in 2. II u, in 2. II o: $-\dfrac{\bar{i}_o}{\beta_3}$,
in 3. I u, in 3. I o: $+\bar{i}_o$, in 3. II u, in 3. II o: $-\bar{i}_o$,
in 1. I r: $+\bar{c}_o\dfrac{1-\eta_1}{\eta_1}$, in 1. II l: $-\bar{c}_o\dfrac{1-\eta_1}{\eta_1}$, in 1. II r: $-\tfrac{1}{2}$,
in 2. I r: $+\bar{i}_o\dfrac{1-\beta_3}{\beta_3}$, in 2. II l: $-\bar{i}_o\dfrac{1-\beta_3}{\beta_3}$,
in 3. I r: $+\bar{i}_o$, in 3. II l: $-\bar{i}_o$.

Im Rahmen III, IV haben die symmetrischen Glieder in allen Punkten das entgegengesetzte Vorzeichen, die antisymmetrischen Glieder in den Pfosten I und III bzw. II und IV dasselbe Vorzeichen.

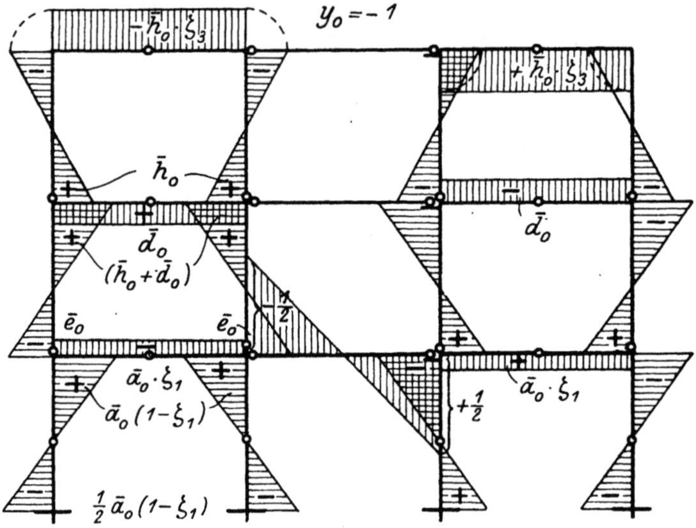

Abb. 400.

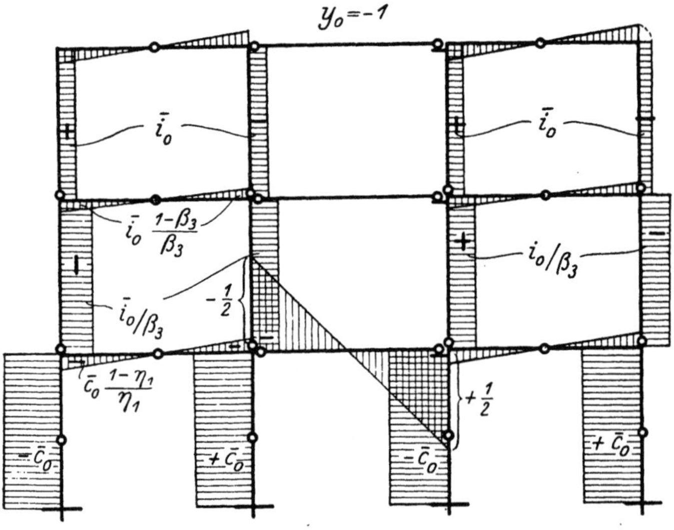

Abb. 401.

Abb. 400 und 401 zeigen die Momentenflächen des Zustandes $Y_0 = -1$ getrennt nach den spiegelsymmetrischen und antisymmetrischen Gliedern.

Gruppe Y_q: $Y_{nq} = -Y_{oq} = -\frac{\vartheta_{po} - \vartheta_{qo}}{\vartheta_{no} - \vartheta_{oo}}$,

Die Momente aus $X_p = -1$, $X_q = +1$ veranschaulicht Abb. 398. Danach und nach Abb. 400 und 401 ist

$$\vartheta_{po} - \vartheta_{qo} = \bar{i}_o \frac{l_3' + 6h_3'}{3} - \bar{d}_o l_2'.$$

$$\vartheta_{no} - \vartheta_{oo} = 2\bar{c}_o \cdot h_1' + \bar{a}_o \zeta_1 l_1' + \frac{l_4'}{3},$$

$$\boldsymbol{Y_{nq} = -Y_{oq} = -\frac{\bar{i}_o(l_3' + 6h_3') - 3\bar{d}_o l_2'}{6\bar{c}_o h_1' + 3\bar{a}_o \zeta_1 l_1' + l_4'} = -\bar{o}_q},$$

$$\frac{Y_{hq} - Y_{iq}}{2} = -\frac{\vartheta_{pi} - \vartheta_{qi}}{\vartheta_{hi} - \vartheta_{ii}} + \bar{o}_q \frac{\vartheta_{ni} - \vartheta_{oi}}{\vartheta_{hi} - \vartheta_{ii}},$$

da $\vartheta_{qi} = 0$ ist, ergibt sich wie oben

$$\frac{\vartheta_{pi} - \vartheta_{qi}}{\vartheta_{hi} - \vartheta_{ii}} = \frac{\eta_3(1 - \eta_2)l_2'}{2l_3'} = \bar{i}_o\left(1 + \frac{h_2'}{h_1'\eta_1}\right) =$$

$$\boldsymbol{\frac{Y_{hq} - Y_{iq}}{2} = -\bar{i}_o\left[1 + \frac{h_2'}{h_1'\eta_1} - \bar{o}_q\right] = -\bar{i}_q},$$

$$\frac{Y_{hq} + Y_{iq}}{2} = -\frac{\vartheta_{ph} - \vartheta_{qh}}{\vartheta_{hh} + \vartheta_{ih}} + \bar{o}_q \frac{\vartheta_{nh} - \vartheta_{oh}}{\vartheta_{hh} + \vartheta_{ih}},$$

da $\vartheta_{qh} = 0$ ist, ergibt sich wie oben

$$\frac{Y_{hq} + Y_{iq}}{2} = \frac{\lambda_3(2 - \lambda_2)\zeta_2 l_2'}{2\zeta_3 l_3'} + \bar{o}_q \frac{\lambda_3 \lambda_2 \zeta_1 l_1'}{2\zeta_3 l_3'},$$

$$\boldsymbol{\frac{Y_{hq} + Y_{iq}}{2} = \bar{h}_o\left(2 + \frac{h_2'}{\zeta_1 l_1'} + \bar{o}_q\right) = \bar{h}_q},$$

$$Y_{gq} = -\bar{h}_q \zeta_3,$$

$$\frac{Y_{eq} - Y_{fq}}{2} = -\frac{\vartheta_{pf} - \vartheta_{qf}}{\vartheta_{ef} - \vartheta_{ff}} + \bar{o}_q \frac{\vartheta_{nf} - \vartheta_{of}}{\vartheta_{ef} - \vartheta_{ff}} + \bar{i}_q \frac{\vartheta_{hf} - \vartheta_{if}}{\vartheta_{ef} - \vartheta_{ff}},$$

$$\boldsymbol{\frac{Y_{eq} - Y_{fq}}{2} = \frac{1}{2}\eta_2\left(1 + \bar{o}_q \frac{6h_1'\eta_1}{l_2'} - 2\bar{i}_q\right) = \bar{f}_q},$$

$$\frac{Y_{eq} + Y_{fq}}{2} = -\frac{\vartheta_{pe} - \vartheta_{qe}}{\vartheta_{ee} + \vartheta_{fe}} + \bar{o}_q \frac{\vartheta_{ne} - \vartheta_{oe}}{\vartheta_{ee} + \vartheta_{fe}} - \bar{h}_q \frac{\vartheta_{he} + \vartheta_{ie}}{\vartheta_{ee} + \vartheta_{fe}},$$

$$\boldsymbol{\frac{Y_{eq} + Y_{fq}}{2} = \frac{1}{2}\lambda_2\left(1 - \bar{o}_q \frac{\zeta_1 l_1'}{\zeta_2 l_2'} - 2\bar{h}_q\right) = +\bar{e}_q},$$

$$Y_{dq} = -\frac{\vartheta_{pd} - \vartheta_{qd}}{\vartheta_{dd}} - \bar{h}_q \frac{\vartheta_{hd} + \vartheta_{id}}{\vartheta_{dd}} - \bar{e}_q \frac{\vartheta_{ed} + \vartheta_{fd}}{\vartheta_{dd}},$$

$$\boldsymbol{Y_{dq} = \zeta_2(1 - 2\bar{h}_q - \bar{e}_q) = \bar{d}_q},$$

$$\frac{Y_{bq} - Y_{cq}}{2} = -\frac{\vartheta_{pc} - \vartheta_{qc}}{\vartheta_{bc} - \vartheta_{cc}} + \bar{o}_q \frac{\vartheta_{nc} - \vartheta_{oc}}{\vartheta_{bc} - \vartheta_{cc}} - \bar{f}_q \frac{\vartheta_{ec} - \vartheta_{fc}}{\vartheta_{bc} - \vartheta_{cc}},$$

da $\vartheta_{pc} - \vartheta_{qc} = 0$ ist,

$$\frac{Y_{bq} - Y_{cq}}{2} = \eta_1\left(-\frac{1}{2}\bar{o}_q + \bar{f}_q\right) = \bar{c}_q,$$

$$\frac{Y_{bq} + Y_{cq}}{2} = 0,$$

$$Y_{aq} = \bar{o}_q \frac{\vartheta_{na} - \vartheta_{oa}}{\vartheta_{aa}} - \bar{e}_q \frac{\vartheta_{ea} + \vartheta_{fa}}{\vartheta_{aa}},$$

$$Y_{aq} = -\zeta_1(\tfrac{1}{2}\bar{o}_q + \bar{e}_q) = -\zeta_1 \bar{a}_q.$$

Die symmetrischen Glieder der Momente des Zustandes $Y_q = -1$ sind $M'_q =$

in 1. I o und 1. II o: $-\bar{a}_q(1 - \zeta_1)$,

in 2. I u und 2. II u: $-\bar{e}_q$,

in 2. I o und 2. II o: $+\frac{1}{2} - \bar{h}_q - \bar{d}_q$,

in 3. I u und 3. II u: $-\bar{h}_q$,

in 3. I o und 3. II o: $+\bar{h}_q \cdot \zeta_3$,

in 1. I r und 1. I l: $+\bar{a}_q \cdot \zeta_1$ in 1. II r: $+\frac{1}{2}\bar{o}_q$,

in 2. I r und 2. II l: $-\bar{d}_q$, in 2. II r: $-\frac{1}{2}$,

in 3. I r und 3. II l: $+\bar{h}_q \zeta_3$;

die antisymmetrischen Glieder sind $M''_q =$

in 1. I u, in 1. I o: $-\bar{c}_q$, in 1. II u, in 1. II o: $+\bar{c}_q$,

in 2. I u, in 2. I o: $-\bar{f}_q$, in 2. II u, in 2. II o! $+\bar{f}_q$,

in 3. I u, in 3. I o: $+\bar{i}_q$, in 3. II u, in 3. II o: $-\bar{i}_q$,

in 1. I r: $+\bar{c}_q \dfrac{1 - \eta_1}{\eta_1}$, in 1. II l: $-\bar{c}_q \dfrac{1 - \eta_1}{\eta_1}$, in 1. II r: $\frac{1}{2}\bar{o}_q$,

in 2. I r: $+\bar{i}_q \dfrac{l'_3 + 6 h'_3}{l'_2}$, in 2. II l: $-\bar{i}_q \dfrac{l'_3 + 6 h'_3}{l'_2}$, in 2. II r: $-\frac{1}{2}$,

in 3. I r: $+\bar{i}_q$, in 3. II l: $-\bar{i}_q$,

Abb. 402 und 403 zeigen die Momentenflächen.

Aus $\vartheta_{nq} - \vartheta_{oq} = 0$ folgt nach Abb. 391, 402 und 403

$$-\bar{a}_q \cdot \zeta_1 \frac{l_1'}{2} + \bar{c}_q \frac{1-\eta_1}{\eta_1} \frac{l_1'}{6} + \frac{l_4'}{6} = 0,$$

und damit eine Prüfung der Rechnung.

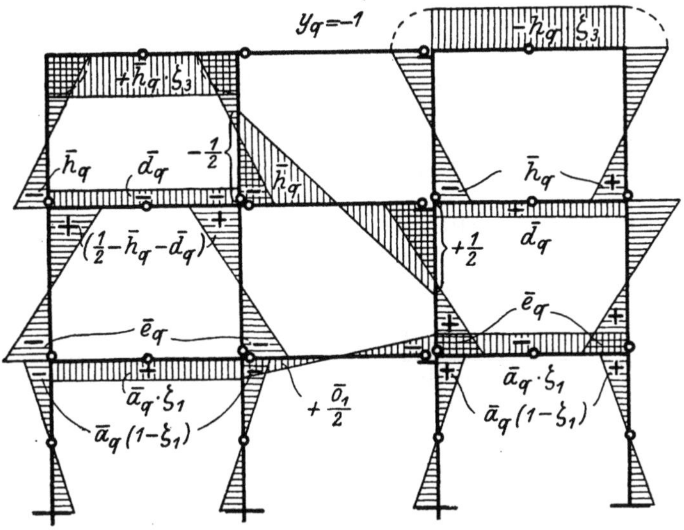

Abb. 402.

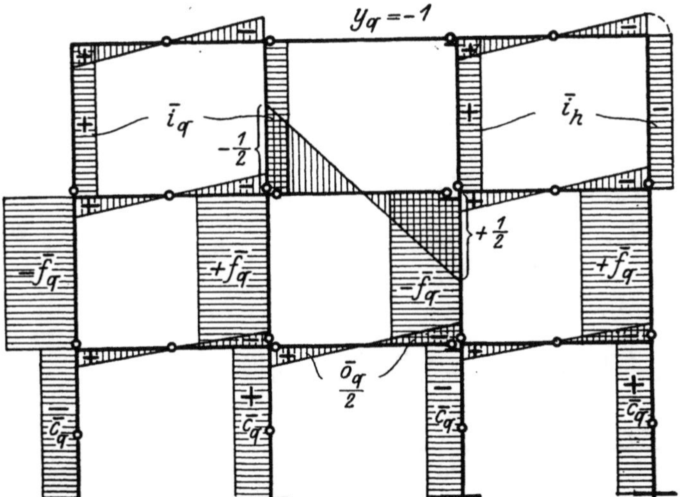

Abb. 403.

Gruppe Y_s: $$Y_{ps} = -Y_{qs} = -\frac{\vartheta_{rq} - \vartheta_{sq}}{\vartheta_{pq} - \vartheta_{qq}}.$$

Aus Abb. 402 und 403 folgt

$$\frac{\vartheta_{rq} - \vartheta_{sq}}{2} = \frac{1}{6}(\bar{i}_q - 3\bar{h}_q\zeta_3)\,l'_3,$$

$$\frac{\vartheta_{pq} - \vartheta_{qq}}{2} = \bar{i}_q\frac{l'_3 + 6h'_3}{6} + \bar{d}_q\frac{l'_2}{2} + \frac{l'_5}{6}.$$

$$\boldsymbol{Y_{ps} = \frac{(3\bar{h}_q\zeta_3 - \bar{i}_q)\,l'_3}{\bar{i}_q(l'_3 + 6h'_3) + 3\bar{d}_q l'_2 + l'_5} = \bar{q}_s},$$

$$Y_{ns} = -Y_{os} = -\frac{\vartheta_{ro} - \vartheta_{so}}{\vartheta_{no} - \vartheta_{oo}} - \bar{q}_s\frac{\vartheta_{po} - \vartheta_{qo}}{\vartheta_{no} - \vartheta_{oo}}.$$

Aus Abb. 400 und 401 folgt

$$\frac{\vartheta_{ro} - \vartheta_{so}}{2} = (\bar{i}_o + 3\bar{h}_o\zeta_3)\frac{l'_3}{6}.$$

$$\boldsymbol{Y_{ns} = -\frac{(\bar{i}_o + 3\bar{h}_o\zeta_3)\,l'_3}{9\bar{c}_o\cdot h'_1 + 3\bar{a}_o\zeta_1 l'_1 + l'_4} - \bar{q}_s\bar{o}_q = -\bar{o}_s},$$

$$\frac{Y_{hs} - Y_{is}}{2} = -\frac{\vartheta_{ri} - \vartheta_{si}}{\vartheta_{hi} - \vartheta_{ii}} - \bar{q}_s\frac{\vartheta_{pi} - \vartheta_{qi}}{\vartheta_{hi} - \vartheta_{ii}} + \bar{o}_s\frac{\vartheta_{ni} - \vartheta_{oi}}{\vartheta_{hi} - \vartheta_{ii}},$$

$$\boldsymbol{\frac{Y_{hs} - Y_{is}}{2} = \frac{1}{2}\eta_3 - \bar{i}_o\left[\bar{q}_s\left(1 + \frac{h'_2}{h'_1\eta_1}\right) - \bar{o}_s\right] = \bar{i}_s},$$

$$\frac{Y_{hs} + Y_{is}}{2} = -\frac{\vartheta_{rh} - \vartheta_{sh}}{\vartheta_{hh} + \vartheta_{ih}} - \bar{q}_s\frac{\vartheta_{ph} - \vartheta_{qh}}{\vartheta_{hh} + \vartheta_{ih}} + \bar{o}_s\frac{\vartheta_{nh} - \vartheta_{oh}}{\vartheta_{hh} + \vartheta_{ih}},$$

$$\boldsymbol{\frac{Y_{hs} + Y_{is}}{2} = \frac{1}{2}\lambda_3 + \bar{h}_o\left[\bar{q}_s\left(2 + \frac{h'_2}{\zeta_1 l'_1}\right) + \bar{o}_s\right] = \bar{h}_s},$$

$$Y_{gs} = -\frac{\vartheta_{rg} - \vartheta_{sg}}{\vartheta_{gg}} - \bar{h}_s\zeta_3.$$

$$\boldsymbol{Y_{gs} = \zeta_3(1 - \bar{h}_s)},$$

$$\frac{Y_{es} - Y_{fs}}{2} = -\frac{\vartheta_{rf} - \vartheta_{sf}}{\vartheta_{ef} - \vartheta_{ff}} - \bar{q}_s\frac{\vartheta_{pf} - \vartheta_{qf}}{\vartheta_{ef} - \vartheta_{ff}} + \bar{o}_s\frac{\vartheta_{nf} - \vartheta_{of}}{\vartheta_{ef} - \vartheta_{ff}} - \bar{i}_s\frac{\vartheta_{hf} - \vartheta_{if}}{\vartheta_{ef} - \vartheta_{ff}}$$

$$\vartheta_{rf} - \vartheta_{sf} = 0,$$

$$\frac{Y_{es} - Y_{fs}}{2} = \frac{1}{2}\eta_2\left[\bar{q}_s + \bar{o}_s\frac{6\eta_1 h'_1}{l'_2} + 2\bar{i}_s\right].$$

$$\boldsymbol{\frac{Y_{es} - Y_{fs}}{2} = \frac{1}{2}\bar{q}_s + \frac{\bar{i}_s}{\beta_3} - \frac{l'_3}{2l'_2} = \bar{f}_s},$$

$$\frac{Y_{es} + Y_{fs}}{2} = -\frac{\vartheta_{re} - \vartheta_{se}}{\vartheta_{ee} + \vartheta_{fe}} - \bar{q}_s\frac{\vartheta_{pe} - \vartheta_{qe}}{\vartheta_{ee} + \vartheta_{fe}} + \bar{o}_s\frac{\vartheta_{ne} - \vartheta_{oe}}{\vartheta_{ee} + \vartheta_{fe}} - \bar{h}_s\frac{\vartheta_{he} + \vartheta_{ie}}{\vartheta_{ee} + \vartheta_{fe}},$$

$$\vartheta_{re} - \vartheta_{se} = 0.$$

$$\frac{\boldsymbol{Y_{es} + Y_{fs}}}{2} = -\frac{1}{2}\lambda_2\left(-\overline{q}_s + \overline{o}_s\frac{\zeta_1 l'_1}{\zeta_2 l'_2} + 2\overline{h}_s\right) = -\overline{e}_s,$$

$$Y_{ds} = -\frac{\vartheta_{rd} - \vartheta_{sd}}{\vartheta_{dd}} - \overline{q}_s\frac{\vartheta_{pd} - \vartheta_{qd}}{\vartheta_{dd}} - \overline{h}_s\frac{\vartheta_{hd} + \vartheta_{id}}{\vartheta_{dd}} + \overline{e}_s\zeta_2,$$

$$\vartheta_{rd} - \vartheta_{sd} = 0,$$

$$\boldsymbol{Y_{ds}} = -\zeta_2(2\overline{h}_s - \overline{q}_s - \overline{e}_s) = -\overline{d}_s,$$

$$\frac{Y_{bs} - Y_{cs}}{2} = \overline{o}_s\frac{\vartheta_{nc} - \vartheta_{oc}}{\vartheta_{bc} - \vartheta_{cc}} - \overline{f}_s\frac{\vartheta_{ec} - \vartheta_{fc}}{\vartheta_{bc} - \vartheta_{cc}},$$

$$\frac{\boldsymbol{Y_{bs} - Y_{cs}}}{2} = \eta_1\left(-\frac{1}{2}\overline{o}_s + \overline{f}_s\right) = \overline{c}_s,$$

$$\frac{Y_{bs} + Y_{cs}}{2} = 0,$$

$$Y_{as} = \overline{o}_s\frac{\vartheta_{na} - \vartheta_{oa}}{\vartheta_{aa}} + \overline{e}_s\frac{\vartheta_{ea} + \vartheta_{fa}}{\vartheta_{aa}},$$

$$\boldsymbol{Y_{as}} = \zeta_1\left(-\tfrac{1}{2}\overline{o}_s + \overline{e}_s\right) = \overline{a}_s\zeta_1.$$

Die symmetrischen Glieder der Momente des Zustandes $Y_s = -1$ sind $M'_s =$

in 1. I. o und 1. II. o: $+\overline{a}_s(1 - \zeta_1)$,
in 2. I. u und 2. II. u: $+\overline{e}_s$,
in 2. I. o und 2. II. o: $+\frac{1}{2}\overline{q}_s - \overline{h}_s + \overline{d}_s$,
in 3. I. u und 3. II. u: $-\overline{h}_s$,
in 3. I. o und 3. II. o: $\frac{1}{2} - (1 - \overline{h}_s)\zeta_3$,
in 1. I. r und 1. II. l: $-\overline{a}_s \cdot \zeta_1$, in 1. II. r: $+\frac{1}{2}\overline{o}_s$,
in 2. I. r und 2. II. l: $+\overline{d}_s$, in 2. II. r: $-\frac{1}{2}\overline{q}_s$,
in 3. I. r und 3. II. l: $-(1 - h_s)\zeta_3$, in 3. II. r: $-\frac{1}{2}$.

Die antisymmetrischen Glieder sind $M''_s =$

in 1. I u, in 1. I o: $-\overline{c}_s$, in 1. II u, in 1. II o: $+\overline{c}_s$,
in 2. I u, in 2. I o: $-\overline{f}_s$, in 2. II u, in 2. II o: $+\overline{f}_s$,
in 3. I u, in 3. I o: $-\overline{i}_s$, in 3. II u, in 3. II o: $+\overline{i}_s$,

in 1. I r: $+\overline{c}_s\frac{1-\eta_1}{\eta_1}$, in 1. II l: $-\overline{c}_s\frac{1-\eta_1}{\eta_1}$, in 1. II r: $+\frac{1}{2}\overline{o}_s$,
in 2. I r: $+\frac{1}{2}\overline{q}_s + \overline{i}_s - \overline{f}_s$, in 2. II l: $-\frac{1}{2}\overline{q}_s - \overline{i}_s + \overline{f}_s$, in 2. II r: $-\frac{1}{2}\overline{q}_s$,
in 3. I r: $+\frac{1}{2} - \overline{i}_s$, in 3. II l: $-\frac{1}{2} + \overline{i}_s$, in 3. II r: $-\frac{1}{2}$.

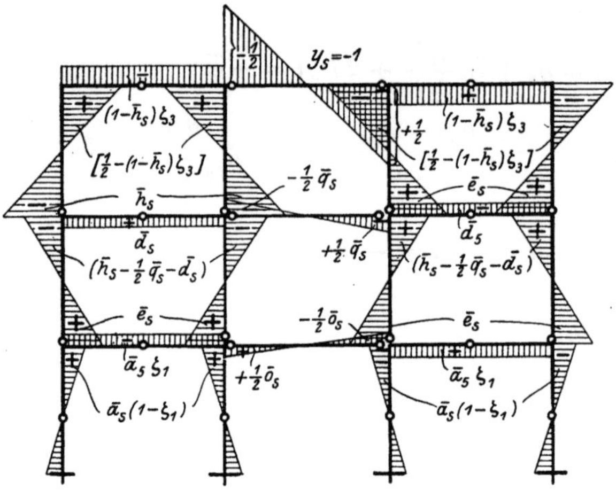

Abb. 404.

Im Rahmen III, IV haben die symmetrischen Glieder in allen Punkten das entgegengesetzte Vorzeichen, die antisymmetrischen Glieder in den Pfosten III dasselbe Vorzeichen wie in I und in den Pfosten IV dieselben Vorzeichen wie in II. Abb. 404 und 405 zeigen die Momentenflächen des Zustandes

$$Y_s = -1\,.$$

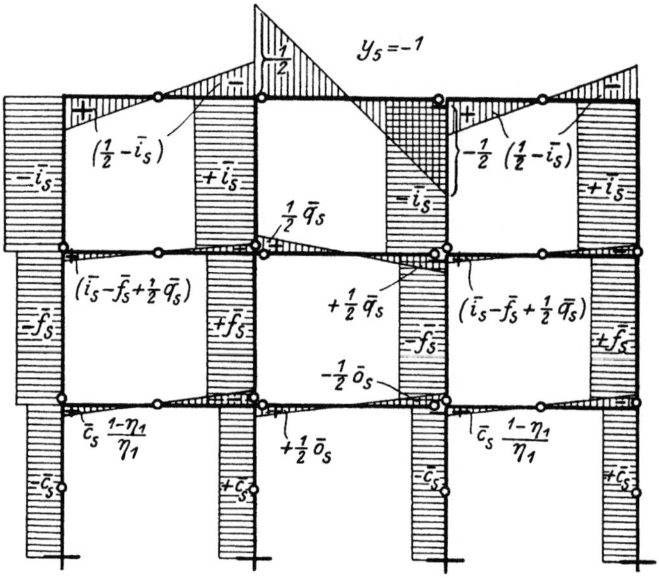

Abb. 405.

Aus $\vartheta_{ps} - \vartheta_{qs} = 0$ und $\vartheta_{ns} - \vartheta_{os} = 0$ ergeben sich folgende Prüfungen der Rechnung

$$\frac{l_3'}{12} - \bar{i}_s \frac{l_3' + 6h_3'}{6} - \frac{\bar{d}_s l_2'}{2} + \bar{q}_s \frac{l_5'}{6} = 0\,,$$

$$\bar{c}_s \frac{1-\eta_1}{\eta_1} \frac{l_1'}{6} + a_s \frac{\zeta_1 l_1'}{2} - \bar{o}_s \frac{l_4'}{6} = 0\,.$$

Die Verschiebungen δ_{rr} des Zustandes $Y_r = -1$ infolge $Y_r = -1$ werden

$$\left.\begin{aligned}
\delta'_{kk} &= \vartheta_{kk} = \overline{b}_k h_1 h'_1 ,\\
\delta'_{ll} &= \vartheta_{ll} = \frac{1}{6} h_2 \left[(\overline{k}_l - 1) h_1 \left(h'_1 + 2h'_2 + 3h'_2 \frac{h'_1}{l'_1}\right) - h_2 h'_2\right],\\
\delta'_{mm} &= \vartheta_{mm} = \frac{1}{6} h_3 [(2h'_3 + l'_3) h_3 - 2\overline{h}_m (3h'_3 + l'_3)],\\
\delta'_{nn} &= \vartheta_{nn} + \vartheta_{on} = + \frac{h_1 h'_1}{6} (\overline{k}_n + \overline{l}_n - \overline{m}_n) + \overline{a}_n \zeta_1 l'_1 + l'_4 ,\\
\delta'_{oo} &= \vartheta_{no} - \vartheta_{oo} = 2\overline{c}_o h'_1 + \overline{a}_o \zeta_1 l'_1 + \frac{1}{3} l'_4 ,\\
\delta'_{pp} &= \vartheta_{pp} + \vartheta_{qp} = \overline{i}_p \frac{(l'_3 + 6h'_3)}{3} - \overline{m}_p \frac{h_3(3h'_3 + l'_3)}{6} + \overline{d}_p l'_2 + l'_5 ,\\
\delta'_{qq} &= \vartheta_{pq} - \vartheta_{qq} = \overline{i}_q \frac{l'_3 + 6h'_3}{3} + \overline{d}_q l'_2 + \frac{1}{3} l'_5 ,\\
\delta'_{rr} &= \vartheta_{rr} + \vartheta_{sr} = \frac{1}{6} [6(1 - \overline{h}_r)\zeta_3 + 1 + 2\overline{i}_r - \overline{m}_r h_3] l'_3 + l'_6 ,\\
\delta'_{ss} &= \vartheta_{rs} - \vartheta_{ss} = \frac{1}{6} [6(1 - \overline{h}_s)\zeta_3 + 1 - 2\overline{i}_s] l'_3 + \frac{1}{3} l'_6 .
\end{aligned}\right\} \tag{198}$$

Die Tafel auf S. 552 zeigt alle Beiwerte der Gruppen $Y_k \ldots Y_s$.

Den Wert jeder statisch unbestimmten Größe Y_r, der durch Lasten P_m entsteht, erhält man aus

$$Y_r = \frac{\sum P_m \delta'_{mr}}{\delta'_{rr}} . \tag{199}$$

Da der Zustand $Y_r = -1$ identisch ist mit dem Zustand eines statisch unbestimmten Grundsystems, so wird zur Berechnung von $\sum P_m \delta'_{mr}$ aus der Arbeitsgleichung zweckmäßig das statisch bestimmte System aus dem jeweils vorliegenden Grundsystem gebildet, für welches sich aus der Belastung P_m die einfachsten Momentenflächen ergeben.

a) Belastung eines Riegels durch lotrechte Lasten. Handelt es sich um einen Riegel des Rahmens II, III, so ergreifen die Momente M_0 nur den belasteten Riegel. Mithin sind nur die statisch unbestimmten Größen von 0 verschieden, deren Momente $Y_r = -1$ sich über den belasteten Riegel erstrecken. Eine Belastung des Riegels 3 erzeugt nur Y_r und Y_s. Eine Belastung des Riegels 2 Y_p, Y_q, Y_r, Y_s und eine Belastung des Riegels 1 Y_n, Y_o, Y_p, Y_q, Y_r, Y_s.

Handelt es sich um einen Riegel des Rahmens I, II, so sind $Y_{a'} \ldots Y_{i'} = 0$ ebenso diejenigen statisch unbestimmten Größen $Y_a \ldots$, welche den belasteten Riegel nicht ergreifen, $= 0$. Soweit das statisch unbestimmte Grundsystem eines Zustandes $Y_r = -1$ in dem belasteten Riegel kein Gelenk hat, wird zur Berechnung von $\sum P_m \delta'_{mr}$ das statisch

	Y_k	Y_l	Y_m	Y_n	Y_o	Y_p	Y_q	Y_r	Y_s
a	0	0	0	$+\bar a_n \zeta_1$	$+\bar a_o \zeta_1$	$-\bar a_p \zeta_1$	$-\bar a_q \zeta_1$	$+\bar a_r \zeta_1$	$+\bar a_s \zeta_1$
b	$-\bar b_k$	0	0	0	$+\bar c_o$	0	$+\bar c_q$	0	$+\bar c_s$
c	$+\bar b_k$	0	0	0	$-\bar c_o$	0	$-\bar c_q$	0	$-\bar c_s$
d	0	0	0	$-\bar d_n$	$-\bar d_o$	$+\bar d_p$	$+\bar d_q$	$-\bar d_r$	$-\bar d_s$
e	$+\bar h_k/\beta_3$	$-\bar e_l$	$+\bar e_m$	$-\bar f_n+\bar e_n$	$-\bar i_o/\beta_3+\bar e_o$	$-\bar f_p+\bar e_p$	$+\bar f_q+\bar e_q$	$+\bar f_r-\bar e_r$	$+\bar f_s-\bar e_s$
f	$-\bar h_k/\beta_3$	$+\bar e_l$	$-\bar e_m$	$+\bar f_n+\bar e_n$	$+\bar i_o/\beta_3+\bar e_o$	$+\bar f_p+\bar e_p$	$-\bar f_q+\bar e_q$	$-\bar f_r-\bar e_r$	$-\bar f_s-\bar e_s$
g	0	0	0	$+\bar h_n \zeta_3$	$+\bar h_o \zeta_3$	$-\bar h_p \zeta_3$	$-\bar h_q \zeta_3$	$+(1-\bar h_r)\zeta_3$	$+(1-\bar h_s)\zeta_3$
h	$+\bar h_k$	$+\bar h_l$	$-\bar h_m$	$+\bar i_n-\bar h_n$	$-\bar i_o-\bar h_o$	$-\bar i_p+\bar h_p$	$-\bar i_q+\bar h_q$	$-\bar i_r+\bar h_r$	$+\bar i_s+\bar h_s$
i	$-\bar h_k$	$-\bar h_l$	$+\bar h_m$	$-\bar i_n-\bar h_n$	$+\bar i_o-\bar h_o$	$+\bar i_p+\bar h_p$	$+\bar i_q+\bar h_q$	$+\bar i_r+\bar h_r$	$-\bar i_s+\bar h_s$
a'	0	0	0	$+\bar a_n \zeta_1$	$-\bar a_o \zeta_1$	$-\bar a_p \zeta_1$	$+\bar a_q \zeta_1$	$+\bar a_r \zeta_1$	$-\bar a_s \zeta_1$
b'	$-\bar b_k$	0	0	0	$-\bar c_o$	0	$-\bar c_q$	0	$-\bar c_s$
c'	$+\bar b_q$	0	0	0	$+\bar c_o$	0	$+\bar c_q$	0	$+\bar c_s$
d'	0	0	0	$-\bar d_n$	$+\bar d_o$	$+\bar d_p$	$-\bar d_q$	$-\bar d_r$	$+\bar d_s$
e'	$+\bar h_k/\beta_3$	$-\bar e_l$	$+\bar e_m$	$-\bar f_n+\bar e_n$	$+\bar i_o/\beta_3-\bar e_o$	$-\bar f_p+\bar e_p$	$-\bar f_q-\bar e_q$	$+\bar f_r-\bar e_r$	$-\bar f_s+\bar e_s$
f'	$-\bar h_k/\beta_3$	$+\bar e_l$	$-\bar e_m$	$+\bar f_n+\bar e_n$	$-\bar i_o/\beta_3-\bar e_o$	$+\bar f_p+\bar e_p$	$+\bar f_q-\bar e_q$	$-\bar f_r-\bar e_r$	$+\bar f_s+\bar e_s$
g'	0	0	0	$+\bar h_n \zeta_3$	$-\bar h_o \zeta_3$	$-\bar h_p \zeta_3$	$+\bar h_q \zeta_3$	$+(1-\bar h_r)\zeta_3$	$-(1-\bar h_s)\zeta_3$
h'	$+\bar h_k$	$+\bar h_l$	$-\bar h_m$	$+\bar i_n-\bar h_n$	$+\bar i_o+\bar h_o$	$-\bar i_p+\bar h_p$	$+\bar i_q-\bar h_q$	$-\bar i_r+\bar h_r$	$-\bar i_s-\bar h_s$
i'	$-\bar h_k$	$-\bar h_l$	$+\bar h_m$	$-\bar i_n-\bar h_n$	$-\bar i_o+\bar h_o$	$+\bar i_p+\bar h_p$	$-\bar i_q-\bar h_q$	$+\bar i_r+\bar h_r$	$+\bar i_s-\bar h_s$
k	$+1$	$-\bar k_l$	$+\bar k_m$	$+\bar k_n$	0	$-\bar k_p$	0	$+\bar k_r$	0
l	0	$+1$	$-\bar l_m$	$+\bar l_n$	0	$+\bar l_p$	0	$-\bar l_r$	0
m	0	0	$+1$	$-\bar m_n$	0	$+\bar m_p$	0	$+\bar m_r$	0
n	0	0	0	$+1$	$+1$	$+\bar n_p$	$-\bar o_q$	$-\bar n_r$	$-\bar o_s$
o	0	0	0	$+1$	-1	$+\bar n_p$	$+\bar o_q$	$-\bar n_r$	$+\bar o_s$
p	0	0	0	0	0	$+1$	$+1$	$+\bar p_r$	$+\bar q_s$
q	0	0	0	0	0	$+1$	-1	$+\bar p_r$	$-\bar q_s$
r	0	0	0	0	0	0	0	$+1$	$+1$
s	0	0	0	0	0	0	0	$+1$	-1

bestimmte System durch 2 Gelenke in den Endpunkten des Riegels und im übrigen in beliebiger Weise gebildet, so daß die Momente M_o die Momente des einfachen Balkens von der Stützweite l sind. Bei Belastung des Riegels 3 sind $Y_a \ldots Y_f = 0$. In den Zuständen $Y_h \ldots Y_s = -1$ ist $\vartheta_{gr} = 0\,(r = h \ldots s)$, also wird zur Berechnung von $\sum P_m \delta'_{mr}$ das statisch bestimmte System in der angegebenen Weise gebildet. Bei Belastung des Riegels 2 sind $Y_a \ldots Y_c = 0$ und in den Zuständen $Y_e \ldots Y_s$ ist $\vartheta_{dr} = 0$ $(r = e \ldots s)$. Bei Belastung des Riegels 1 ist für die Zustände $Y_b \ldots Y_s$ $\vartheta_{ar} = 0$ $(r = b \ldots s)$. Daraus folgt, daß bei Belastung des Riegels 3 nur zur Berechnung von Y_g, bei Belastung des Riegels 2 zur Berechnung von Y_d und bei Belastung des Riegels 1 zur Berechnung von Y_a das statisch bestimmte System nicht in der angegebenen Weise gebildet werden kann. Abgesehen von Y_a, Y_g, Y_d wird also die statisch unbestimmte Größe Y_r in allen Fällen nach folgendem Verfahren berechnet. Man zerlegt die Belastung in eine zur Mitte des belasteten Riegels symmetrische und eine antisymmetrische. Es bezeichnen nach Abb. 406 F_0 den Inhalt der symmetrischen Momentenfläche, F_0' den Inhalt der links von der Riegelmitte liegenden, positiven antisymmetrischen Momentenfläche (Abb. 408), x_0 den Abstand ihres Schwerpunktes von der Riegelmitte. Ferner sei nach Abb. 407 α_v das Moment des Zustandes $Y_v = -1$ in Riegelmitte, nach Abb. 409 β_v das antisymmetrische Glied dieses Momentes des Zustandes $Y_v = -1$ am linken Riegelende.

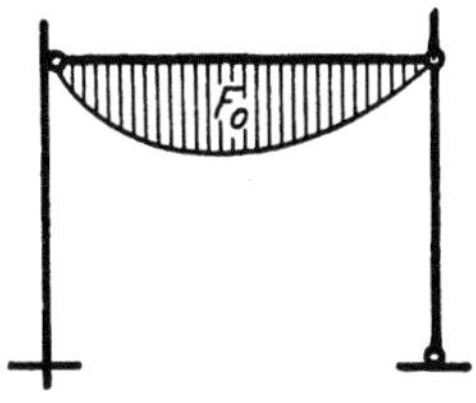

Abb. 406.

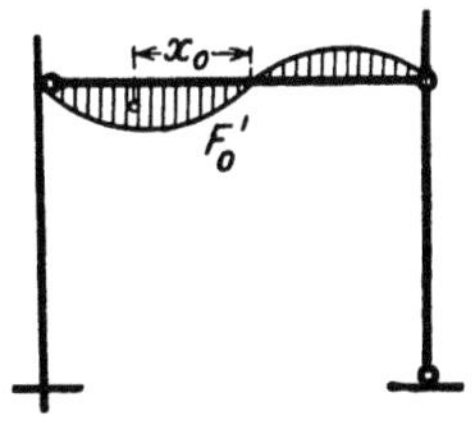

Abb. 408.

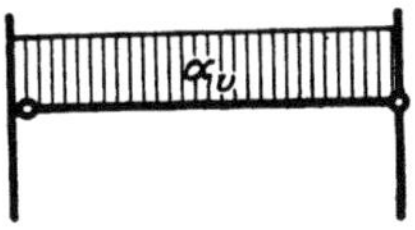

Abb. 407.

Abb. 409.

Dann ist

$$Y_v = \frac{F_0 \frac{J_c}{J_v}}{\delta'_{vv}} \cdot \alpha_v + \frac{4 F_0' \cdot x_0 \frac{J_c}{J_v}}{l \cdot \delta'_{vv}} \cdot \beta_v . \tag{200}$$

Bei Berechnung von Y_g und Y_d ist das statisch bestimmte System ein Dreigelenkrahmen, dessen Gelenke in Riegelmitte und in den Pfostenfüßen liegen (Abb. 410). Es bezeichnen K_0 die Momente am Kopf der Pfosten, und F_0'' den Inhalt der Momentenfläche des einfachen Balkens von der Stützweite l für die vorliegende nicht zerlegte Belastung. Dann erhält man nach Abb. 370 und 410 Y_g bzw. Y_d

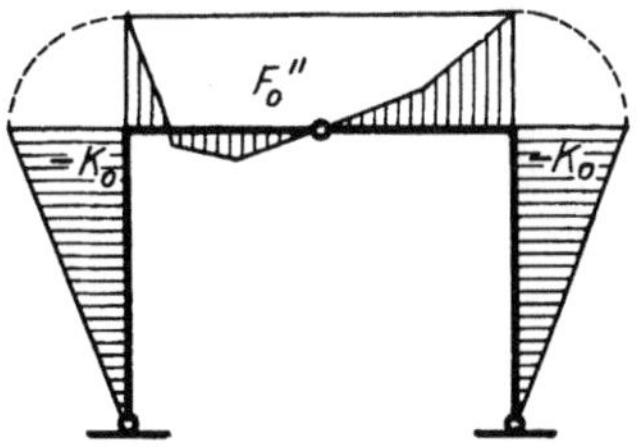

Abb. 410.

$$Y_r = \frac{K_0(l' + \frac{2}{3} h') - F_0'' \frac{J_c}{J}}{\delta'_{rr}} \tag{201}$$

und auf dieselbe Weise

$$Y_a = \frac{K_0(l_1' + \frac{1}{2} h_1') - F_0'' \frac{J_c}{J}}{\delta'_{aa}} \tag{202}$$

b) Belastung des Pfostens I durch eine horizontale Last W, die in Höhe eines Riegels angreift. Da die Momentenflächen der Zustände $Y_n = -1$, $Y_p = -1$, $Y_r = -1$ symmetrisch in bezug auf die Mittelachse des Stockwerkrahmens und $\vartheta_{kr} = \vartheta_{mr} = \vartheta_{lr} = 0$ $(r = n, p, r)$ sind, wird auch $\delta'_{mr} = 0$, also $Y_n = Y_p = Y_r = 0$. $Y'_a \ldots Y'_i = 0$ folgt daraus, daß sich diese Zustände nur über den Rahmen III, IV erstrecken. Der Rahmen I, II gehört für die Zustände Y_k, Y_l, Y_m, Y_o, Y_q, Y_s dem statisch unbestimmten Grundsystem an. Zur Berechnung von δ'_{mr} wird also zweckmäßig das statisch bestimmte System nach Abb. 411 gebildet. Liegt W in der Höhe des Riegels III, so wird zur Berechnung von $Y_a \ldots Y_i$ das statisch bestimmte System nach Abb. 412 gebildet. Aus der Abbildung ist ersichtlich, daß $Y_a = Y_b = Y_d = Y_e = Y_g = Y_h = 0$ ist. Liegt W in Höhe des Riegels 2, so kann auch Y_i aus einem der Abb. 411 entsprechenden statisch bestimmten System und Y_c, Y_f aus einem der Abb. 412 entsprechenden berechnet werden. Das

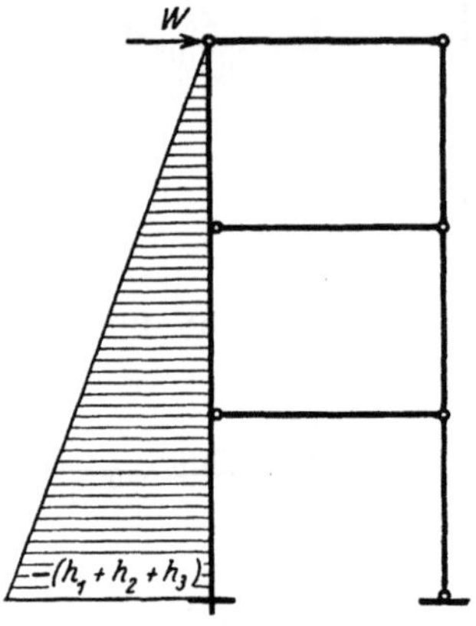

Abb. 411.

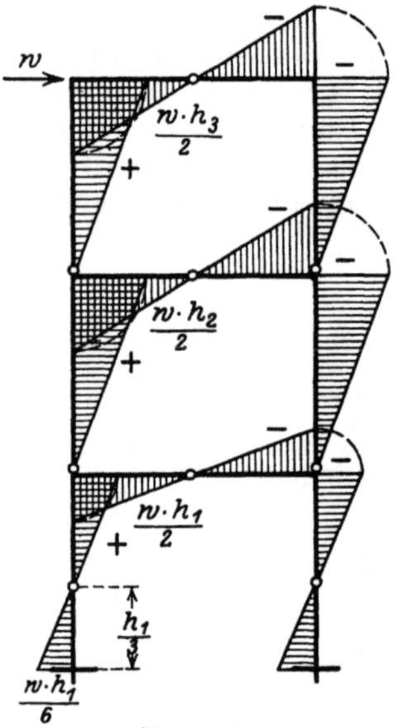

Abb. 412.

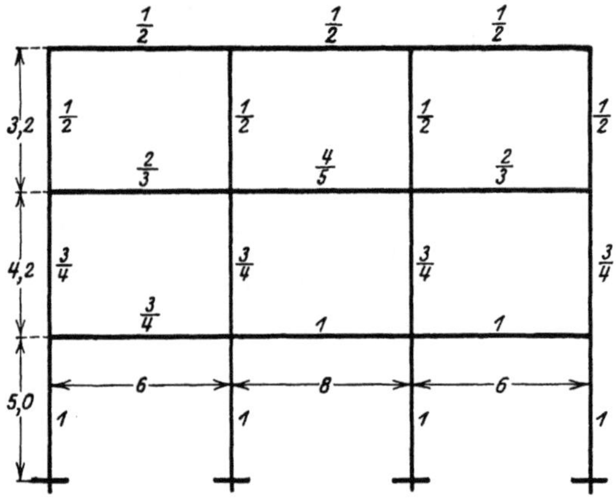

Abb. 413.

gleiche gilt für den Fall einer in Höhe des Riegels 1 liegenden Last W. Die Formeln werden an dem unten behandelten Beispiel entwickelt.

Als Beispiel sei der Stockwerkrahmen untersucht, dessen Abmessungen in Abb. 413 eingetragen sind. Die angeschriebenen Zahlen geben

$\frac{J}{J_c}$ an. Zunächst werden die Werte der Gruppen $Y_a \ldots Y_s$ berechnet. Es ergibt sich

$h_1' = 5$	$l_1' = 8$	$l_4' = 8$	$\zeta_1 = 0{,}2381$	$\eta_1 = 0{,}2105$
$h_2' = 5{,}6$	$l_2' = 9$	$l_5' = 10$	$\zeta_2 = 0{,}1466$	$\eta_2 = 0{,}1840$
$h_3' = 6{,}4$	$l_3' = 12$	$l_6' = 16$	$\zeta_3 = 0{,}1311$	$\eta_3 = 0{,}2074$

$\lambda_2 = 0{,}2459 \mid \lambda_3 = 0{,}2497$

Die Werte der Gruppen $Y_k \ldots Y_s$, die sich aus den entwickelten Formeln für die $\bar{a}_r \ldots \bar{q}_r$ bezeichneten Ausdrücke ergeben, sind in folgender Tabelle zusammengestellt.

	Y_k	Y_l	Y_m	Y_n	Y_o
o	0	0	0	+1	−1
n	0	0	0	+1	+1
m	0	0	1	0,0178	0
l	0	1	1,293	0,1121	0
k	1	1,353	0,3446	0,0150	0
g	0	0	0	0,0049	0,0049
h	0,0251	0,1455	0,9084	0,0371	0,0370
i	0	0	0	0,0227	0,0102
d	0	0	0	0,0142	0,0142
e	0,1657	1,1398	0,1666	0,1850	0,1850
f	0	0	0	0,1472	0,0673
a	0	0	0	0,0750	0,0750
b	0,6448	0	0	0	0
c	0	0	0	0	0,0914

	Y_p	Y_q	Y_r	Y_s
s			+1	−1
r			+1	+1
q	+1	−1	0	+0,0066
p	+1	+1	0,0387	0
o	0	+0,0051	0	+0,0236
n	0,0256	0	0,00806	0
m	0,1135	0	0,2333	0
l	0,0034	0	0,2614	0
k	0,1343	0	0,0290	0
g	0,0240	0,0240	0,1138	0,1143
h	0,1827	0,1839	0,1323	0,1271
i	0,1444	0,0636	0,1042	0,1038
d	0,0809	0,0811	0,0288	0,0311
e	0,0826	0,0767	0,0294	0,0346
f	0,0689	0,0807	0,0167	0,0210
a	0,0166	0,0189	0,0060	0,0054
b	0	0	0	0
c	0	0,0165	0	0,0019

$\delta_{aa}' = 10{,}5$	$\delta_{dd}' = 12{,}73$	$\delta_{gg}' = 16{,}27$	$\delta_{kk}' = 16{,}12$	$\delta_{nn}' = 9{,}05$	$\delta_{qq}' = 5{,}13$
$\delta_{bb}' = 7{,}5$	$\delta_{ee}' = 5{,}40$	$\delta_{hh}' = 6{,}30$	$\delta_{ll}' = 16{,}52$	$\delta_{oo}' = 4{,}18$	$\delta_{rr}' = 18{,}29$
$\delta_{cc}' = 12{,}67$	$\delta_{ff}' = 16{,}31$	$\delta_{ii}' = 19{,}29$	$\delta_{mm}' = 12{,}10$	$\delta_{pp}' = 11{,}26$	$\delta_{ss}' = 8{,}29$

Der Riegel 2 des Rahmens II, III sei durch eine Einzellast P in a belastet. Die symmetrische Belastung bilden zwei Einzelkräfte $+P/2$ in a und $l-a$, die antisymmetrische eine Einzellast $P/2$ in a und eine Einzellast $-P/2$ in $l-a$.

Es ist
$$F_o = \tfrac{1}{2} P a (l-a)\,,$$
$$F'_o = \tfrac{1}{8} P a (l-2a)\,, \qquad x_o = \tfrac{1}{3}(l-a)\,.$$

$$Y_r = -\frac{P}{2}\,\frac{a(l-a)\frac{J_c}{J_5}}{\delta'_{rr}}\cdot\bar{p}_r\,, \qquad Y_s = -\frac{P}{2}\,\frac{a(l-a)(l-2a)\frac{J_c}{J_5}}{3l\,\delta'_{ss}}\cdot\bar{q}_s\,,$$

$$Y_p = -\frac{P}{2}\,\frac{a(l-a)\frac{J_c}{J_5}}{\delta'_{pp}}\,, \qquad Y_q = -\frac{P}{2}\,\frac{a(l-a)(l-2a)\frac{J_c}{J_5}}{3l\,\delta'_{qq}}\,,$$

für $a = l/4$ nach Einsetzung der Zahlen

$$Y_r = -P\,\frac{3\cdot 8\cdot 10}{32\cdot 18{,}29}\cdot 0{,}0387 \qquad Y_s = -P\,\frac{8\cdot 10}{64\cdot 8{,}29}\cdot 0{,}0066$$
$$= -\mathbf{0{,}0159\,P}\,, \qquad = -\mathbf{0{,}0010\,P}\,,$$
$$Y_p = -P\,\frac{3\cdot 8\cdot 10}{32\cdot 11{,}26} = -\mathbf{0{,}667\,P}\,, \quad Y_q = -P\,\frac{8\cdot 10}{64\cdot 5{,}13} = -\mathbf{0{,}244\,P}.$$

Die Eckmomente der Zustände $Y_r = -1$, $Y_p = -1$, $Y_q = -1$, $Y_s = -1$ werden nach den oben gegebenen Formeln berechnet und schließlich mit den Werten Y_r, Y_p, Y_s, Y_q multipliziert. Nebenstehende Tabelle gibt die Ansätze und den totalen Wert.

Die Normalkräfte in den Riegeln 1, 2, 3 des Rahmens II, III ergeben sich aus
$$N_m = +\bar{m}_p Y_p + \bar{m}_r Y_r = -0{,}0744\,P\,,$$
$$N_l = +\bar{l}_p Y_p - \bar{l}_r Y_r = +0{,}0019\,P\,,$$
$$N_k = -\bar{k}_p Y_p + \bar{k}_r Y_r = +0{,}0890\,P\,.$$

Danach können die Normalkräfte in allen andern Riegeln und Pfosten berechnet werden.

b) Belastung des Pfostens I durch die wagerechte Kraft W in Höhe des Riegels 3. Man erhält nach Abb. 372 und 412

$$Y_c = -W\,\frac{h_1}{3}\,\frac{(\frac{1}{2}h'_1 + \frac{1}{3}l'_1)\,3\eta_1}{l'_1} = -W\,\frac{h_1}{6}\left(2 + \frac{3h'_1}{l'_1}\right)\eta_1\,,$$

nach Abb. 377 und 412

$$Y_f = -\frac{W}{\delta'_{ff}}\left\{\frac{1}{2}h_2\left(h'_2 + \frac{1}{3}l'_2\right) + \frac{h_1}{3}\left[\frac{1}{2}h'_1\eta_1 - \frac{1}{3}l'_1(1-\eta_1)\right]\right\}$$

$$Y_f = -W\,[h_2(3h'_2 + l'_2) - 3h_1h'_1\eta_1]\,\frac{\eta_2}{2l'_2}\,,$$

nach Abb. 378 und 412

$$Y_i = -\frac{W}{\delta'_{ii}}\left\{\tfrac{1}{2}h_3(h'_3 + \tfrac{1}{3}l'_3) + \tfrac{1}{2}h_2[h'_2\eta_2 - \tfrac{1}{3}l'_2(1-\eta_2)] - \tfrac{1}{2}h_1h'_1\eta_1\eta_2\right\}\,,$$

$$Y_i = -W\,\{h_3(3h'_3 + l'_3) + h_2[3h'_2\eta_2 - l'_2(1-\eta_2)] - 3h_1h'_1\eta_2\eta_1\}\,\frac{\eta_3}{2l'_3}\,.$$

	Y_p	Y_r	Y_q	Y_s	M
1. II. u	−0,0411	+0,0130	−0,0467	+0,0068	+0,0385
1. III. u	−0,0411	+0,0130	+0,0467	−0,0068	+0,0159
1. I. u	−0,0121	+0,0064	−0,0137	+0,0106	+0,0112
1. IV. u	−0,0121	+0,0064	+0,0137	−0,0106	+0,0046
1. II. o	+0,0821	−0,0259	+0,0439	−0,0193	−0,0648
1. III. o	+0,0821	−0,0259	−0,0439	+0,0193	−0,0438
1. I. o	+0,0242	−0,0128	+0,0769	−0,0155	−0,0346
1. IV. o	+0,0242	−0,0128	−0,0769	+0,0155	+0,0026
2. II. u	+0,1515	−0,0462	−0,0040	−0,0556	−0,0990
2. III. u	+0,1515	−0,0462	+0,0040	+0,0556	−0,1010
2. I. u	+0,0137	−0,0127	+0,1574	−0,0136	−0,0473
2. IV. u	+0,0137	−0,0127	−0,1574	+0,0136	+0,0295
1. II. l	−0,0438	+0,0122	+0,0428	+0,0127	+0,0221
1. III. r	−0,0438	+0,0122	−0,0428	−0,0127	+0,0359
1. II. r	+0,0256	−0,0080	−0,0051	−0,0236	−0,0157
1. III. l	+0,0256	−0,0080	+0,0051	+0,0236	−0,0181
1. I. r	+0,0105	0	−0,0806	−0,0019	+0,0126
1. IV. l	+0,0105	0	+0,0806	+0,0019	−0,0266
2. II. o	−0,4131	+0,1264	−0,3161	+0,0717	+0,3494
2. III. o	−0,4131	+0,1264	+0,3161	−0,0717	+0,1966
2. I. o	−0,0597	+0,0418	−0,1547	+0,1137	+0,0763
2. IV. o	−0,0597	+0,0418	+0,1547	−0,1137	+0,0015
3. II. u	+0,3271	+0,2365	+0,2471	+0,0233	−0,2819
3. III. u	+0,3271	+0,2365	−0,2471	−0,0233	−0,1613
3. I. u	+0,0383	+0,0281	+0,1199	+0,2309	−0,0554
3. IV. u	+0,0383	+0,0281	−0,1199	−0,2309	+0,0036
2. II. l	+0,2598	−0,0713	+0,4368	+0,0550	−0,2784
2. III. r	+0,2598	−0,0713	−0,4368	−0,0550	−0,0654
2. II. r	+1,0	+0,0387	+1,0	+0,0066	−0,9116
2. III. l	+1,0	+0,0387	−1,0	−0,0066	−0,4236
2. I. r	−0,0980	+0,0138	−0,2746	−0,1172	+0,1308
2. IV. l	−0,0980	+0,0138	+0,2746	+0,1172	−0,0010
3. II. o	−0,0612	−0,6552	+0,0396	−0,4895	+0,0420
3. III. o	−0,0612	−0,6552	−0,0396	+0,4895	+0,0604
3. I. o	+0,0133	−0,1172	−0,0876	−0,2819	+0,0147
3. IV. o	+0,0133	−0,1172	+0,0876	+0,2819	−0,0287
3. II. l	−0,0612	+0,3448	+0,0396	+0,5105	+0,0251
3. III. r	−0,0612	+0,3448	−0,0396	−0,5105	+0,0455
3. II. r	0	+1,0	0	+1,0	−0,0169
3. III. l	0	+1,0	0	−1,0	−0,0149

Da ferner

$$\frac{\delta_{\omega k}}{\delta_{kk}} = -\frac{\vartheta_{mk}}{2\,\vartheta_{kk}} = -\frac{1}{2}(\bar{l}_m \bar{k}_l - \bar{k}_m),$$

$$\frac{\delta_{\omega l}}{\delta_{ll}} = -\frac{\vartheta_{ml}}{2\,\vartheta_{ll}} = -\frac{1}{2}\bar{l}_m,$$

$$\frac{\delta_{\omega m}}{\delta_{mm}} = -\frac{\vartheta_{mm}}{2\,\vartheta_{mm}} = -\frac{1}{2},$$

ist, so ergibt sich

$$Y_k = -\tfrac{1}{2} W (\bar{l}_m \bar{k}_l - \bar{k}_m),$$

$$Y_l = -\tfrac{1}{2} W \bar{l}_m,$$

$$Y_m = -\tfrac{1}{2} W.$$

Wie oben gezeigt, ist $Y_n = Y_p = Y_r = 0$.

Auf $\delta_{\omega o}$, $\delta_{\omega q}$, $\delta_{\omega s}$ ist das symmetrische Glied der Momente ohne Einfluß. Mithin ergibt sich nach Abb. 411, 401, 403 und 405

$$Y_o = W\frac{\delta_{mo}}{\delta_{oo}} = +\frac{W}{\delta'_{oo}}\left[\bar{c}_o h'_1(h_3+h_2+\tfrac{1}{2}h_1) - \frac{\bar{i}_o}{\beta_3}h'_2(h_3+\tfrac{1}{2}h_2) - \tfrac{1}{2}\bar{i}_o h'_3 h_3\right],$$

$$Y_q = W\frac{\delta_{mq}}{\delta_{qq}} = +\frac{W}{\delta'_{qq}}[\bar{c}_q h'_1(h_3+h_2+\tfrac{1}{2}h_1) + \bar{f}_q h'_2(h_3+\tfrac{1}{2}h_2) - \tfrac{1}{2}\bar{i}_o h'_3 h_3];$$

$$Y_s = W\frac{\delta_{ms}}{\delta_{ss}} = +\frac{W}{\delta'_{ss}}[\bar{c}_s h'_1(h_3+h_2+\tfrac{1}{2}h_1) + \bar{f}_s h'_2(h_3+\tfrac{1}{2}h_2) + \tfrac{1}{2}i_s h'_3 h_3].$$

Die Rechnung liefert

$$\begin{array}{lll} Y_c = -0{,}678\,W, & Y_k = -0{,}7\,W, & Y_o = 0{,}587\,W, \\ Y_f = -0{,}945\,W, & Y_l = -0{,}6465\,W, & Y_q = 0{,}498\,W, \\ Y_i = -0{,}683\,W, & Y_m = -0{,}5\,W, & Y_s = 0{,}216\,W, \end{array}$$

Aus
$$\begin{aligned} X_k &= Y_k - \bar{k}_l Y_l + \bar{k}_m Y_m, \\ X_l &= \;.\;.\;.\; Y_l - \bar{l}_m Y_m, \\ X_m &= \;.\;.\;.\;.\;.\;.\; Y_m \end{aligned}$$

folgt $X_k = 0$, $X_l = 0$, $X_m = -0{,}5\,W$. Infolgedessen berechnet man am besten zuerst die Eckmomente des Rahmens I II aus

$$\begin{aligned} M' = M_o - M_c Y_c - M_f Y_f - M_i Y_i, \\ - M_k Y_k - M_l Y_l - M_m Y_m, \end{aligned}$$

sodann die Eckmomente des Rahmens III, IV aus

$$M' = -M_k Y_k - M_l Y_l - M_m Y_m.$$

Die Momente M' der Pfosten I, II, III, IV sind von gleicher Größe, haben jedoch in II und IV das entgegengesetzte Vorzeichen wie in I und III. Für die Riegelmomente gilt entsprechend

$$M'_I = -M'_{II} = M'_{III} = -M'_{IV}.$$

Sodann berechnet man

$$M'' = -M_o Y_o - M_q Y_q - M_s Y_s.$$

Es ist

$$M''_I = -M''_{IV} \text{ und } M''_{II} = -M''_{III}.$$

Schließlich erhält man die totalen Momente in

$$M = M' + M'',$$

und zwar ist

$$M_I = -M_{IV}, \; M_{II} = -M_{III}.$$

Die danach für das behandelte Beispiel errechneten Eckmomente sind in nachstehender Tabelle zusammengestellt. Die größten Momente treten am Fuß der mittleren Pfosten auf.

	Pfosten			Pfosten			Pfosten			Pfosten
	I	I r	II l	II	II r	III l	III	III r	IV l	IV
1 u	−7492	—	—	+8567	—	—	−8567	—	—	+7492
1 o	+3307	—	—	−5572	—	—	+5572	—	—	−3307
Riegel 1	—	+7202	−6489	—	+5794	−5794	—	+6489	−7202	—
2 u	−3897	—	—	+6705	—	—	−6705	—	—	+3897
2 o	+3926	—	—	−6472	—	—	+6472	—	—	−3926
Riegel 2	—	+6523	−6015	—	+4994	−4994	—	+6015	−6523	—
3 u	−2597	—	—	+4538	—	—	−4538	—	—	+2597
3 o	+3509	—	—	−5357	—	—	+5357	—	—	−3509
Riegel 3	—	+3509	−3196	—	+2160	−2160	—	+3196	−3509	—

Die Zahlen sind in $W \frac{1\,\mathrm{m}}{10000}$ angegeben.

Literatur.

Herzka, L.: Die Berechnung der zweistieligen symmetrischen Stockwerkrahmens für beliebigen Lastenangriff. Z. f. Betonbau. Wien, 1916.
Enyedi: Statische Untersuchung des Stockwerkrahmens. Bauingenieur, 1925, S. 550.
Pirlet: Berechnung von Stockwerkrahmen. Bauingenieur, 1922, S. 18.
Hartmann, F.: Die statisch unbestimmten Systeme des Eisen- und Eisenbetonbaues. 2. Aufl., S. 153ff. Berlin, 1922.
Fritsche: Die Berechnung des symmetrischen Stockwerkrahmens mit geneigten und lotrechten Ständern mit Hilfe von Differenzengleichungen. Berlin 1923.

VI. Funktionale Darstellung statischer Größen durch Lösung von Differenzengleichungen.

a) Balkensysteme verschiedener Bauart.

80. Die wesentlichen Eigenschaften der Differenzengleichung.

Eine Reihe von statischen Problemen ist durch die Bauart der Gleichungen ausgezeichnet, welche das Problem formulieren. Besteht ein System aus einer Anzahl von Gruppen gleicher Gliederung und gleicher Abmessungen, so lassen sich meist Gleichgewichts- und Elastizitätsbedingungen aufstellen, welche die Unbekannten in einer Gruppe einander entsprechender Größen von bestimmter Zahl und mit festen Beiwerten enthalten. Zur Erläuterung solcher Gleichungen und ihrer Eigenschaften mögen die einfachsten der Art dienen, die sich für die Aufgabe ergeben, die Ordinaten der Biegungslinie eines einfachen Balkens von konstantem Trägheitsmoment in Punkten gleichen Abstandes aus den gegebenen Momenten oder Lasten zu berechnen. Es bezeichne δ_n die Ordinate der Biegungslinie, M_n das Moment, P_n die Last im Punkte n $(n = 0, 1, 2 \ldots m)$ λ den Abstand der Punkte. Die Lasten greifen nur in den Punkten n an. Dann ist nach Gleichung III (15) S. 232,

$$\delta_{n-1} - 2\,\delta_n + \delta_{n+1} = -\frac{\lambda^2}{6\,E\,J}(M_{n-1} + 4\,M_n + M_{n+1}). \qquad (1)$$

Bildet man die Summe $g_{n-1} - 2\,g_n + g_{n+1}$, so erhält man

$$\delta_{n-2} - 4\,\delta_{n-1} + 6\,\delta_n - 4\,\delta_{n+1} + \delta_{n+2} = -\frac{\lambda^2}{6\,E\,J}[M_{n-2} - 2\,M_{n-1} + M_n$$
$$+ 4\,(M_{n-1} - 2\,M_n + M_{n+1}) + M_n - 2\,M_{n+1} + M_{n+2}].$$

und da $M_{n-1} - 2\,M_n + M_{n+1} = -P_n \cdot \lambda$ ist

$$\delta_{n-2} - 4\,\delta_{n-1} + 6\,\delta_n - 4\,\delta_{n+1} + \delta_{n+2} = \frac{\lambda^3}{6\,E\,J}(P_{n-1} + 4\,P_n + P_{n+1}). \quad (2)$$

Gleichungen von der Art der Gleichung (1) können für alle Punkte $1, 2, \ldots m - 1$ aufgestellt werden, Gleichungen von der Art der Gleichung (2) nur für die Punkte $2, 3 \ldots m - 2$. Daher kennzeichnen beide Gleichungen, wenn man n als Veränderliche auffaßt, welche die genannten Zahlenreihen durchläuft, einen Satz von linearen Gleichungen, und zwar Gleichung (1) einen Satz von $m - 1$, Gleichung (2) einen solchen von $m - 3$ Gleichungen. Beide Gleichungssätze enthalten $m + 1$ Unbekannte, der durch Gleichung (1) gekennzeichnete also 2 der durch Gleichung (2) gekennzeichnete 4 Unbekannte mehr, als die Zahl der Gleichungen beträgt. Mithin bleiben in dem ersten Satz 2, im zweiten 4 Unbekannte willkürlich. Wird n als unabhängig Veränderliche aufgefaßt, so kann δ_n als abhängig Veränderliche behandelt werden, und die Gleichungen (1) und (2) als Funktionalgleichungen, welche 3 bzw. 5 aufeinanderfolgende Funktionswerte miteinander verknüpfen. Ist nun die Funktion $f(n) = \delta_n$ bekannt, welche die Funktionalgleichung erfüllt, so erfüllen die $m + 1$ Funktionswerte auch den durch die fragliche Funktionalgleichung gekennzeichneten Gleichungssatz. Die Funktion $f(n)$ gibt also die allgemeine Lösung des Gleichungssatzes an. Da aber von den Unbekannten im ersten Falle 2, im zweiten 4 unbestimmt bleiben, muß die Funktion $f(n)$ 2 bzw. 4 willkürliche Konstante enthalten.

In dem Satz 1 kommen δ_0 und δ_m, in dem Satz 2 $\delta_0, \delta_1, \delta_{m-1}, \delta_m$ nicht in derselben Gruppierung vor, wie die andern Werte der abhängig Veränderlichen. Trotzdem umfaßt $f(n)$, welche die Funktionalgleichung erfüllt, auch die genannten Grenzwerte. Denn im Falle der Gleichung (1) kann man zu den $m - 1$ Gleichungen mit $m + 1$ Unbekannten 2 Gleichungen hinzufügen, welche die überzähligen Unbekannten durch 2 willkürliche Konstante ausdrücken. Diesen Gleichungen kann man die Form

$$\delta_{-1} - 2\,\delta_0 + \delta_1 = -\frac{\lambda^2}{6\,E\,J}(M_{-1} + 4\,M_0 + M_1),$$

$$\delta_{m-1} - 2\,\delta_m + \delta_{m+1} = -\frac{\lambda^2}{6\,E\,J}(M_{m-1} + 4\,M_m + M_{m+1})$$

geben, indem man δ_{-1} und δ_{m+1} als willkürliche Konstante einführt. Dann gelangt man zu $m + 1$ Gleichungen mit eben so vielen Unbekannten, die durch Gleichung (1) gekennzeichnet sind. In derselben Weise kann man den Gleichungssatz 2 um 4 Gleichungen derselben Bauart erweitern, indem man δ_{-2}, δ_{-1}, δ_{m+1}, δ_{m+2} als willkürliche Konstante einführt. Daraus folgt, daß $f(n)$ in beiden Fällen für den Bereich $n = 0, 1, m-1, m$ gültig ist.

Es wird
$$\delta_{n-1} - 2\,\delta_n + \delta_{n+1} = \Delta^2\,\delta_n$$
bezeichnet und Differenz 2. Ordnung der abhängig Veränderlichen genannt, ferner wird
$$\delta_{n-2} - 4\,\delta_{n-1} + 6\,\delta_n - 4\,\delta_{n+1} + \delta_{n+2} = \Delta^2\,\delta_{n-1} - 2\,\Delta^2\,\delta_n + \Delta^2\,\delta_{n+1} = \Delta^4\,\delta_n$$
bezeichnet und Differenz 4. Ordnung genannt. Die Gleichungen (1) und (2) heißen danach Differenzengleichungen 2. bzw. 4. Ordnung.

Damit $\delta_n = f(n)$ angegeben werden kann, müssen die Glieder der rechten Seite als Funktionen von n darstellbar sein. Durch das Verfahren der harmonischen Analyse ist das immer zu erreichen. Hier sollen nur Fälle behandelt werden, in denen eine Darstellung durch algebraische Funktionen vorliegt. Gleichung (1) drückt dann $\Delta^2\,\delta_n$, Gleichung (2) $\Delta^4\,\delta_n$ als algebraische Funktion von n aus. Daraus folgt, daß auch $f(n)$ eine algebraische Funktion von n sein muß. Es wird angesetzt
$$f(n) = a + b\,n + c\,n^2 + d\,n^3 + e\,n^4 \tag{3}$$
mit den unbestimmten Beiwerten $a \ldots e$. Dann ist
$$\begin{aligned}\Delta^2 f(n) &= a + b\,(n-1) + c\,(n-1)^2 + d\,(n-1)^3 + e\,(n-1)^4\\ &\quad - 2\,(a + b\,n + c\,n^2 + d\,n^3 + e\,n^4) +\\ &\quad a + b\,(n+1) + c\,(n+1)^2 + d\,(n+1)^3 + e\,(n+1)^4,\end{aligned}$$
$$\Delta^2 f(n) = 2\,c + 6\,d\,n + e\,(12\,n^2 + 2)\,, \tag{3a}$$
$$\begin{aligned}\Delta^4 f(n) &= 2\,c + 6\,d\,(n-1) + e\,[12\,(n-1)^2 + 2]\\ &\quad - 2\,[2\,c + 6\,d\,n + e\,(12\,n^2 + 2)]\\ &\quad + 2\,c + 6\,d\,(n+1) + e\,[12\,(n+1)^2 + 2]\,.\end{aligned}$$
$$\Delta^4 f(n) = 24\,e\,. \tag{3b}$$

Die Gleichungen (1) und (2) sollen für je einen bestimmten Belastungsfall aufgestellt und gelöst werden.

a) Die Momente M_n seien erzeugt durch ein Stützenmoment M_b über $b\,(m)$. Dann ist
$$M_{n-1} + 4\,M_n + M_{n+1} = 6\,M_b\,\frac{n}{m}\,,$$
und Gleichung (1) lautet
$$\Delta^2\,\delta_n = -\,M_b\,\frac{\lambda^2}{E\,J}\,\frac{n}{m}\,. \tag{4}$$

Da der Grad der $f(n)$ um 2 höher ist als der Grad von $\varDelta^2 f(n)$, kann $f(n)$ nur vom 3. Grade sein.

$$\delta_n = a + b\,n + c\,n^2 + d\,n^3,$$

$$\varDelta^2\,\delta_n = 2\,c + 6\,d\,n \qquad \text{wird in 4 eingesetzt,}$$

$$2\,c + 6\,d\,n = -\,M_b\,\frac{\lambda^2}{E\,J}\,\frac{n}{m}.$$

Die Koeffizienten gleicher Potenzen von n müssen einander gleich sein. Daraus folgt

$$c = 0\,, \qquad d = -\,\frac{M_b\,\lambda^2}{6\,E\,J}\cdot\frac{1}{m}.$$

Also befriedigt

$$\delta_n = a + b\,n - \frac{M_b\,\lambda^2}{6\,E\,J}\,\frac{n^3}{m}$$

die Funktionalgleichung (4) für willkürliche Werte a und b. Da die Lösung 2 willkürliche Konstante enthalten muß, ist die gefundene Funktion die vollständige Lösung. Die willkürlichen Konstanten nehmen bestimmte Werte an, wenn neben dem durch die Funktionalgleichung gekennzeichneten Satze linearer Gleichungen besondere Bedingungen für einzelne Funktionswerte bestehen, deren Zahl = der Zahl der willkürlichen Konstanten ist. Im vorliegenden Falle stellen die Auflagerbedingungen 2 Bedingungen. Im Falle starrer Stützen ist

$$\delta_0 = 0\,, \qquad \delta_m = 0\,,$$

also

$$0 = a\,,$$

$$0 = a + b\,m - \frac{M_b\,\lambda^2}{6\,E\,J}\,m^2\,,$$

$$b = \frac{M_b\,\lambda^2}{6\,E\,J}\,m\,.$$

Mithin ergibt sich durch Einführung der für die Konstanten gefundenen Werte

$$\delta_n = \frac{M_b\,\lambda^2}{6\,E\,J}\,\frac{(m^2 - n^2)\,n}{m}\,.$$

b) Der Balken sei durch Lasten gleicher Größe P in allen Punkten belastet. Gleichung (2) lautet dann

$$\varDelta^4\,\delta_n = \frac{P\,\lambda^3}{E\,J}\,.$$

Der Grad von $f(n)$ ist um 4 höher als der von $\varDelta^4\,f(n)$, also muß $f(n)$ eine Funktion 4. Grades sein. Wird (3b) in vorstehende Gleichung eingesetzt, so ergibt sich

$$e = \frac{P\,\lambda^3}{24\,E\,J}\,,$$

also befriedigt

$$\delta_n = a + b\,n + c\,n^2 + d\,n^3 + \frac{P\,\lambda^3}{24\,E\,J}\,n^4.$$

Für willkürliche Werte a, b, c, d die Funktionalgleichung und ist die vollständige Lösung, da diese 4 willkürliche Konstante enthalten muß.

Besondere Bedingungen liefern die Endstützen. Der Balken sei statisch bestimmt auf starren Stützen gelagert, dann ist

$$\left.\begin{matrix} n = 0 \\ n = m \end{matrix}\right\} \delta_n = 0 , \qquad M_n = 0 .$$

Nach Gleichung (1) ist

$$\Delta^2 \delta_n = \frac{P\lambda^3}{6EJ} - \frac{M_n \lambda^2}{EJ} ,$$

nach (3 a) ist

$$\Delta^2 \delta_n = 2c + 6dn + \frac{P\lambda^3}{24EJ}(12n^2 + 2) ,$$

also liefert

$$M_0 = 0 : 2c + \frac{P\lambda^3}{12EJ} = \frac{P\lambda^3}{6EJ} ,$$

$$c = \frac{P\lambda^3}{24EJ} ,$$

$$M_m = 0 : 2c + 6dm + \frac{P\lambda^3}{24EJ}(12m^2 + 2) = \frac{P\lambda^3}{6EJ} ,$$

$$d = -\frac{P\lambda^3}{12EJ} m .$$

Ferner folgt aus

$$\delta_0 = 0 : a = 0 ,$$

$$\delta_m = 0 : b = -\frac{P\lambda^3}{24EJ} m^3 - dm^2 - cm = \frac{P\lambda^3}{24EJ} m(m^2 - 1) .$$

Nach Einführung der für die Konstanten gefundenen Werte ergibt sich

$$\delta_n = \frac{P\lambda^3}{24EJ} n(m-n)[m^2 - 1 + n(m-n)] .$$

Die Gleichungen (1) und (2) zeigen die wesentlichen Eigenschaften einer Differenzengleichung. Nach dem oben gesagten ist eine Differenzengleichung r^{ter} Ordnung eine Funktionalgleichung, welche $r + 1$ in konstantem Abstand aufeinander folgende Funktionswerte der abhängig Veränderlichen miteinander verbindet. Sie kennzeichnet gleichzeitig einen Satz von beliebig vielen linearen Gleichungen, von denen jede $r + 1$ aufeinander folgende Unbekannte enthält. Die Zahl der Unbekannten ist um r größer als die Zahl der Gleichungen. Die Funktion, welche die Funktionalgleichung erfüllt, stellt die allgemeine Lösung des durch die Funktionalgleichung gekennzeichneten Satzes linearer Gleichungen dar. Sie muß r willkürliche Konstante enthalten, da der Gleichungssatz r überzählige Unbekannte enthält.

In den meisten Fällen lassen sich die r aufeinander folgenden Werte der abhängig Veränderlichen nicht zu einer Differenz r^{ter} Ordnung zusammenfassen. Vielmehr enthält eine Differenzengleichung r^{ter} Ordnung im allgemeinen weitere Differenzen niederer Ordnung und die abhängig

Veränderliche selbst. In der Statik kommen nur solche Gleichungen vor, welche die Differenzen aller Ordnungsgrade und die abhängig Veränderliche in der ersten Potenz enthalten. Man nennt diese Gleichungen lineare Differenzengleichungen. Enthält jedes Glied der Gleichung die abhängig Veränderliche oder eine Differenz derselben, so heißt die Gleichung homogen. Kommen Glieder vor, welche die abhängig Veränderliche nicht enthalten, so wird die Gleichung inhomogen und diese Glieder werden „Störungsglieder" genannt.

Die allgemeine Form einer linearen homogenen Differenzengleichung r^{ter} Ordnung ist danach

$$\Delta^r f(n) + \alpha_1 \Delta^{r-2} f(n) + \cdots \alpha_{\frac{r}{2}} \cdot f(n) = 0 .$$

Diese Funktionalgleichung wird immer durch

$$f(n) = C \cdot k^n$$

befriedigt, worin C und k Konstante sind. Denn es ist

$$\Delta^2 f(n) = C(k^{n-1} - 2k^n + k^{n+1}) = C \cdot k^n \cdot w ,$$

$$w = \frac{(1-k)^2}{k} ,$$

$$\Delta^4 f(n) = C \cdot k^n w^2 ,$$

$$\Delta^r f(n) = C k^n w^{\frac{r}{2}} .$$

Durch Einführung dieser Funktionen in die vorgelegte Gleichung ergibt sich

$$C \cdot k^n \left[w^{\frac{r}{2}} + \alpha_1 w^{\frac{r-2}{2}} + \cdots \alpha_{\frac{r}{2}} \right] = 0 .$$

Daraus folgt zunächst, daß C eine willkürliche Konstante ist. Ferner daß die Gleichung erfüllt wird, wenn w aus der Gleichung vom Grade $\frac{r}{2}$

$$w^{\frac{r}{2}} + \alpha_1 w^{\frac{r}{2}-1} + \cdots \alpha_{\frac{r}{2}} = 0 ,$$

welche die charakteristische Gleichung genannt wird, berechnet wird. Für w ergeben sich also $\frac{r}{2}$ Wurzeln, und da jede Wurzel eine quadratische Gleichung für k liefert, bestehen r Wurzeln für k. Mithin wird die Funktionalgleichung durch r verschiedene Ansätze $f(n) = C k^n$ erfüllt, so daß sie auch durch

$$f(n) = C_1 k_1^n + C_2 \cdot k_2^n + \cdots C_r k_r^n$$

erfüllt wird. Diese Funktion enthält r willkürliche Konstante und ist also die vollständige Lösung.

Ist $\varphi(n) = 0$ eine homogene Differenzengleichung, so lautet die nicht homogene Differenzengleichung unter Beschränkung auf den Fall, in dem die Störungsglieder eine algebraische Funktion von n bilden,

$$\varphi(n) + a + b n + c n^2 + \cdots = 0 .$$

Sie wird durch

$$f(n) = C k^n + a_1 + b_1 n + \cdots$$

befriedigt, wenn die Koeffizienten $a_1, b_1 \ldots$ so bestimmt werden, daß sie die Störungsglieder zum Verschwinden bringen und $C k^n$ die Lösung der homogenen Form $\varphi(n) = 0$ ist. Infolge der r Wurzeln für k ergibt sich wieder in

$$f(n) = C k_1^n + \cdots C_r k_r^n + a_1 + b_1 n + \cdots$$

die vollständige Lösung[1]).

81. Balken von konstantem Trägheitsmoment auf vielen starren Stützen konstanter Feldweite[2]).

Die Stützen werden von 0 bis m gezählt. M_n bezeichnet das Stützenmoment über der Stütze n, l die Feldweite. Die Dreimomentengleichungen (Clapeyronsche Gleichungen) lauten

$$M_{n-1} + 4 M_n + M_{n+1} = -\frac{6 \mathfrak{S}_{n,n-1}}{l^2} - \frac{6 \mathfrak{S}_{n+1,n+1}}{l^2}. \qquad (5)$$

Dieselbe Form nehmen die Glieder der linken Seite an, wenn l und J zwar veränderlich jedoch $\frac{l}{J}$ konstant ist. Als Differenzengleichung schreibt man die Gleichung besser in der Form

$$\Delta^2 M_n + 6 M_n = -\frac{6}{l^2} (\mathfrak{S}_{n,n-1} + \mathfrak{S}_{n+1,n+1}).$$

Da die Gleichung von der 2. Ordnung ist, muß die Funktion, welche sie erfüllt, 2 willkürliche Konstante enthalten. Dem entspricht die Tatsache, daß $m - 1$ Gleichungen für $m + 1$ Unbekannte durch die Differenzengleichung gekennzeichnet werden. Die homogene Form der Gleichung wird durch die Funktion

$$M_n = C \cdot k^n,$$
$$\Delta^2 M_n = C \cdot w \cdot k^n$$

erfüllt. Für w ergibt sich die charakteristische Gleichung

$$w + 6 = 0,$$

also für k die Gleichung 2. Grades

$$k^2 - 2k + 1 = -6k,$$
$$k_1 = -2 + \sqrt{3}, \qquad k_2 = -2 - \sqrt{3}.$$

Es bezeichne $k = -2 + \sqrt{3}$, dann ist

$$k_1 = k, \qquad k_2 = k^{-1}, \qquad k_1 \cdot k_2 = 1.$$

Die homogene Form hat also die vollständige Lösung

$$M_n = C_1 k^n + C_2 k^{-n}. \qquad (6)$$

Zur Abkürzung sei

$$C_1 k^n + C_2 k^{-n} = f_3(n)$$

bezeichnet.

---

[1]) Funk: P. Die linearen Differenzengleichungen und ihre Anwendung in der Theorie der Baukonstruktionen. Berlin 1920.

[2]) Clebsch: Theorie der Elastizität fester Körper, S. 394, Leipzig 1862.

Um die inhomogene Gleichung zu lösen, sei die rechte Seite für verschiedene Belastungsfälle als algebraische Funktion von n dargestellt.

Konstante Belastung aller Felder durch p für die Längeneinheit. Es ist

$$-\frac{6}{l^2}(\mathfrak{S}'_{n,n-1}+\mathfrak{S}'_{n+1,n+1})=-\frac{p\,l^2}{2}.$$

Die Differenzengleichung

$$\varDelta^2 M_n + 6\,M_n = -\frac{p\,l^2}{2} \tag{7}$$

ergibt nach Einführung von

$$M_n = C\,k^n + a\,,$$

$$\varDelta^2 M_n = C\cdot w\cdot k^n\,,$$

$$C\,k^n\,(w+6)+6\,a=-\frac{p\,l^2}{2}.$$

Sie wird also erfüllt, wenn

$$a=-\frac{p\,l^2}{12}\quad \text{und}\quad w=-6 \text{ gesetzt wird.}$$

Mithin ergeben sich für k wieder die beiden Wurzeln $k_1 = k = -2+\sqrt{3}$, $k_2 = k^{-1}$, und die vollständige Lösung

$$M_n = C_1\,k^n + C_2\,k^{-n} - \frac{p\,l^2}{12}.$$

Die Konstanten werden aus den Bedingungen der Endstützen bestimmt. Der Balken sei auf diesen ohne Einspannung gelagert; dann ist $M_0 = 0$, $M_m = 0$, somit bestehen zur Berechnung von C_1 und C_2 die beiden Gleichungen

$$C_1 + C_2 - \frac{p\,l^2}{12} = 0\,,$$

$$C_1\,k^m + C_2\,k^{-m} - \frac{p\,l^2}{12} = 0\,.$$

Die Auflösung und Einführung in M_n ergibt

$$\left.\begin{aligned} C_2 &= C_1\,k^m, \quad C_1 = \frac{p\,l^2}{12}\,\frac{1}{1+k^m},\\ M_n &= \frac{p\,l^2}{12}\left(\frac{k^{\frac{m}{2}-n}+k^{n-\frac{m}{2}}}{k^{\frac{m}{2}}+k^{-\frac{m}{2}}}-1\right).\end{aligned}\right\} \tag{8}$$

2. Es sei nur das Feld zwischen den Stützen r und $r+1$ belastet. Die Momentenfläche des einfachen Balkens für die gegebene Belastung habe den Inhalt F_0, und ihr Schwerpunkt den Ab-

stand η von der Feldmitte, positiv nach links. Für alle Stützen $1, 2 \ldots r-1, r+2 \ldots m-1$ besteht die Gleichung

$$\Delta^2 M_n + 6 M_n = 0 .$$

Mithin sind die Momente für $n \leqq r$ durch

$$M_n = C_1 k^n + C_2 k^{-n}$$

und für $r \geqq r+1$ durch

$$M_n = C_3 k^n + C_4 k^{-n}$$

gegeben. Aus den Bedingungen $M_0 = 0$, $M_m = 0$ folgt $C_2 = -C_1$, $C_4 = -C_3 k^{2m}$, so daß für

$$n = \leqq r \qquad M_n = C_1 (k^n - k^{-n}) , \tag{9}$$

$$n = \geqq r + 1 \qquad M_n = C_3 (k^n - k^{2m-n}) \tag{10}$$

ist. Für die Stützen r und $r+1$ bestehen die Gleichungen

$$\left.\begin{aligned} M_{r-1} + 4 M_r + M_{r+1} &= -\frac{6 F_0}{l^2}\left(\frac{l}{2} + \eta\right), \\ M_r + 4 M_{r+1} + M_{r+2} &= -\frac{6 F_0}{l^2}\left(\frac{l}{2} - \eta\right). \end{aligned}\right\} \tag{11}$$

In diese sind die Funktionswerte 9 bzw. 10 einzuführen, dann erhält man 2 Gleichungen zur Berechnung von C_1 und C_3. Wenn bezeichnet wird

$$C_1 (k^n - k^{-n}) = \varphi(n) ,$$

$$C_3 (k^n - k^{2m-n}) = \varphi_1(n) ,$$

lauten die Gleichungen (11)

$$\varphi(r-1) + 4\varphi(r) + \varphi_1(r+1) = -\frac{6 F_0}{l^2}\left(\frac{l}{2} + \eta\right),$$

$$\varphi(r) + 4\varphi_1(r+1) + \varphi_1(r+2) = -\frac{6 F_0}{l^2}\left(\frac{l}{2} - \eta\right),$$

da

$$\varphi(r-1) + 4\varphi(r) + \varphi(r+1) = 0 ,$$

$$\varphi_1(r) + 4\varphi_1(r+1) + \varphi_1(r+2) = 0$$

ist, folgt

$$-\varphi(r+1) + \varphi_1(r+1) = -\frac{6 F_0}{l^2}\left(\frac{l}{2} + \eta\right),$$

$$\varphi(r) - \varphi_1(r) = -\frac{6 F_0}{l^2}\left(\frac{l}{2} - \eta\right)$$

oder

$$-C_1 (k^{r+1} - k^{-r-1}) + C_3 (k^{r+1} - k^{2m-r-1}) = -\frac{6 F_0}{l^2}\left(\frac{l}{2} + \eta\right),$$

$$C_1 (k^r - k^{-r}) - C_3 (k^r - k^{2m-r}) = -\frac{6 F_0}{l^2}\left(\frac{l}{2} - \eta\right).$$

Die Auflösung ergibt

$$C_1 = -\frac{F_0}{l}\,\frac{3-\sqrt{3}}{2}\,\frac{k^{r-m}-k^{m-r-1}}{k^m-k^{-m}} - \frac{F_0\eta}{l^2}\,3\,(\sqrt{3}-1)\,\frac{k^{r-m}+k^{m-r-1}}{k^m-k^{-m}},$$

$$C_3 = -\frac{F_0}{l}\,\frac{3-\sqrt{3}}{2}\,\frac{k^{r}-k^{-r-1}}{k^m(k^m-k^{-m})} - \frac{F_0\eta}{l^2}\,3\,(\sqrt{3}-1)\,\frac{k^{r}+k^{-r-1}}{k^m(k^m-k^{-m})}.$$

Diese Werte der Konstanten werden in die Gleichungen (9), (10) eingeführt, ferner wird $s = m - (r+1)$ gesetzt.

$$M_r = -\frac{F_0}{l}\,\frac{3-\sqrt{3}}{2}\,\frac{(k^{-s-1}-k^s)(k^r-k^{-r})}{k^m-k^{-m}}$$
$$-\frac{F_0\eta}{l^2}\,3\,(\sqrt{3}-1)\,\frac{(k^{-s-1}+k^s)(k^r-k^{-r})}{k^m-k^{-m}},$$

$$M_{r+1} = -\frac{F_0}{l}\,\frac{3-\sqrt{3}}{2}\,\frac{(k^{-r-1}-k^r)(k^s-k^{-s})}{k^m-k^{-m}}$$
$$+\frac{F_0\eta}{l^2}\,3\,(\sqrt{3}-1)\,\frac{(k^r+k^{-r-1})(k^s-k^{-s})}{k^m-k^{-m}}.$$

Da $k \sim -0{,}27$ und k^r schon für kleinere Werte r klein gegen 1 ist, ist folgende Form für die Rechnung bequemer

$$\left.\begin{aligned} M_r &= -\frac{F_0}{l}\,\frac{3-\sqrt{3}}{2}\,\frac{(1-k^{2s+1})(1-k^{2r})}{1-k^{2m}} \\ &\quad -\frac{F_0\eta}{l^2}\,3\,(\sqrt{3}-1)\,\frac{(1+k^{2s+1})(1-k^{2r})}{1-k^{2m}}, \\ M_{r+1} &= -\frac{F_0}{l}\,\frac{3-\sqrt{3}}{2}\,\frac{(1-k^{2r+1})(1-k^{2s})}{1-k^{2m}} \\ &\quad +\frac{F_0\eta}{l^2}\,3\,(\sqrt{3}-1)\,\frac{(1+k^{2r+1})(1-k^{2s})}{1-k^{2m}}. \end{aligned}\right\} \quad (12)$$

Die übrigen Momente werden am zweckmäßigsten durch M_r bzw. M_{r+1} ausgedrückt.

$$\left.\begin{aligned} n \leqq r: &\quad M_n = M_r\,\frac{1-k^{2n}}{1-k^{2r}}\cdot k^{r-n}, \\ n \geqq r+1: &\quad M_n = M_{r+1}\,\frac{1-k^{2(m-n)}}{1-k^{2s}}\cdot k^{n-(r+1)}. \end{aligned}\right\} \quad (13)$$

Ist $r = \infty$, $s = \infty$ so wird

$$\left.\begin{aligned} n \leqq r: &\quad M_n = M_r\cdot k^{r-n}, \\ n \geqq r+1: &\quad M_n = M_{r+1}\cdot k^{n-(r+1)}. \end{aligned}\right\} \quad (14)$$

Diese Funktionen geben auch für eine endliche Zahl von Stützen sehr genaue Näherungswerte.

Verschiedene Belastung in jedem Feld. Einflußlinien. Es bezeichne N_r das von der Belastung herrührende Glied der Clapeyronschen Gleichung für die Stütze r. Dann kann M_n in der Form

$$M_n = \sum_1^{m-1} {}^r \lambda_{rn} \cdot N_r$$

ausgedrückt werden. Für die Beiwerte λ_{rn} gelten nach Nr. 63 die Gleichungen

$$\left.\begin{aligned} & 0 < r < n \\ \text{a)}\ & \Delta^2 \lambda_{rn} + 6\lambda_{rn} = 0\,, \\ & r = n \\ \text{b)}\ & \lambda_{n-1,n} + 4\lambda_{nn} + \lambda_{n+1,n} = 1\,, \\ & n < r < m \\ \text{c)}\ & \Delta^2 \lambda_{rn} + 6\lambda_{rn} = 0 \end{aligned}\right\} \tag{15}$$

unter den Bedingungen $\lambda_{on} = 0$, $\lambda_{mn} = 0$. Die Gleichungen a und c sowie die genannten Bedingungen werden erfüllt durch

$$r \leqq n: \quad \lambda_{rn} = C_1 (k^r - k^{-r})\,,$$
$$r \geqq n: \quad \lambda_{rn} = C_1' (k^r - k^{2m-r})\,.$$

Da beide Funktionen für $r = n$ denselben Wert ergeben müssen, ist

$$C_1' = C_1 \frac{k^n - k^{-n}}{k^n - k^{2m-n}}\,.$$

C_1 ergibt sich aus Gleichung b). Da

$$k^{n-1} - k^{-n+1} + 4(k^n - k^{-n}) + k^{n+1} - k^{-n-1} = 0$$

ist, lautet diese

$$-C_1(k^{n+1} - k^{-n-1}) + C_1 \frac{k^n - k^{-n}}{k^n - k^{2m-n}} (k^{n+1} - k^{2m-n-1}) = 1$$

und ergibt

$$C_1 = -\frac{k^n[1 - k^{2(m-n)}]}{2\sqrt{3}(1 - k^{2m})}\,.$$

Damit wird

$$\left.\begin{aligned} r \leqq n: \quad \lambda_{rn} &= k^{n-r} \frac{(1 - k^{2(m-n)})(1 - k^{2r})}{2\sqrt{3}(1 - k^{2m})}\,, \\ r \geqq n: \quad \lambda_{rn} &= k^{r-n} \frac{(1 - k^{2n})(1 - k^{2(m-r)})}{2\sqrt{3}(1 - k^{2m})}\,. \end{aligned}\right\} \tag{16}$$

Um die Ordinate der Einflußlinie für das Moment M_n zu erhalten, wird der Einfluß der Last 1, die im Felde $r + 1$ im Abstand x (positiv links) von der Feldmitte angreift, berechnet. Es ist für diese Belastung, da $N_1 \ldots N_{r-1}, N_{r-2} \ldots N_{m-1} = 0$ sind:

$$\eta_n = M_n = \lambda_{rn} N_r + \lambda_{r+1,n} \cdot N_{r+1},$$

$$N_r = -\frac{6\,\mathfrak{S}'_{r+1,r+1}}{l^2} = -\frac{(l^2 - 4x^2)(3l + 2x)}{8l^2},$$

$$N_{r+1} = -\frac{6\,\mathfrak{S}'_{r+r,1}}{l^2} = -\frac{(l^2 - 4x^2)(3l - 2x)}{8l^2},$$

$$\eta_n = -\frac{l^2 - 4x^2}{8l^2}[\lambda_{rn}(3l + 2x) + \lambda_{r+1,n}(3l - 2x)]. \tag{17}$$

Eine Belastung des Feldes $r + 1$ durch eine linear verteilte Last, welche über r den Wert ζ_r über $r + 1$ den Wert ζ_{r+1} hat, erzeugt im Punkte x des einfachen Balkens von der Stützweite l das Moment

$$M_x = \frac{(l^2 - 4x^2)}{48\,l}[\zeta_r(3l + 2x) + \zeta_{r+1}(3l - 2x)].$$

Mithin ist die Ordinate der Einflußlinie gleich dem Moment einer fiktiven, linear verteilten Belastung, welche über r den Wert $-\frac{6\lambda_{rn}}{l}$ und über $r+1$ den Wert $-\frac{6\lambda_{r+1,n}}{l}$ hat. Die Einflußlinie kann als Momentenkurve von m einfachen Balken für die bezeichnete Belastung berechnet und dargestellt werden. Zu demselben Ergebnis führt die Tatsache, daß die Einflußlinie für das Moment M_n die Biegungslinie des $m - 2$fach statisch unbestimmten, durch ein Gelenk über der Stütze n entstehenden Balkens infolge der Belastung $M_n = -1$ ist, wenn τ_{nn}, die Änderung des Winkels zwischen den Querschnitten beiderseits des fraglichen Gelenkes, die durch $M_n = -1$ entsteht, gleich der Einheit gesetzt wird.

Es bezeichne α_r das Stützenmoment infolge $M_n = -1$, dann gilt für $r = 1, 2, n - 1, n + 1, m - 1$ die Gleichung

$$\Delta^2 \alpha_r + 6\,\alpha_r = 0,$$

da ferner $\alpha_0 = 0$, $\alpha_m = 0$, $\alpha_n = -1$ sein soll, so ist für

$$r \leqq n \qquad \alpha_r = -\frac{k^r - k^{-r}}{k^n - k^{-n}},$$

$$r \geqq n \qquad \alpha_r = -\frac{k^r - k^{2m-r}}{k^n - k^{2m-n}}.$$

Wird die Biegungslinie für $M_n = -1$ nach dem Verfahren Mohrs als Momentenkurve einfacher Balken berechnet, so ist in jedem Felde eine linear verteilte Belastung anzunehmen, die über der Stütze r den Wert $\frac{\alpha_r}{EJ}$, über der Stütze $r + 1$ den Wert $\frac{\alpha_{r+1}}{EJ}$ hat. Da aber die Ordinate der Einflußlinie aus der Ordinate der gedachten Biegungslinie durch Teilung durch τ_{nn} hervorgeht, ist die Einflußlinie die Momentenkurve einfacher

Balken für eine linear verteilte Belastung, welche über der Stütze r den Wert $\frac{\alpha_r}{E J \tau_{nn}}$ hat. Der Nenner $E J \tau_{nn}$ ergibt sich aus der Arbeitsgleichung für den Belastungszustand $\overline{M}_n = -1$, alle andern $\overline{M}_r = 0$ und den Verschiebungszustand $M_n = -1$ des $m-2$fach statisch unbestimmten Balkens zu

$$E J \cdot \tau_{nn} = \frac{l}{6}(-\alpha_{n-1} + 4 - \alpha_{n+1}).$$

α_{n-1} und α_{n+1} haben das negative Vorzeichen, da die angenommene Belastung $\overline{M}_n = -1$ in den Feldern n und $n+1$ negative Momente erzeugt. Durch Einführung der für α gefundenen Werte entsteht

$$E J \cdot \tau_{nn} = \frac{l}{6}\left[-\frac{k^{n+1} - k^{-n-1}}{k^n - k^{-n}} + \frac{k^{n+1} - k^{2m-n-1}}{k^n - k^{2m-n}}\right],$$

$$E J \tau_{nn} = \frac{l\, 2\sqrt{3}}{6} \frac{1 - k^{2m}}{(1 - k^{2n})(1 - k^{2(m-n)})}.$$

Mithin hat die einzuführende Belastung den Wert ζ_r

für $r \leqq n$ $\quad \zeta_r = -\frac{(k^r - k^{-r})(1 - k^{2n})(1 - k^{2(m-n)})}{(k^n - k^{-n})(1 - k^{2m})} \frac{6}{l \cdot 2\sqrt{3}},$

$$\zeta_r = -k^{n-r} \frac{(1 - k^{2r})(1 - k^{2(m-n)})}{2\sqrt{3}\,(1 - k^{2m})} \cdot \frac{6}{l} = -\frac{6 \lambda_{rn}}{l};$$

für $r \geqq n$ $\quad \zeta_r = -\frac{(k^r - k^{2m-r})(1 - k^{2n})(1 - k^{2(m-n)})}{(k^n - k^{2m-n})(1 - k^{2m})} \cdot \frac{6}{l\, 2\sqrt{3}},$

$$\zeta_r = -k^{r-n} \frac{(1 - k^{2n})(1 - k^{2(m-r)})}{2\sqrt{3}\,(1 - k^{2m})} \cdot \frac{6}{l} = -\frac{6 \lambda_{rn}}{l}.$$

82. Balken von konstantem Trägheitsmoment auf vielen elastischen Stützen[1]).

Die Stützen erfahren unter dem Stützdruck Verschiebungen, deren Größe dem Stützdruck proportional ist. Bezeichnet δ_n die Verschiebung der Stütze — positiv nach unten — und R_n den Stützdruck — positiv nach oben gerichtet — so ist

$$c \cdot \delta_n = R_n \tag{18}$$

c ist das konstante Maß der Elastizität der Stütze und angegeben in der Dimension Kraft/Länge. Die Elastizitätsgleichung für die Stütze n (Clapeyronsche Gleichung), die sich aus der Arbeitsgleichung für den angenommenen Belastungszustand $\overline{M}_n = -1$ ergibt, lautet

$$M_{n-1} + 4 M_n + M_{n+1} + \frac{6 EJ}{l^2}(\delta_{n-1} - 2\delta_n + \delta_{n+1}) = -\frac{6}{l^2}(\mathfrak{S}_{n,n-1} + \mathfrak{S}_{n+1,n+1})$$

[1]) Grüning: Anwendung von Differenzengleichungen in der Statik hochgradig statisch unbestimmter Tragwerke. Eisenbau, S. 122, 1918.

und geht durch Einführung von (18) in

$$\Delta^2 M_n + 6 M_n + \frac{\mu l}{2} \Delta^2 R_n = -\frac{6}{l^2} (\mathfrak{S}_{n,n-1} + \mathfrak{S}_{n+1,n+1}) \qquad \mu = \frac{12 E J}{l^3 c} \tag{19}$$

über. Aus den Gleichgewichtsbedingungen folgt

$$M_{n-1} - 2 M_n + M_{n+1} = R_n l - (B_n + A_{n+1}) l .$$

A_{n+1} bezeichnet den Stützdruck der linken Stütze des Feldes $n + 1$, B_n den der rechten Stütze des Feldes n, die durch die Belastung entstehen, wenn der durchlaufende Balken durch m einfache Balken ersetzt wird. In Form der Differenzengleichung lautet die Stützdruckgleichung

$$\Delta^2 M_n = R_n \cdot l - (B_n + A_{n+1}) l . \tag{20}$$

Für jede Stütze von 1 bis $m - 1$ besteht je eine Gleichung (19) und (20). Diese Gleichungen kennzeichnen also, wenn M_n und R_n als abhängig Veränderliche aufgefaßt werden, einen Satz von $2 m - 2$ linearen Gleichungen für $2 m + 2$ Unbekannte. Sie sind Funktionalgleichungen, welche 3 aufeinander folgende Funktionswerte M_n und R_n miteinander verknüpfen. Die Funktionen, welche die Gleichungen befriedigen, erfüllen in den einzelnen Funktionswerten die linearen Gleichungen und geben daher die allgemeine Auflösung des Gleichungssatzes an. Da in diesem Satz 4 überzählige Unbekannte enthalten sind, müssen die Funktionen 4 willkürliche Konstante enthalten. Die Gleichungen (19) und (20) werden simultane Differenzengleichungen genannt, da sie für mehrere unabhängig Veränderliche nebeneinander bestehen.

Eine Lösung der homogenen Form liefern die Ansätze

$$M_n = C \cdot k^n, \qquad R_n \cdot l = C \cdot \zeta \cdot k^n$$

mit den Differenzen 2. Ordnung

$$\Delta^2 M_n = C \cdot w \cdot k^n, \qquad \Delta^2 R_n l = C \cdot \zeta \cdot w \cdot k^n .$$

Durch Einführung in (19) und (20) entsteht

$$C \cdot k^n \left[w + 6 + \frac{\mu}{2} \cdot \zeta \cdot w \right] = 0 ,$$

$$C \cdot k^n w = C \cdot \zeta \, k^n .$$

Man erkennt, daß C eine willkürliche Konstante ist, während k und ζ die charakteristischen Gleichungen

$$\left.\begin{aligned} &\text{a)} \quad w + 6 + \tfrac{1}{2} \mu \cdot \zeta \cdot w = 0 , \\ &\text{b)} \quad w = \zeta \end{aligned}\right\} \tag{21}$$

erfüllen müssen. Durch Elimination von ζ ergibt sich für w die quadratische Gleichung

$$w^2 + w \cdot \frac{2}{\mu} + \frac{12}{\mu} = 0$$

mit den Wurzeln

$$w_1 = -\frac{1}{\mu} + \sqrt{\frac{1}{\mu^2} - \frac{12}{\mu}} , \qquad \mu_2 = -\frac{1}{\mu} - \sqrt{\frac{1}{\mu^2} - \frac{12}{\mu}} .$$

Die weitere Rechnung hängt davon ab, ob die Wurzeln reell oder imaginär sind.

a) Reelle Wurzel. Es sei gesetzt

$$w_1 = -a + b\,, \qquad w_2 = -a - b\,.$$

Für k ergeben sich nunmehr die 4 Wurzeln

$$k_1 = \tfrac{1}{2}(2 - a + b) - \sqrt{\tfrac{1}{4}(2 - a + b)^2 - 1}\,,$$
$$k_2 = \tfrac{1}{2}(2 - a - b) - \sqrt{\tfrac{1}{4}(2 - a - b)^2 - 1}\,,$$
$$k_3 = k_1^{-1}\,, \qquad k_4 = k_2^{-1}\,.$$

Da $\mu < \frac{1}{12}$ Voraussetzung ist, sind beide Wurzeln stets reell. Zu k_1, k_3 gehört nach Gleichung (21b) $\zeta_1 = -a + b$, zu $k_2, k_4 : \zeta_2 = -a - b$. Da die 4 Wurzeln k die charakterischen Gleichungen befriedigen, werden die Differenzengleichungen durch die Funktionen

$$\left.\begin{aligned} M_n &= C_1 k_1^n + C_2 k_2^n + C_3 k_1^{-n} + C_4 k_2^{-n}\,,\\ R_n l &= (C_1 k_1^n + C_3 k_1^{-n})(-a + b)\,,\\ &\quad + (C_2 k_2^n + C_4 k_2^{-n})(-a - b) \end{aligned}\right\} \tag{22}$$

erfüllt, welche 4 willkürliche Konstante enthalten und somit die vollständige Lösung angeben.

b) Imaginäre Wurzel. Es sei gesetzt

$$w_1 = -a + i b\,, \qquad w_2 = -a - i b\,,$$
$$b = \frac{1}{\mu}\sqrt{12\mu - 1}\,.$$

Daraus ergeben sich für k die 4 Wurzeln

$$k_1 = r(\cos\psi + i\sin\psi)\,, \qquad k_2 = r(\cos\psi - i\sin\psi)\,,$$
$$k_3 = \frac{1}{r}(\cos\psi - i\sin\psi)\,, \qquad k_4 = \frac{1}{r}(\cos\psi + i\sin\psi)\,,$$
$$k_1 \cdot k_3 = 1\,, \qquad k_2 \cdot k_4 = 1\,.$$

Hierin bezeichnet

$$r = \sqrt{p^2 + q^2}\,, \qquad \cos\psi = \frac{p}{r}\,, \qquad \sin\psi = \frac{q}{r}\,.$$

$$p = \frac{1}{2}(2 - a)$$
$$+\sqrt{\frac{1}{2}\left\{\sqrt{\left[\left(\frac{2-a}{2}\right)^2 - \left(\frac{b}{2}\right)^2 - 1\right]^2 + \left[\frac{(2-a)\,b}{2}\right]^2} + \left(\frac{2-a}{2}\right)^2 - \left(\frac{b}{2}\right)^2 - 1\right\}},$$

$$q = \frac{1}{2}b$$
$$+\sqrt{\frac{1}{2}\left\{\sqrt{\left[\left(\frac{2-a}{2}\right)^2 - \left(\frac{b}{2}\right)^2 - 1\right]^2 + \left[\frac{(2-a)\,b}{2}\right]^2} - \left(\frac{2-a}{2}\right)^2 + \left(\frac{b}{2}\right)^2 + 1\right\}},$$

Setzt man in
$$\frac{(1-k)^2}{k} = -a \pm i\,b$$
die Wurzeln k ein, so ergibt sich
$$\frac{1}{r}(\cos\psi \mp i\sin\psi) - 2 + r(\cos\psi \pm i\sin\psi = -a \pm i\,b\,,$$
woraus
$$(r + r^{-1})\cos\psi = 2 - a\,, \qquad (r - r^{-1})\sin\psi = b$$
folgt. Diese Beziehungen vereinfachen die weiteren Rechnungen. Für ζ erhält man die beiden Werte, zu k_1, k_3 gehörig
$$\zeta_1 = -a + i\,b\,,$$
zu k_2, k_4 gehörig
$$\zeta_2 = -a - i\,b\,.$$
Die Funktionen, welche die Differenzengleichungen befriedigen, sind
$$M_n = C_1 r^n (\cos\psi + i\sin\psi)^n + C_2 r^n(\cos\psi - i\sin\psi)^n$$
$$+ C_3 r^{-n}(\cos\psi - i\sin\psi)^n + C_4 r^{-n}(\cos\psi + i\sin\psi)^n\,,$$
$$R_n l = (-a + i\,b)\,[C_1 r^n(\cos\psi + i\sin\psi)^n + C_3 r^{-n}(\cos\psi - i\sin\psi)^n]$$
$$(-a - i\,b)\,[C_2 r^n(\cos\psi - i\sin\psi)^n + C_4 r^{-n}(\cos\psi + i\sin\psi)^n]\,.$$
Es wird
$$(\cos\psi \pm i\sin\psi)^n = \cos n\psi \pm i\sin n\psi$$
eingeführt, sodann werden die reellen und imaginären Glieder getrennt und neue Konstante eingeführt
$$C_1 = (C_1 + C_2)\,, \qquad C_2 = i\,(C_1 - C_2)\,,$$
$$C_3 = (C_3 + C_4)\,, \qquad C_4 = -i\,(C_3 - C_4)\,.$$
Dann ergeben sich die Funktionen
$$\left.\begin{aligned} \boldsymbol{M_n} &= \boldsymbol{f_5(n)}\,, \\ \boldsymbol{R_n l} &= \boldsymbol{-a\cdot f_5(n) - b\cdot f_6(n)}\,. \end{aligned}\right\} \tag{23}$$
$$\boldsymbol{f_5(n) = C_1 r^n\cdot\cos n\psi + C_2 r^n\cdot\sin n\psi + C_3 r^{-n}\cdot\cos n\psi + C_4 r^{-n}\sin n\psi,}$$
$$\boldsymbol{f_6(n) = C_1 r^n\cdot\sin n\psi - C_2 r^n\cdot\cos n\psi - C_3 r^{-n}\sin n\psi + C_4 r^{-n}\cos n\psi.}$$

c) Im Sonderfalle $12\mu = 1$ ergibt sich nur ein Wert $w = -12$, also 2 Wurzeln für k
$$k_1 = -5 - \sqrt{24}\,,$$
$$k_2 = -5 + \sqrt{24}\,,$$
$k_2 = k_1^{-1}$. In diesem Falle besteht für jede Wurzel k neben der Teillösung
$$M_n = C\,k^n\,, \qquad R_n l = C\cdot\zeta\,k^n$$
eine zweite
$$M_n = C\cdot n\,k^n\,, \qquad R_n l = C\,(n\cdot\zeta + \zeta_1)\,k^n,$$

deren Differenzen 2. Ordnung

$$\varDelta^2 M_n = C \cdot k^n \left(n \cdot w - \frac{1-k^2}{k} \right),$$

$$\varDelta^2 R_n l = C \cdot k^n \left[(n\zeta + \zeta_1) w - \zeta \frac{1-k^2}{k} \right]$$

sind. Durch Einführung in die Gleichung (20) entsteht

$$n \cdot w - \frac{1-k^2}{k} = n\zeta + \zeta_1,$$

also folgt

$$\zeta = w, \qquad \zeta_1 = -\frac{1-k^2}{k}.$$

Ebenso liefert Gleichung (19) die charakteristische Gleichung

$$n \cdot w - \frac{1-k^2}{k} + 6n + \frac{\mu}{2} \left[(n\zeta + \zeta_1) w - \zeta \frac{1-k^2}{k} \right] = 0,$$

die für alle Werte n erfüllt wird, wenn

$$w + 6 + \tfrac{1}{2} \mu \zeta w = 0,$$

oder mit $\zeta = w$

$$w^2 + \frac{2}{\mu} w + \frac{12}{\mu} = 0, \qquad \mu = \frac{1}{12} \text{ ist,}$$

da dann auch die von n nicht abhängigen Glieder

$$-\frac{1-k^2}{k} (1 + \mu \cdot w)$$

für sich zu 0 werden. Es gehören

zu k_1: $\qquad \zeta = -12, \qquad \zeta_1 = -2\sqrt{24},$

zu k_2: $\qquad \zeta = -12, \qquad \zeta_1 = +2\sqrt{24}.$

Mithin werden die Differenzengleichungen durch die Funktionen

$$\left. \begin{aligned} M_n &= C_1 k_1^n + C_2 n k_1^n + C_3 k_1^{-n} + C_4 n k_1^{-n}, \\ R_n l &= -C_1 12 k_1^n - C_2 (12n + 2\sqrt{24}) k_1^n - C_3 12 k_1^{-n} - C_4 (12n - 2\sqrt{24}) k_1^{-n} \end{aligned} \right\} \quad (24)$$

erfüllt, welche die vollständige Lösung geben, da sie 4 willkürliche Konstante enthalten.

Die Lösung der inhomogenen Gleichungen ist nur möglich, wenn es gelingt, die Störungsglieder als Funktionen von n darzustellen. Für unregelmäßige Belastung aller Felder ist das zu umständlich. Es ist dann zweckmäßig, den Einfluß der Belastung eines einzigen Feldes auf die Stützenmomente und Stützdrücke zu untersuchen. Diese Untersuchung soll für den häufigsten Fall einer imaginären Wurzel $\sqrt{1 - 12\mu}$ weiter durchgeführt werden. Belastet sei das Feld $i + 1$. Für die Stützen $1, 2, i - 1, i + 2 \ldots m - 1$ gelten dann die homogenen Gleichungen, so daß die Gleichungen (23) die Lösungen sind. Da die Zahlenreihe für

n in i und $i+1$ unterbrochen ist, sind die Konstanten für das erste Intervall von denen des zweiten verschieden. Erstere seien durch C, letztere durch C' bezeichnet und demgemäß die Funktionen durch $f(n)$ und $f'(n)$ unterschieden. Im ganzen sind 8 Konstante vorhanden, zu deren Bestimmung folgende Gleichungen bestehen:

je eine Elastizitätsgleichung für die Stützen i und $i+1$;
je eine Stützdruckgleichung für dieselben Stützen;
je eine Stützdruckgleichung für die Stützen 0 und m

und schließlich die Bedingungen $M_0 = 0$, $M_m = 0$. Die ersten 4 der genannten Gleichungen enthalten die Konstante C und C' nebeneinander, die letzten 4 getrennt. Die ersteren enthalten die Konstanten jedoch nur in den Differenzen $C - C' = C''$, so daß sie nach den 4 Werten C'' aufgelöst werden können.

Die Elastizitätsgleichungen für die Stützen i und $i+1$ sind

$$\left.\begin{aligned} M_{i-1} + 4M_i + M_{i+1} + \frac{\mu l}{2}(R_{i-1} - 2R_i + R_{i+1}) &= -\frac{6\mathfrak{S}_{i+1,i+1}}{l^2}, \\ M_i + 4M_{i+1} + M_{i+2} + \frac{\mu l}{2}(R_i - 2R_{i+1} + R_{i+2}) &= -\frac{6\mathfrak{S}_{i+1,i}}{l^2} \end{aligned}\right\} \quad (25)$$

und die Stützdruckgleichungen

$$\left.\begin{aligned} M_{i-1} - 2M_i + M_{i+1} &= R_i l - A_{i+1} l, \\ M_i - 2M_{i+1} + M_{i+2} &= R_{i+1} \cdot l - B_{i+1} l. \end{aligned}\right\} \quad (26)$$

Für M_{i-1}, M_i, R_{i-1}, R_i werden die Funktionswerte $f(n)$, für M_{i+1}, M_{i+2}, R_{i+1}, R_{i+2} die Funktionswerte $f'(n)$ eingeführt. Dadurch ergibt sich aus den Gleichungen (26)

$$f_5(i-1) - 2f_5(i) + f_5'(i+1) = -a \cdot f_5(i) - bf_6(i) - A_{i+1} \cdot l,$$

$$f_5(i) - 2f_5'(i+1) + f_5'(i+2) = -a \cdot f_5'(i+1) - bf_6'(i+1) - B_{i+1} l.$$

Nach Gleichung (20) ist

$$f_5(i-i) - 2f_5(i) + f_5(i+1) = -af_5(i) - bf_6(i),$$

$$f_5'(i) - 2f_5'(i+1) + f_5'(i+2) = -af_5'(i+1) - bf_6'(i+1);$$

mithin ergibt sich

$$\left.\begin{aligned} -f_5(i+1) + f_5'(i+1) &= -A_{i+1} l, \\ f_5(i) - f_5'(i) &= -B_{i+1} l. \end{aligned}\right\} \quad (27)$$

Aus (25) entsteht durch Einführung der Funktionswerte

$$f_5(i-1) + 4f_5(i) + f_5'(i+1) + \frac{\mu}{2}[-af_5(i-1) - bf_6'(i-1)$$
$$+ 2af_5(i) + 2bf_6(i) - af_5'(i+1) - bf_6'(i+1)] = -\frac{6\mathfrak{S}_{i+1,i+1}}{l^2},$$

$$f_5(i) + 4f_5'(i+1) + f_5'(i+2) + \frac{\mu}{2}[-a \cdot f_5(i) - bf_6(i) + 2a \cdot f_5'(i+1)$$
$$+ 2bf_6'(i+1) - af_5'(i+2) - bf_6'(i+2)] = -\frac{6\mathfrak{S}_{i+1,i}}{l^2}.$$

Nach Gleichung (19) ist

$$f_5(i-1)+4f_5(i)+f_5(i+1)+\frac{\mu}{2}[-af_5(i-1)-bf_6(i-1)+2af_5(i)$$
$$+2bf_6(i)-af_5(i+1)-bf_6(i+1)]=0,$$

$$f_5'(i)+4f_5'(i+1)+f_5'(i+2)+\frac{\mu}{2}[-af_5'(i)-bf_6'(i)+2af_5'(i+1)$$
$$+2bf_6'(i+1)-af_5'(i+2)-bf_6'(i+2)]=0,$$

mithin folgt

$$-f_5(i+1)+f_5'(i+1)+\frac{\mu}{2}[af_5(i+1)-af_5'(i+1)$$
$$+bf_6(i+1)-bf_6'(i+1)]=-\frac{6\mathfrak{S}_{i+1,i+1}}{l^2},$$

$$f_5(i)-f_5'(i)+\frac{\mu}{2}[-af_5(i)+af_5'(i)-bf_6(i)+bf_6'(i)]=-\frac{6\mathfrak{S}_{i+1,i}}{l^2}.$$

Zieht man hiervon die mit $\frac{1}{2}$ multiplizierten Gleichungen (27) ab und beachtet, daß $\mu\cdot a=1$ ist, so ergibt sich

$$\left.\begin{aligned}\frac{\mu b}{2}[f_6(i+1)-f_6'(i+1)] &= -\frac{6\mathfrak{S}_{i+1,i+1}}{l^2}+\frac{A_{i+1}\cdot l}{2},\\ \frac{\mu b}{2}[-f_6(i)+f_6'(i)] &= -\frac{6\mathfrak{S}_{i+1,i}}{l^2}+\frac{B_{i+1}\cdot l}{2}.\end{aligned}\right\}\quad(28)$$

Die Gleichungen (27) und (28) enthalten nur die Differenzen $C''=C-C'$.

Die Gleichungen zur Berechnung von C'' lauten

$$\left.\begin{aligned}
&\text{a)}\quad -C_1''r^{i+1}\cdot\cos(i+1)\psi-C_2''r^{i+1}\sin(i+1)\psi-C_3''r^{-i-1}\cdot\cos(i+1)\psi\\
&\qquad -C_4''r^{-i-1}\sin(i+1)\psi=-A_{i+1}\cdot l,\\
&\text{b)}\quad C_1''r^{i}\cos i\psi+C_2''r^{i}\sin i\psi+C_3''r^{-i}\cos i\psi\\
&\qquad +C_4''r^{-i}\sin i\psi=-B_{i+1}\cdot l,\\
&\text{c)}\quad C_1''r^{i+1}\sin(i+1)\psi-C_2''r^{i+1}\cdot\cos(i+1)\psi-C_3''r^{-i-1}\sin(i+1)\psi\\
&\qquad +C_4''r^{-i-1}\cdot\cos(i+1)\psi=\frac{1}{\mu b}\left[-12\frac{\mathfrak{S}_{i+1,i+1}}{l^2}+A_{i+1}\cdot l\right],\\
&\text{d)}\quad -C_1''r^{i}\sin i\psi+C_2''r^{i}\cos i\psi+C_3''r^{-i}\sin i\psi-C_4''r^{-i}\cos i\psi\\
&\qquad =\frac{1}{\mu b}\left[-12\frac{\mathfrak{S}_{i+1,i}}{l^2}+B_{i+1}\cdot l\right].
\end{aligned}\right\}\quad(29)$$

Zur Auflösung werden die Gleichungen mit a) $r^i\cdot\cos i\psi$, b) $r^{i+1}\cos(i+1)\psi$, c) $r^i\sin i\psi$, d) $r^{i+1}\sin(i+1)\psi$ multipliziert und addiert, sodann ein zweites Mal mit a) $r^i\sin i\psi$, b) $r^{i+1}\sin(i+1)\psi$, c) $-r^i\cos i\psi$, d) $-r^{i+1}\cos(i+1)\psi$ multipliziert und addiert. Die dadurch entstehenden beiden Gleichungen enthalten nur C_3'' und C_4'' in der Form

$$C_3'' \frac{r^2-1}{r} \cos\psi - C_4'' \frac{r^2+1}{r} \sin\psi ,$$

$$C_3'' \frac{r^2+1}{r} \sin\psi + C_4'' \frac{r^2-1}{r} \cos\psi ,$$

und geben somit unmittelbar die Lösung. In derselben Weise werden C_1'' und C_2'' berechnet, indem die Gleichungen (29) mit denselben Faktoren mit negativen Exponenten multipliziert und addiert werden.

Um die Auflösung der Bedingungen für die Endstücken einfacher zu gestalten, werden neue Konstante N_1, N_2, N_3, N_4 durch folgende Substitution eingeführt, durch die f_5 und f_6 in symmetrische und antisymmetrische Glieder zerfallen.

$$\left.\begin{aligned}
C_1 &= N_1 \frac{r^{-m}+\cos m\psi}{\mathfrak{N}_1} + N_2 \frac{\sin m\psi}{\mathfrak{N}_1} + N_3 \frac{r^{-m}-\cos m\psi}{\mathfrak{N}_2} - N_4 \frac{\sin m\psi}{\mathfrak{N}_2} ,\\
C_2 &= N_1 \frac{\sin m\psi}{\mathfrak{N}_1} - N_2 \frac{r^{-m}+\cos m\psi}{\mathfrak{N}_1} - N_3 \frac{\sin m\psi}{\mathfrak{N}_2} - N_4 \frac{r^{-m}-\cos m\psi}{\mathfrak{N}_2} ,\\
C_3 &= N_1 \frac{r^{m}+\cos m\psi}{\mathfrak{N}_1} - N_2 \frac{\sin m\psi}{\mathfrak{N}_1} + N_3 \frac{r^{m}-\cos m\psi}{\mathfrak{N}_2} + N_4 \frac{\sin m\psi}{\mathfrak{N}_2} ,\\
C_4 &= N_1 \frac{\sin m\psi}{\mathfrak{N}_1} + N_2 \frac{r^{m}+\cos m\psi}{\mathfrak{N}_1} - N_3 \frac{\sin m\psi}{\mathfrak{N}_2} + N_4 \frac{r^{m}-\cos m\psi}{\mathfrak{N}_2} ,\\
&\mathfrak{N}_1 = r^m + r^{-m} + 2\cos m\psi , \qquad \mathfrak{N}_2 = r^m + r^{-m} - 2\cos m\psi .
\end{aligned}\right\} \quad (30)$$

Sie erfüllen die Gleichungen

$$N_1 + N_3 = C_1 + C_3 , \qquad N_2 + N_4 = C_4 - C_2 ,$$

$$N_1 = \tfrac{1}{2} C_1 (1 + r^m \cos m\psi) + \tfrac{1}{2} C_3 (1 + r^{-m} \cos m\psi) + \tfrac{1}{2} (C_2 r^m + C_4 r^{-m}) \sin m\psi ,$$

$$N_2 = \tfrac{1}{2} (C_1 r^m - C_3 r^{-m}) \sin m\psi - \tfrac{1}{2} C_2 (1 + r^m \cos m\psi) + \tfrac{1}{2} C_4 (1 + r^{-m} \cos m\psi),$$

$$N_3 = \tfrac{1}{2} C_1 (1 - r^m \cos m\psi) + \tfrac{1}{2} C_3 (1 - r^{-m} \cos m\psi) - \tfrac{1}{2} (C_2 r^m + C_4 r^{-m}) \sin m\psi ,$$

$$N_4 = -\tfrac{1}{2} (C_1 r^m - C_3 r^{-m}) \sin m\psi - \tfrac{1}{2} C_2 (1 - r^m \cos m\psi) + \tfrac{1}{2} C_4 (1 - r^{-m} \cos m\psi).$$

Drückt man auch die Konstanten C' durch andere Konstante N' mit Hilfe derselben Substitution aus, dann bestehen diese Beziehungen auch zwischen den Differenzen C'' und $N'' = N - N'$. Nach Auflösung der Gleichungen (29) nach den C'' lassen sich die N'' berechnen. Sie ergeben sich so in der Form

$$\left.\begin{aligned}
N'' = -6 \frac{\mathfrak{S}_{i+1,i+1}}{l^2} \cdot \varkappa(i) - 6 \frac{\mathfrak{S}_{i+1,i}}{l^2} \cdot \varkappa(i+1) + A_{i+1} \cdot l \cdot \lambda(i)\\
+ B_{i+1} \cdot l \cdot \lambda(i+1)
\end{aligned}\right\} \quad (31)$$

in welcher $\varkappa(i)$, $\varkappa(i+1)$, $\lambda(i)$, $\lambda(i+1)$ die Funktionswerte für i und $i+1$ folgender Funktionen sind:

$$\left.\begin{aligned}
\varkappa_1(i) &= \frac{1}{\mu b(r^2+r^{-2}-2\cos 2\psi}\left[-\frac{r^2-1}{r}\cos\psi\cdot\varphi_1(i)+\frac{r^2+1}{r}\sin\psi\cdot\chi_1(i)\right],\\
\varkappa_2(i) &= \frac{1}{\mu b(r^2+r^{-2}-2\cos 2\psi}\left[\frac{r^2-1}{r}\cos\psi\cdot\chi_1(i)+\frac{r^2+1}{r}\sin\psi\cdot\varphi_1(i)\right],\\
\varkappa_3(i) &= \frac{1}{\mu b(r^2+r^{-2}-2\cos 2\psi}\left[\frac{r^2-1}{r}\cos\psi\cdot\varphi_2(i)-\frac{r^2+1}{r}\sin\psi\cdot\chi_2(i)\right],\\
\varkappa_4(i) &= \frac{1}{\mu b(r^2+r^{-2}-2\cos 2\psi}\left[-\frac{r^2-1}{r}\cos\psi\cdot\chi_2(i)-\frac{r^2+1}{r}\sin\psi\cdot\varphi_2(i)\right].
\end{aligned}\right\}\text{(31a)}$$

$$\left.\begin{aligned}
\lambda_1(i) &= \tfrac{1}{2}\varkappa_1(i) + \\
&\frac{1}{2(r^2+r^{-2}-2\cos 2\psi}\left[\frac{r^2-1}{r}\cos\psi\cdot\chi_1(i)+\frac{r^2+1}{r}\sin\psi\cdot\varphi_1(i)\right],\\
\lambda_2(i) &= \tfrac{1}{2}\varkappa_2(i) + \\
&\frac{1}{2(r^2+r^{-2}-2\cos 2\psi}\left[\frac{r^2-1}{r}\cos\psi\cdot\varphi_1(i)-\frac{r^2+1}{r}\sin\psi\cdot\chi_1(i)\right],\\
\lambda_3(i) &= \tfrac{1}{2}\varkappa_3(i) + \\
&\frac{1}{2(r^2+r^{-2}-2\cos 2\psi}\left[-\frac{r^2-1}{r}\cos\psi\cdot\chi_2(i)-\frac{r^2+1}{r}\sin\psi\cdot\varphi_2(i)\right],\\
\lambda_4(i) &= \tfrac{1}{2}\varkappa_4(i) + \\
&\frac{1}{2(r^2+r^{-2}-2\cos 2\psi}\left[-\frac{r^2-1}{r}\cos\psi\cdot\varphi_2(i)+\frac{r^2+1}{r}\sin\psi\cdot\chi_2(i)\right].
\end{aligned}\right\}\text{(31b)}$$

$$\begin{aligned}
\varphi_1(i) &= (r^{m-i}+r^{i-m})\sin(m-i)\psi-(r^i+r^{-i})\sin i\psi,\\
\varphi_2(i) &= (r^{m-i}+r^{i-m})\sin(m-i)\psi+(r^i+r^{-i})\sin i\psi,\\
\chi_1(i) &= (r^{m-i}-r^{i-m})\cos(m-i)\psi-(r^i-r^{-i})\cos i\psi,\\
\chi_2(i) &= (r^{m-i}-r^{i-m})\cos(m-i)\psi+(r^i-r^{-i})\cos i\psi.
\end{aligned}$$

Die Indizes 1, 2, 3, 4 in den $\varkappa$ und λ ordnen die Funktionen den gleich bezeichneten Konstanten N'' zu.

Die Bedingungen der Endstützen sind durch die Gleichungen

$$\begin{aligned}
f_5(0) &= 0, \qquad f_5'(m) = 0,\\
f_5(1) &= -a\cdot f_5(0) - b f_6(0),\\
f_5'(m-1) &= -a f_5'(m) - b f_6'(m)
\end{aligned}$$

ausgedrückt. Durch die Substitution (30) gehen $f_5(n)$ und $f_6(n)$ in

$$\left.\begin{aligned}
f_5(n) &= N_1F_3(n)+N_2\cdot F_4(n)+N_3G_3(n)+N_4\cdot G_4(n),\\
f_6(n) &= -N_1F_4(n)+N_2F_3(n)-N_3G_4(n)+N_4\cdot G_3(n)
\end{aligned}\right\}\quad(32)$$

über, worin

$$\left.\begin{aligned}
F_3(n) &= \frac{(r^{m-n} + r^{n-m})\cos n\,\psi + (r^n + r^{-n})\cos(m-n)\,\psi}{r^m + r^{-m} + 2\cos m\,\psi}, \\
F_4(n) &= \frac{(r^{m-n} - r^{n-m})\sin n\,\psi + (r^n - r^{-n})\sin(m-n)\,\psi}{r^m + r^{-m} + 2\cos m\,\psi}, \\
G_3(n) &= \frac{(r^{m-n} + r^{n-m})\cos n\,\psi - (r^n + r^{-n})\cos(m-n)\,\psi}{r^m + r^{-m} - 2\cos m\,\psi}, \\
G_4(n) &= \frac{(r^{m-n} - r^{n-m})\sin n\,\psi - (r^n - r^{-n})\sin(m-n)\,\psi}{r^m + r^{-m} - 2\cos m\,\psi}
\end{aligned}\right\} \quad (32\,\mathrm{a})$$

ist. Da

$$\begin{aligned}
F_3(0) &= F_3(m) = 1, & F_4(0) &= F_4(m) = 0, \\
F_3(n) &= F_3(m-n), & F_4(n) &= F_4(m-n), \\
G_3(0) &= -G_3(m) = 1, & G_4(0) &= G_4(m) = 0, \\
G_3(n) &= -G_3(m-n), & G_4(n) &= -G_4(m-n)
\end{aligned}$$

ist, lauten die Bedingungen der Endstützen

$$\left.\begin{aligned}
N_1 + N_3 &= 0, \\
N_1' - N_3' &= 0, \\
N_1 F_3(1) + N_2 \cdot F_4(1) + N_3 \cdot G_3(1) + N_4 \cdot G_4(1) &= -b[N_2 + N_4], \\
N_1' F_3(1) + N_2' F_4(1) - N_3' G_3(1) - N_4' G_4(1) &= -b(N_2' - N_4').
\end{aligned}\right\} \quad (33)$$

Daraus folgt:

$$\begin{aligned}
N_1 &= \tfrac{1}{2}(N_1'' - N_3''), \qquad N_3 = -\tfrac{1}{2}(N_1'' - N_3''), \\
N_2 &= \frac{1}{2} N_2'' + \frac{1}{2} N_3'' \frac{F_3(1) - G_3(1)}{F_4(1) + b} - \frac{1}{2} N_4'' \frac{G_4(1) + b}{F_4(1) + b}, \\
N_4 &= \frac{1}{2} N_4'' - \frac{1}{2} N_1'' \frac{F_3(1) - G_3(1)}{G_4(1) + b} - \frac{1}{2} N_2'' \frac{F_4(1) + b}{G_4(1) + b}, \\
N_1' &= -\tfrac{1}{2}(N_1'' + N_3''), \qquad N_3' = -\tfrac{1}{2}(N_1'' + N_3''), \\
N_2' &= -\frac{1}{2} N_2'' + \frac{1}{2} N_3'' \frac{F_3(1) - G_3(1)}{F_4(1) + b} - \frac{1}{2} N_4'' \frac{G_4(1) + b}{F_4(1) + b}, \\
N_4' &= -\frac{1}{2} N_4'' - \frac{1}{2} N_1'' \frac{F_3(1) - G_3(1)}{G_4(1) + b} - \frac{1}{2} N_2'' \frac{F_4(1) + b}{G_4(1) + b}.
\end{aligned}$$

Werden nun die N und N' durch die N'' nach den Gleichungen (31) ausgedrückt und in $f_5(n)$ bzw. $f_5'(n)$ eingeführt, so ergibt sich für $n \leqq i$

$$\left.\begin{aligned}
M_n = -\frac{6\mathfrak{S}_{i+1,i+1}}{l^2} \cdot F(n,i) - \frac{6\mathfrak{S}_{i+1,i}}{l^2} \cdot F(n,i+1) + A_{i+1} \cdot l \cdot G(n,i) \\
+ B_{i+1} \cdot l \cdot G(n,i+1)
\end{aligned}\right\} \quad (34)$$

und für $n \geqq i + 1$

$$\left.\begin{aligned}
M_n = -\frac{6\mathfrak{S}_{i+1,i+1}}{l^2} \cdot F'(n,i) - \frac{6\mathfrak{S}_{i+1,i}}{l^2} \cdot F'(n,i+1) + A_{i+1} \cdot l \cdot G'(n,i) \\
+ B_{i+1} \cdot l \cdot G'(n,i+1).
\end{aligned}\right\} \quad (35)$$

Hierin sind $F(n,i)$ und $F'(n,i)$ Funktionen von n und i, aus denen die Funktionen $G(n,i)$ und $G'(n,i)$ hervorgehen, wenn die Funktionen $\varkappa(i)$ durch $\lambda(i)$ ersetzt werden.

$$\begin{aligned} F(n,i) &= \frac{1}{2}[\varkappa_1(i) - \varkappa_3(i)][F_3(n) - G_3(n)] \\ &+ \frac{1}{2}\frac{F_3(1) - G_3(1)}{G_4(1)+b}[\varkappa_3(i)\cdot F_4(n) - \varkappa_1(i)\,G_4(n)] \\ &+ \frac{1}{2}\left[\varkappa_2(i) - \varkappa_4(i)\cdot\frac{G_4(1)+b}{F_4(1)+b}\right]\left[F_4(n) - \frac{F_4(1)+b}{G_4(1)+b}\cdot G_4(n)\right], \end{aligned}$$

$$\begin{aligned} F'(n,i) &= -\frac{1}{2}[\varkappa_1(i) + \varkappa_3(i)][F_3(n) + G_3(n)] \\ &+ \frac{1}{2}\frac{F_3(1) - G_3(1)}{G_4(1)+b}[\varkappa_3(i)\,F_4(n) - \varkappa_1(i)\,G_4(n)] \\ &- \frac{1}{2}\left[\varkappa_2(i) + \varkappa_4(i)\,\frac{G_4(1)+b}{F_4(1)+b}\right]\left[F_4(n) + \frac{F_4(1)+b}{G_4(1)+b}\cdot G_4(n)\right]. \end{aligned}$$

Die Ordinate der Einflußlinie für das Moment M_n im Felde $i+1$, und zwar im Abstand x von der Feldmitte — positiv links — erhält man aus (34) für alle Felder rechts von n, aus (35) für alle Felder links von n. Wirkt eine Einzellast 1 in der bezeichneten Stellung, so ist

$$\frac{6\mathfrak{S}_{i+1,i+1}}{l^2} = \frac{l^2 - 4x^2}{8l^2}(3l + 2x), \qquad \frac{6\mathfrak{S}_{i+1,i}}{l^2} = \frac{l^2 - 4x^2}{8l^2}(3l - 2x),$$

$$A_{i+1}\,l = \frac{l+2x}{2}, \qquad B_{i+1}\cdot l = \frac{l-2x}{2},$$

mithin ergibt sich für $i \geqq n$

$$\begin{aligned} \eta &= -\frac{l^2 - 4x^2}{8l^2}[(3l+2x)F(n,i) + (3l-2x)F(n,i+1)] \\ &+ \frac{(l+2x)}{2}G(n,i) + \frac{(l-2x)}{2}G(n,i+1) \end{aligned}$$

und dieselbe Funktion mit $F'(n,i)$, $G'(n,i)$ für $i \leqq n-1$. Die beiden ersten Glieder können als Moment des einfachen Balkens von der Stützweite l für eine stetige lineare Belastung aufgefaßt werden, welche in i den Wert $-\dfrac{6F(n,i)}{l}$ und in $i+1$ den Wert $-\dfrac{6F(n,i+1)}{l}$ hat. Ebenso können die beiden letzten Glieder als Momente gedeutet werden, welche durch Stützmomente $l\cdot G(n\,i)$ und $l\cdot G(n,i+1)$ entstehen.

Die Untersuchung des Balkens auf unendlich vielen elastischen Stützen (Eisenbahnschiene auf Querschwellen) soll für 2 Stellungen einer Einzellast durchgeführt werden: 1. Last in Mitte eines Feldes; 2. Last über einer Stütze. Die Formeln können aus den oben aufgestellten abgeleitet werden. Einfacher ist der folgende Weg.

Laststellung 1. Die Stützen des belasteten Feldes werden 0 — 0 bezeichnet, die übrigen nach beiden Seiten fortlaufend gezählt. Dann ist

$$M_n = f_5(n)\,, \qquad R_n l = -a f_5(n) - b f_6(n)\,.$$

Die Bedingungen der letzten Stütze, $m = \infty$ sind $M_m = 0$, $R_m l = 0$ und lauten

$$C_1 r^m \cos m\varphi + C_2 r^m \sin m\varphi + C_3 r^{-m} \cos m\varphi + C_4 r^{-m} \sin m\varphi = 0\,,$$
$$C_1 r^m \sin m\varphi - C_2 r^m \cos m\varphi - C_3 r^{-m} \sin m\varphi + C_4 r^{-m} \cos m\varphi = 0\,.$$

Daraus folgt $C_1 = 0$, $C_2 = 0$.

Für jede Stütze 0 besteht eine Elastizitätsgleichung

$$M_1 + 4M_0 + M_0 + \frac{\mu l}{2}(R_1 - 2R_0 + R_0) = -\frac{3Pl}{8}$$

und eine Stützdruckgleichung

$$M_1 - 2M_0 + M_0 = R_0 l - \tfrac{1}{2}Pl\,,$$

$$f_5(1) + 4f_5(0) + f_5(0) + \frac{\mu}{2}[-a f_5(1) - b f_6(1) + 2a f_5(0) + 2b f_6(0) - a f_5(0) - b f_6(0)] = -\frac{3Pl}{8}\,,$$

$$f_5(1) - 2f_5(0) + f_5(0) = -a f_5(0) - b f_6(0) - \tfrac{1}{2}Pl\,.$$

Da

$$f_5(1) + 4f_5(0) + f_5(-1) + \frac{\mu}{2}[-a f_5(1) - b f_6(1) + 2a f_5(0) + 2b f_6(0) - a f_5(-1) - b f_6(-1)] = 0\,,$$

$$f_5(1) - 2f_5(0) + f_5(-1) = -a f_5(0) - b f_6(0)$$

ist, so folgt

$$-f_5(-1) + f_5(0) + \frac{\mu}{2}[+a f_5(-1) + b f_6(-1) - a f_5(0) - b f_6(0)] = -\frac{3Pl}{8}\,,$$

$$-f_5(-1) + f_5(0) = -\tfrac{1}{2}Pl$$

und wegen $\mu \cdot a = 1$ durch Subtraktion der mit $\frac{1}{2}$ multiplizierten zweiten Gleichung von der ersten

$$f_6(-1) - f_6(0) = -\frac{1}{4}\frac{Pl}{\mu b}\,.$$

Für die Konstanten C_3 und C_4 bestehen daher die Gleichungen

$$-C_3 r \cos\psi + C_4 r \sin\psi + C_3 = -\tfrac{1}{2}Pl\,,$$
$$C_3 r \sin\psi + C_4 r \cos\psi - C_4 = -\frac{1}{4}\frac{Pl}{\mu b}\,,$$

deren Auflösung

$$C_3 = -\frac{Pl}{2(r^2 + 1 - 2r\cos\psi)}\left(\frac{r\sin\psi}{2\mu b} + 1 - r\cos\psi\right),$$

$$C_4 = -\frac{Pl}{2(r^2 + 1 - 2r\cos\psi)}\left(\frac{r\cos\psi - 1}{2\mu b} + r\sin\psi\right)$$

ergibt. C_3 und C_4 werden in $f_5(n)$, $f_6(n)$ eingeführt. Dann entsteht nach einigen Umformungen

$$\left.\begin{aligned} M_n &= \frac{P l \cdot r^{-n}}{4(r^2+1-2r\cos\psi)} \\ &\quad \left\{\left[2(r\cos\psi-1)-\frac{a}{b}r\sin\psi\right]\cos n\psi-\left[2r\sin\psi+\frac{a}{b}(r\cos\psi-1)\right]\sin n\psi\right\}, \\ R_n\cdot l &= -M_n\cdot a+\frac{P\cdot l\cdot b\cdot r^{-n}}{4(r^2+1-2r\cos\psi)} \\ &\quad \left\{\left[2(r\cos\psi-1)-\frac{a}{b}r\sin\psi\right]\sin n\psi+\left[2r\sin\psi+\frac{a}{b}(r\cos\psi-1)\right]\cos n\psi\right\}. \end{aligned}\right\} \quad (36)$$

Laststellung 2. Die belastete Stütze wird mit 0 bezeichnet, die übrigen werden nach beiden Seiten fortlaufend gezählt. Wie im Falle 1 folgt aus $m = \infty$ $C_1 = 0$, $C_2 = 0$. Für die Stütze 0 gilt die Elastizitätsgleichung

$$M_1 + 4M_0 + M_1 + \frac{\mu l}{2}(R_1 - 2R_0 + R_1) = 0$$

und die Stützdruckgleichung

$$M_1 - 2M_0 + M_1 = R_0 l - Pl.$$

Daraus folgt wie oben

$$-f_5(-1) + f_5(+1) = -Pl,$$

$$f_6(-1) - f_6(+1) = Pl\frac{a}{b}$$

oder

$$C_3(r - r^{-1})\cos\psi - C_4(r + r^{-1})\sin\psi = Pl,$$

$$C_3(r + r^{-1})\sin\psi + C_4(r - r^{-1})\cos\psi = Pl\cdot\frac{a}{b}.$$

Die Auflösung ergibt

$$C_3 = \frac{2Pl}{(r - r^{-1})(r + r^{-1} + 2\cos\psi)},$$

$$C_4 = -\frac{Plb}{(r - r^{-1})(r + r^{-1} + 2\cos\psi)\sin^2\psi}.$$

C_3 und C_4 werden in $f_5(n)$, $f_6(n)$ eingesetzt

$$\left.\begin{aligned} M_n &= \frac{Pl\cdot r^{-n}}{(r - r^{-1})(r + r^{-1} + 2\cos\psi)}\left[2\cos n\psi - \frac{b}{\sin^2\psi}\sin n\psi\right], \\ R_n l &= -a\cdot M_n + \frac{Plr^{-n}}{r + r^{-1} + 2\cos\psi}\left[2\sin\psi\sin n\psi + \frac{b}{\sin\psi}\cos n\psi\right] \end{aligned}\right\} \quad (37)$$

$$M_{\max} = M_0 = \frac{2Pl}{(r - r^{-1})(r + r^{-1} + 2\cos\psi)},$$

$$R_{\max} = R_0 = \frac{P}{r + r^{-1} + 2\cos\psi}\left(\frac{b}{\sin\psi} - \frac{2a}{b}\sin\psi\right).$$

Als Beispiel ist die Berechnung der Stützdrücke und Momente einer Eisenbahnschiene auf Querschwellen durchgeführt. Die Schiene habe das Trägheitsmoment $J = 1580\ \mathrm{cm}^4$, der Schwellenabstand sei 80 cm, die Schwellenabmessungen 270×26. Wegen der Unsicherheit der Bettungsziffer und zur Beurteilung ihres Einflusses ist die Rechnung für die 3 Werte 3, 6, 12 kg/cm³ durchgeführt. Daraus ergeben sich für c und μ die Werte

$$c = \frac{3 \cdot 26 \cdot 135}{1000} \backsim 10,\ 20,\ 40\ \mathrm{t/cm}\,,$$

$$\mu = \frac{12 \cdot 2150 \cdot 1586}{80^3 \cdot 10} \backsim 8,\ 4,\ 2\,.$$

Der weitere Rechnungsgang sei für $\mu = 8$ verfolgt:

$$a = 0{,}125 \quad b = 1{,}2183 \quad \frac{a}{b} = 0{,}1026 \quad p = 1{,}5507 \quad q = 1{,}5408\,,$$

$$r = 2{,}186 \quad \cos\varphi = 0{,}70936 \quad \sin\psi = 0{,}70484 \quad \psi = 44^0\,49'0''\,,$$

$$4\,(r^2 + 1 - 2r\cos\psi) = 4\,(4{,}7785 + 1 - 2 \cdot 1{,}5507) = 10{,}7090\,,$$

$$\frac{2\,(r\cos\psi - 1) - \frac{a}{b}\, r \cdot \sin\psi}{4\,(r^2 + 1 - 2\,r\cos\psi)} = \frac{2 \cdot 0{,}5507 - 0{,}1026 \cdot 1{,}5408}{10{,}7090} = 0{,}08809\,,$$

$$\frac{2\,r\sin\psi + \frac{a}{b}\,(r \cdot \cos\psi - 1)}{4\,(r^2 + 1 - 2\,r \cdot \cos\psi)} = \frac{2 \cdot 1{,}5408 + 0{,}1026 \cdot 0{,}5507}{10{,}7090} = 0{,}2930\,.$$

Für die Laststellung in Feldmitte

$$\begin{aligned} M_n &= P\,l\,r^{-n}\,(0{,}08809 \cos n\,\psi - 0{,}2930\ \sin n\,\psi)\,,\\ R_n &= P\,r^{-n}\,(-\,a \cdot 0{,}08809 \cos n\,\psi + a \cdot 0{,}2930 \sin n\,\psi\,,\\ &\qquad + b \cdot 0{,}08809 \sin n\,\psi + b \cdot 0{,}2930 \cos n\,\psi)\,,\\ R_n &= P\,r^{-n}\,(0{,}34598 \cos n\,\psi + 0{,}1439 \sin n\,\psi)\,. \end{aligned}$$

Folgende Zusammenstellung zeigt die errechneten Werte, die Momente in $P \cdot l$, die Stützdrücke in P.

Last in Feldmitte.

M	$\mu = 8$	$\mu = 4$	$\mu = 2$	R	$\mu = 8$	$\mu = 4$	$\mu = 2$
0	+ 0,08809	+ 0,04081	+ 0,00477	0	+ 0,34598	+ 0,39376	+ 0,44110
1	— 0,06590	— 0,06498	— 0,05414	1	+ 0,15868	+ 0,13372	+ 0,09641
2	— 0,06119	— 0,03703	— 0,01663	2	+ 0,03071	+ 0,00174	— 0,01987
3	— 0,02593	— 0,00735	+ 0,00101	3	— 0,01336	— 0,02002	— 0,01652
4	— 0,00436	+ 0,00230	+ 0,00213	4	— 0,01503	— 0,00972	— 0,00273
5	+ 0,00281	+ 0,00223	+ 0,00052	5	— 0,00699	— 0,00145	+ 0,00101
6	+ 0,00267	+ 0,00072	— 0,00007	6	— 0,00139	+ 0,00082	+ 0,00059
7	+ 0,00115	— 0,00002	— 0,00008	7	+ 0,00052	+ 0,00061	+ 0,00007

Last über Schwelle 0.

M	$\mu = 8$	$\mu = 4$	$\mu = 2$	R	$\mu = 8$	$\mu = 4$	$\mu = 2$
0	+ 0,28487	+ 0,22689	0,17573	0	+ 0,38981	+ 0,46182	+ 0,54426
1	— 0,02015	— 0,04203	— 0,05200	1	+ 0,25247	+ 0,25598	+ 0,24502
2	— 0,07243	— 0,05530	— 0,03482	2	+ 0,08225	+ 0,04881	+ 0,01296
3	— 0,04296	— 0,01952	— 0,00463	3	+ 0,00057	— 0,01686	— 0,02311
4	— 0,01267	— 0,00025	+ 0,00246	4	— 0,01691	— 0,01566	— 0,00830
5	+ 0,00077	+ 0,00276	+ 0,00124	5	— 0,01106	— 0,00472	+ 0,00007
6	+ 0,00314	+ 0,00140	— 0,00010	6	— 0,00287	+ 0,00020	+ 0,00094
7	+ 0,00188	+ 0,00023	— 0,00011	7	— 0,00006	+ 0,00083	— 0,00016

83. Unregelmäßige Bauarten.

Auch bei gewissen Unregelmäßigkeiten in der Bauart läßt sich die Untersuchung zuweilen auf Gleichungen gründen, die unmittelbar oder nach einfacher Umgestaltung als Differenzengleichungen aufgefaßt werden können. Voraussetzung ist dabei natürlich immer, daß die Gliederung des Systems die Zerlegung in eine Reihenfolge gleichartiger Gruppen zuläßt. Für den durchlaufenden Balken auf vielen Stützen gleichen Abstandes, dessen Trägheitsmoment nicht konstant ist, jedoch in gleichen Punkten aller Felder dieselbe Größe hat, stellen die Elastizitätsgleichungen [Gleichung IV (6)]

$$M_{n-1} \cdot \delta_{n-1,n} + M_n \delta_{nn} + M_{n+1} \delta_{n+1,n} = \sum P_m \delta_{mn}$$

Differenzengleichungen dar. Infolge der über die Stützweite und die Trägheitsmomente getroffenen Voraussetzung haben die Beiwerte $\delta_{n-1,n}$ und $\delta_{n+1,n}$ in allen Stützpunkten dieselbe Größe, so daß die vorstehende Gleichung den bestehenden Satz linearer Gleichungen zwischen den Stützenmomenten kennzeichnet. Auch im Falle $\delta_{n-1,n} \lesseqgtr \delta_{n+1,n}$ wird die homogene Form der Differenzengleichung durch die Funktion $M_n = C k_n$ befriedigt, wenn k die charakteristische Gleichung

$$k^{-1} \cdot \delta_{n-1,n} + \delta_{n,n} + k \cdot \delta_{n+1,n} = 0$$

erfüllt. Meist hat in Fällen der vorliegenden Art das Trägheitsmoment in Punkten gleichen Abstandes von der Feldmitte gleiche Größe, dann ist $\delta_{n-1,n} = \delta_{n+1,n}$. Wird $\delta_{n-1,n} = \beta$, $\delta_{nn} = \alpha$ bezeichnet, so lautet die Elastizitätsgleichung in der Form der Differenzengleichung

$$\Delta^2 M_n + \left(\frac{\alpha}{\beta} + 2\right) M_n = \frac{1}{\beta} \sum P_m \delta_{mn}$$

und die homogene Form wird durch die Funktion $M_n = C k^n$ befriedigt, wenn k die charakteristische Gleichung

$$w + \frac{\alpha}{\beta} + 2 = 0$$

erfüllt. Es ergibt sich

$$w = -\frac{\alpha}{\beta} - 2,$$

$$k_1 = -\frac{\alpha}{2\beta} + \sqrt{\left(\frac{\alpha}{2\beta}\right)^2 - 1},$$

$$k_2 = k_1^{-1}.$$

Die weitere Rechnung gestaltet sich dann ebenso wie im Falle konstanten Trägheitsmomentes.

Sind die Stützen elastisch, so ergibt die Arbeitsgleichung für den Belastungszustand $M_n = +1$ und den wirklichen Verschiebungszustand Elastizitätsgleichungen von der Form

$$M_{n-1} \cdot \beta + M_n \alpha + M_{n+1} \beta + \frac{1}{l} (\delta_{n-1} - 2\,\delta_n + \delta_{n+1}) = N_n$$

die mit $c \cdot \delta_n = R_n$ als Differenzengleichungen in der Form

$$\Delta^2 M_n + \left(\frac{\alpha}{\beta} + 2\right) M_n + \frac{1}{\beta \cdot c\, l}\, \Delta^2 R_n = \frac{1}{\beta} N_n$$

geschrieben werden können. Ferner besteht die Stützdruckgleichung

$$\Delta^2 M_n = R_n\, l - (A_{n+1} + B_n)\, l\,.$$

Beide werden in der homogenen Form durch die Funktionen

$$M_n = C\, k^n\,, \qquad R_n\, l = C \cdot \zeta\, k^n$$

befriedigt, wenn k und ζ die charakteristischen Gleichungen

$$w + \frac{\alpha}{\beta} + 2 + \frac{1}{\beta \cdot c \cdot l^2}\, \zeta \cdot w = 0\,,$$

$$w = \zeta$$

erfüllen. Es kann daher das in Nr. 82 dargestellte Lösungsverfahren durchgeführt werden.

Ist die Stützweite nicht konstant, jedoch in der Weise veränderlich, daß der ganze Balken eine Reihe gleichartiger Gruppen bildet, die in bezug auf die Gruppenmitte symmetrisch sind, so gelangt man zu Differenzengleichungen, indem man die Stützenmomente und Stützdrücke jeder Gruppe zu Gruppen X, Y ... zusammenfaßt, die symmetrisch und antisymmetrisch zur Gruppenmitte sind, die Gruppen des Balkens fortlaufend von 0 bis m zählt und die X_n, Y_n ... als abhängig Veränderliche behandelt. Das Trägheitsmoment des Balkens kann dabei konstant oder symmetrisch zur Gruppenmitte veränderlich sein. Das einzuschlagende Verfahren sei an dem einfachsten Beispiel gezeigt, dem Balken auf vielen starren Stützen, dessen Trägheitsmoment und Feldweite zwei verschiedene, miteinander wechselnde Werte haben (Abb. 414). Je zwei nebeneinander liegende Stützen werden mit n' und n'', ihre Momente mit M_n' und M_n'' bezeichnet und zu den Gruppen

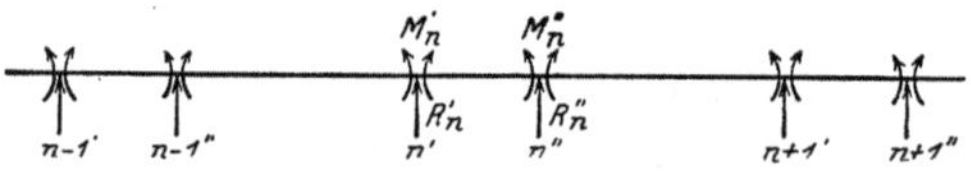

Abb. 414.

$$X_n = M_n' + M_n''\,,$$

$$Y_n = M_n' - M_n''$$

zusammengefaßt. Die Elastizitätsgleichungen für die Stützen n' und n'' sind

a) $M_{n-1}'' \cdot \delta_{n-1''n'} + M_n' \delta_{n'n'} + M_n'' \cdot \delta_{n''n'} = N_{n'}\,,$

b) $M_n' \cdot \delta_{n'n''} + M_n'' \cdot \delta_{n''n''} + M_{n+1}' \cdot \delta_{n+1'n''} = N_n''\,.$

Durch Addition erhält man

$$M''_{n-1} \cdot \delta_{n-1'' n'} + M'_n (\delta_{n' n'} + \delta_{n' n''}) + M''_n (\delta_{n'' n'} + \delta_{n'' n''}) \\ + M'_{n+1} \delta_{n+1' n''} = N'_n + N''_n .$$

Gemäß Voraussetzung ist $\delta_{n' n'} = \delta_{n'' n''}$, also

$$\delta_{n' n'} + \delta_{n' n''} = \delta_{n'' n'} + \delta_{n'' n''} = \alpha$$

und

$$\delta_{n-1'' n'} = \delta_{n+1' n''} = \beta ,$$

wird

$$(M'_{n-1} - M'_{n-1} + M''_{n+1} - M''_{n+1}) \frac{\beta}{2}$$

hinzugefügt, so ergibt sich

$$X_{n-1} \cdot \frac{\beta}{2} - Y_{n-1} \cdot \frac{\beta}{2} + X_n \cdot \alpha + X_{n+1} \frac{\beta}{2} + Y_{n+1} \cdot \frac{\beta}{2} = N'_n + N''_n . \quad (38)$$

Durch Subtraktion der Elastizitätsgleichungen entsteht

$$M''_{n-1} \cdot \beta + M'_n (\delta_{n' n'} - \delta_{n' n''}) - M''_n (\delta_{n'' n''} - \delta_{n'' n'}) - M'_{n+1} \cdot \beta = N'_n - N''_n .$$

Es wird $\delta_{n' n'} - \delta_{n' n''} = \delta_{n'' n''} - \delta_{n'' n'} = \gamma$ gesetzt, ferner werden dieselben Glieder wie oben hinzugefügt. So entsteht

$$X_{n-1} \cdot \frac{\beta}{2} - Y_{n-1} \cdot \frac{\beta}{2} + Y_n \cdot \gamma - X_{n+1} \frac{\beta}{2} - Y_{n+1} \frac{\beta}{2} = N'_n - N''_n . \quad (39)$$

Die Elastizitätsgleichungen für die Stützen $n - 1''$ und $n + 1'$ lauten

$$\left.\begin{aligned} &\text{a)}\ M'_{n-1} \cdot \delta_{n-1' n-1''} + M''_{n-1} \cdot \delta_{n-1'' n-1''} + M'_n \delta_{n' n-1''} = N''_{n-1} , \\ &\text{b)}\ M''_n \cdot \delta_{n'' n+1'} + M'_{n+1} \cdot \delta_{n+1' n+1'} + M''_{n+1} \cdot \delta_{n+1'' n+1'} = N'_{n+1} . \end{aligned}\right\} \quad (40)$$

Durch Addition und Subtraktion beider Gleichungen entsteht

$$\tfrac{1}{2} X_{n-1} (\delta_{n-1' n-1''} + \delta_{n-1'' n-1''}) - \tfrac{1}{2} Y_{n-1} (\delta_{n-1'' n-1''} - \delta_{n-1' n-1''}) + X_n \cdot \beta \\ + \tfrac{1}{2} X_{n+1} (\delta_{n+1' n+1'} + \delta_{n+1'' n+1'}) + \tfrac{1}{2} Y_{n+1} (\delta_{n+1' n+1'} - \delta_{n+1'' n+1'}) = N''_{n-1} + N'_{n+1} ,$$

$$\tfrac{1}{2} X_{n-1} (\delta_{n-1' n-1''} + \delta_{n-1'' n-1''}) - \tfrac{1}{2} Y_{n-1} (\delta_{n-1'' n-1''} - \delta_{n-1' n-1''}) + Y_n \cdot \beta \\ - \tfrac{1}{2} X_{n+1} (\delta_{n+1' n+1'} + \delta_{n+1'' n+1'}) - \tfrac{1}{2} Y_{n+1} (\delta_{n+1' n+1'} - \delta_{n+1'' n+1'}) = N''_{n-1} - N'_{n+1} .$$

Gemäß Voraussetzung ist

$$\delta_{n-1'' n-1''} + \delta_{n-1' n-1''} = \delta_{n+1' n+1'} + \delta_{n+1'' n+1'} = \alpha ,$$

$$\delta_{n-1'' n-1''} - \delta_{n-1' n-1''} = \delta_{n+1' n+1'} - \delta_{n+1'' n+1'} = \gamma ,$$

also lauten die Gleichungen

$$\left.\begin{aligned} &\text{a)}\ X_{n-1} \cdot \frac{\alpha}{2} - Y_{n-1} \cdot \frac{\gamma}{2} + X_n \cdot \beta + X_{n+1} \cdot \frac{\alpha}{2} + Y_{n+1} \cdot \frac{\gamma}{2} = N''_{n-1} + N'_{n+1} , \\ &\text{b)}\ X_{n-1} \cdot \frac{\alpha}{2} - Y_{n-1} \cdot \frac{\gamma}{2} + Y_n \cdot \beta - X_{n+1} \cdot \frac{\alpha}{2} - Y_{n+1} \cdot \frac{\gamma}{2} = N''_{n-1} - N'_{n+1} . \end{aligned}\right\} \quad (41)$$

Gleichung (41 a) wird mit $\frac{\beta}{\gamma}$ multipliziert und von (38) abgezogen.

$$-X_{n-1}\cdot\frac{\beta}{2}\left(\frac{\alpha}{\gamma}-1\right)+X_n\cdot\left(\alpha-\frac{\beta^2}{\gamma}\right)-X_{n+1}\cdot\frac{\beta}{2}\left(\frac{\alpha}{\gamma}-1\right)$$
$$=N'_n+N''_n-\frac{\beta}{\gamma}(N''_{n-1}+N'_{n+1}).$$

Gleichung (41 b) wird mit $\frac{\beta}{\alpha}$ multipliziert und von (39) abgezogen.

$$Y_{n-1}\cdot\frac{\beta}{2}\left(\frac{\gamma}{\alpha}-1\right)+Y_n\left(\gamma-\frac{\beta^2}{\alpha}\right)+Y_{n+1}\frac{\beta}{2}\left(\frac{\gamma}{\alpha}-1\right)$$
$$=N'_n-N''_n-\frac{\beta}{\alpha}(N''_{n-1}-N'_{n+1}).$$

Die erste Gleichung wird mit $\frac{2\gamma}{\beta(\gamma-\alpha)}$, die zweite mit $\frac{2\alpha}{\beta(\gamma-\alpha)}$ multipliziert. Dann entsteht

$$X_{n-1}+X_n\frac{2(\alpha\gamma-\beta^2)}{\beta(\gamma-\alpha)}+X_{n+1}=\frac{2\gamma}{\beta(\gamma-\alpha)}(N'_n+N''_n)-\frac{2}{\gamma-\alpha}(N''_{n-1}+N'_{n+1}),$$

$$Y_{n-1}+Y_n\frac{2(\alpha\gamma-\beta^2)}{\beta(\gamma-\alpha)}+Y_{n+1}=\frac{2\alpha}{\beta(\gamma-\alpha)}(N'_n-N''_n)-\frac{2}{\gamma-\alpha}(N''_{n-1}-N'_{n+1}).$$

Dies sind zwei getrennte Differenzengleichungen für X_n und Y_n, deren homogene Form

$$\left.\begin{aligned}&\text{a)}\quad \Delta^2 X_n+X_n\frac{2(\alpha+\beta)(\gamma-\beta)}{\beta(\alpha-\gamma)}=0,\\ &\text{b)}\quad \Delta^2 Y_n+Y_n\frac{2(\alpha+\beta)(\gamma-\beta)}{\beta(\alpha-\gamma)}=0\end{aligned}\right\}\qquad(42)$$

ist. Da die Glieder gleicher Ordnung in beiden Gleichungen dieselben Koeffizienten haben, unterscheiden sich X_n und Y_n nur in den Konstanten. Die zwischen X_n und Y_n bestehende Beziehung kann aus einer der Gleichungen (38), (39), (41a), (41b) abgeleitet werden. Die einfachste Form ergibt sich aus

$$g_{38}-\frac{\beta}{\alpha}\cdot g_{41a}\qquad\text{oder}\qquad g_{39}-\frac{\beta}{\gamma}\cdot g_{41b},$$

nämlich ohne die Glieder N

$$Y_{n-1}\cdot\frac{\beta}{2}\left(\frac{\gamma}{\alpha}-1\right)+X_n\left(\alpha-\frac{\beta^2}{\alpha}\right)-Y_{n+1}\cdot\frac{\beta}{2}\left(\frac{\gamma}{\alpha}-1\right)=0$$

bzw.

$$-X_{n-1}\cdot\frac{\beta}{2}\left(\frac{\alpha}{\gamma}-1\right)+Y_n\left(\gamma-\frac{\beta^2}{\gamma}\right)+X_{n+1}\cdot\frac{\beta}{2}\left(\frac{\alpha}{\gamma}-1\right)=0,$$

$$\left.\begin{aligned}&\text{a)}\quad Y_{n-1}-X_n\frac{2(\alpha^2-\beta^2)}{\beta(\alpha-\gamma)}-Y_{n+1}=0,\\ &\text{b)}\quad -X_{n-1}+Y_n\frac{2(\gamma^2-\beta^2)}{\beta(\alpha-\gamma)}+X_{n+1}=0.\end{aligned}\right\}\qquad(43)$$

Die Gleichungen (42) und (43) werden durch die Funktionen

$$X_n = C \cdot k^n, \qquad Y_n = C \cdot \zeta k^n$$

befriedigt. Durch Einführung in (42 a) oder (b) ergibt sich die charakteristische Gleichung

$$w + 2\frac{(\alpha+\beta)(\gamma-\beta)}{\beta(\alpha-\gamma)} = 0,$$

deren Wurzeln

$$k_1 = \frac{\alpha\gamma-\beta^2}{\beta(\alpha-\gamma)} + \sqrt{\left(\frac{\alpha\gamma-\beta^2}{\beta(\alpha-\gamma)}\right)^2 - 1},$$

$$k_1 = \frac{\alpha\gamma-\beta^2+\sqrt{(\alpha^2-\beta^2)(\gamma^2-\beta^2)}}{\beta(\alpha-\gamma)} = k,$$

$$k_2 = k^{-1}$$

sind. Aus (43 a) folgt weiter

$$\zeta k^{-1} - \frac{2(\alpha^2-\beta^2)}{\beta(\alpha-\gamma)} - \zeta k = 0,$$

$$\zeta = -\frac{1}{k-k^{-1}}\,\frac{2(\alpha^2-\beta^2)}{\beta(\alpha-\gamma)}$$

oder

$$\zeta = -\frac{k-k^{-1}}{(k-k^{-1})^2}\,\frac{2(\alpha^2-\beta^2)}{\beta(\alpha-\gamma)},$$

da

$$(k-k^{-1})^2 = \frac{4(\alpha^2-\beta^2)(\gamma^2-\beta^2)}{\beta^2(\alpha-\gamma)^2}$$

ist, ergibt sich

$$\zeta = -(k-k^{-1})\frac{\beta(\alpha-\gamma)}{2(\gamma^2-\beta^2)},$$

und das ist derselbe Wert, der aus Gleichung (43 b) folgt. Zu k_1 gehört

$$\zeta_1 = -\sqrt{\frac{\alpha^2-\beta^2}{\gamma^2-\beta^2}},$$

zu k_2

$$\zeta_2 = +\sqrt{\frac{\alpha^2-\beta^2}{\gamma^2-\beta^2}}.$$

Die vollständige Lösung der homogenen Form der Gleichungen (42) und (43) ist mithin

$$X_n = \quad C_1 k^n + C_2 k^{-n},$$

$$Y_n = -[C_1 k^n - C_2 k^{-n}]\cdot\sqrt{\frac{\alpha^2-\beta^2}{\gamma^2-\beta^2}}.$$

In analoger Weise läßt sich der Balken gleicher Bauart auf elastischen Stützen behandeln. Es müssen dazu vier abhängig Veränderliche eingeführt werden, für die sich vier simultane Differenzengleichungen ergeben.

84. Träger auf vielen elastischen Stützen, deren Elastizität nicht allein vom Stützdruck abhängt.

Wenn der Stützdruck Stützenverschiebungen aller Stützen hervorruft, dann lassen sich die Elastizitätsgleichungen gleichwohl als Differenzengleichungen behandeln, sofern es gelingt, die Stützenverschiebungen als algebraische oder trigonometrische Funktionen von n darzustellen. Es soll nur der erste Fall betrachtet werden. Es sei

$$\Delta^2 \delta_n = \frac{\Delta^2 R_n}{c} + a_1 + b_1 n + c_1 n^2 .$$

Dann lauten für unbelastete Felder die Elastizitätsgleichungen

$$\Delta^2 M_n + 6 M_n + \frac{6 E J}{c l^2} \Delta^2 R_n + \frac{6 E J}{l^2} (a_1 + b_1 n + c_1 n^2) = 0$$

und die Stützdruckgleichungen

$$\Delta^2 M_n = R_n l .$$

Die homogene Form stimmt mit der des Falles in Nr. 82 überein, hat also dieselbe Lösung

$$M_n = C k^n \qquad R_n l = C \cdot \zeta k^n$$

mit vier Wurzeln k und vier willkürlichen Konstanten C. Die Störungsglieder werden durch

$$M_n = -\frac{E J}{l^2} (a_1 - \tfrac{1}{3} c_1 + b_1 n + c_1 n^2) ,$$

$$R_n l = -2 c_1 \frac{E J}{l^2} ,$$

befriedigt. Es ergeben sich mithin die vollständigen Lösungen

$$M_n = f_5 (n) - \frac{E \cdot J}{l^2} (a_1 - \tfrac{1}{3} c_1 + b_1 n + c_1 n^2) ,$$

$$R_n l = -a \cdot f_5 (n) - b f_6 (n) - 2 c_1 \cdot \frac{E J}{l^2} . \qquad (44)$$

Zu den Fällen der bezeichneten Art gehört der durchlaufende Balken, der in vielen Punkten auf ein elastisches Tragwerk nach dem in Abb. 415 dargestellten Schema abgestützt ist. Der durchlaufende Balken b habe das konstante Trägheitsmoment J_b (aus den Darlegungen in Nr. 83 erhellt, daß das Trägheitsmoment auch in jedem Felde in derselben Weise symmetrisch zur Feldmitte veränderlich sein kann). Das Tragwerk t kann vollwandig oder als Fachwerk, statisch bestimmt oder

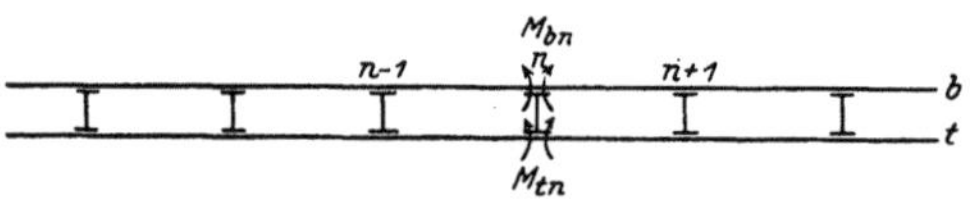

Abb. 415.

statisch unbestimmt ausgebildet sein. Die Elastizitätsgleichung zwischen den Momenten M_b in drei aufeinander folgenden Stützpunkten erhält man aus der Arbeitsgleichung für den Selbstspannungszustand $\overline{M}_{bn} = 1$, alle andern $M_b = 0$ und den wirklichen Verschiebungszustand. Der bezeichnete Selbstspannungszustand ergreift die Stützen $n-1$ und $n+1$ mit der Druckkraft $\overline{R}_{n-1} = \frac{1}{l}$ bzw. $\overline{R}_{n+1} = \frac{1}{l}$ und die Stütze n mit $\overline{R}_n = -\frac{2}{l}$. Sofern im Knotenpunkt n des Tragwerks t kein Gelenk liegt, sind diese drei Stützkräfte an dem Tragwerkteil zwischen $n-1$ und $n+1$ untereinander im Gleichgewicht, mithin ist das Moment $\overline{M}_{tn} = -1$ und alle andern $\overline{M}_t = 0$. Die vorliegende angenommene Belastung des Tragwerks t hat offenbar gleiche Größe aber entgegengesetzte Richtung wie die Belastung, die zur Berechnung des w_n Gewichtes einzuführen ist, mithin ist ihre Arbeit $-w_n$. Die Arbeit der Stützkräfte $\overline{R}$ läßt sich immer in der Form $\frac{1}{l \cdot c} R$ ausdrücken, worin R den wirklichen Stützdruck bezeichnet und c das von der Konstruktion der Stützung abhängige Elastizitätsmaß. Demnach lautet die Arbeitsgleichung

$$(M_{bn-1} + 4\,M_{bn} + M_{bn+1})\frac{l}{6\,E\,J_b} + \frac{1}{l \cdot c}(R_{n-1} - 2\,R_n + R_{n-1}) - w_n$$
$$+ (\mathfrak{S}_{n,n-1} + \mathfrak{S}_{n+1,n+1})\frac{1}{E\,J_b\,l} = 0$$

oder

$$\Delta^2 M_{bn} + 6\,M_{bn} + \frac{6\,E\,J_b}{l^2 c}\Delta^2 R_n - \frac{6\,E\,J_b}{l} \cdot w_n = -\frac{6}{l^2}(\mathfrak{S}_{nn-1} + \mathfrak{S}_{n+1,n+1}). \quad (45)$$

Die Stützdruckgleichung ist

$$\Delta^2 M_{bn} = R_n \cdot l - (B_n + A_{n+1})\,l. \quad (46)$$

Die wirkliche Formänderung des Tragwerks t ist von den Momenten M_t abhängig, also ist w_n durch diese Momente auszudrücken. Ist t ein gerader Balken von dem konstanten Trägheitsmoment J_t oder ein stetig gekrümmter Stab von dem Trägheitsmoment $J \cdot \cos\varphi = J_t$, so ist nach Formel III (54), Seite 279

$$w_n = \frac{l}{6\,E\,J_t}(\Delta^2 M_{tn} + 6\,M_{tn}).$$

Ist t ein Fachwerk, so kann nach Gleichung III (46), Seite 273, unter Vernachlässigung der Formänderung der Füllungsstäbe

$$w_n = M_{tn} \cdot \sum \frac{s}{E\,F \cdot r^2}$$

gesetzt werden. Im allgemeinen ist nun wohl $\sum \frac{s}{E\,F\,r^2}$ nicht konstant, doch ist es immer zulässig, einen konstanten mittleren Wert

$\sum \frac{s}{E F \cdot r^2} = \frac{l}{E J_t}$ einzuführen. M_t wird nun durch M_b und das Moment M der äußeren Kräfte ausgedrückt. Aus

$$M_t + M_b = M$$

ergibt sich entweder

$$\frac{6 E J_b}{l} w_n = (\Delta^2 M_n + 6 M_n - \Delta^2 M_{bn} - 6 M_{bn}) \frac{J_b}{J_t}$$

oder

$$\frac{6 E J_b}{l} w_n = 6 (M_n - M_{bn}) \frac{J_b}{J_t}$$

und durch Einführung in (45)

$$(\Delta^2 M_{bn} + 6 M_{bn}) \frac{J_t + J_b}{J_t} + \frac{6 E J_b}{l^2 c} \Delta^2 R_n - (\Delta^2 M_n + 6 M_n) \frac{J_b}{J_t} = - \frac{6}{l^2} (\mathfrak{S}_{n n-1} + \mathfrak{S}_{n+1, n+1})$$

oder

$$\Delta^2 M_{bn} + 6 M_{bn} \cdot \frac{J_t + J_b}{J_t} + \frac{6 E J_b}{l^2 c} \Delta^2 R_n - 6 M_n \cdot \frac{J_b}{J_t} = - \frac{6}{l^2} (\mathfrak{S}_{n n-1} + \mathfrak{S}_{n+1, n+1}) .$$

Diese Gleichungen sollen in der Form

$$\left. \begin{aligned} \Delta^2 M_{bn} + 6 M_{bn} + \frac{\mu l}{2} \Delta^2 R_n - (\Delta^2 M_n + 6 M_n) \frac{J_b}{J_t + J_b} \\ = - \frac{6 J_t}{(J_t + J_b) l^2} (\mathfrak{S}_{n n-1} + \mathfrak{S}_{n+1, n+1}) . \end{aligned} \right\} \quad (47)$$

$$\mu = \frac{12 E J_t \cdot J_b}{(J_t + J_b) l^3 c} .$$

$$\left. \begin{aligned} \Delta^2 M_{bn} \frac{J_t}{J_t + J_b} + 6 M_{bn} + \frac{\mu l}{2} \Delta^2 R_n - M_n \cdot \frac{6 J_b}{J_t + J_b} \\ = - \frac{6 J_t}{(J_t + J_6) l^2} (\mathfrak{S}_{n n-1} + \mathfrak{S}_{n+1, n+1}) , \end{aligned} \right\} \quad (48)$$

geschrieben werden. Sie haben die oben angegebene Form, wenn es möglich ist, die Momente M_n und die rechten Seiten als algebraische Funktionen von n auszudrücken.

Folgende Wege können eingeschlagen werden. Entweder wird der Einfluß der Belastung eines einzigen Feldes auf das Moment M_{bn} untersucht, insonderheit einer Einzellast 1. Daraus die Ordinate der Einflußlinie. Oder es werden die Momente und Stützensenkungen des Systems, welches durch Einfügung eines Gelenkes in Punkt n des Balkens b entsteht, infolge der Belastung $M_{bn} = -1$ berechnet. Daraus die Ordinate der Biegungslinie und weiter wiederum die Ordinate der Einflußlinie.

Das erste Verfahren sei für das in Abb. 416 dargestellte System durchgeführt, in welchem b ein gerader Balken auf starren Endstützen, das Tragwerk t ein Bogen mit Kämpfergelenken ist. Zuerst wird die Einflußlinie für den Horizontalschub aus der Biegungslinie des durch $H = 0$ definierten statisch unbestimmten Systems infolge der Belastung $H = -1$ berechnet. Die Momente und Stützdrücke, die durch $H = -1$ entstehen, seien M' und R' bezeichnet. Der Bogen sei parabolisch gekrümmt. Dann ist

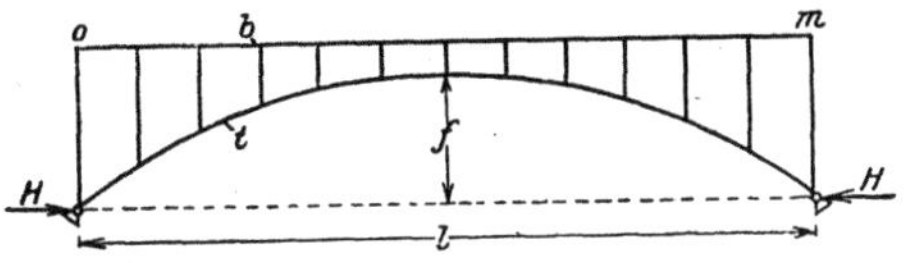

Abb. 416.

$$M'_n = \frac{4f}{m^2} n(m-n), \qquad \Delta^2 M'_n = -\frac{8f}{m^2}.$$

Mithin lauten die Gleichungen (46) und (47)

$$\Delta^2 M'_{bn} = R'_n l, \tag{49}$$

$$\Delta^2 M'_{bn} + 6M'_{bn} + \frac{\mu l}{2}\Delta^2 R'_n - \frac{J_b}{J_t + J_b}\cdot\frac{8f}{m^2}[3n(m-n)-1] = 0. \tag{50}$$

Die vollständige Lösung ist

$$M'_{bn} = f_5(n) + \frac{4f}{m^2} n(m-n)\frac{J_b}{J_t + J_b},$$

$$R'_n \cdot l = -a f_5(n) - b\cdot f_6(n) - \frac{8f}{m^2}\frac{J_b}{J_t + J_b}$$

und da $M'_{bn} + M'_{tn} = M'_n$ ist

$$M'_{tn} = -f_5(n) + \frac{4f}{m^2} n(m-n)\frac{J_t}{J_t + J_b}.$$

Zur Bestimmung der Konstanten dienen die Bedingungen der Endstützen. Diese sind $M'_{b0} = 0$, $M'_{bm} = 0$ also

$$f_5(0) = f_5(m) = 0.$$

Ferner folgt aus der Voraussetzung starrer Endstützen $R'_0 = R'_m = 0$. Denn, wenn δ_{bn} die lotrechte Verschiebung des Balkens b und δ_{tn} die des Bogens bezeichnet, ist

$$c(\delta'_{bn} - \delta'_{tn}) = R'_n.$$

Mithin bestehen die Gleichungen

$$0 = -a\cdot f_5(0) - b\cdot f_6(0) - \frac{8f}{m^2}\frac{J_b}{J_t + J_b},$$

$$0 = -a\cdot f_5(m) - b\cdot f_6(m) - \frac{8f}{m^2}\frac{J_b}{J_t + J_b}.$$

Die Bedingungen $f_5\cdot(0) = f_5\cdot(m)$, $f_6(0) = f_6(m)$ werden durch die Funktionen

$$f_5(n) = N_1\cdot F_3(n) + N_2 F_4(n),$$

$$f_6(n) = -\quad N_1 F_4(n) + N_2 F_3(n)$$

erfüllt, in welchen $F_3(n)$ und $F_4(n)$ die durch die Gleichungen (32 a) definierten Funktionen sind. N_1 und N_2 ergeben sich aus

$$f_5(0) = 0 \qquad \text{und} \qquad f_6(0) = -\frac{8f}{b\,m^2}\frac{J_b}{J_t + J_b}$$

zu

$$N_1 = 0\,, \qquad N_2 = -\frac{8f}{b\,m^2}\frac{J_b}{J_t + J_b}\,.$$

Mit diesen Werten der Konstanten erhält man

$$\left.\begin{aligned} &\text{a)} \quad M'_{bn} = \frac{4f}{m^2}\frac{J_b}{J_t + J_b}\left[n(m-n) - \frac{2}{b}\cdot F_4(n)\right], \\ &\text{b)} \quad R'_n l = \frac{8f}{m^2}\frac{J_b}{J_t + J_b}\left[F_3(n) - 1 + \frac{a}{b}F_4(n)\right]\cdot \end{aligned}\right\} \tag{51}$$

Die Ordinate der Biegungslinie des Balkens b in den Stützpunkten ist δ'_{bn}. Die Elastizitätsgleichung lautet, wenn die δ'_b eingeführt werden:

$$\Delta^2 M'_{bn} + 6M'_{bn} + \frac{6EJ_b}{l^2}\Delta^2\delta'_{bn} = 0\,. \tag{52}$$

Zieht man von ihr die Gleichung (50) ab, so erhält man

$$\frac{8f}{m^2}\frac{J_b}{J_t + J_b}[3n(m-n) - 1] - \frac{\mu l}{2}\Delta^2 R'_n + \frac{6EJ_b}{l^2}\Delta^2\delta'_{bn} = 0\,.$$

Daraus folgt wegen $\Delta^2 R'_n l = -a\Delta^2 f_5(n) - b\cdot\Delta^2 f_6(n)$

$$\delta'_{bn} = -\frac{\mu l^2}{12EJ_b}[af_5(n) + bf_6(n)] + a_2 + b_2 n + c_2 n^2 + d_2 n^3 + e_2 n^4\,.$$

Die Koeffizienten c_2, d_2, e_2 werden gefunden, wenn $\Delta^2\delta'_{bn}$ der algebraischen Glieder

$$\Delta^2\delta'_{bn} = 2c_2 + 6d_2 n + e_2(12n^2 + 2)$$

in die Gleichung eingeführt, und die Faktoren gleicher Potenzen von $n = 0$ gesetzt werden.

$$e_2 = \frac{f}{3m^2}\frac{l^2}{E(J_b + J_t)}\,, \quad d_2 = -\frac{2f}{3m}\frac{l^2}{E(J_b + J_t)}\,, \quad c_2 = \frac{f}{3m^2}\frac{l^2}{E(J_b + J)_t}\,.$$

Die Konstanten a_2 und b_2 ergeben sich aus den Bedingungen $\delta'_{bn} = 0$ für $n = 0$ und $n = m$

$$a_2 = -\frac{8f}{m^2}\frac{\mu l^2}{12E(J_b + J_t)}\,, \qquad b_2 = -c_2 m - d_2 m^2 - e_2 m^3\,.$$

Mithin ergibt sich

$$\delta'_{bn} = \frac{8f}{l\cdot c\cdot m^2}\frac{J_t\cdot J_b}{(J_t + J_b)^2}\left[F_3(n) - 1 + \frac{a}{b}\cdot F_4(n)\right] + \frac{fl^2}{3E(J_t + J_b)}[m^2 - 1 + (m-n)n]\left(1 - \frac{n}{m}\right)\frac{n}{m}\,.$$

Die Ordinate der Biegungslinie δ'_{bx} im Punkte x des Feldes $i+1$, welcher links der Feldmitte liegend von dieser den Abstand x hat, ergibt sich aus den Stützenmomenten M'_{bi} und M'_{bi+1}, sowie den Stützensenkungen δ'_{bi} und δ'_{bi+1} nach dem Mohrschen Verfahren zu

$$\delta'_{bx} = \frac{l^2 - 4\,x^2}{48\,E\,J_b \cdot l}\,[M'_{bi}\,(3\,l + 2\,x) + M'_{bi+1}\,(3\,l - 2\,x)] +$$
$$+ \frac{1}{2\,l}\,\delta'_{bi}\,(l + 2\,x) + \frac{1}{2\,l}\,\delta'_{bi+1}\,(l - 2\,x)\,.$$

Die Ordinate der Einflußlinie für H ist danach

$$\eta'_x = \frac{\delta'_{bx}}{\delta_{aa}}, \tag{53}$$

wenn δ_{aa} den Weg von H in Richtung $H = -1$ infolge $H = -1$ bezeichnet. Nach Gleichung III(10), Seite 227, ist

$$\delta_{aa} = \sum_1^{m-1}{}_n \cdot \Delta\,\vartheta'_n \cdot \frac{4\,f}{m^2}\,n\,(m-n) + \sum_1^{m}{}_n\,\Delta\,l'_n \cdot \cos\varphi_n\,,$$

$$\Delta\,\vartheta'_n = \frac{l}{6\,E\,J_t}\,(\Delta^2\,M'_{tn} + 6\,M'_{tn})\,, \qquad \Delta\,l'_n = \frac{l}{E\,F_t \cdot \cos\varphi_n}\,.$$

Nun ist

$$\Delta^2\,M'_{tn} + 6\,M'_{tn} = \Delta^2\,M'_n + 6\,M'_n - \Delta^2\,M'_{bn} - 6\,M'_{bn}\,,$$

und da $\Delta^2\,M'_{bn} = R'_n\,l$ ist, ergibt sich aus (51)

$$\Delta\,\vartheta'_n = \frac{4\,f \cdot l}{3\,E(J_t + J_b)}\left\{3\,\frac{n}{m}\left(1 - \frac{n}{m}\right) - \frac{1}{m^2} + \frac{J_b}{J_t}\,\frac{1}{m^2}\left[\frac{6-a}{b}\,F_4\,(n) - F_3\,(n)\right]\right\},$$

$$\delta_{aa} = 4\,f \cdot \sum_1^{m-1}{}_n\,\Delta\,\vartheta'_n \cdot \frac{n}{m}\left(1 - \frac{n}{m}\right) + \frac{m\,l}{E \cdot F_t}\,.$$

Ist die Stützung starr, was meist angenommen werden kann, also $c = \infty$, $\mu = 0$, so fällt in Gleichung (50) $\Delta^2 R_n$ fort. Die charakteristische Gleichung für k hat zwei Wurzeln und $f_5(n)$ zwei Konstante. Mithin folgt aus $f_5\,(0) = 0$, $f_5\,(m) = 0$, daß beide Konstante zu 0 werden, und es ergibt sich

$$M'_{bu} = 4\,f \cdot \frac{J_b}{J_t + J_b}\,\frac{n}{m}\left(1 - \frac{n}{m}\right),$$

$$\delta'_{bn} = \frac{f \cdot l^2}{3\,E\,(J_t + J_b)}\,[m^2 - 1 + (m-n)\,n]\,\frac{n}{m}\left(1 - \frac{n}{m}\right),$$

$$\delta_{aa} = \frac{16\,f^2\,l}{3\,E\,(J_t + J_b)}\sum_1^{m-1}{}_n\left[3\,\frac{n}{m}\left(1 - \frac{n}{m}\right) - \frac{1}{m^2}\right]\frac{n}{m}\left(1 - \frac{n}{m}\right) + \frac{m\,l}{E\,F_t}$$

oder nach Bildung der Summe

$$\delta_{aa} = \frac{f^2\,l}{E\,(J_t + J_b)}\,\frac{8\,m}{45}\left(1 - \frac{1}{m^2}\right)\left(3 - \frac{2}{m^2}\right) + \frac{m\,l}{E\,F_t}\,.$$

Die Ordinate der Einflußlinie in den Stützpunkten wird

$$\eta'_n = \frac{l \cdot m}{f} \frac{15\left[1 - \frac{1}{m^2} + \left(1 - \frac{n}{m}\right)\frac{n}{m}\right]\left(1 - \frac{n}{m}\right)\frac{n}{m}}{8\left(1 - \frac{1}{m^2}\right)\left(3 - \frac{2}{m^2}\right) + 45 \cdot \frac{J_t + J_b}{F_t \cdot f^2}},$$

$$\eta'_n \infty \frac{l\, m}{f} \frac{5\left[1 + \left(1 - \frac{n}{m}\right)\frac{n}{m}\right]\left(1 - \frac{n}{m}\right)\frac{n}{m}}{8 + 15 \cdot \frac{J_t + J_b}{F_t \cdot f^2}}.$$

Die Einflußlinie ist danach von dem Verhältnis $\frac{J_b}{J_t}$ vollständig unabhängig. Das zweite Glied des Nenners fällt nur bei flachen Bögen oder großem Trägheitsmoment des Balkens ins Gewicht.

Für die Berechnung des Momentes M_{bn} infolge einer Einzellast 1 im Punkte x des Feldes i, $i + 1$ bilden wieder die Gleichungen (46) und (47) den Ausgangspunkt. Dazu wird in (47) das Moment M_n als algebraische Funktion von n eingeführt. In allen Punkten links von i $(n \leqq i)$ ist

$$M_n = \left(m - i - \frac{1}{2} + \frac{x}{l}\right)\frac{n}{m} \cdot l - \eta'_x \cdot 4 f \cdot \frac{n}{m}\left(1 - \frac{n}{m}\right),$$

$$\varDelta^2 M_n = \eta'_x \frac{8 f}{m^2}.$$

In allen Punkten rechts von $i + 1$ $(n \geqq i + 1)$ ist

$$M_n = \left(i + \frac{1}{2} - \frac{x}{l}\right)\left(1 - \frac{n}{m}\right) l - \eta'_x \cdot 4 f \cdot \frac{n}{m}\left(1 - \frac{n}{m}\right),$$

$$\varDelta^2 M_n = \eta'_x \frac{8 f}{m^2}.$$

Mithin lauten die Gleichungen (46) und (47)

$$\varDelta^2 M_{bn} = R_n \cdot l \tag{46}$$

für alle Punkte, ferner für $n < i$

$$\varDelta^2 M_{bn} + 6 M_{bn} + \frac{\mu l}{2} \varDelta^2 R_n - \frac{J_b}{J_t + J_b}\left[6 l\left(m - i - \frac{1}{2} + \frac{x}{l}\right)\frac{n}{m} - \eta'_x 8 f\left\{3 \frac{n}{m}\left(1 - \frac{n}{m}\right) - 1\right\}\right] = 0 \tag{54}$$

und für $n > i + 1$

$$\varDelta^2 M_{bn} + 6 M_{bn} + \frac{\mu l}{2} \varDelta^2 R_n - \frac{J_b}{J_t + J_b}\left[6 l\left(i + \frac{1}{2} - \frac{x}{l}\right)\left(1 - \frac{n}{m}\right) - \eta'_x 8 f\left\{3 \frac{n}{m}\left(1 - \frac{n}{m}\right) - 1\right\}\right] = 0 \tag{55}$$

Die Lösung von (46) und (54) ist

$$M_{bn} = f_5(n) + \frac{J_b}{J_t + J_b}\left[l\left(m - i - \frac{1}{2} + \frac{x}{l}\right)\frac{n}{m} - \eta_x' \cdot 4f \cdot \frac{n}{m}\left(1 - \frac{n}{m}\right)\right],$$

$$R_n l = -a f_5(n) - b f_6(n) + \eta_x' \frac{8f}{m^2}\frac{J_b}{J_t + J_b}$$

und die Lösung von (46) und (55)

$$M_{bn} = f_5'(n) + \frac{J_b}{J_t + J_b}\left[l\left(i + \frac{1}{2} - \frac{x}{l}\right)\left(1 - \frac{n}{m}\right) - \eta_x' \cdot 4f \cdot \frac{n}{m}\left(1 - \frac{n}{m}\right)\right],$$

$$R_n l = -a f_5'(n) - b \cdot f_6'(n) + \eta_x' \cdot \frac{8f}{m^2}\frac{J_b}{J_t + J_b},$$

$f_5(n)$, $f_6(n)$ unterscheiden sich von $f_5'(n)$, $f_6'(n)$ durch die Konstanten, die C und C' bezeichnet seien. Die Lösung enthält also acht Konstante, zu deren Bestimmung folgende Gleichungen bestehen:

je 1 Elastizitätsgleichung für die Stützen i und $i + 1$;
je 1 Stützdruckgleichung für die Stützen i und $i + 1$.
2 Bedingungen $M_{b0} = 0$ und $M_{bm} = 0$,
2 Bedingungen $R_0 = 0$ und $R_m = 0$.

Die ersten vier Gleichungen enthalten die Konstanten C und C' nebeneinander, jedoch, wie sich zeigen wird, nur in den Differenzen $C - C' = C''$, die vier letzten Gleichungen enthalten die Konstanten getrennt. Für Stütze i lauten die Gleichungen nach (46) und (47)

$$M_{bi-1} - 2M_{bi} + M_{bi+1} = R_i l - \tfrac{1}{2}(l + 2x)$$

$$M_{bi-1} + 4M_{bi} + M_{bi+1} + \frac{\mu l}{2}(R_{i-1} - 2R_i + R_{i+1}) - \frac{J_b}{J_t + J_b}(M_{i-1} + 4M_i + M_{i+1}) = -\frac{J_t}{J_t + J_b}\frac{l^2 - 4x^2}{8l^2}(l + 2x).$$

Da

$$M_{bi-1} = f_5(i-1) + \frac{J_b}{J_b + J_t}M_{i-1},$$

$$M_{bi} = f_5(i) + \frac{J_b}{J_b + J_t}M_i,$$

$$M_{bi+1} = f_5'(i+1) + \frac{J_b}{J_b + J_i}M_{i+1}$$

ist, fallen in der zweiten Gleichung die Momente M fort. Da ferner

$$M_{i-1} - 2M_i + M_{i+1} = -\tfrac{1}{2}(l + 2x) + \eta_x' \frac{8f}{m^2}$$

ist, so ergibt sich

$$f_5(i-1) - 2f_5(i) + f_5'(i+1) + \frac{J_b}{J_b + J_t}\left[-\frac{1}{2}(l + 2x) + \eta_x' \frac{8f}{m^2}\right]$$
$$= -a f_5(i) - b \cdot f_6(i) + \eta_x' \cdot \frac{8f}{m^2}\frac{J_b}{J_b + J_t} - \frac{1}{2}(l + 2x)$$

und

$$f_5(i-1) + 4f_5(i) + f_5'(i+1) + \frac{\mu}{2}\{-a[f_5(i-1) - 2f_5(i) + f_5'(i+1)] - b[f_6(i-1) - 2f_6(i) + f_6(i+1)]\} = -\frac{J_t}{J_b + J_t}\frac{l^2 - 4x^2}{8l^2}(l + 2x)$$

und weiter, da die Funktionen $f_5(n)$, $f_6(n)$ die homogene Form der Gleichungen (46) und (54) erfüllen

$$-f_5(i+1)+f_5'(i+1)=-\frac{1}{2}(l+2x)\frac{J_t}{J_b+J_t},$$

$$-f_5(i+1)+f_5'(i+1)+\frac{1}{2}[f_5(i+1)-f_5'(i+1)]+\frac{\mu b}{2}[f_6(i+1)-f_6'(i+1)]$$
$$=-\frac{l^2-4x^2}{8l^2}(l+2x)\frac{J_t}{J_b+J_t}$$

wird noch die erste Gleichung mit $\frac{1}{2}$ multipliziert und von der zweiten abgezogen, so entsteht

$$\frac{\mu b}{2}[f_6(i+1)-f_6'(i+1)]=\left[-\frac{l^2-4x^2}{8l^2}(l+2x)+\frac{1}{4}(l+2x)\right]\frac{J_t}{J_b+J_t}.$$

In derselben Weise folgt aus den Gleichungen für die Stütze $i+1$

$$f_5(i)-f_5'(i)=-\frac{1}{2}(l-2x)\frac{J_t}{J_t+J_b},$$

$$\frac{b\mu}{2}[-f_6(i)+f_6'(i)]=\left[-\frac{l^2-4x^2}{8l^2}(l-2x)+\frac{1}{4}(l-2x)\right]\frac{J_t}{J_t+J_b}.$$

Die gewonnenen vier Gleichungen stimmen mit den Gleichungen (27) und (28) überein, wenn die rechten Seiten der letzteren mit $\frac{J_t}{J_t+J_b}$ multipliziert werden. Die Auflösung nach den Konstanten C'' gibt daher die dort gefundenen Werte und, wenn die durch die Gleichungen (30) definierten Konstanten N und N' eingeführt werden, für $N''=N-N'$ die Funktionen (31) mit $\frac{J_t}{J_t+J_b}$ multipliziert. Die Bedingungen der Endstützen sind nach den Gleichungen (32)

$$N_1+N_3=0,$$
$$N_1'-N_3'=0,$$
$$N_2+N_4=\eta_x'\frac{8f}{bm^2}\frac{J_b}{J_b+J_t},$$
$$N_2'-N_4'=\eta_x'\frac{8f}{bm^2}\frac{J_b}{J_b+J_t}.$$

Daraus folgt

$$N_1=\tfrac{1}{2}(N_1''-N_3''),\qquad N_3=-\tfrac{1}{2}(N_1''-N_3''),$$
$$N_1'=-\tfrac{1}{2}(N_1''+N_3''),\qquad N_3'=-\tfrac{1}{2}(N_1''+N_3''),$$
$$N_2=\tfrac{1}{2}(N_2''-N_4'')+\eta_x'\frac{8f}{bm^2}\frac{J_b}{J_b+J_t},$$
$$N_2'=-\tfrac{1}{2}(N_2''+N_4'')+\eta_x'\frac{8f}{bm^2}\frac{J_b}{J_b+J_t},$$
$$N_4=-\tfrac{1}{2}(N_2''-N_4''),\quad N_4'=-\tfrac{1}{2}(N_2''+N_4'').$$

Diese Werte werden in $f_5(n)$ und $f_5'(n)$ eingeführt.

$$
\left.
\begin{aligned}
&n \leqq i\,, \\
&M_{bn} = \tfrac{1}{2}(N_1'' - N_3'')\,[F_3(n) - G_3(n)] + \tfrac{1}{2}(N_2'' - N_4'')\,[F_4(n) - G_4(n)] \\
&+ \eta_x' \cdot 4f\left[\frac{2}{b\,m^2}F_4(n) - \frac{n}{m}\left(1 - \frac{n}{m}\right)\right]\frac{J_b}{J_t + J_b} + l\left(m - i - \frac{1}{2} + \frac{x}{l}\right)\frac{n}{m}\,\frac{J_b}{J_t + J_b}\,. \\
&n \geqq i + 1\,, \\
&M_{bn} = -\tfrac{1}{2}(N_1'' + N_3'')\,[F_3(n) + G_3(n)] - \tfrac{1}{2}(N_2'' + N_4'')\,[F_4(n) + G_4(n)] \\
&+ \eta_x' \cdot 4f\left[\frac{2}{b\,m^2}F_4(n) - \frac{n}{m}\left(1 - \frac{n}{m}\right)\right]\frac{J_b}{J_b + J_t} + l\left(i + \frac{1}{2} - \frac{x}{l}\right)\left(1 - \frac{n}{m}\right)\frac{J_b}{J_b + J_t}\,.
\end{aligned}
\right\}\quad (56)
$$

Für N'' werden die mit $\dfrac{J_b}{J_t + J_b}$ multiplizierten Funktionen (31) eingeführt und η_x' nach Gleichung (53), M_{bn}' nach Gleichung (51a) ausgedrückt. Die Ordinate der Einflußlinie für das Moment M_{bn} im Felde $i + 1$ ist

$$
\begin{aligned}
\eta = &-\frac{l^2 - 4x^2}{8\,l^2}\,[(3\,l + 2\,x)\,F(n, i) + (3\,l - 2\,x)\,F(n, i + 1)] \\
&+ \frac{1}{2}(l + 2\,x)\,G(n, i) + \frac{1}{2}(l - 2\,x)\,G(n, i + 1)
\end{aligned}
\qquad (57)
$$

für $i \geqq n$, und dieselbe Funktion mit $F'(n, i)$, $G'(n, i)$ für $i \leqq n - 1$. Hierin ist

$$
\begin{aligned}
F(n, i) = \Big\{&\tfrac{1}{2}[\varkappa_1(i) - \varkappa_3(i)]\,[F_3(n) - G_3(n)] + \tfrac{1}{2}[\varkappa_2(i) - \varkappa_4(i)] \\
&[F_4(n) - G_4(n)]\Big\}\frac{J_t}{J_t + J_b} - M_{bi}' \cdot M_{bn}' \cdot \frac{l}{6E\,J_b \cdot \delta_{aa}}\,, \\
G(n, i) = \Big\{&\tfrac{1}{2}[\lambda_1(i) - \lambda_3(i)]\,[F_3(n) - G_3(n)] + \tfrac{1}{2}[\lambda_2(i) - \lambda_4(i)] \\
&[F_4(n) - G_4(n)]\Big\}\frac{J_t}{J_t + J_b} - \frac{\delta_{bi}'}{l\,\delta_{aa}} \cdot M_{bn}' + \frac{(m - i)\,n}{m}\,\frac{J_b}{J_t + J_b}\,, \\
F'(n, i) = \Big\{&-\tfrac{1}{2}[\varkappa_1(i) + \varkappa_3(i)]\,[F_3(n) + G_3(n)] - \tfrac{1}{2}[\varkappa_2(i) + \varkappa_4(i)] \\
&[F_4(n) + G_4(n)]\Big\}\frac{J_t}{J_t + J_b} - M_{bi}' \cdot M_{bn}'\,\frac{l}{6E\,J_b\,\delta_{aa}}\,, \\
G'(n i) = \Big\{&-\tfrac{1}{2}[\lambda_1(i) + \lambda_3(i)]\,[F_3(n) + G_3(n)] - \tfrac{1}{2}[\lambda_2(i) + \lambda_4(i)] \\
&[F_4(n) + G_4(n)]\Big\}\frac{J_t}{J_t + J_b} - \frac{\delta_{bi}'}{l \cdot \delta_{aa}}\,M_{bn}' + \frac{(m - n)\,i}{m}\,\frac{J_b}{J_b + J_t}\,.
\end{aligned}
$$

Die Funktionen $\varkappa$ und λ sind durch (31a) und (31b) gegeben.

85. Gelenklose Längsträger der Fahrbahn auf Fachwerkbalken und starren Endstützen.

Zwei Längsträger a und b von gleichem Trägheitsmoment J_t sind durch Querträger — Trägheitsmoment J_q — auf den beiden Hauptträgern h_a und h_b in den Punkten $n = 0,\ 1 \ldots m$ nach der in Abb. 417

dargestellten Anordnung aufgelagert. Die Querträger 0 und m seien starr angenommen. Es sollen die Einflußlinien für die Stützenmomente M_{an} und M_{bn} berechnet werden. Der Berechnung wird das $2\,(m-2)$-fach statisch unbestimmte System zugrunde gelegt, welches durch Gelenke im Punkte n beider Längsträger entsteht, und es werden die statisch unbestimmten Größen Y_a, Y_b eingeführt, die durch folgende Tafel gekennzeichnet sind.

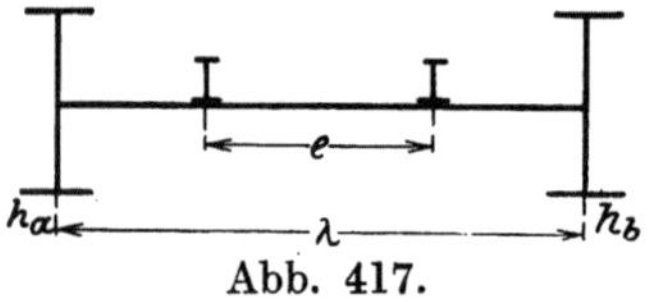

Abb. 417.

	Y_a	Y_b
M_{an}	$+1$	$+1$
M_{bn}	$+1$	-1.

Abb. 418.

Die Einflußlinie für Y_a ist identisch mit der Biegungslinie des $2(m-2)$fach statisch unbestimmten Systems für die Belastung $Y_a = -1$, wenn die Einheit der Ordinate $= \tau_{aa}$, dem Weg von $Y_a = -1$ infolge $Y_a = -1$ gesetzt wird. Die Einflußlinie für Y_b ist identisch mit der Biegungslinie desselben Systems für die Belastung $Y_b = -1$, wenn die Einheit der Ordinate $= \tau_{bb}$ gesetzt wird. Die fraglichen Biegungslinien ergeben sich aus den Stützenmomenten M_{ra}, M_{rb} und den Stützensenkungen δ_{ra}, δ_{rb} $(r = 0, 1 \ldots m)$ die durch $Y_a = -1$ bzw. $Y_b = -1$ entstehen. Der erste Schritt muß also die Berechnung dieser Momente und Stützensenkungen des Grundsystems sein.

Für die Belastung $Y_a = -1$ ist $M_{ara} = M_{bra} = M_{ra}$ und der Stützdruck $R_{ara} = R_{bra} = R_{ra}$. Die Arbeitsgleichung für den Zustand $\overline{M}_{ar} = +1$, $\overline{M}_{br} = 0$, alle andern $\overline{M}_a$, $\overline{M}_b = 0$ und den Verschiebungszustand des durch $Y_a = -1$ belasteten Grundsystems lautet

$$[\Delta^2 M_{ra} + 6\,M_{ra}]\frac{l}{6\,E J_t} - A_{iq} - A_{ih} = 0\,.$$

Das Moment $\overline{M}_{ar} = +1$ erzeugt eine Belastung der Querträger $r-1$ und $r+1$ in den Punkten a durch $\overline{R}_{a,r-1} = \overline{R}_{a,r+1} = \frac{1}{l}$ und des Querträgers r durch $\overline{R}_{a,r} = -\frac{2}{l}$. Der Hauptträger h_a wird in den Knotenpunkten $r-1$ und $r+1$ durch $\frac{1}{l}\frac{\lambda+e}{2\lambda}$ und im Knotenpunkt r durch $-\frac{2}{l}\frac{\lambda+e}{2\lambda}$, der Hauptträger h_b in denselben Knotenpunkten durch $\frac{1}{l}\frac{\lambda-e}{2\lambda}$ bzw. $-\frac{2}{l}\frac{\lambda-e}{2\lambda}$ belastet. Der Beitrag, den die innere Arbeit der Querträger $r-1$ und $r+1$ zu $-A_{iq}$ liefert, ist

$$\frac{1}{l}R_{r-1,a}(\delta_{aa} + \delta_{ab}) \qquad \text{bzw.} \qquad \frac{1}{l}R_{r+1,a}(\delta_{aa} + \delta_{ab})$$

und der Beitrag der inneren Arbeit des Querträgers r

$$-\frac{2}{l}R_{ra}(\delta_{aa} + \delta_{ab})\,,$$

wenn δ_{aa} und δ_{ab} die lotrechte Verschiebung des Punktes a gegen die Gerade durch die Knotenpunkte des Hauptträgers, erzeugt durch die Einzellast $+1$ im Punkt a bzw. Punkt b, bezeichnen. Mithin ist

$$-A_{iq} = \Delta^2 R_{ra} \frac{1}{l} (\delta_{aa} + \delta_{ab}).$$

Die Belastung der Hauptträger infolge $\overline{M}_{ar} = +1$ ist identisch mit der mit einer Konstanten multiplizierten Belastungseinheit, die zur Berechnung der w Gewichte aus den Spannkräften einzuführen ist. Die fragliche Konstante ist für h_a $-\frac{\lambda + e}{2\lambda}$ und für h_b $-\frac{\lambda - e}{2\lambda}$. Daraus folgt

$$-A_{ih} = -w_{ar} \frac{\lambda + e}{2\lambda} - w_{br} \frac{\lambda - e}{2\lambda},$$

so daß die Elastizitätsgleichung

$$\Delta^2 M_{ra} + 6 M_{ra} + \Delta^2 R_{ra} \frac{6 E J_t}{l^2} (\delta_{aa} + \delta_{ab})$$
$$- \frac{6 E J_t}{l} \left(w_{ar} \frac{\lambda + e}{2\lambda} + w_{br} \frac{\lambda - e}{2\lambda} \right) = 0$$

lautet. In allen Punkten $r \lesseqgtr n$ ist das Moment der äußeren Kräfte $= 0$. Demnach ist nach Seite 591

$$w_{ar} = w_{br} = -M_{ra} \frac{l}{E J_c}.$$

zu setzen. Damit geht die Gleichung über in

$$\Delta^2 M_{ra} \frac{J_c}{J_c + J_t} + 6 M_{ra} + \frac{\mu l}{2} \Delta^2 R_{ra} = 0, \tag{58}$$

$$\mu = \frac{12 E J_c \cdot J_t}{l^3 (J_c + J_t)} (\delta_{aa} + \delta_{ab}).$$

Eine zweite Gleichung liefert die Stützdruckbeziehung

$$\Delta^2 M_{ra} = R_{ra} \cdot l. \tag{59}$$

Beide Gleichungen gelten für die Punkte $r = 1 \ldots n - 1$ und $r = n + 1 \ldots m - 1$.

Ist das Trägheitsmoment J_q konstant, so erhält man aus der Arbeitsgleichung für die angenommene Belastung $\overline{P}_a = 1$ und der in Abb. 418 dargestellten Momentenfläche aus $P_a = 1$, $P_b = 1$

$$\delta_{aa} + \delta_{ab} = \frac{(\lambda - e)^2 (\lambda + 2e)}{24 E J_q}.$$

Bei veränderlichem J_q sind die verzerrten Momentenflächen zu benutzen.

Aus den Teillösungen der Differenzengleichungen (58) und (59)

$$M_{ra} = C k^n, \qquad R_{ra} \cdot l = C \cdot \zeta k^n$$

folgen die charakteristischen Gleichungen

$$\zeta = w$$

$$w \cdot \frac{J_c}{J_c + J_t} + 6 + \frac{\mu}{2} w^2 = 0 .$$

Aus der letzten ergibt sich

$$w = -a \pm b ,$$

$$a = \frac{1}{\mu} \frac{J_c}{J_c + J_t}, \qquad b = a \sqrt{1 - 12\mu \left(\frac{J_c + J_t}{J_c}\right)^2} .$$

Die weitere Untersuchung sei für den häufigeren Fall einer reellen Wurzel b durchgeführt.

$$k_1 = \tfrac{1}{2}(2 - a + b) - \sqrt{\tfrac{1}{4}(2 - a - b)^2 - 1},$$
$$k_3 = k_1^{-1}, \qquad \zeta_1 = -(a - b),$$
$$k_2 = \tfrac{1}{2}(2 - a - b) - \sqrt{\tfrac{1}{4}(2 - a - b)^2 - 1},$$
$$k_4 = k_2^{-1}, \qquad \zeta_2 = -(a + b) .$$

Mithin ergeben sich folgende Funktionen:

$$r \leqq n$$
$$M_{ra} = C_1 k_1^r + C_2 k_2^r + C_3 k_1^{-r} + C_4 k_2^{-r},$$
$$R_{ra} l = -a M_{ra} + b [C_1 k_1^r - C_2 k_2^r + C_3 k_1^{-r} - C_4 k_2^{-r}] .$$
$$r \geqq n$$
$$M_{ra} = C_1' k_1^r + C_2' k_2^r + C_3' k_1^{-r} + C_4' k_2^{-r},$$
$$R_{ra} l = -a M_{ra} + b [C_1' k_1^r - C_2' k_2^r + C_3' k_1^{-r} - C_4' k_2^{-r}] .$$

Zur Bestimmung der acht Konstanten stellen die Bedingungen der Endstützen die vier Gleichungen

$$r = 0, \qquad M_{0a} = 0, \qquad R_{0a} = 0,$$
$$r = m, \qquad M_{ma} = 0, \qquad R_{ma} = 0 .$$

$R_{0a} = 0$ und $R_{ma} = 0$ folgt aus der Voraussetzung starrer Endstützen. Denn es ist

$$(\delta_{ra} - \delta_{hra}) c = R_{ra},$$

wenn δ_{hra} die lotrechte Verschiebung des Knotenpunktes r der Hauptträger und c eine Konstante bezeichnet. Da nun für $r = 0$ und $r = m$ $\delta_{ra} - \delta_{hra} = 0$ wird, müssen auch die Funktionswerte R_{0a} und $R_{ma} = 0$ werden. Damit nimmt auch die Elastizitätsgleichung für $r = 1$ und $r = m - 1$ die Form der Gleichung (58) an, obwohl die Elastizität der Querträger 0 und m von der der andern Querträger abweicht. Die Funktionswerte R_0 und R_m geben jedoch nicht die Größe der gleichnamigen Stützdrücke an. Diese erhält man aus $\frac{1}{l} M_1$.

Aus den genannten Bedingungen folgt

$$C_1 + C_2 + C_3 + C_4 = 0\,,$$
$$C_1 - C_2 + C_3 - C_4 = 0\,,$$
$$C_1' k_1^m + C_2' k_2^m + C_3' k_1^{-m} + C_4' k_2^{-m} = 0\,,$$
$$C_1' k_1^m - C_2' k_2^m + C_3' k_1^{-m} - C_4' k_2^{-m} = 0\,,$$

also

$$C_3 = -C_1\,, \qquad C_4 = -C_2\,,$$
$$C_3' = -C_1' k_1^{2m}, \qquad C_4' = -C_2' k_2^{2m}.$$

Die Bedingungen der Endstützen werden befriedigt durch die Funktionen

$$r \leqq n$$
$$M_{ra} = C_1 (k_1^r - k_1^{-r}) + C_2 (k_2^r - k_2^{-r}) = f(r)\,,$$
$$R_{ra} \cdot l = -a M_{ra} + b [C_1 (k_1^r - k_1^{-r}) - C_2 (k_2^r - k_2^{-r})] = \psi(r)\,.$$
$$r \geqq n$$
$$M_{ra} = C_1' k_1^m (k_1^{r-m} - k_1^{m-r}) + C_2' k_2^m (k_2^{r-m} - k_2^{m-r}) = f'(r)\,,$$
$$R_{ra} \cdot l = -a M_{ra} + b [C_1' k_1^m (k_1^{r-m} - k_1^{m-r}) - C_2' k_2^m (k_2^{r-m} - k_2^{m-r})] = \psi'(r)\,.$$

Weitere vier Gleichungen ergeben sich aus den Bedingungen der Stütze n. Eine Elastizitätsgleichung besteht für diese Stütze nicht, da im Punkte n in die Längsträger a und b Gelenke eingeschaltet sind. Dagegen müssen $f(n)$ und $f'(n)$ den Wert -1 entsprechend der Belastung $M_{na} = -1$, $M_{nb} = -1$ annehmen. Da ferner $(\delta_{na} - \delta_{hna})\, c = R_{na}$ ist, muß $\psi(n) = \psi'(n)$ sein, und wenn

$$\psi(n) = -a f(n) + b \varphi(n)\,,$$
$$\psi'(n) = -a f'(n) + b \varphi'(n)$$

gesetzt wird,

$$\varphi(n) = \varphi'(n)\,.$$

Die vierte Gleichung erhält man aus der Stützdruckgleichung

$$M_{n-1,a} - 2 M_{n,a} + M_{n+1,a} = R_{na} \cdot l\,,$$
$$f(n-1) - 2 f(n) + f'(n+1) = \psi(n)\,,$$

da

$$f(n-1) - 2 f(n) + f(n+1) = \psi(n)$$

ist, folgt

$$f(n+1) = f'(n+1)\,.$$

Somit ergeben sich folgende Gleichungen

$$C_1 (k_1^n - k_1^{-n}) + C_2 (k_2^n - k_2^{-2}) = -1\,,$$
$$C_1' k_1^m (k_1^{n-m} - k_1^{m-n}) + C_2' k_2^m (k_2^{n-m} - k_2^{m-n}) = -1\,,$$
$$C_1 (k_1^n - k_1^{-n}) - C_2 (k_2^n - k_2^{-n}) =$$
$$= C_1' k_1^m (k_1^{n-m} - k_1^{m-n}) - C_2' k_2^m (k_2^{n-m} - k_2^{m-n})\,,$$
$$C_1 (k_1^{n+1} - k_1^{-n-1}) + C_2 (k_2^{n+1} - k_2^{-n-1}) =$$
$$= C_1' k_1^m (k_1^{n+1-m} - k_1^{m-n-1}) + C_2' k_2^m (k_2^{n+1-m} - k_2^{m-n-1})\,.$$

Die Auflösung ergibt

$$C_1 = \quad (k_2^m - k_2^{-m})(k_1^{m-n} - k_1^{n-m})\frac{\alpha_2}{N},$$

$$C_2 = -(k_1^m - k_1^{-m})(k_2^{m-n} - k_2^{n-m})\frac{\alpha_1}{N},$$

$$C_1' k_1^m = -(k_2^m - k_2^{-m})(k_1^n - k_1^{-n})\frac{\alpha_2}{N},$$

$$C_2' k_2^m = +(k_1^m - k_1^{-m})(k_2^n - k_2^{-n})\frac{\alpha_1}{N},$$

$$N = (k_1^m - k_1^{-m})(k_2^{m-n} - k_2^{n-m})(k_2^n - k_2^{-n})\alpha_1,$$
$$-(k_2^m - k_2^{-m})(k_1^{m-n} - k_1^{n-m})(k_1^n - k_1^{-n})\alpha_2,$$

$$\alpha_1 = k_1 - k_1^{-1} = -\sqrt{(2 - a + b)^2 - 4},$$

$$\alpha_2 = k_2 - k_2^{-1} = -\sqrt{(2 - a - b)^2 - 4}.$$

Da die absoluten Werte $k_1, k_2 > 1$ sind, ist es für die Durchführung der Rechnung zweckmäßig, im Zähler und Nenner $k_1^m \cdot k_2^m$ auszuklammern. Man erhält dann durch Einführung der für die Konstanten gefundenen Werte in $f(r)$ und $\psi(r)$

$$\left.\begin{aligned}
&r \leqq n\\
&\text{a)}\quad \boldsymbol{M}_{ra} = k_1^{r-n}(1 - k_2^{-2m})(1 - k_1^{-2(m-n)})(1 - k_1^{-2r})\frac{\alpha_2}{N}\\
&\qquad - k_2^{r-n}(1 - k_1^{-2m})(1 - k_2^{-2(m-n)})(1 - k_2^{-2r})\frac{\alpha_1}{N}.\\
&\text{b)}\quad \boldsymbol{R}_{ra}\cdot \boldsymbol{l} = -\boldsymbol{a}\cdot \boldsymbol{M}_{ra}\\
&\qquad + b\Big[k_1^{r-n}(1 - k_2^{-2m})(1 - k_1^{-2(m-n)})(1 - k_1^{-2r})\frac{\alpha_2}{N}\\
&\qquad + k_2^{r-n}(1 - k_1^{-2m})(1 - k_2^{-2(m-n)})(1 - k_2^{-2r})\frac{\alpha_1}{N}\Big].\\
&r \geqq n\\
&\text{c)}\quad \boldsymbol{M}_{ra} = k_1^{n-r}(1 - k_2^{-2m})(1 - k_1^{-2(m-r)})(1 - k_1^{-2n})\frac{\alpha_2}{N}\\
&\qquad - k_2^{n-r}(1 - k_1^{-2m})(1 - k_2^{-2(m-r)})(1 - k_2^{-2n})\frac{\alpha_1}{N}.\\
&\text{d)}\quad \boldsymbol{R}_{ra}\cdot \boldsymbol{l} = -\boldsymbol{a}\,\boldsymbol{M}_{ra}\\
&\qquad + b\Big[k_1^{n-r}(1 - k_2^{-2m})(1 - k_1^{-2(m-r)})(1 - k_1^{-2n})\frac{\alpha_2}{N}\\
&\qquad + k_2^{n-r}(1 - k_1^{-2m})(1 - k_2^{-2(m-r)})(1 - k_2^{-2n})\frac{\alpha_1}{N}\Big].\\
&N = (1 - k_1^{-2m})(1 - k_2^{-2(m-n)})(1 - k_2^{-2n})\alpha_1\\
&\qquad - (1 - k_2^{-2m})(1 - k_1^{-2(m-n)})(1 - k_1^{-2n})\alpha_2.
\end{aligned}\right\}\quad (60)$$

τ_{aa} ergibt sich aus der Arbeitsgleichung für den Zustand $\overline{M}_{an} = -1$, $\overline{M}_{bn} = -1$, alle andern $\overline{M}_{ar} = \overline{M}_{br} = 0$ und den Verschiebungszustand $Y_a = -1$ Die Belastung ergreift die Längsträger a und b in den Feldern n und $n+1$, durch negative Momente und belastet beide Hauptträger gleichmäßig durch $-\frac{1}{l}$ in den Knotenpunkten $n-1$ und $n+1$, sowie durch $+\frac{2}{l}$ in den Knotenpunkten n. Mithin lautet die Arbeitsgleichung

$$\left.\begin{aligned} &1\cdot\tau_{aa} + \frac{2l}{6EJ_t}(M_{n-1,a} + 4M_{na} + M_{n+1,a}) \\ &\quad + 2(R_{n-1,a} - 2R_{n,a} + R_{n+1,a})\frac{1}{l}(\delta_{aa} + \delta_{ab}) - 2w_n = 0. \end{aligned}\right\} \quad (61)$$

In jedem Hauptträger entsteht das Moment $M_{hn} = -M_{na}$, also ist $w_n = -M_{na}\frac{l}{EJ_c}$. Damit ergibt sich

$$\left.\begin{aligned} 1\cdot\tau_{aa} = &-\frac{2l(J_c+J_t)}{6EJ_c\cdot J_t}\Big[(M_{n-1,a} - 2M_{na} + M_{n+1,a})\frac{J_c}{J_c+J_t} + 6M_{na} \\ &+ \frac{\mu l}{2}(R_{n-1,a} - 2R_{na} + R_{n+1,a})\Big]. \end{aligned}\right\} \quad (61\text{a})$$

Wird nun

$$M_{n-1,a} = f(n-1), \qquad M_{na} = f(n), \qquad M_{n+n,a} = f'(n+1,$$

$$R_{n-1,a}\cdot l = -af(n-1) + b\cdot\varphi(n-1),$$

$$R_{na}\cdot l = -af(n) + b\cdot\varphi(n),$$

$$R_{n+1,a}\,l = -af'(n+1) + b\varphi'(n+1)$$

eingeführt und beachtet, daß

$$[f(n-1) - 2f(n) + f(n+1)]\frac{J_c}{J_c+J_t} + 6f(n) + \frac{\mu}{2}[-a\cdot f(n-1)$$
$$+ 2a\cdot f(n) - a\cdot f(n+1) + b\cdot\varphi(n-1) - 2b\cdot\varphi(n) + b\cdot\varphi(n+1)] = 0$$

ist, so ergibt sich

$$1\cdot\tau_{aa} = -\frac{2l(J_c+J_t)}{6EJ_c\cdot J_t}\Big[\{-f(n+1) + f'(n+1)\}\frac{J_c}{J_c+J_t}$$
$$+ \frac{\mu}{2}\{a\cdot f(n+1) - a\cdot f'(n+1) - b\cdot\varphi(n+1) + b\varphi'(n+1)\}\Big]$$

und da $\qquad f(n+1) = f'(n+1) \qquad$ ist

$$\mathbf{1\cdot\tau_{aa} = \frac{2b}{l^2}(\delta_{aa} + \delta_{ab})[\varphi(n+1) - \varphi'(n+1)].} \quad (62)$$

Zur Berechnung der Stützensenkung δ_{ra} wird die Elastizitätsgleichung (52) benutzt.

$$\Delta^2 M_{ra} + 6 M_{ra} + \frac{6 E J_t}{l^2} \Delta^2 \delta_{ra} = 0 .$$

Sie geht infolge Gleichung (58) in

$$\Delta^2 \delta_{ra} - \frac{\mu l^3}{12 E J_t} \Delta^2 R_{ra} + \frac{l^2}{6 E (J_t + J_c)} \Delta^2 M_{ra} = 0$$

über. Die Lösung ist für $r \leqq n$

$$\delta_{ra} = \frac{\mu l^3}{12 E \cdot J_t} R_{ra} - \frac{l^2}{6 E (J_t + J_c)} M_{ra} + \alpha + \beta r \tag{63a}$$

und für $r \geqq n$

$$\delta_{ra} = \frac{\mu l^3}{12 E J_t} \cdot R_{ra} - \frac{l^2}{6 E (J_t + J_c)} M_{ra} + \alpha_1 + \beta_1 r . \tag{63b}$$

Die Konstanten α, α_1, β, β_1 werden wie folgt bestimmt. Aus den Bedingungen $\delta_{0a} = 0$, $\delta_{ma} = 0$ folgt, da die Funktionswerte $R_{00} = R_{ma} = 0$, $M_{0a} = M_{ma} = 0$ sind

$$\alpha = 0, \qquad \alpha_1 = - \beta_1 \cdot m.$$

Für $r = n$ müssen beide Funktionen denselben Wert annehmen, mithin ist

$$\beta_1 = - \beta \frac{n}{m - n} .$$

Schließlich erhält man β aus Gleichung (61), wenn beachtet wird, daß

$$\frac{2}{l} (\delta_{aa} + \delta_{ab}) [R_{n-1,a} - 2 R_{na} + R_{n+1,a}] - 2 w_n = \frac{2}{l} (\delta_{n-1,a} - 2 \delta_{na} + \delta_{n+1,a})$$

ist, so daß die Gleichung

$$\tau_{aa} + \frac{2 l}{6 E J_t} (M_{n-1,a} + 4 M_{na} + M_{n+1,a}) + \frac{2}{l} (\delta_{n-1,a} - 2 \delta_{na} + \delta_{n+1,a}) = 0$$

besteht, welche auch als Arbeitsgleichung für den Belastungszustand $\overline{M}_{an} = -1$, $\overline{M}_{bn} = -1$ alle andern $\overline{M}_a$, $\overline{M}_b = 0$, drei in $n-1$, n, $n+1$ angreifende lotrechte Kräfte, die mit den Momenten $\overline{M}_{an} = \overline{M}_{bn} = -1$ im Gleichgewicht stehen, und den Verschiebungszustand $Y_a = -1$ aufgestellt werden kann. In diese Gleichung werden die Funktionen (63 a) und (b) einge führt. So ergibt sich

$$\tau_{aa} \cdot l + \frac{2 l^2}{6 E J_t} (M_{n-1,a} + 4 M_{na} + M_{n+1,a}) + \frac{2 \mu l^3}{12 E J_t} (R_{n-1,a} - 2 R_{na} + R_{n+1,a})$$
$$- \frac{2 l^2}{6 E (J_t + J_c)} (M_{n-1,a} - 2 M_{na} + M_{n+1,a}) - 2 \beta \frac{m}{m - n} = 0$$

oder

$$\frac{\beta m}{m - n} = \frac{1}{2} \tau_{aa} \cdot l + \frac{l^2}{6 E J_t} \left[(M_{n-1,a} - 2 M_{na} + M_{n+1,a}) \frac{J_c}{J_c + J_t} + 6 M_{na} \right.$$
$$\left. + \frac{\mu l}{2} (R_{n-1,a} - 2 R_{na} + R_{n+1,a}) \right] .$$

Daraus ergibt sich infolge Gleichung (61a)

$$\beta = \frac{1}{2} \tau_{aa} l \frac{J_t}{J_c + J_t} \cdot \frac{m - n}{m} .$$

Die Ordinate der Einflußlinie für Y_n in den Stützpunkten beider Längsträger ist nun

$$\eta_{ra} = \frac{\delta_{ra}}{\tau_{aa}} .$$

Durch Einführung der Gleichungen (63a) und (63b) ergibt sich

$$\left.\begin{aligned} \eta_{ra} = & \left[R_{ra} - M_{ra} \frac{2}{\mu l} \frac{J_t}{J_t + J_c} \right] \frac{J_c}{J_c + J_t} \cdot \frac{l^2}{2b[\varphi(n+1) - \varphi'(n+1)]} \\ & + \zeta_r \cdot \frac{J_t}{J_c + J_t} , \end{aligned}\right\} \quad (64)$$

worin für $r \leqq n$ $\qquad \zeta_r = \frac{(m-n) r l}{2m}$

und für $r \geqq n$ $\qquad \zeta_r = \frac{(m-r) n l}{2m}$

ist. Im Punkte x des Feldes $r+1$, positiv links der Feldmitte, ergibt sich die Ordinate der Einflußlinie aus den Stützenmomenten M_{ra}, $M_{r+1,a}$ und den Stützensenkungen zu

$$\left.\begin{aligned} \eta_{xa} = & \frac{l^2 - 4x^2}{48 l} [M_{ra}(3l + 2x) + M_{r+1,a}(3l - 2x)] \cdot \\ & \frac{l^2}{2 E J_t b [\varphi(n+1) - \varphi'(n+1)] (\delta_{aa} + \delta_{ab})} \\ & + \eta_{ra} \frac{l + 2x}{2l} + \eta_{r+1,a} \frac{l - 2x}{2l} \end{aligned}\right\} \quad (65)$$

Die Belastung $Y_b = -1$ erzeugt die Momente $M_{arb} = -M_{brb} = M_{rb}$ und die Stützdrucke $R_{arb} = -R_{brb} = R_{rb}$. Die Arbeitsgleichung für die Belastung $\overline{M}_{ar} = +1$, $\overline{M}_{br} = 0$, alle andern $\overline{M}_a$, $\overline{M}_b = 0$ und den Verschiebungszustand $Y_b = -1$ lautet

$$(\Delta^2 M_{rb} + 6 M_{rb}) \frac{l}{6 E J_t} - A_{iq} - A_{ih} = 0 .$$

Die innere Arbeit der Querträger läßt sich ausdrücken durch

$$-A_{iq} = \Delta^2 R_{rb} \cdot \frac{\delta_{aa} - \delta_{ab}}{l} .$$

Da die Stützdrücke R_{arb}, R_{brb} ein Kräftepaar von dem Moment $R_{rb} \cdot e$ bilden, entsteht in dem Knotenpunkt r des Hauptträgers h_a das Moment $-M_{rb}\frac{e}{\lambda}$ und in demselben Knotenpunkt des Hauptträgers h_b das Moment $+M_{rb}\frac{e}{\lambda}$. Mithin ist in

$$-A_{ih} = -w_{ar}\frac{\lambda+e}{2\lambda} - w_{br}\frac{\lambda-e}{2\lambda},$$

$$w_{ar} = -M_{rb}\frac{l}{EJ_c}\cdot\frac{e}{\lambda}, \qquad w_{br} = +M_{rb}\frac{l}{EJ_c}\frac{e}{\lambda}$$

zu setzen, so daß

$$-A_{ih} = +M_{rb}\frac{l}{EJ_c}\left(\frac{e}{\lambda}\right)^2$$

wird. Es ergibt sich also die Elastizitätsgleichung

$$\left.\begin{aligned} &\Delta^2 M_{rb}\frac{J_c}{J_c+\left(\frac{e}{\lambda}\right)^2 J_t} + 6M_{rb} + \frac{\mu' l}{2}\Delta^2 R_{rb} = 0\,,\\ &\mu' = \frac{12EJ_c\cdot J_t}{l^3\left[J_c+\left(\frac{e}{\lambda}\right)^2 J_t\right]}(\delta_{aa}-\delta_{ab})\,. \end{aligned}\right\} \tag{66}$$

Daneben besteht die statische Gleichung

$$\Delta^2 M_{rb} = R_{rb}\cdot l\,. \tag{67}$$

Beide Gleichungen gelten für $r = 1, 2\cdot n-1, n+1 \ldots m-1$. $\delta_{aa}-\delta_{ab}$ ergibt sich aus der Arbeitsgleichung für die angenommene Belastung $\overline{P}_a = 1$ zu

$$\delta_{aa}-\delta_{ab} = \frac{(\lambda-e)^2 e^2}{24EJ_q\cdot\lambda}$$

bei konstantem J_q, und aus der verzerrten Momentenfläche bei veränderlichem Trägheitsmoment. Die Differenzengleichungen (66), (67) haben die Form der Gleichungen (58), (59), und führen daher zu denselben allgemeinen Lösungen, wenn die k' bezeichnete Konstante aus

$$\frac{(1-k')^2}{k'} = w' = -a' \pm b',$$

$$a' = \frac{1}{\mu'}\frac{J_c}{J_c+\left(\frac{e}{\lambda}\right)^2 J_t}, \qquad b' = a'\sqrt{1-12\mu'\left(\frac{J_c+\left(\frac{e}{\lambda}\right)^2 J_t}{J_c}\right)^2}$$

berechnet wird. Es bestehen weiter dieselben Bedingungen zur Bestimmung der acht Konstanten, so daß die Funktionen (60 a—d) auch die Momente M_{rb} und Stützdrücke R_{rb} angeben, wenn in ihnen k durch k' ersetzt wird.

Die Winkeländerung τ_{bb} ergibt sich aus der Arbeitsgleichung für den Zustand $\overline{M}_{an} = -1$, $\overline{M}_{bn} = +1$ alle andern $\overline{M}_a$, $\overline{M}_b = 0$ und den Verschiebungszustand $Y_b = -1$. Sie lautet

$$1 \cdot \tau_{bb} + \frac{2\,l}{6\,E\,J_t}(M_{n-1,b} + 4\,M_{nb} + M_{n+1,b}) + \\ + 2\,(R_{n-1,b} - 2\,R_{nb} + R_{n+1,b})\frac{\delta_{aa} - \delta_{ab}}{l} - \frac{e}{\lambda}(w_{na} - w_{nb}) = 0\,.$$

Im Knotenpunkt n des Hauptträgers h_a entsteht das Moment $-M_{nb}\frac{e}{\lambda}$, im Knotenpunkt n des Hauptträgers h_b das Moment $+M_{nb}\frac{e}{\lambda}$, mithin ist

$$\frac{e}{\lambda}(w_{na} - w_{nb}) = -M_{nb}\frac{l}{E\,J_c}\left(\frac{e}{\lambda}\right)^2.$$

Damit ergibt sich

$$1 \cdot \tau_{bb} = -\frac{2\,l\left[J_c + \left(\frac{e}{\lambda}\right)^2 J_t\right]}{6\,E \cdot J_c \cdot J_t}\left[(M_{n-1,b} - 2\,M_{nb} + M_{n+1,b})\frac{J_c}{J_c + \left(\frac{e}{\lambda}\right)^2 J_t} + \right. \\ \left. + 6\,M_{nb} + \frac{\mu'\,l}{2}(R_{n-1,b} - 2\,R_{nb} + R_{n+1,b})\right];$$

werden nun die Funktionen $f(n)$ und $\varphi(n)$ eingeführt, so entsteht durch die für Gleichung (61a) durchgeführte Entwicklung

$$1 \cdot \tau_{bb} = \frac{2\,b'}{l^2}(\delta_{aa} - \delta_{ab})\,[\varphi(n+1) - \varphi'(n+1)]\,, \tag{68}$$

wobei in $\varphi(n+1)$ und $\varphi'(n+1)$ die Konstante k' einzusetzen ist.

Für δ_{rb} besteht die Gleichung

$$\Delta^2 M_{rb} + 6\,M_{rb} + \frac{6\,E\,J_t}{l^2}\Delta^2\delta_{rb} = 0\,.$$

Sie geht infolge Gleichung (66) in

$$\Delta^2\delta_{rb} - \frac{\mu'\,l^3}{12\,E\,J_t}\Delta^2 R_{rb} \cdot + \frac{l^2\left(\frac{e}{\lambda}\right)^2}{6\,E\left[J_c + \left(\frac{e}{\lambda}\right)^2 J_t\right]}\Delta^2 M_{rb} = 0$$

über. Die Lösung und Bestimmung der Konstanten ist ebenso durchzuführen wie bei Berechnung von δ_{ra}. Mithin ergibt sich

$$\delta_{rb} = \frac{\mu'\,l^3}{12\,E\,J_t}R_{rb} - \frac{l^2\left(\frac{e}{\lambda}\right)^2}{6\,E\left[J_c + \left(\frac{e}{\lambda}\right)^2 J_t\right]}M_{rb} + \zeta_r \cdot \frac{J_t\left(\frac{e}{\lambda}\right)^2}{\left[J_c + \left(\frac{e}{\lambda}\right)^2 J_t\right]} \cdot \tau_{bb}\,.$$

Die Ordinate der Einflußlinie für J_b in den Stützpunkten ist

$$\eta_{rb} = \pm \left[R_{rb} - M_{rb} \frac{2}{\mu' l} \frac{\left(\frac{e}{\lambda}\right)^2 J_t}{J_c + \left(\frac{e}{\lambda}\right)^2 J_t} \right] \frac{J_c}{J_c + \left(\frac{e}{\lambda}\right)^2 J_t} \frac{l^2}{2b\,[\varphi(n+1) - \varphi'(n+1)]}$$
$$\pm \zeta_r \frac{J_t \left(\frac{e}{\lambda}\right)^2}{J_c + \left(\frac{e}{\lambda}\right)^2 J_t}. \tag{69}$$

Die positiven Vorzeichen gelten für den Längsträger a, die negativen für den Längsträger b. Im Punkte x des Feldes $r + 1$, positiv links der Feldmitte ergibt sich die Ordinate der Einflußlinie aus den Stützenmomenten M_{rb}, $M_{r+1,b}$ und den Stützensenkungen

$$\left.\begin{aligned} \eta_{xb} = \pm \frac{l^2 - 4x^2}{48 l} [M_{rb}(3l + 2x) + M_{r+1,b}(3l - 2x)] \\ \frac{l^2}{2EJ_t b'[\varphi(n+1) - \varphi'(n+1)](\delta_{aa} - \delta_{ab})} + \eta_{rb} \frac{l + 2x}{2l} + \eta_{r+1,b} \frac{l - 2x}{2l}. \end{aligned}\right\} \tag{70}$$

Die Ordinate der Einflußlinie für das Stützenmoment M_{an} erhält man in $\eta_{xa} + \eta_{xb}$, für das Stützenmoment M_{bn} in $\eta_{xa} - \eta_{xb}$. Die Einflußlinien erstrecken sich für beide Stützenmomente über beide Längsträger, doch hat für den Längsträger b η_{xb} das negative Vorzeichen gemäß Gleichung (69) und (70).

Beispiel. Schienenträger einer zweigleisigen Eisenbahnbrücke von 130 m Spannweite und 20 Feldern $l = 650$ cm. Beide Schwellenträger eines Gleises seien zu einem Träger zusammengefaßt. Die Hauptträger sind Halbparabelträger von 20 m Höhe und 1230 cm² Gurtquerschnitt.

$$J_c = 2 \cdot 1230 \cdot 1000^2 = 2460 \cdot 10^6 \text{ cm}^4,$$

$$J_t = 113\,400 \text{ cm}^4 \quad J_q = 1\,500\,000 \text{ cm}^4 \quad \lambda = 900 \text{ cm} \quad e = 350 \text{ cm}.$$

$\frac{J_c}{J_c + J_t}$ ist so wenig von 1 verschieden, daß es $= 1$ gesetzt, d. h. die Elastizität der Hauptträger vernachlässigt werden kann.

1. Moment in Brückenmitte. $n = 10$.

$$\mu = \frac{J_t}{J_q} \frac{(\lambda - e)^2 (\lambda + 2e)}{2 l^3} = \frac{113{,}4}{1500} \frac{550^2 \cdot 1600}{2 \cdot 650^3} = 0{,}0665,$$

$$a = \frac{1}{\mu} = 15{,}1, \qquad b = \frac{1}{\mu} \sqrt{1 - 12\mu} = 6{,}71,$$

$$k_1 = -3{,}2 - \sqrt{3{,}2^2 - 1} = -6{,}24, \quad k_2 = -9{,}9 - \sqrt{9{,}9^2 - 1} = -19{,}75,$$

$$\alpha^1 = -2\sqrt{3{,}2^2 - 1} = -6{,}08, \qquad \alpha_2 = -2\sqrt{9{,}9^2 - 1} = -19{,}70.$$

Da $6{,}24^{-20} \sim 0$ und $19{,}75^{-20} \sim 0$ ist, wird

$$N = \alpha_1 - \alpha_2 = +13{,}62\,,$$

$$\mu' = \frac{J_t}{J_q}\,\frac{(\lambda - e)^2 e^2}{2 l^3 \lambda} = \frac{113{,}4}{1500} \cdot \frac{550^2 \cdot 350^2}{2 \cdot 650^3 \cdot 900} = 0{,}00568\,,$$

$$a' = \frac{1}{\mu'} = 176\,, \qquad b' = 176\sqrt{1 - 12 \cdot \mu'} = 169{,}9\,,$$

$$k_1' = -2{,}05 - \sqrt{2{,}05^2 - 1} = -3{,}84\,, k_2' = -172 - \sqrt{172^2 - 1} = -344\,,$$

$$\alpha_1' = -2\sqrt{2{,}05^2 - 1} = -3{,}58\,, \qquad \alpha_2' = -2\sqrt{172^2 - 1} = -344\,,$$

$$N' = 340\,.$$

Mit sehr großer Genauigkeit kann die weitere Rechnung nach folgenden Formeln durchgeführt werden

$$M_r N = k_1^{r-10} \cdot \alpha_2 - k_2^{r-10} \cdot \alpha_1\,,$$

$$R_r \cdot l \cdot N = -a \cdot M_r \cdot N + b\,(k_1^{r-10} \cdot \alpha_2 + k_2^{r-10} \cdot \alpha_1)\,,$$

$$N\,[\varphi(n+1) - \varphi'(n+1)] = (k_1^1 - k_1^{-1})\,\alpha_2 + (k_2^1 - k_2^{-1})\,\alpha_1 = 2\,\alpha_1 \cdot \alpha_2\,,$$

$$\eta_r = (R_r \cdot l \cdot N)\,\frac{l}{4\,\alpha_1 \cdot \alpha_2 \cdot b}\,,$$

welche mit k, α, N die Werte für Y_a, mit k', α', N' die Werte für Y_b ergeben.

$$\frac{4\,\alpha_1 \cdot \alpha_2 \cdot b}{l} = \frac{4 \cdot 6{,}08 \cdot 19{,}70 \cdot 6{,}71}{650} = 4{,}945\,,$$

$$\frac{4\,\alpha_1' \cdot \alpha_2' \cdot b'}{l} = \frac{4 \cdot 3{,}58 \cdot 344 \cdot 170}{650} = 1320\,.$$

Tafel 1 gibt die danach berechneten Werte.

Tafel 1.

r	$M_a N$	$R_a \cdot l \cdot N$	$M_b N'$	$R_b \cdot l \cdot N$	η_a	η_b
10	− 13,62	+ 33,02	− 340	+ 860	+ 6,650	+ 0,650
9	+ 2,87	− 19,83	+ 89,8	− 543	− 4,010	− 0,410
8	− 0,494	+ 3,95	− 23,3	+ 142	+ 0,795	+ 0,108
7	+ 0,081	− 0,67	+ 6,1	− 37	− 0,136	− 0,028

Die Formel für die Ordinate η_x wird zur Durchführung der Rechnung zweckmäßig durch Einführung der Veränderlichen $z = \frac{2x}{l}$ umgeformt zu

$$\eta_x = l\,(1 - z^2)\,[M_r \cdot N \cdot (3 + z) + M_{r+1} \cdot N \cdot (3 - z)]\,\frac{1}{4\,\mu \cdot \alpha_1 \cdot \alpha_2\, b} + \tfrac{1}{2}\,[\eta_r\,(1 + z) + \eta_{r+1}\,(1 - z)]\,.$$

Danach werden die Ordinaten in Punkten gleichen Abstandes berechnet, die durch Teilung der Feldweite l in eine Anzahl gleicher Strecken entstehen. In folgendem sind 10 Teilungen gewählt, so daß z die Zahlen 1; 0,8; 0,6; 0,4; 0,2; 0,0; −0,2; −0,4; −0,6; −0,8; −1,0 durchläuft.

Die so berechneten Ordinaten sind in Tafel 2 zusammengestellt. Sie geben die Momente Y_a, Y_b, M_a, M_b für Belastung des Längsträgers a an. Die Einflußlinien für Belastung des Längsträgers b erhält man durch Vertauschung von M_a und M_b. Die Längen sind in Zentimeter eingeführt, die Zahlen geben also die Momente in Lasteinheit und Zentimeter an.

Tafel 2.

z	Y_a	Y_b	M_a	M_b
		Feld 8		
1	− 0,136	− 0,028	− 0,164	− 0,108
$\frac{4}{5}$	− 0,256	− 0,350	− 0,606	+ 0,094
$\frac{3}{5}$	− 0,375	− 0,725	− 1,100	+ 0,350
$\frac{2}{5}$	− 0,504	− 1,115	− 1,619	+ 0,611
$\frac{1}{5}$	− 0,584	− 1,440	− 2,024	+ 0,856
0	− 0,621	− 1,670	− 2,291	+ 1,049
$-\frac{1}{5}$	− 0,568	− 1,785	− 2,353	+ 1,217
$-\frac{2}{5}$	− 0,424	− 1,710	− 2,134	+ 1,286
$-\frac{3}{5}$	− 0,161	− 1,385	− 1,546	+ 1,224
$-\frac{4}{5}$	+ 0,239	− 0,900	− 0,661	+ 1,139
1	+ 0,795	+ 0,110	+ 0,905	+ 0,685
		Feld 9		
1	+ 0,795	+ 0,110	+ 0,905	+ 0,685
$\frac{4}{5}$	+ 1,500	+ 1,360	+ 2,860	+ 0,140
$\frac{3}{5}$	+ 2,265	+ 2,815	+ 5,080	− 0,550
$\frac{2}{5}$	+ 2,960	+ 4,275	+ 7,235	− 1,315
$\frac{1}{5}$	+ 3,470	+ 5,600	+ 9,070	− 2,130
0	+ 3,675	+ 6,45	+ 10,125	− 2,775
$-\frac{1}{5}$	+ 3,475	+ 7,000	+ 10,475	− 3,525
$-\frac{2}{5}$	+ 2,845	+ 6,600	+ 9,445	− 3,755
$-\frac{3}{5}$	+ 1,300	+ 5,350	+ 6,650	− 4,050
$-\frac{4}{5}$	− 0,910	+ 3,600	+ 2,690	− 4,510
1	− 4,010	− 0,410	− 4,420	− 3,600
		Feld 10		
1	− 4,01	− 0,41	− 4,42	− 3,60
$\frac{4}{5}$	− 8,05	− 5,15	− 13,20	− 2,90
$\frac{3}{5}$	− 12,50	− 10,70	− 23,20	− 1,80
$\frac{2}{5}$	− 16,6	− 16,30	− 32,90	− 0,30
$\frac{1}{5}$	− 20,35	− 21,15	− 41,50	+ 0,80
0	− 22,60	− 24,8	− 47,40	+ 2,20
$-\frac{1}{5}$	− 22,95	− 26,50	− 49,45	+ 3,55
$-\frac{2}{5}$	− 20,75	− 24,95	− 45,70	+ 4,20
$-\frac{3}{5}$	− 15,50	− 20,95	− 36,45	+ 5,45
$-\frac{4}{5}$	− 6,60	− 12,55	− 19,15	+ 5,95
1	+ 6,65	+ 0,65	+ 7,30	+ 6,00

Moment über Stütze 1

$$N = \alpha_1 (1 - k_2^{-2}) - \alpha_2 (1 - k_1^{-2}),\; N = -6{,}08 \cdot 0{,}9997 + 19{,}7 \cdot 0{,}9744,$$

$$N = 13{,}12\; N' = -3{,}58 + 344 \cdot 0{,}932 = 313,$$

$$M_r \cdot N = [k_1^{-r+1} (1 - k_1^{-2}) \alpha_2 - k_2^{-r+1} (1 - k_2^{-2}) \alpha_1],$$

$$R_r \cdot l \cdot N = -a M_r \cdot N + b [k_1^{-r+1} (1 - k_1^{-2}) \alpha_2 + k_2^{-r+1} (1 - k_2^{-2}) \alpha_1],$$

$$N [\varphi (n+1) - \varphi' (n+1)] = 2 \alpha_1 \alpha_2,$$

$$\eta_r = (R_{ra} l N) \frac{l}{4 \alpha_1 \alpha_2 b}.$$

In Tafel 3 sind die so berechneten Werte zusammengestellt.

Tafel 3.

r	$M_a \cdot N$	$R_a l \cdot N$	η_a	$M_b \cdot N'$	$R_b l \cdot N'$	η_b
0	0	—	0	0	—	0
1	− 13,12	+ 29,30	+ 5,9	− 313	+ 709	+ 0,528
2	+ 2,85	− 20,22	− 4,09	+ 83,3	− 500	− 0,375
3	− 0,488	+ 3,90	+ 0,79	− 21,74	+ 132	+ 0,099
4	+ 0,080	− 0,66	− 0,134	+ 5,67	− 34,4	− 0,026
5	− 0,012	+ 0,10	+ 0,020	− 1,49	+ 11,0	+ 0,008

Die Ordinaten der Einflußlinien für Belastung des Trägers a, die ebenso berechnet werden wie für den Stützpunkt 10, zeigt Tafel 4.

Tafel 4.

z	Y_a	Y_b	M_a	M_b	z	Y_a	Y_b	M_a	M_b
		Feld 1					Feld 3		
1	0	0	0	0	1	− 4,10	− 0,37	− 4,47	− 3,73
$\frac{4}{5}$	− 7,20	− 8,10	− 15,70	+ 0,90	$\frac{4}{5}$	− 0,99	+ 2,86	+ 1,87	− 3,85
$\frac{3}{5}$	− 13,85	− 15,70	− 29,55	+ 1,85	$\frac{3}{5}$	+ 1,22	+ 4,94	+ 6,16	− 3,72
$\frac{2}{5}$	− 19,65	− 22,40	− 42,05	+ 2,75	$\frac{2}{5}$	+ 2,67	+ 6,06	+ 8,73	− 3,39
$\frac{1}{5}$	− 24,05	− 27,40	− 51,45	+ 3,35	$\frac{1}{5}$	+ 3,50	+ 6,30	+ 9,80	− 2,80
0	− 26,45	− 30,50	− 56,95	+ 4,05	0	+ 3,61	+ 5,93	+ 9,54	− 2,32
$-\frac{1}{5}$	− 26,70	− 31,30	− 58,00	+ 4,60	$-\frac{1}{5}$	+ 3,44	+ 5,07	+ 8,51	− 1,63
$-\frac{2}{5}$	− 23,80	− 29,15	− 52,95	+ 5,35	$-\frac{2}{5}$	+ 2,93	+ 3,91	+ 6,84	− 0,98
$-\frac{3}{5}$	− 17,90	− 23,35	− 41,25	+ 5,45	$-\frac{3}{5}$	+ 2,23	+ 2,58	+ 4,81	− 0,35
$-\frac{4}{5}$	− 8,10	− 13,60	− 21,70	+ 5,50	$-\frac{4}{5}$	+ 1,46	+ 1,22	+ 2,68	+ 0,24
1	+ 5,90	+ 0,53	+ 6,43	+ 5,37	1	+ 0,79	+ 0,10	+ 0,89	+ 0,69
		Feld 2					Feld 4		
1	+ 5,9	+ 0,53	+ 6,40	+ 5,40	1	+ 0,79	+ 0,10	+ 0,89	+ 0,69
$\frac{4}{5}$	− 6,85	− 11,25	− 18,10	+ 4,40	$\frac{4}{5}$	+ 0,24	− 0,74	− 0,50	+ 0,98
$\frac{3}{5}$	− 15,45	− 19,30	− 34,75	+ 3,85	$\frac{3}{5}$	− 0,15	− 1,29	− 1,44	+ 1,14
$\frac{2}{5}$	− 20,45	− 23,25	− 43,70	+ 2,80	$\frac{2}{5}$	− 0,42	− 1,58	− 2,00	+ 1,16
$\frac{1}{5}$	− 22,55	− 24,10	− 46,65	+ 1,55	$\frac{1}{5}$	− 0,55	− 1,64	− 2,19	+ 1,09
0	− 22,15	− 22,50	− 44,65	+ 0,35	0	− 0,60	− 1,54	− 2,14	+ 0,94
$-\frac{1}{5}$	− 20,05	− 19,80	− 39,85	− 0,25	$-\frac{1}{5}$	− 0,58	− 1,32	− 1,90	+ 0,74
$-\frac{2}{5}$	− 16,35	− 14,85	− 31,20	− 1,50	$-\frac{2}{5}$	− 0,49	− 1,01	− 1,50	+ 0,52
$-\frac{3}{5}$	− 12,20	− 9,70	− 21,90	− 2,50	$-\frac{3}{5}$	− 0,37	− 0,67	− 1,14	+ 0,30
$-\frac{4}{5}$	− 8,00	− 4,57	− 12,57	− 3,43	$-\frac{4}{5}$	− 0,25	− 0,32	− 0,57	+ 0,07
1	− 4,10	− 0,37	− 4,47	− 3,73	1	− 0,13	− 0,03	− 0,16	− 0,10

Es bezeichne $\eta_{n-1,r}$ die Ordinate der Einflußlinie im Felde r, für das Moment über der Stütze $n - 1$, und $\eta_{n,r}$ die Ordinate der Einflußlinie desselben Feldes für das Moment über der Stütze n. Die Ordinate der Einflußlinie im Felde r für das Moment des Längsträgers in Mitte des Feldes n ist dann zu berechnen aus

$$r \lessgtr n$$

$$\eta = \tfrac{1}{2}(\eta_{n-1,r} + \eta_{n,r}),$$

$$r = n$$

$$\eta = \frac{l}{4}(1 - z) + \tfrac{1}{2}(\eta_{n-1,n} + \eta_{nn});$$

wenn $z = \frac{2x}{l}$ beiderseits der Feldmitte positiv eingeführt wird. Nach diesen Formeln sind die Ordinaten der Einflußlinie für das Moment eines Längsträgers — a — in der Mitte eines in Brückenmitte gelegenen Feldes ermittelt, für welches mit großer Genauigkeit $\eta_{nr} = \eta_{n-1,r-1}$ gesetzt werden kann. Tafel 5 gibt die Ordinaten an, die Spalte a für die Felder des Längsträgers a, Spalte b für die des Längsträgers b. Ferner sind in Tafel 6 die Ordinaten der Einflußlinie für das Moment eines Längsträgers — a — in 0,4 l des Feldes 1 eingetragen, die aus den Ordinaten η_{1r} berechnet sind.

Tafel 5.

z	Felder $n-2$, $n+2$		Felder $n-1$, $n+1$		Feld n	
	a	b	a	b	a	b
1	+ 0,37	+ 0,29	— 1,75	— 1,45	+ 1,42	+ 1,17
$\frac{4}{5}$	+ 1,13	+ 0,11	— 5,15	— 1,35	+ 16.3	+ 1,55
$\frac{3}{5}$	+ 1,99	— 0,10	— 9,05	— 1,15	+ 35,1	+ 1,85
$\frac{2}{5}$	+ 2,80	— 0,35	— 12,80	— 0,80	+ 58,1	+ 1,95
$\frac{1}{5}$	+ 3,52	— 0,63	— 16,20	— 0,70	+ 84,5	+ 2,20
0	+ 3,92	— 0,83	— 18,50	— 0,20	+ 115,6	+ 2,20
$\frac{1}{5}$	+ 4,05	— 1,15	— 19,50	— 0,00	+ 84,5	+ 2,20
$\frac{2}{5}$	+ 3,66	— 1,24	— 18,20	+ 0,20	+ 58,1	+ 1,95
$\frac{3}{5}$	+ 2,54	— 1,40	— 14,90	+ 0,70	+ 35,1	+ 1,85
$\frac{4}{5}$	+ 1,04	— 1,65	— 8,40	+ 0,70	+ 16,3	+ 1,55
1	— 1,75	— 1,45	+ 1,42	+ 1,17	+ 1,42	+ 1,17

Tafel 6.

	Feld 1		Feld 2		Feld 3		Feld 4	
	a	b	a	b	a	b	a	b
1	0	0	+ 2,56	+ 2,15	— 1,79	— 1,50	+ 0,35	+ 0,27
$\frac{4}{5}$	+ 32,8	+ 0,35	— 7,25	+ 1,75	— 0,74	— 1,54	— 0,21	+ 0,38
$\frac{3}{5}$	+ 56,1	+ 0,75	— 13,65	+ 1,35	+ 2,46	— 1,48	— 0,57	+ 0,45
$\frac{2}{5}$	+ 100,2	+ 1,10	— 17,3	+ 0,90	+ 3,48	— 1,35	— 0,80	+ 0,46
$\frac{1}{5}$	+ 135,4	+ 1,30	— 18,6	+ 0,65	+ 3,92	— 1,12	— 0,88	+ 0,44
0	+ 107,1	+ 1,40	— 17,8	+ 0,15	+ 3,82	— 0,93	— 0,85	+ 0,37
$\frac{1}{5}$	+ 81,7	+ 1,90	— 15,9	— 0,10	+ 3,40	— 0,61	— 0,75	+ 0,29
$\frac{2}{5}$	+ 56,8	+ 2,10	— 12,5	— 0,60	+ 2,73	— 0,39	— 0,60	+ 0,21
$\frac{3}{5}$	+ 35,4	+ 2,15	— 8,78	— 1,00	+ 1,92	— 0,14	— 0,41	+ 0,12
$\frac{4}{5}$	+ 14,3	+ 2,20	— 5,02	— 1,40	+ 1,04	+ 0,09	— 0,23	+ 0,03
1	+ 2,56	+ 2,15	— 1,79	— 1,50	+ 0,35	+ 0,27	— 0,06	— 0,05

86. Der Balkenrost.

Auf $m-1$ parallelen Balken gleichen Abstandes l liegt eine diese rechtwinklig kreuzende Schar von p Balken in gleichem Abstand λ. Die Balken der unteren, I bezeichneten Lage sind in den Punkten 0 und $p+1$ unverschieblich gestützt, die Balken der oberen, II bezeichneten Lage in den Punkten o und m. Letztere werden $a, b \,..\, p$ bezeichnet. Das Trägheitsmoment J der Balken der Lage II sei konstant oder in allen Feldern in gleicher Weise symmetrisch zur Feldmitte veränderlich.

Das Trägheitsmoment der Balken I ist längs der Achse beliebig veränderlich, aber in jedem zu II parallelen Schnitte in allen Balken gleich. $M_{na} \dots M_{np}$ bezeichnen die Momente, $R_{na} \dots R_{np}$ die Stützdrücke der Balken $a \dots p$ längs des n-ten Balkens I. Um den Einfluß der Momente M_{ir} $(r = a \dots p)$ zu untersuchen, werden über dem Balken I_i Gelenke eingeschaltet und die Querschnitte beiderseits der Gelenke durch die zunächst unbestimmten äußeren Momente M_{ir} belastet. In den Punkten $n = 1 \dots i - 1$ sowie $n = i + 1 \dots m - 1$ bestehen die Elastizitätsgleichungen und Stützdruckgleichungen $(r = a \dots p)$

$$\left.\begin{aligned} &\text{a)} \qquad \Delta^2 M_{nr} + 6\, M_{nr} + \frac{6\,E \cdot J}{l^2} \sum_a^p {}_v\, \Delta^2 R_{nv} \cdot \delta_{rv} = 0\,, \\ &\text{b)} \qquad \Delta^2 M_{nr} = R_{nr} \cdot l\,. \end{aligned}\right\} \tag{71}$$

Hierin ist δ_{rv} die lotrechte Verschiebung der Balken I im Punkte r erzeugt durch die Last $P_v = 1$ im Punkte v desselben Balkens. Die Gleichungen, deren Anzahl $2 \cdot 2\,p$ ist, sind durch die R_{nv} untereinander verknüpft und bilden demnach 2 in i getrennte Systeme von je $2\,p$ simultanen Differenzengleichungen. Zu jedem System gehören p unbekannte Momente und p Stützdrücke in i. Außerdem sind p Momente und p Stützdrücke in den Endpunkten o und m vorhanden. Mithin stellen die Differenzengleichungen $2\,p\,(m - 2)$ lineare Gleichungen mit $2\,p\,(m + 2)$ Unbekannten dar und die vollständige Lösung muß $2 \cdot 4\,p$ willkürliche Konstante enthalten. Wird das Moment in einem der Balken II, z. B. II_a $M_{na} = C \cdot k^n$ gesetzt, dann ist $M_{nr} = C \cdot r \cdot k^n$, $R_{na} \cdot l = C \cdot a' \cdot k^n$, $R_{nr} \cdot l = C \cdot r' \cdot k^n$ einzuführen. Mit diesen Teillösungen folgt aus den Gleichungen (71 b)

$$a' = \left(\frac{1-k}{k}\right)^2 = w\,, \qquad r' = r \cdot w\,.$$

Die Gleichungen (71 a) nehmen die Form

$$r\,(w + 6) + \frac{6\,E \cdot J}{l^3}\, w^2 \sum_a^p {}_v\, v \cdot \delta_{rv} = 0 \tag{72}$$

an. Hieraus wird w eliminiert, indem jede Gleichung mit $\dfrac{l^3}{6\,E\,J\,w^2 \cdot r}$ multipliziert wird. Das erste Glied ist dann in allen Gleichungen $\dfrac{(w+6)\,l^3}{6\,E\,J\,w^2}$, mithin erhält man, indem man je 2 Gleichungen voneinander abzieht, $p - 1$, Gleichungen, die nur $a = 1,\ b \dots p$ enthalten. Die erste der Gleichungen (72) lautet:

$$\frac{(w+6)\,l^3}{6\,E\,J\,w^2} + \delta_a = 0\,, \qquad \delta_a = \sum_a^p {}_v\, v \cdot \delta_{av} \tag{72 a}$$

wird nun der Reihe nach die 2te, 3te ... $p$te Gleichung von der ersten abgezogen, so ergeben sich $p-1$ Gleichungen

$$\delta_a = \frac{1}{r}\sum_a^p v \cdot \delta_{rv} \qquad (r = b \ldots p)$$

oder

$$r \cdot \delta_a = \sum_a^p v \cdot \delta_{rv}, \tag{73}$$

$$r \cdot \delta_a = \delta_{ra} + b\,\delta_{rb} + c \cdot \delta_{rc} + \cdots + r\,\delta_{rr} + \cdots + p \cdot \delta_{rp}$$

$$-\delta_{ra} = b \cdot \delta_{rb} + c \cdot \delta_{rc} + \cdots + r\,(\delta_{rr} - \delta_a) + \cdots + p \cdot \delta_{rp}. \tag{74}$$

Diese Gleichungen sind, wenn δ_a gefunden ist, linear in $b \ldots p$. Um δ_a zu berechnen, werden sie nach $b \ldots p$ aufgelöst. Man erhält so $b \ldots p$ als Funktionen von δ_a, führt diese in die rechte Seite der Gleichung

$$\delta_a = \delta_{aa} + b\,\delta_{ab} + c \cdot \delta_{ac} + \cdots + p \cdot \delta_{ap}$$

ein und berechnet aus dieser δ_a. Die Determinante aus den Beiwerten der Unbekannten in den Gleichungen (74) enthält δ_a in jedem Glied der Diagonale von b bis p in der Form $\delta_{rr} - \delta_a$. Mithin steht δ_a in jedem der Werte $b \ldots p$ im Zähler in der $p-2$ten oder $p-3$ten, im Nenner in der $p-1$ten Potenz. Da im Zähler wie im Nenner auch δ_a^0 vorkommt, erhält man für δ_a eine Gleichung $p$ten Grades mit p-Wurzeln. Jedem Wurzelwert $\delta_{aa} \ldots \delta_{ap}$ gehört ein Satz von Werten $b \ldots p$ zu, die damit gefunden sind und $b_a \ldots b_p$, $c_a \ldots c_p$ usw. bezeichnet werden sollen. Für jeden Wert δ_a besteht nun die Gleichung

$$w + 6 + \frac{\mu}{2} w^2 = 0, \tag{75}$$

$$\mu = \frac{12\,E\,J}{l^3} \cdot \delta_a,$$

aus der sich 2 Wurzeln für w und weiter 4 Wurzeln für k ergeben. Mithin bestehen 4 p-Wurzeln k und ebenso viele willkürliche Konstante in jedem der beiden Gleichungssysteme $n = 1 \ldots i-1$ und $n = i+1 \ldots m-1$. Die gefundene Lösung ist vollständig. Sie hat für beide Systeme die Form

$$\left.\begin{aligned}
&\text{a)} \quad M_{nr} = \sum_a^p r_\varkappa \left[C_1 k_{\varkappa 1}^n + C_2 k_{\varkappa 2}^n + C_3 k_{\varkappa 1}^{-n} + C_4 k_{\varkappa 2}^{-n}\right],\\
&\text{b)} \quad R_{nr} \cdot l = \sum_a^p r_\varkappa \left[w_{\varkappa 1}\left(C_1 k_{\varkappa 1}^n + C_3 k_{\varkappa 1}^{-n}\right) + w_{\varkappa 2}\left(C_2 k_{\varkappa 2}^n + C_4 k_{\varkappa 2}^{-n}\right)\right].
\end{aligned}\right\} \tag{76}$$

Für beliebige Werte M_{ir} wird die Bestimmung der Konstanten sehr umständlich, da die $2 \cdot 4\,p$ linearen Gleichungen, durch welche die Randbedingungen auszudrücken sind, mindestens $4\,p$ Konstante gleichzeitig enthalten. Eine wesentliche Vereinfachung erhält man durch Zusammenfassung der p-Momente M_{ir} in p-Gruppen $Y_a \ldots Y_p$, deren

Einzelwerte nach den Wurzelwerten $r_a \ldots r_p$ abgestimmt sind. Man setzt

	Y_a	Y_b	$\cdots$	$Y_\varkappa$	$\cdots$	Y_p
M_{ia}	1	1	$\cdots$	1	$\cdots$	1
M_{ib}	b_a	b_b		$b_\varkappa$		b_p
$\vdots$	$\vdots$	$\vdots$		$\vdots$		$\vdots$
M_{ir}	r_a	r_b	$\cdots$	$r_\varkappa$	$\cdots$	b_p
$\vdots$	$\vdots$	$\vdots$		$\vdots$		$\vdots$
M_{ip}	p_a	p_b	$\cdots$	$p_\varkappa$	$\cdots$	p_p

Ist nur eine Gruppe, z. B. $Y_\varkappa$ von 0 verschieden, so lassen sich alle $8\,p$ Randbedingungen

$$\begin{aligned} n &= 0\,, & M_{or} &= 0\,, & R_{or} &= 0\,, \\ n &= m\,, & M'_{mr} &= 0\,, & R'_{mr} &= 0\,, \\ n &= i\,, & M_{ir} &= r_\varkappa \cdot Y_\varkappa = M'_{ir}\,, \\ & & R_{ir} &= R'_{ir}\,, \\ & & M_{i-1,r} - 2\,M_{ir} &+ M'_{i+1,r} = R_{ir} \cdot l\,, \end{aligned}$$

in denen M' und R' die Funktionen für den Ast $i + 1 \ldots m$ bezeichnen, durch 8 Konstante erfüllen, die in den Funktionen

$$\left.\begin{aligned} \boldsymbol{M_{nr}} &= \boldsymbol{r_\varkappa\left[C_1 k_{\varkappa 1}^{n} + C_2 k_{\varkappa 2}^{n} + C_3 k_{\varkappa 1}^{-n} + C_4 k_{\varkappa 2}^{-n}\right]} \\ \boldsymbol{R_{nr} \cdot l} &= \boldsymbol{r_\varkappa\left[w_{\varkappa 1}\left(C_1 k_{\varkappa 1}^{n} + C_3 k_{\varkappa 1}^{-n}\right) + w_{\varkappa 2}\left(C_3 k_{\varkappa 2}^{n} + C_4 k_{\varkappa 2}^{-n}\right)\right]} \end{aligned}\right\} \tag{77}$$

für $n \leqq i$ und denselben Funktionen mit 4 Konstanten C' für $n \geqq i$ vorkommen. In Nr. 85 ist diese Bestimmung der Konstanten für den Fall $r_\varkappa = -1$ durchgeführt. Die in der Gleichung (60) angegebenen, mit $- Y_\varkappa \cdot r_\varkappa$ multiplizierten Funktionen erfüllen die vorliegenden Bedingungen. Daraus folgt: Ist nur eine Gruppe $Y_\varkappa$ vorhanden, so stehen die Momente und Stützdrücke längs jeder Parallelen zu den Balken I zueinander in dem Verhältnis $1 : b_\varkappa : c_\varkappa \ldots p_\varkappa$. Da die Durchbiegung δ_{mr} im Punkte m des Trägers II_r eine lineare Funktion der Momente M_{nr} und Stützdrücke R_{nr} ist, gilt dieselbe Beziehung auch für δ_{mr} und aus demselben Grunde für die gegenseitige Drehung ϑ_r der Querschnitte beiderseits des Gelenkes in i des Balkens r. Für die Durchbiegungen δ_{nr} über den Balken I ist diese Reziehung in den Gleichungen (73) bereits als Bedingung für die Berechnung von δ_a und den Werten $r_\varkappa$ aufgestellt. Denn δ_a ist die Durchbiegung eines der Balken I im Punkte a, die durch die Stützdrücke $R_a = 1$, $R_b = b$, $R_c = c \ldots R_p = p$ erzeugt wird und $\sum_a^p v \cdot \delta_{rv}$ dieselbe Durchbiegung im Punkte r. Da nun $b \ldots p$ aus $p - 1$ Bedingungen

$$r \cdot \delta_a = \sum_a^p v \cdot \delta_{rv}$$

berechnet sind, so erfüllt der Satz der Werte $b \ldots p$ die Gleichungen $\delta_{na} : \delta_{nb} : \delta_{nc} : \cdots = 1 : b : c \cdots$.

Die gefundenen Beziehungen gelten für jede Y-Gruppe. Mithin erhält man die Momente jedes Balkens II_r über n als Funktion der Y in den Gleichungen

$$\left.\begin{aligned}
&n \leq i \\
&M_{nr} = -\sum_a^p{}_{\varkappa}\, Y_\varkappa \cdot r_\varkappa \Big[k_{\varkappa 1}^{n-i}\left(1-k_{\varkappa 2}^{-2m}\right)\left(1-k_{\varkappa 1}^{-2(m-i)}\right)\left(1-k_{\varkappa 1}^{-2n}\right)\frac{\alpha_2}{N} \\
&\qquad - k_{\varkappa 2}^{n-i}\left(1-k_{\varkappa 1}^{-2m}\right)\left(1-k_{\varkappa 2}^{-2(m-i)}\right)\left(1-k_{\varkappa 2}^{-2n}\right)\frac{\alpha_1}{N}\Big], \\
&n \geq i \\
&M_{nr} = -\sum_a^p{}_{\varkappa}\, Y_\varkappa \cdot r_\varkappa \Big[k_{\varkappa 1}^{i-n}\left(1-k_{\varkappa 2}^{-2m}\right)\left(1-k_{\varkappa 1}^{-2(m-n)}\right)\left(1-k_{\varkappa 1}^{-2i}\right)\frac{\alpha_2}{N} \\
&\qquad - k_{\varkappa 2}^{i-n}\left(1-k_{\varkappa 1}^{-2m}\right)\left(1-k_{\varkappa 2}^{-2(m-n)}\right)\left(1-k_{\varkappa 2}^{-2i}\right)\frac{\alpha_1}{N}\Big]
\end{aligned}\right\} \quad (78)$$

und die Stützdrücke durch Gleichungen derselben Bauart mit den Funktionen (60b und d).

Die gewählten Y-Gruppen besitzen den weiteren Vorteil, daß ihre Verschiebungszustände voneinander unabhängig sind.

$$\delta_{r\varkappa} = \delta_{\varkappa r} = 0\,.$$

Der Weg von $Y_r = -1$ infolge $Y_\varkappa = -1$ sei durch die $\vartheta_{r\varkappa}$, die Wege der Momente $M_{ir} = -1$ infolge $Y_\varkappa = -1$ ausgedrückt.

$$\delta_{r\varkappa} = \vartheta_{a\varkappa} + b_r \cdot \vartheta_{b\varkappa} + c_r\,\vartheta_{c\varkappa} + \cdots + p_r \cdot \vartheta_{p\varkappa}\,,$$

$$\delta_{\varkappa r} = \vartheta_{ar} + b_\varkappa \cdot \vartheta_{br} + c_\varkappa\,\vartheta_{cr} + \cdots + p_\varkappa \cdot \vartheta_{pr}$$

wie oben gezeigt ist

$$\vartheta_{a\varkappa} : \vartheta_{b\varkappa} : \vartheta_{c\varkappa} : \cdots : \vartheta_{p\varkappa} = 1 : b_\varkappa : c_\varkappa : \cdots : p_\varkappa\,,$$

$$\vartheta_{ar} : \vartheta_{br} : \vartheta_{cr} : \cdots : \vartheta_{pr} = 1 : b_r : c_r : \cdots : p_r\,.$$

Daraus folgt

$$\delta_{r\varkappa} = \vartheta_{a\varkappa}\left(1 + b_r \cdot b_\varkappa + c_r \cdot c_\varkappa + \cdots + p_r \cdot p_\varkappa\right),$$

$$\delta_{\varkappa r} = \vartheta_{ar}\left(1 + b_r \cdot b_\varkappa + c_r \cdot c_\varkappa + \cdots + p_r \cdot p_\varkappa\right).$$

Da nun aus den p-Y-Gruppen im allgemeinen p verschiedene Werte ϑ_a entstehen, kann der Satz Maxwells von der Gegenseitigkeit der Formänderungen nur durch

$$\delta_{r\varkappa} = \delta_{\varkappa r} = 0\,,$$

$$1 + b_\varkappa \cdot b_r + c_\varkappa \cdot c_r + \cdots + p_\varkappa \cdot p_r = 0$$

erfüllt werden. Die letzte Gleichung ist für eine geringe Zahl von Balken II auch aus den Gleichungen (73) abzuleiten. Sind $\frac{1}{2}p^2$ Wurzelwerte $b \ldots p$ gefunden, dann lassen sich die übrigen einfacher aus diesen Gleichungen berechnen.

Die Einflußlinie für Y_k erhält man aus der Biegungslinie, die durch $Y_\varkappa = -1$ erzeugt wird. Um diese zu berechnen, genügt es, die durch $Y_\varkappa = -1$ erzeugten Stützenmomente M_n und Stützdrücke R_n eines der Balken II, am einfachsten für II_a, nach Gleichung (78) zu bestimmen. Daraus erhält man die Ordinate der Biegungslinie $\delta_{ma\varkappa}$ und $\vartheta_{a\varkappa}$ nach dem in Nr. 85 angegebenen Verfahren und die Ordinate der Einflußlinie $\eta_{a\varkappa}$ in

$$\eta_{a\varkappa} = \frac{\delta_{ma\varkappa}}{\vartheta_{a\varkappa}(1 + b_\varkappa^2 + \cdots + p_\varkappa^2)} = \frac{\eta'_{a\varkappa}}{1 + b_\varkappa^2 + \cdots + p_\varkappa^2}.$$

Für den Balken r ($r = b \ldots p$) ergibt sich weiter

$$\eta_{r\varkappa} = r_\varkappa \cdot \eta_{a\varkappa}.$$

Die Einflußlinie für das Stützenmoment M_{iv} ist dann aus den Ordinaten der Einflußlinien für die Y zusammenzusetzen.

$$y_{va} = v_a \cdot \eta_{aa} + v_b \eta_{ab} + \cdots + v_p \cdot \eta_{ap}$$

ist demnach die Ordinate der Einflußlinie für M_{iv} längs des Balkens II_a und

$$y_{vr} = v_a \cdot r_a \cdot \eta_{aa} + v_b \cdot r_b \cdot \eta_{ab} + \cdots + v_r \cdot r_p \cdot \eta_{ap}$$

die Einflußlinie längs des Balkens II_r. Ebenso ergibt sich

$$y_{rv} = r_a \cdot v_a \cdot \eta_{aa} + r_b \cdot v_b \cdot \eta_{ab} + \cdots + r_p \cdot v_p \cdot \eta_{ap},$$
$$y_{rv} = y_{vr}.$$

Die Ordinate der Einflußlinie für M_{iv} hat längs des Balkens $II\,r$ dieselben Werte wie die Ordinate der Einflußlinie für M_{ir} längs des Balkens II_v.

Die Berechnung aller Einflußlinien ist damit auf die p-malige Berechnung der Einflußlinie für einen der Balken II zurückgeführt, deren Ausgangspunkt jedesmal die Gleichungen (78) bilden. Aus den p verschiedenen Werten δ_a ergeben sich p verschiedene Werte μ in Gleichung (75), daraus p verschiedene Größen $k_1 k_2$ und weiter p verschiedene $\vartheta_{a\varkappa}$.

Die Ordinate der Einflußlinie $\eta'_{a\varkappa} = \dfrac{\delta_{ma\varkappa}}{\vartheta_{a\varkappa}}$ im Felde n ist nach Gleichung (65) aus der Formel

$$\eta'_{a\varkappa} = \frac{l^2 - 4x^2}{48\,l}\,[M_{n-1,a}(3\,l + 2\,x)$$
$$+ M_{na}(3\,l - 2\,x)]\,\frac{l^2}{E \cdot J \cdot \delta_a\,[\varphi\,(n+1) - \varphi'\,(n+1)]\,w'}$$
$$+ \eta_{n-1,a}\frac{l + 2\,x}{2\,l} + \eta_{na}\frac{l - 2\,x}{2\,l}.$$

$$w' = \frac{1}{\mu}\sqrt{1 - 12\,\mu}$$

zu berechnen, die dazu durch $z = \frac{2x}{l}$ zweckmäßig auf die Form

$$\left.\begin{aligned}\frac{\eta'_{a\varkappa}}{l} &= \frac{1 - z^2}{4\sqrt{1 - 12\mu[\varphi(n+1) - \varphi'(n+1)]}}[M_{n-1,a}(3+z) + M_{na}(3-z)] \\ &\quad + \frac{\eta_{n-1,a}}{l}(1+z) + \frac{\eta_{na}}{l}(1-z),\end{aligned}\right\} \quad (79)$$

$$\frac{\eta_{na}}{l} = \frac{R_{na} \cdot l}{\frac{1}{\mu}\sqrt{1 - 12\mu[\varphi(n+1) - \varphi'(n+1)]}}$$

gebracht wird. Nun ist $\mu = \frac{12 E \cdot J \cdot \delta_a}{l^3}$ eine reine Zahl, das trifft demnach auch für k und alle Größen zu, die aus μ zu berechnen sind. Daraus folgt, daß auch die Funktionen für M_{na} und $R_{na} \cdot l$ [Gleichung (77)] Zahlen sind. Wird x in Teilen von l ausgedrückt, so ist die rechte Seite der Gleichung (79) eine von l unabhängige Zahl, die durch μ allein bestimmt ist. Man kann daher für verschiedene Werte von μ Kurven berechnen, deren Abszissen und Ordinaten Zahlen sind, und aus diesen die Einflußlinie längs eines Balkens nach Bestimmung des jeweils zutreffenden Wertes μ durch Multiplikation mit $\frac{l}{1 + b_\varkappa^2 + c_\varkappa^2 + \cdots}$ gewinnen[1]).

87. Durchlaufender Balken auf Pfosten mit eingespannten Füßen (Abb. 419).

Die Pfosten werden von 0 bis m gezählt, sie haben gleichen Abstand l, gleiches Trägheitsmoment J_v und den Querschnitt F. Der Balken hat in allen Querschnitten das Trägheitsmoment J_0. Es bezeichnet M_{vn} das Moment im Pfosten n für den Querschnitt in $^1/_3$ der Höhe h. H_n die Querkraft, R_n die Normalkraft im Pfosten n. Der Pfosten n sei dem Rahmen n, $n+1$, der Pfosten $n+1$ dem Rahmen $n+1$, $n+2$ zugezählt und der Augenpunkt für jeden Rahmen im Inneren gewählt. Dann ist M_{vn} als Moment der Kräfte am unteren Drittel des Pfostens positiv rechtsdrehend, H_n als horizontale Komponente der Resultierenden derselben Kräfte positiv von rechts nach links gerichtet. R_n sei als Druckkraft positiv angesetzt.

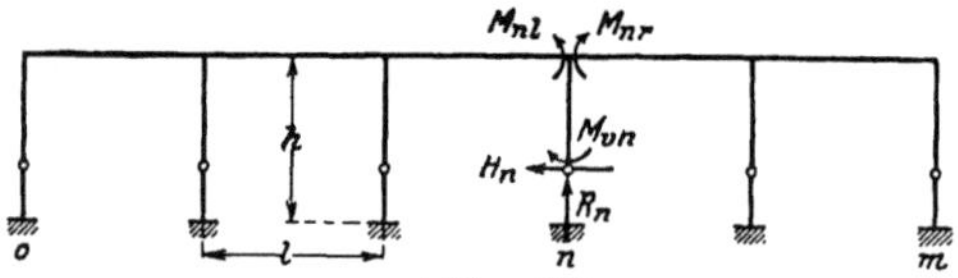

Abb. 419.

Ferner bezeichne M_{nr} das Moment im Riegel n, $n+1$ unmittelbar rechts vom Pfosten n, M_{nl} das Moment im Riegel $n-1$, n unmittelbar

---

1) Witt, P.: Berechnung eines Systems gekreuzter Träger, Diss. Hannover 1923, entwickelt das Wesentliche der Lösung und berechnet eine Anzahl von Einflußlinien für verschiedene Werte μ.

links vom Pfosten. Da der Riegel $n+1$ dem gleichnamigen Rahmen zugezählt wird, ist M_{nr} als Moment der Kräfte links des betrachteten Riegelquerschnittes rechtsdrehend, M_{nl} als Moment der Kräfte rechts des betrachteten Riegelquerschnittes linksdrehend positiv. Abb. 419 zeigt die positiven Richtungen der eingeführten Kräfte und Momente.

Die Rahmen n und $n+1$ seien unbelastet. Die Arbeitsgleichung für den Zustand $\overline{M}_{nl} = \overline{M}_{nr} = +1$, alle andern $\overline{M} = 0$, $\overline{H} = 0$, in welchem die Stützdrücke $\overline{R}_{n-1} = \overline{R}_{n+1} = \frac{1}{l}$, $\overline{R}_n = -\frac{2}{l}$ auftreten, und den Verschiebungszustand des statisch unbestimmten Systems lautet

$$\left.\begin{aligned} M_{n-1,r}\frac{l}{6EJ_0} + 2(M_{nl}+M_{nr})\frac{l}{6EJ_0} + M_{n+1,l}\frac{l}{6EJ_0} \\ + \frac{h}{EFl}(R_{n-1} - 2R_n + R_{n+1}) = 0\,. \end{aligned}\right\} \quad (80)$$

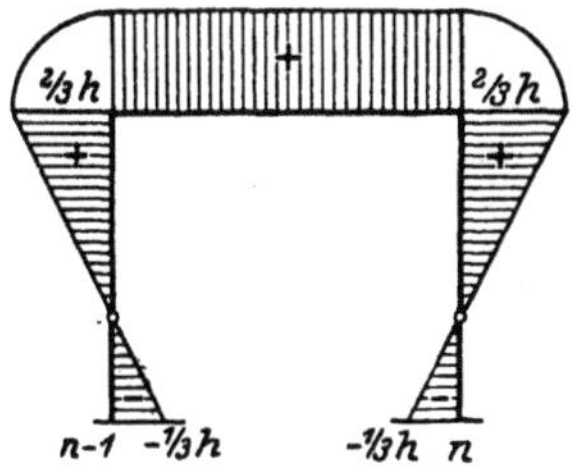

Abb. 420.

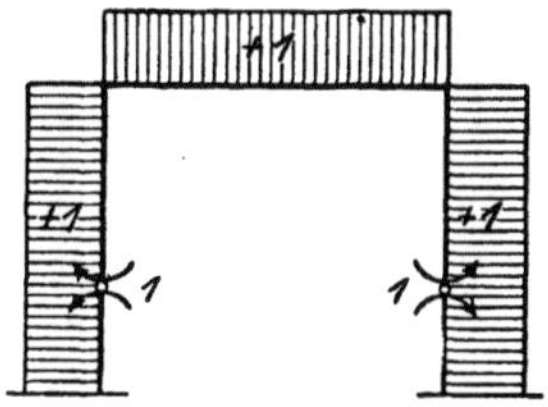

Abb. 421.

Die Arbeitsgleichung für den Zustand $\overline{H}_{n-1} = 1$, $\overline{H}_n = -1$, $\overline{M}_{n-1,r} = \overline{M}_{nl} = \frac{2}{3}h$, alle andern $\overline{M} = 0$, $\overline{H} = 0$ (Abb. 420) lautet

$$\left.\begin{aligned} (M_{n-1,r} + M_{nl})\frac{l}{2EJ_0}\cdot\frac{2h}{3} + (H_{n-1} - H_n)\frac{h}{4EJ_v}\cdot\left(\frac{2h}{3}\right)^2 \\ + (M_{v,n-1} - M_{v,n})\frac{h^2}{6EJ_v} = 0\,. \end{aligned}\right\} \quad (81)$$

Die Arbeitsgleichung für den Zustand $\overline{M}_{v,n-1} = +1$, $\overline{M}_{vn} = -1$, $\overline{M}_{n-1,r} = \overline{M}_{nl} = +1$, alle andern $\overline{M} = 0$, $\overline{H} = 0$ (Abb. 421) lautet

$$\left.\begin{aligned} (M_{n-1,r} + M_{nl})\frac{l}{2EJ_0} + (H_{n-1} - H_n)\tfrac{2}{3}h\frac{h}{4EJ_v} \\ + (M_{v,n-1} - M_{vn})\frac{h}{EJ_v} = 0\,. \end{aligned}\right\} \quad (82)$$

Aus (81) und (82) folgt

$$M_{v,n-1} - M_{vn} = 0\,.$$

Mithin liefern die Gleichungen (81) und (82) eine Elastizitätsgleichung, die in der Form

$$\left.(M_{n-1,r} + M_{nl})\frac{l'}{2} + (H_{n-1} - H_n)\tfrac{2}{3}h\frac{h'}{4} = 0\right\} \qquad (83)$$

angeschrieben werden kann, wenn

$$l' = l\frac{J_c}{J_0}, \qquad h' = h\frac{J_c}{J_v}$$

ist. Ebenso folgt für den Rahmen n, $n+1$

$$M_{vn} = M_{v,n+1}$$

und

$$(M_{nr} + M_{n+1,l})\frac{l'}{2} + (H_n - H_{n+1})\tfrac{2}{3}h\frac{h'}{4} = 0\,.$$

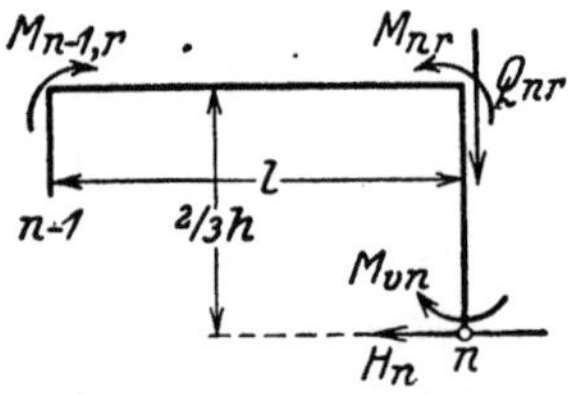

Abb. 422.

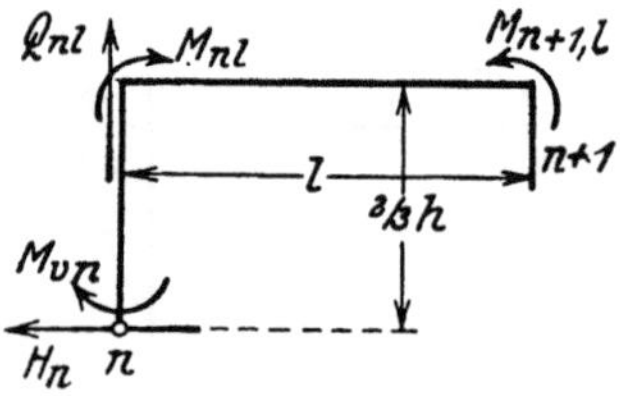

Abb. 423.

Eine weitere Gleichung folgt aus den Gleichgewichtsbedingungen für die in den Abb. 422 und 423 dargestellten Teile des Tragwerkes. Es bezeichne Q_{nl} die Querkraft für den Querschnitt links und Q_{nr} die für den Querschnitt rechts des Pfostens n. Dann folgt aus

$$(n+1)M_{n+1,l} = M_{nl} + M_{vn} + H_n\tfrac{2}{3}h + (Q_{nl} + R_n)\,l\,,$$

$$(n-1)M_{n-1,r} = M_{nr} - M_{vn} - H_n\tfrac{2}{3}h - (Q_{nr} - R_n)\,l\,,$$

da $Q_{nr} = Q_{nl} + R_n$ ist, ergibt sich

$$M_{n-1,r} - (M_{nl} + M_{nr}) + M_{n+1,l} = R_n\,l\,. \qquad (84)$$

Im Knotenpunkt n müssen die in den Riegelquerschnitten und im Pfosten auftretenden Momente im Gleichgewicht sein;

$$M_{vn} + H_n\cdot\tfrac{2}{3}h - M_{nr} + M_{nl} = 0\,.$$

Diese Gleichung wird durch die Ansätze

$$M_{nr} = Y_n + \tfrac{1}{2}M_{vn} + H_n\tfrac{1}{3}h\,,$$

$$M_{nl} = Y_n - \tfrac{1}{2}M_{vn} - H_n\tfrac{1}{3}h$$

erfüllt. Dieselbe Beziehung gilt für alle Knotenpunkte, mithin können statt M_{nr} und M_{nl} die Momente Y_n eingeführt werden. Damit entsteht aus Gleichung (80)

$$\left.\begin{array}{l} Y_{n-1} + 4\,Y_n + Y_{n+1} + (H_{n-1} - H_{n+1})\,\tfrac{1}{3}\,h \\ \quad + \mu\,(R_{n-1} - 2\,R_n + R_{n+1}) = 0 \\ \mu = \dfrac{6\,J_0\,h}{F \cdot l^2}\,. \end{array}\right\} \tag{85}$$

aus (83)

$$(Y_{n-1} + Y_n) + (H_{n-1} - H_n)\,\tfrac{2}{3}\,h\,\frac{h' + l'}{2\,l'} = 0\,, \tag{86}$$

aus (84)

$$Y_{n-1} - 2\,Y_n + Y_{n+1} + (H_{n-1} - H_{n+1})\,\tfrac{1}{3}\,h - R_n\,l = 0\,. \tag{87}$$

Für belastete Felder ergeben sich aus denselben Arbeitsgleichungen und Gleichgewichtsbedingungen Gleichungen, welche die Momente Y_n, sowie die Kräfte H_n und R_n in denselben Ausdrücken enthalten, wie die vorstehenden, außerdem jedoch Funktionen der Lasten. Werden sie als Differenzengleichungen aufgefaßt, so stellen also die Gleichungen (85), (86), (87) die homogene Form dar. Nun sind je $m - 1$ Gleichungen (85) und (87) und m Gleichungen (86) vorhanden, im ganzen also $3\,m - 2$. Die Unbekannten sind je $m + 1$ Momente Y_n, Kräfte H_n und R_n, also $3\,m + 3$. Die Zahl der Unbekannten übersteigt die der Gleichungen um 5, die vollständige Lösung der Differenzengleichungen muß also fünf willkürliche Konstante enthalten.

Zur Auflösung wird zweckmäßig aus den Gleichungen (85) und (87) $H_{n-1} - H_{n+1}$ mit Hilfe der Gleichung (86) und der analogen für den Rahmen n, $n + 1$ bestehenden eliminiert. Letztere lautet

$$Y_n + Y_{n+1} + (H_n - H_{n+1})\,\tfrac{2}{3}\,h\,\frac{h' + l'}{2\,l'} = 0\,,$$

dazu (86) addiert, gibt

$$Y_{n-1} + 2\,Y_n + Y_{n+1} + (H_{n-1} - H_{n+1})\,\tfrac{2}{3}\,h\,\frac{h' + l'}{2\,l'} = 0\,.$$

Mithin ergeben sich folgende drei simultane Differenzengleichungen

$$\left.\begin{array}{ll} \text{a)} & \Delta^2\,Y_n + 2\,Y_n\,\dfrac{3\,h' + l'}{h'} + \mu\,\dfrac{h' + l'}{h'}\,\Delta^2\,R_n = 0\,, \\ \text{b)} & \Delta^2\,Y_n - 4\,Y_n\,\dfrac{l'}{h'} - R_n\,l\,\dfrac{h' + l'}{h'} = 0\,, \\ \text{c)} & Y_{n-1} + Y_n + (Z_{n-1} - Z_n)\,\dfrac{h' + l'}{2\,l'} = 0\,, \end{array}\right\} \tag{88}$$

wenn $H_n\,\tfrac{2}{3}\,h = Z_n$ gesetzt wird. Eine Teillösung liefern die Ansätze

$$Y_n = C\,k^n\,, \qquad R_n = C \cdot \zeta\,k^n\,, \qquad Z_n = C \cdot \eta\,k^n\,.$$

Die Einführung in die Differenzengleichungen ergibt die charakteristischen Gleichungen

$$\text{a)}\qquad w + 2\frac{3h' + l'}{h'} + \mu\frac{h' + l'}{h'}\zeta \cdot w = 0\,,$$

$$\text{b)}\qquad w - 4\frac{l'}{h'} - \zeta l\frac{h' + l'}{h'} = 0\,,$$

$$\text{c)}\quad (k^{-1} + 1) + \eta(k^{-1} - 1)\frac{h' + l'}{2l'} = 0\,.$$

Die Auflösung ergibt

$$\zeta = \frac{w}{l}\frac{h'}{h' + l'} - 4\frac{l'}{(h' + l')l} = -\frac{w + 2\dfrac{3h' + l'}{h'}}{\mu\dfrac{h' + l'}{h'}w}\,,$$

$$w^2 - w\left(4\frac{l'}{h'} - \frac{l}{\mu}\right) + 2\frac{l(3h' + l')}{\mu h'} = 0\,,$$

$$w = a \pm b\,.$$

$$a = \frac{1}{2}\left(4\frac{l'}{h'} - \frac{l}{\mu}\right),\qquad b = \sqrt{a^2 - 2\frac{l(3h' + l')}{\mu h'}}\,,$$

$$k_1 = \tfrac{1}{2}(2 + a + b) - \sqrt{\tfrac{1}{4}(2 + a + b)^2 - 1}\,,$$

$$k_2 = \tfrac{1}{2}(2 + a - b) - \sqrt{\tfrac{1}{4}(2 + a - b)^2 - 1}\,,$$

$$k_3 = k_1^{-1}\,,\qquad k_4 = k_2^{-1}\,.$$

Aus Gleichung (c) folgt

$$\eta = -\frac{1 + k}{1 - k}\,\frac{2l'}{h' + l'}\,,$$

zu k_1 gehört
$$\eta_1 = -\frac{1 + k_1}{1 - k_1}\,\frac{2l'}{h' + l'}\,,$$

$$\zeta_1 = (a + b)\frac{h'}{l(h' + l')} - \frac{4l'}{l(h' + l')}\,,$$

zu k_3
$$\eta_3 = -\eta_1\,,\qquad \zeta_3 = \zeta_1\,,$$

zu k_2
$$\eta_2 = -\frac{1 + k_2}{1 - k_2}\,\frac{2l'}{h' + l'}\,,$$

$$\zeta_2 = (a - b)\frac{h'}{l(h' + l')} - \frac{4l'}{l(h' + l')}\,,$$

zu k_4
$$\eta_4 = -\eta_2\,,\qquad \zeta_4 = \zeta_2\,.$$

Den vier Wurzeln k entsprechen vier willkürliche Konstante. Da die Lösung fünf Konstante enthalten muß, ist sie nicht vollständig. Man erkennt, daß auch $Y_n = 0$, $R_n = 0$, $Z_n = C$ eine Teillösung ist, welche die Differenzengleichungen befriedigt. Die vollständige Lösung ist somit

$$\left.\begin{aligned} Y_n &= C_1 k_1^n + C_2 k_2^n + C_3 k_1^{-n} + C_4 k_2^{-n}, \\ R_n &= \zeta_1 [C_1 k_1^n + C_3 k_1^{-n}] + \zeta_2 [C_2 k_2^n + C_4 k_2^{-n}], \\ Z_n &= \eta_1 [C_1 k_1^n - C_3 k_1^{-n}] + \eta_2 [C_2 k_2^n - C_4 k_2^{-n}] + C_5. \end{aligned}\right\} \tag{89}$$

Das Feld $r, r+1$ sei durch die Einzellast P im Abstand a von der Feldmitte — positiv in Richtung $r+1, r$ — belastet. Dann gelten für $n = 0 \ldots r$ die vorstehenden Ansätze und für $n = r+1 \ldots m$ dieselben mit andern Konstanten, die C' bezeichnet seien. Zur Bestimmung der Konstanten liefert das belastete Feld folgende Gleichungen: je eine Gleichung von der Art der Gleichung (85) für die Stütze r und $r+1$, nämlich

$$\left.\begin{aligned} &Y_{r-1} + 4\,Y_r + Y_{r+1} + (H_{r-1} - H_{r+1})\tfrac{1}{3}h \\ &\quad + \mu(R_{r-1} - 2\,R_r + R_{r+1}) = -\frac{P(l^2 - 4a^2)}{8\,l^2}(3\,l + 2\,a), \end{aligned}\right\} \tag{90}$$

$$\left.\begin{aligned} &Y_r + 4\,Y_{r+1} + Y_{r+2} + (H_r - H_{r+2})\tfrac{1}{3}h \\ &\quad + \mu(R_r - 2\,R_{r+1} + R_{r+2}) = -\frac{P(l^2 - 4a^2)}{8\,l^2}(3\,l - 2\,a), \end{aligned}\right\} \tag{91}$$

eine Gleichung von der Art der Gleichung (86) für den Rahmen $r, r+1$,

$$Y_r + Y_{r+1} + (H_r - H_{r+1})\tfrac{2}{3}h\,\frac{h' + l'}{2\,l'} = -\frac{P(l^2 - 4a^2)}{4\,l}, \tag{92}$$

je eine Gleichung von der Art der Gleichung (87) für die Stützen r und $r+1$, nämlich

$$Y_{r-1} - 2\,Y_r + Y_{r+1} + (H_{r-1} - H_{r+1})\tfrac{1}{3}h - R_r l = -P\,\frac{l + 2a}{2}, \tag{93}$$

$$Y_r - 2\,Y_{r+1} + Y_{r+2} + (H_r - H_{r+2})\tfrac{1}{3}h - R_{r+1} l = -P\,\frac{l - 2a}{2}. \tag{94}$$

Weitere vier Gleichungen liefern die Bedingungen der Endstützen. Aus

$$M_{0r} = M_v + H_0\tfrac{2}{3}h$$

folgt

$$Y_0 - \tfrac{1}{2}M_v - H_0\tfrac{1}{3}h = 0. \tag{95}$$

Aus

$$M_{ml} = -M_v - H_0\tfrac{2}{3}h$$

folgt

$$Y_m + \tfrac{1}{2}M_v + H_0\tfrac{1}{3}h = 0. \tag{96}$$

Ferner bestehen die Gleichgewichtsbedingungen

$$R_0 l + M_v + H_0\tfrac{2}{3}h = M_{1l}, \tag{97}$$

$$R_m l - M_v - H_m\tfrac{2}{3}h = M_{m-1,r}, \tag{98}$$

$$\sum_0^m{}^n H_n = 0. \tag{99}$$

Da in den Gleichungen (90) bis (99) M_v vorkommt, wird eine weitere Gleichung zur Berechnung von M_v benötigt. Sie ergibt sich aus der Arbeitsgleichung für den Zustand $M_{v,n-1} = +1$, $M_{v,n} = +1$, $M_{n-1,r} = +1$, $M_{nl} = -1$, alle andern M_0, $M_n = 0$, alle $H = 0$ und den Verschiebungszustand des statisch unbestimmten Systems. Da die bezeichnete Belastung $R_{n-1} = -R_n = -\frac{2}{l}$ erzeugt, lautet die Arbeitsgleichung

$$2\,M_v h' + (H_{n-1} + H_n)\,\tfrac{2}{3}h\,\frac{h'}{4} + (M_{n-1,r} - M_{nl})\,\frac{l'}{6}$$
$$-\,(R_{n-1} - R_n)\,\frac{2\,h}{l}\,\frac{J_c}{F} = 0$$

oder

$$\left.\begin{aligned} M_0\,\frac{12\,h' + l'}{6} + (H_{n-1} + H_n)\,\tfrac{2}{3}h\,\frac{3\,h' + l'}{12} + (Y_{n-1} - Y_n)\,\frac{l'}{6}\\ -\,(R_{n-1} - R_n)\,\frac{l'\mu}{3} = 0,\end{aligned}\right\} \qquad (100)$$

wird hierin

$$Y_n = C\,k^n, \qquad R_n = C\cdot\zeta\,k^n, \qquad H_n\,\tfrac{2}{3}h = C\cdot\eta\,k^n$$

eingeführt, so entsteht aus den drei letzten Gliedern

$$C\,k^n\left[\eta\,\frac{1+k}{k}\,\frac{3\,h' + l'}{12} + \frac{1-k}{k}\,\frac{l'}{6} - \frac{1-k}{k}\,\zeta\,\frac{l'\mu}{3}\right]$$

und mit

$$\eta = -\frac{1+k}{1-k}\,\frac{l'}{h' + l'},$$

$$C\,k^n\left[\frac{(1-k)^2}{k} - \frac{(1+k)^2}{k}\,\frac{3\,h' + l'}{h' + l'} - \frac{(1-k)^2}{k}\,2\,\zeta\,\mu\right]\frac{l'}{6\,(1-k)} =$$
$$C\,k^n\left[-\frac{(1-k)^2}{k}\,\frac{2\,h'}{h' + l'} - 4\,\frac{3\,h' + l'}{h' + l'} - \frac{(1-k)^2}{k}\,2\,\zeta\,\mu\right]\frac{l'}{6\,(1-k)}.$$

Nach der charakteristischen Gleichung a wird die Klammer $= 0$. Da das für alle vier Wurzeln k gilt, so folgt aus (100)

$$M_v\,\frac{12\,h' + l'}{6} + 2\,C_5\,\frac{3\,h' + l'}{12} = 0,$$

$$M_v = -\,C_5\,\frac{3\,h' + l'}{12\,h' + l'}.$$

Da M_v für alle Pfosten denselben Wert hat, folgt daraus weiter

$$C_5 = C_5',$$

so daß nur neun Konstante zu berechnen sind. Demgemäß enthalten die Gleichungen (90) bis (94) nur vier voneinander unabhängige.

Die weitere Rechnung sei für den meist vorliegenden Fall durchgeführt, daß der Einfluß der Stützensenkungen vernachlässigt, d. h. $\mu = 0$ gesetzt werden kann.

In diesem Falle liefert die charakteristische Gleichung a

$$w + 2\frac{3h' + l'}{h'} = 0,$$

die stets reellen Wurzeln

$$k_1 = -\frac{2h' + l'}{h'} - \sqrt{\left(\frac{2h' + l'}{h'}\right)^2 - 1} = k \text{ bezeichnet},$$

$$k_3 = \quad k^{-1},$$

$$\eta_1 = -\frac{1+k}{1-k}\frac{2l'}{h'+l'} = \eta \text{ bezeichnet},$$

$$\eta_3 = -\eta, \qquad \zeta = -\frac{6}{l}.$$

Damit ergeben sich die Funktionen

$$n \leqq r,$$

$$Y_n = C_1 k^n + C_3 k^{-n} = f(n),$$

$$Z_n = \eta(C_1 k^n - C_3 k^{-n}) + C_5 = \varphi(n) + C_5,$$

$$R_n = \zeta(C_1 k^n + C_3 k^{-n}),$$

$$n \geqq r+1,$$

$$Y_n = C_1' k^n + C_3' k^{-n} = f'(n),$$

$$Z_n = \eta(C_1' k^n - C_3' k^{-n}) + C_5 = \varphi'(n) + C_5,$$

$$R_n = \zeta(C_1' k^n + C_3' k^{-n}).$$

Zur Bestimmung der Konstanten genügen die Gleichungen (90), (91), (92), (95), (96), (99). Führt man die Funktionen in diese ein, so wird aus (90) und (91)

$$-f(r+1) + f'(r+1) + \tfrac{1}{2}[\varphi(r+1) - \varphi'(r+1)] = -\frac{P(l^2 - 4a^2)}{8l^2}(3l + 2a),$$

$$f(r) - f'(r) + \tfrac{1}{2}[\varphi(r) - \varphi'(r)] = -\frac{P(l^2 - 4a^2)}{8l^2}(3l - 2a).$$

Aus (92) folgt

$$f(r) - f'(r) + [\varphi(r) - \varphi'(r)]\frac{l' + h'}{2l'} = -\frac{P(l^2 - 4a^2)}{4l}$$

oder

$$-f(r+1) + f'(r+1) + [\varphi(r+1) - \varphi'(r+1)]\frac{l' + h'}{2l'} = -\frac{P(l^2 - 4a)}{4l}.$$

Durch Elimination der Funktionen φ entsteht

$$-f(r+1) + f'(r+1) = -\frac{P(l^2 - 4a^2)}{8l^2}(3l + 2a)\frac{l' + h'}{h'} + \frac{P(l^2 - 4a^2)}{4l}\frac{l'}{h'}$$

$$f(r) - f'(r) = -\frac{P(l^2 - 4a^2)}{8l^2}(3l - 2a)\frac{l' + h'}{h'} + \frac{P(l^2 - 4a^2)}{4l}\frac{l'}{h'}.$$

Mit den Bezeichnungen

$$C_1'' = C_1 - C_1', \qquad C_2'' = C_2 - C_2'$$

ergibt sich daraus

$$C_1'' = -\frac{P(l^2-4a^2)}{4l}\left\{\frac{l'+h'}{h'}\left[\frac{3l+2a}{2l}+\frac{3l-2a}{2l}k^{-1}\right]k^{-r}\frac{k}{1-k^2} - \frac{l'}{h'}k^{-r}\frac{1+k}{1-k^2}\right\},$$

$$C_3'' = +\frac{P(l^2-4a^2)}{4l}\left\{\frac{l'+h'}{h'}\left[\frac{3l+2a}{2l}+\frac{3l-2a}{2l}\cdot k\right]k^{r}\frac{k}{1-k^2} - \frac{l'}{h'}k^{r}\frac{(1+k)k}{1-k^2}\right\}.$$

Wird aus den aus (90), (91), (92) abgeleiteten Gleichungen f und f' eliminiert, so erhält man

$$[\varphi(r)-\varphi'(r)]\frac{h'}{2l'} = +\frac{P(l^2-4a^2)}{8l^2}(3l-2a) - \frac{P(l^2-4a^2)}{4l}.$$

Diese Gleichung wird durch die für C_1'' und C_3'' gefundenen Werte identisch erfüllt, somit die oben abgeleitete Beziehung $C_5 = C_5'$ bestätigt. Aus (95) und (96) folgt mit $M_v = -C_5\frac{3h'+l'}{12h'+l'}$,

$$C_1(1-\tfrac{1}{2}\eta) + C_3(1+\tfrac{1}{2}\eta) - C_5\frac{9h'}{2(12h'+l')} = 0, \tag{101}$$

$$C_1'k^m(1+\tfrac{1}{2}\eta) + C_3'k^{-m}(1-\tfrac{1}{2}\eta) + C_5\frac{9h'}{2(12h'+l')} = 0. \tag{102}$$

Die Bedingung $\sum\limits_0^m H_n = \sum\limits_0^m Z_n = 0$ lautet

$$\eta\sum_0^r{}^n(C_1k^n - C_3k^{-n}) + \eta\sum_{r+1}^m{}^n(C_1'k^n - C_3'k^{-n}) + (m+1)C_5 = 0.$$

Daraus ergibt sich

$$\eta\sum_0^m{}^n(C_1k^n - C_3k^{-n}) - \eta\sum_{r+1}^m{}^n(C_1''k^n - C_3''k^{-n}) + (m+1)C_5 = 0,$$

$$\left.\begin{aligned}\eta\frac{1-k^{m+1}}{1-k}(C_1 - C_3k^{-m}) - \eta\frac{k^r-k^m}{1-k}(C_1''k - C_3''k^{-m-r})&\\ +(m+1)C_5 = 0&\end{aligned}\right\}\tag{103}$$

oder

$$\eta \sum_0^r n (C_1'' k^n - C_3'' k^{-n}) + \eta \sum_0^m n (C_1' k^n - C_3' k^{-n}) + (m+1) C_5 = 0 ,$$

$$\left. \begin{aligned} \eta \frac{1-k^{r+1}}{1-k} (C_1'' - C_3'' k^{-r}) + \eta \frac{1-k^{m+1}}{1-k} (C_1' - C_3' k^{-m}) \\ + (m+1) C_5 = 0 . \end{aligned} \right\} \quad (104)$$

Aus (101) und (103) wird C_5 eliminiert.

$$C_1 \alpha + C_3 k^{-m} \cdot \beta = [C_1'' k - C_3'' k^{-m-r}] \frac{k^r - k^m}{1-k} \frac{\eta}{m+1} \frac{9h'}{2(12h' + l')} , \quad (105)$$

$$\alpha = 1 - \tfrac{1}{2}\eta + \frac{\eta}{m+1} \frac{9h'}{2(12h'+l')} \frac{1-k^{m+1}}{1-k} ,$$

$$\beta = k^m (1 + \tfrac{1}{2}\eta) - \frac{\eta}{m+1} \frac{9h'}{2(12h'+l')} \frac{1-k^{m+1}}{1-k} ,$$

ebenso folgt aus (102) und (104)

$$C_1' \beta + C_3' k^{-m} \cdot \alpha = [C_1'' - C_3'' k^{-r}] \frac{1-k^{r+1}}{1-k} \frac{\eta}{m+1} \frac{9h'}{2(12h'+l')} . \quad (106)$$

Die Addition von (101) und (102) liefert

$$C_1 (\alpha + \beta) + C_3 k^{-m} (\alpha + \beta) = C_1'' k^m (1 + \tfrac{1}{2}\eta) + C_3'' k^{-m} (1 - \tfrac{1}{2}\eta) \quad (107)$$

oder

$$C_1' (\alpha + \beta) + C_3' k^{-m} (\alpha + \beta) = - C_1'' (1 - \tfrac{1}{2}\eta) - C_3'' (1 + \tfrac{1}{2}\eta) . \quad (108)$$

Durch Einführung der für C_1'' und C_3'' gefundenen Werte ergeben sich aus (105) und (107) folgende Gleichungen für C_1 und C_3

$$C_1 \alpha + C_3 k^{-m} \beta = - \frac{P(l^2 - 4a^2)}{4l} \left[\frac{3l+2a}{2l} \varkappa_r + \frac{3l-2a}{2l} \varkappa_{r+1} - \vartheta_r \right] ,$$

$$C_1 (\alpha + \beta) + C_3 k^{-m} (\alpha + \beta) = - \frac{P(l^2 - 4a^2)}{4l} \left[\frac{3l+2a}{2l} \lambda_r + \frac{3l-2a}{2l} \lambda_{r+1} - \varepsilon_r \right] ,$$

$$\varkappa_r = \left[\frac{k^{r-m} - k^{m+1-r}}{1-k} - (m - 2r) \right] \nu ,$$

$$\vartheta_r = \left[\frac{k^{r-m} - k^{m-r}}{1-k} \cdot \frac{(1+k) l'}{l' + h'} - 3(m - 2r - 1) \right] \nu ,$$

$$\nu = \frac{k}{1-k^2} \frac{\eta}{m+1} \frac{9(l'+h')}{2(12h'+l')} ,$$

$$\lambda_r = \frac{k}{1-k^2} \frac{l'+h'}{h'} [k^{m-r} (1 + \tfrac{1}{2}\eta) - k^{r-m} (1 - \tfrac{1}{2}\eta)] ,$$

$$\varepsilon_r = \frac{1}{1-k} \frac{l'}{h'} [k^{m-r} (1 + \tfrac{1}{2}\eta) - k^{r+1-m} (1 - \tfrac{1}{2}\eta)] .$$

Ebenso ergeben sich aus (106) und (108) folgende Gleichungen für C_1' und C_3':

$$C_1'\beta + C_3' k^{-m}\alpha = -\frac{P(l^2-4a^2)}{4l}\left[\frac{3l+2a}{2l}\varkappa_r' + \frac{3l-2a}{2l}\varkappa_{r+1}' - \vartheta_r'\right],$$

$$C_1'(\alpha+\beta) + C_3' k^{-m}(\alpha+\beta) = +\frac{P(l^2-4a^2)}{4l}\left[\frac{3l+2a}{2l}\lambda_r' + \frac{3l-2a}{2l}\lambda_{r+1}' - \varepsilon_r'\right],$$

$$\varkappa_r' = \left[\frac{k^{-r}-k^{r+1}}{1-k} - 2r\right]\nu,$$

$$\vartheta_r' = \left[\frac{k^{-r-1}-k^{r+1}}{1-k}\,\frac{(1+k)\,l'}{l'+h'} - 3(2r+1)\right]\nu,$$

$$\lambda_r' = \frac{k}{1-k^2}\,\frac{l'+h'}{h'}\,[k^{-r}(1-\tfrac{1}{2}\eta) - k^r(1+\tfrac{1}{2}\eta)],$$

$$\varepsilon_r' = \frac{1}{1-k}\,\frac{l'}{h'}\,[k^{-r}(1-\tfrac{1}{2}\eta) - k^{r+1}(1+\tfrac{1}{2}\eta)].$$

Die Auflösung dieser Gleichungen ergibt die Konstanten in der Form

$$C = \frac{P(l^2-4a^2)}{4l}\left[\frac{3l+2a}{2l}\,\psi(r) + \frac{3l-2a}{2l}\,\psi(r+1) - \chi(r)\right]\frac{1}{\alpha^2-\beta^2}.$$

Darin ist für C_1

$$\psi(r) = \frac{k}{1-k^2}\,\frac{l'+h'}{h'}\,[k^{m-r}(1+\tfrac{1}{2}\eta) - k^{r-m}(1-\tfrac{1}{2}\eta)]\,k^m(1+\tfrac{1}{2}\eta)$$
$$-\frac{\nu}{1-k}\left[(1+k)\,\frac{h'}{h'+l'}\,(k^r+k^{m-r}) - 2(\alpha+\beta)\,k^{m+1-r}\right]$$
$$+\nu(\alpha+\beta)(m-2r).$$

$$\chi(r) = \frac{1}{1-k}\,\frac{l'}{h'}\,[k^{m-r}(1+\tfrac{1}{2}\eta) - k^{r+1-m}(1-\tfrac{1}{2}\eta)]\,k^m(1+\tfrac{1}{2}\eta)$$
$$+\frac{1+k}{1-k}\,\frac{l'}{h'+l'}\cdot\nu\left[(1+k)\,\frac{h'}{h'+l'}\,(k^r+k^{m-r-1}) - 2(\alpha+\beta)\,k^{m-r}\right]$$
$$+3\nu(\alpha+\beta)(m-2r-1),$$

für C_3

$$\psi(r) = -\frac{k}{1-k^2}\,\frac{l'+h'}{h'}\,[k^{m-r}(1+\tfrac{1}{2}\eta) - k^{r-m}(1-\tfrac{1}{2}\eta)]\,k^m(1-\tfrac{1}{2}\eta)$$
$$-\frac{\nu}{1-k}\left[(1+k)\frac{h'}{h'+l'}(k^r+k^{m-r})\,k^m - 2(\alpha+\beta)\,k^r\right]$$
$$-\nu(\alpha+\beta)\,k^m(m-2r).$$

$$\chi(r) = -\frac{1}{1-k}\frac{l'}{h'}\left[k^{m-r}(1+\tfrac{1}{2}\eta) - k^{r+1-m}(1-\tfrac{1}{2}\eta)\right]k^m(1-\tfrac{1}{2}\eta)$$

$$+\frac{1+k}{1-k}\frac{l'}{h'+l'}\nu\left[(1+k)\frac{h'}{h'+l'}(k^r+k^{m-r-1})k^m - 2(\alpha+\beta)k^r\right]$$

$$-3\nu(\alpha+\beta)k^m(m-2r-1),$$

für C_1'

$$\psi(r) = -\frac{k}{1-k^2}\frac{l'+h'}{h'}\left[k^{m+r}(1+\tfrac{1}{2}\eta) - k^{m-r}(1-\tfrac{1}{2}\eta)\right]k^{-m}(1-\tfrac{1}{2}\eta)$$

$$-\frac{\nu}{1-k}\left[(1+k)\frac{h'}{h'+l'}(k^r+k^{m-r}) - 2(\alpha+\beta)k^{-r}\right]$$

$$-\nu(\alpha+\beta)2r.$$

$$\chi(r) = -\frac{1}{1-k}\frac{l'}{h'}\left[k^{m+r+1}(1+\tfrac{1}{2}\eta) - k^{m-r}(1-\tfrac{1}{2}\eta)\right]k^{-m}(1-\tfrac{1}{2}\eta)$$

$$-\frac{1+k}{1-k}\frac{l'}{h'+l'}\nu\left[(1+k)\frac{h'}{h'+l'}(k^r+k^{m-r-1}) - 2(\alpha+\beta)k^{-r-1}\right.$$

$$-3\nu(\alpha+\beta)(2r+1);$$

für C_3'

$$\psi(r) = \frac{k}{1-k^2}\frac{l'+h'}{h'}\left[k^{m+r}(1+\tfrac{1}{2}\eta) - k^{m-r}(1-\tfrac{1}{2}\eta)\right]k^m(1+\tfrac{1}{2}\eta)$$

$$-\frac{\nu}{1-k}\left[(1+k)\frac{h'}{h'+l'}(k^r+k^{m-r})k^m - 2(\alpha+\beta)k^{m+r+1}\right]$$

$$+\nu(\alpha+\beta)k^m 2r.$$

$$\chi(r) = \frac{1}{1-k}\frac{l'}{h'}\left[k^{m+r+1}(1+\tfrac{1}{2}\eta) - k^{m-r}(1-\tfrac{1}{2}\eta)\right]k^m(1+\tfrac{1}{2}\eta)$$

$$-\frac{1+k}{1-k}\frac{l'}{h'+l'}\nu\left[(1+k)\frac{h'}{h'+l'}(k^r+k^{m-r-1})k^m - 2(\alpha+\beta)k^{m+r+1}\right]$$

$$+3\nu(\alpha+\beta)k^m(2r+1).$$

Führt man diese Ausdrücke in Y_n und Z_n ein, so erhält man

$$Y_n = \frac{P(l^2-4a^2)}{4l}\left[\frac{3l+2a}{2l}\psi_1(r,n) + \frac{3l-2a}{2l}\psi_1(r+1,n) - \chi_1(r,n)\right]\frac{1}{\alpha^2-\beta^2},$$

$$Z_n = \frac{P(l^2-4a^2)}{4l}\left[\frac{3l+2a}{2l}\psi_2(r,n) + \frac{3l-2a}{2l}\psi_2(r+1,n) - \chi_2(r,n)\right]\frac{\eta}{\alpha^2-\beta^2}$$

$$-M_v\frac{12h^2+l^2}{3h^2+l^2},$$

$$M_v = \frac{P(l^2-4a^2)}{4l}\left[\frac{3l+2a}{2l}\psi_3(r) + \frac{3l-2a}{2l}\psi_3(r+1) - \chi_3(r)\right]\frac{2(3h'+l')}{9h'(\alpha^2-\beta^2)}.$$

Hierin ist

$n \leqq r$

$$\left.\begin{matrix}\psi_1(rn)\\ \psi_2(rn)\end{matrix}\right\} = \frac{k}{1-k^2}\frac{l'+h'}{h'}[k^{m-r}(1+\tfrac{1}{2}\eta) - k^{r-m}(1-\tfrac{1}{2}\eta)] \cdot [k^{m+n}(1+\tfrac{1}{2}\eta) \mp k^{m-n}(1-\tfrac{1}{2}\eta)]$$
$$-\frac{\nu}{1-k}\Big[(1+k)\frac{h'}{h'+l'}(k^r+k^{m-r})(k^n \pm k^{m-n}) - 2(\alpha+\beta)(k^{m+1+n-r} \pm k^{r-n})\Big] + \nu(\alpha+\beta)(k^n \mp k^{m-n})(m-2r),$$

$$\left.\begin{matrix}\chi_1(rn)\\ \chi_2(rn)\end{matrix}\right\} = \frac{1}{1-k}\frac{l'}{h'}[k^{m-r}(1+\tfrac{1}{2}\eta) - k^{r+1-m}(1-\tfrac{1}{2}\eta)] \cdot [k^{m+n}(1+\tfrac{1}{2}\eta) \mp k^{m-n}(1-\tfrac{1}{2}\eta)]$$
$$+\frac{1+k}{1-k}\frac{l'}{h'+l'}\nu\Big[(1+k)\frac{h'}{h'+l'}(k^r+k^{m-r-1})(k^n \pm k^{m-n}) - 2(\alpha+\beta)(k^{m-r+n} \pm k^{r-n})\Big] + 3\nu(\alpha+\beta)(k^n \mp k^{m-n})(m-2r-1);$$

$n > r$

$$\left.\begin{matrix}\psi_1(rn)\\ \psi_2(rn)\end{matrix}\right\} = \frac{k}{1-k^2}\frac{l'+h'}{h'}[k^{m+r}(1+\tfrac{1}{2}\eta) - k^{m-r}(1-\tfrac{1}{2}\eta)] \cdot [\pm k^{m-n}(1+\tfrac{1}{2}\eta) - k^{n-m}(1-\tfrac{1}{2}\eta)]$$
$$-\frac{\nu}{1-k}\Big[(1+k)\frac{h'}{h'+l'}(k^r+k^{m-r})(k^n \pm k^{m-n}) - 2(\alpha+\beta)(k^{n-r} \pm k^{m+1+r-n})\Big] - \nu(\alpha+\beta)(k^n \mp k^{m-n})\,2r,$$

$$\left.\begin{matrix}\chi_1(rn)\\ \chi_2(rn)\end{matrix}\right\} = \frac{1}{1-k}\frac{l'}{h'}[k^{m+r+1}(1+\tfrac{1}{2}\eta) - k^{m-r}(1-\tfrac{1}{2}\eta)] \cdot [\pm k^{m-n}(1+\tfrac{1}{2}\eta) - k^{n-m}(1-\tfrac{1}{2}\eta)]$$
$$-\frac{1+k}{1-k}\frac{l'}{h'+l'}\nu\Big[(1+k)\frac{h'}{h'+l'}(k^r+k^{m-r-1})(k^n \pm k^{m-n}) - 2(\alpha+\beta)(k^{n-r-1} \pm k^{m+1+r-n})\Big] - 3\nu(\alpha+\beta)(k^n \mp k^{m-n})(2r+1),$$

$$\psi_3(r) = \frac{\nu}{1-k}(\alpha+\beta)\Big\{(1+k)\frac{h'}{h'+l'}(k^r+k^{m-r-1}) - 2[k^r(1+\tfrac{1}{2}\eta) + k^{m+1-r}(1-\tfrac{1}{2}\eta)] + [k^m(1+\tfrac{1}{2}\eta) - (1-\tfrac{1}{2}\eta)](1-k)(m-2r)\Big\},$$

$$\chi_3(r) = -\frac{\nu}{1-k}(\alpha+\beta)\Big\{\frac{(1+k)^2 l'h'}{(h'+l')^2}(k^r+k^{m-r-1}) - \frac{2(1+k)l'}{h'+l'}[k^r(1+\tfrac{1}{2}\eta) + k^{m-r}(1-\tfrac{1}{2}\eta)] - 3[k^m(1+\tfrac{1}{2}\eta) - (1-\tfrac{1}{2}\eta)](1-k)(m-2r-1)\Big\}.$$

Die für Y_n, Z_n, M_v gefundenen Funktionen ergeben mit $P = 1$ die Ordinate der Einflußlinie im Felde r, $r + 1$. Die Ordinate kann danach als Moment des einfachen Balkens für zwei Belastungen aufgefaßt werden, nämlich 1. Belastung, dargestellt durch eine trapezförmige Belastungsfläche mit den Ordinaten $6\psi(r, n)$ und $6\psi(r + 1, n)$ in den Stützpunkten r und $r + 1$, 2. gleichförmige Belastung durch $-2\chi(r)$.

b) Gegliederte Druckstäbe.

88. Die grundlegenden Gleichungen.

Ein gegliederter Druckstab besteht aus zwei oder mehreren biegungsfesten Einzelstäben, die untereinander durch Gitterstäbe so verbunden sind, daß eine Formänderung jedes Einzelstabes nur bei gleichzeitiger Formänderung aller anderen eintreten kann. Die auf den Stab parallel zur Stabachse wirkende Kraft wird unmittelbar nur von den Einzelstäben aufgenommen. Die in diesen entstehenden Längenänderungen

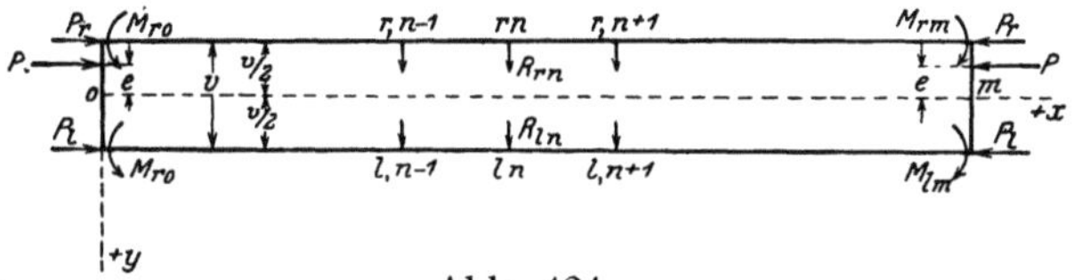

Abb. 424.

erzeugen jedoch auch in den Gitterstäben Längenänderungen und Spannungen. Die Untersuchung soll auf den Fall zweier Einzelstäbe beschränkt werden, die ihrer Stellung im System der Gliederung wegen Gurtungen genannt werden mögen. In den Stabenden sind die Gurtungen meist an Knotenbleche angeschlossen, die als starre Querstäbe behandelt werden dürfen, da ihre Abmessungen die der Gitterstäbe erheblich übertreffen. Der Anschluß der Gurtungen an die Endquerstäbe (Knotenbleche) ist im allgemeinen als steif anzusehen.

Die Untersuchung wird auf folgender Grundlage aufgebaut. Zwischen den Momenten in drei aufeinander folgenden Knotenpunkten jeder Gurtung und den Komponenten der elastischen Verschiebungen derselben Knotenpunkte rechtwinklig zur Stabachse besteht infolge der Kontinuität im mittleren Knotenpunkt je eine der Clapeyronschen analoge Gleichung. Zwei weitere Gleichungen zwischen denselben Momenten und Verschiebungskomponenten ergeben sich aus den elastischen Längenänderungen der Gitterstäbe. Mithin lassen sich für jedes Paar von zwei einander gegenüberliegenden Knotenpunkten vier Gleichungen aufstellen, die nach den Unbekannten aufzulösen sind.

Der Druckstab wird durch zwei zur Stabachse parallele Kräfte P belastet, deren Kraftlinie den Abstand e von der Stabachse hat (Abb. 424). Die Formänderungen seien auf ein rechtwinkliges Koordinatensystem bezogen, dessen Achse in die Stabachse, dessen Ursprung in einen Endpunkt des Stabes fällt. Die Knotenpunkte seien von 0 bis m gezählt, die Größen für die untere Gurtung seien durch den Zeiger l, die für die obere Gurtung durch den Zeiger r gekennzeichnet. Ferner bezeichnen:

P_l, P_r die auf die Gurtungen in den Endpunkten wirkenden Drücke;

M_{l0}, M_{r0} die Momente in den Endpunkten der Gurtungen, die in 0 auf den Endquerstab wirkend rechtsdrehend, auf die Gurtungen wirkend linksdrehend positiv angesetzt sind;

$P_l - P_r = P'$.

Für das Gleichgewicht der Kräfte an den Endquerstäben bestehen die Gleichungen (Abb. 425)

$$\left.\begin{aligned} P'\frac{v}{2} + Pe + M_{l0} + M_{r0} = 0\,, \\ P_l + P_r = P\,. \end{aligned}\right\} \tag{109}$$

Weiter bezeichnen:

R_{ln}, R_{rn} die Komponenten der Kräfte in den Gitterstäben, die im Knotenpunkte n angreifen, rechtwinklig zur Stabachse und positiv in Richtung der positiven Y-Achse;

$\mathfrak{M}_{ln}$, $\mathfrak{M}_{rn}$ die Momente der Kräfte R_n in bezug auf den Knotenpunkt n;

y_l, y_r die Ordinaten der elastischen Linie der Gurtungen;

y'_l, y'_r die Ordinaten der elastischen Linie der Gurtungen, bezogen auf deren Achse, also

$$y'_l = y_l - \tfrac{1}{2}v\,, \qquad y'_r = y_r + \tfrac{1}{2}v\,,$$

u die Ordinate der elastischen Linie der Stabachse, also

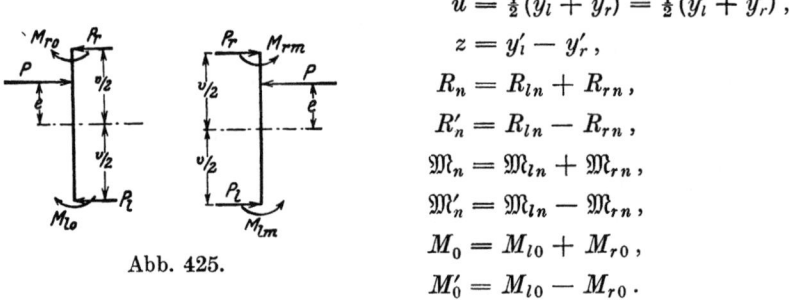

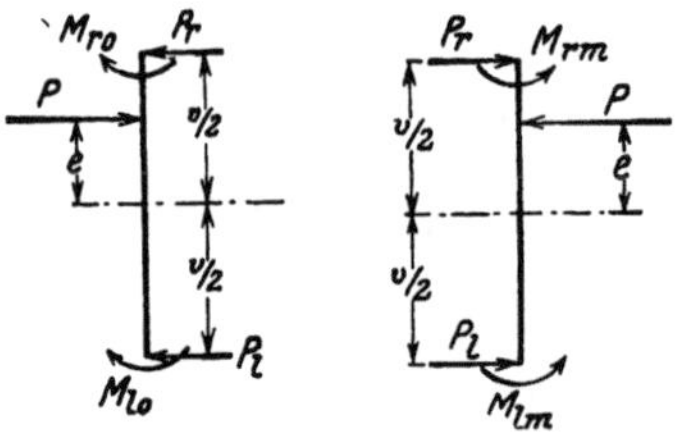

Abb. 425.

$$\begin{aligned} u &= \tfrac{1}{2}(y_l + y_r) = \tfrac{1}{2}(y'_l + y'_r)\,, \\ z &= y'_l - y'_r\,, \\ R_n &= R_{ln} + R_{rn}\,, \\ R'_n &= R_{ln} - R_{rn}\,, \\ \mathfrak{M}_n &= \mathfrak{M}_{ln} + \mathfrak{M}_{rn}\,, \\ \mathfrak{M}'_n &= \mathfrak{M}_{ln} - \mathfrak{M}_{rn}\,, \\ M_0 &= M_{l0} + M_{r0}\,, \\ M'_0 &= M_{l0} - M_{r0}\,. \end{aligned}$$

M_{ln}, M_{rn} die Momente aller an den Gurtungen angreifenden Kräfte im Punkte n;

M_{lx}, M_{rx} die Momente derselben Kräfte im Punkte x der Gurtungen;

J, F_g Trägheitsmoment und Querschnitt der Gurtungen;

F_d Querschnitt der Schrägstäbe;

F_v Querschnitt der Querstäbe;

λ Abstand der Knotenpunkte;

v Abstand der Gurtungen;

d Länge der Schrägstäbe;

δ Neigungswinkel der Schrägstäbe gegen die Y-Achse.

In den Punkten x der Gurtungen im Felde n wirken die Momente

$$M_{lx} = P_l \cdot y'_l - M_{l0} + \mathfrak{M}_{l\,n-1}\frac{n\lambda - x}{\lambda} + \mathfrak{M}_{l\,n}\frac{x-(n-1)\lambda}{\lambda},$$

$$M_{rx} = P_r \cdot y'_r - M_{r0} + \mathfrak{M}_{r\,n-1}\frac{n\lambda - x}{\lambda} + \mathfrak{M}_{r\,n}\frac{x-(n-1)\lambda}{\lambda},$$

wenn der Anteil der Komponenten der Kräfte in den Gitterstäben in Richtung der Stabachse vernachlässigt wird, was zulässig ist, da sie klein sind im Verhältnis zu P_l, P_r und ihr Hebelarm klein ist im Verhältnis zu dem der Kräfte R. Die Gleichungen der elastischen Linie der Gurtungen im Felde n lauten

$$\left.\begin{aligned} EJ\frac{d^2 y'_l}{dx^2} &= -P_l \cdot y'_l + M_{l0} - \mathfrak{M}_{l\,n-1}\frac{n\lambda - x}{\lambda} - \mathfrak{M}_{l\,n}\frac{x-(n-1)\lambda}{\lambda}, \\ EJ\frac{d^2 y'_r}{dx^2} &= -P_r \cdot y'_r + M_{r0} - \mathfrak{M}_{r\,n-1}\frac{n\lambda - x}{\lambda} - \mathfrak{M}_{r\,n}\frac{x-(n-1)\lambda}{\lambda}. \end{aligned}\right\} \quad (110)$$

Die Integration ergibt Gleichungen von der Form

$$y' = \alpha \sin \varkappa x + \beta \cos \varkappa x + \frac{M_0}{P} - \frac{\mathfrak{M}_{n-1}}{P}\frac{n\lambda - x}{\lambda} - \mathfrak{M}_n\frac{x-(n-1)\lambda}{\lambda},$$

in welcher $\varkappa = \sqrt{\frac{P}{EJ}}$ ist. Die Konstanten α und β werden mit Hilfe der Gleichungen

$$y'_{n-1} = \alpha \sin \varkappa (n-1)\lambda + \beta \cos \varkappa (n-1)\lambda + \frac{M_0}{P} - \frac{\mathfrak{M}_{n-1}}{P},$$

$$y'_n = \alpha \sin \varkappa n\lambda + \beta \cos \varkappa n\lambda + \frac{M_0}{P} - \frac{\mathfrak{M}_n}{P},$$

durch y'_{n-1} und y'_n ausgedrückt. So ergibt sich

$$\begin{aligned} y' = {} & \left(y'_{n-1} - \frac{M_0}{P} + \frac{\mathfrak{M}_{n-1}}{P}\right)\frac{\sin \varkappa (n\lambda - x)}{\sin \varkappa \lambda} \\ & + \left(y'_n - \frac{M_0}{P} + \frac{\mathfrak{M}_n}{P}\right)\frac{\sin \varkappa [x-(n-1)\lambda]}{\sin \varkappa \lambda} \\ & + \frac{M_0}{P} - \frac{\mathfrak{M}_{n-1}}{P}\frac{n\lambda - x}{\lambda} - \frac{\mathfrak{M}_n}{P}\frac{x-(n-1)\lambda}{\lambda}. \end{aligned}$$

Ebenso ergibt sich für das Feld $n+1$ die Gleichung

$$\begin{aligned} y' = {} & \left(y'_n - \frac{M_0}{P} + \frac{\mathfrak{M}_n}{P}\right)\frac{\sin \varkappa [(n+1)\lambda - x]}{\sin \varkappa \lambda} \\ & + \left(y'_{n+1} - \frac{M_0}{P} + \frac{\mathfrak{M}_{n+1}}{P}\right)\frac{\sin \varkappa (x - n\lambda)}{\sin \varkappa \lambda} \\ & + \frac{M_0}{P} - \frac{\mathfrak{M}_n}{P}\frac{(n+1)\lambda - x}{\lambda} - \frac{\mathfrak{M}_{n+1}}{P}\frac{x - n\lambda}{\lambda}. \end{aligned}$$

Die Gleichung, welche die Kontinuität der elastischen Linie im Punkte n ausdrückt, ergibt sich aus der Arbeitsgleichung für die Belastungseinheit des Geradenpaares $n-1$, n und n, $n+1$ sowie den wirklichen Verschiebungszustand, ausgedrückt durch die auftretenden Momente. Abb. 426 zeigt den Belastungszustand. Die Arbeitsgleichung lautet daher

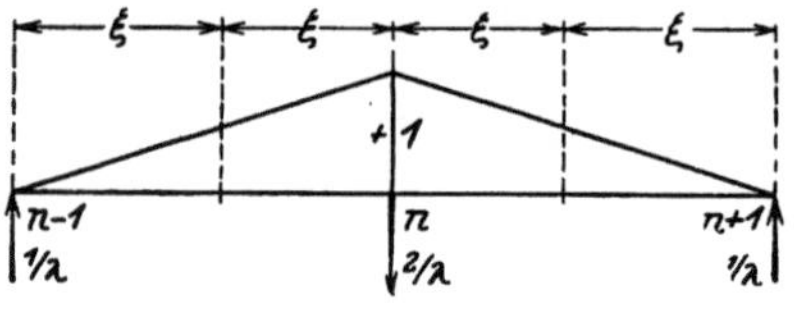

Abb. 426.

$$-\frac{y'_{n-1}}{\lambda}+\frac{2y'_n}{\lambda}-\frac{y'_{n+1}}{\lambda}=\frac{1}{\lambda EJ}\left(\int_0^\lambda M_{n\xi}\cdot\xi\,d\xi+\int_0^\lambda M_{n\xi}\cdot\xi\,d\xi\right). \qquad (111)$$

Das erste Integral erstreckt sich über das Feld n. Es ist also $\xi=x-(n-1)\lambda$, $\xi'=n\lambda-x$ und

$$M_{n\xi}=(P\cdot y'_{n-1}-M_0+\mathfrak{M}_{n-1})\frac{\sin\varkappa(\lambda-\xi)}{\sin\varkappa\lambda}+(Py'_n-M_0+\mathfrak{M}_n)\frac{\sin\varkappa\xi}{\sin\varkappa\lambda}.$$

Das zweite Integral erstreckt sich über das Feld $n+1$. Es ist also $\xi=(n+1)\lambda-x$, $\xi'=x-n\lambda$,

$$M_{n\xi}=(Py'_n-M_0+\mathfrak{M}_n)\frac{\sin\varkappa\xi}{\sin\varkappa\lambda}+(P\cdot y'_{n+1}-M_0+\mathfrak{M}_{n+1})\frac{\sin\varkappa(\lambda-\xi)}{\sin\varkappa\lambda}.$$

Für das Feld n ist

$$\int_0^\lambda M_{n\xi}\cdot\xi\cdot d\xi=(Py'_{n-1}-M_0+\mathfrak{M}_{n-1})\frac{1}{\sin\varkappa\lambda}\int_0^\lambda\xi\cdot\sin\varkappa(\lambda-\xi)\,d\xi$$
$$+(P\cdot y'_n-M_0+\mathfrak{M}_n)\frac{1}{\sin\varkappa\lambda}\int_0^\lambda\xi\cdot\sin\varkappa\xi\cdot d\xi.$$

Die Integration ergibt

$$\int_0^\lambda\xi\cdot\sin\varkappa(\lambda-\xi)\,d\xi=\frac{\lambda}{\varkappa}\left(1-\frac{\sin\varkappa\lambda}{\varkappa\lambda}\right),$$
$$\int_0^\lambda\xi\cdot\sin\varkappa\xi\cdot d\xi=-\frac{\lambda}{\varkappa}\left(\cos\varkappa\lambda-\frac{\sin\varkappa\lambda}{\varkappa\lambda}\right).$$

Für das Feld $n+1$ ist

$$\int_0^\lambda M_{n\xi}\cdot\xi\cdot d\xi=(P\cdot y'_{n+1}-M_0+\mathfrak{M}_{n+1})\frac{1}{\sin\varkappa\lambda}\int_0^\lambda\xi\cdot\sin\varkappa(\lambda-\xi)\,d\xi$$
$$+(P\cdot y'_n-M_0+\mathfrak{M}_n)\frac{1}{\sin\varkappa\lambda}\int_0^\lambda\xi\cdot\sin\varkappa\xi\cdot d\xi.$$

Nach Ausführung der Integration lautet also Gleichung (111)

$$-\frac{y'_{n-1}-2y'_n+y'_{n+1}}{\lambda}=(P\cdot y'_{n-1}-M_0+\mathfrak{M}_{n-1})\frac{1}{EJ}\frac{1}{\varkappa\sin\varkappa\lambda}\left(1-\frac{\sin\varkappa\lambda}{\varkappa\lambda}\right)$$

$$+(P\cdot y'_{n+1}-M_0+\mathfrak{M}_{n+1})\frac{1}{EJ}\frac{1}{\varkappa\sin\varkappa\lambda}\left((1-\frac{\sin\varkappa\lambda}{\varkappa\lambda}\right)$$

$$-2(P\cdot y'_n-M_0+\mathfrak{M}_n)\frac{1}{EJ}\frac{1}{\varkappa\sin\varkappa\lambda}\left(\cos\varkappa\lambda-\frac{\sin\varkappa\lambda}{\varkappa\lambda}\right).$$

Werden beide Seiten mit $\frac{\sin\varkappa\lambda}{\varkappa}$ multipliziert, sodann die gleichnamigen y' und $\mathfrak{M}$ zusammengefaßt, so erhält man, da $\varkappa^2\cdot EJ=P$ ist:

$$0=y'_{n-1}-2y'_n+y'_{n+1}+2y'_n(1-\cos\varkappa\lambda)-\frac{2M_0}{P}(1-\cos\varkappa\lambda)$$

$$+\frac{\mathfrak{M}_{n-1}-2\mathfrak{M}_n+\mathfrak{M}_{n+1}}{P}\left(1-\frac{\sin\varkappa\lambda}{\varkappa\lambda}\right)+\frac{2\mathfrak{M}_n}{P}(1-\cos\varkappa\lambda).$$

Die entwickelte Gleichung besteht für alle Knotenpunkte der linken und rechten Gurtung, die zwischen den Endknotenpunkten liegen, d. h. für $n=1,2,\ldots m-1$. Da λ und J konstant sind und y' wie $\mathfrak{M}$ in der ersten Potenz auftreten, kann man das System von linearen Gleichungen durch eine lineare Differenzengleichung zwischen der unabhängig veränderlichen n und den abhängig veränderlichen y'_n und $\mathfrak{M}_n$ darstellen. Für die linke Gurtung besteht also die Differenzengleichung

$$\Delta^2 y'_{ln}+2y'_{ln}(1-\cos\varkappa_l\lambda)+\frac{\Delta^2\mathfrak{M}_{ln}}{P_l}\left(1-\frac{\sin\varkappa_l\lambda}{\varkappa_l\lambda}\right)$$

$$+\frac{2\mathfrak{M}_{ln}}{P_l}(1-\cos\varkappa_l\lambda)-\frac{2M_{l0}}{P_l}(1-\cos\varkappa_l\lambda)=0$$

und für die rechte Gurtung

$$\Delta^2 y'_{rn}+2y'_{rn}(1-\cos\varkappa_r\lambda)+\frac{\Delta^2\mathfrak{M}_{rn}}{P_r}\left(1-\frac{\sin\varkappa_r\lambda}{\varkappa_r\lambda}\right)$$

$$+\frac{2\mathfrak{M}_{rn}}{P_r}(1-\cos\varkappa_r\lambda)-\frac{2M_{r0}}{P_r}(1-\cos\varkappa_r\lambda)=0.$$

Die Winkelfunktionen werden in Reihen entwickelt. Da $(\varkappa_l\lambda)^2$ und $(\varkappa_r\lambda)^2$ immer <1 ist, können die Reihen auf die beiden ersten Glieder beschränkt werden, so daß

$$1-\frac{\sin\varkappa_l\lambda}{\varkappa_l\lambda}=\frac{P_l\lambda^2}{6EJ},\qquad 1-\cos\varkappa_l\lambda=\frac{P_l\lambda^2}{2EJ},$$

$$1-\frac{\sin\varkappa_r\lambda}{\varkappa_r\lambda}=\frac{P_r\lambda^2}{6EJ},\qquad 1-\cos\varkappa_r\lambda=\frac{P_r\lambda^2}{2EJ}$$

wird. Werden nun beide Gleichungen durch Addition und Subtraktion zusammengefaßt, so ergibt sich

$$2\,\Delta^2 u_n + u_n \frac{P\lambda^2}{EJ} + z_n \frac{P'\lambda^2}{2EJ} + \Delta^2 \mathfrak{M}_n \frac{\lambda^2}{6EJ} + \mathfrak{M}_n \frac{\lambda^2}{EJ} - M_0 \frac{\lambda^2}{EJ} = 0\,,$$

$$\Delta^2 z_n + z_n \frac{P\lambda^2}{2EJ} + u_n \frac{P'\lambda^2}{EJ} + \Delta^2 \mathfrak{M}'_n \frac{\lambda^2}{6EJ} + \mathfrak{M}'_n \frac{\lambda^2}{EJ} - M'_0 \frac{\lambda}{EJ} = 0\,.$$

Die erste Gleichung wird mit $\frac{6EJ}{P\lambda^2}$, die zweite mit $\frac{12EJ}{P\lambda^2}$ multipliziert, und die Bezeichnung $\alpha = \frac{12EJ}{P\lambda^2}$ eingeführt.

$$\left.\begin{aligned} &\text{a)}\ \Delta^2 u_n\cdot\alpha + 6\,u_n + z_n\frac{3\,P'}{P} + \Delta^2\frac{\mathfrak{M}_n}{P} + 6\frac{\mathfrak{M}_n}{P} - 6\frac{M_0}{P} = 0\,,\\ &\text{b)}\ \Delta^2 z_n\cdot\alpha + 6\,z_n + u_n\frac{12\,P'}{P} + 2\frac{\Delta^2\mathfrak{M}'_n}{P} + 12\frac{\mathfrak{M}'_n}{P} - 12\frac{M'_0}{P} = 0\,.\end{aligned}\right\}(112)$$

Die Gleichungen, welche sich aus den elastischen Längenänderungen der Gitterstäbe ergeben, also die gegenseitige Abhängigkeit der Formänderungen beider Gurtungen ausdrücken, haben für die verschiedenen Bauarten verschiedene Formen. Die Aufstellung der Gleichungen beruht jedoch in allen Fällen auf denselben Erwägungen.

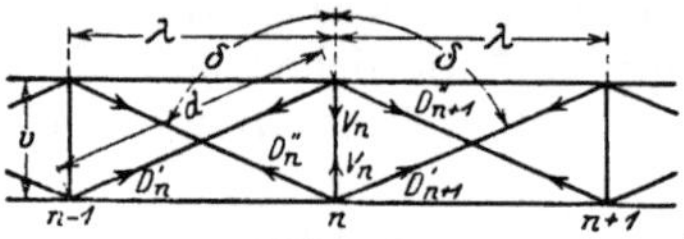

Abb. 427.

a) Bauart nach Abb. 427. Querriegel in allen Knotenpunkten und zwei gekreuzte Schrägstäbe in jedem Felde. Es bezeichne D'_n die Spannkraft des rechts steigenden, D''_n die des links steigenden Schrägstabes im Felde n, V_n die Spannkraft im Querstab n. Dann ist

$$R_{ln} = -\,(D''_n + D'_{n+1})\cos\delta - V_n\,,$$

$$R_{rn} = +\,(D'_n + D''_{n+1})\cos\delta + V_n\,,$$

also

$$R_n = -\,(D''_n - D'_n + D'_{n+1} - D''_{n+1})\cos\delta\,,$$

$$R'_n = -\,(D''_n + D'_n + D'_{n+1} + D''_{n+1})\cos\delta - 2\,V_n\,.$$

In diesen Gleichungen werden die Spannkräfte durch die Längenänderungen der Stäbe, und die Längenänderungen durch die Koordinatenänderungen Δx und y' der Knotenpunkte ausgedrückt. So ergibt sich

$$V_n = z_n \frac{EF_v}{v}\,,$$

$$D''_n = \frac{\Delta d''_n}{d} EF_d = [(\Delta x_{ln} - \Delta x_{rn-1})\sin\delta + (y'_{ln} - y'_{rn-1})\cos\delta]\frac{EF_d}{d}$$

und eine analoge Gleichung für jede Spannkraft D. Mithin folgt

$$R_n = -(\Delta x_{ln} - \Delta x_{rn-1} - \Delta x_{rn} + \Delta x_{ln-1} + \Delta x_{rn+1} - \Delta x_{ln} - \Delta x_{ln+1} + \Delta x_{rn}) \frac{EF_d}{d} \cos\delta \cdot \sin\delta$$
$$-(y'_{ln} - y'_{rn-1} - y'_{ln-1} + y'_{rn} + y'_{ln} - y'_{rn+1} - y'_{ln+1} + y'_{rn}) \frac{E \cdot F_d}{d} \cos^2\delta .$$

$$R'_n = -(\Delta x_{ln} - \Delta x_{rn-1} + \Delta x_{rn} - \Delta x_{ln-1} + \Delta x_{rn+1} - \Delta x_{ln} + \Delta x_{ln+1} - \Delta x_{rn}) \frac{EF_d}{d} \cos\delta \sin\delta$$
$$-(y'_{ln} - y'_{rn-1} + y'_{ln-1} - y'_{rn} + y'_{ln} - y'_{rn+1} + y'_{ln+1} - y'_{rn}) \frac{EF_d}{d} \cos^2\delta - 2 z_n \frac{EF_v}{v} .$$

Zur Abkürzung seien die Bezeichnungen

$$\frac{EF_d}{d} \cos^2\delta = \mu , \qquad \frac{EF_v}{v} = \nu$$

eingeführt, ferner sei

$$\Delta x_{ln+1} - \Delta x_{ln-1} = \Delta \lambda_{ln+1} + \Delta \lambda_{ln} ,$$
$$\Delta x_{rn+1} - \Delta x_{rn-1} = \Delta \lambda_{rn+1} + \Delta \lambda_{rn} ,$$

durch die Spannkräfte in den Gurtungen S_{ln} bzw. S_{rn} ausgedrückt, also

$$\Delta \lambda_{ln+1} + \Delta \lambda_{ln} = (S_{ln+1} + S_{ln}) \frac{\lambda}{E \cdot F_g} ,$$
$$\Delta \lambda_{rn+1} + \Delta \lambda_{rn} = (S_{rn+1} + S_{rn}) \frac{\lambda}{EF_g} .$$

Da schließlich

$$R_n = -\frac{\mathfrak{M}_{n-1} - 2\mathfrak{M}_n + \mathfrak{M}_{n+1}}{\lambda} = -\frac{\Delta^2 \mathfrak{M}_n}{\lambda} ,$$
$$R'_n = -\frac{\mathfrak{M}'_{n-1} - 2\mathfrak{M}'_n + \mathfrak{M}'_{n+1}}{\lambda} = -\frac{\Delta^2 \mathfrak{M}'_n}{\lambda}$$

ist, so ergibt sich nach Division der Gleichungen für R_n und R'_n durch μ

$$-\frac{\Delta^2 \mathfrak{M}_n}{\lambda\mu} = +[(S_{ln} - S_{rn}) + (S_{ln+1} - S_{rn+1})] \frac{\lambda^2}{EF_g v} + 2\Delta^2 u_n \qquad (113)$$

$$-\frac{\Delta^2 \mathfrak{M}'_n}{\lambda\mu} = -[(S_{ln} + S_{rn}) + (S_{ln+1} + S_{rn+1})] \frac{\lambda^2}{EF_g v} - \Delta^2 z_n - 2 z_n \left(2 + \frac{\nu}{\mu}\right) . \qquad (114)$$

In der zweiten Gleichung kann unter Vernachlässigung der Spannkräfte D

$$S_l + S_r = -P$$

gesetzt werden. $S_l - S_r$ erhält man aus folgenden Gleichgewichtsbedingungen. Es wird ein Schnitt durch Feld n unmittelbar an den Knotenpunkten $n-1$ geführt. Die Momentengleichungen der Kräfte am Stabstück $0, n-1$ in bezug auf die Knotenpunkte $n-1_l$ und $n-1_r$ sind

$$(S_{rn}+D_n''\sin\delta)(v+z_{n-1})-M_{l\,n-1}-M_{r\,n-1}+P\left(\frac{v}{2}+e+y'_{l\,n-1}\right)=0$$

$$-(S_{ln}+D_n'\sin\delta)(v+z_{n-1})-M_{l\,n-1}-M_{r\,n-1}-P\left(\frac{v}{2}-e-y'_{r\,n-1}\right)=0\,.$$

Daraus folgt

$$(S_{ln}-S_{rn})+(D_n'-D_n'')\sin\delta=2\,P\frac{e+u_{n-1}}{v+z_{n-1}}-2\frac{M_{n-1}}{v+z_{n-1}}\,.$$

Wird der Schnitt durch das Feld n unmittelbar neben den Knotenpunkten n geführt, so bestehen in bezug auf n_l und n_r die Momentengleichungen

$$(S_{rn}+D_n'\sin\delta)(v+z_n)-M_{ln}-M_{rn}+P\left(\frac{v}{2}+e+y'_{ln}\right)=0$$

$$-(S_{ln}+D_n''\sin\delta)(v+z_n)-M_{ln}-M_{rn}-P\left(\frac{v}{2}-e-y'_{rn}\right)=0\,.$$

Aus diesen folgt

$$(S_{ln}-S_{rn})-(D_n'-D_n'')\sin\delta=2\,P\frac{e+u_n}{v+z_n}-\frac{2\,M_n}{v+z_n}\,.$$

Mithin ergibt sich

$$S_{ln}-S_{rn}=P\left[\frac{e+u_{n-1}}{v+z_{n-1}}+\frac{e+u_n}{v+z_n}\right]-\frac{M_{n-1}}{v+z_{n-1}}-\frac{M_n}{v+z_n}\,,$$

$$(D_n'-D_n'')\sin\delta=P\left[\frac{e+u_{n-1}}{v+z_{n-1}}-\frac{e+u_n}{v+z_n}\right]-\frac{M_{n-1}}{v+z_{n-1}}+\frac{M_n}{v+z_n}\,.$$

Nun ist
$$M_n=P\cdot u_n+\tfrac{1}{2}P'\cdot z_n-M_0+\mathfrak{M}_n$$

und da aus Gleichung (109)

$$P'=-P\frac{2\,e}{v}-2\frac{M_0}{v}$$

folgt, so ergibt sich

$$M_n=P\left(u_n-\frac{e}{v}z_n\right)-M_0\left(1+\frac{z_n}{v}\right)+\mathfrak{M}_n\,,$$

und weiter

$$(S_{ln}-S_{rn})=+\,2\,P\frac{e}{v}+2\frac{M_0}{v}-\frac{\mathfrak{M}_{n-1}}{v+z_{n-1}}-\frac{\mathfrak{M}_n}{v+z_n}\,, \tag{115}$$

$$(D_n'-D_n'')\sin\delta=-\frac{\mathfrak{M}_{n-1}}{v+z_{n-1}}+\frac{\mathfrak{M}_n}{v+z_n}\,. \tag{116}$$

In diesen Gleichungen kann z_n, z_{n-1} gegen v vernachlässigt werden.

Durch Einführung von (115) in (113) ergibt sich

$$-\frac{\Delta^2 \mathfrak{M}_n}{\lambda\mu} = P\frac{4e\lambda^2}{EF_g v^2} + M_0\frac{4\lambda^2}{EF_g v^2} - (\mathfrak{M}_{n-1} + 2\mathfrak{M}_n + \mathfrak{M}_{n+1})\frac{\lambda^2}{EF_g v^2} + 2\Delta^2 u_n.$$

Die Gleichung wird mit $\frac{EF_g v^2}{2P\lambda^2}$ multipliziert, und es werden die Bezeichnungen

$$\beta = \frac{EF_g v^2}{P\lambda^2}, \qquad \gamma = \frac{EF_g v^2}{\mu\lambda^3} = \beta\frac{P}{\mu\lambda}$$

eingeführt. Dann erhält man die Differenzengleichung

$$\Delta^2 u_n \cdot \beta + \frac{\Delta^2 \mathfrak{M}_n}{P}\cdot\frac{\gamma - 1}{2} - 2\frac{\mathfrak{M}_n}{P} + 2\frac{M_0}{P} + 2e = 0. \qquad (117\text{a})$$

Aus (114)

$$-\frac{\Delta^2 \mathfrak{M}'_n}{\mu\lambda} = +2\frac{P\lambda^2}{EF_g v} - \Delta^2 z_n - 2z_n\left(2 + \frac{\nu}{\mu}\right)$$

folgt ebenso

$$\Delta^2 z_n \cdot \beta + 2z_n\beta\left(2 + \frac{\nu}{\mu}\right) - \frac{\Delta^2 \mathfrak{M}'_n}{P}\gamma - 2v = 0. \qquad (117\text{b})$$

In den Gleichungen (112), (117) sind vier simultane Differenzengleichungen für u_n, z_n, $\mathfrak{M}_n$, $\mathfrak{M}'_n$ gefunden. Sie stellen, da sie für $n = 1 \ldots m - 1$ gelten, und auch die Werte der Veränderlichen für $n = 0$ und $n = m$ enthalten, ein System von $4m - 4$ Gleichungen mit $4m + 4$ Unbekannten dar. Die vollständige Lösung der Differenzengleichungen muß daher acht willkürliche Konstante enthalten.

b) Bauart nach Abb. 428. Keine Querriegel und gekreuzte Schrägstäbe in jedem Feld. Da $V = 0$ und $F_v = 0$ ist, wird $\nu = 0$. Mithin gilt Gleichung (117a) unmittelbar und Gleichung (117b), wenn in ihr $\nu = 0$ gesetzt wird.

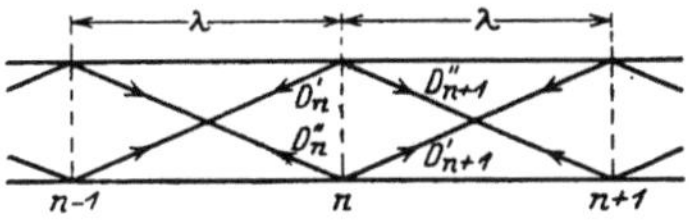

Abb. 428.

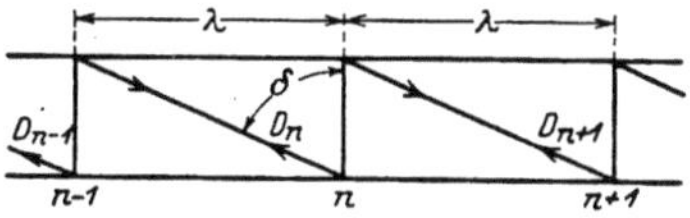

Abb. 429.

c) Bauart nach Abb. 429. Querriegel in allen Knotenpunkten und je ein Schrägstab gleicher Richtung in allen Feldern. Da die Gliederung nicht symmetrisch zur Stabmitte ist, ist $M_{l0} \gtrless M_{lm}$ und $M_{r0} \gtrless M_{rm}$. Es sei zunächst der Einfluß der mangelnden Symmetrie auf die Kontinuitätsbedingungen [Gleichungen (112)] untersucht. Es ist

$$M_{lx} = P_l \cdot y'_l - M_{l0}\frac{l-x}{l} - M_{lm}\frac{x}{l} + \mathfrak{M}_{l\,n-1}\frac{n\lambda - x}{\lambda} + \mathfrak{M}_{ln}\frac{x-(n-1)\lambda}{\lambda},$$

$$M_{rx} = P_r \cdot y'_r - M_{r0}\frac{l-x}{l} - M_{rm}\frac{x}{l} + \mathfrak{M}_{r\,n-1}\frac{n\lambda - x}{\lambda} + \mathfrak{M}_{rn}\frac{x-(n-1)\lambda}{\lambda}.$$

Es werde gesetzt

$$\tfrac{1}{2}(M_{l0} + M_{lm}) = M_l, \qquad \tfrac{1}{2}(M_{r0} + M_{rm}) = M_r,$$
$$\tfrac{1}{2}(M_{l0} - M_{lm}) = M_l'', \qquad \tfrac{1}{2}(M_{r0} - M_{rm}) = M_r'',$$

dann ergibt sich

$$\left.\begin{aligned} M_{lx} &= P_l \cdot y_l' - M_l + \left(\mathfrak{M}_{l\,n-1} - M_l''\frac{m-2(n-1)}{m}\right)\frac{n\lambda - x}{\lambda} \\ &\quad + \left(\mathfrak{M}_{ln} - M_l''\frac{m-2n}{m}\right)\frac{x-(n-1)\lambda}{\lambda}, \\ M_{rx} &= P_r \cdot y_r' - M_r + \left(\mathfrak{M}_{r\,n-1} - M_r''\frac{m-2(n-1)}{m}\right)\frac{n\lambda - x}{\lambda} \\ &\quad + \left(\mathfrak{M}_{rn} - M_r''\frac{m-2n}{m}\right)\frac{x-(n-1)\lambda}{\lambda}. \end{aligned}\right\} \tag{118}$$

Der Vergleich mit den im Falle symmetrischer Bauart aufgestellten Funktionen für M_{lx} und M_{rx} zeigt, daß man in diesen

$$\mathfrak{M}_n \quad \text{durch} \quad \mathfrak{M}_n - M''\frac{m-2n}{m}$$

und M_0 durch M_l bzw. M_r zu ersetzen hat, um die im vorliegenden Falle geltenden Funktionen zu erhalten. Mithin können mit dieser Einführung die Gleichungen (110) wie oben aufgestellt und behandelt werden. Da $\Delta^2\mathfrak{M}_n$ unverändert bleibt, ergibt sich

$$\Delta^2 y_{ln}' + y_{ln}'\frac{P_l\lambda^2}{EJ} + \Delta^2\mathfrak{M}_{ln}\frac{\lambda^2}{6EJ} + \mathfrak{M}_{ln}\frac{\lambda^2}{EJ} - M_l\frac{\lambda^2}{EJ}$$
$$- M_l''\frac{m-2n}{m}\frac{\lambda^2}{EJ} = 0,$$

$$\Delta^2 y_{rn}' + y_{rn}'\frac{P_r\lambda^2}{EJ} + \Delta^2\mathfrak{M}_{rn}\frac{\lambda^2}{6EJ} + \mathfrak{M}_{rn}\frac{\lambda^2}{EJ} - M_r\frac{\lambda^2}{EJ}$$
$$- M_r''\frac{m-2n}{m}\frac{\lambda^2}{EJ} = 0.$$

Beide Gleichungen werden durch Addition und Subtraktion verbunden, die erste sodann mit $\tfrac{1}{2}\alpha = \dfrac{6EJ}{P\lambda^2}$, die zweite mit α multipliziert. Dann ergibt sich mit den Bezeichnungen

$$M_0 = M_l + M_r = \tfrac{1}{2}(M_{l0} + M_{r0} + M_{lm} + M_{rm}),$$
$$M'' = M_l'' + M_r'' = \tfrac{1}{2}(M_{l0} + M_{r0} - M_{lm} - M_{rm}),$$
$$M_0' = M_l - M_r = \tfrac{1}{2}(M_{l0} - M_{r0} + M_{lm} - M_{rm}),$$
$$M''' = M_l'' - M_r'' = \tfrac{1}{2}(M_{l0} - M_{r0} - M_{lm} + M_{rm}).$$

$$\left.\begin{aligned} &\text{a)}\quad \Delta^2 u_n \alpha + 6 u_n + z_n \frac{3 P'}{P} + \frac{\Delta^2 \mathfrak{M}_n}{P} + \frac{6 \mathfrak{M}_n}{P} - \frac{6 M_0}{P} \\ &\qquad - \frac{6 M''}{P} \frac{m - 2n}{m} = 0, \\ &\text{b)}\quad \Delta^2 z_n \alpha + 6 z_n + u_n \frac{12 P'}{P} + \frac{2 \Delta^2 \mathfrak{M}'_n}{P} + \frac{12 \mathfrak{M}'_n}{P} - \frac{12 M'_0}{P} \\ &\qquad - \frac{12 M'''}{P} \frac{m - 2n}{m} = 0. \end{aligned}\right\} \quad (119)$$

Die Gleichungen, welche die gegenseitige Abhängigkeit der Formänderung beider Gurtungen ausdrücken, die durch die Füllungsstäbe bedingt ist, ergeben sich aus

$$\begin{aligned} R_{ln} &= - D_n \cdot \cos\delta - V_n, \\ R_{rn} &= + D_{n+1} \cdot \cos\delta + V_n, \\ R_n &= - (D_n - D_{n+1}) \cos\delta, \\ R'_n &= - (D_n + D_{n+1}) \cos\delta - 2 V_n \end{aligned}$$

auf dem bei Bauart a) eingeschlagenen Wege.

$$\begin{aligned} R_n = &- (\Delta x_{ln} - \Delta x_{rn-1} - \Delta x_{ln+1} + \Delta x_{rn}) \frac{E \cdot F_d}{d} \cos\delta \cdot \sin\delta \\ &- (y'_{ln} - y'_{rn-1} - y'_{ln+1} + y'_{rn}) \frac{E \cdot F_d}{d} \cos^2\delta, \end{aligned}$$

$$\begin{aligned} R'_n = &- (\Delta x_{ln} - \Delta x_{rn-1} + \Delta x_{ln+1} - \Delta x_{rn}) \frac{E \cdot F_d}{d} \cos\delta \cdot \sin\delta \\ &- (y'_{ln} - y'_{rn-1} + y'_{ln+1} - y'_{rn}) \frac{E \cdot F_d}{d} \cos^2\delta - 2 z_n \frac{E F_v}{v}. \end{aligned}$$

Mit $\mu = \frac{E F_d}{d} \cos^2\delta, \quad \nu = \frac{E F_v}{v}$ entsteht

$$- \frac{\Delta^2 \mathfrak{M}_n}{\lambda \mu} = (\Delta \lambda_{ln+1} - \Delta \lambda_{rn}) \frac{\lambda}{v} + \Delta^2 u_n - \tfrac{1}{2} (z_{n-1} - z_{n+1}),$$

$$\begin{aligned} - \frac{\Delta^2 \mathfrak{M}'_n}{\lambda \mu} = &- (\Delta \lambda_{ln+1} + \Delta \lambda_{rn}) \frac{\lambda}{v} - (\Delta x_{ln} - \Delta x_{rn}) \frac{2 \lambda}{v} \\ &- \tfrac{1}{2} \Delta^2 z_n - 2 z_n \left(1 + \frac{\nu}{\mu}\right) + u_{n-1} - u_{n+1}. \end{aligned}$$

Ferner ist

$$(\Delta \lambda_{ln+1} - \Delta \lambda_{rn}) \frac{\lambda}{v} = (S_{ln+1} - S_{rn}) \frac{\lambda^2}{E F_g v},$$

$$(\Delta \lambda_{ln+1} + \Delta \lambda_{rn}) \frac{\lambda}{v} = - \frac{P \lambda^2}{E F_g v}.$$

$S_{l\,n+1} - S_{rn}$ ergibt sich aus den Momentengleichungen um n_r und n_l, indem für die erste ein Schnitt durch das Feld $n+1$, für die zweite durch das Feld n geführt wird.

$$-S_{l\,n+1}(v+z_n) - P\left(\frac{v}{2} - e - y'_{rn}\right) - M_{ln} - M_{rn} = 0\,,$$

$$+S_{rn}(v+z_n) + P\left(\frac{v}{2} + e + y'_{ln}\right) - M_{ln} - M_{rn} = 0\,,$$

$$S_{l\,n+1} - S_{rn} = 2P\frac{e+u_n}{v+z_n} - \frac{2M_n}{v+z_n}\,.$$

Aus den Gleichungen (118) folgt

$$M_n = P\cdot u_n + \tfrac{1}{2}P' z_n - M_0 - M''\frac{m-2n}{m} + \mathfrak{M}_n\,.$$

Dabei ist das sehr kleine Glied

$$-\sum_1^n D\sin\delta\,(y'_{ln} - y'_{r\,n-1})$$

vernachlässigt. Da nun für den Endquerstab 0 die Gleichgewichtsbedingung

$$P' = -2P\frac{e}{v} - \frac{2}{v}(M_{l0} + M_{r0})$$

und für den Endquerstab m die Gleichgewichtsbedingung

$$P' - \sum_1^m D\sin\delta\,(y'_{ln} - y'_{r\,n-1}) = -2P\frac{e}{v} - \frac{2}{v}(M_{lm} + M_{rm})$$

besteht, kann

$$P' - \sum_1^n D\sin\delta\,(y'_{ln} - y'_{r\,n-1}) = -2P\frac{e}{v} - \frac{2}{v}\left(M_0 + M''\frac{m-2n}{m}\right)$$

gesetzt werden. Damit ergibt sich

$$M_n = P\left(u_n - \frac{e}{v}z_n\right) - \left(M_0 + M''\frac{m-2n}{m}\right)\frac{v+z_n}{v} + \mathfrak{M}_n\,,$$

ferner

$$S_{l\,n+1} - S_{rn} = 2P\frac{e}{v} + 2\left(M_0 + M''\frac{m-2n}{m}\right)\frac{1}{v} - 2\,\mathfrak{M}_n\cdot\frac{1}{v}$$

und schließlich

$$-\frac{\Delta^2\mathfrak{M}_n}{\lambda\mu} = 2\frac{Pe\lambda^2}{EF_g v^2} + 2\left(M_0 + M''\frac{m-2n}{m}\right)\frac{\lambda^2}{EF_g v^2} - 2\,\mathfrak{M}_n\frac{\lambda^2}{EF_g v^2}$$
$$+\,\Delta^2 u_n - \tfrac{1}{2}(z_{n-1} - z_{n+1})\,,$$

$$-\frac{\Delta^2\mathfrak{M}'_n}{\lambda\mu} = \frac{P\lambda^2}{EF_g v} - 2(\Delta x_{ln} - \Delta x_{rn})\frac{\lambda}{v} - \frac{1}{2}\Delta^2 z_n - 2z_n\left(1 + \frac{\nu}{\mu}\right)$$
$$+\,u_{n-1} - u_{n+1}\,.$$

$(\Delta x_{l n} - \Delta x_{r n}) \frac{1}{v}$ ist die Tangente des Winkels, um den sich der Riegel n dreht und sei $= \operatorname{tg} \psi_n$ bezeichnet. Nach Multiplikation der Gleichungen mit $\beta = \frac{E F_g v^2}{P \lambda^2}$ ergibt sich also

$$\left.\begin{aligned} &\text{a)}\ \Delta^2 u_n \beta - \frac{1}{2}\beta(z_{n-1} - z_{n+1}) + \frac{\Delta^2 \mathfrak{M}_n}{P}\gamma - 2\frac{\mathfrak{M}_n}{P} + 2e \\ &\qquad + 2\left(\frac{M_0}{P} + \frac{M''}{P}\frac{m-2n}{m}\right) = 0, \\ &\text{b)}\ \Delta^2 z_n \beta + 4 z_n \beta\left(1 + \frac{v}{\mu}\right) - 2\beta(u_{n-1} - u_{n+1}) \\ &\qquad - 2\frac{\Delta^2 \mathfrak{M}'_n}{P}\gamma - 2v + 4\beta\lambda \operatorname{tg}\psi_n = 0. \end{aligned}\right\} \quad (120)$$

Die Spannkraft D_n ergibt sich aus der Momentengleichung um n_r, wenn ein Schnitt durch das Feld n geführt wird

$$-(S_{l n} + D_n \sin\delta)(v + z_n) - P\left(\frac{v}{2} - e - y'_{r n}\right) - M_n = 0,$$

die nach Einführung der für M_n gefundenen Funktion in

$$-(S_{l n} + D_n \sin\delta)(v + z_n) - P\left(\frac{1}{2} - \frac{e}{v}\right)(v + z_n)$$
$$+\left(M_0 + M''\frac{m - 2n}{m}\right)\frac{v + z_n}{v} - \mathfrak{M}_n = 0$$

übergeht. Aus der Momentengleichung um $n - 1_r$ folgt ebenso

$$-S_{l n}(v + z_{n-1}) - P\left(\frac{1}{2} - \frac{e}{v}\right)(v + z_{n-1})$$
$$+\left(M_0 + M''\frac{m - 2(n-1)}{m}\right)\frac{v + z_{n-1}}{v} - \mathfrak{M}_{n-1} = 0.$$

Mithin ist

$$D_n \sin\delta = -\frac{2M''}{m v} + \frac{\mathfrak{M}_{n-1} - \mathfrak{M}_n}{v}. \quad (121)$$

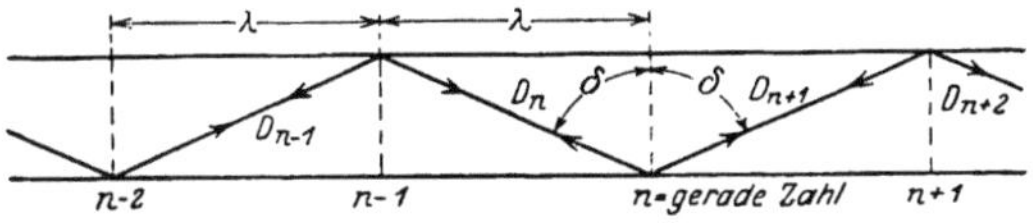

Abb. 430.

d) Bauart nach Abb. 430. Keine Querriegel, Schrägstäbe in jedem Felde, die abwechselnd nach links und rechts steigende Richtung haben. Gerade Felderzahl. Da die Gliederung symmetrisch zur Stabmitte ist, gelten die Kontinuitätsbedingungen Nr. 112.

Ist n eine gerade Zahl, so ist

$$R_n = -(D_n + D_{n+1})\cos\delta\,,$$

$$R'_n = R_n\,,$$

$$R_n = -(\Delta x_{ln} - \Delta x_{rn-1} + \Delta x_{rn+1} - \Delta x_{ln})\frac{E F_d}{d}\cos\delta\sin\delta$$

$$-(y'_{ln} - y'_{rn-1} + y'_{ln} - y'_{rn+1})\frac{E F_d}{d}\cos^2\delta\,,$$

$$-\frac{\Delta^2\mathfrak{M}_n}{\mu\lambda} = -(\Delta\lambda_{rn+1} + \Delta\lambda_{rn})\frac{\lambda}{v} + \Delta^2 u_n - \frac{1}{2}\Delta^2 z_n - 2 z_n$$

$$(\Delta\lambda_{rn+1} + \Delta\lambda_{rn})\frac{\lambda}{v} = (S_{rn+1} + S_{rn})\frac{\lambda^2}{E F_g v}\,.$$

Die Momentengleichung um n_l lautet

$$S_{rn}(v + z_n) + P\left(\frac{v}{2} + e + y'_l\right) - M_n = 0\,.$$

Da

$$M_n = P\left(u_n - \frac{e}{v} z_n\right) - M_0\left(1 + \frac{z_n}{v}\right) + \mathfrak{M}_n$$

ist, folgt

$$S_{rn} = -P\left(\frac{1}{2} + \frac{e}{v}\right) - \frac{M_0}{v} + \frac{\mathfrak{M}_n}{v}\,. \tag{122}$$

Denselben Wert hat S_{rn+1}. Mithin ergibt sich nach Multiplikation mit β

$$\Delta^2 u_n\cdot\beta + \frac{\Delta^2\mathfrak{M}_n}{P}\gamma - 2\frac{\mathfrak{M}_n}{P} + \frac{2 M_0}{P} + 2e - \tfrac{1}{2}\Delta^2 z_n\cdot\beta - 2 z_n\beta + v = 0\,.$$

Ist n eine ungerade Zahl, so ist

$$R_n = +(D_n + D_{n+1})\cos\delta\,,$$

$$R'_n = -R_n\,,$$

$$R_n = (\Delta x_{rn} - \Delta x_{ln-1} + \Delta x_{ln+1} - \Delta x_{rn})\frac{E F_d}{d}\cos\delta\cdot\sin\delta$$

$$+(y'_{ln-1} - y'_{rn} + y'_{ln+1} - y'_{rn})\frac{E F_d}{d}\cos^2\delta\,,$$

$$-\frac{\Delta^2\mathfrak{M}_n}{\lambda\mu} = (\Delta\lambda_{ln+1} + \Delta\lambda_{ln})\frac{\lambda}{v} + \Delta^2 u_n + \tfrac{1}{2}\Delta^2 z_n + 2 z_n\,.$$

Die Momentengleichung um n_r liefert

$$-S_{ln}(v + z_n) - P\left(\frac{v}{2} - e - y'_{rn}\right) - M_n = 0\,,$$

$$S_{ln} = -P\left(\frac{1}{2} - \frac{e}{v}\right) + \frac{M_0}{v} - \frac{\mathfrak{M}_n}{v}\,. \tag{123}$$

Mithin ergibt sich nach Multiplikation mit β

$$\Delta^2 u_n\cdot\beta + \frac{\Delta^2\mathfrak{M}_n}{P}\gamma - 2\frac{\mathfrak{M}_n}{P} + 2\frac{M_0}{P} + 2e + \tfrac{1}{2}\Delta^2 z_n\cdot\beta$$

$$+ 2 z_n\cdot\beta - v = 0\,.$$

Die Gleichungen für n = gerade Zahl und n = ungerade Zahl werden daher durch die Gleichungen

$$\left.\begin{aligned}\Delta^2 u_n \cdot \beta + \frac{\Delta^2 \mathfrak{M}_n}{P} \cdot \gamma - 2\frac{\mathfrak{M}_n}{P} + 2\frac{M_0}{P} + 2e \\ - (-1)^n \left[\frac{1}{2}\Delta^2 z_n \cdot \beta + 2 z_n \beta - v\right] = 0,\end{aligned}\right\} \quad (124)$$

$$\Delta^2 \mathfrak{M}'_n = (-1)^n \Delta^2 \mathfrak{M}_n \quad (125)$$

ausgedrückt.

Die Spannkräfte D_n ergeben sich, wenn n eine gerade Zahl ist, aus der Momentengleichung um n_r, und wenn n eine ungerade Zahl ist, aus der Momentengleichung um n_l. Erstere lautet

$$-(S_{ln} + D_n \sin\delta)(v + z_n) - P\left(\frac{v}{2} - e - y'_{rn}\right) - M_n = 0,$$

$$S_{ln} + D_n \sin\delta = -P\left(\frac{1}{2} - \frac{e}{v}\right) + (M_0 - \mathfrak{M}_n)\frac{1}{v},$$

da aus $(n - 1_r)$

$$S_{ln} = -P\left(\frac{1}{2} - \frac{e}{v}\right) + (M_0 - \mathfrak{M}_{n-1})\frac{1}{v}$$

folgt, so ist

$$D_n \sin\delta = (\mathfrak{M}_{n-1} - \mathfrak{M}_n)\frac{1}{v}.$$

Ebenso ergibt sich

$$(S_{rn} + D_n \sin\delta)(v + z_n) + P\left(\frac{v}{2} + e + y'_{ln}\right) - M_n = 0,$$

$$S_{rn} + D_n \sin\delta = -P\left(\frac{1}{2} + \frac{e}{v}\right) - (M_0 - \mathfrak{M}_n)\frac{1}{v}.$$

Aus $(n - 1_l)$ folgt

$$S_{rn} = -P\left(\frac{1}{2} + \frac{e}{v}\right) - (M_0 - \mathfrak{M}_{n-1})\frac{1}{v},$$

also

$$D_n \sin\delta = (\mathfrak{M}_n - \mathfrak{M}_{n-1})\frac{1}{v},$$

$$\boldsymbol{D_n \sin\delta = (-1)^n (\mathfrak{M}_{n-1} - \mathfrak{M}_n)\frac{1}{v}} \quad (126)$$

für n = gerade und ungerade Zahl.

e) Dieselbe Bauart wie d, jedoch ungerade Felderzahl. Da die Gliederung nicht symmetrisch zur Stabmitte ist, ist $M_{l0} \gtrless M_{lm}$ und $M_{r0} \gtrless M_{rm}$. Mithin ist, wie unter c:

$$M_n = P\left(u_n - \frac{e}{v} z_n\right) - \left(M_0 + M''\frac{m - 2n}{m}\right)\frac{v + z_n}{v} + \mathfrak{M}_n$$

und es gelten die Kontinuitätsbedingungen (119). Vergleicht man die für M_n bestehende Funktion mit der entsprechenden des Falles d, so ist ersichtlich, daß die dritte und vierte Differenzengleichung aus (122) und (123) abgeleitet werden, indem M_0 durch $M_0 + M'' \frac{m - 2n}{m}$ ersetzt wird. Die Gleichungen lauten also

$$\left.\begin{aligned} \Delta^2 u_n \cdot \beta + \frac{\Delta^2 \mathfrak{M}_n}{P}\gamma - 2\frac{\mathfrak{M}_n}{P} + 2\left(\frac{M_0}{P} + \frac{M''}{P}\frac{m-2n}{m}\right) + 2e \\ - (-1)^n\left[\frac{1}{2}\Delta^2 z_n \cdot \beta + 2 z_n \beta - v\right] = 0. \end{aligned}\right\} \quad (127)$$

$$\Delta^2 \mathfrak{M}'_n = (-1)^n \Delta^2 \mathfrak{M}^n. \quad (128)$$

Ebenso ergibt sich

$$D_n \cdot \sin\delta = (-1)^n\left(\mathfrak{M}_{n-1} - \mathfrak{M}_n - \frac{2M''}{m}\right)\frac{1}{v}.$$

f) Bauart nach Abb. 431. Querriegel in jedem Knotenpunkt, Schrägstäbe in jedem Feld, abwechselnd links und rechts steigend. Gerade Felderzahl. Infolge der Symmetrie der Gliederung in bezug auf die Stabmitte gelten wie im Falle d die Kontinuitätsbedingungen Nr. 112.

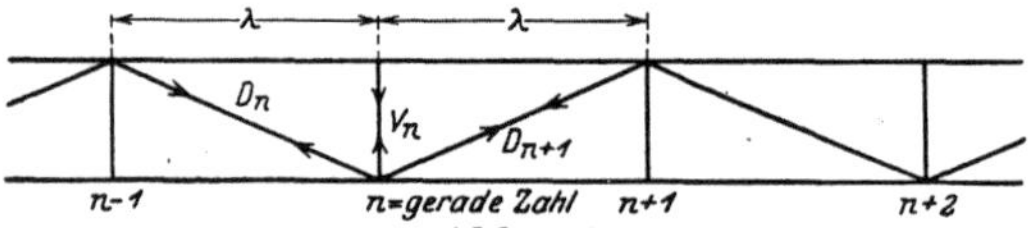

Abb. 431.

Für n = gerade Zahl ist

$$R_n = -(D_n + D_{n+1})\cos\delta$$

und für n = ungerade Zahl

$$R_n = +(D_n + D_{n+1})\cos\delta.$$

Da auf die Werte von S_{ln}, S_{rn} die Querriegel ohne Einfluß sind, gestaltet sich die Entwicklung der Gleichungen wie im Falle d, so daß sich auch für die vorliegende Bauart die Gleichung (124) ergibt. Dagegen ist für n = gerade Zahl

$$R'_n = R_n - 2V_n$$

und für n = ungerade Zahl

$$R'_n = -R_n - 2V_n.$$

Daraus folgt

$$\Delta^2 \mathfrak{M}'_n = (-1)^n \Delta^2 \mathfrak{M}_n + 2 z_n v \lambda. \quad (129)$$

g) Bauart wie f, jedoch ungerade Felderzahl. Infolge der mangelnden Symmetrie wird M_n durch dieselbe Funktion ausgedrückt wie im Falle c. Dieselbe Übereinstimmung besteht für die Kräfte R_n. Mithin gelten die Kontinuitätsbedingungen (119) und die Gleichung (127). Für R'_n bestehen dieselben Gleichungen wie im Falle f, mithin gilt die Gleichung (129)[1].

---

[1]) Mann, L.: Statische Berechnung steifer Vierecknetze. Diss. Berlin 1909, auch Z. f. Bauw. 1909 behandelt das Problem für den Rahmenstab mit Hilfe von Differenzengleichungen. — Müller-Breslau, H.: Über exzentrisch gedrückte Stäbe und über Knickfestigkeit. Eisenbau, 1911, S. 329 ff. stellt die Untersuchung der Bauarten c, d, e, f auf eine allgemeine Grundlage und gelangt durch gewisse Annahmen zu einer Differenzengleichung. — Derselbe: Über exzentrisch gedrückte gegliederte Stäbe. Sitzungsb. d. Preuß. Akad. d. Wiss. zu Berlin. 1910. Bd. X. — Derselbe: Neuere Methoden der Festigkeitslehre. — Grüning: Die Untersuchung gegliederter Druckstäbe. Eisenbau, 1913, S. 403 behandelt die Bauarten a und b mit 4 simultanen Gleichungen. — Derselbe: Knickung genieteter vollwandiger Druckstäbe. Z. f. Arch. u. Ing.-Wesen, 1917, 2.

89. Auflösung der Gleichungen.

Die Auflösung der Differenzengleichungen soll zunächst für den Fall zentrischen Kraftangriffes durchgeführt werden, also $e = 0$, $M_0 = 0$. Für alle zur Stabmitte symmetrischen Bauarten ist dann auch $P' = 0$. Für die unsymmetrischen Bauarten ist $P' \gtrless 0$. Da jedoch P' sehr klein ist und nur in dem Quotienten $\frac{P'}{P}$ in den Kontinuitätsbedingungen vorkommt, kann es vernachlässigt werden.

Bauart a und b. Die Gleichungen (112a) und (117a) enthalten nur u_n und $\mathfrak{M}_n$, jedoch kein absolutes Glied. Da für $n = 0$ und $n = m$ sowohl u_n als $\mathfrak{M}_n = 0$ wird, ergibt sich für alle Zahlen n $u_n = 0$, $\mathfrak{M}_n = 0$. Die Stabachse bleibt gerade. Für z_n und $\mathfrak{M}'_n$ gelten die Differenzengleichungen

$$\Delta^2 z_n \cdot \alpha + 6 z_n + 2 \frac{\Delta^2 \mathfrak{M}'_n}{P} + \frac{12 \mathfrak{M}'_n}{P} - \frac{12 M'_0}{P} = 0,$$

$$\Delta^2 z_n \cdot \beta + 2 z_n \beta \left(2 + \frac{\nu}{\mu}\right) - \frac{\Delta^2 \mathfrak{M}'_n}{P} \gamma - 2 v = 0,$$

welche den Fall b mit $\nu = 0$ umfassen.

Teillösungen der homogenen Form sind die Ansätze

$$z_n = C k^n, \qquad \frac{\mathfrak{M}'_n}{P} = C \cdot \zeta \cdot k^n.$$

Die Einführung in die Differenzengleichungen führt zu den charakteristischen Gleichungen, in denen $w = \frac{(1-k)^2}{k}$ bezeichnet,

$$\alpha \cdot w + 6 + 2 (w + 6) \zeta = 0,$$

$$\beta \cdot w + 2 \beta \left(2 + \frac{\nu}{\mu}\right) - w \cdot \gamma \cdot \zeta = 0.$$

$$\zeta = -\frac{\alpha w + 6}{2 (w + 6)} = \beta \frac{w + 2\left(2 + \frac{\nu}{\mu}\right)}{\gamma \cdot w},$$

$$(\alpha \gamma + 2 \beta) w^2 + \left(20 \beta + 6 \gamma + 4 \beta \frac{\nu}{\mu}\right) w + 24 \beta \left(2 + \frac{\nu}{\mu}\right) = 0,$$

$$w^2 + a_1 w + b_1 = 0,$$

$$a_1 = \frac{20 + 6 \frac{\gamma}{\beta} + 4 \frac{\nu}{\mu}}{2 + \frac{\alpha \gamma}{\beta}}, \qquad b_1 = \frac{24\left(2 + \frac{\nu}{\mu}\right)}{2 + \frac{\alpha \gamma}{\beta}}.$$

Die Auflösung ergibt

$$w_1 = -\tfrac{1}{2} a_1 + \sqrt{\left(\frac{a_1}{2}\right)^2 - b_1},$$

$$w_2 = -\tfrac{1}{2} a_1 - \sqrt{\left(\frac{a_1}{2}\right)^2 - b_1}.$$

Die Wurzel ist im allgemeinen imaginär, mithin ergeben sich für k die beiden quadratischen Gleichungen

$$k^2 - k\left[2 - \tfrac{1}{2}a_1 + i\sqrt{b_1 - \left(\frac{a_1}{2}\right)^2}\right] + 1 = 0\,,$$

$$k^2 - k\left[2 - \tfrac{1}{2}a_1 - i\sqrt{b_1 - \left(\frac{a_1}{2}\right)^2}\right] + 1 = 0\,.$$

Die Wurzeln sind, wenn die Bezeichnungen

$$a = \tfrac{1}{4}a_1 - 1 \qquad b = \frac{1}{2}\sqrt{b_1 - \left(\frac{a_1}{2}\right)^2}\,,$$

$$\alpha_1\,,\ \alpha_2 = +\,a \pm \sqrt{\tfrac{1}{2}\{\sqrt{a^2 - b^2 - 1)^2 + (2\,a\,b)^2} + a^2 - b^2 - 1\}}\,,$$

$$\beta_1\,,\ \beta_2 = b \pm \sqrt{\tfrac{1}{2}\{\sqrt{a^2 - b^2 - 1)^2 + (2\,a\,b)^2} - a^2 + b^2 + 1\}}$$

eingeführt werden, der ersten Gleichung

$$k_1 = -\,\alpha_1 + i\,\beta_1\,, \qquad k_2 = -\,\alpha_2 + i\,\beta_2,$$

der zweiten Gleichung

$$k_3 = -\,\alpha_1 - i\,\beta_1\,, \qquad k_4 = -\,\alpha_2 - i\,\beta_2\,.$$

In der trigonometrischen Form können die Wurzeln mit

$$\cos\psi = -\frac{\alpha_1}{r}, \qquad \sin\psi = \frac{\beta_1}{r}, \qquad r = \sqrt{\alpha_1^2 + \beta_1^2},$$

da $k_1 \cdot k_2 = 1$ und $k_3 \cdot k_4 = 1$ ist, durch

$$k_1 = r\,(\cos\psi + i\sin\psi)\,, \qquad k_2 = \frac{1}{r}\,(\cos\psi - i\sin\psi)\,,$$

$$k_3 = r\,(\cos\psi - i\sin\psi)\,, \qquad k_4 = \frac{1}{r}\,(\cos\psi + i\sin\psi)$$

ausgedrückt werden. Zu k_1, k_2 gehört

$$\zeta_1 = \frac{\beta}{\gamma}\left(1 + \frac{2\left(2 + \frac{\nu}{\mu}\right)}{w_1}\right) = \frac{\beta}{\gamma}\left(1 + \frac{2\left(2 + \frac{\nu}{\mu}\right)w_2}{b_1}\right)$$

zu k_3, k_4

$$\zeta_2 = \frac{\beta}{\gamma}\left(1 + \frac{2\left(2 + \frac{\nu}{\mu}\right)}{w_2}\right) = \frac{\beta}{\gamma}\left(1 + \frac{2\left(2 + \frac{\nu}{\mu}\right)w_1}{b_1}\right).$$

Durch Trennung der reellen und imaginären Glieder entsteht

$$\zeta_1 = \zeta' - i\zeta'', \qquad \zeta_2 = \zeta' + i\zeta'',$$

$$\zeta' = \frac{\beta}{\gamma}\left[1 - \frac{a_1}{b_1}\left(2 + \frac{\nu}{\mu}\right)\right],$$

$$\zeta'' = \frac{4\beta}{\gamma}\,\frac{b}{b_1}\left(2 + \frac{\nu}{\mu}\right).$$

Zu den Lösungen der homogenen Form der Differenzengleichungen treten die konstanten Glieder

$$z = \frac{v}{\beta\left(2 + \frac{\nu}{\mu}\right)}, \qquad \frac{\mathfrak{M}'}{P} = \frac{M_0'}{P} - \frac{v}{2\beta\left(2 + \frac{\nu}{\mu}\right)}.$$

Die vollständigen Lösungen sind

$$z_n = C_1 r^n(\cos n\psi + i\sin n\psi) + C_2 r^{-n}(\cos n\psi - i\sin n\psi)$$
$$+ C_3 r^n(\cos n\psi - i\sin n\psi) + C_4 r^{-n}(\cos n\psi + i\sin n\psi) + \frac{v}{\beta\left(2 + \frac{\nu}{\mu}\right)},$$

$$\frac{\mathfrak{M}_n'}{P} = (\zeta' - i\zeta'')\,[C_1 r^n(\cos n\psi + i\sin n\psi) + C_2 r^{-n}(\cos n\psi - i\sin n\psi)]$$
$$+ (\zeta' + i\zeta'')\,[C_3 r^n(\cos n\psi - i\sin n\psi) + C_4 r^{-n}(\cos n\psi + i\sin n\psi)]$$
$$+ \frac{M_0'}{P} - \frac{v}{2\beta\left(2 + \frac{\nu}{\mu}\right)}.$$

Die reellen und imaginären Glieder werden zusammengefaßt und neue Konstante eingeführt.

$$z_n = C_1 r^n \cdot \cos n\psi + C_2 r^n \cdot \sin n\psi + C_3 r^{-n} \cdot \cos n\psi + C_4 r^{-n} \cdot \sin n\psi$$
$$+ \frac{v}{\beta\left(2 + \frac{\nu}{\mu}\right)},$$

$$\frac{\mathfrak{M}_n'}{P} = \zeta' \cdot z_n + \zeta''\,[C_1 r^n \cdot \sin n\psi - C_2 r^n \cdot \cos n\psi - C_3 r^{-n} \cdot \sin n\psi$$
$$+ C_4 r^{-n} \cdot \cos n\psi] + \frac{M_0'}{P} - \frac{v}{2\beta\left(2 + \frac{\nu}{\mu}\right)}(1 + 2\zeta').$$

Zur Bestimmung der Konstanten dienen die vier Bedingungen

$$n = 0\ : z_0 = 0, \qquad \mathfrak{M}_0' = 0,$$
$$n = m : z_m = 0, \qquad \mathfrak{M}_m' = 0.$$

Es seien die durch folgende Gleichungen definierten Bezeichnungen eingeführt

$$z_n = f_5(n) + p, \qquad \frac{\mathfrak{M}_n'}{P} = \zeta' \cdot z_n + \zeta'' f_6(n) + q,$$

dann lauten die vier Bedingungen

$$f_5(0) + p = 0, \qquad f_5(m) + p = 0,$$

$$\zeta'' f_6(0) + q = 0, \qquad \zeta'' f_6(m) + q = 0,$$

daraus folgt

$$f_5(0) = f_5(m), \qquad f_6(0) = f_6(m),$$

was durch

$$f_5(n) = N_1 \cdot F_3(n) + N_2 \cdot F_4(n),$$

$$f_6(n) = -N_1 F_4(n) + N_2 F_3(n),$$

$$F_3(n) = \frac{(r^{m-n} + r^{n-m}) \cos n\psi + (r^n + r^{-n}) \cos(m-n)\psi}{r^m + r^{-m} + 2\cos m\psi},$$

$$F_4(n) = \frac{(r^{m-n} - r^{n-m}) \sin n\psi + (r^n - r^{-n}) \sin(m-n)\psi}{r^m + r^{-m} + 2\cos m\psi}$$

mit den neuen Konstanten $N_1 = f_5(0)$, $N_2 = f_6(0)$ erfüllt wird. Nunmehr ergeben sich N_1 und N_2 aus

$$N_1 + p = 0, \qquad \zeta'' N_2 + q = 0$$

zu

$$N_1 = -p, \qquad N_2 = -\frac{q}{\zeta''}.$$

Mithin erhält man

$$\left.\begin{aligned} &\text{a)} \quad \boldsymbol{z_n = p\,[1 - F_3(n)] - \frac{q}{\zeta''} F_4(n)}, \\ &\text{b)} \quad \boldsymbol{\frac{\mathfrak{M}'_n}{P} = \zeta' \cdot z_n + q\,[1 - F_3(n)] + p \cdot \zeta'' F_4(n)}. \end{aligned}\right\} \qquad (130)$$

In den Knotenpunkten der Gurtungen treten die Momente auf

$$M_{ln} = -M_{rn} = \tfrac{1}{4} P \cdot z_n - \tfrac{1}{2} M'_0 + \tfrac{1}{2} \mathfrak{M}'_n.$$

Die Größe des Momentes M'_0 ergibt sich aus der geometrischen Bedingung: Tangente an die elastische Linie der Gurtungen in den Endpunkten parallel zur X-Achse, d. h.

$$\frac{dz}{dx}(x = 0) = 0, \qquad \text{womit auch} \qquad \frac{dz}{dx}(x = m) = 0$$

erfüllt wird. Die Differentialgleichung der elastischen Linie im ersten Felde ist

$$EJ\frac{d^2 y'_l}{dx^2} = -\frac{1}{2} P y'_l + \frac{1}{2} M'_0 - \frac{1}{2} \mathfrak{M}'_1 \frac{x}{\lambda},$$

$$EJ\frac{d^2 y'_r}{dx^2} = -\frac{1}{2} P y'_r - \frac{1}{2} M'_0 + \frac{1}{2} \mathfrak{M}'_1 \frac{x}{\lambda},$$

$$EJ\frac{d^2 z}{dx^2} = -\frac{1}{2} P \cdot z + M'_0 - \mathfrak{M}'_1 \frac{x}{\lambda}.$$

Die Integration ergibt

$$z = \alpha \cos \varkappa x + \beta \sin \varkappa x + \frac{2 M_0'}{P} - \frac{2 \mathfrak{M}_1'}{P} \frac{x}{\lambda},$$

$$\frac{dz}{dx}(x=0) = \beta \cdot \varkappa - \frac{2 \mathfrak{M}_1'}{P \cdot \lambda}, \qquad \varkappa = \sqrt{\frac{P}{2EJ}}.$$

β wird bestimmt aus

$$x = 0 : z = 0; \qquad x = \lambda : z = z_1;$$

$$0 = \alpha + \frac{2 M_0'}{P}; \qquad z_1 = \alpha \cos \varkappa \lambda + \beta \sin \varkappa \lambda + \frac{2 M_0'}{P} - \frac{2 \mathfrak{M}_1'}{P},$$

daraus ergibt sich

$$\beta \sin \varkappa \lambda = \frac{2 \mathfrak{M}_1'}{P} - \frac{2 M_0'}{P}(1 - \cos \varkappa \lambda) + z_1$$

und weiter aus

$$\beta \varkappa \lambda = \frac{2 \mathfrak{M}_1'}{P},$$

$$\frac{2 \mathfrak{M}_1'}{P}\left(1 - \frac{\sin \varkappa \lambda}{\varkappa \lambda}\right) = \frac{2 M_0'}{P}(1 - \cos \varkappa \lambda) - z_1 .$$

Aus dieser Gleichung läßt sich M_0' nach Einführung der Funktionswerte z_1 und $\frac{\mathfrak{M}_1'}{P}$ berechnen.

Bauart c. Der Symmetrie wegen ist

$$M_{l0} = -M_{rm}, \qquad M_{r0} = -M_{lm}, \qquad \text{mithin} \quad M_0 = 0, \quad M''' = 0 .$$

Hinreichend genau kann auch $M_0' = 0$ gesetzt werden. Die Differenzengleichungen lauten

$$\varDelta^2 u_n \cdot \alpha + 6 u_n + \frac{\varDelta^2 \mathfrak{M}_n}{P} + \frac{6 \mathfrak{M}_n}{P} - \frac{6 M''}{P} \frac{m - 2n}{m} = 0,$$

$$\varDelta^2 z_n \cdot \alpha + 6 z_n + \frac{2 \varDelta^2 \mathfrak{M}_n'}{P} + \frac{12 \mathfrak{M}_n'}{P} = 0,$$

$$\varDelta^2 u_n \cdot \beta - \frac{1}{2}\beta (z_{n-1} - z_{n+1}) + \frac{\varDelta^2 \mathfrak{M}_n}{P}\gamma - \frac{2 \mathfrak{M}_n}{P} + \frac{2 M''}{P}\frac{m - 2n}{m} = 0,$$

$$\varDelta^2 z_n \cdot \beta + 4 z_n \beta \left(1 + \frac{\nu}{\mu}\right) - 2\beta (u_{n-1} - u_{n+1}) - \frac{2 \varDelta^2 \mathfrak{M}_n'}{P} \cdot \gamma - 2 v$$
$$+ 4 \beta \lambda \operatorname{tg} \psi_n = 0 .$$

Wenn $\operatorname{tg} \psi_n$ konstant angenommen wird, so bestehen die Teillösungen

$$u_n = C \cdot k^n, \qquad \frac{\mathfrak{M}_n}{P} = C \cdot \zeta \cdot k^n, \qquad z_n = C \vartheta \cdot k^n, \qquad \frac{\mathfrak{M}_n'}{P} = C \cdot \eta \cdot k^n$$

für die homogene Form. Sie ergeben die charakteristischen Gleichungen

$$\text{a)}\quad \alpha \cdot w + 6 + \zeta\,(w + 6) = 0;$$

$$\text{b)}\quad \vartheta\,(\alpha \cdot w + 6) + 2\,\eta\,(w + 6) = 0;$$

$$\text{c)}\quad \beta \cdot w - \frac{1}{2}\beta \cdot \vartheta \frac{1 - k^2}{k} + \zeta\,(w\gamma - 2) = 0;$$

$$\text{d)}\quad \vartheta \cdot \beta \left[w + 4\left(1 + \frac{\nu}{\mu}\right)\right] - 2\beta \frac{1 - k^2}{k} - 2\eta \cdot w \cdot \gamma = 0\,.$$

$2\eta = -\vartheta \dfrac{\alpha w + 6}{w + 6}$ in d eingeführt, gibt

$$\vartheta \left\{\beta \left[w + 4\left(1 + \frac{\nu}{\mu}\right)\right] + w\gamma \frac{\alpha w + 6}{w + 6}\right\} = 2\beta \frac{1 - k^2}{k}\,;$$

da $\left(\dfrac{1 - k^2}{k}\right)^2 = w\,(w + 4)$ ist, folgt

$$\vartheta \frac{1 - k^2}{k} = 2\beta \frac{w\,(w + 4)}{\beta \left[w + 4\left(1 + \frac{\nu}{\mu}\right)\right] + w\gamma \frac{\alpha w + 6}{w + 6}}\,.$$

und wird in c eingeführt, ferner wird $\zeta = -\dfrac{\alpha w + 6}{w + 6}$ gesetzt

$$\beta \cdot w - \beta^2 \frac{w\,(w + 4)}{\beta \left[w + 4\left(1 + \frac{\nu}{\mu}\right)\right] + w\gamma \frac{\alpha w + 6}{w + 6}} - \frac{\alpha w + 6}{w + 6}(w\gamma - 2) = 0\,,$$

$$4\beta^2 w \frac{\nu}{\mu} + \beta\gamma \cdot w^2 \frac{\alpha w + 6}{w + 6}$$
$$- \frac{\alpha w + 6}{w + 6}(w\gamma - 2)\left\{\beta \left[w + 4\left(1 + \frac{\nu}{\mu}\right)\right] + w\gamma \frac{\alpha w + 6}{w + 6}\right\} = 0\,.$$

Die Ausrechnung ergibt für w die Gleichung vierten Grades

$$w^4 - w^3 A - w^2 B - w C - 288 \frac{\beta}{\alpha^2 \gamma^2}\left(1 + \frac{\nu}{\mu}\right) = 0\,,$$

$$A = 4\left(\frac{\beta}{\alpha\gamma}\right)^2 \frac{\nu}{\mu} - 4\frac{\beta}{\alpha\gamma}\left(1 + \frac{\nu}{\mu}\right) - \frac{12}{\alpha} + \frac{2}{\gamma}\left(\frac{\beta}{\alpha\gamma} + \frac{1}{\gamma}\right),$$

$$B = 48\left(\frac{\beta}{\alpha\gamma}\right)^2 \frac{\nu}{\mu} - 24\frac{\beta}{\alpha\gamma} \cdot \frac{\alpha + 1}{\alpha}\left(1 + \frac{\nu}{\mu}\right) - \frac{36}{\alpha^2} + \frac{12}{\alpha\gamma}\left(2 + \frac{\beta}{\alpha\gamma}\right)$$
$$+ \frac{4\beta}{\alpha\gamma^2}\left(5 + 2\frac{\nu}{\mu}\right),$$

$$C = 144\left(\frac{\beta}{\alpha\gamma}\right)^2 \frac{\nu}{\mu} - 144\frac{\beta}{\alpha\gamma}\frac{1}{\alpha}\left(1 + \frac{\nu}{\mu}\right) + 72\frac{\beta + \gamma}{\alpha^2\gamma^2}$$
$$+ 48\frac{\beta}{\alpha^2\gamma^2}(\alpha + 1)\left(1 + \frac{\nu}{\mu}\right).$$

Eine Näherungslösung ist $w = 0$; mithin ergibt sich eine Wurzel in

$$w_1 = -\frac{f(0)}{f'(0)},$$

wenn $f(0)$ den Funktionswert der Gleichung für $w = 0$ und $f'(0)$ den Funktionswert des Differentialquotienten der Gleichung nach w für $w = 0$ bezeichnet.

$$w_1 = -\frac{4}{2(\beta-\gamma) - 2\beta\frac{\mu}{\mu+\nu} + \frac{2}{3}(\alpha+1) + \frac{\beta+\gamma}{\beta}\frac{\mu}{\mu+\nu}},$$

w_1 ist eine so kleine negative Zahl, daß es bei Berechnung der anderen Wurzeln vernachlässigt werden kann. Die reelle Wurzel der Gleichung dritten Grades

$$w^3 - A w^2 - B w - C = 0$$

ist nach der Cardanischen Formel

$$w_2 = \tfrac{1}{3}A + \sqrt[3]{P + \sqrt{Q}} + \sqrt[3]{P - \sqrt{Q}},$$

$$P = \left(\frac{A}{3}\right)^3 + \frac{A}{3}\cdot\frac{B}{2} + \frac{C}{2},$$

$$Q = \left[\left(\frac{A}{3}\right)^3 + \frac{A}{3}\cdot\frac{B}{2} + \frac{C}{4}\right]C - \tfrac{1}{3}\left(\frac{B}{3}\right)^2\left[\left(\frac{A}{2}\right)^2 + B\right],$$

w_2 ist stets eine im Verhältnis zu w_1 große positive Zahl. Für die dritte und vierte Wurzel besteht dann die quadratische Gleichung

$$w^2 + w(w_2 - A) + \frac{C}{w_2} = 0,$$

$$w_3 = -\tfrac{1}{2}(w_2 - A) + i\,2b, \qquad w_4 = -\tfrac{1}{2}(w_2 - A) - i\,2b,$$

$$a = \tfrac{1}{4}(w_2 - A) - 1, \qquad b = \tfrac{1}{2}\sqrt{\frac{C}{w_2} - \tfrac{1}{4}(w_2 - A)^2}.$$

Für k ergeben sich nunmehr die acht Wurzeln

$$k_1,\, k_2 = \cos\varphi \pm i\sin\varphi;$$

$$\cos\varphi = 1 + \tfrac{1}{2}w_1,$$

$$k_3,\, k_4 = 1 + \tfrac{1}{2}w_2 \pm \sqrt{(1 + \tfrac{1}{2}w_2)^2 - 1} = k,\ k^{-1},$$

$$k_5,\, k_7 = r(\cos\psi \pm i\sin\psi),$$

$$k_6,\, k_8 = \frac{1}{r}(\cos\psi \mp i\sin\psi),$$

$$\cos\psi = -\frac{p}{r}, \qquad \sin\psi = \frac{q}{r}, \qquad r = \sqrt{p^2 + q^2},$$

$$p = a + \sqrt{\tfrac{1}{2}\left\{\sqrt{(a^2 - b^2 - 1)^2 + (2ab)^2} + a^2 - b^2 - 1\right\}},$$

$$q = b + \sqrt{\tfrac{1}{2}\left\{\sqrt{(a^2 - b^2 - 1)^2 + (2ab)^2} - a^2 + b^2 + 1\right\}}.$$

Zu k_1, k_2 gehören

$$\zeta = -\frac{\alpha w_1 + 6}{w_1 + 6} = -\zeta_1,$$

$$\vartheta = \frac{\beta w_1 - \zeta_1 (w_1 \gamma - 2)}{\mp i \beta \sin\varphi} = \pm i \frac{\zeta_1 (2 - w_1 \gamma) + \beta w_1}{\beta \sin\varphi} = \pm i \vartheta_1,$$

da
$$\frac{1 - k^2}{k} = \mp 2 i \sin\varphi,$$

ist
$$\eta = -\frac{\vartheta \zeta_1}{2} = \mp i \tfrac{1}{2} \vartheta_1 \cdot \zeta_1;$$

zu k_3, k_4 gehören

$$\zeta = -\frac{\alpha w_2 + 6}{w_2 + 6} = -\zeta_3,$$

$$\vartheta = \mp 2 \frac{\beta w_2 - \zeta_3 (w_2 \gamma - 2)}{\beta} \frac{k}{k^2 - 1} = \mp \vartheta_3,$$

$$\eta = \pm \tfrac{1}{2} \vartheta_3 \zeta_3;$$

zu k_5

$$\zeta = -\frac{\alpha [-\frac{1}{2}(w_2 - A) + i\, 2b] + 6}{-\frac{1}{2}(w_2 - A) + i\, 2b + 6} = -\zeta' - i\zeta'',$$

$$\zeta' = \frac{\left[6 - \frac{\alpha}{2}(w_2 - A)\right][6 - \frac{1}{2}(w_2 - A)] + 4 b^2 \alpha}{[6 - \frac{1}{2}(w_2 - A)]^2 + 4 b^2},$$

$$\zeta'' = \frac{12 b (\alpha - 1)}{[6 - \frac{1}{2}(w_2 - A)]^2 + 4 b^2},$$

$$\frac{1 - k^2}{k} = \frac{1 - r^2}{r} \cos\psi - i \frac{1 + r^2}{r} \sin\psi,$$

$$\vartheta = 2r \cdot \frac{\beta[-\frac{1}{2}(w_2 - A) + i 2b] - (\zeta' + i\zeta'')[(-\frac{1}{2}(w_2 - A) + i 2b)\gamma - 2]}{\beta[(1 - r^2)\cos\psi - i(1 + r^2)\sin\psi]},$$

$$\vartheta = \vartheta' + i\vartheta'',$$

$$\vartheta' = \frac{2r}{\beta \cdot \mathfrak{N}} \{[-\tfrac{1}{2}\beta(w_2 - A) + \zeta'(\tfrac{1}{2}\gamma(w_2 - A) + 2) + 2\zeta'' b\gamma](1 - r^2)\cos\psi$$
$$-[2\beta b + \zeta''(\tfrac{1}{2}\gamma(w_2 - A) + 2) - 2 b\gamma\zeta'](1 + r^2)\sin\psi\},$$

$$\vartheta'' = \frac{2r}{\beta \cdot \mathfrak{N}} \{[2\beta b + \zeta''(\tfrac{1}{2}\gamma(w_2 - A) + 2) - 2 b\gamma\zeta'](1 - r^2)\cos\psi$$
$$+[-\tfrac{1}{2}\beta(w_2 - A) + \zeta'(\tfrac{1}{2}\gamma(w_2 - A) + 2) + 2\zeta'' b\gamma](1 + r^2)\sin\psi\},$$

$$\mathfrak{N} = (1 + r^2 + 2r\cos\psi)(1 + r^2 - 2r\cos\psi),$$

$$\eta = -\tfrac{1}{2}(\zeta' + i\zeta'')(\vartheta' + i\vartheta'') = -\eta' - i\eta'',$$

$$\eta' = \tfrac{1}{2}(\zeta'\vartheta' - \vartheta''\zeta''), \qquad \eta'' = \tfrac{1}{2}(\zeta'\vartheta'' + \vartheta'\zeta'');$$

zu k_6

$$\zeta = -\zeta' - i\zeta''$$

$$\frac{1-k^2}{k} = -\frac{1-r^2}{r}\cos\psi + i\,\frac{1+r^2}{r}\sin\psi\,,$$

$$\vartheta = -\vartheta' - i\vartheta'', \qquad \eta = \eta' + i\eta'';$$

zu k_7

$$\zeta = -\zeta' + i\zeta'', \quad \text{zu } k_8 \quad \zeta = -\zeta' + i\zeta'',$$

$$\vartheta = \vartheta' - i\vartheta'', \qquad \vartheta = -\vartheta' + i\vartheta''$$

$$\eta = -\eta' + i\eta''; \qquad \eta = \eta' - i\eta''.$$

Aus den nicht homogenen Gliedern der Differenzengleichungen ergibt sich

$$z = \frac{v - 2\beta\lambda\cdot\operatorname{tg}\psi}{2\beta\left(1+\frac{\nu}{\mu}\right)} = z_0$$

$$\frac{\mathfrak{M}'}{P} = -\tfrac{1}{2}z_0\,,$$

$$\frac{\mathfrak{M}}{P} = \frac{M''}{P}\,\frac{m-2n}{m}\,.$$

Die vollständigen Lösungen sind mithin

$$u_n = f_1(n) + f_3(n) + f_5(n)\,,$$

$$\frac{\mathfrak{M}_n}{P} = -\zeta_1\cdot f_1(n) - \zeta_3 f_3(n) - \zeta' f_5(n) + \zeta'' f_6(n) + \frac{M''}{P}\,\frac{m-2n}{m}\,,$$

$$z_n = -\vartheta_1 f_2(n) - \vartheta_3 f_4(n) + \vartheta' f_7(n) + \vartheta'' f_8(n) + z_0\,,$$

$$\frac{\mathfrak{M}_n'}{P} = \tfrac{1}{2}\vartheta_1\cdot\zeta_1 f_2(n) + \tfrac{1}{2}\vartheta_3\zeta_3 f_4(n) - \eta' f_7(n) - \eta'' f_8(n) - \tfrac{1}{2}z_0\,,$$

$$f_1(n) = C_1\cos n\varphi + C_2\sin n\varphi\,,$$

$$f_2(n) = C_1\sin n\varphi - C_2\cos n\varphi\,;$$

$$f_3(n) = C_3 k^n + C_4 k^{-n}\,,$$

$$f_4(n) = C_3 k^n - C_4 k^{-n}\,,$$

$$f_5(n) = C_5 r^n\cos n\psi + C_6 r^n\sin n\psi + C_7 r^{-n}\cos n\psi + C_8 r^{-n}\sin n\psi\,,$$

$$f_6(n) = C_5 r^n\sin n\psi - C_6 r^n\cos n\psi - C_7 r^{-n}\sin n\psi + C_8 r^{-n}\cos n\psi\,,$$

$$f_7(n) = C_5 r^n\cos n\psi + C_6 r^n\sin n\psi - C_7 r^{-n}\cos n\psi - C_8 r^{-n}\sin n\psi\,,$$

$$f_8(n) = -C_5 r^n\sin n\psi + C_6 r^n\cos n\psi - C_7 r^{-n}\sin n\psi + C_8 r^{-n}\cos n\psi.$$

Zur Bestimmung der Konstanten dienen die acht Bedingungen

$$\left.\begin{matrix} n = 0 \\ n = m \end{matrix}\right\}: u = 0\,,\quad \mathfrak{M} = 0\,,\quad z = 0\,,\quad \mathfrak{M}' = 0\,.$$

Daraus ergeben sich folgende Gleichungen

$$f_1(0) + f_3(0) + f_5(0) = 0\,,$$
$$f_1(m) + f_3(m) + f_5(m) = 0\,,$$
$$-\zeta_1 f_1(0) - \zeta_3 f_3(0) - \zeta' f_5(0) + \zeta'' f_6(0) + \frac{M''}{P} = 0\,,$$
$$-\zeta_1 f_1(m) - \zeta_3 f_3(m) - \zeta' f_5(m) + \zeta'' f_6(m) - \frac{M''}{P} = 0\,,$$
$$-\vartheta_1 f_2(0) - \vartheta_3 f_4(0) + \vartheta' f_7(0) + \vartheta'' f_8(0) + z_0 = 0\,,$$
$$-\vartheta_1 f_2(m) - \vartheta_3 f_4(m) + \vartheta' f_7(m) + \vartheta'' f_8(m) + z_0 = 0\,,$$
$$+\vartheta_1 \zeta_1 f_2(0) + \vartheta_3 \zeta_3 f_4(0) - 2\eta' f_7(0) - 2\eta'' f_8(0) - z_0 = 0\,,$$
$$+\vartheta_1 \zeta_1 f_2(m) + \vartheta_3 \zeta_3 f_4(m) - 2\eta' f_7(m) - 2\eta'' f_8(m) - z_0 = 0\,.$$

Daraus folgt

$$\left.\begin{aligned}
&f_1(0) + f_1(m) + f_3(0) + f_3(m) + f_5(0) + f_5(m) = 0\,,\\
&-\zeta_1[f_1(0) + f_1(m)] - \zeta_3[f_3(0) + f_3(m)] - \zeta'[f_5(0) + f_5(m)]\\
&\qquad + \zeta''[f_6(0) + f_6(m)] = 0\,,\\
&-\vartheta_1[f_2(0) - f_2(m)] - \vartheta_3[f_4(0) - f_4(m)] + \vartheta'[f_7(0) - f_7(m)]\\
&\qquad + \vartheta''[f_8(0) - f_8(m)] = 0\,,\\
&\vartheta_1\zeta_1[f_2(0) - f_2(m)] + \vartheta_3\zeta_3[f_4(0) - f_4(m)] - 2\eta'[f_7(0) - f_7(m)]\\
&\qquad - 2\eta''[f_8(0) - f_8(m)] = 0\,.
\end{aligned}\right\}\quad(131)$$

$$f_1(0) + f_1(m) = 0\,,$$
$$f_3(0) + f_3(m) = 0\,,$$
$$f_5(0) + f_5(m) = 0\,,$$
$$f_6(0) + f_6(m) = 0$$

ergibt

$$f_1(n) = N_1 \frac{\sin\left(\frac{m}{2} - n\right)\varphi}{\sin\frac{m}{2}\varphi} = N_1 \cdot G_1(n)\,,$$

$$f_2(n) = N_1 \frac{\cos\left(\frac{m}{2} - n\right)\varphi}{\sin\frac{m}{2}\varphi} = N_1 \cdot \operatorname{cotg}\frac{m}{2}\varphi \cdot F_1(n)\,,$$

$$f_3(n) = N_2 \frac{(k^n - k^{m-n})}{1 - k^m} = N_2\, G_2(n)\,,$$

$$f_4(n) = N_2 \frac{(k^n + k^{m-n})}{1 - k^m} = N_2 \frac{1 + k^m}{1 - k^m} \cdot F_2(n)\,,$$

$$f_5(n) = \quad N_3 G_3(n) + N_4 G_4(n),$$
$$f_6(n) = -N_3 G_4(n) + N_4 G_3(n),$$
$$f_7(n) = -N_3 F_5(n) - N_4 \cdot F_6(n),$$
$$f_8(n) = -N_3 F_6(n) + N_4 \cdot F_5(n),$$
$$G_3(n) = \frac{(r^{m-n} + r^{n-m}) \cos n\psi - (r^n + r^{-n}) \cos(m-n)\psi}{r^m + r^{-m} - 2\cos m\psi},$$
$$G_4(n) = \frac{(r^{m-n} - r^{n-m}) \sin n\psi - (r^n - r^{-n}) \sin(m-n)\psi}{r^m + r^{-m} - 2\cos m\psi},$$
$$F_5(n) = \frac{(r^{m-n} - r^{n-m}) \cos n\psi + (r^n - r^{-n}) \cos(m-n)\psi}{r^m + r^{-m} - 2\cos m\psi},$$
$$F_6(n) = \frac{(r^{m-n} + r^{n-m}) \sin n\psi + (r^n + r^{-n}) \sin(m-n)\psi}{r^m + r^{-m} - 2\cos m\psi}.$$

Da
$$G_1(0) = -G_1(m) = 1,$$
$$F_1(0) = \quad F_1(m) = 1,$$
$$G_2(0) = -G_2(m) = 1,$$
$$F_2(0) = \quad F_2(m) = 1,$$

so ist
$$f_1(0) = -f_1(m) = N_1,$$
$$f_2(0) = \quad f_2(m) = N_1 \operatorname{cotg} \frac{m}{2}\psi,$$
$$f_3(0) = -f_3(m) = N_2,$$
$$f_4(0) = \quad f_4(m) = N_2 \frac{1 + k^m}{1 - k^m}.$$

Da ferner
$$G_3(0) = -G_3(m) = 1,$$
$$G_4(0) = -G_4(m) = 0,$$
$$F_5(0) = \quad F_5(m) = \frac{r^m - r^{-m}}{r^m + r^{-m} - 2\cos m\psi} = p,$$
$$F_6(0) = \quad F_6(m) = \frac{2\sin m\psi}{r^m + r^{-m} - 2\cos m\psi} = q,$$

so ist
$$f_5(0) = -f_5(m) = N_3,$$
$$f_6(0) = -f_6(m) = N_4,$$
$$f_7(0) = \quad f_7(m) = -N_3 p - N_4 q,$$
$$f_8(0) = \quad f_8(m) = -N_3 q + N_4 p.$$

Mithin werden die vier Gleichungen (131) befriedigt, und es ergeben sich zur Bestimmung von N_1, N_2, N_3, N_4 die vier für $n = 0$ geltenden Gleichungen

$$N_1 + N_2 + N_3 = 0\,,$$
$$-\zeta_1 N_1 - \zeta_3 N_2 - \zeta' N_3 + \zeta'' N_4 + \frac{M''}{P} = 0\,,$$
$$-\vartheta_1 N_1 \operatorname{cotg}\frac{m}{2}\psi - \vartheta_3 N_2 \frac{1+k^m}{1-k^m} - \vartheta'(N_3 p + N_4 q) + \vartheta''(-N_3 q + N_4 p) + z_0 = 0\,,$$
$$+\vartheta_1 \zeta_1 N_1 \operatorname{cotg}\frac{m}{2}\psi + \vartheta_3 \zeta_3 N_2 \frac{1+k^m}{1-k^m} + 2\eta'(N_3 p + N_4 q) - 2\eta''(-N_3 q + N_4 p) - z_0 = 0\,.$$

Werden diese vier Gleichungen der Reihe nach zur Elimination von N_1 aus u_n, $\frac{\mathfrak{M}_n}{P}$, z_n, $\frac{\mathfrak{M}'_n}{P}$ benutzt, so ergibt sich

$$\left.\begin{aligned}
&\text{a)}\ \boldsymbol{u_n = -N_2[G_1(n) - G_2(n)] - N_3[G_1(n) - G_3(n)] + N_4 \cdot G_4(n)}\,,\\
&\text{b)}\ \boldsymbol{\frac{\mathfrak{M}_n}{P} = N_2 \cdot \zeta_3[G_1(n) - G_2(n)] + (N_3\zeta' - N_4\zeta'')[G_1(n) - G_3(n)]}\\
&\qquad \boldsymbol{-(N_4\zeta' + N_3\zeta'')G_4(n) - \frac{M''}{P}\left[G_1(n) - \frac{m-2n}{m}\right]}\,,\\
&\text{c)}\ \boldsymbol{z_n = N_2 \cdot \vartheta_3[F_1(n) - F_2(n)]\frac{1+k^m}{1-k^m} + (N_3\vartheta' - N_4\vartheta'')[p \cdot F_1(n) - F_5(n)]}\\
&\qquad \boldsymbol{+(N_4\vartheta' + N_3\vartheta'')[q \cdot F_1(n) - F_6(n)] - z_0[F_1(n) - 1]}\,,\\
&\text{d)}\ \boldsymbol{\frac{\mathfrak{M}'_n}{P} = -\frac{1}{2}N_2\vartheta_3\zeta_3[F_1(n) - F_2(n)]\frac{1+k^m}{1-k^m} - (N_3\eta' - N_4\eta'')[p \cdot F_1(n) - F_5(n)]}\\
&\qquad \boldsymbol{-(N_4\eta' + N_3\eta'')[q \cdot F_1(n) - F_6(n)] + \tfrac{1}{2}z_0[F_1(n) - 1]}\,.
\end{aligned}\right\}\ (132).$$

N_2, N_3, N_4 sind durch Gleichungen

$$-N_2(\zeta_3 - \zeta_1) - N_3(\zeta' - \zeta_1) + \zeta'' N_4 + \frac{M''}{P} = 0\,,$$
$$-N_2\left(\vartheta_3\frac{1+k^m}{1-k^m} - \vartheta_1 \operatorname{cotg}\frac{m}{2}\psi\right) - N_3\left(\vartheta' p + \vartheta'' q - \vartheta_1 \operatorname{cotg}\frac{m}{2}\psi\right) - N_4(\vartheta' q - \vartheta'' p) + z_0 = 0\,,$$
$$N_3\left(\vartheta_3\zeta_3\frac{1+k^m}{1-k^m} - \vartheta_1\zeta_1 \operatorname{cotg}\frac{m}{2}\psi\right) + N_3\left(2\eta' p + 2\eta'' q - \vartheta_1\zeta_1 \operatorname{cotg}\frac{m}{2}\psi\right) + N_4(2\eta' q - 2\eta'' p) - z_0 = 0$$

bestimmt, die zweckmäßig nach Einführung der Zahlenwerte aufgelöst werden. Für die Funktionen G gilt

$$G\left(\frac{m}{2}\right)=0\,,\qquad G(n)=-G(m-n)\,,$$

daraus folgt

$$u_n\left(n=\frac{m}{2}\right)=0\,,$$

$$\mathfrak{M}_n\left(n=\frac{m}{2}\right)=0\,,$$

$$u_n=-u_{m-n}\,,$$

$$\mathfrak{M}_n=-\mathfrak{M}_{m-n}\,.$$

Die elastische Linie der Stabachse ist eine S-Kurve, deren Nullpunkt und Wendepunkt in der Stabmitte liegt.

Die Gleichungen enthalten noch zwei Unbekannte in $\operatorname{tg}\psi$ und dem Moment M''. Diese sind durch folgende Bedingungen bestimmt. 1. Die Endquerstäbe müssen normal zur Stabachse gerichtet sein

$$-\operatorname{tg}\psi_0=-\operatorname{tg}\psi_m=\frac{d\,u}{d\,x}\,.$$

2. Die Verdrehung der Endquerstäbe ist abhängig von den Längenänderungen der Gurtungen und Gliederungsstäbe.

Die Differentialgleichungen der elastischen Linie der Gurtungen im ersten Felde sind

$$E\cdot J\frac{d^2y_l'}{d\,x^2}=-P_l y_l'+M_{l0}\frac{l-x}{l}+M_{lm}\frac{x}{l}-\mathfrak{M}_{l1}\cdot\frac{x}{\lambda}\,,$$

$$E\,J\frac{d^2y_r'}{d\,x^2}=-P_r\cdot y_r'+M_{r0}\frac{l-x}{l}+M_{rm}\frac{x}{l}-\mathfrak{M}_{r1}\frac{x}{\lambda}\,,$$

$$2\,E\cdot J\frac{d^2u}{d\,x^2}=-P\cdot u+M''\frac{l-2\,x}{l}-\mathfrak{M}_1\cdot\frac{x}{\lambda}\,,$$

$$u=\alpha\sin\varkappa x+\beta\cos\varkappa x+\frac{M''}{P}\frac{l-2\,x}{l}-\frac{\mathfrak{M}_1}{P}\frac{x}{\lambda}\,,\quad \varkappa=\sqrt{\frac{P}{2\,E\,J}}\,,$$

$$\operatorname{tg}\psi_0=-\frac{d\,u}{d\,x}(x=0)=-\alpha\varkappa+\frac{2\,M''}{P\cdot l}+\frac{\mathfrak{M}_1}{P\cdot\lambda}\,,$$

α ergibt sich aus

$$0=\beta+\frac{M''}{P}$$

und

$$u_1=\alpha\sin\varkappa\lambda+\beta\cos\varkappa\lambda+\frac{M''}{P}\frac{m-2}{m}-\frac{\mathfrak{M}_1}{P}\,,$$

$$\alpha\sin\varkappa\lambda=u_1-\frac{M''}{P}\left(1-\cos\varkappa\lambda-\frac{2}{m}\right)+\frac{\mathfrak{M}_1}{P}\,;$$

daraus folgt

$$\lambda \operatorname{tg} \psi_0 \frac{\sin \varkappa \lambda}{\varkappa \lambda} = -u_1 + \frac{M''}{P}(1 - \cos \varkappa \lambda) - \frac{2M''}{Pm}\left(1 - \frac{\sin \varkappa \lambda}{\varkappa \lambda}\right) - \frac{\mathfrak{M}_1}{P}\left(1 - \frac{\sin \varkappa \lambda}{\varkappa \lambda}\right)$$

und weiter mit

$$1 - \frac{\sin \varkappa \lambda}{\varkappa \lambda} = \frac{P\lambda^2}{12EJ}, \qquad 1 - \cos \varkappa \lambda = \frac{P\lambda^2}{4EJ}$$

nach Multiplikation mit α

$$\lambda(\alpha - 1) \operatorname{tg} \psi_0 + u_1 \alpha - \frac{M''}{P} \frac{3m-2}{m} + \frac{\mathfrak{M}_1}{P} = 0. \tag{133}$$

Die zweite Gleichung ergibt sich aus der Arbeitsgleichung für den Belastungszustand: Belastung jedes Endriegels durch die im Sinne des positiven $\operatorname{tg} \psi$ drehende Belastungseinheit der Geraden. Da die X-Achse sich nicht dreht, kann eine Stützung in den Punkten 0 und $x = l$ in Richtung der Y-Achse angenommen werden. Die Stützdrücke bilden ein Kräftepaar von der Größe $\frac{2}{l}$, welches mit den genannten Belastungseinheiten im Gleichgewicht ist, also in Richtung der negativen $\operatorname{tg} \psi$ dreht. Die Belastung erzeugt die Spannkräfte

$$\overline{S}_{ln} = -\frac{1}{v} \cdot \frac{m - 2(n-1)}{m}, \qquad \overline{S}_{rn} = \frac{1}{v} \frac{m - 2n}{m},$$

$$\overline{D}_n = \frac{2}{l} \sec \delta, \qquad \overline{V}_n = -\frac{2}{l}.$$

Mithin lautet die Arbeitsgleichung für den wirklichen Verschiebungszustand

$$\operatorname{tg} \psi_0 + \operatorname{tg} \psi_m = \frac{2}{l} \sec \delta \sum_1^m {}^n \Delta d_n - \frac{2}{l} \sum_1^m {}^n z_n - \frac{1}{vm} \sum_1^m {}^n (\Delta \lambda_{ln} + \Delta \lambda_{rn}) - \frac{1}{vm} \sum_1^m {}^n (m - 2n + 1)(\Delta \lambda_{ln} - \Delta \lambda_{rn}).$$

Es ist

$$\frac{1}{vm} \sum_1^m {}^n (m - 2n + 1)(\Delta \lambda_{ln} - \Delta \lambda_{rn}) = \frac{1}{vm} \sum_1^{\frac{1}{2}m} {}^n (m - 2n + 1) \cdot [(\Delta \lambda_{ln} - \Delta \lambda_{rn}) - (\Delta \lambda_{l\,m-n+1} - \Delta \lambda_{r\,m-n+1})],$$

wenn m eine gerade Zahl ist, während die Summe bis $\frac{m-1}{2}$ zu erstrecken ist, wenn m eine ungerade Zahl ist. Ferner ist, da

$$\mathfrak{M}_{n-1} + \mathfrak{M}_n = -\mathfrak{M}_{m-n} - \mathfrak{M}_{m-n+1}$$

ist,

$$\Delta \lambda_{ln} - \Delta \lambda_{rn} - (\Delta \lambda_{l\,m-n+1} - \Delta \lambda_{r\,m-n+1}) = \frac{\lambda}{EF_g v}\left[M'' \cdot \frac{4(m - 2n + 1)}{m} - 2(\mathfrak{M}_{n-1} + \mathfrak{M}_n)\right].$$

Daraus folgt, da $\mathfrak{M}_0 = 0$,

$$\frac{1}{v\,m}\sum_1^m {}^n (m-2n+1)(\varDelta\lambda_{ln}-\varDelta\lambda_{rn}) = \frac{\lambda}{EF_g v^2}\left[M'' + \frac{4}{m}\sum_1^{\frac{1}{2}m} {}^n (m-2n)\left(M''\frac{m-2n}{m} - \mathfrak{M}_n\right)\right].$$

Nach Gleichung (121) ist

$$\sum_1^m D_n = -\frac{2M''}{v\sin\delta},$$

also
$$\frac{2}{l}\sec\delta\sum_1^m \varDelta d_n = -\frac{4M''\cdot d}{l\,v\sin\delta\cos\delta\cdot EF_d} = -\frac{4M''}{l\cdot\lambda\cdot\mu}.$$

Wird noch
$$\sum_1^m (\varDelta\lambda_{ln} + \varDelta\lambda_{rn}) = -\frac{m\,P\cdot\lambda}{EF_g}$$

eingeführt, so ergibt sich

$$\left.\begin{aligned} \operatorname{tg}\psi = &-\frac{1}{l}\sum_1^m {}^n z_n + \frac{P\lambda}{2EF_g v} - \frac{2M''}{l\lambda\cdot\mu}\\ &-\frac{\lambda}{2EF_g v^2}\left[M'' + \frac{4}{m}\sum_1^{\frac{1}{2}m} {}^n (m-2n)\left(M''\frac{m-2n}{m} - \mathfrak{M}_n\right)\right]. \end{aligned}\right\}(134)$$

Aus den Gleichungen (132) können z_n und $\mathfrak{M}_n$ als Funktionen von z_0 und M'' ausgedrückt werden, und da

$$z_0 = \frac{v - 2\beta\cdot\lambda\operatorname{tg}\psi}{2\beta\left(1+\frac{\nu}{\mu}\right)}$$

ist, als Funktionen von $\operatorname{tg}\psi$ und M''. Mithin enthält die vorstehende Gleichung, ebenso wie die Gleichung (133), die beiden gesuchten Größen. Die zweite Gleichung läßt sich wesentlich vereinfachen, wenn die transzendenten Glieder in z_n und M_n vernachlässigt werden. Dann ist

$$\frac{1}{l}\sum_1^m {}^n z_n = \frac{z_0}{\lambda} = \frac{v}{2\beta\lambda\left(1+\frac{\nu}{\mu}\right)} - \frac{\operatorname{tg}\psi}{\left(1+\frac{\nu}{\mu}\right)}$$

$$M''\frac{m-2n}{m} - \mathfrak{M}_n = 0.$$

Die Vernachlässigung der $\sum$ im letzten Glied der Gleichung gegenüber den anderen M'' enthaltenden Gliedern ist auch durch den kleinen Wert ihres Koeffizienten gerechtfertigt. Ferner ist dadurch die oben gemachte Annahme $\operatorname{tg}\psi_n =$ konstans begründet. Nunmehr ergibt sich

$$\operatorname{tg}\psi = \frac{v}{2\beta\lambda} - \frac{2M''}{l\cdot\lambda\mu}\,\frac{\mu+\nu}{\nu}\left(1+\frac{m}{4\gamma}\right). \tag{135}$$

Werden in den Funktionen für u_n und $\mathfrak{M}_n$ die von N_3 und N_4 abhängigen Glieder vernachlässigt, so wird mit $N_2 = \frac{M''}{P(\zeta_3 - \zeta_1)}$

$$u_1 \alpha = -\frac{M''}{P}\frac{\alpha}{\zeta_3 - \zeta_1}\left[\frac{\sin\left(\frac{m}{2}-1\right)\varphi}{\sin\frac{m}{2}\varphi} - \frac{k - k^{m-1}}{1-k^m}\right],$$

$$\frac{\mathfrak{M}_1}{P} = -u_1 \cdot \zeta_3 - \frac{M''}{P}\left[\frac{\sin\left(\frac{m}{2}-1\right)\varphi}{\sin\frac{m}{2}\varphi} - \frac{m-2}{m}\right],$$

also entsteht aus Gleichung (133)

$$\lambda \operatorname{tg}\psi(\alpha - 1) - \frac{M''}{P}\frac{\alpha - \zeta_3}{\varepsilon_3 - \zeta_1}\left[\frac{\sin\left(\frac{m}{2}-1\right)\varphi}{\sin\frac{m}{2}\varphi} - \frac{k - k^{m-1}}{1-k^m}\right]$$

$$- \frac{M''}{P}\left[\frac{\sin\left(\frac{m}{2}-1\right)\varphi}{\sin\frac{m}{2}\varphi} + 2\right] = 0,$$

$$\lambda \operatorname{tg}\psi(\alpha - 1) - \frac{M''}{P}\left[2 + \frac{\alpha - \zeta_1}{\zeta_3 - \zeta_1}\frac{\sin\left(\frac{m}{2}-1\right)\varphi}{\sin\frac{m}{2}\varphi} - \frac{\alpha - \zeta_3}{\zeta_3 - \zeta_1}\frac{k - k^{m-1}}{1-k^m}\right] = 0$$

und nach Einführung der Werte für ζ_1, ζ_3

$$\operatorname{g}\psi(\alpha - 1) - \frac{M''}{P}\left[2 + \frac{w_2 + 6}{w_2 - w_1}\frac{\sin\left(\frac{m}{2}-1\right)\varphi}{\sin\frac{m}{2}\varphi} - \frac{w_1 + 6}{w_2 - w_1}\frac{k - k^{m-1}}{1-k^m}\right] = 0. \quad (136)$$

Aus den Gleichungen (135) und (136) können $\operatorname{tg}\psi$ und M'' berechnet werden; für beide ergeben sich positive Werte.

Bauart d. Wegen der Symmetrie der Gliederung in bezug auf die Stabmitte kann $M_0 = 0$ gesetzt werden, obwohl das nicht vollkommen genau ist. Die Differenzengleichungen

$$\Delta^2 u_n \cdot \alpha + 6 u_n + \frac{\Delta^2 \mathfrak{M}_n}{P} + \frac{6 M_n}{P} = 0,$$

$$\Delta^2 z_n \cdot \alpha + 6 z_n + \frac{2\Delta^2 \mathfrak{M}'_n}{P} + \frac{12 \mathfrak{M}'_n}{P} - \frac{12 M'_0}{P} = 0,$$

$$\Delta^2 u_n \cdot \beta + \frac{\Delta^2 \mathfrak{M}_n}{P}\gamma - \frac{2\mathfrak{M}_n}{P} - (-1)^n[\tfrac{1}{2}\Delta^2 z_n \cdot \beta + 2 z_n \beta - v] = 0,$$

$$\frac{\Delta^2 \mathfrak{M}'_n}{P} = (-1)^n \frac{\Delta^2 \mathfrak{M}_n}{P}$$

werden in der homogenen Form durch die Lösungen

$$z_n = C\,k^n,\qquad \frac{\mathfrak{M}'_n}{P} = C\cdot\zeta\,k^n,\qquad u_n = C\,\vartheta\,(-k)^n,\qquad \frac{\mathfrak{M}_n}{P} = C\cdot\eta\,(-k)^n$$

befriedigt. Die Differenzen zweiter Ordnung sind

$$\Delta^2 z_n = C\,w\,k^n,\qquad \frac{\Delta^2\mathfrak{M}'_n}{P} = C\cdot w\cdot\zeta\,k^n,\qquad \Delta^2 u_n = -\,C\,(w+4)\,\vartheta\,(-k)^n$$

$$\frac{\Delta^2\mathfrak{M}_n}{P} = -\,C\,(w+4)\,\eta\,(-k)^n,\qquad w = \frac{(1-k)^2}{k}.$$

Mithin lauten die charakteristischen Gleichungen

$$\vartheta\,[-(w+4)\,\alpha+6] - \eta\,(w-2) = 0\,,$$
$$\alpha\cdot w + 6 + 2\,\zeta\,(w+6) = 0\,,$$
$$-\,\vartheta\cdot\beta\,(w+4) - \eta\,[\gamma\,(w+4)+2] - \tfrac{1}{2}\,\beta\,(w+4) = 0\,,$$
$$\zeta\cdot w = -\,\eta\,(w+4)\,.$$

Daraus ergibt sich

$$\zeta = -\frac{\alpha\cdot w+6}{2\,(w+6)},\qquad \eta = -\frac{\zeta\,w}{w+4} = \frac{(\alpha\,w+6)\,w}{2\,(w+6)\,(w+4)},$$

$$\vartheta = \eta\,\frac{w-2}{6-\alpha\,(w+4)} = \frac{(\alpha\,w+6)\,w\,(w-2)}{2\,[6-\alpha\,(w+4)]\,(w+6)\,(w+4)}.$$

Mit diesen Werten für ϑ und η folgt aus der dritten Gleichung

$$-\,\beta\,\frac{(\alpha\,w+6)\,w\,(w-2)}{2\,[6-\alpha\,(w+4)]\,(w+6)} - \frac{(\alpha\,w+6)\,w\,[\gamma\,(w+4)+2]}{2\,(w+6)\,(w+4)} - \frac{\beta\,(w+4)}{2} = 0,$$

für w die Gleichung vierten Grades

$$w^4 + w^3\left[8+\frac{4\,\beta}{\alpha^2\gamma}\,(4\,\alpha-3)+\frac{2}{\gamma}\right] + w^2\left[16+\frac{32\,\beta}{\alpha^2\gamma}\,(4\,\alpha-3)+\frac{12}{\alpha^2}\,(2\,\alpha-3)+\frac{8}{\gamma}\right]$$
$$+\,w\left[\frac{64\,\beta}{\alpha^2\gamma}\,(4\,\alpha-3)+\frac{24}{\alpha^2\gamma}\,(2\,\alpha-3)\,(2\,\beta+2\,\gamma+1)\right] + \frac{4\cdot 48\,\beta}{\alpha^2\gamma}\,(2\,\alpha-3) = 0\,.$$

Eine Näherungslösung ist $w = -4$. Denn wenn $f(w) = 0$ die Gleichung bezeichnet, so ist

$$f(-4) = -\frac{96}{\alpha^2\gamma}\,(2\,\alpha-3)$$

und

$$f'(-4) = \frac{48}{\alpha^2\gamma}\,(2\,\alpha-3)\,(1+\beta-\gamma) + \frac{72}{\alpha^2\gamma},$$

so daß sich die verbesserte Lösung

$$w_1 = -4 + w',\qquad w' = \cfrac{2}{\beta-\gamma+1+\frac{1}{3}\,\alpha+\cfrac{3}{2\,(2\,\alpha-3)}}$$

mit der sehr kleinen positiven Zahl w' ergibt. Bei Berechnung der drei anderen Wurzeln kann w' vernachlässigt werden. Diese sind mithin die Wurzeln der Gleichung dritten Grades

$$w^3 + A\,w^2 + B\,w + C = 0\,,$$

$$A = 4 + \frac{4\beta}{\alpha^2\gamma}(4\alpha - 3) + \frac{2}{\gamma}\,,$$

$$B = \frac{16\beta}{\alpha^2\gamma}(4\alpha - 3) + \frac{12}{\alpha^2}(2\alpha - 3)\,,$$

$$C = \frac{48\beta}{\alpha^2\gamma}(2\alpha - 3)\,.$$

Nach der Cardanischen Formel ist die reelle Wurzel

$$w = -\tfrac{1}{3}A - \sqrt[3]{P + \sqrt{Q}} - \sqrt[3]{P - \sqrt{Q}} = -w_2\,,$$

$$P = \left(\frac{A}{3}\right)^3 - \frac{A}{3}\cdot\frac{B}{2} + \frac{C}{2}\,,$$

$$Q = \left[\left(\frac{A}{3}\right)^3 - \frac{A}{3}\cdot\frac{B}{2} + \frac{C}{4}\right]C - \frac{1}{3}\left(\frac{B}{3}\right)^2\left[\left(\frac{A}{2}\right)^2 - B\right].$$

w_2 ist $\backsim A - 4$, also eine im Verhältnis zu w' große positive Zahl. Für die dritte und vierte Wurzel besteht die quadratische Gleichung

$$w^2 + w(A - w_2) + \frac{C}{w_2} = 0\,,$$

$$w_3 = -\tfrac{1}{2}(A - w_2) - i\,2b\,,$$

$$w_4 = -\tfrac{1}{2}(A - w_2) + i\,2b\,.$$

$$b = \frac{1}{2}\sqrt{\frac{C}{w_2} - \frac{1}{4}(A - w_2)^2}\,, \qquad a = \tfrac{1}{4}(A - w_2) - 1\,.$$

Für k ergeben sich die acht Wurzeln

$$k_1,\, k_2 = -\cos\varphi \mp i\sin\varphi\,,$$

$$\cos\varphi = 1 - \tfrac{1}{2}w'\,,$$

$$k_3 = -\tfrac{1}{2}(w_2 - 2) - \sqrt{\tfrac{1}{4}(w_2 - 2)^2 - 1} = -k\,,$$

$$k_4 = k^{-1}\,,$$

$$k_5,\, k_7 = -r(\cos\psi \pm i\sin\psi)\,.$$

$$k_6,\, k_8 = -\frac{1}{r}(\cos\psi \mp i\sin\psi)\,,$$

$$\cos\psi = \frac{p}{r}\,, \qquad \sin\psi = \frac{q}{r}\,, \qquad r = \sqrt{p^2 + q^2}\,,$$

$$p = a + \sqrt{\tfrac{1}{2}\{\sqrt{(a^2 - b^2 - 1)^2 + (2ab)^2} + a^2 - b^2 - 1\}}\,,$$

$$q = b + \sqrt{\tfrac{1}{2}\{\sqrt{(a^2 - b^2 - 1)^2 + (2ab)^2} - a^2 + b^2 + 1\}}\,.$$

Zu k_1, k_2 gehört

$$\zeta = \frac{(4 - w')\alpha - 6}{2(2 + w')} = \zeta_1 ,$$

$$\eta = \zeta_1 \frac{4 - w'}{w'} = \eta_1 ,$$

$$\vartheta = \eta \frac{w - 2}{6 - \alpha(w + 4)} = -\eta_1 \frac{6 - w'}{6 - \alpha \cdot w'} = -\vartheta_1 .$$

Zu k_3, k_4 gehört

$$\zeta = -\frac{\alpha w_2 - 6}{2(w_2 - 6)} = -\zeta_3 ,$$

$$\eta = \quad \zeta_3 \frac{w_2}{w_2 - 4} = \eta_3 ,$$

$$\vartheta_3 = -\eta_3 \frac{w_2 + 2}{6 + \alpha(w_2 - 4)} = -\vartheta_3 .$$

Zu k_5, k_6 gehört

$$\zeta = -\zeta' + i\zeta'' :$$

$$\zeta' = \frac{[6 - \tfrac{1}{2}\alpha(A - w_2)][6 - \tfrac{1}{2}(A - w_2)] + 4b^2\alpha}{2[6 - \tfrac{1}{2}(A - w_2)]^2 + 8b^2} ,$$

$$\zeta'' = \frac{12b(\alpha - 1)}{2[6 - \tfrac{1}{2}(A - w_2)]^2 + 8b^2} .$$

$$\eta = \eta' - i\eta'' :$$

$$\eta' = \frac{\zeta'[\tfrac{1}{2}(A - w_2)(\tfrac{1}{2}A - \tfrac{w_2}{2} - 4) + 4b^2] - 8b\zeta''}{[\tfrac{1}{2}(A - w_2) - 4]^2 + 4b^2} ,$$

$$\eta'' = \frac{8b\zeta' + [\tfrac{1}{2}(A - w_2)(\tfrac{1}{2}A - \tfrac{1}{2}w_2 - 4) + 4b^2]\zeta''}{[\tfrac{1}{2}(A - w_2) - 4]^2 + 4b^2} ,$$

$$\vartheta = -\vartheta' + i\vartheta'' :$$

$$\vartheta' = \frac{\eta'\{(\tfrac{1}{2}A - \tfrac{1}{2}w_2 + 2)(6 + \alpha[\tfrac{1}{2}A - \tfrac{1}{2}w_2 - 4]) + 4b^2\alpha\} - 12b(\alpha - 1)\eta''}{[6 + \alpha(\tfrac{1}{2}A - \tfrac{1}{2}w_2 - 4)]^2 + 4b^2\alpha^2} ,$$

$$\vartheta'' = \frac{\eta''\{(\tfrac{1}{2}A - \tfrac{1}{2}w_2 + 2)(6 + \alpha[\tfrac{1}{2}A - \tfrac{1}{2}w_2 - 4]) + 4b^2\alpha\} + 12b(\alpha - 1)\eta'}{[6 + \alpha(\tfrac{1}{2}A - \tfrac{1}{2}w_2 - 4)]^2 + 4b^2\alpha^2} ,$$

Zu k_7, k_8 gehört

$$\zeta = -\zeta' - i\zeta'', \qquad \eta = \eta' + i\eta'', \qquad \vartheta = -\vartheta' - i\vartheta''.$$

Aus den Störungsgliedern der Differenzengleichungen folgt

$$z = \frac{v}{2\beta}, \qquad \frac{\mathfrak{M}'}{P} = -\frac{v}{4\beta} + \frac{M_0'}{P} .$$

Die vollständigen Lösungen sind

$$z_n = (-1)^n [f_1(n) + f_3(n) + f_5(n)] + \frac{v}{2\beta},$$

$$\frac{\mathfrak{M}'_n}{P} = (-1)^n [\zeta_1 f_1(n) - \zeta_3 f_3(n) - \zeta' f_5(n) - \zeta'' f_6(n)] - \frac{v}{4\beta} + \frac{M'_0}{P},$$

$$u_n = -\vartheta_1 f_1(n) - \vartheta_3 f_3(n) - \vartheta' f_5(n) - \vartheta'' f_6(n),$$

$$\frac{\mathfrak{M}_n}{P} = \eta_1 f_1(n) + \eta_3 f_3(n) + \eta' f_5(n) + \eta'' f_6(n),$$

wenn $f_1(n)$, $f_3(n)$, $f_5(n)$, $f_6(n)$ die auf S. 657 angegebenen Funktionen bezeichnen. Die Konstanten werden aus den Bedingungen

$$\left.\begin{matrix} n = 0 \\ n = m \end{matrix}\right\}: z = 0, \quad \mathfrak{M}' = 0, \quad u = 0, \quad \mathfrak{M} = 0$$

bestimmt. Da m eine gerade Zahl ist, lauten die Gleichungen

$$\begin{aligned}
&f_1(0) + f_3(0) + f_5(0) + \frac{v}{2\beta} = 0, \\
&f_1(m) + f_3(m) + f_5(m) + \frac{v}{2\beta} = 0, \\
&\zeta_1 f_1(0) - \zeta_3 f_3(0) - \zeta' f_5(0) - \zeta'' f_6(0) - \frac{v}{4\beta} + \frac{M'_0}{P} = 0, \\
&\zeta_1 f_1(m) - \zeta_3 f_3(m) - \zeta' f_5(m) - \zeta'' f_6(m) - \frac{v}{4\beta} + \frac{M'_0}{P} = 0, \\
&-\vartheta_1 f_1(0) - \vartheta_3 f_3(0) - \vartheta' f_5(0) - \vartheta'' f_6(0) = 0, \\
&-\vartheta_1 f_1(m) - \vartheta_3 f_3(m) - \vartheta' f_5(m) - \vartheta'' f_6(m) = 0, \\
&\eta_1 f_1(0) + \eta_3 f_3(0) + \eta' f_5(0) + \eta'' f_6(0) = 0, \\
&\eta_1 f_1(m) + \eta_3 f_3(m) + \eta' f_5(m) + \eta'' f_6(m) = 0.
\end{aligned}$$

Durch Subtraktion der zweiten Gleichung von der ersten, der vierten von der dritten usw. erhält man vier Gleichungen für $f(0) - f(m)$ ohne absolute Glieder. Mithin ergibt sich

$$f_1(0) = f_1(m), \qquad f_5(0) = f_5(m),$$
$$f_3(0) = f_3(m), \qquad f_6(0) = f_6(m),$$

und diese Beziehungen werden erfüllt durch

$$f_1(n) = N_1 \frac{\cos\left(\frac{m}{2} - n\right)\varphi}{\cos\frac{m}{2}\varphi} = N_1 \cdot F_1(n),$$

$$f_3(n) = N_3 \frac{k^n + k^{m-n}}{1 + k^m} = N_2 \cdot F_2(n),$$

$$f_5(n) = N_3 F_3(n) + N_4 F_4(n),$$

$$f_6(n) = -N_3 F_4(n) + N_4 F_3(n).$$

wenn $F_3(n)$, $F_4(n)$ die auf S. 652 bezeichneten Funktionen sind. Werden noch die vier für $n = 0$ bestehenden Gleichungen

$$N_1 + N_2 + N_3 + \frac{v}{2\beta} = 0,$$

$$\zeta_1 N_1 - \zeta_3 N_2 - \zeta' N_3 - \zeta'' N_4 - \frac{v}{4\beta} + \frac{M_0'}{P} = 0,$$

$$-\vartheta_1 N_1 - \vartheta_3 N_2 - \vartheta' N_3 - \vartheta'' N_4 = 0,$$

$$+\eta_1 N_1 + \eta_3 N_2 + \eta' N_3 + \eta'' N_4 = 0,$$

zur Elimination von N_2 benutzt, so ergibt sich

$$\left.\begin{aligned}
z_n &= (-1)^n \{N_1 [F_1(n) - F_2(n)] + N_3 [F_3(n) - F_2(n)] + N_4 F_4(n)\} \\
&\quad + \frac{v}{2\beta}[1 - (-1)^n F_2(n)], \\
\frac{\mathfrak{M}_n'}{P} &= (-1)^n \{N_1 \zeta_1 [F_1(n) - F_2(n)] - (\zeta' N_3 + \zeta'' N_4)[F_3(n) - F_2(n)] \\
&\quad + (\zeta'' N_3 - \zeta' N_4) F_4(n)\} - \left(\frac{v}{4\beta} - \frac{M_0'}{P}\right)[1 - (-1)^n F_2(n)], \\
u_n &= -\vartheta_1 N_1 [F_1(n) - F_2(n)] - (\vartheta' N_3 + \vartheta'' N_4)[F_3(n) - F_2(n)] \\
&\quad + (\vartheta'' N_3 - \vartheta' N_4) F_4(n), \\
\frac{\mathfrak{M}_n}{P} &= \eta_1 N_1 [F_1(n) - F_2(n)] + (\eta' N_3 + \eta'' N_4)[F_3(n) - F_2(n)] \\
&\quad + (\eta' N_4 - \eta'' N_3) F_4(n).
\end{aligned}\right\} \quad (137)$$

N_1, N_3, N_4 sind durch die Gleichungen

$$+N_1(\zeta_3 + \zeta_1) - N_3(\zeta' - \zeta_3) - N_4 \zeta'' - \frac{v}{4\beta}(1 - 2\zeta_3) + \frac{M_0'}{P} = 0,$$

$$+N_1(\vartheta_3 - \vartheta_1) - N_3(\vartheta' - \vartheta_3) - N_4 \vartheta'' + \frac{v}{2\beta}\vartheta_3 = 0,$$

$$N_1(\eta_1 - \eta_3) + N_3(\eta' - \eta_3) + N_4 \eta'' - \frac{v}{2\beta}\eta_3 = 0$$

bestimmt und werden zweckmäßig nach Einführung der Zahlenwerte ausgerechnet. Das Moment M_0' ist wie im Falle der Bauart a zu berechnen.

Bauart e. Infolge der mangelnden Symmetrie zur Stabmitte ist wie im Falle *c*

$$M'' \gtrless 0, \qquad M_0' \gtrless 0, \qquad M_0 = 0, \qquad M''' = 0.$$

Mithin bestehen die Differenzengleichungen

$$\Delta^2 u_n \cdot \alpha + 6 u_n + \frac{\Delta^2 \mathfrak{M}_n}{P} + \frac{6 \mathfrak{M}_n}{P} - \frac{6 M''}{P} \frac{m - 2n}{m} = 0,$$

$$\Delta^2 z_n \cdot \alpha + 6 z_n + \frac{2 \Delta^2 \mathfrak{M}'_n}{P} + \frac{12 \mathfrak{M}'_n}{P} - \frac{12 M'_0}{P} = 0,$$

$$\Delta^2 u_n \cdot \beta + \frac{\Delta^2 \mathfrak{M}_n}{P} \gamma - \frac{2 \mathfrak{M}_n}{P} + \frac{2 M''}{P} \frac{m - 2n}{m}$$

$$- (-1)^n [\tfrac{1}{2} \Delta^2 z_n \cdot \beta + 2 z_n \cdot \beta - v] = 0,$$

$$\Delta^2 \mathfrak{M}'_n = (-1)^n \Delta^2 \mathfrak{M}_n.$$

Die homogene Form der Gleichungen stimmt mit der der Gleichungen des Falles d überein. Es bestehen mithin dieselben Lösungen. Aus den Störungsgliedern ergibt sich jedoch im vorliegenden Falle

$$z_n = \frac{v}{2\beta},$$

$$\frac{\mathfrak{M}'_n}{P} = -\frac{v}{4\beta} + \frac{M'_0}{P},$$

$$\frac{\mathfrak{M}_n}{P} = \frac{M''}{P} \frac{m - 2n}{m},$$

und die vollständigen Lösungen lauten

$$z_n = (-1)^n [f_1(n) + f_3(n) + f_5(n)] + \frac{v}{2\beta},$$

$$\frac{\mathfrak{M}'_n}{P} = (-1)^n [\zeta_1 f_1(n) - \zeta_3 f_3(n) - \zeta' f_5(n) - \zeta'' f_6(n)] - \frac{v}{4\beta} + \frac{M'_0}{P},$$

$$u_n = -\vartheta_1 f_1(n) - \vartheta_3 f_3(n) - \vartheta' f_5(n) - \vartheta'' f_6(n),$$

$$\frac{\mathfrak{M}_n}{P} = \eta_1 f_1(n) + \eta_3 f_3(n) + \eta' f_5(n) + \eta'' f_6(n) + \frac{M''}{P} \frac{m - 2n}{m}.$$

Die Bedingungen zur Bestimmung der acht Konstanten lauten, da $(-1)^m = -1$ ist,

$$f_1(0) + f_3(0) + f_5(0) = \frac{v}{2\beta} = 0,$$

$$f_1(m) + f_3(m) + f_5(m) - \frac{v}{2\beta} = 0,$$

$$\zeta_1 f_1(0) - \zeta_3 f_3(0) - \zeta' f_5(0) - \zeta'' f_6(0) - \frac{v}{4\beta} + \frac{M'_0}{P} = 0,$$

$$\zeta_1 f_1(m) - \zeta_3 f_3(m) - \zeta' f_5(m) - \zeta'' f_6(m) + \frac{v}{4\beta} - \frac{M'_0}{P} = 0,$$

$$-\vartheta_1 f_1(0) - \vartheta_3 f_3(0) - \vartheta' f_5(0) - \vartheta'' f_6(0) = 0,$$

$$-\vartheta_1 f_1(m) - \vartheta_3 f_3(m) - \vartheta' f_5(m) - \vartheta'' f_6(m) = 0,$$

$$\eta_1 f_1(0) + \eta_3 f_3(0) + \eta' f_5(0) + \eta'' f_6(0) + \frac{M''}{P} = 0,$$

$$\eta_1 f_1(m) + \eta_3 f_3(m) + \eta' f_5(m) + \eta'' f_6(m) - \frac{M''}{P} = 0.$$

Durch Addition der ersten und zweiten Gleichung, der dritten und vierten usw. ergeben sich vier Gleichungen für $f(0) + f(m)$, die kein absolutes Glied enthalten. Daraus folgt

$$f_1(0) = -f_1(m)\,, \qquad f_5(0) = -f_5(m)\,,$$

$$f_3(0) = -f_3(m)\,, \qquad f_6(0) = -f_6(m)\,,$$

und diese Bedingungen werden erfüllt durch

$$f_1(n) = N_1 \frac{\sin\left(\frac{m}{2} - n\right)\varphi}{\sin\frac{m}{2}\varphi} = N_1 \cdot G_1(n)\,,$$

$$f_3(n) = N_2 \frac{k^n - k^{m-n}}{1 - k^m} = N_2 G_2(n)\,,$$

$$f_5(n) = \quad N_3 G_3(n) + N_4 G_4(n)\,,$$

$$f_6(n) = -N_3 G_4(n) + N_4 G_3(n)\,,$$

wenn $G_3(n)$, $G_4(n)$ die auf S. 659 bezeichneten Funktionen sind. Werden noch die vier für $n = 0$ bestehenden Gleichungen

$$N_1 + \quad N_2 + \quad N_3 + \frac{v}{2\beta} = 0\,,$$

$$\zeta_1 N_1 - \zeta_3 N_2 - \zeta' N_3 - \zeta'' N_4 - \frac{v}{4\beta} + \frac{M_0'}{P} = 0\,,$$

$$-\vartheta_1 N_1 - \vartheta_3 N_2 - \vartheta' N_3 - \vartheta'' N_4 = 0\,,$$

$$\eta_1 N_1 + \eta_3 N_2 + \eta' N_3 + \eta'' N_4 + \frac{M''}{P} = 0$$

zur Elimination von N_2 benutzt, so ergibt sich

$$\left.\begin{aligned}
\mathfrak{z}_n &= (-1)^n\{N_1[G_1(n) - G_2(n)] + N_3[G_3(n) - G_2(n)] + N_4 G_4(n)\} \\
&\quad + \frac{v}{2\beta}[1 - (-1)^n G_2(n)]\,, \\
\frac{\mathfrak{M}_n'}{P} &= (-1)^n\{\zeta_1 N_1[G_1(n) - G_2(n)] - (\zeta' N_3 + \zeta'' N_4)[G_3(n) - G_2(n)] \\
&\quad + (\zeta'' N_3 - \zeta' N_4) G_4(n)\} - \left(\frac{v}{4\beta} - \frac{M_0'}{P}\right)[1 - (-1)^n G_2(n)]\,, \\
\mathfrak{n}_n &= -\vartheta_1 N_1[G_1(n) - G_2(n)] - (\vartheta' N_3 + \vartheta'' N_4)[G_3(n) - G_2(n)] \\
&\quad + (\vartheta'' N_3 - \vartheta' N_4) G_4(n)\,, \\
\frac{\mathfrak{M}_n''}{P} &= \eta_1 N_1[G_1(n) - G_2(n)] + (\eta' N_3 + \eta'' N_4)[G_3(n) - G_2(n)] \\
&\quad + (\eta' N_4 - \eta'' N_3) G_4(n) + \frac{M''}{P}\left[\frac{m - 2n}{m} - G_2(n)\right].
\end{aligned}\right\}(138)$$

Das Moment M'' ist aus den für die Bauart c dargelegten geometrischen Bedingungen zu berechnen, das Moment M_0' ebenso wie im Falle a. Letzteres kann meist $= 0$ angenommen werden.

Die Gleichungen (137) und (138) unterscheiden sich im wesentlichen nur durch die Funktionen $F(n)$ und $G(n)$. Für erstere gilt

$$F(n) = F(m-n),$$

für letztere

$$G(n) = -G(m-n),$$

$$G\left(\frac{m}{2}\right) = 0.$$

Daraus folgt insonderheit für u und $\mathfrak{M}$, daß im Falle der Bauart d (gerade Felderzahl)

$$u_n = u_{m-n},$$

$$\mathfrak{M}_n = \mathfrak{M}_{m-n}.$$

Dagegen im Falle der Bauart e (ungerade Felderzahl)

$$u_n = -u_{m-n},$$

$$\mathfrak{M}_n = -\mathfrak{M}_{m-n},$$

$$n = \frac{m}{2}, \qquad u = 0, \qquad \mathfrak{M} = 0.$$

Die Achsen beider Stäbe bleiben unter zentrischem Druck nicht gerade, bei gerader Felderzahl verbiegt sich die Stabachse nach einer Seite, bei ungerader Felderzahl in Form einer S-Kurve.

Bauart f. Aus den Differenzengleichungen

$$\text{a)}\quad \Delta^2 u_n \cdot \alpha + 6 u_n + \frac{\Delta^2 \mathfrak{M}_n}{P} + \frac{6\,\mathfrak{M}_n}{P} = 0,$$

$$\text{b)}\quad \Delta^2 z_n \cdot \alpha + 6 z_n + \frac{2\,\Delta^2 \mathfrak{M}_n'}{P} + \frac{12\,\mathfrak{M}_n'}{P} - \frac{12\,M_0'}{P} = 0,$$

$$\text{c)}\quad \Delta^2 u_n \cdot \beta + \frac{\Delta^2 \mathfrak{M}_n}{P} \cdot \gamma - \frac{2\,\mathfrak{M}_n}{P} - (-1)^n [\tfrac{1}{2} \Delta^2 z_n \cdot \beta + 2 z_n \beta - v] = 0,$$

$$\text{d)}\quad \frac{\Delta^2 \mathfrak{M}_n'}{P} = (-1)^n \frac{\Delta^2 \mathfrak{M}_n}{P} + 2 z_n \nu', \qquad \nu' = \frac{\lambda \nu}{P} = \frac{E \cdot F_v \cdot \lambda}{P \cdot v}$$

folgen durch Einführung der Teillösungen

$$z_n = C \cdot k^n, \quad \frac{\mathfrak{M}_n'}{P} = C \cdot \zeta \cdot k^n, \quad u_n = C \cdot \vartheta (-k)^n, \quad \frac{\mathfrak{M}_n}{P} = C \cdot \eta (-k)^n$$

die charakteristischen Gleichungen

$$\vartheta[-(w+4)\alpha + 6] - \eta(w-2) = 0,$$

$$\alpha \cdot w + 6 + 2\zeta(w+6) = 0,$$

$$-\vartheta \cdot \beta(w+4) - \eta[\gamma(w+4) + 2] - \tfrac{1}{2}\beta(w+4) = 0,$$

$$\zeta w = -\eta(w+4) + 2\nu'.$$

Aus ihnen ergibt sich

$$\zeta = -\frac{\alpha w + 6}{2(w+6)},$$

$$\eta = -\zeta \frac{w}{w+4} + \frac{2\nu'}{w+4} = \frac{(\alpha w + 6) w}{2(w+6)(w+4)} + \frac{2\nu'}{w+4},$$

$$\vartheta = \eta \frac{w-2}{6-\alpha(w+4)} = \left[\frac{(\alpha w+6) w}{2(w+6)} + 2\nu'\right] \frac{w-2}{(w+4)[6-\alpha(w+4)]}.$$

$$-\beta \frac{(w\alpha+6) w (w-2)}{2(w+6)[6-\alpha(w+4)]} - \gamma \frac{(\alpha w+6) w}{2(w+6)} - \frac{2w(\alpha w+6)}{2(w+6)(w+4)}$$
$$-\tfrac{1}{2}\beta(w+4) - 2\nu'\left[\beta \cdot \frac{w-2}{6-\alpha(w+4)} + \gamma + \frac{2}{w+4}\right] = 0,$$

mithin für w die Gleichung vierten Grades

$$w^4 + w^3\left[8 + \frac{4\beta}{\alpha^2\gamma}(4\alpha-3) + \frac{2}{\gamma} - \frac{4\nu'}{\alpha}\left(\frac{\beta}{\alpha\gamma} - 1\right)\right] + w^2\left[16 + \frac{32\beta}{\alpha^2\gamma}(4\alpha-3)\right.$$
$$\left. + \frac{12}{\alpha^2}(2\alpha-3) + \frac{8}{\gamma} - \frac{4\nu'}{\alpha}\left(8\frac{\beta}{\alpha\gamma} - 14 + \frac{6}{\alpha} - \frac{2}{\gamma}\right)\right] + w\left[\frac{64\beta}{\alpha^2\gamma}(4\alpha-3)\right.$$
$$\left. + \frac{24}{\alpha^2\gamma}(2\alpha-3)(2\beta+2\gamma+1) - \frac{16\nu'}{\alpha}\left(\frac{\beta}{\alpha\gamma} - 16 + \frac{15}{\alpha} - \frac{5}{\gamma} + \frac{3}{\alpha\gamma}\right)\right]$$
$$+ \frac{4\cdot 48\beta}{\alpha^2\gamma}(2\alpha-3) + \frac{96\nu'}{\alpha^2\gamma}[2\beta + (2\alpha-3)(2\gamma+1)] = 0.$$

Eine Näherungslösung ist $w = -4$ und die verbesserte Lösung

$$w_1 = -4 + w',$$

wenn

$$w' = -\frac{f(-4)}{f'(-4)}$$

aus den Funktionswerten $f(w)$ und $f'(w)$ für $w = -4$ berechnet wird. Da

$$f(-4) = -\frac{96}{\alpha^2\gamma}(2\alpha - 3 + \nu'),$$

$$f'(-4) = \frac{48}{\alpha^2\gamma}\left(\beta - \gamma + 1 + \frac{\alpha}{3}\right)(2\alpha - 3 + \nu') + \frac{72}{\alpha^2\gamma}$$

ist, so wird

$$w' = \frac{2}{\beta - \gamma + 1 + \frac{\alpha}{3} + \frac{3}{2(2\alpha - 3 + \nu')}}$$

eine stets positive, sehr kleine Zahl, die bei Berechnung der drei anderen Wurzeln vernachlässigt werden kann. Für die letzteren besteht also die Gleichung dritten Grades

$$w^3 + A \cdot w^3 + B \cdot w + C = 0\,,$$

$$A = 4 + \frac{4\beta}{\alpha^2\gamma}(4\alpha - 3) - \frac{2}{\gamma} - \frac{4\nu'}{\alpha}\left(\frac{\beta}{\alpha\gamma} - 1\right),$$

$$B = \frac{16\beta}{\alpha^2\gamma}(4\alpha - 3) + \frac{12(2\alpha - 3)}{\alpha^2} - \frac{4\nu'}{\alpha}\left(\frac{4\beta}{\alpha\gamma} - 10 + \frac{6}{\alpha} - \frac{2}{\gamma}\right),$$

$$C = \frac{48\beta}{\alpha^2\gamma}(2\alpha - 3) + \frac{24\nu'}{\alpha^2\gamma}[2\beta + (2\alpha - 3)(2\gamma + 1)].$$

Die reelle Wurzel der Gleichung $(-w_2)$ und die beiden komplexen Wurzeln w_3, w_4 werden nach den auf S. 666 angegebenen Formeln berechnet. $w_2 = \backsim A - 4$. Zu k_1, k_2 gehören

$$\zeta = \frac{(4 - w')\alpha - 6}{2(2 + w')} = \zeta_1\,,$$

$$\eta = \frac{\zeta_1(4 - w') + 2\nu'}{w'} = \eta_1\,,$$

$$\vartheta = -\eta_1 \frac{6 - w}{6 - \alpha w} = -\vartheta_1\,;$$

zu k_3, k_4

$$\zeta = -\frac{\alpha \cdot w_2 - 6}{2(w_2 - 6)} = -\zeta_3\,,$$

$$\eta = \frac{\zeta_3 w_2 - 2\nu'}{w_2 - 4} = \eta_3\,,$$

$$\vartheta = -\eta_3 \frac{w_2 + 2}{6 + \alpha(w_2 + 4)} = -\vartheta_3\,;$$

zu k_5, k_6

$$\zeta = -\zeta' + i\zeta'',$$

$$\zeta' = \frac{[6 - \frac{1}{2}\alpha(A - w_2)][6 - \frac{1}{2}(A - w_2)] + 4b^2\alpha}{2[6 - \frac{1}{2}(A - w_2)]^2 + 8b^2},$$

$$\zeta'' = \frac{12b(\alpha - 1)}{2[6 - \frac{1}{2}(A - w_2)]^2 + 8b^2},$$

$$\eta = \eta' - i\eta'',$$

$$\eta' = \frac{\zeta'[\frac{1}{2}(A - w_2)(\frac{1}{2}A - \frac{1}{2}w_2 - 4) + 4b^2] - 8b\zeta'' - 2\nu'(\frac{1}{2}A - \frac{1}{2}w_2 - 4)}{(\frac{1}{2}A - \frac{1}{2}w_2 - 4)^2 + 4b^2},$$

$$\eta'' = \frac{\zeta''[\frac{1}{2}(A - w_2)(\frac{1}{2}A - \frac{1}{2}w_2 - 4) + 4b^2] + 8b\zeta' - 2\nu' 2b}{(\frac{1}{2}A - \frac{1}{2}w_2 - 4)^2 + 4b^2},$$

$$\vartheta = -\vartheta' + i\vartheta'',$$

$$\vartheta' = \frac{\eta'\{(\tfrac{1}{2}A - \tfrac{1}{2}w_2 + 2)(6 + \alpha[\tfrac{1}{2}A - \tfrac{1}{2}w_2 - 4]) + 4b^2\alpha\} - 12b(\alpha - 1)\eta''}{[6 + \alpha(\tfrac{1}{2}A - \tfrac{1}{2}w_2 - 4)]^2 + 4b^2\alpha^2},$$

$$\vartheta'' = \frac{\eta''\{(\tfrac{1}{2}A - \tfrac{1}{2}w_2 + 2)(6 + \alpha[\tfrac{1}{2}A - \tfrac{1}{2}w_2 - 4]) + 4b^2\alpha\} + 12b(\alpha - 1)\eta'}{[6 + \alpha(\tfrac{1}{2}A - \tfrac{1}{2}w_2 - 4)]^2 + 4b^2\alpha^2};$$

zu k_7, k_8 gehören

$$\zeta = -\zeta' - i\zeta'', \qquad \eta = \eta' + i\eta'', \qquad \vartheta = -\vartheta' - i\vartheta''.$$

Die Störungsglieder der Differenzengleichungen werden durch algebraische Funktionen für alle Veränderlichen nicht befriedigt. Die Ansätze von der Form

$$u_n = a + b\,n + c\,n^2$$

ergeben $a = 0$, $b = 0$, $c = 0$. Dagegen besteht eine Teillösung

$$z_n = a, \qquad \frac{\mathfrak{M}'_n}{P} = b, \qquad u_n = (-1)^n \cdot c, \qquad \frac{\mathfrak{M}_n}{P} = (-1)^n d$$

mit den Differenzen zweiter Ordnung

$$\Delta^2 z_n = 0, \qquad \frac{\Delta^2 \mathfrak{M}'_n}{P} = 0, \qquad \Delta^2 u_n = -4c(-1)^n, \qquad \frac{\Delta^2 \mathfrak{M}_n}{P} = -4d(-1)^n.$$

Aus Gleichung a

$$(-1)^n[-4c\alpha + 6c + 2d] = 0$$

folgt

$$c = \frac{d}{2\alpha - 3},$$

ferner aus d

$$0 = (-1)^n[-4d + 2\nu' \cdot a],$$

$$d = \frac{\nu' a}{2}$$

und aus b

$$6a + 12b - 12\frac{M'_0}{P} = 0,$$

$$b = -\frac{a}{2} + \frac{M'_0}{P}.$$

Schließlich liefert Gleichung c

$$(-1)^n[-4c\beta - (4\gamma + 2)d - 2a \cdot \beta + v] = 0,$$

$$a = \frac{v}{2\beta'}, \qquad \beta' = \beta\left[1 + \nu'\left(\frac{2}{2\alpha - 3} + \frac{2\gamma + 1}{\beta}\right)\right],$$

woraus

$$c = \frac{\nu' \cdot v}{4\beta'(2\alpha - 3)}, \qquad d = \frac{\nu' \cdot v}{4\beta'}$$

folgt. Die vollständigen Lösungen der Differenzengleichungen sind

$$z_n = (-1)^n [f_1(n) + f_2(n) + f_3(n)] + \frac{v}{2\beta'},$$

$$\frac{\mathfrak{M}'_n}{P} = (-1)^n [\zeta_1 f_1(n) - \zeta_3 f_2(n) - \zeta' f_5(n) - \zeta'' f_6(n)] - \frac{v}{4\beta'} + \frac{M'_0}{P},$$

$$u_n = -\vartheta_1 f_1(n) - \vartheta_3 f_2(n) - \vartheta' f_5(n) - \vartheta'' f_6(n) + (-1)^n \frac{v\nu'}{4\beta'(2\alpha-3)},$$

$$\frac{\mathfrak{M}_n}{P} = \eta_1 f_1(n) + \eta_3 f_2(n) + \eta' f_5(n) + \eta'' f_6(n) + (-1)^n \frac{v\nu'}{4\beta'}.$$

Aus den Bedingungen

$$\left.\begin{matrix} n = 0 \\ n = m \end{matrix}\right\} z_n = 0, \qquad \mathfrak{M}'_n = 0, \qquad u_n = 0, \qquad \mathfrak{M}_n = 0$$

folgt wie unter *d*

$$\begin{aligned} f_1(0) &= f_1(m), \\ f_2(0) &= f_2(m), \\ f_5(0) &= f_5(m), \\ f_6(0) &= f_6(m), \end{aligned}$$

also mit den dort eingeführten Bezeichnungen

$$\left.\begin{aligned} z_n &= (-1)^n \{N_1 [F_1(n) - F_2(n)] + N_3 [F_3(n) - F_2(n)] + N_4 F_4(n)\} \\ &\quad + \frac{v}{2\beta'} [1 - (-1)^n F_2(n)], \\ \frac{\mathfrak{M}'_n}{P} &= (-1)^n \{N_1 \cdot \zeta_1 [F_1(n) - F_2(n)] - (\zeta' N_3 + \zeta'' N_4) [F_3(n) - F_2(n)] \\ &\quad + (\zeta'' N_3 - \zeta' N_4) F_4(n)\} - \left(\frac{v}{4\beta'} - \frac{M'_0}{P}\right) [1 - (-1)^n F_2(n)], \\ u_n &= -\vartheta_1 N_1 [F_1(n) - F_2(n)] - (\vartheta' N_3 + \vartheta'' N_4) [F_3(n) - F_2(n)] \\ &\quad + (\vartheta'' N_3 - \vartheta' N_4) F_4(n) + \frac{v}{4\beta'} \frac{\nu'}{(2\alpha - 3)} [(-1)^n - F_2(n)], \\ \frac{\mathfrak{M}_n}{P} &= \eta_1 N_1 [F_1(n) - F_2(n)] + (\eta' N_3 + \eta'' N_4) [F_3(n) - F_2(n)] \\ &\quad + (\eta' N_4 - \eta'' N_3) F_4(n) + \frac{v \cdot \nu'}{4\beta'} [(-1)^n - F_2(n)]. \end{aligned}\right\} \quad (139)$$

N_1, N_3, N_4 sind aus den Gleichungen

$$\left.\begin{aligned} & N_1(\zeta_1 + \zeta_3) - N_3(\zeta' - \zeta_3) - N_4\zeta'' - \frac{v}{4\beta'}(1 - 2\zeta_3) + \frac{M'_0}{P} = 0, \\ & N_1(\vartheta_3 - \vartheta_1) - N_3(\vartheta' - \vartheta_3) - N_4\vartheta'' + \frac{v}{4\beta'}\left[\frac{\nu'}{2\alpha - 3} + 2\vartheta_3\right] = 0, \\ & N_1(\eta_1 - \eta_3) + N_3(\eta' - \eta_3) + N_4\eta'' + \frac{v}{4\beta'}[\nu' - 2\eta_3] = 0 \end{aligned}\right\} \quad (140)$$

nach Einführung der Zahlenwerte zu berechnen.

Bauart g. Die Differenzengleichungen stimmen in der homogenen Form mit denen der Bauart f überein. In den Störungsgliedern weichen sie in der ersten und dritten dadurch ab, daß

$$-\frac{6\,M''}{P}\,\frac{m-2\,n}{m} \qquad \text{bzw.} \qquad +\frac{2\,M''}{P}\,\frac{m-2\,n}{m}$$

hinzutritt. Die Einführung der Ansätze

$$z_n = a\,, \quad \frac{\mathfrak{M}'_n}{P} = b\,, \quad u_n = (-1)^n c\,, \quad \frac{\mathfrak{M}_n}{P} = (-1)^n d + \frac{M''}{P}\,\frac{m-2\,n}{m}$$

in die Differenzengleichungen ergibt für die Konstanten a, b, c, d dieselben Gleichungen wie im Falle f. Die vollständigen Lösungen unterscheiden sich also nur in der Gleichung für $\mathfrak{M}_n$, in welcher $+\frac{M''}{P}\,\frac{m-2\,n}{m}$ hinzutritt. Da $(-1)^m = -1$ ist, folgt aus den Bedingungen

$$\left.\begin{matrix} n=0 \\ n=m \end{matrix}\right\} z_n = 0\,, \qquad \mathfrak{M}'_n = 0\,, \qquad u_n = 0\,, \qquad \mathfrak{M}_n = 0$$

wie im Falle e

$$\begin{aligned} f_1(0) &= -f_1(m)\,, \\ f_2(0) &= -f_2(m)\,, \\ f_5(0) &= -f_5(m)\,, \\ f_6(0) &= -f_6(m) \end{aligned}$$

und weiter wie dort

$$\left.\begin{aligned}
z_n &= (-1)^n\{N_1[G_1(n)-G_2(n)] + N_3[G_3(n)-G_2(n)] + N_4 G_4(n)\} \\
&\quad + \frac{v}{2\beta'}[1-(-1)^n G_2(n)]\,, \\
\frac{\mathfrak{M}'_n}{P} &= (-1)^n\{\zeta_1 N_1[G_1(n)-G_2(n)] - (\zeta' N_3 + \zeta'' N_4)[G_3(n)-G_2(n)] \\
&\quad + (\zeta'' N_3 - \zeta' N_4) G_4(n)\} - \left(\frac{v}{4\beta'} - \frac{M'_0}{P}\right)[1-(-1)^n G_2(n)]\,, \\
u_n &= -\vartheta_1 N_1[G_1(n)-G_2(n)] - (\vartheta' N_3 + \vartheta'' N_4)[G_3(n)-G_2(n)] \\
&\quad + (\vartheta'' N_3 - \vartheta' N_4) G_4(n) + \frac{v}{4\beta'}\,\frac{v'}{(2\alpha-3)}[(-1)^n - G_2(n)]\,, \\
\frac{\mathfrak{M}_n}{P} &= \eta_1 N_1[G_1(n)-G_2(n)] + (\eta' N_3 + \eta'' N_4)[G_3(n)-G_2(n)] \\
&\quad + (\eta' N_4 - \eta'' N_3) G_4(n) + \frac{v\,v'}{4\beta'}[(-1)^n - G_2(n)] \\
&\quad + \frac{M''}{P}\left[\frac{m-2n}{m} - G_2(n)\right].
\end{aligned}\right\} \quad (141)$$

N_1, N_3, N_4 sind aus den Gleichungen (140) zu berechnen, von denen die letzte durch $+\frac{M''}{P}$ zu ergänzen ist. Die Berechnung der Momente M'_0, M'' ist auf demselben Wege durchzuführen, der für die Fälle d und e angegeben ist.

Die Bauarten von gerader und ungerader Felderzahl unterscheiden sich wiederum in der Biegung der Stabachse, die für die erstere einseitig, für letztere in Form einer S-Kurve eintritt. Das letzte Glied der Funktion u_n kennzeichnet eine wellenförmige Verbiegung in Wellenlängen von nahezu der doppelten Feldlänge. Dieser Formänderung entspricht der Verlauf der Momente $\mathfrak{M}_n$, was im vierten Glied der Funktion $\mathfrak{M}_n$ zum Ausdruck kommt.

90. Exzentrische Belastung.

Bauart a, b. In Gleichung (112a) kann $z = 0$ gesetzt werden. Um das zu zeigen, sei zunächst z = konstans eingeführt und aus Gleichung (117b) bestimmt, $z = \frac{v}{\beta\left(2+\frac{\nu}{\mu}\right)}$. Dann enthalten die Gleichungen (112a) und (117a) nur die Veränderlichen u_n und $\mathfrak{M}_n$.

$$\Delta^2 u_n \cdot \alpha + 6\,u_n + \frac{\Delta^2 \mathfrak{M}_n}{P} + \frac{6\,\mathfrak{M}_n}{P} - \frac{6\,M_0}{P} = 0\,,$$

$$\Delta^2 u_n \cdot \beta + \frac{\Delta^2 \mathfrak{M}_n}{P}\,\frac{\gamma-1}{2} - \frac{2\,\mathfrak{M}_n}{P} + 2\,e + \frac{2\,M_0}{P} = 0\,.$$

Durch Einführung der Teillösungen

$$u_n = C \cdot k^n, \qquad \frac{\mathfrak{M}_n}{P} = C \cdot \zeta \cdot k^n$$

ergeben sich die charakteristischen Gleichungen

$$\alpha \cdot w + 6 + \zeta\,(w+6) = 0\,,$$

$$\beta \cdot w + \zeta\left[\tfrac{1}{2}(\gamma-1)\,w - 2\right] = 0\,.$$

Aus

$$\zeta = -\frac{\alpha \cdot w + 6}{w+6} = -\frac{\beta \cdot w}{\frac{1}{2}(\gamma-1)\,w - 2}$$

folgt für w die Gleichung zweiten Grades

$$w^2 + a \cdot w + b = 0$$

$$a = \frac{6\,(2\beta - \gamma + 1) + 4\,\alpha}{2\beta - \alpha\,(\gamma-1)}\,, \qquad b = \frac{24}{2\beta - \alpha\,(\gamma-1)}\,,$$

deren Wurzeln

$$w_1 = -\frac{a}{2} - \sqrt{\frac{a^2}{4} - b}\,, \qquad w_2 = -\frac{a}{2} + \sqrt{\frac{a^2}{4} - b}$$

sind. Mithin bestehen für k die Gleichungen

$$k^2 - \left(2 - \frac{a}{2} \mp \sqrt{\frac{a^2}{4} - b}\right) k + 1 = 0$$

mit den Wurzeln

$$k_1 = k = 1 + \tfrac{1}{2} w_1 - \sqrt{(1 + \tfrac{1}{2} w_1)^2 - 1},$$

$$k_2 = k^{-1},$$

$$k_3 = \cos\varphi + i \sin\varphi, \qquad k_4 = \cos\varphi - i \sin\varphi,$$

$$\cos\varphi = 1 + \tfrac{1}{2} w_2.$$

Es gehört zu k_1, k_2

$$\zeta = -\frac{\beta\left(\frac{a}{2} + \sqrt{\frac{a^2}{4} - b}\right)}{\frac{1}{2}(\gamma - 1)\left(\frac{a}{2} + \sqrt{\frac{a^2}{4} - b}\right) + 2} = -\zeta_1,$$

zu k_3, k_4

$$\zeta = -\frac{\beta\left(\frac{a}{2} - \sqrt{\frac{a^2}{4} - b}\right)}{\frac{1}{2}(\gamma - 1)\left(\frac{a}{2} - \sqrt{\frac{a^2}{4} - b}\right) + 2} = -\zeta_2.$$

Aus den Störungsgliedern der Differenzengleichungen folgt, wenn das z enthaltende Glied der Gleichung (112a) berücksichtigt wird,

$$\frac{\mathfrak{M}_n}{P} = e + \frac{M_0}{P},$$

$$u_n = -e - \frac{P' \cdot v}{2\,P \cdot \beta\left(2 + \frac{\nu}{\mu}\right)}.$$

Mit $\frac{P' \cdot v}{2\,P} = -\left(e + \frac{M_0}{P}\right)$ und $\beta = \frac{E \cdot F_g \cdot v^2}{P \cdot \lambda^2}$

wird

$$u_n = -e - \left(e + \frac{M_0}{P}\right) \frac{P \cdot \operatorname{tg}^2 \delta}{E F_g \left(2 + \frac{\nu}{\mu}\right)}.$$

Da $\frac{P}{E F_g \left(2 + \frac{\nu}{\mu}\right)}$ eine sehr kleine Zahl ist, kann das zweite Glied vernachlässigt, d. h. in Gleichung (112a) $z = 0$ gesetzt werden.

Die vollständigen Lösungen der Differenzengleichungen sind

$$u_n = f_1(n) + f_3(n) - e,$$

$$\frac{\mathfrak{M}_n}{P} = -\zeta_2 \cdot f_1(n) - \zeta_1 \cdot f_3(n) + e + \frac{M_0}{P}.$$

Die vier Konstanten sind durch die Bedingungen

$$\left.\begin{matrix} n = 0 \\ n = m \end{matrix}\right\} u_n = 0\,, \qquad \mathfrak{M}_n = 0$$

bestimmt.

$$f_1(0) + f_3(0) - e = 0\,,$$

$$(f_1 m) + f_3(m) - e = 0\,,$$

$$-\zeta_2 f_1(0) - \zeta_1 f_3(0) + e + \frac{M_0}{P} = 0\,,$$

$$-\zeta_2 f_1(m) - \zeta_1 f_3(m) + e + \frac{M_0}{P} = 0\,.$$

Mithin folgt

$$f_1(0) = f_1(m)\,, \qquad f_3(0) = f_3(m)\,,$$

$$f_1(n) = N_1 \cdot F_1(n)\,, \qquad f_3(n) = N_2 \cdot F_2(n)\,,$$

$$N_1 + N_2 - e = 0\,,$$

$$-\zeta_2 N_1 - \zeta_1 N_2 + e + \frac{M_0}{P} = 0\,,$$

$$N_1 = +\frac{e(\zeta_1 - 1)}{\zeta_1 - \zeta_2} - \frac{M_0}{P(\zeta_1 - \zeta_2)}\,, \qquad N_2 = \frac{e(1-\zeta_2)}{\zeta_1 - \zeta_2} + \frac{M_0}{P(\zeta_1 - \zeta_2)}\,,$$

$$\left.\begin{aligned} \boldsymbol{u_n} &= \frac{\boldsymbol{e}}{\boldsymbol{\zeta_1 - \zeta_2}}\,[(\zeta_1 - 1)\,\boldsymbol{F_1(n)} + (1 - \zeta_2)\,\boldsymbol{F_2(n)} - \zeta_1 + \zeta_2] \\ &\quad - \frac{\boldsymbol{M_0}}{\boldsymbol{P}}\,[\boldsymbol{F_1(n)} - \boldsymbol{F_2(n)}]\,, \\ \frac{\boldsymbol{\mathfrak{M}_n}}{\boldsymbol{P}} &= -\frac{\boldsymbol{e}}{\boldsymbol{\zeta_1 - \zeta_2}}\,[\zeta_2(\zeta_1 - 1)\,\boldsymbol{F_1(n)} + \zeta_1(1 - \zeta_2)\,\boldsymbol{F_2(n)} - \zeta_1 + \zeta_2] \\ &\quad + \frac{\boldsymbol{M_0}}{\boldsymbol{P(\zeta_1 - \zeta_2)}}\,[\zeta_2\,\boldsymbol{F_1(n)} - \zeta_1\,\boldsymbol{F_2(n)} + \zeta_1 - \zeta_2]\,. \end{aligned}\right\} \quad (142)$$

Der Wert des Momentes M_0 ergibt sich aus den geometrischen Bedingungen für die Endriegel. Die Richtung der Endriegel muß normal zur elastischen Linie der Stabachse sein, sie ist ferner durch die Längenänderungen der Gurtungen bestimmt. Bezeichnet ϑ den Winkel, den die Riegel nach der Formänderung einschließen, so ist

$$\operatorname{tg}\vartheta = -\frac{1}{\lambda}\sum_1^{m-1} n\,\Delta^2 u_n - \frac{1}{2\lambda}(\Delta^2 u_0 + \Delta^2 u_m)$$

oder

$$\operatorname{tg}\vartheta = -\frac{1}{\lambda}\sum_1^{m} n\,\Delta^2 u_n - \frac{1}{2\lambda}(\Delta^2 u_0 - \Delta^2 u_m)\,.$$

Dabei ist der Winkel der Tangente der elastischen Linie in den Endpunkten gegen die Sehne 0, 1 bzw. m, $m-1$ näherungsweise gleich $\operatorname{arctg}\frac{\varDelta^2 u_0}{2\lambda}$ bzw. $\operatorname{arctg}\frac{\varDelta^2 u_m}{2\lambda}$ gesetzt. Aus der zweiten Bedingung folgt

$$\operatorname{tg}\vartheta = \frac{1}{v}\sum_1^m{}_n(\varDelta\lambda_{ln} - \varDelta\lambda_{rn}) = \frac{\lambda}{EF_g\cdot v}\sum_1^m{}_n(S_{ln} - S_{rn}).$$

Wird $S_{ln} - S_{rn}$ durch Gleichung (115) ausgedrückt, und beachtet, daß infolge $\mathfrak{M}_0 = \mathfrak{M}_m = 0\ \sum_1^m(\mathfrak{M}_{n-1} + \mathfrak{M}_n) = 2\sum_1^m \mathfrak{M}_n$ ist, so ergibt sich die Gleichung

$$\sum_1^m{}_n\left[2e + \frac{2M_0}{P} - \frac{2\mathfrak{M}_n}{P}\right] = -\beta\sum_1^m{}_n \varDelta^2 u_n - \tfrac{1}{2}\beta(\varDelta^2 u_0 - \varDelta^2 u_m),$$

ferner, da das letzte Glied $= 0$ ist,

$$\sum_1^m{}_n\left[2e + \frac{2M_0}{P} - \frac{2\mathfrak{M}_n}{P} + \beta\cdot\varDelta^2 u_n\right] = 0$$

und schließlich durch Einführung von (117a)

$$\sum_1^m{}_n\frac{\varDelta^2\mathfrak{M}_n}{P} = 0.$$

Aus Gleichung (142) wird abgeleitet

$$\frac{\varDelta^2\mathfrak{M}_n}{P} = -e\frac{\zeta_1\cdot\zeta_2}{\zeta_1 - \zeta_2}[w_2\cdot F_1(n) - w_1 F_2(n)]$$
$$+\left(e + \frac{M_0}{P}\right)\frac{1}{\zeta_1 - \zeta_2}[\zeta_2\cdot w_2\cdot F_1(n) - \zeta_1\cdot w_1\cdot F_2(n)].$$

Mithin folgt

$$e + \frac{M_0}{P} = e\cdot\zeta_2\frac{\zeta_1 w_1\sum_1^m{}_n F_2(n) - \zeta_1 w_2\sum_1^m{}_n F_1(n)}{\zeta_1\cdot w_1\sum_1^m{}_n F_2(n) - \zeta_2 w_2\sum_1^m{}_n F_1(n)}.$$

Die $\sum_1^m{}_n F_1(n)$ wird durch folgende Rechnung bestimmt. Es wird gesetzt

$$\sum_{n_1}^n F_1(n) = \alpha\cdot\cos n\varphi + \beta\sin n\varphi + C,$$

dann ist

$$\sum_{n_1}^n F_1(n) - \sum_{n_1}^{n-1} F_1(n) = [\alpha(1-\cos\varphi) + \beta\sin\varphi]\cos n\varphi$$
$$+ [\beta(1-\cos\varphi) - \alpha\sin\varphi]\sin n\varphi.$$

Damit die rechte Seite $= F_1(n) = \cos n\varphi + \operatorname{tg}\frac{m}{2}\varphi \cdot \sin n\varphi$ wird, müssen α und β aus

$$\alpha(1-\cos\varphi) + \beta\sin\varphi = 1\,,$$

$$\beta(1-\cos\varphi) - \alpha\sin\varphi = \operatorname{tg}\frac{m}{2}\varphi$$

bestimmt werden.

$$\alpha = \frac{1}{2}\left(1 - \operatorname{tg}\frac{m}{2}\varphi \cdot \operatorname{cotg}\frac{\varphi}{2}\right),$$

$$\beta = \frac{1}{2}\left(\operatorname{cotg}\frac{\varphi}{2} + \operatorname{tg}\frac{m}{2}\varphi\right).$$

Diese Werte werden in den aufgestellten Ansatz eingeführt.

$$\sum_{n_1}^{n} F_1(n) = \frac{1}{2}\left(\cos n\varphi + \operatorname{cotg}\frac{\varphi}{2}\sin n\varphi\right) - \frac{1}{2}\operatorname{tg}\frac{m}{2}\varphi\left(\operatorname{cotg}\frac{\varphi}{2}\cos n\varphi - \sin n\varphi\right) + C,$$

$$= -\frac{\sin\left(\frac{m-1}{2} - n\right)\varphi}{2\cos\frac{m}{2}\varphi \cdot \sin\frac{1}{2}\varphi} + C\,.$$

C ergibt sich aus der unteren Grenze

$$\sum_{n_1}^{1}{}_n F_1(n) = F_1(1) = \frac{\cos\left(\frac{m}{2} - 1\right)\varphi}{\cos\frac{m}{2}\varphi}\,.$$

also

$$\frac{\cos\left(\frac{m}{2} - 1\right)\varphi}{\cos\frac{m}{2}\varphi} = -\frac{\sin\left(\frac{m-1}{2} - 1\right)\varphi}{2\cos\frac{m}{2}\varphi\sin\frac{\varphi}{2}} + C\,,$$

$$C = \frac{\sin\frac{m-1}{2}\varphi}{2\cos\frac{m}{2}\varphi\sin\frac{\varphi}{2}}\,,$$

damit wird

$$\sum_{1}^{n}{}_n F_1(n) = \frac{\sin\frac{m-1}{2}\varphi - \sin\left(\frac{m-1}{2} - n\right)\varphi}{2\cos\frac{m}{2}\varphi\sin\frac{1}{2}\varphi}$$

und schließlich mit $n = m$

$$\sum_{1}^{m}{}_n F_1(n) = \operatorname{tg}\frac{m}{2}\varphi \cdot \operatorname{cotg}\frac{1}{2}\varphi\,,$$

$$w_2\sum_{1}^{m}{}_n F_1(n) = -2(1-\cos\varphi)\operatorname{cotg}\tfrac{1}{2}\varphi \cdot \operatorname{tg}\frac{m}{2}\varphi = -2\sin\varphi \cdot \operatorname{tg}\frac{m}{2}\varphi\,.$$

Ferner ist

$$\sum_1^m n\,F_2(n) = \frac{(k^m - 1)(k + 1)}{(k^m + 1)(k - 1)},$$

$$w_1 \sum_1^m n\,F_2(n) = \frac{(k - 1)^2 (k^m - 1)(k + 1)}{k\,(k^m + 1)(k - 1)} = \frac{(k^m - 1)(k^2 - 1)}{(k^m + 1)\,k} < 0,$$

da k eine negative Zahl $> 3{,}7$ ist.

Da b klein im Verhältnis zu a ist, können mit hinreichender Genauigkeit die Näherungswerte benutzt werden.

$$1 - \cos\varphi \sim \frac{b}{2a} = \frac{12}{6\,(2\beta - \gamma + 1) + 4\alpha},$$

$$\zeta_2 = \frac{2\beta}{\gamma - 1 + \dfrac{2}{1 - \cos\varphi}} \backsim \frac{\beta}{\beta + \frac{1}{3}\alpha}, \qquad \text{also } < 1,$$

$$\zeta_2 \sim \frac{F_g \cdot v^2}{F_g \cdot v^2 + 4J},$$

$$\zeta_1 = \frac{2\beta}{\gamma - 1 - \dfrac{4}{w_1}} \sim \frac{2\beta}{\gamma},$$

da $1 + \dfrac{4}{w_1}$ klein im Verhältnis zu γ ist.

Als genauer Wert für M_0 ergibt sich

$$e + \frac{M_0}{P} = e \cdot \zeta_2 (1 - \omega),$$

$$\frac{M_0}{P} = - e\,[1 - \zeta_2 (1 - \omega)],$$

$$\omega = \frac{2\,(\zeta_1 - \zeta_2)\sin\varphi \cdot \operatorname{tg}\frac{m}{2}\varphi}{-\zeta_1 \dfrac{(k^m - 1)(k^2 - 1)}{(k^m + 1)\,k} - 2\,\zeta_2 \sin\varphi \cdot \operatorname{tg}\dfrac{m}{2}\varphi}$$

und als Näherungswert

$$\frac{M_0}{P} = - e\,\frac{4J + F_g v^2 \cdot \omega}{F_g v^2 + 4J}.$$

Bauart c. In den Gleichungen (119a) und (120a) kann wiederum $z = 0$ gesetzt werden.

$$\Delta^2 u_n \cdot \alpha + 6\,u_n + \frac{\Delta^2 \mathfrak{M}_n}{P} + \frac{6\,\mathfrak{M}_n}{P} - \frac{6\,M_0}{P} - \frac{6\,M''}{P}\,\frac{m - 2n}{m} = 0,$$

$$\Delta^2 u_n \cdot \beta + \frac{\Delta^2 \mathfrak{M}_n}{P} \cdot \gamma - \frac{2\,\mathfrak{M}_n}{P} + 2e + 2\left(\frac{M_0}{P} + \frac{M''}{P}\,\frac{m - 2n}{m}\right) = 0.$$

Die homogene Form unterscheidet sich von der des Falles *a* nur in dem Koeffizienten von $\Delta^2_{\text{L}} \mathfrak{M}_n$ in der zweiten Gleichung. Mithin ergeben sich dieselben Lösungen, wenn

$$a = \frac{6(\beta - \gamma) + 2\alpha}{\beta - \alpha\gamma}, \qquad b = \frac{12}{\beta - \alpha\gamma}$$

bezeichnet. Aus den Störungsgliedern folgt

$$\frac{\mathfrak{M}_n}{P} = e + \frac{M_0}{P} + \frac{M''}{P} \frac{m - 2n}{m},$$

$$u_n = -e.$$

Mithin ist die vollständige Lösung

$$u_n = \quad f_1(n) + f_3(n) - e,$$

$$\frac{\mathfrak{M}_n}{P} = -\zeta_2 f_1(n) - \zeta_1 f_3(n) + e + \frac{1}{P}\left(M_0 + M'' \frac{m - 2n}{m}\right),$$

Die Bedingungen, durch welche die vier Konstanten bestimmt sind,

$$\left.\begin{matrix} n = 0 \\ n = m \end{matrix}\right\} u_n = 0, \qquad \mathfrak{M}_n = 0,$$

lauten

$$f_1(0) + f_3(0) - e = 0,$$

$$f_1(m) + f_3(m) - e = 0,$$

$$-\zeta_2 f_1(0) - \zeta_1 f_3(0) + e + \frac{1}{P}(M_0 + M'') = 0,$$

$$-\zeta_2 f_1(m) - \zeta_1 f_3(m) + e + \frac{1}{P}(M_0 - M'') = 0.$$

Aus diesen folgt

$$f_1(0) - f_1(m) = -\frac{2M''}{P(\zeta_1 - \zeta_2)},$$

$$f_3(0) - f_3(m) = \frac{2M''}{P(\zeta_1 - \zeta_2)}.$$

Beide Gleichungen werden durch

$$f_1(n) = N_1 \cdot F_1(n) - \frac{M''}{P(\zeta_1 - \zeta_2)} \cdot G_1(n),$$

$$f_3(n) = N_2 \cdot F_2(n) + \frac{M''}{P(\zeta_1 - \zeta_2)} \cdot G_2(n)$$

befriedigt. Aus der ersten und dritten Bedingung

$$N_1 + N_2 - e = 0,$$

$$-\zeta_2 N_1 - \zeta_1 N_2 + e + \frac{M_0}{P} = 0$$

sind N_1 und N_2 zu berechnen. Nach Einführung in $f_1(n)$ und $f_2(n)$ ergibt sich

$$\left.\begin{aligned} u_n &= \frac{e}{\zeta_1-\zeta_2}\left[(\zeta_1-1)F_1(n)+(1-\zeta_2)F_2(n)-\zeta_1+\zeta_2\right] \\ &\quad -\frac{M_0}{P(\zeta_1-\zeta_2)}\left[F_1(n)-F_2(n)\right]-\frac{M''}{P(\zeta_1-\zeta_2)}\left[G_1(n)-G_2(n)\right], \\ \frac{\mathfrak{M}_n}{P} &= -\frac{e}{\zeta_1-\zeta_2}\left[\zeta_2(\zeta_1-1)F_1(n)+\zeta_1(1-\zeta_2)F_2(n)-\zeta_1+\zeta_2\right] \\ &\quad +\frac{M_0}{P(\zeta_1-\zeta_2)}\left[\zeta_2\cdot F_1(n)-\zeta_1 F_2(n)+\zeta_1-\zeta_2\right] \\ &\quad +\frac{M''}{P(\zeta_1-\zeta_2)}\left[\zeta_2 G_1(n)-\zeta_1 G_2(n)+(\zeta_1-\zeta_2)\frac{m-2n}{m}\right]. \end{aligned}\right\}(143)$$

Das Moment M_0 ist ebenso wie für die Bauart a aus der Gleichung

$$\frac{1}{v}\sum_{1}^{m} {}^{n}(\varDelta\lambda_{ln}-\varDelta\lambda_{rn}) = -\frac{1}{\lambda}\sum_{1}^{m-1} {}^{n}\varDelta^2 u_n-\frac{1}{2\lambda}(\varDelta^2 u_0+\varDelta^2 u_m)$$

zu berechnen. Diese Gleichung geht, wenn $\varDelta\lambda_{ln}-\varDelta\lambda_{rn}$ durch

$$S_{ln}-S_{rn}=2P\frac{e}{v}+2\frac{M_0}{v}+\frac{M''}{v}\left(\frac{m-2n}{m}+\frac{m-2n+2}{m}\right)-\frac{1}{v}(\mathfrak{M}_n+\mathfrak{M}_{n-1})$$

ausgedrückt und beachtet wird, daß

$$\sum_{1}^{m} {}^{n}\left[\frac{M''}{v}\left(\frac{m-2n}{m}+\frac{m-2n+2}{m}\right)-\frac{1}{v}(\mathfrak{M}_n+\mathfrak{M}_{n-1})=2\sum_{1}^{m-1} {}^{n}\left(\frac{M''}{v}\frac{m-2n}{m}-\frac{\mathfrak{M}_n}{v}\right)\right]$$

ist, über in

$$\frac{1}{\beta}\sum_{1}^{m-1} {}^{n}\left[2e+\frac{2M_0}{P}+\frac{2M''}{P}\frac{m-2n}{m}-\frac{2\mathfrak{M}_n}{P}+\beta\cdot\varDelta^2 u_n\right] + \frac{1}{\beta}\left(2e+\frac{2M_0}{P}+\frac{\beta}{2}\varDelta^2 u_0+\frac{\beta}{2}\varDelta^2 u_m\right)=0.$$

Aus Gleichung (120a) folgt, da $\mathfrak{M}_0=0$, $\mathfrak{M}_m=0$ ist,

$$2e+\frac{2M_0}{P}+\frac{\beta}{2}\varDelta^2 u_0+\frac{\beta}{2}\varDelta^2 u_m=-\gamma\left(\frac{\varDelta^2\mathfrak{M}_0}{P}+\frac{\varDelta^2\mathfrak{M}_m}{P}\right)$$

und damit

$$\sum_{1}^{m-1}\frac{\varDelta^2\mathfrak{M}_n}{P}+\frac{1}{2}\left(\frac{\varDelta^2\mathfrak{M}_0}{P}+\frac{\varDelta^2\mathfrak{M}_m}{P}\right)=0.$$

Wird $\varDelta^2\mathfrak{M}_n$ aus Gleichung (143) abgeleitet, so ist ersichtlich, daß die Funktionen G in beiden Gliedern der Gleichung ausfallen, da $G(n)+G(m-n)=0$ ist. Mithin ergibt sich

$$\sum_{1}^{m} {}^{n}\frac{\varDelta^2\mathfrak{M}_n}{P}=0,$$

wenn in $\Delta^2 \mathfrak{M}_n$ nur die Funktionen F berücksichtigt werden. Damit stimmt die Gleichung mit der für die Bauart a abgeleiteten überein, für M_0 ergibt sich also der dort gefundene Wert. Die Berechnung von M'' ist ebenso durchzuführen wie im Falle zentrischer Belastung und führt zu derselben Formel, da in

$$(S_{ln} - S_{rn}) - (S_{l\,m-n+1} - S_{r\,m-n+1})$$

die von den Funktionen F abhängigen Glieder zu 0 wurden.

Bauart d, f. Die Differenzengleichungen unterscheiden sich mit $z = 0$ von denen des Falles a nur in dem Koeffizienten von $\frac{\Delta^2 \mathfrak{M}_n}{P}$ in der zweiten Gleichung, γ statt $\frac{1}{2}(\gamma - 1)$. Die Lösung führt also zu den Gleichungen (142), wenn

$$a = \frac{6(\beta - \gamma) + 2\alpha}{\beta - \alpha\gamma}, \qquad b = \frac{12}{\beta - \alpha\gamma}$$

gesetzt wird.

Bauart e, g. Die Differenzengleichungen stimmen mit denen des Falles c überein. Die Lösung ist mithin in den Gleichungen (143) gegeben. Die Berechnung des Momentes M'' ist ebenso wie dort durchzuführen, führt jedoch infolge der abweichenden Gliederung zu etwas anderen Formeln.

91. Der Rahmenstab.

Die Gurtungen sind untereinander durch steife Bindebleche (Riegel) verbunden, die in steifen Ecken angeschlossen sind. In jedem Knotenpunkt n_l wirken als Resultierende der inneren Spannungen des Riegels auf die linke Gurtung eine Kraft P_{ln} parallel zur X-Achse, eine Kraft Q_{ln} parallel zur Y-Achse und ein Moment $\mathfrak{M}_{ln}$, ebenso in jedem Knotenpunkt n_r die Kräfte P_{rn}, Q_{rn} in den P_{ln}, Q_{ln} entgegengesetzten Richtungen und ein Moment $\mathfrak{M}_{rn}$, dessen Drehungsrichtung mit der des Momentes $\mathfrak{M}_{ln}$ übereinstimmt. Abb. 432 zeigt die auf die Gurtungen wirkenden Kräfte und Momente, Abb. 433 die auf das Bindeblech wirkenden, jenen entgegengesetzten statischen Größen. Die Gleichgewichtsbedingungen lauten für die Endbleche

$$P_{l0} - P_{r0} - P = 0,$$

$$(P_{l0} + P_{r0})\frac{v}{2} - (\mathfrak{M}_{l0} + \mathfrak{M}_{r0}) + Pe = 0,$$

$$Q_{l0} - Q_{r0} = 0,$$

für das Bindeblech n

$$P_{ln} - P_{rn} = 0, \qquad Q_{ln} - Q_{rn} = 0,$$

$$(P_{ln} + P_{rn})\frac{v}{2} - (\mathfrak{M}_{ln} + \mathfrak{M}_{rn}) = 0.$$

Die Differentialgleichungen der elastischen Linie der Gurtungen lauten im Felde $n-1, n$

$$E J \frac{d^2 y_l'}{d x^2} = - P_{l0} \cdot y_l' - \sum_1^{n-1} P_{ln} (y_l' - y_{ln}') - \sum_0^{n-1} \mathfrak{M}_{ln} + \mathfrak{M}_l' ,$$

$$E J \frac{d^2 y_r'}{d x^2} = \quad P_{r0} \cdot y_r' + \sum_1^{n-1} P_{rn} (y_r' - y_{rn}') - \sum_0^{n-1} \mathfrak{M}_{rn} + \mathfrak{M}_r' ,$$

wenn $\mathfrak{M}_l'$ und $\mathfrak{M}_r'$ die Momente der Kräfte Q bezeichnen, für welche $\mathfrak{M}_l' = -\mathfrak{M}_r'$ gilt, da $Q_l = -Q_r$ ist. Durch Addition beider Gleichungen entsteht

$$E J \frac{d^2 (y_l' + y_r')}{d x^2} = - (P_{l0} - P_{r0}) \tfrac{1}{2} (y_l' + y_r') - (P_{l0} + P_{r0}) \tfrac{1}{2} (y_l' - y_r')$$
$$- \sum_1^{n-1} P_n (y_l' - y_r' - y_{ln}' + y_{rn}') - \sum_0^{n-1} (\mathfrak{M}_{ln} + \mathfrak{M}_{rn}) .$$

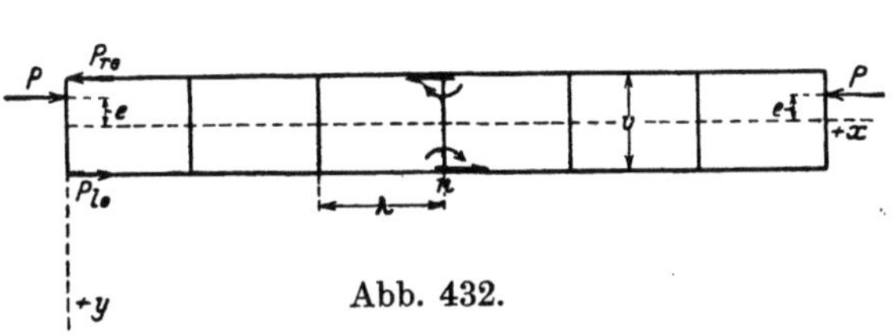

Abb. 432.

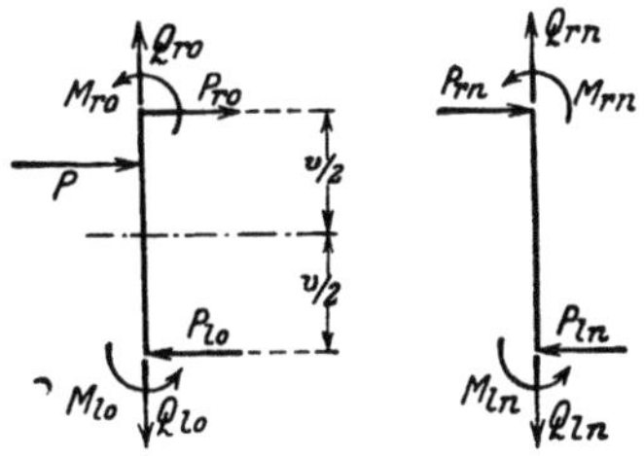

Abb. 433.

Es ist $y_{ln}' - y_{rn}' = 0$, ferner ist, wie Zahlenrechnungen beweisen, $y_l' - y_r'$ so klein im Verhältnis zu $y_l' + y_r'$, daß es $= 0$ gesetzt werden kann. Mit den Bezeichnungen

$$\tfrac{1}{2} (y_l' + y_r') = u , \qquad \mathfrak{M}_{ln} + \mathfrak{M}_{rn} = \mathfrak{M}_n ,$$

$$X_n = \sum_0^{n-1} \mathfrak{M}_n + \tfrac{1}{2} \mathfrak{M}_n = \sum_0^{n} \mathfrak{M}_n - \tfrac{1}{2} \mathfrak{M}_n$$

lautet die Differentialgleichung

$$2 E J \frac{d^2 u}{d x^2} = - P \cdot u - X_n - \tfrac{1}{2} \mathfrak{M}_n .$$

Das Integral ist

$$u = \alpha \sin \varkappa x + \beta \cdot \cos \varkappa x - \frac{1}{P} \left(X_n - \frac{1}{2} \mathfrak{M}_n \right) , \tag{144}$$

$$\varkappa = \sqrt{\frac{P}{2 E J}} .$$

Die Konstanten α und β werden durch u_{n-1} und u_n ausgedrückt, ferner werden die Veränderlichen

$$\xi = x - (n-1) \lambda , \qquad \xi' = n \lambda - x$$

eingeführt, so ergibt sich

$$u = u_{n-1} \frac{\sin \varkappa \xi'}{\sin \varkappa \lambda} + u_n \frac{\sin \varkappa \xi}{\sin \varkappa \lambda} - \frac{1}{P} \left(X_n - \frac{1}{2} \mathfrak{M}_n \right) \left(1 - \frac{\sin \varkappa \xi + \sin \varkappa \xi'}{\sin \varkappa \lambda} \right) . \tag{145}$$

Ebenso ergibt sich für das Feld $n, n+1$, wenn hier $\xi = x - n\lambda$, $\xi' = (n+1)\lambda - x$ ist

$$u = u_n \frac{\sin\varkappa\xi'}{\sin\varkappa\lambda} + u_{n+1}\frac{\sin\varkappa\xi}{\sin\varkappa\lambda} - \frac{1}{P}\left(X_n + \frac{1}{2}\mathfrak{M}_n\right)\left(1 - \frac{\sin\varkappa\xi + \sin\varkappa\xi'}{\sin\varkappa\lambda}\right).$$

Aus der ersten Gleichung folgt

$$\frac{du}{dx} = -\varkappa u_{n-1}\frac{\cos\varkappa\xi'}{\sin\varkappa\lambda} + \varkappa u_n \frac{\cos\varkappa\xi}{\sin\varkappa\lambda} + \frac{1}{P}\left(X_n - \frac{1}{2}\mathfrak{M}_n\right)\varkappa\frac{\cos\varkappa\xi - \cos\varkappa\xi'}{\sin\varkappa\lambda},$$

aus der zweiten

$$\frac{du}{dx} = -\varkappa\cdot u_n\frac{\cos\varkappa\xi'}{\sin\varkappa\lambda} + \varkappa\cdot u_{n+1}\frac{\cos\varkappa\xi}{\sin\varkappa\lambda} + \frac{1}{P}\left(X_n + \frac{1}{2}\mathfrak{M}_n\right)\varkappa\frac{\cos\varkappa\xi - \cos\varkappa\xi'}{\sin\varkappa\lambda}.$$

Die Stetigkeitsbedingung für $x = n\lambda$

$$\frac{du}{dx}(\xi' = 0,\ \xi = \lambda) = \frac{du}{dx}(\xi' = \lambda,\ \xi = 0)$$

lautet

$$-u_{n-1} + 2u_n\cos\varkappa\lambda - u_{n+1} - \frac{X_n}{P}2(1 - \cos\varkappa\lambda) = 0,$$

oder, wenn

$$\alpha = \frac{1}{2(1 - \cos\varkappa\lambda)} \sim \frac{2EJ}{P\lambda^2}$$

bezeichnet,

$$\Delta^2 u_n\cdot\alpha + u_n + \frac{X_n}{P} = 0. \tag{146}$$

Eine zweite Differenzengleichung ergibt sich aus der gegenseitigen Abhängigkeit der Formänderungen beider Gurtungen infolge der Bindebleche durch Aufstellung der Arbeitsgleichung für den wirklichen Verschiebungszustand und folgenden Selbstspannungszustand: $\mathfrak{M}_{l\,n-1} = \mathfrak{M}_{r\,n-1} = +1$, $\mathfrak{M}_{l\,n} = \mathfrak{M}_{r\,n} = -1$. Dieser Spannungszustand ergreift nur die Bindebleche $n-1$ und n sowie die Gurtungen des Feldes $n-1, n$. In letzteren entstehen die Momente $\overline{M}_l = \overline{M}_r = +1$ und die Spannkräfte $\overline{S}_l = -\frac{2}{v}$, $\overline{S}_r = +\frac{2}{v}$. Die im Bindeblech $n-1$ auftretenden Momente $\overline{\mathfrak{M}}_{n-1}$ haben dasselbe Vorzeichen wie die Momente $\mathfrak{M}_{n-1}$, im Bindeblech n jedoch haben $\overline{\mathfrak{M}}_n$ und $\mathfrak{M}_n$ entgegengesetztes Vorzeichen. Abb. 434 zeigt die Momente des Selbstspannungszustandes. Die Integrale $\frac{1}{EJ}\int\limits_{(n-1)\lambda}^{n\lambda}\overline{M}_l\cdot M_{lx}\,dx$ und $\frac{1}{EJ}\int\limits_{(n-1)\lambda}^{n\lambda}\overline{M}_r\cdot M_{rx}\,dx$ können addiert werden, da $\overline{M}_l = \overline{M}_r = 1$ ist. Mithin lautet die Arbeitsgleichung

$$\frac{1}{EJ}\int\limits_{(n-1)\lambda}^{n\lambda} 1\cdot M_x\,dx + \frac{\mathfrak{M}_{n-1} - \mathfrak{M}_n}{2EJ_v}\int\limits_{-\frac{v}{2}}^{+\frac{v}{2}}\frac{4\eta^2}{v^2}\,d\eta - \frac{2\lambda}{EF_g\cdot v}(S_{l\,n} - S_{r\,n}) = 0.$$

Es ist

$$M_x = P \cdot u + X_n - \tfrac{1}{2}\mathfrak{M}_n ,$$

oder nach Gleichung (145)

$$M_x = P u_{n-1} \frac{\sin \varkappa \xi'}{\sin \varkappa \lambda} + P \cdot u_n \frac{\sin \varkappa \xi}{\sin \varkappa \lambda} + \left(X_n - \frac{1}{2}\mathfrak{M}_n\right) \frac{\sin \varkappa \xi + \sin \varkappa \xi'}{\sin \varkappa \lambda},$$

$$\int\limits_{(n-1)\lambda}^{n\lambda} \sin \varkappa \xi' \cdot d x = \int\limits_0^{\lambda} \sin \varkappa (\lambda - \xi)\, d \xi = \frac{1 - \cos \varkappa \lambda}{\varkappa},$$

$$\int\limits_{(n-1)\lambda}^{n\lambda} \sin \varkappa \xi \, d x = \int\limits_0^{\lambda} \sin \varkappa \xi \cdot d \xi = \frac{1 - \cos \varkappa \lambda}{\varkappa},$$

$$S_{l n} - S_{r n} = \frac{2 P (e + u)}{v} - \frac{2 M_x}{v}$$

$$= P \frac{2 e}{v} - \left(X_n - \frac{1}{2}\mathfrak{M}_n\right) \frac{2}{v} .$$

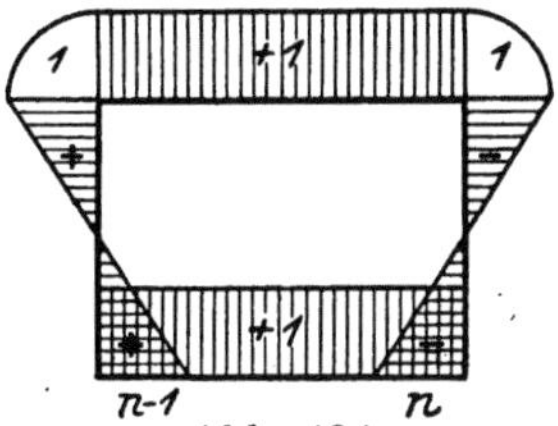

Abb. 434.

Mithin ergibt sich nach Ausführung der Integration

$$\frac{P}{E J} (u_{n-1} + u_n) \frac{1 - \cos \varkappa \lambda}{\varkappa \sin \varkappa \lambda} + \left(X_n - \frac{1}{2}\mathfrak{M}_n\right) \frac{1}{E J} \frac{2 (1 - \cos \varkappa \lambda)}{\varkappa \sin \varkappa \lambda}$$

$$+ (\mathfrak{M}_{n-1} - \mathfrak{M}_n) \frac{v}{6 E J_v} - (P 2 e - 2 X_n + \mathfrak{M}_n) \frac{2 \lambda}{E F_g v^2} = 0 .$$

In den ersten beiden Gliedern wird $\frac{P}{E J} = 2 \varkappa^2$ eingeführt. Für das Feld $n, n + 1$ ergibt sich die analoge Gleichung

$$(u_n + u_{n+1}) \frac{2 \varkappa (1 - \cos \varkappa \lambda)}{\sin \varkappa \lambda} + \frac{1}{P}\left(X_n + \frac{1}{2}\mathfrak{M}_n\right) \frac{4 \varkappa (1 - \cos \varkappa \lambda)}{\sin \varkappa \lambda}$$

$$+ (\mathfrak{M}_n - \mathfrak{M}_{n+1}) \frac{v}{6 E J_v} - (P 2 e - 2 X_n - \mathfrak{M}_n) \frac{2 \lambda}{E F_g v^2} = 0 .$$

Beide Gleichungen werden addiert und mit $\frac{E F_g v^2}{4 P \lambda}$ multipliziert.

$$(\Delta^2 u_n + 4 u_n) \frac{E F_g v^2}{P \lambda^2} \frac{\varkappa \lambda}{2} \cdot \operatorname{tg} \frac{\varkappa \lambda}{2} + \frac{2 X_n}{P} \left(\frac{2 E F_g v^2}{P \lambda^2} \frac{\varkappa \lambda}{2} \operatorname{tg} \frac{\varkappa \lambda}{2} + 1\right)$$

$$+ (\mathfrak{M}_{n-1} - \mathfrak{M}_{n+1}) \frac{F_g v^3}{24 J_v \lambda} - 2 e = 0 .$$

Wird noch

$$\frac{E F_g v^2}{P \lambda^2} \frac{\varkappa \lambda}{2} \operatorname{tg} \frac{\varkappa \lambda}{2} = \beta , \qquad \frac{F_g v^3}{12 J_v \lambda} = \gamma$$

bezeichnet und die Gleichung von der mit 4β multiplizierten Gleichung (146) abgezogen, so ergibt sich

$$\Delta^2 u_n \beta (4 \alpha - 1) - \frac{2 X_n}{P} - (\mathfrak{M}_{n-1} - \mathfrak{M}_{n+1}) \tfrac{1}{2} \gamma + 2 e = 0 . \qquad (147)$$

Eine dritte Gleichung folgt aus

$$\begin{aligned} X_{n-1} - \quad X_n &= -\tfrac{1}{2}(\mathfrak{M}_{n-1} + \mathfrak{M}_n), \\ -X_n + X_{n+1} &= \quad \tfrac{1}{2}(\mathfrak{M}_n \quad + \mathfrak{M}_{n+1}), \\ \Delta^2 X_n &= -\tfrac{1}{2}(\mathfrak{M}_{n-1} - \mathfrak{M}_{n+1}). \end{aligned} \tag{148}$$

Die homogene Form der Gleichungen (146), (147), (148) wird durch die Lösungen

$$u_n = C\,k^n, \qquad \frac{X_n}{P} = C\cdot\zeta\cdot k^n, \qquad \mathfrak{M}_n = C\cdot\eta\cdot k^n$$

befriedigt. Es ergeben sich die charakteristischen Gleichungen

$$\alpha\cdot w + 1 + \zeta = 0,$$

$$\beta(4\alpha - 1)\,w - 2\zeta - \tfrac{1}{2}\eta\gamma\frac{1-k^2}{k} = 0,$$

$$w\cdot\zeta = -\tfrac{1}{2}\eta\frac{1-k^2}{k}.$$

Die Auflösung ergibt

$$\zeta = -\alpha w - 1 = \frac{\beta(4\alpha - 1)\,w}{2 - \gamma\cdot w},$$

$$w^2 - a w - b = 0,$$

$$a = \frac{\beta(4\alpha - 1) + 2\alpha - \gamma}{\alpha\gamma}, \qquad b = \frac{2}{\alpha\gamma},$$

$$w_1 = \frac{a}{2} + \sqrt{\frac{a^2}{4} + b}, \qquad w_2 = \frac{a}{2} - \sqrt{\frac{a^2}{4} + b} = -w,$$

$$w \sim \frac{b}{a} = \frac{2}{\beta(4\alpha - 1) + 2\alpha - \gamma},$$

$$k_1 = k = 1 + \tfrac{1}{2}w_1 + \sqrt{(1 + \tfrac{1}{2}w_1)^2 - 1},$$

$$k_2 = k^{-1},$$

$$\left.\begin{aligned} k_3 &= \cos\varphi + i\sin\varphi, \\ k_4 &= \cos\varphi - i\sin\varphi, \end{aligned}\right\} \qquad \cos\varphi = 1 - \tfrac{1}{2}w.$$

Zu k_1, k_2 gehört $\qquad \zeta = -(\alpha w_1 + 1) = -\zeta_1,$

zu k_1 $\qquad \eta = -2\zeta\frac{k-1}{k+1}, \qquad$ zu k_2 $\qquad \eta = +2\zeta_1\frac{k-1}{k+1},$

zu k_3, k_4 $\qquad \zeta = \alpha w - 1 = -\zeta_2,$

zu k_3 $\qquad \eta = -i\,2\zeta_2\operatorname{tg}\frac{\varphi}{2}, \qquad$ zu k_4 $\qquad \eta = +i\,2\zeta_2\operatorname{tg}\frac{\varphi}{2}.$

Die Störungsglieder ergeben

$$u_n = -e, \qquad \frac{X_n}{P} = +e, \qquad \mathfrak{M}_n = C_5.$$

Da zu jeder Wurzel k eine willkürliche Konstante gehört, sind fünf Konstante vorhanden. Jede Differenzengleichung stellt $m - 1$ lineare Gleichungen dar. Da die Gleichung (147) jedoch durch Addition der Gleichungen für zwei benachbarte Felder entstanden ist, von denen jede durch die gefundenen Lösungen befriedigt wird, so stellt sie m lineare Gleichungen dar. Mithin stellt die Gesamtheit der Differenzengleichungen $2(m-1) + m = 3m - 2$ lineare Gleichungen mit $3m + 3$ Unbekannten dar. Die vollkommene Lösung muß danach fünf willkürliche Konstante enthalten. Sie lautet

$$u_n = f_1(n) + f_3(n) - e\,,$$
$$\frac{X_n}{P} = -\zeta_2 f_1(n) - \zeta_1 f_3(n) + e\,,$$
$$\frac{\mathfrak{M}_n}{P} = 2\zeta_2 \operatorname{tg}\frac{\varphi}{2} f_2(n) - 2\zeta_1 \frac{k-1}{k+1} f_4(n) + C_5\,.$$

Zur Bestimmung der Konstanten dienen folgende Bedingungen

$$n = 0 : u_n = 0\,, \qquad X_n = \tfrac{1}{2}\mathfrak{M}_0\,,$$
$$n = m : u_n = 0\,, \qquad X_n = -\tfrac{1}{2}\mathfrak{M}_m\,,$$
$$\mathfrak{M}_0 = -\mathfrak{M}_m\,.$$

Daraus folgt $u_0 = u_m$, $X_0 = X_m$, also

$$f_1(0) = f_1(m)\,, \qquad f_3(0) = f_3(m)\,,$$
$$f_1(n) = N_1 F_1(n)\,, \qquad f_3(n) = N_2 F_2(n)$$

und wegen $C_2 = \dfrac{C_1(1-\cos m\varphi)}{\sin m\varphi}$, $\quad C_4 = C_3 k^m$,

$$f_2(n) = -N_1 \operatorname{tg}\frac{m}{2}\varphi \cdot G_1(n)\,,$$
$$f_4(n) = -N_2 \frac{k^m - 1}{k^m + 1} \cdot G_2(n)\,.$$

Aus $\mathfrak{M}_0 = -\mathfrak{M}_m$ folgt, da $f_2(0) = -f_2(m)$ und $f_4(0) = -f_4(m)$ ist, $C_5 = 0$. Zur Berechnung von N_1 und N_2 dienen unnmehr die für $n = 0$ geltenden Gleichungen

$$N_1 + N_2 - e = 0\,.$$
$$-\zeta_2 N_1 - \zeta_1 N_2 + e = -N_1 \zeta_2 \operatorname{tg}\frac{\varphi}{2} \cdot \operatorname{tg}\frac{m}{2}\varphi + N_2 \zeta_1 \frac{(k-1)(k^m-1)}{(k+1)(k_m+1)}\,,$$

deren Auflösung

$$N_1 = \frac{e}{\mathfrak{N}}\left[\alpha w_1 + \zeta_1 \frac{(k-1)(k^m-1)}{(k+1)(k^m+1)}\right],$$
$$N_2 = \frac{e}{\mathfrak{N}}\left[\alpha w + \zeta_2 \cdot \operatorname{tg}\frac{\varphi}{2} \cdot \operatorname{tg}\frac{m}{2}\varphi\right],$$
$$\mathfrak{N} = \zeta_1\left[1 + \frac{(k-1)(k^m-1)}{(k+1)(k^m+1)}\right] - \zeta_2\left[1 - \operatorname{tg}\frac{\varphi}{2} \cdot \operatorname{tg}\frac{m}{2}\varphi\right]$$

ergibt.

$$\left.\begin{aligned}
u_n &= N_1 \cdot F_1(n) + N_2 F_2(n) - e, \\
\frac{X_n}{P} &= -N_1 \zeta_2 \cdot F_1(n) - N_2 \cdot \zeta_1 F_2(n) + e, \\
\frac{\mathfrak{M}_n}{P} &= -N_1 2\zeta_2 \operatorname{tg}\frac{\varphi}{2} \cdot \operatorname{tg}\frac{m}{2}\varphi \cdot G_1(n) + N_2 \cdot 2\zeta_1 \frac{(k-1)(k^m-1)}{(k+1)(k^m+1)} \cdot G_2(n).
\end{aligned}\right\} \quad (149)$$

Im Falle starrer Bindebleche vereinfachen sich die Gleichungen. Mit $J_v = \infty$ wird $\gamma = 0$, $\zeta_1 = \infty$, $w_1 = \infty$, $k = \infty$, $\frac{\zeta_1}{w_1} = \alpha$, $\frac{\mathfrak{N}}{\zeta_1} = 2$, $N_1 = e$, $N_2 = 0$, $N_2 \cdot \zeta_1 = \frac{1}{2} e \left(\alpha w + \zeta_2 \operatorname{tg}\frac{\varphi}{2} \cdot \operatorname{tg}\frac{m}{2}\varphi\right)$,

$$\left.\begin{aligned}
u_n &= e[F_1(n) - 1], \\
\frac{X_n}{P} &= -e[\zeta_2 F_1(n) - 1], \\
\frac{\mathfrak{M}_n}{P} &= -2e \cdot \zeta_2 \operatorname{tg}\frac{\varphi}{2} \cdot \operatorname{tg}\frac{m}{2}\varphi \cdot G_1(n).
\end{aligned}\right\} \quad (150)$$

Die beiden letzten Gleichungen gelten jedoch nur für $0 < n < m$, nicht aber für $n = 0$ und $n = m$, da $F_2(n)$ und $G_2(n)$ nur für die ersten Werte der Veränderlichen zu 0, für $n = 0$ und $n = m$ jedoch $= 1$ werden. Mithin ist

$$2\frac{X_0}{P} = \frac{\mathfrak{M}_0}{P} = -e\left[\zeta_2 \operatorname{tg}\frac{\varphi}{2} \cdot \operatorname{tg}\frac{m}{2}\varphi - \alpha \cdot w\right]. \quad (151)$$

92. Stabilität und Knickung.

Die Bedingungen $f_1(0) = f_1(m)$ und $f_1(0) = -f_1(m)$ ermöglichen im allgemeinen die Elimination einer Konstanten und ergeben dadurch

$$f_1(n) = N_1 \cdot F_1(n) \qquad \text{oder} \qquad f_1(n) = N_1 \cdot G_1(n).$$

Wenn jedoch $m \cdot \varphi = \pi$ ist, werden die Bedingungen durch

$$f_1(n) = N_1 \cdot F_1(n) + C_2 \sin n\varphi,$$

bzw.

$$f_1(n) = N_1 \cdot G_1(n) + C_2 \sin n\varphi$$

erfüllt. Sie gestatten in diesem Sonderfalle also die Elimination einer Konstanten nicht, sondern lassen außer N_1 auch C_2 unbestimmt. Mithin tritt zu den Konstanten N, die durch die Grenzbedingungen für $n = 0$ bestimmt sind, eine Konstante C_2 hinzu, der jeder willkürliche Wert beigelegt werden kann. Innerhalb des Intervalls $C_2 = +a$, $C_2 = -a$, welches $C_2 = 0$ einschließt und beliebig klein gewählt werden kann, kann C_2 alle Werte annehmen. Daraus folgt, daß auf beiden Seiten der durch $C_2 = 0$ definierten Lage der elastischen Linie auch jede durch $C_2 \gtrless 0$ definierte Lage die Bedingungen des Gleichgewichts zwischen inneren und äußeren Kräften erfüllt. Mithin ist das Gleichgewicht in der durch $C_2 = 0$ definierten Lage, wenn nicht labil, so jedenfalls nicht stabil. Der Winkel $m\varphi = \pi$ bezeichnet also die Grenze, in der die durch $C_2 = 0$ definierte Lage aus dem stabilen Gleichgewicht in das nicht stabile übergeht. Der diesem kritischen Punkte angehörende Wert der Last P sei P_k bezeichnet. Er ergibt sich aus

$$\cos\varphi = \cos\frac{\pi}{m}.$$

Bauart a, b

$$\cos\frac{\pi}{m} = 1 + \tfrac{1}{2}w_2,$$

und wenn für w_2 nach Seite 683 der Näherungswert $-\frac{b}{a}$ eingeführt wird,

$$\cos\frac{\pi}{m} = 1 - \frac{1}{\beta - \frac{1}{2}(\gamma - 1) + \frac{1}{3}\alpha},$$

$$\beta - \tfrac{1}{2}(\gamma - 1) + \tfrac{1}{3}\alpha = \frac{1}{1 - \cos\frac{\pi}{m}},$$

$$\frac{E F_g v^2}{P_k \lambda^2} + \frac{4 E J}{P_k \lambda^2} = \frac{1}{1 - \cos\frac{\pi}{m}}\left[1 + \tfrac{1}{2}(\gamma - 1)\left(1 - \cos\frac{\pi}{m}\right)\right],$$

$$\frac{P_k \lambda^2}{2\left(1 - \cos\frac{\pi}{m}\right)} = \frac{E(\frac{1}{2}F_g \cdot v^2 + 2J)}{1 + \frac{1}{2}(\gamma - 1)\left(1 - \cos\frac{\pi}{m}\right)}.$$

Wird das Trägheitsmoment des Stabquerschnittes

$$J_0 = \tfrac{1}{2}F_g \cdot v^2 + 2J,$$

ferner die Zahl $\omega = \frac{2m^2}{\pi^2}\left(1 - \cos\frac{\pi}{m}\right)$, die sich mit wachsendem m sehr schnell der 1 nähert, eingeführt, so ergibt sich

$$P_k = \frac{E \cdot J_0 \cdot \pi^2}{l^2} \cdot \frac{\omega}{\varkappa}, \tag{152}$$

hierin ist $\varkappa$ ein Koeffizient, der von dem Verhältnis: Gurtquerschnitt/Diagonalquerschnitt und der Felderzahl abhängt, nämlich

$$\varkappa = 1 + \frac{1}{2}\left(\frac{F_g}{F_d}\operatorname{cosec}^3\delta - 1\right)\left(1 - \cos\frac{\pi}{m}\right).$$

Bauart c. Aus

$$\cos\frac{\pi}{m} = 1 + \tfrac{1}{2}w_1$$

folgt nach Seite 655

$$\beta\left(1-\frac{\mu}{\mu+\nu}\right)-\left(\gamma-\frac{1}{3}\right)+\frac{\alpha}{3}+\frac{1}{2}\left(1+\frac{\gamma}{\beta}\right)\frac{\mu}{\mu+\nu}=\frac{1}{1-\cos\frac{\pi}{m}},$$

$$\frac{E F_g v^2}{P_k \lambda^2}\frac{\nu}{\mu+\nu}+\frac{4 E J}{P_k \lambda^2}=\frac{1}{1-\cos\frac{\pi}{m}}\left[1+\left\{\gamma-\frac{1}{3}-\frac{1}{2}\left(1+\frac{\gamma}{\beta}\right)\frac{\mu}{\mu+\nu}\right\}\left(1-\cos\frac{\pi}{m}\right)\right],$$

$$\boldsymbol{P_k}=\frac{\boldsymbol{E}\left(\boldsymbol{J_0}-\frac{1}{2}\boldsymbol{F_g}\cdot\boldsymbol{v}^2\frac{\mu}{\mu+\nu}\right)\boldsymbol{\pi}^2}{\boldsymbol{l}^2}\frac{\omega}{\varkappa}, \tag{153}$$

$$\varkappa=1+\left[\frac{F_g}{F_d}\operatorname{cosec}^3\delta-\frac{1}{3}-\frac{1}{2}\left(1+\frac{P_k}{\mu\lambda}\right)\frac{\mu}{\mu+\nu}\right]\left(1-\cos\frac{\pi}{m}\right),$$

wofür im allgemeinen genau genug

$$\varkappa=1+\left(\frac{F_g}{F_d}\operatorname{cosec}^3\delta-\frac{1}{2}\right)\left(1-\cos\frac{\pi}{m}\right)$$

gesetzt werden kann.

Bauart d, e, f, g. In den für w' gefundenen Ausdrücken (Seite 665) kann das letzte Glied des Nenners stets vernachlässigt werden. Damit entfallen auch die Unterschiede, die zwischen den Bauarten mit und ohne Riegel bestehen. Aus

$$\cos\frac{\pi}{m}=1-\tfrac{1}{2}w'$$

folgt

$$\beta-(\gamma-1)+\tfrac{1}{3}\alpha=\frac{1}{1-\cos\frac{\pi}{m}},$$

$$\frac{E F_g v^2}{P_k \lambda^2}+\frac{4 E J}{P_k \lambda^2}=\frac{1}{1-\cos\frac{\pi}{m}}\left[1+(\gamma-1)\left(1-\cos\frac{\pi}{m}\right)\right],$$

$$\boldsymbol{P_k}=\frac{\boldsymbol{E}\,\boldsymbol{J_0}\,\boldsymbol{\pi}^2}{\boldsymbol{l}^2}\frac{\omega}{\varkappa}, \tag{154}$$

$$\varkappa=1+\left(\frac{F_g}{F_{\ddot{a}}}\operatorname{cosec}^3\delta-1\right)\left(1-\cos\frac{\pi}{m}\right).$$

Rahmenstab.

$$\cos\frac{\pi}{m}=1-\frac{1}{\beta(4\alpha-1)+2\alpha-\gamma},$$

$$\beta(4\alpha-1)+2\alpha-\gamma=\frac{1}{1-\cos\frac{\pi}{m}}.$$

Es ist

$$\beta(4\alpha - 1) = \frac{E F_g v^2}{P \lambda^2} \frac{\varkappa \lambda}{2} \operatorname{tg} \frac{\varkappa \lambda}{2} \frac{1 + \cos \varkappa \lambda}{1 - \cos \varkappa \lambda} = \frac{E F_g v^2}{P \lambda^2} \frac{\varkappa \lambda}{2} \operatorname{cotg} \frac{\varkappa \lambda}{2};$$

durch Reihenentwicklung ergibt sich

$$\beta(4\alpha - 1) = \frac{E F_g v^2}{P \lambda^2} \left[1 - \frac{P \lambda^2}{24 E J} - \frac{P \lambda^4}{2880 E^2 J^2}\right].$$

Das letzte Glied ist so klein, daß es vernachlässigt werden kann, ebenso kann $\alpha = \frac{2 E J}{P \lambda^2}$ gesetzt werden. Dann ergibt sich

$$\frac{E F_g v^2}{P_k \lambda^2}\left(1 - \frac{P_k \lambda^2}{24 E J}\right) + \frac{4 E J}{P_k \lambda^2} - \gamma = \frac{1}{1 - \cos \frac{\pi}{m}},$$

und wenn $\gamma = \frac{F_g v^3}{12 J_v \lambda}$ eingeführt wird,

$$\left.\begin{aligned} P_k &= \frac{E J_0 \pi^2}{l^2} \frac{\omega}{\varkappa}, \\ \varkappa &= 1 + \frac{F_g \cdot v^2}{24 J}\left(1 + 2 \frac{J \cdot v}{J_v \lambda}\right)\left(1 - \cos \frac{\pi}{m}\right). \end{aligned}\right\} \tag{155}$$

P_k wird der kritische Wert der Last oder auch die „Knicklast" genannt. Die Unbestimmtheit der Konstanten C_2 wird durch eine geometrische Bedingung beseitigt[1]). In den aufgestellten Gleichungen sind λ und l Strecken, die in der X-Achse zu messen sind. Wenn nun C_2 einen von 0 verschiedenen Wert annimmt, und die Stabachse eine entsprechende Biegung erfährt, so dreht sich die Stabachse in den einzelnen Feldern gegen die X-Achse. Da aber die Feldweiten und die Stablänge konstant bleiben, nehmen die mit λ und l bezeichneten Strecken ab. Insonderheit muß l als Sehne der elastischen Linie der Stabachse zwischen den Punkten 0 und m eingeführt werden, deren Bogenlänge = der Länge des Stabes ist. Die λ sind als Projektionen der Feldweiten streng genommen verschieden groß, es kann jedoch der mittlere Wert $\lambda = \frac{l_1}{m}$ eingeführt werden, wenn l_1 die Länge der Sehne bezeichnet. Der Pfeil der Biegung sei f bezeichnet. Die Gleichung der elastischen Linie der Stabachse kann dann in der Form

$$u_n = f \sin n \frac{\pi}{m}$$

angeschrieben werden, wenn die von den N abhängigen Glieder vernachlässigt werden, die klein sind im Verhältnis zu $f = C_2$. Unter der Voraussetzung stetiger Krümmung

$$u = f \sin \frac{x \cdot \pi}{l_1}$$

[1]) Lorenz: Lehrbuch der technischen Physik Bd. 4, S. 317.

ergibt sich die Länge des Bogens l

$$l = \int_0^{l_1} d x \sqrt{1 + \left(\frac{d u}{d x}\right)^2} ,$$

$$l = \int_0^{l_1} d x \sqrt{1 + \left(\frac{\pi f}{l_1}\right)^2 \cos^2 \frac{x}{l_1} \pi} ,$$

$$l \sim \int_0^{l_1} d x \left[1 + \frac{1}{2}\left(\frac{\pi f}{l_1}\right)^2 \cos^2 \frac{x}{l_1} \pi\right] ;$$

$$l \sim l_1 \left[1 + \frac{\pi^2}{4}\left(\frac{f}{l_1}\right)^2\right] .$$

Die Bedingung des Gleichgewichts zwischen äußeren und inneren Kräften am ausgebogenen Stab ist

$$P = \frac{E J_0 \cdot \pi^2}{l_1^2} \frac{\omega}{\varkappa}$$

oder, wenn die Knicklast

$$P_k = \frac{E J_0 \pi^2}{l^2} \frac{\omega}{\varkappa}$$

eingeführt wird,

$$P = P_k \left(\frac{l}{l_1}\right)^2 .$$

Da $\frac{l}{l_1}$ mit wachsendem f zunimmt, wächst der Biegungswiderstand des Stabes mit der Biegung.

$$P = P_k \left[1 + \frac{\pi^2}{4}\left(\frac{f}{l_1}\right)^2\right]^2 ,$$

$$\left(\frac{f}{l_1}\right)^2 = \frac{4}{\pi^2}\left(\sqrt{\frac{P}{P_k}} - 1\right) \sim \frac{2}{\pi^2} \frac{P - P_k}{P_k} ,$$

oder wegen

$$\frac{P}{P_k} = \left(\frac{l}{l_1}\right)^2 ,$$

$$\left(\frac{f}{l}\right)^2 \sim \frac{2}{\pi^2}\left(1 - \frac{P_k}{P}\right) .$$

Daraus folgt: Wenn P den kritischen Wert P_k erreicht, ist $f = 0$, also $C_2 = 0$ und die durch $C_2 = 0$ definierte Lage im stabilen Gleichgewicht. Wird $P > P_k$, dann übersteigt P den Biegungswiderstand des geraden Stabes. Die durch $C_2 = 0$ definierte Lage ist also im labilen Gleichgewicht. Auf beiden Seiten derselben gibt es jedoch eine stabile Gleichgewichtslage, in welche der Stab übergeht, indem seine Endpunkte unter gleichzeitiger Zunahme des Biegungswiderstandes sich einander nähern. Aus Gleichung (155) folgt, daß f schon bei sehr kleiner Überschreitung der Knicklast große Werte annimmt.

93. Der gerade Stab auf elastischen Stützen gleichen Abstandes.

Der Stab wird in seiner Achse durch die Druckkraft P beansprucht. Die X_n bezeichneten Stützkräfte sind der Verschiebung der Stützpunkte verhältnisgleich

$$X_n = -\frac{\delta_n}{\gamma}. \tag{156}$$

Dabei ist die positive Richtung X_n der positiven Verschiebung gleichgerichtet angenommen. Das Moment der Kräfte X_n sei M_n. Wenn außerdem rechtwinklig zur Stabachse gerichtete Lasten Q auftreten, soll M_n das Moment aus den X und Q umfassen. Die Lage des Gleichgewichtes ist an folgende Bedingungen geknüpft: die Gleichgewichtsbedingung

$$\Delta^2 M_n = -X_n \lambda = \frac{\delta_n}{\gamma'}, \qquad \gamma' = \frac{\gamma}{\lambda} \tag{157}$$

und die Elastizitätsbedingung (siehe S. 637)

$$\Delta^2 \delta_n + (\delta_n - \dot{c})\, 2\alpha + \Delta^2 M_n \frac{\beta}{P} + M_n \frac{2\alpha}{P} = 0, \tag{158}$$

$$\alpha = 1 - \cos \varkappa \lambda,$$

$$\beta = 1 - \frac{\sin \varkappa \lambda}{\varkappa \lambda},$$

$$\varkappa = \sqrt{\frac{P}{EJ}},$$

das sind 2 simultane Differenzengleichungen für M_n und δ_n. Die Verschiebung der Endpunkte, in denen die Kräfte P angreifen, ist durch c bezeichnet, infolge der Symmetrie hat sie in den Punkten $n = 0$ und $n = m$ denselben Wert. Die vollständige Lösung enthält 4 willkürliche Konstante. Da außerdem c unbekannt ist, sind 5 Bedingungen erforderlich. Diese sind

$$n = 0, \qquad M_0 = 0, \qquad \delta_0 = c,$$

$$n = m, \qquad M_m = 0, \qquad \delta_m = c,$$

$$\sum_0^m {}_n X_n = 0.$$

Sind die Endpunkte unverschieblich gestützt, so ist $c = 0$, die letzte Bedingung wird durch die Kräfte X_0 und X_m von selbst erfüllt und ist für die Behandlung der Aufgabe entbehrlich.

Aus den Teillösungen

$$M_n = C k^n, \qquad \frac{\delta_n}{\gamma'} = C \cdot \zeta \cdot k^n,$$

folgt

$$\frac{(1-k)^2}{k} = w = \zeta,$$

$$\zeta \cdot w + 2\zeta\alpha + w \frac{\beta}{P \cdot \gamma'} + \frac{2\alpha}{P \cdot \gamma'} = 0,$$

$$w^2 + w\, 2\left(\alpha + \frac{\beta}{2 P \gamma'}\right) + \frac{2\alpha}{P\gamma'} = 0,$$

$$w = -a \pm b,$$

$$a = \alpha + \frac{\beta}{2 P \gamma'}, \qquad b = \sqrt{a^2 - \frac{2\alpha}{P\gamma'}}.$$

Da die Gleichung nicht homogen ist, tritt die Konstante $M_n = P \cdot c$ hinzu. a) Wurzel b imaginär. Es wird gesetzt:

$$b_1 = \sqrt{\frac{2\alpha}{P\gamma'} - a^2},$$

$$\zeta_1 = w_1 = -a + i b_1,$$

$$k_1 = r(\cos\varphi + i\sin\varphi),$$

$$k_2 = \frac{1}{r}(\cos\varphi - i\sin\varphi),$$

$$\zeta_2 = w_2 = -a - i b_1,$$

$$k_3 = r(\cos\varphi - i\sin\varphi),$$

$$k_4 = \frac{1}{r}(\cos\varphi + i\sin\varphi).$$

Die Bedeutung von r und φ ist auf S. 650 angegeben. Die vollständige Lösung ist

$$M_n = (C_1 r^n + C_2 r^{-n})\cos n\varphi + (C_3 r^n + C_4 r^{-n})\sin n\varphi + P\cdot c,$$

$$\frac{\delta_n}{\gamma'} = -a(M_n - P\cdot c) - b_1(C_1 r^n - C_2 r^{-n})\sin n\varphi + b_1(C_3 r^n - C_4 r^{-n})\cos n\varphi.$$

Aus $M_o = 0,\quad \delta_o = c$ folgt

$$0 = C_1 + C_2 + P\cdot c,$$

$$c\left(\frac{1}{\gamma'} - P\cdot a\right) = b_1(C_3 - C_4),$$

$$C_2 = -C_1 - Pc,\qquad C_4 = C_3 - \frac{c}{b_1}\left(\frac{1}{\gamma'} - P\cdot a\right).$$

Demnach bestehen für $n = m$ die Gleichungen

$$c\left(\frac{1}{\gamma'} - P\cdot a\right)\cdot r^{-m}\cdot\sin m\varphi - P\cdot c\cdot b\,(1 - r^{-m})\cos m\varphi =$$
$$= C_1\cdot b_1(r^m - r^{-m})\cos m\varphi + C_3\cdot b_1(r^m + r^{-m})\sin m\varphi,$$

$$c\left[\frac{1}{\gamma'} + P(a + b_1\cdot r^{-m}\cdot\sin m\varphi)\right] + c\left(\frac{1}{\gamma'} - P\cdot a\right)r^{-m}\cdot\cos m\varphi =$$
$$-C_1\cdot b_1(r^m + r^{-m})\sin m\varphi + C_3\cdot b_1(r^m - r^{-m})\cos m\varphi.$$

Die Auflösung ergibt C_1 und C_3 in der Form

$$C_1 = c\frac{A}{N},\qquad C_3 = c\cdot\frac{B}{N},$$

$$N = b_1[(r^m + r^{-m})^2\sin^2 m\varphi + (r^m - r^{-m})^2\cos^2 m\varphi];$$

$$\boldsymbol{N = b_1[r^m + r^{-m} - 2\cos m\varphi]\,[r^m + r^{-m} + 2\cos m\varphi].} \quad (159)$$

Aus $\frac{r^2-1}{r}\sin\varphi = b_1$ (siehe S. 574) folgt $r > 1$ und weiter, daß N nicht verschwinden kann, wenn $b > 0$ ist. Daher nehmen die C bestimmte Werte an, die c verhältnisgleich sind. Aus der Bedingung $\sum X = 0$ ergibt sich $c = 0$, und damit

$$C_1 = C_2 = C_3 = C_4 = 0\,.$$

Gleichgewicht besteht nur in der Lage $\delta_n = 0$. Im Falle einer Belastung im Punkte n durch Q_n oder einer Verschiebung des Stützpunktes um c_n lautet Gleichung (157)

$$\varDelta^2 M_n = -\frac{\delta_n}{\gamma'} - Q_n\lambda\,, \quad \text{bzw.} \quad \varDelta^2 M_n = \frac{\delta_n}{\gamma'} - \frac{c_n}{\gamma'}\,.$$

Die homogene Form der Gleichungen bleibt unverändert. Mithin ändert sich auch N nicht. Die Konstanten sind zwar von O verschieden, nehmen aber bestimmte endliche Werte an. Es besteht also eine und nur eine bestimmte Gleichgewichtslage.

b) Wurzel b reell

$$w = -\mathfrak{a} \pm \mathfrak{b}\,,$$

$$k_{1,2} = 1 - \tfrac{1}{2}(a-b) \pm \sqrt{[1-\tfrac{1}{2}(a-b)]^2 - 1}\,,$$

$$k_{3,4} = 1 - \tfrac{1}{2}(a+b) \pm \sqrt{[1-\tfrac{1}{2}(a+b)]^2 - 1}\,.$$

$b = 0$ bedingt

$$\left(\alpha + \frac{\beta}{2P\cdot\gamma'}\right)^2 = \frac{2\alpha}{P\cdot\gamma'}\,,$$

$$(P\cdot\gamma')^2 - P\cdot\gamma'\frac{1}{\alpha}(2-\beta) + \left(\frac{\beta}{2\alpha}\right)^2 = 0\,,$$

$$P\gamma' = \frac{(1\cdot \pm\sqrt{1-\beta})^2}{2\alpha}\,.$$

Dieser Wert soll $P\gamma_0'$ bezeichnet werden, der zugehörige Wert a_0 ist

$$a_0 = \frac{2\alpha}{1\pm\sqrt{1-\beta}}\,.$$

Die beiden Werte $P\gamma_0'$ umgrenzen den Bereich, in dem $a^2 < \frac{2\alpha}{P\gamma'}$, also b imaginär ist. Es kommen nur Werte $\varkappa\lambda \leqq \pi$ in Betracht. Für $\varkappa\lambda = \pi$ ist $P\gamma' = 0{,}25$, $a_0 = 4$. Mit zunehmender Elastizität nimmt $P\cdot\gamma'$ zu, b geht durch den imaginären Bereich in die obere Grenze und weiter in den reellen Bereich über. Für die Untersuchung kommt also nur

$$P\gamma_0' = \frac{(1+\sqrt{1-\beta})^2}{2\alpha}\,,$$

im Falle $\varkappa\lambda = \pi$, $P\gamma_0' = 0{,}25$ in Frage. Ist $\varkappa\lambda < \pi$, so nimmt a_0 ab. Daraus folgt, daß der absolute Wert $1 - \frac{1}{2}(a-b)$ stets < 1 ist und ebenso der absolute Wert $1 - \frac{1}{2}(a+b)$, so lange b hinreichend klein ist. Demnach sind in dem der Grenze $b = 0$ zunächst liegenden reellen Bereich beide Wurzeln

$$\sqrt{[1 - \tfrac{1}{2}(a \pm b)]^2 - 1}$$

imaginär. Mit

$$\cos\varphi = 1 - \tfrac{1}{2}(a - b), \qquad \cos\psi = 1 - \tfrac{1}{2}(a + b)$$

sind die Wurzeln k

$$k_{1,2} = \cos\varphi \pm i\sin\varphi, \qquad \zeta_1 = -a + b,$$
$$k_{3,4} = \cos\psi \pm i\sin\psi, \qquad \zeta_2 = -a - b.$$

Demnach lautet die Lösung der homogenen Gleichungen (157, 158)

$$M_n = C_1 \cos n\varphi + C_2 \sin n\varphi + C_3 \cos n\psi + C_4 \sin n\psi,$$

$$\frac{\delta_n}{\gamma'} = -a \cdot M_n + b\,[C_1 \cos n\varphi + C_2 \sin n\varphi - C_3 \cos n\psi - C_4 \sin n\psi].$$

Die Eigenschaft der Konstanten wird durch die in beiden Gleichungen hinzutretenden konstanten Glieder nicht berührt. Mithin sind sie aus den Bedingungen

$$\left.\begin{array}{l} n = 0 \\ n = m \end{array}\right\} : M_0 = 0, \qquad \delta_0 = 0$$

zu erkennen.

$$C_1 + C_3 = 0,$$
$$+ b\,(C_1 - C_3) = 0,$$
$$C_1 \cdot \cos m\varphi + C_2 \sin m\varphi + C_3 \cos m\psi + C_4 \sin m\psi = 0,$$
$$b\,(C_1 \cos m\varphi + C_2 \sin m\varphi - C_3 \cos m\psi - C_4 \sin m\psi) = 0$$

ergeben

$$\boldsymbol{N = 2\,b \cdot \sin m\,\varphi \cdot \sin m\,\psi}. \tag{160}$$

N verschwindet demnach sowohl für

$$\varphi = \frac{r \cdot \pi}{m}, \qquad \text{wie} \qquad \psi = \frac{r\,\pi}{m} \qquad (r = 1, 2 \ldots m).$$

Im ersten Falle kann C_2, im zweiten C_4 jeden beliebigen Wert annehmen. Eine bestimmte Gleichgewichtslage ist nicht vorhanden. Das Gleichgewicht wird labil. Aus den beiden für N gefundenen Ausdrücken ist zu schließen, daß schon in der Grenze $b = 0$ ein labiler Gleichgewichtszustand eintreten kann. Es muß deshalb noch der Fall

c) Wurzel $b = 0$ untersucht werden. Die Gleichung

$$w^2 + w\,2\left(\alpha + \frac{\beta}{2\,P\gamma'}\right) + \frac{2\,\alpha}{P \cdot \gamma'} = 0$$

hat zwei gleiche Wurzeln $w = -a_0$. Mithin besteht nach S. 574 neben der Teillösung

$$M_n = C \cdot k^n, \qquad \frac{\delta_n}{\gamma'} = C \cdot \zeta \cdot k^n,$$

die zweite

$$M_n = C \cdot n\,k^n, \qquad \frac{\delta_n}{\gamma'} = C\,(n \cdot \zeta + \vartheta)\,k^n.$$

Für die zweite ist

$$\Delta^2 M_n = C \cdot \left(n \cdot w - \frac{1-k^2}{k}\right) k^n ,$$

$$\frac{\Delta^2 \delta_n}{\gamma'} = C\left[\zeta\left(n w - \frac{1-k^2}{k}\right) + \vartheta \cdot w\right] k^n .$$

Daher ergibt sich aus Gleichung 157

$$n \cdot w - \frac{1-k^2}{k} = n \cdot \zeta + \vartheta ,$$

$$\zeta = w , \qquad \vartheta = -\frac{1-k^2}{k} .$$

Aus $w = -a_0$ folgt mit $\cos\varphi = 1 - \frac{1}{2} a_0$

$$\left.\begin{aligned} k_1 &= \cos\varphi + i \sin\varphi \\ k_2 &= \cos\varphi - i \sin\varphi \end{aligned}\right\} \zeta = -a_0 .$$

Zu k_1 gehört $\vartheta_1 = +i \cdot 2 \sin\varphi ,$

zu k_2 gehört $\vartheta_2 = -i\, 2 \sin\varphi .$

Demnach lautet die vollständige Lösung der homogenen Form

$$M_n = C_1 \cos n\varphi + C_2 \sin n\varphi + C_3 n \cos n\varphi + C_4 n \sin n\varphi ,$$

$$\frac{\delta_n}{\gamma'} = -a_0 M_n - 2 \sin\varphi [C_3 \sin n\varphi - C_4 \cos n\varphi] .$$

Den Ausdruck für N findet man aus den Bedingungen

$$\left.\begin{aligned} n &= 0 \\ n &= m \end{aligned}\right\} M_n = 0 , \quad \delta_n = 0 ,$$

$$0 = C_1 ,$$

$$0 = C_4 2 \sin\varphi ,$$

$$0 = C_2 \sin m\varphi + C_3 m \cos m\varphi ,$$

$$0 = -C_3 2 \sin\varphi \cdot \sin m\varphi ,$$

$$\boldsymbol{N = 2 \sin\varphi \cdot \sin^2 m\varphi .} \tag{161}$$

N verschwindet nur mit $\sin m\varphi$. Demnach wird auch im Falle $b = 0$ das Gleichgewicht erst dann labil, wenn gleichzeitig $\varphi = \frac{r\pi}{m}$ ist. Das Ergebnis der Untersuchung ist: Im Falle $a^2 - \frac{2\alpha}{P\gamma'} < 0$ ist das Gleichgewicht immer stabil. Im Falle $a^2 - \frac{2\alpha}{P \cdot \gamma'} \geqq 0$ wird das Gleichgewicht labil, sobald $\varphi = \frac{r\pi}{m}$ oder $\psi = \frac{r \cdot \pi}{m}$ wird. Dem Werte $b = 0$, $a = a_0$ gehört der Winkel φ_0

$$\cos\varphi_0 = 1 - \tfrac{1}{2} a_0$$

zu. Den Bedingungen $\varphi = \frac{r\pi}{m}$ und $\psi = \frac{r\pi}{m}$ genügen mehrere Winkel. Da

$$\cos\varphi = 1 - \tfrac{1}{2}(a - b); \qquad \cos\psi = 1 - \tfrac{1}{2}(a + b)$$

ist, schließen zwei dieser Winkel φ_0 ein. Derjenige Winkel, der den kleineren Wert $P \cdot \gamma'$ ergibt, kennzeichnet die Grenze zwischen dem stabilen und labilen Gleichgewichtszustand. Beide Winkel unterscheiden sich um $\frac{\pi}{m}$. Mithin kommt der kritische Wert $P\gamma'_\varkappa$ dem Wert $P\gamma'_0$ desto näher, je größer m ist. Für $m = \infty$ ist $P\gamma'_\varkappa = P \cdot \gamma'_0$. Schon bei kleinen Werten m ist der Unterschied zwischen $P\gamma'_\varkappa$ und $P\gamma'_0$ so gering, daß es für praktische Zwecke angebracht ist, den Wert $P\gamma'_0$ als den maßgebenden zu behandeln. Damit wird die Rechnung von der Felderzahl unabhängig. Sie gilt also auch dann, wenn die Kraft P nicht auf der ganzen Stablänge konstant ist. Ferner wird die Rechnung einfacher und das Ergebnis weicht von dem genauen Wert nach der sicheren Seite ab. Ein Bild für den Unterschied zwischen $P\gamma'_0$ und dem genauen Wert geben folgende Zahlen, denen zunächst die Formeln zur Berechnung von $P\gamma'_\varkappa$ und $P\gamma'_0$ vorausgeschickt seien. Aus

$$2\cos\frac{r\pi}{m} = 2 - a \pm b$$

ergibt sich

$$a^2 - 4a\left(1 - \cos\frac{r\pi}{m}\right) + 4\left(1 - \cos\frac{r\pi}{m}\right)^2 = b^2 .$$

Mit

$$b^2 - a^2 = -\frac{2\alpha}{P \cdot \gamma'}, \qquad a = \alpha + \frac{\beta}{2P\gamma'}$$

folgt

$$P\gamma' = \frac{\alpha - \beta\left(1 - \cos\frac{r\pi}{m}\right)}{2\left(\alpha - 1 + \cos\frac{r\pi}{m}\right)\left(1 - \cos\frac{r\pi}{m}\right)}$$

und nach Einführung der Winkelfunktionen α und β

$$\boldsymbol{P\gamma'} = \frac{1}{2\left(1 - \cos\frac{r\pi}{m}\right)} + \frac{\frac{\sin\varkappa\lambda}{\varkappa\lambda}}{2\left(\cos\frac{r\pi}{m} - \cos\varkappa\lambda\right)} . \tag{162}$$

Ferner ist

$$\boldsymbol{P\gamma'_0} = \frac{(1 + \sqrt{1 - \beta})^2}{2\alpha} = \frac{\left(1 + \sqrt{\frac{\sin\varkappa\lambda}{\varkappa\lambda}}\right)^2}{2(1 - \cos\varkappa\lambda)}, \tag{163}$$

$$\cos\varphi_0 = 1 - \tfrac{1}{2}a_0 = \frac{\cos\varkappa\lambda + \sqrt{\frac{\sin\varkappa\lambda}{\varkappa\lambda}}}{1 + \sqrt{\frac{\sin\varkappa\lambda}{\varkappa\lambda}}} .$$

Mit $\varkappa\lambda = \pi$ ergibt sich $P\gamma_0' = \frac{1}{4}$, d. i. derselbe Wert, den man einfacher aus der Annahme von Gelenken in den Stützpunkten erhält. Da $\varkappa\lambda = \pi$ Knicksicherheit für einen Stab von der Länge λ bedeutet, stehen diese Ergebnisse untereinander im Einklang. $\varkappa\lambda = \frac{1}{2}\pi$, d. i. vierfache Knicksicherheit für die Länge λ, ergibt

$$P \cdot \gamma_0' = \frac{\left(1 + \sqrt{\frac{1}{1{,}57}}\right)^2}{2} = 1{,}62\,, \qquad \cos\varphi_0 = \frac{0{,}8}{1{,}8} = 0{,}444\,, \qquad \varphi_0 = 63^\circ\,40'.$$

Bei 6 Feldern liegt φ_0 zwischen $\frac{2\pi}{6}$ und $\frac{3\pi}{6}$. Für $\varphi = \frac{\pi}{3}$ erhält man

$$P \cdot \gamma_\varkappa' = \frac{1}{2 \cdot 0{,}5} + \frac{0{,}64}{2 \cdot 0{,}5} = 1{,}64\,.$$

Bei 10 Feldern liegt φ_0 zwischen $\frac{3\pi}{10}$ und $\frac{4\pi}{10}$. Für $\varphi = 54^\circ$ ergibt sich $P \cdot \gamma_\varkappa' = 1{,}756$ für $\varphi = 72$, $P \cdot \gamma_\varkappa' = 2{,}66$. Für 10 Felder ist der genaue Wert etwas größer als für 6 Felder, was mit der Periode der elastischen Linie zusammenhängt, aber in der praktischen Anwendung kaum Berücksichtigung verdient. Jedenfalls liefert das Ergebnis eine weitere Begründung für die Benutzung des Wertes $P \cdot \gamma_0'$. In derselben Weise sind folgende Zahlen berechnet. Sie zeigen wie gering der Unterschied zwischen $P \cdot g_0'$ und dem genauen Wert ist, ferner den erheblichen Einfluß der Steifigkeit des Stabes.

$\varkappa\lambda$	$P\gamma_0'$	φ_0	$\varphi_\varkappa$	m	$P \cdot \gamma_\varkappa'$
90°	1,62	63°40′	60°	3— 6— 9	1,64
80°	1,93	56°	60°	3— 6— 9	2,08
70°	2,69	49°30′	45°	4— 8—12	2,76
60°	3,65	42°20′	45°	4— 8—12	3,79
50°	5,37	35°30′	36°	5—10—15	5,38
40°	8,20	28°10′	30°	6—12—18	8,53

Die wichtigste Anwendung der dargestellten Rechnung bildet die Untersuchung der oberen Gurtung einer Balkenbrücke ohne oberen Windverband. Die beiden Hauptträger sind in den Ebenen der Lotrechten durch oben offene Halbrahmen verbunden. Die aus dem Querträger und 2 Pfosten bestehenden Rahmen stützen die Gurtungen in wagerechter Richtung. Die Länge γ ist die elastische Verschiebung, die der Kopf des Pfostens durch die an demselben Punkt angreifende wagerechte Kraft *1* erfährt. Bei einer eingleisigen Brücke kann diese gleich der halben gegenseitigen Verschiebung der Pfostenköpfe gesetzt werden, die durch die Belastungseinheit des Punktpaares entsteht. Der Querträger habe die Länge l, das Trägheitsmoment J_0, der Pfosten die Höhe h, das Trägheitsmoment J. Dann ergibt sich nach dem dritten Satz über die elastischen Gewichte

$$2\gamma = \frac{l h^2}{E J_0} + \frac{2}{3}\,\frac{h^3}{E J}\,.$$

Sind die Trägheitsmomente veränderlich, so ergibt sich aus demselben Satze eine gleichartige Formel. O sei die größte Druckkraft in der Gurtung. Dann kennzeichnet die Gleichung

$$\frac{l h^2}{E J_0} + \frac{2}{3} \frac{h^3}{E J} = \frac{2 \lambda}{O} \frac{\left(1 + \sqrt{1 - \beta}\right)^2}{2 \alpha}$$

die Grenze zwischen dem stabilen und labilen Gleichgewicht. Aus dieser Gleichung ergibt sich der Wert

$$J = \frac{\frac{2}{3} h^3}{\frac{2 \lambda E}{O} \frac{\left(1 + \sqrt{1 - \beta}\right)^2}{2 \alpha} - \frac{l h^2}{J_0}} .$$

Damit diese Grenze erst durch die n-fache Gurtkraft O erreicht wird, ist

$$(erf)\, J = \frac{\frac{2}{3} h^3}{\frac{2 \lambda \cdot E}{n \cdot O} \frac{\left(1 + \sqrt{1 - \beta}\right)^2}{2 \alpha} - \frac{l h^2}{J_0}} , \tag{164}$$

erforderlich, wobei in

$$1 - \beta = \frac{\sin \varkappa \lambda}{\varkappa \lambda}$$

und $\alpha = 1 - \cos \varkappa \lambda$

$$\varkappa \lambda = \lambda \sqrt{\frac{n \cdot O}{E_1 \cdot J_1}}$$

einzuführen ist. Übersteigt die Spannung in der Gurtung $\sigma = \frac{n \cdot O}{F}$ die Proportionalitätsgrenze, so muß für E_1 der σ zugehörende Wert aus der Spannungs-Dehnungslinie entnommen werden. Die Formel gibt den erforderlichen Wert für das Trägheitsmoment der Pfosten an, wenn das des Querträgers gegeben ist.

Die Kräfte X sind nur dann von 0 verschieden, wenn Verschiebungen der Stützpunkte eintreten. Um die Frage nach der Größe der Kräfte beantworten zu können, muß ein bestimmter Verschiebungszustand vorangesstzt werden. Da es sich meist um den größten zu erwartenden Wert handelt, muß angenommen werden, daß bei der ungünstigsten Verschiebung diejenige Kraft P wirkt, welche den kritischen Zustand $b = 0$ erzeugt. Als ungünstigster Verschiebungszustand darf derjenige angesehen werden, der dadurch entsteht, daß nur auf den Punkt $n = \frac{m}{2}$ eine verschiebende Ursache einwirkt. Diese erzeuge die Verschiebung c_r. Um die Rechnung einfacher zu gestalten, soll die Stützung der Endpunkte starr angenommen werden. Es ist offensichtlich, daß die Größe der Kräfte X in der Stabmitte durch die Stützung der Endpunkte nicht wesentlich beeinflußt werden kann. In Gleichung (158) ist also $c = 0$ zu setzen. Die Gleichungen (157, 158) bestehen für $n = 1 \ldots r - 1$, und

$r+1\ldots m-1$, wenn $r=\frac{1}{2}m$ ist. Da $b=0$ ist, gelten die unter c) aufgestellten Formeln für beide Äste. Aus den Bedingungen

$$n=0\,,\qquad M_0=0\,,\qquad \delta_0=0,$$

folgt

$$C_1=0\,,\qquad C_4=0\,,$$

also

$$M_n=\quad C_2\sin n\varphi+C_3\cdot n\cos n\varphi\,,$$

$$\frac{\delta_n}{\gamma'}=-a_0\,M_n-C_3\,2\sin\varphi\cdot\sin n\varphi\,.$$

Beide Äste sind in r durch die Gleichgewichtsbedingungen

$$M_{r-1}-2\,M_r+M_{r+1}=\frac{\delta_r-c_r}{\gamma'}$$

und die Elastizitätsbedingung

$$\delta_{r-1}-2\,\delta_r+\delta_{r+1}+2\,\delta_r\cdot\alpha+(M_{r-1}-2\,M_r+M_{r+1})\frac{\beta}{P}+2\,M_r\cdot\frac{\alpha}{P}=0$$

verbunden. Aus Gründen der Symmetrie ist $\delta_{r+1}=\delta_{r-1}$, $M_{r+1}=M_{r-1}$ zu setzen. Führt man nun die Funktionswerte M und $\frac{\delta}{\gamma'}$ ein, so erhält man durch die auf S. 576 angewendete Schlußfolgerung

$$C_2\,[\sin(r-1)\,\varphi-\sin(r+1)\,\varphi]+$$
$$+\,C_3\,[(r-1)\cos(r-1)\,\varphi-(r+1)\cos(r+1)\,\varphi]=-\frac{c_r}{\gamma'}\,,$$

$$\frac{c_r}{\gamma'}\left(a-\frac{\beta}{P\cdot\gamma'}\right)-C_3 2\sin\varphi\,[\sin(r-1)\,\varphi-\sin(r+1)\,\varphi]=0\,.$$

Daraus folgt

$$C_3\,4\sin^2\varphi\cos r\varphi=-\frac{c_r}{\gamma'}\left(a-\frac{\beta}{P\cdot\gamma'}\right)=-\frac{c_r\alpha}{\gamma'}\,\frac{2\sqrt{1-\beta}}{1+\sqrt{1-\beta}}\,,$$

$$C_2\,2\sin\varphi\cos r\varphi-C_3\,2\,(r\sin\varphi\sin r\varphi-\cos\varphi\cdot\cos r\varphi)=\frac{c_r}{\gamma'}\,.$$

Mit diesen Werten der Konstanten erhält man

$$M_n=\frac{c_r}{2\gamma'\cdot\sin\varphi}\left\{\frac{\sin n\varphi}{\cos r\varphi}-\frac{\alpha\sqrt{1-\beta}}{(1+\sqrt{1-\beta})\sin\varphi}\right.$$
$$\left.\left[(n+r\operatorname{tg}r\varphi\cdot\operatorname{tg}n\varphi)\frac{\cos n\varphi}{\cos r\varphi}-\operatorname{cotg}\varphi\,\frac{\sin n\varphi}{\cos r\varphi}\right]\right\},$$

$$\frac{\delta_n}{\gamma'}=-a\,M_n+\frac{c_r}{\gamma'}\,\frac{\alpha\sqrt{1-\beta}}{(1+\sqrt{1-\beta})\sin\varphi}\cdot\frac{\sin n\varphi}{\cos r\varphi}\,,$$

$$X_n=-\frac{\delta_n}{\gamma'}\qquad\text{bzw.}\qquad X_r=-\frac{\delta_n-c_r}{\gamma'}\,.$$

Handelt es sich um die Untersuchung der Druckgurtung einer oben offenen Balkenbrücke, so ist für c_r die wagerechte Verschiebung einzuführen, die der unbelastete und freie Pfostenkopf durch die Belastung des Querträgers erfährt

$$2\, c_r = \frac{F_0 \cdot h}{E\, J_0},$$

wenn F_0 die Momentenfläche aus der lotrechten Belastung des Querträgers bezeichnet. Die Rechnung setzt also voraus, daß nur der mittlere Querträger belastet oder allein unbelastet ist. Wenn man mit dieser Voraussetzung die größte Spannkraft $n \cdot O$ verbindet, so rechnet man offenbar hinreichend ungünstig und erhält die Kräfte, die unmittelbar vor Eintritt des labilen Gleichgewichtszustandes auftreten.

Die Literatur über das Problem ist von Engesser[1]) eröffnet, der eine stetige elastische Stützung annimmt. Die Grundgleichungen für den in beliebigen Abständen gestützten Stab hat Zimmermann[2]) aufgestellt. Die Knickbedingung liefert das Verschwinden der Determinante aus den Beiwerten der Unbekannten. Müller-Breslau[3]) hat die genaue Untersuchung der gedrückten Gurtung einer Trogbrücke durchgeführt. Bleich[4]) hat das Problem mit simultanen Differenzengleichungen behandelt, deren Lösung auf dem vom Verfasser bei der Untersuchung von Druckstäben (Fußnote Seite 648) angegebenen Wege durchgeführt wird. Das oben angegebene Verfahren, welches vom Verfasser in seiner Vorlesung über Eisenbau an der Technischen Hochschule Hannover vorgetragen ist, weicht in der Untersuchung der Stabilität von Bleich ab.

---

[1]) Engesser, F.: Die Sicherung offener Brücken gegen Ausknicken. Zentralbl. Bauverw. 1884 u. 1885.

[2]) Zimmermann, H.: Knickfestigkeit der Druckgurte offener Brücken. Sitzungsberichte der Berl. Akad. d. Wiss. 1907. — Derselbe: Die Knickfestigkeit des geraden Stabes mit mehreren Feldern. Ebenda 1909. VI u. XII.

[3]) Müller-Breslau, H.: Die graphische Statik Bd. II, 2, S. 309 ff. Leipzig 1908.

[4]) Bleich, F.: Die Knickfestigkeit elastischer Stabverbindungen. Eisenbau 1919. S. 27 ff. — Derselbe. Theorie und Berechnung eiserner Brücken: S. 187 ff. Berlin 1924.

Repetitorium für den Hochbau. Für den Gebrauch an Technischen Hochschulen und in der Praxis. Von Geh. Hofrat Professor Dr.-Ing. e. h. **Max Foerster,** Dresden.

1. Heft: **Graphostatik und Festigkeitslehre.** Mit 146 Textfiguren. (145 S.) 1919. 3.75 Goldmark
2. Heft: **Abriß der Statik der Hochbaukonstruktionen.** Mit 157 Textfiguren. (158 S.) 1920. 3.75 Goldmark
3. Heft: **Grundzüge der Eisenkonstruktionen des Hochbaues.** Mit 283 Textfiguren. (201 S.) 1920. 3.80 Goldmark

---

Taschenbuch für Bauingenieure. Unter Mitwirkung von Fachleuten herausgegeben von Geh. Hofrat Prof. Dr.-Ing. e. h. **M. Foerster**-Dresden. Vierte, verbesserte und erweiterte Auflage. Mit 3193 Textfiguren. In zwei Teilen. (2415 S.) 1921. Gebunden 16 Goldmark

---

Eisen im Hochbau. Ein Taschenbuch mit Zeichnungen, Zusammenstellungen, technischen Vorschriften und Angaben über die Verwendung von Eisen im Hochbau. Herausgegeben vom **Stahlwerks-Verband A.-G.,** Abteilung Technisches Büro, Düsseldorf. Sechste, umgearbeitete und erweiterte Auflage. (605 S.) 1924. Gebunden 9 Goldmark

---

Lieferwerke und Gewichtstafeln für Form- und Stabformeisen nach den Profilangaben des Taschenbuches „Eisen im Hochbau". Sechste Auflage. Herausgegeben vom **Stahlwerks-Verband A.G.,** Abteilung Technisches Büro, Düsseldorf. (12 S. und VIII Tafeln.) 1924. 3.60 Goldmark

---

Die Grundzüge des Eisenbetonbaues. Von Geh. Hofrat Prof. Dr.-Ing. e. h. **Max Foerster,** Dresden. Zweite, verbesserte und vermehrte Auflage. Mit 170 Textabbildungen. (424 S.) 1921. Gebunden 10 Goldmark

---

Vorlesungen über Eisenbeton. Von Professor Dr.-Ing. **E. Probst,** Karlsruhe.

Erster Band: **Allgemeine Grundlagen. — Theorie u. Versuchsforschung. — Grundlagen für die statische Berechnung. — Statisch unbestimmte Träger im Lichte der Versuche.** Zweite, umgearbeitete Auflage. Mit 70 Textabbildungen. (631 S.) 1923. Gebunden 24 Goldmark

Zweiter Band: **Anwendung der Theorie auf Beispiele im Hochbau, Brückenbau und Wasserbau. — Grundlagen für die Berechnung und das Entwerfen von Eisenbetonbauten. — Allgemeines über Vorbereitung und Verarbeitung von Eisenbeton. — Richtlinien für Kostenermittlungen. — Architektur im Eisenbeton. — Amtliche Vorschriften.** Mit 71 Textabbildungen. (650 S.) 1922. Gebunden 20 Goldmark

---

Der Beton- und Eisenbetonbau 1898—1923. Ein Bild technischer Entwicklung. Von Regierungsbaumeister Dr.-Ing. **W. Petry.** Heraugegeben vom Deutschen Beton-Verein (E. V.) aus Anlaß seines 25jährigen Bestehens. (425 S.) 1923. Gebunden 8 Goldmark

Verlag von Julius Springer in Berlin W 9

Der Bauingenieur

Zeitschrift für das gesamte Bauwesen

Organ des Deutschen Eisenbau-Verbandes, des Deutschen Beton-Vereins, der Deutschen Gesellschaft für Bauingenieurwesen, des Beton- und Tiefbau-Wirtschaftsverbandes und des Beton- und Tiefbau-Arbeitgeberverbandes für Deutschland

mit Beiblatt

Die Baunormung

Mitteilungen des NDI

Herausgegeben von

Professor Dr.-Ing. e. h. **M. Foerster,** Dresden, Professor Dr.-Ing. **W. Gehler,** Dresden, Professor Dr.-Ing. **E. Probst,** Karlsruhe, Dr.-Ing. **W. Petry,** Oberkassel, Dipl.-Ing. **W. Rein,** Berlin

Erscheint wöchentlich

Vierteljährlich 7.50 Goldmark zuzüglich Porto

Der Bauingenieur, der sich durch Zusammenarbeit mit den angesehensten bautechnischen Vereinen, deren offizielles Organ er ist, zu der führenden Zeitschrift für das gesamte Bauingenieurwesen entwickelt hat und im In- und Auslande reiche Anerkennung fand, behandelt sämtliche Gebiete der Bauwissenschaften unter Berücksichtigung folgender Gesichtspunkte: Planmäßige Erzeugung und wirtschaftliche Ausnützung der Baustoffe, Sparsamkeit und Wirtschaftlichkeit bei der Herstellung von Bauwerken des Hochbau- und Bauingenieurwesens mit gleichzeitiger Sicherheit und befriedigender äußerlicher Gestaltung, Zusammenarbeit von Bauingenieuren und Architekten, Erhöhung der Wirtschaftlichkeit durch Normung der Einzelteile

Mitglieder oben aufgeführter Vereine erhalten bei direkter Bestellung beim Verlag einen Vorzugspreis

MIX
Papier aus verantwortungsvollen Quellen
Paper from responsible sources
FSC® C105338
FSC
www.fsc.org

If you have any concerns about our products,
you can contact us on
ProductSafety@springernature.com

In case Publisher is established outside the EU,
the EU authorized representative is:
Springer Nature Customer Service Center GmbH
Europaplatz 3, 69115 Heidelberg, Germany

Printed by Libri Plureos GmbH
in Hamburg, Germany